C O U R S

D E

P H Y S I Q U E

EXPERIMENTALE ET MATHEMATIQUE.

TOME II.

COURS

DE

PHYSIQUE EXPERIMENTALE

ET MATHEMATIQUE,

PAR PIERRE VAN MUSSENBROEK,

TRADUIT

Par M. SIGAUD DE LA FOND, Démonstrateur de Physique Expérimentale, Maître de Mathématiques, de la Société Royale des Sciences de Montpellier, des Académies Royale des Sciences & Belles-Lettres d'Angers, Electorale de Baviere, &c.

TOME SECOND.

A PARIS,

Chez SAILLANT & NYON, Libraires, rue Saint-Jean-de-Beauvais.

M. DCC. LXIX.

Avec Approbation, & Privilege du Roi.

TABLE
DES CHAPITRES

Contenus dans le second volume.

TABLE DES CHAPITRES

Contenus dans le troisieme Volume.

celui du 10 Avril 1725, à peine de déchéance du préfent Privilége ; qu'avant de l'expofer en vente , le Manufcrit qui aura fervi de copie à l'impreffion dudit Ouvrage, fera remis dans le même état où l'Approbation y aura été donnée, ès mains de notre très cher & féal Chevalier, Chancelier Garde des Sceaux de France, le fieur DE MAUPEOU ; qu'il en fera enfuite remis deux Exemplaires dans notre Bibliotheque publique , un dans celle de notre Château du Louvre, un dans celle dudit fieur DE MAUPEOU ; le tout à peine de nullité des Préfentes : du contenu defquelles vous mandons & enjoignons de faire jouir ledit Expofant & fes ayans caufes, pleinement & paifiblement, fans fouffrir qu'il leur foit fait aucun trouble ou empêchement. Voulons que la copie des Préfentes qui fera imprimée tout au long , au commencement ou à la fin dudit Ouvrage, foit tenue pour duement fignifiée , & qu'aux copies collationnées par l'un de nos amés féaux Confeillers , Secrétaires, foi foit ajoutée comme à l'Original. Commandons au premier notre Huiffier ou Sergent fur ce requis , de faire pour l'exécution d'icelles, tous actes requis & néceffaires , fans demander autre permiffion, & nonobftant clameur de Haro, Charte-Normande, & Lettres à ce contraires : CAR tel eft notre plaifir. Donné à Verfailles le trente-unieme jour du mois de Décembre , l'an de grace mil fept cent foixante-huit, & de notre Régne le cinquante-quatriéme. Par le Roi en fon Confeil. LE BEGUE.

Regiftré fur le Regiftre XVII de la Chambre Royale & Syndicale des Libraires & Imprimeurs de Paris , N°. 454 , fol. 597 , conformément au Réglement de 1723. A Paris ce 5 Janvier 1769.

DELORMEL, *Adjoint.*

COURS

COURS

DE

PHYSIQUE-MATHEMATIQUE.

CHAPITRE XX.

De la vertu attractive des corps.

§. M. CHAQUE fois que nous remarquons des corps éloignés les uns des autres, placés de façon qu'ils peuvent fe mouvoir librement, s'approcher les uns des autres, fans pouvoir foupçonner aucune caufe qui les pouf-fe, qui les preffe, ou qui les meut extérieurement; ou chaque fois que nous obfervons que des corps libres adherent enfemble par le feul contact de leurs parties, avec une force plus grande que celle qui pourroit naître de leurs poids, fans qu'on puiffe imaginer une caufe quelconque qui les preffe, nous appellons ces phénomenes *attraction*.

§. MI. Le fens de cette dénomination eft, à la vérité, impropre; car le corps A, par exemple, eft proprement tiré vers le corps B, lorfque le premier A eft lié ou attaché avec le corps B, à l'aide d'une corde, d'une courroie, ou d'un bâron, & que le mouvement du corps B occafionne celui du corps A qui le fuit : c'eft de cette maniere qu'un cheval tire un charriot. Cela ne nous empêchera cependant pas de nous fervir du terme *attraction*, dans le fens que nous lui avons donné (§. 1000); & fi quelqu'un s'en trouve offenfé, il pourra lui en fubftituer un autre, comme celui de *jona-*

A

tion mutuelle, *adhérence*, *cohéfion*, *affinité*, qu'il pourra employer pour exprimer les phénomenes dont nous allons parler dans ce Chapitre.

§. MII. L'obfervation nous a appris qu'il y a plufieurs circonftances dans
lefquelles les corps s'approchent les uns des autres, fans qu'on puiffe découvrir aucune caufe qui agiffe extérieurement, & qui les preffe, pour les mettre en mouvement ; bien plus, nous obfervons plufieurs phénomenes qui ne
peuvent point abfolument dépendre d'une caufe externe & matérielle, qui
agiroit felon les loix que nous connoiffons jufqu'à préfent, & auxquelles les
corps font foumis : mais fi on découvre de nouvelles loix par la fuite, il
faudra, à la vérité, raifonner autrement, & en conclure différemment.

Quiconque donc qui attribueroit actuellement un tel mouvement des
corps à quelque preffion externe, embrafferoit pour lors une caufe inconnue, & témérairement établie ; mais fi-tôt que nous ferons perfuadés
que des corps s'approcheront les uns des autres par le miniftere d'une caufe
extérieure qui les pouffera les uns vers les autres, & que l'exiftence de cette
caufe fera bien établie & démontrée, nous abandonnerons auffi-tôt notre
fentiment : & au lieu de dire que ces corps *s'attirent* mutuellement, nous
dirons qu'ils font pouffés les uns vers les autres par l'effort de cette caufe extérieure. Il faut donc que ceux qui veulent éliminer l'*attraction* des Ecoles,
nous prouvent auparavant que tous les corps qui s'approchent les uns des
autres, ne s'approchent que par l'effort d'une caufe extérieure, qui les
pouffe les uns vers les autres: & ce n'eft pas par une fimple fuppofition,
ou par un feul exemple, qu'on pourra nous forcer à reconnoître l'*impulfion*
comme la feule & véritable caufe des phénomenes dont il eft ici queftion ;
mais par des obfervations exactes & conftantes, & par des expériences
fenfibles. Or comme perfonne, jufqu'à préfent, n'a pu nous fatisfaire à cet
égard, nous nous fervirons toujours, en attendant, du terme *attraction*,
ayant éprouvé plufieurs fois que la Nature n'eft pas bornée à une feule façon d'agir, mais qu'elle prend plaifir à diverfifier fes manieres d'opérer. En
effet, j'ai expofé dans le Chapitre IV un grand nombre de caufes différentes les unes des autres, & que la nature emploie pour communiquer du mouvement aux corps. Je fuis néanmoins bien éloigné de croire que nous connoiffions encore toutes celles dont la Nature fait ufage dans fes différentes
opérations ; puifqu'on en découvre encore tous les jours de nouvelles : par
ce moyen nous fommes en garde contre les fauffes opinions, & nous évi-
tons celles qui peuvent conduire à l'erreur.

§. MIII. Mais exifteroit-il dans les corps un principe interne qui agiroit
fur eux extérieurement, & qui les feroit mouvoir les uns vers les autres, ou
qui les repoufferoit, & les éloigneroit les uns des autres; puifqu'on ne découvre pas de principe, ou de caufe qui agiffe extérieurement, & qui produife les effets que nous obfervons?

Quoique cette idée ne paroiffe point dépourvue de vraifemblance, néanmoins, pour éviter toute conteftation & toute difpute inutile, nous accor-
dons qu'il n'eft pas poffible de démontrer, ni même de comprendre clairement, la nature, la conftitution d'un tel principe, ni de quelle maniere il
feroit uni aux corps, ni comment il agiroit extérieurement, ni enfin comment il pourroit agir fur les corps qui feroient placés à quelque diftance les

uns des autres. En effet, il n'eſt point donné à l'homme de porter ſes recherches juſques dans l'intérieur des corps , & d'en découvrir la conſtitution , à l'aide des ſens dont l'Auteur de la Nature l'a pourvu ; par conféquent la connoiſſance de ce principe ne peut point être rangée parmi celles
qu'on conçoit clairement , qu'on développe aiſément , & qu'on démontre
manifeſtement : & il en eſt de même à ſon égard qu'à l'égard de pluſieurs
autres principes du mouvement , qu'on range parmi les choſes qui ne ſont
point encore connues; telle eſt la cauſe de l'irritabilité des fibres animales,
tel eſt le principe qui change les alimens que nous prenons , & qui les convertit en notre propre ſubſtance; tel eſt le principe de la nutrition & de l'accroiſſement de toutes les parties de notre corps ; tel eſt le principe immédiat de la vie animale , & de ſa conſervation; telle eſt la cauſe qui s'oppoſe à la ſolution de continuité des parties , & qui unit entr'elles celles qui
ſont ſéparées par toute bleſſure quelconque , qui forme de nouvelles anaſ-
tomoſes après la rupture des vaiſſeaux , qui engendre de nouveaux canaux
dans les viſceres , à la place de ceux qui ont été détruits ; telle eſt encore la
cauſe qui engendre de nouvelles parties à la place de celles que l'amputa-
tion emporte. On doit auſſi ranger dans cette claſſe le principe vivifiant des
plantes , & celui qui fait végéter leurs ſemences , qui les fait germer , &
qui leur donne la vertu de ſe convertir en de nouvelles plantes , & pluſieurs
autres principes de cette eſpece , dont les effets ſe préſentent continuellement
à nos recherches , mais qu'on ne peut encore ranger que parmi les loix de la
Nature ; parceque leurs cauſes échappent à la ſagacité de notre génie , &
parmi leſquelles nous devons compter la cauſe des attractions que nous obſervons. Quiconque pourroit découvrir ces principes , les développer clairement , & les démontrer manifeſtement , auroit fait de grands progrès en
Phyſique , & rendroit un grand ſervice à la ſociété; car quantité de phénomenes , que nous obſervons continuellement , dépendent de ces cauſes : au
défaut de pouvoir en donner l'explication , nous ſommes obligés de nous
contenter de les indiquer dans l'Hiſtoire de nos découvertes phyſiques.

§. MIV. Nous ne doutons cependant point que , lorſqu'on aura étudié
davantage cette théorie , on n'obſerve un grand nombre de différences , ſoit
dans les faits que nous avons déja rapportés , ſoit dans ceux dont nous ferons
mention par la ſuite; différences qui échappent actuellement à notre pénétration , tant à cauſe de leur peu de ſenſibilité , qu'à cauſe des bornes étroites qui circonſcrivent le génie de l'homme , & qui l'empêchent d'obſerver
ces faits avec toute l'exactitude & l'induſtrie qu'ils exigent ; de ſorte que ,
par la ſuite , on découvrira que tous ces faits doivent être rangés dans différentes claſſes; que pluſieurs doivent être rapportés à une même eſpece , en
tant qu'ils ſuivent les mêmes loix & les mêmes proportions : car l'avantage
d'acquérir toutes les connoiſſances n'eſt pas donné à une ſeule généra-
tion.

L'attraction n'eſt encore , juſqu'à préſent , qu'un terme vague & général ,
qu'on ne pourra déterminer & fixer , que par un travail aſſidu; car chaque
jour voit naître de nouvelles découvertes. En attendant donc que les cauſes
que nous ne connoiſſons pas encore aſſez , ſe découvrent d'une maniere évidente , nous nous abſtiendrons d'en parler , & nous bornerons nos recher-

A ij

ches à l'examen des proportions & des loix que la Nature obſerve dans ſes attractions; connoiſſances qui ſont toujours ſûres, conſtantes, & qui ne changeront jamais; en un mot, connoiſſances toujours utiles pour la propagation des ſciences.

§. MV. Nous remarquons conſtamment que les plus petites parties de tous les corps ſolides s'attirent mutuellement; qu'elles adherent enſemble par la force de l'attraction qui les maîtriſe, & qu'ainſi unies, elles forment de plus grandes maſſes. En effet, la cohéſion de ces parties ne dépend pas de la preſſion de l'air extérieur; puiſque leur adhérence ſubſiſte également dans le vuide de *Boyle* : elle ne dépend pas non plus de tout autre fluide extérieur que nous connoiſſions, & dont la preſſion ſe déploie continuellement contre les ſurfaces des corps ſolides. En effet, l'air ſubtil, l'*éther*, auquel pluſieurs Phyſiciens ont recours pour expliquer ce phénomene, n'eſt qu'un fluide imaginaire. En ſuppoſant même ſon exiſtence, s'il étoit la cauſe, par ſa preſſion, de la cohéſion de deux portioncules de matiere; par exemple de A & de B [*Tab.* 25. *fig.* 4.], & qu'il les obligeât à ſe réunir, pour ne former qu'une ſeule & même maſſe, il produiroit néceſſairement le même effet ſur deux autres portioncules quelconques de matiere : telles, par exemple, que C & D [*Tab.* 25. *fig.* 5.], de quelqu'eſpece que fuſſent ces portioncules de matiere; d'où il s'enſuivroit qu'on verroit bien-tôt l'éther lui-même, l'air, & tout fluide quelconque, ſe convertir en pluſieurs maſſes ſolides, toutes leurs parties étant ſoumiſes à la preſſion du fluide ambiant.

§. MVI. Non-ſeulement les parties des ſolides, mais encore toutes celles des liquides, s'attirent auſſi mutuellement; comme il paroît manifeſtement par leur ténacité, & par la rondeur de leurs gouttes : & comme ce même effet a lieu dans le vuide, il en réſulte qu'il ne dépend point de la preſſion d'un fluide extérieur, mais de la vertu attractive de ces parties, qui fait qu'elles s'uniſſent & qu'elles adherent enſemble.

§. MVII. Bien plus, les fluides attirent tous les corps ſolides, & réciproquement ces derniers exercent leur attraction contre les liquides : l'attraction eſt donc univerſellement répandue dans la Nature; puiſqu'elle ſe décele auſſi manifeſtement dans les ſolides que dans les liquides.

§. MVIII. Si on veut néanmoins de nouvelles preuves de l'attraction entre les corps ſolides, on peut en tirer de très convaincantes des expériences ſuivantes. Prenez deux glaces planes, polies, fort nettes & bien ſeches; poſez ces deux glaces l'une ſur l'autre : élevez enſuite celle qui eſt deſſus pour la ſéparer de celle ſur laquelle elle repoſe, & vous éprouverez alors une grande réſiſtance, qui décelera la force avec laquelle ces deux glaces s'attirent mutuellement. Cette expérience réuſſit également dans le vuide, & détruit totalement le ſoupçon que pourroit faire naître la preſſion de l'air extérieur, à laquelle on pourroit attribuer ce phénomene.

Une autre expérience, qui prouve encore manifeſtement la même choſe, eſt celle qui ſuit.

Suſpendez à l'extrêmité d'un long cheveu, pris ſur la tête d'un enfant; ſuſpendez, dis-je, à ce cheveu de petites lames minces, faites de papier, de carton, de cuir, de bois, de fer, &c, longues d'un pied & d'une demi-

ligne de largeur : fufpendez ces lames fous des cloches de verre fuffifamment longues, afin que, n'étant point expofées aux impreffions de l'air, elles
n'en puiffent recevoir aucun mouvement ; approchez alors, à différentes
diftances de ces cloches, différens corps, & vous obferverez que les lames
qui feront fufpendues deffous, s'approcheront des corps que vous leur pré-
fenterez : on peut faire cette obfervation fort commodément, à l'aide d'un
micrometre, dont un télefcope feroit muni. Ce fut le célebre *Bertier* qui découvrit le premier ce phénomene univerfel d'attraction.

§. MIX. On éprouve auffi les effets d'une attraction mutuelle lorfqu'on
pofe les unes fur les autres des furfaces planes, tirées des métaux, ou des
demi-métaux ; tels que l'argent, le cuivre, le fimilor, le fer, le plomb, l'é-
tain, le zinc, le bifmuth, le régule d'antimoine, ou qu'on place les unes fur
les autres des pierres dont les furfaces font polies.

§. MX. Non-feulement les corps qui font en contact s'attirent mutuellement ; mais on remarque encore cet effet entre ceux qui font à une certaine
diftance les uns des autres. En effet, placez entre les deux glaces, dont nous
avons parlé dans le §. 1008, placez, dis-je, entre ces deux glaces un fil de
foie fort fin, tel qu'il a été filé par les vers à foie ; bandez ce fil en le liant à
la furface de l'une de ces deux glaces : dans cette hypothefe, leur diftance
fera proportionnée à l'épaiffeur du fil, & la force attractive qui les unif-
foit auparavant, ne paroîtra pas beaucoup affoiblie ; joignez enfuite deux
fils enfemble, & pofez les pareillement entre ces deux mêmes glaces, ou
attachez deux fils en croix fur l'une des deux glaces, de façon que l'un des
deux fils paffe par-deffus l'autre : la diftance entre les deux glaces, qui naîtra de l'interpofition de ces deux fils, fera plus grande que précédemment ;
leur attraction néanmoins fe fera encore fentir, mais elle diminuera à proportion que l'épaiffeur du corps interpofé deviendra plus grande ; c'eft-à-
dire, à proportion que les deux glaces feront plus éloignées l'une de l'autre.
L'expérience aura le même fuccès fi on la répete avec des glaces d'une grande
épaiffeur : elle réuffit également lorfqu'on fe fert de métaux, d'un ou même
de deux pouces d'épaiffeur ; & on ne peut pas foupçonner alors que cette
adhérence provienne des parties de leurs furfaces, qui feroient engagées dans
la texture des fils interpofés.

On peut auffi démontrer, d'une maniere bien fenfible, la vertu attractive
à quelque diftance, par l'expérience de *Newton*, que voici.

Suppofons que A S B [*Tab.* 25. *fig.* 6.] foit un corps opaque, qui fe termine en pointe au point S, & qui foit fait de métal, de pierre ou de verre :
fi des rayons de lumiere paralleles entr'eux, reçus dans une chambre obfcure, paffent dans le voifinage de la pointe S, on obfervera alors que le rayon
D S, qui fera le plus proche de la pointe S, fera attiré fortement par cette
pointe, & fubira une forte réfraction, qui le dirigera felon la ligne S d : le
rayon E S, qui fuit immédiatement celui dont nous venons de parler, fera
moins réfracté que le premier D S, & fe portera au point e ; le rayon qui
fera encore plus éloigné du point S que les deux précédens, fouffrira auffi
une moindre réfraction, & fe portera en f ou en g : & celui qui fera le plus
éloigné de la pointe S ne fouffrira aucune réfraction, mais fe portera directement en h. Non-feulement l'attraction a lieu dans cette expérience, mais

la force répulsive s'y fait auffi remarquer ; car le rayon qui fe trouve au-delà
du dernier , dont nous venons de parler , eft fortement repouffé , & fe dirige pour lors vers le point I : celui qui fuit immédiatement ce rayon, éprouvant moins fortement l'effort de la vertu répulfive , fe porte en K ; enfin celui qui eft le plus éloigné de tous , fe trouvant placé au-delà de la fphere d'activité de la vertu répulfive , continue à fe mouvoir felon la direction , & fe
porte au point l. Rien n'eft plus fenfible que cette attraction & cette répulfion ; elle faute aux yeux de tous ceux qui fe trouvent préfens à cette expérience , fur-tout fi on prend deux lames d'acier, qu'on oppofe l'une à l'autre par leur pointe à la diftance de o, 1 pouce , & qu'on les approche de
plus en plus , jufqu'à ce que leur diftance = o, 25 de pouce : alors aucun
rayon ne pourra fuivre fa premiere direction ; ils feront tous réfractés. Quelques Phyficiens ont cru que ce phénomene dépendoit de quelqu'atmofphere
fluide qui entouroit tous les corps , dont la denfité diminuoit à proportion
qu'elle s'éloignoit davantage de la furface de ces corps , & que les rayons de
lumiere , traverfant cette atmofphere, étoient plus ou moins réfractés , fuivant la denfité de la partie de cette atmofphere qu'ils traverfoient. Si ces
habiles Phyficiens faifoient attention aux loix de la réfraction , ils verroient
manifeftement , par exemple, qu'un faifceau de lumiere A B [*Tab.* 25.*fig.*7.],
qui pénetre une atmofphere également denfe dans toute fon étendue, fe réfracte & fe porte felon la direction B E C , & qu'à la fortie de cette atmofphere au point C, il fe porte felon la direction C D , parallele à A B ; ou que
fi l'atmofphere qui enveloppe la pointe E du corps dont nous avons parlé ,
eft de différente denfité dans fon étendue, & que le faifceau de lumiere
A B [*Tab.* 25.*fig.* 8.] pénetre cette atmofphere dans l'endroit où elle eft
moins denfe , il fe réfractera , & fuivra la direction B C ; qu'enfuite il parviendra dans une couche plus denfe de la même atmofphere, & par conféquent qu'il fe réfractera encore davantage, & qu'il fuivra la direction C E D ;
partant enfuite du point D , il fe portera felon la direction D F , parallele à
C B : enfin il s'échappera de cette atmofphere au point F, & continuera à fe
mouvoir felon la droite F G , parallele à A B. Or, dans cette hypothefe, il
ne fe fera pas une réfraction auffi fenfible que celle qu'on remarque dans
l'expérience que nous avons rapportée ci-deffus. Je ne parle pas ici de l'atmofphere qu'on attribue au corps dont il eft queftion , dont l'exiftence n'eft
pas encore démontrée, quoiqu'il foit vrai de dire que la vertu attractive enveloppe & eft répandue autour de tous les corps. Pour voir donc ce que
pourroit produire une atmofphere de matiere fluide, répandue autour des
corps , j'ai communiqué une forte vertu électrique à plufieurs corps , de
l'efpece de ceux dont on fait ufage pour répéter l'expérience que nous venons de citer : parmi ces différens corps que j'ai électrifés , les uns étoient
établis fur une table de bois, les autres fur des pains de réfine ; mais je ne
me fuis jamais apperçu que la réfraction des rayons de lumiere fût augmentée , diminuée, ou changée aucunement. J'ai obfervé le même phénomene dans la décompofition des couleurs ; elle n'en a éprouvé aucun changement , ainfi que nous en parlerons (§. 1826, 1827, 1828) : d'où il paroît
manifeftement que la caufe de l'attraction eft tout-à fait différente de
l'électricité.

§. MXI. La force attractive exerce donc son action même à quelque distance; elle agit plus puissamment à une plus petite distance, & elle agit avec tout l'effort possible dans le contact immédiat : cette vertu, à la vérité, ne s'étend pas fort au loin; car, à une grande distance de A B [*T.* 25. *F.* 9.], telle que a b, il n'y a que l'attraction qui vient de la surface A B qui s'y fasse sentir, & qui agisse dans toute l'étendue de l'espace A B a b : mais à une moindre distance, telle que c d, non-seulement l'attraction, qui provient de la surface A B, mais encore celle qui appartient à la surface inférieure C D, déploieroit son action contre tout corps qui seroit placé à la distance exprimée par c d; à une moindre distance, telle que e f, le corps attiré seroit encore soumis à l'attraction des parties inférieures E F : enfin si un corps étoit placé sur la surface A B, il auroit à supporter la vertu attractive des parties mêmes qui constituent la surface GH. Nous avons supposé ici que la plus grande distance, à laquelle la force attractive pouvoit porter son action, étoit la distance exprimée par a b; mais nous ne pouvons pas assurer, & nous ignorons si cette force auroit une aussi grande étendue dans toute sorte de corps : nous ignorons pareillement si les forces attractives des différentes parties, comprises dans l'espace A B a b, agiroient également dans toute l'étendue de cet espace; puisque les forces répulsives commencent à exercer leur pouvoir dans l'endroit où les forces attractives cessent à faire sentir leur action.

La force attractive est plus grande dans les corps denses, dans ceux qui ont une grande surface, dans ceux qui portent avec eux un certain poids, que dans ceux qui sont plus rares, plus petits, & moins pesans; la vîtesse néanmoins est toujours proportionnellement plus grande dans les petits corps qui sont soumis au pouvoir de l'attraction, que dans ceux qui sont plus grands, & qui obéissent à l'action de cette puissance. En effet, les corps qui sont à une très petite distance les uns des autres, s'attirent plus fortement que ceux qui sont plus éloignés, sur lesquels l'attraction n'a quelquefois aucune prise : c'est pour cette raison que, dans les corps d'une certaine étendue, tels que A & B [*Tab.* 25. *fig.* 10.], quelques unes de leurs parties, telle que C, par exemple, prise dans l'un de ces deux corps, est plus éloignée de la partie D de l'autre corps, qu'elles ne le seroient si elles appartenoient à des masses d'une moindre étendue, telles que E & F, dans lesquelles toutes les parties, même H, I, agissent les unes contre les autres, & s'attirent mutuellement : d'où il suit que les mêmes forces attractives qui résident dans les corps, communiquent plus de vîtesse aux petites masses qu'à celles qui seroient plus grandes; par conséquent la vîtesse avec laquelle les petites masses s'approcheront les unes des autres, sera souvent très rapide, tandis que le mouvement des plus grandes masses sera très lent, & souvent = o.

§. MXII. Si la force attractive décroît en raison inverse doublée des distances qui séparent les corps qui agissent les uns contre les autres, la loi de l'attraction de cohésion sera la même que celle de la gravité.

Dans cette hypothese la force attractive entre deux corps qui seront en contact, sera sensiblement la même que celle de deux corps qui seroient à une petite distance l'un de l'autre; il n'y auroit pas, par exemple, une différence bien fenfible entre l'attraction de la terre fur un corps qui feroit placé à fa furface, & entre celle qu'elle exerceroit contre ce même corps placé à 100 pieds de diftance au-deſſus de la furface de la terre : fi donc l'attraction eft confidérablement plus forte lorfque le corps attiré eft contigu, & touche le corps attirant, que lorfque ces deux corps font à une très petite diftance l'un de l'autre, il faut néceſſairement que les forces attractives, lorfque le corps attiré s'éloigne du corps attirant, décroiſſent fuivant une raifon plus grande que la raifon doublée des diftances; ainfi que *Newton* l'a démontré (1).

§. MXIII. La force avec laquelle un petit corpufcule en attire un autre qui le touche, eft infiniment plus grande que lorfque ces deux corps font féparés par une petite diftance quelconque. En effet, foit le corpufcule P [*Tab.* 25. *fig.* 11.], qui touche la pointe du cône P A L; fuppofons que ce cône foit coupé perpendiculairement à fon axe par les plans B C, F G, A L, le plan F G attire le corpufcule P en raifon directe de fa maſſe, & en raifon inverfe triplée de fa diftance (nous fuppofons ici la raifon triplée) : la maſſe

de F G $= \overline{PF}q$; & la raifon compofée des deux grandeurs $= \dfrac{\overline{PF}q}{\overline{PF}q} = \dfrac{I}{PF}$, qui

eft la raifon inverfe de la diftance.

Soient donc maintenant H P, & P A deux afymptotes de l'hyperbole K D E I, on aura la droite F E, qui exprimera l'intenfité de la force attractive au point F; I A défignera l'attraction du plan A L à la diftance P A : & l'aire E A F I repréfentera la vertu attractive de tout le fegment conique F G L A. Alors la droite B D donnera la force attractive du plan B C, & l'aire D B E F repréfentera la vertu du fegment conique B C G F; mais la force attractive de la pointe du cône P R M fera repréfentée par l'aire d'une longueur infinie, compris entre l'afymptote infinie H P, & l'hyperbole : par conféquent la pointe du cône, qui eft en contact avec le corpufcule P, exerce contre lui une force attractive, qui eft comme l'afymptote P H; donc cette force eft infiniment grande, fi on la compare avec celle qu'exercent contre le même corps les parties qui font en A.

§. MXIV. En vertu des obfervations que nous venons de faire, & de ce que nous avons obfervé par rapport à la vertu attractive de l'aimant, il y a une grande différence entre l'attraction & le magnétifme, dont l'action fe propage jufqu'à la diftance de plufieurs pieds, & fuivant d'autres proportions de diftances.

2°. L'attraction eft une force répandue univerfellement dans la Nature; il n'en eft pas ainfi du magnétifme : c'eft une vertu particuliere.

3°. L'attraction ne peut être détruite ni changée; au contraire la vertu magnétique peut être affoiblie, détruite, & changée à volonté, auſſi-bien dans l'aimant que dans le fer.

§. MXV. Puifque la force attractive agit contre les corps, même à quelque diftance, ceux qui font maîtrifés par cette force doivent néceſſairement s'approcher de ceux qui les maîtrifent, & fe porter vers eux avec un

(1) Princip. Philof. Nat. Lib. 1. Propof. 85.

mouvement

mouvement accéléré, jufqu'à ce qu'ils foient parvenus au point du contact.

En effet, fuppofons le corps A [*Tab.* 25. *fig.* 12.] attiré par le corps B jufqu'au point C : le premier de ces deux corps, fortant de l'état du repos dans lequel il étoit, fe meut avec peu de vîteffe ; pareillement le corps B, étant attiré par le corps A jufqu'au point E, fort auffi du repos dont il jouiffoit, & fe meut avec une petite vîteffe : mais comme la force attractive qui maîtrife ces deux corps déploie continuellement fon action, ainfi qu'une force qui continue à preffer un corps qui lui eft foumis, le mouvement de ces deux corps acquiert continuellement de nouveaux degrés ; d'où fuit l'accélération de ce mouvement, lors même qu'on fuppoferoit que la force attractive agiroit également à toute forte de diftance. Mais il n'en arrive pas ainfi, la force attractive croît continuellement, à proportion que la diftance devient plus petite ; par conféquent, dès que ces deux corps font parvenus aux points C & E, ils agiffent plus puiffamment l'un contre l'autre : d'où il fuit que le mouvement du corps A en fera plus fortement accéléré, en partant du point C pour arriver au point D, ainfi que celui du corps B pour parvenir du point E au même point D ; & lorfqu'ils arriveront l'un & l'autre en D, ils fe choqueront l'un contre l'autre avec un mouvement fortement accéléré.

§. MXVI. Ce feroit ici l'occafion de déterminer fous quel rapport de diftance les corps agiffent les uns contre les autres & s'attirent. Nous favons, qu'en vertu de la gravité, les corps agiffent les uns contre les autres en raifon inverfe du quarré des diftances ; mais il nous paroît que les forces attractives des corps qui font placés à de petites diftances, agiffent felon une plus haute raifon : nous n'avons point, à la vérité, d'expériences exactes & sûres à cet égard, & on ne pourra que très difficilement perfectionner cette théorie ; parcequ'on ne peut tout au plus qu'obferver les effets de l'attraction à de petites diftances, & qu'on connoît à peine de véritables moyens pour en mefurer la force : ajoûtez à cela qu'on ne peut point faire d'expériences fur les élémens des corps : outre cela, que les corps d'une certaine étendue ne font point fimples & homogenes, mais compofés de parties de différente nature & de différente combinaifon, comme, par exemple, d'efprit, d'eau, d'huile, de fel, de métal, de terre, &c ; & nous ne favons point comment ces parties font unies entr'elles, ce qu'il y a de folidité dans un corps, ni quelle eft l'étendue de fa porofité ; nous ignorons la figure des différens ordres de parties qui compofent ces mixtes : connoiffances néanmoins qui feroient indifpenfablement néceffaires ; puifque la force attractive des corps peut fort bien dépendre de toutes ces différences que nous ignorons. On peut juger, par ce court expofé, de l'étendue des recherches, & du nombre d'expériences que nous abandonnons au foin de ceux qui viendront après nous, & qu'il ne nous eft pas poffible de pouvoir mathématiquement démontrer quelque chofe fur les attractions des corps, fi nous en exceptons ce que *Newton* & *Keil* ont démontré avant nous ; de forte que nous devons nous contenter du petit nombre de phénomenes qu'on a obfervés fur l'attraction des grands corps.

§. MXVII. Examinons donc maintenant de quelle maniere les fluides agiffent les uns contre les autres, & s'attirent. Ce n'eft pas que nous foupçon-

nions que l'action des fluides foit foumife à d'autres loix particulieres; puifque les parties des fluides font de véritables folides, mais très fubtils & très
mobiles. Suppofons donc quelques parties des fluides qui puiffent fe prêter
aux opérations que nous pouvons faire (exceptant néanmoins de cette claffe
la matiere de la lumiere & celle du feu); fuppofons donc, dis je, quelques-
unes de ces parties placées dans un autre fluide, avec lequel elles ne puiffent
pas fe mêler, ou avec lequel elles ne puiffent fe mêler que difficilement, ou
enfin avec lequel elles ne puiffent point fe mêler promptement : que ces parties, féparées les unes des autres, s'approchent de façon qu'elles puiffent
agir les unes contre les autres & s'attirer; elles s'uniront alors, & elles formeront une goutte ronde : telles font les parties aqueufes, fpiritueufes,
huileufes, celles du mercure, lorfqu'elles nagent dans l'air, ou lorfqu'elles
tombent, ou qu'elles s'élevent dans l'atmofphere; telles font encore les molécules de l'air, lorfqu'elles font difféminées dans l'eau, ou dans quelqu'efprit : telles font auffi les parties huileufes, ou fpiritueufes, lorfqu'elles font
renfermées dans l'eau.

Soient en effet les parties a, b, c, d, e, f, g, h [*Tab.* 25. *fig.* 13.], difpofées de la maniere que la figure les repréfente, ou d'une autre maniere
quelconque ; fuppofons que ces parties ne foient pas comprifes dans un feul,
mais dans plufieurs plans : cela pofé, fuppofons que la partie a, attirée par
les deux parties b & c, s'uniffent avec elles ; dans le même moment la partie e fe joindra à ces premieres, & les particules f, g, h, maîtrifées par la
même puiffance, fuivront la partie e, & fe joindront aux autres : toutes ces
parties, unies enfemble, ne formeront plus qu'une même maffe, qui ne demeurera point en repos, que lorfque les forces attractives feront en équilibre entr'elles ; ce qui ne pourra arriver que lorfque les parties les plus extérieures feront de toutes parts également éloignées les unes des autres, ou de
celle qui occupera le centre de cette maffe; ce qui ne peut avoir lieu, qu'en
fuppofant cette maffe fphérique : d'où il fuit que fi ces petites portioncules
de matiere, en s'approchant les unes des autres, ne forment point une
fphere, mais une maffe ovale, elles ne conferveront point long-tems cette
figure, & elles ne parviendront à l'état de repos, qu'après que la figure ovale
de cette maffe fera devenue parfaitement ronde.

D'où il fuit manifeftement que les parties des liqueurs qui s'attirent les
unes & les autres, forment des gouttes rondes, en vertu de la force attractive qui les maîtrife, & non pas en vertu de la preffion du fluide ambiant,
dans lequel elles nagent : en effet, la preffion d'un fluide qui fe feroit fentir
fur les parties a b, c d [*Tab.* 25. *fig.* 14.], qui auroient le plus d'étendue
dans une goutte ovalaire, feroit plus forte que celle qui fe feroit fentir fur
les parties a c & bd de cette même goutte, dont l'étendue feroit plus petite;
d'où il fuivroit néceffairement un plus grand applatiffement de cette goutte,
felon la direction de fon grand axe, & un plus grand éloignement entre les
parties de cette même goutte, plutôt qu'une approximation de ces parties :
& cette goutte, antérieurement ovale, ne pourroit jamais devenir
ronde.

§. MXVIII. Si on répand fur la furface plane, & parfaitement nette,
d'un corps folide qui eft froid, quelques petites gouttes de liquides quel-

conques, pareillement froids, & féparées les unes des autres ; ces gouttes s'arrondiront, & formeront de petits globules : les parties conftituantes de ces globules, en vertu de la pefanteur qui les maîtrife, tendront à fe mouvoir de haut en-bas : mais ces parties, étant foutenues par le plan qui les porte, elles s'applatiront inférieurement, leur furface fupérieure confervant fa figure fphérique ; de forte que ces globes repréfenteront des fegmens de fphere. A cette force, qui maîtrife ces parties, & qui les oblige à s'applatir fe joint la vertu attractive du plan, qui oblige ces gouttes à s'applatir davantage : ce qui donne à la furface inférieure & plane de ces gouttes une plus grande étendue ; de-là plus la vertu attractive du plan, fur lequel ces gouttes repofent, fera foible, & plus ces gouttes approcheront de la figure fphérique. Si on laiffe couler lentement de l'eau par un petit chalumeau de verre, fur la furface d'un morceau de fer poli, & que cette eau forme une goutte dont le diametre foit d'une ligne, la figure de cette goutte d'eau ne différera prefque pas de celle d'une hémifphere. Si on laiffe tomber une même quantité d'eau fur une furface d'ivoire, le fegment ne comprendra pas un hémifphere : cette goutte prendra une forme moins arrondie fi elle eft placée fur une furface de bois de gayac, ou de buis : cette rotondité fera encore moins parfaite fur une furface de bois de grenadille, ou de noyer : la figure de cette goutte approchera encore moins de la fphérique, fi elle repofe fur une furface de mercure ; & elle fera très peu fphérique fur la furface plane & polie d'un miroir, fur laquelle elle s'étendra, & elle paroîtra fous la forme du fegment d'une grande fphere. Des gouttes d'eau, placées fur le duvet de quelques feuilles d'arbre, prennent la forme de petits globules, dont la figure approche beaucoup de celle d'une fphere parfaite ; telles font les gouttes de rofée qu'on remarque fur les plantes. Pareillement fi on répand quelques gouttes d'eau fur la furface d'un fer chaud, ces gouttes formeront de petits globules faillans fur la furface de ce fer, & qui la toucheront à peine, jufqu'à ce qu'elles fe foient diffipées en vapeurs ; mais la rondeur que les gouttes d'eau acquerront fera différente fuivant qu'elles feront placées fur différens corps folides, dont les forces attractives feront différentes : ce qu'on ne peut connoître que par autant d'expériences particulieres.

On peut répéter ces expériences avec des fluides de toute efpece, dont il faut répandre des gouttes fur tous les corps folides, gras, non gras, & même fluides ; & on découvrira pour lors des variétés fans nombres, plus agréables les unes que les autres : ainfi que je l'ai obfervé moi-même en répétant ces fortes d'expériences.

Si on répand quelques petites gouttes de mercure, du diametre de o, 15 pouces fur une furface plane, très polie & vernie, ou fur du verre, du talc de Mofcovie, ou fur une furface quelconque de métal, très polie & très nette, on remarquera que ces globules feront très pareffeux, & qu'à peine ils fe mouveront, lors même qu'on inclinera le métal ou le verre, & qu'on leur fera prendre une fituation oblique à l'horifon : bien plus, on remarquera encore que ces globules font fi adhérens aux fubftances dont nous venons de parler, mais fur tout au verre, qu'ils ne s'en fépareront pas, & qu'ils ne tomberont pas lorfqu'on renverfera ces furfaces de façon qu'elles fe trouveront dans une fituation perpendiculaire à l'horifon : & on pourra

alors voir très diſtinctement combien ces globules ſont applatis par l'adhérence qu'ils contractent avec le verre : on peut juger par là de combien la
force attractive, entre le mercure & le verre, ſurpaſſe le poids de ce liquide. Plus les gouttes de mercure qu'on répand ſur un verre très plan & très
poli, ſont petites, plus elles ſont arrondies, & approchent davantage de la
figure ſphérique; en effet, plus elles ſont petites, moins elles peſent : dans
ce cas, leur poids eſt dans un plus petit rapport avec leurs forces attractives,
que ſi elles étoient plus groſſes; car ces dernieres ſe ſéparent du verre, &
tombent lorſqu'on le renverſe. Des gouttes plus groſſes que celles que nous
venons d'indiquer paroiſſent applaties vers leur ſurface ſupérieure, quoiqu'elles ſoient arrondies ; mais elles ont une convexité très arrondie vers
leur circonférence : & ſoit qu'on les conſidere par leur partie inférieure qui
touche le verre, ſoit qu'on les examine par leur partie ſupérieure, elles paroiſſent ſe terminer de toutes parts ſous la forme d'un très petit ſegment de
ſphere. Je ſuis parvenu à former ſur du verre, des gouttes dont le diametre
étoit = 2, 5 pouces; la ſurface ſupérieure de ces gouttes étoit arrondie juſqu'à une certaine hauteur : mais cette hauteur ne croît pas au delà, ou elle
ne s'augmente que de très peu vers le milieu, juſqu'à ce que le diametre de
la goutte ſoit devenue = 1 pouce. Mais ſi ce diametre devient plus grand,
comme lorſqu'il eſt = 2, 5 pouces, la hauteur de cet arrondiſſement n'augmente pas davantage; & la plus grande hauteur que je lui ai remarquée, fut
dans une goutte de mercure, dont le diametre étoit = 0, 15 pouces. Des
gouttes de mercure, répandues ſur du verre, peuvent prendre une figure
ovale, ou être formées ſous cette figure ; mais ce que j'ai obſervé, eſt que
ſi des gouttes de ce liquide perdent une fois leur rotondité, elles ne pourront
jamais la reprendre, quoiqu'elles deviennent plus grandes.

Si on répand ſur la ſurface plane & polie d'un morceau de bois, de buis,
de gayac, de grenadille, de noyer, d'if, d'orme, de prunier, de poirier, de
pommier, d'olivier, de cyprès, de chêne, d'ébene, &c; ſi on répand, dis-
je, ſur la ſurface d'un morceau de ces différentes eſpeces de bois, & de pluſieurs autres, quelques gouttes de mercure, dont le diametre ſoit = $\frac{1}{100}$ pouce, ces gouttes adhéreront ſi fortement à ces ſurfaces, qu'elles ne s'en ſépareront pas, & qu'elles ne tomberont pas lorſqu'on les renverſera dans une
ſituation perpendiculaire à l'horiſon : ſi on répand, à la vérité, ſur ces différentes ſurfaces des gouttes d'un plus grand diametre, elles couleront lorſqu'on inclinera les ſurfaces; elles s'en ſépareront tout à fait, & elles tomberont lorſqu'on les renverſera. Il y a des gouttes de mercure qui ſont extrêmement mobiles & coulantes, lorſqu'elles repoſent ſur la ſurface de certains
bois, & qui ſont plus pareſſeuſes à ſe mouvoir, & moins coulantes, lorſqu'elles ſont placées ſur des ſurfaces ligneuſes, faites de toute autre eſpece
de bois. Ces différences paroiſſent dépendre, en grande partie, de la plus
grande denſité, & du poli de ces ſurfaces; ces gouttes ſont très peu coulantes, & elles ſe meuvent lentement lorſqu'elles ſont placées ſur de l'ivoire,
ſur des ſurfaces planes faites de la dent du veau marin, de la dent d'hyppo-
potame, ſur des ſurfaces faites avec des os de bœuf, avec de la corne de
ces mêmes animaux; ce qui vient de ce que les ſurfaces, qui ſont faites de
ces ſortes de ſubſtances, reçoivent un plus beau poli. Lorſqu'on répand des

goûtes de mercure fur du papier, ou fur du parchemin, elles y font extrêmement mobiles, & elles coulent très librement.

On forme de ces fortes de gouttes, avec affez de fuccès, de la maniere
fuivante. Soit un trepied A B C [*Tab.* 25. *fig.* 16.], dont les pieds font attachés à un anneau D E, avec des charnieres, afin qu'ils puiffent fe rappro-
cher & s'écarter à volonté; l'anneau D E donne paffage à un entonnoir,
dont le bec fe termine par une ouverture capillaire, afin que la liqueur qu'on
verfe dans cet entonnoir puiffe s'en échapper lentement, & tomber par petites gouttes fur les furfaces planes qu'on place au deffous, à l'aide du
mouvement des pieds de cette machine, qu'on peut écarter ou refferrer :
le bec de l'entonnoir peut être plus ou moins éloigné des plans qui font au-
deffous.

Maintenant, pour pouvoir juger de la rondeur des gouttes, & déterminer
leur hauteur, voici une feconde machine que j'ai inventée : A, B, C font
trois pieds attachés avec des charnieres à un anneau de cuivre D E; fur cet
anneau font établies & élevées deux regles I, K, féparées l'une de l'autre
par un petit intervalle, & fur lefquelles font gravées quelques divifions : ces
regles font unies entr'elles vers leur partie fupérieure par une forte tête de
cuivre, dans l'épaiffeur de laquelle paffe une vis L, afin de fixer à volonté
la regle G H dans les différens points de l'intervalle qu'elle peut parcourir
en montant ou en defcendant. A cette regle G H eft attaché un coulant de
cuivre, qui porte un écrou, dans lequel paffe la vis M, fixée à la tête L,
qui unit les deux regles enfemble; c'eft à l'aide de cette vis qu'on peut mouvoir lentement la regle G H, foit en l'élevant, foit en l'abaiffant. L'extré-
mité H de cette regle eft d'acier, & fe termine en pointe fous la forme d'un
petit cône, dont la bafe a très peu de diametre : or comme la regle G H eft
graduée, on peut voir, lorfqu'elle s'abaiffe, ou lorfqu'elle s'éleve, de combien fa pointe H eft éloignée du plan A B C H, qui eft au deffous; diftance
qui peut être mefurée par des centiemes de pouce : d'où il fuit, qu'à l'aide
de cette machine, on peut mefurer exactement la hauteur d'une goutte de
liqueur; on peut auffi, à l'aide d'un compas ordinaire, connoître le diametre de cette goutte.

§. MXIX. Si des gouttes de toute liqueur aqueufe quelconque, ou d'huile, demeurent fufpendues à l'extrêmité inférieure d'un corps folide, ces
gouttes feront arrondies vers leur partie inférieure, & elles feront adhérentes, par leur partie fupérieure, au corps folide qui les attirera. Des gouttes
de cette efpece, fufpendues à un des bords d'un morceau de verre, peuvent
devenir très groffes & très longues, & repréfenter un cylindre terminé fphé-
riquement à fa partie inférieure; non pas que la force attractive du verre s'é-
tende felon toute la longueur de la goutte fufpendue, mais parceque les parties aqueufes s'attirent les unes les autres, & que les parties inférieures
de la goutte font attirées par les parties fupérieures, & que ces dernieres,
maîtrifées par la force attractive du verre, font adhérentes à cette fubftance.
Mais fi le poids de la goutte de liqueur furpaffe les forces attractives, répandues dans quelqu'endroit de la longueur de cette goutte, il fe forme à cet
endroit une efpece d'étranglement, un col, & la partie inférieure fe fépare
de la partie fupérieure, qui demeure adhérente au verre; de forte que cette

goutte ne fe fépare qu'en partie du verre, à l'extrêmité duquel elle pend.

§. MXX. De même que les différentes parties d'une goutte de liquide, qui s'attirent mutuellement, ne parviennent point à l'état de repos que lorf- qu'elles ont pris une figure fphérique ; pareillement deux gouttes d'un même liquide A & B [*Tab.* 25. *fig.* 15.], dont la furface eft parfaitement nette, qui font très proches l'une de l'autre, ou qui commencent à fe toucher, & qui ne font point trop fortement attirées par le plan fur lequel elles repofent, fe jettent l'une dans l'autre, fe confondent enfemble, & ne forment plus qu'une feule goutte C ; ainfi qu'on peut l'obferver, en répandant fur un papier très lice, ou fur la furface d'un miroir très poli, de petites gouttes de mercure bien revivifié : mais lorfqu'on répand fur la furface d'une glace quelques gouttes d'eau, d'efprit de vin ordinaire, ou d'efprit de vin recti- fié, & qu'on augmente peu-à-peu les unes ou les autres de ces gouttes, à l'aide d'une nouvelle quantité de liquide, jufqu'à ce qu'elles commencent à fe toucher, elles s'uniffent entr'elles, mais bien moins parfaitement, & elles forment, par leur union, une figure oblongue A B C D [*Tab.* 25. *fig.* 18.], plus étroite vers fon milieu, où elle conferve la figure d'une efpece de col. On remarque la même chofe entre plufieurs gouttes d'eau placées fur une furface de mercure. Les parties aqueufes qui ont mouillé la furface d'un verre, en font tellement attirées, qu'elles ne peuvent point en être féparées par la force qui tend à unir ces parties, pour n'en former qu'une feule goutte. Les gouttes d'huile de térébenthine s'applatiffent très promptement lorfqu'on les verfe fur une furface de verre : deux gouttes du même liquide, féparées l'une de l'autre, mais qu'on fait couler de maniere qu'elles s'appro- chent l'une de l'autre, s'uniffent enfemble, & ne forment plus, âprès leur union, qu'une goutte arrondie, très peu fphérique néanmoins. Ce que nous avons obfervé, par rapport à l'union des gouttes de mercure, a lieu auffi en- tre des gouttes d'étain fondu, de plomb, de bifmuth, lorfqu'on répand ces métaux en fufion fur la furface d'un fer chaud.

On vient à bout de former de groffes gouttes en faifant réunir ainfi plu- fieurs petites gouttes des liquides dont nous venons de parler ; mais les pe- tites gouttes de tout autre liquide ne nous offrent pas le même phénomene : fi on fait infufer du chardon béni dans de l'efprit de vin, pour en tirer la teinture, une goutte de ce liquide, répandue fur un verre plân, paroîtra un peu épaiffie ; & fi on l'obferve avec un bon microfcope, qui groffiffe beau- coup les objets, elle paroîtra formée de plufieurs petits globules qui s'uni- ront enfemble à la longue, & qui formeront de petits globes qui auront des queues allongées [*Tab.* 25. *fig.* 19.] : d'autres, par leur union, formeront de petites équerres, d'autres des triangles, d'autres une efpece de croix S. André, d'autres une croix ordinaire, dont les croiffillons fe couperont à angle droit ; d'autres enfin formeront de grands plans orbiculaires : ce qui arrive lorfque plufieurs petits globules voifins d'un gros globule, ou qui l'entourent, fe joignent avec lui de toutes parts, & ne forment plus avec lui qu'un feul globule. Tous ces différens phénomenes viennent de ce que ces petits corpufcules, qui agiffent tous fur un même plan, ne font pas en- tourés de tous côtés par d'autres corpufcules femblables, pour qu'il puiffe ré- fulter de leur union de petits globules arrondis ; mais qu'étant difféminés çà & là fur un même plan, chacun attire ceux qui l'avoifinent, & forme, par ce moyen, toutes fortes de figures. Quiconque s'exerce habituellement à obferver les petites portioncules de différentes fubftances, diffoutes par différens liquides, remarque très fouvent que le concours & l'union de plufieurs globules formée de petites maffes de toutes fortes de figures; de forte que les petits globules ne fe réuniffent pas toujours pour former un feul & plus grand globule, quoique ce phénomene ait lieu dans plufieurs circonftances.

§. MXXI. Tous ces phénomenes fe manifeftent également dans le vuide de *Boyle*, comme dans l'air; d'où il fuit que ceux qui ont prétendu que la rondeur que les gouttes des liquides affectent, lorfqu'ils font répandus fur les furfaces de différens corps, dépend de la preffion de l'air qui les environnent, fe font trompés manifeftement : ceux qui ont cru que l'union de deux gouttes de liquide, qui fe touchent, vient des atmofpheres que ces gouttes jettent autour d'elles, & qui, en les pénétrant mutuellement, à caufe de l'affinité de leurs pores, chaffent l'air intermédiaire, & procurent à l'air extérieur la facilité d'agir efficacement contre ces gouttes, de les pouffer l'une contre l'autre, & de favorifer leur union; les partifans, dis-je, de ce fentiment n'ont pas donné dans une moindre erreur (1). Je ne dirai rien ici de l'office qu'on attribue à ces atmofpheres, qui chaffent, à ce qu'on prétend, l'air qui fe trouve entre les deux gouttes de liquide qui font fur le point de s'unir; ce n'eft qu'une pure fuppofition gratuite. Je veux bien encore paffer fous filence les autres difficultés que cette hypothefe entraîne avec elle, & que d'habiles gens n'auroient jamais propofée s'ils fe fuffent donné le peine de faire des expériences & des obfervations fur les différens phénomenes que cette matiere nous préfente à examiner. La matiere fubtile, l'*éther*, n'eft pas d'un fecours plus avantageux pour rendre raifon de ces mêmes phénomenes; on ne peut pas abfolument regarder ce fluide comme la caufe de tous les effets que nous venons d'expofer : & il eft de toute impoffibilité que la preffion d'un fluide ambiant puiffe contribuer à l'union de deux gouttes de liquides. Ceux qui feront curieux de voir une plus ample defcription des différentes figures que les gouttes de liquide offrent à nos recherches, pourront confulter le célebre *Segner* (2).

§. MXXII. Si on mêle enfemble différens liquides, les parties de ces liquides s'attireront mutuellement : celles qui feront en contact avec celles d'un autre liquide, adhéreront enfemble avec une force proportionnelle à leur vertu attractive : & fi cette force eft confidérable, les liquides fe convertiront en une maffe folide, dont la folidité fera d'autant plus grande, que la vertu attractive, qui maîtrifera les parties adhérentes, fera plus grande; il en réfultera donc un *coagulum*. Cet effet a lieu lorfqu'on mêle enfemble de l'efprit urineux avec de l'alkool de vin; car ces deux liquides fe convertiffent auffi tôt en une maffe folide, femblable à de la glace. L'alkool du vin forme auffi un *coagulum* lorfqu'on le bat avec du blanc d'œuf, ou avec de la férofité du fang. Le blanc d'œuf fe coagule encore, & fe dur-

____

(1) Helvetius, Princip. Phyfico-med. Vol. I. p. 56 & 87. (2) Commentar. Oottinghens. Vol. I. p. 301.

cit lorfqu'on le mêlé avec de l'efprit de fel marin, avec de l'efprit de nitre ; avec de l'efprit de foufre, avec de l'huile de vitriol : ces différens efprits ont auffi la propriété de coaguler le fang & de l'épaiffir (1). On fait auffi cailler le lait avec de la preffure, ou avec le fuc de la petite catapuce ; l'efprit de nitre, l'efprit de miel, produifent auffi le même effet. Les œufs cuits dans du lait forment un *coagulum* affez ferme. Si on fait diffoudre dans de l'eau le réfidu des fleurs de Mars, qu'on trouve après la diftillation ; fi on verfe par-deffus du mercure, l'acide le coagulera. La Chymie nous enfeigne quantité d'autres exemples plus curieux les uns que les autres fur cette matiere.

Or pour quelle raifon certains fluides, mêlés enfemble, forment-ils, par leur mêlange, une maffe folide ; tandis que d'autres fluides, pareillement combinés enfemble, confervent leur fluidité ? Il paroît que ce phénomene dépend du différent concours de leurs parties, de leur figure, de leur grandeur, de leur denfité, de leur porofité, & de quantité d'autres circonftances que l'efprit de l'homme n'a pas encore faifi jufqu'à préfent.

§. MXXIII. Si on fait fondre du fel dans une grande quantité d'eau, les parties falines feront plus fortement attirées par l'eau qu'elles ne pourront s'attirer entr'elles, & elles demeureront féparées à une affez grande diftance les unes des autres : or comme les parties falines font affez délicates pour échapper à la foibleffe de notre vue, & qu'à peine peuvent elles devenir fenfibles à l'aide des meilleurs microfcopes, elles ne peuvent point, par leur excès de pefanteur, écarter les parties aqueufes qui les foutiennent, & fe précipiter au fond du vafe; ce qui fait qu'elles demeurent fufpendues, & qu'elles nagent dans toute la maffe d'eau qui contracte auffi une certaine adhérence avec elles : mais lorfqu'on fait évaporer, foit par l'action du foleil, ou par celle du feu, une partie du liquide qui tient le fel en diffolution, foit auffi lorfque l'air, ou le vent emportent avec eux une partie de ce liquide, & le réduifent en vapeurs, il s'éleve alors fur la furface de l'eau, qui réfifte à l'évaporation, une pellicule fort mince, qui eft formée par les particules falines, qui fe tiennent au haut, & dont le véhicule s'eft évaporé. Cette pellicule, compofée de parties falines, ayant une affez forte confiftance, attire plus puiffamment les parties falines, fur-tout celles qui flottent au-deffous d'elle dans les couches voifines du diffolvant, que ne peut faire une même quantité de cette diffolution qui contient une moindre quantité d'eau, par rapport à l'évaporation dont nous venons de parler ; la pellicule s'épaiffit donc de plus en plus, & elle devient, avec le tems, fpécifiquement plus pefante qu'un pareil volume de la diffolution : alors elle fe brife en plufieurs parties, qui, par leur poids & leur volume, parviennent à divifer l'eau, & à fe précipiter au fond du vafe ; lorfqu'elles fe font ainfi précipitées, elles continuent à attirer à elles les autres parties falines qui flottent encore dans le diffolvant : elles s'affimilent enfemble, & elles forment, par leur réunion, de petites maffes folides de différentes figures, qu'on appelle criftaux.

Les criftallifations offrent aux yeux d'un Obfervateur attentif un fpectacle

_____
(1) D Hamel, Hift. Acad. Reg. Lib. 1. Sect. 5. cap. 1.

des plus variés & des plus curieux : fi on verfe fur un verre plan , qu'on a
fait chauffer auparavant, une goutte d'un liquide qui tient quelque fel en
diffolution , & qu'on place cette goutte de liquide fous la lentille d'un bon
microfcope ; la chaleur communiquée au verre, fur lequel cette goutte de
liqueur repofe, contribuera à l'évaporation de ce liquide ; & on obfervera,
avec peine à la vérité , de petites portioncules falines , qui s'approcheront
continuellement de plus en plus les unes des autres , & qui , par leur réunion , formeront des criftaux , dont la grandeur augmentera à proportion
du nombre des parties qui fe réuniront entr'elles. Ces criftaux , qui font
fuffifamment grands pour être foumis aux différentes opérations de Chymie,
ont tous une figure différente , fuivant qu'ils font formés par des fels de différente efpece. Leur figure , en effet , dépend du concours des particules falines & homogenes , ou du mêlange d'un fel avec une autre efpece de fel , ou
avec une terre quelconque , ou avec un métal ; ainfi qu'il arrive lorfqu'on
combine enfemble l'acide vitriolique avec un alkali fixe , ou avec un alkali
volatil , foit encore avec une terre abforbante , ou avec quelqu'huile , ou
avec différens métaux , &c.

Les criftaux de fel marin fe préfentent fous la forme de petites pyramides , dont les bafes font quadrangulaires & concaves en deffous. Le fel ef-
fentiel du quinquina produit des criftaux ronds & demi-ronds. Le fel de ber-
beris donne des criftaux dont les lames font auffi polies que du verre. Le fel
de vipere forme des criftaux tortueux. Les criftaux du fel de corne de cerf
forment des ramifications. Ceux qui naiffent de la criftallifation du fel d'ab-
fynthe reffemblent à des feuilles d'arbres. Le fel de nitre produit des criftaux
qui ont la figure de parallélipipedes exagones. Les criftaux du fel de laurier
fe préfentent en partie fous la forme de parallélipipedes exagones , & en partie fous la forme de pyramides tronquées. Le fel de régliffe donne des criftaux qui reffemblent à deux pyramides exagonales. Le fel de capillaires fe
criftallife fous la forme de cubes. Celui d'ellébore blanc forme des rhombes.
Les criftaux du vitriol font rhomboïdes. Ceux de l'alun font fur-tout octogo-
nes. *Bellini* (1) , *Leuwenhoek* (2) , *Cappeller* (3) , *Baker* (4) , font ceux qui
ont commencé les premiers à examiner la figure des fels criftallifés ; ce qui
fournit des obfervations microfcopiques très curieufes , fur-tout fi on examine des diffolutions de métaux & de demi-métaux, faites par différens
menftrues , tels que l'eau regale, l'efprit de nitre , l'huile de vitriol , le vinaigre , & par d'autres encore de toute autre efpece. Pour faire ces fortes
d'obfervations , il faut placer fur la furface plane d'un verre chauffé , ou non
chauffé , une goutte de chaque diffolution , & l'expofer fous la lentille d'un
microfcope. Si on plonge dans quelques gouttes de diffolution métallique,
comme , par exemple, dans une diffolution d'or, fi on y plonge , dis je , un
petit morceau de cuivre jaune , ou d'étain , de plomb , de zinc, de bifmuth ,
ou fi on met dans une diffolution d'argent un petit morceau de fer , de cuivre , de fimilor , d'étain , de plomb , de zinc , de bifmuth ; ou enfin fi on
plonge dans quelques gouttes d'une diffolution de cuivre quelque petit mor-

(1) Bellinus de Guftu. (2) Leuwenhoek, Tom. 1. Epif. ann. 1679. (3) Prodromus Cryf-
tallograph. Lucernæ 1732. (4) Employment for the Microfcop.

Tome II. C

ceau d'argent fin , ou d'acier, de forte que deux métaux différens foient diſ-
fous par un même menſtrue ; il en réſultera des criſtaux très curieux , qui ſe
préſenteront ſous la forme de différens arbriſſeaux , munis de leurs branches , de pluſieurs rameaux , dont les uns feront plus longs , les autres plus
courts ; les uns droits , les autres courbés ; d'autres angulaires , hériſſés d'un
ou de deux côtés , & qui porteront de petits globules qui repréſenteront des
fruits : on remarque quelquefois que ces petits arbriſſeaux ſont entourés de
toutes parts par des couronnes plus étroites ou plus amples , placées à quelques diſtances les unes des autres , & d'où ſortent quelquefois d'autres petits rameaux.

Les troncs de ces arbriſſeaux ſont quelquefois épais , denſes , & pyrami-
daux. C'eſt M. *de la Condamine* qui nous a donné le premier la connoiſſance
de ces ſortes de criſtalliſations : le célebre M. *Feyt* , très expérimenté
dans ces ſortes d'expériences , m'a fait obſerver un jour tous ces différens
phénomenes , & quantité d'autres de cette eſpece. Il n'eſt pas difficile de
juger , d'après ce que nous venons de dire , que cette matiere ouvre un champ
immenſe pour les obſervations microſcopiques.

§. MXXIV. Parmi les différens ſels , il y en a pluſieurs qui ſe criſtalliſent
plus promptement que d'autres , & plus on eſt obligé d'employer une plus
grande quantité d'eau pour les diſſoudre , & plus promptement ils ſe criſtalliſent après l'évaporation.

§. MXXV. On a découvert , à l'aide des meilleurs microſcopes , que les
parties élémentaires des ſels étoient d'une figure bien différente de celles des
grandes criſtalliſations qui en réſultoient , & qui tombent ſous nos ſens.
Mais on n'a pas pu démontrer juſqu'à préſent pour quelle raiſon les criſtaux,
qui naiſſent de la fuſion d'un même ſel , paroiſſent preſque toujours ſous la
même figure. Quelques Phyſiciens ont ſoupçonné que les parties élémentaires de ces corps ont une eſpece de vertu polaire ; de ſorte que leur action les
unes contre les autres eſt plus puiſſante vers ces endroits , qu'elles s'attirent
par ces points , & qu'elles ſe repouſſent par les autres : ce qui eſt cauſe que
les parties élémentaires des ſels s'attirent d'une façon particuliere , & qu'elles forment des figures ſemblables lorſque les parties qui s'uniſſent entr'elles ſont de même eſpece ; qu'elles peuvent , par ce moyen , former de grandes maſſes , leſquelles , étant douées de la même vertu polaire , forment des
criſtalliſations telles qu'on les obſerve , & que la forme & la grandeur de ces
criſtalliſations different entr'elles , ſuivant que la diſſolution du ſel eſt
chaude ou froide , ſuivant que les parties de cette diſſolution ſont en mouvement ou en repos ; enfin ſuivant que l'évaporation du liquide ſe fait plus
promptement ou plus lentement : ſentiment , à la vérité , fort ingénieux ,
mais qui n'eſt pas démontré (1).

§. MXXVI. Il paroît manifeſtement que les parties aqueuſes concourent
auſſi à former la figure des criſtalliſations ; puiſque la figure des criſtaux ſe
détruit par l'expulſion de l'eau qu'ils contiennent : mais il y a encore bien
des choſes qui échappent à nos connoiſſances , touchant la formation des
criſtaux : par exemple , nous ne ſavons pas encore pour quelle raiſon le

---

(1) Baker , Employment for the Microſcop. Part. 1. p. 27.

vitriol verd , mêlé avec l'alun & fondu dans l'eau , produifent des criftallifations qui leur font propres , & non pas une troifieme efpece de fel (1).

§. MXXVII. Quoiqu'une grande partie d'une maffe d'eau , qui tient un fel en diffolution , foit évaporée , la précipitation du fel ne fe fera pas aifément, & les criftaux auront peine à fe former, fi on ne place le vafe qui contient cette diffolution dans un lieu frais , & qu'on ne laiffe pas cette diffolution en repos : plus l'endroit où ce vafe eft placé eft frais , & plus les criftaux qui s'y forment font grands pour l'ordinaire ; parceque, dans cette circonftance , il n'y a rien qui puiffe s'oppofer à la force avec laquelle les parties falines s'attirent mutuellement , tandis que la chaleur , les tenant dans un mouvement continuel , les éloigne continuellement les unes des autres , & les empêche de s'unir enfemble : c'eft pour cette raifon que , lorfqu'il fait chaud , les fels ne forment, pour l'ordinaire , que de très petits criftaux.

§. MXXVIII. Si quelque caufe quelconque s'oppofe à l'évaporation du liquide , la diffolution du fel ne pourra point parvenir à fe criftallifer ; à moins qu'elle ne foit portée au dernier degré de faturation , & qu'elle ne foit déja par elle même difpofée à la criftallifation : c'eft pour cela qu'il ne fe forme point de criftallifation fous le récipient de la machine pneumatique , lorfqu'il eft exactement vuide d'air ; ainfi que l'obferve fort bien *Boyle* (2) ; parceque l'évaporation ne peut point y avoir lieu , ou qu'elle ne s'y fait que très lentement. *Petit* affure bien plus , que cette opération ne peut pas fe faire dans un vafe exactement fermé. Quant à la criftallifation des fels neutres , il faut confulter le célebre *Rouelle* (3).

§. MXXIX. De même que les criftaux des fels fe préfentent conftamment fous la même forme , de même certaines pierres nous offrent le même phénomene à examiner ; l'arfenic , renfermé dans un creufet bien lutté , & expofé à l'action d'un feu violent , pendant cinq heures confécutives , pouffe au haut du creufet des criftaux octaedres , affez réguliers & inflammables : bien plus , dans les Laboratoires de Chymie, où l'on traite l'arfenic , il s'exhale & fe fixe fur les murs de ces Laboratoires , fous la forme de criftaux quadrangulaires , ainfi que l'a obfervé *Browalli* & *Tilas* (4).

§. MXXX. L'air, étant un fluide très peu pefant , devroit par conféquent , à raifon de fon poids , furnager fur tous les fluides qui font plus pefans que lui ; cependant on remarque qu'il eft fortement attiré pàr plufieurs , & on pourroit peut être dire par tous : toutes fortes d'eaux l'attirent & l'abforbent ; les vins , les efprits , les huiles tirées par expreffion , par diftillation , & même celles qu'on appelle naturelles , les efprits falins , acides , alkalis , ceux qui font compofés , tous ces fluides le pompent, fi on peut s'exprimer ainfi , & s'en imbibent. Le mercure, à la vérité, ne l'attire que très peu , & à peine s'en charge t-il : ce fluide (l'air) fe jette, & defcend dans tous les fluides dont nous venons de parler ; il fe dérobe enfuite à nos yeux ; il fe mêle intimement avec eux , & il s'y joint fi parfaitement, par la force attractive qui le maîtrife , qu'on ne peut l'en féparer qu'avec beaucoup de peine : en effet, on ne peut l'en retirer que par l'action la plus violente du feu, qui fait

(1) Hift. de l'Acad. Roy. ann. 1736. (2) Boyle , Contin. 2. Exper. Phyf. Tit. 9. Exp. 2. (3) Hift. de l'Acad. Roy. ann. 1744. (4) Biblioth. raifon. ann. 1745. Juillet , p. 91.

bouillir les liquides qui en sont chargés , ou en les laissant séjourner pendant long-tems sous le récipient d'une machine pneumatique , lorsqu'il est bien purgé d'air , & encore ce dernier moyen ne peut être efficace que lorsqu'on a eu la précaution de faire chauffer ces liquides avant de les soumettre à l'expérience du vuide. Le célebre *Petit* a observé la tenacité , avec laquelle l'air adhere aux corps auxquels il s'attache : si on fait fondre du sel ammoniac , ou du mercure sublimé dans de l'eau , il s'éleve à travers la masse d'eau des bulles d'air qui adherent si fortement à de petites portioncules de ces sels , qu'elles les élevent avec elles , jusqu'a ce qu'étant parvenues à la surface de l'eau , elles y crevent. On observe encore le même phénomene , si on jette dans un mêlange d'huile de vitriol & d'eau de la limaille de fer, de zinc , de la poudre de corail, ou des yeux d'écrevisse.

2°. On remarque toujours des bulles d'air adhérentes au fond du vase, qui contient le fluide dont nous venons de parler , qui sont tellement attirées par les corps auxquels elles adherent, que le poids de la masse d'eau qu'elles supportent ne suffit pas pour les en détacher.

3°. Les bulles d'air adherent en plus grande quantité , & plus fortement au fond de l'eau, aux corps raboteux qu'à ceux qui sont plans & polis ; il y a plus de points dans les premiers qui les attirent, que dans les derniers qui ne les attirent que par un seul point (1).

§. MXXXI. Les effervescences nous offrent un spectacle des plus admirables de différentes sortes d'attractions. On donne le nom d'effervescence à certains mouvemens internes & subits qui s'excitent lorsqu'on mêle , ou qu'on verse ensemble , deux substances qui étoient auparavant en repos , ou qui n'avoient que très peu de mouvement : ces effets sont, pour l'ordinaire , accompagnés d'écumes & d'ébullitions très confidérables. Ces sortes d'effervescences ont lieu lorsqu'on mêle ensemble différens corps solides réduits en poussieres : comme, par exemple, lorsqu'on mêle du régule d'antimoine fondu avec de l'argent , avec du sublimé-corrosif, & qu'après avoir placé cette poudre dans un vase de verre , dont l'orifice est très petit , on la comprime fortement en lui faisant éprouver différentes pressions sur tous ses points , par le moyen d'un bâton qu'on insere dans ce vase, & en la triturant de même que si on vouloit n'en faire qu'une seule masse : pendant environ le premier quart d'heure de cette opération , cette poudre demeure en repos , & elle conserve le froid qui lui est naturel ; mais si on continue à la triturer pendant un second quart-d'heure , jusqu'à ce que le petit pilon dont on se sert pénetre aisément la masse qu'elle forme, on voit aussi tôt sortir du vase des fumées épaisses : ce verre s'échauffe, & la masse s'élance au delà du vase sous la forme d'une écume ; elle produit une forte effervescence, elle se fond , & elle remplit d'une vapeur épaisse l'endroit où se fait cette expérience (2).

Plusieurs effervescences de cette nature ont encore lieu lorsqu'on mêle ensemble de la dissolution de sels alkalis avec de la dissolution de sels acides , ou même ces différens sels les uns avec les autres , quoique les sels

______

(1) Hist. de l'Academ. Roy. ann. 1731.   (2) Bartholini , Acta Medica , Part. 2. Obs. 70.

acides fermentent encore, & produisent des effervescences lorsqu'on en mêle plusieurs ensemble, ou avec d'autres d'une espece différente. On comprendra aisément le méchanisme de ces ébullitions, si on conçoit que les molécules des sels acides sont fortement attirées par les molécules constituantes des sels alkalis, & qu'il y a une grande quantité de globules d'air disséminés & cachés dans les pores de ces deux especes de sels; & qui plus est, que plusieurs molécules d'air sont fortement adhérentes aux parties salines : or lorsque ces parties salines, attirées les unes par les autres, s'approchent les unes des autres & s'unissent ensemble, elles compriment, par leur union, l'air intermediaire, & celui qui est adhérent à leurs surfaces ; une partie de cet air cede à la force qui le comprime, abandonne la place qu'il occupoit, & s'échappe ; tandis que la plus grande partie de cet air, faisant éprouver une forte résistance aux parties salines qui le compriment, détruit la force avec laquelle elles faisoient effort pour se réunir ; cette force une fois détruite, le ressort de l'air comprimé se débandant, rétablit les molécules d'air dans leur premier état, & leur rend leur premiere figure : ces molécules, animées de la force qui les dilate, repoussent, en se dilatant, les parties salines qui tendoient à s'unir ; ces parties repoussées s'écartent les unes des autres, & se portent aussi-tôt contre d'autres parties salines qui les attirent alors : d'où il suit que la force qui les repousse, & la vertu attractive, s'unissant alors, maitrisent plus fortement ces parties, & les obligent à se porter plus violemment contre d'autres parties salines ; elles compriment donc encore, & plus fortement, une autre masse d'air intermédiaire : le ressort de cette nouvelle masse d'air, plus comprimé que celui de la premiere, se développe avec plus de force, & repousse plus violemment les parties salines qui tendoient à se réunir ; ces parties repoussées sont encore obligées de se porter vers de nouvelles parties salines, où elles éprouvent une plus forte répulsion ; elles sont donc dans une agitation continuelle ; elles s'approchent les unes des autres ; elles se choquent & elles se repoussent ; ce qui fait qu'elles se brisent, qu'elles s'atténuent, & enfin qu'elles s'unissent ensemble ; car, à proportion que ces différens phénomenes se multiplient, l'air intermédiaire, qui s'oppose à leur union, s'échappe : il se dissipe donc tout-à fait à la longue. Cet air, étant tout-à fait expulsé, la cause de ce mouvement alternatif est détruite, & l'effervescence cesse. Il suit de cet exposé, que plus les parties salines, qui tendront à s'unir ensemble, contiendront d'air, & plus l'ébullition sera considérable; & que si ces sels ne contiennent aucune quantité d'air, ils se combineront ensemble sans aucune ébullition : de-là si on retire tout l'air qui est disséminé dans la substance des acides & des alkalis, on pourra alors les mêler ensemble, sans qu'il paroisse aucune effervescence, aucune écume, quoique ces sels soient très aiguisés, & qu'ils s'attirent avec force.

Il y a des effervescences qui perséverent pendant plus de deux ans; telle est celle qu'on appelle *lithontripticon* de *Tulpius*, & plusieurs autres (1) ; il arrive quelquefois que les parties qui se choquent, & qui se brisent avec violence, rassemblent la matiere ignée, s'échauffent, ou qu'elles dévelop-

(1) Hist. de l'Acad. Roy. ann. 1709, p. 468.

pent, qu'elles tirent & qu'elles mettent en vibration la matiere ignée, qui étoit auparavant comme enchaînée dans les parties des mixtes : cette matiere, développée en grande quantité, & fortement ébranlée, embrâse les parties des mixtes d'où elle se développe, & les réduit en flamme ; ainsi qu'il arrive lorsqu'on mêle ensemble de l'esprit de nitre fumant, de l'huile de vitriol avec des huiles distillées de certaines plantes ; telles que les huiles de carvi, de saffafras, de canelle, &c (1). J'exposerai ci dessous (§. 1640) de quelle maniere l'esprit de nitre parvient à enflammer aussi les huiles qui sont tirées par expression : l'esprit de nitre bien concentré enflamme aussi le phosphore, & cette flamme agit avec tant d'activité, qu'elle brise le vase dans lequel on fait cette opération (2).

§. MXXXII. On observe quelquefois des effervescences qui exhalent fortement la matiere du feu ; tandis que le mêlange des parties qui fermentent devient plus froid : ce phénomene s'observe lorsqu'on mêle ensemble de l'huile de vitriol avec du sel ammoniac, ou avec du sel volatil urineux : quelquefois lorsque ces effervescences se font au grand air, les parties effervescentes sont si fort comprimées par le poids de l'atmosphere, qu'elles s'échauffent par le frottement ; tandis que lorsqu'on fait cette opération dans le vuide, où elles n'ont point à supporter le poids de l'atmosphere, ou lorsqu'on prive ces parties de l'air qu'elles renferment, elles ne se meuvent que très lentement, & d'un mouvement fort obscur, elles ne s'échauffent point, ainsi qu'il arrive lorsqu'on met de l'argent en dissolution dans de l'esprit de nitre, ou lorsqu'on verse de l'eau sur de la chaux vive, qu'on tient depuis long-tems renfermée dans le vuide.

§. MXXXIII. Il arrive aussi quelquefois que le poids de l'atmosphere comprime trop fortement les corps ; ce qui les empêche de se mouvoir librement les uns sur les autres ; de sorte qu'ils ne se frottent alors que très légérement, & qu'ils n'engendrent pas une chaleur fort sensible ; au lieu que lorsque ces sortes de corps sont placés dans le vuide, où ils ne sont point comprimés, ils roulent les uns sur les autres avec plus de rapidité ; ils chassent plus aisément l'air intermédiaire ; ils produisent donc alors des ébullitions plus considérables, & ils s'échauffent davantage : cet effet a lieu lorsqu'on verse sur du fer de l'esprit de sel marin. Il peut même arriver que le poids de l'atmosphere empêche entierement l'effervescence des parties qui attirent plus fortement l'air, qu'elles ne s'attirent elles-mêmes ; tandis que, lorsqu'on répete ces expériences dans le vuide, l'air qu'elles contiennent se dissipe & s'échappe ; & plus il s'échappe promptement, & plus l'ébullition est véhémente : c'est ce qui arrive lorsqu'on mêle ensemble de l'esprit de vin & du vinaigre. Pareillement lorsqu'on jette dans de l'eau du plâtre brûlé, l'ébullition se fait beaucoup plus violemment dans le vuide que lorsqu'on répete cette opération dans l'air libre (3). De même que le poids de l'atmosphere s'oppose quelquefois, & empêche l'effervescence, de même une vapeur élastique qui commence à s'élever d'une liqueur qui est en effervescence, peut quelquefois arrêter tout-à-coup, par son poids, cette effervef-

(1) Philos. Transf. n°. 150. n°. 213. p. 656. Hist. de l'Acad. Roy, ann. 1698, 1702, 719. (2) Acta Berolinens. Tom. 6. p. 62. (3) Hambergeri Physica.

cence lorfqu'elle fe fait dans un vafe qui eft bien clos, en empêchant l'air de fe féparer des fluides. Si on verfe lentement une certaine quantité d'eau fur de l'huile de vitriol, & qu'on ferme enfuite exactement le vafe avec un couvercle de verre; l'effervefcence n'aura pas lieu, lors même qu'on fecoueroit ce vafe. Pareillement le vin de Champagne, renfermé dans une bouteille exactement bouchée, ne produira point d'effervefcence, & elle ne pourra avoir lieu que lorfqu'on débouchera la bouteille.

Plufieurs fluides qui, par leur mêlange, produifent de l'effervefcence, féparent, dans cette opération, & chaffent l'air qu'ils contiennent dans leurs pores, & pouffent à leur furface une efpece d'écume ou de mouffe: or comme leurs parties fe frottent mutuellement, & avec force, lorfqu'elles produifent de l'effervefcence & qu'elles s'échauffent, elles fe volatilifent; ce qui produit des fumées, ce qui occafionne auffi l'expulfion de l'air naturel qu'elles contiennent, & en même tems il s'engendre un fluide élaftique qui s'éleve, & qui eft très analogue à l'air: ces opérations nous préfentent encore à examiner quantité d'autres phénomenes très curieux, que je ne puis décrire ici; mais qu'on trouvera expofés dans la Chymie du célebre *Boerhaave*.

§. MXXXIV. Les liquides attirent auffi les corps folides, & s'y attachent: peu importe même que ces fluides foient fpécifiquement plus pefans ou plus légers que les folides: or comme quelques Savans ont établi comme un principe, *qu'aucun fluide fpécifiquement plus pefant ne pouvoit point s'attacher à un folide fpécifiquement plus léger*; je me propofe de réfuter cette erreur par quelques obfervations, quoiqu'il ne fût point difficile d'en rapporter un très grand nombre qui y font directement oppofées.

1°. Le baume de minium, qui eft un liquide fort pefant, & qui acquere une grande tenacité lorfqu'il eft diffous, eft attiré également par toutes fortes de corps, plus ou moins pefans, & même par ceux qu'on regarde comme très légers, & il adhere & s'attache fortement à tous ces corps.

2°. Le fang humain, celui de bœuf, s'attache fortement à la toile, au papier, au bois, &c, & à quantité d'autres corps moins compacts & moins pefans.

3°. L'huile de vitriol, toute pefante qu'elle foit, eft fortement attirée par le bois le plus léger, par le liege, par le papier, par le linge, & elle s'attache à ces corps.

4°. Les huiles de canelle & de faffafras diftillées, qui font affez pefantes pour fe précipiter au fond de l'eau, font attirées néanmoins & s'attachent très bien au coton, à la laine, au liege.

5°. Un petit globule de mercure, étant pofé fur du papier, fi vous en approché un morceau de verre terminé en pointe, il abandonnera le papier qui le porte, & s'attachera à la pointe du verre qui l'attire. Si vous joignez enfemble les pointes de deux morceaux de verre, de façon qu'elles forment un angle, & que vous préfentiez cet angle à un même globule de mercure, il s'attachera au fommet de cet angle: or fi vous écartez enfuite les deux morceaux de verre l'un de l'autre, le mercure, attiré par les deux morceaux de verre, cédera à leur mutuelle attraction, & fa forme fphérique fe changera en fphéroïde, dont le grand axe paffera à travers les deux morceaux de verre.

6°. Les petits globules de mercure qui s'élevent lorfqu'une maffe de mercure fe convertit en vapeurs par l'action du feu qui la fait bouillir, s'attachent à la furface d'un morceau de papier ou de liege mouillés qu'on leur préfente : ils s'attachent également à toute autre efpece de corps, tels que du verre, des métaux, &c, & ils s'y attachent fi fortement, que leur propre poids ne peut les en détacher lorfqu'on les renverfe dans une fituation perpendiculaire à l'horifon. :

7°. Si on verfe du mercure très pur dans un vafe de cuivre très poli, & étamé intérieurement, le mercure, attiré par les parois du vafe, s'élevera circulairement vers les parties latérales de ce vafe, & s'attachera à fes parois.

8°. La foudure d'étain eft compofée d'étain & de plomb, & eft par conféquent fpécifiquement plus pefante que l'étain. Cette foudure, expofée à l'action du feu, fe fond plus promptement que l'étain, & devient alors un liquide, qui eft attiré fi fortement par l'étain, auquel il s'attache, qu'il fert à unir enfemble deux morceaux d'étain.

9°. La foudure de cuivre, ou de fimilor, eft un compofé de cuivre & d'argent, ou de fimilor, d'argent & d'étain ; la maffe qui en réfulte eft d'une plus grande pefanteur fpécifique, qu'une maffe de cuivre, ou de fimilor : cette maffe, quoique plus folide, fe fond cependant plus vîte fur le feu que le cuivre ou le fimilor ; & elle s'attache fi fortement à l'un & à l'autre de ces métaux, qu'on l'emploie pour unir enfemble du cuivre avec du cuivre.

10°. La foudure d'or, qui eft faite d'un mêlange d'or & d'argent, s'attache lorfqu'elle eft fondue, à l'argent, dont la pefanteur fpécifique eft moindre que la fienne, & fert à unir enfemble de l'or & de l'argent, ou de l'argent avec de l'argent.

11°. Le cuivre ou le fimilor, lorfqu'il eft fondu, s'attache fortement au fer fpécifiquement plus léger, & il lui fert de foudure.

12°. Si on fait diffoudre de l'or dans de l'eau régale, & qu'on verfe enfuite fur cette diffolution de l'efprit de vin éthéré, qui eft de tous les liquides le plus léger que nous connoiffions ; pour peu qu'on renverfe la bouteille, l'or, qui nage dans le diffolvant, l'abandonne auffi-tôt pour fe jetter dans l'efprit de vin, qui l'attire plus fortement.

Il fuit manifeftement de tous les phénomenes que nous venons de rapporter, que cette loi d'*adhéfion*, qu'on vouloit établir, ne peut avoir lieu.

§. MXXXV. Il paroît manifeftement que les corps folides exercent leur force attractive contre les fluides, & qu'ils les attirent. En effet, toutes les différentes efpeces d'eaux, celle de pluie, ou de citerne, celle de puits, de riviere, même celle qu'on tire des plantes par la diftillation ; toutes fortes de vins, qu'on fait avec le fuc des fruits, tous les vinaigres & toutes les bieres, tous les efprits de vin diftillés, toutes les huiles fines tirées des plantes par expreffion, toutes celles qui font diftillées, tous les efprits de fels : tous ces fluides, dis-je, verfés féparément dans un verre bien net, bien fec, & qui n'eft point gras, font attirés par les parois du verre, contre

lefquels

lefquelles ils s'élevent & s'attachent de façon, que leur furface devient concave, étant plus élevée vers les bords que vers le milieu.

Imaginons le côté d'un vafe A B [*Tab.* 25. *fig.* 20. 21.]; concevons pareillement le corpufcule C, placé à une diftance de ce côté, d'où il puiffe être
attiré : fuppofons donc que ce corpufcule C foit attiré par les points D , E ,
F , & en même-tems par tous les points intermédiaires entre F & D ; fuppofons enfin qu'il foit également attiré de tous côtés, de forte que le mouvement compofé, qui réfulte de toutes ces directions, foit exprimé par CE.

Cela pofé, fuppofons qu'une maffe d'un fluide quelconque foit placée
dans un vafe dont un des côtés foit défigné par la ligne AB, le point C de ce
fluide fera attiré par les points D , E , F , B , & par tous les points intermédiaires du côté A B ; mais comme le vafe eft rempli par ce fluide, au deffous
de la furface C, l'attraction des points E,F,B, contre le point C, eft réduite à
zéro : la feule qui demeure donc efficace eft celle qui vient de tous les
points du vafe depuis E jufqu'en D, hauteur à laquelle ce fluide s'élevera ; &
il parviendra à la plus grande hauteur à laquelle il puiffe parvenir lorfqu'il
fera en contact avec la furface D E ; parceque ce fera alors qu'il éprouvera la
plus grande force attractive, qui fera très petite contre le point C : mais
toutes les parties d'un fluide s'attirent mutuellement les unes & les autres ,
& elles font toutes pefantes ; par conféquent la portion de fluide, comprife
dans l'efpace D E C, faifant effort pour defcendre, & étant de moins en
moins attirée, qu'elle eft plus éloignée de la furface A D F, fera compofée
de plufieurs colonnes de différente longueur, qui feront formées en partie
par l'attraction du vafe, & par celle que chaques molécules de liquide exercent les unes contre les autres : ce qui formera la courbe D O C, qui eft différente fuivant la différence des vafes ; puifqu'elle dépend, & de l'attraction du vafe, & de celle du fluide, & en même-tems de fa pefanteur. La
portion de fluide D E C O eft en équilibre, par fon poids, avec la force attractive du vafe ; fans cela, ce fluide s'éleveroit plus ou moins haut : mais
comme les molécules de ce fluide s'attirent mutuellement, cette courbe ,
vers le milieu du vafe, s'avance bien davantage qu'elle ne s'avanceroit fi
elle n'étoit formée que par la feule vertu attractive du vafe.

§. MXXXVI. Plus la vertu attractive du vafe, ainfi que celle des molécules du fluide, eft grande, & plus le fluide s'éleve ; mais fi la force attractive
des parties du fluide eft plus petite, ou fi ces parties s'attirent moins fortement les unes les autres qu'elles font attirées par les parois du vafe, la hauteur du fluide élevé fera moindre : fi les forces attractives font égales de
part & d'autre, c'eft-à-dire, fi les parois du vafe attirent auffi fortement les
molécules du liquide, que ces molécules s'attirent entr'elles, la furface du
liquide ne s'élevera point vers les bords. Enfin fi les molécules du liquide
s'attirent plus puiffamment entr'elles qu'elles ne font attirées par les parois
du vafe, bien loin que la furface du liquide s'élevât vers les bords du vafe, au
contraire le liquide s'éloigneroit des bords du vafe, de même que s'il en
étoit repouffé ; quoiqu'il feroit cependant vrai de dire qu'il en feroit attiré.
L'obfervation confirme tous les phénomenes que nous venons d'avancer. En
effet, fi vous verfez du vin pur de France dans un verre fait de verre de
Bretagne qui foit bien net, ce vin s'élevera fort haut vers les bords du verre ;

l'eau s'élevera à une moindre hauteur : mais ſi le verre n'eſt pas net & bien rincé, l'eau qu'on verſera dedans ne s'y élevera pas; toutes les parties qui compoſeront ſa ſurface ſupérieure, ſeront de niveau, & même quelquefois au-deſſous du niveau vers les bords : le mercure s'éloignera conſidérablement des bords du verre, & ſa ſurface ſera concave.

§. MXXXVII. Lorſqu'on remplit entierement un vaſe d'un fluide, l'attraction latérale ceſſe d'avoir lieu; & il peut même arriver que la ſurface de ce fluide ſoit plane; c'eſt-à-dire, que toutes ſes parties ſoient de niveau : ſi on verſe encore par-deſſus une nouvelle quantité de fluide, & que le bord ſupérieur du vaſe ſoit bien ſec, la ſurface ſupérieure du fluide deviendra ronde, & ſe tuméfiera vers le milieu; parceque ce fluide retiendra ſes parties par la vertu attractive qu'il exercera contr'elles : elles ſeront encore retenues par la force répulſive du bord qui eſt ſec, & elles ne pourront point ſe répandre latéralement, & ſe ſéparer les unes des autres, juſqu'à ce que la hauteur de ce fluide devienne telle, que le poids des parties accumulées les unes ſur les autres, ſurpaſſe la force attractive qu'elles exercent mutuellement entr'elles, ainſi que la force répulſive du bord du vaſe; & dans ce cas la quantité d'eau qui ſurpaſſera la hauteur du vaſe, ſe répandra : or la hauteur ſelon laquelle différens fluides peuvent s'élever au-deſſus du bord ſupérieur d'un vaſe, differe ſuivant la différente conſtitution des fluides : cette hauteur eſt autant grande qu'elle puiſſe être lorſque les fluides ſont viſqueux; & elle eſt très petite lorſque leurs molécules ſont très petites & très mobiles. Cette hauteur differe encore ſuivant que la force répulſive des bords ſupérieurs du vaſe eſt plus grande ou plus petite.

§. MXXXVIII. Si dans un vaſe tel que A C D E [*Tab. 26. fig. 1.*], on verſe un fluide juſqu'à une hauteur quelconque, dont le niveau ſoit repréſenté par la ligne I E, & que la courbe que ce fluide affecte, en s'élevant vers les bords du vaſe, ſoit déſignée par G H & P S; ſi un petit corpuſcule léger, qui ne puiſſe point accumuler autour de lui aucune quantité de ce fluide, eſt placé au milieu de la ſurface de ce fluide, ſur laquelle il ſurnage, ce corpuſcule y demeurera en repos; mais ſi on l'approche lentement d'un des bords du vaſe A B C, juſqu'à l'endroit où la ſurface du fluide commence à s'élever, ce petit corpuſcule ſe portera, avec un mouvement accéléré, vers le bord du vaſe, & il s'y attachera. En effet, lorſque ce corpuſcule eſt placé en O, il eſt porté perpendiculairement ſur la droite qui eſt tangente du fluide, ou point du contact R; par conſéquent il tend à ſe mouvoir ſelon la droite O R B : or ce mouvement O R B peut être décompoſé en deux directions; ſavoir, en O K, qui exprime la direction de la gravité, & en K B, perpendiculaire au côté du vaſe. Il faut donc, de toute néceſſité, que ce corpuſcule ſoit porté vers le bord du vaſe ſelon la direction K B; & dès qu'il s'en ſera ſuffiſamment approché pour être attiré par le vaſe, il recevra alors un nouveau degré de force, qui accélérera ſon mouvement.

Second cas. Suppoſons maintenant le corpuſcule L, qui accumule autour de lui une certaine quantité du liquide, ſur la ſurface duquel il eſt placé, & qui forme autour de ce corpuſcule une courbe déſignée par H N Q P; tant que la courbe H N ne communiquera point avec la courbe G H, formée par l'attraction des parois du vaſe, le corpuſcule L demeurera en repos fur l'endroit de la furface du liquide, fur lequel il fera placé : mais fi on approche infenfiblement le corpufcule L vers les parois du vafe, de forte que les deux courbes dont nous venons de parler, commencent à fe toucher au-delà du point H; alors le corpufcule L fe portera, avec un mouvement accéléré, vers les parois du vafe : le fluide M N s'abaiffera un peu dans cet approche, tandis que le fluide GH s'élevera; & lorfque le corpufcule fera en contact avec le côté du vafe, le fluide intermédiaire fera plus élevé qu'auparavant, ou que dans tout autre endroit de la furface du vafe : par conféquent ce corpufcule L aura à monter fur une plus grande élévation que le corpufcule O, dont nous avons parlé précédemment, & qui étoit fec : or, dans cette occafion, le fluide qui fe fépare des côtés du corpufcule adhérent, defcéndant comme du fommet d'une petite monticule, forme une efpece de vallée concave, adhérente & au fluide qui enveloppe une partie du corpufcule L, & au côté du vafe, mais comme le mouvement de ce corpufcule, lorfqu'il eft fur le point d'atteindre les parois du vafe, eft très prompt, il n'eft pas poffible d'obferver exactement ce qui fe paffe pendant le tems de l'élévation du fluide, & quel changement il arrive dans la figure de ce fluide, qui eft attiré, & par le côté du vafe, & par le corpufcule.

Si ce corpufcule eft un petit globule de verre foufflé, creux & fort léger; le fluide ambiant, qui eft élevé circulairement, eft au moins éloigné de la furface du globe d'une quantité $= \frac{1}{4}$ de pouce : & comme le fluide attiré eft également éloigné des parois du vafe, ce globule de verre, qui eft alors à une diftance des parois du vafe $= \frac{1}{2}$ pouce, commence à être attiré, & il fe porte vers le côté du vafe. Or ce phénomene dépend de deux caufes. 1°. De la force attractive qui agit contre le fluide. 2°. D'une caufe hydroftatique, qui fait que tout corps plus léger qu'un pareil volume de fluide, dans lequel il eft plongé, s'éleve au-deffus de la furface de ce fluide, autant que faire fe peut.

Troifieme cas. Si deux corps, par exemple deux petits globes de verre creux, nagent fur un fluide qu'ils attirent; ce fluide s'élevera circulairement autour de chacun de ces globes; comme on peut le remarquer en A R & en C D [*Tab*. 26. *fig*. 3.] : fi ces deux globes nagent l'un vers l'autre, de façon qu'ils s'attirent mutuellement; ils fe porteront l'un vers l'autre avec un mouvement accéléré, jufqu'à ce qu'ils foient parvenus à fe toucher en K. Lorfque ces deux globes font en contact, le fluide intermédiaire F I eft plus élevé dans cet endroit, que vers tout autre point de la circonférence de ces globes; & on remarque même qu'il commence à s'élever, lorfqu'ils ne font pas encore parvenus au point du contact K : le fluide qui enveloppe ces deux globes prend une figure qui participe de la combinaifon de deux cercles; ainfi qu'on peut l'obferver [*Tab*. 26. *fig*. 3.].

Quatrieme cas. Si on verfe un fluide dans un vafe jufqu'au-delà des bords de ce vafe, la furface du fluide qui excédera la cavité du vafe fera convexe, fur tout vers les bords où elle prendra une figure arrondie, telle que A E, F D [*Tab*. 26. *fig*. 2.]; le milieu E C F de la furface de ce liquide fera moins arrondi, & il fera même plan, fuivant que le vafe aura plus ou moins d'étendue : fi on place fur la furface de ce fluide le corpufcule O, qui attire de toutes parts le fluide ambiant, de façon qu'il s'éleve autour de lui en

prenant la figure E I M S ; on remarquera alors que dès que l'extrêmité E
de la courbure concave E I du fluide élevé autour du globule , touchera l'extrêmité E de la convexité A E du fluide, qui eſt élevé & arrondi vers les
bords du vaſe , on remarquera , dis-je, alors, que le corpuſcule O ſera re-
repouſſé vers le milieu du vaſe : j'ai obſervé que ce globule étoit repouſſé du
bord A du vaſe juſqu'à la diſtance de $\frac{1}{4}$ de pouce ; & il eſt d'autant plus fortement repouſſé , qu'il eſt plus proche de A. Lorſque ce globule eſt repouſſé ,
il touche , par un de ſes points, la ſurface du fluide en R ; ſoit donc tirée du
centre du globule, O R perpendiculaire à la tangente au point R , & on verra
que le mouvement du globule O eſt compoſé de la direction perpendiculaire O B, & de la direction latérale B R : d'où il ſuit qu'il ſera porté vers le
milieu C de la ſurface du liquide, où cette ſurface eſt plane ; & alors la direction de la gravité, paſſant par le point R , la direction B R deviendra
= o : mais plus le globule O ſera proche du bord A, où la convexité du
fluide eſt plus grande , plus la direction B R ſera forte , & plus par conſéquent il ſera repouſſé avec violence du point A : joignez encore à cela la
force répulſive du bord du vaſe , qui agira contre ce globule de même qu'elle
agit contre le fluide qu'elle repouſſe.

Cinquieme cas. Si on place ſur la ſurface convexe d'un fluide qui excede
les bords d'un vaſe , ſi on place, dis-je, ſur cette ſurface deux corpuſcules qui
ſurnagent ſur ce fluide & qui l'attirent , & que ces corpuſcules ſoient placés
aſſez proches l'un de l'autre pour que les extrêmités des parties du fluide ,
attirées & élevées autour de ces globules, commencent à agir les uns contre
les autres, les deux corpuſcules s'approcheront l'un de l'autre , & accélére-
ront leur mouvement en s'approchant, juſqu'à ce qu'ils ſoient parvenus au
point de contact ; & le fluide intermédiaire s'élevera davantage, ainſi que
nous l'avons déja obſervé , & que nous l'avons repréſenté [*Tab.* 26. *fig.* 3.].
J'ai obſervé dans un vaſe de verre, dont le diametre étoit de 4 pouces , deux
petits globules de verre, éloignés l'un de l'autre d'un pouce & demi, s'approcher mutuellement , avec un mouvement accéléré , & ſe choquer.

Sixieme cas. Si un vaſe n'eſt pas entierement rempli par le liquide qu'il
contient , de ſorte que ce liquide s'élève un peu vers les parois de ce vaſe ,
& qu'on place ſur la ſurface de ce liquide un petit corpuſcule gras , ce corpuſcule rendra l'excavation circulaire qu'on remarque ſur cette ſurface, beaucoup plus grande : ſi un des points de la circonférence qui termine cette excavation touche la circonférence du liquide dans l'endroit où il commence à
s'élever vers les bords du vaſe, le corpuſcule s'éloignera des bords de ce
vaſe , & ſera repouſſé vers le milieu du vaſe : mais ſi on approche ce corpuſcule vers les parois du vaſe , & qu'on l'abandonne enſuite à lui même ,
il ſe portera contre ſes parois avec un mouvement accéléré.

Septieme cas. Si on place ſur la ſurface de ce même liquide deux corpuſcules , qui, bien loin d'attirer les parties du liquide qu'ils touchent , les repouſſent au contraire, ils formeront l'un & l'autre une excavation ſur cette
ſurface ; mais lorſque ces excavations commenceront à ſe toucher par quelques-uns de leurs points , les deux corps ſe porteront l'un vers l'autre avec
un mouvement accéléré , & s'uniront enſemble.

Huitieme cas. Si deux corps nagent ſur un même fluide , & que l'un des corps attire les parties du fluide qui l'enveloppent, tandis que l'autre repousse celles qui l'entourent, dès que les extrêmités du fluide attiré toucheront aux extrêmités du fluide repoussé, ces deux corps se sépareront l'un de l'autre, & se repousseront mutuellement.

Neuvieme cas. Si on pose un corpuscule gras sur la surface convexe d'un fluide qui excede les bords du vase qui le contient, ce corpuscule formera une excavation sur la partie de cette surface qui le portera ; mais si tôt que le bord de cette excavation touchera, par un de ses points, à un de ceux de la surface convexe que ce fluide forme vers les bords du vase, on remarquera aussi-tôt que ce corpuscule sera porté vers les parois du vase avec un mouvement accéléré.

Dixieme cas. Supposons maintenant deux corpuscules qui attirent, par un de leurs hémisphères, le fluide qu'ils touchent, & qui le repoussent par l'autre ; que ces deux corps soient placés sur la surface d'un fluide qui ne remplit pas entierement le vase qui le contient : dans cette hypothese, on remarquera que ces deux corps s'attireront & se porteront l'un vers l'autre, lorsqu'ils seront placés de façon que leurs hémisphères, qui jouissent des mêmes propriétés, seront tournées l'une vers l'autre, & qu'ils se repousseront mutuellement lorsque leurs hémisphères, qui jouissent d'une vertu contraire, seront opposées l'une à l'autre.

§. MXXXIX. Si on prend un corps solide bien net, & qui ne soit pas gras, & qu'on le plonge dans quelqu'un des liquides dont nous avons parlé précédemment (§. 1035), & qu'on l'en retire ensuite fort lentement, une partie de ce liquide s'attachera à sa surface, s'élevera avec lui, & formera une petite colonne qu'on remarquera entre le corps & la surface du liquide d'où on retire ce corps ; mais dès que ce corps sera suffisamment élevé au-dessus de la surface du liquide, pour que le poids de la petite colonne qui le suit, surpasse la force attractive de ce corps, cette colonne, cédant à la plus grande des forces qui la maîtrisent, deviendra étranglée vers la surface du corps, elle n'y tiendra plus que par un filet, & enfin elle s'en séparera : mais il faut remarquer que, quoique cette colonne se sépare du corps qu'on enleve, toute la masse d'eau qu'il a soulevée, en abandonnant la surface du liquide, ne s'en sépare pas pour cela ; une certaine quantité de cette eau demeure adhérente à ce corps, parcequ'elle en est plus fortement attirée qu'elle n'est attirée par les molécules d'eau qui sont au-dessus.

§. MXL. M. *Taylor* (1) a supputé la force avec laquelle l'eau attire le bois ; & voici le moyen dont il fit usage pour connoître l'intensité de cette force. Après avoir considérablement imbibé d'eau un morceau de bois de sapin, d'un pouce quarré de surface, & l'avoir suspendu à une balance, où il le mit en équilibre avec un poids convenable, il fit descendre ce morceau de bois sur une surface d'eau qu'il touchoit par une surface d'un pouce quarré, & il remarqua qu'il fut obligé de mettre un poids de 50 grains dans le bassin opposé de la balance, pour pouvoir élever ce morceau de bois : or ce poids, employé à vaincre les forces attractives de l'eau, détermine leur intensité. Si on augmente la surface du bois qui touche l'eau, il faut aussi augmenter

(1) Philos. Transf. n°. 368.

le poids dont on se sert pour l'élever; & il faut l'augmenter à proportion de
la grandeur de la surface. Quelqu'un soupçonnera peut être que ce phéno-
méne dépend de la preſſion de la colonne d'air qui s'appuie sur la surface du
bois, dont nous venons de faire mention, & non de l'attraction des molécules de l'eau, en ce qu'il y a pluſieurs pores de ce morceau de bois qui ſont
exactement remplis d'eau, tandis que les autres ſont libres & ouverts; car
s'ils étoient tous exactement remplis & obſtrués par l'eau, & que tout l'air
qu'ils contiennent en fût chaſſé, le poids que l'atmoſphere déploieroit contre la surface d'un tel morceau de bois, ſeroit == 111520 grains : mais ſi, au
lieu du morceau de bois de ſapin dont ſe ſervit le D. *Taylor*, on prend un
morceau de glace plan, qui ait un pouce en quarré de surface, & qu'ayant
tout diſpoſé de la même maniere que dans l'expérience précédente, on faſſe
ſeulement toucher à l'eau la surface inférieure de ce morceau de glace, il
faudra auſſi employer un poids de 50 grains pour le retirer de l'eau; il faudra
donc employer, dans cette occaſion, la même force pour vaincre l'attraction de l'eau qu'on a employée dans l'expérience précédente, lorſque le
morceau de bois avoit auſſi un pouce quarré de surface : or, dans cette derniere expérience, on ne peut pas dire que l'air pénetre les pores du verre;
les choſes ſont donc égales de part & d'autre : or les effets égaux ſuppoſent
une cauſe égale, &, comme je l'augure, ſemblable.

§. MXLI. Soit une lame de verre diſpoſée obliquement à l'horiſon, & ſur
la surface inférieure de laquelle AB [*Tab. 26. fig. 5.*] on place une goutte
d'eau G; cette goutte deſcendra le long de la lame de verre AB, en demeurant adhérente avec elle, juſqu'à ce qu'elle ſoit parvenue à ſon bord inférieur B : cette goutte, en effet, en vertu de ſa propre gravité, tend à tomber
ſelon la direction GH; mais elle eſt en même-tems déterminée par l'attraction du verre ſelon la direction GC, perpendiculaire à la surface AB : par
conſéquent, cédant aux deux forces qui la maîtriſent, elle doit décrire la
diagonale GL du parallélogramme GDIC, dont les deux côtés ſont GD
& GC, c'eſt-à-dire, qu'elle doit couler le long de la lame de verre AB,
ſon centre de gravité tombant continuellement dans la droite GIE, parallele à la surface du verre AB; mais comme les parties de cette goutte, qui
ſont en contact avec le verre, ſont plus fortement attirées par ce verre que
par les autres parties aqueuſes; toutes ces parties ne tombent pas enſemble,
quelques-unes s'attachent fortement le long du verre, qu'elles mouillent.
Ce phénomene ne ſe manifeſte pas de la même maniere lorſqu'on répete
cette expérience avec du mercure; parceque les parties de ce liquide s'attirent
plus fortement entr'elles qu'elles ne ſont attirées par le verre : c'eſt pour cela
que ſi une goutte de mercure coûle le long d'une surface de verre, elle deſcend juſqu'au bas de cette surface, & s'attache à ſon bord inférieur. Si on
fait enſuite couler vers cette premiere une ſeconde goutte de mercure, ces
deux gouttes ſe joignent enſemble pour n'en former qu'une ſeule, & elles ſe
détachent du verre.

§. MXLII. Soient deux vaſes cylindriques de même verre, ABCD,
IKLM [*Tab. 26. fig. 6. 7.*], de différente capacité, mais dont le diametre ait plus d'un pouce; ſi on verſe dans l'un & dans l'autre de ces vaſes le
même fluide, dont la hauteur ſoit repréſentée par EF dans l'un, & par NO

dans l'autre, ce fluide, attiré par les parois de l'un & de l'autre vafe, s'élevera dans ces deux vafes jufqu'à la même hauteur A E, I N, & on aura E G =
N P : par conféquent la quantité de fluide attirée & élevée dans le vafe
A B C D, eft à celle qui eft attirée & élevée dans l'autre vafe I K L M, comme la circonférence du cercle E G H F dans l'un de ces vafes, eft à la circonférence du cercle N P O dans l'autre vafe; lefquelles circonférences font
entr'elles comme les diametres E F & N O.

§. MXLIII. Si la force attractive des parois du vafe & du fluide fe produit jufqu'au milieu du vafe P [*Tab.* 26. *fig.* 7.], toute la furface du fluide
concourra à la formation de la courbe I P M, &, dans ce cas, l'effet produit
par le vafe & par le liquide qu'il contient, fera un *maximum*.

§. MXLIV. Suppofons maintenant un vafe plus étroit Q R S T [*Tab.* 26.
fig. 8.], rempli de fluide jufqu'à la hauteur V X, la force attractive du côté
Z V agit de la même maniere que dans les vafes précédens ; c'eft-à-dire,
qu'elle fe produit & qu'elle fe fait fentir jufqu'au point b : pareillement la
force attractive du côté Y X fe produit jufqu'au point a ; par conféquent le
fluide, élevé au deffus de fon niveau par l'action féparée de la force attractive de chacun des côtés, devroit être pour l'un Z V b, & Y X a pour l'autre : or, comme ces deux forces agiffent en même-tems, la partie commune
a C b du fluide, élevé au-deffus de fon niveau, fera donc maîtrifée tout-à-
la fois par les deux côtés, & s'élevera de la quantité O C au-deffus de fon
niveau; de-là le côté Z V n'aura à foutenir que la partie Z C V de ce fluide :
mais la force attractive de ce côté peut foutenir une plus grande quantité de
fluide; elle en attirera donc une plus grande quantité, qui s'élevera plus haut :
pareillement la partie Y C X s'élevera plus haut, & ce fluide s'élevera de
part & d'autre jufqu'à ce que la quantité du fluide, élevé dans le vafe
Z R S Y , foit en équilibre par fon propre poids avec les forces attractives
des côtés du vafe.

§. MXLV. Plus le vafe eft étroit, & plus la quantité commune du liquide a C b, attirée & élevée par les deux côtés oppofés, eft grande ; &
cette quantité commune, s'élevant plus haut à proportion, fait que la furface concave du liquide X C Y eft moins concave que dans le vafe précédent I P M, ainfi que l'expérience le fait voir manifeftement dans les tubes
capillaires.

§. MXLVI. Soient des tubes de verre, dont le diametre extérieur foit
exactement petit, & qu'on appelle, à caufe de cela, tubes capillaires ; que
ces tubes foient ouverts par les deux extrêmités , qu'ils foient bien nets, cylindriques, & récemment fabriqués : fi on les plonge perpendiculairement
ou obliquement à l'horifon, par une de leurs extrêmités dans différens liquides , on obfervera alors que ces tubes attirent dans leur intérieur , & font
monter avec une vîteffe très rapide, mais qui décroît continuellement, une
partie du liquide dans lequel ils font plongés ; ce liquide s'y éleve au-deffus
de fon niveau jufqu'à une hauteur confidérable , mais toujours conftante ;
& lorfque le liquide eft parvenu à cette hauteur, il y demeure en repos. La
furface de plufieurs liquides qui s'élevent dans ces fortes de tubes , eft concave, ainfi qu'elle le feroit dans des vafes de plus grands diametre.

Pour faifir comme il faut cette élévation des liquides au-deffus de leur niveau, concevons qu'un tube eſt compoſé d'un aſſemblage d'anneaux d'une très petite hauteur, de même diametre & de même conſtitution : cela poſé, lorſqu'on poſe un tube de cette eſpece ſur la ſurface d'un liquide, tous les points de la ſuperficie intérieure du premier anneau, qui ſont en contact avec ce fluide, l'attirent, l'élevent, & le font monter, en lui faiſant décrire une courbe ſemblable à celle qui eſt repréſentée par A O C [*Tab. 25. fig. 21.*] : mais comme cet anneau, eu égard à ſon peu de capacité, peut élever une plus grande quantité de fluide que celle qui s'éleve au premier abord, il continue donc à en élever encore ; alors la force attractive du ſecond anneau, s'étendant au-delà de la ſurface ſupérieure du fluide élevé par le premier anneau, concourt à l'élévation de ce fluide : il continue donc à s'élever ; & comme ce même méchaniſme a lieu, par rapport à tous les anneaux ſupérieurs, le fluide s'éleve de plus en plus.

Le fluide élevé par le premier anneau tend néanmoins à retomber par ſon propre poids ; mais comme ce poids eſt très petit, ce fluide cede à la force attractive du premier anneau, qui l'attire avec une grande rapidité : il s'y éleve donc, & le remplit ; s'élevant enſuite de ce premier anneau dans le ſecond, ſon poids augmente & s'accroît de plus en plus, à proportion qu'il s'éleve davantage : or la force attractive de chaque anneau étant toujours la même, & le poids de la colonne élevée allant toujours en augmentant, la vîteſſe avec laquelle le liquide s'éleve, doit toujours diminuer juſqu'à ce que ce liquide ſoit élevé juſqu'à une certaine hauteur où la force attractive ſe trouve en équilibre avec le poids du liquide élevé ; & alors ce liquide doit demeurer en repos & ſe fixer à cette hauteur.

Si on retire enſuite le tube, & qu'on l'évacue parfaitement, & qu'on le faſſe chauffer ſur des charbons ardens, mais qui ne jettent aucune fumée, pour le faire ſécher ; & qu'enfin on faſſe paſſer dans ſon canal le vent ſec d'un ſoufflet, afin qu'il ſoit parfaitement vuide, bien net & bien ſec : alors ſi on replonge de nouveau ce tube dans le même fluide, on remarquera très ſouvent que la liqueur s'y élevera juſqu'à la même hauteur que précédemment ; parceque la vertu attractive de ce tuyau demeure conſtamment la même, auſſi-bien que le fluide.

§. MXLVII. Si lorſque ce tube eſt plongé on l'incline lentement à l'horiſon, le fluide continuera à s'élever ; mais néanmoins la hauteur perpendiculaire de la colonne de liquide élevée ſera conſtamment la même, ainſi qu'il arrive dans les tubes d'un plus grand diametre ; parceque l'anneau qui ſoutient le fluide dans le canal capillaire, peut porter un même poids de fluide par ſon attraction.

§. MXLVIII. Mais il ſe préſente ici une queſtion à examiner. Eſt-ce le ſeul anneau ſupérieur du tube capillaire, celui auquel ſe termine la hauteur de la colonne de liquide élevée, qui exerce toute la force attractive, qui ſe développe contre la colonne de liquide qui eſt élevée, & qui la ſoutient ſeul ; ou eſt-ce toute la ſurface intérieure du canal capillaire, ſavoir, celle qui eſt mouillée par l'élévation du liquide, qui attire & qui ſoutient ce liquide ?

Toute la ſurface intérieure du canal capillaire exerce ſa vertu attractive contre le fluide qui la touche ; mais l'anneau ſupérieur attire non-ſeulement

la

la partie du liquide avec laquelle il eſt en contact , mais encore une partie
de ce liquide , qui en eſt éloignée à une petite diſtance ; ſavoir , celle qui
forme cette ſurface concave , qu'on remarque ſupérieurement vers le milieu
du canal : d'où il ſuit que l'anneau ſupérieur unit ſon action avec celle de
tous les anneaux inférieurs , pour ſoutenir la colonne de liquide qui s'éleve
dans le tube capillaire.

§. MXLIX. Si on renverſe de bas en-haut un tube capillaire , qui contient
toute la quantité de liquide qu'il peut attirer , ou qui ne contient qu'une partie de cette quantité , on remarquera alors que la petite colonne de liquide
qui , par ce renverſement , ſe trouvera dans la partie ſupérieure du tube ,
coulera le long de ce tube , & deſcendra dans la partie inférieure de ſon canal ; parceque , lorſqu'on renverſe ce tube , le fluide qu'il contient eſt également attiré , & par l'anneau ſupérieur , & par celui qui eſt immédiatement
au-deſſous du liquide : or , à ces deux forces égales & oppoſées , ſe joint le
poids du liquide qui favoriſe l'attraction qu'il éprouve vers la partie inférieure , & il tombe vers le bas du tube.

§. ML. Si on fait fondre à la flamme d'une lampe la partie inférieure d'un
tube capillaire , & qu'on diminue la capacité de ſon orifice inférieur , &
qu'enſuite on le plonge dans une liqueur , la colonne de liquide qui s'élevera dans ce tube , s'y élévera exactement à la même hauteur que précédemment ; car , dans cette occaſion , l'anneau inférieur , le dernier de ce tube ,
ne peut point contribuer à augmenter la vertu attractive de ceux qui ſont au-
deſſus : chaque anneau ne peut exercer qu'une force égale au poids du fluide
qu'il ſoutient.

§. MLI. Des tubes capillaires , également longs , faits de même verre ,
mais de différens diametres , élevent les liquides à différentes hauteurs ; &
ces hauteurs ſont entr'elles en raiſon inverſe des diametres dés tubes : ſi on
appelle donc les diametres de deux tubes D & d , les hauteurs auxquelles les
liqueurs s'élevent dans leur intérieur A & a ; les quantités de liquides , compriſes dans ces tubes , ſeront entr'elles : : A D D : a d d. Or , par le §. 1042 ,
ces quantités ſont entr'elles comme les diametres des cylindres ; on aura
donc A D D : a d d : : D : d. En multipliant les extrêmes & les moyens par
eux-mêmes , on aura A D D d = a a d D ; en diviſant ces produits par D d ,
on aura A D = a d : & par conſéquent A : a : : d : D ; c'eſt-à-dire , que les liqueurs s'élevent dans les tubes capillaires à des hauteurs qui ſont entr'elles en
raiſon inverſe des diametres des tubes : par conſéquent les ſurfaces intérieures des canaux , qui ſont mouillées , ſont égales ; puiſqu'elles ſont entr'elles
comme les diametres multipliés par les hauteurs des liquides , & qu'on a
A D = a d ; les quantités de liqueurs ſont en raiſon inverſe de leurs hauteurs ;
puiſque A D D : a d d : : D : d : : a : A.

§. MLII. Quoique les tubes , dont les diametres ſont inégaux , aient des
ſurfaces égales , en ne conſidérant que la partie de leurs ſurfaces qui eſt
mouillée par le liquide qui s'éleve dans ces tubes , néanmoins les quantités
de liquides , ainſi que nous l'avons déja remarqué , ſont inégales ; car dans
les tubes dont le diametre eſt double , la quantité de liquide qui s'y éleve eſt
double de celle qui s'éleve dans des tubes dont le diametre eſt ſous double :
ce qu'on peut démontrer en quelque façon. En effet , ſi Q R S T [*Tab.* 26.

Tome II.   E

fig. 8.] eft un canal étroit, fa partie latérale Z V eût pu attirer & élever une quantité de fluide = Z C b V ; tandis qu'elle n'éleve que la quantité Z C V : pareillement le côté oppofé Z V du même canal eût pu élever une quantité de fluide = Y C a X, & néanmoins il n'éleve qu'une quantité = Y C X ; d'où il fuit qu'il ne peut pas s'élever dans un petit tube une quantité de liquide égale à celle qui s'éleve dans un plus grand tube I K L M [*Tab.* 26. *fig.* 7.], qui en attire, & qui en éleve autant qu'il en peut élever: outre cela, ce même effet me paroît dépendre de plufieurs caufes.

1°. De l'attraction des parois des tubes.

2°. De l'attraction même des parties des liquides qui s'élevent dans ces tubes.

3°. Du poids du fluide compris dans le tube, & de la hauteur à laquelle il y parvient : or comme nous ne favons pas jufqu'où s'étend la force attractive des parois des tubes, nous ne pouvons pas déterminer quelle eft l'épaiffeur de la colonne du liquide qui eft attirée par ces parois; nous ne connoiffons pas mieux l'étendue de la force attractive des molécules des liquides, & nous ne connoiffons parfaitement que le poids de la colonne élevée, que nous déterminons par fa hauteur & par fa bafe : & c'eft inutilement que nous faifons tous les efforts poffibles pour donner fur cela une démonftration exacte. D'autres Phyficiens ajoûtent encore, à ce que nous venons de dire fur l'élévation des liquides dans les tubes capillaires, l'attraction que les parties du liquide élevé exercent contre celles qui font au-deffous, tant que le tube demeure immergé dans la maffe de liquide, & qui ceffe dès que ce tube eft retiré de cette maffe de liquide ; mais je doute très fort que cette derniere caufe entre pour quelque chofe dans la production du phénomene dont il eft ici queftion: car fuppofons un fluide extrêmement léger, dont les parties foient très mobiles, & n'aient qu'une très foible adhérence entr'elles ; fi on plonge un tube capillaire dans une maffe de fluide de cette efpece, les parties attirées par ce tube, fe détachant aifément de la maffe totale qu'elles forment, pourront s'élever très haut dans ce tube : fuppofons au contraire un fluide plus ténace, dont les parties s'attirent avec beaucoup de force, à peine un fluide de cette efpece pourra-t il s'élever dans le tube qu'on y plongera ; puifque, pour que plufieurs de fes parties s'y élevent, il faut auparavant les féparer de la maffe totale avec laquelle elles font fuppofées avoir une forte adhérence : or ceci eft tout-à-fait contraire à l'expérience, puifque l'huile de tartre par défaillance, qui eft un fluide très pefant, & dont les parties adherent fortement entr'elles, s'éleve beaucoup plus haut dans un tube capillaire que l'efprit de vin le plus léger, ou que l'huile de térébenthine. Ajoûtez à cela l'expérience fuivante: Si on met une groffe goutte d'eau fur la furface d'une glace plane, & qu'on plonge un tube capillaire perpendiculairement dans cette goutte, il s'en élévera une grande quantité dans ce tube, & on pourra mefurer exactement la hauteur jufqu'à laquelle elle s'y éleve; fi on retire alors ce tube avec foin, de façon néanmoins que fon orifice inférieur touche toujours la glace, & qu'on le tranfporte dans un endroit de la glace qui foit fec, on remarque auffi-tôt que la petite colonne de liquide, qui s'eft élevée dans fon intérieur, defcend & fe raccourcit. La partie du fluide qui eft fur la furface du miroir, étant adhé-

rente à la petite colonne qui eſt élevée dans le tube, dont une certaine quantité s'échappe, il faut de toute néceſſité que cette colonne ſe raccourciſſe.
On peut encore faire cette expérience de cette maniere : retirez lentement le
tube capillaire de l'eau dans laquelle il eſt plongé, eſſuyez enſuite extérieurement avec un linge l'orifice inférieur de ce tube, & vous remarquerez que
la petite colonne de liquide, qui eſt compriſe dans ſon canal, s'abaiſſera
auſſi-tôt. J'ai répété pluſieurs fois, à deſſein, cette expérience, & avec beaucoup de ſoin, & elle m'a toujours réuſſi de la même maniere.

§. MLIII. La vertu attractive qui fait élever les liqueurs dans les tubes capillaires, & qui les y retient, eſt ſi puiſſante, que s'ils ſont remplis d'eau,
& qu'on les ſuſpende enſuite, & qu'on les expoſe, pendant l'eſpace de 7 à
8 mois, à l'ardeur du ſoleil, l'eau qu'ils contiennent ne pourra point s'en
échapper, ni ſe convertir en vapeurs ; ainſi que *Martin* nous l'aſſure (1).

§. MLIV. La cauſe qui fait monter les liquides dans les tubes capillaires,
n'eſt certainement pas l'air de l'atmoſphere, qui, ſuivant le ſentiment de
quelques Phyſiciens, ne pouvant pas pénétrer aiſément dans la capacité de
ces tubes, y agit avec moins de force que ſur la ſurface du liquide qui les
enveloppe extérieurement.

Car 1°. les liqueurs ne s'élevent point du tout dans ces ſortes de tubes,
lorſqu'ils ſont remplis d'air, & que ce fluide ne peut s'en échapper extérieurement, comme il arrive dans les tubes dont l'orifice ſupérieur eſt fermé
hermériquement : d'ailleurs il eſt très évident que l'air peut pénétrer aiſément
dans les tubes capillaires ; car nous y faiſons aiſément couler l'air d'un ſoufflet, ou celui de nos poumons.

2°. Si on abandonne ces tubes au contact continuel de l'air, ou ſi on ne
les conſerve pas avec ſoin, quoiqu'ils ſoient ouverts par leurs extrêmités,
les liqueurs ne s'éleveront plus dans ces tubes ; parceque leur vertu attractive
exerce toute ſon action contre les malpropretés que l'air extérieur aura portées dans leurs canaux : & quoique vous pouſſiez au-dehors, en ſoufflant dedans, l'air qui les remplit, les liqueurs ne s'y éléveront point encore, que
vous ne les ayez lavés pluſieurs fois avec de l'eau, ou avec de l'eſprit de
vin, pour en détacher les corps étrangers qui ſont adhérens à leurs ſurfaces
intérieures.

3°. L'aſcenſion des liqueurs dans les tubes capillaires a également lieu
dans le vuide de *Boyle* que dans le plein, & elles s'y élevent à la même hauteur dans l'une & dans l'autre circonſtance. Pour le démontrer, par la voie
de l'expérience, ſoit une petite tablette de cuivre A B [*Tab.* 26. *fig* 9.], ſur
laquelle on colle une petite graduation, tracée ſur un papier ; ſoient attachées
ſur cette tablette deux tubes capillaires C D, E F, ouverts des deux côtés :
ſoit enſuite ſuſpendue cette tablette à l'extrêmité du fil de fer I K, qui paſſe
à travers une boîte à cuirs, & qu'on peut faire mouvoir à volonté de haut
en bas, ſans donner entrée à l'air extérieur ſous le récipient, dans lequel
elle ſe meut ; ſoit encore de l'eau colorée par le moyen du verd-de-gris, &
qui ait été expoſée pendant pluſieurs heures dans le vuide de *Boyle* ; afin
qu'il ne reſte point d'air diſſéminé dans cette eau : les choſes, étant ainſi diſ-

(1) Philoſ. Tranſ. Sect. 1. p. 212.

poſées, ſi on remplit avec cette eau, dont nous venons de parler, le vaſe
D F; & qu'on recouvre ce vaſe avec un récipient, muni de l'appareil que
nous venons de décrire, & qu'on fâſſe le vuide ſous ce récipient, auſſi
exactement que faire ſe peut; ſi on fait enſuite deſcendre la tablette A B,
qui porte les deux tubes capillaires C D, E F, de façon qu'ils plongent dans
l'eau du vaſe D F, cette eau s'élevera dans ces tubes juſqu'à une certaine
hauteur, qu'on pourra aiſément remarquer à l'aide de la graduation : ſi on
reporte après cela de nouvel air ſous ce récipient, la liqueur qui ſera contenue dans les tubes ne fera aucun mouvement, ni pour s'élever, ni pour
s'abaiſſer ; mais ſi l'eau dont on ſe ſert pour faire cette expérience n'eſt pas
bien purgée d'air, elle s'éleve un peu plus haut dans les tubes capillaires,
lorſqu'ils ſont placés dans le vuide, & qu'on les plonge dans cette eau ; &
on remarque que les colonnes de liquide, élevées au deſſus de leur véritable hauteur, ſe raccourciſſent un peu lorſqu'on reporte de nouvel air ſous le
récipient : cette différence de longueur qu'on remarque dans ces colonnes
de liquide, eſt, à la vérité, bien peu conſidérable ; car elle ne va pas à $\frac{1}{50}$ de
de pouce. Néanmoins un Obſervateur attentif ſaiſira aiſément cette différence, toute petite qu'elle ſoit ; elle vient de l'élaſticité de l'air qui eſt diſſéminé entre les molécules de l'eau dont on fait uſage : ce fluide élaſtique contribue à l'aſcenſion du liquide dans les tubes qu'on y plonge ; il écarte, par
ſon reſſort, qui ſe détend à proportion qu'on fait le vuide ; il écarte, dis je,
les molécules de l'eau, il les pouſſe devant lui, & il les éleve à une plus
grande hauteur que celle à laquelle elles ſe porteroient ſans ſon ſecours : mais
lorſqu'on reporte de nouvel air ſous le récipient, le fluide élaſtique, qui eſt
diſſéminé dans l'eau, cédant à l'effort de ce nouvel air qui le comprime,
ſe condenſe à proportion ; il ſe reſſerre dans un plus petit eſpace : & les molécules de l'eau, ſe rapprochant un peu les unes des autres, font que la colonne qu'elles forment devient un peu moins longue. On peut aiſément obſerver ce phénomene dans les tubes qui contiennent une petite quantité de
liqueur ; car on y remarque alors ſenſiblement le fluide élaſtique dont nous
venons de parler, ſous la forme de petites bulles.

4°. Voici encore une nouvelle preuve, qu'on peut ajoûter à celles que
nous venons de donner, pour démontrer que l'inégale preſſion de l'air de
l'atmoſphere n'a aucune part à l'aſcenſion des liqueurs dans les tubes capillaires. Si on plonge de ces ſortes de tubes dans des liqueurs de différente peſanteur ſpécifique, ces liqueurs ne s'éléveront point dans ces tubes à des hauteurs qui ſoient entr'elles en raiſon inverſe de la denſité des liqueurs élevées ;
ainſi qu'il arriveroit néceſſairement ſi leur aſcenſion dépendoit de la preſſion
de l'air extérieur : cet effet ne peut donc venir que de la force attractive &
des molécules des liqueurs entr'elles, & de celle des parois intérieures des
tubes, dans leſquels elles s'élevent, & qu'on ne peut connoître que par une
ſuite raiſonnée & multipliée d'expériences. L'urine & l'eſprit de ſel ammoniac s'élevoient à une très grande hauteur dans des tubes capillaires de verre
d'Angleterre, dont je fis uſage en 1720 ; mais les liquides ſuivans s'élevoient
à une moindre hauteur ; ſavoir l'huile de vitriol, l'huile de tartre par défaillance, l'huile de raves, l'eſprit de nitre de *Glaubert*, l'huile de térébenthine,
l'alkool, l'eſprit de vin éthéré : le mercure, au lieu de s'élever au-deſſus du

niveau, se tient au-dessous, & il s'y tient à des distances qui sont entr'elles en raison inverse des diametres des tubes dans lesquels il est renfermé. On remarque le même phénomene lorsqu'on plonge des tubes de verre dans du plomb fondu ; ainsi que l'a observé *Gellert* (1) : on observe aussi que les surfaces supérieures du mercure & du plomb sont convexes ; tandis que les mêmes surfaces des autres liquides sont concaves.

Pour peu qu'on réfléchisse sur ces observations, on sera persuadé que c'étoit à tort que plusieurs Physiciens croyoient que les liqueurs, qui étoient plus légeres & plus volatiles que les autres, s'élevoient plus haut dans les tubes capillaires ; en effet, l'esprit de vin éthéré, & l'esprit de nitre fumant de *Glaubert*, sont plus volatils que l'eau, que l'urine, que l'huile de vitriol, & que l'huile de tartre.

5°. L'ascension des liquides au dessus de leur niveau, dans les tubes capillaires, est encore différente, suivant la différente constitution des liquides, & suivant la différente fabrique des verres dont on fait usage ; de sorte qu'on remarque que certains fluides sont fortement attirés par un verre de telle espece, & sont très peu attirés par un autre verre de différente espece : ce qui a donné lieu aux différens résultats d'observations que nous ont donnés de très habiles Physiciens sur cette matiere ; ce dont on sera pleinement convaincu si on compare les expériences faites par MM. *Carré*, *Martin* (2), & par quantité d'habiles Physiciens sur différentes liqueurs, si on compare, dis-je, ces expériences avec celles que j'ai faites. J'ai éprouvé moi-même toutes ces différences en répétant plusieurs fois ces expériences avec des verres que j'avois fait venir de différens Pays. Le célebre *Balbus* (3) s'est convaincu de la même chose, par ses propres observations. Il prit quatre tubes capillaires de même longueur, & de même diametre, mais dont chacun étoit de différente espece de verre ; il les plongea tous quatre dans du mercure, & il observa que ce liquide s'élevoit à différentes hauteurs dans chacun de ces verres.

§. MLV. Pour répéter comme il faut les expériences des tubes capillaires, il faut prendre des tubes de verre, les faire fondre à la flamme d'une lampe, & les tirer à la longueur de quelques pieds, il faut ensuite couper les deux extrêmités qui seront plus grosses, & qui auront un canal d'un plus grand diametre : car il faut sur tout avoir attention à ce que la capacité de leur canal soit exactement la même dans toute leur longueur, & qu'ils soient bien cylindriques : ces tubes, étant ainsi construits, on en prendra un de trois à quatre pieds de longueur, on le placera dans une situation perpendiculaire à l'horison, & on plongera une de ses extrêmités dans quélque fluide à une profondeur $= \frac{1}{20}$ de pouce : lorsqu'il y aura séjourné l'espace d'une minute, on le retirera, & on mesurera alors la longueur de la petite quantité de fluide qui y demeurera suspendue, & on l'écrira, afin de ne pas se méprendre ; on coupera alors la portion du tube qui sera remplie de liquide, & le reste du tube pourra être considéré comme un

(1) Commentar. Pétropol. Vol. 12. p. 243. (2) Philos. Britann. Lect. prima, pag. 15.
(3) Commentar. Bonnon. Vol. 2. p. 156.

nouveau tube, qu'on plongera pareillement dans un autre fluide, ayant encore remarqué la hauteur à laquelle ce second fluide s'éleve dans ce tube: on coupera encore la nouvelle partie du tube qui sera remplie de fluide; & on continuera toujours de même pour éprouver la hauteur à laquelle les autres fluides s'élevent. Si le tube est suffisamment long pour répéter deux fois la même expérience avec le même fluide, afin d'observer si la hauteur à laquelle chacun de ces fluides s'éleve, demeure constamment la même; on sera alors plus sûr de la vérité de l'expérience.

C'est de cette maniere que nous avons dressé la Table suivante, dans laquelle nous avons marqué par des pouces rhenan, & par des dixiemes & des centiemes de pouce, la hauteur à laquelle nous avons trouvé que différens liquides s'élevoient dans des tubes capillaires.

T A B L E.

	Eau distillée.	Esprit de vin éthéré.	Alkool.	Esprit de sel amm. avec de la chaux vive.	Esprit de sel amm. avec du sel de tartre.	Esprit de nitre avec du Bole.	Esprit de sel marin.	Esprit de vitriol.	Huile de vitriol.	Huile de térébenthine.
	pouc.									
Verre de Roterdam cuit en 1760 pour faire des bouteilles . . . . . 3 . 4		1 . 4	1 . 8	3 . 6	4 . 56	2 . 07	2 . 07	3 . 25	1 . 3	2 . 58
Verre de Roterdam, cuit en 1760, pour faire des bouteilles à médecine. 3		1 . 77	1 . 73	2 . 3	2 . 6	1 . 77	3 . 3	1 . 5	1 . 66	1 . 1
Verre de Londres fait à Boles, ann. 1717. Ce verre étoit très blanc . . 2 . 8		1 . 2	1 . 3	2 . 52	2 . 52	1 . 25	1 . 5	2 . 2	1 . 02	1 . 1
Verre cuit à Bolduc, ann. 1759. Celui-ci étoit encore très blanc . . 4 . 55		1 . 27	1 . 09	3 . 62	2 . 50	2 . 15	3 . 19	3 . 97	2 . 16	2 . 25
Verre d'Allemagne, cuit en 1760 à Schleyrag, encore très blanc . . . 2 . 85		0 . 9	0 . 9	2 . 21	2 . 4	1 . 05	1 . 65	1 . 83	1 . 4	1 . 5
Verre de la Haye, filandreux, cuit en 1708 . . . . . 2 . 8		1 . 2	1 . 1	2 . 6	2 . 49	1 . 4	2 . 08	1 . 5	1	1 . 24
Verre blanc de la Haye, cuit en 1715 . . . . . . 1 . 6		0 . 79	0 . 7	1 . 3	1 . 5	0 . 9	1 . 2	1 . 05	0 . 6	1 . 16
Verre bleu de Fravenwaldi, près Dourlach, ann. 1756 3		1 . 5	1 . 9	1 . 95	1 . 75	1 . 3	1	1 . 5	1 . 1	1 . 39
Verre jaune du même endroit, cuit la même année . . . . 1 . 85		0 . 9	0 . 85	1 . 75	1 . 75	0 . 9	1 . 55	1 . 3	0 . 8	1 . 0
Verre blanc du même endroit, cuit la même année . . . 1 . 13		0 . 5	0 . 5	1 . 3	1 . 25	0 . 7	0 . 95	1 . 02	0 . 55	0 . 49
Verre vert de Vénise, cuit en 1757 . . . . 3 . 2		1 . 5	1 . 42	3 . 0	2 . 70	1 . 17	2 . 45	2 . 55	0 . 85	1 . 7
Verre de la Haye tirant sur le bleu, cuit en l'ann. 1741 . . . 5 . 5		1 . 9	2 . 05	6 . 3	6 . 3	4 . 0	1 . 4	2 . 7	1 . 3	1 . 31

Si on n'avoit qu'un feul tube capillaire pour éprouver l'afcenſion de différens liquides, il faudroit commencer ces épreuves par les liqueurs qui ne
feroient point graſſes, & paſſer ſucceſſivement de celles-là à celles qui feroient huileuſes.

Lorſqu'on commencera ces opérations par éprouver l'eau, on aura ſoin,
après avoir fait l'expérience, d'enduire l'extrêmité extérieure & oppoſée à
celle dont on s'eſt ſervi, de maſtic de vitrier, dans lequel on inſérera le bec
d'un ſoufflet à deux vents (car un ſoufflet ſimple ne vaudroit rien pour cette
opération); afin que le vent continuel du ſoufflet, qu'on pouſſera dans ce
tube, puiſſe en chaſſer l'eau, qui ſe raſſemblera, ſous la forme de gouttes,
à l'orifice oppoſé de ce tube : on eſſuiera alors cette extrêmité du tube avec
un linge propre, afin d'en emporter la goutte d'eau qui y pend; & on continuera à pouſſer de l'air ſelon toute la longueur du canal du tube, afin de le
ſécher autant que faire ſe peut. Les choſes, étant ainſi diſpoſées, on plongera, comme précédemment, la même extrêmité de ce tube dans de l'eſprit
de vin, & on remarquera la hauteur à laquelle ce liquide s'éleve; on plongera après cela le tube dans l'eau pour le laver, & on le ſéchera, comme
nous venons de l'indiquer : enfin on continuera les épreuves qu'on aura à
faire, en obſervant toujours les mêmes précautions; & ſi on exécute avec
ſoin tout ce que nous venons de dire, on obſervera exactement les mêmes
phénomenes que nous avons indiqués dans la Table précédente : mais ſur-
tout il faut avoir grand ſoin à ce qu'aucune partie graſſe, à ce qu'aucune
goutte de ſueur, enfin à ce qu'aucune malpropreté ne s'attache à l'orifice inférieur des tubes dont on fait uſage; car cela ſeul ſuffiroit pour faire manquer
les expériences : par conféquent il faut bien ſe garder de ſucer l'extrêmité
des tubes pour en retirer la liqueur, ni même de les toucher avec les
doigts.

§. MLVI. On remarque encore le phénomene ſuivant dans les tubes capillaires cylindriques; ſavoir, que ſi on ſe ſert d'un tube trop long pour que
l'eau dans laquelle on le plonge puiſſe s'élever juſqu'au haut, & qu'on laiſſe
ce tube plongé, afin que l'eau puiſſe s'y élever autant qu'il lui eſt poſſible;
ſi on coupe après cela, à pluſieurs repriſes, la partie ſupérieure de ce tube,
juſqu'à ce qu'on ſoit parvenu à l'endroit juſqu'où l'eau s'eſt élevée, cette eau
demeurera conſtamment à la même hauteur : ſi on continue, outre cela, à
couper la partie ſupérieure du tube, il demeurera conſtamment rempli
d'eau.

Voici encore un autre phénomene. Prenez un autre tube, plongez-le
auſſi dans l'eau, & tenez le conſtamment plongé juſqu'à ce que l'eau ait acquis la hauteur juſqu'à laquelle elle peut parvenir dans ce tube; meſurez
exactement cette hauteur : retirez enſuite le tube de l'eau, & coupez ſa partie inférieure pareillement à pluſieurs repriſes; l'eau demeurera encore conftamment à la même hauteur à laquelle vous l'aurez obſervé. Mais ſi chaque
fois que vous coupez quelques parties de ce tube vous le replongez de nouveau dans l'eau, cette liqueur s'élevera toujours juſqu'à la même hauteur
que vous aurez remarqué la premiere fois. J'ai toujours obſervé le même
phénomene chaque fois que j'ai répété ces ſortes d'expériences, même avec
différentes eſpeces de verres.

§. MLVII.

§. MLVII. On ne peut pas non plus, à plus juste titre, avoir recours à l'éther pour expliquer l'afcenfion des liquides au-deffus de leur niveau dans les tubes capillaires : on ne peut pas dire que ce fluide très fubtil, étant plus rare dans l'intérieur de ces tubes, y preffe moins le liquide qui s'y éleve que la furface extérieure de ce même liquide, dans lequel le tube eft plongé. En effet, fi ce fluide pénetre aifément les pores de tous les corps, ainfi que fes partifans l'affurent, il paffera auffi librement à travers les pores des récipiens fous lefquels on fait le vuide, & fous lefquels on place des tubes capillaires; cela pofé, il pénétrera auffi les pores de ces tubes : or les pores de ces tubes font, pour ainfi dire, un million de fois plus petits que leurs cavités intérieures. Il pénétrera donc librement dans ces cavités, & il y preffera également les liqueurs qui y feront contenues, que la furface de celles dans lefquelles ils feront plongés : d'où il fuit manifeftement que ce fluide ne peut point être regardé comme la caufe de l'afcenfion des liquides dans les tubes capillaires. D'ailleurs comment pourroit-on répondre, dans cette hypothefe, à la queftion que voici? L'expérience nous prouve que les liqueurs ne s'élevent point au-deffus de leur niveau, dans les vieux tubes, dans ceux qui ont été négligés pendant quelque tems. Dira-t-on que l'éther refufe, dans cette occafion, d'exercer fa preffion? On ne peut pas non plus avoir recours à l'adhérence, & dire que les liquides qui ont plus de denfité contractent une plus grande adhérence avec les parois des tubes; ce qui les fait élever à une plus grande hauteur que les autres; car cette adhérence feroit plus nuifible à l'afcenfion des liqueurs qu'à leur élévation, quoiqu'il feroit vrai de dire que les tubes, une fois remplis d'un liquide qui contracteroit une forte adhérence avec leurs parois, pourroient les foutenir & s'oppofer à leur écoulement.

On ne peut pas dire plus raifonnablement que les écoulemens atmofphériques qui s'échappent des tubes foient la caufe du phénomene que nous difcutons; car il eft conftant que fi ces écoulemens avoient lieu, ils déploieroient leur preffion contre les liquides qui s'éleveroient dans ces tubes; & que, dans cette hypothefe, les hauteurs auxquelles ces liqueurs s'éleveroient, feroient en raifon inverfe de leurs gravités fpécifiques : ce qui eft tout-à-fait contraire à l'obfervation.

Il n'eft pas plus poffible de démontrer qu'une atmofphere électrique foit cette caufe dont il eft ici queftion; car fi, après avoir remarqué jufqu'à quelle hauteur un liquide s'éleve dans un tube capillaire, on électrife enfuite fortement ce tube, & le liquide qu'il contient, le liquide ne s'élevera enfuite ni plus ni moins qu'auparavant; ainfi que l'ont éprouvé, auffi bien que moi, MM. *Jallabert* (1), & *Ellicot* (2). On ne peut pas imaginer avec plus de raifon, qu'il y ait au milieu de la cavité de ces tubes une atmofphere plus denfe que celle qui entoure la furface & le contour de cette cavité, & qui occafionne la concavité qu'on remarque fur la furface fupérieure des liquides qui s'y élevent; puifque la furface fupérieure du mercure, qui pénetre ces tubes, & qui s'y éleve, eft convexe. On peut fentir maintenant, d'après les phénomenes que je viens d'expofer, pour quelle raifon j'ai établi, dans

(1) Exper. fur l'Electr. §. 113, p. 74. (2) Philof. Tranf. n°. 486, p. 198.

Tome II. F

le §. 1002 , qu'il y avoit plusieurs phénomenes qu'il n'étoit pas possible de rapporter à la pression d'une cause extérieure , qui agiroit selon les loix que nous connoissons jusqu'à présent.

§. MLVIII. Si on prend un tube E D C [*Tab.* 26. *fig.* 10.], composé de deux autres tubes E D & D C, de différente capacité, & qu'un liquide quelconque puisse s'élever dans le plus large de ces deux tubes jusqu'à une hauteur représentée par B G , & dans le plus petit jusqu'à une hauteur indiquée par E C , en supposant ce tube suffisamment long : pour lors si on remplit entierement le tube E D C, & qu'on le plonge , par son extrêmité la plus large , dans un vase R S , qui contient une certaine quantité du même fluide , ce tube demeurera constamment rempli jusqu'en E ; puisque la colonne intérieure du liquide , qui est posée directement au dessous du petit tube E D , peut être élevée jusqu'à la hauteur C E , & le reste du liquide qui entoure cette colonne du milieu est attiré en partie par cette colonne , & en partie par les parois & par la voûte supérieure qu'on remarque en D : ce qui sera cause que le tube composé demeurera constamment rempli.

Le même phénomene auroit encore lieu lorsqu'on répéteroit cette expérience avec le vase A B C [*Tab.* 26. *fig.* 12.], dont la capacité est très grande ; mais qui se termine supérieurement par un tube capillaire très petit C. Cette expérience réussit dans le vuide aussi-bien que dans le plein (1).

§. MLIX. On remarque constamment que les attractions de deux tubes capillaires , qui agissent l'un contre l'autre , sont toujours en équilibre entr'elles. En effet , soient deux tubes capillaires A C , B D [*Tab.* 26. *fig.* 11.], qui puissent l'un & l'autre élever une colonne d'eau de deux pouces : supposons que le tube A soit rempli d'eau jusqu'à la hauteur de deux pouces ; si on approche alors de l'orifice C l'orifice D du tube B D , que nous supposons vuide , alors l'attraction du tube B D , se déployant contre l'eau que contient le tube A C , retirera de ce tube une quantité d'eau suffisante pour qu'il y en ait dans l'un & dans l'autre tube jusqu'à la hauteur d'un pouce.

Supposons maintenant deux tubes , dont l'un des deux soit en état d'élever & de soutenir une colonne d'eau de 4 pouces de hauteur , & l'autre de soutenir seulement une colonne d'eau de deux pouces ; si on les remplit d'eau l'un & l'autre jusqu'à la hauteur à laquelle ils peuvent soutenir ce liquide , & qu'on les approche ensuite l'un de l'autre, de la maniere que nous venons de l'indiquer ci-dessus, il ne passera aucune quantité d'eau de l'un de ces tubes dans l'autre (2). Nous passerons ici sous silence quantité d'autres phénomenes qu'on a découverts en répétant ces sortes d'expériences avec des tubes capillaires recourbés , dont les branches étoient égales ou inégales ; ainsi que ceux qu'on a observés avec des tubes de verre prismatiques , &c , dont *Wéitbrecht* (3) & *Gellert* (4) ont traité très amplement.

§. MLX. Les phénomenes des tubes capillaires nous donnent lieu de concevoir comment l'eau & les parties nutritives auxquelles elle sert de véhicule , se portent dans les fibres des racines des plantes ; comment elles se séparent & elles se portent dans leurs canaux très déliés , & s'élevent de-là

(1) Jurinus , in Dissert. Phys. Mathem. (2) Waits von der Electricit. Cap. 6. (3) Commentar. Petropol. Vol. 8 & 9. (4) Commentar. Petropol. Vol. 12 , p. 252.

juſqu'au ſommet des plus grandes plantes : comment la pluie qui tombe ſur les feuilles des arbres, comment la roſée, qui s'attache lorſqu'elle s'éleve à la ſurface inférieure des feuilles, pénetrent dans leur intérieur, à l'aide des pores abſorbans qui ſe trouvent diſſéminés ſur toute leur ſurface, paſſent de-là dans toute l'étendue des arbres ou des plantes, & portent la nourriture à toutes les parties qu'elles abreuvent. On conçoit encore, à l'aide des mêmes phénomenes, comment les fluides & les topiques, appliqués extérieurement ſur la peau de l'homme, pénetrent dans l'intérieur du corps en ſe jettant· dans les pores abſorbans qu'on remarque ſur toute l'habitude du corps : on conçoit auſſi comment les liqueurs qui ſe ſéparent dans les cavités du corps, comme dans l'abdomen, le ſcrotum, le thorax, le péricarde, ainſi que celles qui ſont épanchées dans quelques cavités, comme, par exemple, dans les chambres de l'œil, dans les ventricules du cerveau, on conçoit, dis-je, comment ces différentes liqueurs paſſent dans les vaiſſeaux capillaires, & ſe jettent de-là dans les routes de la circulation.

§. MLXI. Si on prend deux morceaux-de glace plans, de même grandeur, bien nets & bien ſecs, ou également mouillés d'une liqueur quelconque; & qu'après les avoir appliqués l'un contre l'autre, on faſſe toucher leur côté inférieur à la ſurface de différens liquides, ſoit qu'on les tienne dans une ſituation perpendiculaire, ou oblique, à l'horiſon; on remarquera auſſi tôt que ces liquides s'éleveront très rapidement entre-ces glaces, & qu'ils s'y porteront juſqu'à une hauteur conſidérable. *Hauxbée* a remarqué le même phénomene en répétant cette expérience avec des plans de marbre, & avec des plans de cuivre. Si on ſépare ces deux plans de glace, & qu'on intercepte entre leurs ſurfaces des corps de différente épaiſſeur, ces plans ſeront alors plus ou moins écartés l'un de l'autre; & on obſervera que le même fluide s'y élévera à différentes hauteurs, qui ſeront entr'elles en raiſon inverſe des diſtances qui ſépareront ces deux plans. On remarquera encore le même phénomene ſi on répere cette expérience dans le vuide de *Boyle*. Lorſque les ſurfaces de ces glaces ſe touchent, ou ſont à quelque diſtance l'une de l'autre, mais qu'elles demeurent conſtamment dans la même ſituation, il eſt de toute néceſſité qu'il s'éleve conſtamment entre ces ſurfaces la même quantité de liqueur : cette liqueur ſe préſente ſous la forme d'un parallélipipede, dont la baſe eſt déſignée par la diſtance qui ſépare les deux plans : or, dans les parallélipipedes égaux, les baſes ſont en raiſon inverſe des hauteurs, & par conſéquent les hauteurs auxquelles les liqueurs s'élevent entre les plans dont il eſt ici queſtion, doivent être en raiſon inverſe des diſtances qui les ſéparent.

§. MLXII. Si on prend deux glaces planes, & qu'on les uniſſe enſemble par un de leurs côtés A B [*Tab. 26. fig. 13.*], de façon que leurs côtés oppoſés D G & E C ſoient à quelque diſtance l'un de l'autre, & qu'elles forment, par leur réunion, l'angle G B C; ſi on les plonge enſuite perpendiculairement dans l'eau, elles attireront plus fortement ce liquide, & il s'élévera plus haut dans les endroits où les ſurfaces de ces glaces ſeront plus proches, que dans les endroits où elles ſeront plus écartées l'une de l'autre. La ſurface de l'eau qui s'élévera entre ces ſurfaces, formera une courbe hyperbolique g, f, m, i, dont les côtés des glaces A B & B C feront les afymptotes ; car on aura B p : B n :: la diftance des glaces , q p : o n ; or la hauteur m n : f p en raifon inverfe des diftances, ou :: B p : B n ; & par conféquent on aura B p × f p = B n × n m , qui eft une propriété de l'hyperbole.

§. MLXIII. Si on répete cette expérience avec du mercure au lieu d'eau , & que la plus grande diftance entre les glaces foit en A D [*Tab.* 26. *fig.* 14.], & la plus petite en C B , le mercure qui s'élévera entre ces plans formera auffi une hyperbole , mais qui fera dans une fituation oppofée à celle de la précédente f, m, k, g ; de forte que la plus grande élévation du mercure fera f A , & la plus petite g : or comme les parties du mercure s'attirent plus fortement entr'elles qu'elles ne font attirées par les plans dont nous parlons, l'efpace f D C B, g, k , m, f ne contient point de mercure.

§. MLXIV. Si on répand fur la furface d'un miroir, difpofé parallelement à l'horifon, une goutte d'huile d'orange E I K [*Tab.* 26. *fig.* 15.] récemment diftillée ; & qu'on applique une feconde glace A B fur cette premiere A C , de façon que ces deux glaces fe touchent vers un de leurs bords A , & foient placées à quelque diftance l'une de l'autre vers leur extrêmité oppofée ; & que la goutte d'huile ne touche qu'à peine les deux glaces au point E & K ; alors cette goutte, étant attirée par ces deux furfaces, & étant plus fortement attirée dans les endroits où ces deux plans font moins éloignés l'un de l'autre, fe portera avec un mouvement accéléré jufqu'à l'endroit où les miroirs fe touchent. Car foient conduites du centre I de la goutte d'huile les perpendiculaires I E, I K fur les points des glaces que cette goutte touche , & à la vertu attractive defquels elle eft foumife ; fur les directions données I E & I K foit formé le parallélogramme I E S K , dont la diagonale eft I S, felon laquelle la goutte d'huile doit diriger fon mouvement , & par conféquent qui fe mouvera conftamment felon la droite D A pour fe porter vers l'angle B A C. Lorfque cette goutte s'approche du point A , elle doit , de toute néceffité , s'applatir , & par conféquent devenir plus large ; mais fon centre de gravité demeure conftamment au point I , milieu de cette goutte. Or ce point I , s'approchant continuellement de ces deux glaces A B, A C , il doit être de plus en plus attiré, & conféquemment fe porter , avec un mouvement accéléré , vers le point A ; tandis que dans ce même tems l'étendue de cette goutte augmente fenfiblement. Cet effet doit avoir lieu jufqu'à ce que cette goute de liquide foit parvenue au point A.

Cette expérience ne réuffit point lorfqu'on la répete avec des huiles graffes, qui contractent une trop grande adhérence avec les furfaces de ces glaces ; parceque, dans ce cas, les parties de ces fortes d'huiles n'ont point affez de mobilité , & ne fe féparent pas affez librement les unes des autres.

§. MLXV. Si dans le tems que cette goutte d'huile fe meut, & qu'elle fe porte vers le point A , on éleve ces glaces de ce côté, le mouvement de la goutte fe rallentit ; & il fe rallentit d'autant plus, qu'on les éleve davantage : il arrivera même qu'on parviendra à détruire entierement le mouvement de ce liquide en continuant à élever ces glaces ; parcequ'alors le poids de la goutte d'huile pourra , par l'inclinaifon qu'elle recevra de cette élévation , contrebalancer les forces attractives qui occasionnoient son mouvement : d’où il suit que si l’élévation des glaces devient encore plus grande, la goutte d’huile, au lieu de s’élever vers le point A, descendra.

Mais si au lieu de prendre de l’huile pour faire cette expérience, on se sert de mercure bien purifié, ce fluide, bien loin de s’élever vers le point A, où ces glaces se touchent, descendra vers l’endroit où elles sont à une plus grande distance l’une de l’autre ; soit que ces glaces soient disposées dans une situation parallele à l’horison, ou qu’elles soient légérement inclinées vers l’horison. On remarque sur-tout ce phénomene lorsqu’on applique la glace supérieure A B sur l’intérieure A C : dès que la goutte de mercure est en contact avec le point E, elle s’applatit & elle se porte aussi-tôt vers B C ; mais jamais vers A. *Hauxbée* a traité cette matiere fort au long ; ce qui fait que nous n’insisterons pas davantage sur ce phénomene, dont l’explication se présente naturellement à l’esprit.

En effet, les parties du mercure, s’attirant plus fortement entr’elles, qu’elles ne sont attirées par les plans de glace dont il est ici question ; la goutte de mercure qui est placée entre ces deux plans, est dirigée selon les lignes E l, K I ; par conséquent elle doit se porter selon la direction I D, & diriger son mouvement vers le point D : d’où il suit manifestement que ce fluide doit se mouvoir du côté que ces plans sont plus écartés l’un de l’autre.

§. MLXVI. La *sublimation philosophique*, ou la *végétation des sels* nous fournit encore une preuve bien convaincante de la vertu attractive. Si on fait fondre dans de l’eau pure, ou dans de l’eau de chaux, dans du vin blanc ou rouge, dans de l’esprit de nitre, dans de l’esprit de sel, dans de l’esprit de vitriol, &c ; si on fait fondre, dis-je, dans ces différens liquides, du sel de nitre purifié, du cristal minéral, du sel ammoniac, du sel marin, du sel de duobus, &c, & qu’on verse cette dissolution dans des vases de verre, de terre, de porcelaine, d’étain, & qu’on couvre ces vases avec une plaque de verre, afin de pouvoir observer ce qui s’y passe ; on remarquera que ces sels commenceront à s’attacher aux parois de ces vases, qu’ils s’éléveront le long de ces parois, qu’ils s’éléveront même au-delà de la surface du dissolvant, & qu’ils se porteront jusqu’à l’orifice des vases qui les contiennent : enfin qu’ils couronneront son bord de concrétions épaisses, qui se présenteront sous différentes figures. On a vu de ces végétations s’élever au delà du bord supérieur des vases (1), & s’étendre au-dehors en se jettant le long de leurs surfaces extérieures. C’est de cette même maniere que se forment les végétations métalliques, lorsqu’on fait dissoudre différens métaux dans certains menstrues.

§. MLXVII. Les corps se dissolvent les uns les autres, lorsqu’ils se réduisent mutuellement en petites parcelles ; ensorte qu’ils se mêlent & qu’ils s’incorporent. La *dissolution* n’est donc autre chose que la séparation des parties d’un tout, qui en étoit composé, laquelle séparation doit être produite par

(1) Boyle, in contin. Phys. Mech. Exp. 29. Hist. de l’Acad. Roy. ann. 1706, p. 529. Hist. de l’Acad. Roy. ann. 1707, p. 388. Hist. de l’Acad. Roy. ann. 1731 ; p. 655. Hist. de l’Acad. Roy. ann. 1722, p. 129.

un autre corps, dont les parties se mêlent réciproquement avec celles qui se détachent de l'autre corps. Le mêlange de ces parties combinées entr'elles peut être transparent ou opaque : si la séparation des parties s'opere promptement, avec impétuosité, & avec une ébullition sensible, on l'appelle *corrosion*. Cette dissolution a coutume d'être opaque. Si un corps, agissant sur un autre corps, n'en détache que quelques parties, les autres demeurant unies au tout qu'elles constituent, cette opération s'appelle *extraction* : elle a lieu, par exemple, lorsqu'on fait fondre les résines & les huiles des végétaux dans l'esprit de vin ; les autres parties de ces mixtes demeurent adhérentes entr'elles sous la forme de féces. Tout dissolvant est un liquide lorsqu'il dissout un autre corps. Il y a cependant certains corps solides qui paroissent opérer des dissolutions. Par exemple, les pierres, dont les anciens faisoient des cercueils, dissolvoient les parties des cadavres qu'elles recéloient, & les consommoient jusqu'aux os ; la terre de l'Isle S. Thomas produit le même effet (1) ; ce qui vient de ce que les sels corrosifs de ces pierres & de cette terre, venant à se dissoudre, par l'humidité & les vapeurs des cadavres, agissoient ensuite sur eux, & les consommoient.

Si on triture pendant long-tems dans un mortier, du galbanum & du camphe, ces deux gommes s'incorporeront ensemble ; elles formeront une pâte à demi-fluide, ou au moins suffisamment molle pour qu'on puisse la modeler : mais elle s'endurcira ensuite.

Tous les sels se fondent dans l'eau, parceque les parties salines attirent fortement les parties aqueuses ; celles-ci, cédant à la force qui les maitrise, se jettent avec violence contre les parties salines, pénetre dans leurs pores, écartent leurs parties solides les unes des autres, & surmontent la cohésion qu'elles ont entr'elles : de là les parties salines se séparent de la masse qu'elles formoient ; ces parties, attirées par les molécules d'eau latérales qui se présentent, commencent à se mouvoir, en suivant la diagonale d'un parallélogramme construit sur la direction des forces attractives, & s'écartent davantage de la masse de sel qu'elles abandonnent ; de sorte qu'elles se jettent, & qu'elles se répandent dans le dissolvant, qu'elles s'assimilent avec lui, & nagent dans toute son étendue. La vertu attractive produit donc alors entre ces parties un mouvement qui n'existoit point avant l'opération ; ce mouvement subsiste jusqu'à ce que toute la masse de sel soit fondue, & que ses parties, séparées les unes des autres, se soient également distribuées dans toute l'étendue du dissolvant, dans lequel elles flotteront & demeureront suspendues, quoiqu'elles soient spécifiquement plus pesantes que le liquide qui les soutient ; à moins que ces parties, venant à s'unir entr'elles & à former de trop grandes masses, n'acquerent un poids considérable, propre à surmonter la force attractive du dissolvant qui les soutient.

C'est ainsi que le nitre ammoniacal se fond dans l'esprit de vin très rectifié ; tant que les parties salines ne se réunissent point en de trop grandes masses, elles demeurent suspendues, & elles flottent dans le dissolvant qui les

____

(1) Plin. Hist. Nat. Lib. 36. cap. 17. Mercatus in Metalloth. Vatic. p. 145. Herrera, Lib. 8, Decad. 1.

attire : le nitre ammonical n'eſt autre choſe qu'une combinaiſon d'eſprit de nitre & d'eſprit de ſel ammoniac , mêlés enſemble juſqu'au point de ſaturation , qu'on fait enſuite filtrer , évaporer & criſtalliſer (1).

Hauxbée (2) a démontré que ce n'étoit point à la grandeur ni à la multitude des ſurfaces des parties ſalines , qu'il falloit rapporter leur ſuſpenſion dans les diſſolvans dans leſquels elles nagent. Il arrive quelquefois que les diſſolutions ſe font plus promptement lorſque les molécules du diſſolvant ſont en mouvement ; parceque , dans ce cas , elles choquent avec plus de violence les molécules du corps diſſoluble qu'elles attaquent : c'eſt pour cela que cette opération ſe fait plus promptement , lorſqu'on fait chauffer le diſſolvant ; alors la matiere ignée ébranle & met en mouvement ſes parties : c'eſt auſſi pour cela que cette opération ne peut pas avoir lieu , ou qu'elle ne ſe fait pas ſi complettement lorſque le diſſolvant eſt froid , ou que ſes parties demeurent en repos.

§. MLXVIII. La fuſion des métaux s'opere auſſi de la même maniere dans leurs menſtrues , qui ſont ordinairement compoſés d'eau & de parties aiguës , pointues , ou inciſives : ces parties , fortement attirées par les métaux , ſe jettent dans leurs pores , briſent la liaiſon de leurs parties , les ſéparent les unes des autres , & pouſſent une eſpece d'écume vers la ſuperficie , & , à proprement parler , corrodent , rongent les corps qu'on leur abandonne.

Ces menſtrues ſont de différentes eſpeces. Le cuivre , le plomb , le zinc , ſe diſſolvent promptement dans de fort vinaigre : or le vinaigre n'a aucune priſe ſur une maſſe d'or , d'argent , ou de mercure. De l'alun fondu dans de l'eau devient un diſſolvant propre à fondre , par une ſimple digeſtion , des métaux réduits en limaille ; ainſi que *Margraff* l'a éprouvé (3). L'eau-forte diſſout tous les métaux , à l'exception de l'or. L'huile de vitriol , lorſqu'elle eſt bien concentrée , diſſout le fer , le cuivre , le zinc ; mais elle ne peut point diſſoudre l'or , l'argent , ni le régule d'antimoine. L'eau régale diſſout l'or , le fer , le cuivre , l'étain , le plomb , le mercure , le biſmuth , le zinc , le régule d'antimoine ; mais elle ne diſſout point l'argent. Les ſels alkalis volatils , ainſi que les ſels alkalis fixes , peuvent être auſſi regardés comme de véritables menſtrues , propres à diſſoudre les métaux. En effet , ſi on fait calciner un alkali avec du ſang de bœuf deſſéché , & qu'on réduiſe enſuite ce mêlange en eau , il ſera propre à diſſoudre une précipitation d'or , qui auroit été déja diſſoute dans de l'eau régale : il pourra diſſoudre auſſi une précipitation d'argent qui auroit été diſſoute dans de l'eau-forte (4). Le même alkali , calciné avec du ſang de bœuf , eſt encore propre à diſſoudre du mercure , du biſmuth , du zinc ; mais il ne peut point diſſoudre du plomb , ni de l'étain : il faut obſerver qu'on ne peut pas employer , dans ces opérations , tout alkali fixe quelconque. En effet , ſi on prend un alkali cauſtique , préparé avec la chaux vive , ou du ſel de tartre , ou du nitre fixé par la détonnation , &c , ces diſſolutions ne pourront point avoir lieu. Comme nous ne connoiſſons point encore aſſez les parties conſtituantes de ces corps ,

____

(1) Neuman in Lect. de nitro p. 108.　(2) Phyſico-Mechan. Experim. Exp. 10.
(3) Hiſt. de l'Acad. de Berlin, Tom. 1. p. 8 & 60. (4) Hiſt. de l'Acad. de Berlin, ann. 1754.
pag. 66.

ni la ſtructure de ces parties, ni leur poroſité, &c, nous ne pouvons point haſarder aucune explication de ces ſortes de diſſolutions, & nous devons nous borner à la ſimple expoſition des effets que nous obſervons.

§. MLXIX. Il arrive ſouvent que les diſſolvans qui ſont doux, diſſolvent certains corps plus facilement que ceux dont les parties ſont plus inciſives ; nous remarquons cela dans le mercure & dans l'huile d'olives, qui diſſolvent facilement l'étain & le plomb, quoique ces deux métaux réſiſtent à l'action de l'huile de vitriol, dont les parties ſont plus tranchantes. Si on fait tomber en défaillance le blanc d'un œuf dur, en l'expoſant à l'humidité, ce liquide pourra diſſoudre de la myrrhe ; ce qu'on ne peut faire avec de l'eau forte, ni par le moyen d'aucun autre eſprit de ſel, quelqu'actif qu'il ſoit : ce qui vient de la vertu attractive du diſſolvant doux, qui agit ſur la myrrhe avec plus de force qu'aucun eſprit corroſif. On peut auſſi concevoir par-là pourquoi le mercure diſſout l'or, qui réſiſte à l'action de l'eſprit de nitre le plus concentré (1).

Baldus forma de petits fils d'or très pur ; il en plongea un obliquement par ſa partie inférieure dans du mercure ; &, dans l'eſpace de quelques heures, il obſerva que le mercure s'étoit répandu ſous la forme d'une eſpece de fourreau, ſur toute l'étendue de ce fil, & qu'il avoit rongé la partie inférieure de ce fil, & il obſerva que, dans l'eſpace de 24 heures, ce même fluide avoit recouvert, juſqu'à la hauteur de 5 pouces, un autre fil d'or qui étoit ſuſpendu perpendiculairement au-deſſus de la ſurface du mercure.

Il ſuit de ces obſervations qu'il y a certains menſtrues qui ſont deſtinés à la diſſolution de certaines ſubſtances, & qui ne ſont pas propres en général à diſſoudre toutes ſortes de ſubſtances : le ſuc gaſtrique, par exemple, des faucons, digere parfaitement bien les viandes des oiſeaux dont cet animal ſe nourrit ; mais il n'eſt nullement propre à la digeſtion des graines de toute plante quelconque, ainſi que l'a très bien obſervé M. *de Reaumur* : il pourroit fort bien ſe faire que ce ſuc, s'il étoit porté dans la veſſie urinaire, diſſoudroit un calcul ; puiſqu'il a la vertu de diſſoudre des os.

§. MLXX. Il y a certains corps qui ſe diſſolvent plus aiſément dans l'air que dans le vuide ; car le célebre *Beccari* (2) nous apprend que l'eau forte agit plus puiſſamment ſur les métaux, & qu'elle les diſſout plus promptement dans l'air libre que dans le vuide : cependant le camphre qu'on fait diſſoudre dans l'eſprit de vin ſe diſſout plutôt dans le vuide que dans l'air. Les yeux d'écreviſſe, qu'on fait diſſoudre dans l'eſprit de vitriol, nous offrent le même phénomene à examiner. Les ſels ont cela de particulier, qu'ils ſe fondent en été plus aiſément dans l'eau froide, lorſqu'ils ſont expoſés à l'air, que lorſqu'on les met dans le vuide ; & au contraire ſi on veut faire cette opération en hiver, & qu'on ſe ſerve pour cela d'eau tiede, leur diſſolution ſera plus prompte dans le vuide que dans l'air. L'eſprit de vitriol, étendu dans une certaine quantité d'eau, diſſout mieux, & plus promptement, les yeux d'écreviſſe, dans le vuide, que dans l'air. Si on verſe de l'eau forte dans deux vaſes, & qu'après avoir jetté dans l'un & dans l'autre un morceau de cuivre, on couvre un de ces deux vaſes avec une carte, &

(1) Commentar. Bonon. Vol. 1. & 2. p. 362. (2) Commentar. Bonon. Vol. 2. p. 112.

qu'on

qu'on verſe de l'huile par-deſſus le liquide qui eſt dans l'autre vaſe , la diſſolution de ce métal ſe fera plus promptement dans ce dernier vaſe que dans
celui qui ſera recouvert d'une carte.

§. MLXXI. Parmi les fluides , il y en a quelques-uns qui en diſſolvent
d'autres avec leſquels ils ſe mêlent & ils ſe combinent; il y a auſſi quelques
fluides qui ſe diſſolvent aiſément par quelques-uns , & qui ne peuvent
point être diſſous par d'autres , ou au moins qui ne peuvent être diſſous que
très difficilement & moins completement: en général les huiles eſſentiel-
les rectifiées ſe diſſolvent moins bien dans l'eſprit de vin que celles qui ne
ſont pas rectifiées. M. *Geoffroy* a découvert certaines huiles tirées par expreſſion , ou tirées au feu , qui ne pouvoient point ſe diſſoudre dans l'eſprit
de vin ; mais qui devenoient aiſément diſſolubles dans ce liquide , lorſqu'elles étoient diſtillées & rectifiées. L'eſprit de vin eſt un mixte compoſé d'eau
ou de phlegme, d'huile & d'un ſel acide ; c'eſt ce dernier principe qui favoriſe l'union des deux autres , qui ne pourroient point s'unir enſemble ſans
ſon ſecours : pareillement toutes les huiles contiennent quelqu'acide ; &
plus ce principe domine dans les huiles , plus elles ſont diſſolubles dans
l'eſprit de vin : or comme les huiles ſont d'autant plus épaiſſes qu'elles contiennent une plus grande quantité d'acide , il ſuit de-là que les huiles épaiſſes
ſont plus diſſolubles par l'eſprit de vin , que les huiles légeres diſtillées qui
ne contiennent point d'acide ; ainſi que M. *Macquer* l'a démontré par pluſieurs experiences (1).

§. MLXXII. Il y a des corps qui ne peuvent être diſſous par d'autres qu'a-
près avoir été pénétrés juſqu'à un certain point par un troiſieme : par exemple , l'eau ne diſſout point la craie , la chaux , ni aucune autre terre , ni les
coquillages ; mais ſi on imbibe tous ces corps de quelqu'eſprit acide qui les
pénetre , & qui écarte un peu leurs parties les unes des autres , alors ils deviendront propres à attirer fortement l'eau, qui les pénétrera très completement , & qui les diſſoudra. Le ſoufre qui n'eſt point mêlangé ne peut point
ſe diſſoudre dans l'eau; mais ſi on le combine avec un ſel alkali , & qu'a-
près avoir renfermé ce mêlange dans un creuſet bien lutté , on l'expoſe à
l'action du feu , & qu'on le faſſe rougir , il deviendra diſſoluble dans l'eau.
Si on mêle pareillement du régule d'antimoine avec du ſel ammoniac , &
qu'on faſſe ſubir à ce mêlange les mêmes opérations qu'on vient d'indiquer
par rapport au ſoufre , le mêlange dont il eſt ici queſtion deviendra diſſoluble dans le vinaigre. L'argent , le plomb, & l'étain , fondus avec du biſmuth , ſe diſſolvent aiſément dans le mercure , & forment, par ce moyen,
un amalgame (2). Le foie de ſoufre , fondu avec toutes ſortes de métaux
quelconques, les rend coulans , fragiles , & tout-à fait différens de ce qu'ils
étoient ; car ils deviennent par-là diſſolubles dans l'eau (3) , ſans en excepter même le mercure , pourvu cependant que le foie de ſoufre ſoit bien fondu
dans le creuſet , & qu'il ait acquis une couleur brune : ſi on le retire de deſſus le feu , lorſque l'ébullition eſt ceſſée , & qu'il n'étincelle plus , alors il
faut faire couler le mercure dans cette ſolution , en le faiſant tamiſer à tra-

(1) Hiſt. de l'Acad. Roy. ann. 1745, p. 9. (2) Crameri Docimaſ. Lib. 1. pag. 37.
(3) Idem Lib. 1. p. 66. Hiſt. de i'Acad. Roy. ann. 1743 , p. 76.

Tome II.

vers les pores d'un morceau de cuir , & avoir soin de bien remuer le mêlange avec une spatule : on peut encore mêler le mercure avec du foie de
soufre dissous dans de l'eau , ou tombé en défaillance par le contact d'un air
humide. M. *Malouin* a cependant observé que le foie de soufre ne pouvoit
point dissoudre le zinc.

L'argent dissous dans de l'esprit de nitre , & précipité par une dissolution
de sel de tartre , ensuite bien lavé & bien séché , donne une poudre dissoluble dans le vinaigre distillé ; & c'est par cette préparation qu'on peut rendre
l'argent dissoluble dans le vinaigre. *Margraff* (1) a observé aussi que cette
poudre étoit dissoluble dans du jus de citron. Pareillement le mercure dissous dans l'eau-forte , précipité ensuite par le sel de tartre , & bien édulcoré ,
se dissout dans le vinaigre distillé , & dans le vin du Rhin.

Les morceaux de mine de fer se fondent plus aisément au feu , lorsqu'on
les mêle avec le sable de montagne réduit en poussiere , que lorsqu'on les
expose , sans aucun mêlange , à l'action du feu. On trouve quantité de choses curieuses sur cette matiere dans l'excellent Traité de Chymie de *Boer-
rhaave*. On peut aussi consulter sur cela ce que le célebre *Beccari* a inséré
dans le premier Volume des Commentaires de Boulogne , page 483.

§. MLXXIII. Lorsqu'on sera bien au fait du principe de l'attraction , on
sera à portée de concevoir aisément le méchanisme des *précipitations chymiques*. Ces opérations ont lieu lorsqu'on verse sur deux corps qui se sont
dissous mutuellement un troisieme qui attire plus puissamment un des deux
dissolvans qu'ils ne s'attirent entr'eux ; alors les deux dissolvans se séparent
l'un de l'autre , & le troisieme s'unit à celui avec lequel il a le plus d'affinité : & si celui qui est séparé par cette opération est spécifiquement plus léger
que les deux autres , il surnage , ou il se précipite au fond du vase , s'il est
spécifiquement plus pesant qu'eux.

L'esprit de vin est un composé d'huile très légere & d'un esprit acide , mêlés intimement avec l'eau qu'ils dissolvent ; si on jette donc dans de l'esprit
de vin un sel alkali fixe & bien sec , qui attire l'eau avec beaucoup de forces , ce sel s'emparera de l'eau que contient ce mêlange : il en sera dissous ;
cette dissolution , comme plus pesante , se précipitera au fond du vase : &
l'esprit huileux , comme plus léger , surnagera.

Faites dissoudre du sel d'Ebsom dans de l'eau , ces deux corps ne s'attireront que foiblement ; versez sur ce mêlange de l'esprit de vin rectifié , qui attire l'eau avec plus de force , & vous observerez alors que le sel se séparera
de l'eau , & se précipitera au fond du vase , où il se convertira en cristaux.

Lorsqu'on a fait fondre toute résine quelconque dans de l'esprit de vin ,
ces deux substances s'attirent , à la vérité , assez fortement ; mais comme
l'esprit de vin attire plus fortement l'eau qu'aucune résine , si on verse de
l'eau sur ce mêlange , on remarque aussi-tôt un trouble : le mêlange blanchit , l'eau attire & s'empare de l'esprit de vin , qui abandonne en même-
tems la résine qui se précipite au fond du vase.

Si on fait dissoudre du mercure dans de l'eau-forte , & qu'on verse en-

(1) Hist. de l'Acad. de Berlin, 1746, p. 61.

suite de la faumure fur cette diffolution , la faumure, plus fortement attirée par l'eau-forte que le mercure , fera attirée par l'eau-forte, qui abandonnera alors le mercure qui fe précipitera au fond du vafe.

Si on fait diffoudre de l'argent dans de l'eau-forte bien concentrée , & qu'on jette enfuite dans cette diffolution quelques lames de cuivre , ces lames feront plus fortement attirées par l'efprit de nitre que l'argent ne l'avoit été ; d'où il arrivera que l'argent fe précipitera au fond du vafe fous la forme de poudre. Si on plonge enfuite du fer dans cette nouvelle diffolution de cuivre, comme ce diffolvant attire encore plus puiffamment le fer que le cuivre, il abandonnera le cuivre pour fe jetter dans le fer, & on obfervera alors que le cuivre fe précipitera : filtrez après cela cette diffolution de fer , & plongez-y du zinc, que l'eau-forte attire plus puiffamment que le fer; vous précipiterez encore le fer qui étoit en diffolution : jettez enfuite des yeux d'écreviffes fur la diffolution du zinc, ils fermenteront confidérablement avec l'eau-forte, & s'attireront plus puiffamment que le zinc qu'ils précipiteront : fur cette derniere diffolution verfez de l'efprit urineux, & vous précipiterez les yeux d'écreviffes : verfez enfin fur cette derniere diffolution quelques fels alkalis fixes , fur lefquels l'eau-forte agit très violemment, le fel urineux fe féparera de l'eau-forte, & furnagera, comme fpécifiquement plus léger.

C'eft à cette même caufe qu'il faut rapporter les végétations métalliques ; telles , par exemple, que l'arbre de Diane, &c. En effet, lorfqu'on verfe du mercure, diffous dans l'eau-forte, fur une diffolution d'argent, faite pareillement par l'eau-forte, & qu'après avoir mêlé enfemble ces deux diffolutions , on verfe par-deffus une grande quantité d'eau, ou de vinaigre diftillé , & qu'on laiffe repofer le tout dans un endroit quelconque, il eft conftant que les parties métalliques qui nagent dans cette diffolution ne peuvent point être foutenues par des diffolvans auffi étendus dans l'eau, ou dans le vinaigre qu'on y ajoûte , & par conféquent qu'elles fe précipitent : ces parties métalliques , en fe précipitant , tombent les unes fur les autres ; celles qui tombent enfuite font attirées par la maffe déja formée au fond du vafe : or comme elles tombent irrégulierement, & fur différens points de cette premiere maffe , elles forment des ramifications irrégulieres, qui repréfentent , à peu de chofes près, un arbre & fes branches.

Voici le procédé qu'obfervoit M. *Homberg* pour faire cette opération : Il prenoit quatre dragmes d'argent fin réduit en limailles , avec deux dragmes de mercure qu'il amalgamoit enfemble, & qu'il faifoit enfuite diffoudre dans quatre onces d'efprit de nitre ; il verfoit cette diffolution dans une fiole qu'il rempliffoit enfuite d'eau, & auffi-tôt il voyoit croître une efpece d'arbre dont les rameaux s'étendoient de tous côtés.

§. MLXXIV. De tous les aimants qui attirent les parties aqueufes qui voltigent dans l'atmofphere , nous n'en connoiffons aucun qui agiffe avec tant de force que les fels alkalis. En effet , prenez une once de fel de tartre très fec , placez-le dans un vafe plus large que profond , & portez le tout dans une cave, ayant foin d'en bien fermer toutes les fenêtres & les portes, afin que l'air ne puiffe point être agité, & vous obferverez que ce fel attirera en peu de tems trois onces d'eau, qui le feront fondre. M. *de la Hire*, ayant

mis , dans une cave de l'Obſervatoire de Paris , un verre , après avoir lié autour de ſon bord un linge trempé dans une leſſive de ſel de tartre , trouva
que ce ſel avoit attiré une très grande quantité d'eau , qui s'étoit ramaſſée
dans le verre. La pierre d'Oeland abſorbe auſſi l'humidité de l'air avec lequel elle eſt en contact.

Les eſprits acides , lorſqu'ils ſont bien concentrés , peuvent être auſſi regardés comme des aimants qui attirent fortement l'humidité de l'air ; tels
ſont , par exemple , le beurre d'antimoine , l'huile de vitriol , &c , qui ,
lorſqu'ils ſont expoſés à l'air , attirent ſi fortement l'humidité , que leur poids
s'en trouve augmenté conſidérablement.

§. MLXXV. Outre l'eau qui nage dans l'air , il ſe trouve auſſi dans ce
fluide quantité de différens ſels ; mais ſur-tout des ſels acides : ces ſels ſe
trouvent plus abondamment , & ſont plus actifs dans des endroits que dans
d'autres ; expoſés aux différentes impreſſions de l'air , le vent les porte d'un
endroit à un autre , il les jette ſur la ſurface de certains corps auxquels ils
s'attachent : ces ſels , expoſés au contact d'un air humide , tombent en défaillance. Cet effet, ayant lieu , même lorſqu'ils ſont poſés ſur la ſurface
des corps , ils rendent cette ſurface inégale & raboteuſe ; ils la creuſent , ils
la rongent , & ils forment , avec les parties qu'ils en détachent & qu'ils rongent , une eſpece de croûte de différentes couleurs, qui participe de la nature du vitriol , & qu'on connoît ſous le nom de *rouille*. L'argent eſt expoſé
à cet inconvénient , ſur-tout en Hollande , dans les endroits qui ſont voiſins
de la mer. Celui même qu'on conſerve ſoigneuſement dans les apparte-
mens , commence par jaunir ; il paſſe promptement du jaune au noir , & ,
perdant ſon poli , ſa ſurface devient âpre & rongée. Le cuivre pur contracte une rouille verte , telle que celle qu'on connoît ſous le nom de *verd-
de-gris.*

Le cuivre mêlangé avec l'étain contracte une rouille dont la couleur eſt
noirâtre , ainſi qu'on l'obſerve dans les pieces d'artillerie , dans les miroirs
de métal qu'on emploie dans la conſtruction des téleſcopes.

Le cuivre mêlangé avec l'étain & la platine , forme un métal qui peut
recevoir un beau poli , & qui n'eſt pas expoſé aux inconvéniens de la
rouille.

Le ſimilor ſe noircit , quoique plus lentement , que le cuivre jaune ;
comme on peut le remarquer dans les ouvrages qui en ſont conſ-
truits.

Le ſimilor , mêlé avec l'argent , contracte la rouille propre à l'argent ou
au cuivre ; il verdit donc , ou il noircit , ſuivant la proportion des métaux
qui entrent dans la compoſition de ce mixte : mais le ſimilor , mêlé avec
l'argent & le zinc , noircit lorſqu'il eſt expoſé au contact de l'air.

Si on mêle enſemble du ſimilor & de la platine , ce mixte réſiſtera
pendant pluſieurs mois au contact de l'air , & il ne contractera aucune
rouille.

L'étain eſt il auſſi ſuſceptible des impreſſions de l'air , & l'humidité lui
fait-elle contracter aucune eſpece de rouille ? C'eſt ſur quoi l'expérience n'a
pas encore prononcé.

L'étain dont on ſe ſert pour enduire la ſurface intérieure des vaſes de cuivre, en rend la faveur plus agréable, & les préferve de la rouille.

Les vafes d'étain réfiftent pendant long-tems aux injures de l'air ; cependant ils noirciffent à la fuite du tems, quelquefois même ils jauniffent : il y en a qui font compofés d'étain, de cuivre jaune, de fimilor ; on ajoûte quelquefois à cette compofition de l'acier, du bifmuth, du régule d'antimoine : or comme chacune des parties qui entrent dans la compofition de ce mixte contracte une rouille particuliere, il n'eft pas étonnant que la maffe qui en réfulte, foit expofée à une certaine efpece de rouille.

Dans la Hollande, le plomb, expofé au contact de l'air, attire un fel qui voltige dans l'atmofphere, par l'union duquel il fe convertit en cerufe. M. *Homberg* (1) a obfervé que fous la zone torride, le plomb fe confomme, fe détruit dans l'efpace de trois ou quatre ans, & qu'il fe convertit en terre.

Si on mêle enfemble de la platine & du plomb, la furface de ce mixte fera promptement infectée par le contact de l'air (2).

Le fer, forgé & limé enfuite, contracte promptement une efpece de rouille jaune. Il ne faut fouvent, à Leyde, qu'une feule nuit pour produire ce phénomene ; fur-tout fi cette rouille eft provoquée par la pluie, la neige la grêle, la rofée, les vapeurs de l'eau de la mer : l'eau même qui vient du fond de la mer produit le même effet (3) ; ainfi que le vinaigre, le fuc des fruits, ou des plantes aqueufes ; enfin la fueur de tout animal quelconque.

La fuperficie extérieure du fer fondu, qui eft inégale, fcabreufe & dure, n'eft pas fi fufceptible de rouille : elle y réfifte plus long-tems ; mais fi on vient à emporter cette furface extérieure, le fer fe rouillera plus promptement que s'il étoit forgé.

Le fer qui a reçu un beau poli, réfifte plus long-tems à la rouille que tout autre ; parceque fon poli repouffe, pendant quelque tems, les parties falines & aqueufes qui tendent à fe jetter fur fa furface : il fe rouille néanmoins à la fuite du tems. Dans les endroits où l'atmofphere eft chargée de parties falines, le fer fe rouille plutôt que partout ailleurs, où l'air eft moins chargé de parties falines. C'eft pour cette raifon qu'à Carthagene, en Amérique, on fait les grilles des maifons en bois ; parceque le fer s'y rouille trop promptement, ainfi que nous l'apprend *Ulloa* (4). On obferve la même chofe dans les Ifles des Barbades, à Cornouaille (5) ; le fel qui eft répandu dans l'air ronge le fer fous la peinture même & le vernis qui le couvrent (6). On voit à Leyde des colonnes de fer de 4 pouces de diametre, qui font tout-à-fait rongées & détruites par la rouille, après avoir été expofées à l'air, auprès de la furface de la terre, pendant l'efpace d'un fiecle.

Au contraire dans les endroits où l'air eft pur, & où il ne contient point de fels, nous voyons le fer fe conferver long-rems fans être attaqué de rouille ; ainfi qu'on l'a obfervé dans la Baie d'Hudfon. On planta en 1701, fur le

(1) Hift. de l'Acad. Roy. ann. 1713, p. 55. (2) Philof. Tranf. Vol. 48. Part. 2. p. 675. (3) Hift. de l'Acad. Roy. ann. 1742. (4) Voyage au Pérou, Liv. 1. chap. 2. page 22. (5) Borlafe, Natural Hiftory of Cornwal, chap. 2. (6) Ellis Voyage to Hudfon Bay. 289.

fommet de la montagne de Canigou, en Rouffillon; on planta, dis-je, une croix de fer au fommet de la ligne méridienne qui y paſſe; cette croix fut ſi peu affectée des impreſſions de l'air, qu'elle pouvoit encore paſſer pour neuve en 1744 (1). On remarque encore que le fer, expoſé à l'air, vers le milieu de l'Allemagne, ne ſe rouille pas ſi fortement dans l'eſpace d'un ſiecle, qu'il ſe rouille en huit jours en Hollande : d'où il paroît que ce n'eſt point l'air, conſidéré comme air, qui eſt la cauſe de la rouille. Si on plonge un morceau de fer dans de l'eau pure ſimple, & dont on a retiré l'air, & qu'on ferme exactement la fiole avec un bouchon de verre, afin que l'air ne puiſſe pas y rentrer, ce fer ne contractera aucune rouille, même pendant une longue ſuite d'années; d'où il ſuit que ce n'eſt pas l'eau, conſidérée comme eau, qui eſt la cauſe de la rouille : or comme nous avons démontré que ce n'étoit point l'air qui la cauſoit, il faut donc que ce ſoit le ſel mêlé avec l'air & l'eau, qui produiſe cet effet.

Si on mêlange du fer avec de la platine, ce mêlange réſiſtera plus long-tems à la rouille (2).

L'acier eſt moins ſuſceptible de rouille, ſur-tout s'il eſt poli, bien trempé, ou trempé même ſeulement juſqu'au bleu. En effet, l'acier contient plus de parties huileuſes que le fer : or l'huile repouſſe les parties aqueuſes, & ré-ſiſte aux parties ſalines qui voltigent dans l'atmoſphere. Cependant en Hol-lande l'acier eſt expoſé à la rouille, & il en eſt ſouvent rongé.

On a découvert, de notre tems, un moyen très favorable pour garantir l'acier & le fer des impreſſions de l'air, & par conſéquent de la rouille, en le laiſſant même expoſé à l'air; il ne s'agit, pour cela que de l'enduire de graiſſe de chapon, ou mieux, de paſſer ſur ſa ſurface un vernis blanc, léger & tranſparent, qui ne fait rien perdre au brillant de l'acier, & qui ne change en rien ſa couleur : ce vernis ſe fait avec du maſtic, du camphre, du ſan-dáraque, de la gomme élemi, fondus dans de l'eſprit de vin. On enduit, pour la même raiſon, le ſimilor d'un vernis jaune, fait avec la gomme laque, le maſtic, &c, fondus dans de l'eſprit de vin; le ſimilor enduit de ce vernis, acquiert une couleur ſemblable à celle de l'or, & il eſt garanti par là, pen-dant une longue ſuite d'années, des impreſſions de l'air qui pourroient l'en-dommager. Si on ne veut point avoir recours à ce moyen pour le conſerver, on pourra encore le garantir de la rouille en l'étamant.

Je doute fort que l'or avec lequel on a mêlé du cuivre, ne ſoit ſuſceptible à Leyde des impreſſions de l'air, & ne contracte une rouille tirant ſur le pourpre; quoique l'or, lorſqu'il eſt pur, ne ſoit pas expoſé à cet incon-vénient.

On trouve en Hollande ſur la ſurface du mercure, gardé pendant trente ans dans une fiole de verre, bouchée avec un bouchon de liege, une pellicule noirâtre, qui eſt la rouille que cette ſubſtance contracte; mais je n'ai jamais remarqué cette pellicule ſur la ſurface du mercure qu'on garde dans une fiole exactement fermée avec un bouchon de criſtal. On ne l'obſerve point non plus lorſqu'on a ſoin de retirer tout l'air qui peut être contenu dans une

(1) Hiſt. de l'Acad. Roy. ann. 1740, pag. 116. (2) Philoſ. Tranſ. Vol. 48. Part. 2. pag. 627.

fiole, & lorfqu'on la ferme exactement avec un bouchon de verre ; & c'eft un fait que j'attefte après une épreuve de 50 ans.

On remarque quelquefois fur la furface du zinc des taches jaunes, qui font la rouille propre de cette fubftance : on remarque même quelquefois une couleur jaune qui couvre la furface des pores de cette efpece de marcaffite (1).

Le zinc, uni avec la platine, n'eft point fufceptible des impreffions de l'air.

La furface du bifmuth, mêlé avec la platine, ne fe gâte que lentement par le contact de l'air ; & la furface de ce mixte, expofée aux injures de l'air, acquiert une couleur d'un jaune obfcur, ou bleuâtre.

Il réfulte de toutes les obfervations que nous venons de rapporter, que tous les métaux, auffi bien que les demi-métaux, expofés au contact des parties falines qui nagent dans l'atmofphere, font rongés par la rouille qu'ils contractent, & qu'ils ne peuvent pas fe fouftraire aux inconvéniens qu'entraînent avec elles la vieilleffe & les injures de l'air.

§. MLXXVI. Les pyrites font une efpece de pierre dure, d'une couleur brune foncée, mêlée de particules jaunes & brillantes : cette efpece de pierre eft un des plus puiffans aimants des fels qui flottent dans l'atmofphere. Lorfqu'elle eft récemment tirée des entrailles de la terre, elle n'a aucune faveur ; mais fi on l'expofe au grand air, elle commence à fe crevaffer, & elle attire dans fes fentes un fel âcre, répandu dans l'air qui l'avoifine : ces fentes, ces crevaffes, augmentant en nombre & en grandeur, cette pierre fe brife, fe réduit en pouffiere, & le fel qui s'attache & qui s'unit à cette pouffiere, s'y accumule & y forme comme une efpece de barbe ; ce qui produit une efpece de vitriol, lequel, étant fondu dans l'eau, s'y dépofe & y forme des criftaux. Mais comme ce fel ne contient pas affez de parties métalliques pour pouvoir nous être de quelqu'utilité, ceux qui traitent le vitriol pofent, par couches, ces pyrites fur de vieux fers, & les expofent à l'air ; la pluie qui tombe enfuite diffout le fel qu'elles contiennent, ce fel, fe détachant des pyrites, tombe fur le fer qu'il ronge : on recueille enfuite cette diffolution, on la fait évaporer ; & il refte au fond du vafe des criftaux, qui font le vitriol commun, ou la couperofe, que tout le monde connoît. D'autres jettent du fer dans la diffolution du fel dont nous venons de parler, & ils forment, par ce moyen, ce que nous appellons le vitriol de Mars ; d'autres mettent du cuivre dans cette diffolution, & il en provient le vitriol bleu : enfin on peut y jetter des cendres gravelées, avec de l'urine, pour former de l'alun (2).

Il y a encore différentes pierres, fur la furface defquelles on remarque plufieurs points colorés ; ces pierres, expofées au contact de l'air, paroiffent enveloppées d'une efflorefcence, dont la couleur imite celle du fafran, & dont l'odeur eft affez analogue à celle des violettes : ces pierres fe trouvent

(1) Hift. de l'Académ. Roy. ann. 1742, pag. 109.
(2) Philof. Tranf. n°. 193 pag. 227. Henkelius, in Pyritologia. Cramerus, in Docimafia, Part. 2. pag. 291.

dans les montagnes de *Saxe* (1). On en trouve aussi aux environs d'Altembourg, d'Ausbourg, & sur les montagnes des Géans (2).

Si on expose à l'air libre, pendant quelques jours, le *caput mortuum* de l'alun, tout insipide qu'il soit, non-seulement il deviendra salé, mais encore plus pesant qu'auparavant ; ce qui prouve manifestement qu'il attire le sel qui est répandu, & qui voltige dans l'atmosphere.

Clayton nous apprend que le nitre aërien fut fortement attiré par un vase, dans lequel il avoit distillé du nitre avec du soufre (3).

Les cendres gravelées, exposées à l'air, dégénerent en sel neutre, semblable au tartre vitriolé ; & ce sel peut être séparé de la masse totale à laquelle il appartient : lorsqu'il en est séparé, il a un goût amer, & sa figure est sexangulaire ; ce qui prouve que ces cendres, exposées à l'air, en ont attiré l'acide vitriolique, ainsi que l'a très bien démontré M. *Hellot* (4).

§. MLXXVII. La vertu attractive ne se fait pas moins remarquer dans d'autres corps. Lorsqu'on plonge dans l'eau une brique récemment cuite, elle attire l'eau avec impétuosité, & on entend un sifflement qui décele l'expulsion de l'air. Ceux qui prennent du tabac en fumée éprouvent la même chose dès qu'ils mettent dans leur bouche une pipe neuve. Les foulons font usage d'une espece de terre ; qu'on nomme, à cause de cela, *terre à foulon* ; ils s'en servent, dis-je, pour dégraisser les draps ; parcequ'elle attire l'huile plus fortement que ne fait la laine. Si on remplit de sable sec un tube de verre ouvert par ses deux extrêmités, & qu'on bouche son ouverture inférieure par le moyen d'un petit morceau de linge lié sur le bord inférieur du tube, afin que le sable ne puisse pas s'en échapper ; si on plonge alors ce tube perpendiculairement dans l'eau, elle pénétrera dans le tube, & elle s'élévera jusqu'à sa partie supérieure (5).

Liez un morceau de toile sur l'ouverture inférieure d'un tube de verre ouvert par ses deux extrêmités ; remplissez ensuite ce tube de minium ou de cendres de bois, de façon cependant que ces poudres ne soient point comprimées : plongez ce tube perpendiculairement dans l'eau, cette eau, attirée par les matieres qui sont dans ce tube, s'y élévera d'abord très rapidement, ensuite plus lentement, ainsi qu'il arrivera dans les expériences suivantes ; & elle s'y élévera jusqu'à la hauteur de 30 & même de 40 pouces (6). Cet effet se fait aussi remarquer dans le vuide de *Boyle* (7) ; lorsqu'on met dans un tube un morceau de papier brouillard, que l'on a tordu, de façon qu'il ne remplisse que la moitié du diametre du tube : on remarque que l'eau s'éleve dans ce tube jusqu'à la hauteur de 153 lignes ; mais si le papier remplit exactement la capacité du tube, l'eau s'y élévera jusqu'à la hauteur de 225 lignes (8).

Cela ne viendroit-il pas de ce que les interstices qui se remarquent entre

(1) Mylii Saxon. Subst. Part. 1. p. 61. (2) Agricola de Nat. Fossilium, p. 517 & 570. Aldrovandus in Museo metallico, p. 209. (3) Philos. Transf. n°. 452. p. 62. (4) Hist. de l'Acad. Roy. ann. 1740, p. 199. (5) Sinclarus, in Arte magn. Grav. p. 161. (6) Boyle, Contin. 1. Phys. Mechan. Exper. (7) Haukbée, Phys. Mechan. Exper. p. 184. (8) Hist. Acad. Reg. Scien. Lib. 4. p. 316.

les grains de fable, de cendre, de minium, ainfi que ceux qu'on obferve entre les parties conftituantes du papier brouillard, formeroient des efpeces de
tubes capillaires, qui éléveroient l'eau à une hauteur d'autant plus grande,
qu'ils feroient d'un plus petit diametre, ainfi que nous l'avons obfervé
(§. 1051)? Et ce feroit auffi pour cela que cette eau commenceroit à s'y
élever, par un mouvement très rapide, qui deviendroit de plus en plus lent;
ainfi qu'il arrive dans l'afcenfion des liqueurs dans les tubes capillaires; une
autre raifon encore, pour laquelle l'eau s'éleve dans les cendres avec un
mouvement retardé; c'eft que cette eau, en s'élevant, pouffe devant elle,
de bas en haut, l'air qu'elle rencontre : à proportion qu'elle le pouffe, il
s'accumule en plus grande quantité; par conféquent cet air accumulé, réfifte à l'élévation de l'eau en raifon compofée de fa quantité, de fa denfité,
& de fon reffort : ce qui fait que cette réfiftance augmente à proportion que
l'eau s'éleve davantage. Joignez à cela que la caufe qui éleve l'eau, étant
conftante, ou que fon intenfité, étant toujours la même, l'excès de cette
force, fur celle qui lui eft oppofée, devient de plus petit en plus petit, à
proportion que l'eau s'éleve; & par conféquent l'efficacité de la caufe qui
éleve, devient de plus foible en plus foible : mais puifque l'eau s'éleve d'autant plus haut que les inteftices entre les parties des cendres & entre celles
des autres corps font plus petits, ainfi qu'il arrive, par rapport aux tubes capillaires, il fuit de là que plus les cendres, dont on remplira le tube dont
nous venons de parler, feront fines, que plus elles feront pures & homogenes, & plus l'eau s'y élevera. Les hauteurs cependant auxquelles l'eau s'élévera dans des cendres plus fines, ou plus groffieres, plus ou moins falées,
différeront auffi entr'elles; parceque la vertu attractive de ces différens corps
n'eft pas la même dans tous.

§. MLXXVIII. C'eft encore en vertu de l'attraction que l'huile monte tout
le long du coton dans une lampe, & va porter la nourriture à la flamme qui
la confume. Cette afcenfion a lieu, non-feulement dans l'air, mais encore
dans le vuide. En effet, le fil de coton, ou la méche, eft compofée de plufieurs fils plus petits, tordus enfemble; ces fils forment, par leur réunion,
des efpeces de tubes capillaires qui attirent l'huile, & qui l'élevent d'autant plus haut, que ces canaux font plus petits, & d'autant moins haut,
qu'ils font d'un plus grand diametre. C'eft auffi à cette même caufe qu'il
faut rapporter l'afcenfion de l'eau jufqu'à une hauteur confidérable dans les
fils de laine & dans des morceaux de drap que l'on a fufpendus. M. *Petit* (1) a obfervé que cet effet avoit également lieu dans le vuide. Pour s'en
convaincre, il fufpendit un morceau de drap, dont l'un des bouts tomboit
dans un verre rempli d'eau, tandis que l'autre bout, paffant par-deffus le
bord de ce verre, repofoit dans un autre : après avoir renfermé tout cet appareil fous un récipient qu'il purgea d'air, autant parfaitement que faire fe
peut, il remarqua quelque tems après que le drap avoit attiré l'eau, &
qu'elle s'étoit rendue par-deffus le bord du verre jufques dans celui qui étoit
vuide; & elle avoit rempli ce dernier jufqu'à la même hauteur à laquelle

____
(1) Hift. de l'Acad. Roy. ann. 1722.

elle étoit restée dans le premier ; de sorte qu'elle se trouvoit de niveau dans les deux verres.

Pareillement si on plonge la plus courte des deux branches d'un syphon capillaire dans un vase qui est en partie rempli d'eau, & qu'on pose l'autre branche dans un vase vuide ; si on transporte cet appareil dans le vuide, l'eau s'éleve par la branche avec laquelle elle communique, passe par-dessus la crosse du syphon, & s'écoule dans le second vase, jusqu'à ce qu'elle soit de niveau dans l'un & dans l'autre vase.

Si on broie ensemble du mercure & du soufre, le mercure attire le soufre si fortement, & se combine avec lui si completement, qu'on ne peut ensuite les séparer qu'avec beaucoup de peine ; ainsi qu'on peut le remarquer lorsqu'on fait l'éthiops minéral, ou le vermillon.

Bien plus, le soufre ordinaire s'unit fortement à l'argent, & forme, par son union, une mine d'argent vitrée, qu'on trouve aux environs de Goslar ; ainsi qu'*Agricola* nous l'apprend. Le soufre se mêle aussi fort intimement avec l'étain, & forme avec lui une pierre d'étain, remplie, dans son intérieur, de petits sillons semblables à des aiguilles, ou semblables à ceux qu'on remarque dans l'antimoine. Pareillement le fer attire fortement le soufre ; ainsi que le démontre très bien une mine de Mars solaire, qu'on trouve en Hesse.

Il se présente à chaque instant une infinité d'exemples de semblables attractions ; &, pour peu qu'on y fasse attention, on s'appercevra aussi-tôt que c'est à tort qu'on a attribué à la pression d'un air subtil, ou grossier, un nombre considérable d'effets qui ne reconnoissent de véritable cause que l'attraction.

§. MLXXIX. Non seulement les corps s'attirent mutuellement ; mais on en remarque aussi quelques-uns qui se repoussent & qui se fuient les uns & les autres ; comme s'il y avoit entr'eux une haine mutuelle. On observe sur-tout ces sortes d'effets lorsque les parties des corps se trouvent à des distances les unes des autres, qui sont au delà de la sphere de leur mutuelle attraction.

Il paroît même que ces sortes de répulsions ne sont pas de même nature, & qu'elles ne reconnoissent pas toutes la même cause ; mais nous n'avons pas encore poussé nos recherches assez loin, & nos connoissances ne sont point enrichies d'un assez grand nombre d'observations, pour que nous puissions porter notre jugement sur la nature de ces différentes causes : c'est pourquoi nous les regardons encore comme un secret que la Nature semble vouloir dérober à nos recherches ; & nous nous contenterons d'exposer ici quelques phénomenes de répulsions, sans en expliquer la cause ; parceque nous ne voulons pas nous abandonner à de simples conjectures,

§. MLXXX. Lorsque les parties des corps se séparent les unes des autres par la putréfaction, la fermentation, l'effervescence, le feu & la dissolution, elles deviennent élastiques ; elles se fuient & elles se repoussent mutuellement ; comme font les parties de l'air, qui est manifestement composé de plusieurs parties qui se repoussent les unes les autres. Cet effet viendroit-il de la matiere électrique qui seroit répandue autour de ces parties ?

§. MLXXXI. L'eau & les huiles épaisses se repoussent réciproquement; elles ne se mêlent point, & elles ne se combinent point ensemble quand on les verse les unes sur les autres : mais elles se tiennent séparées, & le liquide le plus léger nage sur celui qui est le plus pesant. Cet effet a constamment lieu lorsque le principe huileux domine dans l'huile; mais dès qu'un acide, ou le phlegme, commence à dominer dans l'huile, aussi-tôt elle devient propre à se mêler avec l'eau (1). Si on bat ensemble de l'huile & de l'eau, ces deux liquides se mêlent pour quelque tems; ils forment alors une masse opaque : mais si on laisse reposer ce mélange, les deux liquides qui le composent se séparent l'un de l'autre; les parties huileuses s'assimilent ensemble, & les parties aqueuses se joignent avec leurs semblables. C'est pour cette raison que le lumignon d'une lampe, dont la plus grande partie est composée de parties huileuses, nage sur l'eau, la repousse, & ne peut se mêler avec elle.

Plusieurs insectes, dont les pattes transpirent une matiere grasse ou huileuse, se promenent sur l'eau sans se mouiller; ils forment sur sa surface de petites cavités : la graisse des plumes qui composent les aîles des oiseaux aquatiques, repousse l'eau, de sorte que leurs plumes ne se mouillent jamais; tandis qu'on n'observe pas le même phénomene par rapport aux plumes des autres oiseaux, dont la transpiration n'est pas si onctueuse. On ne peut point amalgamer le soufre avec l'or, ni avec le zinc; ces deux métaux ont une vertu répulsive qui les empêche de s'unir à ce minéral (2) : le zinc ne peut point non plus s'incorporer avec l'antimoine crud.

§. MLXXXII. La semence de plusieurs plantes mâles est aussi fort oléagineuse : cette semence n'est autre chose qu'une espece de poussiere qui tient au sommet des étamines dans les fleurs, & elle repousse fortement l'eau, ainsi qu'on peut l'observer dans la semence des lys, des saules, des coudriers, &c, mais sur tout dans la semence de pied de loup : car si on en enduit les parois intérieures d'un verre, l'eau qu'on y versera ensuite prendra une surface convexe, & une goutte d'eau y paroîtra sous la forme d'un globule parfaitement rond. Bien plus, si on prend un morceau de toile, de papier, ou de peau, & qu'on enduise leurs surfaces de la poudre qui proviendroit de cette semence, l'eau ne pourra plus se filtrer à travers ces corps.

§. MLXXXIII. On observe aussi que les gouttes d'eau conservent leur figure sphérique sur les feuilles grasses de certaines plantes; comme sur celles de chou, & que ces feuilles ne sont point mouillées par les gouttes d'eau qu'elles supportent.

§. MLXXXIV. Il paroît qu'on peut aussi ranger dans cette classe les poils de certains animaux; sur-tout ceux des chevaux & des chameaux, qui repoussent l'eau avec tant de force, que les manteaux qui sont faits de ces sortes de poils sont très propres à nous garántir de la pluie, qui ne peut point les pénétrer. Lorsqu'on se sert de ces sortes de poils pour former des especes d'outres, ils celent parfaitement l'eau, quelque lâche que soit leur texture.

____

(1) Hist. de l'Acad. Roy. ann. 1722, pag. 70.   (2) Hist. de l'Acad. Roy. ann. 1740, pag. 70.

Il en eſt de même, par rapport aux cheveux de l'homme, aux toiles d'araignées, aux fils de ſoie crue, qu'on ne peut imbiber & imprégner d'aucune couleur qu'après les avoir fait bouillir dans dans une forte leſſive, propre à imbiber l'huile, & à les dégraiſſer. Lorſqu'on fait bouillir, dans une leſſive chargée de ſel acide, une toile qui eſt faite de fil & de coton, & qu'on la plonge enſuite dans une teinture d'écarlate, le fil ſeul prend la couleur, & le coton ſort de la teinture ſans s'y être imprégné d'aucune couleur; mais ſi on fait bouillir cette toile dans une leſſive d'alun, les deux eſpeces de fil, qui compoſent cette toile, prennent parfaitement l'un & l'autre la couleur dans laquelle on les plonge (1).

§. MLXXXV. Si on jette un ſel alkali dans de l'eſprit de vin, qui eſt un compoſé d'huile & de phlegme, ce ſel attire fortement la partie aqueuſe de l'eſprit de vin; il l'en dépouille, & forme avec lui une leſſive qui ne peut plus s'unir avec l'eſprit de vin : au contraire ces deux ſubſtances ſe repouſſent conſtamment

§ MLXXXVI. Les rayons de lumiere ſont auſſi repouſſés & réfléchis par une force répulſive, qui émane de la ſurface des miroirs de métal & des corps reſplendiſſans. Cette force agit à une plus grande diſtance que la force attractive : les parties ignées & les molécules lumineuſes paroiſſent auſſi ſe repouſſer mutuellement; puiſque la lumiere s'échappe & ſe diſſipe ſi promptement des endroits où elle étoit raſſemblée.

§. MLXXXVIII Lorſqu'on pouſſe à un feu violent le réſidu qui provient de la diſtillation de l'eſprit de vin éthéré, & qui a une conſiſtance de miel, ce réſidu fournit un acide ſulfureux & des fleurs de ſoufre; ces fleurs ſe dilatent ſi fortement qu'elles briſent & le vaſe qui les contient, ainſi que le four neau ſur lequel on fait l'opération : on doit cette obſervation à M. *Hellot*.

§. MLXXXIX. Mais outre ces différentes cauſes de répulſion, il s'en rencontre encore d'autres qui empêchent que le mercure puiſſe ſe joindre avec aucun ſel alkali, ou avec l'antimoine, ou enfin avec l'acier; ces ſubſtances ſe repouſſent conſtamment : on parvient cependant à les unir par une préparation particuliere (2). Cette force répulſive, qu'on remarque entre le mercure & le fer, fait que, ſi on ſubſtitue un tube de fer aux tubes de verre, dont nous nous ſervons pour conſtruire nos barometres, la colonne de mercure ſera ſuſpendue à une moindre hauteur dans ce tube de fer que dans aucun tube de verre (3). Cet effet viendroit il de ce que le fer fait la baſe du mercure, & que par conſéquent le mercure, étant déja ſaturé de fer, ne peut plus attirer & ſoutenir de nouveau fer? On remarque cependant que de petites gouttes de mercure, répandues ſur la ſurface d'un morceau d'acier bien poli, en ſont fortement attirées. Lorſqu'on broie dans l'eau un amalgame de mercure & de plomb, cet amalgame dépoſe au fond du vaſe une poudre noire qu'on ne ſauroit autrement ſéparer du mercure.

Du cuivre fondu dans un creuſet ſur le feu, & jetté enſuite dans l'eau, ou dans quelque moule humide, eſt repouſſé avec tant de violence, qu'il ſe réduit en poudre, au grand danger des ſpectateurs (4). Cependant les Japo-

<hr>

(1) Hiſt. de l'Acad. Roy. ann. 1737. (2) Hiſt. de l'Acad. Roy. ann. 1740, pag. 83. (3) Hiſt. de l'Acad Roy. ann. 1706. pag. 6. (4) Crameri Docimaſia, Part. 2. p. 172. Hiſt. de l'Acad. Roy. ann. 1729, p. 114.

nois coulent du cuivre jaune dans des moules liquides, qui font eux-mêmes plongés dans l'eau : c'eſt de cette maniere que font fondus ces lingots de cuivre qui nous viennent du Japon.

Un mêlange de ſimilor, d'argent & de zinc, bien fondu, & encore bouillant, ſe diviſe en grenailles ſemblables à des grains de grêle, lorſqu'on le coule ſur des barres mouillées. L'aimant repouſſe un autre aimant, ainſi que le fer qui a touché à de l'aimant. Ces dernieres répulſions doivent être attribuées à certaines cauſes qui nous ſont encore tout-à-fait inconnues. Nous ne nous propoſons que d'expoſer les cauſes des phénomenes qui ſont manifeſtement connues, & d'abandonner toutes celles ſur le compte deſquelles on peut encore former quelques doutes, quoique nous ne ſoyons pas moins envieux que tout autre, & que nous ne voulions point épargner nos ſoins pour découvrir la vérité.

Le célebre *J. Keill* a établi pluſieurs propoſitions générales ſur les attractions, qu'on pourra voir dans la collection des Ouvrages de ce grand Phyſicien.

CHAPITRE XXI.

De l'adhérence & de la fermeté.

§. MXC. **N**ous entendons par *adhérence* ou *cohéſion*, cette condition des corps par laquelle leurs parties conſtituantes s'oppoſent à leur mutuelle ſéparation, quelle que puiſſe être la cauſe de leur union, ou de quelque maniere qu'elle ſoit faite ; enſorte qu'on ne puiſſe plus les éloigner ou les ſéparer les unes des autres avec la même force qui pouvoit les mettre en mouvement, lorſqu'elles étoient ſeules : mais qu'il ſoit abſolument néceſſaire d'employer une plus grande force pour produire cet effet.

§. MXCI. Il n'eſt pas abſolument néceſſaire que les parties qui conſtituent une maſſe quelconque ſoient en repos les unes par rapport aux autres, quoique cela ſe rencontre très ſouvent ; l'expérience nous fait quelquefois obſerver différens corps, dont les parties ſont fortement agitées lors même qu'elles forment par leur réunion, une maſſe très ſolide, ainſi que chacun peut s'en convaincre, en faiſant attention aux cordes d'inſtrumens, lorſqu'on les met en vibration, & qu'on leur fait rendre des ſons. On a encore un exemple très convaincant de la vérité que nous avançons dans tous les métaux qu'on forge, qu'on grave ; ils prennent différentes formes : les fils de métal qu'on fait paſſer par les différens trous d'une filiere, confirment auſſi cette vérité ; les métaux, les demi métaux, qu'on expoſe à l'action du feu & qu'on fait rougir, le verre qui ſe plie aux mêmes opérations, tous ces corps, avant qu'ils ſoient tombés en fuſion, concourent à prouver la même choſe.

§. MXCII. J'ai établi ci-deſſus (§. 1005) que toutes les parties des corps

étoient compofées de petites molécules, pofées les unes fur les autres, &
qui adhéroient fortement entr'elles ; que toutes ces différentes parties, qui
réfultoient de la combinaifon de ces molécules, formoient, par leur réunion, des maffes plus ou moins grandes. Lorfque les parties conftituantes
des mixtes fe touchent par des furfaces planes, ou qu'elles fe touchent en
plufieurs points, & que leur contact fe fait par de grandes furfaces, elles
s'attirent fortement les unes les autres, & leur liaifon eft très forte & très
folide. C'eft de cette maniere, & fans le concours de toute autre force
quelconque, que fe forment des maffes folides & très dures. Mais quand
les parties conftituantes des mixtes font d'une figure irréguliere, lorfque
leurs furfaces font inégales, & qu'elles ne fe touchent qu'à peine, & par un
petit nombre de points, ou que ces parties font un peu éloignées les unes
des autres, elles n'ont qu'une très foible cohéfion entr'elles : mais fi on peut
parvenir à inférer un autre corps entre ces parties, qui rempliffe les cavités,
qui détruife les afpérités de leurs furfaces, & qui donne une plus grande
étendue au contact qu'elles ont entr'elles, on parviendra par là à augmenter
leur attraction, & à donner plus de folidité à la maffe qui en réfulte. Tant
que ce corps demeurera interpofé dans les parties de ce mixte, fa fermeté
demeurera conftamment la même ; car il formera une efpece de *gluten* qui
concourra à l'adhérence des parties qui conftituent le tout, dont nous venons de parler. Souvent l'eau, l'huile, le fel, ou toute autre fubftance qui
participe à la nature de l'eau & de l'huile, peut former un tel *gluten*. C'eft
un *gluten* de cette efpece qui unit entr'elles les parties des métaux & des demi métaux : en effet, lorfqu'on retire les parties huileufes qu'ils contiennent, il refte une chaux, qui n'eft autre chofe qu'une pouffiere defféchée.
C'eft l'huile, conjointement avec l'eau, qui fervent de *gluten* aux parties de
tous les végétaux, des animaux, des pierres graffes ; toutes ces fubftances,
dépouillées de l'huile & de l'eau qu'elles contiennent, fe réduifent en pouffiere. L'eau fimplement, ou l'eau unie avec un fel, fait encore le *gluten*
des autres efpeces de pierre : d'où il fuit que la différence qu'on remarque
dans la dureté des corps, ne provient point de ce que les uns contiennent
une plus grande quantité de terre que les autres, mais de ce que le *gluten* qui
unit leurs parties, remplit plus exactement les cavités, les pores des uns
que ceux des autres corps.

§. MXCIII. Quant aux corps qui font féparés les uns des autres, nous les
joignons & nous les uniffons encore enfemble de différentes manieres.

1°. Nous en uniffons quelques-uns par le fecours d'une preffion extérieure, que nous leur faifons fupporter ; car les corps qui font preffés extérieurement, tiennent enfemble, à proportion de la preffion qu'ils éprouvent. Notre atmofphere, par fa pefanteur, preffe les corps qu'elle environne, lorfqu'il ne fe trouve point d'air entr'eux : c'eft par cette raifon que
les hémifpheres de Magdebourg, appliqués l'un fur l'autre, & dont on a retiré l'air que renfermoit leur cavité intérieure, adherent fortement enfemble par la preffion de l'air extérieur, qui s'appuie fur leurs furfaces, & adherent avec une force égale au poids de l'air qui les preffe. On remarque la
même chofe par rapport à tous les corps qui font expofés à la preffion de
l'air.

§. MXCIV. Pareillement les corps qui agiffent les uns fur les autres par une vertu magnétique, tiennent encore enfemble : c'eft ainfi qu'un aimant tient à un autre aimant ; qu'un aimant tient à un morceau de fer, & qu'un morceau de fer aimanté s'unit & tient à un autre morceau de fer.

§. MXCV. De même, ainfi que nous l'avons avancé (§. 1005), les parties des mixtes tiennent enfemble, en vertu de la force attractive qu'elles exercent les unes fur les autres : de même les grands corps s'uniffent les uns aux autres lorfque leurs furfaces font polies, & qu'elles fe touchent par un grand nombre de points (§. 1092).

Les Chinois ont coutume de couper par tranches très minces des cornes de bouc ; ils en aminciffent les bords, & après les avoir fait cuire pendant quelque tems, ils les pofent les unes fur les autres, de façon qu'elles fe touchent par une furface d'environ 3 lignes : ils ferrent alors, avec des tenailles de fer qu'ils ont fait chauffer ; ils ferrent, dis je, en plufieurs points les furfaces qui font en contact : ils les humectent enfuite une feconde fois, & ils les pincent après cela, felon toute leur longueur, avec les mêmes tenailles dont nous venons de parler : ces lames s'uniffent tellement enfemble par ce procédé, qu'il n'eft pas poffible de s'appercevoir de leur union ; ils emploient ces lames ainfi unies, pour faire des lanternes de corne qui ont trois pieds de diametre : or, dans cette occafion, ces lames font tellement unies entr'elles, par la preffion qu'elles ont éprouvée, qu'elles ne paroiffent plus former qu'une feule & même maffe, de même que fi elle eût été naturellement formée de cette maniere. On peut ainfi revêtir des bâtons avec des écailles de tortues.

Comme les furfaces de tous les grands corps font fort raboteufes, ils ne fe touchent que par un petit nombre de points, lorfqu'ils font pofés les uns fur les autres, & ils font féparés en d'autres endroits : la vertu attractive qui les unit, agit très fortement fur les parties qui font en contact, & elle agit plus foiblement fur celles qui font à une petite diftance les unes des autres : plus les afpérités, qui font répandues fur les furfaces des corps, font petites, & moins ces furfaces font éloignées ; & c'eft pour cela que les corps, dont les furfaces font bien polies, s'attirent plus puiffamment, & contractent entr'eux une plus grande adhérence. *Hughens* appliqua l'une contre l'autre deux furfaces de métal bien polies ; il joignit auffi, de la même maniere, & fans aucun corps intermédiaire, deux morceaux de marbre noir ; les furfaces qui fe touchoient avoient environ un pouce en quarré d'étendue : ces marbres adhérerent fi fortement entr'eux, que non-feulement ils porterent leur propre poids, mais ils foutinrent encore un poids de trois livres fufpendu au marbre inférieur. Le même effet fe fit auffi obferver dans le vuide de *Boyle* (1) ; & j'ai répété moi même cette expérience, qui m'a également réuffi.

Pour que les furfaces des corps deviennent plus unies, moins inégales, moins raboteufes, il faut avoir foin de les oindre avec un fluide, dont les parties fubtiles puiffent remplir leurs cavités, & fe trouver, pour ainfi dire, à niveau de leurs petites éminences ; qui puiffe, en un mot, obftruer la plus

(1) Journal des Savans, ann. 1672, p. 120.

grande partie de leurs pores. C'eſt pour cela qu'on eſt dans l'uſage de graiſ-
ſer, avec différens linimens, les corps qu'on veut unir enſemble, par
exemple, avec de la cire, de la colophone, de la poix fondue; & les ſurfaces des corps, enduites de ces différentes ſubſtances, adherent très fortement entr'elles, & même la force avec laquelle elles adherent eſt ſouvent
au-delà de toute croyance; ce qui vient de ce que, non-ſeulement leurs petites éminences, qui ſont en contact, s'attirent mutuellement; mais encore de ce que ces parties graſſes, dont elles ſont enduites, & qui rempliſſent leurs cavités, s'attirent auſſi, & font l'office de petits aimants.

§. MXCVI. Plus les parties du fluide intermédiaire ſe moulent aiſément dans les cavités qu'elles doivent remplir, ou plus elles rempliſſent de
cavités, plus elles attirent fortement les corps qui ſont unis, & plus elles
augmentent l'adhérence qu'ils contractent enſemble : au contraire moins le
fluide intermédiaire pourra remplir exactement les pores des ſurfaces qu'il
recouvre, moins il attirera fortement ces ſurfaces, poſées les unes ſur les
autres, & moins ſera grande la cohéſion des corps unis : d'où il ſuit que différens corps, égaux en ſurfaces, & enduits d'un même fluide, ou que pluſieurs corps de même eſpece, & parfaitement égaux entr'eux, mais enduits
avec différens fluides, n'acquerront pas tous la même cohéſion lorſqu'on
les appliquera les uns ſur les autres : ce dont on ſera parfaitement convaincu
par les expériences que nous allons rapporter ci-deſſous.

Je conſtruiſis des cylindres avec différentes eſpeces de corps; le diametre de chacun de ces cylindres étoit = 1, 916 de pouce rhenan : les
ſurfaces par leſquelles ces cylindres devoient ſe toucher étoient planes
& polies juſqu'au brillant : pour leur communiquer à tous une même
chaleur, je les plongeai tous dans de l'eau bouillante; je les eſſuyai enſuite avec un linge, & je les enduiſis ſur le-champ avec de la graiſſe de
bœuf : je les appliquai après cela les uns ſur les autres, & je les fis
mouvoir circulairement ſur eux-mêmes, afin qu'il ne reſtât point d'air
intermédiaire; je les laiſſai enſuite refroidir pendant l'eſpace d'un jour,
& j'éprouvai le lendemain que la force avec laquelle ils adhéroient entr'eux, lorſqu'on vouloit les ſéparer perpendiculairement, étoit égale
aux poids que je vais indiquer.

Les cylindres	Adhérence.	Le poids de l'atmosphere étant supprimé.
De verre	130 ℔	. . . . 89 ℔
De similor	150	 109
De cuivre jaune . .	200	 159
D'argent	125	 84
D'acier trempé . . .	225	 184
De fer mou	300	 259
D'étain	100	 59
De plomb	275	 231
De zinc	100	 59
De bismuth	150	 109
De marbre blanc . .	225	 184
De marbre noir . .	230	 189
D'ivoire	108	 67

Toute la cohésion avec laquelle ces corps adhéroient entr'eux ne dépendoit pas seulement de l'attraction, le poids de l'air qui les pressoit concouroit aussi à leur union, & ce poids étoit environ de 41 ℔; retranchant donc 41 des nombres qui expriment le poids total qui indique l'adhérence de ces corps, on doit attribuer le reste à la force attractive. Les nombres de la seconde colonne sont ceux qui indiquent cette force : il importe beaucoup, dans ces sortes d'expériences, de faire attention à l'épaisseur qu'on donne au liniment dont on enduit les surfaces des cylindres : si ce liniment est trop épais, l'adhérence qu'on remarque n'est produite que par les parties du liniment; mais lorsqu'il est appliqué légérement sur les surfaces qu'il recouvre, l'adhésion vient non-seulement de l'attraction du liniment, mais encore des parties des surfaces des corps qui sont appliqués les uns sur les autres.

§. MXCVII. Si les cylindres dont nous venons de parler, & qui sont unis entr'eux, sont tirés selon une direction parallele à leurs surfaces, ils céderont à cette force, quoiqu'elle soit beaucoup inférieure à celles que nous avons indiquées ci-dessus ; puisque, dans cette circonstance, la force qui tend à les désunir, n'a à vaincre que le frottement que ces surfaces, pressées par le poids qui les unit, doivent éprouver pour se séparer : frottement qu'on peut déterminer d'après les principes que nous avons établis dans la Méchanique (§. 472).

§. MXCVIII. Comme dans les expériences que j'ai rapportées ci dessus, les cylindres dont j'ai fait usage n'ont été échauffés qu'à l'aide de l'eau bouil-

Tome II.   I

lante ; cette eau n'a pu que les échauffer légérement, & écarter à peine les parties folides les unes des autres , ou dilater les pores ; de forte que la graiffe dont j'ai enduit les cylindres, n'étant pas auffi bien fondue qu'elle auroit pu l'être fi je les avois expofés à l'action d'un grand feu, n'a pas pu s'infinuer profondément dans les pores des furfaces enduites, & faire l'office d'un fort aimant : pour obvier à cet inconvénient, j'ai jugé à propos de faire chauffer davantage ces cylindres , & de les frotter avec de la graiffe dans le tems qu'elle étoit échauffée au point de bouillir ; les ayant donc frottés de la même maniere que précédemment , les ayant enfuite appliqués les uns fur les autres , enfin les ayant laiffés refroidir , je trouvai le lendemain qu'ils adhéroient entr'eux avec les forces que je vais indiquer.

Les cylindres	Adhérence.	Le poids de l'atmofphere étant déduit.
De verre	300 ℔	259 ℔
De fimilor	800	759
De fer	950	909
De cuivre jaune . .	850	809
D'argent	250	209
De marbre blanc . .	600	559

Ayant fait conftruire deux cylindres de fimilor d'un plus grand diamêtre que ceux dont nous venons de faire menrion , & ayant fait creufer le milieu de la fuperficie plane de ces cylindres , de façon que les furfaces en contact fuffent exactement les mêmes que celles des cylindres précédens, je fis percer un trou , qui , pénétrant toute la longueur de ces cylindres, s'ouvroit au milieu de leurs furfaces planes : je les unis enfemble de la même maniere que je viens de l'indiquer ci deffus, après les avoir enduits de graiffe , & leur adhérence fut encore égale à un poids de 800 ℔ ; d'où l'on doit conclure que la cavité, pratiquée au milieu de leurs furfaces planes, & par le moyen de laquelle l'air pouvoit librement s'infinuer , ne diminue en rien l'adhérence de ces corps , pourvu qu'ils fe touchent par des furfaces égales.

Quiconque examinera attentivement, & fans préjugé, les expériences que nous venons de rapporter, concevra aifément qu'elles ne dépendent point de la preffion d'un fluide extérieur. La fufpenfion du mercure dans le baromerte démontre, d'une maniere très convaincante, que la preffion de l'air, dans cette occafion, ne peut agir contre ces corps, & les unir entr'eux qu'avec une force = 41 ℔. Si l'on veut avoir recours à un fluide plus fubtil pour expliquer ce phénomene , ne s'enfuivroit il pas manifeftement que tous ces cylindres, de quelque matiere qu'ils puffent être formés , dès qu'ils font unis enfemble par une même matiere intermédiaire , ne s'enfuivroit il pas, dis je , qu'ils céderoient tous à la même force qui tendroit à les

féparer; puifque la matiere fubtile pénétreroit également le fluide interpofé
entre leurs furfaces : mais fi on prétend que la denfité des corps , outre l'enduit qu'on intercepte entre leurs furfaces, concoure au phénomene que
nous rapportons , ne s'enfuivroit-il pas que les cylindres de marbre , que
tout le monde reconnoit pour être très poreux, devroient fe féparer plus aifément que ceux qui font de verre & d'argent ; puifqu'ils font plus denfes ?
Pareillement le fer, qui eft plus poreux , & d'une moindre pefanteur fpécifique que le cuivre jaune, auroit dû avoir une moindre cohéfion, par fon
union avec un autre cylindre de fer, qu'un cylindre de cuivre avec un autre cylindre de même matiere ? Ce qui eft abfolument contraire à l'expérience S'il en étoit ainfi, ne s'enfuivroit-il pas encore que ce fluide fubtil ,
qui pénetre plus aifément la graiffe qu'aucun corps métallique, devroit plutôt contribuer à la féparation des cylindres , entre lefquels un corps gras eft
interpofé, qu'il ne devroit concourir à leur union ? Au moins c'eft ce qui
nous paroît plus naturel à croire. Mais pour ne point laiffer aucun doute fur
cette matiere, & pour ne point laiffer aucune difficulté fur la preffion de
l'air , nous allons joindre de nouvelles expériences aux premieres que nous
venons de rapporter.

J'ai pris différens bois qui fe touchoient par des furfaces planes , dont l'é-
tendue étoit = 0 , 2864 de pouce quarré , & dont les furfaces en contact
étoient enduites de graiffe de bœuf; ces corps ne purent être féparés les uns
des autres que par les forces indiquées par les poids ci-deffous exprimés.

Un morceau de bois de frêne ne put être féparé d'un autre morceau de
bois de même efpece , que par un poids = 162 jufqu'à 192 ℔.

Un morceau de fapin ne fut féparé d'un autre morceau de bois de même
efpece, que par un poids = 137 ℔. Cette expérience réuffit deux fois de la
même maniere.

Un morceau de tilleul ne fe fépara d'un autre morceau de bois de tilleul,
que par un poids = 137 ℔. Cette expérience réuffit auffi deux fois de la même maniere.

Enfin on ne put féparer deux morceaux de bois de chêne que par un poids
= 112 ℔ ; & cette expérience donna deux fois de fuite le même réfultat.

Or il eft conftant qu'une auffi grande cohéfion ne peut pas venir de la
preffion de l'air extérieur ; puifque la preffion de ce fluide contre des furfaces telles que celles dont il eft ici queftion, n'équivaut qu'à un poids de
41 ℔; outre cela , les bois dont nous avons fait ufage dans ces expéaiences ,
font fi poreux, que l'air les pénetre aifément. Si l'on veut donc recourir à
l'action d'un fluide plus fubtil que l'air de l'atmofphere , comment pourra-
t-on expliquer les différens effets que ce même fluide produit fur un feul &
même *gluten* ? Au contraire en expliquant ces effets par le moyen de l'attraction , & en obfervant qu'un même *gluten* agit avec plus de force fur
certains corps que fur d'autres , qu'il pénetre plus ou moins profondément
les pores des différens corps, qu'il les remplit plus ou moins exactement ;
ce qu'on démontrera plus amplement par la fuite, on vient à bout de rendre aifément raifon de tous les différens degrés de cohéfion que nous venons
de rapporter.

§. MXCIX. Si le fluide intermédiaire, dont on enduit les furfaces des corps qu'on veut unir, eft un fluide fort pefant, leur cohéfion en fera plus forte ; car comme il n'y a dans les corps que les parties folides qui s'attirent, & que les pores n'ont aucune vertu attractive, il s'enfuit que fi on joint enfemble des corps folides, dont les pores foient femblables, & qu'on interpofe entre ces corps deux fluides de différentes efpeces, mais dont les parties foient de même grandeur & de même figure, ces deux-là s'attireront davantage, & auront une plus forte cohéfion, qui feront unis entr'eux par celui des deux fluides qui aura le plus de denfité : mais cet effet ne peut avoir lieu qu'en fuppofant une égalité entre les parties & la figure de ces parties ; car fi on fuppofe quelque différence entre ces parties, & que leur figure foit telle que les parties du fluide plus denfe ne rempliffent pas auffi exactement les cavités des folides qu'on veut unir, que les parties du fluide moins denfe rempliffent celles des furfaces qu'elles recouvrent, les premiers feront moins attirés que les autres, & leur cohéfion fera plus foible.

Ayant pris, parmi les cylindres dont nous avons fait mention ci deffus, ceux qui étoient faits de fimilor, je frottai leurs furfaces planes avec de l'eau ; je les appliquai enfuite l'un fur l'autre, & je les comprimai fortement l'un contre l'autre pour en chaffer l'air, autant qu'il étoit poffible de le faire, & je remarquai plufieurs fois que la force avec laquelle ils adhéroient entr'eux, étoit = 17, 5 onces.

Ayant enduit les furfaces de ces cylindres avec de la graiffe de bœuf, j'éprouvai deux fois qu'ils adhéroient avec une force = 1 ℔ 9 onces.

Les ayant frotté avec de l'efprit de vin de France, ils adhérerent avec une force = 24 onces.

Enduits d'huile de térébenthine, ils adhérerent avec une force = 37 ½ onces.

Frottés avec de l'huile de pétrole fort légere, ils adhérerent avec une force = 20 ½ onces.

Graiffés avec de l'huile d'olives, leur adhéfion étoit = 30 ℔.

Enduits d'huile de raves, la cohéfion étoit encore la même.

Lorfqu'on les enduifoit avec de l'huile de lin, ils adhéroient avec une force = 37 onces.

Il fuit de ces expériences que ni l'eau, ni les huiles dont on a fait ufage, n'excluent point l'air intermédiaire qui fe trouve entre les furfaces planes des cylindres ; outre cela, tous ces différens liquides portent avec eux une certaine quantité d'air : car fi les liquides, dont nous venons de parler, chaffoient l'air interpofé, il eft conftant que ces cylindres adhéreroient entr'eux avec une force qui feroit au moins = 41 ℔ ; & dans les expériences que nous venons de rapporter, leur cohéfion étoit plus foible qu'elle n'eft lorfqu'ils ne font enduits d'aucun liquide, & que leurs furfaces fe touchent immédiatement.

§. MC. Il arrive quelquefois que les fluides, dont on fe fert pour enduire les furfaces des corps qu'on veut unir, fe durciffent, foit par le froid, foit parcequ'ils féjournent long-tems fur ces furfaces ; dans ce cas, la cohéfion des corps eft plus forte que lorfque ces liquides confervoient leur liquidité : en effet, lorfqu'on enduit les cylindres de fimilor avec de la graiffe de bœuf,

de la colophone, de la cire, ou de la poix fondue ; fi on examine la cohéfion de ces cylindres, lorfqu'ils font encore chauds, cette cohéfion paroît
très foible : un poids de 4 à 5 ℔ eft fuffifant pour la vaincre & pour les féparer ; mais lorfqu'on les laiffe refroidir, & que le fluide intermédiaire a eu le
tems de fe durcir, ils adherent alors entr'eux avec une plus grande force.

Car ces cylindres, frottés avec de la graiffe de brebis, adhéroient entre-
eux avec une force == 450 ℔.

Frottés avec de la graiffe de cochon, leur cohéfion étoit == 120 ℔.

Avec de la graiffe de veau, ils adhéroient avec une force == 370 ℔.

Avec de la graiffe de cygne, qui s'endurcit très peu lorfqu'elle fe refroidit ; ils tenoient avec une force == 31 ½ ℔.

La graiffe de cheval les fit adhérer avec une force == 32 ℔. Cette graiffe
conferve toujours une certaine molleffe.

La graiffe de chapon produifit une cohéfion == 104 ℔.

La graiffe humaine rendit leur adhérence == 16 ½ ℔. Cette graiffe s'endurcit à peine, & fa confiftance eft femblable à celle de l'huile d'olives.

Le fperme de baleine les unit avec une force == 200 ℔.

Le beurre de Hollande les unit, en été, avec une force == 158 ℔.

La poix de Bourgogne avec une force == 800 ℔.

Le bitume de Judée rendit leur cohéfion == 400 ℔. Dans cette expérience
le bitume étoit épais, & les furfaces en étoient groffierement enduites.

La graiffe de bœuf les fit adhérer enfemble avec une force == 800 ℔.

La colophone produifit une adhérence == 850 ℔.

La cire en produifit une de 90 ℔.

La poix les fit adhérer avec une force == 1400 ℔.

Si on enduit deux morceaux de bois avec de la graiffe de taureau fondue,
qui foit encore chaude, & qu'on les applique après cela l'un fur l'autre, à
peine ces morceaux de bois contracteront-ils enfemble une certaine adhérence ; mais fi on laiffe refroidir le *gluten* qui les unit, & qu'on lui donne
le tems de fe durcir, le bois abforbera une grande partie de l'eau que contient ce *gluten* : les parties folides agiront alors à de moindres diftances les
unes des autres, & les morceaux de bois feront fortement unis enfemble.

Lorfqu'on répete ces fortes d'expériences, il faut avoir fur-tout attention
à ce qu'il ne refte point d'air intercepté entre les furfaces des corps qu'on
veut unir ; on évite cet inconvénient en frottant les furfaces de ces corps les
unes fur les autres, & en les comprimant fortement.

On peut éprouver de cette maniere tous les corps qui font naturellement
fluides, ou que le feu liquéfie ; lefquels, étant placés entre les furfaces des
différens corps, foit métalliques, foit de toutes autres efpeces, les feront
adhérer enfemble avec différentes forces : on peut, outre cela, faire plufieurs
combinaifons, plufieurs mêlanges en confondant enfemble différens *gluten*,
qui procureront par-là différens degrés de cohéfion aux corps qu'ils uniront
enfemble. Ce fera par ces différentes recherches, qu'on parviendra à découvrir le meilleur *gluten* qu'on puiffe employer pour unir enfemble tels ou tels
corps ; ce qui peut être d'un très grand avantage à la fociété.

C'eft ainfi qu'il convient d'indiquer les voies qui conduifent à la perfection des Arts, & de faire voir en même-tems qu'il reste encore bien des tentatives à faire, au moyen desquelles on peut acquérir & recueillir quantité de connoissances, & juger des usages auxquels on peut les appliquer par les différens succès qu'elles nous offrent à examiner.

Autant qu'il est possible de percer les ténebres qui enveloppent la plûpart de nos connoissances, & qu'il est donné à l'homme de suivre les foibles lueurs qui l'éclairent dans la recherche de la vérité; il paroît que l'adhérence des cylindres est souvent d'autant plus grande, que le *gluten* qui les unit s'endurcit davantage par le froid auquel il est exposé : & qu'au contraire cette cohésion est d'autant plus foible, que ce *gluten*, moins exposé à l'action du froid, est moins endurci. On remarque cependant que cette loi n'est pas sans exceptions.

§. MCI. Quelque soin que j'aie pu prendre pour faire les expériences que j'ai rapportées (§. 1100), j'ai souvent observé que les résultats n'étoient pas constamment les mêmes; ce qui vient de ce qu'il ne m'étoit pas possible de chauffer toujours également les corps, & de les comprimer avec une force parfaitement égale : c'est pour cette raison que j'ai cru qu'il seroit à propos de confirmer la théorie de l'adhérence par de nouvelles observations.

On se sert pour différens usages, soit pour unir ensemble des morceaux de plomb, d'étain, ou quelques autres métaux; on se sert, dis-je, pour cela de soudure, qui est un composé de plomb & d'étain mêlés ensemble, selon différentes proportion. La soudure, dans la composition de laquelle le plomb domine, a moins de force pour unir le cuivre, & joint moins fortement deux lames de cuivre ou d'airain, qu'une autre soudure plus légere, composée de similor & d'étain. La premiere de ces soudures unit, à la vérité, plus fortement les corps que la colophone, la graisse, la cire, la poix, qui sont moins pesans, & qui se fondent plus aisément sur le feu. Une soudure plus pesante, composée de beaucoup d'argent, & d'une petite quantité de cuivre, telle que sont les pieces de monnoie que nous nommons *deniers*, ne procurera pas à deux pieces de cuivre une adhérence aussi forte qu'une soudure plus légere, faite d'une grande quantité de cuivre, de peu d'argent, & d'une petite quantité de zinc; mais cette derniere soudure ne peut être mise en fusion que par un feu très violent.

Ceux qui travaillent le cuivre, soudent ensemble des masses de cuivre & de similor. Voici les soudures les plus convenables pour unir du similor avec une autre masse de même espece.

1°. Faites fondre ensemble trois parties d'argent & une partie de similor : placez, sur les bords que vous voudrez unir ensemble, des paillettes de cette soudure avec du borax : faites fondre ensuite ces matieres à petit feu; lorsqu'elles seront en fusion, elles rempliront les joints & uniront les parties adjacentes : mais leur cohésion sera très foible.

2°. Prenez des paillettes d'une soudure faite avec deux parties d'argent & une partie de similor; joignez du borax à ces paillettes : cette soudure exige à la vérité, un feu plus violent pour qu'elle puisse se fondre; mais elle unit beaucoup plus fortement les masses de similor qu'elle soude.

3°. Prenez douze parties de similor, une partie d'argent, & une demi-partie de zinc; cette soudure ne pourra se fondre que par un feu très violent :

mais elle procure une très grande adhérence aux corps qu'elle unit.

4°. Prenez six parties de similor, une partie d'argent, & deux parties de zinc.

5°. Prenez seize parties de similor, joignez-les à cinq parties de zinc.

6°. Vous formerez encore une soudure, en incorporant ensemble 4 parties de similor, $\frac{1}{4}$ partie de zinc, & $\frac{1}{8}$ partie d'étain. Ces trois dernieres soudures ne valent pas celles dont nous avons parlé auparavant.

Les Orfevres se servent de quatre especes différentes de soudures, que voici.

1°. Prenez une partie de cuivre jaune de Suede, six parties d'argent fin ; incorporez ces deux substances ensemble, & vous formerez une soudure très solide.

2°. Prenez une partie de similor, six parties d'argent ; l'union de ces deux métaux donnera une soudure très dure.

3°. Prenez une partie de similor, incorporez-la dans quatre parties d'argent.

4°. Prenez une partie de similor & deux parties d'argent, que vous ferez fondre ensemble ; le mixte qui en résultera formera une soudure très molle.

Pline nous donne dans son Histoire Naturelle, Livre 33., la maniere de composer quantité d'autres soudures. La soudure d'or se fait avec sept parties d'or, une partie d'argent, auxquelles on ajoûte du borax. *Brassavolus* nous en indique une autre dans un Ouvrage intitulé : *Exam. Terrar. p.* 482.

§. MCII. Comme les petites parties des corps different entr'elles, soit par leur densité, soit par leur figure, soit par leurs pores, il est naturel de penser qu'il faut employer différentes especes de soudures pour pouvoir les unir comme il convient ; car celles qui seront propres à unir quelques corps, ne seront point propres pour cela à produire le même effet sur d'autres. On ne peut point connoître *à priori* celle des différentes soudures qu'il faut employer par préférence à toute autre, pour souder tel ou tel corps ; parceque nous ne connoissons point la structure & la configuration des petites parties constituantes des différens corps : c'est pourquoi nous ne pouvons apprendre, que par des observations constantes, & par des expériences réitérées avec soin & avec industrie, celles qui sont propres à souder tels & tels corps ; & c'est une connoissance, non-seulement utile à l'Artiste, mais encore à la société entiere ; parceque les Ouvriers font, pour l'ordinaire, un secret des soudures qu'ils emploient. A peine parmi le grand nombre de celles qu'on a imaginées la connoissance de quelques-unes nous a-t elle été transmise ; & la plûpart des belles découvertes qu'on a faites sur cette matiere ont été ensevelies dans l'oubli, à la mort de ceux qui les avoient faites. Je regarde donc comme une chose importante de donner ici quelques observations sur cette matiere.

La chaux détrempée & mêlée avec art avec du sable & de l'eau, ou de la chaux mêlée avec du tuf battu & de l'eau, ou encore de la chaux mêlée avec une terre légere criblée, qu'on appelle *ram* (1), ou enfin du plâtre cuit

____

(1) Heath account of Scilly, p. 67.

dans une chaudiere de fer fur un feu violent , & détrempé dans l'eau : chacun de ces mêlanges , étant placé entre deux tuiles bien nettes, ou entre deux pierres, les unit enfemble , il fe durcit enfuite , & fortifie de plus en plus la liaifon qu'il leur a procurée.

On trouve aux environs de Baies , & dans les campagnes qui entourent le Véfuve , une terre compofée d'alun, de bitume & de foufre; laquelle , étant mêlée avec de la chaux & du moilon de Cumes, fe durcit dans l'eau, & donne de la folidité aux édifices : car ce compofé forme une digue qui réfifte aux efforts de l'eau (1). Le tuf & le fable contiennent beaucoup de vitriol ; la chaux contient beaucoup de fels alkalis (2) : ces deux efpeces de fels fe fondent dans l'eau ; lorfqu'ils font fondus, ils agiffent fortement l'un fur l'autre , puifque l'un des deux eft acide , & l'autre alkali : ces fels, fermentant enfemble , & lentement, dans les terres qui les contiennent , divifent & atténuent ces terres , fur-tout fi on a foin de délayer pendant longtems ces différentes maffes, de les bien battre , & de les incorporer enfemble ; lorfque la folution des fels eft portée à fa perfection, & que les terres font bien atténuées, la maffe qui réfulte de cette combinaifon devient plus graffe , & fes parties plus ténues, plus petites, s'infinuent plus aifément & plus profondément dans les pores des corps qu'elles doivent unir. De-là, fi on place entre les furfaces inégales & raboteufes des briques, des pierres , un enduit de cette maffe encore à demi liquide, & qu'on preffe ces furfaces les unes contre les autres , cet enduit remplira plus exactement les cavités de ces furfaces ; il s'infinuera dans leurs pores , & il augmentera leur contact. Les chofes étant dans cet état, les briques abforberont la plus grande partie de l'eau que cet enduit porte avec lui ; cette eau s'évaporant enfuite infenfiblement, abandonnera & la chaux, & les briques; les parties de la chaux, du fable, des briques ou des pierres, s'approcheront davantage les unes des autres ; leur force attractive deviendra plus grande : & plus la chaux fe durcira, & plus la cohéfion des briques, ou des pierres , augmentera. Les fels que la chaux , le fable & les briques contiennent, étant portées au dehors , avec l'eau qui s'évapore, tombent en effiorefcence, & couvrent la furface extérieure des murs d'une efpece de croûte blanche, que la pluie délaie dans l'efpace de deux ou de plufieurs années ; cette effiorefcence, battue & defféchée par le vent, fe détache des murs qu'elle recouvroit, & fe diffipe dans l'atmofphere.

Il eft démontré que la chaux doit fa fermeté au fel qu'elle contient ; car fi on verfe plufieurs fois de l'eau chaude fur de la chaux , & qu'on répete cette opération jufqu'à ce qu'ayant été fuffifamment leffivée, on en ait retiré tout le fel qu'elle contient , cette chaux , combinée enfuite avec du fable, ne peut plus fe durcir.

La chaux, mêlée avec un fable qui ne contient, ni vitriol, ni mars, ne fe durcit point non plus , & ne forme point une maffe folide : c'eft pour cette raifon que le fable trop blanc n'eft pas propre pour la bâtiffe; ainfi que *Vitruve* l'avoit très bien obfervé, lorfqu'il recommandoit, pour cet ufage,

____

(1) Vitruvius in Archit. Lib. 2. chap. 6.　(2) Hift. de l'Acad. Roy. ann. 1724, pag. 55.

un

un fable noir, rouge, blanc, mais paſſé. Ces différentes eſpeces de fable ſe trouvent, ou par des fouilles qu'on fait dans la terre, ou au fond des rivieres, ou enfin ſur le rivage de la mer. J'ai trouvé du fer dans toutes les différentes eſpeces de fable que je viens de citer; ils contiennent par conſéquent une eſpece de vitriol, dont le ſel eſt acide. Le meilleur fable que l'on puiſſe employer eſt le fable foſſile, qui eſt rude au toucher, & qui excite, dans la main qui le frotte, un ſentiment d'âpreté. Celui qui eſt mou & terreux ne vaut rien. Celui que nous fourniſſent les rivieres n'eſt point auſſi d'un excellent uſage; & le fable qu'on prend ſur le rivage de la mer a ce défaut, qu'il ſeche difficilement, & qu'il ne donne pas aſſez de ſolidité aux ouvrages pour la conſtruction deſquels on l'emploie: ce qui vient du ſel marin qu'il emporte avec lui.

L'eau concourt auſſi à la fermeté de la bâtiſſe; & pour le démontrer, il ne s'agit que de peſer la chaux qu'on doit employer avant de l'amortir: il faut auſſi peſer le fable & les briques; faires enſuite détremper la chaux & le fable pour former le mortier qui doit unir les briques: & lorſque l'ouvrage ſera conſtruit, & que vous l'aurez laiſſé repoſer aſſez de tems pour qu'il ait acquis la conſiſtance qu'il doit avoir, peſez alors tout l'ouvrage, & vous trouverez que ſon poids ſera plus grand que la ſomme additionnelle du poids de chacune des parties que vous aviez peſées auparavant; or l'augmentation de ce poids ne peut venir que de l'eau qu'on a ajoûtée pour faire le mortier: & cette eau contracte une ſi forte adhérence avec la chaux, que le feu ne peut pas l'en détacher lorſque ſon action contre ce mixte n'eſt pas violente. On parvient cependant à les déſunir par une longue & violente combuſtion; & dans ce cas, la chaux tombe en effloreſcence.

Si le fable dont on veut faire uſage eſt foſſile, on fera un excellent mortier en mêlant enſemble trois parties de fable & une partie de chaux; ſi au contraire on veut employer du fable de riviere, ou du fable marin, il faut mêler enſemble deux parties de fable & une partie de chaux: ſi on joint au fable de riviere, ou au fable tiré de la mer, une troiſieme partie de coquilles broyées & tamiſées, on formera, par ce moyen, un mêlange qui ſera d'un meilleur uſage.

§. MCIII. La chaux faite avec des pierres tirées des rochers, & celle qu'on fait avec des coquillages, s'éteint de différentes manieres dans l'eau. La chaux de coquillages, éteinte avec une petite quantité d'eau, ſe convertit en pouſſiere deſſéchée. La chaux tirée des pierres que fourniſſent les rochers, prudemment arroſée, & éteinte lentement, abſorbe une quantité d'eau ſix à ſept fois plus grande; & il arrive ſouvent qu'elle forme un pâte molle & ductile, qui ſe deſſeche & ſe conſume à la ſuite du tems dans la foſſe dans laquelle elle a été éteinte: & c'eſt la ſeule qui ne puiſſe pas ſe durcir. On prépare de cette façon la chaux dont on fait uſage dans quelques parties de l'Allemagne; on l'appelle (*mêlée*) (*intrita*), & elle eſt d'un fort bon uſage quelques années après qu'elle a été préparée: plus elle eſt vieille, & meilleure elle eſt.

Si on réduit en chaux du marbre blanc, & qu'on l'éteigne enſuite avec une quantité d'eau convenable; cette chaux, abandonnée à elle même, acquerra, dans l'eſpace de huit jours, une ſi grande fermeté, qu'à peine le

ciſeau le mieux trempé pourra mordre deſſus, & tracer une ligne ſur ſa ſurface, qui ſera devenue auſſi brillante que de la porcelaine. M. *Duhamel*
remarque, outre cela, que cette eſpece de chaux durcit encore ſous l'eau (1).
On emploie pour faire la chaux différentes eſpeces de pierres; ſavoir, des
pierres molles & des pierres dures. *Vitruve* (2), *Palladius* (3), *Pline*,
nous ont indiqué certaines pierres & certains rochers qui fourniſſoient la
matiere de la meilleure chaux qu'on faiſoit cuire en Italie. Ils nous ont appris, outre cela, qu'il ne falloit pas moins de 60 heures pour cuire la pierre
à chaux, & que, par cette opération, elle perdoit $\frac{1}{2}$ ou $\frac{1}{3}$ de ſon poids.
Nous eſtimons, ſur-tout en Hollande, la chaux qui eſt faite des pierres du
Tournaiſis, de Liege, &c; ces pierres ſont extrêmement dures & compactes.

Si on mêle du tuf & du ſable avec de la chaux, le mixte qui en réſultera
ne réſiſtera pas ſi bien aux injures de l'air que ſi on ſupprimoit le tuf. A la
vérité la chaux de coquillages, mêlée préciſément avec du ſable, ne réſiſte
point à l'eau, & ne peut point ſe durcir ſous l'eau; mais ſi on y joint du tuf,
le mêlange deviendra parfaitement ſolide dans l'eau, & réſiſtera à l'effort
de l'eau.

La chaux de pierres de rochers qu'on fait en Italie, mêlée avec du ſable
qu'on tire de la riviere appellée *Dora*, réſiſte auſſi à l'effort de l'eau, & ſe
durcit dans cet élément.

Si on mêle enſemble de la chaux, du marbre, du tuf & du plâtre réduits
en pouſſiere, en verſant ſur ces matieres de l'urine ou de l'eau pour les détremper & les bien mêler enſemble; il réſultera de ce mêlange un pavé qui
ſera extrêmement dur, & qui prendra un très beau poli, ſur-tout ſi on le
frotte avec de l'huile de lin, ou de noix.

Le plâtre broyé, & qu'on fait cuire enſuite dans une chaudiere de fer,
contient auſſi du ſel; il fermente avec l'eau, il s'échauffe, il ſe gonfle, & il
ſe durcit même dans l'eau : mais il s'y durcit davantage ſi on l'unit avec de
la chaux. On emploie ſur-tout les différentes chaux & le plâtre pour lier &
joindre enſemble les pierres. On ſe ſert encore favorablement d'une eſpece
de *coagulum*, formé avec égale quantité de lait dont on a retiré le beurre,
& de chaux vive, lorſque ce mêlange s'eſt amolli; par ce moyen l'acide du
lait tempere l'alkali de la chaux : ces deux ſels, combinés enſemble, pénetrent plus profondément les pores des pierres entre leſquelles ils ſont placés;
& obſtruant tous ces pores, ils uniſſent fortement enſemble des pierres, &
même des morceaux de marbre.

Si on bat pendant long-tems du fromage dans de l'eau, ou ſi on met du
fromage dans de l'eau bouillante, & qu'on l'agite en le preſſant pendant
quelques momens, & qu'enſuite on le verſe ſur une pierre, lorſqu'il eſt réduit en une eſpece de bouillie, & qu'on le mêle enfin avec une ſuffiſante
quantité de chaux vive; il réſultera de ce mêlange un excellent maſtic pour
coller le verre, quoiqu'il ne ſoit pas propre à coller l'agate, dont le véritable *gluten* eſt le vernis de la Chine (4).

(1) Hiſt. de l'Acad. Roy. ann. 1749, p. 477. (2) De Archit. Lib. 2. cap. 5. (3) Lib. 1.
cap. 10. (4) Hiſt. de l'Acad. Roy. ann. 1711. p. 21.

On fait un *gluten* excellent & propre à bien des ufages, fi on mêle enfem-ble du blanc d'œuf & de la chaux vive ; ou fi on mêle du fucre rouge avec de la chaux à demi-éteinte, & qu'on les batte violemment & prompte-ment, pour accélérer leur mixtion : ou fi on joint de l'arfenic à une pâte faite avec de la chaux & du fable, ce mêlange féchera fur-le-champ, & il fe durcira. On fait encore un fort bon *gluten* en expofant à l'action du feu de la pierre calaminaire dans une cuiller de fer : cette pierre fe convertira alors en une efpece de bouillie, propre à joindre & à unir promptement les fubftances entre lefquelles on l'appliquera : on en fait encore un autre, qui ne le cede point au premier, en délayant dans du blanc d'œuf de l'alun ré-duit en poudre.

On peut encore unir enfemble des pierres avec un mêlange de cire, de colophone & de craie : on peut, à la place de craie, faire ufage de brique pilée, ou bien de toute autre pierre colorée & réduite en poudre, fuivant que la couleur des pierres qu'on veut joindre enfemble l'exige. On met quelquefois de la poix dans ce maftic ; mais il ne peut être employé favora-blement que lorfqu'on a foin de faire chauffer auparavant les furfaces qu'on veut unir enfemble, afin que leur chaleur puiffe aider à la fufion de ce maf-tic, qui eft excellent, fi tant eft que les pierres auxquelles il fert de lien, ne foient point expofées aux injures de l'air. Les Anciens fe fervoient de bitume pour unir les pierres les unes avec les autres, & élevoient, par ce moyen, des murs très folides : on trouve auprès de Gaujac une mine de bitume qui unit fi fortement les pierres les unes avec les autres, qu'il n'eft plus poffible de les féparer, & que M. *de Secondat* regarde comme un excellent mortier pour bâtir les murs des remparts (1).

§. MCIV. On a coutume de fe fervir de colle-forte cuite dans l'eau pour coller & unir enfemble des morceaux de bois; mais on peut préparer autre-ment cette colle : il fuffit de la battre pendant long tems avec de l'eau dans un mortier, & de continuer cette opération jufqu'à ce que la colle foit de-venue liquide : la colle forte, ainfi préparée, eft d'un auffi bon ufage que lorfqu'elle eft fondue par l'action du feu. On colle encore le bois avec de la colle de poiffon cuite dans l'efprit de vin, ou dans l'eau. Lorfqu'on fait ufage de ces fortes de colles, & qu'elles font bien fondues, elles pénetrent dans les pores & dans toutes les cavités des furfaces fur lefquelles on les ap-plique; elles rempliffent ces pores & ces cavités; lorfque la colle eft bien étendue fur ces furfaces, on les applique, on les preffe les unes contre les autres, fouvent on les charge d'un poids, ou on les met en preffe, ou fous un *valet*, & on les laiffe enfuite féjourner dans cet état : fi les furfaces, qui font ainfi unies entr'elles, ont une grande étendue, & qu'elles fe touchent parfaitement par un grand nombre de points, lorfque la colle eft refroidie & defféchée, elles adherent fortement enfemble ; & il arrive même fou-vent que ces corps adherent davantage dans les endroits où ils font collés, que dans tout autre endroit de leur fubftance où leurs parties ne font unies que par les liens que la Nature leur a fournis. On colle encore enfemble des morceaux de bois avec de la chaux vive mêlée & triturée avec du fromage,

(1) Journ. des Sav. année 1751. Août, p. 304.

K ij

de la même maniere qu'on cimente des pierres : cette méthode est en usage dans l'Afrique (1).

§. MCV. Souder des métaux ensemble, & coller des morceaux de bois, sont deux opérations qui ne sont point différentes l'une de l'autre : en effet, la soudure se fond lorsqu'on l'expose à l'action du feu ; le borax dont on enduit les surfaces qu'on veut souder, garantit les parties des surfaces métalliques qu'il recouvre, des impressions du feu, qui pourroient faire que ces parties, qu'on a eu soin de limer & d'unir auparavant, deviendroient âpres & rudes : il accélere, outre cela, la fusion de la soudure, & fait qu'elle se fond plus promptement que les métaux qu'elle doit souder, & qui pourroient eux mêmes tomber en fusion, mais plus lentement, par l'action du feu à laquelle on les expose. Lorsque la soudure se fond & qu'elle coule, elle se porte dans les petites cavités, dans les sillons des surfaces qu'on veut joindre, & qui sont alors séparées ; elle remplit ces cavités : & lorsqu'elle est refroidie, aussi bien que le métal qu'elle doit unir, elle forme comme des especes de petites chevilles, qui unissent ensemble les surfaces qui sont appliquées l'une sur l'autre ; & ces surfaces, ainsi unies, ne forment plus qu'un même tout. Moins on est obligé d'employer de soudure, lorsqu'elle n'a à remplir que de petits sillons, & qu'elle ne forme point une épaisseur entre les surfaces qu'elle unit, plus leur adhérence est grande : cette adhérence est plus foible lorsque la soudure est obligée de remplir de grandes cavités, & qu'on est obligé d'en employer une grande quantité.

§. MCVI On joint ensemble & on colle d'autres corps, tels que le papier, le linge, le parchemin, &c, avec de l'amidon qu'on délaie & qu'on fait cuire dans l'eau. Si on mêle avec de l'amidon de la colle de poisson cuite dans l'eau, on fera un mêlange qui formera une excellente colle, qui séchera sur le champ, & dont on pourra se servir très avantageusement lorsque les circonstances exigeront une prompte opération.

La gomme arabique & la gomme adragant, fondues dans l'eau, servent aussi à coller ensemble certains corps.

La gomme arabique, fondue dans de l'esprit de vin rectifié, donne un *gluten* propre à coller du verre avec du verre. Le blanc d'œuf, la térébenthine crue, la colophone, & la cire d'Espagne, produisent encore le même effet. Toutes les résines naturelles, fondues dans des fluides convenables, & qui se dessechent & se durcissent à la suite du tems, lorsqu'elles sont exposées à l'air, forment aussi d'excellens *gluten*. Le suc exprimé de l'ail est le *gluten* dont on fait usage pour coller la porcelaine (2).

Il y a encore une autre maniere de réparer les fractures qui peuvent arriver à des vases de porcelaines : voici comment il faut procéder. Si un vase de cette espece est rompu, placez les morceaux qui proviennent de la rupture, dans leur situation naturelle : liez les ensuite solidement, afin de les contenir en place : mettez après cela le vase dans une chaudiere qui contiendra du lait & du riz : laissez bouillir le tout pendant l'espace de trois heures : ôtez ensuite la chaudiere de dessus le feu : lorsque le mêlange sera froid, retirez-

(1) Thom Saw Travels to Barbary, p. 286. Schwedische Abhandlugen. Vol. I. p. 258.
(2) Hist. Acad. Scient. Lib. 2. Sect. 7. p. 184.

en le vafe de porcelaine, rompez les liens qui retenoient les morceaux , & vous les trouverez parfaitement adhérens au tout qu'ils conftituent ; de forte que le vafe fera auffi folide que s'il n'eût jamais été rompu, & pourra fervir aux mêmes ufages.

On trouve dans les campagnes qui font autour de Perpignan une efpece de chenille d'un pouce & demi de longueur, dont le dos eft pourpré, le ventre blanc & non velu ; cette chenille s'attache à la racine des arbres : lorfque cette chenille eft parvenue à un certain degré d'accroiffement, elle devient nymphe, & elle fe renferme dans une féve ; cette féve fe pourrit en 15 jours dans la terre : on la ramaffe enfuite ; & après l'avoir laiffé macérer 8 jours dans l'eau, on en forme une efpece de pâte avec de l'huile d'olives ou d'amandes : ce qui forme un excellent *gluten* (1).

§. MCVII. Comme on n'a point encore obfervé qu'aucun corps quelconque , pris dans le regne végétal , ou dans le regne foffile , pût s'unir avec aucun corps animal vivant ; puifque dès qu'un corps étranger fe trouve intercepté dans toute partie quelconque du corps animal, il s'y forme une fuppuration qui le pouffe au-dehors : pareillement comme on n'obferve point de foffile qui s'attache à aucun végétal , qui forme avec lui un feul & même corps, quelques Phyficiens ont cru , & ont avancé , qu'aucune partie d'un corps animal quelconque , vivant, ou non vivant , ne pouvoit s'unir avec aucun corps quelconque , végétal ou foffile ; & qu'il n'y a que les corps qui font partie du même regne qui puiffent s'unir enfemble ; favoir , les végétaux avec les végétaux , les parties animales avec d'autres parties animales, les foffiles avec les foffiles. Or comme cette idée n'eft point appuyée fur l'expérience , j'ai cru qu'il étoit important de ne point laiffer fubfifter une opinion auffi erronée. L'Hiftoire Naturelle feule nous fournit des preuves inconteftables de la fauffeté de cette idée ; puifqu'elle nous fait obferver que plufieurs animaux s'attachent fortement à des pierres & à tout autre corps quelconque, à l'aide d'un *gluten* vifqueux qui fe filtre à travers quelques parties de leur corps. Ne voit-on pas les araignées attacher & coller fortement leurs toiles à des tuiles, à des branches d'arbre , à des plantes, & à quantité d'autres corps ? Mais je ne me bornerai point à de fimples obfervations , & je vais rapporter ici plufieurs expériences que j'ai faites à ce fujet. J'ai fait conftruire des cylindres avec différentes efpeces de corps , de façon qu'ils fe touchoient par des furfaces planes égales, dont le diametre étoit $= 1, 916$ de pouce rhenan : j'ai uni ces cylindres les uns aux autres avec différens *gluten* , afin de pouvoir juger des différens effets qu'ils me préfenteroient à examiner.

Ces cylindres , unis enfemble avec de la colle-forte , felon la méthode des Ouvriers qui travaillent le bois , me firent obferver les différens degrés de cohéfion que je vais rapporter.

Le tilleul uni avec une efpece de pierre bleue de Namur , adhérerent enfemble avec une force $=$ 500 ℔ ; mais la furface de la pierre & celle du bois furent brifées.

_____

(1) Hiſt. de l'Acad. Roy. ann. 1719 , p. 12.

Un cylindre de fer adhéra avec un cylindre fait de la même pierre, dont nous venons de parler, avec une force = 80 ℔.

Le fer & le gayac contracterent une cohésion = 311 ℔.

Le marbre blanc & l'ivoire s'unirent avec une force = 200 ℔.

Le même marbre, uni avec du buis, ne purent être séparés que par un poids = 136 ℔.

Un cylindre de verre, & un autre de buis, formerent une adhérence = 10 ℔.

Ces cylindres, unis avec un composé de cire jaune, de colophone & de craie, adhérerent ensemble avec les forces indiquées ci-dessous.

Cylindres.	Forces avec lesquelles ils adhéroient.
De marbre blanc & d'ivoire	40 ℔
De brique cuite & de saule	246
De verre blanc & de bois dit (1) *mahogany*	126

Ces cylindres, unis avec de la colle de poisson cuite dans de l'esprit de vin, adhérerent avec les forces suivantes.

Cylindres.	Forces.
De bois de mahogany avec un de pierre bleue	10 ℔
De bois de chêne & de brique cuite	12

Ces cylindres, unis avec un vernis de succin, & examinés après l'espace d'un an.

Cylindres.	Forces.
D'ivoire & de bois dit *mahogany*	58 ℔

Ces cylindres unis ensemble avec de l'huile de lin combinée avec du minium & de la pierre calaminaire, & éprouvés aussi après l'espace d'un an.

Cylindres.	Forces.
De mahogany & de plomb	68 ℔
De frêne & de verre	30
De bois & de pierre bleue	19
De brique & de brique	111

(1) Je n'ai pu découvrir de quelle espece est ce bois que l'Auteur désigne sous le nom de *Mahogany*.

Unis avec de la cire blanche.

Cylindres.	Forces.
De cuivre jaune & de pierre bleue	286 ℔

Unis avec du lait de beurre & de la chaux vive.

Cylindres.	Forces.
De gayac & de pierre bleue	31 ℔
De frêne & de marbre blanc	10
D'ivoire & de buis	640
De bois de mahogany & de verre	700
De frêne & de brique cuite	325

Unis avec un *gluten* fait de blanc d'œuf & de chaux vive.

Cylindres.	Forces.
D'ivoire & de pierre bleue	42 ℔
De faule & de brique cuite	109
De marbre blanc & de buis	10
De bois de mahogany & de pierre bleue	92

Unis avec du fucre ordinaire & de la chaux à demi-éteinte.

Cylindres.	Forces.
De buis & de pierre bleue	2 ℔
De brique & de brique	prefque 2
De marbre blanc & de bois de mahogany	$1\frac{1}{2}$

Unis avec de la pierre calaminaire fondue dans une cuiller.

Cylindres.	Forces.
De bois de mahogany avec un de brique pilée	62 ℔
De faule & de marbre blanc	52
De buis & de chêne de Turquie	62

Unis avec de l'alun & du blanc d'œuf.

Cylindres.	Forces.
De tilleul & de brique cuite	92 ℔.

§. MCVIII. Quiconque réfléchira avec attention fur les obfervations que nous venons de rapporter, fera pleinement convaincu que de telles cohéfions ne dépendent point de la preffion d'aucun fluide extérieur quelconque ; car s'il en étoit ainfi, il s'enfuivroit manifeftement que plus les corps, dont on fait ufage dans ces fortes d'expériences, feroient folides & compactes,

& plus ils feroient fortement comprimés & plus leur cohéfion feroit
grande ; tandis que ceux qui feroient plus rares & plus poreux , étant moins
comprimés , adhéreroient enfemble avec moins de force ; ce qu'on n'obfervera pas dans les expériences que nous venons de citer.

Quiconque voudra donc s'abandonner opiniatrement à l'ancien préjugé ,
& faire dépendre ces effets de la preffion de différens fluides, fe trouvera
expofé à un grand nombre de difficultés, & fera contraint d'entaffer hypothefes fur hypothefes pour donner à fes démonftrations la force qu'elles
doivent avoir.

Il paroît auffi , d'après les expériences que nous venons de citer, que les
corps qui font tirés des trois regnes de la Nature , peuvent très bien s'unir
entr'eux pour ne former qu'une feule & même maffe folide. L'expérience
dans laquelle nous avons unis enfemble du tilleul avec de la pierre bleue à
l'aide de la colle-forte, en eft une preuve inconteftable.

Nous ne connoiffons pas encore toutes les efpeces de *gluten*, ou nous ne
favons pas encore la maniere de les mettre toutes en ufage. Il eft certain que
ceux qui viendront après nous pourront en découvrir de meilleurs , & que
le regne animal en pourra fournir un grand nombre.

Le poiffon qu'on connoît en latin fous le nom de *lepas* ou *patella*, & que
les Hollandois nomment *klipklever*; ce poiffon , dis je , qui eft de différentes efpeces , filtre une efpece de *gluten*, au moyen duquel il s'attache fi fortement aux rochers , qu'on ne peut l'en arracher qu'avec beaucoup de peine.
L'ortie de mer s'attache auffi très fortement aux pierres qu'elle rencontre, à
l'aide d'un femblable *gluten*. Je foupçonne que les polipes d'eau douce retiennent les petits animaux qui leur fervent de proie, à l'aide du *gluten* dont
leurs pattes font enduites.

Les limaçons des jardins, les efcargots, fourniffent & traînent avec eux
une matiere gluante & vifqueufe, qui fillonne & qui trace le chemin qu'ils
parcourent. Les Arts n'ont point encore fait ufage de ce *gluten*, dont la
Médecine a fu tirer parti.

§. MCIX. On trouve quelquefois des fluides dont les parties s'attirent fi
fortement , que, lorfqu'on les mêle enfemble , il en réfulte une maffe folide. De l'huile de tartre par défaillance , verfée fur de l'huile de vitriol, &
combinées enfemble , forment, par leur union, des criftaux folides , qu'on
appelle *tartre vitriolé*. Un efprit urineux , mêlé avec l'alkool le plus fluide
& le plus fubtil , forme une maffe dure. L'efprit de corne de cerf, mêlé avec
l'alkool , produit le même effet. On parvient à donner de la folidité , & à
convertir en maffe folide le blanc d'œuf lorfqu'on le mêle & qu'on le bat
dans d'excellent efprit de fel marin. De l'huile d'olives, incorporée avec de
l'efprit de nitre, produit une maffe friable. La préfure fait cailler le lait, &
produit du fromage; mais nous avons déja parlé de ces effets (§. 1622).

§. MCX. On remarque encore dans la Nature certains corps dont les
parties fe durciffent, ou par l'action du froid, ou par celle du feu, & paffent de l'état de molleffe à celui de folidité. Le froid réduit en maffes folides tous les métaux, les demi-métaux, les réfines terreftres & végétales ,
ainfi que le verre, lorfque ces corps ont été fondus par l'action du feu. En
effet, la matiere ignée , qui les pénetre , brife les liens qui retenoient leurs

parties ;

parties ; elle détruit l'adhérence qu'elles avoient contractée entr'elles ; elle
leur communique un mouvement inteftin : mais dès que les particules ignées
commencent à fe diffiper, dès qu'elles abandonnent les mixtes qu'elles re-
noient en fufion ; alors l'attraction mutuelle des parties de ces mixtes, n'é-
prouvant plus d'obftacles, elles s'attirent réciproquement les unes les autres : elles s'approchent mutuellement, jufqu'à ce qu'étant parvenues à fe
toucher & à demeurer en repos les unes auprès des autres, elles ne forment
plus qu'une feule & même maffe folide. L'acier s'amollit dans le feu qui le
fait rougir ; mais il fe durcit auffi-tôt, fi on le plonge brufquement dans
l'eau froide.

Il y a d'autres fubftances, qui, au lieu de fe ramollir par l'action du feu,
s'y durciffent au contraire ; telles font, par exemple, la terre graffe, defti-
née à faire différens vaiffeaux : cette terre, récemment pêtrie & modelée,
eft extrêmement molle ; mais dès qu'on l'expofe à l'action du feu, elle s'y
durcit : elle y acquiert la confiftance du verre ; & les vaiffeaux qui en font
faits, peuvent enfuite réfifter à l'action du feu, & fervir à nos befoins (1).

Une pâte molle de terre, expofée au grand air & aux rayons du foleil,
s'y deffeche en partie : expofée enfuite à l'action d'un feu violent, elle fe
convertit en briques ; parceque les particules ignées qui pénetrent cette
maffe emportent & chaffent devant elles une grande partie du liquide qui
la rendoit molle : le feu, outre cela, fait fondre les parties falines enveloppées dans cette maffe. ces parties fondues coulent entre les différentes parties terreufes, leur fervent de *gluten*, & contribuent à leur cohéfion.

Mais fi cette pâte molle, dont nous venons de parler, contient un grande
quantité de fel, & qu'après l'avoir expofée aux rayons du foleil, on l'expofe
enfuite à l'action d'un feu très violent, elle fe vitrifiera alors, & elle formera le verre le plus folide ; mais fi cette pâte ne contient point de fels, elle
ne pourra jamais fe vitrifier ; tel eft le lut de *Windfor*, qui ne contient point
de parties falines, & qui eft fort eftimé des Métallurgiftes & des Verriers,
qui s'en fervent pour conftruire des fourneaux qui réfiftent à l'action du feu
le plus violent fans fe vitrifier (2).

On fait fouvent un mêlange de différentes efpeces de terres, pour donner
plus de folidité aux ouvrages qui en réfultent. C'eft ainfi que les Chinois
font leurs porcelaines, en mêlant enfemble de la terre de Kaocheu & de Pe-
tunfe, fuivant différentes proportions ; car s'ils n'employoient qu'une feule
efpece de terre, elles n'auroient point affez de folidité, eu égard au peu d'é-
paiffeur qu'on donne aux vaiffeaux qui font faits de cette matiere. Les pipes
à fumer font faites du mêlange de quatre efpeces différentes de terre ; &
c'eft le mêlange le moins compofé dont on faffe ufage pour cette forte d'ouvrage.

Les porcelaines de Delphes font compofées de huit & même de neuf efpeces différentes de terre ; ils ont le foin de faire macerer ces terres, de les
mêler & de les broyer fouvent les unes avec les autres avant d'en former les
ouvrages auxquels ils les deftinent : ils les expofent enfuite à l'action du feu,

(1) Mercatus in Metalloth. Vatic. p. 149. Mylius in Saxon. Subterra. Part. 1. pag. 62.
(2) Philof. Tranf. n°. 483. p. 458.

Tome II. L

qui les atténue, qui les divise, ainsi que les sels qu'elles contiennent ; ces sels, étant fondus, coulent dans la substance du mélange, se glissent dans ses pores, les obstruent, & l'ouvrage qui en est formé acquiert une plus grande solidité.

§. MCXI. Nous joignons encore les corps qui sont naturellement séparés les uns des autres par des vis, par des clous, qui pénetrent à travers les corps que nous voulons unir : ces clous donnent une grande fermeté à la liaison des parties, & cette fermeté est d'autant plus grande que les clous dont on se sert sont faits d'une matiere plus compacte, ou que leur surface est plus inégale & plus raboteuse. On peut encore unir plusieurs corps en les liant avec des cordes, des fils, ou avec d'autres matieres flexibles, qui servent à comprimer & à presser ces corps les uns contre les autres : c'est ainsi que certaines chenilles, dont parle M. *de Reaumur* (1), se bâtissent des especes de maisonnettes, avec de petits morceaux de bois qu'elles attachent les uns aux autres, à l'aide de plusieurs fils de soie qui sont gluans, & qui se durcissent insensiblement (2). Le Tonnelier forme un tonneau en liant des douves avec des cercles : le Charpentier assemble les poutres dont il veut faire une charpente avec des chevilles faites en forme de queue d'aronde : ces chevilles pénetrent à travers l'épaisseur des assemblages, & en augmentent la solidité. Enfin on remarque plusieurs corps dont les extrêmités crochues s'embarrassent mutuellement, s'attachent les uns aux autres ; tels sont, par exemple, les fruits de Bardane, & il y en a d'autres dont les parties, plus tortueuses & plus contournées, s'embarrassent encore davantage, & se lient plus fortement les unes avec les autres.

§. MCXII. Tels sont les différens moyens que la Nature & l'Art emploient pour joindre les corps qui n'ont aucune liaison entr'eux, ou pour les rendre plus durs. Peut-être existe-t-il dans la Nature un plus grand nombre de moyens, que nous ne connoissons pas encore, qui sont propres à produire les mêmes effets, & dont la connoissance est réservée à ceux qui viendront après nous, & qui étudieront plus soigneusement la Nature.

§. MCXIII. On appelle *adhérence absolue* cette force, en vertu de laquelle un corps résiste aux efforts qu'on fait pour le rompre, lorsqu'on le tire suivant la direction de ses fibres, ou que les forces qui le tirent agissent selon une direction parallele à la longueur de ses fibres.

§. MCXIV. Si deux corps oblongs, de figure réguliere & de même grosseur dans toute leur longueur, sont de même longueur, de même construction, mais qu'ils aient différente épaisseur, leur adhérence absolue sera en raison de leur grosseur.

Supposons, par exemple, deux cylindres du même verre, ou de même métal A B, C D [*Tab. 16. fig. 16.*], également longs, & dont les parties soient unies avec une même force ; on peut concevoir le cylindre C D comme composé de plusieurs cylindres, tels que le cylindre A B, placés les uns à côté des autres, & ayant chacun la même fermeté que le cylindre A B ; par conséquent la fermeté du cylindre A B sera à celle du cylindre C D, comme 1 est au nombre des cylindres qui composeront le cylindre C D, ou comme

(1) Mémoires sur les Insectes, Tom. 2. p. 264. (2) Phil. Transf. n°. 470. p. 461.

l'épaisseur de A B est à celle de C D : d'où il suit que l'adhérence absolue des corps est en raison de leur épaisseur.

Or comme les épaisseurs de ces cylindres sont entr'elles comme les quarrés des diametres des bases B & D, ou comme les quarrés des circonférences de ces bases B & D ; on aura l'adhérence absolue du cylindre A B est à celle du cylindre C D, comme le quarré de la circonférence de la base B est au quarré de la circonférence de la base D.

Nous avons supposé, pour la simplicité de la démonstration, que ces cylindres A B, C D étoient parfaitement homogenes, dépourvus de pesanteur, & qu'ils ne pouvoient être rompus que par des corps pesans qu'on suspendoit à leurs bases ; mais si ces cylindres sont réellement pesans, il est constant que leurs parties supérieures auront à supporter un plus grand poids que leurs parties inférieures : & le poids qui sera suspendu à la base inférieure de ces cylindres sera d'autant plus grand qu'ils seront plus longs ; de sorte que ces cylindres se romperont plutôt vers leurs parties supérieures que vers leurs parties moyennes, & qu'ils se romperont encore plutôt vers ces dernieres que vers les parties inférieures : mais lorsque ces cylindres sont fort courts, on peut fort bien négliger de faire entrer leur poids en considération ; & on a même coutume de n'y point faire attention dans plusieurs expériences, qu'on peut regarder comme fort exactes. Supposons en effet que le poids de ces cylindres ne soit que de deux dragmes, comme il arrive dans bien des cas, & que l'adhérence absolue du cylindre soit en état de porter un poids de 1000 ℔ ; dans cette hypothese le poids du cylindre sera à son adhérence absolue, ou au poids qui peut le rompre, : : 1 : 64000 ; laquelle proportion, étant connue, je n'ai pas cru devoir faire attention au poids des cylindres.

§. MCXV. On peut connoître, à peu de choses près, à l'aide de la proposition que nous avons démontrée, l'adhérence absolue de toute espece de corps quelconque, de quelqu'épaisseur qu'on le suppose, sans être obligé de faire un grand nombre d'expériences sur chaque espece ; en supposant toujours néanmoins que toutes les parties qui composeront la longueur de ces corps auront la même adhérence, qu'ils seront tous construits de la même maniere : mais si leur construction n'est pas la même, s'ils n'ont pas tous la même adhérence dans toute leur longueur, quoiqu'ils soient de même espece, on ne pourra point légitimement conclure, même d'après les expériences les plus exactes.

J'ai éprouvé qu'un fil de lin, dont la grosseur étoit égale à celle d'un crin de cheval, pouvoit supporter un poids = 3, 5 ℔ ; par conséquent un faisceau, formé de l'assemblage de 7000 fils semblables, supporteroit un poids = 7000 × 3, 5 ℔ = 24000, 5. La plus épaisse des cordes dont on fasse usage pour jetter l'ancre, a 21 pouces de circonférence, & elle est ordinairement composée de la réunion de 2250 petites cordes de chanvre, qui sont chacune en état de supporter un poids de 100 ℔ ; par conséquent le faisceau qui résulte de l'assemblage des 2250 cordes de cette espece, doit supporter un poids = 2250 × 100.

Les petites cordes que les Chinois fabriquent, paroissent plus belles que celles qu'on file en Europe : elles sont aussi composées d'une matiere différente de celle que nous employons ; car elles font faites avec du papier de la Chine. Une petite corde de cette efpece, dont le diametre $= \frac{4}{100}$ de pouce rhenan, peut porter un poids $= 11$, & même 12 ℔, avant qu'elle fe rompe. Autrefois les Orientaux & les Romains formoient des cordes très folides avec des feuilles de palmier ; ils en faifoient auffi avec des branches de genet : ils regardoient ces fortes de cordes comme incorruptibles dans l'eau & dans la mer, & ils les préféroient à toute autre efpece pour ces fortes d'ufages (1). Les Indiens d'aujourd'hui fabriquent leurs plus fortes & leurs meilleures cordes, telles que celles qu'on emploie pour les ancres, ainfi que toutes les autres, avec les fibres qui entourent les noix du coco. Les fibres tirées des feuilles des aloës d'Amérique font encore très fortes & très propres à former d'excellentes cordes.

§. MCXVI. Il eft bon de faire ici quelques obfervations fur les cordes dont nous venons de parler ; parceque ce ne font pas de fimples faifceaux de cordons placés les uns à côté des autres, & difpofés parallelement entr'eux, mais compliqués les uns dans les autres par le tors qu'on leur donne : de-là la ftructure des cordes qui en réfultent eft différente dans les unes & dans les autres : outre cela le tors qu'on donne aux cordes augmente tellement leur fermeté, qu'elle ne fuit plus la raifon directe de leur épaiffeur, ainfi que l'a très bien démontré M. *Duhamel*, dans fon Art de la Corderie. En effet, cet habile Obfervateur, ayant conftruit une corde avec fix cordons, la fermeté de cette corde fut telle, qu'elle porta un poids $= 631$ ℔ avant de fe rompre.

Une corde, compofée de 9 cordons, foutient un poids $= 1014$ ℔, & non pas 946, tel qu'elle eût dû le porter, fi fa fermeté eût été proportionnée aux nombres des cordons qui la formoient.

Une corde, compofée de 12 cordons, foutint un poids $= 1564$ ℔, & non pas $= 1262$.

Une corde, compofée de 18 cordons, porta un poids $= 2148$ ℔, & non pas 1893, poids qu'elle eût feulement porté fi fa fermeté eût été directement proportionnelle au nombre des cordons.

Il fuit de ces différentes expériences, que le tors qu'on donne aux cordes qu'on fabrique, contribue, en quelque façon, à leur fermeté ; vérité qu'on ne peut révoquer en doute, & que M. *Duhamel* a mife dans tout fon jour, par un grand nombre d'expériences qu'il a ajoûtées à celles que nous venons de rapporter.

Or il paroît que cet effet vient de ce qu'aucun des cordons qui compofent la corde n'eft parfaitement égal & de même force dans toute fa longueur ; mais que chaque cordon eft plus foible dans un endroit que dans un autre : de-là lorfqu'on tord plufieurs cordons enfemble pour en former une corde, les parties foibles de l'un des cordons, par exemple, fe joignent avec les parties fortes d'un autre, & forment, par ce moyen, dans les endroits de leur union, un tout, dont la fermeté devient plus grande. Cette fermeté croît même plus que du double de ce qu'elle feroit dans les deux cordons, pris féparément.

(1) Plin. Hift. Nat. Lib. 16. cap. 37. & Lib. 19. cap. 11.

Il eſt cependant vrai de dire que le tors qu'on donne aux cordes n'augmente leur fermeté que lorſque les endroits foibles des cordons qui les compoſent, s'uniſſent & ſe joignent avec les·endroits qui ſont plus forts ; & on
pourroit produire le même effet en s'y prenant d'une autre maniere, qu'en
tordant ces cordons. En effet, on parviendroit à donner à une corde toute
la fermeté qu'elle peut avoir, ſi on avoit ſoin de lier circulairement un fil
autour des faiſceaux de cordons qui compoſeroient cette corde ; mais comme
cette méthode ſeroit ſujette à pluſieurs inconvéniens, il vaut mieux s'en tenir à la méthode ordinaire, qui eſt de tordre les cordons, & de les diſpoſer
entr'eux en forme d'hélice.

§. MCXVII. S'il eſt néceſſaire de tordre les cordes, il ne faut pas les
tordre au delà d'un certain point ; car celles qui ſont moins torſes, ou qui
le ſont plus lâchement, ſont plus ſolides & plus fermes que celles qui le ſont
davantage, ainſi que M. *de Reaumur* l'a découvert par des expériences qu'il
fit à ce ſujet, & que je l'ai démontré moi même de pluſieurs manieres (1).
Lorſqu'on tord trop fortement une corde, elle devient plus foible, & elle
ne ſe prête pas ſi bien aux uſages auxquels on pourroit la deſtiner. Plus on
tord une corde, & plus elle ſe raccourcit. Les Cordiers ſont dans l'habitude
de tordre leurs cordes au point de les raccourcir d'un tiers de leur longuéur :
par-là ces cordes deviennent plus dures, elles paroiſſent plus belles ; mais
elles ſont moins bonnes que ſi on ne les raccourciſſoit que d'un quart, ou
d'un cinquieme de leur longueur. En effet, l'expérience nous apprend que
ſi une corde de chanvre, raccourcie d'un tiers de ſa longueur par le tors
qu'on lui donne, porte un poids = 4321 ℔, une autre corde ſemblable,
fabriquée avec le même chanvre, mais qui eſt moins torſe, de façon qu'elle
ne ſe raccourciſſe dans l'opération, que d'un quart de ſa longueur, ſupportera un poids = 5187.

Ayant fait fabriquer trois cordes avec le même chanvre, de façon qu'elles
peſoient également, à longueurs égales, la premiere fut raccourcie par le
tors d'un tiers de ſa longueur, & ſe rompit par l'effort d'un poids = 4098 ℔ ;
la ſeconde, dans la même opération, fut raccourcie d'un quart de ſa longueur, & elle porta, avant de ſe rompre, un poids = 4850 ℔ : la troiſieme enfin perdit, par le tors, un cinquieme de ſa longueur, & elle ne céda
qu'à l'effort d'un poids = 6205 ℔. D'où il ſuit manifeſtement que le tors
qu'on donne aux cordes les affoiblit, & leur fait perdre de leur fermeté :
c'eſt auſſi pour cela que lorſqu'on veut fabriquer de groſſes cordes par le
concours de pluſieurs autres plus petites, il ne faut pas les tordre au-delà de
ce qui eſt néceſſaire pour leur faire perdre $\frac{1}{5}$ de leur longueur ; mais il ne faut
pas non plus les tordre moins que de cette quantité, ſans cela ces cordes
ſeroient trop lâches, & on n'en retireroit pas tout l'avantage qu'on en peut
attendre.

§. MCXVIII. On forme ordinairement les cordes avec trois cordons,
qu'on tord circulairement ; quelquefois elles ſont compoſées de 4, 5 & 6
cordons. Lorſqu'elles ſont formées de 4 cordons ſeulement (ſans mettre
une méche au milieu, qui eſt elle-même ordinairement une corde) ; alors

____

(1) Hiſt. de l'Acad. Roy. ann. 1711, p. 105 & 107, Introd. in Cohæren. corp.

ces cordes font plus fortes que celles qui ne font compofées que de trois cordons, quoique ces dernieres foient du même poids & du même diametre que les premieres.

Si on emploie fix cordons contournés autour d'une méche, la corde qui en réfultera fera encore plus folide; car les hélices que ces cordons forme-ront feront plus allongées & plus diftantes les unes des autres, & moins tor-fes: la méche ne contribue en rien à la fermeté de la corde; elle ne fert qu'à remplir la cavité qui refteroit au centre de la corde, & à faire que les petites cordes extérieures foient régulierement torfes autour de fa circonfé-rence.

Une corde ordinaire, compofée de trois cordons, peut être rompue par l'effort d'un poids = 865 ℔; mais fi elle eft compofée de fix cordons, & munie d'une méche, elle pourra fupporter un poids = 1325 ℔.

§. MCXIX. Lorfqu'on tord un cable au-delà de la quantité qu'il doit être tord, & qu'on le détortille enfuite pour le relâcher, il devient un peu plus fort, un peu plus folide qu'il n'eût été fi on avoit ceffé de le tordre lorfqu'il avoit acquis, dans la premiere opération, le tors qu'on lui a laiffé.

Il faut toujours avoir foin de détordre tout cable quelconque dès qu'il a été tordu au point de former des nœuds lorfqu'on l'abandonne à lui-même, ou lorfqu'il fe replie fur lui-même, qu'il fe double, & qu'il fe contourne en formant la figure fuivante ♃.

Lorfqu'on fabrique une corde d'une certaine épaiffeur, à l'aide de trois cordons, on attache une de fes extrêmités au crochet d'une poulie, qu'on fait mouvoir circulairement, à l'aide d'une roue, & l'on attache fon autre extrêmité à un point fixe. Les chofes, étant ainfi difpofées, on charge la roue, afin que la corde demeure toujours tendue tandis qu'on la tord; mais fi on furcharge la roue, la corde devient trop tendue: au contraire fi on ne charge pas affez la roue, la corde eft trop lâche, & elle ne fe tord pas affez. Lorfqu'on veut fabriquer des cables propres pour attacher des ancres, la meilleure proportion qu'on puiffe obferver pour charger la roue, c'eft de la charger d'un poids qui foit au poids total du cable, comme 3 : 2 ; par ce moyen on parvient à conftruire le meilleur cable poffible. M. *Duhamel* a ob-fervé, qu'ayant chargé la roue d'un poids = 750 ℔, la corde qui fut fabri-quée fe rompit par l'effort d'un poids = 4150 ℔; mais que cette même roue, n'étant chargée que d'un poids = 250 ℔, une corde femblable à la premiere fupporta un poids = 5425 ℔.

§ MCXX. Plus le chanvre eft légérement ébauché, & plus les cordes qui en réfultent font fortes & folides. En effet, une corde faite avec du chanvre très ébauché, laquelle avoit trois pouces de circonférence, fut rompue par l'effort d'un poids = 5754 ℔; tandis qu'une corde de même poids, de mê-me épaiffeur, faite avec le même chanvre, mais plus légérement ébauché, fupporta un poids = 6638 Une autre femblable, mais qui pefoit un peu moins, & dont le chanvre étoit très légerement ébauché, fut rompue par un poids = 6816 ℔: & cette même corde eût fupporté un poids = 7209 ℔, fi elle eût été exactement de même poids que les précé-dentes.

§. MCXXI. Le chanvre qui conserve le plus de longueur lorsqu'on l'ébauche, fournit des cordes plus solides & plus fortes que celui qui s'est rompu dans l'opération, & qui par conséquent est devenu plus court. Une corde formée avec le chanvre le plus long, porta un poids = 7998 ℔; tandis qu'une autre corde de même poids, également bien fabriquée, mais avec du chanvre plus court, ne soutint qu'un poids = 5175 ℔. Il faut remarquer, outre cela, qu'une corde fabriquée avec un chanvre plus court, ne conserve pas la même fermeté dans toute sa longueur, & qu'on ne peut pas prudemment en faire usage dans des cas où il y auroit quelques risques à courir si elle venoit à casser.

§. MCXXII. Comme le tors qu'on donne aux cordes ne sert qu'à les rendre plus foibles, lorsqu'on pousse trop loin cette opération, les Cordiers ont coutume, lorsqu'ils fabriquent des cables avec de plus petits cordons, de les tordre dans un sens contraire du tors qu'ils ont fait prendre auparavant aux cordons; & cela afin de les rendre plus lâches : car s'ils tordoient les cables dans le même sens que les petites cordes qui les composent, un cable se casseroit par l'effort d'un poids = 1190 ℔, qui pourroit cependant supporter un poids = 1400 ℔, si on l'avoit tordu en sens contraire.

§. MCXXIII. Une corde, lorsqu'elle est seche, peut supporter un plus grand poids que lorsqu'elle est humide : en effet, l'expérience a démontré qu'une corde, étant seche, porta un poids = 5400 ℔, & qu'elle ne pût porter qu'un poids = 4000 ℔ lorsqu'elle étoit humide. Une autre corde porta, lorsqu'elle étoit seche, un poids = 7800 ℔, & elle se rompit étant humide, par l'effort d'un poids = 5800 ℔; parceque l'humidité, pénétrant ses pores, gonfle ses fibres & les rompt.

§. MCXXIV. Lorsqu'on goudronne les cordes selon la méthode ordinaire, on les rend plus foibles que si elles n'étoient point goudronées; car une corde qui auroit porté, avant d'être goudronnée, un poids = 4733 ℔, ne pourra porter, lorsqu'elle le sera, qu'un poids = 3316 ℔; parceque la poix qu'on applique sur les cordes, lorsqu'elle est trop chaude, brûle leurs fibres.

§. MCXXV. Lorsqu'on courbe une corde, même sur un cylindre, elle ne conserve pas la même fermeté qu'elle avoit avant d'être courbée; car elle cede à l'effort d'un moindre poids, & elle se rompt. En effet, une corde qui pouvoit supporter un poids = 3664 ℔, lorsqu'on la tiroit directement de haut en-bas, étant tirée obliquement, par la courbure qu'on lui fait prendre, sur un corps rond, ne peut supporter qu'un poids = 1928 ℔. L'expérience a encore démontré qu'une corde, à laquelle on pouvoit suspendre un poids = 5900 ℔ lorsqu'elle étoit placée dans une direction verticale, ne pouvoit supporter qu'un poids = 4000 ℔ lorsqu'elle étoit roulée sur un corps, & que la direction de ses fibres devenoit oblique.

§. MCXXVI. Il suit de tout ce que nous venons de dire, qu'il y a quantité d'observations à faire sur l'usage des cordes, & sur leur fabrique; observations qui ont été faites, avec toute l'exactitude possible, par M. *Duhamel du Monceau*, & qui sont décrites dans un Livre intitulé : l'*Art de la Corderie*.

On ne pourra jamais, à la vérité, démontrer *à priori* la fermeté d'une corde donnée ; parceque le chanvre dont elle eſt formée peut être lui même plus ou moins fort, ſuivant qu'il aura été produit dans une terre plus ou moins fertile, ou plus ſeche. 2°. Suivant que l'année aura été plus ſeche, ou plus humide : de-là chaque Pays produit différent chanvre, ſuivant que le climat eſt plus chaud ou plus froid. Le meilleur chanvre que nous connoiſſions eſt celui que nous tirons de Riga : celui d'Allemagne ne lui cede que très peu en bonté ; & ce dernier eſt beaucoup meilleur que celui qui nous vient de France. Celui d'Italie eſt encore préférable à ce dernier. 3°. Le chanvre differe encore, ſuivant qu'il eſt plus ou moins bien rouï, & que les payſans, qui ſont chargés de cette préparation, apportent plus ou moins d'attention à la conduire à ſa perfection. En effet, ſi le chanvre eſt trop rouï, les cordes qui en réſulteront ne ſeront point auſſi fortes qu'elles pourroient être ; ſi au contraire il n'eſt pas aſſez rouï, les cordes qu'il formera ſeront plus dures, moins flexibles & moins bonnes. 4°. Je paſſe ici ſous ſilence une partie de ce qui concerne la maniere d'ébaucher le chanvre ; car plus il eſt légérement ébauché, & plus la corde qui en réſulte eſt forte. 5°. Plus les cordons qui forment le cable ſont lâches ; moins ils ſont tors, & plus la corde eſt forte.

Or il paroît manifeſtement, par tout ce qui concourt à la fabrique d'une corde, que la fermeté des cordes de même diametre ne doit pas être la même dans les unes & dans les autres ; d'où il ſuit qu'on ne peut pas déterminer *à priori* la fermeté d'une corde donnée. Pour qu'on puiſſe cependant s'en former une légere idée, je joins ici une table que j'ai dreſſée d'après pluſieurs obſervations.

Un des cor- dons ayant { 1	ligne de diametre ſupporte	27 ℔
6		120
Une corde de 6		190
8		330
10		540
12		750
13		840
15		990
16		1030
20		2080
24		3000
30		4730
36		7900

De

De l'adhérence & de la fermeté des bois.

§. MCXXVII. J'appelle *fermeté abfolue* d'un morceau de bois, celle avec laquelle fes fibres réfiftent lorfqu'on les tire felon leur direction longitudinale. Il y a plufieurs obfervations intéreffantes à faire fur cette matiere , & qu'on ne peut négliger fans tomber dans l'erreur, & fans trouver des différences éxtraordinaires dans l'examen dés phénomenes qui fe préfentent à nos recherches : bien plus, quoiqu'on apporte une attention particuliere à la confidération de toutes les circonftances qui accompagnent ces phénomenes, les expériences qu'on fait fur une même efpece de bois, provenant qui plus eft d'un même arbre, nous offrent des réfultats différens, & qui nous font voir que la fermeté n'eft pas la même dans plufieurs morceaux de bois tirés d'un même arbre. Le cœur de l'arbre eft la premiere de fes parties, qui fe développe & qui croît : on remarque autour de ce cœur une ou plufieurs lames qui l'entourent. On remarque que le cœur de l'arbre, ainfi que les couches qui l'avoifinent, font plus fermes & plus compactes, & que celles qui font dans le voifinage de l'écorce font plus molles, plus fpongieufes, & & qu'elles forment ce qu'on appelle l'*aubier*. Pour l'ordinaire le cœur de l'arbre ne fe trouve point exactement au centre de fa figure ; & c'eft ce qu'on remarque fur-tout dans les arbres qui font placés dans des endroits ifolés, où ils font expofés aux injures des vents, & qui font plantés dans les régions feptentrionales. En effet, fi les arbres ne font pas plantés au milieu des forêts, & garantis de toutes parts contre les injures des vents, les lames, les couches de ces arbres, qui croiffent du côté de l'arbre qui répond au Septentrion, font plus foibles & plus minces ; parceque le froid auquel elles font expofées, met un obftacle à leur végétation, & elles prennent moins de nourriture ; tandis que celles qui appartiennent au côté oppofé de l'arbre, favoir, à celui qui répond au Midi, prenant plus de nourriture, végetent davantage, & deviennent plus fortes, plus grandes, ou plus compactes ; ainfi qu'on peut l'obferver [*Tab.* 26. *fig.* 17.], qui repréfente la fection horifontale d'un tronc d'arbre. C'eft pour cette raifon que, dans cette hypothefe, le cœur de l'arbre eft plus éloigné de la partie méridionale que de la partie feptentrionale. On remarque cependant quelquefois le contraire, & je l'ai obfervé moi-même : ce qui me donne lieu de foupçonner que cet effet peut dépendre d'une autre caufe, que nous ne connoiffons pas encore. Seroit-ce à l'inégale fécondité du terrein, ou aux pluies qui favoriferoient davantage certains arbres que d'autres, ou à la végétation des racines plus prompte & plus aifée d'un côté que de l'autre, qu'on feroit redevable de ce phénomene ? Quoi qu'il en foit de la véritable caufe qui produit un tel effet, j'ai toujours obfervé que le côté des arbres que j'ai examinés, où les couches fe font trouvées plus petites, & plus ferrées, étoit tourné du côté du Septentrion, & que celui dans lequel j'ai obfervé les couches plus grandes, étoit tourné du côté du Midi ; fuppofition qu'on ne peut me refufer, & qui paroît couper court à toute difficulté. Quant aux côtés de l'arbre qui regardent l'Orient & l'Occident, on ne remarque pas une différence auffi fenfible dans les couches qui les conftituent ; il faut donc examiner la fermeté du

bois depuis le cœur jusqu'à l'écorce, & l'examiner séparément, selon les différens côtés qui répondent aux quatre points cardinaux ; & il faut pour cela
tirer différentes parties d'un même tronc, prises depuis le cœur jusqu'à l'é-
corce du côté qu'il répond au Septentrion. 2°. Un autre quartier, depuis le
cœur jusqu'à l'écorce, du côté que ce même tronc répond au Midi. 3°. Un
autre, depuis le cœur jusqu'à l'écorce, du côté qui regarde l'Orient. Enfin un quatrieme quartier, depuis le cœur jusqu'à l'écorce, du côté qui regarde l'Occident. Il faut, outre cela, considérer & compter le nombre de
couches qui s'étendent du cœur à l'écorce de l'arbre : enfin il faut éprouver
la fermeté du tronc de l'arbre à la distance d'un pied au-dessus de la surface
de la terre ; ensuite à la distance de 12 à 15 pieds au dessus de cette même
surface, savoir, vers l'endroit où il commence à pousser des branches. Ces
opérations finies, il reste encore à examiner la fermeté des branches. J'ai répété toutes ces expériences, avec toute l'attention possible, sur des frênes,
des noyers, & sur d'autres arbres très sains, qui avoient pris naissance &
qui végétoient encore lorsqu'on les coupa, à un mille environ de Leyde. Ces
arbres furent coupés dans l'hiver, trois mois avant que je fisse ces sortes d'expériences ; & voici les résultats que j'ai le plus souvent observés. La fermeté
du cœur m'a presque toujours paru plus foible que celle de toute autre partie du même arbre, & même il est assez difficile de le soumettre à l'expérience ; car dès qu'on en a scié environ la longueur de trois pouces, il s'y
forme des fentes, des crevasses qui éclatent : néanmoins tous ceux que j'ai
pu soumettre à l'expérience, m'ont presque toujours laissé observer que la
fermeté du cœur étoit la plus foible. Toutes les couches, comprises depuis
le cœur jusqu'à l'écorce, du côté de l'arbre qui est tourné au Septentrion,
m'ont paru moins fermes que celles qui étoient interceptées entre le cœur
& l'écorce, prises du côté du Midi : les couches prises du cœur à l'écorce,
du côté que l'arbre répond à l'Occident, m'ont paru tenir le milieu, quant à
leur fermeté, entre celles qui regardent le Septentrion, & celles qui regardent le Midi. Et celles de toutes les couches qui m'ont paru avoir le plus de
fermeté, sont celles qui sont du côté de l'Orient. Outre cela, si nous examinons la fermeté des différentes couches d'un même tronc, depuis le cœur
jusqu'à la surface extérieure de ce tronc, & que nous considérions cette fermeté dans les différens côtés du même arbre qui répondent aux quatre
points cardinaux, nous observerons 1°. que la plus grande fermeté de ce
tronc se trouve dans un endroit intermédiaire entre l'écorce & la moëlle.
2°. Que la couche la plus voisine de ce qu'on appelle l'*aubier*, est plus forte,
& qu'elle surpasse de beaucoup en fermeté les couches les plus voisines du
cœur. On trouve bien plus de différence, si tant est qu'il y en ait, entre la
fermeté d'un tronc d'arbre, considérée dans ses parties supérieures, où ses
branches prennent naissance, & la fermeté de ce même tronc d'arbre, considéré vers son pied, à peu de distance de la surface de la terre. On observe
encore la même fermeté dans les parties qui constituent le tronc, & celles
qui forment les plus grosses branches qui partent de ce tronc. Je sais cependant bien que plusieurs Physiciens pensent le contraire, & qu'ils assurent
que le cœur de l'arbre est sa partie la plus dure & la plus ferme ; que les couches qui l'entourent, & qui en sont à quelque distance, sont plus foibles ;

mais qu'elles ont la même fermeté de part & d'autre vers les endroits qui
font diamétralement oppofés entr'eux, & que de toutes les parties de l'arbre
les plus foibles, les moins fermes, font celles qui conftituent fon *aubier*:
enfin que les parties qui forment les branches font moins adhérentes entr'elles que celles qui conftituent le tronc, & que le bois qui provient des
branches eft plus mou & moins ferme que celui qu'on tire du corps de l'arbre. Or quoique mon deffein foit de ne contredire perfonne, je ne puis me
difpenfer de rapporter ici ingénuement ce qu'une longue fuite d'expériences
m'a fait découvrir fur les arbres de mon Pays; & je n'expoferai que les différens réfultats que j'ai trouvés, fans y joindre le moindre raifonnement, &
établir aucun fyftême.

Les arbres de même efpece, mais qui croiffent en différens Pays, donnent du bois qui differe confidérablement en dureté, en denfité, & en fermeté: on remarque encore beaucoup de différence entre les arbres qui croiffent dans un terrein plus fec, ou plus humide, plus élevé, ou plus bas. Le
bois que fourniffent la plûpart des arbres qui ont pris naiffance dans un terrein fablonneux, eft fragile; au contraire le bois de ceux qui ont été plantés
dans un terrein argilleux, eft fouple, pliant, & fes parties font fermement
unies enfemble: ainfi que l'expérience me l'a appris, par rapport aux arbres
de la Hollande. Le bois qui a été récemment coupé, & qui eft encore humide, eft plus ferme que lorfqu'il eft devenu fec. Si on retire deux morceaux
d'une même poutre, le plus court fupportera un plus grand poids que celui
qui fera plus long; parceque fi un morceau de bois a quelques pieds de longueur, on remarque dans cette étendue plufieurs parties plus foiblement adhérentes entr'elles que les autres; on remarque un plus grand nombre de ces
fortes de parties dans un long bâton que dans un autre qui feroit plus
court.

Je me fuis fervi de deux méthodes différentes pour éprouver la fermeté
des différens bois.

Voici de quelle maniere j'ai préparé le bois que je deftinois à mes expériences. Je donnois un pied de longueur au morceau de bois A B [*Tab.* 26.
fig. 18,]: or comme je voulois percer un grand trou dans chacune de fes
extrêmités A & B, & que je ne voulois pas que ce bois fe rompît dans aucun
de ces deux endroits, j'adoffois & je collois deux morceaux de bois, un de
chaque côté, à chacune des extrêmités A & B; j'affoibliffois & je diminuois
la partie moyenne C D, à laquelle je donnois une forme quadrangulaire.
Mon deffein, en affoibliffant cette partie, étoit de procurer la rupture du
bois en cet endroit; je plaçois enfuite les extrêmités A & B [*Tab.* 26.
fig. 19.] entre les anneaux de la figure 19, dans les yeux defquels je faifois paffer des cylindres de fer C S, O I, qui traverfoient les extrêmités A &
B: je fufpendois enfuite cet appareil à un fort crochet; enfin, à l'aide des
différens poids dont je chargeois le baffin d'une balance fufpendue à l'anneau
inférieur, jufqu'à ce que morceau de bois A B fe rompît dans fa partie
moyenne C D, je jugeois de la fermeté de cette partie. Mais cette façon
d'opérer exigeoit néceffairement de longs morceaux de bois, qu'on ne trouve
pas toujours commodément: ce fut ce qui m'engagea à chercher une autre
méthode plus fimple, & en même-tems plus commode pour l'exécution; &

j'imaginai la suivante, qui ne demande que des morceaux de bois quadrangulaires de 3 pouces de longueur, & qui se terminent de part & d'autre par
une tête X, Z [*Tab.* 26. *fig.* 20.], dont la hauteur $= \frac{1}{4}$ de pouce. Je plaçois
la partie foible VY de chaque morceau de bois que j'éprouvois dans les
crans S & L [*Tab.* 26. *fig.* 21.] des anneaux de fer A & E ; je fermois ensuite ces crans, à l'aide de la lame G, que je fixois par le moyen de deux
vis : je suspendois ensuite cet appareil à un fort crochet, & à l'aide de différens poids, ainsi que dans la méthode précédente ; j'éprouvois la fermeté des
bois sur lesquels j'opérois.

Lorsque les fibres longitudinales des bois que j'éprouvois étoient tortueuses, & que la longueur de ces bois étoit interrompue par plusieurs vaisseaux
qui traversoient latéralement leur épaisseur ; alors la rupture du bois se faisoit dans un des points de la partie moyenne : mais il arrive quelquefois que
cette partie moyenne du bois, celle qui est affoiblie, & qui se trouve entre
les deux têtes X & Z, ne se rompt point ; mais qu'elle se détache de l'une ou
de l'autre des deux têtes X & Z, & qu'elle s'en détache de la même maniere
qu'une épée sort de son fourreau. Cet effet peut avoir lieu, soit que les têtes
qui terminent le bois qu'on éprouve n'aient qu'un pouce de hauteur, soit
qu'elles en aient deux, & même trois, & il arrive toujours, lorsque les parties qui constituent les fibres longitudinales ont plus d'adhérence entr'elles
qu'avec les parties latérales qui les enveloppent : il arrive encore lorsque les
fibres longitudinales sont très droites. Le frêne, le noyer, l'oranger, &
quelques autres encore sont dans ce cas ; ils nous font toujours observer ce
phénomene. J'ai tenté de plusieurs manieres à éviter cet effet ; mais tous mes
soins ont toujours été inutiles. J'avois imaginé une chappe de fer quadrangulaire, dans les parties latérales de laquelle j'avois percé des trous ; par ces
trous, qui étoient taraudés, passoient des vis qui pressoient fortement les
parties latérales du bois qui étoit placé dans la chape, & qui par conséquent
comprimoient fortement la partie moyenne du même bois, & devoient lui
donner, par ce moyen, une plus grande adhérence avec ses parties latérales :
or, malgré cette précaution, la partie moyenne du bois ne s'est pas moins
arrachée de l'une ou de l'autre des têtes ; il arrive quelquefois que cette partie moyenne se brise, se rompt en s'arrachant de l'une des têtes : dans ce
cas la résistance est autant grande qu'elle puisse être.

Les morceaux de bois dont j'ai fait usage pour faire ces expériences,
étoient des parallélipipedes, dont chaque face étoit $= \frac{1}{10}$ de pouce rhenan.
Je pris un tronc de frêne, scié horisontalement à un pied au-dessus de la surface de la terre ; cet arbre avoit alors 40 ans, & le cœur étoit bien sain &
bien solide : je le fis débiter depuis le cœur jusqu'à l'écorce du côté qui regardoit le Septentrion ; & comme le cœur se fendoit aisément jusqu'au sixieme anneau, je ne fis aucune expérience sur le cœur, ni sur les anneaux,
c'est-à-dire sur les cercles, qui précédoient le sixieme. Mais voici ce que
j'éprouvai par rapport aux autres.

1°. Depuis le sixieme anneau jusqu'au treizieme, le bois se rompit par l'effort d'un poids $=$ 300 ℔.

2°. Depuis le treizieme jusqu'au vingt-troisieme, la rupture fut causée par
un poids $=$ 200 ℔ ; mais j'ai cru observer un petit nœud.

3°. Depuis le vingt-troifieme anneau jufqu'au trente-unieme, il fallut employer un poids = 370 ℔ pour caufer la rupture du parallélipipede.

4°. Depuis le trente-unieme jufqu'au quarantieme, un poids = 300 ℔ fut fuffifant.

Les réfultats fuivans nous ont été donnés par des expériences faites depuis le cœur jufqu'à l'écorce du même arbre, du côté qu'il étoit expofé au Midi. Le cœur de l'arbre, confidéré de ce côté, étoit fendu jufqu'au quatrieme anneau; de forte que nous n'avóns pu commencer nos expériences que depuis cet anneau.

5°. Depuis le quatrieme anneau jufqu'au huitieme, le bois fe rompit par l'effort d'un poids = 200 ℔.

6°. Depuis le huitieme jufqu'au douzieme, il fallut employer un poids = 360 ℔.

7°. Depuis le douzieme jufqu'au dix-feptieme, le bois s'arracha de la tête par un poids = 500 ℔.

8°. Depuis le dix-feptieme anneau jufqu'au vingt-fixieme, le bois fut arraché & rompu par un poids = 600 ℔.

9°. Depuis le vingt-fixieme jufqu'au trente-huitieme, le bois fut rompu par l'effort d'un poids = 400 ℔.

Les expériences fuivantes ont été faites depuis le cœur jufqu'à l'écorce du même bois, pris du côté qu'il étoit tourné à l'Orient : le cœur étoit fendu de ce côté jufqu'au quatrieme anneau.

10°. Depuis le quatrieme anneau jufqu'au feptieme, le bois s'arracha par un poids = 450 ℔.

11°. Depuis le feptieme jufqu'au dix-huitieme, il fut arraché par un poids = 500 ℔.

12°. Depuis le dix-huitieme jufqu'au vingt-neuvieme, il céda & fe détacha de la tête par un poids = 560 ℔.

13°. Depuis le vingt-neuvieme jufqu'au quarante-deuxieme, il fut arraché par un poids = 510 ℔.

Les expériences fuivantes furent faites depuis le cœur jufqu'à l'écorce, du côté que le tronc étoit expofé à l'Occident : le cœur étoit fendu de ce côté jufqu'au huitieme anneau.

14°. Depuis le huitieme anneau jufqu'au treizieme, le bois fut arraché par un poids = 480 ℔.

15°. Depuis le treizieme jufqu'au dix-neuvieme, le même effet fut produit par un poids = 400 ℔.

16°. Depuis le dix-neuvieme jufqu'au vingt-huitieme, un poids = 470 ℔ produifit encore le même effet.

17°. Depuis le vingt-huitieme jufqu'au trente-huitieme, il ne fallut employer qu'un poids = 450 ℔ pour arracher le bois.

18°. Depuis le trente-huitieme jufqu'au cinquantieme, le bois fut arraché par l'effort d'un poids = 460 ℔.

Ayant fait fcier un morceau du même tronc d'arbre à la diftance de 15 pieds au-deffus de la furface de la terre, précifément dans l'endroit où les branches commençoient à prendre naiffance, je le fis débiter comme précédemment : j'obfervai que le cœur étoit fendu jufqu'au fixieme anneau du côté du Septentrion : or depuis cette fente jufqu'à l'écorce , voici quelles furent la fermeté & l'adhérence que j'éprouvai dans les différentes couches qui conftituoient le côté de cet arbre qui regardoit le Septentrion.

19°. Depuis le feptieme anneau jufqu'au quinzieme , un poids = 400 ℔ arracha la partie grêle de ce bois de la partie la plus épaiffe. Le même effet fe fit remarquer dans toutes les expériences fuivantes ; car pas un feul morceau ne fut rompu.

20°. Depuis le quinzieme jufqu'au vingt-cinquieme , le bois fut arraché par un poids = 470 ℔.

21°. Depuis le vingt-cinquieme jufqu'au trentieme , il fallut employer un poids = 490 ℔.

Dans le côté du tronc qui étoit expofé au Midi , le cœur étoit fendu jufqu'au neuvieme anneau.

22°. Depuis le neuvieme jufqu'au feizieme , un poids = 470 ℔ produifit le même effet que nous venons d'indiquer.

23°. Depuis le feizieme jufqu'au vingt troifieme , il fallut employer un poids = 480 ℔.

24°. Depuis le vingt-troifieme jufqu'au vingt neuvieme , il fallut fe fervir d'un poids = 495 ℔.

25°. Depuis le vingt-neuvieme anneau jufqu'au trente-feptieme , le bois ne put être arraché que par un poids = 550 ℔.

Voici maintenant les réfultats des expériences faites fur le même tronc ; mais du côté qui étoit tourné à l'Orient.

26°. Depuis le cœur jufqu'au fixieme anneau , le bois fut arraché par l'effort d'un poids = 450 ℔.

27°. Depuis le feptieme jufqu'au quatorzieme , j'employai un poids = 500 ℔.

28°. Depuis le quatorzieme anneau jufqu'au vingt troifieme , il fallut emprunter le fecours d'un poids = 570 ℔.

29°. Depuis le vingt troifieme jufqu'au vingt neuvieme , le bois ne put être arraché que par un poids = 590 ℔.

Le même bois, confidéré du côté qu'il étoit expofé au Couchant, fit éprouver les réfiftances fuivantes.

30°. Depuis le cœur jufqu'au fixieme anneau , il ne put être arraché que par un poids = 400 ℔.

31°. Depuis le fixieme anneau jufqu'au treizieme , il fallut encore employer le même poids = 400 ℔ pour produire le même effet.

32°. Depuis le treizieme jufqu'au vingt-troifieme , il ne céda qu'à l'effort d'un poids = 500 ℔.

33°. Depuis le vingt troifieme jufqu'au trente-unieme , il fut arraché par un poids = 440 ℔.

Il faut obferver ici que les anneaux, les couches que nous avons défignées, & que nous avons comptées depuis le cœur jufqu'à tel ou tel anneau, étoient ce qui conftituoit les têtes des morceaux de bois que nous avons foumis à nos expériences , & que le centre, le milieu de ces têtes, répondoit à la partie grêle du bois, dont nous voulions déterminer la fermeté, dont nous jugions par le poids qu'il falloit employer pour rompre ou pour arracher de la tête cette derniere partie. Dans toutes les expériences que j'ai répétées avec tout le foin possible, j'ai toujours observé les mêmes résultats , par rapport à toutes les parties du tronc que j'avois fait couper à différentes hauteurs. J'ai cru devoir ajoûter ici les expériences que j'ai faites sur le tronc d'un noyer, qui étoit planté dans un endroit où il étoit à l'abri des injures du vent , & dont le cœur étoit placé au centre du tronc; mais qui étoit moins solide que le reste du bois dont il étoit entouré. Ce noyer fut coupé à deux pieds de terre ; & je commençai par examiner les morceaux de bois que me fournit le côté de cet arbre qui étoit exposé au Septentrion : voici quels furent les résultats de mes expériences.

1°. Depuis le cœur jusqu'au sixieme cercle, le bois se rompit par l'effort d'un poids = 170 ℔.

2°. Depuis le sixieme anneau jusqu'au treizieme , le bois fut arraché de la tête par un poids = 280 ℔.

3°. Depuis le treizieme jusqu'au dix-huitieme , cet effet ne fut produit que par un poids = 290 ℔.

4°. Depuis le cœur jusqu'au sixieme anneau , pris du côté que l'arbre étoit exposé au Midi , le bois fut arraché de la tête par un poids = 250 ℔.

5°. Depuis le sixieme cercle jusqu'au treizieme , il fallut employer un poids = 350 ℔ pour produire le même effet.

6°. Depuis le treizieme jusqu'au dix-huitieme , un poids = 320 ℔ fut suffisant.

7°. Depuis le cœur jusqu'au sixieme cercle, du côté que l'arbre étoit exposé au Couchant; la partie grêle fut arrachée de la tête par un poids = 270 ℔.

8°. Depuis le sixieme jusqu'au treizieme , il fallut un poid = 300 ℔.

9°. Depuis le cœur jusqu'au sixieme anneau , du côté de l'Orient, le bois fut arraché par un poids = 330 ℔.

10°. Depuis le sixieme jusqu'au treizieme, il fallut employer un poids = 400 ℔ pour produire le même effet.

Expériences faites sur une des branches du même noyer.

11°. Un poids = 350 ℔ fit sortir la partie grêle de la tête, qui la dominoit depuis le milieu jusqu'au sixieme anneau.

12°. Depuis le sixieme anneau jusqu'au douzieme , le morceau de bois étant pris du côté que la branche étoit tournée vers l'Orient, un poids = 320 ℔ arracha la partie grêle de la tête dont nous venons de parler.

13°. Il fallut employer un poids = 350 ℔ pour produire le même effet sur un pareil morceau de bois ; mais qui étoit tiré de la partie de la branche qui regardoit l'Occident.

14°. Depuis le milieu jusqu'au sixieme anneau , le bois étant pris du côté que la branche répondoit au Septentrion , un poids = 360 ℔ fit rompre ce morceau de bois : or on ne fut obligé d'employer un telle force, que parceque, dans cette expérience , le bois fut rompu , & non pas arraché de la tête , ainsi qu'il étoit arrivé dans les expériences précédentes.

15°. Depuis le fixieme anneau jufqu'au douzieme, pris du côté du Septentrion, le bois fut rompu par un poids = 340 ℔.

16°. Depuis le fixieme jufqu'au douzieme, pris du côté du Midi, il fallut employer un poids de 350 ℔ pour occafionner la rupture du morceau de bois.

§. MCXXVIII. Il paroît, par toutes les expériences faites avec beaucoup de foin fur une grande quantité de bois, que les différentes folives qu'on peut tirer d'un même tronc d'arbre, font compofées de plufieurs parties qui n'ont pas toutes la même adhérence, & dont la fermeté eft bien différente dans toutes; de forte qu'il ne paroît pas qu'on puiffe déterminer quelque chofe de certain touchant la fermeté du bois : bien plus, il a pu fe faire que je n'aie pas apporté affez de foins & d'attention à confidérer toutes les différentes circonftances qui fe font préfentées, & que j'en aie omis plufieurs qui peuvent conduire à la connoiffance de la fermeté des bois. Il ne m'a pas toujours été poffible, dans les expériences que je vais rapporter, & que j'ai faites fur les bois ci-deffous indiqués, de remarquer exactement la diftance au cœur de l'arbre, ou le point du monde auquel répondoit le morceau de bois que j'éprouvois; de forte qu'on ne doit regarder ces expériences que comme des expériences peu exactes, jufqu'à ce qu'on ait pu les répéter avec plus de foins & plus de précautions. Dans celles que j'ai expofées ci-deffus, j'ai indiqué la méthode qu'il falloit obferver exactement, afin qu'on pût prononcer d'après les réfultats qu'elles préfentent. Je n'ajoûte ici les autres, toutes groffieres qu'elles foient, que parcequ'elles peuvent contribuer, en quelque façon, aux découvertes qu'on fe propofe de faire, & qu'elles peuvent aidér au progrès qu'on peut fe propofer de faire fur cette matiere. Les bois fur lefquels j'ai opéré font tirés d'Efpagne; ce fut M. *Jof. Plac. Naxera*, homme tout-à-fait appliqué à l'Hiftoire Naturelle, & tout-à-fait jaloux des progrès de cette fcience, qui m'en fit préfent. Ils avoient $\frac{2}{10}$ de pouce d'épaiffeur.

Alamo blanco, ou le peuplier blanc, fut rompu par des poids = 180 ℔, 200, 240, 260.

Auranzo, ou l'oranger; la partie foible de ce bois s'arracha de celle qui étoit plus forte par l'effort d'un poids = 600 & 650 ℔.

Azofaifo, ou le jujubier, céda à un poids = 740 ℔.

Le cyprès fe brifa par un poids = 200 & 270 ℔.

Le coignaffier fut rompu par un poids = 230 & 310 ℔.

Le grenadier fut rompu par des poids = 325, 350, 390, 450 ℔.

Un autre morceau de bois de même efpece fut rompu par des poids = 325, 350, 360, 435 ℔.

Le jafmin fe détacha par un poids = 460 & 470 ℔.

Le laurier fut rompu par un poids = 400 & 570 ℔.

Limon céda à un poids = 370 ℔.

Madrano, ou l'arboifier, fut rompu par les poids fuivans; favoir, 200, 420, 435, 680 ℔.

Le mûrier céda à l'effort d'un poids = 450 & 550 ℔.

Paradifo fe rompit par un poids = 500 & 660 ℔.

Le

Le tamarin fut brifé par un poids $=$ 270 & 440 ℔.

Zydra, ou le citronnier, fut rompu par les poids fuivants ; favoir, 320, 350, 500 ℔.

J'ajoûterai encore ici les autres expériences que j'ai faites fur d'autres bois, & dont l'épaiffeur étoit égale à celle de ceux dont nous venons de parler; favoir $\frac{1}{10}$ de pouce.

Grynen, le fapin, fut rompu par un poids $=$ 333 ℔.

Vuuren, l'arbre d'où découle la poix, par un poids $=$ 306 ℔.

L'aune fut rompu par un poids $=$ 555 ℔.

Un bois que l'Auteur nomme *camphora ceylonenfis*, fut rompu par un poids $=$ 620 ℔.

Un autre qu'il appelle *canotepi*, par un poids $=$ 460 ℔.

Le cedre céda & fe caffa par l'effort d'un poids $=$ 195 ℔.

Le hêtre fut caffé par un poids $=$ 693 ℔.

Un bois que l'Auteur nomme *locuft*, par un poids $=$ 805 ℔.

Le prunier, par un poids $=$ 444 & 500 ℔.

Le faule, par un poids $=$ 500 ℔.

Le fureau, par un poids $=$ 400 ℔.

L'orme, par un poids $=$ 528 ℔.

J'ai examiné autrefois plufieurs autres bois, & j'ai donné les réfultats de mes expériences dans une differtation fur l'adhérence des corps; je ne crois pas devoir infifter plus long-tems fur cette matiere : il fuffit d'avoir indiqué une méthode exacte pour pouffer plus loin ces découvertes; telle eft celle que j'ai décrite (§. 1127) : méthode qui ouvre aux Curieux un champ immenfe à parcourir, & qui leur donne la facilité de faire un très grand nombre d'expériences.

De l'adhérence & de la fermeté des métaux.

§. MCXXIX. Je regarde comme un objet fort intereffant l'examen de l'adhérence & de la fermeté des métaux; puifqu'on emploie cette matiere pour la conftruction de quantité d'uftenfiles, & de quantité de machines qu'on deftine à mouvoir, à élever & à foutenir de très grands fardeaux : c'eft pour l'ordinaire à différens métaux qu'on fufpend les poids les plus énormes; c'eft à cette matiere qu'on a recours pour foutenir, pour lier & pour contenir enfemble les différentes parties des bâtimens, des tours, des vaiffeaux, &c. On tire les métaux de différentes mines qui fe trouvent répandues dans plufieurs parties de notre globe : on les exploite & on les affine de plufieurs façons différentes; de forte que, quoique deux métaux portent fouvent le même nom, il ne faut pas pour cela les confondre enfemble; car ils ne font pas toujours femblables, & ils different entr'eux par leurs qualités. Les expériences que j'ai faites fur cette matiere ne peuvent être regardées comme sûres, & les réfultats qu'elles m'ont donnés, ne peuvent être appliqués qu'aux métaux qui feront abfolument femblables à ceux que j'ai éprouvés : ainfi lorfqu'on aura des métaux de même efpece que ceux dont j'ai fait ufage, mais qui n'auront point été préparés, affinés de la même maniere que ceux dont je me fuis fervi, ou qui auront été mêlés dans leurs mines avec d'autres fubftances, il ne faudra point s'en rapporter aux réfultats que je vais indiquer ; mais il faudra avoir recours à de nouvelles expériences , pour juger de leur adhérence & de leur fermeté.

Je n'ai pas pris peu de soins , & ce n'a pas été sans peines que je suis parvenu à me procurer des métaux purs, homogenes , & à connoître les mines d'où ils étoient tirés ; car ceux qu'on nous vend habituellement , sont, pour l'ordinaire , alliés avec des substances hétérogenes , & les Ouvriers font un secret des différentes substances qu'ils emploient dans cet alliage, & ils ont même soin de cacher de quelle maniere ils font ces mêlanges : aussi ai-je été trompé plusieurs fois ; mais dans le dessein que j'avois formé de faire des expériences exactes sur cette matiere , & de donner des résultats sur lesquels on pût compter, j'ai pris toutes les précautions imaginables pour ne plus être trompé , & pour me procurer des métaux parfaitement homogenes.

J'imaginai autrefois différens moyens pour parvenir à la connoissance de l'adhérence & de la fermeté des métaux ; mais dans les dernieres recherches que j'ai faites , j'ai abandonné non seulement ceux qui m'ont paru vicieux , mais même ceux qui m'ont paru trop embarrassans & trop difficiles à mettre en exécution : j'ai enfin découvert une méthode très simple, très facile à exécuter , & outre cela qui n'est point dispendieuse.

L'anneau ovale A B [*Tab.* 26. *fig.* 21.] est d'acier ; sa partie inférieure B est applátie & quadrangulaire : sur sa partie antérieure est formé un cran S, qui peut embrasser un parallélipipede, dont chaque face $= \frac{17}{100}$ de pouce rhenan : au-dessous de ce cran on remarque deux mentonnets C C , qui saillent au-dehors , sur lesquels on appuie la lame G, qui sert à fermer le cran. On remarque latéralement vers le milieu du cran deux trous borgnes D , D , qui sont taraudés , & qui reçoivent deux vis qui traversent la lame G : c'est à l'aide de ces vis, & par le moyen de la lame G, que chaque parallélipipede qu'on place dans le cran S, y est solidement retenu. Le reste du contour de l'anneau est arrondi de la même maniere que si cet anneau étoit formé par un cylindre d'acier. L'anneau inférieur E F L est pareillement d'acier , & il est construit de la même maniere que je l'ai déja indiquée ci-dessus, en parlant de la fermeté des différens bois.

On donne au morceau de métal H I K [*Tab.* 27. *fig.* 1.] qu'on veut soumetre à l'expérience, la forme d'un parallélipipede , & on le termine de part & d'autre par deux fortes têtes K , H : on peut couler ces têtes dans le même moule dans lequel on coule le métal , ou on peut les souder aprèscoup aux deux extrêmités de la tige de métal I [*Tab.* 27. *fig.* 2.]; mais il vaut beaucoup mieux se servir de la premiere méthode. On lime ensuite la tige I jusqu'à ce que sa grosseur soit $= \frac{17}{100}$ de pouce , ou $\frac{10}{100}$ de pouce. Lorsque je commençai à faire ces expériences sur le plomb, je donnois à la tige I une plus grande épaisseur ; mais je remarquai ensuite , lorsque je passai à l'examen des autres métaux qui étoient plus durs que le plomb, que l'épaisseur que j'avois d'abord choisie, étoit trop considérable , & qu'il falloit employer le secours des poids les plus énormes pour les rompre. Ce fut ce qui me détermina à ne leur donner que $\frac{10}{100}$ de pouce de grosseur ; mais afin qu'on puisse comparer toutes les expériences les unes avec les autres, j'ai réduit , par le calcul, toutes les grosseurs à $\frac{17}{100}$ de pouce.

Pour faire ces expériences commodément , j'attachai l'anneau inférieur à un crochet folidement arrêté, & je fufpendis l'anneau fupérieur à la tête d'une balance Romaine; enfuite, à l'aide d'un poids vague que je faifois courir fur la queue de cette même balance, j'éprouvois la fermeté de chaque métal. Il faut obferver ici que lorfqu'on fait courir le poids vague fur chaque cran du fléau de la balance, il faut, avant de le faire paffer d'un cran à un autre, le laiffer repofer quelque tems fur le cran fur lequel il fe trouve; & cela parceque le métal, lors même qu'il cede à l'effort qu'on fait pour le rompre, ne cede que lentement, & emploie un certain tems pour fe rompre : & même lorfqu'on a quelqu'habitude dans ces fortes d'expériences, on peut prévoir aifément s'il eft fur le point de fe rompre, ou s'il peut fupporter encore un plus grand poids; ce qui paroît par une efpece d'afpérité qui fe décele alors fur fa furface, & qui indique que les parties commencent à céder & à abandonner leur place.

C'eft en faifant ufage de cette méthode, qu'on parviendra, fans un travail trop pénible, à découvrir auffi fûrement qu'aifément la fermeté des différens métaux.

Or comme dans l'ufage ordinaire, lorfqu'il s'agit de faire quelqu'uftenfile, nous n'employons point de métaux purs & homogenes, parcequ'ils feroient trop mous, & parceque leurs parties étant en quelque façon, trop ténaces, on ne pourroit point les graver, les cifeler, les limer, les tourner, en un mot, les manier affez aifément; on a coutume de les allier & d'en combiner quelques-uns enfemble de différentes manieres, & fuivant différentes proportions, relativement aux ufages auxquels on les deftine. C'eft pour cela qu'il eft à propos de faire des expériences fur ces fortes de métaux, qui contiennent de l'alliage : or je n'ai fait qu'effleurer cette matiere; car les fix métaux que nous connoiffons, & les trois demi-métaux dont nous faifons ufage, peuvent fe combiner enfemble, s'allier de différentes manieres, fuivant différentes proportions, & peuvent, par ce moyen, nous fournir la matiere d'un plus grand nombre d'expériences que celles qu'on pourra faire à cet égard. J'ai cru néanmoins qu'il fuffiroit d'ouvrir cette carriere & de frayer le chemin à ceux qui viendront après nous, & de leur donner feulement les réfultats de quelques expériences que nous avons faites fur cette matiere. J'ai feulement pris la précaution d'obferver les proportions les plus exactes, felon lefquelles il falloit allier les métaux pour leur donner la plus grande fermeté poffible.

J'ai confulté pour cela les Orfevres, les Fondeurs, les Potiers-d'étain, les Plombiers & les Forgerons les plus habiles que j'aie pu trouver, ceux qui avoient acquis la réputation de mieux fondre & de mieux manier les métaux : j'ai moi-même pefé avec foin les différentes fubftances qui doivent entrer dans le mêlange, avant de les expofer à l'action du feu; & cela afin d'être plus fûr des différentes proportions felon lefquelles ces corps font alliés : & j'ai même été fouvent témoin de la fonte, afin de m'ôter tout fcrupule fur cette opération.

§. MCXXX. J'ai décrit, autant exactement qu'il m'a été poffible, & j'ai indiqué, par différens exemples, la fermeté des métaux fimples, d'après les expériences que j'ai faites fur chacuns. J'avois donné à chaque morceau de métal , ainſi que je l'ai indiqué (§. 1129) , la forme d'un parallélipipede , dont chaque face étoit $= \frac{10}{100}$, ou $\frac{17}{100}$ de pouce quarré ; de forte que la folidité de chaque morceau étoit $= \frac{100}{10000}$, ou $\frac{289}{10000}$ de pouce quarré.

Les métaux , tels que l'or , l'argent , le cuivre , avoient été fondus dans des moules faits avec du fable de Bruxelles ; mais l'étain , le plomb , le régule d'antimoine , le bifmuth , le zinc , avoient été fondus auparavant dans des moules d'étain , dont les furfaces avoient été rendues inégales & raboteufes jufqu'à un certain point , par une afperſion d'eauforte qui avoit mordu fur ces furfaces. Or , voulant obvier à l'inconvénient que je trouvois dans la maniere fuivant laquelle ces derniers métaux avoient été fondus , je fis faire un moule de fimilor pour les faire fondre : mais je me fuis apperçu plufieurs fois que l'opération n'en étoit pas plus exacte ; car il arrivoit fouvent que le métal contractoit des foufflures dans un tel moule : & même cet accident eft arrivé dix fois de fuite , quoiqu'on eût foin , après la fonte , de bien nettoyer le moule , & de couvrir fes furfaces avec du fable , &c. ; accident dont les Fondeurs les plus expérimentés ignorent encore la caufe. Pour parer à un tel inconvénient , les Fondeurs ont le foin de faire chauffer le moule , de lui faire prendre un degré de chaleur égal à celui du métal fondu qu'ils veulent couler dedans ; ce qui fait , fuivant eux , que ce moule fe remplit plus exactement , & que la fonte qu'ils y coulent ne contracte pas de foufflures. Mais cette méthode , ainſi que toutes celles dont on a fait ufage jufqu'à préfent , ont cet inconvénient que les mêmes métaux n'ont jamais , après qu'ils ont été fondus , le même degré de fermeté , indépendamment de toutes les précautions que peuvent prendre les plus habiles Fondeurs.

La platine eft le feul des métaux fur lequel je n'aie pas encore fait les expériences qui font rapportées dans les Tranfactions philofophiques , Vol. 48.

La Table fuivante indique les poids qu'il a fallu employer pour rompre , dans leur partie grêle I , les métaux dont nous allons faire mention : on y trouvera à côté leur pefanteur fpécifique.

Métaux.	Poids employés pour les rompre.	Leurs gravités fpécifiques.
L'or le plus épuré	578 ℔	19 , 238
L'argent de coupelle	1156	11 , 091
Le cuivre jaune de Barbarie	638	8 , 1818
Le cuivre jaune du japon	573	8 , 7267
Le fer d'Allemagne	1930	7 , 8076
L'étain d'Angleterre	150	7 , 295
Une autre efpece d'étain du même endroit	188	
L'étain noir (1)	110	7 , 3218
L'étain de Bancas	104	7 , 2165
L'étain de Malaca	91	6 , 1256
Le plomb d'Angleterre	25	11 , 3333
Le régule d'antimoine	30	4 , 500
Le zinc de Goflar	76 à 83	7 , 215
Le bifmuth	85 à 92	9 , 850

Telle étoit la fermeté des métaux qui n'avoient été que fondus.

§. MCXXXI. Lorfqu'on forge les métaux , on les rend plus denfes ; leurs parties s'approchent davantage les unes des autres : ils en deviennent plus fermes & plus ductiles ; on les rend par-là propres à foutenir de plus grands fardeaux. Or on peut forger plus ou moins un métal quelconque , & il n'y a point de regle qui puiffe nous faire connoître combien il faut forger un métal pour qu'on puiffe lui donner la plus grande fermeté qu'il puiffe acquérir. Si on forge un métal au delà de ce qu'il doit être forgé , il devient moins fort ; & fi on le forge encore au-delà , il fe rompt alors , ou il fe fend : c'eft cette caufe qui met tant de variétés dans les recherches qu'on fait fur la fermeté des métaux , & qui rend les réfultats des expériences fi différens les uns des autres. En effet , le même or pur , lequel étant fondu dans un moule fait avec du fable de Bruxelles , pouvoit être rompu par un poids = 578 ℔ ; ce même or , refondu de nouveau dans le même moule , & forgé après cela comme il convient , fupporta un poids = 895 ℔ : après cette feconde épreuve , le même or , dont nous venons de parler , ayant été refondu & coulé dans un moule de fer , & fuffifamment forgé à la fortie de ce moule ; il fupporta un poids = 982 ℔. L'endroit où il rompit s'allongea davan-

(1) Borlafe , Nat. Hift. Cornwall , p. 177. 181. 182.

tage, devint plus grêle que précédemment, & les parties féparées par la rupture fe terminoient fous la forme d'une pyramide tronquée. Ayant fait un
alliage, & ayant mêlangé de l'or avec du cuivre jaune de Suede, de celui
dont on fe fert pour frapper la petite monnoie de ce Pays, de façon que la
raifon de l'or au cuivre fût égale à celle de dix à un : ce mixte étant fimplement fondu, ne pouvoit fe rompre que par l'effort d'un poids = 982 ℔.
Mais l'ayant enfuite forgé, il en devint plus ferme, & il foutint un poids =
1530 ℔. Il faut obferver auffi que fa denfité augmenta dans cette opération;
car fa gravité fpécifique, après la fonte, étoit = 17, 01754 : & elle devint,
après qu'il fut forgé, = 18, 588.

Un morceau d'argent fin, qui ne différoit que très peu, par fa beauté, de
l'argent de coupelle, foutint, lorfqu'il fut fondu, un poids = 415 ; fon
épaiffeur étoit = $\frac{1}{10}$ de pouce. Le même argent, fondu dans le même moule, mais forgé enfuite, porta un poids = 770 ℔. Le même argent, paffé par
une filiere d'acier, enfuite rougi au feu ; parcequ'il falloit fouder à fes deux
extrêmités les têtes H & K [*Tab.* 27. *fig.* 2.], porta un poids = 651. Une
autre efpece d'argent, fondu dans un moule fait avec du fable de Bruxelles,
& forgé enfuite fortement, foutint l'effort d'un poids = 810; cet argent,
cédant au poids qu'il foutenoit, s'allongea & s'affoiblit; c'eft-à-dire, devient plus grêle dans l'endroit où il fe rompit. Tous les métaux qu'on fait
fondre ne fe coulent pas auffi bien les uns que les autres; ils ne rempliffent
pas tous également bien tous les moules dans lefquels on les coule : leur
fubftance intérieure eft difféminée & remplie de petites foufflures, ou de petites crevaffes qu'on n'y remarqueroit point fi on les couloit dans d'autres
moules ; & par conféquent ils feroient plus folides & plus fermes. Les uns
fe coulent plus parfaitement dans des moules qui font chauds, d'autres dans
des moules qui n'ont que quelques degrés de chaleur, & qu'on pourroit
appeller tiedes, d'autres enfin ne fe coulent jamais mieux que lorfqu'on les
verfe dans des moules froids. Lorfqu'on a fait fondre des métaux, & qu'ils
ne font pas venus de même épaiffeur dans toute leur longueur, il faut avoir
foin de les examiner avec beaucoup d'attention & pendant long-tems, afin
de pouvoir s'affurer s'ils n'ont point contracté de fêlures dans les endroits
où les parties les plus groffieres font unies avec les plus foibles, car c'eft un
accident qui arrive affez fouvent : dans ce cas ces métaux fe rompent plutôt
dans le voifinage des têtes dont nous avons parlé, que vers le milieu du parallélipipede, & il ne faut pas s'en rapporter à de tels réfultats.

J'ai fait des expériences fur l'or & fur l'argent ; mais j'ai toujours beaucoup regretté de n'avoir pu me procurer différentes efpeces d'or & d'argent qu'on trouve dans les montagnes, ou qu'on tire de différentes mines,
foit en maffe, foit en rameaux ; ou encore qu'on recueille fous la forme de
fable, dans le fond de différens fleuves qui roulent leurs eaux dans plufieurs
contrées. Je regrette encore beaucoup de n'avoir pas toujours connu & obfervé le lieu d'où me venoit l'or & l'argent que j'ai foumis à mes recherches ;
car je ne doute nullement que l'or, quelque pur qu'on le fuppofe, ainfi que
l'argent que nous nommons de coupelle, & celui qui approche beaucoup de
la pureté de ce dernier ; je ne doute nullement, dis-je, que ces deux efpeces
de métaux ne different en bonté & par quantité d'autres propriétés, fuivant

qu'ils font tirés de différens Pays , ainſi qu'on le remarque par rapport aux autres métaux. Celui qui ſera plus à portée que moi de faire des obſervations ſur toutes les eſpeces d'or & d'argent , & ſur les mines d'où ces métaux proviennent , pouſſera beaucoup plus loin ces recherches , & traitera cette matiere beaucoup plus exactement qu'il ne m'a été poſſible de le faire juſqu'à préſent.

§. MCXXXII. Ayant mêlangé enſemble , ſelon différentes proportions , de l'or le plus épuré avec de l'argent fin , & ayant coulé ce mêlange , après qu'il a été fondu , dans un moule fait avec du ſable de Bruxelles , j'en ai formé des parallélipipedes , dont l'épaiſſeur étoit $= \frac{10}{100}$ de pouce : je les ai ſoumis enſuite à l'expérience , & j'ai découvert leurs différens degrés de fermeté que j'ai indiqués dans la Table ſuivante , dans laquelle j'ai auſſi indiqué celle qu'ils auroient eue ſi leur épaiſſeur eût été $= \frac{17}{100}$ de pouce , & j'ai trouvé , non par l'expérience , mais par le calcul , ces derniers degrés de fermeté.

		Epaiſſeur $\frac{10}{100}$ de pouce.	Epaiſſeur $\frac{17}{100}$ de pouce.
1°. L'or le plus épuré		240 ℔	578 ℔

Le même or allié avec de l'argent fin.

			Epaiſſeur $\frac{10}{100}$	Epaiſſeur $\frac{17}{100}$
2°. Or part. 24.	Argent p. 1	240		693
3°. Or part. 20.	Argent p. 1	240		693
4°. Or part. 15.	Argent p. 1	240		693
5°. Or part. 10.	Argent p. 1	240		693
6°. Or part. 9.	Argent p. 1	235		679
7°. Or part. 8.	Argent p. 1	210		

Ce morceau ſe rompit vers le collet , & non vers le milieu du parallélipipede ; mais auſſi il étoit moins bien fondu que les autres.

			Epaiſſeur $\frac{10}{100}$	Epaiſſeur $\frac{17}{100}$
8°. Or part. 7.	Argent p. 1	247		713
9°. Or part. 6.	Argent p. 1	255		736
10°. Or part. 5.	Argent p. 1	265		765
11°. Or part. 4.	Argent p. 1	271		783
12°. Or part. 3.	Argent p. 1	271		783
13°. Or part. 2.	Argent p. 1	285		823
14°. Or part. 1.	Argent p. 1	280		809

Dans toutes ces expériences j'ai obſervé que le métal s'allongeoit avant de ſe rompre ; qu'il devenoit plus mince & plus âpre vers le milieu , & que les parties rompues ſe préſentoient ſous la forme d'une pyramide tronquée. Il paroît par les réſultats des expériences que je viens de rapporter , que l'or s'allie parfaitement bien avec l'argent , & que le mixte qui en réſulte acquiert, par le mélange, une plus grande fermeté ; car l'obſervation nous fait voir que ces métaux n'ont jamais plus de fermeté que lorſqu'on mêle enſemble deux parties d'or & une partie d'argent, & la fermeté de ce mélange eſt à celle de l'or le mieux épuré, comme 57 : 40.

§. MCXXXIII. L'or dont j'avois fait uſage dans les expériences précédentes, ayant été fondu, fut ſéparé de l'argent avec lequel je l'avois uni ; & il devint une ſeconde fois de l'or épuré au dernier degré par le feu : je le mêlai enſuite avec du cuivre jaune de Suede, celui dont on ſe ſert pour frapper de la monnoie ; je fis fondre tous les mélanges que je fis, & je les coulai tous dans des moules faits avec du ſable de Bruxelles, afin de mettre les choſes dans le même état que ci-deſſus, pour éprouver les différens degrés de fermeté de ces derniers mélanges. Chaque face des parallélipipedes que je formai, étoit = $\frac{10}{100}$ de pouce ; & ils ſe rompirent tous vers le milieu, après s'être allongés vers l'endroit de leur rupture : leurs parties rompues ſe préſenterent auſſi ſous la forme d'une pyramide tronquée, dont la ſurface étoit inégale & raboteuſe ; & ce n'eſt que d'après le calcul que j'ai trouvé la fermeté de ces différens parallélipipedes, en ſuppoſant leurs faces = $\frac{17}{100}$ de pouce.

L'or le plus épuré, éprouvé ſeul & ſans alliage, ſe rompit par un poids = 200 ℔, l'épaiſſeur de l'or étant = $\frac{10}{100}$ de pouce.

Ce même or, allié avec du cuivre, formant des parallélipipedes dont chaque face étoit =

						$\frac{10}{100}$ de pouce.	$\frac{17}{100}$ de pouce.	Gravités ſpécifiques.
Or	p.	20.	Cuivre	p.	1	361 ℔	1043 ℔	18, 760
Or	p.	15.	Cuivre	p.	1	400	1156	17, 180
Or	p.	10.	Cuivre	p.	1	430	1242	17, 01754
Or	p.	9.	Cuivre	p.	1	470	1358	17, 00264
Or	p.	8.	Cuivre	p.	1	480	1387	16, 9122
Or	p.	7.	Cuivre	p.	1	550	1589	16, 8058
Or	p.	6.	Cuivre	p.	1	500	1445	16, 478
Or	p.	5.	Cuivre	p.	1	500	1445	15, 84615
Or	p.	4.	Cuivre	p.	1	500	1445	14, 2857
Or	p.	3.	Cuivre	p.	1	460	1329	13, 950
Or	p.	2.	Cuivre	p.	1	480	1387	13, 920
Or	p.	1.	Cuivre	p.	1	320	924	11, 48077

Puiſque la fermeté de l'or augmente, par ſon mélange avec le cuivre de Suede, il s'enſuit que l'or peut s'allier & ſe combiner parfaitement avec le cuivre. La plus grande fermeté que nous ayions découverte dans ce mélange, eſt celle qui provient de 7 parties d'or mêlées avec une partie de cuivre ; & la plus petite eſt celle qui réſulte de la combinaiſon de 1, 3 & même 2
parties

parties d'or avec une partie de cuivre : & les fermetés qu'on obferve dans ces cas, font peu différentes les unes des autres.

J'ai trouvé que la fermeté de l'or, qu'on appelle *aurum piftolettarum* (1) & dont l'épaiffeur étoit $= \frac{10}{100}$ de pouce, étoit $= 460$ ℔, ou 1329 ℔ en fuppofant fon épaiffeur $= \frac{17}{100}$ de pouce.

J'ai comparé l'une avec l'autre les deux Tables précédentes, dans lefquelles j'ai indiqué la fermeté de l'or mêlé avec l'argent & avec le cuivre jaune de Suede, & j'ai obfervé qu'il y avoit une grande différence entre les fermetés qui procedent de ces deux mêlanges. En effet, le cuivre procure à l'or beaucoup plus de fermeté que l'argent; puifque la plus grande fermeté que ce dernier métal donne à l'or, $= 285$ ℔, & que le cuivre lui en procure un $= 550$ ℔. Ces deux différentes fermetés font entr'elles : : 57 : 100; c'eft-à-dire, prefque : : 1 : 2.

Dans la Differtation que M. *Tillet* nous a donnée fur la ductilité des métaux, nous apprenons que 12 parties d'or, alliées avec une feule partie de cuivre, fondues & coulées dans un moule de fer, forment un mêlange moins ductile fous le marteau que l'or le plus épuré, lorfqu'on le forge feul & fans aucun alliage. La même Differtation nous apprend auffi, que fi on coule en fable le même mêlange, le mixte qui en réfultera fera dur & caffant fous le marteau; ce qui n'arrivera pas fi on le fait recuire, & fi on le trempe dans l'eau lorfqu'il eft rouge : cet effet a lieu feulement par rapport à l'or épuré, & par rapport au cuivre; mais on ne l'obferve pas dans les autres métaux (2). Tous les plus habiles Fondeurs atteftent ce fait, & le regardent comme vrai.

§. MCXXXIV. Après avoir frayé la route aux Phyficiens, & avoir examiné différens mêlanges faits avec de l'or pur & du cuivre de Suede; je crois qu'on devroit auffi obferver le mêlange du même or avec du cuivre du Japon, de Hongrie, d'Allemagne, de Barbarie; en un mot, avec toute autre efpece de cuivre quelconque. Je crois auffi qu'il feroit à propos de confidérer ce qui pourroit réfulter de la combinaifon de l'or avec toute efpece de métal & de demi métal. Je me fuis borné à donner deux exemples feulement de ces fortes de procédés, & je laiffe aux curieux une grande carriere à fournir. Quiconque voudra entreprendre cet Ouvrage & le conduire à fa fin, doit néceffairement répéter plufieurs fois les fontes dans différens moules; car ils ne contribuent pas peu aux différences qu'on remarque dans la fermeté & dans la denfité des métaux, ainfi qu'on peut s'en affurer en confidérant leur gravité fpécifique, qu'il faudra avoir foin de connoître avant d'éprouvrer leur fermeté; parceque lorfque le métal céde à l'effort qu'on fait pour le rompre; & dans le même tems qu'il fe rompt, fes parties s'éloignent confidérablement les unes des autres : d'autres fe ferrent, fe preffent fortement les unes contre les autres; & il n'eft plus tems alors de pouvoir découvrir leur pefanteur fpécifique, ainfi que j'en ai été convaincu par l'expérience.

(1) Je n'ai pu trouver perfonne qui ait pu m'indiquer le nom qu'il falloit donner à cette efpece d'or.

(2) Journ. des Sav. anu. 1753. Août, pag. 85.

§. MCXXXV. Les expériences suivantes ont été faites avec de l'argent de coupelle, mêlé avec du cuivre jaune de Suede, tiré pareillement des grandes monnoies de cuivre qui ont cours dans ce Pays. J'ai donné aux différens morceaux que j'ai faits de ce mêlange, la forme d'un parallélipipede, dont chaque face étoit $= \frac{10}{100}$ de pouce rhenan. Ce mêlange, étant seulement fondu, m'a fait observer les degrés de fermeté que je vais indiquer dans la Table suivante.

L'argent de coupelle seul & sans mêlange de $\frac{10}{100}$ de pouce d'épaisseur, s'est rompu par l'effort d'un poids $= 400$ ℔ ; & il auroit été rompu par un poids $= 1156$ ℔ s'il avoit eu $\frac{17}{100}$ de pouce en épaisseur.

Cet argent mêlangé avec du cuivre jaune, & ayant son épaisseur de

						$\frac{10}{100}$ de pouce.	$\frac{17}{100}$ de pouce.	Gravités spécifiques.
Argent	p.	10.	Cuivre	p.	1	460 ℔	1329 ℔ 10	, 3076
Argent	p.	9.	Cuivre	p.	1	465	1343	9, 510
Argent	p.	8.	Cuivre	p.	1	480	1387	
Argent	p.	7.	Cuivre	p.	1	470	1358	
Argent	p.	6.	Cuivre	p.	1	475	1372	
Argent	p.	5.	Cuivre	p.	1	485	1401	
Argent	p.	4.	Cuivre	p.	1	470	1358	
Argent	p.	3.	Cuivre	p.	1	415	1199	
Argent	p.	2.	Cuivre	p.	1	445	1286	
Argent	p.	1.	Cuivre	p.	1	400	1156	9, 517

Tous les parallélipipedes dont j'ai fait usage dans les expériences que je viens de rapporter, se sont rompus assez exactement vers leur partie moyenne ; mais j'ai observé qu'ils se sont beaucoup allongés avant de se rompre : les endroits de ces parallélipipedes où la fracture a eu lieu, sont devenus considérablement minces, & ils sont devenus fort inégaux jusqu'à un demi-pouce de distance de part & d'autre de la fracture. L'âpreté que les surfaces contractoient, & qui augmentoit de plus en plus, étoit un indice non équivoque de la rupture du parallélipipede : ce dernier effet a toujours lieu, à moins que le métal ne soit extrêmement fragile ; dans ce cas il se rompt sur-le-champ, sans s'allonger & sans diminuer de grosseur.

Dans les expériences que je viens de rapporter, & que j'ai faites sur des mêlanges d'argent fin & de cuivre jaune de Suede, j'ai observé que la fermeté de l'argent n'a pas été beaucoup augmentée par cet alliage ; car la fermeté d'un parallélipipede d'argent fin de $\frac{10}{100}$ de pouce de faces étant $= 400$ ℔, elle n'est pas devenue plus grande que 485 ℔ par le mêlange de ce métal avec le cuivre. Mais comparant ensuite les résultats des expériences que j'avois faites avec un mêlange d'or pur & de cuivre, j'ai observé que la fermeté avoit beaucoup plus augmenté par la combinaison de ces deux métaux.

Examinons maintenant d'autres mêlanges faits avec le même argent & d'autres efpeces de cuivre.

§. MCXXXVI. Ayant mêlé enfemble de l'argent fin avec du cuivre du Japon, & ayant coulé ce mêlange, après l'avoir mis en fufion, dans des moules faits avec du fable de Bruxelles ; voici les réfultats que m'ont donnés les expériences que j'ai faites de la même maniere que les précédentes.

Les parties de l'argent.	Celles du cuivre.	La fermeté du mixte ayant $\frac{10}{100}$ de pouce.	La fermeté du mixte ayant $\frac{17}{100}$ de pouce.	Gravités fpécifiques.
10	1	459 $\frac{1}{3}$ ℔	1329 ℔	9 , 8605
9	1	449 $\frac{2}{3}$	1300	10 , 4425
8	1	459 $\frac{2}{3}$	1329	10 , 4762
7	1	458	1343	9 , 9747
6	1	474 $\frac{1}{4}$	1372	9 , 9291
5	1	479 $\frac{1}{4}$	1387	9 , 9538
4	1	479 $\frac{1}{4}$	1387	10 , 0000
3	1	484	1398	9 , 8281
2 $\frac{1}{2}$	1	459 $\frac{2}{3}$	1329	9 , 6716
2	1	424 $\frac{1}{4}$	1227	9 , 4305
1 $\frac{1}{2}$	1	440	1271	9 , 5652
1	1	419	1213	9 , 2000

Le cuivre du Japon, mêlé avec l'argent, ne produit pas un effet beaucoup plus grand ; il n'augmente pas beaucoup plus la fermeté de l'argent que le cuivre jaune de Suede ; ainfi qu'on peut s'en affurer en comparant les deux Tables que nous venons de donner (§. 1135 , 1136).

§. MCXXXVII. Ayant mêlé enfemble de l'argent de coupelle avec du cuivre jaune de Barbarie, & ayant coulé ce mêlange dans des moules faits avec du fable de Bruxelles, je l'ai foumis aux mêmes épreuves auxquelles j'avois foumis les autres mêlanges, & j'ai même répété deux fois l'expérience fur chaque morceau de ce mêlange, afin de m'affurer davantage de la vérité des réfultats. Les parallélipipedes dont j'ai fait ufage dans cette occafion, étoient formés fuivant les mêmes dimenfions que les précédens ; ils avoient $\frac{10}{100}$ de pouce de face, & je n'ai donné les différens degrés de fermeté de ces mêmes parallélipipedes, confidérés comme ayant $\frac{17}{100}$ de pouce, que d'après le calcul.

Parties de l'argent.	Celles du cuivre.	Fermeté du mêlange ayant $\frac{10}{100}$ de pouce d'épais.				Fermeté du mêlange ayant $\frac{17}{100}$ de pouce d'épais.		Pesanteur spécifique.
10	1	539 ℔ ou 460 ℔				1037 ℔ ou 1329 ℔		10 , 439
9	1	435	480	.	.	1357	1387	10 , 385
8	1	480	480	.	.	1387	1387	10 , 2906
7	1	370	480	.	.	1358	1387	10 , 0000
6	1	470	480	,	.	1358	1387	10 , 0138
5	1	520	530	.	.	1502	1531	9 , 9048
4	1	480	490	.	.	1387	1416	10 , 2666
3	1	460	470	.	.	1329	1358	9 , 8101
2	1	440	450	.	.	1271	1300	9 , 3500
1	1	450	460	.	.	1300	1329	9 , 2325
1	2	420	430	.	.	1213	1242	9 , 3086
1	3	390	430	.	.	1047	1242	8 , 3513
1	4	420	420	.	.	1213	1213	8 , 7045
1	5	350	365	.	.	1011	1054	8 , 5777
1	6	410	410	.	.	1184	1184	8 , 5581
1	7	390	400	.	.	1127	1156	8 , 3725
1	8	380	385	.	.	1098	1112	8 , 3333
1	9	370	380	.	.	1069	1089	8 , 3714
1	10	380	400	.	.	1098	1156	8 , 5555

Il paroît, en jettant les yeux sur la Table des pesanteurs spécifiques, que tous les métaux qui font fondus n'acquerent pas, par leur fusion, la densité qu'ils devroient avoir ; & c'est pour cela qu'on remarque dans leur fermeté les irrégularités qu'on y observe : défaut auquel je n'ai pas encore pu parer, quelque soin & quelque précaution que j'aie pris jusqu'à présent pour y parvenir.

§. MCXXXVIII. Je mêlai de l'argent de coupelle avec du zinc de Goslar : je fondis ce mêlange, & je le coulai dans des moules faits avec du sable de Bruxelles : je donnai à chaque parallélipipede $\frac{10}{100}$ de pouce thenan d'épaisseur, & je répétai deux fois chaque expérience ; je calculai ensuite la fermeté de ces mêmes parallélipipedes, en supposant leur épaisseur $= \frac{17}{100}$ de pouce.

Les parties de l'argent.	Celles du zinc.	Fermeté $\frac{10}{100}$.		Fermeté $\frac{17}{100}$.		Gravité spécifique.
10	1	359 ℔ ou 410 ℔		1037 ℔ ou 1184 ℔		9 , 8780
5	1	290	320	838	924	9 , 6666
1	1	290	365	838	1054	8 , 8000

Ce dernier mêlange donna un métal très fragile ; la fracture fut inégale, raboteufe, & fe préfentoit fous une couleur qui tiroit fur le rouge.

§. MCXXXIX. L'argent de coupelle, mêlé avec du bifmuth, & coulé dans un moule de fable de Bruxelles, ayant la même épaiffeur que celle que nous avons indiquée jufqu'à préfent, fut rompu par les poids fuivans.

Argent.	Bifmuth	$\frac{10}{100}$ de pouce.		$\frac{17}{100}$ de pouce.		Gravité fpécifiq.
5	1	130 ℔		375 ℔		10 , 5200
1	1	80 ou 95		231 ou 274		10 , 7097

Le métal étoit extrêmement fragile ; l'endroit de la rupture étoit brillant. ayant voulu allier 10 parties d'argent avec une partie de bifmuth, la fonte manqua deux fois ; néanmoins j'ai trouvé que la gravité fpécifique du mê-lange étoit = 10 , 6988.

§. MCXL. Ayant foumis aux mêmes épreuves différens mêlanges d'argent fin & de plomb d'Ecoffe, chaque parallélipipede ayant $\frac{17}{100}$ de pouce rhenan, voici les différens degrés de fermeté que j'ai éprouvés ; mais il faut obferver ici que ce métal avoit été fimplement fondu, qu'il n'avoit point été battu fous le marteau, ni condenfé, comme on auroit pu le faire, en le faifant paffer par une filiere.

Argent.	Plomb.	Fermeté.	Gravité fpécifique.
10	1	338 ℔	10 , 4333
4	1	202	10 , 3694
3	1	182	10 , 8317
2 $\frac{1}{2}$	1	291	10 , 9714
2	1	118	11 , 032
1 $\frac{1}{2}$	1	257	10 , 3800
1	1	203	10 , 4801

On remarque dans ces fortes d'expériences quantité d'irrégularités furpre-nantes, qui viennent, fans contredit, de la fonte & du mêlange plus ou moins parfait des métaux qu'on veut allier ensemble. En effet , ayant commencé par faire fondre l'argent dans le creuset, & ayant jetté le plomb tout froid dans la fusion , afin qu'il ne fût point consommé par le feu, je remuai le mélange avec une spatule de pierre ; & après l'avoir laissé chauffer encore quelque tems , je le coulai dans un moule fait avec du sable de Bruxelles. Les parallélipipedes que me fournit cette fonte , me parurent au-dehors fort bien fondus & très solides ; mais ils ne se rompirent pas tous vers le milieu de leur partie grêle : celui de l'expérience cinquieme fut rompu auprès de la tête ; & l'aspérité qu'on remarquoit sur les levres de la fracture , dénotoit la foiblesse de cette partie. Au reste , pour peu qu'on fasse attention aux résultats que m'ont donné ces dernieres expériences, on s'appercevra sur-le-champ que le plomb , bien loin de procurer une plus grande fermeté à l'argent avec lequel on l'allie, ne sert au contraire qu'à lui faire perdre une partie de celle dont il jouit naturellement : d'où il suit que ces deux métaux, mêlés & combinés ensemble , ne forment point un mixte plus solide ; ainsi qu'il a coutume d'arriver lorsqu'on mêle différens métaux, & qu'on les unit ensemble. C'est pour cette raison qu'il ne faudra point mêler le plomb à l'argent , lorsqu'on voudra faire quelque mélange destiné , ou à quelqu'opération méchanique , ou à quelques usages domestiques.

§. MCXLI. Les expériences que je fis sur des mélanges d'argent fin & d'étain pur de Malaca , qui formoient des parallélipipedes de $\frac{17}{100}$ de pouce rhenan , me donnerent les résultats suivants.

Argent.	Etain.	Fermeté.	Gravité spécifique.
10	1	976 ℔	9 , 9655
4	1	1364	9 , 9777
3	1	838	9 , 8055
2 $\frac{1}{2}$	1	635	9 , 8571
2	1	578	9 , 2631
1 $\frac{1}{2}$	1	511	9 , 450
1	1		8 , 875

Cet étain s'allia très bien avec l'argent , & augmenta sa fermeté : la meilleure proportion qu'on puisse observer dans un tel mélange , est de mêler ensemble 4 parties d'argent & une partie d'étain; car la fermeté de ce mixte approche assez de la fermeté d'un mélange d'étain & de cuivre : mais si on mettoit dans ce mélange une plus grande quantité d'étain, on affoibliroit alors la fermeté de l'argent.

On peut aisément pousser plus loin ces recherches en augmentant la dose de l'étain. Il seroit à souhaiter que ceux qui veulent faire de pareilles recherches fussent plus habiles que nous dans l'art de fondre ; car il nous est souvent arrivé de trouver le métal cassé dans les moules ; ce qui nous a souvent mis dans la nécessité de recommencer plusieurs fois la même fonte. Lorsque cet accident nous arrivoit, & que nous trouvions les parallélipipedes rompus, nous obſervions toujours que leur ſurface étoit couverte de petits grains. Nous avons coulé ces mêlanges dans du ſable de Bruxelles, & nous avons toujours apporté toute l'attention poſſible à ce que l'étain ne fût point brûlé par l'action du feu auquel il étoit expoſé.

§. MCXLII. Les expériences que je fis ſur des mêlanges d'argent fin & d'étain pur d'Angleterre, qui formoient des parallélipipedes de $\frac{17}{100}$ de pouce rhenan de face, me donnerent les réſultats ſuivans.

Argent.	Etain.	Fermeté.	Gravité ſpécifique.
10	1	1098 ℔	10, 000
4	1	1228	9, 5625
3	1	722	9, 5755
2	1	571	9, 7272
1	1	606	9, 9348

Il paroît, par ces expériences, que l'étain d'Angleterre augmente la fermeté de l'argent : plus l'étain abonde dans un tel mêlange, plus l'argent devient fragile ; il le devient même au point qu'on ne peut plus le limer, & qu'on a bien de la peine à le fondre : c'eſt ce qui nous a obligé à réitérer pluſieurs fois la fonte. Néanmoins ce mixte reçoit ſon plus grand degré de fermeté lorſqu'on mêle enſemble 4 parties d'étain & une partie d'argent ; proportion que nous avons déja trouvée être la meilleure pour le mélange de l'argent avec l'étain de Malaca.

J'ai borné mes recherches aux expériences que je viens d'indiquer ; & pour peu qu'on faſſe attention à ce que j'ai fait obſerver ci deſſus, on verra aiſément que ce n'eſt qu'un eſſai que j'ai voulu donner, & qu'il reſte encore un grand nombre d'expériences à faire ; car outre les différentes proportions qu'on peut faire en réitérant les mélanges ci-deſſus indiqués, on peut encore mêler & combiner l'argent avec du fer, du ſimilor, du biſmuth, du zinc, du régule d'antimoine, ou avec toute autre régule métallique quelconque : mais quiconque voudra faire toutes ces recherches, doit avoir ſoin d'examiner auparavant ſi tous ces mélanges peuvent ſe fondre, ſe combiner enſemble & ſe couler en moule ; car on conçoit ſouvent bien des choſes qu'on ne peut pas toujours exécuter comme on les conçoit.

§. MCXLIII. Je paſſe maintenant aux expériences que j'ai faites ſur du fer ; & tout celui que j'ai employé pour ces expériences avoit été forgé. Or comme les parties d'une même barre de fer n'ont point toutes la même adhérence entr'elles, j'ai cru devoir faire pluſieurs expériences ſur la même barre ; afin que, raſſemblant les différens réſultats qu'elles me donnoient, je pûs prendre un terme moyen entre ces différens réſultats, que je regardevoit comme la moyenne fermeté de cette barre, & qui feroit, ſans contredit, celle qui approcheroit davantage de ſa véritable fermeté.

Comme la fermeté du fer eſt très conſidérable, j'ai donné moins d'épaiſfeur aux parallélipipedes que j'ai formés avec ce métal; afin de n'être pas obligé d'employer de trop grands poids pour les rompre, je ne leur ai donné que $\frac{1}{10}$ de pouce rhenan d'épaisseur.

Un parallélipipede fait de fer d'Espagne, tiré des environs de Ronda, dans l'Andaloufie, fut rompu 2 fois de fuite par un poids = 800 ℔

Un autre de fer de Suede, fut rompu par un poids = 870		
Un autre du même endroit 760	Fermeté moyenne	
Un autre 750	726 ℔	
Un autre 670		

Un parallélipipede de fer de Oofemont, fut rompu par 750	Fermeté
Un autre par un poids . . . . . = 680	moyenne
Un autre 670	700 ℔

Un parall. de fer d'Allemagne B R. céda à un poids = 910	Fer. moy.
Un autre 600	755 ℔

Un autre fait du meilleur fer d'Allemagne L . . 840	Fermeté
Un autre 700	moyenne
Un autre 680	740 ℔

Un parallélipipede fait avec du fer ordinaire d'Allemagne, fut rompu par un poids = . . . 690	Fermeté moyenne
Un autre 670	676 ℔
Un autre 670	

Un parallélipipede fait avec du fer de Liege, fut rompu par un poids = ... 810	Fermeté moyenne
Un autre 750	723 ℔
Un autre 610	

Quiconque éprouvera de cette maniere toutes les différentes efpeces de fer que nous tirons de toutes les régions de la terre, perfectionnera beaucoup cette théorie; & il feroit à fouhaiter que le célebre *Belidor*, qui nous a donné la defcription (1) de toutes les efpeces de fer que la France fournit, eût mis cette pratique en exécution.

Comme c'eft une opinion qui s'accrédite de plus en plus parmi plufieurs Artiftes; favoir, que les clous dont on fait ufage pour ferrer les chevaux, acquierent une plus grande fermeté, par leur féjour dans la corne de ces animaux : & que les inftrumens qu'on fait avec des clous qui ont été employés à cet ufage, font beaucoup plus durs, & parconféquent meilleurs, j'ai cru que cet objet étoit digne de l'attention d'un Phyficien; & j'ai voulu

____

(1) La Science des Ingénieurs, Liv. 4. chap. 4. p. 31.

m'affurer

m'affurer du fait par moi-même. J'ai fait ramaffer pour cela plufieurs clous qui avoient fervi à l'ufage que nous venons d'indiquer ; je les ai donnés à un Forgeron qui m'en a fait des parallélipipedes de $\frac{1}{10}$ de pouce rhenan de face, & j'ai trouvé, en les foumettant à l'expérience, que la fermeté d'un de ces parallélipipedes étoit = 780 ℔, & la fermeté d'un autre = 650 ℔. Or, comparant la fermeté de ces derniers parallélipipedes avec celle de ceux dont je viens de faire mention, je ne trouve pas que ces clous aient acquis une plus grande fermeté par leur féjour dans la corne du pied du cheval ; & je regarde l'opinion qu'on s'eft formée à cet égard, comme une fable inventée à plaifir, & fans aucun véritable fondement.

§. MCXLIV. Voici maintenant quelques expériences fur la fermeté de l'acier. Comme les Ouvriers font un fecret des différentes manieres felon lefquelles ils convertiffent le fer en acier ; les expériences qu'on peut faire fur cette matiere ne font point auffi parfaites qu'elles pourroient être ; puifqu'on ne peut point indiquer la nature & la conftruction de l'acier fur lequel on opere : néanmoins il eft plus à propos d'effayer tout ce qu'on peut fur cette matiere, que de ne la point traiter tout-à-fait. Les parallélipipedes dont je me fuis fervi, étoient conftruits fous les mêmes dimenfions que ceux que j'avois formés avec du fer.

Un parallélipipede d'excellent acier mou, a été rompu par	1190 ℔
Un autre d'acier de moyenne bonté & mou . . .	1240
Un autre d'acier ordinaire mou	1080
Un autre d'excellent acier fortement trempé . . .	1120
Un autre d'acier trempé comme on trempe les rafoirs .	1500
Un autre d'acier trempé comme les couteaux ordinaires .	1350

§. MCXLV. Expériences faites fur des parallélipipedes de cuivre jaune, dont la partie moyenne étoit d'une épaiffeur = $\frac{17}{100}$ de pouce rhenan, & qui fe rompoient dans cette partie par les poids qu'on leur faifoit porter.

Le cuivre jaune du Royaume de Chili, feulement fondu, fut rompu par	375 ℔ deux fois
Le cuivre jaune de Suede, forgé , . . .	1065
Le cuivre jaune de Suede fondu , . .	1054
Le cuivre jaune de Barbarie fondu . . .	638
Le même forgé	1098 à 1156
Le cuivre jaune de Hongrie fondu . . .	895
Le cuivre jaune du Japon fondu . . .	573

Le cuivre jaune d'Espagne, tiré des environs de Riotinto dans l'Andalousie, simplement fondu, fut rompu par les poids suivans, 809 ℔, 578 ℔, 404 ℔. Sa fermeté moyenne est donc = 597 ℔. Ce cuivre est très fragile, quoiqu'il soit très bien fondu; & on ne peut point le forger lorsqu'il est chaud.

Il paroît, par ces expériences, qu'il y a une grande différence dans la fermeté des métaux, lorsqu'ils sont simplement fondus, & lorsqu'ils sont forgés après avoir été fondus. Dans ce dernier cas, leurs parties sont plus proches les unes des autres; elles en contractent une plus forte adhérence: & on remarque aussi que la plus grande proximité de leurs parties augmente leur gravité respective, ainsi qu'on peut s'en assurer en consultant la Table où il est fait mention de leur gravité respective.

§. MCXLVI. Me proposant de connoître selon quelle proportion il falloit combiner ensemble le cuivre jaune de Barbarie, & l'étain fin d'Angleterre qu'on nomme *Bloktin*, dont j'ai déja fait usage dans les expériences précédentes; voulant, dis-je, découvrir selon quelle proportion il falloit combiner ces deux substances pour en former un métal très dur, je fis les mélanges que je vais indiquer. Je me contentai de faire fondre ces métaux, & de les couler dans des moules faits avec du sable de Bruxelles; je donnai à chaque parallélipipede $\frac{17}{100}$ de pouce rhenan de face, & voici les résultats de mes expériences.

Cuivre jaune.	Etain.	Fermeté.	pesanteur spécifique.
10	1	920 ℔	8, 35135
9	1	1000	8, 38815
8	1	1020	8, 39263
7	1	1040 à 1050	8, 64788
6	1	1100 à 1190	8, 70777
5	1	1160	8, 76223
4	1	1010	8, 72311
3	1	200	8, 8222
2	1	29	9, 01600
1	1	23 $\frac{1}{2}$	8, 62500

Ce cuivre jaune avoit cet avantage, qu'il s'allioit parfaitement bien avec l'étain, & qu'il ne contractoit ni fentes, ni soufflures dans la fonte: ce qui arrive cependant assez ordinairement; car toute sorte de cuivre ne se mêle pas toujours avec l'étain; ce qui donne souvent beaucoup d'embarras à ceux qui travaillent ce dernier métal, & qui ont quelquefois des raisons de lui donner une plus grande fermeté que celle qui lui est naturelle, suivant les usages auxquels ils le destinent. On peut connoître, d'après ces expériences, que le cuivre acquiert la plus grande fermeté qu'il puisse acquérir par son union avec l'étain , lorsqu'on mêle enfemble 5 ou 6 parties de cuivre & une partie d'étain : plus l'étain abonde dans un tel mélange , plus le mixte qui en réfulte devient fragile & dur ; & il le devient au point qu'on ne peut plus le travailler : il fe refufe à l'effort de la lime. Dans cette occafion fa couleur pâlit , & il devient propre à faire des miroirs.

Il paroît , par ces expériences , qu'un mélange fait de 5 ou 6 parties de cuivre & d'une partie d'étain , feroit très propre à faire des bouches à feu , telles que des canons , des mortiers ; parceque ce mélange donne un métal très ferme , dur , & fortement élaftique. Le fimilor , à la vérité , eft plus ferme , & conviendroit mieux , fi on n'avoit égard qu'à cette qualité ; mais l'air ronge en peu de tems le régule qui réfide dans la pierre calaminaire ; & l'expérience démontre que le fimilor ne réfifte pas long-tems aux injures de l'air : c'eft pour cette raifon que ce métal n'eft point propre à faire des canons , ni tout autre inftrument qui doit être expofé aux injures de l'atmofphere. Au refte *Cramerus* (1) dit dans un endroit de fes Ouvrages : » Si vous prenez 10 parties de cuivre , une partie d'étain , & que vous y ajoûtiez un peu de fimilor & de zinc , toutes ces fubftances , fondues & incorporées enfemble , vous donneront un métal propre à faire des cloches , des bouches à feu : ce métal fera très fragile & très fonore ».

Quelques-uns mêlent enfemble 100 parties de cuivre , 10 parties d'étain , & 8 parties de fimilor.

D'autres ajoûtent à 100 ℔ de cuivre 10 ℔ d'étain , 5 ℔ de fimilor , & 10 ℔ de plomb.

Mieth , dans fon Livre intitulé : *Artillerie Kunft.* Part. 1. chap. 1. , & *Surreri de S. Remi* , dans fes Mémoires d'Artillerie , Tom. 2. pag. 58. , traitent de ces fortes de compofitions , & de la maniere de les fondre. Il paroît , par l'augmentation de la fermeté du mixte , que l'étain difféminé & répandu entre les parties du cuivre , fait l'office de *ciment* , & qu'il unit davantage les parties de ce métal ; & comme l'étain remplit affez exactement les pores du cuivre , il augmente par-là la pefanteur fpécifique de ce métal ; de forte qu'on le trouve toujours , après le mélange , fpécifiquement plus pefant ; comme on peut l'obferver dans la Table que nous avons donnée. En effet , la gravité fpécifique d'une égale quantité de cuivre & d'étain , qui auroit dû être = 7 , 7384 , s'eft trouvée = 8 , 62500 , & eft par conféquent beaucoup plus grande qu'elle n'eût été dans une pareille quantité de cuivre feul.

On remarque dans ces opérations quantités d'irrégularités qui dépendent des différentes circonftances qui fe rencontrent dans la fufion des métaux ; car il ne peut pas fe faire que l'un de ces métaux ne s'échauffe plus que l'autre , lorfqu'on les expofe à l'action du feu qui doit les mettre en fufion : ce qui fait que celui qui s'échauffe davantage , comme plus facile à céder à l'action du feu , s'échauffe , par cette raifon , plus long tems , & qu'il perd par conféquent une plus grande quantité de fes parties. Quiconque voudra pouffer plus loin que nous cette théorie , pourra combiner enfemble , felon différentes proportions , le cuivre jaune de Suede , celui du Japon , celui de Hongrie , & tout autre quelconque , tiré de différens autres endroits , avec l'étain fin d'Angle-

______

(1) Ars Docimaftic. §. 73. Part. 1. p. 60.

terre , avec celui de Banca , de Malaca , &c ; & examinera les différens degrés de fermeté des mixtes qui proviendront de ces mélanges.

§. MCXLVII. Les expériences que j'ai faites fur un mélange de cuivre
jaune du Japon avec de l'étain de Banca , que j'avois coulé dans le fable de
Bruxelles , m'ont donné les réfultats fuivans.

Cuivre.	Etain.	Fermeté $\frac{1}{10}$ de pouce.		Fermeté calculée $\frac{17}{101}$ de pouce.		Gravité fpécifique.
10	1	465 ℔ 2 fois		1344 ℔		8, 5555
8	1	440	465	1272	1344	8, 3373
6	1	490	500	1416	1445	8, 4094
5	1	575	560	1662	1618	8, 7683
4	1	515	490	1488	1416	8, 6024

Les parallélipipedes fuivans fe rompirent vers les têtes

Cuivre.	Etain.	Fermeté $\frac{1}{10}$ de pouce.		Fermeté calculée $\frac{17}{101}$ de pouce.		Gravité fpécifique.
3	1	165	140	477	405	8, 7520
2	1	40		155		8, 9052
1	1					8, 6362

Cette derniere proportion du cuivre à l'étain forme un métal fi fragile,
que, quoiqu'on ait recommencé plufieurs fois la fonte , elle n'a jamais pu
venir à bien : les parallélipipedes ont toujours été trouvés caffés dans le
moule , qui étoit fait avec du fable de Bruxelles ; de forte qu'il ne m'a pas
été poffible de juger de la fermeté de ce mélange.

§. M.CXLVIII. J'ai continué ces expériences fur les mêmes fubftances ,
mais combinées enfemble felon différentes proportions, & voici les réfultats
que j'ai découverts.

Cuivre du Japon.	Etain de Banca.	Epaiffeur $\frac{1}{10}$ de pouce,		Epaiffeur $\frac{17}{100}$ de pouce.		Gravité fpécifique.
1	2	55 ℔		103 ℔		7, 8067
1	3	100	123	289	355	7, 7655
1	4	121	111	349	321	7, 7094
1	5	91	111	263	321	7, 5772
1	6	111	91	321	263	7, 6167
1	8	101	91	292	262	7, 5162
1	10	100	98	289	283	7, 4984

J'ai éprouvé auffi, dans cette occafion, la gravité fpécifique du mélange, afin de favoir fi l'étain de Banca pénétroit le cuivre du Japon, rempliffoit les pores & augmentoit fa pefanteur fpécifique : or je n'ai point eu lieu de regretter mes peines ; puifque l'expérience m'a fait voir que le mélange de ces deux fubftances formoit un mixte plus denfe : car la pefanteur fpécifique d'une égale quantité de cuivre du Japon, & d'étain de Banca, ne devant être naturellement que 7 , 9776, l'expérience a découvert qu'elle devient = 8 , 6362.

Outre cela, en confidérant les réfultats des expériences que j'ai faites fur le cuivre jaune de Barbarie, mêlé avec de l'étain d'Angleterre ; j'ai remarqué que ce mixte acquéroit la plus grande denfité qu'il pût avoir, lorfqu'on combinoit enfemble deux parties de cuivre & une partie d'étain ; puifque la gravité fpécifique du mixte qui réfulte de cette combinaifon = 9 , 01600 : denfité plus grande que celle de ce cuivre, confidéré folitairement. On peut obferver auffi la même chofe par rapport au mélange du cuivre du Japon avec l'étain de Banca ; car la gravité fpécifique de ce mélange, fait fuivant la proportion dont nous venons de parler, eft = 8 , 9052 : gravité beaucoup plus grande que celle du cuivre, lorfqu'il eft feul.

Cependant il faut obferver que ce mixte, formé felon cette proportion, eft, à la vérité, très denfe ; mais qu'il n'eft pas pour cela dans fon plus grand degré de fermeté : au contraire il eft dans fon plus grand degré de fragilité. Ce mixte ne jouit de la plus grande fermeté qu'il puiffe acquérir, que lorfque le cuivre eft combinée avec l'étain dans la raifon de 5 : 1. Proportion qu'il faut auffi obferver pour donner à un mélange de cuivre de Barbarie & d'étain d'Angleterre la plus grande fermeté qu'il puiffe avoir ; ainfi qu'on peut s'en affurer en confultant la Table donnée ci deffus. Le cuivre du Japon, mêlé avec l'étain de Banca, acquiert plus de fermeté que le cuivre de Barbarie mêlé avec l'étain d'Angleterre ; car la plus grande fermeté dont puiffe jouir ce dernier mélange, = 1190, tandis que la plus grande fermeté du premier = 1662. La fermeté de ces deux mélanges eft donc à-peu-près dans le rapport de 2 : 3. La beauté de la couleur du cuivre du Japon lui fait donner la préférence : néanmoins il a cela de commun avec toutes les autres efpeces de cuivre, qu'il ne peut pas fe forger lorfqu'il eft chaud ; il ne fe forge bien qu'à froid : & lorfqu'il fe durcit un peu trop fous le marteau, il faut le faire recuire pour l'amollir ; on le laiffe enfuite refroidir, & il cede de nouveau à l'action du marteau, & il prend toutes les formes qu'on veut lui donner.

§. MCXLIX. Le cuivre jaune d'Andaloufie, ou de Cordoue, qu'on tire d'une mine qui eft aux environs du fleuve de Tinto, étant mêlé avec l'étain de Malaca, me fit obferver les réfultats fuivans.

Cuivre.	Etain.	Epaiffeur $\frac{1}{10}$ de pouce.		Epaiffeur $\frac{17}{100}$ de pouce.		Gravité fpécifique.
10	1	560 ℔	550	1618 ℔	1589	8 , 4285
9	1	450	570	1300	1647	8 , 2048
8	1	330	570	1531	1647	9 , 1825
6	1	560	620	1618	1781	8 , 1666
4	1	560	320	1618		8 , 5098
2	1	40		115		8 , 7333
1	1	30		86		8 , 1791

§. MCL. Le cuivre qu'on apporte du Royaume de Chili, en Efpagne, & qui eft d'une très belle couleur, étant mêlé avec de l'étain de Malaca, & coulé en fable de Bruxelles, fous la forme d'un parallélipipede de $\frac{1}{10}$ de pouce rhenan de face, céda à l'effort d'un poids $=$ 130 ℔, & fe rompit deux fois de fuite par l'effort du même poids. Différens mélanges faits avec ce cuivre & l'étain de Malaca, acquirent les fermetés fuivantes.

Cuivre.	Etain.	Fermeté.		Fermeté calculée fur $\frac{17}{100}$ de pouce d'épaiffeur.		Gravité fpécifique.
10	1	460 ℔	.	1328 ℔	.	8 , 45728
Autre mélange fondu		.	.	.	.	8 , 5404
8	1	480 2 fois	.	1387	.	8 , 5426
6	1	600	580	1734	ã	8 , 5214
4	1	620	600	1791	1734	8 , 6438

Les autres mélanges étoient fi fragiles que je n'ai pu en obferver la fermeté.

Il paroît, par les expériences que nous venons de rapporter, que l'étain remplit les pores du cuivre de Chili; qu'il augmente confidérablement fa fermeté; & qu'il l'augmente même au delà de ce qu'on pourroit imaginer ; car perfonne n'ignore que ce cuivre eft extrêmement fragile ; fa fragilité fe décele auffi-tôt qu'on le met fous le marreau : il fe fend & il fe divife même en plufieurs morceaux. Aucune efpece de cuivre ne reçoit autant de fermeté que celui-ci par fon alliage avec l'étain.

§. MCLI. Le cuivre jaune de Suede, tiré des grandes pieces de monnoie qui ont cours dans ce Pays, étant mêlé avec de l'étain de Malaca, & coulé enfemble dans des moules faits avec du fable de Bruxelles, me fournit des parallélipipedes qui avoient $\frac{1}{10}$ de pouce rhenan dans l'endroit où ils fe rompoient. Le cuivre de Suede, confidéré feul, & ayant $\frac{1}{10}$ de pouce d'épaiffeur , fe rompit par l'effort d'un poids $=$ 358 ℔. Mais les parallélipipedes dont je viens de parler , me donnerent les réfultats fuivans.

Cuivre.	Etain.	Fermeté.	La même calculée pour une épaiffeur $=\frac{12}{100}$.	Gravité fpécifique.
10	1	606 ℔	1751 ℔	8 , 5882
8	1	610	1762	8 , 5000
6	1	642	1855	8 , 7189
4	1	550	1589	8 , 7250
2	1	Ce mélange eft trop fragile , & ne peut venir à la fonte ; ce qui fait que je n'ai pu examiner fa fermeté. Ce que j'ai obfervé , c'eft que ce mélange eft blanc : il a prefque le brillant de l'argent; & paroît propre à faire des miroirs.		9 , 0515
1	1			8 , 1992

§. MCLII. Je pris du cuivre jaune de Hongrie , provenant de l'eau de cémentation ; je le fondis feul & fans alliage dans des moules faits avec du fable de Bruxelles , & j'en formai enfuite , en le combinant avec de l'étain de Malaca , des parallélipipedes dont chaque face étoit $=\frac{1}{10}$ de pouce , dont j'éprouvai la fermeté : après quoi je calculai celle de ce même mélange en fuppofant que les parallélipipedes avoient $\frac{17}{100}$ de pouce de chaque face.

La fermeté du cuivre feul & fans mélange, ayant $\frac{1}{10}$ de pouce d'épaiffeur , fut telle qu'il fallut employer un poids $=$ 310 ℔ pour le rompre : expérience que je répétai deux fois de fuite , & qui me donna chaque fois le même réfultat. Voici maintenant les différens degrés de fermeté du mélange.

Cuivre.	Etain.	Fermeté. $\frac{2}{10}$ de pouce.	Fermeté. $\frac{17}{100}$ de pouce.	Gravité fpécifique.
10	1	485 ℔	1401 ℔	8 , 6800
6	1	538	1553	8 , 7500

Le cuivre de Hongrie eft extrêmement ductile : il eft d'une fort belle couleur, & on ne trouve point de cuivre plus parfait que celui-là : il n'a pas befoin d'être épuré par le feu ; il n'eft point néceffaire de le perfectionner par l'addition d'aucun phlogiftique : on peut le fondre tel qu'on le trouve , & il eft très propre pour la fonte : il remplit parfaitement tous les moules dans lefquels on le coule.

§. MCLIII. Voici maintenant les réfultats des expériences que j'ai faites avec des mélanges de cuivre jaune de Barbarie & de bifmuth ; donnant toujours aux parallélipipedes que je voulois éprouver $\frac{1}{10}$ de pouce rhenan d'épaiffeur.

Le cuivre se mêle assez bien avec le bismuth lorsqu'on les fond ensemble : le mixte qui résulte de leur combinaison , prend une couleur rouge ; mais il est toujours fragile.

1°. Une once de cuivre jaune & 20 grains de bismuth fondus ensemble , font un mixte qu'on peut plier un peu ; mais qui est néanmoins fragile , & qui se rompt par l'effort d'un poids = 150 ℔.

2°. Une once de cuivre jaune , mêlé avec 40 grains de bismuth , donne un mixte un peu plus fragile que le précédent , & qui se rompt par un poids = 91 , & quequefois 111 ℔.

3°. Une once de cuivre jaune , combinée avec 60 grains de bismuth , cede à l'effort d'un poids = 91 & 101 ℔.

4°. Une once de cuivre jaune , fondu avec 120 grains de bismuth , forme un mixte extrêmement fragile , qui se rompt par l'effort d'un poids = 61 ℔.

5°. Une once de cuivre rouge , mêlé avec trois dragmes de bismuth , forme un mélange très fragile , & qui se rompt par un poids = 71 & 72 ℔. Tous ces mixtes sont d'une couleur rouge.

6°. Une once de cuivre jaune , combiné avec $\frac{1}{2}$ once de bismuth , forme un mixte moins rouge que les précédens , & qui cede à l'effort d'un poids = 71 & 76 ℔.

7°. Une once de cuivre rouge , fondu avec une once de bismuth , donne un mixte de couleur pâle , qui n'a presque point de fermeté , & qui se rompt par un poids = 26 ℔.

La gravité spécifique de ce dernier mélange , étoit = 8 , 7207.

§. MCLIV. Lorsqu'on veut faire fondre & mêler ensemble du cuivre jaune de Barbarie & du zinc ; il faut avoir soin de faire fondre auparavant le cuivre ; & lorsque ce métal est fondu , on y ajoûte le zinc qu'on veut y mêler : dès qu'on verse le zinc dans le creuset , il s'enflamme aussi-tôt , & sa flamme paroît d'une couleur bleue très foncée , qui jette d'épaisses fumées. Lorsque le zinc est fondu , il faut le mêler avec le cuivre , agitant fortement le mélange avec une spatule de fer ; ce mixte forme dans le creuset une forte ébullition , semblable à celle de l'eau qui bout : on peut le couler ensuite dans le sable de Bruxelles. Or ayant fait de cette maniere différens mélanges avec ces deux substances , je soumis ces mélanges aux mêmes épreuves que les précédens , & j'observai les résultats que je vais décrire dans la Table suivante.

Chaque parallélipipede que je formai portoit $\frac{1}{10}$ de pouce de face ; & j'avois employé , pour en faire la composition , le cuivre jaune de Barbarie & le zinc des Indes.

1°. Parties égales de cuivre & de zinc , formerent un métal d'une belle couleur d'or , qui fut rompu par un poids = 108 & 148 ℔. Sa gravité spécifique étoit = 8 , 0476.

2°. Une partie de cuivre jaune , mêlé avec $\frac{1}{2}$ partie de zinc , donnerent un métal d'une couleur d'or pâle , fort aisé à limer , & qui fut rompu par 205 & 210 ℔. La pesanteur spécifique de ce métal étoit = 8 , 275.

3°. Une partie de cuivre & $\frac{1}{4}$ de zinc formerent un fort beau métal couleur

leur d'or, lorfqu'il étoit en fufion ; il fut rompu par un poids = 410 & 420 ℔. Sa gravité fpécifique étoit = 9 , 600.

4°. Une partie de cuivre mêlé avec $\frac{1}{4}$ de zinc, produifit un métal dont la couleur étoit plus belle que celle du fimilor, & qui fut rompu par un poids = 240 & 270 ℔. Sa gravité fpécifique étoit = 8 , 325.

§. MCLV. Voici maintenant d'autres parallélipipedes d'une autre compofition ; mais dont les dimenfions font les mêmes que celles des précédens : favoir, $\frac{1}{10}$ de pouce.

1°. Une partie de cuivre jaune, une partie de zinc, du fer le quart du poids du cuivre : ce mélange étant fondu, donne un métal dont la couleur eft d'un jaune tirant fur le rouge, & dont la fermeté = 273 ℔. Ce métal fe lime aifément, & fa pefanteur fpécifique = 7 , 8055.

2°. Un mélange fait avec une once de cuivre, 2 dragmes de zinc, & pareille quantité de fer, fe rompt par l'effort d'un poids = 190 & 305 ℔. Sa gravité fpécifique = 8 , 04545.

3°. Une once de cuivre jaune, une demi-once de zinc, & une dragme de fer, mêlés enfemble, forment un mixte dont la fermeté = 228 & 250 ℔. Sa pefanteur fpécifique = 8 , 2381.

4°. Une once de cuivre jaune, deux dragmes de zinc & une dragme de fer, donnent, par leur mixtion, un mélange dont la fermeté = 260 & 270 ℔. La gravité fpécifique de ce mixte = 8 , 2131.

§. MCLVI. Mélanges de cuivre jaune de Barbarie, de fer de Suede & d'autres métaux ; épaiffeur $\frac{1}{10}$ de pouce rhenan.

1°. Cuivre jaune 500 grains, fer 100 grains, fermeté 385 & 420 ℔.

2°. Cuivre jaune 500 grains, fer 100 grains, fermeté 345 ℔.

3°. Cuivre jaune 500 grains, fer 40 grains, étain 100 grains, fermeté 460 ℔.

4°. Cuivre jaune 500 grains, fer 50 grains, étain 100 grains, fermeté 315 & 475 ℔.

5°. Cuivre jaune 500 grains, fer 60 grains, étain 100 grains, fermeté 360 & 390 ℔.

6°. Cuivre jaune 500 grains, fer 70 grains, étain 100 grains, fermeté 380 ℔ ; éprouvée deux fois de fuite.

7°. Cuivre jaune 500 grains, fimilor 40 grains, étain 50 grains, fermeté 507 & 520 ℔.

8°. Cuivre jaune 500 grains, fimilor 40 grains, fer 40 grains, étain 100 grains, fermeté 290 & 450 ℔.

Mélanges de fimilor & de zinc.

§. MCLVII. Ayant mêlé enfemble, felon différentes proportions, du fimilor & du zinc, je fis du mélange qui réfulta de ces combinaifons, plufieurs parallélipipedes auxquels je donnai les mêmes dimenfions qu'aux précédens, $\frac{1}{10}$ de pouce rhenan. Tous ces parallélipipedes, formés du même fimilor & du même zinc, étoient tous d'une très belle couleur jaune.

1°. Similor une once, zinc 20 grains, fermeté 240 ℔, gravité fpécifique 8 , 2777.

Tome II.   Q

2°. Similor une once, zinc 20 grains, fermeté 290 & 300 ℔, gravité spécifique 8, 2777.

3°. Similor une once, zinc 30 grains, fermeté 305 & 320 ℔, gravité spécifique 8, 333.

4°. Similor une once, zinc 40 grains, fermeté 228 & 251 ℔, gravité spécifique 8, 5428.

5°. Similor une once, zinc 60 grains, fermeté 133 & 270 ℔, gravité spécifique 8, 1316.

6°. Similor une once, zinc 80 grains, fermeté 300 & 340 ℔, gravité spécifique 8, 3611.

7°. Similor une once, zinc 100 grains, fermeté 475 & 487 ℔.

8°. Similor une once, zinc 120 grains, fermeté 410 & 420 ℔.

9°. Similor une once, zinc 150 grains, fermeté 512 ℔.

10°. Similor une once, zinc 200 grains, fermeté vers la tête du parallélipipede 400 ℔, & vers le milieu du même parallélipipede 612 ℔.

11°. Similor une once, zinc 250 grains, fermeté 500 ℔.

12°. Similor une once, zinc 300 grains, fermeté 440 & 465 ℔.

13°. Similor une once, zinc 350 grains, fermeté vers la tête du parallélipipede 440 ℔, & vers le milieu du même parallélipipede 465 ℔.

14°. Similor une once, zinc 400 grains. Le mélange ne se fit que très difficilement, & le parallélipipede qui en résulta, fut rompu par un poids = 51 ℔. La gravité spécifique de ce dernier mélange fut = 7, 8858.

§. MCLVIII. Le similor & le zinc, mêlés à égales doses, forment un métal sec, aussi fragile que du verre, qu'on ne peut limer qu'avec beaucoup de difficulté. Ce métal est d'une couleur jaune à l'extérieur; il pâlit dans l'endroit où il se rompt, & il y contracte des especes de canelures. Je n'ai pu éprouver la fermeté d'un tel métal.

Deux parties de similor, mêlées avec trois parties de zinc, me donnerent un métal si fragile, que je ne pus le limer & en éprouver la fermeté.

En augmentant la dose du zinc, le métal pâlit; sa couleur devient semblable à celle du plomb, ou elle devient grise. Ce métal est encore trop fragile pour qu'on puisse en éprouver la fermeté; parcequ'il ne peut pas se limer de façon qu'on puisse lui donner les dimensions requises pour le soumettre à l'expérience. *Geoffroy* éprouva autrefois les mêmes embarras (1), dans le tems qu'il fit un grand nombre d'expériences sur différens mélanges de similor & de zinc.

1°. Une once de zinc, 60 grains de similor, forment un mixte qui ne cede qu'à l'effort d'un poids = 170 ℔.

2°. Une once de zinc, 160 grains de similor, donnent un composé qui se rompt par l'effort d'un poids = 160 ℔.

Les expériences que nous venons de rapporter, nous apprennent que pour que ces deux substances se combinent & s'allient parfaitement entre-elles, il faut nécessairement que la quantité de l'un de ces deux métaux soit beaucoup plus grande que celle de l'autre métal; car plus les doses de l'un & de l'autre approchent de l'égalité, plus ils se mêlent difficilement, & plus

____

(1) Hist. de l'Acad. Roy. ann. 1725, p. 81.

le mixte qui en réfulte eft fragile. On donne à ce mélange la plus grande
fermeté qu'il puiffe acquérir lorfqu'on mêle avec une once de fimilor 200
grains de zinc, ou lorfqu'on mêle avec une once de fimilor du zinc à la dofe
de 150 à 250 grains ; mais une plus grande ou une moindre quantité de zinc
mêlée avec une once de fimilor, formeroit un métal moins ferme.

Expériences faites fur des mélanges de fimilor & de bifmuth.

§. MCLIX. Lorfqu'on mêle du bifmuth avec du fimilor en fufion, on
fait un métal pâle & fragile : or ayant formé un mixte par la combinaifon
de ces deux fubftances, prifes felon différentes proportions, je fis des parallélipipedes dont chaque face avoit $\frac{1}{10}$ de pouce rhenan ; & voici quels furent
les réfultats des expériences que je fis.

1°. Similor une once, bifmuth 20 grains : ce mélange, dont la couleur
étoit d'un jaune pâle, fut rompu par un poids = 211 & 226 ℔.

2°. Similor une once, bifmuth 40 grains : ce mélange fut plus fragile que
le premier ; & il fe rompit par l'effort d'un poids = 100 ℔. Sa gravité fpécifique étoit = 8,6981.

3°. Similor une once, bifmuth 2 dragmes : ce mélange fut rompu par un
poids = 44 ℔. Ce métal étoit pâle.

4°. Similor une once, bifmuth $\frac{1}{2}$ once. Ce mélange céda à l'effort d'un
poids = 15 $\frac{1}{4}$ ℔.

5°. Ayant mêlé enfemble égale quantité de fimilor & de bifmuth, le métal qui en réfulta étoit pâle & très fragile ; il foutint un poids = 44 &
8⅓ ℔.

§. MCLX. Le cuivre jaune fondu avec la pierre calaminaire, donne du
fimilor. On a coutume de combiner enfemble ces deux fubftances felon différentes proportions, fuivant qu'on veut donner au fimilor une couleur plus
ou moins foncée ; mais je n'ai jamais pu découvrir felon quelle proportion
ces deux fubftances étoient combinées dans le fimilor dont j'ai fait ufage
pour faire les expériences que je viens de rapporter : ce que je puis ajoûter
cependant, pour donner une plus grande connoiffance fur cet article, c'eft
que le fimilor dont je me fuis fervi étoit de l'efpece de celui qu'on nomme
fimilor ordinaire.

Ayant conftruit un parallélipipede dont chaque face avoit $\frac{17}{100}$ de pouce
rhenan ; ce parallélipipede put à peine porter un poids = 1473 ℔. Je l'a-
vois tiré d'une lame plane de fimilor qui avoit été forgée, & par conféquent
ce métal étoit devenu beaucoup plus denfe fous les coups réitérés du marteau. Mais j'ai cru qu'il y auroit plus d'exactitude à commencer ces expériences fur ce même métal fimplement fondu ; & comme fa fermeté, lorfqu'on lui donne une auffi grande épaiffeur que celle que je viens d'indiquer
eft très confidérable, je me fuis fervi, pour faire mes expériences, de parallélipipedes moins épais, dont chaque face n'avoit que $\frac{1}{10}$ de pouce rhenan ;
& comme j'avois éprouvé la fermeté de toutes les efpeces de cuivre fur des
parallélipipedes qui avoient $\frac{17}{100}$ de pouce, j'ai déterminé par le calcul la fermeté du fimilor, en fuppofant que les parallélipipedes faits de ce métal auroient $\frac{17}{100}$ de pouce d'épaiffeur : ce qui eft fort aifé à déterminer ; car la fer-

meté d'un parallélipipede de $\frac{1}{10}$ de pouce d'épaisseur est à celle d'un autre parallélipipede de même méal & de $\frac{17}{100}$ de pouce d'épaisseur, : : 100 : 289.

Je fis donc fondre un cylindre de similor d'un pied & demi de longueur, & dont le diametre étoit $= \frac{4}{10}$ de pouce rhenan, afin de pouvoir tirer de ce même cylindre tous les morceaux que je voudrois éprouver : lorsqu'il fut fondu, j'en coupai une partie, & je fis passer ensuite le reste par le trou d'une filiere d'acier, afin de le rendre plus mince ; je coupai alors un morceau de ce dernier cylindre, & je fis passer le reste par un trou plus petit de la même filiere, & j'en coupai encore un morceau : je répétai plusieurs fois la même manœuvre. Or pour savoir si le métal devient plus foible lorsqu'on le fait rougir, je fis rougir le reste du cylindre, & j'en coupai une partie, & je fis passer ce qui resta par les trous d'une filiere proportionnellement plus petits ; afin de considérer ce que produiroit le tirage sur un métal qu'on viendroit de faire rougir ; & les expériences que je fis me donnerent les résultats suivans.

Expériences.	L'épaisseur de chaque cylindre étant réduite, en le limant vers son milieu, à un parallélipipede dont chaque face étoit $= \frac{1}{10}$ de pouce rhenan.		Fermeté éprouvée.	Fermeté calculée pour un parallélipipede dont chaque face seroit $= \frac{17}{100}$ de pouce.
1°.	$\frac{4}{10}$	Simplement fondu	190 ℔	549 ℔
2°.	$\frac{17}{100}$	passé une fois par la filiere	165	476
3°.	$\frac{15}{100}$	Tiré deux fois	337	973
4°.	$\frac{14}{100}$	Tiré trois fois	435	1257
5°.	$\frac{13}{100}$	Tiré quatre fois	405	1169
6°.	$\frac{12}{100}$	Tiré cinq fois	505	1459
7°.	$\frac{30}{100}$	Tiré six fois	575	1661

Le similor ayant été rougi au feu & ensuite refroidi.

8°.	$\frac{50}{100}$	Sans avoir été tiré depuis sa sortie du feu	475	1372
9°.	$\frac{27}{100}$	Tiré une fois	490	1391
10°.	$\frac{25}{100}$	Tiré deux fois	575	1661

Il paroît, par ces expériences, combien est grande la différence qu'on trouve dans la fermeté des métaux, lorsqu'ils sont simplement fondus, & lorsqu'ils ont passé plusieurs fois par les différens trous d'une filiere ; & par conséquent lorsqu'ils sont fortement condensés.

§. MCLXI. Je passe maintenant aux expériences que j'ai faites sur différens mélanges d'étain fin blanc d'Angleterre, & de plomb d'Ecosse. Je sais, à la vérité, que l'étain blanc d'Angleterre n'est pas un métal pur ; je n'ignore

pas que ceux qui le fondent ont coutume de le mêler avec différentes subf-
tances dont ils font un fecret, & qu'ils le purifient de différentes façons (1).
Il paroît même qu'il n'y a que l'étain noir qu'on puiffe regarder comme un
métal homogene ; mais je n'ai pu me procurer d'autre étain blanc que
celui qu'on nous apporte en maffe, & que nous tirons d'Angleterre. Ayant
donc fait fondre enfemble les deux métaux dont je viens de parler, les ayant
bien mêlés enfemble, & les ayant coulés dans un moule d'étain, que j'avois
préparé pour cela, ces deux métaux fe fondirent & fe combinerent très bien
enfemble ; je formai de ce mélange des parallélipipedes qui avoient $\frac{17}{100}$ de
pouce rhenan de face, & je trouvai, par les expériences que je fis, les réfultats que je vais indiquer.

Etain.	Plomb.	Fermeté.
10	1	190 ℔
9	1	220
8	1	224
7	1	230
6	1	235
5	1	260
4	1	300
3	1	310
2	1	240
1	1	200

Il paroît manifeftement, par ces expériences, que le plomb augmente la
fermeté de l'étain ; de forte que le mélange de 3 ou 4 parties d'étain avec une
partie de plomb donne un mixte dont la fermeté eft double de celle de l'é-
tain confidéré folitairement : la meilleure proportion qu'on puiffe fuivre
pour donner à ce mixte la plus grande fermeté qu'il puiffe acquérir, eft lorfqu'on mêle enfemble 3 parties d'étain & une partie de plomb ; car, dans ce
cas, j'ai éprouvé que la fermeté du mixte étoit = 310 ℔. Tous les parallélipipedes dont je viens de faire mention dans les expériences que je viens de
citer, fe font confidérablement allongés avant de fe rompre ; & l'endroit où
ils fe rompoient, fe terminoit par une pointe très effilée.

§. MCLXII. Les expériences fuivantes ont été faites fur des mélanges
d'étain fin d'Angleterre, nommé *bloktin*, & d'étain pur de Malaca. Voici
de quelle maniere je m'y fuis pris pour faire ces mélanges.

J'ai fait fondre enfemble les deux efpeces d'étain, je les ai bien mêlés, &
je les ai coulés enfuite dans un moule d'étain, dont la furface étoit enveloppée

(1) Borlafe Natural Hiftory of Cornwall. p. 182.

d'une efpece d'écorce : ce moule n'étoit point trop échauffé ; mais il avoit contracté une chaleur à peu-près femblable à celle du fang humain, par rapport à plufieurs fufions que j'avois coulées dedans. Ce métal fe couloit très bien, rempliffoit exactement le moule, & promettoit un mélange d'une grande fermeté : mais mon efpérance fut trompée, car il n'en fortit qu'une maffe très fragile, dont l'endroit de la fracture étoit très âpre, rempli de grandes inégalités & de cavités qui étoient d'une couleur blanche qui tiroit fur le gris ; de forte que j'appris, par cette expérience, que l'étain fin d'Angleterre, nommé *bloktin*, ne fe mêloit pas bien avec l'étain de Malaca. Dix fufions confécutives que je répétai, me firent obferver le même phénomene, avec quelques petites différences néanmoins, qu'on pourra obferver dans la Table fuivante. L'épaiffeur des parallélipipedes que je formai étoit $= \frac{17}{100}$ de pouce rhenan.

Etain de Malaca.	Etain d'Angleterre.	Fermeté.	Gravité fpécifique.
1	1	10 ℔	7 , 2676
2	1	20	7 , 3823
3	1	24	7 , 2843
4	1	31	7 , 1286
5	1	30	7 , 4857
6	1	61	7 , 3676
7	1	50	7 , 3279
8	1	50	7 , 1029
9	1	20	7 , 2923
10	1		7 , 5072

L'étain fin d'Angleterre, fans être mêlangé avec tout autre métal quelconque, ne peut-être rompu que par un poids $= 150$ ℔, & celui de Malaca par un poids $= 100$ ℔.

L'étain de Malaca eft très mou, très ductile & très gras : fes parties ne fe féparent pas les unes des autres par de fimples fractures ; elles ne s'en féparent que lorfque la maffe de ce métal s'eft fortement allongée.

Je ne me fuis pas borné aux fimples fufions que je viens de décrire, j'ai encore répété plufieurs autres fufions, en y ajoûtant du fuif de chandelle ou de la colophone, ou du fel ammoniac ; & j'ai coulé ces deux métaux, bien fondus & bien mêlés, dans un moule très chaud, enfuite dans un autre un peu moins chaud, après cela dans un troifieme qui n'étoit que tiede. Ces différentes fufions m'ont toutes donné un métal dur, mais très fragile. Dans l'endroit où cette compofition fe caffoit, on y remarquoit des lames parfemées de petits grains, & remplies d'afpérités & d'inégalités ; de forte qu'il ne me paroît pas encore poſſible de bien mêler & de bien combiner enſemble l'étain de Malaca & celui d'Angleterre.

Ayant fait fondre enſemble une partie d'étain d'Angleterre & une partie d'étain de Malaca ; & ayant jetté de la colophone dans le mélange, il en réſulta un mixte dont la fermeté fut = 45 ℔. Je remarquai auſſi que la fracture de ce compoſé étoit âpre, ainſi que celle du mélange dont je viens de parler.

§. MCLXIII. Comme l'étain de Malaca, dont j'avois fait uſage, ne s'étoit pas bien mêlé avec l'étain d'Angleterre ; je pris de meilleur étain du même endroit, & je le fis fondre avec d'autre étain fin d'Angleterre : je coulai enſuite ce nouveau mélange dans un moule de ſimilor, que je fis fortement chauffer. Je conſtruiſis, par cette fonte, des parallélipipedes dont chaque face étoit de $\frac{17\frac{1}{2}}{100}$ de pouce rhenan, & j'en éprouvai la fermeté, ainſi que la peſanteur ſpécifique.

Etain de Malaca.	Etain d'Angleterre.	Fermeté ſur $\frac{17\frac{1}{2}}{100}$.	Fermeté ſur $\frac{17}{100}$.	Gravité ſpécifique.
10	1	107, 103, 109 ℔.	101, 97, 102 ℔.	7, 3077
9	1	105, 108, 101	99, 102, 95	7, 3141
8	1	105, 105	99, 108	7, 3077
7	1	111, 110, 111	104, 103	7, 325
6	1	101, 105	95, 99	7, 3144
5	1	127, 127	119	7, 2851
4	1	112, 111	105, 104	7, 2802
3	1	125, 121	116, 114	7, 2802
2	1	121, 122	114, 115	7, 1346
1	1	111, 91	104, 86	7, 3690

Ces parallélipipedes s'allongerent beaucoup avant de ſe caſſer, & leur fracture ſe termina en pointe. Lorſqu'on réduit l'épaiſſeur de ces parallélipipedes à $\frac{17}{100}$ de pouce rhenan ; alors leur véritable épaiſſeur $\frac{17\frac{1}{2}}{100}$ de pouce devient à celle à laquelle elle eſt réduite, ſavoir, $\frac{17}{100}$, à peu de choſe près, comme 306 eſt à 289. Je n'ai pris ici que des nombres ronds, & j'ai rejetté les fractions.

Comme le premier étain de Malaca que j'avois employé dans le mélange que j'avois fait avec de l'étain d'Angleterre, me donnoit un mixte fort fragile, la Nature, ſemblant répugner à l'union de ces deux ſubſtances, il eſt probable qu'il y avoit quelques parties arſenicales, ou quelques parties hétérogenes dans l'un ou dans l'autre métal qui s'oppoſoient à leur union, &

que ces parties ne fe font point trouvées dans la feconde efpece d'étain dont je me fuis fervi ; puifque ce mélange s'eft fait plus complétement. Néan-moins quiconque fera attention aux différens réfultats des expériences que je viens de citer, s'appercevra fur-le-champ que le mélange des deux efpe-ces d'étain dont il eft ici queftion, n'augmente pas la fermeté du mixte ; car l'étain d'Angleterre, lorfqu'il eft feul, fupporte un poids $= 150$ ℔ : & la plus grande fermeté du mixte cede à un poids $= 119$ ℔.

§. MCLXIV. Je paffe maintenant aux expériences que j'ai faites fur des mélanges d'étain de Malaca avec du plomb d'Angleterre ; les parallélipipe-des que j'ai conftruits avec cette compofition, avoient $\frac{17}{100}$ de pouce d'épaif-feur, & avoient été fondus dans des moules d'étain. Voici les réfultats que m'ont fourni les expériences que j'ai faites fur les combinaifons fuivantes.

Étain.	Plomb.	Fermeté.	Gravité fpécifique.
1	1	183 ℔	8, 3036
2	1	190	
3	1	240	
4	1	230	
5	1	240	
6	1	210	
7	1	230	
8	1	200	
9	1	190	
10	1	200	

La tenacité des parties de ce mixte étoit très confidérable ; & j'ai remarqué que chacun de ces parallélipipedes ne fe rompoit qu'après s'être beaucoup allongé & s'être beaucoup atténué dans l'endroit où il fe rompoit. La meil-leure proportion qu'on puiffe obferver, en formant un tel mélange, eft, lorfqu'on combine enfemble 3, 4, & même 5 parties d'étain avec une partie de plomb. L'étain d'Angleterre, mêlé avec du plomb, acquiert néanmoins plus de confiftance ; car j'ai obfervé que la fermeté de ce mixte $= 310$ ℔ : ce qui prouve que la fabrique de l'étain d'Angleterre eft beaucoup différente de celle de l'étain de Malaca.

§. MCLXV. Voici maintenant des expériences faites avec un mélange d'étain d'Angleterre, de cuivre jaune & de fimilor. Les Potiers-d'étain, en Hollande, ont coutume de mêler du cuivre jaune avec de l'étain fin d'An-gleterre, afin de rendre le mélange plus dur : ils prennent ordinairement 100 ℔ d'étain, & ils y mêlent 2 ℔ de cuivre jaune, $\frac{1}{4}$ de ℔ de fimilor, & $1\frac{1}{2}$ ℔ de bifmuth, afin que l'étain foit plus coulant lorfqu'il eft fondu, & qu'il rempliffe plus exactement les moules ; fi on y ajoûtoit une plus grande

quantité

quantité de bifmuth, il deviendroit fi coulant, que le mixte ne pourroit plus
fe lier parfaitement.

Je sais que certains Ouvriers de Bretagne combinent quelques autres fubftances avec l'étain ; car la couleur de leur étain eft tout-à-fait différente de
celle de l'étain de Hollande : mais comme ils font un fecret de cet alliage,
je n'ai pas voulu faire d'expériences fur ce mixte.

Il arrive quelquefois que l'étain & les autres fubftances dont je viens de
parler ne s'uniffent pas bien enfemble dans la fonte ; dans ce cas les Fondeurs
attachent un oignon à l'extrêmité d'un bâton, ils plongent enfuite cet oignon
au fond du creufet, & ils remuent le mélange en tout fens : la vapeur qui
s'exhale de l'oignon excite une ébullition fur la furface de l'étain, qui détache & emporte quelques parties de cette furface ; & la mixtion fe fait alors
plus complétement. Les Artiftes font grand cas d'un tel mélange, lorfqu'il
ne fait aucun bruit, aucun crepitement, lorfqu'on le plie & qu'on n'y remarque point de fêlures : fi on y obferve des fêlures, il faut alors ajoûter au
mélange une plus grande quantité de cuivre. En Hollande on donne à ce
mélange le nom d'*étain d'Angleterre*, & le cachet qu'on y imprime, pour
le diftinguer, eft un Ange. Je pris un parallélipipede fait de cet étain, qui
avoit $\frac{17}{100}$ de pouce de face ; & il ne céda qu'à l'effort d'un poids $=$ 235 ℔.

D'autres Ouvriers mêlent enfemble 100 ℔ d'étain fin d'Angleterre, 1 ℔
de cuivre jaune de Barbarie, $\frac{1}{4}$ ℔ de bifmuth, $\frac{1}{4}$ ℔ de zinc ; ils y ajoûtent enfin 50 ℔ de vieux uftenfiles d'étain, marqués au coin de l'Ange dont nous
venons de parler : ils fondent toutes ces fubftances enfemble, & ils les
mêlent.

§. MCLXVI. Si on prend 94 ℔ de l'étain d'Angleterre dont nous venons
de parler, & qu'on y ajoûte 6 ℔ de plomb, le mixte qui en réfultera donnera l'étain *rofette*, dont la marque eft une rofe. Un parallélipipede de cet
étain, & dont chaque face étoit $=\frac{17}{100}$ de pouce, fupporta, avant de fe rompre, un poids $=$ 190 ℔.

§. MCLXVII. L'étain dont on fait les pintes & autres uftenfiles pour mettre du vin, eft compofé de 84 ℔ d'étain d'Angleterre, & de 16 ℔ de plomb.
Un parallélipipede fait d'un tel compofé, & dont chaque face étoit de $\frac{17}{100}$ de
pouce rhenan de largeur, fupporta, avant de fe rompre, un poids $=$ 290 ℔.

§. MCLXVIII. Deux tiers d'étain d'Angleterre & un tiers de plomb mêlés enfemble, compofent une efpece de foudure. Un parallélipipede tiré
d'une telle compofition, & dont chaque face a $\frac{17}{100}$ de pouce rhenan de largeur, eft en état de fupporter un poids $=$ 280 ℔. Les Potiers d'étain de Hollande ne font point ufage de l'étain de Banca, ni de celui de Malaca pour
conftruire les différens uftenfiles qui fortent de leurs mains ; parceque ces
deux efpeces d'étain font trop molles & d'une couleur trop blanche.

§. MCLXIX. J'ai cru qu'il feroit à propos d'examiner de combien croif-
foit & augmentoit la fermeté & la denfité de l'étain de Banca, lorfqu'on le
faifoit paffer par les différens trous d'une filiere. Chaque fois qu'on faifoit
paffer un lingot de cette efpece d'étain par un des trous de la filiere, j'en ai
coupé un morceau d'une certaine longueur ; & j'ai formé de ces différens
morceaux des parallélipipedes dont l'épaiffeur étoit $=\frac{17}{100}$ de pouce, ayant
foin de ménager des têtes d'une plus grande épaiffeur aux deux extrêmités de

Tome II.   R chaque parallélipipede, ainfi que je l'ai pratiqué dans les expériences précédentes.

Etain tiré.	Fermeté.	Gravité fpécifique.
1 fois .	126 ℔ .	7, 2346
2	116	7, 2458
3	116	7, 24787
4	116	7, 2500
5	110	7, 3124
6	110	7, 2073
7	110	7, 2703
8	106	7, 2234

Je n'ai pu pouffer plus loin le tirage de cette efpece d'étain ; parcequ'il fe rompoit dans l'opération : cependant on peut le tirer encore davantage, & en faire un fil plus fin, pourvu qu'on ait foin de le relâcher en l'expofant à l'action du feu, de maniere qu'il y acquiert une chaleur un peu moins grande que celle qui eft néceffaire pour le mettre en fufion.

Comme l'étain des Indes, appellé *étain de Banca*, lorfqu'il eft fimplement fondu, jouit d'une fermeté qui eft $= 104$ ℔, & que fa gravité fpécifique $= 7, 165$: il paroît que cet étain devient plus ferme & plus denfe lorfqu'on le fait paffer une fois par un des trous d'une filiere ; puifqu'alors fa fermeté eft telle, qu'il peut fupporter un poids $= 126$ ℔, & que fa gravité fpécifique eft alors $= 7, 2356$: or quoiqu'en le faifant enfuite paffer fucceffivement par différens trous d'une filiere, fa denfité augmente ; puifque fa gravité fpécifique peut devenir $= 7, 2500$, fa fermeté n'augmente pas pour cela ; car il ne peut alors fupporter qu'un poids $= 116$ ℔. Lorfqu'on le rend plus mince, en le tirant davantage, on le rend, à la vérité, plus dur ; mais fa fermeté & fa gravité fpécifique diminuent ; de forte qu'il eft très conftant que les parties de l'étain de Banca ne fouffrent pas un grand changement par rapport à leur fermeté & à leur denfité.

§. MCLXX. Ayant mêlé enfemble de l'étain des Indes, appellé *étain de Banca*, & du régule d'antimoine, je formai plufieurs parallélipipedes de $\frac{17\frac{1}{4}}{100}$ de pouce de face, avec différens mélanges que je fis, & que je coulai dans des moules de fimilor, & voici quels furent les réfultats des expériences que je fis fur ces parallélipipedes.

Etain de Banca.	Régule d'antimoine.	Fermeté.	Gravité spécifique.
10	1	316 ℔	7 , 3592 (1)
9	1	330	7 , 2762
8	1	280	7 , 2762
7	1	337	7 , 3077
6	1	357	7 , 2285
5	1	375	7 , 2228 (2)
4	1	381	7 , 1923
3	1	380	7 , 5346
2	1	340	7 , 1057
1	1	90	7 , 0606

Il ne m'a pas été possible de mêler comme il faut une plus grande quantité d'antimoine avec cette espece d'étain ; car le mélange que j'ai voulu faire ne s'est pas bien fondu.

L'épaisseur d'un parallélipipede $= \frac{17\frac{1}{2}}{100}$ de pouce, est à une épaisseur $= \frac{17}{100}$, approchant :: 306 : 289.

§. MCLXXI. Ayant coulé dans des moules de similor différens mélanges d'étain de Banca & de bismuth ; j'en formai des parallélipipedes, dont chaque face étoit $= \frac{17\frac{1}{2}}{100}$ de pouce rhenan. La fermeté du bismuth seule $= 40$ ℔.

(1) Ce parallélipipede s'allongea très peu, & la fracture étoit âpre.
(2) Ce mélange s'allongea très peu, & la fracture parut âpre & parsemée de petits grains.

Etain de Banca.	Bifmuth.	Fermeté.	Gravité fpécifique.
10	1	380 ℔	7 , 5769 (1)
9	1	460	7 , 5961
8	1	465	7 , 6539
7	1	487	7 , 5461
6	1	487	7 , 6827
5	1	460	7 , 6000
4	1	500	7 , 6132
3	1	420	7 , 8095
2	1	420	8 , 0762
1	1	360	8 , 4169
1	2	300	8 , 8585
1	3	280	8 , 9583
1	4	236	9 , 0092
1	5	200	9 , 2666
1	6	140	9 , 3302
1	7	86	9 , 4528 (2)
1	8	140	9 , 3458
1	9	131	9 , 4906
1	10	116	9 , 4339 (3)

§. MCLXXII. L'étain de Banca, mêlé avec du zinc, fondus & coulés dans des moules de fimilor, me donnerent des parallélipipedes de $\frac{17\frac{1}{2}}{100}$ de pouce rhenan d'épaiffeur, & voici le réfultat des expériences que je fis fur ces parallélipipedes.

(1) Ces parallélipipedes ne s'allongent pas ; mais leur fraĉure eft âpre & parfemée de gros grains

(2) Ce mélange ne vaut rien ; il n'a pas affez de confiftance.

(3) Ce mélange eft fragile ; il ne s'allonge point, & il eft parfemé de gros grains.

Étain de Banca.	zinc des Indes.	Fermeté.	Gravité spécifique.
10	1	387 ℔	7 , 2880 (1)
9	1	380	7 , 2692
8	1	370	7 , 3398
7	1	360	7 , 2172
6	1	380	7 , 2343
5	1	340	7 , 0000
4	1	387	7 , 1029
3	1	370	7 , 4422
2	1	450	7 , 000
1	1	475	7 , 3214
1	2	480	7 , 1000
1	3	365	7 , 2352
1	4	365	7 , 0923
1	5	415	7 , 0909
1	6	190	7 , 0606
1	7	90	7 , 0145
1	8	80	7 , 1175
1	9	170	7 , 1470
1	10	170	7 , 1304

(Les lignes 90 et 80 sont accolées par une accolade marquée) (2)

§. MCLXXIII. De l'étain fin d'Angleterre, fondu & coulé dans un moule de similor sous la forme d'un parallélipipede de $\frac{17\frac{1}{2}}{100}$ de pouce rhenan d'épaisfeur, s'allongea confidérablement; & l'endroit où il fe rompit fe termina en pointe extrêmemem aiguë : il fut rompu par un poids = 200 ℔.

Ce même étain, légérement forgé fur une enclume, fupporta & ne fe rompit que par un poids = 220 ℔. Mais comme ce même étain, réduit à une épaiffeur = $\frac{17}{100}$ de pouce, ne s'eft rompu que par l'éffort d'un poids = 188 ℔, & que celui dont j'ai fait mention précédemment n'a pu fupporter

(1) Ce mélange ne s'allongea point; fa fracture fut confidérablement âpre & quadrangulaire.

(2) Il faut que ces deux mélanges n'aient pas été bien fondus; car leur fermeté eût dû être plus grande.

qu'un poids = 150 ℔, il paroît manifeſtement que les réſultats de ces deux expériences ne s'accordent point entr'eux ; cela viendroit-il de ce que l'étain pur d'Angleterre acquerroit plus de fermeté lorſqu'on le couleroit dans un moule de ſimilor, que lorſqu'on le couleroit dans un moule d'étain ? C'eſt ce que je n'oſe aſſurer ; parcequ'il peut fort bien ſe faire que les Fabricans n'envoient pas toujours aux Etrangers de l'étain également pur, ou de ce qu'ils apportent quelquefois plus de ſoin, ou de ce qu'ils s'y prennent de différentes manieres, pour le préparer & le purger de toutes les parties hétérogenes qu'il peut contenir : tout ce que je puis aſſurer, c'eſt que je me ſuis ſervi du plus pur étain que j'ai pu trouver en Hollande.

§. MCLXXIV. Voici maintenant les réſultats des expériences que j'ai faites avec des mélanges d'étain de Malaca & de biſmuth. J'ai coulé ces différens mélanges dans des moules d'étain, & j'en ai conſtruit des parallélipipedes, dont chaque face portoit $\frac{17}{100}$ de pouce.

Etain de Malaca.	Biſmuth.	Fermeté.	Gravité ſpécifique.
1	1	333 ℔	8, 2600
2	1	370	7, 8542
3	1	422	7, 9084
4	1	412	7, 7892
5	1	372	7, 8186
6	1	362	7, 5588
7	1	340	7, 5789
8	1	290	7, 4023
9	1	280	7, 3143
10	1	250	7, 3913
Le biſmuth ſeul		85 juſq. 92 ℔.	9, 8500

Il paroît, par ces réſultats, que l'étain de malaca ſe mêle & ſe combine très bien avec le biſmuth, lorſqu'on les fait fondre enſemble, & que ces deux ſubſtances, lorſqu'elles ſont unies, ne forment point un mixte fragile. Le biſmuth, incorporé avec cet étain, en augmente la fermeté, ſur-tout lorſqu'ils ſont entr'eux dans la proportion de 3 à 1 ou de 4 à 1. Une plus grande ou une plus petite quantité d'étain mêlée avec le biſmuth, donneroit un mixte moins ferme. Quoi qu'il en ſoit, le biſmuth augmente conſidérablement la fermeté de l'étain de Malaca, & la rend quatre fois plus grande ; ce qui prouve que le biſmuth, mêlé avec cet étain, unit très bien les parties, & les aglutine parfaitement entr'elles.

§. MCLXXV. Nos Potiers-d'étain, qui emploient l'étain d'Angleterre pour faire différens vaſes & différens Ouvrages, mêlent toujours du biſmuth avec leur étain , afin de le rendre plus fufible , & plus propre à remplir les moules dans lefquels ils le coulent ; mais ils n'ajoûtent jamais plus d'une demi livre de bifmuth fur cent livres d'étain : il y en a même quelques uns qui emploient une moindre quantité de bifmuth ; car l'étain d'Angleterre ne s'allie pas avec toute quantité quelconque de bifmuth. En effet , fi on met une partie de bifmuth fur fix parties d'étain , le mixte qui en réfulte eft fi fragile , qu'on ne peut le travailler qu'avec beaucoup de peine ; & lorfqu'il fe rompt , l'endroit où fe fait la fracture eft extrêmement âpre & raboteux. J'ai cru devoir éprouver différens mélanges de cette efpece.

§. MCLXXVI. Voici les réfultats des expériences que j'ai faites fur de tels mélanges. J'ai combiné enfemble , felon les proportions ci deffous indiquées , de l'étain pur d'Angleterre , nommé *bloktin* , avec du bifmuth ; j'ai coulé ces mélanges dans des moules d'étain , & chaque parallélipipede que j'en ai formé , avoit $\frac{17}{100}$ de pouce rhenan d'épaiffeur : ces parallélipipedes ont été rompus par les poids fuivans.

Etain d'Angleterre.	Bifmuth.	Fermeté.	Gravité fpécifique.
10	1	190 ℔	
9	1	300	
8	1	280	
7	1	285	
6	1	280	
5	1	260	
4	1	280	
3	1	260	
2	1	300	
1	1	270	8, 2037

Il paroît , par ces réfultats , que le bifmuth augmente la fermeté de l'étain d'Angleterre ; mais il ne l'augmente pas auffi confidérablement qu'il augmente celle de l'étain de Malaca. Tous les parallélipipedes dont j'ai fait ufage pour les expériences que je viens de décrire , étoient extrêmement fragiles ; ils fe font tous rompus fans s'allonger ; car ils fe font tous rompus fubitement : l'endroit de leur fracture étoit âpre , & laiffoit appercevoir une efpece de grain difféminé çà & là , & qui étoit plus gros dans des endroits que dans d'autres. Les furfaces produites par la fracture étoient planes , & difpofées perpendiculairement à la longueur des parallélipipedes. Quant à la fermeté de ces différens mélanges, je ne l'ai pas trouvée beaucoup différente dans les uns & dans les autres , malgré les différentes proportions felon lefquelles j'avois combiné l'étain d'Angleterre & le bifmuth ; car la fermeté a été la même lorfque ces deux fubftances ont été combinées entr'elles dans le rapport de 9 à 1 , & dans celui de 2 à 1. D'ailleurs la différence de 260 à 300 n'eſt pas une bien grande différence ; & même il eſt à préſumer qu'on ne doit une telle différence qu'à la fragilité de tous ces mixtes. Il réſulte de toutes ces obſervations, que le biſmuth peut être mêlé plus avantageuſement avec l'étain de Malaca qu'avec celui d'Angleterre. Peut-être conviendroit-il de combiner enſemble le biſmuth & l'étain d'Angleterre ſelon de plus grands rapports, pour former un mixte moins fragile, & qui auroit une fermeté différente de celle que nous venons d'indiquer ; mais ſeroit-elle plus grande ou plus petite ? C'eſt ce que l'expérience ſeule peut décider.

§. MCLXXVII. Ayant mêlé enſemble de l'étain d'Angleterre nommé *bloktin*, avec du zinc de Goſlar, j'en formai des parallélipipedes de $\frac{17}{100}$ de pouce ; & voici quels furent les réſultats que je trouvai.

Etain.	Zinc.	Fermeté.
1	1	255 ℔
2	1	310
4	1	290
8	1	300
10	1	310 & 270
12	1	295
16	1	250
20	1	240
Le zinc ſeul		76
L'étain ſeul		150

Il paroît, par ces réſultats, que le zinc, mêlé avec l'étain d'Angleterre, forme un très bon alliage, que leurs parties s'aſſimilent & s'uniſſent parfaitement bien ; puiſque la fermeté du mixte eſt double, & même plus que double de celle de chaque partie conſtituante du mixte. Le zinc eſt bien différent de l'étain, quoique ces deux ſubſtances aient pluſieurs propriétés communes (1). Les mélanges dont je viens de parler avoient été coulés dans un moule d'étain. La plûpart de ces mélanges s'allongerent avant de ſe caſſer ; & l'endroit de la fracture ſe terminoit alors en pointe : mais lorſque l'étain eſt dans une moindre proportion avec le zinc, la fracture du mixte qui en réſulte eſt âpre, granuleuſe, & le mixte lui-même eſt plus dur & plus fragile.

§. MCLXXVIII. Ayant conſtruit des parallélipipedes de $\frac{17}{100}$ de pouce de face, avec différens mélanges d'étain de Malaca & de zinc de Goſlar, j'obſervai les réſultats ſuivans.

(1) Hiſt. de l'Açad. Roy. ann. 1742, p. 104.

Etain

Etain de Malaca.	Zinc.	Fermeté.	Gravité spécifique.
Etain de Malaca feul		91	6 , 1256
Zinc feul		76	7 , 215
10	1	358	7 , 7142
9	1	315	7 , 4257
8	1	312	7 , 2621
7	1	300	7 , 3431
6	1	290	7 , 3267
5	1	310	7 , 3683
4	1	310 & 301	7 , 1923
3	1	310	7 , 320
2	1	315 & 360	7 , 1068
1	1	303	7 , 1553

Ce mêlange eſt extrêmement tenace , & il s'allonge conſidérablement dans l'expérience.

Il paroît que le zinc unit plus fortement les parties de l'étain de Malaca que celles de l'étain d'Angleterre : en effet, la fermeté de l'étain d'Angleterre conſidéré ſolitairement, eſt plus grande que celle de l'étain de Malaca ; cependant lorſque ce dernier eſt combiné avec le zinc, il ſupporte un plus grand poids , & il conſerve outre cela la tenacité qu'on remarque naturellement dans cette eſpece d'étain ; puiſque ſon mélange avec le zinc ne peut ſe rompre qu'il ne ſe ſoit allongé conſidérablement. Néanmoins lorſque , dans un tel mélange , la quantité de l'étain eſt dans un petit rapport avec celle du zinc , la fracture de ce mixte devient âpre & grenue.

§. MCLXXIX. Voici maintenant le réſultat des expériences que j'ai faites ſur des mélanges d'étain d'Angleterre nommé *bloktin* , & de régule d'antimoine.

On rencontre quelquefois certaines eſpeces d'étain qui ne peuvent point s'allier avec le régule d'antimoine, ou qui ne peuvent s'unir qu'avec une très petite quantité de ce régule ; ce qui dépend de la conſtitution de l'étain & de celle du régule : c'eſt cette raiſon qui m'a déterminé à tenter pluſieurs fois à faire de tels mélanges ſelon différentes proportions ; mais mes tentatives ont toujours été ſans ſuccès : car ou ces mélanges ſe caſſoient lorſqu'on les couloit en moule , ou ils en ſortoient ſi fragiles , qu'il n'étoit pas poſſible de les limer , ou de les traiter de toute autre maniere. Lorſqu'on rencontre une eſpece quelconque d'étain qui peut s'allier avec le régule d'antimoine , les Potiers d'étain ont coutume de mêler 10 ℔ de régule ſur 100 ℔ d'étain : & c'eſt avec cette compoſition qu'ils fabriquent les fourchettes, dont les dents font très roides. Ayant moi-même trouvé une espece d'étain qui se combinoît assez bien avec le régule d'antimoine, j'en formai un mixte, d'où je tirai plusieurs parallélipipedes qui avoient chacun $\frac{17}{100}$ de pouce rhenan d'épaisseur ; & les ayant soumis les uns & les autres à l'expérience, tels furent les résultats que j'observai.

Etain d'Angleterre.	Régule d'antimoine.	Fermeté.	Gravité spécifique.
9	1	218 ℔	
15	4	300	
5 $\frac{2}{3}$	1	320	
5 $\frac{3}{7}$	1	324	
4	1	320	
3 $\frac{2}{3}$	1	260	
3	1	350	
4	1 $\frac{1}{2}$	180	
8	1		7 , 3000
8	3 $\frac{1}{2}$	280	
7	1		7 , 3107
7	4	180	
6	1		7 , 2079
3	2	90	
1	1	41	7 , 000
6	7	158 (1).	

Puisque l'étain d'Angleterre , solitairement éprouvé , & ayant l'épaisseur que nous venons d'indiquer, ne cede qu'à l'effort d'un poids = 150 ℔ ; & que le régule d'antimoine, traité de la même maniere, se rompt par l'effort d'un poids = 30 ℔ , il paroît manifestement que ce régule ne contribue pas peu à augmenter la fermeté de l'étain d'Angleterre. Ce mélange acquiert la plus grande fermeté qu'il puisse acquérir lorsque le rapport de l'étain au régule d'antimoine est comme celui de 3 à 1 ; car, dans ce cas, le parallélipipede qui est formé de ce mélange, suivant les dimensions indiquées ci-dessus, supporte, avant de se casser, un poids = 350 ℔ : mais lorsque l'étain & le régule d'antimoine sont mêlés ensemble à parties égales , le mixte qui en résulte est extrêmement fragile ; & lorsqu'il se rompt, il paroît parsemé de très gros grains, qui sont tous brillans.

(1) L'épaisseur de ce dernier parallélipipede étoit = $\frac{2}{10}$ de pouce.

§. MCLXXX. Les expériences suivantes ont été faites avec des mélanges d'étain de Malaca & de régule d'antimoine.

Cette espece d'étain s'allie beaucoup plus aisément & plus solidement avec le régule d'antimoine. J'ai fait différens mélanges de cette espece, que j'ai coulés dans des moules d'étain, & j'en ai formé des parallélipipedes, dont chaque face étoit $= \frac{17}{100}$ de pouce; & voici les résultats que je découvris.

Etain de Malaca.	régule d'antimoine.	Fermeté.	Gravité spécifique.
1	1	141 ℔	7, 0793
2	1	370	7, 1129
3	1	322	7, 0289
4	1	350	7, 1076
5	1	300	7, 1710
6	1	310	7, 3928
7	1	300	7, 2875
8	1	385	7, 3859
9	1	165	7, 5079
10	1	133	7, 5660

Les différens mélanges que je viens de décrire, ne m'offrirent point la même fragilité que les précédens. J'y remarquai plutôt la tenacité qui est propre à l'étain de Malaca : cependant j'avois employé dans ces mélanges le même régule d'antimoine dont je m'étois servi pour faire les précédens. Or, en comparant ensemble ces deux différens exemples, on ne pourra disconvenir que l'étain de Malaca est bien différent de celui d'Angleterre.

§. MCLXXXI. Ayant fait fondre ensemble de l'étain des Indes, connu sous le nom d'étain de Banca, & de l'étain pur & blanc d'Angleterre, de la même espece que celui dont j'ai fait usage dans les expériences précédentes ; je coulai les différens mélanges que je fis dans un moule de similor, auquel j'avois fait prendre un degré de chaleur égal à celui de l'étain lorsqu'il est fondu ; précaution indispensablement nécessaire, au défaut de laquelle l'étain qu'on y coule, contracte souvent plusieurs fentes lorsqu'il se refroidit. Je formai avec cette composition plusieurs parallélipipedes, dont l'épaisseur étoit $= \frac{17\frac{1}{2}}{100}$ de pouce rhenan, & dont la fracture se terminoit en pointe dans chaque expérience que je fis. Voici quels furent les résultats que me donnerent mes tentatives.

Etain pur de Banca.	Etain d'Angleterre.	Fermeté.	Gravité spécifique.
Etain de Banca seul		111 ℔	7, 2165
10	1	101	7, 3786
9	1	91	7, 12804
8	1	91	7, 2476
7	1	105 & 106	7, 3237 + 30
6	1	97 & 98	7, 3173 + 30
5	1	106 & 98	7, 33757 + 20
4	1	107 & 102	7, 3461 + 10
3	1	102 & 106	7, 3461
2	1	131, 126 & 128	7, 3268
1	1	133 & 149	7, 3268
1	2	149	7, 3238
1	3	145	7, 3143
1	4	168	7, 3312
1	5	158	7, 4007
1	6	170	7, 3471
1	7	171	7, 2436
1	8	171	7, 3375
1	9	151	7, 3375
1	10	151 & 175	7, 3557

En considérant les gravités spécifiques de ces mixtes, il paroît manifestement que ces métaux, coulés dans le même moule, ne font pas venus de même densité ; ce qui peut venir de ce que chaque mélange n'auroit pas été coulé au même degré de chaleur, ou de ce que le moule n'auroit pas été toujours également chaud, ou enfin de quelques autres causes que nous ne connoissons point.

§. MCLXXXII. Je mêlai ensemble de l'étain de Banca & de l'étain de Malaca ; je coulai les mélanges que je fis dans un moule de similor que j'avois fait chauffer : j'en construisis des parallélipipedes, dont l'épaisseur étoit

$$= \frac{17 \frac{1}{2}}{100}$$ de pouce rhenan, & j'observai les résultats suivants.

L'étain de Malaca, dont je fis usage pour ces expériences, avoit une fermeté = 98 ℔, & sa gravité spécifique étoit = 7, 3461.

Etain de Banca.	Etain de Malaca.	Fermeté.	Gravité spécifique.
10	1	81 ℔	7, 3301 (1)
9	1	81	7, 3461
8	1	86	7, 2698
7	1	83	7, 3853
6	1	85	7, 3970
5	1	85	7, 4451
4	1	85	7, 3461
3	1	85	7, 3601
2	1	85	7, 3397
1	1	86	7, 3482
1	2	91	7, 3961
1	3	95	7, 3141
1	4	91	7, 3088
1	5	81	7, 4129
1	6	91	7, 3280
1	7	85	7, 3493
1	8	85	7, 3397
1	9	85	7, 2993
1	10	85	7, 3057

§. MCLXXXIII. Voici maintenant les résultats que j'ai trouvés en éprouvant des parallélipipedes de $\frac{17\frac{1}{2}}{100}$ de pouce rhenan d'épaisseur, faits avec différens mélanges d'étain de Banca & de plomb pur d'Ecosse.

(1) Ce parallélipipede s'allongea beaucoup avant de se casser, & sa fracture se termina en pointe.

Etain de Banca.		Plomb d'Ecosse,		Fermeté		Gravité spécifique.
10	.	1	.	283 ℔	.	7, 6025 (1)
9	.	1	.	291	.	7, 6410
8	.	1	.	301	.	7, 6154
7	.	1	.	301	.	7, 6730
6	.	1	.	301	.	7, 7404
5	.	1	.	301	.	7, 7788
4	.	1	.	301	.	7, 8943
3	.	1	.	301	.	8, 1359
2	.	1	.	310	.	8, 1132
1	.	1	.	261	.	8, 8750 (2)
1	.	2	.	245	.	8, 8720
1	.	3	.	200	.	9, 9417
1	.	4	.	180	.	10, 2970
1	.	5	.	160	.	10, 3786
1	.	6	.	145	.	10, 5882
1	.	7	.	160	.	10, 5759
1	.	8	.	160	.	10, 7451
1	.	9	.	150	.	10, 6539
1	.	10	.	155 & 190	.	10, 8529

Mélange de fer & d'étain.

§. MCLXXXIV. Le fer fondu ne se mêle pas bien avec l'étain ; unis énsemble, ils forment un métal très dur, qu'on ne peut limer : ce métal est d'une couleur blanche semblable à celle du fer ; il est extrêmement fragile : ce qui m'a empêché d'en examiner la fermeté. Trois parties de fer mêlées avec une partie d'étain, forment un mixte dont la pesanteur spécifique ⟹ 7, 0909. L'acier ne nous offre pas le même phénomene ; il se mêle parfaitement bien avec l'étain.

(1) Ce mélange s'allongea très peu ; sa fracture fut âpre, & il parut fragile.
(2) La fracture de celui-ci fut plus pointue, & le métal s'allongea davantage en se rompant.

Mélange de fer & de bifmuth.

Le fer mêlé à égale quantité avec le bifmuth, ne s'allient pas bien entre eux : l'union de ces deux fubftances forme un mixte extrêmement fragile. Dans les endroits où le bifmuth fe trouve feul, le métal eft plus mou. C'eft par rapport à la fragilité de ce mélange, que je n'ai pu éprouver que la fermeté de deux combinaifons différentes, dont j'ai formé deux parallélipipedes de $\frac{1}{10}$ de pouce rhenan d'épaiffeur.

1°. 400 grains de fer & 20 grains de bifmuth, combinés enfemble, formerent un mixte qui ne fe rompit que par l'effort d'un poids = 151 ℔.

2°. 400 grains de fer & 300 grains de bifmuth, formerent un métal qui étoit creux dans le milieu de fon épaiffeur, & qui fut rompu par un poids = 35 ℔.

Mélange de fer & de plomb.

Chaque parallélipipede avoit $\frac{1}{10}$ de pouce rhenan d'épaiffeur.

400 grains de fer & 134 grains de plomb pur d'Ecoffe, formerent, par leur combinaifon, un métal dur, qui ne fut rompu que par un poids = 225 ℔.

15 parties de fer & 50 parties de cuivre jaune, ont une gravité fpécifique = 8,0256.

10 parties de fer & 1 partie de plomb, mêlées enfemble, ont une gravité fpécifique = 4,250.

§. MCLXXXV. Pour éprouver la fermeté de différentes efpeces de plomb, je fis fondre, & je coulai dans un moule d'étain, plufieurs parallélipipedes d'une épaiffeur = $\frac{17}{100}$ de pouce, & je trouvai les réfultats fuivants.

Le plomb pur d'Angleterre, tiré de Hull, fupporta un poids = 25 ℔.

Le meilleur plomb d'Angleterre, tiré de Stokton, & marqué par ces deux lettres I B, porta depuis 25 jufqu'à 30 ℔.

Une autre efpece de plomb d'Angleterre, tiré du même endroit, mais un peu moins bonne que la précédente, porta 25 ℔.

Le meilleur plomb d'Ecoffe porta depuis 25 jufqu'à 30 ℔.

Le plomb d'Allemagne, tiré de Herftal, porta 17 ℔.

Le plomb des Indes porta depuis 63 jufqu'à 66 ℔.

§. MCLXXXVI. J'ai éprouvé les différens degrés d'accroiffement que pouvoient acquérir la denfité & la fermeté du plomb d'Ecoffe, lorfqu'on faifoit paffer plufieurs fois le même morceau de plomb par différens trous d'une filiere. Pour faire cette épreuve, je préparai ce plomb de maniere que chaque parallélipipede que je voulois foumettre à l'expérience, portoit $\frac{17}{100}$ de pouce d'épaiffeur.

Plomb tiré.	Fermeté.	Gravité spécifique.
Non tiré	25 ℔	11 , 4794 (1)
1 fois	73	11 , 2823
2	83,	11 , 3093
3	85	11 , 3246
4	84	11 , 3528
5	88	11 , 2491
6	88	11 , 2888
7	81	11 , 3600
8	80	11 , 3979
9	98	11 , 3333
10	89	11 , 3485

Il paroît manifestement, par ces expériences, que le plomb tiré peut devenir trois fois plus ferme que lorsqu'il est simplement fondu : cela posé, comme on est dans l'usage de couvrir en plomb les toits de quelques maisons, de revêtir en plomb les gouttieres, ou de faire même des canaux de plomb pour conduire les eaux dans les citernes, & qu'on fait tous ces ouvrages avec des feuilles de plomb qu'on plie ou qu'on tourne, conformément à l'usage auquel on les destine ; j'imagine qu'on feroit des ouvrages plus parfaits si, avant de travailler les feuilles de plomb, on les faisoit passer entre deux rouleaux de fer qu'on feroit mouvoir circulairement : par ce moyen on appliqueroit & on comprimeroit les parties du plomb les unes contre les autres ; on détruiroit les petites fentes, on chasseroit les petits globules d'air qui sont disséminés dans l'étendue de ces feuilles, ainsi que ces petites boursoufflures que la fonte produit : enfin ces feuilles seroient plus solides & d'un meilleur usage. On appelle cette méthode d'applanir & de condenser les lames de plomb, *pletten* : on ne la pratique point encore en Hollande ni en France. On n'y emploie que des feuilles de plomb simplement coulées : cependant des feuilles de plomb qu'on auroit ainsi préparées, seroient beaucoup meilleures pour faire les canaux des fontaines ; puisque, par ce moyen, on pourroit donner à ces canaux un plus petit diametre que celui qu'on leur donne ordinairement, & que ces canaux, quoique plus petits, seroient aussi solides que ceux qui sont plus grands & plus épais, mais qui sont faits avec du plomb simplement fondu & coulé. Le plomb qui est applani, suivant la méthode que je viens d'indiquer, conserve encore,

(1) Ce morceau de plomb fut simplement fondu, & je le laissai refroidir dans une cuiller de fer.

malgré

malgré cela, une grande flexibilité, & peut fervir à toutes fortes d'ouvrages.

Mais j'ai fait une obfervation fur la gravité fpécifique du plomb, qui m'a
engagé à pefer plufieurs fois le même morceau avec toute l'attention poffible : en effet, j'ai remarqué que la gravité fpécifique d'une même efpece de
plomb fondu, étoit = 11 , 4794; qu'enfuite, lorfque j'avois fait paffer ce
plomb huit fois de fuite par les différens trous fucceffifs d'une filiere, la
gravité de ce même plomb devenoit = 11 , 3176 : qu'après cela fi je pre-
nois un morceau de ce plomb tiré, & que je le frappaffe pendant long tems
en rond ; c'eft-à dire, fur tous les points de fa circonférence, je remarquai,
dis-je, que fa gravité fpécifique devenoit = 11 , 2187. D'où il paroît que le
plomb ne fe condenfe point, foit qu'on le tire, foit qu'on le forge, quoique cependant il devienne plus ferme : or ce phénomene ne paroît pas peu
furprenant, & recele quelques particularités que je n'ai pas encore pu découvrir.

Ce fut cette raifon qui m'engagea à faire refondre le même fil de plomb
dans une cuiller de fer, dans laquelle je le laiffai refroidir ; & je trouvai alors
qu'il avoit repris fon ancienne gravité fpécifique, plus grande que celle dont
il jouiffoit après avoir été tiré & forgé. Dans la crainte qu'on ne foupçon-
nât que cet effet pût dépendre de quelques parties graffes, ou de quelques
parties hétérogenes qui fe feroient attachées à fa furface, je raclai, avec
attention, cette furface, & je la laiffai dans l'eau ; mais je remarquai toujours que le plomb, lorfqu'il étoit fimplement fondu, & qu'on le laiffoit
refroidir enfuite, avoit une plus grande pefanteur fpécifique que lorfqu'il
étoit forgé ou tiré par la filiere : or comme ce phénomene ne vient point
naturellement à l'efprit, je répétai plufieurs fois, & avec toute l'attention
poffible, les effais dont je viens de parler. Ayant porté mes recherches fur
une autre efpece de plomb, j'obfervai encore le même phénomene ; car la
gravité fpécifique de ce plomb, lorfqu'il étoit feulement fondu, étoit =
11 , 40392 : & lorfqu'il étoit tiré, elle devenoit = 11 , 38043.

§. MCLXXXVII. Voici maintenant le réfultat des expériences que j'ai faites fur du plomb des Indes & de l'étain de Malaca.

Le plomb des Indes eft employé à la conftruction de ces grandes boîtes,
dans lefquelles on nous envoie le thé de la chine. Ce plomb ne me paroît
pas abfolument pur ; mais je penfe qu'il eft mélangé avec quelques parties
d'étain, afin qu'il foit plus ferme, & que les parois des boîtes qui en font
formées réfiftent davantage. J'ai mêlé de ce plomb avec de l'étain de Malaca, j'ai coulé ce mélange dans un moule d'étain, & j'en ai formé des
parallélipipedes dont chaque face étoit de $\frac{27}{100}$ de pouce rhenan de largeur ;
& voici les réfultats que m'ont donné les expériences que j'ai faites.

Le plomb des Indes feul n'a cédé, & ne s'eft rompu, que par un poids
= 66 ℔ : or cette fermeté fait affez connoître que cette efpece de plomb
n'eft pas fans mélange ; puifque le plomb d'Angloterre le plus pur, celui qui
eft tiré de Hull, ne peut fupporter que l'effort d'un poids de 25 ℔, & que
le meilleur plomb d'Ecoffe ne peut porter qu'un poids = 30 ℔.

Tome II.   T

Plomb des Indes.		Etain de Malaca.		Fermeté.	Gravité spécifique.
1		1		181 ℔	9,0909
2		1		181	
3		1		170	
4		1		160	
5		1		150	
6		1		150	
7		1		150	
8		1		150	
9		1		140	
10		1		131	

§. MCLXXXVIII. Ayant mêlé & combiné enfemble du plomb pur d'E-coffe & du zinc de Goflar , je fis fondre ces fubftances; je les coulai dans un moule d'étain, & j'en formai des parallélipipedes quadrangulaires, dont chaque face portoit $\frac{17}{100}$ de pouce : & voici quels furent les réfultats de mes expériences.

Le plomb pur d'Ecoffe , éprouvé féparément, porta 25 à 30 ℔ en différen-tes tentatives que je fis.

Plomb d'Ecoffe.		Zinc de Goflar.		Fermeté.
1		1		96 ℔
2		1		121
4		1		130
8		1		135
10		1		110

La plus grande fermeté d'un tel mélange provient de la combinaifon de 8 parties de plomb d'Ecoffe & d'une partie de zinc.

§. MCLXXXIX. Expériences que je fis avec différens mélanges de plomb d'Ecoffe pur & de bifmuth.

Chaque face des parallélipipedes que je fis avec cette compofition, portoit $\frac{17}{100}$ de pouce en largeur.

Le bifmuth dont je fis ufage dans ces mélanges, étant éprouvé feul, ne fe rompoit que par l'effort d'un poids = 85 ℔; fa gravité fpécifique étoit = 9,9259.

Plomb.	Bismuth.	Fermeté.	Gravité spécifique.
1	1	207 ℔	10, 9311
2	1	165	11, 0909
3	1	145	11, 314
4	1	132	11, 0543
5	1	110	11, 3888
6	1	95	11, 222
7	1	75	10, 750
8	1	87	
9	1	96	11, 119
10	1	80	10, 827
3	2	147	
5	2	135	
7	2	142	
9	2	130	
1	3	150	
2	3	190	
4	3	180	
5	3	130	
7	3	147	
8	3	127	

Comme dans ces expériences la progreffion de la fermeté ne fuit point une raifon directe, il m'eft venu dans l'idée que cet effet pouvoit dépendre de la fufion & de l'action du feu ; cependant j'avois fait faire ces différentes fufions par un excellent Artifte, qui avoit eu le foin de couler tous ces mélanges dans des moules faits avec du fable de Bruxelles. Le mixte dont il eft ici queftion, paroît jouir de la plus grande fermeté qu'il puiffe acquérir, lorfque le plomb & le bifmuth font mélangés enfemble à dofes égales ; & on peut remarquer que la fermeté de ce même compofé eft d'autant plus grande que le rapport de fes parties conftituantes approche davantage de l'égalité. En effet, le plomb & le bifmuth, étant combinés enfemble à dofe égale, le mixte provenu de ce mélange, a fupporté un poids = 207 ℔. Trois parties de plomb alliées avec deux parties de bifmuth, ont porté un poids = 147 ℔. Deux parties de plomb mêlées avec trois parties de bifmuth, ont soutenu un poids = 190 ℔; mais une plus grande quantité de plomb, combinée avec du bismuth, a affoibli la fermeté de ce mixte, ainsi qu'on peut le remarquer en consultant la Table que nous venons de donner. Quoi qu'il en soit, il paroît que le bismuth fait l'office de *gluten* par rapport au plomb; car il paroît manifestement que les parties du plomb contractent une plus grande adhérence entr'elles lorsqu'elles sont mêlées, alliées, combinées avec du bismuth.

§. MCXC. Ayant mêlé ensemble du plomb d'Ecosse & du régule d'antimoine, voici les résultats des expériences que je tentai.

Le régule d'antimoine que j'ai employé pour ces expériences, est celui qu'on débite ici, dont les Potiers-d'étain font usage: c'est précisément le même que celui dont j'ai déja parlé, & dont je me suis servi dans les expériences que j'ai rapportées ci-dessus, touchant la fermeté des différens mêlanges d'étain d'Angleterre & de celui de Malaca avec le régule d'antimoine.

Les mêlanges dont nous allons parler, ont été coulés dans un moule d'étain; & on en a formé des parallélipipedes dont l'épaisseur étoit = $\frac{17}{100}$ de pouce rhenan, & ces parallélipipedes furent rompus par les poids que nous allons indiquer.

Un semblable parallélipipede de régule d'antimoine seul, fut rompu deux fois de suite par l'effort d'un poids = 30 ℔: sa gravité spécifique étoit = 6,602.

Plomb.	Régule d'antimoine.	Fermeté.	Gravité spécifique.
1	1	36 ℔	8 , 3857
2	1	46	9 , 055
3	1	77	10 , 0966
4	1	192	10 , 265
5	1	240	10 , 1203
6	1	240	10 , 360
7	1	245	10 , 7128
8	1	260	10 , 5306
9	1	240	10 , 1764
10	1	210	10 , 610

La plus grande fermeté de cette composition provient d'un mêlange de huit parties de plomb & d'une partie de régule d'antimoine; puisque le mixte qui résulte de cette proportion, soutient un poids = 260 ℔.

Une plus grande ou une plus petite quantité de plomb, mêlée avec une même quantité de régule d'antimoine, forment, par leur combinaison, un mixte plus foible: l'antimoine forme, dans cette occasion, une espece de gluten qui fert à unir les parties du plomb, & à augmenter leur adhérence. En effet, un parallélipipede de plomb feul, qui auroit les mêmes dimenfions que ceux dont nous venons de parler, ne pourroit foutenir qu'un poids de 25 ℔, ou tout au plus un poids de 30 ℔. Un pareil parallélipipede d'antimoine ne peut auffi fupporter qu'un poids = 30 ℔; mais ces deux fubftances, unies & combinées enfemble dans la proportion de 8 à 1, forment un mixte dont la fermeté = 260 ℔, & par conféquent dont la fermeté eft dix fois plus grande que celle de chacune de fes parties conftituantes.

Cependant il faut obferver que lorfqu'on combine ces deux fubftances, & qu'on les mêle enfemble à dofe égale, à peine la fermeté du mixte furpaffe-t-elle celle de chacune de fes parties; & la compofition qui réfulte de ce mélange, eft un métal extrêmement fragile. Il paroît, d'après toutes les obfervations que nous avons rapportées, que la Nature reconnnoît un *maximum* & un *minimum* dans la fermeté des mixtes.

§. MCXCI. Nous allons parler maintenant des expériences que j'ai faites fur des mélanges d'étain d'Angleterre, de plomb d'Ecoffe & de zinc de Goflar.

Ces trois différentes fubftances furent fondues & mêlées enfemble dans une cuiller de fer; elles furent enfuite coulées dans un moule d'étain, dans lequel elles formerent des parallélipipedes de $\frac{17}{100}$ de pouce rhenan de largeur: & la fermeté de ces parallélipipedes fut telle, qu'ils ne fe rompirent que par les poids fuivants.

Etain.	Plomb.	Zinc.	Fermeté.
$\frac{4}{5}$	$\frac{1}{5}$	1	291 ℔
$\frac{4}{5}$	$\frac{1}{5}$	$\frac{1}{5}$	290
$\frac{4}{5}$	$\frac{1}{5}$	$\frac{3}{5}$	390

Dans les deux premieres expériences, le zinc n'a point augmenté ni diminué la fermeté du plomb & de l'étain, combinés enfemble felon la proportion indiquée; mais dans la troifieme expérience, la plus grande quantité de zinc qu'on a ajoûtée au mélange, n'a pas peu augmenté fa fermeté.

§. MCXCII. Ayant mêlé enfemble de l'étain de Malaca, du bifmuth & du zinc à égale quantité, & ayant coulé ce mélange dans un moule d'étain, pour en former un parallélipipede de $\frac{17}{100}$ de pouce rhenan, ce parallélipipede n'a cédé & ne s'eft rompu que par l'effort d'un poids = 225 ℔.

§. MCXCIII. Ayant coulé dans un moule d'étain un parallélipipede, felon les mêmes dimenfions que le précédent, & qui étoit formé d'un mélange égal d'étain pur d'Angleterre, de bifmuth & de zinc, il fallut employer l'effort d'un poids = 310 ℔ pour rompre ce parallélipipede.

§. MCXCIV. Un pareil parallélipipede, formé d'un mélange égal de plomb d'Ecoffe, de bifmuth & de zinc, & pareillement coulé dans un moule d'étain, fe rompit par l'effort d'un poids = 168 ℔.

§. MCXCV. Si on prend égale quantité de bifmuth & de zinc, on aura beaucoup de peine à les incorporer enfemble lorfqu'ils feront fondus; fi on coule le mixte qui en réfulte dans un moule d'étain, on aura une compofi-tion, dont la gravité fpécifique fera $= 8 , 33613$. Un parallélipipede de $\frac{17}{100}$ de pouce d'épaiffeur fait avec un tel mêlange, cede à l'effort d'un poids $= 210$ ℔; & ce mixte eft extrêmement fragile. L'endroit où il fe rompt eft apre & non brillant; cependant la fermeté du mixte eft double de celle de chacune de fes parties conftituantes, ce qui prouve que les parties de ces demi-métaux fe combinent affez bien enfemble, & qu'elles fe lient les unes avec les autres.

§. MCXCVI. Ayant mêlé enfemble égale quantité de régule d'antimoine & de zinc, on ne put les incorporer enfemble qu'avec beaucoup de diffi-culté, lorfqu'ils furent fondus dans une cuiller de fer; ces deux fubftances étant néanmoins alliées & combinées enfemble, ne remplirent pas exacte-ment les moules dans lefquels on les coula; ce qui fut caufe que je ne pus éprouver la gravité fpécifique de ce mêlange : à peine fes parties avoient-elles quelqu'adhérence entr'elles. Cette maffe, lorfqu'elle eft refroidie, eft extrêmément fragile; lorfqu'elle eft rompue, l'endroit de fa rupture eft âpre & terne.

§. MCXCVII. Ayant mêlé enfemble un poids égal de régule d'antimoine & de bifmuth, les ayant fait fondre & incorporer enfemble, on les coula dans un moule d'étain, & on en forma un parallélipipede dont chaque face étoit $= \frac{18}{100}$ de pouce rhenan : ayant foumis ce parallélipipede à l'expérience, il ne put fupporter qu'un poids $= 22 \frac{1}{4}$ ℔. Cette maffe, extrêmement fragi-le, laiffe voir, lorfqu'elle fe caffe, de gros grains brillans, répandus fur les furfaces qui fe féparent l'une de l'autre. La combinaifon de ces deux demi-métaux, forme une maffe moins folide, moins ferme que chacune des deux fubftances qui entrent dans fa compofition : car le régule d'antimoine feul porte un poids $= 30$ ℔, & le bifmuth en foutient un $= 85$ ℔; d'où il pa-roît qu'aucun de ces deux demi-métaux ne fait l'office de gluten par rapport à l'autre : la gravité fpécifique de cette compofition étoit $= 7 , 87437$.

§. MCXCVIII. On peut conclure, d'après les expériences que je viens de rapporter concernant le mêlange de différens métaux, que les foudures qui uniffent & qui lient les parties des métaux entr'elles, font que les endroits qui font ainfi unis ont une plus grande fermeté, une plus grande adhérence que les parties propres de ces métaux; & que ces foudures elles-mêmes ont plus de fermeté, plus de dureté que les métaux, lorfqu'ils font feuls; puif-que toutes les foudures font toujours compofées du mêlange de plufieurs métaux, comme il paroît par la foudure du plomb & de l'étain, qui eft faite de la combinaifon de ces deux métaux : combinaifon qu'on fait fuivant différentes proportions, eu égard aux ufages auxquels on deftine la foudure. On foude le fer avec du fimilor, quoique le fer fe foude aifément avec du fer lorfqu'on enduit les parties qu'on veut fouder avec une pâte faite de fable de Bruxelles détrempé dans l'eau. Le fimilor fert auffi de foudure au cuivre : la foudure propre du fimilor convient également pour fouder le cuivre. Cette foudure eft compofée de fimilor & d'argent, ou de fimilor, d'étain & de zinc ; ou de fimilor, de zinc & d'argent La foudure de l'argent eft faite de fimilor & d'une grande quantité d'argent. Celle de l'or eft compofée d'or & d'argent. Si on mêle de l'acier avec de l'étain, ce dernier métal deviendra plus coulant ; mais fa couleur en fera moins brune. La meilleure méthode qu'on puiffe fuivre pour faire cet alliage, c'eft de faire fondre avec l'étain des aiguilles d'acier.

De la fermeté des étoffes.

§. MCXCIX. Je ne crois pas qu'il foit abfolument inutile d'examiner la fermeté des étoffes dont on fait aujourd'hui ufage pour nos vêtemens : & comme cette matiere n'a point encore été traitée jufqu'à préfent, c'eft une nouvelle carriere que je me propofe d'ouvrir aux recherches des Curieux. Si cependant une telle matiere ne paroît pas à tout le monde être du reffort de la Philofophie ; ceux qui penferont ainfi, pourront s'abftenir de la traiter. J'ai donc imaginé qu'il conviendroit d'éprouver le poids que peut fupporter toute efpece d'étoffe ; en un mot toute chofe quelconque qui fait partie de nos vêtemens, & de déterminer les poids qu'il faut employer pour rompre toutes ces chofes, en les examinant fous une largeur déterminée : ces expériences, à la vérité, ne feront pas affez décifives pour qu'on puiffe en déduire quelque chofe de certain, de fixe & de bien déterminé ; mais on faura en général laquelle, par exemple, de deux étoffes éprouvées fera préférable à l'autre, & fera d'un meilleur *ufé*. En effet, celles qui pourront fupporter un plus grand poids avant de fe rompre, ne feront pas d'un auffi bon fervice, & ne dureront pas fi long tems ; car la roideur, la rigidité & la fermeté des fils s'oppofent toujours à leur flexibilité : & ces fils, lorfqu'ils font trop roides, fe caffent dans les endroits où ils font fouvent pliés. Ainfi donc deux étoffes de même efpece, mais fabriquées de maniere que l'une des deux puiffe fupporter un plus grand poids que l'autre avant de fe rompre ; la premiere fera d'un moins bon ufage que l'autre, qui ne pourra fupporter qu'un moindre poids. En effet, lorfque la texture de l'étoffe eft trop compacte, ou que la trame eft trop ferrée, le drap devient fi dur, fi peu flexible, que les vêtemens qui en font faits fe rompent, fe coupent dans tous les plis : auffi les plus habiles Artiftes, les bons Fabricans, ont une attention particuliere à éviter ces défauts, & à ne donner aux étoffes qu'ils fabriquent que la dureté qui leur eft néceffaire pour qu'elles aient la confiftance qu'elles doivent avoir. La plûpart des expériences que nous avons faites fur cette matiere, concernent & les fils qui forment la chaîne des étoffes, & ceux qui en font la trame : c'eft pourquoi nous nous y fommes pris de deux façons différentes pour faire nos tentatives ; parceque les Fabricans n'emploient pas toujours des fils de même efpece pour former la chaîne & la trame de leurs étoffes ; d'ailleurs ces fils ne font pas toujours également bandés. En effet, la trame & la chaîne du barracan font faites avec des fils de différentes efpeces, &c : or voici de quelle maniere nous avons tenté ces expériences.

Ayant fufpendu à un crochet fixe A [*Tab.* 26. *fig.* 19.], un anneau ovale B, dont les deux oreilles P, P livroient paffage à un cylindre de fer C S,

autour duquel on attachoit la bande d'étoffe D D qu'on vouloit foumettre à
l'expérience : on faifoit paffer un cylindre de fer O I par une efpece d'anneau
qu'on formoit au bas de cette bande d'étoffe, lequel cylindre étoit reçu dans
les deux oreilles de l'anneau inférieur R, vers le milieu duquel E on laiffoit
pendre un baffin L, dans lequel on plaçoit fucceffivement, & à plufieurs reprifes, différens poids, jufqu'à ce que la bande d'étoffe, ne pouvant plus
fupporter le poids dont elle étoit chargée, cédât à fon effort, & qu'elle fe
rompît. Cette bande fe rompoit toujours tranfverfalement. Pour éviter que
fa rupture ne fe fît dans les endroits où elle étoit coufue, voici le moyen
que l'expérience m'a fait découvrir pour difpofer les étoffes, les toiles, &
tout autre tiffu quelconque.

La partie H [*Tab.* 27. *fig.* 3.] eft une des extrémités de la bande qu'on
veut éprouver : on lui fait prendre la direction H G; on la contourne enfuite
de façon qu'elle parvienne en K : parvenue à ce point, on la replie fur elle-
même de dehors en-dedans, & on la ramene en M, de-là en N, enfuite en
O; on la porte après cela extérieurement en P, de P en Q, & enfin elle fe
termine en R. Lorfque cette bande eft ainfi roulée fur elle même, en coud
fortement enfemble les parties H K, ainfi que celles qui font défignées par
R P; & on les coud exterieurement, en faifant autour plufieurs rangées de
fil qui fe croifent différemment. Je n'ignore pas que les réfultats des expériences qu'on fera fur cette matiere, feront obferver des différences très
marquées dans la fermeté des differentes étoffes qu'on éprouvera; & je fuis
moi-même perfuadé que la fermeté ne fera pas la même dans toutes les
étoffes de même efpece; parceque cette fermeté dépend d'une multitude de
conditions & de circonftances qui peuvent la varier de plufieurs manieres.
En effet, fi nous examinons les étoffes dès leur origine; par exemple, fi nous
confidérons la laine dont elles font fabriquées, nous obferverons que la fermeté de la laine dépend de l'âge plus ou moins avancé des brebis qui la fourniffent : elle dépend de la bonne & de la mauvaife conftitution, de la vigueur
& de la foibleffe de l'animal : elle dépend de l'endroit du corps d'où elle eft
tirée : elle differe fuivant que la brebis eft tondue, de fon vivant, ou après
fa mort : & dans ce dernier cas, elle eft encore différente fi la brebis eft
morte de mort violente, ou de maladie. Outre cela, la fermeté de la laine
dépend encore de la nourriture qu'on donne à ces animaux, du Pays & du
climat qu'ils habitent : c'eft fur-tout ces dernieres circonftances qui font
varier la longueur & la fermeté de la laine qu'ils portent.

2°. La fermeté des fils de laine dépend de la longueur plus ou moins
grande de la laine qu'on file & qu'on carde, foit avec des cardes de fer,
connues en Hollande fous le nom de (*gekaard*), ou avec une efpece de
peigne de fer, nommé dans le même Pays (*gekamd*) : elle dépend auffi de
la maniere avec laquelle on file les brins de laine; & elle differe fuivant
qu'ils font filés, ou felon leur longueur, tels que les fils de chameau, ou
tranfverfalemenent. Elle differe encore fuivant qu'on donne plus ou moins
de tors, & que la texture du fil qui en réfulte eft plus ou moins ferrée. Quoiqu'il foit indifférent de donner le tors à la laine qu'on file de droite à gauche, ou de gauche à droite, il faut cependant remarquer que fi les fils dont
on forme la chaîne d'une étoffe, font tors de droite à gauche, il faut que
                                                                    ceux

ceux qui compofent la trame foient tordus de gauche à droite.

3°. La fermeté d'une étoffe dépend, & de la chaîne, & de la trame, qui peuvent être plus ou moins lâches, ou plus ou moins ferrées; elle dépend auffi des Foulons auxquels on la confie, & qui peuvent la fouler plus ou moins, ou felon fa longueur, ou felon fa largeur, fuivant que le vent qui conduit les marteaux fouffle uniformément ou inégalement. Elle dépend encore des autres Ouvriers par les mains defquels cette étoffe eft obligée de paffer; car elle dépend du chardon qui la carde plus ou moins, & qui oblige les Tondeurs à l'affoiblir à proportion. Elle dépend, outre cela, du Teinturier, qui laiffe bouillir plus ou moins fortement la laine ou l'étoffe qu'il veut teindre, ou qui la plonge feulement dans une teinture tiede : elle dépend enfin des différens fels corrofifs qu'on emploie dans les teintures pour les rendre plus actives, & pour faire que la laine ou l'étoffe les abforbe plus fortement; en un mot, elle dépend des différentes drogues dont les Teinturiers font ufage, & d'un fi grand nombre de différentes circonftances, qu'il ne feroit pas poffible, dans un Ouvrage tel que celui ci, d'en faire le dénombrement.

Si on examine néanmoins la fermeté des meilleures étoffes de toute efpece, on fera à portée de juger, autant qu'il eft poffible, de la fermeté & de la bonté des autres étoffes qu'on aura à comparer avec les premieres.

§. MCC. Les Fabricans qui emploient des laines d'Efpagne, fabriquent, à Leyde, des draps, des étoffes qui font fort eftimées; mais, pour juger de la fermeté de ces étoffes, il faut commencer d'abord par examiner en particulier celle des fils qu'ils emploient.

Ayant examiné un fil blanc de la meilleure laine, cardée très mince, récemment filé, il porta plufieurs fois 36 dragmes.

Vingt de ces fils, unis & filés enfemble, mais légérement tors, & formant un fil dont le diametre étoit $= \frac{6}{100}$ de pouce rhenan, furent rompus par un poids $= 4$ onces 13 dragmes que j'y fufpendis. Ce réfultat fut le même jufqu'à trois fois.

Dix huit fils d'une laine, dont la qualité fuit immédiatement celle de la précédente, ayant été tors pour ne former qu'un feul fil, dont le diametre étoit égal à celui dont nous venons de parler, me fit auffi obferver trois fois le même réfultat.

Seize fils d'une laine d'une qualité inférieure à la précédente, réunis en un feul de même diametre que les deux autres, ne purent fupporter que le même poids qui fit rompre les précédens. Je répétai trois fois cette expérience avec le même fuccès.

Le tors qu'on donne aux fils de laine altere leur fermeté; ainfi que je l'avois déja éprouvé par rapport aux cordes : il faut cependant remarquer que le fil de laine n'acquiert prefque point de fermeté, à moins qu'il ne foit fortement tors. C'eft pour cette raifon que fi on donne peu de tors aux fils qu'on deftine à la trame d'une étoffe, ces fils ne pourront qu'à peine fupporter un poids de 2 ou 3 dragmes.

On fe fert des fils dont nous venons de parler pour fabriquer des draps de laine. J'ai levé fur les draps que je vais indiquer ci-deffous des bandes que

Tome II.   V

j'ai coupées felon la longueur des draps ; & j'ai éprouvé leur fermeté, à l'aide des poids que je leur ai fait fupporter. Les poids que j'ai fufpendus à ces bandes n'ont rompu que la chaîne, & non la trame : la largeur de ces bandes étoit exactement d'un pouce : j'ai toujours compté avec attention le nombre des fils qui compofoient cette largeur, & lorfque j'ai voulu éprouver des bandes un peu larges, j'ai toujours eu égard à cet excès de largeur, & j'ai indiqué, à l'aide du calcul, ce qu'elles auroient pu porter de poids fi elles n'avoient eu qu'un pouce de large.

La longueur de ces bandes, depuis H H [*Tab. 26. fig.* 19.] jufqu'à P P, étoit de 6 pouces.

1°. Une bande de drap de Leyde, fait de laine d'excellente qualité, & dont la chaîne étoit de 40 brins, fut rompu par un poids = 14 ℔. L'expérience me fit obferver deux fois le même réfultat.

2°. Une bande du même drap, prife à côté de la premiere, mais après être fortie des mains du Foulon, foutint un poids de 29 & 30 ℔ : la chaîne de cette bande étoit alors de 52 brins ; de forte qu'il paroît, par cette expérience, que le drap acquiert de la fermeté lorfqu'on le foule en longueur & en largeur ; car, eu égard à l'expérience précédente, cette bande n'eût pu fupporter qu'un poids de 18 ½ ℔, étant compofée de 52 brins.

3°. Une bande de même largeur, & coupée à côté de la précédente ; mais après avoir été cardée & tondue, c'eft-à-dire, après que le drap eut reçu toutes les façons qu'il doit recevoir, ne fupporta plus qu'un poids de 26 ℔ : & ayant répété deux fois cette expérience, je remarquai deux fois le même réfultat.

Cette derniere expérience prouve manifeftement que la tonture altere la fermeté du drap : ce qui ne doit point paroître furprenant ; puifque les pointes du chardon brifent néceffairement quelques parties de chaque fil fur lequel elles paffent, & qu'on fait paffer quarante fois le chardon fur toute la furface du drap, afin de tirer la laine, pour que la tonture fe faffe plus également.

4°. Une bande du même drap, compofée de 40 brins, mais à laquelle j'avois fufpendu des poids perpendiculairement à la trame, fut rompue par un poids de 13 ℔.

5°. Une même bande du même drap, foumife à la même expérience, après être fortie de la foulerie, ne fut rompue que par un poids de 24 ℔ ; ce qui prouve que tous les fils, foit de la chaîne, foit de la trame, acquerent une plus grande fermeté lorfqu'on foule le drap qu'ils forment.

6°. Je voulus éprouver fi la teinture altéroit, & combien elle altéroit la fermeté d'une étoffe ; je fis teindre pour cela, de différentes couleurs, & par les meilleurs Teinturiers, des bandes de drap dont je me fuis fervi dans la feconde expérience que j'ai indiquée : & voici les réfultats de mes expériences.

La bande qui avoit été teinte en jaune, fut rompue par un poids = 25 & 26 ℔.

7°. La bande du même drap, teinte en vert, fut rompue par un poids = 24 & 25 ℔.

8°. Une autre du même drap, teinte en bleu, fut rompue par un poids = 25 & 25 ½ ℔.

9°. Une autre teinte en noir, céda à l'effort d'un poids de 22 ℔ ; & l'expérience, répétée deux fois, donna deux fois le même réfultat.

10°. Une autre bande de même drap, teinte en rouge très foncé, qu'on nomme ordinairement *ponceau*, fut rompue par un poids = 26 & 27 ℔.

11°. Une autre teinte en cramoifi, fut rompue par un poids = 25 & 26 ℔.

On peut compter fur l'exactitude de ces expériences ; car elles ont été faites fur des bandes d'un même drap, prifes les unes à côté des autres.

J'ai répété toutes ces expériences fur toutes fortes de draps faits avec de la laine qu'on tire de toutes les parties de l'Europe ; & j'ai obfervé des différences très marquées dans la fermeté de tous ces draps. Je n'ai point jugé à propos de groffir mon Ouvrage de tant de réfultats différens : c'eft auffi pour cette même raifon que je ne parle pas ici de la fermeté des toiles de chameau, de celles de lin, de celles qu'on emploie pour les tentes, de celles de Hollaned, de Ruffie, de Flandres, des différentes étoffes de foie, &c. Je réferve ces obfervations pour un Ouvrage que je pourrai donner par la fuite.

Expériences fur la fermeté des peaux.

§. MCCI. Qu'il me foit permis d'ajoûter ici les expériences que j'ai faires fur la fermeté des peaux de différens animaux, coupées par aiguillettes depuis la tête jufqu'à la queue. Si on coupe ces peaux fur d'autres parties du corps de l'animal, on remarquera de grandes différences dans leur fermeté : ce que je n'ai pas jugé à propos d'ajoûter ici.

Voici la forme que j'ai donnée aux aiguillettes que j'ai éprouvées. La largeur A B [*Tab.* 27. *fig.* 5.] étoit = $1\frac{1}{2}$ pouce ; largeur plus que fuffifante pour qu'on pût coudre aifément & folidement les extrêmités de ces aiguillettes. Les parties du milieu D, D étoient coupées en ceintre, & elles étoient plus étroites que les extrêmités. J'ai marqué dans chaque expérience que je vais rapporter la largeur de ces parties : ce font toujours elles qui ont cédé à l'effort des poids que j'ai fufpendus à chaque aiguillette, & qui fe font rompues. La longueur C D C de la partie rompue étoit = $2\frac{1}{2}$ pouces ; & toute la longueur de l'aiguillette A A B B étoit = 9 pouces.

Les réfultats de ces fortes d'expériences fouffrent beaucoup de variétés, & je me fuis plus d'une fois convaincu que les degrés de fermeté de la peau d'un animal de même efpece, varient fuivant la force & l'âge de l'animal, & même fuivant le Pays où il a été élevé ; ils varient encore fuivant que cette peau eft mieux ou plus mal tannée. J'ai choifi, pour les expériences que je vais rapporter, les meilleures peaux que j'aie pu trouver, afin qu'elles fervent de comparaifon aux autres expériences qu'on pourra faire fur cette matiere.

1°. Un morceau de peau de veau de Hollande, de l'efpece de celle dont on fe fert pour faire le deffus des fouliers, long de 9 pouces, large de $\frac{15}{100}$ de pouce, & épaiffe de $\frac{1}{11}$ de pouce, ne fut rompu que par l'effort d'un poids = $286\frac{1}{4}$ ℔ que j'y fufpendis. Une fi grande fermeté, dans un morceau de peau de cette efpece, vient de ce que cette peau eft préparée avec de l'huile de poiffons, &c, & de ce qu'elle eft encore un peu endurcie par le roui.

2°. Un morceau de peau d'un jeune taureau blanc, large de $\frac{17}{100}$ de pouce, épais de $\frac{7}{100}$ de pouce, fut rompu par un poids = 136 ¾ ℔. Le peu de fermeté de cette espece de peau vient de ce que les Corroyeurs la préparent avec de la chaux & de l'alun pour la faire blanchir ; & cette préparation corrode & ronge les fibres.

3°. Un morceau de peau de bœuf, dont on fait les semelles des souliers, large de $\frac{62}{100}$ de pouce, épais de $\frac{11}{100}$ de pouce, fut rompu par un poids = 240 ℔. Ce peu de fermeté dépend de la fragilité des fibres.

4°. Un morceau de peau de bœuf de Russie, connu vulgairement sous le nom de *jucht*, large de $\frac{61}{100}$ de pouce, épais de $\frac{11}{100}$ de pouce, fut rompu par un poids = 890 ℔.

5°. Un morceau de peau de buffle, large de $\frac{61}{100}$ de pouce, épais de $\frac{11}{100}$ de pouce, fut rompu par un poids = 246 ℔.

6° Un morceau de peau de cheval, large de $\frac{56}{100}$ de pouce, & épais de $\frac{9}{100}$ de pouce, fut rompu par un poids de 186 ℔.

7°. Un morceau de peau de cerf, large de $\frac{56}{100}$ de pouce, épais de $\frac{18}{100}$ de pouce, fut rompu par un poids = 291 ℔.

8°. Un morceau de peau de chevreau noir d'Espagne, que le célebre *Naxera* m'avoit envoyé, & qui étoit large de $\frac{60}{100}$ de pouce, & épais de $\frac{10}{100}$ de pouce, fut rompu par un poids = 112 ℔.

9°. Un morceau de peau de chevreau noir d'Espagne, connu sous le nom de *camoës*, qui m'avoit été envoyé par le même, ainsi que la peau dont je vais parler dans l'article suivant, fut rompu par un poids = 97 ℔. Il avoit $\frac{63}{100}$ de pouce de largeur, & $\frac{8}{100}$ d'épaisseur.

10°. Un morceau de peau de chevreau rouge d'Espagne, large de $\frac{60}{100}$ de pouce, & épais de $\frac{7}{100}$ de pouce, fut rompu par un poids = 98, & par un poids = 90 ℔. La surface de cette peau, qui est rouge & licée, se rompt sur-le-champ, par rapport à sa dureté.

11°. Un morceau de peau de brebis blanche, large de $\frac{56}{100}$ de pouce, & épais de $\frac{9}{100}$ de pouce, fut rompu par un poids = 112 ℔.

12°. Un morceau de peau de brebis jaune, & passée en *mégie*, large de $\frac{30}{100}$ de pouce, & épais de $\frac{8}{100}$ de pouce, fut rompu par un poids = 81 ℔.

13°. Un morceau de parchemin, fait de peau de brebis, & de la meilleure espece qu'on puisse trouver à Leyde, & dont la largeur étoit = 1 pouce, fut rompu par un poids = 62 ℔, & par un poids = 66 ℔.

Un morceau de vélin, fait de peau de veau, large d'un pouce, & de la meilleure espece de vélin fait dans le même Pays, fut rompu par un poids = 86 ℔.

Pour éprouver, d'une maniere aussi commode que sûre, la fermeté d'un morceau de parchemin, il suffit de coller avec de la colle forte les deux extrêmités B & C [*Tab.* 27. *fig.* 4.], de les charger ensuite, pendant trois jours d'un poids considérable, afin que les parties collées s'unissent parfaitement, & que la colle ait le tems de se durcir : en observant ce procédé, on ne voit jamais les parties collées se séparer ou se rompre dans l'expérience.

Expériences faites sur les nerfs.

§. MCCII. Les fons que rendent la plûpart des inftrumens de mufique, tels que les violons, les baffes, &c, dépendent des vibrations des parties nerveufes qui en forment les cordes : or la fermeté de ces cordes fera différente, fuivant que la fermeté des inteftins d'où on les tire pour les fabriquer, fera elle-même différente ; elle différera encore fuivant la maniere felon laquelle elles auront été fabriquées ; fuivant qu'elles feront plus ou moins vieilles ; en un mot, fuivant différentes circonftances. En effet, on trouve rarement un même nerf dont la fermeté foit égale dans toute fa longueur : j'ai choifi les meilleurs que j'aie pu trouver à Leyde, & voici de quelle maniere j'ai éprouvé leur fermeté.

Après avoir fait un nœud à l'extrêmité A [*Tab. 27. fig. 6.*] du nerf que je voulois éprouver, je formois une efpece d'anneau de la partie H B C, & je liois fortement enfemble, à l'aide d'un fil, les parties A H & C D ; je donnois à cette ligature un demi-pouce de longueur, & par ce moyen j'uniffois folidement enfemble les parties qui étoient comprifes fous la ligature. Je faifois la même chofe par rapport à l'autre extrêmité du nerf, & je faifois paffer par les anneaux B & G des cylindres C S, O I, repréfentés par la figure 19 de la planche XXVI. J'éprouvois enfin la fermeté des nerfs de la même maniere que j'avois éprouvé celle des bandes D D.

1°. Un nerf dont le diametre étoit $= \frac{51}{1400}$ de pouce rhenan, fut rompu par un poids $= 22$ ℔.

2°. Un nerf dont le diametre étoit $= \frac{54}{1400}$ de pouce, fut rompu par un poids $= 22$ ℔ ; & l'expérience me donna deux fois le même réfultat.

3°. Un nerf dont le diametre étoit $= \frac{3}{100}$ de pouce rhenan, fut rompu par un poids $= 26$ ℔.

4°. Un nerf dont le diametre étoit $= \frac{4}{100}$ de pouce, fut rompu par un poids $= 32$ ℔.

5°. Un nerf dont le diametre étoit $= \frac{5}{100}$ de pouce, fut rompu par un poids $= 40$ ℔ ; & j'éprouvai deux fois la même chofe.

6°. Un nerf dont le diametre étoit $= \frac{6}{100}$ de pouce, fut rompu par un poids $= 52$ ℔.

7°. Un nerf dont le diametre étoit $= \frac{7}{100}$ de pouce, fut rompu par un poids $= 62$ ℔.

8°. Un nerf dont le diametre étoit $= \frac{10}{100}$ de pouce, fut rompu par un poids $= 102$ ℔.

9°. Un nerf dont le diametre étoit $= \frac{11}{100}$ de pouce, fut rompu par un poids $= 117$ ℔.

10°. Une corde faite d'un inteftin de brebis, & dont la groffeur étoit $= \frac{1}{6}$ de ligne, fut rompue par un poids $= 7$ ℔, fuivant le rapport du P. *Merfenne* (1).

Il paroît, par ces expériences, que les petites cordes d'Inftrumens font proportionnellement plus fortes que celles qui font d'un plus gros diametre.

____

(1) Harmon. Lib. 1. p. 371.

En effet, puifque la groffeur de ces cordes eft comme le quarré de leurs dia-metres, les groffeurs de celles dont nous avons fait ufage dans la troifieme & dans la quatrieme expériences, font entr'elles : : 9 : 16. Or fi la fermeté de ces cordes étoit directement proportionnelle à leur groffeur, il eft conf-tant que les fermetés de celles dont il eft ici queftion, feroient entr'elles dans le rapport de 26 : 46$\frac{2}{9}$. Or l'expérience prouve que la fermeté de ces cordes eft dans le rapport de 26 : 23. Et fi on compare le réfultat de la qua-trieme expérience avec celui de la cinquieme, on trouvera que la groffeur des cordes dont on a fait ufage, eft dans le rapport de 16 : 25 ; & conféquem-ment que la fermeté de la corde de la quatrieme expérience, étant = 32 ℔, celle de la corde dont on s'eft fervi pour la cinquieme expérience, au-roit dû être = 50 ℔ ; tandis que l'expérience a fait voir qu'elle n'étoit égale qu'à 40 ℔. Pareillement, en comparant la cinquieme expérience avec la fixieme ; le rapport de la fermeté auroit dû être comme celui de 40 : 57$\frac{1}{7}$; tandis que l'expérience a démontré que, dans cette occafion, le rapport de de la fermeté eft égal à celui de 40 : 52. Et fi on compare la fixieme expé-rience avec la feptieme, & celle-ci avec la huitieme, on obfervera la même chofe ; de forte qu'on pourra légitimement conclure que les fermetés font dans un moindre rapport entr'elles que les groffeurs des cordes qu'on éprouve. Cet effet dépendroit-il de ce que les cordes d'inftrumens font fai-tes avec des inteftins de différens animaux ?

Expériences fur la fermeté des os.

§. MCCIII. Un parallélipipede d'ivoire dont chaque côté avoit $\frac{17}{100}$ de pouce rhenan de largeur, fut rompu par un poids = 470 ℔.

2°. Un os de bœuf dont chaque face étoit = $\frac{2}{10}$ de pouce rhenan, fut rom-pu par un poids = 210 ℔.

3°. Une dent de veau marin, dont chaque face avoit $\frac{2}{10}$ de pouce en lar-geur, fut rompue par un poids = 163 ℔.

4°. Une corne de bœuf, dont chaque côté étoit = $\frac{2}{10}$ de pouce rhenan, fut rompue par un poids = 350 ℔ : le poids que j'y fufpendis l'allongea con-fidérablement, & elle fut rompue dans une partie de la longueur qu'elle avoit acquife.

5°. Un morceau de baleine, dont chaque face étoit = $\frac{2}{10}$ de pouce, fut rompu par un poids = 300 ℔.

De l'adhérence refpective.

§. MCCIV. On appelle adhérence refpective dans un corps, celle qui ré-fifte à l'action d'une puiffance qui agit perpendiculairement à la direc-tion des fibres longitudinales dont le corps eft compofé.

Suppofons, par exemple, un bâton A B [*Tab. 27. fig. 7.*], dont la partie A E F foit enfoncée avec force dans un trou proportionné à fa groffeur, de forte que ce bâton foit difpofé dans une fituation parallele à l'horifon ; cela pofé, fuppofons que le poids R foit appliqué à l'autre extrêmité B de ce bâton, l'effort de ce poids, fe faifant fentir de haut en-bas, agit felon la direction B R , & conséquemment perpendiculairement à la direction des fibres longitudinales du bâton A B : par cet effort ce bâton se rompt en A E F , c'est-à dire, auprès du trou dans lequel il est enfoncé ; & la résistance qu'il oppose en cet endroit, est ce qu'on appelle l'*adhérence relative*.

§. MCCV. Soient les deux parallélipipedes A E F B, G D I C [*T.*27.*F.*7.8.] disposés parallelement à l'horison, tous les deux de même matiere & de même solidité, mais de différente longueur A B & G C : si les extrêmités A E F, G D I de ces parallélipipedes sont enfoncées dans des cavités qui leur soient proportionnelles, & qu'on applique à leurs autres extrêmités B & C des poids R & P, propres à les rompre, ces poids seront entr'eux en raison inverse des longueurs des parallélipipedes A B & G C.

En effet, les parties A E F, G D I de deux corps de même matiere & de même solidité, ont une même adhérence; par conséquent pour qu'on puisse les rompre à l'aide des poids R & P , il faut que ces poids exercent des efforts égaux contre les parties qui doivent être rompues : or il faut considérer que ces poids agissent à l'extrêmité de deux leviers A B & G C, & par conséquent que l'effort du poids R $=$ R $\times$ A B, & que celui du poids P $=$ P $\times$ G C ; mais ces deux efforts étant égaux, on aura R : P : : G C : A B.

Si ces deux parallélipipedes sont de bois, les parties supérieures E F se rompent les premieres ; elles sont, pour ainsi dire, arrachées de celles qui les suivent, & qui se rompent ensuite ; enfin les parties inférieures qui sont vers le point A se rompent les dernieres ; de sorte que dans cette rupture il se fait une espece de rotation sur le point A ; par conséquent on peut considérer les parties E A B, D G C comme deux leviers courbes, dont les centres du mouvement se trouvent en A & en G : or, selon cette construction, les résistances agissent selon E A & D G, tandis que les puissances R & P exercent leur action en B & en C ; par conséquent le poids B est à la résistance qui s'exerce en E A : : E A : A B, & le poids P est à celle qui se fait sentir en G D, : : D G : G C ; mais comme E A $=$ D G, on aura R : P : : G C : A B.

Pour donner à cette démonstration toute la précision dont elle est susceptible, il faudroit, avant toutes choses, peser les parallélipipedes, & supposer que leur poids fût comme suspendu à leur centre de gravité, ensuite le multiplier par toute la longueur qui sépare le centre du mouvement, c'est-à-dire, l'endroit où se fait la fracture & le centre de gravité ; supposant enfin que la moitié de ce poids est suspendue aux extrêmités B & C, & concevant que ce poids augmente de part & d'autre les poids R & P ; on pourroit juger rigoureusement alors de la fermeté de ces parallélipipedes, en tenant un compte exact des poids dont nous venons de parler, & de leur distance aux trous dans lesquels ces parallélipipedes sont enfoncés : mais il arrive rarement qu'on soit obligé d'apporter une si grande exactitude à ces sortes d'expériences.

L'expérience démontre que la fermeté n'est pas constamment la même dans le même morceau de bois, suivant qu'il est engagé dans le trou qui lui sert d'appui, & qu'il présente supérieurement une face ou une autre. Supposons, par exemple, une solive M N O P [*Tab.* 27. *fig.* 13.], tirée d'un arbre, & dont on forme un morceau d'équarrissage, dont R S T R repré-

fente les dimensions. Si on engage ce morceau de bois de façon que la face
R S soit placée en dessus , & Q T en-dessous, ce bois se rompra plus aisément par le poids qu'on lui fera supporter , que si la face R Q est placée en-
dessus , & la face S T en dessous ; ce qui dépend de la direction des fibres
de ce bois : phénomene dont nous devons la découverte à M. *de Buffon* (1)
qui l'a observé le premier.

§. MCCVI. Si on prend deux parallélipipedes A B C D , E F G L [*Tab.* 27.
fig. 9. 10.] , & qu'on les implante dans une situation parallele à l'horison
dans des cavités qui leur soient proportionnées ; si ces deux parallélipipedes
sont de même matiere, & d'une hauteur égale A B , E F , mais de différente
largeur B C , F G , le poids R , qui sera employé à rompre le parallélipipede
E F G L , sera au poids P , employé à rompre l'autre parallélipipede A B C D ,
comme la largeur F G du premier sera à la largeur B C du second.

En effet, supposons que la largeur F G soit quadruplé de B C , & supposons que cette largeur F G soit divisée en 4 parties égales F H , H I , I K ,
K G ; chacune de ces parties sera semblable au parallélipipede A B C D , &
par conséquent opposera une résistance égale à celle de ce dernier parallélipipede : or comme il y aura dans le parallélipipede E F G L 4 parties qui
opposeront chacune la même résistance , il faudra donc que le poids R soit
quadruple du poids P ; & conséquemment le poids R sera au poids P , comme la largeur F G est à la largeur B C. On pourroit, pour rendre la démonstration plus exacte, concevoir la moitié du poids de chaque parallélipipede ajoûtée aux poids P & R , & on auroit pour lors les véritables poids employés à
rompre ces solides , & une mesure exacte de leur fermeté. .

§. MCCVII. Si on prend deux parallélipipedes A B C D , F G H I [*Tab.* 27.
fig. 11. 12.], implantés parallelement à l'horison , & fixés dans des cavités
propres à les recevoir : si ces deux parallélipipedes sont formés d'une matiere roide, & qu'ils soient de même largeur B D , G H , & d'une même
longueur A C , F I , mais qu'ils soient de différente hauteur A B , F G , les
poids qu'on sera obligé d'employer pour les rompre , & qu'on suspendra à
leurs extrêmités C & I , seront entr'eux en raison doublée de leur hauteur
A B , F G.

En effet , ces parallélipipedes se rompent vers leurs extrêmités A B , F G ,
qui sont engagées dans les trous : or , en considérant cette rupture faite autour des points A & F , on doit considérer les parties B A C , G F I comme
deux leviers angulaires ; & conséquemment à la nature du levier , on a la
résistance au point B est à la puissance R qui agit sur le point C , comme
C A : B A. Et par rapport à l'autre parallélipipede, on a la proportion suivante , la résistance au point B est à la puissance P qui agit sur le point I ,
comme I F : F G ; par conséquent on a R : P : : A B : F G. Supposons maintenant que A B soit divisé en quelques parties égales K , L , M , & que G F
soit pareillement divisé en parties semblablees k , l , m ; on aura la résistance
au point K est au poids R suspendu en C , comme A C : A K. Pareillement
la résistance au point K est à la puissance P appliquée au point I , comme
I F : F K , & ainsi de suite ; on aura donc la résistance qui se fait sentir aux

(1) Hist. de l'Acad. Roy. ann. 1741 , p. 404.

points

points B K L M A eſt à celle qui ſe fait ſentir aux points G k l m F , comme
A B : F G.

Mais on ne doit point conſidérer cette réſiſtance qui ſe fait ſentir ſelon la
direction A B , comme réunie en différens points ; mais comme répandue
ſur différentes parties d'une certaine longueur & égales B K , K L , L M ,
M A ; celle qui ſe fait ſentir ſelon la direction G F , doit être auſſi conſidérée
comme répandue ſur des parties d'une certaine dimenſion G K , k l , l m ,
m F : or les grandeurs de ces différentes parties ſont entr'elles, comme B A :
G F ; & par conſéquent la ſomme des réſiſtances que ces parties oppoſent à
leur rupture dans la hauteur A B , eſt à celle qui ſe fait ſentir ſelon la hauteur
F G : : A B × A B : F G × F G : : $\overline{AB}^q : \overline{FG}^q$.

§. MCCIX. On peut, d'après ce que nous venons de démontrer, eſtimer
la fermeté des corps qui ſeroient creux , & la comparer avec celle de ceux
qui ſeroient tout-à-fait ſolides. En effet, ſoit un cylindre creux , coupé perpendiculairement à ſon axe , & repréſenté par les circonférences A G F M ,
B H S Q [*Tab.* 27. *fig.* 14], dont le centre eſt en C ; le plan de cette ſection ſera = $\overline{CA}^q — \overline{CB}^q$, qui eſt égal au cercle du rayon B D. Cela poſé, ſi
on prend C E = B D , & qu'avec le rayon C E on décrive le cercle E O P R ,
ce cercle ſera égal au plan du cylindre creux ; par conſéquent le cylindre
plein , formé par le rayon C E , ſera égal au cylindre creux A G F M , B H S Q ,
quant à la quantité de matiere qu'il contiendra ; mais non quant à la fermeté : car lorſqu'on rompt le cylindre creux , le point autour duquel ſe fait
cette rupture ſe trouve en F ; tandis que ce point ſe trouve en P lorſqu'on
rompt le cylindre plein : d'où il ſuit que la fermeté du cylindre creux eſt
comme la quantité de matiere multipliée par $\overline{AF}^q$, & que celle du cylindre
plein eſt comme la même quantité de matiere multipliée par $\overline{EP}^q$, ou com-
me $\overline{BD}^q × \overline{AC}^q : \overline{BD}^q × \overline{EC}^q : : \overline{AC}^q : \overline{EC}^q$.

Par conſéquent plus les dimenſions du cylindre creux augmenteront, la
quantité de matiere reſtant la même , plus $\overline{AC}^q$ deviendra grand , & conſéquemment la fermeté du cylindre : de-là ſi on veut trouver un cylindre parfaitement plein , dont la fermeté ſoit égale, il faut que le quarré de ſon rayon
ſoit égal à $\overline{BD}^q × \overline{AC}^q$.

Il ſuit de-là qu'on peut retrancher juſqu'à un certain point le noyau d'un
cylindre plein , ſans lui faire perdre beaucoup de ſa fermeté. En effet, ſoit
creuſé un cylindre plein , de façon que C B ſoit = $\frac{1}{10}$ du rayon A C ; la ſurface de ce cylindre , qui ſubſiſtera après cette opération , ſera à la quantité
qu'on aura retranchée , comme 99 : 1. Et outre cela on aura $\overline{AC}^q : \overline{BC}^q : :$
100 : 1 ; par conſéquent la fermeté ſubſiſtante ſera à celle qu'on aura détruite , comme 9900 : 1.

Si ſur C D , comme hypothenuſe , on forme un triangle rectangle iſocele
C B D [*Tab.* 27. *fig.* 15.], & qu'avec le rayon C B on décrive un cercle , ce
cercle ſera égal à l'anneau ; & par conſéquent la fermeté du cylindre creux
ſera à celle du cylindre ſolide , comme le quarré de l'hypothenuſe du

Tome II. X

triangle rectangle isocele est au quarré de l'un des deux côtés du triangle.

Ces propositions servent à prouver que les fermetés des roseaux, dont les Orientaux & les Romains formoient autrefois leurs traits, ainsi que les os longs & creux qu'on trouve dans le corps des animaux, sont très considérables : elles prouvent que ces grandes cavités qu'on remarque dans ces os ne les rendent pas beaucoup plus foibles, & que l'Auteur de la Nature a profité de cet avantage pour rendre les os plus légers, & pour leur donner plus de volume, afin de procurer aux muscles des attaches plus étendues : ces mêmes propositions démontrent aussi qu'une plus grande ou une moindre densité dans la moëlle, qui remplit les cavités des roseaux & des autres plantes de cette espece, ne contribue en rien à la fermeté de ces plantes; ainsi que *Galilée* l'a parfaitement démontré. W. *Porterfield* nous a aussi donné les fermetés des os dans un Ouvrage intitulé : *Medical. Essays.* Vol. 1. p. 112.

La fermeté des os est bien différente dans des animaux de même espece, & cette différence vient de ce qu'ils n'ont pas la même épaisseur, la même dureté, la même élasticité, &c. J'ai examiné le milieu d'un fémur de bœuf, dont le diametre étoit $= 2$ pouces, & dont la partie osseuse étoit $= \frac{7}{20}$ de pouce; & par conséquent le diametre de la cavité étoit $= \frac{13}{20}$ de pouce. Suivant le calcul, la fermeté de cet os creux étoit à celle qu'auroit eu un os qui auroit rempli la cavité dont il est ici question, comme $817600 : 1185921$; c'est-à-dire, à peu de choses près, comme $9 : 13$. Or la fermeté de cet os, s'il eût été entierement solide, eût été $= 64000$; par conséquent la fermeté de cet os, considéré comme plein, étoit donc à la fermeté qui manquoit par rapport à la cavité, comme $2560000 : 1185921$. D'où il suit que la fermeté de cet os n'étoit pas diminuée de la moitié par la cavité qu'il portoit; tandis que la solidité de ce même os, considéré comme plein, étoit à celle qui lui manquoit, comme $2560000 : 1185921$.

§. MCCX. Si on tire d'un morceau de glace des parallélipipedes tels que ceux qui sont représentés [*Tab.* 27. *fig.* 7, 8, 9, 10, 11, 12, 14], les résultats des expériences qu'on pourra tenter avec ces sortes de parallélipipedes, seront conformes à la théorie que nous venons de démontrer dans les propositions précédentes; & cette conformité dépendra de la rigidité de ces morceaux de glace : mais si au contraire on veut répéter ces expériences avec des corps flexibles, tels que des morceaux de bois, l'expérience ne sera pas absolument conforme à la théorie; ce qui vient de ce qu'un morceau de bois plus court, toutes choses égales d'ailleurs, a plus de fermeté qu'un autre qui seroit plus long : outre cela, il faut encore considérer que les corps flexibles sont composés de fibres qui peuvent s'étendre plus ou moins avant de se rompre. En effet, supposons un petit bâton droit D G H E [*Tab.* 27. *fig.* 16.], posé sur un appui C vers son milieu; supposons alors que des poids suffisans pour le rompre soient appliqués à ses extrêmités D, E : cela posé, il est constant que lorsque ces poids font effort pour rompre ce bâton; il est, dis-je, constant que ses fibres supérieures G H s'étendent beaucoup plus que celles qui sont inférieures, & qui sont appliquées sur le point d'appui C. Or à cette connoissance il seroit nécessaire d'ajoûter celle-ci; savoir, si les fibres qui sont susceptibles d'une grande distension sont capables d'opposer une très grande réſiſtance : cela poſé, il ſeroit conſtant que lorſqu'elles ſeroient ſur le point de céder à la force qui tend à les rompre, la fibre G H oppoſeroit une très grande réſiſtance, & que les autres en oppoſeroient une d'autant plus petite, qu'elles ſeroient plus proches du point d'appui C ; parcequ'elles ſeroient moins diſtendues : mais c'eſt ce que nous ignorons. L'expérience, à la vérité, nous apprend qu'une fibre qui a été fortement diſtendue ne peut point ſe rétablir dans ſon premier état ; elle nous apprend qu'un morceau de bois, une planche, chargée pendant long-tems d'un très grand poids, & qu'on décharge, ne peut plus ſupporter par la ſuite un fardeau auſſi conſidérable que ſi cette planche n'eût jamais été chargée ; ce qui eſt une preuve inconteſtable que les fibres qui ont été fortement diſtendues ne peuvent point ſe rétablir dans leur premier état : d'où nous pouvons conclure qu'il peut ſe faire que la fibre G H, qui eſt celle qui ſupporte une plus grande diſtenſion, ne ſoit point ſi ferme, & ne réſiſte point tant que toute autre fibre qui lui eſt inférieure, ou qui eſt plus près du point d'appui C ; mais nous ne pouvons pas déterminer pour cela quelle eſt celle de toutes ces fibres qui oppoſe une plus grande réſiſtance à la force diſtenſive. Suppoſons que les fibres contenues dans l'eſpace A G H B [*Tab.* 27. *fig.* 17.] ſoient élaſtiques, & qu'elles ſoient tiraillées autour du point C ; dans ce cas, les fibres ſupérieures, depuis G H juſqu'à-peu-près le milieu de l'eſpace A G, B H, que nous nommerons O P, ſeront diſtendues, & celles qui ſeront inférieures aux premieres, telles que celles que ſont compriſes dans l'eſpace A C P B, ſeront comprimées : or ces dernieres étant comprimées, elles agiſſent contre celles qui ſont diſtendues ; & comme elles ne peuvent ſupporter qu'un certain degré de compreſſion, ſi on les comprime davantage elles ſe romperont.

Mais ſi on peut retrancher cette partie, qui eſt trop comprimée, lorſqu'elle ſupporte une trop grande inflexion, le morceau de bois en deviendra plus ferme : c'eſt une découverte que nous devons à M. *Duhamel.*

Ayant fait équarrir des morceaux de bois de ſaule de trois pieds de longueur, & dont chaque face portoit un demi-pouce, on plaça les deux extrêmités de chacun de ces morceaux de bois ſur un appui qui en ſupportoit $\frac{1}{2}$ de pouce en longueur, & on ſuſpendit au milieu le poids néceſſaire pour les rompre ; les réſultats des expériences firent connoître que ſix de ces morceaux de bois ne jouiſſoient pas des mêmes degrés de fermeté : mais ayant fait une ſeule ſomme de celles des poids que chacun de ces morceaux de bois pouvoit ſupporter, & ayant diviſé cette ſomme par 6, on trouva un poids moyen = 524 ℔, qui eſt celui qu'on peut regarder comme repréſentant la fermeté de chacun de ces morceaux de bois.

La quantité de fibres qui ſont comprimées dans ces ſortes de bois, & qui ne s'etendent point, eſt égale au tiers de leur épaiſſeur ; car on peut les ſcier juſqu'à ce point ſans les affoiblir, pourvu qu'on ait ſoin d'inſérer dans le chemin de la ſcie un morceau de bois qui faſſe l'office de point d'appui, & contre lequel les deux extrêmités des parties ſciées puiſſent être aſſujetties. En effet, ayant ſcié un morceau de bois juſqu'au tiers de ſon épaiſſeur, & ayant inféré dans la fente un coin de bois de chêne, le milieu de ce morceau de bois porta un poids = 551 ℔. Un autre morceau de bois, étant scié jusqu'au milieu de son épaisseur, ne put supporter qu'un poids = 542 ℔. Sa fermeté fut donc plus petite que celle du bois précédent, quoiqu'elle fût plus considérable, en considérant celle de chacun de ces morceaux de bois avant qu'ils fussent sciés. Un troisieme morceau de bois, ayant été scié jusqu'aux trois quarts de son épaisseur, fut rompu par un poids = 530 ℔. Ces expériences démontrent que les fibres extérieures des morceaux de bois qu'on soumet à ces sortes d'épreuves, résistent considérablement à la force qui tend à les rompre; & par conséquent que plus les fibres sont distendues, & plus elles résistent.

Si on plie entierement un morceau de bois, les fibres qui le composent sont comprimées jusqu'à une certaine épaisseur, qui se trouve vers le milieu de ce bois en P [*Tab.* 27. *fig.* 18.]; il faut donc considérer le levier angulaire Q P A, dont les bras sont Q P & P A, & le centre du mouvement P: mais si on scie ce bois jusqu'à une certaine profondeur, & qu'on insere dans la fente le coin C, on aura le levier Q C B, dont les bras seront Q C, C B, & C le centre du mouvement; par conséquent la fermeté de ce bois, avant d'être scié, sera à celle qu'il aura après avoir été scié, comme Q P : Q C.

Lorsqu'on a scié un morceau de bois jusqu'à une certaine profondeur, & qu'on a inséré dans le chemin de la scie un coin; si on fait supporter un poids à ce morceau de bois, ses fibres sont tiraillées par ce poids, & elles s'allongent: alors si on retire le coin, & qu'on en insere un autre plus épais, ce morceau de bois pourra supporter une plus grande charge que celle qu'il eût supporté en laissant le premier coin; parceque, dans ce second cas, les fibres de ce bois sont moins courbées que précédemment, puisque le coin, étant plus épais, les rétablit en ligne droite.

§. MCCXI. On peut, à l'aide des trois propositions que nous avons établies dans les §. 1205, 1206, 1207, connoître la fermeté des corps qui sont de même épaisseur dans toute leur étendue, pourvu qu'on ait fait auparavant quelques expériences sur toutes les especes de corps, lesquelles pourront servir de base à la théorie qu'on aura à établir, & qu'on fasse attention à toutes les circonstances. Par exemple, si on fait des expériences sur des bois, plus on les choisira épais, plus on pourra se fier aux résultats des expériences; sur-tout si on a soin d'observer si les bois qu'on emploie ont été coupés, ou vers la racine, ou vers le milieu du tronc, ou vers le sommet des arbres qui les ont fourni, ou si ces bois viennent de quelques branches: outre cela, si on a soin de remarquer l'âge de ces arbres, leur climat; en un mot si on fait entrer en considération tout ce qui peut contribuer ou nuire à la fermeté des bois qu'on veut éprouver.

On trouvera [*Tab.* 28. *fig.* 8.], une machine très simple & très propre à faire ces sortes d'expériences, & dont la construction est très aisée à saisir.

Sur la fermeté du verre.

§. MCCXII. J'ai procédé de deux façons différentes pour pouvoir déterminer exactement la fermeté des différens verres plans. 1°. J'ai pris un vase de cuivre A B C D [*Tab.* 28. *fig.* 1.], au fond duquel B D étoit pratiqué un trou rond E F, dont le diametre étoit = 5 ½ de pouce rhenan; je fermois cet orifice avec un plan circulaire de verre, dont le diametre étoit presque $= 6$ pouce, & je bordois ce verre avec de la cire molle, de façon que ce cordon de cire ne permît point à l'eau de s'échapper du vase : j'adaptois ensuite au vase le couvercle A B, & je l'y attachois fortement par la pression de plusieurs vis, afin que l'eau ne s'échappât point. Au milieu de ce couvercle s'élevoit un tube de verre T G, ouvert de part & d'autre, dont le diametre étoit $= 1$ pouce, & la hauteur 8 pouces. Ce tube étoit attaché selon sa longueur à une regle de bois H K, qui servoit à le contenir & à le rendre moins fragile : outre cela cette regle étoit divisée par pieds & par pouces, à compter du fond du vase de cuivre E F. Les choses étant ainsi disposées, à l'aide de l'orifice I, pratiqué sur le couvercle du vase, je remplissois d'eau ce vase, & je fermois solidement cette ouverture par le moyen d'une vis ; ensuite je versois de l'eau, mais lentement, dans le tube T G, jusqu'à ce qu'il y en eût une hauteur suffisante pour briser le plateau de verre, & j'avois soin de remarquer cette hauteur. Dans cette expérience, la pression de l'eau étoit égale à celle qu'auroit produite une colonne d'eau de même hauteur, & renfermée dans un vase cylindrique, dont le diametre eût été $= B D$; ainsi que nous le démontrerons dans l'hydrostatique.

Dans l'autre méthode que j'ai mise en usage pour vérifier la même chose, j'ai employé la pression de l'air, au lieu de la pression de l'eau, dont je m'étois servis dans la précédente ; & voici la construction de la machine.

Je plaçois le plateau circulaire de verre A A [*Tab.* 18. *fig.* 2.] sur un anneau de cuivre B, & j'avois soin de border ce plateau avec de la cire molle, afin que l'air extérieur ne pût point s'introduire dans l'anneau ; je posois ensuite cet anneau B sur la platine C de la machine pneumatique, & j'adaptois à l'anneau un tube de verre gradué D E, qui plongeoit dans un vase qui contenoit du mercure. Les choses étant ainsi disposées, lorsque je faisois agir la pompe pneumatique, & que je retirois lentement l'air compris sous l'anneau B ; à proportion que cet air s'évacuoit, le mercure s'élevoit dans le tube de verre, & l'air extérieur déployoit efficacement sa pression sur la surface du plan de verre A A, & la pressoit de même que si elle eût été chargée d'une surface de mercure égale en hauteur à la colonne élevée dans le tube. Il faut observer que cette derniere méthode ne doit être employée que lorsqu'on veut éprouver la fermeté des verres qui sont un peu épais ; car la premiere des deux méthodes que nous venons de rapporter, est beaucoup plus exacte, parcequ'on peut beaucoup mieux juger de la véritable hauteur de l'eau que de celle du mercure.

J'ai choisi, pour faire ces sortes d'expériences, des plans de verre de différentes especes de ceux dont on fait usage pour les fenêtres ; j'ai choisi ceux qui m'ont paru les plus plans & les plus égaux en épaisseur dans toute leur étendue : condition qui ne peut point être remplie à la rigueur, à moins qu'on ne se serve de verres travaillés sur leurs deux surfaces.

1°. Un verre de Venise, dont l'épaisseur étoit $= \frac{9}{100}$ de pouce, fut fendu par la pression d'une colonne d'eau de 9 pieds 2 pouces de hauteur ; mais lorsque la colonne d'eau eut 9 pieds 9 pouces, alors le morceau rompit sur poussé en-dedans : d'où il suit que ce verre fut fendu par un poids $= 84$ ℔.

11 onces, 3 dragmes & 45 grains, & qu'il fut tout-à-fait rompu par un poids $= 90$ ℔, 3 onces, 2 dragmes & $\frac{1}{2}$ grain.

En effet le poids d'un cylindre d'eau, dont la base a pour diametre $5\frac{1}{6}$ de pouce, & un pouce de hauteur $= 12$ onces, 4 dragmes, $19\frac{1}{2}$ grains; & conséquemment le poids d'un cylindre d'eau de même diametre, & dont la hauteur $= 1$ pied, $= 9$ ℔ 6 onces, 3 dragmes, 54 grains.

2°. Un plateau de verre de Meklenbourg (*Meklenburgicum*), dont l'épaisseur étoit $= \frac{5}{100}$ de pouce, portoit une colonne d'eau de 4 pieds $11\frac{1}{2}$ pouces lorsqu'il fut rompu; & par conséquent il fut brisé par un poids $= 46$ ℔, 10 onces, 1 dragme & 20 grains.

3°. Un plateau de verre de Poméranie, dont l'épaisseur étoit $= \frac{4}{100}$ de pouce, fut brisé par une colonne d'eau de 3 pieds 7 pouces & $\frac{1}{2}$ ligne de hauteur; & conséquemment il fut rompu par un poids $= 33$ ℔, 11 onces, 2 dragmes & 39 grains.

4°. Un verre de France, de même épaisseur que le précédent, ne put soutenir qu'une colonne d'eau, dont la hauteur étoit $= 2$ pieds 7 pouces, & par conséquent fut rompu par un poids $= 24$ ℔, 4 onces, 6 dragmes, 4 grains.

5°. Un verre de Bretagne, dont l'épaisseur étoit $= \frac{6}{100}$ de pouce, fut fendu par le milieu par une colonne d'eau, dont la hauteur étoit $= 4$ pieds 10 pouces, & par conséquent par un poids $= 45$ ℔, 7 onces, 2 dragmes, 51 grains.

6°. Un morceau de miroir, dont l'épaisseur étoit $= \frac{11}{100}$ de pouce, fut rompu lorsque la colonne de mercure se fut élevée dans le tube (dont nous avons parlé dans la seconde méthode)', à la hauteur de $16\frac{1}{7}$ de pouce; & par conséquent fut rompu par un poids $= 182$ ℔ $\frac{7012}{7680}$.

Je me suis servi, dans ce cas-ci, de la seconde méthode; parceque la colonne d'eau que je pouvois employer, en suivant la premiere méthode, ne put point casser ce verre: or le poids d'un cylindre de mercure, dont le diametre de la base $= 5\frac{1}{6}$ de pouce, & dont la hauteur $= 1$ pouce, pese 10 ℔, 4 onces, 7 dragmes & 36 grains.

§. MCCXIII. Le célebre M. *Mariotte* a déduit le théoreme suivant de la démonstration de *Galilée* sur la fermeté des corps; savoir, si on prend des verres plans & quarrés, de l'espece de ceux dont on fait usage pour les croisées des maisons, le même poids qui, étant uniformément distribué sur la surface d'un de ces verres, sera suffisant pour le casser, suffira encore pour casser tout autre plan de verre, quelque surface que ce dernier ait, pourvu qu'il soit de même épaisseur que le premier.

Pour le démontrer, supposons que A B C D [*Tab.* 28. *fig.* 3.4.] représente une fenêtre quarrée, remplie par un verre plan; supposons que E F soit une autre fenêtre quarrée, plus petite que la précédente, remplie pareillement par un autre verre plan de même épaisseur: maintenant imaginons, dans cette derniere fenêtre, la lame Q H; imaginons pareillement dans la premiere la lame I L de même largeur que Q H, mais une fois plus longue: si on pose sur le milieu de la lame Q H un poids qui soit capable de rompre cette lame, la moitié de ce poids, étant placée sur le milieu de la lame

I L, la rompra auſſi. Cela poſé, ſi on ſuppoſe une autre lame M N S K une fois plus large que la premiere, il faudra, pour rompre cette derniere lame, un poids égal à celui qu'on aura employé pour rompre la lame Q H; mais la lame O P peut être rompue par un poids $=$ celui qu'on emploie contre Q H: pareillement M S exige un même poids pour ſe rompre ; d'un autre côté, il faut le même nombre de lames $=$ Q H, pour remplir le quarré A D, qu'il faut de lames ſemblables à la lame M S, pour remplir le quarré A D : d'où il ſuit qu'il faudra employer les mêmes poids pour rompre ces deux quarrés.

Cette démonſtration eſt exacte ; mais cependant l'expérience n'y eſt pas tout-à-fait conforme, parceque M. *Mariotte* ne conſidéra point tout ce qui devoit entrer en conſidération dans cette expérience : il eut tant de confiance en cette démonſtration, qu'il ne voulut point appeler l'expérience à ſon ſecours ; car s'il ſe fût comporté ainſi, il eût remarqué qu'il avoit tiré de ſa démonſtration une concluſion trop haſardée.

Ayant formé de nouveaux plans circulaires [*Tab.* 28. *fig.* 2.] des mêmes eſpeces de verre, dont nous avons déja fait uſage dans les expériences précédentes ; on donna à ces plans $3\frac{4}{10}$ de pouce de diametre, & on les poſa ſur un anneau dont le diametre étoit $=$ 3 pouces : or un cylindre de mercure de 3 pouces de baſe & d'un pouce de haut, peſe 3 ℔, 10 onces, 7 dragmes & 16 grains. On prit

1°. Un verre de Veniſe, dont l'épaiſſeur étoit $=\frac{9}{100}$ de pouce ; ce morceau de verre ne pût être rompu par la preſſion de l'air extérieur qu'on lui fit ſupporter, le mercure étant dans la jauge à la hauteur de 28 pouces 3 lignes, hauteur à laquelle le mercure étoit alors ſuſpendu dans le barometre : il ſupporta donc un poids $=$ 103 ℔, 4 onces, 1 dragme, 2 grains.

2°. Un verre de Meklenbourg, dont l'épaiſſeur étoit $=\frac{5}{100}$ de pouce, fut rompu lorſque le mercure de la jauge fut parvenu à la hauteur de 13 pouces : il fut donc rompu par un poids $=$ 47 ℔, 13 onces, 6 dragmes, 28 grains.

3°. Un verre de Poméranie de $\frac{4}{100}$ de pouce d'épaiſſeur, fut rompu, lorſque la colonne de mercure eût acquis la hauteur de $11\frac{1}{2}$ pouces ; & par conſéquent il céda à l'effort d'un poids $=$ 43 ℔, 3 dragmes, 34 grains.

4°. Un verre de France, de même épaiſſeur que le précédent, fut rompu lorſque le mercure fut parvenu à la hauteur de $12\frac{1}{2}$ pouces ; & par conſéquent lorſque la preſſion qu'il ſupporta équivalut à celle d'un poids $=$ 46 ℔, 11 onces, 3 dragmes, 50 grains.

5°. Un verre de Bretagne, dont l'épaiſſeur étoit $=\frac{6}{100}$ de pouce, ne ſe rompit que lorſque la colonne de mercure eut acquis $24\frac{1}{2}$ pouces de hauteur : il fallut donc, pour le briſer, un poids $=$ 88 ℔, 5 onces, 6 dragmes & 24 grains.

J'ai obſervé, dans toutes les expériences que j'ai faites, que la fermeté du verre croiſſoit, lorſque je me ſervois de plateaux de verre d'un plus petit diametre, & que cette différence de fermeté étoit très conſidérable, quoiqu'elle ne fût pas proportionnelle, comme elle l'eût peut-être été ſi l'épaiſſeur du verre eût été plus égale dans toute ſon étendue. Avant qu'un cercle de verre ſe briſe, on obſerve qu'il eſt pouſſé au-dedans de l'anneau qui le ſupporte, & qu'il acquiert une ſurface concave ; mais il ſe rompt promptement au milieu, & les parties qui composent sa partie moyenne sont aussi-tôt séparées du plan qu'elles formoient, tandis que celles qui formoient sa circonférence restent adhérentes sur les bords de l'anneau de cuivre.

Soit la courbure E C M F [*Tab.* 18. *fig.* 5.] du petit plan de verre, & la courbure G D M H du grand plan, en supposant qu'elle soit $=$ L M dans l'un & dans l'autre plan ; le fluide qui presse ces deux plans agit selon la direction K C D perpendiculairement à l'horison : si on tire des tangentes aux points C & D, auxquelles on mene des paralleles K B, K I, & qu'on conduise les lignes B C & I D, perpendiculaires à ces dernieres lignes ; alors la pression K C se résoudra en deux directions ; savoir K B & B C. De ces deux directions, l'une K B, ne produira aucun effet ; & il n'y aura que celle qui sera dirigée selon B C qui obtiendra son effet. On raisonnera de la même maniere par rapport à K D : cette action se résoudra en deux ; savoir, en K I & en I D : de ces deux, l'une K I deviendra nulle contre le plan, & I D sera la seule qui agisse contre le verre. Cela posé, si on suppose que K D soit égal à K C, & que la fermeté soit égale aux points C & D ; lorsque le point D cédera à la pression du fluide qui agira contre lui, C opposera encore une résistance suffisante, & ne cédera point, parceque I D est plus grand que I C : & conséquemment, à moins que la pression, représentée par B C, ne devienne plus grande, le point C du plan ne pourra point être brisé : d'où il suit que la fermeté paroît plus grande en C qu'en D, & qu'il faut que la colonne de fluide, qui doit rompre ces deux points, soit plus longue pour rompre les plans de verre d'un plus petit diametre.

En supposant que le verre est composé de petites lames longitudinales, il est constant qu'on trouvera un plus grand nombre de parties foibles dans les lames qui seront plus longues, que dans celles qui seront plus petites en longueur ; ainsi que nous l'avons déja observé par rapport aux bois qui sont de différentes longueurs (§. 1116 , 1127) : & c'est ce qui fait que les plans de verre qui ont un plus petit diametre, sont plus forts, & résistent davantage que ceux dont le diametre est plus grand.

§. MCCXIV. Plus un verre de même espece est épais, plus sa fermeté est grande ; & au contraire elle décroît à proportion qu'il est moins épais. Je coupai dans une même plaque de verre de France deux cercles de même grandeur, mais de différente épaisseur, dont le diametre étoit $= 3 \frac{4}{10}$ de pouce. L'un de ces verres portoit, dans sa plus petite épaisseur, $\frac{7}{100}$ de pouce. Je plaçai ce verre sur un anneau de cuivre, dont l'ouverture avoit 3 pouces de diametre ; ce verre se rompit lorsque la colonne de mercure, qui s'éleva dans la jauge, fut parvenue à une hauteur $= 15 \frac{1}{4}$ de pouce : & conséquemment il céda à l'effort d'un poids $= 52$ ℔, 15 onces, 6 dragmes, 27 grains. L'autre plateau avoit une épaisseur $= \frac{5}{100}$ de pouce ; & il fut rompu lorsque la colonne de mercure se trouva à la hauteur de 11 $\frac{1}{4}$ pouces : & conséquemment il fut brisé par un bois $= 41$ ℔, 7 onces, 5 dragmes, 15 grains.

§. MCCXV. Quelqu'attention que j'aie apportée à ces sortes d'expériences, je me reproche de n'avoir pas pu remarquer les différens ingrédiens qui entrent dans la composition des verres que j'ai examinés, ainsi que les proportions selon lesquelles ils sont combinés ; car je doute très fort que nos
verres

verres foient compofés des mêmes matieres dont on fe fervoit du tems de *Nerus* & de *Kunkel*, & qu'ils nous ont indiquées dans leurs Traités de la Verrerie. Or fi le verre n'eft plus compofé des mêmes ingrédiens, & fi les Verriers emploient différentes matieres, il eft conftant qu'il doit avoir différens degrés de fermeté; & conféquemment qu'on fera obligé de faire de nouvelles expériences pour s'affurer de la fermeté dont il jouit. Le verre de Venife, par exemple, eft un verre mou, très fufceptible d'être affecté, & en très peu de tems, par les injures de l'air, qui le tachent de différentes couleurs. Le verre de Poméranie, celui de Meklenbourg, celui d'Angleterre, eft beaucoup plus dur: celui de France tient le milieu entre ces différentes efpeces de verres; mais il eft très foible & très fragile. Il eft conftant, & il paroît par la démonftration que nous avons apportée ci-deffus, & par les expériences que nous avons rapportées, il eft conftant, dis je, que plus les carreaux de vetre que nous employons à nos fenêtres ont d'étendue, & plus ils font fragiles, & plus ils font aifément brifés par les vents auxquels ils font expofés. En effet, fi le vent fouffle contre la fenêtre A B D C [*Tab.* 28. *fig.* 3.], que je fuppofe fermée par un feul carreau de verre; il agira auffi fortement contre ce feul carreau, qu'il agiroit contre cette même fenêtre, fi elle étoit fermée par quatre carreaux fous quadruples: or, fuivant la démonftration de *Mariotte*, chacun de ces quatre carreaux peut fupporter une preffion égale à celle que peut fupporter le grand carreau A B C D; d'où il fuit que les quatre petits carreaux pourroient fupporter un effort quadruple. Outre cela, nous avons démontré par expérience, que plus les carreaux font petits, & plus ils ont de fermeté: d'où il fuit qu'une fenêtre garnie de petits carreaux, réfiftera davantage aux efforts du vent qu'une autre fenêtre qui feroit vitrée par de plus grands carreaux : c'eft pour cette raifon-là qu'il convient d'employer de petits carreaux pour vitrer les grandes fenêtres des Eglifes; car outre qu'ils réfifteront mieux que les grands, ils occafionneront moins de dépenfe.

§. MCCXVI. Ayant lié une veffie de cochon autour d'un cylindre ouvert, & dont le diametre étoit = 6 pouces; je plaçai ce cylindre fur la platine de la machine pneumatique, & j'en retirai l'air jufqu'à ce que le mercure fût monté dans la jauge à une hauteur = 22 pouces : & je remarquai que cette veffie, cédant à la preffion de l'air extérieur, qui s'appuyoit fur fa furface, acquit une forme concave, & fe brifa enfuite en produifant une forte détonnation. Cette veffie céda donc à l'effort d'un poids = 201 ℔, 10 onces, 4 dragmes. Une autre partie de la même veffie, & de même épaiffeur que la premiere, ayant été liée autour d'un cylindre de 3 pouces de diametre, ne put point être brifée par la preffion de l'air, quoique le mercure fe fût élevé dans la jauge à la hauteur de 28 pouces 3 lignes; elle fupportoit cependant alors une preffion égale à celle d'un poids de 104 ℔, 1 dragme, 17 grains.

§. MCCXVII. La doctrine de l'adhérence & de la fermeté eft très ample; parcequ'on peut traiter cette matiere de différentes manieres, & qu'on peut fuivre différentes voies pour tenter les expériences qu'on a à faire. 1°. On peut enfoncer une des extrémités des corps qu'on veut éprouver, dans des cavités proportionnées à leur groffeur, en les difpofant parallelement à l'ho-

Tome II.   Y

rifon, & fufpendre à l'autre extrêmité des poids convenables pour les rompre: méthode que nous avons fuivie, & que nous avons indiquée précédemment.

2°. Lorfque les corps font d'une certaine longueur, on peut les placer fur
un point d'appui qui réponde au milieu de ces fortes de corps, & fufpendre
à l'une & à l'autre de leurs extrêmités des poids égaux, jufqu'à ce qu'on parvienne à les rompre par le milieu.

3°. On peut appuyer fur un point fixe les deux extrêmités d'un corps, &
fufpendre au milieu de ce corps un poids propre à les rompre : méthode que
M. *de Buffon* a employée efficacement, & avec beaucoup d'exactitude,
pour faire des expériences fur la fermeté du bois de chêne. Il a éprouvé de
cette maniere différentes parties de différentes longueurs & groffeurs de plufieurs arbres de cette efpece. Cet habile Académicien nous a donné les réfultats de ces expériences, qu'il a renfermés dans 7 Tables qu'on pourra confulter.

4°. On peut encore difpofer les corps qu'on veut éprouver, de maniere
que leurs extrêmités foient appuyées dans des trous creufés dans une matiere dure, & fufpendre au milieu de ces corps des poids propres à les rompre : mais dans ce cas, l'expérience nous apprend qu'il arrive bien rarement
que les corps qu'on éprouve de cette façon, fe rompent dans un feul endroit,
foit au milieu, comme dans le cas précédent ; ce qui arrive cependant quelquefois : mais, pour l'ordinaire, ils fe rompent vers le milieu, & vers une
de leurs extrêmités ; quelquefois ils fe rompent au milieu, & vers les deux
extrêmités : & c'eft pour cela qu'il faut employer différens poids pour rompre ces fortes de corps; quelquefois il faut un poids double de celui qui fuffit
en fuivant la troifieme méthode, & même quelquefois il faut avoir recours
à un poids triple. De forte que fi un morceau de bois, par exemple, qui eft
fimplement pofé fur deux points d'appui, fe rompt au milieu par l'effort
d'un poids = 30 ℔. Dans cette méthode-ci, foit qu'il fe rompe en un, en
deux ou en trois endroits, il faudra employer un poids = 70, ou 80, ou
même 90 ℔.

5°. Enfin les corps qui font difpofés en forme de colonnes, font l'office
de point d'appui, & font deftinés à foutenir la charge d'autres corps. L'examen de la fermeté de ces fortes de corps, qui me paroît des plus utiles, a
été négligé jufqu'à préfent : c'eft ce qui m'a déterminé à faire à ce fujet quelques tentatives fur des corps minces & courts ; expériences qui feroient beaucoup plus utiles fi on les faifoit en grand, c'eft-à-dire, fur des corps longs
& très épais. Si les corps n'étoient point poreux, & s'ils étoient parfaitement folides, il eft conftant qu'en leur donnant la forme cubique, & fi
leurs furfaces étoient planes, ces corps, étant difpofés parallelement à
l'horifon, ainfi que le repréfente A, B, C, D, E [*Tab.* 28. *fig. 6.*], il
eft conftant qu'ils pourroient fupporter un poids immenfe ; & qu'un corps
de cette efpece, étant fitué perpendiculairement à l'horifon, ne pourroit
point céder à l'effort de la plus lourde charge, qui agiroit perpendiculairement en E. Mais la ftructure des corps n'eft pas telle que nous l'exigeons ;
tous les corps font poreux ; ils font formés de l'affemblage de plufieurs
parties, dont la grandeur, la dureté & la figure varient à l'infini, Cela pofé,

les parties de ces corps qui fupportent une forte compreffion, cedent à cet effort, & fe retranchent dans les pores qui leur répondent ; & par ce moyen les unes pouffent & chaffent les autres : de là la maffe du corps commence à fléchir ; & la compreffion augmentant, cette maffe fe coúrbe davantage, & fe brife enfin. Cette rupture fe fait ordinairement vers le milieu de la maffe qui cede, ou dans l'endroit où ces parties, étant plus foibles, font plus fortement pouffées au-dehors.

Voici la defcription de la machine dont je me fuis fervi pour déterminer la fermeté des corps comprimés.

A, A, A, A [*Tab.* 28. *fig.* 7.] repréfentent 4 colonnes rondes très polies, de 5 pieds de hauteur ; elles font folidement établies fur une planche fort épaiffe : la tête de ces colonnes eft fixée dans un cadre B B, afin qu'elles ne vacillent point, & qu'elles foient paralleles entr'elles dans toute leur longueur. C C eft une table quarrée mobile, faite de deux planches fort épaiffes, appliquées l'une fur l'autre, de façon que leurs fibres fe croifent, afin que cette table puiffe toujours demeurer plane : cette table eft percée de 4 trous vers fes angles, dans lefquels font enchaffés des cylindres creux de cuivre, longs de 8 pouces : les 4 colonnes A, A, A, A paffent par ces cylindres, & la table gliffe aifément felon la longueur des colonnes, fans qu'elle puiffe vaciller d'un côté ou d'un autre ; & elle fe meut, par ce moyen, perpendiculairement de haut en-bas, ou de bas en haut. Au milieu de la bafe de cette machine, ainfi qu'au milieu de la table, eft folidement incruftée une lame épaiffe de cuivre, fur l'épaiffeur de laquelle eft creufé un trou quadrangulaire, qui a la forme d'une pyramide creufe : les pointes de ces deux cavités fe répondent parfaitement lorfque la bafe eft difpofée parallelement à l'horifon. Sur la furface fupérieure de la table font tracés des quarrés de différentes grandeurs, dont les centres répondent au fommet de la pyramide creufe, qui eft placée à la furface inférieure de la même table. Ces différens quarrés font qu'on peut toujours placer au centre de cette table les différens poids dont on veut la charger. Ces poids font des lames quarrées de plomb, auxquelles j'ai donné cette figure, afin que leur poids pût fe diftribuer uniformément fur le milieu de la table.

Les corps, tels que D, qu'on veut foumettre à l'examen, doivent fe terminer, par les deux extrêmités, en forme de pyramide qui réponde à celles qui font creufées, & fur la bafe, & fur la furface inférieure de la table : on engage alors ces corps dans ces pyramides creufes. Avant de faire l'expérience, il faut avoir foin de mettre la machine exactement de niveau. Lorfque le corps D vient à fe rompre par l'effort des poids dont la table eft chargée, il eft conftant que cette table defcendant brufquement, & tombant fur la bafe, gâteroit les cylindres creux de cuivre. Pour obvier à cet inconvénient, & pour prévenir tous les accidens qui pourroient arriver, il faut attacher à la table deux cordes qu'on fait paffer fur la circonférence de deux groffes poulies fixées au plancher, & attacher folidement ces cordes, de façon que la table ne puiffe defcendre que jufques vers le milieu de la hauteur des colonnes, lorfque le corps D fe brife. L'ufage m'a appris que cette méthode étoit fort commode pour ces fortes d'expériences.

§. MCCXVIII. Voici les réfultats des expériences que j'ai faites fur la

fermeté des corps deſtinés à ſupporter & à ſervir d'appui à de lourds fardeaux.

1°. Un morceau de bois de ſapin, appellé (*Grynen*), long de 4 pieds,
bien équarri dans toute ſa longueur, & dont chaque face portoit $\frac{53}{100}$ de
pouce, fut rompu par un poids $= 64$ ℔, 9 onces.

2°. Un autre morceau du même bois, de même longueur, mais dont
chaque face portoit $\frac{7}{10}$ de pouce, fut rompu par un poids $= 226$ ℔.

D'où il ſuit que la fermeté de ces appuis eſt comme le nombre qui déſigne
leur épaiſſeur, élevé à ſa quatrieme puiſſance.

$$\overset{\text{℔}}{} \qquad \overset{\text{℔}}{}$$

On a donc $\overline{51}^q : 64 :: \overline{70}^q : 227$. Ce qu'on détermine promptement par le
moyen des logarithmes.

$$
\begin{aligned}
\text{Log. } \overline{70}^q &= 7 \cdot 3803920 \\
\text{Log. } 64 &= 1 \cdot 8061800 \\[-2pt]
\hline
&\; 9 \cdot 1865720 \\
\text{Log. } \overline{51}^q &= 6 \cdot 8302808 \\[-2pt]
\hline
\text{Log. } &\; 2 \cdot 3562912 = 227
\end{aligned}
$$

Lequel nombre répond exactement à l'expérience.

1°. Un morceau de tilleul, long de 4 pieds, formant un parallélipipede
dont chaque face étoit $= \frac{1}{2} = \frac{50}{100}$ pouce, ne put pas ſoutenir un poids $=$
51 ℔.

2°. Un morceau de même bois, auquel j'avois donné la même forme,
mais dont chaque face étoit $= \frac{71}{100}$ de pouce, fut rompu par un poids $=$
206 ℔.

Cette expérience prouve encore que les fermetés de ces morceaux de bois
ſuivent entr'elles la même raiſon que ſuivent celles des bois précédents.

$$\text{Puiſque le log. } \overline{50}^q : \text{log. } 51 :: \text{log. } \overline{71}^q : 207.$$

$$
\begin{aligned}
\text{Car le log. } \overline{71}^q &= 7 \cdot 4050332 \\
\text{Log. } 51 &= 1 \cdot 7075702 \\[-2pt]
\hline
&\; 9 \cdot 1126034 \\
\text{Log. } \overline{50}^q &= 6 \cdot 7958800 \\[-2pt]
\hline
\text{Log. } &= 2 \cdot 3167234 = 207
\end{aligned}
$$

D'où il ſuit que ces expériences s'accordent parfaitement avec le calcul.

3°. Un morceau de hêtre de 4 pieds de longueur, & dont chaque face portoit $\frac{49}{100}$ de pouce, fut rompu par un poids $=$ 41 ℔.

4°. Un morceau de même bois, de même longueur, mais dont chaque face portoit $\frac{60}{100}$ de pouce, fut rompu par un poids $=$ 71 ℔.

5°. Un autre de même espece, de même longueur, mais de $\frac{70}{100}$ de pouce de face, fut rompu par un poids $=$ 146 ℔.

Cela posé, examinons maintenant si nous trouverons la même proportion que nous avons trouvée ci-dessus.

$$\text{Log. } \overline{49}^q : \text{log. } 41 :: \text{log. } \overline{60}^q : X.$$
$$1 \cdot 6127839$$
$$\text{Log. } \overline{60} \quad 7 \cdot 1126052$$
$$\overline{}$$
$$8 \cdot 7253891$$
$$\text{Log. } \overline{49}^q \quad 6 \cdot 7607844$$
$$\overline{}$$
$$\text{Log. } 1 \cdot 9646074 = 92.$$

Nombre qui est le plus approchant, & qui s'écarte beaucoup de 71, que l'expérience indique.

Passons maintenant à l'examen de l'autre expérience.

$$\text{Log. } \overline{60}^q : \text{log. } 71 :: \text{log. } \overline{70}^q : X.$$
$$1 \cdot 8512583$$
$$\text{Log. } \overline{70}^q \quad 7 \cdot 3803920$$
$$\overline{}$$
$$9 \cdot 2316503$$
$$\text{Log. } \overline{60}^q \quad 7 \cdot 1126048$$
$$\overline{}$$
$$\text{Log. } 2 \cdot 1190455 = 131.$$

Nous avons encore ici une erreur ; puisque le nombre se trouve plus petit que celui que l'expérience indique, tandis que dans le calcul précédent il étoit plus grand que celui que l'expérience avoit donné : ce qui prouve que la regle que nous avons établie ci-dessus ne peut point avoir lieu par rapport au bois d'hêtre.

Si on compare la troisieme expérience avec la cinquieme, on aura le nombre 171, qui s'écarte plus de l'expérience que le nombre 131, avec laquelle un nombre moyen convient davantage.

J'examinai ensuite si la fermeté du hêtre ne seroit point en raison triplée des côtés ; mais les nombres que je trouvai ne répondirent point à l'expérience : car je trouvai, par le calcul, le nombre 75 pour la quatrieme expé-

rience , & le nombre 113 pour la cinquieme ; de forte que nous ne connoiſſons point encore la loi qui doit avoir lieu par rapport au bois d'hêtre.

6°. Je fis faire un parallélipipede de bois de chêne, dont les faces étoient
$= \frac{50 \ \& \ 42}{100}$ de pouce , & dont la longueur étoit $= 4$ pieds. Ce parallélipipede fut rompu par un poids $= 20$ ℔.

7°. Un autre parallélipipede de même bois & de même longueur , dont
chaque face portoit $\frac{6}{10}$ de pouce, fut rompu par un poids $= 36$ ℔.

8°. Un autre de même bois , de même longueur , & dont chaque face
étoit $= \frac{7}{10}$ de pouce, fut rompu par un poids $= 86$ ℔.

Je trouvai , par ces trois expériences , & d'après le calcul que j'en fis , que
la loi que nous avons obſervée par rapport au ſapin & au tilleul , ne peut
point avoir lieu.

Il ſuit néanmoins de ces expériences , que le bois de chêne eſt moins propre à étayer que le bois de ſapin ; & que la différence qu'on doit mettre entre ces deux eſpeces de bois , eſt très conſidérable ; puiſque le bois de ſapin
ſoutient un poids $= 226$ ℔, tandis que le chêne ne peut ſupporter qu'un
poids $= 86$ ℔.

CHAPITRE XXII.

Des Fluides en général.

§. MCCXIX. La ſcience qui conſidere & qui expoſe les propriétés
générales , les affections des fluides , ſe nomme *hydroſtatique* : elle étoit
connue chez les Anciens , ſous le nom d'*hygroſtatique*.

§. MCCXX. Nous donnons le nom de fluide à un aſſemblage de corpuſcules , dont la délicateſſe , la ténuité eſt ſi grande , qu'ils échappent à la foibleſſe de nos organes, & que nous ne pouvons les connoître & les diſtinguer les uns des autres par le miniſtere d'aucun de nos ſens : ces corpuſcules ſont tels, qu'ils cedent au moindre effort que nous puiſſions faire contre
eux ; qu'ils ſe prêtent inſenſiblement à tous les mouvemens directs que nous
leur imprimons. Quelque foible que ſoit la cauſe qui agit contr'eux , ils
cedent à ſon effort , & ils gliſſent même les uns à travers les autres lorſqu'un
ſeul de ces corpuſcules eſt placé au deſſus d'un autre, ſans que la maſſe totale qu'ils compoſent paroiſſe recevoir aucun mouvement : d'où il ſuit néceſſairement que ces corpuſcules n'ont qu'une foible cohéſion entr'eux , &
que leur ſurface liſſe & polie les rend très propres au mouvement. Il paroît,
d'après cet expoſé , que les corpuſcules dont nous venons de parler ne ſont
diſtingués que par le poli de leurs ſurfaces , des pouſſieres les plus fines
dont les ſurfaces ſont remplies d'aſpérités & ſont moins mobiles.

§. MCCXXI. Les Philoſophes ont coutume d'établir une diſtinction entre ces trois choſes , *fluide, humide & liquide.* Ils donnent le nom de *liquide*

à toute substance qui est véritablement fluide, mais dont la surface demeure constamment parallele à l'horison. Il n'en est pas ainsi d'un *fluide* ; cette substance ne conserve pas toujours dans l'atmosphere le parallélisme de ses surfaces : ainsi qu'on peut le remarquer dans la flamme, la fumée, l'haleine, les nuées.

§ MCCXXII. Ils appellent *humide* toute substance fluide, mais qui excite en nous la sensation d'humidité lorsqu'on la touche ; tel est l'eau, le vin, &c. On ne doit donc pas ranger dans la classe des substances humides, l'air pur, le feu, le mercure, tous les métaux fondus, &c. Quoique cette distinction soit reçue des Physiciens, elles ne me paroît pas d'une grande utilité ; puisqu'elle ne nous conduit aucunement à la connoissance des propriétés des fluides.

§. MCCXXIII. Ce n'est donc pas un seul corpuscule qui constitue un fluide ; mais une collection de plusieurs corpuscules. En effet, comment pourroit-on assurer que lorsqu'il céderoit à la force qui le presseroit, il se mouveroit librement avec les autres ? Selon le § 1220, aucun fluide ne peut donc être composé d'une seule partie élémentaire fluide ; & on ne peut pas dire qu'il résulte d'une seule molécule, composée elle-même de plusieurs élémens.

§. MCCXXIV. Tout corpuscule qui fait partie d'un fluide quelconque, est, de sa nature, solide ou dur ; c'est-à-dire, qu'il est composé de parties qui ont entr'elles une si forte cohésion, qu'on ne peut parvenir à les séparer avec la même force qui suffiroit pour faire mouvoir le corpuscule entier. Si les parties constituantes de chaque corpuscule n'avoient point entr'elles une aussi forte cohésion, les corpuscules de tous les fluides quelconques se diviseroient par le moindre mouvement, se briseroient, se décomposeroient ; leurs parties élémentaires se désuniroient, & ils deviendroient d'une si grande ténuité, qu'on ne pourroit point les appercevoir à l'aide même des meilleurs microscopes : ils deviendroient invisibles, de visibles qu'ils sont naturellement. Or l'expérience nous prouve que les parties de certains fluides se présentent à nos recherches sous des grandeurs sensibles, & qu'on les distingue aisément avec des microscopes. Bien plus, nous en observons qui, quoiqu'elles soient composées de plus petites encore, & qu'elles coulent & qu'elles circulent dans de grands ou dans de petits canaux, ne se brisent cependant point, & conservent toute l'étendue de leur masse. On n'a point encore découvert aucune espece de fluide dont les parties soient composées d'élémens assez peu liés & unis entr'eux, pour qu'ils puissent céder à une force quelconque, & se séparer les uns des autres, quoique ce soit l'opinion de plusieurs grands hommes.

§. MCCXXV. Il suit de là que quelque degré de ténuité qu'on accorde à un corpuscule solide, qui fait partie d'un liquide quelconque, il suit, dis-je, de ce que nous venons de dire, que ce corpuscule ne differe en rien des parties constituantes des autres corps ; & que, soit qu'on le considere en mouvement ou en repos, il jouit completement de toutes les propriétés qui conviennent aux corps les plus grands & les plus solides. Cela posé, ce que nous avons dit ci-dessus touchant la gravité, le mouvement, les forces des corps en mouvement & qui se choquent, ce que nous avons dit sur la force d'inertie, fur les réfiftances, toutes ces chofes peuvent s'appliquer & conviennent parfaitement au corpufcule dont il eft ici queftion.

§. MCCXXVI. Pour qu'une maffe quelconque foit fluide, il n'eft pas néceffaire que chacune de fes parties conftituantes foient de véritables élémens ; elles peuvent être des parties de différens ordres (§. 98.), pourvu qu'elles foient affez petites, affez ténues pour échapper à la foibleffe de nos organes, lorfque nous n'avons point recours à dès inftrumens propres à fuppléer à ce qui manque à la perfection de nos fens. En effet, nous ne donnons point le nom de fluide à l'affemblage de plufieurs parties fenfibles, quoiqu'elles jouiffent de toutes les autres propriétés qui conviennent aux fluides. Quelque bien moulue que foit la farine, l'or de Peintre, le plâtre, nous leur donnons le nom de poudre, & non celui de fluide. Plus les parties des fluides feront compofées d'un ordre plus élevé de particules, & plus le fluide qu'elles conftitueront fera denfe ; au contraire ce fluide fera d'autant plus fubtil, que fes parties conftituantes feront compofées de particules qui approcheront davantage de la nature des élémens. L'expérience nous prouve qu'on trouve dans la Nature de ces différentes efpeces de fluides ; puifque les microfcopes nous font obferver qu'il y a des fluides de différente denfité : ainfi qu'on peut le remarquer dans le chyle, le lait, le fang, la lymphe, l'eau, les huiles & tous les efprits diftillés, & qu'on peut même s'en convaincre par d'autres moyens.

§. MCCXXVII. Si les parties d'un fluide font extrêmement groffieres, & qu'elles foient compofées de l'ordre le plus élevé de particules élémentaires ; elles pourront devenir plus fubtiles, plus ténues ; fi elles fe diffolvent & fi elles fe décompofent plufieurs fois en particules d'un ordre inférieur, elles pourront devenir autant petites qu'elles puiffent être, c'eft-à-dire, devenir de fimples élémens.

§. MCCXXVIII. L'expérience nous prouve manifeftement que ce phénomene a lieu dans la Nature, & que les fluides les plus groffiers, les plus denfes, fe fubtilifent à force d'être atténués. En effet, le blanc d'un œuf récemment pondu, eft un fluide groffier, vifqueux, qui fe fubtilife de plus en plus par l'*incubation*, ou lorfqu'on le met dans du fumier de cheval, ou dans des fours de l'efpece de ceux dont les Egyptiens fe fervent pour faire couver les œufs. Ce fluide, expofé à ces fortes d'opérations, devient fi fubtil, qu'il eft plus volatil que de l'eau.

Les globules rouges du fang, qui font une liqueur fort denfe, fe convertiffent en lymphe très fubtile, en paffant continuellement par les routes de la circulation. Cet effet vient de la preffion continuelle qu'ils éprouvent lorfqu'ils circulent dans les derniers rameaux artériels ou véneux fanguins. Les huiles qui font encore des fluides groffiers, fe volatilifent par la diftillation ; elles deviennent de plus en plus fubtiles ; & après avoir dépofé quelques parties groffieres, elles s'élevent & elles ne le cedent en rien à l'efprit de vin le plus déphlegmé. *Homberg* nous apprend qu'après avoir diftillé fix fois de fuite une livre d'huile avec de la chaux vive, il retira de cette diftillation quinze onces d'eau, & que le déchet n'allât qu'à une once d'huile, tant les parties de l'huile avoient été atténuées & volatilifées par l'action du feu & de la chaux. La cire fournit, dans la diftillation, une eau acide &

une

une huile groffiere, qui reffemble affez à du beurre, laquelle, étant diftillée plufieurs fois, devient une huile légere & très fluide. Le moût, tout
épais qu'il foit, devient du vin lorfqu'il a fermenté : ce vin, expofé à l'action
du feu, donne, dans la diftillation, de l'efprit de vin, dont les parties font
plus ténues que celles du vin : ces parties peuvent encore fe volatilifer &
devenir plus fubtiles par une nouvelle diftillation, qui donne de l'efprit de
vin rectifié. Ce dernier liquide, foumis à la même opération, forme ce
que nous appellons l'*alkool*, qui eft une liqueur extrêmement fubtile : cette
liqueur, étant mife en digeftion avec de l'huile de vitriol, ou avec de l'efprit
de nitre fumant, & étant enfuite diftillée, produit l'efprit de vin éthéré,
qui eft, de tous les fluides artificiels, le plus fubtil que nous connoiffions.

§. MCCXXIX. De même que les parties des fluides les plus groffiers peuvent
être atténuées, divifées & fubdivifées; de même les parties des folides peuvent fubir les mêmes tranfmutations : tous les petits corpufcules de matiere
quelconque font femblables entr'eux. De là on peut concevoir aifément que
les maffes les plus grandes & les plus folides peuvent paffer de l'état de folidité à celui de liquidité, pourvu que leurs parties conftituantes puiffent être
féparées les unes des autres, & fe décompofer elles mêmes plufieurs fois, jufqu'à ce qu'elles deviennent auffi fubtiles qu'il eft néceffaire qu'elles le foient
pour former un fluide, & que leurs furfaces foient affez arrondies, ou affez lubrifiées pour gliffer librement, & fe mouvoir indépendamment les unes
des autres dans la maffe de fluide qu'elles formeront. Nous avons un exemple de ce phénomene dans les fels ; tels que le fel marin, le fel gemme, le
fel des fontaines, le nitre, le vitriol. Toutes ces efpeces de fels, deffé-
chés folitairement par l'action du feu à laquelle on les expofe, & diftil és
avec une quantité trois fois plus grande de bol très fec, fe convertiffent en
un fluide très fubtil, acide & corrofif. Lorfque le nitre eft combiné avec de
l'alun calciné, & qu'il eft expofé fur un feu médiocre, qui agite les parties
du mélange, auquel on ajoûte de la limaille de zinc ; il fe change en un efprit blanc très fluide & très ténu. La pierre calaminaire, le minium, le régule d'antimoine, la marcaffite d'or, celle d'argent, la tutie, la limaille de
plomb ; toutes ces fubftances, diftillées féparément avec du fel ammoniac,
donnent, dans l'opération, un efprit volatil très fluide & très âcre, ainfi
que *Neumann* nous l'apprend. *Langelot* affure que l'or peut fe changer en eau
lorfqu'il eft longtems trituré. *Homberg* affirme qu'ayant long-tems trituré
dans l'eau différens métaux, il parvint à les diffoudre & à en former des
fluides. L'étain, traité avec art avec le mercure fublimé & expofé à l'action
du feu, fe convertit en un efprit volatil fumant. L'orpiment, diftillé avec
une quantité double de mercure fublimé, fournit un efprit blanc, limpide,
fumant & très concentré, & qui furnage auffi aifément qu'un fluide très léger. L'antimoine ou le bifmuth (1), diftillé avec le mercure fublimé, fe
change en beurre, qui fe change lui-même en fluide très fubtil, fi on le
diftille plufieurs fois.

Le foufre, le fel ammoniac, la chaux vive, mêlés à égale quantité, & ex-

(1) Hift. de l'Acad. Roy. ann. 1713, P. 55.

Tome II.   Z

posés à l'action du feu, produisent un esprit rouge, très léger & fumant.

La chaux, la craie, & toute terre quelconque, macérées d'abord dans de l'esprit de sel marin, se dissolvent si bien qu'elles se convertissent en eau, & qu'elles forment une masse très limpide, dans laquelle on ne trouve aucun vestige de la solidité des substances solides qui ont concouru à sa formation.

Le feu fait fondre la glace & la réduit en eau. Les parties molles des animaux, telles que les chairs, les membranes, la peau, &c, deviennent fluides par la putréfaction. Les alimens solides dont les animaux se nourrissent, fournissent, par la digestion, un fluide qu'on appelle chyle, & qui se convertit lui même en lait, en sang, en sérosité, en lymphe. Il n'y a aucun végétal qui ne puisse devenir fluide par la putréfaction, la digestion, la fermentation, la combustion, la distillation, ou par le broiement. D'où il suit que tout corps quelconque, pris indistinctement dans l'un des trois regnes de la Nature, peut passer de l'état de solidité à celui de fluidité : il ne faut pas imaginer pour cela que les différens solides, dont nous venons de parler, contenoient les fluides qu'on en a retirés par les opérations exposées ci-dessus ; car lorsque ces fluides faisoient partie des corps qui les ont produits, ils formoient avec les autres parties une masse solide : mais les différentes opérations auxquelles on a exposé ces masses solides, en ont séparé les parties constituantes, ont décomposé ces parties, & les ont rendu propres à former différens fluides.

§. MCCXXX. Puisque les corps solides sont formés de l'assemblage de plusieurs petites portioncules de matiere artistement arrangées, il ne doit pas paroître surprenant que les fluides puissent aussi devenir solides par la liaison de leurs parties : c'est pour cela que l'eau se convertit en glace. Les Chymistes prétendent que l'eau se change en terre lorsqu'on la distille mille fois. L'eau de Stafford se change en sable par la coction, même après avoir été filtrée. On a trouvé que l'humeur aqueuse s'étoit changée en pierre dans l'œil d'un aigle (1). *Duclos* rapporte que de l'eau qui avoit dissout du sable d'Etampes imbu d'esprit de vin, de sel de tartre & d'esprit volatil de vinaigre, s'étoit changée en pierre (2). Les huiles seules, exposées à l'action du feu, se changent elles mêmes en terre dans différentes opérations chymiques. L'huile d'anis, soumise aux impressions du froid, se crystallise. *Neumann*, dont nous avons déja parlé, a vérifié ce phénomene avec de l'huile de thin. *Maudius* s'est convaincu de ce fait par rapport à l'huile de sassafras (3). Bien plus, le seul mêlange d'alkool de vin, avec de l'esprit d'urine pourrie, devient solide, & forme ce qu'on appelle la masse de *Helmont*. Lorsqu'on distille à petit feu l'esprit d'urine pourrie avec de l'esprit de vin ordinaire, il s'éleve dans le chapiteau des vapeurs qui forment, par leur concours, un corps léger, blanc & ferme. Si on reçoit dans une bouteille, du sang qui sort du corps d'un homme vivant, & qu'on procure à cette bouteille des oscillations, ou qu'on la secoue, la plus grande partie de ce

---

(1) Mémoir. adoptés. Vol. 1. p. 299. (2) Duhamel, Hist. Acad. Reg. Lib. 1. ann. 1667. (3) Phil. Transf. n. 389, 431, 450.

ſang ſe convertit en une membrane ferme & épaiſſe : la ſéroſité ſe ſépare
des globules rouges ; & quoique cette ſéroſité ne puiſſe s'épaiſſir en membranes par ce procédé , elle en forme cependant ſi on la ſoumet à l'action du
feu. Le ſang qui ſort des veines d'un homme qu'on ſaigne , & qu'on reçoit
dans un grand vaſe , forme promptement une maſſe ſolide, quoiqu'on ne
l'agite point : ſi la ſéroſité ſe ſépare de la partie rouge , cette derniere partie
forme une maſſe ſolide & rouge qui nage pendant long-tems dans cette ſéroſité. Si on fait cuire le *caput mortuum*, tiré de la chaux vive & du ſel ammoniac
mêlé avec de l'huile de tartre par défaillance , ce mixte acquerra bien tôt de
la ſolidité , & il ne pourra plus ſe convertir en eau. Si on pulvériſe des cailloux , & qu'après les avoir mêlés avec des cendres clavelées & du nitre , on
les faſſe fondre dans un creuſet , il en réſultera une poudre diſſoluble dans
l'eau , qui ſe pétrifiera enſuite , & qui deviendra très dure. L'eſprit de nitre ,
mêlé avec de l'huile de nitre par défaillance , produiſent le nitre régénéré &
ſolide. La ſéve qui pénetre les ſemences des plantes , ou les racines , ou les
oignons , forment la partie fibreuſe & ſolide de ces plantes , en vertu de la
puiſſance végétative qui la maîtriſe & qui la transforme. Le chyle qui provient des alimens ſolides que l'eſtomac digere , & qui eſt naturellement
fluide , ſe change en os , en chairs , en cartilages , en membranes , en cheveux ; il forme , en un mot , en vertu de l'organiſation de la machine humaine , & des différentes préparations qu'il reçoit; il forme , dis-je , toutes
les parties ſolides du corps de l'homme. Le fluide dont les araignées , les
chenilles & les autres inſectes de cette eſpece , forment leurs toiles , ſe durcit & ſe convertit en un fil ſolide auſſi-tôt qu'il eſt expoſé au contact de l'air ;
& ce fil ne peut plus ſe diſſoudre , ni dans l'huile , ni dans tout eſprit quelconque , ni dans l'eau. Le mercure , diſtillé cent fois , forme une poudre
rouge , brillante , amere , & qui conſerve la ſaveur de ce métal (1). Le mer-
cure , amalgamé avec de l'or , & mis en digeſtion pendant l'eſpace de plu-
ſieurs mois , ne peut plus ſe ſéparer de l'or ; il devient ſolide entre les parties
de ce métal , & il ſe préſente ſous la forme d'un ſolide , dont la couleur
eſt blanche , ſelon les obſervations de *Brant* (2). Le mercure , uni avec l'a-
cide du ſoufre , forme un cinnabre très dur. L'hiver étant fort âpre , on forma à Petersbourg une maſſe de glace en verſant de l'eſprit de nitre fumant
ſur de la neige. Cette maſſe étoit quelquefois plus dure & plus ſolide que du
plomb. La cire qui coule liquide des mamelons de l'abeille , ſe durcit par
l'impreſſion de l'air (3) , à l'exception des excrémens qui ſortent par la même voie (4) ; ce qui n'eſt cependant pas encore démontré.

§. MCCXXXI. Mais ſoit qu'une maſſe ſolide ſe liquéfie , ſoit qu'un
fluide acquiert de la ſolidité , ou qu'un fluide groſſier devienne plus léger &
plus ſubtil , toutes ces ſubſtances conſervent , pour l'ordinaire , leur poids :
quelquefois ce poids augmente par l'addition de la matiere ignée ; mais jamais il ne diminue , à moins que l'évaporation n'ait eu lieu : d'où il ſuit que
le poids de chacune des parties conſtituantes des mixtes demeure conſtamment le même , quelque tranſmutation qu'on leur faſſe ſubir ; car le poids

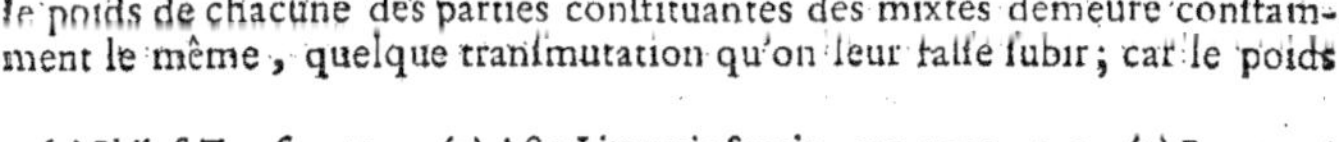

(1) Philoſ. Tranſ. n. 430.   (2) Acta Litteraria Sueciæ, ann. 1731 , p. 1.   (3) Reaumur,
Hiſt. des Inſect. T. 4. p. 25. (3) Phil. Tranſ. n. 496.

de la maffe entiere réfulte de celui de chacune des parties qui la forment. Ceux qui prétendent qu'il n'y a que les fluides d'une certaine denfité, qui foient pefans, & qu'ils perdent leur poids fi-tôt qu'ils fe convertiffent en fluides plus fubtils, tels, par exemple, que l'éther, avancent donc cette idée fans aucun fondement, & contre toute vraifemblance.

§. MCCXXXII. Les parties des fluides, étant extrêmement ténues & fubtiles, elles ont la facilité d'entrer dans les pores les plus ouverts des mixtes, &.de les pénétrer. L'air, par exemple, pénetre tous les bois ; car ces fortes de fubftances font criblées de pores, & la capacité de ces pores eft plus grande que les dimenfions des molécules de l'air. L'eau pénetre dans tous les végétaux, dans la plus grande partie des tuiles, dans plufieurs pierres & dans plufieurs parties animales ; elle ramollit les parties folides entre lefquelles elle s'infinue, ou elle les tuméfie. L'huile fe fait jour dans toute forte de bois & dans plufieurs pierres. Le mercure pénetre plufieurs métaux & le corps des animaux. Le feu, la lumiere, le fluide électrique, tous ces fluides pénetrent tous les corps, fans en excepter même les plus denfes.

§. MCCXXXIII. Il eft probable que les parties de plufieurs fluides purs & homogenes font d'une figure fphérique, ou approchant beaucoup de cette figure 1°. Parceque les corps qui font doués d'une telle figure, font extrêmement mobiles, & peuvent glifter librement les uns fur les autres ; propriété qui convient aux parties des fluides (1).

2°. Parceque les parties groffieres de certains fluides fe préfentent fous cette forme, lorfqu'on les examine à l'aide d'un microfcope ; telles font, par exemple, les parties du lait, du fang, de la férofité, de plufieurs huiles, du mercure. Lorfque l'air difféminé entre les molécules d'un fluide quelconque devient fenfible, il paroît toujours fous cette forme. Si on reçoit fur la furface plane & polie d'un miroir la fumée qui s'exhale d'un charbon, & qu'on l'examine avec une loupe, les molécules de cette fumée paroiffent arrond.es. *Derham*, examinant dans une chambre noire, & à l'aide d'un microfcope, les vapeurs qui s'y élevoient, remarqua qu'elles étoient globuleufes. Si donc les parties des fluides groffiers font globuleufes, ne pouvonsnous pas conclure par analogie, que celles des fluides les plus fubtils font douées de la même figure ? Nous n'attribuons pas pour cela la même figure à celles des fluides qui font mêlangés ; car il arrive fouvent que des parties hétérogenes fe combinent avec les molécules des fluides ; comme, par exemple, les différens corpufcules qui s'élevent dans l'atmofphere, & dont les figures font différentes les unes des autres. Les fels diffous dans des liquides corrofifs, font pointus, aigus, oblongs. Les huiles diftillées, mais furtout l'huile d'olives, contient un grand nombre de parties hétérogenes qui s'affimilent avec fes parties globuleufes. Mais ces obfervations n'empêchent nullement de penfer que les parties de plufieurs fluides purs & homogenes, foient véritablement fphériques, quoique cette opinion ne puiffe pas fe ranger parmi celles qu'on regarde comme démontrées ; parceque toute conclufion qui n'eft établie que fur l'analogie, ne doit point être regardée comme certaine & immuable.

____

(1) Lucretius, Lib. 2. v. 451.

§. MCCXXXIV. Si les fluides font compofés de parties globuleufes, il eft conftant que leur maffe doit être interrompue par quantité d'interftices dans lefquels des parties plus fubtiles pourront s'infinuer, fans que le volume de la maffe totale en foit augmenté : c'eft pour cela que lorfqu'on fait fondre du fel dans de l'eau, & qu'il s'y diffout, il pénetre dans les pores de cette eau, & il remplit une partie de ces pores ; ces pores feront encore plus exactement remplis fi on jette du fucre dans cette diffolution : le fucre étant plus diffoluble, fes molécules pénétreront dans les pores dans lefquels le fel n'aura pas pu s'infinuer ; & on parviendra encore mieux à les remplir fi on ajoûte de l'alun à ce mélange.

§. MCCXXXV. Si on compare les fluides entr'eux, on verra qu'ils ne font pas tous également fluides, & qu'ils ont différens degrés de fluidité. Le plus fubtil de tous les fluides eft, fans contredit, la lumiere : celui qui doit occuper le fecond rang, eft la matiere ignée ; enfuite la matiere électrique, l'air. L'efprit de vin éthéré eft plus fluide que l'alkool ; la fluidité de ce dernier l'emporte fur celle de l'efprit de vin ordinaire, qui eft lui-même plus fluide que l'eau : l'eau eft plus fluide que le vin ; le vin l'eft davantage que le moût : le moût l'eft plus que le firop & les huiles. Quoique nous connoiffions des fluides extrêmement fubtils, nous n'en connoiffons point qui foient parfaitement fluides ; parceque tous les corps quelconques ont une tendance mutuelle les uns vers les autres, & qu'ils s'attirent tous : or cette attraction leur donne une certaine ténacité ; d'où il fuit qu'on ne peut féparer les parties d'une maffe, quelque fluide qu'on la fuppofe, qu'on ne vienne à bout de vaincre leur attraction ou leur ténacité.

La plus grande fluidité de certains fluides nous paroît dépendre des caufes fuivantes.

1°. Plus les parties qui conftituent une maffe fluide font fubtiles & ténues, & plus, toutes chofes égales d'ailleurs, le fluide qu'elles compofent doit être fluide & mobile.

2°. On doit avoir le même effet à proportion que les parties conftituantes d'un fluide feront moins pefantes.

3°. Si leurs furfaces font plus polies, & qu'elles gliffent plus aifément les unes fur les autres.

4°. Si la force attractive de leurs parties eft moindre.

5°. A proportion que la figure de leurs parties conftituantes approchera davantage de la figure fphérique.

6°. Si leurs parties font plus dures.

7°. Plus les parties d'un fluide mélangé font différentes les unes des autres, & plus elles fe lubrifient les unes & les autres, & deviennent mobiles.

8°. Il y a plufieurs fluides dont la fluidité augmente par l'action du feu, & qui font plus fluides à proportion qu'ils deviennent plus chauds ; telles font les graiffes, les huiles, les baumes, le miel, &c.

Peut-être découvrira-t on encore par la fuite plufieurs autres caufes qui concourent à produire ce même phénomene. Puifque la fluidité d'un même fluide dépend, & de la chaleur qu'il éprouve, & des parties hérérogenes qui peuvent s'allier avec lui. Il eft conftant qu'on ne peut point déterminer

exactement les degrés de fluidité qu'il peut avoir ; car la chaleur varie per-
pétuellement dans l'air, ainsi que dans tous les fluides immergés dans l'atmosphere : outre cela les parties les plus fluides, celles qui sont plus ténues
dans un fluide, s'évaporent continuellement ; il ne reste que celles qui sont
plus denses, plus grossieres, plus pesantes : ce qui rend le fluide, à la suite
du tems, plus ténace, plus visqueux, ainsi qu'on peut le remarquer dans
les huiles tirées, ou par expression, ou par distillation.

§. MCCXXXVI. Un fluide est d'autant plus visqueux, que les parties
qui le composent sont plus grossieres, plus pesantes, que leur surface est
plus raboteuse, qu'elles s'éloignent davantage de la figure sphérique, qu'elles sont plus irrégulieres, qu'elles sont plus molles, qu'elles s'attirent davantage, ou qu'elles sont alliées avec d'autres parties moins mobiles ; enfin suivant que la chaleur diminue dans le mixte, ou qu'il gele.

§. MCCXXXVII. Suivant que les conditions exposées (§. 1235 , 1236)
seront différemment combinées entr'elles, on remarquera des différences
très sensibles dans la fluidité, ou dans la viscosité des fluides.

§. MCCXXXVIII. Suit-il donc de ce que nous venons de dire que la
fluidité dépende d'un mouvement continuel des molécules constituantes d'un
fluide, & que ce mouvement, étant détruit, le fluide doit se convertir en
solide, ainsi que l'ont pensé plusieurs Physiciens ? Non certainement, &
rien n'est plus contraire à l'expérience & au raisonnement ; quoiqu'on remarque que les parties de quelques masses solides soient agitées d'un mouvement très rapide lorsqu'elles se liquéfient par l'action du feu, ainsi qu'il arrive dans les métaux, la cire, la graisse. En effet, les parties de ces différentes substances s'attirent si fortement les unes & les autres qu'on ne peut
vaincre leur attraction, & les séparer que par l'entremise du feu, qui s'insi-
nue entre ces parties & les tient en mouvement : sans le secours de cet élément elles céderoient aussi tôt à leurs forces attractives, & elles deviendroient solides ; mais le mouvement intestin n'est pas nécessaire pour conserver la liquidité des autres liquides, ainsi que je vais le démontrer très completement.

1°. Si un fluide quelconque, tel que de l'eau, par exemple, ou de l'huile,
est renfermée dans une sphere creuse, solide & en repos ; si on presse fortement & qu'on comprime violemment cette sphere, ainsi qu'il arrive lorsqu'on veut démontrer l'incompressibilité de l'eau (§. 1445) ; alors les parties contigues du fluide renfermé dans la sphere, ne seront-elles pas si fortement unies entr'elles qu'elles ne pourront se mouvoir, eu égard au frottement considérable qu'elles auroient à essuyer, à moins qu'il ne survienne
une cause très puissante propre à vaincre ce frottement, si tant est qu'il
puisse être surmonté ? Or pourra-t-on soutenir, dans cette hypothese,
que les parties qui constituent cette masse fluide soient agitées d'un mouvement intestin ? C'est ce qui n'est point vraisemblable.

2°. Puisque toutes les parties des fluides s'attirent mutuellement, ainsi
qu'on peut s'en convaincre par les gouttes qu'elles forment, il faut, de toute
nécessité, qu'elles soient en repos lorsque leurs forces attractives sont en
équilibre ; & elles ne peuvent point se mouvoir sans le secours d'une force

étrangere qui furmonte leur attraction , & qui fépare ces parties les unes des autres.

3°. Quelque foin , quelqu'induftrie qu'on ait apporté jufqu'à préfent pour examiner les parties des fluides homogenes , contenus dans des vafes qui font en repos , & placés fur des corps en repos ; on n'a pas encore pu obferver , même à l'aide des meilleurs microfcopes , aucun mouvement inteftin dans ces parties.

4°. Si on jette dans de l'eau des ordures , de la terre , du fable , ou d'autres poudres quelconques , ces différentes fubftances , fe combinant avec l'eau , nageront dans cette maffe tant que le mouvement inteftin qu'elles y auront excité par leur chûte , perféverera ; mais fi on place cette maffe d'eau dans un endroit où elle foit tranquille , ces différentes poudres fe précipiteront au fond du vafe : ce qui prouve que le mouvement inteftin des molécules de l'eau ne fubfifte plus. Si nous confidérons fur-tout , à l'aide d'un microfcope , le limon qui fe dépofe au fond d'une maffe d'eau , & que nous examinions la partie de ce limon , qui eft de même pefanteur fpécifique que le fluide qui la contient , & vers la furface inférieure duquel elle flotte ; nous remarquerons que ce limon eft en repos , & conféquemment les parties du fluide qui entourent les particules du limon.

5°. Si on place fur une lame de verre plane une goutte d'huile de raves , ou d'amandes douces , & qu'on l'examine enfuite , à l'aide d'un excellent microfcope de *Cuff*; on remarquera aifément que cette goutte d'huile eft compofée d'un nombre infini de petits globules , pofés à côté les uns des autres fans aucun mouvement , & parfaitement en repos : obfervation qui fuffiroit feule pour démontrer la vérité que nous avons mife en avant , & pour détruire l'opinion contraire. Que ceux qui admettent un mouvement inteftin dans les molécules des liquides , comme la caufe de leur liquidité , faffent cette obfervation , & ils fe départiront de leur idée.

6°. Si on examine la circulation des liquides dans un poiffon vivant , fi le microfcope dont on fait ufage eft excellent, on remarquera lorfque le poiffon commencera à languir ; on remarquera , dis je , que les liqueurs demeureront ftagnantes & en repos dans les vaiffeaux de cet animal , & qu'elles n'auront point encore perdu leur fluidité : fi l'animal reprend de la vigueur , on remarquera auffi-tôt ces mêmes liqueurs fe mouvoir & circuler comme auparavant.

7°. On remarque outre cela que les globules rouges du fang , qui nagent dans la férofité , fe meuvent en ligne droite dans leurs vaiffeaux ; que les lignes qui déterminent leur mouvement demeurent paralleles entr'elles ; que ces globules ne fe confondent point les uns avec les autres ; qu'ils n'ont aucun mouvement circulaire autour de leur axe , & qu'ils ne fourniffent aucun indice d'un mouvement inteftin.

8°. La furface des parties conftituantes d'un fluide n'eft point abfolument polie & unie ; car elles font compofées de plus petites parties qui pénetrent dans leurs pores , & qui rendent leur furface un peu inégale & fcabreufe : ou il faut néceffairement que des parties , ainfi conftituées , perdent bien tôt leur mouvement , par rapport aux frottemens qu'elles effuient , fur-tout fi on les place dans un lieu où elles foient en repos.

§. MCCXXXIX. Ceux qui admettent un mouvement inteftin, comme caufe de la fluidité, ne font point trop bien fondés dans leur opinion, en difant que les fluides fe prêtent à toutes les figures qu'on veut leur faire prendre. 2°. Que les fluides fe mêlent avec d'autres. 3°. Qu'on ne remarque point de fluidité qui ne foit accompagnée de quelques degrés de chaleur. 4°. Que les diffolutions des corps qui s'operent dans les fluides, font une preuve du mouvement de leurs parties.

On détruit aifément ces raifons : & pour répondre à la premiere, je ne difconviens point qu'il ne faille fouvent qu'une très petite caufe pour mettre en mouvement les parties des fluides ; mais c'eft aller contre les expérien-ces & contre les obfervations que nous venons de rapporter, que de foute-nir que ces parties font toujours en mouvement tant qu'elles conftituent une maffe fluide. Dans le tems qu'on verfe un fluide dans un vafe, c'eft précifé-ment dans ce tems qu'il fe prête à la forme du vafe, & qu'il fe meut ; mais dès qu'il s'eft, pour ainfi dire, moulé dans ce vafe, & qu'il en a pris la fi-gure, le frottement de fes parties, leur attraction mutuelle, commencent alors à détruire le mouvement qu'il a reçu, & ces deux caufes agiffant con-tinuellement tandis qu'il fe meut, il faut enfin qu'il parvienne à l'état de repos.

Quant à la feconde objection, en voici la réponfe. Lorfqu'un fluide fe mêle avec un autre fluide, ces fluides font alors en mouvement ; mais le mêlange étant fait, leur mouvement fe rallentit, & diminue jufqu'à ce qu'il ceffe tout-à-fait : à la vérité ces mêlanges ne fe font pas auffi promptement qu'on le croit ordinairement, ainfi que l'ont très bien démontré *de Lanis* & *Beccaria* (1). Ayant verfé doucement de l'eau fur du vin rouge d'Italie, & ayant pofé le vafe qui contenoit ces deux liquides dans un endroit où il étoit en repos, le mêlange ne fut complet qu'après 18 mois. Ayant verfé de l'eau dans un grand tube qui contenoit une diffolution de cuivre, par l'intermede de l'efprit de nitre ; cette eau ne fut teinte qu'à la hauteur de 14 pouces au bout de cinq mois.

La troifieme raifon qu'on apporte ; favoir, qu'il n'y a point de fluidité dans laquelle on n'obferve quelques degrés de chaleur, peut auffi fe réfuter aifément. Il faudroit 1°. démontrer ce phénomene par rapport à tous les fluides, tels que l'air, les huiles diftillées, l'efprit de vin éthéré, le nitre fumant, &c. D'ailleurs nous ne nions point que la matiere du feu ne foit contenue dans tous les fluides : mais toute quantité quelconque de matiere ignée ne peut pas mouvoir les parties des liquides ; car pour produire un tel mouvement, il faut vaincre l'attraction des parties, leur frottement & leur poids ; effet que ne peut même produire fur l'air le feu des rayons de la lu-ne, raffemblés à l'aide d'un miroir ardent ; ainfi que l'a très bien démontré le thermometre de *Drebell* ; qui demeura au même point quoique fa boule fût placée au foyer d'un miroir ardent, avec lequel on avoit raffemblé & concentré des rayons lunaires. Comment pourra donc produire un tel effet une moindre quantité de matiere ignée, difféminée entre les molécules des fluides ? Au moins cet effet ne pourra point avoir lieu dans les huiles tirées

____

(1) Comment. Bonon. V. 1, p. 483.

/par

par expreſſion, ou dans pluſieurs produites par la diſtillation ; puiſque le microſcope nous fait voir que leurs parties demeurent en repos. Ajoûtez à cela que, ſuivant la tradition de *Moyſe* (1), les fluides ont été créés avant le feu.

4°. Quant à ce qu'on objecte par rapport aux diſſolutions qui s'operent dans les fluides, il eſt conſtant qu'une diſſolution ne peut point ſe faire ſans mouvement, & que ce mouvement même ſubſiſte long-tems, ainſi qu'on peut l'obſerver avec un microſcope, lorſqu'on a fait récemment diſſoudre de l'aloës dans de l'eſprit de vin ; le mouvement qu'on remarque alors offre un ſpectacle des plus amuſans. Mais le mouvement qu'on remarque dans les diſſolutions ne prouve pas que ce même mouvement exiſtât dans le fluide avant le mêlange. En effet, ſi on met un métal en diſſolution dans un menſtrue qui eſt en repos, il en réſultera auſſi tôt une efferveſcence, qui ſera ſouvent très violente ; il s'élevera au-deſſus du mêlange une eſpece d'é-cume, & le mixte s'échauffera conſidérablement : or il eſt conſtant qu'on regarderoit comme un inſenſé celui qui en conclueroit qu'un mouvement auſſi violent exiſtoit dans ce menſtrue avant le mêlange ; puiſque ce mou-vement ne provient que des forces attractives & répulſives du métal & du diſſolvant qui agit contre le métal, qui le diſſout, & qui produit le phéno-mene qu'on obſerve en telle occaſion. Il faut conſulter ſur cela ce que le ſa-vant *Beccaria* a écrit ſur cette matiere ; & quiconque examinera avec atten-tion ſon Ouvrage, & le lira ſans aucune prévention, ne pourra s'empêcher de convenir que les parties des fluides ne ſont point toujours & néceſſaire-ment en mouvement.

On ne doit pas trouver meilleur le ſentiment de ceux qui prétendent que les parties des fluides ne ſont point contiguës les unes aux autres ; mais qu'el-les ſont ſéparées les unes des autres par un fluide intermédiaire, qui ne peut point leur ſervir de lien commun ; mais dont l'uſage eſt de tenir les parties des fluides ſéparées les unes des autres pour entretenir la fluidité, & qu'il peut produire cet effet à l'abſence de la matiere ignée, pourvu qu'il écarte les parties du fluide les unes des autres.

Ne peut-on pas demander aux partiſans de cette hypotheſe, ce qu'ils en-tendent par ce fluide intermédiaire, & s'ils le connoiſſent ? Ils ſeront fort embarraſſés pour répondre à cette queſtion ; car ce fluide eſt purement ima-ginaire : quiconque eſt habitué à obſerver des fluides avec un bon microſ-cope, ne donnera jamais dans une telle erreur. Dira-t-on donc que le froid, la gelée chaſſent de la maſſe d'un fluide qui ſe condenſe le fluide intermé-diaire, & qui entretenoit ſa fluidité ? Dira-t-on que le froid rend à la cire, à la poix fondue, la ſolidité qu'elles avoient avant la fuſion, en chaſſant d'entre leurs parties le fluide qui les ſéparoit & les tenoir en fuſion ? Dira-t-on la même choſe de l'eau ſimple, de l'eau de la mer, du vin, de l'eſprit de vin, du vinaigre, de l'eſprit du vinaigre, lorſque la glace leur fait perdre leur fluidité ?

§. MCCXL. Si une maſſe de fluide eſt compoſée de particules de même ordre (§. 98) & de même grandeur, ce fluide ſera pur & homogene.

(1) Geneſeos. Cap. I.

Tome II.

A a

§. MCCXLI. Mais ſi une maſſe fluide eſt compoſée de particules de différens ordres, ce fluide ſera hétérogene, & non pur. Il approchera donc
davantage de la pureté & de l'homogénéité qu'il peut avoir lorſqu'il ſera
compoſé d'un plus grand nombre de parties de même ordre.

§. MCCXLII. Nous ne ſavons pas encore s'il y a réellement dans la Nature des fluides homogenes ; il peut ſe faire que l'eau pure, l'air dégagé de
toute ſubſtance étrangere, le mercure bien purifié, approchent beaucoup
de l'homogénéité dont nous venons de parler. Un rayon de lumiere bien ſéparé, & qui ne préſente à nos yeux qu'une ſeule & même couleur, peut fort
bien être homogene.

§. MCCXLIII. Les parties quelconques, grandes ou petites, des corps
ſolides, peuvent très bien ſe combiner & ſe mêler avec les particules des
fluides : c'eſt auſſi pour cela qu'il peut y avoir une variété infinie entre les
fluides hétérogenes, ainſi qu'on le remarque dans la Nature. Chaque végétal a des qualités qui lui ſont propres ; il excite un ſentiment particulier de
ſaveur & d'odeur lorſqu'il eſt diſtillé avec de l'eau, ou lorſqu'on le fait
bouillir ou infuſer. On peut faire fondre dans l'eau toutes ſortes de ſels,
qui donneront, par leur diſſolution, des eſprits acides corroſifs, propres à
diſſoudre des métaux, des pierres, & différentes parties terreuſes qu'ils
tiendront enſuite en diſſolution, & qui, nageant dans ces différens fluides,
en formeront des fluides de différente ténacité, fluidité, dureté, molleſſe,
compreſſibilité, &c.

C H A P I T R E　X X I I I.

De la preſſion des fluides, qui vient de leur gravité.

§. MCCXLIV. Comme toutes les parties des fluides ſont peſan-
tes, ſi quelques-unes, telles que A, B, C, D [*Tab. 29. fig. 1.*], ſont diſpoſées perpendiculairement les unes au-deſſus des autres, chaque partie ſera
ſentir ſon poids à celle qui ſera au deſſous. La partie ſupérieure A ſera ſoutenue par celle qui ſera immédiatement au-deſſous B, & ſucceſſivement
toutes celles qui ſeront inférieures ſupporteront le poids de celles qui ſeront
au-deſſus ; de ſorte que celle qui ſera la derniere E, ſoutiendra l'effort des
4 A, B, C, D : or tandis que les parties inférieures d'une colonne de liquide ſupportent l'effort de celles qui ſont au deſſus, elles réagiſſent contre
ces dernieres ; & autant la partie E eſt preſſée de haut en-bas par celles qui
ſont au deſſus d'elle, autant elle les repouſſe de bas en-haut par ſa réaction.

§. MCCXLV. Si un vaſe, tel que R X Z S, contient une file de parties
d'un fluide quelconque, diſpoſées dans l'ordre que nous venons d'indiquer,
la partie Z M de ſon fond X Z, qui ſupportera cette file, ſera preſſée &
ſupportera le poids de toutes les parties A, B, C, D, E ; mais cette même

portion du fond X Z qui les foutiendra, réagira contre elles, & tendra à les repouller de bas en haut avec une force égale à celle qu'elles déploieront contre elle.

§. MCCXLVI. Si on fuppofe maintenant que ce même vafe R X Z S contienne pluſieurs files de cette efpece F G , H K , A M, difpofées toutes perpendiculairement à fon fond , & égales à celle dont nous venons de parler A M, & que toutes ces files foient paralleles entr'elles ; alors l'action de toutes ces molécules de liquide, tant par rapport à leur preſſion les unes contre les autres , que par rapport à la réaction, fera telle que nous l'avons eftimée (§. 1244). La molécule I, par exemple , qui eft placée au milieu de la colonne H K , fupportera le poids des deux fupérieures H & P : & fi cette molécule eft placée dans une partie plus inférieure de cette même colonne , elle aura alors un plus grand poids à fupporter ; favoir, celui de toutes les molécules qui lui feront fupérieures. Suppofons , par exemple , qu'à la place de la molécule I on fubftitue un corps fufceptible de compreſſion , ce corps fera d'autant plus comprimé par le fluide qu'il aura à fupporter, qu'il fera plongé plus profondément dans cette maſſe d'eau ; & il y fera d'autant moins comprimé, qu'il fera plus proche de la furface R S : ce qu'on peut démontrer aifément par l'expérience fuivante. Soit un tube de verre A B [*Tab.* 29. *fig.* 2.], à l'une des extrêmités duquel A foit attachée une veffie remplie d'une liqueur colorée ; plus cette veffie fera plongée profondément dans la maſſe d'eau contenue dans le vafe C D E F , plus la liqueur comprife dans la veffie fera comprimée , & plus elle s'élévera dans le tube A B : & fi cette liquenr eft de même pefanteur fpécifique que l'eau du vafe C D E F , celle du tube fe tiendra à niveau avec la maſſe d'eau du vafe ; mais fi on fe fert d'efprit de vin pour remplir la veffie , la liqueur fera plus élevée dans le tube K B , & elle excédera la furface de l'eau comprife dans le vafe.

§. MCCXLVII. Comme les molécules d'une maſſe fluide réagiſſent avec une force égale à celle qui les comprime, toutes ces molécules feront en équilibre les unes avec les autres : c'eft pour cette raifon qu'elles céderont à la force la plus petite qui agira contre elles, qui fera fuffifante pour furmonter leur attraction & leur frottement, & qu'elles pourront fe mouvoir en toutes fortes de fens auffi aifément que fi elles étoient dépourvues de pefanteur. C'eft en conféquence de ce principe qu'une petite fiole P [*Tab.* 29. *fig.* 3.] remplie d'eau , étant fufpendue à l'un des bras d'une balance , qui la tient en équilibre dans une maſſe d'eau ; à l'aide d'un contre poids fuffifant, placé dans le baffin oppofé de la balance ; c'eft , dis-je, en conféquence de ce principe, que cette petite fiole pourra être élevée & retirée de l'eau dans laquelle elle fera plongée, fi on ajoûte un très petit poids dans le baffin C : cependant les parties des fluides confervent leur pefanteur, lors même qu'elles font partie d'une maſſe de fluide ; car la fiole P dont nous venons de parler étant vuide, fi on la plonge dans une maſſe de fluide quelconque , & qu'on la mette en équilibre, on remarquera qu'elle deviendra plus pefante fi elle fe remplit d'eau, & fon poids fera augmenté de tout celui de la maſſe d'eau qu'elle pourra contenir : ce qu'on pourra démontrer en pefant dans une balance l'eau qui fe fera infinuée dans la capacité de la fiole.

A a ij

§. MCCXLVIII. Outre cela la preſſion d'un fluide ſur le fond X Z du vaſe R X Z S [*Tab.* 29. *fig.* 1.], eſt égale au poids de toutes les parties de ce fluide : d'où il ſuit que ſi les parois d'un vaſe ſont perpendiculaires à ſon fond, ce fond ſera preſſé par un poids qui ſera égal à celui de la maſſe de fluide qui ſera contenue dans ce vaſe, ainſi qu'on peut le démontrer par ex-périence, en ſe ſervant d'un vaſe cylindrique R T G S [*Tab.* 30. *fig.* 15.], dont le fond G S eſt mobile.

§. MCCXLIX. La preſſion ſur le fond des vaſes R X Z S, L M N O [*Tab.* 29. *fig.* 1. 4.] ſera différente ſuivant le nombre de files de molécules de même fluide, également hautes, qui ſeront contenues dans ces vaſes, dont les fonds X Z, M N ſont de différente grandeur.

§. MCCL. De même que les fluides preſſent le fond des vaſes qui les con-tiennent, de même les fluides preſſent d'autres fluides qui les ſoutiennent, & avec leſquels ils ne ſont point mêlés ; car le fluide qui eſt au-deſſous fait l'office du fond du vaſe, & il ſoutient le fluide qui eſt au deſſus : c'eſt pour cette raiſon que ſi on verſe du mercure dans le vaſe R X Z S [*Tab.* 29. *fig.* 5.] juſqu'à la hauteur P X Z Q, & qu'on infere dans ce fluide un tube H V, ouvert par ſes deux extrêmités, & qu'on rempliſſe enſuite le vaſe avec de l'eau, le mercure ſera comprimé par l'addition de ce nouveau flui-de, & il s'élévera dans le tube à la hauteur K O.

§. MCCLI On donne le nom de *colonnes de fluides* à quelques files de parties priſes enſemble, qui forment une épaiſſeur remarquable, & qu'on conçoit ſous la forme d'un parallélipipede ou d'un cylindre : on a coutume de concevoir que les fluides ſont compoſés de ſemblables colonnes pour ex-pliquer plus commodément la preſſion des fluides, & pour donner plus de netteté & plus de clarté aux démonſtrations.

§. MCCLII. Plus les colonnes d'un fluide contenu dans un vaſe également large ſelon toute ſa hauteur, & dont les côtés ſont perpendiculaires au fond du vaſe, ſont élevées, plus le fond de ce vaſe ſera fortement comprimé, & il le ſera même avec une force proportionnelle à la hauteur des colonnes ; car tel eſt la preſſion qui doit réſulter de la maſſe d'un fluide qui agit avec toute l'intenſité de ſon poids. Par conſéquent lorſque ces colonnes ſont très longues, celles qui repoſent ſur un corps quelconque, ou ſur le fond du vaſe, preſſent ces parties avec une force conſidérable : c'eſt pour cette rai-ſon que ſi on plonge profondément dans la mer une bouteille dont le gou-lot eſt fermé avec un bouchon de liege, la preſſion de l'eau pouſſera ce bou-chon au dedans de la bouteille (1).

§. MCCLIII. Si on ſuppoſe donc deux vaſes également larges, dont les côtés ſoient paralleles entr'eux, & perpendiculaires à l'horiſon, mais qui ſoient remplis d'un même liquide juſqu'à une hauteur différente ; alors la pe-ſanteur des fluides qui agiſſent contre les fonds de ces vaſes ſera comme les hauteurs des fluides.

§. MCCLIV. De là ſi un vaſe tel que A B C [*T.* 29. *F.* 6] avoit la forme d'un priſme, dont un côté B C, diſpoſé obliquement à l'horiſon, fît l'office de fond, & que ſon autre côté A B fût perpendiculaire à l'horiſon ; dans ce

______

(1) Hiſt. de l'Acad. Roy. ann. 1737, p. 112.

cas les colonnes de fluide D E, F G, H I, L K qui repoferoient fur le fond
de ce vafe, & qui feroient de différentes hauteurs, prefferoient les parties
du fond E, G, I, K, fur lefquelles elles repoferoient en raifon de leur hauteur ; car la partie B E du fond auroit à fupporter la preffion de la colonne
A B E D, & la partie I K celle de la colonne H I K L.

§. MCCLV. La même chofe aura auffi lieu dans les vafes dont les côtés
& les fonds auront des formes différentes. En effet, concevons la maffe de
liquide contenue dans le vafe A B C D [*Tab.* 29. *fig.* 7] comme divifée
en plufieurs colonnes cylindriques de même bafe, & perpendiculaires à
l'horifon ; dans cette fuppofition la colonne E F preffe, avec toute l'intenfité
de fa force, la partie F du fond qui la fupporte : pareillement la colonne
G K diftribue toute fa preffion fur la partie K du fond du vafe, & ainfi de
fuite.

§. MCCLVI. Si on fuppofe donc deux vafes K L M N & O P Q R
[*Tab.* 29. *fig.* 8. 9.], dont les côtés foient perpendiculaires & paralleles entr'eux, mais dont les fonds L M, P Q foient inégaux & paralleles à l'horifon ; fi on remplit alors ces vafes avec un même fluide, mais jufqu'à une
hauteur différente, telle que K L & O P, ces fonds feront comprimés en
raifon compofée de leur grandeur & de la hauteur du fluide qui repofera deffus. Suppofons, par exemple, que les diametres des fonds L M & P Q
foient entr'eux dans le rapport de 1 à 3, les grandeurs de ces fonds feront
entr'elles :: 1 : 9. Suppofons maintenant que la hauteur K L du fluide foit
à la hauteur O P :: 1 : 2, la preffion du fluide fur le fond L M fera à celle
qui fe fera fentir fur le fond P Q :: 1 : 18.

§. MCCLVII. Or comme les parties des fluides ne font pas rangées en lignes droites, & qu'elles ne font pas placées perpendiculairement les unes
au-deffus des autres, ainfi que nous l'avons fuppofé ; mais qu'elles font difpofées affez irrégulierement les unes par rapport aux autres, & qu'il peut
fort bien fe faire qu'elles ne foient point de même grandeur entr'elles dans
toute forte de fluide ; il eft conftant que ces parties doivent agir les unes
contre les autres, & fe preffer latéralement : or comme ces parties cedent à
la moindre impreffion, elles doivent céder, & à la preffion latérale qu'elles
éprouvent, & à toute preffion oblique qui s'exerce contre elles, de même
que fi elles étoient preffées perpendiculairement.

Suppofons, pour le démontrer en quelque façon, 4 globules égaux
A, B, C, D [*Tab.* 30. *fig.* 1.], le globule A déploie fa preffion contre les
deux globules B & C, fuivant les lignes L F & L H, qui paffent par les
points de contact E, I : ces preffions fe font donc obliquement, & par conféquent peuvent fe décompofer & fe repréfenter ; l'une, favoir, L F, par les
lignes L G & G F : l'autre, favoir, L H, par les lignes L G & G H ; dans
cette décompofition on aura G F = ½ L F, & G H = ½ L H. Par conféquent
la preffion avec laquelle le globule A tend à écarter les globules B & C eft
égale contre chacun de ces deux globules à la moitié de fon poids. En confidérant maintenant le globule D, qui réfifte inférieurement à la preffion
qu'il éprouve, & qui eft repréfentée par les lignes K F & K H, on doit auffi
décompofer ces deux preffions, & les repréfenter par les lignes K G, G H &
K G, G F : d'où il fuit que les globules C & B font encore repouffés par les

forces = G H & G F ; de forte que la preffion latérale, qui tend à écarter ces deux globules, devient égale contre chacun de ces globules, à la preffion totale du poids du globule A qui eft placé au deffus d'eux.

On peut encore confidérer cette chofe de cette façon ci. Du milieu de la ligne H K foit menée la perpendiculaire P F, & la ligne P Q, parallele à H F, fur laquelle on conduira la perpendiculaire F Q. Dans ce cas le globule C fera confidéré comme placé dans le plan P F : or la force avec laquelle ce globule C eft preff: par le globule A , = G H ou $\frac{1}{2}$ A. La force avec laquelle ce même globule C fait effort pour s'échapper & gliffer latéralement, eft à fon poids : : F Q : P F : : 1 : 2 ; par conféquent toute la preffion latérale contre le globule C eft égale au poids du globule A. Il eft évident que F Q = $\frac{1}{2}$ P F ; or puifque P F = K G, on aura K P : P H : : R S : S G ; mais S G = Q F, donc Q F = $\frac{1}{2}$ P F.

§. MCCLVIII. Il fuit de ces démonftrations, que toute colonne quelconque d'un fluide qui eft contenu dans un vafe , eft preffée latéralement , obliquement , & en toutes fortes de fens, auffi fortement qu'elle feroit preffée perpendiculairement de haut en-bas, la hauteur étant égale ; ainfi qu'on peut le démontrer par expérience , en plongeant dans une maffe de fluide des tubes de verre, droits, obliques, différemment contournés A B , C D , E F, G H [*Tab.* 29. *fig.* 11.], & ouverts de part & d'autre ; fi ces tubes font de même diametre, on obfervera que le fluide s'éleve également haut dans les uns & dans les autres, un peu cependant au-deffus de la furface du fluide dans lequel ils font plongés : ce qui vient du petit diametre de la cavité de ces tubes ; car fi leur diametre intérieur étoit très grand , on remarqueroit que la colonne de fluide qui s'y éleve feroit à niveau avec les colonnes environnantes qui compofent la furface fupérieure de la maffe totale du fluide.

§. MCCLIX. D'où il fuit que toute molécule de fluide eft également preffée de toutes part par le fluide ambiant ; & conféquemment qu'elle doit être en repos , s'il ne furvient une caufe étrangere qui la mette en mouvement, ainfi que nous l'avons déja démontré par d'autres obfervations (§ 1238 , 1239). Il fuit encore de ces mêmes obfervations qu'un corps rond , creux & fragile , plongé dans un fluide tel que feroit , par exemple , un œuf renfermé dans une veffie remplie d'eau, pourroit fupporter une preffion confidérable ; celle, par exemple , d'un poids comme P [*Tab.* 29. *fig.* 12.], fans courir le rifque d'être brifé : c'eft auffi pour cette raifon qu'un fétus entouré d'eau de toutes parts eft en sûreté dans la matrice de fa mere , & eft à l'abri de tout accident , quoiqu'il ait à fupporter différentes preffions , & qu'il s'en faffe d'inégales fur différentes parties de l'*abdomen* , pourvu qu'il foit renfermé dans une capacité d'une certaine érendue,& qu'il foit couché à plat.

§. MCCLX. Soit un vafe cubique A B D C G F E [*Tab.* 30. *fig.* 2.], dont les côtés foient perpendiculaires à l'horifon ; fuppofons que ce vafe foit rempli d'eau : dans ce cas , chacun de fes côtés , tel que A B C D , fera preffé & pouffé au-dehors par l'effort d'une preffion fous-double de celle qui fe fait fentir perpendiculairement fur le fond C D du même vafe.

Le côté de ce vafe A B C D eft un quarré ; foit donc tiré fur ce côté la diagonale A D , on aura le triangle rectangle ifocele A C D : fur le côté A C foient

pris plufieurs points A, S, M, Z, C, defquels foient conduites les perpendiculaires fur le côté A C jufqu'à la diagonale A D, telles que les lignes S R,
M N, Z X, C D. Ces perpendiculaires font égales aux hauteurs auxquelles
elles répondent ; car S R = A S, & ainfi de fuite : or les preffions fur ces différens points, font entr'elles comme les hauteurs correfpondantes : donc
ces preffions peuvent être repréfentées par les lignes S R, M N, Z X, C D.
Si on tire donc de pareilles lignes fur tous les points du côté A C, ces lignes
rempliront l'aire du triangle A C D, qui repréfentera la fomme des preffions latérales. Sur les points C, L, O, P, D du fond C D foient élevées
les perpendiculaires A C, H L, I O, K P, B D; elles repréfenteront les
preffions du fluide fur chacun de ces points : & conféquemment fi on élève
des perpendiculaires fur tous les points de la droite C D, ces perpendiculaires, qui repréfenteront la fomme des preffions perpendiculaires fur le fond
du vafe, rempliront l'aire du quarré A B C D; par conféquent la fomme des
preffions fur le fond C D fera comme le quarré A B C D; mais comme ce
quarré éft double du triangle A C D, il s'enfuit que la preffion fur le côté
du vafe eft fous double de celle qui fe fait fentir fur le fond du vafe.

§. MCCLXI. Si on conçoit que le plan triangulaire A C D [*Tab.* 30.
fig. 3.] fe meuve parallelement fur le fond D G jufqu'en G; fur quelque
point du fond que foit placé ce triangle, il repréfentera la preffion latérale
que le fluide exerce contre le côté C A E V, de même que le quarré A B C D
de la figure 2, repréfentera la preffion fur le fond, fi on le fait mouvoir de
la même maniere fur chacuns des points du côté D G : or, par ce mouvement, le triangle A C D, fig. 3, décrit un prifme triangulaire A C D E V G,
& le quarré A B C D, fig. 2, décrit un cube A B C D E F G, qui eft double
du prifme A C D E V G : d'où il fuit que la preffion contre le fond eft comme le cube ; & que celle qui fe déploie contre le côté C A E eft comme le
prifme triangulaire A C D E V G.

§. MCCLXII. Puifque chaque face dans un vafe cubique, dont tous les
côtés font difpofés perpendiculairement à l'horifon, eft pouffée au-dehors
par le fluide qui agit contr'elle, avec une force qui peut être repréfentée
par l'aire d'un prifme triangulaire A C D E V G, il s'enfuit que tous les côtés
du cube, pris enfemble, font pouffés au-dehors avec une force double de la
preffion que le fluide exerce contre le fond du vafe cubique.

§. MCCLXIII. Il fuit de ce que nous venons de démontrer, qu'un corps
folide, de figure cubique, renfermé dans un vafe cubique qu'il remplit, &
qui ne preffe alors que le fond de ce vafe, preffera trois fois davantage le
vafe qui le contient, s'il paffe de l'état de folidité à celui de liquidité. En
effet, la preffion contre le fond de ce vafe eft égale au poids du folide qui a
été renfermé dedans ; mais lorfque ce folide eft devenu liquide, il exerce
contre les 4 côtés du vafe une preffion qui eft égale à l'aire de 4 prifmes triangulaires, dont chacun eft égal à la moitié du cube: donc la fomme des 4
prifmes = 2 cubes; donc la preffion totale du corps devenu fluide eft à celle
qu'il exerçoit lorfqu'il étoit folide, : : 3 : 1. Cet effet a lieu lorfqu'un cube
folide de glace, ou de cire, eft renfermé dans un vafe qu'il remplit, & qu'il
eft enfuite mis en fufion par l'action du feu.

§. MCCLXIV. Soit le vafe cubique A B C D E F G W [*Tab.* 30. *fig.* 4.]

rempli d'un fluide quelconque ; si on conçoit dans ce vase un plan Y Q S V perpendiculaire à l'horison, qui sépare la partie antérieure du fluide de sa partie postérieure, la pression du fluide contre le plan antérieur A B C D ne sera point changée ; elle sera donc encore égale au prisme triangulaire A C D E V G, & contre le côté B Q S D comme le prisme triangulaire B Q S D C V. Le côté A Y V C aura une semblable pression à supporter : d'où il suit que la somme des pressions contre les 4 côtés A B C D, B Q D S, Y Q S V, A Y V C, est égale à deux prismes triangulaires B C D G F, & à deux autres C B D S Q V, qui sont égaux à un seul prisme, dont un côté triangulaire C B D seroit égal en hauteur à B D, & auroit une base $= $ C D $\times 2$ D G $+$ D S.

§. MCCLXV. Si on suppose maintenant un vase qui ait la forme d'un parallélipipede A B C D E F G W [*Tab.* 30. *fig.* 5.], & que B D $=$ D C ; si on tire les diagonales B C, F W, on aura la pression du fluide contre le côté B D G F égale à un prisme triangulaire C B D W F G.

§. MCCLXVI. On peut, d'après ces principes, déterminer la pression de l'eau contre la vanne d'une écluse. En effet, supposons que A B C D [*Tab.* 30. *fig.* 6.] représente une écluse dont le fond soit D C, que l'eau vienne de M, & que sa hauteur soit représentée par F C : cela posé, soit pris C G $=$ F C, & soit menée F G ; on aura alors la pression de l'eau contre la vanne A B D C, égale à un prisme d'eau triangulaire F C G dont la longueur sera $=$ D C. Supposons maintenant que D C $=$ 12 pieds, F C $=$ 10 pieds, & C G $=$ 10 pieds, le prisme DCFG $= \dfrac{10 \times 10}{2} \times 12 =$ 600 pieds cubiques d'eau : or un pied cubique d'eau $=$ 63 ℔, en prenant le nombre rond le plus approchant ; & conséquemment la pression de l'eau contre la vanne donnée $=$ 600 $\times$ 63 ℔ $=$ 37800 ℔. Mais si la hauteur de l'eau $=$ I C du côté opposé de la vanne, alors la pression de l'eau contre cette vanne ne sera plus égale qu'au côté d'un prisme d'eau triangulaire F C G, dont la longueur $=$ H I, moindre que le prisme O C I H ; & conséquemment la pression sera beaucoup moindre contre la vanne, qu'elle étoit dans le cas précédent, puisque la pression du fluide H I C D rend nulle celle du fluide qui se fait sentir au côté opposé jusqu'à la hauteur I C.

§. MCCLXVII. Soit un vase prismatique L M C D G F E H [*Tab.* 30. *fig.* 7.], dont les côtés perpendiculaires soient quarrés ; que ce vase soit rempli d'un fluide, la pression de ce fluide contre le côté A B C D sera égale à celle du poids d'un prisme triangulaire de même fluide A C D, dont la base est un quarré formé sur le côté C D, & la hauteur A C. Or ce même fluide déploie une égale pression sur chacuns des côtés de ce vase prismatique ; par conséquent la somme de la pression contre tous les côtés est égale à un prisme triangulaire, dont la base est un rectangle qui a C D pour un de ses côtés, & le périmetre de la base M C D G I K pour un autre côté, & pour hauteur A C.

§. MCCLXVIII. Supposons maintenant un vase cylindrique creux A C B D [*Tab.* 30. *fig.* 8.], qui soit rempli d'un fluide ; que le diametre C D de la base de ce vase soit double de sa hauteur A C ; puisque ce cylindre n'est point différent d'un prisme d'un nombre infini de côtés, on aura la
pression

preſſion contre les parois de ce cylindre égale au poids d'un priſme triangulaire de même fluide , qui a pour côtés de ſa baſe C E , & le périmetre du
cylindre , & pour hauteur A C.

§. MCCLXIX. Si ce vaſe cylindrique devient plus grand , plus ample ,
mais qu'il ne ſoit rempli de fluide qu'à la même hauteur que le premier ; la
preſſion contre les parois de ce nouveau vaſe ne ſera plus grande qu'autant
que le périmetre de ſa baſe ſurpaſſera le périmetre de la baſe du premier.

§. MCCLXX. Soit un canal cylindrique A B C D [*Tab.* 30. *fig.* 9.] rempli d'un fluide ; la preſſion contre les parois de ce vaſe ſera égale à celle qui
viendroit du poids d'un priſme triangulaire de même fluide E B D O G F ,
dont le côté D F de la baſe ſeroit égal à la hauteur B D , dont le côté F G éga-
leroit le périmetre de la baſe C D C du cylindre, & dont la hauteur ſeroit
égal à B D.

§. MCCLXXI. Si on prend ſur le côté du même canal cylindrique la
partie H K L I , & qu'on tire dans le priſme triangulaire, dont nous venons de parler, les lignes K M , L N parallèles à la baſe D O , & qu'on retranche de ce priſme la partie K M R P , L N S Q , le poids du fluide compris dans cette partie retranchée , eſt égal à la preſſion du même fluide contre le contour de la partie H K I L du vaſe cylindrique.

§. MCCLXXII. Si on a deux vaſes cylindriques A B C D , a b c d
[*T.* 30. *F.* 10.], de même hauteur, & remplis d'un même fluide, la preſſion de
ce fluide contre les parois de ces vaſes, ſera comme les périphéries des baſes
C D C, c d c de ces vaſes, ou comme les diametres de ces mêmes baſes
C D, c d ; parceque les périphéries ſont entr'elles comme les baſes. On
peut , d'après ces propoſitions , déterminer aiſément les preſſions que doivent ſupporter les canaux des fontaines , deſtinés à conduire des eaux , &
conſéquemment ſavoir la force qu'il faut donner à ces canaux pour qu'ils
puiſſent réſiſter aux efforts qu'ils auront à ſupporter ; &, à l'aide de ce que
nous avons dit (Chap. 21. ſur la fermeté), on pourra déterminer aiſément
l'épaiſſeur qu'il faudra donner à leurs parois : car on doit concevoir & déterminer cette preſſion par des rayons tirés depuis l'axe, ou le centre de ces
canaux , juſqu'à tous les points de la circonférence intérieure de ces mêmes
canaux ; d'où il ſuit que chaque point de ces circonférences ſont pouſſés au-
dehors avec des forces égales , & que ces canaux ſe rompront dans les endroits qui ſeront plus foibles.

§. MCCLXXIII Si on a un vaſe rempli d'un fluide , & dont le côté ſoit
quarré A B C D [*Tab.* 30. *fig.* 11.], on trouvera le centre de preſſion en O ,
qui eſt un point pris dans la ligne droite E L , également diſtante de A C &
B D, en inſcrivant auparavant dans ce côté le triangle C E D , qui repré-
ſente la ſomme de toutes les preſſions que le fluide déploie contre le côté
A B D C; & en diviſant C E D en deux parties égales, dont l'une ſera le
trapeſe C F G D , & l'autre le triangle E F G : en cherchant après cela le centre de gravité du trapeſe qu'on trouvera en P , & celui du triangle qui ſera
en S : alors en conſidérant ces deux quantités comme agiſſantes aux extrêmités
d'un levier P S , on aura l'analogie ſuivante : comme la ſomme de ces deux
quantités eſt à P S , de même celle qui eſt repréſentée par E F G eſt à la dif-

tance du centre de preſſion O au point P ; centre qui ſe trouvera entre P &
S : or en ſuppoſant E L = C D, & en ſuppoſant cette ligne diviſée en 100
parties, on aura E O = 69 . 909 , L O = 30 . 091 , L P = 7 . 322 ; & conſéquemment on aura E O : L O : : 2 $\frac{1}{3}$: 1 ; raiſon qui approche, autant que
faire ſe peut, de la premiere.

Si on a donc à contenir une ſoupape preſſée par l'effort du fluide compris
dans ce vaſe, il faut que la puiſſance qu'on emploiera pour cet effet agiſſe
contre le point O avec une force égale à celle que le fluide intérieur exerce
contre cette ſoupape ; force que nous avons déterminée ci-deſſus (§. 1267).

§. MCCLXXIV. Si le fond d'un vaſe eſt parallele à l'horiſon, & que
toutes les colonnes du fluide qu'on verſe dedans ne ſoient point de même
longueur ; comme aucun fluide ne peut ſe contenir lui-même, les colonnes
qui ſeront plus longues tomberont ſur les plus courtes, à cauſe de la preſſion
latérale, juſqu'à ce qu'elles ſoient toutes de la même longueur, & que toutes les preſſions latérales ſoient en équilibre entr'elles.

§. MCCLXXV. Le même effet doit auſſi arriver à cauſe de la preſſion
perpendiculaire ; car les colonnes qui ſont plus longues, peſent davantage
que celles qui ſont plus courtes : c'eſt pourquoi les plus longues s'affaiſſeront
& éléveront, par leur chûte, celles qui ſeront plus courtes, juſqu'à ce
qu'elles aient acquis la même longueur, & qu'elles ſoient en équilibre entr'elles.

§. MCCLXXVI. Par conſéquent lorſqu'un liquide eſt en repos, & que
toutes ſes colonnes ſont en équilibre entr'elles, leur ſurface doit être parallele à l'horiſon ; & par conſéquent elle doit être ſphéroïde, & prendre une
courbure ſemblable à celle de la partie de la terre à laquelle elle répond :
dans ce cas on dit que le fluide eſt de niveau, & que ſa ſurface eſt une
courbe de niveau.

§. MCCLXXVII. La preſſion latérale des fluides nous donne lieu d'expliquer quantité d'autres phénomenes dont je vais parler.

Par exemple, ſi on a deux tubes A B, C D [*Tab* 30. *fig.* 12.] de même
diametre, & qui communiquent enſemble, à l'aide d'un autre tube intermédiaire B D H G, le fluide qu'on verſera dans le tube A B paſſera par le
canal de communication H G B D, s'élevera dans l'autre tube C D, & ſe
mettra à niveau dans l'un & l'autre ; parceque le fluide compris dans le tube
A B ne pourra point être en repos que celui qui ſe ſera élevé dans le tube C D
ne preſſe également le fluide intermédiaire compris dans le canal B D H G :
ce qui aura lieu dès que les colonnes de fluide, compriſes dans les deux tubes A B, C D, ſeront de même longueur.

§. MCCLXXVIII. Ce phénomene peut avoir lieu ſans que les tubes com-
municans ſoient de même diametre, en ſuppoſant cependant que l'attraction des tubes ne cauſe point de différence ſenſible ; car la preſſion latérale
eſt la même dans un tube étroit que dans un tube plus large, tel que C D E F
[*Tab* 30. *fig.* 13.], puiſqu'elle eſt égale à la preſſion perpendiculaire : par
conſéquent, en ſuppoſant les hauteurs du fluide égales dans le petit tube
A B, & dans le grand C D E F, leurs preſſions latérales ſont egales ; ce qui
eſt conforme à l'expérience, ſi le tube A B eſt ſuffiſamment large pour ne
point être rangé dans la claſſe des tubes capillaires, dans leſquels les fluides

s'élevent à de plus grandes hauteurs , par rapport à l'attraction des tubes qui foutient une partie de leur poids.

§. MCCLXXIX. Soit le vafe A G S C [*Tab. 30. fig.* 14.], qui ait la figure d'un cône, dont la bafe horifontale foit le fond du vafe, & dont le fommet A C foit tourné en-haut : fi on remplit ce vafe d'un fluide, le fond G S fera preffé avec la même force que fi ce vafe eût eu la figure d'un cylindre R G S T, de même bafe G S, & qu'on l'eût rempli du même fluide jufqu'à la même hauteur.

En effet, concevons dans ce cône des colonnes de même bafe que la colonne du milieu A B C D, qui eft la plus longue, & qui répond au fommet du cône ; cette colonne du milieu pouffe en-bas, par fa pefanteur, & fait effort pour élever les colonnes collatérales E E, F F, X X, O O, I I, V V qui l'entourent, & qui font plus courtes ; mais ces colonnes ne peuvent être élevées, à caufe de la réfiftance que les parois du cône oppofent aux points E, F, X, G, O, I, V, S, laquelle réfiftance les repouffe vers la bafe de la même maniere que fi elles étoient preffées perpendiculairement par des colonnes, telles que A E, K F, Z X, C O, Q I, N S ; mais ces colonnes elles-mêmes E E, F F, X X, &c, font pefantes, & preffent le fond G B avec une force égale à leur poids : il arrive la même chofe de l'autre côté, depuis D jufqu'en S ; par conféquent le poids de la colonne E E, & l'effort avec lequel elle eft repouffée vers le fond par les parois du vafe, qui eft égal à la preffion d'une colonne = A E, font enfemble une preffion égale à celle d'une colonne telle que A E E. Ce que je dis de cette colonne doit s'entendre pareillement de toutes les autres ; par conféquent le fond du vafe conique G S eft auffi fortement preffé que fi le même fluide eût rempli le vafe cylindrique R G S T.

§. MCCLXXX. Puifque le cône A G S C, dont l'ouverture A C eft très petite, peut être regardé comme s'il formoit un cône entier, & que ce cône n'eft que le tiers d'un cylindre de même bafe & de même hauteur, il s'enfuit que le fluide qui eft compris dans ce cône preffe le fond G S auffi fortement qu'il feroit preffé par une quantité trois fois plus grande de même fluide qui feroit contenu dans le vafe cylindrique ; par conféquent la réaction des parois du cône eft égale aux deux tiers de la quantité de fluide que contiendroit le vafe cylindrique, ou eft deux fois plus grande que le poids du fluide qui eft contenu dans le vafe conique.

§. MCCLXXXI. On doit eftimer de la même maniere la preffion d'un fluide contre le fond d'un vafe dont la figure eft pyramydale, & contre les parois de ce même vafe, foit que la pyramide qu'il repréfente foit entiere, ou tronquée

§. MCCLXXXII. Si on prolonge le fommet du cône A G S C jufqu'à telle hauteur qu'on voudra, comme jufqu'en P, & qu'on adapte deffus un tuyau A P C, & qu'enfuite on rempliffe ce tuyau de même fluide, la bafe G S du cône fera preffée avec la même force que fi le vafe étoit cylindrique, & que fa bafe fût = G S, & fa hauteur = P D, ainfi que l'expérience le démontre : d'où il fuit qu'une très petite quantité de fluide qui remplit la capacité d'un tube grêle, preffe auffi fortement le fond du vafe, auquel ce tube feroit

Bb ij

adapté , qu'une quantité beaucoup plus confidérable de même fluide qui formeroit une colonne de même longueur.

§. MCCLXXXIII. On ne doit point eftimer autrement la preffion fur le fond G S [*Tab. 30. fig. 15.*] d'un vafe cylindrique G S R T , fur la partie fupérieure duquel s'éleve un tube P C ; car ce vafe , ainfi que le tube , étant rempli de fluide jufqu'en P , le fond fupportera une preffion qui fera égale au poids du fluide contenu dans le cylindre , & qui repofe perpendiculairement fur la bafe G S , & dont la hauteur fera = G R + C P. Ce même fluide preffera de bas en haut le bouchon R T du vafe avec une force égale au poids du fluide contenu dans le cylindre , dont la bafe eft R T , & la hauteur C P. On démontre cette propofition par l'expérience fuivante. Si on prend un cylindre creux , dont le fond foit mobile , & dont le poids foit = 13 $\frac{1}{2}$ onces , le diametre de ce cylindre étant = 3 $\frac{1}{4}$ pouces , & la hauteur 2 $\frac{1}{4}$ pouces. Les chofes , étant ainfi difpofées , fi on remplit ce cylindre d'eau , le poids total de l'eau fera = 11 onces , 3 grains ; puifqu'un pouce cylindrique d'eau pefe 221 $\frac{1}{3}$ grains : mais fi à ce premier cylindre on en adapte un autre de même diametre , afin que la hauteur de l'eau au-deffus du fond foit = 14 $\frac{1}{4}$ pouces , le poids de l'eau fera alors = 4 ℔ 8 $\frac{205}{480}$ onces. Si on ajoûte à ce poids celui du fond du vafe , la preffion de haut en-bas fera = 5 ℔ 5 onces 7 dragmes.

Si on adapte fur le couvercle du vafe le tube cylindrique , afin que la hauteur de l'eau foit = 54 $\frac{1}{4}$ pouces ; alors le poids de l'eau , joint à celui du fond du vafe , fera = 17 ℔, 10 onces.

Le tube dont on fait ufage dans cette expérience , & qu'on adapte fur le vafe cylindrique , a 52 pouces de longueur ; par conféquent le couvercle R T du vafe eft repouffé de bas en-haut par l'eau qui eft contenue dans ce tube avec une force = 15 ℔ 15 onces 2 dragmes.

Si , à l'aide d'un morceau de bois qu'on fait entrer inférieurement dans le cylindre , on preffe un peu de bas en-haut le fond mobile de ce cylindre , ce vafe & le tube qu'il porte feront repouffés en-haut par l'effort de l'eau, qui fera = 15 ℔ 15 onces ; mais comme le poids du cylindre de cuivre & du tube qui y eft adapté , fans y comprendre le fond mobile , = 6 ℔ 2 onces 6 dragmes , & comme on ne confidere point ici le frottement du pifton , ni fon poids , il faudra mettre fur le couvercle de ce vafe un poids = 9 ℔ 8 onces 6 dragmes , afin que le vafe ne foit point enlevé par l'effort de l'eau: ce qui arrive lorfqu'on retranche quelque chofe du poids que nous venons d'indiquer.

Cela pofé , en fuppofant le tube P C très étroit , pourvu qu'il ne foit point capillaire , & qui conféquemment peut être rempli par une très petite quantité d'eau , & en fuppofant auffi le vafe R G S T très large , & ayant une très grande bafe , on parviendra à produire un effort confidérable contre les parois & contre le couvercle de ce vafe , en employant une très petite quantité d'eau : ce qu'on prouve par l'expérience du foufflet hydroftatique , dont la forme eft cylindrique , & dont le fond à 15 pouces de diametre. A ce fond eft adapté un tube de 47 $\frac{1}{4}$ pouce de longueur , qu'on remplit d'eau jufqu'au haut ; dans ce cas , le fond de ce foufflet eft pouffé de bas en-haut par une preſſion qui équivaut à un poids = 308 ℔ , ainſi qu'il eſt aiſé de s'en convaincre en plaçant un pareil poids ſur le fond du ſoufflet. Lorſque ce tube n'eſt rempli que juſqu'à la hauteur d'un pied , le fond du ſoufflet eſt pouſſé de bas en-haut par un effort = ℔ 77 $\frac{614}{7680}$; lorſqu'il eſt rempli juſqu'à la hauteur de 2 pieds, la preſſion de bas en-haut = ℔ 154 : & lorſqu'il eſt rempli juſqu'à la hauteur de 3 pieds, elle équivaut à un poids = ℔ 231.

§. MCCLXXXIV. On peut encore démontrer la preſſion que les fluides exercent de bas en-haut par l'expérience ſuivante : prenez un vaſe de verre cylindrique A B C D [*Tab. 30. fig.* 16.] ; placez dans ce vaſe un autre vaſe plus étroit E G X : verſez de l'eau dans le grand vaſe, & elle élévera ce dernier vaſe quoiqu'il ſoit chargé.

§. MCCLXXXV. La preſſion que les fluides exercent de haut en-bas, paroît indiquer qu'une même quantité de fluide peut avoir différens poids , puiſqu'une même quantité de fluide peut exercer une preſſion différente ſur le fond d'un vaſe qui la contient.

En effet, ſoit le vaſe D HE K [*Tab. 30. fig.* 17.] rempli juſqu'à la hauteur F M d'un fluide quelconque : ſuſpendez ce vaſe à l'un des bras d'une balance , & mettez-le en équilibre avec un poids que vous ſuſpendrez au bras oppoſé : prenez enſuite un cylindre ſolide A S B, attaché fermement à une potence ; élevez le vaſe D H E R de façon qu'il embraſſe ce cylindre, lequel , plongeant dans l'eau du vaſe , la fera élever juſqu'à la hauteur G O : cette hauteur étant plus grande que la précédente , l'eau preſſera plus fortement le fond H E , & le vaſe ne ſera plus en équilibre avec le même poids qui l'y tenoit auparavant.

§. MCCLXXXVI. Si le vaſe eſt conique, ou qu'il ait la forme d'un cône tronqué G A C S [*Tab. 30. fig.* 18.], ſon ſommet A C, étant tourné par en-bas, & ſa partie la plus évaſée, étant ſituée ſupérieurement, ſi on remplit ce vaſe d'un fluide quelconque , le fond A C de ce vaſe ſupportera une preſſion qui équivaudra à celle d'un cylindre de même fluide A B C D , de même hauteur que le vaſe, & dont la baſe = A C : car tout le reſte du fluide eſt ſoutenu par les parois du cône , & ne peut contribuer en rien à augmenter la preſſion de la colonne A B C D contre le fond du vaſe.

§. MCCLXXXVII. Suppoſons encore un vaſe cylindrique tel que R G S T [*Tab. 30. fig.* 19.], d'une grande capacité, auquel on ait adapté un tube étroit C P, que ce vaſe, ainſi que le tube, ſoient diſpoſés dans une ſituation parallele à l'horiſon, & remplis d'un fluide quelconque : dans ce cas, le fluide qui eſt contenu dans le vaſe déploiera ſa preſſion contre les deux fonds G S, R T ; & le fluide contenu dans le tube C P n'agira point alors contre le fluide compris dans le vaſe. Mais ſi on inſere un petit piſton A B dans le tube C P, & que ce piſton ſoit pouſſé en-dedans du tube, à l'aide d'un poids N, ſuſpendu à un levier D O, & qu'il y ſoit pouſſé avec une force égale au poids du fluide contenu dans ce tube, en ſuppoſant qu'il fût ſuſpendu perpendiculairement à l'horiſon ; alors ce fluide preſſera avec une force égale celui qui eſt compris dans le vaſe, & il portera cette preſſion contre les parois G S, R T, de même que s'il agiſſoit contre le fond G S, appuyé contre terre ; il pouſſera encore au-dehors, & avec une même force, les côtés cylindriques G R, S T.

§. MCCLXXXVIII. Si le fluide contenu dans le vafe R G S T [*Tab.* 30. *fig.* 15.], ainfi que dans le tube C P , n'eft doué que d'une très petite pefanteur ; alors le vafe cylindrique , étant pofé par terre , fon fond G S , ou fon couvercle R T , ne feront point pouffés au-dehors ; mais dès qu'une puiffance compreffive fera appliquée à l'orifice fupérieur P du tube C P , le fluide compris dans le vafe & dans le tube fera preffé de même que fi ces deux capacités étoient remplies d'un fluide très pefant : or on peut confidérer l'air comme n'ayant prefque point de pefanteur ; mais fi ce fluide eft pouffé dans le tube & dans le vafe par l'effort des poumons , & par la contraction de la poitrine , il aura alors affez de force pour pouffer au-dehors les fonds R T , G S du vafe R G T S : & fi ces fonds peuvent s'écarter l'un de l'autre , on parviendra , par le fouffle feul , à élever un poids confidérable qui feroit placé fur le couvercle R T. Si , à la place du vafe cylindrique , on lie plufieurs veffies qui communiquent par différens endroits avec le tube C P , & qu'on place ces veffies fous une planche chargée d'un grand poids ; un homme qui appliquera fa bouche à l'embouchure C du tube C P , & qui injectera de l'air dans ces veffies , les gonflera , & foulevera le fardeau. Plus le nombre des veffies dont on fera ufage fera grand , plus la capacité de ces veffies fera grande , & plus la charge qu'on pourra foulever , par ce moyen , fera grande , ainfi qu'on le démontre par expérience.

CHAPITRE XXIV.

Des fluides qui coulent par les trous d'un vafe.

§ MCCLXXXIX. Si on perce à différens endroits E , G , F [*Tab.* 31. *fig.* 1.] le fond d'un vafe A B C D , placé de niveau , & que ces trous foient égaux entr'eux ; alors le fluide dont ce vafe eft rempli s'écoulera par tous ces trous avec la même rapidité.

En effet , il repofe fur les particules qui répondent aux trous E, G, F , des colonnes de liquide qui ont la même hauteur & le même diametre , & par conféquent qui preffent ces particules avec des forces égales : or des preffions égales doivent néceffairement communiquer la même vîteffe. Non-feulement les molécules qui font partie des colonnes perpendiculaires à ces trous s'écoulent , mais il s'écoule encore avec elles les molécules latérales qui affluent & qui s'écroulent fur elles. De quelqu'efpece que foient les molécules qui s'écoulent , elles coulent avec la même vîteffe ; car elles font également preffées , foient qu'elles foient pouffées à travers ces trous par la preffion perpendiculaire , ou par la preffion latérale. Les particules E G F peuvent être confidérées comme de petites lames minces de fluide , qui tombent en partie par leur propre poids , en partie par la preffion qu'elles fupportent de la part de celles qui font au deffus.

§. MCCXC. Il s'écoule donc par chacun de ces trous des quantités de fluide égales en tems égaux; ainsi que *Picard* l'a démontré par expérience (1).

§. MCCXCI. Puisque les molécules d'un fluide quelconque, qui se trouvent dans le même plan, sont également pressées en toutes sortes de sens; il s'ensuit qu'il doit couler une même quanté de fluide, & avec la même vîtesse, par des trous égaux faits au fond ou aux parois du vase, pourvu que ces derniers répondent à la hauteur de ceux du fond.

§. MCCXCII. Plus la hauteur du fluide contenu dans le vase A B C D sera grande, & plus la vîtesse avec laquelle ce fluide s'écoulera par les trous du fond E, G, F sera grande; car si la colonne qui répond au trou G, a pour hauteur H G, la petite lame de fluide qui se présentera à l'orifice G, sera pressée par le poids de la colonne H G : mais si la longueur de cette colonne = K G, la petite lame dont nous venons de parler sera pressée par un plus grand poids; savoir, par le poids de la colonne K G, qui lui communiquera plus de vîtesse, & qui par conséquent s'écoulera avec elle avec plus de rapidité.

§. MCCXCIII. En supposant que les hauteurs du fluide soient différentes, & qu'elles soient représentées par les colonnes H G, K G, les vîtesses avec lesquelles les molécules du fluide s'écouleront par le trou G, seront en raison sous doublée des hauteurs H G, K G; car les poids des colonnnes qui pressent les lames du fluide qui s'écoule, sont les puissances qui les forcent à s'écouler : elles communiquent donc aux lames qu'elles poussent une vîtesse égale à leur intensité, qui est ici comme leur hauteur. Or les vîtesses dans les corps qui se meuvent librement, sont en raison sous doublée des forces (§. 289); par conséquent les vîtesses avec lesquelles les molécules de fluide s'écouleront par le trou G, seront en raison sous doublée des hauteurs H G, K G. On pourroit, à l'aide d'une parabole, dont K G seroit l'axe, déterminer les ordonnées parallèles à K C.

§. MCCXCIV. Les molécules du fluide, qui coulent par le trou G, coulent avec une vîtesse égale à celle qu'elles auroient si elles étoient tombées librement d'une hauteur égale à la longueur de la colonne K G.

Supposons que la petite lame qui se présente à l'orifice G ait une hauteur = m G; cela posé, prenez sur la partie supérieure K de la colonne K G une petite lame égale K n; alors cette lame K n, tombant de la hauteur K n, acquiert, en tombant, des forces qui sont à celles d'un corps qui tomberoit de K en G, comme K n : K G. Or la force qui presse la même lame m G, & qui vient de son poids, est à celle qui vient de la pression de la colonne K G, comme m G : K G. Il y a donc une égalité de rapport entre les forces de K n à K G, comparées avec celles de m G à K G : or dans l'un & l'autre cas, les forces sont produites par le même effort de la gravité; donc la force du corps K, qui tombe de K en G, & celle de la lame m G, qui est pressée par la colonne K G, sont égales; & conséquemment leurs vîtesses doivent être égales.

Poleni démontra la vérité de cette proposition par l'expérience suivante (2). Ayant adapté un tube cylindrique de 3 lignes de diametro & de 7 lignes de

(1) Duhamel, Hist. Acad. Reg. Lib. 1. Sect. 1, cap. 4. (2) In Epistola ad Marsinonium.

longueur au fond d'un vafe qui avoit 13 pieds de haut : dans l'efpace d'une minute il s'écoula par ce petit tuyau 905 pouces cubiques d'eau, qui équiva-lent à 1536 pieds, en fuppofant la maffe cubique d'eau changée en une colonne cylindrique, dont le diametre foit égal à l'ouverture du petit tuyau. Lorfqu'un corps pefant tombe librement de la hauteur de 12 pieds, il ac-quiert une vîteffe avec laquelle il peut parcourir dans une minute l'efpace de 1493 pieds de Boulogne. Mais s'il tombe de la hauteur de 13 pieds, il reçoit, en tombant, une vîteffe avec laquelle il peut parcourir 1680 pieds pendant l'efpace d'une minute : d'où il fuit que le fluide qui s'eft écoulé a acquis plus de vîteffe qu'un corps pefant qui tomberoit de la hauteur de 12 pieds, & moins qu'un corps pefant qui tomberoit de la hauteur de 13 ; ce qui vient du frottement du fluide qui coule par l'ouverture du tube : d'où il paroît manifeftement qu'en faifant abftraction de ce frottement, les vîteffes feront égales de part & d'autre.

§. MCCXCV. Soient deux vafes de hauteurs différentes, & dont les fonds foient percés de trous égaux, fi on emplit ces vafes d'un même fluide, la quantité qui en fortira en même-tems fera comme la vîteffe avec laquelle elle s'écoule, & conféquemment en raifon fous-doublée des hauteurs du fluide au-deffus des trous.

On doit la découverte de cette propofition au P. *Merfenne* (1). Nous en démontrons la vérité par l'expérience fuivante. Prenez un vafe qui foit percé par le côté à une hauteur comme 1, au-deffus de fon fond, & à une hau-teur comme 4 : or les vîteffes avec lefquelles le fluide s'écoulera par ces ou-vertures, étant entr'elles dans le rapport de 1 : 2 ; les quantités de fluide qui s'écouleront en tems égaux, feront auffi entr'elles comme 1 : 2 ; ce qu'on démontre exact à l'aide d'une balance.

On peut, d'après ce principe, déterminer aifément la quantité de fluide qui doit s'écouler, dans un tems donné, par une ouverture quelconque faite à un vafe : il ne s'agit pour cela que de connoître la quantité du même fluide qui s'écoule, dans un tems donné, par une femblable ouverture faite au même vafe à une hauteur connue.

Mariotte a fait quelques expériences fur cette matiere, & il s'eft fervi pour cela d'un vafe qui avoit 13 pieds de hauteur, & qui étoit rempli d'eau, au fond duquel il avoit pratiqué un trou, dont le diametre étoit $= \frac{1}{4}$ de pouce : dans l'efpace d'une minute, il couloit par cette ouverture 14 pintes de Pa-ris. D'après cette expérience, il eft aifé de déterminer la quantité d'eau qui s'écouleroit de ce vafe, dans un même tems, par des ouvertures pra-tiquées à différentes hauteurs fur la hauteur de ce vafe. En voici une Table.

(1) Phænom. Hydraul. Propof. 2. pag. 47.

hauteur

Hauteur de l'eau, déterminée par pieds.	Quantités d'eau, mesurées à la pinte.
1	3 . 8829
5	8 . 6824
10	12 . 2770
13	14 . 0000
15	15 . 0383

Si on prend une autre hauteur quelconque à volonté, on aura la proportion suivante : comme 13 pieds sont à 14 pintes d'eau qui s'écoulent en une minute par un trou, dont le diametre $= \frac{1}{4}$ de pouce ; de même la moyenne proportionnelle entre 13 & la hauteur choisie, est à la quantité d'eau qui s'écoulera par un trou d'un même diametre dans le même espace de tems : car supposons que la hauteur $13 = a$, & que la hauteur choisie $= b$; puisqu'il s'écoule 14 pintes d'eau du vase dans lequel la hauteur $= 13$, & que les quantités de fluide qui s'écoulent sont en raison sous doublée des hauteurs, on aura la quantité de fluide qui s'écoule du vase $b = x$; ce qui donnera la proportion, $\sqrt{a} : \sqrt{b} :: 14 : x$; par conséquent, en quarrant les termes, on aura $a : b :: 14 \times 14 : xx$; donc $\dfrac{b \times 14 \times 14}{a} = xx$; & $\sqrt{\dfrac{b \times 14 \times 14}{a}} = x$; ou bien en prenant y pour moyenne proportionnelle entre a & b, on aura $\because a, y, b$; & conséquemment $a : y :: \sqrt{a} : \sqrt{b}$; mais en vertu de la premiere proportion, $\sqrt{a} : \sqrt{b} :: 14 : x$, on aura $a : y :: 14 : x$; & conséquemment $\dfrac{14 y}{a} = x$. Or comme on connoît y, en supposant que $b = 20$ pieds, on aura $20 \times 13 = 260$, dont la racine $= 16$. $12 = 7$; par conséquent $13 . 16 : 12 :: 14 : 17 . 36$ pintes.

§. MCCXCVI. Supposons que le vase A B C D [*Tab. 31. fig. 2.*] demeure constamment rempli : cela posé, dans le même-tems qu'un corps grave parcourra, en tombant, la hauteur E F, dans ce même tems il coulera par le trou F une colonne de fluide F H, dont la longueur sera $= 2$ E F. En effet, le fluide qui coule par le trou F commence à se mouvoir avec une vîtesse produite par la pesanteur du corps, qui est tombé de E en F, & ce fluide coule toujours avec la même vîtesse : or le corps qui tombe de E en F, en passant de l'état du repos à celui du mouvement, se meut avec une vîtesse accélérée ; par conséquent le fluide qui sort du trou F parcourra dans le même tems un espace double de celui que parcourra le corps qui tombe de E en F.

Il suit de-là qu'il ne sort point par le trou F, la seule colonne de fluide qui repofe fur l'orifice F ; car il ne pafferoit que ia feule quantité de fluide qu'elle contient dans le tems qu'un corps grave tomberoit du point E au point F. Mais l'eau contenue dans le vafe eft continuellement pouffée vers l'orifice F ; & comme la preffion latérale eft égale à ia preffion perpendiculaire ; il en réfulte que l'effet doit être double, c'eft-à dire, qu'il doit s'écouler, par l'orifice F une colonne E.H, double de la colonne EF.

§. MCCXCVII. Si on prend deux vafes cylindriques égaux en tout A B D C, E G H K [*Tab.* 31. *fig.* 3.] ; mais percés à leurs fonds de deux trous inégaux, & qu'ils foient l'un & l'autre remplis à la même hauteur ; les tems employés à les vuider, feront en raifon réciproque des diametres des trous.

Le fluide qui coule de ces vafes s'écoule avec un mouvement retardé ; puifque la hauteur de ce fluide diminue à proportion qu'il s'en eft écoulé une plus grande quantité. Suppofons donc que chacun de ces deux vafes foit divifé en plufieurs parties ou en plufieurs lames extrêmement petites, mais de même épaiffeur & parallèles à l'horifon : le nombre de ces petites lames fera égal pour l'un & pour l'autre vafe : cr ces lames feront parcourues d'un mouvement uniforme par l'eau qui s'écoulera, & plus l'orifice fait au fond du vafe fera grand, & moins le fluide emploiera de tems à parcourir chacune de ces lames ; d'où il fuit que le tems employé à parcourir la petite lame A B M L fera à celui que le fluide emploiera à parcourir la lame E O G P, comme le diametre du trou I eft au diametre du trou F. Ce que nous difons par rapport à ces deux premieres lames, doit s'entendre également de toutes les autres lames de l'un & de l'autre vafes, & qui font remplis à la même hauteur : d'où il fuit que le tems employé à parcourir les lames du vafe A B C D eft à celui que le fluide emploie à parcourir celles du vafe E H K G, comme le diametre de l'orifice I eft à celui de F ; & par conféquent que les tems employés à vuider ces deux vafes font en raifon réciproque des diametres des trous.

§. MCCXCVIII. Si on prend deux vafes cylindriques A B C D, E F G H [*Tab.* 31. *fig.* 4.] de même hauteur, mais de différens diametres, & qu'ayant pratiqué à leurs fonds des trous inégaux, on les rempliffe d'un même liquide ; les tems de leur écoulement feront entr'eux comme les diametres des fonds.

Concevez les deux vafes divifés en petites lames de même hauteur, & parallèles à l'horifon, vous aurez alors la proportion fuivante : le tems que le liquide emploie à parcourir la premiere lame de l'un de ces vafes, eft au tems que le même liquide emploie à parcourir la lame femblable de l'autre vafe, comme la grandeur de la lame d'eau qui s'écoule dans le premier eft à la grandeur de celle qui s'écoule dans le fecond vafe : on doit appliquer la même proportion aux autres couches de liquide qui font de même hauteur dans les vafes ; & ces lames, ces couches font entr'elles comme le diametre du fond du vafe qui les contient ; par conféquent les tems de l'écoulement de ces vafes feront entr'eux comme les diametres de leurs fonds, ou comme $\overline{BC}^q : \overline{FG}^q$. *Picard* a démontré par expérience (1) la vérité

____

(1) Hift. Acad. Reg. Lib. 1. pag. 50.

de cette propofition, ainfi que nous le démontrons nous-même par la même voie.

§. MCCXCIX. Il fuit de ce que nous venons de démontrer, que fi on fait les trous de ces vafes proportionnellement à leurs fonds, ils fe vuideront en tems égaux; & on trouvera toujours la proportion fuivante : fi on prend des vafes cylindriques de même hauteur, mais de différens diametres, & que leurs fonds foient percés de trous de différentes grandeurs, & qu'on les rempliffe d'un même liquide jufqu'à la même hauteur, les tems employés à les vuider, feront en raifon compofée de la réciproque du diametre des trous & de la directe du diametre de leurs fonds.

§. MCCC. Si on prend deux vafes cylindriques A B C D, E F G H [*Tab.* 31. *fig.* 5.] de différente hauteur, mais de même diametre, & qu'on les rempliffe d'un même liquide, les trous pratiqués à leurs fonds étant égaux, les tems employés à l'écoulement du liquide feront en raifon fousdoublée des hauteurs.

En effet, la vîteffe avec laquelle s'écoule le liquide contenu dans le vafe A B C D, eft à celle avec laquelle s'écoule celui qui contient le vafe E F G H,

$$:: \sqrt{AB} : \sqrt{EF}.$$ Or la quantité du liquide qui s'écoule du premier vafe, eft à celle qui coule par le fond du fecond, comme la vîteffe avec laquelle le premier s'écoule, eft à celle avec laquelle s'écoule le fecond. Mais l'évacuation eft toujours en raifon de la quantité de liquide écoulé; par conféquent l'évacuation du vafe A B C D, eft à celle du vafe E F G H, confidérée

dans le même tems, comme $\sqrt{AB} : \sqrt{EF}$. Les quantités du fluide comprifes dans ces vafes font entr'elles :: A B : EF; par conféquent pour que ces liqueurs s'écoulent, il faut que les tems employés à ces écoulemens

foient entr'eux :: $\sqrt{AB} : \sqrt{EF}$; car la $\sqrt{AB} \times \sqrt{AB} = AB$, & la

$\sqrt{EF} \times \sqrt{EF} = EF$; puifque les tems multipliés par les vîteffes donnent les quantités du fluide qui s'écoulent.

Suppofons que le vafe ABCD foit quatre fois plus grand que le vafe EFGH, il en réfultera que la vîteffe avec laquelle s'écoule le liquide compris dans le plus grand de ces deux vafes fera à celle avec laquelle s'écoule le liquide compris dans le fecond vafe :: 2 : 1; & par conféquent que les quantités de liquides écoulées dans le même tems feront auffi entr'elles :: 2 : 1; ce qui aura lieu de couche en couche. D'où il fuit manifeftement qu'il faut un tems double pour que la quantité écoulée du grand vafe foit à celle qui fera écoulée du petit :: 4 : 1. Or les quantités de liquide comprifes dans ces vafes, font entr'elles :: 4 : 1; donc les tems des écoulemens feront entr'eux :: 2 : 1, c'eft-à-dire comme les racines quarrées des hauteurs : ce que nous démontrons par expérience.

§. MCCCI. Il fuit de-là que les tems néceffaires pour vuider des vafes cylindriques de différentes hauteurs, de différens diametres, & dont les orifices pratiqués à leurs fonds font différens, doivent être en raifon compofée de la réciproque du diametre des orifices, de la directe des bafes, & de la fous-doublée des hauteurs.

C c ij

Soient appellées les hauteurs de deux vases cylindriques A & a , les bases B & b , les trous faits à leurs fonds F , f , les tems des écoulemens T , t ; on aura $T : t :: \sqrt{A} \times B \times f : \sqrt{a} \times b \times F$; par conséquent $T \times \sqrt{a} \times b \times F = t \times \sqrt{A} \times B \times f$; donc $\dfrac{T \times \sqrt{a} \times b \times F}{\sqrt{A} \times B \times f} = t$.

§. MCCCII. Si on a donc un réservoir toujours rempli d'eau jusqu'à la hauteur A , dont le fond soit percé d'un trou F par où s'écoule une certaine quantité de muids d'eau Q dans un tems donné T , & qu'on veuille savoir en quel tems t une quantité de muids B pourra s'écouler d'un autre réservoir toujours rempli jusqu'en a , par un trou f pratiqué au fond de ce second réservoir ? Voici comment on pourra résoudre le problême.

Suivant la proposition précédente , on a $\sqrt{A} \times F \times T : Q :: \sqrt{a} \times f \times t : B$. En multipliant donc les extrêmes & les moyens par eux-mêmes, on aura $\sqrt{A} \times F \times T \times B = \sqrt{a} \times f \times t \times Q$; par conséquent $\dfrac{\sqrt{A} \times F \times T \times B}{\sqrt{a} \times f \times Q} = t$; & $\dfrac{\sqrt{a} \times f \times t \times Q}{\sqrt{A} \times F \times T} = B$. On aura encore $\dfrac{\sqrt{A} \times F \times T \times B}{\sqrt{a} \times t \times Q} = f$, & $\dfrac{\sqrt{a} \times f \times t \times Q}{\sqrt{A} \times T \times B} = F$; & $\dfrac{\sqrt{A} \times F \times T \times B}{\sqrt{a} \times f \times t} = Q$, & $\dfrac{\sqrt{a} \times f \times t \times Q}{\sqrt{A} \times F \times B} = T$.

On peut encore tirer plusieurs autres analogies de la même proportion.

§. MCCCIII. Les résultats des expériences qu'on fait sur cette matiere ne sont pas tout à fait d'accord avec la théorie géométrique que nous venons d'exposer ; ce qui vient de ce que les particules de liquide qui coulent par le trou d'un vase frottent contre les bords de ce trou , & sont retardées dans leur mouvement , tandis que celles qui passent par le centre du même trou , n'éprouvant point un même frottement , se meuvent avec toute la vîtesse qu'elles ont reçue : de là toutes les parties qui composent une colonne de liquide qui s'écoule par un trou quelconque , ne se meuvent point avec une même vîtesse ; celles du milieu se meuvent plus vîte : cependant comme ces dernieres ont une force attractive , elles adherent à celles qui les enveloppent , & elles accélèrent un peu leur mouvement ; par la même raison ces dernieres font perdre à celles du milieu une portion de leur vîtesse. D'où il suit que, dans ces sortes d'expériences, il s'écoule une moindre quantité de liquide que celle que nous avons déterminée. Joignez encore à ce premier inconvénient , que les particules de liquide , qui sont d'abord poussées au-dehors , se féparent de celles qui restent dans le vase, & avec lesquelles elles adhéroient , en vertu de leur force attractive : elles sont donc retardées dans leur mouvement , tandis qu'elles font effort pour entraîner avec elles celles qui les suivent.

Outre cela , le fluide qui coule reçoit un mouvement un peu oblique , caufé par la preffion latérale des parties voifines ; & comme cela arrive de tous les côtés de la colonne qui s'écoule, elle devient plus mince à quelque diftance au-deffous du trou ; c'eft à dire, que fon diametre devient plus petit : il arrive, pour l'ordinaire, que l'endroit où le diametre de cette colonne devient plus petit, fe trouve éloigné du trou par lequel elle coule d'une quantité égale au diametre de ce trou. *Newton* (1) a trouvé par expérience que lorfque le trou par lequel un liquide s'écoule, eft fait fur une plaque plane, ce diametre de la colonne, amoindri au-deffous du trou, étoit au diametre du trou, comme 5 : 6, ou comme $5\frac{1}{2} : 6\frac{1}{2}$ à-peu près. Il découvrit encore que lorfqu'on vouloit mefurer exactement la quantité de liqueur qui s'écouleroit par un trou donné, il falloit compter comme fi la largeur du trou fait au fond du vafe étoit d'un même diametre que celui de la colonne qui paffe par ce trou dans l'endroit où fon diametre devient plus petit, & qu'il falloit prendre la hauteur de toute la colonne depuis la furface fupérieure de la liqueur contenue dans le vafe, jufqu'à l'endroit où le diametre de cette colonne devient plus petit. *Jurin* a calculé que le rayon de la colonne, dans l'endroit où fon diametre eft plus petit, étoit, à peu de chofes près, $= r \times \overline{0, 818}$, de quelque diametre que fût le trou dont il nomme le rayon r (2). *Poleni* a fait plufieurs expériences fur cette matiere (3) qui ont été confirmées par celles que *Kraff* a faites après lui (4). L'expérience a fait voir qu'ayant divifé un vafe en plufieurs lames égales, & que la hauteur du liquide dans ce vafe étant repréfentée par 5738 de ces lames, l'eau s'eft écoulée par le trou fait au fond de ce vafe avec une vîteffe qui n'exigeoit qu'une hauteur de liquide égale à celle de 2557 de ces lames : mais revenons aux expériences de *Poleni*.

Il prit un vafe que l'on tenoit toujours également plein d'eau ; il appliqua fur les côtés de ce vafe différens tuyaux de figure conique, d'autres qui étoient cylindriques : il employa outre cela des plaques planes & minces ; tous ces tuyaux & ces plaques étoient percés de trous qui avoient d'un côté le même diametre : ce qui n'empêcha pas qu'il n'y eût de la différence dans la quantité de liqueur qui s'écoula dans le même tems par ces orifices. En effet, ayant pris un tuyau de figure conique, long de 92 lignes, dont la bafe la plus large fût appliquée au vafe, & qui avoit 42 lignes de diametre, mais dont l'ouverture antérieure n'avoit que 26 lignes de diametre ; il trouva qu'un certain vaiffeau qu'il avoit pris pour mefure fut rempli par ce tuyau pendant l'efpace de 2′ 57″. Il prit enfuite un autre tuyau conique, dont l'ouverture appliquée au vafe, n'avoit que 33 lignes de diametre, mais dont l'ouverture antérieure étoit égale à celle du tuyau dont nous venons de parler, favoir 26 lignes, & le même vaiffeau fut rempli dans le même tems. Un autre tuyau de figure conique, dont la bafe étoit de 60 lignes, ayant été appliqué au même vafe, & dont l'ouverture antérieure étoit encore de 26 lignes, le vaiffeau précédent ne fut rempli qu'en 3 minutes. Le même vaiffeau, qui fervoit de mefure, fut rempli en 3′ 4″ par un tuyau conique ap-

<hr>

(1) Princip. Philofoph. Lib. 2. §. 36. p. 304.   (2) Philof. Tranf. n. 455. p. 83.
(3) De Caftellis-aquarum, §. 35, 38, 39, 42, 43.   (4) Comment. Petropol. Vol. II.
p. 237.

pliqué au vafe , & dont la bafe étoit de 118 lignes , & l'ouverture antérieure de 26 lignes. Ayant fubftitué à ces tuyaux coniques un tube cylindrique de 92 lignes de longueur, & dont le diametre intérieur étoit de 26 lignes , le vaiffeau précédent fut rempli en 3′ 7″. Enfin une plaque de fer qui portoit une ouverture de 26 lignes de diametre , ayant été fubftituées aux tubes dont nous venons de parler, le vaiffeau fut rempli en 4′ 36″. Comme on voit par ces expériences que la plus grande quantité d'eau s'écoule en même-tems par des tuyaux coniques d'une figure donnée , il paroît que la vîteffe avec laquelle l'eau s'écoule, doit être accélérée par la preffion latérale des parties.

§. MCCCIV. Il eft bon de connoître de quelle maniere l'eau s'écoule par un trou fait au fond d'un vafe.

Suppofons que A B [*Tab.* 31. *fig.* 6.] repréfente le diametre d'un vafe, ou de la furface de l'eau qu'il contient : comme cette eau doit fe mouvoir depuis fa fuperficie jufqu'au trou E F fait au fond du vafe, elle fe mouvera fous la forme A M E F N B : ce qu'on appelle la *chûte* de l'eau qui fe précipite. Or pour déterminer maintenant la courbe A M E, voici comment il faut s'y prendre.

§. MCCCV. Le *moment* de l'eau qui eft en mouvement , eft par-tout le même en A B , M N , E F : d'où il fuit que la vîteffe en M N $= \sqrt{\overline{HR}}$, en E F $= \sqrt{\overline{HG}}$. Soit donc M N une ordonnée à la courbe A M E, & appellons M R $= y$; H R $= x$: cela pofé, comme la quantité d'eau qui paffe en M N , dans un tems donné , eft comme le quarré du diametre M N, c'eft-à-dire $= yy$, de même lorfque la vîteffe eft $:: \sqrt{\overline{HR}} = \sqrt{x}$, le moment de l'eau $= yy \times \sqrt{x}$. Et comme on remarque la même chofe dans toute la *chûte* , la quantité $yy \times \sqrt{x}$ eft une quantité conftante ; de-là $yy \times \sqrt{x} = 1$, & $\sqrt{x} = \dfrac{1}{yy}$; donc $x = \dfrac{1}{y^4}$. D'où il fuit que la courbe A M E eft une hyperbole du quatrieme ordre , dont les afymptotes font X I , I X , paralleles à l'horifon , auquel I G eft perpendiculaire.

§. MCCCVI. Maintenant pour trouver la grandeur de la chûte , voici ce qu'il faut faire. Soit conduite m n infiniment proche de M N, on aura R r $= dx$: or comme $x = \dfrac{1}{y^4}$, on aura $dx = -\dfrac{4 x \, dy}{y} = -\dfrac{4 \, dy}{y^5} =$ R r. Mais l'aire du cercle, dont le diametre eft M N, eft $= pyy$, & $pyy \, dx =$ $pyy \times -\dfrac{4 \, dy}{y^5} = -\dfrac{4 p \, dy}{y^3} = -\overline{4 p y^3} \, dy = \overline{2 p y^2} = \dfrac{2 p}{yy} + C =$ la grandeur de la chûte. Mais comme $x = \dfrac{1}{y^4} = \dfrac{1}{y^2} \times \dfrac{1}{y^2}$, & conféquemment $xyy = \dfrac{1}{yy}$, on aura $2 x p y y = \dfrac{2 p}{yy} =$ la chûte : or $2 x = 2$ I R , & $pyy =$ l'aire du cercle M N. Donc toute la chûte depuis une fection quelconque jufqu'à l'afymptote , eft égale à un cylindre dont la bafe eft la fection de la chûte, & dont la hauteur est égale à une hauteur double de celle de la chûte.

§. MCCCVII. Il paroît, par la nature de la courbe Y A M E [*Tab.* 31. *fig.* 6.], que dès que l'eau commence à couler par l'orifice E F, la vîtesse est la même dans toutes les parties de la chûte qu'à la surface supérieure A B. En effet, supposons que A représente l'aire du cercle pris en A B : que l'aire du trou E F soit désigné par a, que la vîtesse de l'eau qui passe par l'orifice E F soit appellée V, enfin que la vîtesse de l'eau à la surface supérieure soit exprimée par v. En tant que $Av = aV$, on aura $V : v :: A : a$; par conséquent, quelque rapport qu'il y ait entre a & A, on aura le même entre v & V. Ainsi jusqu'à ce que A soit devenu infini, ou que A B se confonde avec XX, il y aura toujours quelque degré de vîtesse à la surface de l'eau. Mais si A est infiniment plus grand que a, on aura v infiniment plus petit que V, c'est-à-dire, o.

§. MCCCVIII. Parceque les asymptotes X I X [*Tab.* 31. *fig.* 6.], où la superficie infinie de l'eau est la partie la plus élevée d'une chûte infinie où la vîtesse commence, il est évident que la vîtesse, dans les parties inférieures, comme en A B, par exemple, $= \sqrt{IH}$, & en E F $= \sqrt{IG}$; donc la vîtesse de l'eau diffère de celle d'un corps pesant qui tombe de la hauteur du liquide : car cette vîtesse seroit comme $\sqrt{HG}$, & en A B $= 0$.

§. MCCCIX. Supposons que $GH = H$, ou la hauteur de l'eau dans le vase, & que $IH = Z$; alors on aura $H + Z = IG$. On aura donc la proportion suivante, $V : v :: A : a :: \sqrt{IG} : \sqrt{IH} :: \sqrt{H+Z} : \sqrt{Z}$, ou $V^2 : v^2 :: A^2 : a^2 :: H + Z : Z$; & en divisant $H + Z : H :: V^2 :$ $V^2 - v^2 :: A^2 : A^2 - a^2$; donc $H + Z = IG = \dfrac{V^2 H}{V^2 - v^2} = \dfrac{A^2 H}{A^2 - a^2}$.

§. MCCCX. *Newton* a observé que les corps qui tomboient dans le vuide, parcouroient $16\frac{1}{9}$ pieds dans la première seconde de leur chûte, & que dans le même tems ils pouvoient parcourir $32\frac{2}{9}$ pieds avec leur vîtesse acquise pendant leur chûte. Mais les vîtesses sont uniformes, ainsi que les espaces parcourus dans le même tems : & les vîtesses des corps qui tombent sont comme les racines quarrées des espaces ; par conséquent $32\frac{2}{9} :: V :$ $\sqrt{16\frac{1}{9}} : \sqrt{IG}$, ou $\dfrac{\sqrt{A^2} H}{A^2 - a^2}$; donc $\dfrac{32\frac{2}{9} \sqrt{IG}}{\sqrt{16\frac{1}{9}}} = V = 8.02773 \sqrt{IG}$, ou $8.02773 \dfrac{\sqrt{A^2 H}}{A^2 - a^2}$ pieds, ou $96.33276 \dfrac{\sqrt{A^2 H}}{A^2 - a^2}$ pouces en une seconde.

§. MCCCXI. Lorsque la quantité A est très grande par rapport à a ; alors on peut rejetter a^2, & les nombres deviennent $8.02773 \sqrt{H}$ pieds, ou $96.33276 \sqrt{H}$ pouces pour la vîtesse de l'eau qui s'écoule pendant une seconde. Mais la vîtesse à l'orifice n'est point si grande ; parceque la colonne qui coule acquiert un plus petit diametre environ à la distance du diametre du trou par où elle coule , & que le diametre de la colonne à cet endroit est au diametre du trou : : 21 : 25 ; par conséquent l'aire de la section de la colonne est à l'aire du trou : : 441 : 625 , ou : : 1 : $\sqrt{2}$. D'où il suit que la vîtesse de la colonne est à l'aire du trou par lequel elle passe : : $\sqrt{2}$: 1 en cet endroit ; parceque dans l'un & dans l'autre cas , les *momens* sont égaux.

§. MCCCXII. Par conséquent si I G = 48 pouces , & que le diametre du trou = 1 ; alors 48 + 1 = 49 pouces , sera la hauteur ou la distance à l'endroit où la vîtesse est la plus grande : mais les vîtesses naturelles des eaux qui tombent librement de 48 & 49 pouces , sont comme 69 & 70 , & conséquemment presqu'égales ; d'où il suit que la plus grande inégalité depuis 1 jusqu'à $\sqrt{2}$, ou que la diminution de la vîtesse à l'orifice par où l'eau passe , doit être produite par l'écoulement latéral de l'eau , qui s'oppose un peu à sa chûte perpendiculaire.

§. MCCCXIII. Il suit de-là que la vîtesse de l'eau à l'orifice qu'elle traverse , est presqu'égale à celle qu'elle acquiert en tombant par $\frac{1}{2}$ I G ; puisque la vîtesse acquise par $\frac{1}{2}$ I G , est à la vîtesse par I G , comme 1 : $\sqrt{2}$. La vîtesse de l'eau qui passe par l'orifice , étant diminuée dans le rapport de 1 : $\sqrt{2}$ = 1 . 414 , il s'ensuit que 1 . 414 : 1 : : 8 , 02773 : 5 . 6773 , & que 1 . 414 : 1 : : 96 . 33276 : 68 . 1278 ; par conséquent la véritable vîtesse de l'eau qui passe par le trou = 5 . 6773 $\sqrt{H}$ pieds , ou 68 . 1278 $\sqrt{H}$ pouces en une seconde.

§. MCCCXIV. On peut encore déterminer la vîtesse , d'une autre maniere. Supposons que la quantité d'eau qui s'écoule soit = Q , que l'aire du trou soit a , que la vîtesse = V ; enfin que le tems employé pour l'écoulement = T ; il s'ensuivra que Q = T Va , que V = $\frac{Q}{T a}$ = 68 . 1278 $\sqrt{H}$, que Q = 68 . 1278 . T a $\sqrt{H}$; or comme a = 0 . 785398 d d , on aura Q = 53 . 507476 d d T $\sqrt{H}$ pouces cubiques d'eau : & comme un pouce cubique d'eau = 253 $\frac{1}{2}$ grains , le poids de l'eau qui s'écoule par l'orifice donné = 13555 . 32 d d T $\sqrt{H}$.

§. MCCCXV. Supposons un vase de 10 pouces quarré , & haut de 48 pouces , au fond duquel on ait pratiqué un trou d'un pouce quarré ; dans cette supposition A = 100 , a = 1 , H = 48 : donc A A = 10000 . a a = 1 , & $\frac{A A}{A A - a a}$ = $\frac{10000}{9999}$ = 1 . 0001 ; laquelle quantité peut être rejettée comme inutile ; par conséquent 68 . 1278 $\sqrt{H}$ = 472 pouces , à peu de choses près , la vîtesse de l'eau qui coule pendant une seconde. Q = 100 × 48 = 4800

4800 pouces cubiques, & $\frac{4800}{471} = \frac{Q}{V} = T$, $= 10''$, ou le tems qu'un tel vase emploie pour se vuider, ou le tems pendant lequel il sort du vase une quantité de liquide égale à sa capacité, en supposant ce vase toujours plein.

§. MCCCXVI. La valeur de a étant donnée, on a $Q = TV$. Celle de Q étant déterminée, on a $TV = 1$, & $V = \frac{1}{T}$, & $T = \frac{1}{V}$. Ces cas sont les mêmes que pour les corps qui se meuvent uniformément ; parceque la quantité V étant donnée, lorsqu'elle croît, ou lorsqu'elle décroît selon une proportion connue, on peut appliquer ces propositions à des masses solides ou liquides, uniformément accélérées ou retardées : car on peut déterminer le tems nécessaire pour qu'un vase rempli d'eau puisse s'évacuer.

§. MCCCXVII. Il suit de là manifestement qu'une colonne d'eau de 4 pieds de longueur, qui répond à un orifice, doit le franchir dans l'espace d'une demi-seconde ; puisque les corps qui tombent librement parcourent 4 pieds dans l'espace d'une demi seconde. Si un vase comprend un certain nombre de colonnes latérales qui enveloppent celle dont nous venons de parler, le tems que ces colonnes emploieront à passer par son orifice, sera proportionnel à ce nombre de colonnes, c'est-à-dire, Q sera comme T ; parceque V décroît comme $\sqrt{H}$, ou comme la racine quarrée de la hauteur, & qu'elle est une quantité donnée. S'il y a donc 100 colonnes d'eau dans un vase, elles emploieront 100 demi-secondes, ou 50 secondes pour s'écouler ; tems nécessaire pour que cette eau s'évacue, en commençant à couler avec la vîtesse dont jouit un corps tombé de la hauteur de 4 pieds : mais la vîtesse initiale est plus petite que la raison de 1 à $\sqrt{2}$; & comme le tems est en raison inverse de la vîtesse, Q étant donné, on a $1 : 414 :: 50'' : 7' 7''$, qui est le vrai tems nécessaire pour évacuer un tel vase.

Ceux qui voudront un plus grand détail sur cette matiere, pourront consulter *Newton*, *Poleni*, *Gulielmini*, *s'Gravesande*, *Jurin* (1)

§. MCCCXVIII. Ce que nous venons d'exposer nous conduit à la connoissance des fondemens de l'*hydraulique* : car soit que les fluides coulent par des ouvertures d'une grandeur donnée, ou par des canaux de même largeur ; il en résultera toujours les mêmes effets par rapport à la liqueur qui s'écoule, les autres choses étant supposées égales, par conséquent on pourra sans peine, à l'aide de la doctrine précédente, déterminer ce qui doit arriver, s'il ne se trouve point d'autres circonstances qui apportent quelque changement. En effet, supposons que le diametre d'un canal $= d$, que la vîtesse avec laquelle l'eau parcourt ce canal $= v$, & que la quantité d'eau qui s'écoule par ce canal, dans un tems donné, $= Q$; l'aire du cercle que forme l'ouverture du canal sera $= \frac{314}{400} d\, d$, & $\frac{314}{400} d\, d\, v = Q$; par conséquent $V =$

$$\frac{400\, Q}{314\, d\, d} \quad \& \quad d = \sqrt{\frac{400\, Q}{314\, V}}.$$

(1) Philosoph. Transf. n. 452, & n. 453.

Tome II. D d

§. MCCCXIX. Mais un liquide qui a à parcourir un long canal, frotte continuellement contre fes parois; ce qui caufe quelque retardement à fon mouvement, plus ou moins, fuivant la différente longueur, le poli ou l'afpérité de ce canal : comme il arrive auffi que les canaux par lefquels on conduit les eaux ont plufieurs anfractuofités, & qu'ils font recourbes, les particules de liquide qui les traverfent éprouvent encore de la réfiftance; car les parties qui fe portent contre les parois fe réfléchiffent : en fe réfléchiffant, elles caufent du retardement au liquide qui vient derriere elles; ce qui fait qu'il coule par ces canaux une moindre quantité de liqueur qu'il en devroit couler felon le calcul. Mais il faut remarquer ici que fi un liquide defcend par un canal A B [*Tab.* 31. *fig.* 7.], & qu'il paffe enfuite par un autre parallele à l'horifon B C, pour s'élever par un troifieme C D, qui le rejette par l'ajutage D E; il faut, dis-je remarquer qu'on doit calculer ainfi la vîteffe avec laquelle il coule.

Soit appellée a la chûte du liquide A B; foit nommée b la hauteur d'où un corps folide tomberoit pour acquérir la vîteffe avec laquelle le liquide s'écoule : enfin foit exprimée par c la hauteur C D. Cela pofé, la vîteffe de l'eau qui tombe par A B $= \sqrt{a}$, & les autres vîteffes feront comme $\sqrt{b}$ & $\sqrt{c}$, & on aura $\sqrt{a} = \sqrt{b} + \sqrt{c}$; par conféquent $\sqrt{a} - \sqrt{b} = \sqrt{c}$, & en quarrant, $a + b - 2\sqrt{ab} = c$. On aura auffi $\sqrt{a} - \sqrt{c} = \sqrt{b}$; & en quarrant, $a + c - 2\sqrt{ac} = b$, & $a = b + c + 2\sqrt{bc}$; par conféquent plus le tube C D eft long, plus la vîteffe avec laquelle l'eau s'écoule par l'ajutage D E eft petite : au contraire, plus le tube C D eft court, & plus l'eau coule rapidement, en fuppofant toujours A B de même longueur; d'où il fuit que le tube C D doit avoir une certaine hauteur, par rapport à A B, pour que l'eau s'éleve à la plus grande hauteur à laquelle elle puiffe s'élever, & en même-tems pour qu'elle coule avec toute la vîteffe poffible, par l'ajutage D E. Le calcul nous apprend que cet effet a lieu lorfque $2\frac{1}{4}$ D C $=$ A B; & dans ce cas, la moitié de la vîteffe qu'acquerroit un corps qui tomberoit librement de la hauteur D C, eft celle avec laquelle l'eau coulera par l'ajutage D E.

§. MCCCXX. Examinons maintenant ce que l'expérience nous apprend fur l'écoulement des eaux. Le célebre *Défaguilliers* a obfervé qu'il coula par un canal de 1000 aunes Angloifes $\frac{11}{12}$ moins d'eau qu'il auroit dû en couler, felon le calcul de *Mariotte* (1).

Couplet a fait fur les aqueducs de Verfailles quantité d'obfervations fort curieufes : il obferva, par rapport à un aqueduc de fer de 4 pouces de diametre, & de 1800 pieds de longueur, formant plufieurs courbures, & ouvert à fes deux extrêmités; il obferva, dis-je, que l'eau du réfervoir, étant à 9 pouces au-deffus de l'ouverture de décharge, il coula par cet orifice, dans l'efpace d'une minute, 2 pouces 63 lignes d'eau, tandis que dans le même tems il en eût coulé 8$\frac{4}{7}$ de pouce par un canal de peu de longueur; & confé-

____

(1) Tranf. Philofoph. n. 303.

quemment à cela, qu'il n'en coula pas un quart, par l'orifice du grand canal, de la quantité qui fe feroit écoulée par un petit. Quant à un autre aqueduc du même endroit, dont le diametre = 6 pouces, & dont la longueur étoit égale à celle de celui dont nous venons de parler, il obferva que l'eau du réfervoir, étant plus élevée de $5\frac{1}{4}$ pouce que l'extrêmité de décharge; il coula, par cet orifice, dans un tems donné, $10\frac{1}{2}$ pouces d'eau, tandis qu'il eût dû en couler $10\frac{1}{4}$ pouces: quantités qui font entr'elles dans le rapport de 42 à 43. Il obferva encore, par rapport à un aqueduc de 7014 pieds de longueur, dont le diametre étoit de 5 pouces; que l'eau du réfervoir, étant de 25 pouces plus élevée que l'autre extrêmité de l'aqueduc, il coula, par cette ouverture, 9 pouces 115 lignes, tandis que par un tuyau de peu de longueur il eût coulé, dans le même tems, $18\frac{1}{4}$ pouces d'eau: quantités qui font entr'elles dans le rapport de 196 : 375 (1).

Bien plus, l'expérience démontre que s'il paffe & qu'il féjourne de l'air dans les courbures des tubes, l'écoulement de l'eau eft retardé au point que ces tubes ne fourniffent qu'une quantité d'eau dix neuf fois moindre que celle qu'ils devroient fournir. *Couplet* nous apprend qu'une conduite de plomb, longue de 11400 pieds, & dont le diametre étoit = 8 pouces, ne fournit de l'eau que pendant 10 jours, par rapport à fes différentes inflexions & à l'air qui y féjournoit en différens endroits. C'eft pour obvier à cet inconvénient que les habiles Fontainiers ont le foin de ménager des ventoufes fur toutes les courbures fupérieures des tuyaux de conduite, afin que l'air ait de quoi fe retirer. En effet, foit le canal D B A [*Tab.* 31. *fig.* 8.], portant deux courbures qui s'élevent en C & en F; fi l'eau paffe lentement par l'orifice D, elle remplira la partie inférieure du canal B H E I, & il reftera des globules d'air interceptés en C & en F : or comme l'eau engorge également le canal en E & en B, & qu'elle réfifte à celle qui voudroit y aborder, l'air qui fe trouve en C ne peut point en être chaffé; il réfifte donc, par fon reffort, à l'eau qui coule au-deffous, & il fait que la veine d'eau qui eft en H & en I, demeure plus petite que par-tout ailleurs. Si le tems fe refroidit, les bulles d'air C & F font condenfées, & laiffent une plus grande ouverture à la partie inférieure du canal qui leur répond; de forte que l'eau coule plus abondamment : mais fi la température de l'air varie, & qu'il faffe plus chaud, ces mêmes bulles fe raréfient, & elles obftruent par conféquent la partie du canal qui leur répond; de forte que l'écoulement de l'eau devient beaucoup moindre (2). D'où il fuit qu'on ne doit point être furpris de voir que l'air injecté dans les veines d'un animal vivant produife le même effet qu'un poifon très prompt, & qu'il le faffe périr fur-le-champ; puifque les veines affectent plufieurs courbures dans lefquelles l'air injecté fe loge, & où il oppofe un obftacle infurmontable à la circulation. Le fang contient naturellement de l'air : ce que démontrent d'une maniere inconteftable les polypes qui fe forment dans le cœur, & qu'on a trouvés remplis d'air (3).

§. MCCCXXI. Si un liquide coule par un canal de figure conique S A B X [*Tab.* 31. *fig.* 9.], toujours également plein, depuis l'extrêmité la

(1) Hift. de l'Acad. ann. 1732. Belidor, Archit. Hydraul. Liv. 4. ch. 11. (2) Hift. de l'Acad. Roy. ann. 1750, pag. 39. (3) Hift. de l'Acad. Roy. ann. 1754; p. 73.

plus étroite A B jusqu'à la plus large S X , & qu'il soit rempli en A B par une cause qui agisse toujours avec la même force ; ce liquide coulera avec plus de rapidité vers l'extrêmité la plus étroite A B, & plus lentement vers la plus large S X : car comme la cause qui agit toujours avec la même force, pousse par A B une égale quantité de liquide en tems égaux, ce canal conique sera rempli , en tems égaux , de parties égales entr'elles , telles que A B C D , E C F D , G E F H , I G H K , dont les hauteurs sont inégales A L , L M , M O , O P.

Ce liquide n'agit que foiblement contre les côtés d'un canal de cette nature , si ce n'est par son propre poids , en tant qu'il s'écoule latéralement : la cause qui remplit ce canal n'a besoin que d'une force médiocre ; puisqu'il suffit qu'elle puisse élever une colonne de liquide , dont la base est A B , & dont la hauteur est égale à la hauteur perpendiculaire du vase. Par conséquent si l'ouverture A B est extrêmement petite , la moindre force suffira pour remplir un canal de cette nature. Les veines des animaux sont comme autant de canaux coniques dans les endroits où elles naissent des extrêmités des arteres : ce sont les arteres qui remplissent les veines , & le sang y coule de l'extrêmité la plus étroite jusqu'à la plus large , savoir , le cœur : d'où il suit qu'une force très petite suffit pour pousser le sang dans les veines. On explique encore , à l'aide de ce principe , comment , avec la moindre force extérieure , les remedes qu'on applique extérieurement sur l'habitude du corps peuvent pénétrer dans les vaisseaux absorbans , & se mêler avec le sang.

§ MCCCXXII. S'il se trouve un corps étranger R [*Tab. 31.fig. 9.*] dans le liquide qui coule dans le canal conique, s'il est emporté directement en-haut avec le liquide , il n'agira pas contre les côtés du canal , si ce n'est dans les endroits où il est poussé contre quelques courbures; d'où il suit que les médicamens qui sont portés dans notre sang , n'agissent qu'avec peine contre les parois des veines. Le corps R est porté en-haut dans la section la plus étroite A C B D , avec plus de rapidité que n'est porté le liquide dans le segment suivant C E F D; par conséquent ce corps R pourra agir sur le liquide , mais il sera retardé , ce qui aura toujours lieu de plus en plus dans les segmens plus élevés , de sorte qu'il se mouvera enfin avec la même lenteur avec laquelle le liquide circule. D'où il suit que les remedes peuvent agir sur les liquides contenus dans les vaisseaux des animaux , sur-tout si ces médicamens sont massifs & pesans : de-là les remedes calybés sont fort avantageux pour lever les obstructions du foie , de l'estomac , &c.

§. MCCCXXIII. Si au contraire un liquide est porté dans un canal conique , depuis l'extrêmité la plus large vers la plus étroite , & qu'il soit toujours rempli par une cause qui agisse uniformément ; ce liquide sera porté vers le sommet , d'un mouvement accéléré; puisque la même quantité de liquide doit passer par des segmens égaux du cône , ces segmens sont des hauteurs inégales : la cause qui fait avancer ce liquide doit être extrêmement forte , & même si forte , qu'elle puisse élever une colonne égale en hauteur à la longueur du cône , & dont la base est égale à celle du même cône.

§. MCCCXXIV. C'est ainsi que le sang coule dans le corps des animaux lorsqu'il circule dans les arteres, & la cause qui l'y pousse sont les fortes contractions du cœur. Tout ce liquide eſt porté contre les parois du canal : c'eſt pourquoi il agit ſur eux en les dilatant ; ſi par conſéquent il ſe trouve un corps étranger R dans ce liquide, il ira choquer contre les parois : d'où il ſuit que les remedes introduits dans notre ſang peuvent agir ſur les parois des arteres, & que plus ils ſeront pointus, aigus, tranchans, ou qu'ils ſeront plus peſans, plus épais que le ſang, plus auſſi ils dilateront ces vaiſſeaux, les pouſſeront au-dehors, les piqueront, les ſtimuleront, les déchireront, les couperont, ſuivant leur différente figure & leur nature.

Quiconque voudra acquérir des connoiſſances plus étendues ſur l'Hydraulique, pourra conſulter le P. *Merſenne* (1), *Helsham* (2), *Robins* (3), *Bernouilli* (4), *Belidor* (5).

CHAPITRE XXV.

Des jets d'eau.

§. MCCCXXV. On appelle *la lumiere* l'ouverture du canal, par laquelle un jet d'eau s'élance.

§. MCCCXXVI. L'eau qui jaillit par la lumiere ſe nomme *jet*.

§. MCCCXXVII. Comme les liquides s'écoulent par le trou fait au fond d'un vaſe, avec la même rapidité qu'auroit acquis un corps peſant, qui ſeroit tombé de la hauteur du liquide juſqu'au fond du vaſe ; & comme les corps peſans acquerent, dans leur chûte, une vîteſſe avec laquelle ils peuvent remonter juſqu'à la même hauteur dont ils ſont deſcendus, ſuivant le §. 356, le liquide pourra auſſi remonter avec la vîteſſe avec laquelle il s'eſt écoulé par le fond du vaſe juſqu'à la même hauteur qu'il a dans le vaſe, ſi on dirige ſon mouvement en-haut.

Cela pourra ſe faire ſi on tourne de bas en haut la partie inférieure du canal par lequel le liquide eſt deſcendu ; enſorte que la lumiere regarde en-haut : car alors l'eau qui paſſera par cette ouverture, ſera pouſſée en-haut par celle dont elle ſera ſuivie.

§. MCCCXXVIII. Si la lumiere eſt de même diametre que le canal, l'eau ne s'élevera pas à la hauteur que nous venons d'indiquer (§. 1327) ; mais elle reſtera beaucoup plus bas. On doit attribuer ce phénomene à la vertu attractive qui fait que l'eau adhere fortement aux parois du tuyau : ce qui l'empêche de deſcendre librement : de plus elle éprouve un frottement conſidérable en deſcendant le long de ce canal, ce qui l'empêche encore de deſcendre, & de jaillir par la lumiere avec la vîteſſe indiquée.

§. MCCCXXIX. Mais, en ſuppoſant que le diametre du tuyau reſte le même, & que celui de la lumiere ſoit moindre qu'auparavant, l'eau s'éle-

(1) Cogitata Phyſico Mathematica. (2) Courſe of Lectures. Lect. 14. (3) Appendix of the Lectures of Helsham. (4) Hydrodynamica & Comment. Petropol. Tom. 9. & 10. (5) Architecture Hydrauliq. Liv. 4. ch. 11.

vera beaucoup plus haut qu'auparavant; parceque, ne se trouvant plus obligée à descendre si subitement, ses parties ne seront pas exposées à un si grand
frottement contre les parois du tuyau, & son mouvement en sera moins retardé.

§. MCCCXXX. Quoique l'ouverture de la lumiere soit plus étroite que
celle du tuyau, cependant le jet perpendiculaire ne montera jamais à la même hauteur que la superficie de l'eau dans le réservoir, & cela pour plusieurs
raisons.

1°. Parceque les particules de l'eau, venant à sortir par la lumiere, se
trouvent exposées à un frottement considérable contre les parois de cette
ouverture, ce qui retarde leur mouvement, les particules d'eau qui s'échappent par le milieu de l'ouverture ne sont pas sujettes à ce retardement;
mais comme elles sont adhérentes aux autres particules latérales, elles les
emportent avec elles : d'où il arrive qu'elles sont elles-mêmes retardées, en
communiquant de leur vîtesse à leurs parties latérales.

2°. L'eau se trouve exposée au frottement dans tout le trajet du tuyau, &
ne descend pas par conséquent avec toute la vîtesse requise ; de sorte que,
venant à s'élancer du tuyau avec moins de rapidité, elle ne peut s'élever jusqu'à la hauteur dont nous venons de parler.

3°. Lorsque l'eau s'est élancée aussi haut qu'il est possible, & qu'elle a
par conséquent perdu tout son mouvement, il faut de toute nécessité que sa
pesanteur la fasse retomber; mais parceque sa chûte est perpendiculaire, ainsi
que le jet qui s'éleve, il faut que l'eau qui s'est élevée comprime celle qui
tend à monter, & qu'elle s'oppose à son élévation : d'où il suit qu'elle ne
peut s'élever à la hauteur à laquelle elle devroit parvenir.

Ces trois causes que je viens d'alléguer de la diminution du jet, ont toujours lieu, quand même on feroit un jet d'eau dans le vuide; mais si on
fait un jet d'eau dans l'air, ce fluide opposera encore une nouvelle résistance
au jet qui sera obligé de le diviser pour pouvoir s'élever; & cette résistance
sera d'autant plus grande que le jet s'élancera avec plus de vîtesse ; car les
résistances qui naissent de la part des fluides sont en raison doublée de la vîtesse avec laquelle les corps se meuvent dans leur sein; de sorte que si on
suppose que le jet s'éleve avec une très grande vîtesse, la résistance qui viendra de la part de l'air, sera si grande, qu'il se divisera en plusieurs gouttes,
& qu'il paroîtra même quelquefois sous la forme d'un petit nuage. La résistance de l'air devient encore très considérable contre le jet ; parceque ce jet
s'élevant au dessus de la hauteur où son diametre est diminué, se disperse &
s'étend en forme de cône, dont la base se trouve placée au haut du jet : si
donc ce jet s'élance à plusieurs pieds d'élévation ; alors il se divise vers sa
partie supérieure, & il ne forme plus une seule colonne : il se divise donc
alors en plusieurs parties globuleuses, séparées les unes des autres, ou en
plusieurs jets différens, & il a à supporter non seulement la résistance de l'air,
contre lequel il s'éleve, mais encore celle qui vient des parties qui se sont
élevées plus promptement, & qui retombent sur celles qui suivent & qui
tendent à s'élever. Le P. *Mersenne* a découvert, par expérience, que l'eau
qui jaillissoit de la partie inférieure d'un tube de 64 pieds de longueur, ne

s'élevoit qu'à la hauteur de 48 pieds; & qu'elle ne jaillissoit qu'à 18 pieds d'élévation, en sortant d'un tube de 24 pieds de longueur (1).

§. MCCCXXXI. On peut, en quelque façon, empêcher que l'eau supérieure du jet ne comprime ce jet en retombant; il ne s'agit pour cela que de diriger le jet un peu obliquement, au lieu de le diriger perpendiculairement: car l'eau s'éloignera alors du jet en descendant; elle ne le comprimera plus. Ce fut *Toricelli* qui fit cette découverte, & qui fit voir que le jet, étant disposé obliquement, l'eau s'élevoit plus haut que lorsqu'on le dirigeoit perpendiculairement (2).

§. MCCCXXXII. Personne ne nous a donné de meilleures regles sur les jets d'eau que MM. *Mariotte* (3) & *Desaguilliers* (4), qui, guidés par l'expérience, nous ont donné d'excellentes regles sur cette matiere. Ils nous ont appris de quelle maniere il falloit construire les tuyaux de conduite, quel diametre il falloit leur donner, ainsi qu'à leur lumiere; afin que le réservoir ou la source étant donnée, on eût le plus fort jet possible. C'est d'après ces habiles gens, que nous allons exposer en peu de mots la maniere de construire une fontaine, dont le jet s'éleve, autant près que faire se peut, à la hauteur du réservoir, & de construire des tuyaux de conduite aussi courts qu'ils puissent être.

§. MCCCXXXIII. Plus le canal par lequel l'eau passe a de largeur par rapport à la lumiere, plus le jet s'éleve; car, dans ce cas, la vitesse avec laquelle l'eau doit se mouvoir dans ce canal, étant moindre, elle a à éprouver un moindre frottement; & en supposant des vitesses égales, ce frottement sera en raison inverse des diametres des tuyaux.

En effet, soient deux canaux A B, C D [*Tab.* 31 *fig.* 10.]; la quantité de fluide qui coule par le canal A B, est à celle qui passe par C D :: $\overline{AB}^q$: $\overline{CD}^q$. Or le frottement dans le canal A B, est à celui qui se fait sentir dans le canal C D, comme la périphérie du canal A B est à celle du canal C D; ou bien comme le diametre du canal A B est à celui de C D : donc la quantité de fluide $= \overline{AB}^q$ souffre un frottement $= A B$; & pareillement la quantité de fluide $= \overline{CD}^q$, en éprouve un $= C D$; & conséquemment le frottement du liquide qui passe par le canal $A B = \dfrac{AB}{\overline{AB}^q}$, & celui du liquide qui passe par $C D = \dfrac{CD}{\overline{CD}^q}$, qui sont entr'eux, comme $\dfrac{1}{AB} : \dfrac{1}{CD} :: C D : A B$; c'est-à-dire, que les frottemens qu'ils ont à éprouver, sont entr'eux en raison inverse des diametres des canaux par lesquels ils coulent.

§. MCCCXXXIV. Il y a cependant des bornes à cet avantage, & au-delà desquelles l'amplitude des canaux ne contribue point à augmenter la hauteur du jet: c'est ce qui arrive lorsque la différence de la vitesse avec laquelle l'eau parcourt le canal n'est point sensible, & conséquemment lorsqu'il n'y a point de différence marquée dans le frottement qu'elle éprouve. Nous joignons ici une Table qui renferme presque tout ce qui concerne cette matiere.

(1) Merseni Pneumatica, pag. 119. (2) Lib. 1 de Motu project. p. 192. (3) Mouvement des eaux. (4) Course of Experiment. Philosoph. Vol. 2.

Hauteurs du réservoir.	Diametres de la lumiere.	Diametres des canaux.
Pieds. 5	depuis $\frac{1}{8}$ jusqu'à $\frac{1}{4}$ pouc.	1 $\frac{1}{4}$ pouc.
10	$\frac{1}{4}$ ou $\frac{1}{2}$ pouc.	2 pouc.
15	$\frac{1}{2}$ pouc.	2 $\frac{1}{4}$ pouc.
20	$\frac{1}{2}$ pouc.	2 $\frac{1}{2}$ pouc.
25	$\frac{1}{2}$ pouc.	2 $\frac{3}{4}$ pouc.
30	$\frac{1}{2}$ ou $\frac{3}{4}$ pouc.	3 ou 3 $\frac{1}{2}$ pouc.
40	$\frac{3}{4}$ pouc.	4 $\frac{1}{2}$ pouc.
50	$\frac{3}{4}$ pouc.	5 pouc.
60	1 pouc.	5 $\frac{1}{4}$ pouc.
80	1 $\frac{1}{4}$ pouc.	6 $\frac{1}{2}$ pouc.
100	1 $\frac{1}{4}$ pouc. ou $\frac{1}{2}$	7 ou 8 pouc.

Nous avons supposé, dans cette Table, que le réservoir n'étoit éloigné de la lumiere que de 100 pieds; mais si la source se trouve plus éloignée du réservoir, & que le canal de conduite soit plus long, il faut aussi lui donner plus de diametre. Par exemple, si le réservoir est placé à 40 ou 90 pieds, & que la distance à la source soit de 450 pieds, le diametre du canal doit être de 6 pouces si la longueur du tuyau de conduite porte depuis 450 jusqu'à 3600 pieds, il faut que son diametre soit de 7 pouces; si sa longueur porte depuis 3600 jusqu'à 9000 pieds, son diametre doit être de 8 pouces. Si le tuyau de conduite doit fournir à plusieurs jets, pour que ce tuyau puisse conduire une quantité d'eau suffisante, il faut que son diametre soit 6 fois plus grand que la somme des diametres de toutes les lumieres par lesquelles l'eau doit jaillir. Supposons, par exemple, que nous ayons à fournir à 6 lumieres, dont 4 aient pour diametre $\frac{1}{4}$ de pouce & deux $\frac{1}{2}$ pouce, quel doit être, dans ce cas, le diametre de l'aqueduc ?

Le diametre de la lumiere étant $\frac{1}{4}$ de pouce, la lumiere sera $= \frac{1}{16}$ de pouce, & quatre semblables formeront $\frac{4}{16}$ de pouce circulaire.

Le diametre étant $\frac{1}{2}$ pouce, la lumiere sera $= \frac{1}{4}$ de pouce circulaire; & conséquemment deux semblables donneront $\frac{1}{2}$ pouce circulaire, ou $\frac{18}{16}$ de pouce : la somme totale sera donc $= \frac{22}{16}$ de pouce. La capacité du tuyau de conduite doit donc être une section de 22 pouces, ou son diametre doit être $= 4\frac{69}{100}$ de pouce circulaire.

§. MCCCXXXV. Il faut, outre cela, avoir soin que les ouvertures faites aux pistons soient de même diametre que le canal, afin que la capacité demeure constamment la même dans toute l'étendue du canal; il est cependant mieux de ne point faire usage de pistons, mais de grandes valvules adaptées au fond du réservoir, attachées, par le moyen d'une chaîne, à un
levier

levier, afin qu'on puiſſe les ouvrir ou les fermer à volonté : par ce moyen, on conſerve la même capacité à toute la longueur du canal.

§. MCCCXXXVI. Plus les ouvertures des lumieres ſont larges, & plus les jets s'élevent ; car un petit jet donne plus de priſe à la réſiſtance de l'air, qui le diviſe aiſément en pluſieurs gouttes, ſur-tout s'il s'élance avec une grande vîteſſe, & qui le réduit en une eſpece de petite pluie ; ce qui n'arrive pas aux jets d'un certain diametre, qui diviſent plus aiſément l'air, & qui, par ce moyen, ne peuvent pas être diſperſés ſous la forme de pluie : d'où il ſuit qu'on ne peut faire jaillir fort haut des jets d'eau, à moins qu'ils ne ſoient d'une certaine groſſeur. Outre cela, les jets qui paſſent par des conduits dont la lumiere eſt très large, ſont moins ſujets aux frottemens que ceux qui paſſent par des lumieres plus étroites ; car la ſolidité des jets eſt comme le quarré de leurs diametres, tandis que les frottemens ſont entre-eux comme les diametres. La réſiſtance que l'air oppoſe au jet qui s'eleve, eſt proportionnelle à l'amplitude du jet ; de ſorte qu'à conſidérer les jets d'eau ſous ce rapport, les gros jets, ou les petits jets, ont le même obſta-cle à ſurmonter. Il faut cependant remarquer que l'amplitude de la lumiere qu'on peut donner aux tuyaux de conduite, reconnoît des bornes ; car lorſ-que le jet eſt très gros, la maſſe d'eau qui s'eſt élevée retombe ſur le jet, lorſ-qu'elle a perdu toute ſa force pour monter : alors elle ne s'éparpille qu'avec peine ; ce qui apporte un obſtacle à l'élévation du jet ; obſtacle qu'on ne re-marque point lorſque le jet eſt plus délié.

2°. Lorſque la lumiere eſt ample, il paſſe par cette lumiere, non ſeule-ment le liquide qui ſe préſente directement à elle, mais encore celui qui aborde vers ſa circonférence ; ce dernier ne pouvant paſſer qu'obliquement, nuit à celui qui s'élance directement, & met encore un obſtacle à ſon éléva-tion : nouvel obſtacle qui n'eſt point ſi fort lorſque la lumiere eſt plus petite ; d'où il ſuit qu'on doit mettre des bornes à l'amplitude de la lumiere qu'on peut donner aux tuyaux de conduite, lorſqu'on veut que le jet atteigne ſon *maximum*. La plus grande hauteur à laquelle un jet d'eau puiſſe s'élever, ne paſſe qu'avec peine 100 pieds, & le diametre qu'il faut donner à la lumiere pour atteindre à cette hauteur, ne doit point paſſer 1 . 25 pouces.

§. MCCCXXXVII. Les lumieres qu'on pratique ſur des lames de métal planes & très minces, & qu'on applique perpendiculairement ſur les extré-mités des tuyaux, laiſſent paſſer des jets très réguliers, & qui éprouvent le moins de frottement qu'il eſt poſſible. L'épaiſſeur qu'il faut donner à ces plaques de métal, doit être $= \frac{1}{10}$ de pouce, lorſque le jet doit s'élever à 20 pieds de hauteur. Cette épaiſſeur doit être $= \frac{1}{10}$ de pouce pour les jets qui s'élevent depuis 20 juſqu'à 35 pieds. Il faut leur donner $\frac{1}{7}$ de pouce ſi les jets doivent parvenir à la hauteur de 35 pieds juſqu'à 50. On leur donne $\frac{4}{10}$ de pouce lorſque ces jets doivent monter depuis 50 juſqu'à 65 pieds.

Si on adapte à l'extrêmité des canaux des tubes coniques ou cylindriques, les jets ne s'éleveront point auſſi haut qu'ils pourroient s'élever, par rapport au frottement conſidérable qu'ils auront à eſſuyer contre les parois de ces lu-mieres ; & outre cela, parceque, dans ces cas, les jets ont trop d'amplitude, par rapport aux particules de liquide qui les compoſent, qui ne s'élevent qu'avec un mouvement irrégulier & inégal. Cependant lorſque les jets ne doivent point s'élever à une grande hauteur, il importe peu de pratiquer leur lumiere, ou sur des plaques de métal, ou de se servir de tuyaux coniques adaptés aux tuyaux de conduite.

§. MCCCXXXVIII. Une attention qu'il faut encore apporter à la construction des jets d'eau, c'est de ne point disposer les canaux de façon que leur extrêmité (celle qui avoisine la lumiere), forme un angle droit ; mais il faut avoir soin d'adoucir l'inflexion qu'on lui fait prendre, ainsi qu'il est représenté par A B [*Tab.* 31. *fig.* 11.]. En les construisant de cette maniere, on diminue encore une partie de la résistance que le jet auroit à essuyer. Il y a encore plusieurs autres choses qu'il faut considérer pour la construction des jets d'eau ; telles que la maniere de recueillir, & de conduire l'eau au lieu de sa destination, la maniere de construire les tuyaux de conduite, la force qu'il faut leur donner pour résister à la pression de l'eau : ce qu'on pourra apprendre en consultant les Ouvrages de *Mariotte*, *Romer*, *Parent* (1), *Belidor* (2).

C H A P I T R E X X V I.

Des corps solides plongés dans les liquides, & de leur pesanteur spécifique.

§. MCCCXXXIX. Pour bien entendre cette matiere, il faut se rappeller ce que nous avons dit (§. 87, 88, 89,) sur la densité des corps, qui n'est autre chose que la quantité de matiere comprise dans l'étendue des corps · d'où il suit que plusieurs corps étant donnés, on peut comparer aisément leurs densités ; & on regardera le corps B [*Tab.* 31. *fig.* 12. 13.] comme plus dense que le corps A , si le premier comprend plus de matiere que le second , leur étendue étant la même , ainsi qu'on peut s'en former une idée en jettant les yeux sur les figures 12 & 13 , dans lesquelles les lignes tracées dans les espaces A & B représentent les parties de matiere comprises dans ces espaces , & qui sont plus nombreuses dans l'espace B que dans l'espace A.

§ MCCCXL. L'étendue d'un corps se nomme aussi son *volume*.

§. MCCCXLI. La pesanteur d'un corps, comparée avec celle d'un autre corps de même volume, s'appelle *pesanteur spécifique*, & conséquemment n'est autre chose que le poids d'un corps relativement à son volume.

§. MCCCXLII. Comme tout ce qui est solide dans l'étendue d'un corps, & qui produit sa densité, est pesant, & que tout ce qui est matiere & de même volume, est également pesant, suivant le §. 319, la densité & la pe-

---

(1) Hist. de l'Acad. Roy. ann. 1707, p. 135. (2) Architecture Hydraulique, Liv. 4. chap. 4.

fanteur feront en même raifon; & conféquemment un corps qui eft deux fois plus denfe qu'un autre, aura auffi deux fois plus de pefanteur fpécifique.

§. MCCCXLIII. Si deux corps, tels que D & E [*Tab.* 31. *fig.* 15.], font de même denfité, leurs poids feront comme leurs volumes : de-là fi le corps E eft trois fois plus volumineux que le corps D, le poids de ce dernier fera à celui du premier : : 1 : 3.

§. MCCCXLIV. Si deux corps C & E [*Tab.* 31. *fig.* 14. 15.] different entr'eux en denfité & en volume, la quantité de matiere du corps C fera à celle du corps E en raifon compofée de la denfité de C à celle de E, & du volume de C à celui de E.

Car foit tirée du corps E la partie D, qui foit égale au corps C, on aura la quantité de matiere du corps C, eft à celle de la partie D, comme la denfité de C eft à la denfité de D : or la quantité de matiere de la partie D, eft à celle du corps E en raifon du volume de D au volume de E, fuivant le §. 1343 : donc la quantité de matiere du corps C, eft à celle du corps E, comme la denfité de C eft à la denfité de E, & comme le volume de C eft au volume de E. Si on nomme q la quantité de matiere qui eft en C, & qu'on appelle Q celle qui eft en E, & que le volume du corps C foit exprimé par v, & celui du corps E par V; enfin fi la denfité de C s'appelle d, & la denfité de E, D, on aura $q : Q : : dv : DV$; c'eft à dire, que les quantités de matiere feront comme les denfités multipliées par les volumes des corps.

§. MCCCXLV. Cela pofé, en multipliant les extrêmes & les moyens par eux-mêmes, on aura $qDV = Qdv$; & ordonnant ces produits en proportion, on aura $d : D : : qV : Qv$; c'eft-à-dire que les denfités des corps feront en raifon compofée de la directe des quantités de matiere & de la réciproque des volumes.

§. MCCCXLVI. Mais puifqu'on a $d : D : : qV : Qv$, en divifant la derniere raifon de la proportion, par la même quantité v V, on ne changera pas le rapport, & on aura $d : D : : \dfrac{qV}{vV} : \dfrac{Qv}{vV}$; c'eft-à-dire, que les denfités des corps feront comme les quantités de matieres divifées par leurs volumes.

§. MCCCXLVII. On peut encore confidérer ceci fous un autre rapport; car puifqu'on a $qDV = Qdv$, on peut former la proportion fuivante, $V : v : : Qd : qD$; c'eft-à-dire, les volumes des corps font en raifon compofée de la directe des quantités de matiere & de la réciproque des denfités.

§. MCCCXLVIII. Mais puifque les poids des corps font comme les quantités de matiere, on peut fubftituer les poids aux quantités de matiere qu'on a défignées par les lettres Q, q; nommant donc les poids P, p, au lieu de la proportion $Q : q : : DV : dv$, on aura $P : p : : DV : dv$; c'eft-à-dire, les poids de corps inégaux, font en raifon compofée des volumes & des denfités : & conféquemment on aura $Pdv = pDV$.

§. MCCCXLIX. Par conféquent fi les poids font égaux, fi $P = p$, on aura $DV = dv$; & en formant une proportion de la derniere équation, on aura $D : d : : v : V$; c'est-à-dire, les densités seront en raison réciproque des volumes.

§. MCCCL. Comme les densités des corps sont comme leurs pesanteurs spécifiques, suivant le §. 1342; en supposant les poids des deux corps égaux, leurs pesanteurs spécifiques seront en raison inverse de leurs volumes.

§. MCCCLI. Mais comme $P = D V$, suivant le §. 1349, les pesanteurs spécifiques, multipliées par les volumes des corps, donneront les poids de ces corps, & comme $\frac{P}{V} = D$. Les poids divisés par les volumes donne-ront les pesanteurs spécifiques. Soit donc un bloc de marbre de 4 pieds cu-biques, & dont le poids soit $= 675$ ℔, ou 10800 onces : en divisant le nombre 10800 par 4, le quotient 2700 donnera la pesanteur spécifique de ce marbre, ainsi qu'on l'a désignée dans la Table suivante.

§. MCCCLII. Si on connoît donc les pesanteurs spécifiques de deux corps, & le poids de l'un des deux, on pourra trouver le poids du second, en sup-posant leurs volumes égaux : que leurs pesanteurs spécifiques soient expri-mées par D, d; que le poids connu soit désigné par P; le poids qu'on cherche sera exprimé par x : on aura $P : x : : D V : d v$; c'est-à-dire, $P = D V . x = d v$; & conséquemment $\frac{P}{D} = V$, & $\frac{x}{d} = v$. Or comme on sup-pose que $V = v$, on aura $\frac{P}{D} = \frac{x}{d}$; donc $\frac{P d}{D} = x$. Si on multiplie donc le poids qu'on connoît dans l'un des deux corps par la gravité spécifique de l'autre corps, & qu'on divise ensuite le produit par la gravité spécifique du premier, on aura le poids du second corps, dont le volume est égal à celui du premier.

§. MCCCLIII. Puisque, par le §. 1348, on a $P d v = p D V$, on aura $v : V : : p D : P d$; & en divisant la derniere raison par la quantité $d D$, on aura $v : V : : \frac{p D}{d D} : \frac{P d}{d D} : : \frac{p}{d} : \frac{P}{D}$; c'est-à-dire, que les volumes des corps seront comme leurs poids, divisés par leurs densités, ou par leurs pesanteurs spécifiques.

§. MCCCLIV. Cette regle est d'une grande utilité; parcequ'en connois-sant le poids d'un corps irrégulier, ainsi que sa gravité spécifique, on peut connoître sur le champ son volume, qui est égal à $\frac{P}{D}$.

Supposons, par exemple, que nous ayions quelques morceaux de corail rouge, qui pesent 7 onces. En jettant les yeux sur la Table qu'on trouvera à la fin de ce Chapitre, sur les pesanteurs spécifiques, on verra que la pesan-teur spécifique de cette espece de corail est désignée par le n°. 2 . 689. Cette Table est construite de façon que l'eau, qui sert de terme de comparaison, $= 1000$. Si nous supposons donc que 1000 onces soient le poids d'un pied cubique d'eau; alors tous les nombres qui répondront aux corps dont il est fait mention dans cette Table, indiqueront le nombre d'onces que pesera un pied cubique de chacun de ces corps. Dans l'exemple que nous venons de proposer, il faut diviser le poids de 7 onces par le nombre qui exprime la pesanteur spécifique du corail ; c'est-à-dire, par 2 . 689, & on aura alors le volume de plusieurs morceaux de corail contenus dans l'espace d'un pied cubique ; mais un pied cubique contient 1728 pouces cubiques : en multipliant donc ce nombre de pouces par 7, on aura pour produit 12096, lequel, étant divisé par 2689, donnera pour quotient $4\frac{1146}{1789}$ pouces cubiques, qui exprimeront le volume des morceaux de corail dont il est ici question. Mais nous avons supposé ici que 1000 onces formoient le poids d'un pied cubique d'eau ; ce qui ne peut avoir lieu que dans le cas où nous faisons usage des poids qu'on appelle *averdupois* : mais comme un pied cubique rhenan d'eau pese 1010 onces poids de Troies, en faisant usage de ces sortes de poids, il faut corriger le premier nombre, & on trouvera que le volume des morceaux de corail $= 4 \cdot \frac{14465,2}{166235}$ pouces cubiques rhenan.

Dans la Table où il s'agit de déterminer les pesanteurs spécifiques, il n'est pas nécessaire de faire cette attention, parcequ'on compare les pesanteurs spécifiques des corps les unes avec les autres, & qu'il y en a une, celle qui sert de terme de comparaison, qu'on suppose égale à l'unité : telle est l'eau que nous prenons pour 1000, & avec laquelle nous comparons les autres corps. Il étoit nécessaire de donner ces notions préliminaires pour entendre parfaitement ce qui va suivre.

§. MCCCLV. Nous allons maintenant considérer les corps solides qu'on peut plonger dans les liquides. Ces corps sont, ou de même pesanteur, ou d'une plus grande pesanteur, ou enfin d'une moindre pesanteur que le liquide dans lequel on les plonge. C'est suivant cet ordre que nous allons examiner ces trois cas.

§. MCCCLVI. Si un corps solide A est de même pesanteur spécifique que le liquide dans lequel on le plonge, il demeurera en repos dans quelqu'endroit de ce fluide qu'on le place : soit qu'on le pose à sa superficie, soit qu'on l'enfonce dans toute portion quelconque de sa masse ; parcequ'il ne le pressera pas davantage.

En effet, concevons le liquide compris dans le vase B C D E [*Tab.* 31. *fig.* 16.] divisé en colonnes égales à celle dans laquelle se trouve le corps A ; concevons encore le plan F H G, qui touche la surface supérieure de ce corps, & qui soit parallele à la surface B E du liquide : concevons enfin un autre plan K Q L, qui touche la surface inférieure du même corps A : dans ce cas, la colonne B C sera aussi pesante que la colonne Z X, ou que la colonne E D : & conséquemment aucune de ces colonnes n'étant plus pesante que les deux autres, ne tendra point à les élever ; car la partie B F de la colonne B C est aussi pesante que la partie Z H de la colonne Z X : la partie K C est aussi pesante que sa voisine Q X, qui lui est égale ; enfin la partie F K est aussi pesante que la partie H Q, ou que le corps A : & conséquemment autant ce corps A fait effort pour descendre & pour élever la partie F K, autant la même partie F K fait effort pour descendre & pour élever le corps A : d'où il suit que ni le corps A, ni la partie F K ne pourront descendre, & que le corps A demeurera en repos dans l'endroit où il sera placé. Or cet équilibre entre les efforts que la partie F K & le corps A font pour descendre, a lieu par rapport à toutes les parties du même liquide où on peut placer ce corps ; donc ce corps A demeurera en repos dans tous les endroits de ce liquide où on pourra le placer.

§. MCCCLVII. Cette loi de l'Hydroſtatique démontre, d'une maniere inconteſtable, qu'il y a du vuide dans la Nature, & qu'il n'exiſte point de matiere ſubtile propre à remplir exactement tous les pores de tous les corps : en effet, ſi la matiere ſubtile exiſtoit, & ſi elle rempliſſoit les pores de tous les corps, puiſque toute matiere eſt également peſante, ſuivant le §. 320, tous les corps devroient avoir la même peſanteur ſpécifique que cette matiere ſubtile, & ils ne pourroient conſéquemment ni monter dans cet élément, ni s'y précipiter ; mais ils demeureroient en repos dans tous les endroits où on les placeroit : ce qui eſt manifeſtement contraire à tous les phénomenes que nous obſervons lorſque nous abandonnons des corps peſans à eux-mêmes.

§. MCCCLVIII. Le corps A eſt donc en équilibre dans le liquide dont nous venons de parler, & la même cauſe qui pourra ſéparer & faire mouvoir les parties de ce liquide, pourra le faire mouvoir de bas en haut, de haut en bas, latéralement, & en toutes ſortes de ſens. Nous concevons par-là pour quelle raiſon une très petite force ſuffit pour tirer du fond d'un puits, juſqu'à la ſurface de l'eau, un ſeau de bois de chêne qui y eſt plongé, & qui eſt rempli d'eau ; puiſqu'un morceau de bois de chêne eſt preſque de même peſanteur ſpécifique que l'eau.

§. MCCCLIX. Si on ſuſpend le corps A à une balance, & qu'on le mette en équilibre avec un poids quelconque, avant de le plonger dans un liquide, il paroîtra avoir perdu toute ſa peſanteur lorſqu'on le plongera dans ce liquide ; car autant ce corps A fait effort pour deſcendre, en vertu de ſa peſanteur, lorſqu'il eſt plongé dans ce liquide, autant il eſt élevé par le liquide F K qui l'avoiſine : c'eſt pourquoi il ne peut deſcendre, ni pouſſer en bas, comme auparavant, le bras de la balance auquel il eſt ſuſpendu. Mais quoique ce corps A [*Tab.* 31. *fig.* 16.] paroiſſe avoir perdu ſa peſanteur dans cette expérience, il ne l'a cependant pas perdue réellement ; car le poids du vaſe B C D E eſt augmenté de toute la quantité du poids A, ainſi qu'on peut s'en convaincre en plaçant le vaſe lui-même dans le baſſin d'une balance.

§. MCCCLX. Si le corps A [*Tab.* 31. *fig.* 17.] eſt poſé ſi artiſtement ſur le fond du vaſe X, qu'aucune goutte de liqueur ne puiſſe s'inſinuer entre A & X, & qu'on rempliſſe le vaſe juſqu'en B E ; alors le corps A ne pourra être ſéparé du fond du vaſe, & élevé juſqu'à la ſurface de l'eau, que par une puiſſance qui ſurpaſſe le poids du corps A, & qui puiſſe ſoulever le poids de la colonne Y Z qui repoſe deſſus.

En effet, le corps A fait, dans ce cas, partie du fond du vaſe, lequel ſe trouve comprimé par toute la colonne Z Y qui repoſe deſſus.

§ MCCCLXI. Tout ce que nous venons de démontrer touchant le corps A, aura auſſi lieu ſi ce corps A eſt un fluide de même peſanteur ſpécifique que celui qui eſt compris dans le vaſe, comme on le remarque par rapport à des gouttes de différentes huiles qu'on verſe dans du vin, avec lequel elles ne peuvent point ſe mêler. Elles demeurent en repos en quelqu'endroit qu'on les place ; ainſi qu'on peut le remarquer en verſant une goutte d'huile d'anis dans du vin rouge de France, de l'huile de fenouil dans du vin du Rhin, de l'huile de jayet noir dans l'eau. Mais fi l'huile dont on fe fert eft plus légere que le vin dans lequel on la verfe, & qu'elle furnage fur la furface de ce liquide, il ne s'agira que de verfer fur le vin une certaine quantité d'efprit de vin, ou d'efprit de froment, jufqu'à ce que cette goutte d'huile, étant arrondie, foit renfermée dans le fluide, & qu'elle demeure en repos dans tout endroit quelconque de la maffe de vin dans laquelle on l'enfonce.

§. MCCCLXII. Si le corps [*Tab.* 31. *fig.* 16.] jouit d'une pefanteur fpécifique plus grande que le liquide dans lequel il eft placé, il s'enfoncera dans ce liquide, jufqu'à ce qu'il foit parvenu au fond du vafe.

Car puifque le fluide Z H, & Q X eft en équilibre avec les parties B F, K C de la colonne voifine du même liquide, la partie F K fera moins pefante que la partie H Q, ou A; & conféquemment le poids de A, étant plus grand que celui de F K, ce corps A defcendra & élevera la partie F K: or comme le même excès de pefanteur aura lieu dans toutes les parties de la colonne Z X où le corps A fera placé, ce corps A defcendra jufqu'au fond du vafe. Nous remarquons ce phénomene chaque fois que nous jettons dans l'eau une pierre, un morceau de métal, ou de demi-métal, un os, de l'ivoire, du bois dur. On remarque encore la même chofe fi on jette du mercure congelé par le froid dans du mercure fluide; il tombe au fond de ce fluide, de même que de l'or, de l'argent, du cuivre, du plomb, de l'étain, lorfqu'on les jette dans des métaux de même efpece, mais qui font fondus: il faut cependant en excepter le fer, qui furnage fur du fer fondu.

§. MCCCLXIII. On remarquera encore le même phénomene, fi, à la place d'un folide A, on prend un liquide plus pefant, pourvu cependant que ces deux liquides ne fe mêlent pas trop promptement l'un avec l'autre; comme il arrive lorfqu'on verfe du mercure dans de l'eau. On peut, en conféquence de ces principes, expliquer aifément le phénomene fuivant. Si on prend un tube de verre d'une certaine capacité, fermé hermétiquement à l'une de fes extrêmités, & qu'après l'avoir rempli de mercure, on le renverfe de maniere que fon extrêmité qui eft ouverte plonge dans l'eau; alors on remarquera que le mercure fe précipitera dans le vafe, & qu'une partie de l'eau s'élevera dans le tube à la place du mercure, & le remplira: fi on retire alors ce tube rempli d'eau, & qu'on le plonge de la même maniere dans de bon vin rouge, on verra que l'eau s'écoulera; & que le vin, s'élevant à fa place, remplira la capacité du tube.

§. MCCCLXIV. En tant qu'une partie du poids du corps A [*Tab.* 31. *fig.* 18.] eft égale à celui de la partie F K du liquide dans lequel il eft plongé, ce corps A eft foutenu; de forte qu'il ne s'enfonce dans ce liquide que par l'excès de fa pefanteur fur celle de F K. C'eft à cet excès de pefanteur qu'on a donné le nom de *pefanteur fpécifique*, qui par conféquent n'eft autre chofe que le poids en vertu duquel un corps folide fait effort pour defcendre dans un liquide dans lequel il eft plongé.

§. MCCCLXV. Par conféquent fi le folide A eft fufpendu à un fil fous la fuperficie du liquide, & que le fil foit foutenu dans le fluide, ou hors du fluide, par une puiffance, il fuffira que cette puiffance foit égale à la pefanteur refpective du corps A [*Tab.* 31. *fig.* 1.]; puifque ce qui refte du poids de ce corps eft foutenu par le liquide dans lequel il eft plongé.

§. MCCCLXVI. Il semble donc qu'aussi-tôt que le corps A [*Tab.32.fig.2.*] est plongé dans un liquide, il perd de son poids, autant que pese ce liquide sous un volume égal à celui du corps A : ce qu'on peut démontrer à l'aide de l'expérience suivante. Prenez un cylindre solide A, qui remplisse exacte-ment la cavité du cylindre creux B : suspendez-les l'un au-dessous de l'autre à l'un des bras d'une balance ; & après les avoir mis en équilibre dans l'air, avec un contre-poids suffisant, placé dans le bassin opposé de la balance, faites plonger le cylindre solide dans l'eau, aussi-tôt l'équilibre sera rompu en faveur du contre-poids ; mais vous le rétablirez en remplissant d'eau le cylindre creux B.

On peut encore faire cette expérience de la maniere suivante. Suspendez à l'un des bras d'une balance le cylindre creux B, & le cylindre plein A à l'autre bras de la même balance ; remplissez d'eau le cylindre B, & établis-sez l'équilibre entre ces deux cylindres, à l'aide des poids nécessaires : les choses, étant ainsi disposées, faites plonger dans l'eau le cylindre solide A, l'équilibre sera aussi tôt détruit, & il ne renaîtra que lorsque vous aurez évacué le cylindre B de toute l'eau qu'il contient. On peut répéter ces expé-riences avec le même succès, en prenant de l'eau, de l'esprit de vin, du lait, de la saumure, &c.

§. MCCCLXVII. D'où il suit que plus le liquide dans lequel le corps A est suspendu a de pesanteur, plus ce corps paroîtra avoir perdu de son poids, & au contraire il paroîtra en avoir perdu d'autant moins, que le liquide sera moins pesant.

§. MCCCLXVIII. D'où il suit encore qu'on peut, à l'aide du corps A, qu'on plongera dans différens liquides, découvrir la pesanteur spécifique de ces liquides ; car elle sera toujours proportionnelle à ce que le corps A per-dra de son poids. L'expérience dépose en faveur de cette méthode, que le P. *Mersenne* (1), *Boyle*, & quantité d'autres Physiciens ont mis en usage : c'est ce qui m'a déterminé moi-même à m'en servir, pour découvrir la pe-santeur spécifique des fluides, & qu'on trouvera indiquée dans la Table qui suit ce Chapitre. Dans la crainte que le corps A [*Tab. 32. fig. 3.*] ne fût corrodé par des liquides âcres, dans lesquels on pourroit le plonger, il faut prendre une petite masse solide de verre d'une figure quelconque conoïdale, la suspendre à l'un des bras d'une balance, à l'aide d'un crin de cheval, & la mettre en équilibre dans l'air avec un poids E suspendu au bras opposé de la balance : les choses, étant ainsi disposées, si on plonge cette masse de verre dans un fluide quelconque, elle y perdra une partie de son poids ; alors il faudra mettre dans le bassin F de la balance des poids suffisans pour rétablir l'équilibre. L'équilibre étant rétabli, il faut remarquer le poids qu'on aura employé pour cela, & ce poids déterminera la pesanteur spécifique des li-quides dans lesquels ce même corps sera plongé ; car il est exactement égal au poids que pese une quantité de liquide de même volume que le corps A. Si ce corps A est un cube exact, on pourra, par cette méthode, connoître ce que pese un semblable volume cubique de tout fluide quelconque, & conséquemment on pourra savoir ce que pese un fluide quelconque, son vo-lume étant donné.

(1) Mersenni Phænomen. Hydraul. Prop. 46. p. 184.

§. MCCCLXIX.

§. MCCCLXIX. On peut auſſi, par cette même méthode, connoître la peſanteur ſpécifique de tout corps ſolide quelconque. Suppoſons en effet, qu'un corps que je nomme A ſoit peſé dans l'air, ſi on le peſe enſuite dans l'eau, ſa peſanteur ſpécifique ſera à celle de l'eau, comme ſon poids dans l'air eſt à la partie de ſon poids qu'il perd dans l'eau. Suppoſons donc que le poids de ce corps dans l'air ſoit à celui qu'il perd dans l'eau, comme 10 : 1. Maintenant ſuppoſons un autre corps B, dont le poids dans l'air ſoit à celui qu'il perd dans l'eau, comme 3 : 1. Dans cette ſuppoſition, la peſanteur ſpécifique du corps A ſera à celle du corps B : : 10 : 3.

On peut encore trouver la peſanteur ſpécifique d'un corps de la maniere ſuivante. Diviſez le poids que ce corps peſe dans l'air, par celui qu'il perd dans l'eau, le quotient exprimera ſa peſanteur ſpécifique. En effet, en ſuppoſant que la gravité ſpécifique de l'eau $= 1$, & qu'on nomme Q, la quantité du poids que perd le corps plongé dans cette eau ; ſi on nomme P le poids de ce corps peſé dans l'air, on aura la proportion ſuivante, $Q : P : :$

$1 : \dfrac{P}{Q}$; car le poids d'une maſſe d'eau de même volume que le ſolide plongé,

eſt au poids de ce corps, comme la gravité ſpécifique de l'eau eſt à la gravité ſpécifique de ce corps. Si on ſuppoſe qu'une maſſe d'étain qui peſe 300 grains dans l'air, perde dans l'eau 41 grains de ſon poids, en diviſant 300 par 41, le quotient 7 . 317 ſera la peſanteur ſpécifique de l'étain.

§. MCCCLXX. Si le même corps augmente ou diminue de volume, & qu'on le plonge dans un même liquide, la perte de ſon poids ne ſera pas la même dans l'un & l'autre cas ; elle ſera moindre lorſque ſon volume ſera plus petit, & elle ſera plus grande à proportion que ſon volume augmentera : ce qu'on peut remarquer aiſément en adaptant à une veſſie de mouton flaſque, un tube de cuivre qui puiſſe la faire enfoncer ſous l'eau ; ſi on injecte enſuite un peu d'air par l'ouverture du tube, cet air tuméfiera la veſſie, & elle ne deſcendra qu'avec peine : ſi on l'enfle davantage, en injectant une plus grande quantité d'air, cette veſſie acquérera un plus grand volume, ſurnagera, & elle s'élevera d'autant plus au-deſſus de la ſurface de l'eau, qu'on y aura injecté une plus grande quantité d'air ; parceque ſon volume deviendra de plus grand en plus grand.

§. MCCCLXXI. On peut encore déterminer aiſément le volume de tout corps irrégulier quelconque. Après avoir peſé ce corps dans l'air, ſi on le peſe dans l'eau, & qu'on exprime par Q la différence de ſon poids réduite en grains, différence qui exprimera la perte de ſon poids dans l'eau, & qui exprimera en même-tems le poids d'un pareil volume d'eau : cela poſé, comme le poids d'un pouce cubique rhenan d'eau $= 280$ grains de Troies,

on aura $280 : Q : : 1 : \dfrac{Q}{280}$, qui exprimera le volume de ce corps réduit en

pouces cubiques. Suppoſons une maſſe de pierre ſuſpendue au bras d'une balance, & qui y ſoit en équilibre avec un contre-poids ſuffiſant : ſi on plonge cette maſſe de pierre dans l'eau, & que la perte de ſon poids ſoit $= 5788$ grains, en diviſant 5788 par 280, le quotient ſera $20 \frac{47}{70}$: & conſéquemment le volume de cette maſſe ſera $= 20 \frac{47}{70}$ pouces cubiques rhenan.

<table><tr><td>*Tome II.*</td><td>F f</td></tr></table>

§. MCCCLXXII. On peut auſſi trouver, d'une maniere très aiſée, le volume reſpectif de deux corps ſolides donnés. Appellant a la perte que le corps A fait de ſon poids lorſqu'il eſt plongé, & b celle que le corps B, pareillement plongé, fait du ſien; les volumes des corps A & B ſeront entre-eux comme a : b. Car les pertes que les corps font, lorſqu'ils ſont plongés dans l'eau, ſont entr'elles comme les poids des volumes d'eau qu'ils déplacent; & conſéquemment les volumes des corps ſont entr'eux comme ces volumes d'eau, c'eſt-à-dire, : : a : b.

§. MCCCLXXIII. Si deux corps ſolides de même volume, mais de différentes denſités, ſont plongés dans le même liquide, ils perdront l'un & l'autre la même quantité de leur poids. Suppoſons en effet que leurs volumes ſoient égaux A [*Tab.* 32. *fig.* 4.], ils perdront donc chacun de leur poids, une partie qui ſera égale au poids de F K; & conſéquemment la perte ſera la même, ſoit que ces corps ſoient très compacts, ou qu'ils ſoient très rares. On démontre cette vérité [*Tab.* 29. *fig.* 13.] par des fils de métal de même volume, mais de différente denſité. Si on prend, par exemple, un fil de plomb & un fil d'étain, & qu'on les attache chacun aux bras d'une balance par le moyen d'un crin de cheval, le fil de plomb ſera plus peſant: ſi on les met en équilibre entr'eux, en ajoûtant des poids dans le baſſin au-deſſus duquel le fil d'étain eſt ſuſpendu, & qu'enſuite on les plonge l'un & l'autre dans l'eau, l'équilibre ſubſiſtera.

§. MCCCLXXIV. Il ſuit de-là que, quelque différence qu'il y ait entre les denſités de pluſieurs corps, ſi on les plonge dans le même liquide, les poids qu'ils perdront ſeront en raiſon de leurs volumes.

§. MCCCLXXV. Cependant ſi le vaſe B C D E, rempli d'une liqueur quelconque juſqu'à une certaine hauteur, eſt ſuſpendu au bras d'une balance où il ſoit en équilibre avec un contre-poids, & qu'on plonge enſuite dans cette liqueur le corps A, ſuſpendu à un fil, le vaſe paroîtra alors d'autant plus peſant, que la liqueur peſera davantage ſous le volume de A; car le corps A fait un effort de haut en-bas proportionnel à celui que la partie F K [*Tab.* 32. *fig.* 4.] du liquide qui lui eſt égal en volume, fait pour l'élever: il faut donc que ce corps A produiſe le même effet que ſi l'on eût verſé dans le vaſe une quantité de liqueur égale au volume de A; car ſa peſanteur reſpective eſt ſoutenue par le fil auquel ce corps eſt ſuſpendu.

§. MCCCLXXVI. Suppoſons maintenant deux corps de même poids, mais de volumes inégaux, c'eſt-à-dire, de différente denſité; ſuſpendons ces deux corps aux bras d'une balance & qu'ils y ſoient en équilibre entr'eux: ſuppoſons, par exemple, que ce ſoit une maſſe de plomb d'un côté, & une boule creuſe faite d'une feuille de cuivre très mince: ſi on place cet appareil ſur la platine d'une machine pneumatique, & qu'après l'avoir couvert d'un récipient, on faſſe le vuide; alors l'équilibre ne ſubſiſtera plus, & il ſera rompu en faveur de la boule de cuivre. La raiſon de ce phénomene ſe préſente naturellement à l'eſprit; lorſque ces deux corps étoient ſuſpendus dans l'air aux bras de la balance, ils perdoient de leurs poids une quantité égale à celle du poids d'un volume d'air, dont les dimenſions étoient égales à celles de ces deux corps. Le volume d'air que déplaçoit la boule de cuivre, étant plus grand que celui que déplaçoit la maſſe de plomb, cette boule perdoit plus de son poids que la masse de plomb; par conséquent ces deux corps, étant placés dans le vuide, où ces pertes de poids ne subsistent plus, ils agissent l'un & l'autre avec toute l'intensité de leur poids contre le bras de la balance qui les soutient, & conséquemment la boule de cuivre, contenant plus de matiere que la masse de plomb, doit faire trébucher la balance.

Mais si on suspend cette même boule de cuivre à un des bras d'une balance, & qu'on suspende à l'autre bras une masse de plomb plus pesante, mais selon de justes proportions; cette masse prévaudra, & le fléau demeurera incliné du côté du plomb: les choses, étant ainsi disposées, si on transporte cet appareil sous le récipient de la machine pneumatique, & qu'on fasse le vuide, on verra naître l'équilibre entre ces deux corps.

Il suit de ces expériences, qu'on ne peut pas peser exactement dans l'air des corps de différens volumes : en effet, si les poids dont on fait usage pour peser, sont de fer, ainsi qu'il arrive ordinairement, & qu'on emploie, par exemple, un poids $= 489$ ℔ qui font le poids d'un pied cubique, ou de 1728 pouces cubiques, pour peser une certaine quantité de mercure, dont le volume sera alors $= 981 \cdot \frac{3528}{3815}$ pouces cubiques. Comme le poids d'un pied cubique d'air égale quelquefois 694 grains, le contre poids, ou le poids de fer employé à peser le mercure, perdra 694 grains de son poins, tandis que le mercure ne perdra que 395 grains du sien; la perte réelle sera donc $= 299$ grains; & conséquemment celui qui achetera le mercure, aura 299 grains de mercure plus qu'il ne lui en reviendroit, si on pouvoit le peser exactement, & s'il en achete 26 fois la même quantité, il gagnera à cela plus d'une livre de mercure.

§. MCCCLXXVII. Si deux corps qui pesent également dans l'air font de différente pesanteur spécifique, les pertes qu'ils feront de leurs poids, lorsqu'on les plongera dans un même liquide, seront en raison réciproque de leur gravité respective.

En effet, suivant le §. 1348, on a la proportion suivante, $P : p :: D V : d v$. Or comme on suppose ici $P = p$, on aura $D V = d v$. Mais les pertes de leurs poids, que font les corps plongés dans un même liquide, font comme leurs volumes. Si on appelle donc ces parties I, i, on aura $I : i :: V : v$; & conséquemment $D I : d i :: D V : d v$. Mais comme $D V = d v$, on aura $D I = d i$; ce qui donnera la proportion suivante, $I : i :: d : D$. Si on prend donc deux masses, l'une de plomb, & l'autre d'étain, qui pesent l'une & l'autre 200 grains, leurs pesanteurs spécifiques seront entr'elles comme 11, 325 : 7, 340 Or cette masse de plomb, étant plongée dans l'eau, perdra 17 . 5 grains de son poids, & la masse d'étain 27 grains; on aura donc 17, 5 : 27 :: 7340 : 11325; c'est-à-dire, que les pertes des poids feront en raison réciproque des pesanteurs spécifiques de ces corps.

§. MCCCLXXVIII. Si la pesanteur spécifique du corps A [*Tab.*31.*fig.*16.] l'emporte sur celle d'un liquide dans lequel on le plonge, & qu'on empêche ce liquide de comprimer ce corps de haut en-bas, on pourra le plonger assez profondément pour qu'il y soit en équilibre, & qu'il ne descende pas davantage.

En effet, faisons abstraction de la partie supérieure Z H du fluide; si la colonne H Q X est de même poids que sa voisine B C, il y aura équilibre entre ces deux colonnes : or la partie K C de la colonne B C eſt de même poids que Q X ; par conſéquent ſi l'autre partie B K de la première eſt de même poids que le corps A , ce corps ſera pouſſé de bas en haut avec une force égale à celle avec laquelle ſon poids le ſollicite à deſcendre : & conſéquemment il reſtera en repos , & il ne deſcendra pas.

§. MCCCLXXIX. Mais ſi ce même corps A eſt pouſſé plus profondément dans l'eau , de façon que la colonne H Q X ſoit moins peſante que la colonne B C qui l'avoiſine ; cette colonne deſcendra par l'excès de ſon poids , & elle élevera la colonne H Q X , & conſéquemment elle pouſſera de bas en haut le corps A. Cela ſe montre par un vaſe creux de métal qui ſurpaſſe Z en hauteur , & qui conſéquemment ne peut point être preſſé par le liquide : on fait deſcendre ce vaſe dans l'eau juſqu'à une certaine profondeur , & il ſurnage ſi on l'enfonce plus profondément ; ſi tôt qu'on ceſſe de le comprimer , il eſt repouſſé de bas en-haut. On conçoit par là pour quelle raiſon les vaiſſeaux qui ſervent de pontons , & pourquoi les pontons eux-mêmes ſurnagent , quoiqu'on les conſtruiſe en fer ou en cuivre. Les pontons de métal , munis de très grandes cavités , furent inventés à Leyde vers l'année 1670 , par un fameux Ouvrier , nommé *Meeſters*. *Samuel van Muſſchenbroek* fit , avec cet Ouvrier , quantité d'expériences relatives à cette invention. On conçoit encore , par ce que nous venons de dire , comment des corps très peſans , qu'on jette dans l'eau , ſont ſubmergés ſi on les jette en maſſe , & pourquoi ils viennent à flot ſi on les diviſe. On apprend encore par là comment il faut les diſpoſer pour qu'ils puiſſent flotter. Les matelots qui doivent conduire un vaiſſeau de guerre ſur le gué du lac de Friſe , près Amſterdam , ont coutume d'attacher à chacun des deux côtés de ce vaiſſeau , un autre vaiſſeau creux , qu'ils nomment *chameau* , dont le ventre convient d'un côté avec la figure extérieure & inférieure du vaiſſeau de guerre ; ils font entrer de l'eau dans ces deux *chameaux* , de façon cependant qu'ils ne puiſſent être ſubmergés : faiſant enſuite paſſer des poutres par les ſabords du vaiſſeau de guerre , qu'ils pouſſent ſous le parquet des *chameaux* , ils les ſoulevent : ces derniers devenant plus légers , ſont élevés par l'eau ; & élevent avec eux le vaiſſeau de guerre , qui paſſe alors librement le gué. Plus les *chameaux* qu'on emploie ſeront grands , & plus les vaiſſeaux qu'on voudra faire paſſer pourront être chargés. Comme les vaiſſeaux de guerre qu'on conſtruit aujourd'hui ſont beaucoup plus grands que ceux qu'on conſtruiſoit autrefois , il faut auſſi que les *chameaux* dont on veut ſe ſervir ſoient plus grands à proportion ; ſans cela les vaiſſeaux ne ſeroient point aſſez ſoulevés lorſqu'il s'agiroit de paſſer le gué du lac de Friſe. Cette pratique nuit cependant , en quelque façon , au vaiſſeau de guerre ; parceque les ſabords , ſervant de point d'appui aux poutres qui ont à ſupporter & à élever un très grand fardeau , en ſont ſouvent tourmentés , & ſe diſloquent de façon qu'on ne peut plus fermer enſuite exactement ces ouvertures.

Pour l'ordinaire , le corps d'un homme vivant eſt ſpécifiquement plus peſant que l'eau ; & c'eſt pour cela qu'il eſt ſubmergé , ſuffoqué , & qu'il périt lorſqu'il tombe dans l'eau : mais dès que le cadavre commence à ſe corrompre , l'air ſe ſépare des humeurs , la putréfaction les change en un fluide élaſtique analogue à l'air ; elles tuméfient le thorax , l'abdomen & les autres parties du cadavre, dans lesquelles elles se développent: il devient spécifiquement plus léger que l'eau; il s'éleve à la surface de l'eau, & il surnage: phénomene qu'on peut aussi remarquer, par rapport à des animaux noyés, & à plusieurs poissons qui meurent dans l'eau, & qu'on voit ensuite s'élever en partie au-dessus de l'eau. On peut en conséquence de cette doctrine rendre raison de ces Isles flottantes qu'on remarque dans quelques endroits, & dont les anciens ont fait mention (1). On en voit encore à présent sur certains lacs de Hollande & d'Irlande. *Montanarius* a observé de pareilles Isles, formées de racines de roseaux, arrachées du rivage de Trevise, & qui se portoient directement à Venise (2).

§. MCCCLXXX. Nous voici enfin parvenus au troisieme cas; si un corps solide A [*Tab.* 31. *fig.* 19.] a une moindre pesanteur spécifique que le liquide dans lequel on le plonge, il s'enfoncera jusqu'à une certaine profondeur M N K O, jusqu'à ce qu'un volume de ce liquide, égal à la partie du corps plongé M N K O, soit de même pesanteur que le corps entier A.

Qu'on conçoive ce liquide divisé en plusieurs colonnes, dont les bases soient égales à la base du corps plongé A : ces colonnes ne peuvent demeurer en repos qu'elles ne soient en équilibre entr'elles; par conséquent la colonne X B R doit peser autant que celle qui l'avoisine E F B M : mais les parties de ces deux colonnes Z F B O, O B R K sont également pesantes; par conséquent l'autre partie E Z O M doit peser autant que la partie M O K N, qui n'est autre chose que la partie du corps A qui est plongée dans le liquide: elle doit donc peser autant que le corps A ; d'où il suit que le corps A doit déplacer, par son immersion, un volume de liquide qui pese autant que lui. Nous ne faisons point entrer ici en considération l'attraction ou la répulsion, qui peut se trouver entre le corps A & le liquide dans lequel il est plongé.

§. MCCCLXXXI. Si on charge de quelques poids le corps A, il s'enfoncera alors plus profondément dans le même liquide; mais le corps chargé de ces poids pesera toujours autant que les parties du liquide qu'il déplacera par son immersion.

§. MCCCLXXXII. Comme le fluide E Z O M pese autant que le corps A, la gravité spécifique du fluide est à celle du corps A, comme tout le volume de ce corps est à sa partie plongée; c'est à dire, si le corps A est un cube, ou un cylindre, comme la hauteur P O : M O, suivant le §. 1349.

§. MCCCLXXXIII. Le même corps A, étant plongé dans des liquides de différente densité, se plongera à différentes profondeurs, lesquelles seront d'autant plus grandes que le liquide sera plus léger, & moins grandes, à proportion qu'il sera plus pesant.

Car le fluide déplacé par l'immersion du corps A, doit toujours peser autant que ce corps; par conséquent le poids du corps A, demeurant constamment le même, il faut que le volume M O K N d'un liquide plus léger, soit plus grand pour égaler le poids de ce corps, & que le volume M O K N

___

(1) Homerus in Odiss. Lib. 10 v. 3. Herodotus, Lib. 2. Theophrastus in Hist. Plant. Lib. 4. 11. & 13. Plin. Lib. 2. G. 95. Seneca, Lib. 5. cap. 25. Q. Nat. Mela. Lib. 1. & 9. Mais sur-tout Fabricius, in Theologia aquæ. Lib. 3. cap. 9.

(2) Libro posthumo il mare Adriatico. pag. 325.

d'un fluide plus pefant, foit plus petit pour produire le même effet : ce qui ne peut cependant avoir lieu qu'en faifant abftraction de l'attraction ou de la répulfion, qui exifte entre les folides & les liquides.

§. MCCCLXXXIV. C'eft fur ce principe qu'eft conftruit l'inftrument que les Anciens appelloient *baryllion*, & que nous nommons *aréometre*, ou *hygrobarofcope*, ou *hygrometre*, qu'on fait actuellement de verre ou de métal, & qui fert à plufieurs ufages. Celui qu'on fait en verre n'eft autre chofe qu'une boule foufflée A [*Tab.* 32. *fig.* 6.], au-deffous de laquelle on en remarque une plus petite de même matiere, dans laquelle on met une certaine quantité de mercure, afin que la machine puiffe fe tenir perpendiculairement dans le fluide dans lequel on la plonge, & que fon centre de gravité foit porté vers la partie inférieure de l'inftrument. Au deffus du globe A s'éleve un tube C D, fur lequel on a marqué des divifions avec de petits boutons de verre qu'on a foudés felon fa longueur. Si on plonge cet inftrument dans un fluide qui foit d'une certaine denfité, il n'y a que les boules B & A qui s'y enfoncent, & la furface de ce fluide répond au point C. Si on le plonge dans un fluide très léger, il s'y enfonce jufqu'en D; & conféquemment fi on le plonge dans un autre fluide, & qu'il s'y enfonce jufqu'à une hauteur quelconque défignée entre C & D, la denfité de ce fluide tiendra le milieu entre la denfité des deux autres fluides dont nous venons de parler. Cet inftrument eft très propre à déterminer la pefanteur fpécifique des liqueurs corrofives. Mais on l'a perfectionné pour l'étendre à un plus grand nombre d'ufages, & pour le rendre en même-tems plus exact.

On forme un globe léger & creux de fimilor A [*Tab.* 32. *fig.* 7.], à la partie inférieure duquel on adapte un fil de cuivre B C, terminé en C par une vis, afin qu'on puiffe monter deffus plufieurs petits poids de cuivre P, Q, R. D E eft un cylindre creux de cuivre, divifé en 40 parties égales. Cet inftrument eft conftruit de maniere, qu'étant chargé du poids P, qui tient le milieu entre les deux autres, & étant plongé dans de l'eau de pluie, il puiffe defcendre jufqu'en E, & qu'il defcende jufqu'en D fi on le plonge dans un autre liquide qui pefe 40 grains de plus qu'un pareil volume d'eau de pluie : d'où il fuit que fi on le plonge dans différens liquides, fuivant qu'il s'y enfoncera plus ou moins profondément, on pourra, à l'aide de l'échelle gravée fur la tige de cet inftrument, juger de leur pefanteur fpécifique, qui fera alors déterminée par grains. Si on fubftitue le petit poids R à la place de P, l'inftrument étant plongé dans de l'efprit de vin, s'enfoncera jufqu'en E; mais lorfqu'on le plongera dans de bon efprit de froment, il defcendra jufqu'à quelqu'un des degrés marqués entre D & E : d'où on pourra juger de la légéreté fpécifique des autres fluides fpiritueux, dans lefquels on le plongera, en confidérant le nombre plus ou moins grand de degrés felon lefquels il s'enfoncera. Le troifieme poids Q, qui eft le plus pefant, s'adapte à cet inftrument, lorfqu'il s'agit de déterminer la pefanteur fpécifique des différentes faumures; de forte que le même inftrument peut fervir à déterminer la pefanteur fpécifique de toutes fortes de liqueurs, en changeant les poids qu'on y adapte. Cette méthode peut fuffire lorfqu'on ne cherche pas des réfultats parfaitement exacts; mais elle n'eft point fi fûre que celle que j'ai indiquée (§. 1368), parceque l'attraction &

la répulsion nuisent considérablement à l'exactitude des observations.

On dit que l'*hygrometre* fut inventé, vers la fin du quatrieme siecle, par *Hypatie*, fille de *Theon*, ainsi que nous l'apprend la quinzieme Lettre de *Sinesius Cyrenée*. Ceux qui par état mesuroient chez les Romains le poids des eaux, étoient appellés *barylistes* & *baryniles*.

§. MCCCLXXXV. Si le corps A [*Tab. 31. fig. 19.*] est un cylindre, un prisme ou un cube, & qu'on le plonge dans différens liquides, si on remarque les différentes hauteurs auxquelles il se plonge dans ces liquides; les pesanteurs spécifiques de ces liquides seront en raison inverse des hauteurs suivant lesquelles il sera descendu. Supposons, par exemple, que ce corps A, étant plongé dans l'eau, descende jusqu'en N K; dans le vin, jusqu'en N S, la colonne d'eau M O K N sera aussi pesante que la colonne de vin M L N S; & conséquemment la gravité spécifique de l'eau sera à celle du vin, comme N S : N K.

§. MCCCLXXXVI. Si le corps A s'enfonce jusqu'à une certaine profondeur dans un liquide, mais de façon qu'il soit entouré de toutes parts de cette liqueur : si on l'abandonne à lui-même, il remontera avec un mouvement accéléré; parceque la colonne de liquide qui l'avoisine descend d'un mouvement accéléré, & que c'est par son mouvement qu'elle éleve le corps A. Le corps A s'elevera donc avec impétuosité au-dessus de la surface de l'eau; mais il n'y demeurera pas en repos qu'il ne soit retombé à la profondeur à laquelle il doit être enfoncé, & que nous avons indiquée (§. 1383): ce qui paroîtra très manifestement si quelqu'un enfonce très profondément dans l'eau un long bâton de bois léger, & qu'il l'abandonne ensuite à lui-même, ce bâton s'elevera aussi tôt avec rapidité, & d'autant plus rapidement, qu'il aura été enfoncé plus profondément sous l'eau.

§. MCCCLXXXVII. Si on plonge le même corps A [*Tab. 32. fig. 1.*] dans une liqueur plus pesante, la force qui le retiendra, soit en l'enfonçant, soit en le comprimant, sera égale à l'excès de pesanteur de cette liqueur sous le même volume que le corps A : ce qui se prouve par une expérience qu'on comprendra aisément, en jettant les yeux sur la figure premiere de la planche 32. A est un morceau de liege qui pese 41 grains : or puisque la pesanteur spécifique du liege est à celle de l'eau, comme 24 : 100, le poids d'un volume égal à celui du liege doit être = 170 grains; en retranchant donc de ce nombre 41 grains, on voit sur le-champ que la force qui peut retenir le liege sous l'eau, doit être = 129 grains.

§. MCCCLXXXVIII. Il suit de-là que le même corps A, étant plongé dans différens liquides, s'elevera à leurs surfaces avec différentes forces, ou fera différens efforts pour s'élever : ces efforts seront d'autant plus grands, que le fluide dans lequel il sera plongé sera plus dense; & ils seront plus petits à proportion que le fluide sera spécifiquement plus léger.

§. MCCCLXXXIX. Si on fait plonger dans un même fluide spécifiquement plus pesant, deux corps solides A & B, de même poids, mais de différente densité, les parties de ces solides qui seront plongées, seront égales entr'elles; car les corps qui ont le même poids doivent être en équilibre avec la même quantité de liqueur, & conséquemment les parties plongées dans la liqueur doivent être égales entr'elles.

§. MCCCXC. Si deux corps folides de même volume A & B font plongés dans une même liqueur, dont la pefanteur fpécifique foit plus grande, leurs pefanteurs fpécifiques feront en raifon des parties plongées.

La pefanteur fpécifique du corps A eft à celle de la liqueur, comme la partie plongée de A eft au volume de A. Pareillement la gravité fpécifique de B eft à celle de la liqueur, comme la partie plongée de B eft au volume de B; par conféquent la pefanteur fpécifique de A eft à celle de B, comme la partie plongée de A eft à celle de B.

§. MCCCXCI. Suppofons un vafe [*Tab.* 32. *fig.* 8.] qui renferme deux liquides de différente pefanteur fpécifique; fi on jette dans ce vafe un corps folide qui foit fpécifiquement plus pefant que le liquide qui furnage, mais fpécifiquement plus léger que celui qui eft au-deffous, ce corps tombera à travers le fluide le plus léger, & il s'enfoncera jufqu'à une certaine profondeur dans le plus pefant : la profondeur à laquelle il s'enfoncera dans ce liquide, fera au volume de ce corps, comme la différence éntre la gravité refpective du corps plongé & celle du fluide fupérieur, eft à la différence qui fe trouve entre la gravité refpective des deux liquides. En effet, foit nommé A la partie de ce corps qui pénetre le liquide le plus pefant, & que l'autre partie, qui eft plongée dans le plus léger des deux liquides, foit appellée B; que la gravité fpécifique du fluide plus pefant foit nommée a, & que celle du plus léger foit appellée b : alors, felon le §. 848, le poids du fluide, par rapport à la partie B, fera comme le volume B multiplié par la pefanteur fpécifique du fluide plus léger, ou = B b. Pareillement le poids du fluide, par rapport à la partie A, fera = A a. Cela pofé, fi on nomme c la pefanteur fpécifique du corps dont il eft ici queftion, fon poids fera A c + B c, & conféquemment A a + B b = A c + B c; par conféquent A a — A c = B c — B b : & en ordonnant ces termes en proportion, on aura A : B :: c — b : a — c; & A : A + B :: c — b : a — b.

§. MCCCXCII. Les corps qui furnagent dans l'eau font en partie plongés dans l'air, & ils ne s'enfoncent dans l'eau que jufqu'à une certaine profondeur; mais ils s'y enfonceroient plus profondément fi on faifoit cette expérience dans le vuide : c'eft pourquoi il faut prefque toujours avoir égard à la regle que nous venons d'expofer; il faut obferver, outre cela, que la denfité de l'air n'eft pas toujours la même : elle fera plus ou moins grande, fuivant que le mercure fera fufpendu plus ou moins haut dans le barometre.

§. MCCCXCIII. Les Phyficiens ont imaginé plufieurs méthodes pour découvrir la gravité fpécifique des corps; mais la meilleure eft celle que j'ai donnée (§. 1368) : il ne fera cependant pas hors de propos de rapporter ici les autres méthodes qu'on a imaginées; parcequ'elles paroiffent très belles au premier abord; mais la pratique y fait découvrir plufieurs inconvéniens.

Si on prend un tube recourbé C B D E [*Tab.* 32. *fig.* 9.], fa branche B D, étant parallele à l'horifon, & qu'on verfe dans ce tube deux liquides A B F, E D F, qui fe rencontrent en F, milieu de la branche B D; ces deux fluides fe mettront en équilibre entr'eux, & la pefanteur fpécifique du liquide A B, fera à celle du liquide E D :: E D : A B, fuivant le §. 1350.

Quelqu'ingénieufe

Quelqu'ingénieufe que foit cette méthode, elle ne vaut rien dans la pratique, & c'eft même la plus défectueufe de celles que nous connoiffons. 1°. Parceque plufieurs fluides, quoique féparément verfés dans l'une & dans l'autre branches du tube recourbé, fe mêlent & fe combinent enfemble auffi-tôt qu'ils fe rencontrent. 2°. Il arrive quelquefois que ces liquides fermentent. Pour obvier à ces deux inconvéniens, quelques Phyficiens avoient imaginé de remplir de mercure le tube horifontal BD, & de verfer les deux liquides qu'on vouloit éprouver, chacun par une des branches du tube recourbé, ayant foin de remplir toujours auffi exactement de mercure le tube BD; mais malgré cette précaution, il n'étoit pas poffible d'obferver la vraie hauteur A & E des liquides, par rapport à l'attraction qu'il y a entre les parois des tubes & les parties des liqueurs qu'on y verfe, & en même-tems par rapport à leur furface, qui eft plus ou moins concave.

§. MCCCXCIV. D'autres fe font contentés de prendre un vaiffeau ouvert, & après l'avoir pefé, ils l'ont rempli de liqueur, & ils l'ont enfuite pefé de nouveau; ils ont répété la même chofe avec toutes fortes de liquides, & en remarquant à chaque fois le poids du vaiffeau rempli d'un liquide quelconque, ils ont cru déterminer les pefanteurs fpécifiques des différens liquides. Quoique cette méthode foit extrêmement fimple, & qu'elle mérite beaucoup à cet égard, elle n'eft pas plus exacte; parcequ'il n'y a perfonne qui foit affez adroit pour remplir exactement ce vaiffeau, de façon que la furface du liquide foit de niveau : car la furface de tout liquide quelconque eft toujours ou concave, ou inégale ; & une feule goutte de plus ou de moins apporte une grande différence, & caufe conféquemment une erreur. Le célebre M. *Homberg* voulut perfectionner cette méthode ; il prit pour cela une fiole qui portoit un col C [*Tab.* 32. *fig.* 10.] fort ample, & fur la partie fupérieure de laquelle il fit adapter un petit tube ED, dans lequel il crut pouvoir obferver la véritable hauteur de la liqueur qu'il verfoit dans la fiole ; hauteur qu'il ne pouvoit point obferver exactement dans le grand col C ; mais la différente attraction du verre, par rapport aux différens liquides qu'on vouloit éprouver dans cette fiole, fut un nouvel obftacle à ce qu'on pût juger précifément de la véritable élévation des liqueurs.

§ MCCCXCV. D'autres fe font fervis pour cet effet d'un tube de verre recourbé ACDEB [*T.* 32. *F.* 11.], à la partie fupérieure duquel eft adapté un tuyau tranfverfal DK, dont l'ouverture K eft appliquée à la machine pneumatique ; ayant enfuite plongé les deux extrêmités A & B du tube recourbé dans des vafes qui contenoient différens liquides, ils ont fait agir le pifton de la machine pneumatique, & ils ont évacué, par ce moyen, une partie de l'air compris dans les branches ; alors l'air extérieur, devenant prépondérant, élevoit les liqueurs dans ces deux branches. Celle qui étoit contenue dans le vafe A, s'étant élevée jufqu'à la hauteur AC, & celle du vafe B jufqu'en BE, ils ont raifonné ainfi, comme la preffion de l'atmofphere fe fait fentir également fur la liqueur comprife dans le vafe A, ainfi que fur celle qui eft contenue dans le vafe B; les deux colonnes de liquides élevées dans les deux branches, pefent également : & conféquemment la gravité refpective de la liqueur comprife dans le vaiffeau A, eft à celle du liquide contenu dans le vaiffeau B, comme la hauteur BE, eft à la hauteur AC. Cette maniere de

déterminer la pefanteur fpécifique des liqueurs eft fort ingénieufement ima-
ginée , mais elle n'eft pas plus exacte que les précédentes : car la variété des
attractions des tubes , par rapport aux différens liquides qui s'y élevent , d'où
fuivent néceffairement différens degrés de concavité , ou de convexité des
furfaces des liquides , eft un obftacle qui empêche de juger sûrement de la
véritable hauteur de ces liquides. C'eft auffi pour cette raifon qu'on a rejetté cette méthode. La figure 14 de la Tab. 29 , repréfente une machine
dont on a fait ufage pour déterminer la pefanteur fpécifique de 4 liqueurs
différentes ; mais cette méthode eft expofée aux mêmes inconvéniens.

§. MCCCXCVI. On peut connoître fur-le champ les denfités & les pefanteurs fpécifiques des corps folides en les réduifant tous à un volume égal,
& en les pefant enfuite dans une balance : fuivant le §. 1349 , les pefan-
fanteurs fpécifiques de ces corps feront comme leurs poids ; mais fi cette
méthode paroît trop difficile à mettre en exécution, on pourra fe fervir de
celle que nous avons indiquée (§. 1368).

§. MCCCXCVII. S'il n'eft pas poffible de réduire les corps à un volume
égal , comme on ne peut effectivement le faire avec les fels , le fable , la
terre & les poudres , il faut alors pefer ces corps premierement en plein air
dans un petit vafe ; mais il faut préalablement favoir ce que ce petit vafe
perd de fon poids lorfqu'il eft plongé dans un liquide donné , & il faut auffi
choifir une liqueur qui ne foit point propre à diffoudre le corps qu'on veut
éprouver , & avec lequel elle ne fermente pas : c'eft pour cela qu'il faudra
prendre de l'eau, de l'efprit de térébenthine, de l'efprit de vin très rectifié ,
ou tout autre fluide de cette efpece , dans lequel on pefera de nouveau les
fubftances qu'on voudra examiner , & on remarquera la perte qu'elles font
de leurs poids en cette occafion. Cette perte fera égale au poids d'un femblable volume de liquide , fuivant le §. 1366 ; & conféquemment la gravité
fpécifique des poudres qu'on éprouvera , fera à celle du fluide dans lequel
on les pefera , comme le poids de ces poudres dans l'air eft à celui qu'elles
perdent lorfqu'on les plonge dans ce fluide.

§. MCCCXCVIII. Si on connoît donc le poids d'un liquide fous un volume donné, on pourra , felon le §. 1368 , connoître la pefanteur fpécifique
de toutes fortes de poudres, relativement à tous les autres corps folides ou
liquides ; parceque la gravité fpécifique de ces poudres fera à celle de l'eau
en raifon compofée de la gravité fpécifique de ces poudres à celle de ce fluide,
& de la pefanteur fpécifique de ce fluide à celle de l'eau. Suppofons en effet,
que la pefanteur fpécifique d'une poudre quelconque foit à celle d'un fluide
donné comme $a : b$. Suppofons encore que la gravité fpécifique de ce fluide
foit à celle de l'eau comme $c : d$; on aura $a : b :: ac : bc$. On aura encore
$c : d :: bc : bd$; donc on aura $a : d :: ac : bc$, & $bc : bd$, ou $:: ac : bd$.
Suppofons , par exemple, qu'une maffe de fel gemme pefe 100 grains ; mais
qu'étant pefée dans de l'efprit de vin rectifié , elle perde 40 . 41 grains de fon
poids : dans ce cas les pefanteurs fpécifiques de l'efprit de vin & du fel font
entr'elles comme 40 . 41 & 100. Or dans la Table qui fuivra ce Chapitre,
le poids de l'efprit de vin eft à celui de l'eau :: 0 . 866 : 1000. On aura
donc 40 . 41 : 100 :: 0 . 866 : 2143 ; & conféquemment la pefanteur fpécifique du fel gemme eft à celle de l'eau, comme 2143 : 1000 ; car nous

avons a : b :: 2143 : 0.866, & c : d :: 0.866 : 1000; donc a : d :: 2143 : 1000.

§. MCCCXCVIII *. Mais si le corps qu'on veut éprouver est plus léger que le fluide dans lequel on veut le peser, & que conséquemment il ne puisse point s'y enfoncer, on joindra à ce corps un autre corps spécifiquement plus pesant que le fluide dont il est question, afin que ces deux corps réunis ensemble puissent s'enfoncer dans ce liquide. Si on fait auparavant combien le corps qui est le plus pesant, & qu'on ajoûte à l'autre, pese dans l'air, & en même-tems combien il perd de son poids lorsqu'on le plonge séparément dans le liquide en question, & qu'on examine ensuite ce que pese dans l'air le plus léger de ces deux corps, & ce qu'ils perdent de leurs poids dans ce liquide, lorsqu'ils sont unis ensemble; la quantité qu'ils auront perdue de leurs poids sera égale au poids d'un volume de liquide semblable aux volumes de ces deux corps pris ensemble : en retranchant donc de la perte que les deux corps pris ensemble font de leurs poids lorsqu'ils sont plongés, la perte que le plus pesant de ces deux corps fait du sien lorsqu'on le plonge seul ; la différence donnera le poids d'un volume de ce liquide égal à celui du plus léger des deux corps : & ce poids sera à celui que le plus léger de ces deux corps pese dans l'air, comme la gravité spécifique du fluide est à celle du plus léger de ces deux corps.

Afin de pouvoir éprouver les corps légers dans l'eau, selon les loix de l'Hydrostatique, je me sers d'une pince de cuivre A B C [*Tab.* 32. *fig.* 12.] élastique, qui peut s'ouvrir, mais qui se ferme par son propre ressort, & qui saisit le corps E F qu'on veut examiner, par le moyen des dents d d, taillées à ses extrêmités : alors, à l'aide d'un contre-poids, je cherche combien cette pince perd de son poids en la plongeant dans l'eau. Après cette première opération, je mets dans le bassin d'une balance le corps que je veux éprouver, & je cherche ce qu'il pese dans l'air ; je le place ensuite dans la pince que j'attache au-dessous du bassin de la balance, avec un crin de cheval : je fais plonger le tout dans l'eau, & j'ajoûte au poids du corps qui est placé dans le bassin opposé de la balance, le premier contre-poids de la pince. Les choses étant ainsi disposées, je mets des poids dans le bassin au-dessous duquel pend la pince & le corps qu'elle tient, jusqu'à ce que j'aie atteint l'équilibre : ces poids que j'ajoûte me donnent la perte que le corps que j'examine fait de son poids lorsqu'il est plongé dans l'eau, ou le poids d'un volume d'eau égal à celui de ce corps : ce poids, comparé avec le poids que pese ce corps dans l'air, donne la gravité spécifique de l'eau relativement à ce corps.

Ou je prends un vase de verre tel que le vase A [*Tab.* 32. *fig.* 13.], que je suspends au bras d'une balance; je couvre l'ouverture de ce vase avec une petite grille de métal C : je plonge ce vase dans l'eau, & je le mets en équilibre avec un contre-poids E, fig. 5, attaché au-dessous du bassin opposé de la balance; je place après cela le corps que je veux éprouver dans le bassin de la même balance du côté que le vase A est suspendu, & je cherche son poids dans l'air, en mettant un contre-poids suffisant dans le bassin opposé de la balance : lorsque j'ai trouvé le poids que je cherchois, je mets ce corps dans le vase de verre, & je l'y retiens par le moyen de la petite grille ; alors ce corps, ainſi que le vaſe de verre, ſont plongés dans l'eau, & je mets des poids dans le baſſin qui leur répond, juſqu'à ce que j'aie rétabli l'équilibre; & je trouve que la peſanteur reſpective de ce corps eſt à celle de l'eau, comme le poids qui eſt dans le baſſin oppoſé de la balance, eſt à celui qui eſt dans le baſſin qui répond au corps plongé.

Cette méthode me paroît la plus commode de toutes celles que je connois; & ſi les ouvertures de la petite grille C ne ſont point trop grandes, on pourra pour lors s'en ſervir pour retenir des ſemences de plantes & d'autres corps légers, afin d'en découvrir la peſanteur ſpécifique. Il faut remarquer qu'on ne doit point ſupprimer les trous de la grille; ils ſervent à laiſſer échapper les bulles d'air qui s'attachent aux corps qu'on plonge dans une liqueur, qui pourroient occaſionner des erreurs dans les expériences, ſi elles ne pouvoient point s'échapper.

Si l'on veut ajoûter à la Table que nous allons donner la gravité ſpécifique de pluſieurs autres corps, il faut multiplier le poids que ces corps peſent dans l'air par 1000, & diviſer le produit par la perte qu'ils font de leur poids lorſqu'ils ſont plongés dans l'eau.

§. MCCCXCIX. Soient deux corps A & B; que le corps A ſoit plus peſant, & le corps B moins peſant qu'un pareil volume d'eau : que les peſanteurs ſpécifiques de ces deux corps ſoient déſignées par a & b; que le poids du corps A ſoit $= P$, quel doit être le poids du corps B, qu'on appellera P, pour que ces deux corps, unis enſemble, ſoient de même peſanteur ſpécifique que l'eau. Suivant le §. 1354, on a $A = \frac{P}{a}$, & $B = \frac{P}{b}$; donc $A + B$

$= \frac{P}{a} + \frac{p}{b} = \frac{Pb + ap}{ab} =$ le volume des deux corps réunis : il faut multiplier ce volume par la peſanteur ſpécifique de l'eau, qu'on appellera c, ſi on veut avoir le poids d'un volume d'eau égal au volume de ces deux corps, on aura donc $\frac{Pbc + acp}{ab} = P + p$; conſéquemment $Pbc + acp = Pab$

$+ pab$; donc $Pbc - Pab = pab - acp$, & $\frac{Pbc - Pab}{ab - ac} = p$, ou

$\frac{Pab - Pbc}{ac - ab} = p.$

Suppoſons un homme que j'appelle A, dont la peſanteur ſpécifique $a = 10$; que la peſanteur ſpécifique de l'eau $= c, = 9$; que celle du liege $= b, = 2\frac{1}{4}$; que le poids de cet homme $P = 150$ ℔. Dans cette hypotheſe, on

aura $\frac{Pab - Pbc}{ac - ab} = \frac{150 \times 10 \times 2\frac{1}{4} - 150 \times 9 \times 2\frac{1}{4}}{67\frac{1}{2}} = \frac{3375 - 3037\frac{1}{2}}{67\frac{1}{2}}$

$= 5$; donc le poids du liege doit être $= 5$ ℔, & que ce liege, attaché à l'homme, fera qu'il ſera en équilibre avec l'eau. C'eſt ſur ce principe qu'on conſtruit ces machines propres à nager, qu'on enfle d'air pour leur donner un plus grand volume, afin qu'un ſoldat armé qui en eſt muni, puiſſe enfoncer, juſqu'à un certain point dans l'eau, & paſſer un fleuve.

§. MCCCC. Cette doctrine eſt d'une très grande utilité : c'eſt par ſon moyen qu'on peut parvenir à connoître les métaux qui font purs, & à les diftinguer de ceux qui ne le font pas & qui contiennent quelqu'alliage. C'eft par fon moyen qu'on peut diftinguer aifément les véritables diamants de ceux qui ne le font pas : en un mot, on peut, à l'aide de cette doctrine, connoître toutes fortes de corps, tant folides que liquides. Suppofons, en effet, un ducat d'or de Hollande qui pefe $54\frac{3}{8}$ grains de Troies; que ce ducat, plongé dans l'eau, perde 3 grains de fon poids, la gravité fpécifique de ce ducat fera à celle de l'eau :: $54\frac{3}{8}$: 3, & conféquemment on aura 3 : 1000 :: $54\frac{3}{8}$: 18 . 125. Ce ducat fera d'or, à la vérité, mais qui ne fera pas auffi excellent que celui dont il eft fait mention dans la Table, qui pefoit 23 karats & 7 grains; car il eût dû perdre de fon poids étant plongé dans l'eau, 2 . 973 grains. Suppofons maintenant une pierre qui reffemble à un caillou; voulez-vous favoir fi cette pierre eft un véritable caillou, ou fi c'eft un mixte qui contient toute autre fubftance que celle qui conftitue un caillou ? Confultez la Table, & vous y verrez que la gravité fpécifique du caillou eft à celle de l'eau :: 2500 : 1000. Cela pofé, cherchez la gravité fpécifique de la pierre propofée, fi vous trouvez qu'elle foit à celle de l'eau, par exemple, :: 4500 : 1000., ce fera une preuve que cette pierre n'eft pas un fimple caillou, mais qu'elle contient quelques parties métalliques.

§, MCCCCI. Suppofons deux corps mêlés enfemble, qui aient l'un & l'autre, après le mêlange, le même volume qu'ils avoient avant le mêlange : on peut découvrir combien il entre de chacun de ces deux corps dans le mixte qu'ils compofent. Ce fut fur ce principe que raifonna *Archimedes* pour découvrir combien on avoit allié d'argent à l'or de la Couronne du Roi *Hieron*, & qu'il découvrit à ce Prince la fraude de l'ouvrier (1).

Soit donc une maffe compofée d'or & d'argent; veut-on favoir la quantité d'or & la quantité d'argent qui entrent dans ce mixte. Voici comment il s'y faut prendre. Appellez l'or A, & fa pefanteur fpécifique a : nommez l'argent B, & fa gravité fpécifique b.

Que la pefanteur fpécifique du mêlange foit défignée par c, les poids des corps font comme leurs volumes multipliés par leurs gravités fpécifiques ; & conféquemment les poids de ces corps feront A a + B b; & A c + B c. Or comme A a + B b = A c + B c, on aura A a — A c = B c — B b; donc on aura A : B :: c — b : a — c, & A + B : B :: a — b : a — c, & A + B : A :: a — b : c — b. Suppofons que le poids de la Couronne = 20 ℔; que la pefanteur fpécifique de l'or = 19; que celle de l'argent = 11, & que celle de la Couronne = 16, on aura a — b = 8, c — b = 5; & conféquemment 8 : 5 :: 20 : $12\frac{1}{2}$, qui fera la quantité d'or qui entrera dans la couronne; & conféquemment il y aura $7\frac{1}{2}$ d'alliage.

§. MCCCCII. Mais ces réfultats ne feront vrais qu'autant que les corps ne fe pénétreront pas dans le mêlange; & jufqu'à préfent on n'a point encore trouvé un grand nombre de corps qui confervent leur même volume avant & après le mêlange : d'où il fuit que pour faire ces fortes d'expériences, il faut examiner auparavant avec beaucoup de foin les mêlanges fur lefquels on veut opérer, & voir fi leur volume eft le même ou non, avant de prononcer

(1) Vitruvius, Lib. 9. cap. 3.

fur leur compte. *Glaubert* (1) & *Becher* (2) affurent que la denſité des mixtes varie ; il faut donc faire de nouvelles recherches avec toute l'attention
poſſible : car les grands hommes que nous venons de citer n'avoient point
coutume de rien avancer témérairement, ou ſimplement d'après leurs propres réflexions ; ils ne parloient que d'après l'expérience.

§. MCCCCIII. Si les corps qu'on allie pour en faire des mêlanges ſe pénetrent de façon que les parties les plus ténues de l'un, ou même de deux
corps qu'on combine enſemble, pénetrent & s'inſinuent dans les pores les
plus ouverts de l'autre ; il eſt conſtant que leur denſité devient plus grande
après le mêlange. Mais ſi les corps qu'on allie ſont compoſés de parties dont
les figures ne peuvent point ſe convenir, & que ces parties, ſe repouſſant
mutuellement avec plus ou mois de force, leurs pores s'agrandiſſent ; ou s'il
ſurvient dans le mêlange une cauſe quelconque qui les faſſe gonfler, ces
corps deviendront moins denſes après le mêlange.

Dans ces différens cas, il ne ſeroit pas poſſible de connoître, ſoit par la
méthode d'*Archimedes*, ſoit par celle qu'on a donnée auparavant, les quantités qui entreroient dans ces compoſitions. Il faut donc établir auparavant
d'autres principes, qui, à l'aide du raiſonnement, puiſſent nous conduire à
découvrir ce qu'on cherche.

§. MCCCCIV. Quiconque voudra s'appliquer à la connoiſſance de la véritable denſité des différentes ſubſtances qui entrent dans la compoſition des
mixtes, rencontrera ſur ſon chemin de très grandes difficultés ; parceque,
pour l'ordinaire, on ne peut faire de mêlange ſans emprunter le ſecours du
feu, pour faire fondre les ſubſtances qu'on veut combiner, & que l'action
du feu, portée juſqu'à un certain point, occaſionne une plus ou moins
grande diſſipation des parties qu'on veut mêler : & cette diſſipation a lieu
dans l'un ou dans l'autre, ou même dans les deux corps qu'on veut
allier.

Souvent on ne peut point ſavoir ſi le déchet qu'on trouve dans le poids
d'un mixte vient de la diſſipation des parties de tel ou tel corps qui entre dans
la mixtion, ou ſi cette perte a eu lieu dans les deux corps ; on ne peut pas
mieux ſavoir combien l'un des deux corps a perdu de ſon poids : il n'eſt pas
moins incertain ſi le mêlange eſt plus denſe, plus rare, ou s'il conſerve le
volume qu'il doit avoir conſéquemment à celui de ſes parties conſtituantes.

Si, lorſqu'on fait un mêlange, l'une de ſes parties conſtituantes n'a rien à
craindre de l'action du feu, & que la fuſion ne puiſſe point faire évaporer
aucune de ſes parties ; dans ce cas, ſi on a eu ſoin de peſer exactement ce
corps avant de l'employer, on pourra attribuer à l'autre tout le déchet qu'on
remarquera après le mêlange, & on pourra ſavoir au juſte, par le poids du
mêlange & par ſa gravité ſpécifique, ſi le mixte eſt devenu plus denſe, plus
rare, ou s'il a conſervé la même denſité qui exiſtoit avant le mêlange.

Mais ſi, après le mêlange, on retrouve preſque le même poids qu'on
avoit avant le mêlange, & que le mixte ſoit devenu plus denſe que chaque
corps en particulier, ou que celui qui étoit le plus denſe : c'eſt une marque
certaine que, malgré l'évaporation des parties qui s'eſt faite pendant l'opé-

____

(1) Furnuſ. Philoſ. Part. 4. cap. 12. (2) Concor. Chymi. p. 109.

ration, les corps se sont mutuellement pénétrés, & qu'ils sont devenus plus denses ; comme on le remarque lorsqu'on allie ensemble du cuivre jaune & de l'étain, ainsi que nous l'avons remarqué dans le Chapitre 21, en parlant de la fermeté des métaux alliés.

Il faut avoir grand soin, dans ces sortes d'opérations, d'empêcher, autant qu'on le peut, l'exhalaison des parties : la main des Chymistes peut être d'un grand secours pour cela.

§. MCCCCV. Voici les regles qu'il faut observer pour pouvoir conclure avec certitude que la densité du mélange est devenue plus grande ou plus petite, ou qu'elle est demeurée la même qu'avant le mélange.

Nous avons établi précédemment (§. 1351), que la densité d'un corps étoit égale au poids de ce corps, divisé par son volume, ou $D = \frac{P}{V}$; mais lorsqu'on éprouve des corps selon les loix de l'Hydrostatique, en les plongeant dans un même liquide, ou dans de l'eau, la quantité qu'ils perdent de leurs poids, est toujours proportionnelle à leurs volumes. Si on appelle donc p le poids qu'ils perdent, on aura $D = \frac{P}{p}$. Maintenant soit appellé P le poids d'un corps qui fait partie d'un mélange, & Q le poids de l'autre corps qui entre aussi dans cette combinaison : soit désignée par q la quantité que ce dernier perd de son poids lorsqu'il est plongé dans l'eau ; dans ce cas, la densité du mélange sera, suivant le calcul, $\frac{P+Q}{p+q}$. Mais si on plonge ce mélange dans l'eau pour en éprouver la densité, & qu'elle paroisse plus grande que celle que le calcul vient de donner, ce sera une marque que ces corps auront acquis une plus grande densité par leur mélange ; si au contraire on la trouve plus petite que celle que le calcul a fourni, il faudra en conclure que ces corps sont devenus plus rares par leur combinaison.

Si on prend 200 grains d'argent très pur, & 190 grains d'or fin, on trouvera que l'argent, étant plongé dans l'eau, perdra 18.03 grains de son poids, & que l'or perdra 9.73 grains ; & conséquemment $\frac{P+Q}{p+q} =$
$\frac{390}{27.76} = 14.049$, qui exprimera la densité de ces corps, conformément au calcul. Mais si on prend de ce mélange une quantité quelconque, par exemple, 300 grains ; & qu'après l'avoir plongée dans l'eau, on trouve que la perte du poids soit = 21.305, alors, en divisant le nombre 300 par 21.305, on aura le quotient 14.081, plus grand que le nombre 14.049, que le calcul avoit donné ; d'où on pourra conclure que la densité du mixte est devenue plus grande par le mélange.

§. MCCCCVI. Si l'une des deux substances qu'on allie perd quelque chose de son poids par l'action du feu, tandis que l'autre substance demeure inaltérée ; on pourra connoître, après la fusion, la perte qui se sera faite. Pour cela soit nommée a cette perte, qui appartient à celui des deux corps qui a été susceptible d'altération : soit appellée y la perte que cette quantité a, feroit de fon poids ; fi elle étoit plongée dans l'eau ; alors on aura $\frac{P+Q-a}{p+q-y}$; laquelle formule exprimera la denfité que donne le calcul. Mais fi la denfité du mêlange fe trouve plus grande, ce fera une preuve que cette denfité s'eft accruë par la fufion des fubftances qui le compofent ; fi au contraire l'expérience fait voir qu'elle eft plus petite que celle que le calcul annonce, ce fera une preuve que cette denfité aura diminué dans la fufion. Ayant allié enfemble 73 grains d'or, avec $96\frac{1}{2}$ grains de zinc, la fufion fit évaporer feulement $29\frac{1}{4}$ grains de zinc ; par conféquent $P+Q-a = 73 + 96\frac{1}{2} - 29\frac{1}{4}$; or 73 grains d'or pefés dans l'eau, perdent de leur poids 3.73, & $96\frac{1}{2}$ grains de zinc perdent dans le même liquide 13.374. Donc $29\frac{1}{4}$ grains de zinc perdent dans l'eau 4.123 grains ; & conféquemment $\frac{P+Q-a}{p+q-y}$

$$= \frac{73. + 96\frac{1}{2} - 29\frac{5}{4}}{3.73. + 13.374 - 4.123} = \frac{139\frac{3}{4}}{12.981} = 10.765.$$

Mais $129\frac{1}{4}$ grains de ces deux fubftances alliées enfemble, étant plongés dans l'eau, perdent 12 grains de leur poids, on aura donc $\frac{139\frac{1}{4}}{12} = 11.60417$, nombre qui furpaffe celui que nous avons trouvé ; favoir, 10.765, & qui fait voir que la denfité du mêlange eft devenue plus grande.

§. MCCCCVII. On n'a point encore trouvé jufqu'à préfent de regle bien fûre pour déterminer ce qu'un mêlange perd, ou ce qu'il gagne en denfité, lorfque les deux fubftances qui le compofent perdent l'une & l'autre quelques-unes de leurs parties dans la fufion ; parcequ'on ne peut point connoître exactement la perte que chacune de ces fubftances fait en particulier : puifque dans ce cas, on a $\frac{P-x+Q-t}{p-v+q-y} = D$; équation dans laquelle on a 4 quantités inconnues.

§. MCCCCVIII. Mais il y a plufieurs corps qui fe pénetrent par leur mêlange, & qui deviennent plus denfes ; les parties folides de l'un pénetrent alors, & rempliffent les pores de l'autre, ainfi que l'expérience femble l'indiquer. Tels font, par exemple, les mêlanges fuivans.

L'or & l'argent
L'or & le bifmuth.
L'or & le zinc.
L'or & le plomb.
L'or & la platine.

L'argent & l'étain fin d'Angleterre.
L'argent & le bifmuth.
L'argent & le zinc.
L'argent & le régule d'antimoine.
L'argent amalgamé avec le mercure.

Le cuivre jaune de Barbarie & l'étain d'Angleterre.
Le cuivre jaune de Suede & l'étain de Malaca.
Le cuivre jaune du Japon, & l'étain de Banca.
Le cuivre jaune de Hongrie & l'étain de Malaca.
Le cuivre jaune de Barbarie & le fer de Suede.
Le cuivre jaune de Barbarie & le zinc de Goflard.
Le cuivre jaune & le régule d'antimoine.
Le cuivre jaune d'Andaloufie & l'étain de Malaca.
Le cuivre jaune de Chili & l'étain de Malaca.

Le fimilor & le bifmuth.

Le plomb & le bifmuth.
Le plomb & le mercure.
Le plomb & le zinc.

L'étain de Malaca & le régule d'antimoine.
L'étain de Malaca & l'étain fin d'Angleterre : il arrive cependant
  quelquefois que ce mêlange ne change point de denfité ; quelquefois il fe raréfie , parcequ'il arrive fouvent que ces deux efpeces
  d'étain ne fe mêlent pas exactement.

La cire & la graiffe de bœuf.

§. MCCCCIX. Il y a plufieurs corps qui s'enflent dans leur mêlange ,
qui deviennent plus rares , & qui acquerent conféquemment un plus grand
nombre de pores , ou dont les pores deviennent plus grands , & qui par conféquent ont une moindre pefanteur fpécifique. Tels font ceux que nous allons indiquer.

L'or mêlé avec le cuivre jaune de Suede , qui enfle confidérablement
  par la fufion.

L'argent avec le cuivre jaune de Suede.

Le cuivre jaune mêlé avec égale quantité de bifmuth , enfle & produit un métal dur, fragile , & tirant fur le rouge. *Gellert* a trouvé
  qu'une maffe de cette compofition ne s'étoit , ni dilatée , ni con-
  denfée ; ce qui pouvoit venir de la différence du cuivre , ou du
  bifmuth qu'il avoit employé , à celui dont je me fuis fervi : cet effet
  a pu encore dépendre de la fufion. Quant à moi, j'ai fondu ce
  mêlange dans du fable de Bruxelles.

Le fimilor mêlé avec le zinc.

Le fer mêlé avec l'étain d'Angleterre.
Le fer mêlé avec le zinc.
Le fer mêlé avec le bifmuth ; car ces deux fubftances ne fe mêlent
  pas bien enfemble lorfqu'ils fe fondent.
Le fer mêlé avec le régule d'antimoine.
Le fer mêlé avec le plomb. Ce mêlange s'enfle beaucoup.

L'étain d'Angleterre mêlé avec le zinc.

L'étain de Malaca avec le zinc.

L'étain d'Angleterre avec le bifmuth. *Gellert* a trouvé que ce mêlange s'étoit un peu condenfé ; mais il n'a pas déterminé l'efpece d'étain dont il avoit fait ufage.

L'étain de Malaca avec le bifmuth.

L'étain de Malaca avec le plomb d'Ecoffe.

L'étain de Malaca avec le plomb des Indes.

L'étain d'Angleterre avec le plomb d'Ecoffe.

L'étain d'Angleterre avec le régule d'antimoine.

Le plomb avec le régule d'antimoine. *Gellert* a trouvé que ce mêlange étoit devenu plus denfe.

Le zinc avec le régule d'antimoine. *Gellert* marque encore que la denfité de ce mêlange étoit augmentée.

Le bifmuth avec le régule d'antimoine.

Le bifmuth avec le zinc. *Gellert* marque que ce mêlange ne changea point de denfité.

La platine mêlée avec l'étain.

La platine avec le plomb.

La platine & l'argent.

La platine & le cuivre jaune.

La platine & le zinc.

La platine & le bifmuth.

La platine & le régule d'antimoine (1).

Le mercure amalgamé avec de l'étain. Cette derniere fubftance pefoit 300 grains, & le mêlange augmenta de 2 grains en dilatation.

Le mercure amalgamé avec du bifmuth, qui pefoit 230 grains, augmenta de $\frac{1}{4}$ de grains.

Le mercure amalgamé avec du zinc, qui pefoit 230 grains, perdit $1\frac{1}{2}$ grain par fa dilatation.

120 grains de mercure mêlés avec du plomb & du zinc $\overline{aa}$ 115 grains, formerent un amalgame qui fe raréfia de $2\frac{1}{2}$ grains.

Puifque le mercure amalgamé avec l'étain fe raréfie, il eft conftant que le célebre *Hamberger* s'eft trompé lorfqu'il a conclu que la gravité fpécifique de l'étain augmentoit, & non celle du mercure ; car lorfque l'étain fe diffout dans le mercure, il fe précipite : mais il ne fe précipite jamais en maffe, & il ne furnage pas ; au contraire il fe diffout lentement, & il s'incorpore avec les parties du mercure : d'où il fuit que cet amalgame devroit former une maffe dont la gravité fpécifique feroit plus grande : ce qui eft contraire à l'expérience, qui démontre qu'elle devient plus petite.

Les premiers qui commencerent à examiner la denfité des mixtes, furent

(1) Philof. Tranf. Vol. 48. part. 1. pag. 663.

Gellert (1), *Kraff* (2), *Hann* (3), *Levis* (4) : on peut confulter les expériences
qu'ils ont faites : j'en ai répété plufieurs que j'ai ajoûtées aux miennes.

§. MCCCCX. On apprend, par ces expériences, comment on peut étendre les progrès de la Phyfique : lorfqu'on connoît la pefanteur fpécifique
d'un corps quelconque, il faut le combiner avec un autre corps dont on
connoît pareillement la gravité fpécifique, & examiner enfuite celle du
mixte qui en réfulte. Ces expériences étant faites, on dreffera trois Tables,
dans l'une defquelles on infcrira les mixtes dont la denfité fe trouve la même
après le mêlange qu'elle étoit auparavant. Dans la feconde, on rangera les
mixtes qui feront devenus plus denfes par le mêlange ; dans la troifieme,
on remarquera ceux dont la denfité aura fouffert quelque déchet dans le mêlange.

Il faudra tenter ces expériences fur les corps fluides auffi-bien que fur les
folides ; & il paroîtra clairement, après ces recherches, qu'on n'a point
encore fait aucun progrès fenfible dans la Phyfique : car nous ne connoî-
trons jamais rien de fûr tant que nous nous bornerons à de fimples médita-
tions fur les corps ; on ne peut rien apprendre de certain qu'en fuivant l'expérience. Quiconque voudra s'aftreindre à ces fortes de recherches, découvrira quantité de chofes nouvelles qu'il n'avoit pas même prévues : nous
nous contentons d'avoir fait quelques pas dans cette carriere, & d'avoir
montré le chemin aux autres : quoique cette voie foit longue & épineufe,
on conviendra cependant que c'eft la feule qu'il faille fuivre pour découvrir
la vérité.

§. MCCCCXI. Quiconque veut confulter une Table fur la pefanteur
fpécifique des corps, doit favoir auparavant *que tous les corps qui font partie
de l'Univers, font des mixtes.* On ne fait point encore fi les corps qui font
connus fous le même nom, & qui font femblables, font compofés de mêmes
parties, & fi ces parties entrent dans leur compofition felon les mêmes
proportions. Si ces corps ne font point compofés de mêmes parties, & fi
ces parties ne concourent point à les former felon les mêmes proportions,
ces corps auront néceffairement différentes qualités, & ils n'auront point la
même pefanteur fpécifique, ainfi qu'on peut le remarquer, par exemple,
dans les diamants, dont la pefanteur fpécifique eft fi différente. J'ai auffi
éprouvé moi-même la même chofe dans quantité d'autres corps, tels que les
métaux, les demi-métaux, les pierres, ainfi qu'on pourra s'en convaincre
en jettant les yeux fur la Table que j'ai dreffée d'après les expériences que
j'ai faites. En effet, il y a plufieurs efpeces de cuivre, de fer, d'étain, de
plomb, de zinc, &c : ce qui empêche qu'on puiffe prononcer en général fur
la pefanteur fpécifique d'un genre de corps, lorfqu'on connoît celle d'un in-
dividu, pris dans ce même genre : outre cela lorfqu'on allie enfemble plufieurs métaux, & qu'on les coule en moule, ils ne confervent point toujours, après être refroidi, la même denfité qu'ils avoient auparavant, foit
qu'ils n'aient pas été expofés à une action du feu auffi violente, foit qu'ils

(1) Comment. Petropol. Vol. 13. Et Chymie Métallurgique. (2) Comment. Petropol.
Vol. 14. (3) Differt. Inaug. de vol. miftor. (4) Tranf. Philof. Vol. 48. part. 2.
pag. 638.

n'aient pas été auſſi long-tems en fuſion. Joignez encore à cela qu'il y a certains moules de métal qui s'empliſſent moins aiſément dans les premieres fontes que dans celles qui ſuivent : ce qu'on remarque même par rapport aux moules qui ſont faits de différens métaux. Or toutes ces obſervations concourent à nous faire connoître qu'il doit ſe trouver de très grandes différences dans les peſanteurs ſpécifiques des métaux fondus, & ſur-tout dans celles des métaux qui ſont alliés. Ces différences ſont encore plus grandes lorſque les métaux ſont forgés ; car ils ſe durciſſent ſous le marteau, ſi nous en exceptons peut-être le plomb. Les métaux deviennent encore plus denſes lorſqu'on les tire & qu'on les fait paſſer pluſieurs fois par une filiere. Or quel ſera le Phyſicien qui pourra déterminer les bornes qui limitent la denſité que les métaux peuvent acquérir ſoit en les forgeant, ſoit en les tirant ; lorſqu'ils ne ſe ſont point encore fendus, ou qu'on n'y remarque point de gerſures, comme il arrive lorſqu'on les forge trop à froid, ou lorſqu'on les tire trop. Auſſi *Archimedes* ne pût il point déterminer au juſte combien il y avoit d'or & d'argent dans la couronne du Roi *Hieron*, en peſant une maſſe d'or, une autre d'argent, & la couronne ; parceque le métal qu'on avoit employé dans cette couronne, avoit été forgé & condenſé, & qu'il ne pût point également condenſer les métaux qu'il peſa ſéparément. J'imagine cependant avoir decouvert la proportion ſelon laquelle il faut combiner & allier enſemble les métaux, pour qu'ils acquerent la plus grande denſité qu'ils puiſſent avoir.

Si on comprend bien tout ce que nous avons dit ci-deſſus, on pourra aiſément obſerver que les Tables que pluſieurs Auteurs ont dreſſées ſur les gravités ſpécifiques des métaux ſont tout à fait fautives ; parcequ'on n'a point énoncé, dans ces ſortes de Tables, ſi le métal dont il eſt fait mention étoit ſeulement fondu, ou s'il étoit forgé : & dans ce dernier cas on n'a point expoſé juſqu'à quel point il étoit forgé, ou combien il étoit condenſé. Lorſque j'ai examiné l'étain fin d'Angleterre, qui n'étoit que fondu, j'ai trouvé ſa peſanteur ſpécifique = 7.3654 ; mais lorſque ce même métal étoit forgé, ſa gravité ſpécifique étoit = 7.3814. J'ai obſervé quelque choſe de ſemblable par rapport aux autres métaux. Cet avis ne peut point avoir lieu lorſqu'on veut examiner la peſanteur ſpécifique du mercure ; mais auſſi il faut remarquer qu'il y a pluſieurs eſpeces de mercure : *Thurneiſſerus* en a compté plus de 36 eſpeces différentes.

§. MCCCCXII. On trouve encore un grand nombre de différences lorſqu'on veut examiner la peſanteur ſpécifique des parties animales ; ainſi qu'on peut l'obſerver par rapport à l'ivoire. En effet, ſi on coupe un morceau de la dent d'un éléphant près de la pointe, & qu'on en coupe en même-tems un autre morceau vers la partie moyenne de cette dent, enfin un troiſieme vers la racine, où elle eſt creuſe, la peſanteur ſpécifique de ces trois morceaux ſera très différente, & j'imagine qu'on obſervera la même choſe, ſuivant que cette dent aura été tirée d'un éléphant plus robuſte, plus vieux, ou plus jeune ; & encore ſuivant que cette dent ſera plus fraîche ou plus vieille. Je ne doute point non plus qu'on ne remarque la même différence de denſité dans toutes les parties ſolides de différens animaux : c'eſt ce que nos deſcendans apprendront par la ſuite, par des obſervations & des expériences exactes.

§. MCCCCXIII. On trouve auſſi une grande différence dans la denſité des végétaux, ſuivant que le bois, par exemple, qu'on examine eſt plus récemment coupé, & qu'il eſt encore engorgé de ſéve, ou qu'il eſt plus ou moins deſſéché par la chaleur & par le laps du tems. J'ai examiné pluſieurs bois des Indes & de l'Amérique, ſans ſavoir depuis quand ils étoient coupés; parceque j'ai cru qu'il valoit mieux faire quelques expériences à cet égard, & en donner les réſultats, que de reſter dans une parfaite ignorance à ce ſujet. Celui qui ſera plus à portée que nous de faire ces ſortes d'expérience, ſe chargera de corriger les fautes que nous aurons pu faire en cette occaſion. J'ai découvert, dans les bois qu'on coupe dans nos Pays, & qui ſont ſains, que les parties qui en forment le milieu ou le cœur, ſont plus denſes que celles qui en forment ce qu'on appelle l'aubier; que celles qui ſont placées entre le cœur & l'aubier ſont d'une denſité moyenne entre la denſité des deux autres eſpeces de parties que nous venons de nommer; que le bois qui eſt coupé près la racine eſt plus denſe que celui qui eſt coupé vers le milieu de l'arbre, & que celui ci eſt encore plus denſe que celui qu'on prend vers ſa partie ſupérieure : ce qui a lieu tant que l'arbre prend encore de l'accroiſſement. Mais lorſque l'arbre ne croit plus, le cœur de l'arbre & toutes les parties entre le cœur & l'écorce ſont de même denſité; lorſque l'arbre commence à périr, il arrive quelquefois que le cœur eſt moins denſe que les parties qui l'avoiſinent, & même que l'aubier. Outre ce que je viens d'obſerver, il faut encore remarquer que les denſités des bois different conſidérablement, ſuivant les contrées où ils ont pris naiſſance; elles different même dans un même endroit, ſuivant que le terrein où ils croiſſent eſt plus humide, plus ſec, plus elevé, ou plus ou moins expoſé aux vents. On peut ſe convaincre de cette vérité en examinant différens ſapins & différens chênes. Le P. *Merſenne* imagina autrefois une maniere fort ingénieuſe pour connoître dans l'eau la peſanteur ſpécifique des bois; il les enduiſit légérement de cire, pour empêcher que l'eau ne les pénétrât. Il les peſoit dans l'air lorſqu'ils étoient ſecs, purs; il les peſoit encore après les avoir enduit de cire : enfin il les peſoit dans l'eau, & il retranchoit le poids que la cire perdoit étant plongée dans l'eau (1). Mais il n'eſt pas néceſſaire de prendre tant de peine, il ſuffit de les frotter légérement avec quelques matieres graſſes.

§. MCCCCXIV. On trouve de grandes différences dans les peſanteurs ſpécifiques des fluides que l'homme compoſe, ſuivant les différentes méthodes qu'il emploie pour les former, ſuivant qu'ils ſont plus ou moins purs, & ſuivant les proportions des drogues qui entrent dans leur compoſition : d'où il ſuit que ſi, en répétant ces expériences, on trouve d'autres réſultats que ceux que j'ai indiqués; il faudra les ajoûter à côté des nôtres, non point comme plus exacts, mais comme des variétés qu'on ne peut éviter.

§. MCCCCXV. Quiconque voudra traiter cette matiere avec fruit, doit obſerver ce qui ſuit. 1°. Il doit remarquer de quel Pays les corps qu'il éprouve ſont tirés. 2°. Si ce ſont des corps naturels ou factices. 3°. S'ils

___

(1) Merſenni Phænom. Hydraul. p. 185.

font composés, & quelles en font les parties conftituantes. 4°. Quelle eft la température de l'air & celle des corps qu'il foumet à l'expérience. Il doit auffi obferver en quel tems de l'année il répete ces expériences. Les nôtres ont été faites dans les mois d'Avril, de Juillet & d'Août. 5°. Il doit fe fervir d'eau de pluie pure, renfermée dans un grand vafe, afin que les corps ou les vafes dans lefquels ils font renfermés, pendent librement au milieu de la maffe d'eau, & qu'ils ne touchent point les bords, ni les parois du vafe; mais qu'ils en foient à une certaine diftance. 6°. Il doit avoir foin de diffiper avec un petit pinceau, les bulles d'air qui s'attachent ordinairement à la furface des corps; qu'il doit laver, à l'aide de ce petit pinceau trempé dans l'eau, ou dans de l'efprit de vin, avant de les foumettre à l'expérience: les bulles d'air qui s'attachent à la furface des corps, les font paroître moins pefans qu'ils ne le font réellement. 7°. Il faut qu'il examine avec foin fi ces corps ne recelent point de petites cavités; s'ils en comprennent, ce feroit en vain qu'on voudroit les éprouver avant d'avoir fupprimé ces cavités, ou avant de les ouvrir fi cela eft poffible, afin que l'eau puiffe s'y infinuer & les remplir : mais il conviendroit mieux de ne prendre alors que quelques petites parties de ces corps, & de les foumettre à l'expérience. 8°. Il faut encore faire attention à la hauteur du mercure dans le barometre; car lorfque l'air eft très raréfié, & que la colonne de mercure eft très baffe, les corps qu'on pefera dans l'air paroîtront perdre moins de leur poids lorfqu'on les pefera enfuite dans l'eau, que lorfqu'on les aura pefé auparavant dans un air plus denfe, ou lorfque le mercure étoit fufpendu à une plus grande hauteur dans le barometre. Il peut même fe faire, en Hollande, que la différence qu'on remarque dans le poids d'un corps, dont le volume eft d'un pouce cubique, foit $= \frac{15}{165}$ d'un grain, par rapport à la différente denfité de l'air. 9°. Il faut encore examiner avec foin la balance avant de s'en fervir, & voir fi les baffins font parfaitement en équilibre entr'eux; s'ils n'y font pas, on rétablira cet équilibre en mettant quelques petits morceaux de cartes dans le baffin qui paroîtra le moins pefant : il faut outre cela examiner de nouveau la balance, après plufieurs pefées, afin que l'axe fe trouve toujours exactement fur les mêmes points de la chaffe, & que les baffins pendent toujours à la même diftance & de la même maniere, & à moins que les mains de celui qui fait ces fortes d'obfervations ne foient très propres & très feches, il ne doit y toucher qu'avec de petites pinces.

§. MCCCCXVI. J'ai éprouvé les fels dans de l'huile récente de térébenthine, dont je connoiffois auparavant la pefanteur fpécifique, & j'ai enfuite réduit la pefanteur fpécifique de ces fels à celles qu'ils auroient eue fi je les avois pefés dans l'eau.

Je me fuis fervi, pour faire mes expériences, des poids de Troies. L'once de Troies pefe deux grains de moins que l'once d'Amfterdam.

L'once de Troies = 480 grains, ou 150 karats. La livre de Troies pefe 12 onces, ou 5760 grains; mais fi on prend 16 onces pour une livre, comme on a coutume de le faire dans bien des endroits, la livre pefera 7680 grains, ou 2400 karats.

L'once *averdupois* = 437 ½ grains. La livre *averdupois* = 437 ½ × 16 = 7000 grains.

Je me fuis fervi, pour ces expériences, d'une balance *oculaire* extrêmement exacte, qui trébuchoit à $\frac{1}{40}$ de grain, & je n'ai pu faire ufage d'une plus petite, de l'efpece de celles dont on fe fert dans les monnoies; parceque les corps que j'ai voulu examiner, pefoient, pour l'ordinaire, 200 & même 300 grains : je ne difconviens cependant pas qu'une balance *docimaftique* ne fût meilleure pour pefer des corps légers; puifqu'on en trouve quelquefois qui trébuchent à $\frac{1}{1548}$ de grain (1).

J'ai préparé moi-même mes petits poids fur le moule qu'on conferve à la Haye, & qui eft en la poffeffion de N. & P. P. O. car fans cela je n'aurois pu m'en procurer d'exacts ; car le travail qu'il faut faire pour préparer ces fortes de poids, & l'ennui qu'il apporte, a coutume de décourager les Ouvriers.

§. MCCCCXVII. Plufieurs Auteurs, parmi lefquels s'eft diftingué *Géthaldus*, ont dreffé des Tables dans lefquelles ils ont défigné la pefanteur fpécifique de différens corps : on en trouve une plus ample, & faite avec beaucoup plus d'exactitude dans *B. Martin*, *Philof. Britann. Vol. 1. p. 216.* Le célebre *Davies* nous en a donné une autre plus étendue dans les Tranf. Philof. n. 488.

Comme il eft à propos de connoître les pefanteurs fpécifiques de tous les corps terreftres, il eft évident qu'on peut encore étendre confidérablement ces fortes de Tables, & que toutes celles qu'on a données jufqu'à préfent font beaucoup imparfaites, fans en excepter celles que nous allons donner, quoique j'aie peine à croire qu'on puiffe apporter plus d'exactitude à pefer les corps qu'on voudra éprouver. J'avoue cependant que dans les commencemens je n'ai pas affez fait attention, & à la température de l'atmofphere, & à la hauteur du mercure dans le barometre, comme je l'ai fait par la fuite ; mais auffi quelquefois une exactitude auffi grande n'eft pas néceffaire.

(1) Merfenni Cogitata de ponderibus Gall. pag. 6.

T A B L E

Qui contient les pesanteurs spécifiques de plusieurs corps.

Métaux & leurs préparations.

Le cuivre du Japon forgé	9 . 0000
Fondu	8 . 7267
Jaune d'Espagne, d'Andalousie, fondu	7 . 9598
Le même forgé	8 . 43396
Jaune de Chili, en Amérique, fondu	8 . 64197
Le même forgé	8 . 7685
Jaune de Barbarie, forgé	7 . 8520
Le même fondu	8 . 5945
Jaune de Barbarie, dont on s'est servi pour faire des mêlanges indiqués dans le Chapitre sur la fermeté des corps	8 . 1818
Jaune d'Angleterre, forgé	8 . 8300
De monnoie de Suede, forgé	8 . 7840
Fondu	8 . 3333
Provenant de l'eau de cémentation de Hongrie, & granulé	5 . 771
Le même seulement fondu sans aucune addition	7 . 2426
Le même fondu, & ensuite forgé pendant long-tems	9 . 0204
— Noir, ductil, ayant la couleur du cuivre dans lequel le feu découvre quelques impuretés, tiré d'Allemagne	7 . 688
Jaune de Barbarie, calciné	5 . 453
Monnoie de cuivre de César Claudius	8 . 513
Mine de cuivre	3 . 755
Verte, compacte, pure de Roussillon	2 . 991
Canelée de fibres convergentes, remplie de quarse, tirée de Breibach	4 . 107
Mine verte de cuivre d'Espagne	1 . 714
Dissoute dans du vinaigre distillé & ensuite cristallisée	1 . 6786
Similor de la Chine, fondu	8 . 431

Autre

Autre fondu	8 . 6388
De Stolberg , fondu	8 . 000
Autre de Stolberg , fondu	8 . 2353
Le même forgé	8 . 349
Le même tiré en fil	8 . 3258
Tutie	4 . 615
Antimoine crud d'Allemagne	4 . 000
De Hongrie	4 . 700
Régule d'antimoine	4 . 500
Purifié deux fois	6 . 602
Trois fois	6 . 852
Forgé	6 . 8716
Le même fondu seulement	6 . 4021
Martial	7 . 500
De Vénus	7 . 500

Régule de métaux, fait avec 2 onces de régule d'antimoine de Mars, d'étain fin d'Angleterre & de cuivre
pur, à à 1 once   7 . 510

Verre d'antimoine	4 . 760
Autre	5 . 280
Cinnabre	6 . 644
Préparé à la façon de Gaubius	7 . 805
Minéral	5 . 810
Argent pur fondu	11 . 091
Tiré de Lune Cornée	10 . 5426
Autre	10 . 851
De Hollande au plus haut titre	10 . 535
Au plus bas titre	10 . 340
Fondu	10 . 2538
Le même forgé	10 . 5000

Argent rude , couleur de plomb mêlé de rouge , qui
vient en grosse masse informe , sans pierre ,
tiré de la Grotte *Catharina Johann. Georgipoli*   5 . 419

Rude , ayant ses faces semblables à celles du
succin , composé de plusieurs lames , diaphane de Macassar   4 . 000

Rude , rouge , poliedre , sans pierre , tiré de

Johann. Georgipoli	5 . 354
Mine d'Argent de Wallia	7 . 464
Or très pur	19 . 640
Autre fondu	19 . 521
Autre fondu	19 . 238
Autre résidu d'or de Guinée passé par le sable, plus pâle, moins ductile, & difficile à mettre en fusion	16 . 500
Autre dissous dans l'eau régale, précipité ensuite & fondu	18 . 948
Guinée d'or de Guillaume III	18 . 888
De George II	17 . 150
Monnoie de Portugal	17 . 140
Chevalier de Hollande, 1749	17 . 528
Un Philippe de l'année 1741	17 . 652
Un ducat de Hollande frappé	18 . 261
Le même seulement fondu	17 . 01754
Le même fortement & long-tems forgé	18 . 588
Un Louis	18 . 166
Du bismuth seulement fondu	8 . 7168
Le même forgé autant que faire se peut	9 . 6388
Bismuth	9 . 700
Autre	9 . 850
Autre	9 . 866
Autre	9 . 9259
Mine de bismuth, qui donne le bleu nommé Smalt	6 . 221
De Smalt	2 . 949
De Cobalt brillante en plusieurs endroits, & qu'on appelle gorge de pigeon, tirée de Schneeberga	6 . 036
Excellent acier ramolli	7 . 7679
Le même fortement & long-tems forgé	7 . 8955
Mou	7 . 738
Très dur	7 . 704
Très élastique	7 . 809
Sel d'acier	1 . 803

Fer forgé, *Ofemont*	7 . 7633
Amolli	7 . 6000
Le même forgé pendant long-tems à froid,	7 . 875
Excellent d'Allemagne marqué (L) .	7 . 8076
Excellent du même endroit (B R) .	7 . 7876
De Liege	7 . 6896
Autre du même endroit .	7 . 6450
De Suede	7 . 7653
Nud , parfemé d'octoedre	4 . 333
De cubes	4 . 4579
D'amianthe noire , purpurin , appellé ordinairement *Glaskopf*	5 . 222
Mine de fer , *Glaskopf de Blankenberg*	4 . 750
Fer changé par le laps du tems en aimant	4 . 0451
Chargé d'antimoine	3 . 825
Ens de Mars une fois fublimé	1 . 453
Trois fois fublimé	1 . 269
Crocus metallorum	4 . 500
Fleur de fer	5 . 7143
Mercure vierge de Tirole	14 . 000
De Tirole	13 . 652
Autre	13 . 620
De Bretagne	13 . 593
Diftillé de la chaux , felon *Gaubius*	13 . 619
Une fois, felon *Boerhaave*	13 . 570
Amalgamé avec de l'or affiné & diftillé cent fois	13 . 550
Amalgamé avec de l'argent affiné & diftillé cent fois	13 . 580
Mêlé avec du plomb, enfuite converti en poudre & revivifié	13 . 550
Sublimé 511 fois	14 . 110
Sublimé corrofif	8 . 000
Doux , deux fois fublimé	12 . 353
Trois fois fublimé	9 . 882

Mercure doux quatre fois fublimé . . . . 8 . 235

Turbith minéral . . . . . . 8 . 325

Ethyops minéral . . . . . . 2 . 227

Cinnabre naturel . . . . . 2 . 2337

   de Tirole . . . . . . 7 . 300

   du Japon . . . . . 7 . 273

   Autre du même endroit . . . . 7 . 000

   Naturel , lequel, étant rompu , préfente des
   furfaces polies , femblables à celles du talc 7 . 710

   de Perfe , lequel, étant rompu , préfente des
   furfaces inégales & raboteufes . . 7 . 600

   Natif de Guinée . . . . 6 . 280

   d'Almade . . . . . . 6 . 118

   factice . . . . . . 8 . 002

   Autre . . . . . . 7 . 8711

   Autre . . . . . . 7 . 8385

Mine de mercure du Duché des Deux Ponts , près
   Baumholder . . . . 2 . 962

   du même Duché , près Meiffenheim 5 . 213

Plomb des Indes . . . . . . 11 . 2259

   d'Angleterre très pur . . . . 11 . 4459

   excellent de Stokton, marqué (.I B) . . 11 . 3333

   du même endroit, mais de moindre valeur , &
   défigné par cette marque ♃ . . . 11 . 4626

   De Hull . . . . . . 11 . 424

   Autre . . . . . . 11 . 4794

   Autre . . . . . . 11 . 325

   Autre . . . . . . 11 . 345

   D'Ecoffe très pur . . . . 11 . 38759

   Autre . . . . . . 11 . 4166

   D'Allemagne très pur . . . . 11 . 4451

   De -Herftal . . . . . 11 . 156

   Autre . . . . . . 11 . 310

Mélange de plomb d'Angleterre , de Stokton , d'Ecoffe
   & d'Allemagne , à égale dofe . . . 11 . 225

Mine de plomb . . . . 6 . 800
Chaux de plomb . . . . 8 . 940
    Cerufe . . . . 3 . 156
        Tirée du cabinet de *Gaubius* . . 4 . 59066
Plomb brûlé . . . . 1 . 666
Litharge d'or . . . . 6 . 000
    D'argent . . . . 6 . 044
Suc de Saturne . . . . 2 . 745
Mine ou efpece de plomb marqueté, dont les lames
   étoient très grandes, brillantes, ondulées, fans pierre,
   tiré de Coperberg . . . . . 7 . 220
Plomb vert ayant la forme de nitre, diaphane, compofé
    de grands criftaux, tiré de Hongrie . 4 . 143
    Nitriforme, vifqueux, tiré d'Ohrenburg . 3 . 398
Etain pur . . . . 7 . 320
   Autre . . . . 7 . 3654
   D'Angleterre très pur . . . . 7 . 295
     Pur & noir . . . . 7 . 3218
     Autre . . . . 7 . 065
     Autre . . . . 7 . 3167
     Autre . . . . 7 . 471
     Autre . . . . 7 . 550
     Autre . . . . 7 . 180
  Très pur de Malaca . . . . 7 . 331
    Autre . . . . 6 . 1256
  Des Indes, de Banca . . . . 7 . 2165
  De rofette . . . . . 7 . 300
  Dont on fait les pintes . . . 7 . 650
  De Malaca, fondu . . . . 7 . 500
  Le même long tems forgé . . . 7 . 1181
  D'Angleterre fondu . . . . 7 . 6388
  Le même forgé pendant longtems . . 7 . 1951
  De Banca, feulement fondu . . . 7 . 6250
  Le même forgé long-tems . . . 6 . 7481
Zinc des Indes . . . . . . 7 . 2401

Zinc de Goflar	. . . .					7 . 215
Autre	. . . .					7 . 350
Autre	. . . .					7 . 065
Seulement fondu	. . . . .					9 . 3548
Long-tems forgé	. . . . .					7 . 1764

Mélanges.

Platine,	part. 1.	Etain,	part.	2.	8 . 972
Platine,	part. 1.	Etain,	part.	4.	7 . 794
Platine,	part. 1.	Etain,	part.	8.	7 . 705
Platine,	part. 1.	Etain,	part.	12.	7 . 613
Platine,	part. 1.	Etain,	part.	24.	7 . 471
Platine,	part. 1.	Plomb,	part.	1.	14 . 029
Platine,	part. 1.	Plomb,	part.	2.	12 . 925
Platine,	part. 1.	Plomb,	part.	4.	12 . 404
Platine,	part. 1.	Plomb,	part.	8.	11 . 947
Platine,	part. 1.	Plomb,	part.	12.	11 . 774
Platine,	part. 1.	Plomb,	part.	24.	11 . 575
Platine avec du plomb de coupelle	. . .				19 . 083
		ou . . .			19 . 136
		ou . . .			19 . 240
Platine,	part. 1.	Argent,	part.	1.	13 . 535
Platine,	part. 1.	Argent,	part.	2.	12 . 452
Platine,	part. 1.	Argent,	part.	3.	11 . 790
Platine,	part. 1.	Argent,	part.	7.	10 . 867
Platine,	part. 1.	Cuivre jaune, p.		1.	11 . 400
Platine,	part. 1.	Cuivre jaune, p.		2.	20 . 410
Platine,	part. 1.	Cuivre,	part.	4.	9 . 908
Platine,	part. 1.	Cuivre,	part.	5.	9 . 693
Platine,	part. 1.	Cuivre,	part.	8.	9 . 300
Platine,	part. 1.	Cuivre,	part.	12.	9 . 251
Platine,	part. 1.	Cuivre,	part.	25.	8 . 970
Platine,	part. 3.	Fer,	part.	4.	9 . 917
Platine,	part. 3.	Fer,	part.	12.	8 . 700
Platine,	part. 3.	Fer,	part.	16.	8 . 202
Platine,	part. 3.	Fer,	part.	36.	7 . 800

La platine avec toutes ses parties hétérogenes , sable
    blanc , grenaille , poudre noire   .   6 . 533
      Avec quelques parties hétérogenes . . 16 . 995
      Sans parties noires , que l'aimant attire . 4 . 128
      Avec des parties noires que l'aimant attire 5 . 555
      Quelques parties très pesantes choisies exprès 27 . 500
Régule de platine .   .   .   .   .   . 15 . 52666

Les pierres.

L'agate d'un rouge pâle bigarré   .   2 . 631
    Autre . .   .   .   .   .   2 . 628
    D'un autre rouge   .   .   .   .   2 . 5714
    Couleur de succin   .   .   .   .   2 . 592
    Blanche, avec des taches couleur de chair, du Du-
    ché des Deux-Ponts .   .   .   3 . 058
    De Bretagne .   .   .   .   .   2 . 512
Diamant des Indes , blanc .   .   .   .   3 . 517
    Autre blanc .   .   .   .   .   3 . 575
    Autre .   .   .   .   .   .   3 . 4666
    Autre blanc .   .   .   .   .   3 . 4736
    Autre blanc .   .   .   .   .   3 . 525
    Des Indes Orientales, octaedre, rude .   3 . 6545
    Du Brésil .   .   .   .   .   3 . 518
    Autre .   .   .   .   .   .   3 . 521
    Autre .   .   .   .   .   .   3 . 511
    Autre .   .   .   .   .   .   3 . 501
    D'un bleu pâle, des Indes Orientales .   3 . 512
    D'un bleu foncé .   .   .   .   3 . 495
    Jaune .   .   .   .   .   .   3 . 524
    Autre .   .   .   .   .   .   3 . 666
    D'un vert foncé .   .   .   .   3 . 521
Albâtre .   .   .   .   .   .   1 . 872
Alun de plume .   .   .   .   .   2 . 275
    De plumes des bourriques .   .   .   2 . 625
    Noir & friable .   .   .   .   .   2 . 064

Calcédoine de Suede	3 . 978
Des campagnes de Bruxelles	2 . 613
D'un blanc bleu, brillante, Orientale	2 . 569
De Bohême	4 . 360
Chaux de pierre brûlée	2 . 370
Carneole	3 . 290
Crifolite	3 . 360
Corallochates	2 . 605
Cornaline	2 . 568
Pierre à aiguifer de Brême	1 . 666
De Turquie	2 . 380
Autre	2 . 388
Autre	2 . 960
Remplie de petites particules impalpables cendrées	2 . 745
Friables de Penfilvanie	2 . 561
Jaune de Lorraine	3 . 288
Craie blanche d'Angleterre	2 . 252
Criftal de roche ordinaire	2 . 650
Autre	2 . 659
Autre	2 . 669
Dont les pointes repréfentent des tetraedes	3 . 169
Cubique	3 . 100
De Devonshire	2 . 724
D'Hybernie	2 . 688
De Suiffe	2 . 663
De Penfilvanie	2 . 645
Sanguin, pointu de part & d'autre	2 . 560
D'Iflande	2 . 720
Doré, diaphane, prifmatique, exaedre, topafe des Modernes, crifolite des Anciens, tirée de Schnekenftein	3 . 450
Tirant fur le jaune, diaphane qu'on appelle Speudoropafe, tiré de Godsberg	2 . 565
Mine de plomb, pauvre, appellée potlood, tirée d'Ecoffe	7 . 5682

Tome II. K k

Mine de plomb d'Allemagne, nommée potlood	7 . 4661
Gallypot	1 . 928
Talc de Moscovie	2 . 286
Pierre de Goa	1 . 710
Prime émeraude	2 . 515
Grenat de Bohême	4 . 360
De Suede	3 . 978
Mine de grenat, ou marcassite	3 . 100
Hematites	4 . 360
De Minorque	2 . 806
Pierre d'Irlande	2 . 490
Hyacinthe	2 . 631
Autre	3 . 637
Jaspe	2 . 666
Entierement d'un verd pâle d'Allemagne	2 . 776
Purpurin, parsemé de grains blancs, tiré de Suisse	2 . 766
Rude, de Pensilvanie	2 . 576
Jaune, opaque, tiré de Freinberg	2 . 666
Rouge des campagnes de Bruxelles	2 . 703
Verd, tiré d'Argunts en Sibérie	2 . 586
Qu'on trouve en Russie	2 . 623
Iris	2 . 130
Pierre de Judée	2 . 500
Autre	2 . 690
Lapis lazuli	3 . 054
Lebetum	2 . 782
Lithantrax	1 . 240
Autre	1 . 238
Marbre noir	2 . 688
Aimant de Pensilvanie	4 . 585
De Hongrie	5 . 106
Manganésie	3 . 530
De l'Isle d'If, *Ilfeldensis*	4 . 325
De Pensilvanie	4 . 240
Malachites	2 . 507

Malachites de Sibérie	3 . 994
De différent verr, ondulée, de Sibérie	3 . 348
Manati, de la Jamaïque	2 . 270
Autre	2 . 330
Marbre blanc d'Italie	2 . 707
Autre	2 . 700
Autre	2 . 718
Autre	2 . 765
Noir d'Italie	2 . 683
Autre	2 . 704
Marne de Marly	2 . 428
Espece de talc rempli de petites lames dorées, lorsqu'on le fait roussir	2 . 564
Parsemé de paillettes argentines	2 . 192
Parsemé de petites lames & de membranes mêlées ensemble	4 . 383
Parsemé de petites lames, tiré du détroit de Davis	2 . 644
Parsemé de petites particules membraneuses noires	3 . 000
Mine de plomb parsemé de petites paillettes ferrugineuses tirée d'Angleterre	2 . 140
Bleu de Namur	5 . 000
Néphritique	2 . 894
Nitre quartzeux, tirant sur le pourpre, pointu des deux côtés	2 . 307
Blanc de Pensilvanie	2 . 680
Pointu des deux côtés de Schinkelberg	2 . 625
Œil de chat	3 . 703
Pierre à faire des vases, dont les fibres sont friables & couleur de chair	3 . 163
Tirée d'une mine de fer	2 . 618
Onix	2 . 510
Cornée tirant sur le bleu, parsemée de lignes blanches, formant un poligone à demi-diaphane,	

Amisfurtenſis	2 . 664
Quartz couleur de pourpre, faux amétiſte de Bohême	2 . 520
Rag	2 . 470
Rottenſtein	1 . 980
Saphyr	4 . 090
Autre d'un bleu pale	3 . 8552
De couleur pâle	4 . 068
Oriental	3 . 562
Sardachutes, *ſorte d'agate*	3 . 598
Sardoine, dont la couleur rouge tiroit un peu ſur la couleur pâle de l'onyx, tirée du rivage d'Angleterre	2 . 625
Ardoiſe bleue	3 . 500
Sorte de pierre, cendrée, fragile, nommée ardoiſe blanche	2 . 331
Rouge, fragile, de Fahlun	2 . 526
Noire, friable	2 . 238
Selenites	2 . 322
Autre	2 . 252
D'Oſnabruck	2 . 637
Caillou ordinaire	2 . 542
Brillant	2 . 641
De Bretagne	2 . 696
Du Breſil	2 . 591
Autre	2 . 676
Autre	2 . 755
Brillant, cendré, de Ceylan	4 . 8304
De Ceylan, tirant ſur le jaune, peſant 12 ℔	2 . 655
De Cornouaille	2 . 658
D'Egypte	2 . 578
Preſque gris, vergetté de marques noires, difformes, de pyrimons	2 . 603
Slate d'Irlande	2 . 490
Emeraude, octoedre, verte d'un côté & diaphane, opaque de l'autre côté & cendrée, tirée du Pérou	3 . 095

Emeraude ordinaire	2 . 777
Orientale, très brillante	2 . 700
Emeril solide	4 . 000
Autre	2 . 776
De l'Isle de Naxos	3 . 067
De Normandie	3 . 038
Steatites, diaphane, tirant sur le bleu	2 . 758
Pierre Stellée	3 . 450
Spate couvert de lames, brillant, ou andromades phosphorique	3 . 177
Couvert de lames d'émeraudes, brillant & phosphorique, tiré de Saxe	3 . 156
Compacte, brillant, couleur d'eau	2 . 704
Verdâtre	3 . 172
Diaphane, jouant l'émeraude & phosphorique	3 . 058
Diaphane, épais, phosphorique, tiré de Freyenberg	2 . 736
A lames, verdâtre, brillant, phosphorique, espece d'andromades, de Brientian	3 . 184
Couvert de lames compactes, phosphorique, du trajet de Ratisbonne	3 . 170
Marqueté de petites lames brillantes, ayant la couleur de la topase, tiré de Saxe	4 . 492
Imitant l'amyante	6 . 640
Compact, opaque, blanc, tiré de Cester	2 . 519
Brillant, marqueté, tiré d'Osnabruck	2 . 636
Talc de Bretagne	2 . 600
De la Jamaïque	3 . 000
De Sibérie	2 . 295
De Venise	2 . 780
Friable, un peu mou, blanc, opaque	2 . 680
Terre fertile de jardin	1 . 630
De Lemnos	2 . 000
Savonneuse	2 . 094
A pipes, de Rouen	3 . 088
Topase	2 . 653

Autre d'un jaune pâle	3 . 618
Tuf	1 . 410
Turquoife	2 . 508
Autre	2 . 908
Tourmaline, cryftal noir, couleur de flamme, foncée, tirée des Indes orientales	2 . 952
Autre, fuivant les obfervations d'*Epinus* (1)	3 . 000
Autre tirée du cabinet de *Gaubius*	3 . 2941
Autre, d'une couleur moins foncée	3 . 2222
Autre très foncée en couleur	3 . 0074
Verre blanc très pur de Bretagne	3 . 150
Autre très pur	3 . 380
Dont on fait des miroirs	2 . 888
De Venife dont on fait des vafes	1 . 791
Vert, dont on fait des vaiffeaux de Chymie	2 . 620
Des bouteilles	2 . 666
Bléu tranfparent	3 . 102
Autre	3 . 885

Les verres fuivans font de l'efpece de ceux dont on
fe fert pour faire des parures de femme, ordinairement appellés *kraalen.*

Verre bleu, opaque	2 . 479
Blanc, opaque	2 . 578
Tranfparent	2 . 440
Vert, tranfparent	2 . 000
Jaune, tranfparent	2 . 525
Couleur de fang, tranfparent	2 . 567
Sable blanc ordinaire	2 . 631
Noir, magnétique	4 . 600
Argille de Hollande, humide	1 . 821
Briques très dures, faites de cette argille cuite	2 . 006

(1) Mém. de l'Acad. de Berlin, ann. 1756, p. 106.

VÉGÉTAUX.

Bois.

Sapin mâle	0 . 550
Femelle	0 . 498
Erable	0 . 755
Bois que l'Auteur appelle *agadiadata*	1 . 2617
Aulne	0 . 800
Aloës d'Amérique, tronc sec	0 . 358
Autre partie intérieure	0 . 15865
Calambac	1 . 177
Amboine	0 . 691
Arbuste d'Espagne, nommé *Madrano*	0 . 866
Oranger à fruit	0 . 705
Poivre d'Inde	0 . 861
Réglisse	0 . 8562
Bulletrée	0 . 9666
Autre	0 . 8204
Brefil rouge	1 . 031
Buis de Turquie	0 . 919
De France	0 . 912
De Hollande	1 . 328
Campêche	0 . 913
De Sumatra	0 . 8446
Caliatour	1 . 0256
Chair de cheval, *caro equina*	0 . 943
Cayaten	0 . 690
Cedre des Indes	1 . 315
Des bois	0 . 596
De Palestine	0 . 613
Cerisier	0 . 715
Citronnier d'Espagne	0 . 7263
Rameau de canellier	0 . 5934
Bois de coco	1 . 0403

Coquille

Autre	1 . 313
Mahogany	1 . 063
Bois de S. Martin	0 . 9857
Maftichinum	0 . 849
Autre	0 . 9091
Nefflier de Flandres	0 . 944
Metrofideros, ou *yzerhout*	1 . 023
Mûrier de Flandres	0 . 749
D'Efpagne	0 . 897
Néphritique	1 . 200
Noyer de Hollande	0 . 636
De France	0 . 671
D'Amérique	0 . 643
Olivier	0 . 927
Aube-épine	0 . 7575
Paradis d'Efpagne, ou *oleaftrum*	0 . 7555
Vigne fauvage ; *parierà brava*	0 . 800
L'arbre d'où découle la poix	0 . 300
Pommier	0 . 793
Peuplier	0 . 383
Blanc d'Efpagne	0 . 5294
Prunier	0 . 785
Autre	0 . 663
Canotepi	0 . 857
Autre	0 . 97308
Poirier	0 . 661
Chêne de 60 ans, fon cœur	1 . 170
Son aubier	1 . 078
Le cœur d'un autre chêne	1 . 208
Son aubier	1 . 108
Le cœur d'un autre	1 . 116
Son aubier	1 . 039
Entre le cœur & l'aubier	1 . 076
Le cœur d'un chêne de 100 ans (1)	1 . 169

(1) Hift. de l'Acad. Roy. ann. 1741, p. 394.

Son aubier	1 . 126
Entre le cœur & l'aubier	1 . 166
Le cœur d'un chêne de 110 ans	1 . 110
Son aubier	1 . 096
Entre le cœur & l'aubier	1 . 135
Chêne de Turquie, appellé *azyn*	0 . 938
Romarin	0 . 7284
Sorte de racine qui a l'odeur de rofes	1 . 132
Sakkerdane	0 . 981
De Salamandre	0 . 801
Salmony	0 . 851
Saule	0 . 585
Sureau	0 . 695
Sanderen	1 . 2222
Santal blanc	1 . 041
Citrin	0 . 809
Rouge	1 . 128
Sapan	0 . 928
Saffafras	0 . 482
Siams Wortelhout	1 . 12674
Liege	0 . 240
Suikerkiften	0 . 644
Syringa	1 . 0989
Tamarin blanc	0 . 898
Rouge	1 . 175
Autre	1 . 017
If d'Efpagne	0 . 807
De Hollande	0 . 788
Arbre de vie	0 . 5608
Tilleul	0 . 604
Du tronc d'un orme	0 . 671
Du rameau	0 . 600
Jujubier d'Efpagne, ou *azufaifo*	1 . 055
Racine d'Efquine	1 . 071
Racine de gentiane	0 . 800

Racine de Garence à l'ufage des Teinturiers	0 . 765
D'hypécacuanha	1 . 14432
Ecorce de quinquina	0 . 784
De chacrille	1 . 18181
De canelle	0 . 689
Noix de galle	1 . 034
Avoine	0 . 472
Orge	0 . 658
Pois blancs fecs	0 . 807
D'une autre couleur	0 . 795
Froment	0 . 757
Farine avec le fon	0 . 495
Sans fon	0 . 454
Cendre de bois	0 . 930
Giroflier aromatique	0 . 998
Noix mufcade	1 . 083
Poivre noir	0 . 996
Blanc	1 . 250

Réfines & Gommes.

Aloës	1 . 358
Gomme ammoniac	1 . 238
Animée	1 . 091
Arabique	1 . 375
Autre	1 . 430
Affafœtida	1 . 251
Bdellium	1 . 476
Benjoin	1 . 241
Camphre	0 . 996
Gomme de caregne	1 . 146
Blanche	1 . 065
Catechu	1 . 200
Cariman, efpèce de poix	0 . 767
Gomme cerabouly	1 . 0333
Copale	1 . 073

Gomme c o w. enaly. (1)	1 . 04334
Elemi	1 . 041
Galbanum	1 . 060
Gutte	1 . 175
De liere	0 . 946
D'hayawa blanche	0 . 8711
Noire	0 . 91139
Lacque	1 . 154
Laudanum	2 . 209
Maftic	1 . 081
Autre	1 . 04166
Mirrhe	1 . 250
Opium	1 . 363
Autre	1 . 360
Opobalfamum	1 . 231
Opoponax	1 . 480
Ofteocolle	2 . 240
Poix	1 . 150
De Bourgogne	1 . 5714
Réfine de gayac	1 . 224
De jalap	1 . 400
De fcammonée	1 . 200
Sagapenum	1 . 212
Sandarac	1 . 052
Sang de dragon	1 . 280
Suc épaiffi de la fcammonée	1 . 432
Encens	1 . 071
Gomme tracagante	1 . 333

Bitumes & Sels.

Afphaltüm, bitume	1 . 400
Bitume folide, très pur, nommé *gagas*	1 . 203
Autre	1 . 238
Solide noir	1 . 744
Succin brillant	1 . 065
De Suiffe	1 . 08014

(1) Sendelius.

Succin gras	1 . 087
Citrin	1 . 110
Soufre minéral	1 . 875
Brillant de Perse	1 . 950
Naturel , brillant , rouge , de Transilvanie	2 . 871
De la mer Egée	2 . 018
De la Guadeloupe	2 . 077
De Quito	2 . 908
Vif	2 . 000
Ordinaire fondu	1 . 800
Fleurs de soufre	0 . 9438
Alun	1 . 714
Autre	1 . 738
Borax	1 . 720
Autre	1 . 714
Cendresgravelées	3 . 112
Magistere de corail	2 . 230
Nitre	1 . 900
Pur	1 . 9299
Fixe	2 . 745
Régénéré	1 . 8744
Cubique	1 . 8694
Sel ammoniac pur	1 . 453
Très pur	1 . 4202
Fixe	1 . 6126
D'acier	1 . 733
Volatil de corne de cerf	1 . 496
Purifié	2 . 148
Febrifuge de Silvius	1 . 8365
Gemme	2 . 143
Marin	2 . 125
Epuré	1 . 9183
Admirable de Glaubert	2 . 246
Autre	1 . 4063
De gayac	2 . 148
Polycreste	2 . 141
Autre	2 . 5602

Sel de prunelle	2 . 148
Sedatif d'*Homberg*	1 . 4797
Volatil sec de corne de cheval	1 . 5093
De vitriol	1 . 900
Sucre de Saturne	2 . 3953
Très blanc	1 . 606
Tartre crud	1 . 849
Crême	1 . 900
Emétique	2 . 246
Vitriolé	2 . 298
Autre	2 . 5904
Vitriol de Bretagne	1 . 880
Blanc	1 . 900
De Dantzic	1 . 715
Rouge	1 . 900
En pierre	4 . 300

Parties animales.

Pour éprouver les graisses, on commence par les faire fondre au bain-marie, & on en retire toutes les ordures & les membranes.

Graisse de belette	0 . 9401
De cheval	0 . 9748
De bœuf, prise autour des reins	0 . 929
De brebis, prise autour des reins	0 . 9432
De bœuf	0 . 955
De brebis	0 . 950
De cochon, autour des reins	0 . 947
Lard	0 . 954
De veau prise autour des reins	0 . 944
Humaine froide au 31 degré	0 . 9611
Aorte d'un homme de 50 ans	1 . 0714
Muscle de bœuf	1 . 075
De veau	1 . 070
De mouton	1 . 051

Muscle de lapin	1 . 069
De perdrix	1 . 0575
De cochon	1 . 060
D'un homme de 50 ans	1 . 0559
Cerveau d'un adulte	1 . 0310
Peau de cochon	1 . 090
D'un homme de 50 ans	1 . 00846
Cartilage tiré du sternum d'un homme de 50 ans	1 . 13636
Dent d'hypopotâme	2 . 040
De veau marin	1 . 933
De baleine appellé cachalot	2 . 0444
D'éléphant , ivoire	1 . 825
Molaire d'éléphant	2 . 22137
Ratte d'un homme de 50 ans	1 . 060
Rein de bœuf	1 . 059
De veau	1 . 053
De mouton	1 . 0526
De lapin	1 . 109
Foie de bœuf ; il s'est trouvé fort léger , par rapport à la graisse dont il étoit rempli	1 . 0744
De veau	1 . 1029
De lapin	1 . 080
De poule	1 . 077
D'un homme de 50 ans	1 . 05263
Estomac de poule	1 . 070
Pancréas d'un homme de 50 ans	1 . 10294
Cœur du même homme	1 . 01777
Tendon d'un muscle du même homme	1 . 12621
Un nerf du même homme	1 . 125
Bezoard occidental	1 . 500
Oriental	1 . 530
Autre	1 . 640
Véritable	1 . 6282
Calcul trouvé dans une vessie humaine	1 . 700
Autre	3 . 664

Calcul

Calcul trouvé dans le rein d'un homme	3 . 600
Dans la véficule du fiel	1 . 220
Autre trouvé dans la véficule du fiel d'un homme de 50 ans, récent	1 . 1346
Autre trouvé dans les inteftins d'un âne	1 . 1633
Corail rouge	2 . 689
Blanc	2 . 500
Corne de bélier récente	1 . 24916
De bœuf	1 . 689
De cerf	1 . 875
De bouc récente	1 . 274
De rhinoceros	1 . 242
Pierre trouvée dans la tête d'un poiffon de la Guinée	2 . 830
Cobra di capello, d'une couleur	1 . 90816
De deux couleurs.	1 . 8148
Licorne	1 . 910
Pedro del porco, de Malaca	0 . 6208
Perle Orientale	2 . 759
Poiffon appellé la mere aux perles	2 . 480
Coquille d'efcargot	2 . 520
de pourpre	2 . 590
D'huitre	2 . 892
Blanche de petoncle, prife fur le rivage de Hollande	2 . 857
Bleue	2 . 826
Noire	2 . 888
Rembrunie	2 . 888
Tachée de blanc & de bleu	2 . 771

On fait en Hollande de la chaux par la calcination des coquilles de petoncles.

Œuf de poule	1 . 090
Miel commun	1 . 450
Autre	1 . 500
Cire jaune de Mofcovie	0 . 965

Tome II.   M m

Cire jaune de Dannemarck. . . . . . . 0 . 952

De la Frise. . . . . . . 0 . 965

De Hollande . . . . . 0 . 960

Blanche très pure, de Hollande . . . 0 . 9663

Mélange de cire de Moscovie & de Hollande . 0 . 9648

Cire blanche de la mer Baltique . . . . 0 . 8204

Mêlée avec de la graisse de mouton . 0 . 9506

Verte . . . . 1 . 0088

Véritables yeux d'écrevisse . . . . 1 . 890

Faux . . . . 2 . 480

Os frais d'un mouton. . . . . . 2 . 222

Secs d'un bœuf . . . . . 1 . 656

Pétrifiés . . . . . . 1 . 895

Phosphore d'urine d'Angleterre . . . . 1 . 7143

Sa densité varie selon qu'il est plus ou moins pur.

Liquides.

L'air auprès de la surface de la terre, depuis 0 . 001 $\frac{2}{7}$ jusq. 0 . 001 $\frac{1}{4}$

Eau de pluie . . . . 1 , 000

Distillée . . . . . . 0 . 997

Autre . . . . . . 0 . 993

De mer . . . . . . 1 . 030

Autre . . . . . . 1 . 0211

De puits . . . . . 0 . 999

De fleuve . . . . . 1 . 009

Eau-forte ordinaire . . . . 1 . 300

Très concentrée . . . . 1 . 409

Régale . . . . . 1 . 234

De Spa . . . . . 1 . 000

Vinaigre de cerise . . . . 1 . 034

De vin . . . . . 1 . 011

Distillé . . . . 1 . 030

Teinture de gomme ammoniac . . . 0 . 899

Beurre d'antimoine . . . . 0 . 470

Teinture . . . . . 0 . 866

Baume de tolu . . . . . 0 . 896

Teinture de benjoin . . . . 0 . 9005
Bile de bœuf . . . . 1 . 0246
De veau . . . . 1 . 0072
De mouton . . . . . . 1 . 0072
Teinture de quinquina . . . . . 0 . 900
Lait d'ânesse . . . . . . 1 . 021
De vache . . . . . . 1 . 030
De chêvre . . . . . . 1 . 009
Petit lait de vache . . . . . 1 . 016
Laudanum liquide de *Sydhenam* . . . . 1 . 024
Lessive de sel de tartre . . . . . 1 . 550
De cendres gravelées . . . . 1 . 5713
Autre . . . . . . 1 . 5634
Dissolution jusqu'à saturation de sel marin . . 1 . 244
Urine humaine . . . . 1 . 016
Autre . . . . 1 . 030
Esprit d'urine . . . . . . 1 . 100
Rectifié d'urine récente . . . . 1 . 102
Putréfié . . . . . . 1 . 018
Huile d'ambre . . . . . . 0 . 978
D'amandes douces . . . . . 0 . 928
D'anis . . . . . . 0 . 994
D'oranges . . . . . . 0 . 888
De tanésie . . . . . . 0 . 946
De carvi . . . . . . 0 . 940
De campêche . . . . . . 0 . 931
D'œillet . . . . . . 1 . 034
De cire . . . . . . 0 . 831
De canelle . . . . . . 1 . 035
Distillée de citron . . . . . 0 . 842
De cumin . . . . . . 0 . 975
De fenouil . . . . . . 0 . 997
De Jayet noir . . . . . . 1 . 000
D'hysope . . . . . . 0 . 986
De genievre . . . . . . 0 . 911

Huile de kennekemalo	0 . 9458
De lin	7 . 932
De menthe	0 . 975
De noix, tirée par expreſſion	0 . 934
De muſcade	0 . 948
Autre	0 . 958
D'olives	0 . 913
D'origan	0 . 940
De petrole ſans couleur, ou de nafte	0 . 708
De pouliot	0 . 978
De chêne	0 . 929
De raves	0 . 853
De romarin	0 . 934
De rhue	0 . 975
De ſaſſafras	1 . 094
De ſabine	0 . 986
De lavande	0 . 936
De ſuccin	0 . 978
De tartre par défaillance	0 . 550
De térébenthine	0 . 792
De vitriol ordinaire	1 . 700
Conçentrée	1 . 827
Autre	1 . 877
Sang humain	1 . 040
Autre plus épais	1 . 056
Véneux	1 . 0623
Dont on avoit retiré la ſéroſité	1 . 084
Séroſité de ſang humain	1 . 027
Autre	1 . 030
Cuticule blanche	1 . 056
Sang de cochon	1 . 057
Sa ſéroſité	1 . 035
D'agneau	1 . 060
Sa ſéroſité	1 . 019
Artériel de chien	1 . 082

Sang de chien , véneux	1 . 062
De vache	1 . 058
Sa férosité	1 . 042
Efprit d'ambre	1 . 031
D'anis	0 . 9938
De riz , ou *arak*	0 . 9405
D'écorce de citron	0 . 870
De corne de cerf	1 . 073
Selon la préparation de *Gaubius*	1 . 0634
De froment , celui qui monte le premier	0 . 9527
De froment	0 . 9855
De miel	0 . 895
De genievre	0 . 9856
De nitre commun	1 . 315
Autre	1 . 410
Autre	1 . 458
Rectifié avec le nitre fec	1 . 475
D'*hermes*	1 . 610
Avec l'efprit de vitriol, felon la préparation de *Gaubius*	1 . 495
Avec l'huile de vitriol rectifiée	1 . 583
Doux	1 . 000
De bezoard	1 . 315
De fel ammoniac avec les cendres gravelées	1 . 120
De chaux	0 . 952
Autre	0 . 890
De fel marin avec le bol	1 . 202
Autre	1 . 130
Autre	1 . 037
De fel doux	0 . 951
Autre	0 . 890
Avec de l'huile de vitriol	1 . 146
Avec la même huile deux fois rectifiée	1 . 118
De la foie	1 . 115
De fuccin	1 . 030

Efprit de foufre.	1 . 019
De térébenthine	0 . 874
De tartre	1 . 073
De roffoli	1 . 0087
De vin rectifié	0 . 866
De France, ordinaire	0 . 9874
Alkool	0 . 815
Ethéré	0 . 732
De vitriol	1 . 203
Teinture d'antimoine	0 . 866
D'acier	0 . 853
De quina	0 . 900
De gomme ammoniac	0 . 899
Vin blanc de France ordinaire	1 . 020
De Mofcow	1 . 000
De Frontignan	1 . 0086
De Bourgogne	0 . 953
D'Orléans	0 . 996
De Campiene	0 . 962
Rouge de S. Laurent	1 . 00513
De Pontacq	0 . 993
D'Efpagne, de Rota	1 . 0303
De Malaga	1 . 0159
De Xeres	0 . 998
De Canari	1 . 033
D'Efpagne, de Malvoifie	1 . 008
Du Rhin	0 . 9995
Rouge du promontoire de Bonne-Efpérance	1 . 018
Blanc du même endroit	1 . 039

§. MCCCCXVII *. Les gravités fpécifiques des folides, ainfi que celles des liquides, varient fuivant la différente température de l'air; elles ne font plus les mêmes en été qu'elles étoient en hiver. Pendant l'été les corps font raréfiés par la chaleur du foleil; ils font condenfés l'hiver par le froid, & les volumes des corps ne font point proportionnels aux degrés de froid, ou de chaleur qui fe font fentir dans l'atmofphere: ils augmentent & ils dimi. nuent différemment. Les fluides en général fe raréfient davantage que les folides, lorfqu'ils font expofés les uns & les autres à un même degré de chaleur ; & on remarque fur-tout cet effet dans ceux qui abforbent plus évidemment la matiere du feu, & qui la confervent davantage. C'eft à l'expérience que nous fommes redevables de cette connoiffance, ainfi que j'en parlerai dans l'article du feu.

MM. *Homberg* & *Eifenfchmidius* ont démontré cette vérité par des expériences inconteftables. Je vais placer ici la Table que ce dernier nous a laiffée, dans laquelle il a examiné différens fluides dont le volume étoit = 1 pouce cubique de Paris. Il ne manque à la perfection de cette Table que d'y avoir ajoûté les différens degrés de chaleur & de froid.

	En Eté.				En Hiver.		
	℥	ℨ	g.		℥	ℨ	g.
Mercure	7	1	66		7	2	14
Huile de vitriol	0	7	59		0	7	71
Efprit de vitriol	0	5	33		0	5	38
Efprit de nitre	0	6	24		0	6	44
Efprit de fel	0	5	49		0	5	55
Eau-forte	0	6	23		0	6	35
Vinaigre	0	5	15		0	5	21
Vinaigre diftillé	0	5	11		0	5	15
Efprit de vin	0	4	32		0	4	42
Lait de vache	0	5	20		0	5	25
Eau de fleuve	0	5	10		0	5	13
Eau de puits	0	5	11		0	5	14
Eau diftillée	0	5	8		0	5	11

CHAPITRE XXVII.

De l'Eau.

§. MCCCCXVIII. Après avoir examiné quelques-unes des propriétés générales des fluides, nous croyons qu'il est à propos de considérer de plus près trois sortes de fluides, qui sont fort communs; savoir, l'eau, le feu & l'air. Ces fluides méritent d'être examinés avec beaucoup d'attention, tant à cause de leurs belles & admirables propriétés, qu'à cause des avantages considérables qui en reviennent à l'homme, & à tous les corps terrestres.

§. MCCCCXIX. Nous allons commencer par l'eau, & nous exposerons d'abord en peu de mots son utilité.

1°. Elle sert de boisson à tous les animaux; car on n'en peut préparer aucune qui soit propre pour la santé & la vie des animaux, que la plus grande partie ne soit de l'eau.

2°. Elle délaie & dissout les alimens dans la bouche; elle est aussi la cause du goût, puisqu'il nous est impossible de goûter ce qui est sec, tandis qu'il reste tel.

3°. Elle sert à amollir les alimens, qui seroient, sans cela, trop durs dans l'estomac, & qui ne pourroient point y être atténués & convertis en chyle; mais lorsqu'ils sont macérés dans l'eau, ou qu'ils y sont cuits, ils se digerent plus aisément.

4°. Elle est le véhicule de toute partie nutritive qu'elle charrie dans toute l'habitude du corps.

5°. Elle entretient la vie animale en rendant le sang fluide & propre à circuler dans tous les vaisseaux de notre corps.

6°. Elle est la cause de la végétation; elle fait croître tous les végétaux: car la seule eau de pluie fait croître les plantes, développe leurs feuilles & leurs fleurs. Ne remarque-t-on pas ce phénomene d'une maniere très convaincante, par rapport aux oignons qu'on met dans des caraffes remplies d'eau, dans laquelle ils baignent?

7°. Les fossiles eux-mêmes ne croîtroient jamais dans le sein de la terre, si l'eau ne détachoit plusieurs parties des corps solides, & ne les transportoit à d'autres avec lesquelles elle s'unit, & avec lesquelles elle concourt à former de plus grandes ou de plus petites masses. Il n'y auroit ni pierres, ni cailloux, ni perles, si l'eau, en se mêlant avec certaines terres, ne se changeoit en un suc pierreux, qui, en s'insinuant & en pénétrant en d'autres terres, s'y arrête & se convertit avec elles en une seule masse, d'où naissent les cailloux, les pierres, les marbres & les rochers, dont les figures sont si variées.

8°. L'eau est encore l'élément des poissons.

9°. C'est elle qui porte ces vaisseaux chargés de marchandises qui nous font entrer en commerce avec les Nations les plus éloignées.

10°. L'eau forme la pluie, laquelle tombant à travers l'atmosphere,

balaie

balaie tous les corps étrangers qui nagent dans fon fein , & porte la nourti-
ture aux plantes.

11°. L'eau nous eft d'un grand avantage pour nettoyer quantité de corps;
elle nous fournit des bains falutaires , non-feulement parcequ'ils lavent le
corps & emportent toutes les ordures qui s'attachent à fa furface ; mais encore parceque l'eau , pénétrant dans les routes de la circulation , elle ramollit les fibres , elle détruit leur trop grande rigidité ; elle foulage ceux qui font
attaqués de la goutte ; elle guérit les rhumatifmes & quantité d'autres maladies.

12°. C'eft l'eau qui forme les fontaines , les fleuves ; c'eft elle qui met
en mouvement les roues des moulins , & quantité d'autres machines fi utiles à la fociété.

L'eau eft-elle plus utile que le feu ? C'eft une queftion que *Plutarque* a
traitée d'une maniere fort curieufe (1).

§. MCCCCXX. On diftingue l'eau de tous les autres fluides qu'on connoît jufqu'à préfent , par les propriétés fuivantes. C'eft une maffe fluide , liquide , humide , infipide , fans odeur ; limpide , diaphane (2) , fans couleur , très volatile , qui ne peut brûler dans le feu ; mais au contraire qui
l'éteint ordinairement.

§. MCCCCXXI. On peut diftinguer l'eau en fix efpeces. 1°. L'eau tombe
à travers l'atmofphere fous la forme de pluie , de neige ou de grêle.

2°. Il y en a qu'on nomme eau de fontaine.

3°. . . . . . de fleuve.

4°, ... de puits.

5°. . . . . . de lac.

6°. . . . . . de mer.

§. MCCCCXXII. La pluie , la neige & la grêle , font originairement de
l'eau qui s'eft élevée de la furface de la terre fous la forme de vapeurs , qui
ont formé enfuite des nuées d'où elle eft enfin retombée fur la terre. Nous
expliquerons tous ces phénomenes dans le Chapitre 39 , qui traitera des
météores.

§. MCCCCXXIII. La pluie , la neige , la grêle & toutes les vapeurs qu
furnagent dans l'atmofphere , venant à tomber fur la terre , la pénetrent à
différentes profondeurs , fuivant la nature du terrein qui les reçoit. *Seneque,*
après des fouilles exactes , affure qu'il n'y a point de pluie , quelqu'abondante qu'elle foit , qui pénetre la terre à plus de dix pieds de profondeur (3).
Il s'accorde en cela avec *Varin* (4). *De la Hire* (5) prétend qu'elle ne pénetre point la terre au-delà de 16 pieds. *De Buffon* , ayant examiné un tas
de terre de jardin , qui avoit 8 à 10 pieds de haut , & qui n'avoit pas été re-

(1) Plutarchi. Oper. Tom. 2. p. 955. (2) Ricciolus in Geogr. Lib. 10. cap. 2. (3) In
Quæft. Natur. Lib. 3. cap. 7. (4) Géographie générale , p. 224. (5) Hift. de l'Acad Roy.
ann. 1703.

mué depuis plufieurs années , affure que la pluie ne pénetre point la terre au-delà de trois à quatre pieds de profondeur. Le même Obfervateur affure avoir remarqué la même chofe par rapport à une autre terre qui n'avoit point été labourée ni remuée depuis deux fiecles (1). Mais ce qu'il y a de conftant , c'eft que la pluie pénetre plus profondément la terre en Hollande ; elle pénetre même jufqu'à la couche fablonneufe fur laquelle l'eau de puits fe ramaffe. *Erndetl* remarque très judicieufement à cet égard , que toute terre n'eft pas également poreufe (2) : il rapporte qu'étant defcendu dans un puits de 1600 pieds de profondeur , creufé au haut d'un rocher très élevé de la Mifnie ; il rapporte , dis je , qu'il avoit remarqué que l'eau couloit dans ce puits , à différentes hauteurs , par des crevaffes. Ce fait s'obferve fréquemment dans plufieurs mines ; auffi *le Monnier* affure , comme témoin oculaire , que , dans des mines de Clermont en Auvergne , l'eau de la pluie s'étoit fait jour , & avoit pénétré jufqu'à la profondeur de 250 pieds dans la terre (3). Ces eaux coulent vers les endroits de la terre qui font en pente , comme fi elles rouloient dans des canaux , d'où elles forment des fontaines jailliffantes , lorfqu'elles peuvent fe faire jour , foit en foulevant la terre qui les recouvre , foit en la perçant : ces fontaines jailliffent plus ou moins haut , fuivant qu'elles tirent leur fource d'un lieu plus ou moins élevé , & fuivant la quantité d'eau que cette fource fournit.

§. MCCCCXXIV. La pluie qui tombe fur la furface de la terre , & qui coule dans les creux des endroits qui vont en pente , ainfi que les fontaines , produifent des fleuves ; l'eau des fleuves n'eft donc autre chofe qu'une eau de pluie ou de fontaine , & quelquefois l'une & l'autre.

§. MCCCCXXV. Lorfqu'on creufe la terre dans quelques endroits , & qu'on la creufe plus ou moins profondément , comme , par exemple , à la profondeur de cinq à fix pieds , ou davantage , quelquefois à la profondeur de 200 ou même 300 pieds , on rencontre une couche de fable dans laquelle l'eau s'imbibe & fe filtre comme à travers une éponge. Cette eau qui vient , pour l'ordinaire , des rivieres , & qui eft portée jufques dans ces endroits , eft ce qu'on nomme eau de fource , ou de puits. Cette eau ne doit pas toujours fon origine aux rivieres ; fouvent elle vient perpendiculairement de la furface de la terre , ou des lieux humides circonvoifins , & qui entourent le puits : auffi les Ouvriers qui conftruifent des puits , n'emploient point de chaux pour en bâtir les murs , & ils ont foin de féparer les pierres & de les tenir éloignées les unes des autres , afin que l'eau qui eft pouffée de la furface de la terre vers ce puits , & qui y aborde par les côtés , puiffe aifément s'y décharger. Ils ne fe fervent de chaux que pour former la partie du puits qui eft élevée au-deffus de la furface de la terre.

§. MCCCCXXVI. L'eau de lac eft compofée de celles des rivieres & des fontaines , & de toutes les ordures qui fe déchargent dans les marais.

§. MCCCCXXVII. L'eau de mer eft falée , amere , elle forme l'Océan qui embraffe le globe terreftre.

§. MCCCCXXVIII. Il eft rare que l'eau naturelle foit entierement pure , peut-être ne l'eft-elle jamais ; car elle eft fouillée par les émanations & les

(1) Hift. Natur. Vol. I. p. 122. (2) Warfavia illuftrata , p. 121. (3) Obferv. d'Hift. Natur. p. 194.

particules les plus subtiles de presque toutes sortes de corps terrestres, ainsi que *Woodward* (1) & *Morton* (2) nous l'assurent, après en avoir fait une analyse très exacte : car lorsque la pluie tombe à travers l'air, elle balaie l'atmosphere ; elle emporte avec elle les semences des petites plantes, les petits insectes qui s'y élevent, les sels volatils qui nagent dans son sein, la poussiere que les vents y ont élevée, & plusieurs autres particules terrestres fort déliées qui flottent dans l'atmosphere, & qui y demeurent suspendues. C'est par rapport à cela qu'on remarque beaucoup d'ordures sur la surface de l'eau de pluie qu'on a recueillie dans des vases : ces ordures se précipitent à la longue ; elles s'attachent aux parties de l'eau, & elles s'élevent avec elles dans les distillations sous la forme de fumées blanches qui fournissent une espece d'esprit acide : cette eau, soumise à plusieurs distillations réitérées, fournit enfin une petite quantité d'huile rouge (3), qui, tant par sa couleur que par son odeur & par ses autres caracteres, est propre à l'eau qui la produit ; ce qui a été observé par *Borrichius*, *Hierne* (4) & *Eller* (5).

§. MCCCCXXIX. L'eau de fontaine n'est pas plus pure que celle de pluie ; puisqu'elle doit son origine à cette derniere : outre cela il s'échappe continuellement des entrailles de la terre différentes émanations, telles que des esprits salés, acides, qui, en s'élevant des endroits où ils se détachent, rencontrent en leur chemin les eaux des fontaines & se mêlent avec elles : ces mêlanges acquerent différentes qualités, & deviennent propres à dissoudre différentes substances. Bien plus, l'eau de fontaine est souillée de toutes les particules terrestres, à travers lesquelles elle coule, qu'elle peut dissoudre & entraîner avec elle. C'est pour cela qu'on trouve quelquefois dans cette eau des pierres, des terres, des vitriols, des métaux, du soufre, des savons, des sels, &c. En effet, nous avons dans plusieurs endroits des fontaines qui contiennent du sel marin que l'art fait en retirer : il y a des fontaines qui portent des eaux salées au fond des fleuves dans lesquels elles se jettent ; de sorte qu'on trouve de l'eau salée dans le sein même d'une eau douce, ainsi que *Gmelin* (6) dit l'avoir observé lui même dans le fleuve d'Augara. Lorsque ces sortes de fontaines salées déchargent leurs eaux dans de grands réservoirs ; elles produisent des lacs salés, ainsi qu'on en remarque plusieurs en Russie : mais lorsque l'eau des fontaines dissout des soufres, du vitriol, de l'alun, du natrum, du sel alkali ou du sel neutre, ces eaux sont alors sulfureuses, ferrées, alumineuses, vitrioliques, &c : ce que prouvent manifestement plusieurs fontaines dont les eaux sont âcres, & qu'on trouve dans plusieurs endroits. On trouve plusieurs fontaines dont les eaux contiennent du vitriol de Mars ; & c'est aussi par rapport à cela qu'elles deviennent noires lorsqu'on les verse sur de la dissolution de noix de galle. Il y en a d'autres qui contiennent du fer qui s'y précipite sous la forme d'ocre. L'air infecte & corrompt quelquefois ces sortes d'eaux, & précipite le vitriol : & c'est pour cela qu'il faut les garantir du contact de l'air lorsqu'on veut les garder. Les eaux acidules de Seltz, auprès de Sall, sont alkalines

(1) Philos. Transf. n. 253. (2) Natur. Hist. Northampton, Cap. 4. p. 264. (3) Hist. de l'Acad. de Berlin, ann. 1748. pag. 7 (4) Tentam. Chymi. Tom. 2. pag. 23. (5) Hist. de l'Acad. de Berlin, ann. 1753, pag. 27. (6) Flora Sibirica. Tom. 1. Præfac. p. 36.

martiales; il y en a d'autres qui sont alkalines neutres: telles sont les eaux d'une fontaine qu'on trouve à Egra. On trouve des sels neutres & de la terre calcaire dans l'eau de Sedlitz. On trouve dans les eaux de Spa de l'ocre, du fer, du cuivre, du soufre, du vitriol, du nitre, du plomb, de la ceruse. *Guidette* ayant analysé un tonneau des eaux d'une fontaine d'Espagne, en retira 5 onces 3 dragmes de pierre, 2 onces & une demi-dragme de terre bleue sulfureuse, 3 onces de sel, tant marin que de nitre. Les eaux de Pyrmont contiennent beaucoup de sel amer, de fer & de terre calcaire. On observe en général que les eaux de fontaine contiennent plus de sels, de terre, & & d'autres substances étrangeres lorsque le tems est sec, que lorsqu'il est pluvieux. *Wallerius* nous a donné, dans son *Hydrologie*, l'analyse de plusieurs eaux de fontaine.

§. MCCCCXXX. Les eaux de fontaines produisent différens effets, suivant les différentes parties hétérogenes qu'elles contiennent. L'eau qui abonde en esprits, enivre ceux qui en boive, de la même maniere que s'ils avoient bu du vin, comme on le rapporte de la fontaine qui se trouve près de la Ville de S. Baldomar. On dit la même chose d'une autre source qui est dans l'Aquitaine, à peu de distance de Bessa; & d'une fontaine qui est dans la Province de Tolede, assez proche de Valence: on le dit encore du fleuve Lyncestius, & de plusieurs autres eaux (1). Si l'eau se trouve mêlée avec du soufre & du bitume, ou des cristaux de cuivre, elle est amere comme est l'eau sur les côtes de Coromandel. Si l'eau contient différens sels, mais principalement des sels vitrioliques; elle est âcre, corrosive, comme sont certaines eaux minérales (2). Si les eaux sont chargées de quelques parties subtiles terrestres, ou de pyrites, de parties ferrugineuses, mêlées avec des sels & des parties vitrioliques, & que ces eaux puissent s'insinuer dans les pores, dans les canaux des plantes, ou d'autres corps; elles s'attachent & elles adherent aux parties solides, elles les dissolvent, elles les rongent sans pouvoir attaquer leurs parties terrestres qui subsistent, & qui se convertissent en pierre. Les corps qu'on jette dans ces sortes d'eaux se changent en pierre, dans lesquelles on remarque toujours les vestiges des fibres ligneuses & leurs canaux; de sorte que, ni les pores, ni les canaux ligneux ne sont point obstrués par la matiere terrestre pétrifiée, ainsi que plusieurs le croyoient anciennement: c'est par rapport à ce phénomene qu'on trouve des arbres pétrifiées dans des montagnes, & qui se sont durcis au point de donner des étincelles lorsqu'on les frappe avec de l'acier. M. *Clozier* nous a donné la description d'un arbre ainsi pétrifié qu'il avoit trouvé dans une montagne près Etampes en France (3). *Vitruve* (4), *Strabon* (5), *Pline* (6), *Caesius* (7), *Plot* (8) nous ont donné la description de plusieurs fontaines qui produisent cet effet. On trouve dans l'Isle de Sumatra un fleuve qui arrose la Ville de Palimbuan, qui a la propriété de pétrifier toute espece de bois qu'on y jette dans un certain endroit (9). Il y a un fleuve dans le

(1) Varenii Geogr. §. 4. Cap. 17. Sect. 6. (2) Bellius Hungar. Lib. 3, pag. 115. (3) Mémoires de Mathem. & de Phys. Tom. 2. p. 508. (4) Lib. 3. cap. 8. (5) Lib. 13. pag. 529. (6) Lib. 2. cap. 103, & Lib. 31. cap. 2. §. 20. (7) De Mineralibus, Lib. 1. cap. 6. (8) Natur. Histor. of Oxfordshire, Chap. 5. §. 25. (9) Valentyn, Descript. Sumatræ, Tom. 5. p. 11.

Royaume de Chili en Amérique , qui baigne des racines de faules & qui les convertit en cailloux ; de forte qu'ils donnent du feu lorfqu'on les frappe avec de l'acier (1). On trouve un grand fleuve dans le Pérou, à la partie feptentrionale de la Ville de Quito , dans lequel toute efpece de bois , des arbres , & tout autre corps quelconque qu'on y jette , & qui peut être péné-tré & rongé par l'eau de ce fleuve, fe convertit en pierre , fans que fa figure foit altérée ; mais on trouve toujours que la premiere fubftance eft dé-truite (2). Il y a auffi en Iflande une fource qui lapidifie les corps qu'on y jette. *Haertrongus* rapporte qu'on en trouve une pareille auprès de *Schwal-bache* (3). *Sibbaldus* en indique une femblable en Ecoffe , en Bucharie (4). Il arrive cependant quelquefois que la matiere terreftre qui flotte dans l'eau n'eft pas affez déliée pour pénétrer dans les pores des corps ; cette matiere , qui eft calcaire , remplit les cavités des grands coquillages , ou elle forme une efpece d'enveloppe autour des corps fur lefquels elle s'attache : & fi cette croûte qu'elle forme renferme du bois , elle le difpofe à fe convertir en chaux aux approches du feu. *Morton* (5) & *Plot* (6) rapportent qu'on trouve des fources de cette efpece en Bretagne. Auffi le célebre *Barton* (7) dit avoir trouvé en Irlande , auprès de Loughneag , du bois renfermé dans des pierres. Bien plus , on remarque fouvent des croûtes pierreufes & fort épaiffes qui s'attachent aux parois des aqueducs , & qui s'y épaiffiffent au point d'obftruer tout-à fait ces canaux. On trouve même de ces parties ter-reftres , lefquelles , étant féparées de toutes autres & defféchées , fe conver-tiffent en pierre lorfqu'on les expofe au grand air : on remarque ce phéno-mene par rapport à une efpece d'eau qu'on trouve au Pérou , auprès de la Ville appellée Guancavelica ; cette eau fe change en pierre , dont là couleur tire fur le jaune : cette pierre eft fufceptible de poli , & elle devient tranfpa-rente lorfqu'on la polit. Il y a de l'eau qui fe durcit lorfqu'on la tient dans des vafes ; & on prétend que les murs de la Ville de Lima font bâtis de ces fortes de pierres (8).

§. MCCCCXXXI. Les fontaines de Neuhaufel , auprès de la Ville de Herngrund , ont la propriété de convertir le fer en cuivre ; lorfqu'on jette du fer dans ces fontaines , l'eau le corrode , & abandonne du cuivre à la place des parties qu'elle diffout (9). On trouve en Irlande , auprès du fleuve Arklow , des mines de cuivre qui fourniffent une eau acide , dont la cou-leur tire fur le bleu ; cette eau ronge le fer , & abandonne à fa furface les parties du cuivre qu'elle renferme dans fon fein. Des lames de fer , aban-données à l'action de cette eau pendant l'efpace de trois mois , font tout à-fait détruites ; & on trouve au fond de la foffe une quantité de cuivre plus grande que la quantité de fer qu'on avoit foumife à l'action de cette eau. Le cuivre qu'on recueille en cette occafion fe trouve fous la forme de fable. Lorfqu'on plonge dans cette eau des clous de fer , de l'argent ou de l'étain ,

---

(1) Feuillée , Journ. des Obferv. T. 1. p. 329. (2) Journ. des Sav. ann. 1717. (3) Rayeri Oryctograph. p. 9. (4) Scotia illuftr. Lib. 2. Part. 1. chap. 9. (5) Natur. Hift. of Nor-thampt. ch. 4. §. 21. (6) Natur. Hift. Oxfordshire, Cap. 5. §. 25. (7) Lectures in Natu-ral. Philofoph. Lect. 4. (8) Feuillée , Journal d'Obfervat. Tom. 1. p. 433. (9) Browinus Memorab. p. 186. Tranf. Philof. n. 450. Bellius Hungar. Lib. 3. cap. 4.

la furface de ces métaux fe trouve furcuivrée au bout de 4 minutes, & l'augmentation de leur poids va à 4 grains : la poudre qui fe détache de ces métaux, étant fondue feule & fans aucune addition, donne du cuivre pur ;
celle qui tombe au fond de la foſſe, & qui y féjourne longtems, forme des
maſſes folides (1).

On a découvert en Penſilvanie une fontaine, dont le limon fournit une
quantité fous double de cuivre, lorſqu'après l'avoir renfermé dans un creuſet, on l'expofe à l'action du feu. Dans le Comté de Wicklow en Bretagne, on trouve une eau qu'on appelle *cronebaumwater*, dont le limon fournit $\frac{4}{7}$ de cuivre (2).

§. MCCCCXXXII. Il y a outre cela quantité de fources chaudes, dont
les eaux forment des bains : il eſt hors de doute que la chaleur de ces eaux
vient des feux fouterrains, dont l'origine & l'entretien dépend de pluſieurs
caufes que nous ne connoiſſons pas encore toutes. Les parties ignées qui s'en
élevent, échauffent la terre & l'eau qui coule fur fa furface : telles font les
eaux de Gran, dont l'odeur & la faveur annoncent du foufre ; on trouve
même un foufre léger qui fe forme aux bords des orifices des aqueducs de
ces eaux. Les eaux de Vichi fe rangent également dans la claſſe des eaux
chaudes : elles exhalent une vapeur bitumineufe qui fe répand jufqu'à la
diſtance de trois lieues, & flatte les beſtiaux. Le célebre *Sone* ayant analyſé
ces eaux, trouva qu'elles étoient alkalines, & qu'elles contenoient une
matiere ferrugineufe, un principe fpiritueux, dans lequel l'air abonde, &
une terre fubtile mêlée avec de l'huile bitumineufe, qui eſt la caufe de la
faveur amere acide qu'on trouve à ces eaux, & qui fe perd lorſqu'on la tranfporte : lorſqu'on diſtille ces eaux, on trouve que le réſidu falin, qui ne s'é-
leve pas, contient beaucoup de *natrum* : elles donnent un principe fpiritueux, dans lequel on trouve du bitume, de l'alkali naturel, du fel marin,
du fel de Glauber, & une terre légere abforbante (3).

§. MCCCCXXXIII. Il y a des fontaines dont l'eau, étant bue, change
la couleur des cheveux des hommes, celle de la laine & des poils des animaux qui en boivent, ainſi que le rapportent *Ariſtote* (4), *Seneque* (5),
Pline (6), *Vitruve* (7) ; il y en a d'autres dont les eaux font vénéneufes : ce
qui vient de l'arfenic, de l'antimoine, ou de quelques autres fubſtances
dangereufes qu'elles contiennent. Telle eſt celle qu'on trouve en Arcadie,
& que les habitans appellent Stix : l'eau de cette fontaine féduit les étrangers ; parceque fa couleur, ainſi que fon goût, n'ont rien de fufpect, & elle
reſſemble en cela à ces poifons dangereux préparés par ces fameux maléfi-
ciers, qu'on ne peut découvrir que par la mort de ceux qui les prennent.
On trouve auſſi une eau bien dangereufe à boire en Theſſalie, aux environs de
Tempé. La fontaine Neptunius à Terracine, celle de Palicunus en Sicile,
ne font pas moins vénéneufes, &c. On trouve en Amérique, dans une
Province nommée Guatimala, un Village qu'on appelle Sacapula, qui eſt ar-
rofé par un fleuve, dont l'eau, produite par la neige, infecte le gofier lorf-

---

(1) Philoſ. Tranſ. Vol. 47. p. 500. Vol. 48. p. 94. & 181. (2) Philoſ. Tranſ. Vol. 49.
Part. 2. p. 648. (3) Hiſt. de l'Acad. Roy. ann. 1753. (4) Hiſt. Animal. Lib. 3. (5) Seneca, Lib. 3 cap. 15. (6) Lib. 2. cap. 103. Lib. 31. cap. 2. (7) Lib. 8. cap. 3.

qu'on la boit froide ; elle attaque les chairs circonvoifines , & elle produit des écrouelles depuis le menton jufqu'à la poitrine (1). *Caefius* rapporte la même chofe par rapport aux habitans des Alpes (2) , eu égard aux eaux de neige qu'ils font obligés de boire: Pour fe garantir d'un accident femblable , les habitans de Saltzbourg, les Efpagnols , les peuples de la Grenade , ceux de l'Eftramadoure , qui font voifins des montagnes , s'abftiennent de boire de l'eau de neige (3). Il y a une autre efpece d'eau qui ébranle & qui fait tomber les dents de ceux qui en boivent : cette eau fe trouve en France dans le Village de Senlis (4) ; elle contient beaucoup de fel alkali fixe. *Vitruve* a dit la même chofe d'une fontaine qui fe trouve dans la Ville de Sufes en Perfe (5). *Pline* nous apprend la même chofe de quelques fontaines d'Allemagne (6). Les eaux des fontaines d'Oraxi produifent un effet contraire ; elles affermiffent les dents de ceux qui en boivent. *Caefius* (7), *Daufquin* (8), *Fabricius* (9) , nous ont donné la defcription de plufieurs fontaines , & les effets que leurs eaux produifent. Mais ce n'eft pas l'eau , en tant qu'eau , qui produit tous ces effets ; on doit les attribuer aux fubftances étrangeres qui font combinées avec ces eaux. Il y a en France une riviere qu'on nomme Gabard , qui aveugle les poiffons , ou qui les rend borgnes , en leur corrompant l'œil droit : cette riviere eft une efpece de gouffre (10).

§. MCCCCXXXIV. L'eau de puits qui coule à travers du fable bien ner, ou des petits cailloux , eft fort pure ; mais autrement elle fe trouve fouillée de particules terreftres , ainfi que l'eau de fontaine. Il arrive quelquefois que , fi on puife de l'eau dans un puits qui eft ouvert , cette eau fe trouve molle , légere , potable , falubre ; mais que fi on ferme ce puits , & qu'on y puife enfuite de l'eau, on la trouve dure , infalubre , chargée de vitriol & de quantité d'autres parties hétérogenes. La raifon de ce phénomene fe préfente naturellement à l'efprit ; cela vient de ce que les puits étant ouvert , les fels , les foufres , & quantité d'autres exhalaifons s'en échappent ; tandis qu'elles y font retenues lorfque le puits eft fermé : cela peut venir auffi de ce que l'eau d'un puits qui eft ouvert , eft plus froide , & que ces différentes particules s'y précipitent aifément , tandis qu'elles font en mouvement , & qu'elles flottent dans l'eau d'un puits qui eft fermé , & dont l'eau eft plus chaude (11).

§. MCCCCXXXV. L'eau de lac & de riviere eft fort impure ; parce-qu'elle charrie avec elle beaucoup de fange , toutes fortes d'ordures , des plantes , des poiffons , des cadavres , & tout ce que les hommes & les animaux y jettent.

§. MCCCCXXXVI. L'eau de la mer contient du fel , du bitume , & toutes fortes d'ordures qui y font portées par les fleuves qui s'y dégorgent : on

---

(1) Gage itinéraire, Lib. 2. cap. 10. (2) De Mineralibus , Lib. 1. cap. 6. fect. 12. (3) Barre, l'ufage de la glace , Tourn. des Sav. ann. 1678 , p. 273. (4) Hift. de l'Acad. Roy. des Scienc. ann. 1712. (5) Lib. 8. cap. 2. (6) Lib. 25. cap. 3. (7) De Mineralibus , Lib. 1. cap. 6. (8) De Terra & Aqua , Cap. 13. (9) Theologia aquæ. (10) Hift. de l'Acad. Roy. ann. 1748 , pag. 39. (11) Morton , Hift. Nat. of Northamptonshire , Cap. 4. §. 14.

trouve encore dans cette eau , mais fur-tout vers les bords, un nombre prodigieux d'infectes ; de forte qu'on croiroit fans peine que ces infectes font un
centieme de l'Océan. Il y a lieu de croire que l'eau de la mer contient en
elle-même plus que du fel ; puifqu'en faifant fondre du fel dans de l'eau de
pluie, on ne peut parvenir à faire , avec ce mêlange , de l'eau de mer. Quelqu'attention qu'on apporte pour filtrer cette eau , on ne peut la dépouiller
de cette faveur amere qui lui eft propre , qui eft caufée par le bitume qui
vient de certaines fources fouterraines , & qui fe mêle avec l'eau ; elle eft
auffi produite par les huiles des plantes, des animaux , & par le fel de nitre
qu'elle contient.

L'eau de la mer Morte , outre le bitume de Judée qu'elle contient , contient encore du vitriol , de l'alun , du fel falé : la faveur de cette eau eft très
falée , & caufe des naufées , elle fe corrompt plus aifément que l'eau de l'O-
céan (1). Si on verfe fur de la faumure quelques gouttes d'efprit diftillé de
charbon de terre ; ce mêlange acquiert la faveur de l'eau de mer , ainfi que
M. le Comte *de Marfigly* l'a obfervé par plufieurs belles expériences qu'il a
faites (2). Le fel marin qu'on travaille auprès de l'embouchure du Rhône,
ne peut point être mis en ufage pendant les trois premieres années , à caufe
de l'amertume que le bitume lui donne : il ne devient propre à nos ufages
que plufieurs années après , lorfqu'il a perdu fon amertume , & que la
partie bitumineufe s'eft évaporée. Si on pêtrit de la farine avec de l'eau de
la mer , elle devient fi amere le jour fuivant , qu'on n'en peut point manger
fans dégoût. Outre cela , le fel marin n'eft pas le même par-tout ; car le fel
qui fe trouve depuis la furface de la mer jufqu'à la profondeur de 6 pouces ,
eft d'une autre qualité que celui qu'on trouve dans tout autre endroit plus
profond. En effet , fi on met du premier de ces deux fels fur un carton bleu ,
il le teint en rouge , de même que fi on mettoit du nitre ; effet que ne produit point le fel lorfqu'il vient d'un endroit de la mer plus profond. Il paroît
vraifemblable que le fel de l'eau de la mer eft fait de fel ordinaire marin ,
de fel acide vitriolique , & de fel calcaire , femblable au fphate. L'acide vitriolique fe trouve fur-tout vers la furface de la mer ; car l'air s'en décharge
fur la furface de cette eau. L'eau qui conftitue toute la furface de l'Océan
n'eft pas également falée par-tout ; elle ne l'eft pas également dans les différentes faifons de l'année. Cette eau eft moins falée vers les embouchures
des fleuves ; elle l'eft auffi moins en hiver qu'en été. Le fel qu'on trouve
dans la mer doit-il fon origine aux fontaines & aux montagnes de fels qu'on
trouve au fond de l'Océan , qui fe diffolvent dans l'eau par la fuite des tems ?
Pourquoi l'eau de la mer augmente-t-elle la foif des hommes qui en boivent , puifque c'eft la boiffon ordinaire des poiffons ?

§. MCCCCXXXVII. La limpidité de l'eau de la mer , fa falure , & fa
gravité fpécifique , font différentes dans les différens endroits de l'Océan,
fuivant la pluie qui y tombe, la chaleur qui s'y fait fentir, les différentes
ordures qui fe mêlent avec cette eau, les fleuves qui s'y déchargent, & plufieurs autres chofes qui concourent à produire ces différences. C'eft une remarque que fit *Hugh Campbel* dans fon voyage d'Angleterre à Bombay ,

(1) Philof. Tranf. n. 462. (2) Hift. de la Mer, p. 26.

dans

dans les Indes Orientales (1). Voici une Table dreſſée en conſéquence, en ſuppoſant que la peſanteur ſpécifique de l'eau de la Tamiſe = 659.

L'eau de la mer.	Latitude boréale du lieu.	
	dégrés.	minutes.
673 ½	28	29
680	20	35
779	15	0
780 ½	9	59
777	7	34
777	3	32

	Latitude auſtrale.	
779	0	6
777 ½	7	8
757	11	56
675	19	15
674	21	39
676	24	13
677	31	58
675	34	42
676	36	0
675 ½	39	16
675	33	42
677	26	37
677	21	8
673	13	5
674 ½	8	0
674	5	38
674	3	0
674	1	30

	Latitude boréale.	
675	0	10
674	2	0
674	A la vue de Ceylan.	
674½	Près Ceylan, le vaiſſeau étant à l'ancre.	
671	Auprès de la Cochinchine	

(1) Gentlemans Magazin, Vol. 25. p. 270.

Tome II.

§. MCCCCXXXVIII. On purifie l'eau des substances hétérogenes qu'elle contient, 1°. par la filtration, lorsqu'on la fait passer par plusieurs grands vases remplis de sable : elle dépose dans le sable, à travers lequel elle se filtre, son sel & son amertume, & elle devient pure & potable, ainsi que l'ont remarqué *Verulam* & *Marsigli* (1).

Il ne suffit pas de filtrer l'eau de la mer par une quantité de sable quelconque pour la purifier. *Feuillée*, étant à l'Isle de Malthe, réduisit une pierre en sable, & en remplit un vase jusqu'à la hauteur de 13 pouces : ayant versé de l'eau de la mer sur le sable, & l'ayant fait filtrer trois fois à travers cette quantité de sable; il trouva, à la vérité, que la salure & l'amertume de cette eau étoient diminuées; mais elle n'avoit point encore perdu tout son mauvais goût : elle avoit déposé des parties jaunes qui s'étoient mêlées avec les grains de ce sable (2). C'est pour cette raison que des puits creusés vers le bord de la mer, dans des terreins sablonneux, donnent des eaux douces; phénomene que les Anciens connoissoient*, & dont ils font mention (3), & que nous observons encore (4). Cette transcolation se fait encore avantageusement à travers certaines pierres poreuses du Mexique : ces pierres se chargent & s'impregnent des ordures que cette eau dépose; mais elle n'est pas encore pour cela totalement dépouillée de sa salure & de son amertume. M. *Lister* nous enseigne de quelle maniere on peut purifier l'eau de la mer & la rendre douce & buvable, en y suspendant de l'algue marine, & en mettant ensuite au haut d'un vase rempli d'eau & d'algue, un alambic dans lequel toutes les exhalaisons de cette plante vont se rassembler (5). Mais *Aristote* (6), *Pline* (7), *Plutarque* (8), *Fournier* (9), nous recommandent de nous servir de boules creuses de cire, lesquelles, étant plongées dans la mer, se remplissent d'une eau douce qui les pénetre & qui se filtre par leurs pores. *Deslandes* a trouvé une maniere assez simple de dessaler l'eau de la mer : c'est de prendre de la cire vierge, & d'en composer des gobelets en forme de culs-de-lampe : on remplit ensuite ces gobelets d'eau de la mer; cette eau se filtre à travers & dépose sa salure & son amertume dans la cire. On prétend que l'eau de la mer perd une grande partie de sa salure lorsqu'elle pénetre dans une bouteille qui est plongée à la profondeur de 816 pieds, & qui est fermée avec un bouchon de liege garni de cire extérieurement, & recouvert avec un morceau de parchemin (10). M. *Leutman*, voulant avoir de l'eau bien pure, filtra de l'eau de puits à travers un papier brouillard, il la fit ensuite fermenter ou pourrir, afin que les sels qu'elle contenoit pussent se volatiliser, & que les parties terrestres pussent se déposer; il la filtra ensuite de nouveau, & assura qu'ayant perdu ses sels, & étant dépouillée de ses parties terrestres, elle étoit plus pure. *J. Gadesden*, suivant le rapport de *Hale*, recommandoit cette méthode en 1516 (11).

(1) Hist. de la Mer, p. 32. (2) Feuillée, Journ. des Observ. T. 1. p. 64. (3) Lucret. Lib. 2. v. 471. Jull. Cæsar de Bello Alexand. Cap. 8. Plutarch. Quæst. Nat. p. 913. (4) Labat. in Itiner. ad Insul. Americ. T. 6. p. 375. (5) Philos. Transf. n. 156. (6) Hist. Animal. Lib. 8. cap. 3. (7) Hist. Nat. Lib. 21 cap. 6. §. 37. (8) Quæst. Nat. p. 913. (9) Hydrograph. Lib. 9. cap. 26. (10) Hist. de l'Acad. Roy. ann. 1725, p. 8. (11) Philos. Experim. p. 10.

§. MCCCCXXXIX. L'eau devient auffi plus pure par la *congélation* : en effet, tout ce qu'il y a de fpiritueux dans l'eau ne fe gele pas, ou fe gele plus difficilement & plus lentement : par ce moyen les fels fe féparent de l'eau. *Boyle*, *Bartholin*, *Reyherus* nous affurent que lorfqu'on fait fondre de la glace d'eau de mer, on en retire une eau douce : mais les montagnes glacées qui flottent dans la mer Boréale, font formées de glace extrêmement falée, fi on s'en rapporte au témoignage de *Fred. Martens*. La gelée fépare de l'eau la plûpart des corps hétérogenes qui s'y trouvent : on en voit une preuve bien conftante dans la congélation des vins, qui fe divifent en phlegme qui fe gele, & en partie fpiritueufe : dans la congélation de la bière, dont une partie forme de l'eau glacée, & l'autre partie forme une meilleure biere : dans la congélation du vinaigre, dont le phlegme fe glace, & le refte produit de l'efprit de vinaigre : mais cette méthode de purifier l'eau eft très imparfaite ; parceque les liqueurs dont nous venons de parler fe glacent entierement lorfque la gelée eft très forte.

§. MCCCCXL. L'eau ne fe purifie jamais mieux de fes ordures que lorfqu'elle fe réfout en vapeurs ; foit que la chaleur feule du foleil les éleve, foit qu'on les raffemble, à l'aide du feu, dans des récipiens. C'eft pour cela que l'eau de pluie eft fort pure, quoiqu'elle vienne de l'eau de la mer, de l'eau des marais, de celle des rivieres, & des exhalaifons de divers corps qui fe trouvent fur la furface de la terre. En effet, la moindre chaleur réfout les parties de l'eau en vapeurs ; au lieu que les fels & les autres corps pefans ne s'élevent que fort difficilement dans l'atmofphere. Les Egyptiens n'ignoroient pas que l'eau eft compofée de parties fubtiles & groffieres ; & c'eft pour cela qu'ils puifoient de l'eau dans le Nil pendant la nuit avant que le foleil en eût enlevé les parties les plus fubtiles (1). Les Mariniers revêtent pendant la nuit les côtés de leur vaiffeau de peaux de moutons, qui reçoivent & confervent les vapeurs qui s'élevent de l'eau de la mer, & dont on retire enfuite de l'eau douce lorfqu'on les preffe (2). La Chymie nous fournit des moyens d'avoir de l'eau fort pure, lorfqu'on a foin de la diftiller plufieurs fois dans des vaiffeaux de verre bien nets ; car les fèces reftent alors au fond du vafe. Elle fera encore plus pure fi l'eau qu'on diftille plufieurs fois eft de l'eau de pluie, ou de neige qui foit tombée fur des endroits propres & élevés. Il faut cependant obferver que l'eau qu'on diftille plufieurs fois acquiert une odeur & un goût empyreumatique qui lui vient en partie du feu, & en partie de différentes fubftances étrangeres avec lefquelles elle eft alliée ; car tout ce qui eft auffi volatil, & tout ce qui eft plus volatil que l'eau, s'éleve dans le récipient avec les vapeurs aqueufes, & demeure combiné avec elles. L'odeur empyreumatique qu'on trouve à l'eau diftillée, vient du foufre que lui fournit l'aliment du feu, & qui paffe à travers les pores des vafes dont on fe fert dans ces fortes d'opérations ; & c'eft auffi pour cela que fi on pouffe la diftillation à un feu plus lent, cette odeur fera moins forte.

On ne s'eft pas donné peu de foins pour deffaler l'eau de la mer : on a cru qu'on parviendroit à ce but en la faifant pourrir : or fi on la diftille jufqu'à

____

(1) Plutarq. Lib. 8. Quæft. 15. Sympof. (2) Verulamius in filva filvarum.

moitié lorfqu'elle fe pourrit, tout ce qui s'éleve dans la diftillation a une odeur extrêmement puante ; mais le jour fuivant on trouve que ce qui ne s'eft point élevé eft doux & limpide : toutes les ordures font alors dépofées. Si on donne le tems à la putréfaction de s'opérer entierement, l'eau de la mer devient alors d'elle-même douce & limpide ; fi on la diftille alors, non cependant jufqu'à ficcité, parceque la partie inférieure de cette eau contient du fel marin qui s'éleveroit fous le chapiteau, & qui pafferoit dans le récipient : cette eau diftillée a une odeur empyréumatique urineufe ; mais elle devient douce enfuite, & eft affez pure : elle ne précipite point l'argent diffous dans l'efprit de nitre ; elle devient feulement louche ; elle dépofe, ainfi que l'eau de puits, les ordures qu'elle contient ; elle perd fon odeur à la fuite du tems ; & elle eft excellente pour faire cuire des pois.

On provoque la putréfaction de l'eau de la mer par l'addition de la colle de poiffon ; & on ne parvient point, fans que la putréfaction foit parfaitement achevée, à rendre, par la feule diftillation, l'eau de la mer pure, falubre & douce : elle conferve toujours un peu d'amertume, à moins qu'on n'ajoûte à celle qui eft déja diftillée de la leffive de fel de tartre, & qu'on ne la diftille de nouveau. Quelques-uns ajoûtent à cette eau du fel de tartre, de la chaux, des os, &c, & la diftillent enfuite ; mais cette méthode n'eft point fi avantageufe que la premiere.

§. MCCCCXLI. La *clarification* qui s'opere, à l'aide de certaines parties vifqueufes, telles que du blanc d'œuf, du lait, de la colle de poiffon & d'autres chofes femblables, eft encore un moyen de rendre les eaux plus pures ; parceque les ordures s'attachent à ces parties vifqueufes. Mais l'eau de la mer, quoique diftillée, ne perd point, par cette méthode, fa mauvaife faveur ; elle eft encore amere & caufe des naufées, quoiqu'elle devienne douce.

§. MCCCCXLII. D'autres ont eu recours à la *précipitation*, fe flattant que, par le mélange de certaines drogues, ils pourroient féparer de cette eau, les fels & les autres corps étrangers qui s'y trouvent : pour cet effet quelques-uns ont mêlé du fel de tartre avec de l'eau de la mer, afin qu'il attirât à lui le fel marin ; d'autres ont jetté dans cette eau de l'huile de tartre, pour qu'elle précipitât le fel marin au fond : après quoi ils ont diftillé cette eau & ils l'ont filtrée (1). Les Indiens ont tenté la même chofe en jettant dans l'eau de la mer certaines femences (2). D'autres ont jetté dedans, pour la même fin, du zinc, de la pierre calaminaire, du fel de Saturne (3), du corail, des yeux d'écreviffe. *Glaubert* prétendoit qu'il fuffifoit de jetter dedans une pierre qu'on nomme pierre fpéculaire, ou *miroir d'âne*, réduite en poudre (4). D'autres ont tenté la même chofe par le moyen des efprits acides ; mais aucun que je connoiffe n'eft parvenu à dépouiller l'eau de la mer de fon fel & de fon amertume, & à la rendre potable & ufuelle. D'autres Philofophes ont jetté différentes fubftances dans cette eau, & l'ont diftillée enfuite. Mais le célebre & induftrieux M. *Halle* a furpaffé, par fes travaux fur cette matiere, tous ceux dont nous venons de parler. *Jofeph Appleby*

(1) Philof. Tranf. n. 67. (2) Philof. Tranf. n. 249. (3) Acta Lipf. ann. 1682.
(4) Hift. Acad. Reg. L. 1.

imagina un moyen différent en l'année 1753 ; il jetta dans de l'eau de la mer une pierre caustique, préparée avec du sel alkali fixe, & de la chaux vive. La causticité de cette pierre ne le cédoit en rien à celle de la pierre infernale ; il jetta 6 onces de cette pierre dans 10 galons d'eau, & il y ajoûta 6 onces d'os calcinés, jusqu'à ce qu'ils fussent devenus blancs : il exposa ensuite cette eau à un feu lent ; & par le moyen de la distillation, il tira en deux heures & demie 15 galons d'eau douce, dans laquelle le savon se fondoit parfaitement, & les pois cuisoient très bien lorsqu'elle étoit bouillante. Ayant versé dans une cuillerée de cette eau vingt gouttes de dissolution d'argent par l'esprit de nitre, elle conserva sa limpidité : d'où on peut conclure qu'elle ne contenoit plus aucune partie de sel marin, ni aucun esprit de ce sel ; cependant elle contenoit encore un esprit volatil urineux ; car elle devenoit laiteuse, & elle se troubloit par l'addition de la dissolution de sel de Saturne (1). Si lorsqu'on jette de la dissolution de mercure par l'esprit de nitre sur de l'eau distillée, elle devient laiteuse : c'est une marque qu'elle contient quelqu'esprit de sel marin.

Halle imagina encore après cela une autre méthode pour purifier l'eau de la mer ; il jetta une once de craie ordinaire dans 4 pintes d'eau de la mer, & il distilla ensuite cette eau : il retira, par cette distillation, $\frac{3}{4}$ d'eau douce, salubre & bonne à boire. *Butler* se sert, pour le même effet, d'une lessive de savon ; mais la chaux ordinaire est préférable, parcequ'elle produit le même effet, & qu'elle est moins dispendieuse. Si on met une demi-once de chaux dans un gallon d'eau de mer, & qu'on distille cette eau à un feu lent, on retirera $\frac{3}{5}$ du tout, & l'eau que cette distillation aura fournie, fondra très bien le savon, & sera très propre à faire cuire des pois. La saveur de cette eau sera encore plus agréable que celle dans laquelle on auroit jetté de la pierre infernale. On estime aussi beaucoup l'usage des charbons de bois qu'on jette dans cette eau, pour la purifier, pourvu qu'on la distille ensuite ; mais aussi il faut avoir soin de précipiter cette opération, on ne réussira jamais mieux qu'en injectant continuellement de l'air dans la cucurbite, à l'aide d'un soufflet : cet air, passant à travers la masse d'eau, emporte avec lui les vapeurs qui s'élevent, & accélere l'opération ; car, par ce moyen, il s'éleve dans le même tems, dans le chapiteau, une quantité de vapeurs double de celles qui s'y élevent par la voie ordinaire (2).

§. MCCCCXLIII. Il y a plusieurs moyens pour connoître si l'eau est bien pure. Il faut qu'elle satisfasse aux conditions suivantes.

L'eau sera très pure : Si 1°. elle est fort claire, sans couleur, sans goût, sans odeur.

2°. Si elle reste également claire lorsqu'on y verse de la dissolution d'argent par l'esprit de nitre ; car si elle contient quelques sels, il se fait alors une effervescence : elle se trouble & elle devient bleue. Mais pour s'assurer que l'eau ne contient aucun sel acide, alkali ou neutre : voici ce qu'il faut examiner.

3°. Si elle ne devient point laiteuse par son mêlange avec de l'huile de tartre par défaillance.

(1) Philos. Transf. V. 48. p. 69. (2) Philos. Transf. Vol. 50. part. 1. p. 51.

4°. Si elle ne devient point trouble lorfqu'on y verfe de la diffolution de fel de Saturne.

5°. Si le favon de Venife fe fond parfaitement, fans qu'il en refte aucun fragment ; car fi cette eau contient quelques parties vitrioliques, ou de l'a-lun, le favon ne s'y diffoudra pas uniformément, il fe divifera en plufieurs fragmens : & c'eft auffi pour cette raifon que le favon ne peut jamais fe dif-foudre dans les acides.

6°. Si l'eau ne fe trouble point par l'addition du fel ammoniac ; car lorf-que l'eau contient du fel marin, il fe forme dans ce cas un *coagulum* de ma-tiere blanche qui fe précipite par couche.

§. MCCCCXLIV. L'eau de pluie, de puits, ou de fleuve, recueillie dans des tonneaux, ne fe conferve point pendant une longue navigation : fa limpi-dité dégénere en une couleur verte, fa faveur & fon odeur changent : elle excite des naufées, elle devient fœtide, & n'eft nullement potable ; parce-que, dans ce cas, elle eft remplie de petits infectes qui font attirés par l'o-deur, & qui fe font jour par les pores des tonneaux, ainfi que par ceux des couvercles de bois avec lefquels on ferme les vafes de terre dans lefquels on veut conferver cette eau : ces infectes y dépofent des petits ou des œufs ; ils y en dépofent une très grande quantité qui croiffent promptement, & qui s'en échappent enfuite, ou qui s'envolent. C'eft pour cette raifon que dans un long trajet, par exemple, lorfqu'on va aux Indes, l'eau fe corrompt trois ou quatre fois ; parcequ'elle reçoit des infectes de plufieurs efpeces (1). Si on fait bouillir cette eau lorfqu'elle eft corrompue, les infectes qu'elle contient meurent auffi tôt, & fe précipitent au fond, ainfi que les ordures & les autres fubftances étrangeres qu'elle contient. M. *Halle* & *Deflandes* ont donné tous leurs foins à imaginer un moyen propre à empêcher l'eau de fe corrompre, & à la garantir des infectes qui l'infectent. Ils ont propofé pour cela d'expofer les tonneaux avant de les remplir à la fumée de foufre, & de jetter dans l'eau de chaque tonneau une once d'huile de foufre, ou 8 fcrupules d'huile de vitriol, & ils ont prétendu que par ce moyen on par-viendroit à la tranfporter loin, fans qu'elle fe corrompît, & qu'elle feroit falubre & très potable.

§. MCCCCXLV. Ayant mis en hiver de l'eau pure, purgée d'air ou non, dans des boules creufes, d'or, d'argent, de plomb ou d'étain, que l'on fouda enfuite ; lorfqu'on voulut comprimer ces boules dans une preffe, ou les applatir à coups de marteau, on trouva que l'eau ne pouvoit être con-denfée, mais qu'elle s'écouloit de tous côtés, en maniere de rofée, par les pores de ces boules, à proportion qu'on diminuoit davantage leur cavité in-térieure, foit en les comprimant, ou en les frappant : c'eft ce qui a été dé-montré la premiere fois par les Académiciens de Florence, enfuite par M. *Boyle* & quelques autres. On doit conclure de là que les particules de l'eau font fort dures ; de forte qu'elles ne changent pas facilement de figure, & qu'elle ne rempliffent pas les interftices qui fe trouvent entr'elles. On n'en peut pas, à la vérité, conclure que l'eau ne puiffe point abfolument être réduite à un plus petit volume, ou qu'elle foit abfolument incompref-

____

(1) Hift. de l'Acad. Roy. ann. 1722. p. 12.

fible ; puifqu'elle fe condenfe réellement par l'augmentation du froid , quoique cette condenfation aille à fort peu de chofe. Les métaux, les pierres, ne
fe réduifent point à un plus petit volume lorfqu'on les comprime , quoique
nous fachions cependant d'ailleurs que ces fortes de corps ne font point abfolument durs , & qu'ils peuvent être réduits à un moindre volume. C'eft
en conféquence de la dureté de l'eau qu'une planche qui tombe avec effort ,
ou qu'on lance avec force contre la furface de l'eau, qu'elle atteint felon
fon plan , fe fend auffi-bien que fi on l'avoit frappé contre un corps dur. On
remarque que les balles de moufquet qui frappent obliquement la furface
de l'eau , s'applatiffent de même que s'ils avoient heurté contre une pierre ,
& même elles fe brifent fouvent, & elles fe divifent en plufieurs morceaux (1). Une bouteille de verre remplie d'eau fe fend & fe caffe lorfqu'on
la bouche imprudemment avec un bouchon de liege qu'on preffe trop fotte-
ment ; parceque l'eau ne cede point à la force compreffive qu'on déploie
contre le bouchon. Les vagues de la mer, portées avec impétuofité, par
l'effort d'une tempête , contre des rochers , des montagnes , des rivages ,
des levées , font des ravages confidérables : elles brifent des pieux extrêmement forts ; elles détachent des rochers , & elles roulent des maffes énormes de pierre. C'eft auffi pour la même raifon que des gouttes d'eau qui
tombent continuellement fur un même pavé, y creufent, à la longue, un
trou. Si on brife une larme batavique dans un verre rempli d'eau, les gouttes d'eau , portées avec effort contre les parois du verre, le caffent & le brifent en plufieurs morceaux. Si on remplit d'eau jufqu'à moitié un tube de
verre , & qu'après l'avoir vuidé d'air, on le fcele hermétiquement ; fi on
tourne enfuite ce tube de façon que fon extrêmité fupérieure devienne inférieure , l'eau qui tombera fur cette partie, frappera un coup auffi fec que fi
on laiffoit tomber dans ce tube une balle de plomb. Les Anciens regardoient
l'eau comme une fubftance très molle, qu'on pouvoit comprimer aifément ;
parcequ'ils ne l'avoient confidérée que très légerement, & qu'ils ne l'avoient
frappée qu'en plein air, de maniere qu'elle pouvoit céder à la force percuffive
& s'étendre.

§. MCCCCXLVI. Ayant renfermé du vin, du vinaigre , de l'efprit de
vin , de l'huile d'olives , de l'huile de raves , de l'huile de térébenthine , de
l'huile de poiffon dans une boule creufe d'étain , exactement foudée, j'ai
éprouvé que tous ces fluides étoient durs , & qu'ils oppofoient à la force
compreffive une réfiftance femblable à celle que *Hanbergeri* a trouvé en foumettant à la même expérience de la férofité du fang d'agneau , de vache &
d'homme.

§. MCCCCXLVII. Quoique l'eau foit affez dure pour ne pouvoir point
être condenfée fenfiblement , il ne s'enfuit point de-là qu'elle foit dépourvue de reffort ; car , de même que le fer & les cailloux, qui ne peuvent
point être réduits à un plus petit volume, par rapport à la dureté dont ils
jouiffent , font néanmoins élaftiques ; comme il paroît manifeftement par
leur reflexion, lorfqu'on les laiffe tomber fur d'autre fer , ou fur d'autres
cailloux ; de même les ricochets qu'on voit faire aux pierres qu'on lance

______

(1) Hift. de l'Acad. Roy. ann. 1705.

obliquement fur l'eau, celles des boulets de canon qui attrappent obliquement fa furface, prouvent qu'elle eft élaftique.

§. MCCCCXLVIII. Les parties de l'eau s'attirent mutuellement avec
beaucoup de force ; de forte qu'on ne peut les féparer que difficilement les
unes des autres : c'eft pour cette raifon qu'une aiguille fine d'acier, pofée fur
la furface d'une maffe d'eau froide, y furnage fi cette aiguille eft propre &
bien feche : mais fi elle eft mouillée, elle tombe au fond de l'eau. Il arrive
la même chofe lorfque l'eau fur laquelle on la pofe eft chaude, les vapeurs
de cette eau mouillent l'aiguille & la font tomber. De petites lames minces
de métal furnagent fur l'eau lorfqu'elles font feches, & elles portent même
encore quelque poids avant de fe précipiter au fond de l'eau ; mais fi ces
petites lames font mouillées, ou fi on les pofe fous la furface de l'eau, ou
enfin fi l'eau fur la furface de laquelle on les pofe eft chaude, elles tombent auffi-tôt au fond. Ayant lavé pendant long tems dans l'eau bouillante
une petite lame d'étain d'un quart de pouce de furface, & l'ayant pofée enfuite fur la furface d'une maffe d'eau froide, elle porta 41 grains qu'on y
mit légérement les uns après les autres. Cette même lame d'étain, fans être
chargée d'aucun poids, mais étant feulement un peu mouillée, s'enfonça
lentement dans l'eau, & tomba au fond du vafe : cependant cette petite lame
portoit avec elle quelques parties graffes adhérentes à fa furface ; puifqu'on
ne forme ces fortes de lames qu'en les battant entre des peaux : peut-être
même y avoit-il quelques molécules d'air adhérentes à fa furface, ainfi que
Galilée & *Merfenne* l'ont foupçonné (1). Mais ne pourroit-on point reconnoître ici le pouvoir d'une force répulfive qui s'étend à une très grande diftance, & dont le centre d'activité réfide dans l'aiguille & dans les lames
dont nous venons de parler ? Puifque cette aiguille s'enfonce jufqu'à un
certain point dans l'eau, & que cette eau, s'écartant à une diftance fenfible
de cette aiguille, forme une cavité, de forte que l'aiguille paroît couchée
comme entre deux petites monticules d'eau peu diftantes l'une de l'autre.

§. MCCCCXLIX. La gravité refpective de l'eau, comparée à celle de l'or
le plus pur, eft dans le rapport de 1000 : 19640. Ce rapport varie cependant dans l'hiver & dans l'été ; parceque, dans l'été, tous les corps font dilatés, & qu'ils font condenfés pendant l'hiver, & que d'ailleurs on ne peut
prefque point trouver d'or auffi pur & auffi pefant. Outre cela, ces condenfations & ces raréfactions ne font pas les mêmes dans tous les corps, quoiqu'ils foient également chauds : il fuit de-là qu'on doit remarquer tous les
jours de la différence dans la pefanteur fpécifique de l'eau, ainfi que l'expérience le démontre. Si nous foumettons à l'épreuve, de l'eau telle que la
Nature nous la fournit, cette différence dépendra autant de fa pureté que
de fa chaleur. En effet, l'eau diftillée eft la plus pure de toutes celles que
nous connoiffons ; auffi eft elle la plus légere ; l'eau de pluie contient
quantité d'ordures que le vent porte fur les toits, fur lefquels elle tombe,
& qu'elle emporte avec elle ; ce qui la rend plus pefante. L'eau de puits de
Leyde eft la plus pefante de celles qu'on connoît en cet endroit, ainfi que
l'a éprouvé autrefois *Snellius*, & qu'il nous l'a appris. Nous voyons,

(1) Merfenni Phænom. Hydraul. Propof. 48. p. 200.

d'après

d'après les recherches qu'il a faites avec toute l'induftrie poffible, qu'un pied cubique d'eau diftillée pefe 62 $\frac{790557}{1000000}$ ℔ d'Amfterdam. La même quantité d'eau de pluie 62 $\frac{9751456}{10000000}$ ℔. Un volume femblable d'eau de puits 63 $\frac{4488211}{10000000}$ (1). Mais la méthode de *Snellius* eft beaucoup moins exacte que la nôtre ; auffi ai-je fouvent trouvé des poids différens. Outre cela, cet habile homme n'a point fait entrer en confidération la température actuelle de la liqueur ; puifque les thermometres n'étoient point encore inventés de fon tems. L'eau de pluie fous un volume femblable à celui que *Snellius* a éprouvé, pefe 63 ℔ de Troies, 3 onces 7 dragmes 9 grains ; mais l'eau de puits, prife dans le puits creufé dans la maifon qu'habitoit *Snellius*, pefe différemment ; & cette différence, confidérée en plufieurs années, va jufqu'à 4 onces pour un pied cubique.

En effet, en 1740, ayant 42 degrés de chaleur, elle pefoit 63 ℔ 2 onces 1 dragme 4 grains.

En 1743, ayant 33 degrés de chaleur, elle pefoit 63 ℔ 4 onces 4 dragmes 16 grains.

En 1744, ayant 50 degrés de chaleur, elle pefoit 63 ℔ 0 onces 3 dragmes 30 $\frac{1}{4}$ grains.

En 1752, ayant 46 degrés de chaleur, elle pefoit 63 ℔ 3 onces 4 dragmes 48 grains.

s'Gravefande trouva que cette eau pefoit 63 ℔ 7 onces 2 dragmes 40 grains.

Volderus en 1686, trouva qu'elle pefoit 63 ℔ 4 onces 7 dragmes 36 grains.

J'ai trouvé qu'un pouce cubique d'eau, à Leyde, pefoit fouvent 280 grains, quelquefois 281 grains, d'autres fois 281, 415 : ce qui s'accorde avec le poids de *Snellius*, qui puifa cette eau dans le même puits plus d'un fiecle auparavant. Un pouce cylindrique d'eau pefe 221 $\frac{1}{7}$ grains ; mais ces poids font fujets à des variations. Les Phyficiens de France l'ont éprouvé auffi-bien que nous. Voici de quelle maniere nous nous y fommes pris pour faire nos expériences. Nous avons pris un cube de cuivre de 27 pouces cubiques, nous l'avons mis en équilibre avec un contre-poids, enfuite nous l'avons plongé dans une maffe d'eau, & nous avons trouvé qu'il perdoit de fon poids 15 onces 6 dragmes 26 grains $\mp$, ou 7586 grains. Un pied cubique de mercure pefe 859 ℔ 8 onces. Un pouce cylindrique de mercure pefe 2984 grains.

§. MCCCCL. En comparant la pefanteur fpécifique de l'eau avec celle de l'or, nous avons conclu (§. 99) que les molécules de l'eau étoient poreufes : ce qu'on peut encore conclure de fon extrême tranfparence. En effet, les Marins peuvent fouvent diftinguer un objet à cent pieds de profondeur fous mer ; & qui plus eft, les plongeurs diftinguent très bien le foleil, à quelque profondeur qu'ils defcendent au deffous de l'eau.

§. MCCCCLI. Il fuit de-là que chaque molécule d'eau n'eft point un élément, mais une maffe compofée de plus petites parties, compofées elles-

______

(1) Snellii Eratofth. Batav. Lib. 2. pag. 154.

mêmes de plufieurs autres , en décroiffant , & qui font enfin élémentaires.
Ces élémens , pofés les uns fur les autres , forment de petites maffes poreufes ; & celles-ci , réunies de nouveau , forment encore de plus grandes
maffes munies de très grands pores.

§. MCCCCLII. Nous ne pouvons pas déterminer la figure des molécules
de l'eau ; parceque la ténuité de ces parties les dérobe à nos fens, aidés même des meilleurs inftrumens; mais , s'il étoit permis d'en juger par des obfervations , nous ferions tentés de croire qu'elles font globuleufes. Voici les
raifons qui font naître ce foupçon. 1°. Tous les fluides que nous connoiffons ,
& dont nous appercevons les parties par le moyen des microfcopes, font
compofés de globules. 2°. L'eau eft extrêmement douce; car foit qu'on la
jette dans l'œil , foit qu'on en verfe fur une plaie , elle ne caufe aucune dou-
leur, pourvu qu'elle foit pure & tiede : ce qui n'arriveroit pas ainfi fi fes molécules étoient anguleufes , ou de toute autre figure que celle que nous venons d'indiquer. 3°. L'eau n'a ni goût ni odeur. 4°. L'eau eft extrêmement
fluide & coulante. 5°. Lorfqu'on confidere avec un microfcope les vapeurs
qui s'élevent dans une chambre obfcure , & qui paffent à travers un rayon
de foleil , elles ne paroiffent que comme des globules qui font comme autant
de petites gouttes.

§. MCCCCLIII. Les parties de l'eau font fi fines & fi fubtiles , 1°. qu'on
ne peut les découvrir à l'aide des meilleurs microfcopes. 2°. Elles pénetrent
dans les plus petits vaiffeaux des plantes & des animaux , ainfi qu'à travers
les membranes & les veffies de ces derniers ; car fi on bouche avec une veffie
une bouteille remplie d'efprit de vin, & qu'on plonge enfuite cette bouteille
dans l'eau, elle pénétrera à travers la veffie; & la bouteille , étant plus remplie qu'auparavant, on verra la veffie fe tuméfier au-dehors (1). L'eau paffe
encore & fe fait jour à travers les pores des métaux lorfqu'on la comprime ;
d'où il paroît que l'eau eft beaucoup plus fubtile que l'air, puifque ce dernier
fluide ne paffe pas à travers les pores d'une veffie de cochon ou de bœuf, ni
à travers le plomb & l'étain. 3°. M. *Nieuwentyt* , examinant les vapeurs qui
s'élevent d'une éolipile, prétend que fi on trempe légérement la pointe d'une
aiguille fine dans l'eau, enforte qu'il ne s'y en attache qu'une très petite
quantité ; cette quantité qui s'y trouvera fufpendue, fera compofée de 13000
parties , & peut-être même d'un plus grand nombre : mais on ne peut rien
décider de fûr à cet égard. Nous ne favons pas non plus fi toutes les parties
de l'eau font égales entr'elles , ou fi elles different en grandeur : c'eft en vain
que les Philofophes difputent entr'eux fur cette matiere ; on ne peut rien
conclure de certain de la plus grande facilité avec laquelle l'eau s'échauffe ,
ni de la meilleure difpofition qu'elle a pour fondre le favon & pour décraffer
les étoffes.

On ne peut encore rien décider d'après l'epaiffeur de ces boules qu'on
fait avec du favon fondu dans l'eau; parceque nous ne favons pas combien il y a de particules d'eau pofées les unes fur les autres pour former cette
épaiffeur ; car perfonne n'a encore pu démontrer que la force attractive des
molécules de l'eau , confidérée folitairement , fuffifoit pour conftruire une
telle furface.

(1) Hift. de l'Acad. Roy. ann. 1748. p. 101.

§. MCCCCLIV. Quelque ténues que foient les particules de l'eau, elles ne paffent cependant jamais à travers les pores du verre ; car on a trouvé qu'une bouteille pleine d'eau qu'on avoit gardée pendant plus de 50 ans, ne laiffoit pas de contenir après ce tems la même quantité d'eau dont on l'avoit remplie auparavant.

On a trouvé de notre tems, dans les ruines d'Herculanum, des bouteilles remplies d'eau, qui avoient été enfoncées fous terre pendant plufieurs fiecles (1). L'eau ne pénetre pas non plus naturellement à travers les pores des métaux, des demi-métaux, du cryftal, & de quantité d'autres pierres : elle fe filtre entre les grains de fable, mais elle ne pénetre pas leurs pores ; car ces grains, felon les obfervations de M. *de Reaumur*, ne fe tuméfient point (2). L'eau pénetre à travers l'argille feche ; mais elle ne la pénetre plus dès qu'elle eft mouillée : car les parties de l'argille feche fe tuméfient par l'abord de l'eau ; mais lorfqu'elles font gonflées, elles lui refufent paffage.

§ MCCCCLV. L'eau renfermée dans un vafe, & expofée à l'action du feu, devient chaude & fe raréfie ; de forte que depuis le terme de la congélation jufqu'à celui de l'ébullition, l'augmentation de fon volume $= 0, 361$. Lorfque l'eau commence à s'échauffer, on remarque de petites bulles rondes tranfparentes, qui font adhérentes aux parois intérieures du vafe, lefquelles, étant pouffées de bas en-haut, viennent crever à la furface de l'eau ; lorfque la chaleur de l'eau eft augmentée, toutes ces bulles s'élevent auffi-tôt, fur-tout fi on fecoue légérement le vafe : lorfque ces bulles fe font échappées de la maffe de l'eau, elle devient homogene, diaphane. Ces bulles font formées par les molécules d'air qui étoient difféminées dans la maffe de l'eau que la matiere ignée raffemble, lefquelles, augmentant de volume, font pouffées au dehors, & par l'excès du poids de l'eau, & par la matiere ignée qui s'éleve de bas en-haut. Si on approche le vafe plus près du feu, la matiere ignée pénetre à travers plufieurs pores de fon fond, fous la forme de petits filets qui s'élevent, qui troublent en partie la tranfparence de l'eau, & qui fe répandent dans toute la maffe de ce liquide : ces petits filets, venant à augmenter enfuite en nombre, fe préfentent fous la forme de petites lames qui s'élevent inégalement à travers la maffe ; ces petites lames contiennent quantité de petites bulles : la matiere du feu, étant alors plus abondante, pénetre davantage la maffe d'eau, elle la fouleve, elle excite à fa furface de petites vagues irrégulieres qui fe font voir fous la forme de petites colonnes, toutes les parties de ce fluide font alors agitées ; la maffe en eft moins tranfparente, & elle commence à bouillir.

Les petites bulles qu'on remarque au fond du vafe font tranfparentes ; elles font formées par la matiere ignée, & par une efpece de vapeur produite par les molécules de l'eau, qui font maîtrifées par la vertu attractive du feu. Comme l'eau ne peut s'imbiber que d'une certaine quantité de feu, elle ne peut retenir celui qui la pénetre en plus grande quantité : cette quantité excédente de matiere ignée fe répand donc dans toute la maffe d'eau, & fait effort pour s'en échapper par toutes les parties latérales ; mais elle s'éleve

(1) Philof. Tranf. Vol. 47. pag. 139. (2) Hift. de l'Acadèm. Roy. ann. 1730. pag. 357.

fur-tout en-haut, & s'échappant de la furface fupérieure de ce fluide, elle enleve & emporte avec elle, dans l'atmofphere, plufieurs particules détachées de la maffe totale : ces vapeurs s'élevent inégalement, & avec plus ou moins d'abondance ; parceque la matiere du feu ne pénetre point uniformément la maffe d'eau, & qu'elle s'en échappe irrégulierement : d'ailleurs chaque portioncule de vapeur a fon électricité particuliere.

§. MCCCCLVI. L'eau, avant de bouillir, donne un fon ; ce fon eft d'abord très aigu ; mais il devient continuellement de plus grave en plus grave, & il eft même très grave dans l'eau dès qu'elle commence à bouillir. Le ton que forme ce fon varie fuivant le fon du vafe, fuivant la matiere dont il eft formé, & fuivant l'épaiffeur de fes parois. Ce fon provient en partie des petites bulles qui s'élevent, & qui, venant à crever à la furface de l'eau, frappent l'air qui les awoifine ; il vient auffi des molécules d'eau qui font élevées par l'action du feu, & vers le fond, & vers les parois du vafe, & qui retombent fur ce fond ; lefquelles, étant extrêmement dures, le frappent fortement : le frémiffement des parties du vafe qui frappent l'air ambiant, entre auffi pour quelque chofe dans la formation de ce fon ; ne peut-on pas dire, d'après cet expofé, que ce fon eft compofé ?

Les efprits ardens, tels que les vinaigres, les vins, les huiles tirées par expreffion ou par diftillation, le lait, le mercure, forment de pareilles ébullitions lorfqu'on les expofe à l'action du feu ; le plâtre battu, le plomb fondu dans un vafe produit le même effet lorfqu'on le remue avec un bâton, & il répand même de la fumée.

§. MCCCCLVII. Puifque l'eau commence à bouillir lofqu'elle reçoit une plus grande quantité de matiere ignée qu'elle n'en peut retenir ; celle qui en recevra une quantité un peu moindre que celle qu'elle peut contenir ne bouillira point : c'eft pour cela que fi on fufpend une fiole de verre remplie d'eau au milieu d'un vafe dans lequel on fait bouillir de l'eau, celle qui fera contenue dans la fiole ne pourra point bouillir ; parceque la matiere du feu qui s'élevera alors pénétrera plus facilement la maffe d'eau qui eft dans le vafe, que l'épaiffeur de la bouteille : mais fi le liquide qui remplit la fiole peut bouillir par une moindre quantité de feu que l'eau ; tel, par exemple, que l'efprit de vin, il pourra bouillir dans cette fiole lorfque l'eau du vafe bouillira.

§. MCCCCLVIII. A proportion que l'eau prife dès la température de la glace, parvient plus promptement au terme de l'ébullition ; elle s'évapore auffi plus rapidement : phénomene que le célebre *Eller* a démontré par plufieurs expériences très curieufes (1). Ayant pofé une goutte d'eau fur un verre plan & poli, qui étoit échauffé au quarantieme degré, felon l'échelle de *Fahreheit*, cette goutte d'eau fe convertit entierement en vapeurs dans l'efpace de 300 minutes ; ce verre étant échauffé au cinquantieme degré, elle ne mit que 200 minutes à s'évaporer ; elle fe diffipa en vapeurs en 90 ou 100 minutes lorfqu'il en fit tomber une fur un verre échauffé au foixantieme degré. Le verre étant échauffé au quatre-vingtieme degré, la goutte d'eau fe diffipa en 20 m' ; mais lorfque le verre fut chauffé jufqu'au centie-

(1) Hift. de l'Acad. de Berlin, 1746, p. 42.

me degré, elle s'éleva auffi-tôt, & fit un faut fur le verre. Le célebre *Lei-denfroft* (1) pouffa plus loin les expériences qui concernent les gouttes d'eau expofées à un très grand degré de chaleur. Il fit tomber une goutte d'eau pure diftillée dans une cuiller de fer qui avoit été rougie au point d'étincel-ler, & qu'il avoit retiré auparavant de deffus le feu: cette goutte fe divifa d'abord en plufieurs petits globules qui fe réunirent auffi-tôt en un feul. Ce globule, fans toucher à la furface du fer, parut d'abord tranquille & fans mouvement; il conferva fa tranfparence pendant fon ébullition: il étoit ce-pendant agité d'un mouvement de rotation très rapide; la partie du fer rouge qui entouroit ce globule, fe noircit, & le globule fe diffipa en vapeurs en 34 ou 35 fecondes, & abandonna fur la furface du fer, qui le por-toit, une petite molécule de terre.

Il obferva les mêmes phénomenes après avoir verfé une feconde goutte d'eau dans cette même cuiller, qui étoit alors moins chaude; elle fe diffipa dans l'efpace de 9 à 10 m".

Mais ayant verfé une troifieme goutte de la même eau dans cette cuiller, lorfqu'elle fut encore moins chaude, cette goutte d'eau parut animée d'un mouvement très rapide, & elle fe diffipa en 3 m", fans laiffer aucune partie terreufe.

Une quatrieme goutte verfée après cela dans la cuiller, ne forma plus de globule; elle s'attacha à la cuiller, fur la furface de laquelle elle laiffa une tache humide; elle bouillit en formant un fifflement: elle pouffa une petite écume, & elle fe diffipa dans l'efpace d'une feconde, & même plus promp-tement, fans laiffer aucune partie terreufe.

Une cinquieme, une fixieme, une feptieme, & même plufieurs autres gouttes, ayant été verfées fucceffivement dans cette même cuiller, la tache d'humidité devint de plus en plus grande; & moins la cuiller étoit chaude, & plus la goutte d'eau y adherra long-tems avant de s'évaporer.

L'eau nous fait obferver les mêmes phénomenes lorfqu'on en verfe fur du fimilor qu'on a fait chauffer auparavant.

§. MCCCCLIX. Il paroît, d'après ces obfervations, que l'évaporation des gouttes d'eau reconnoît un *minimum*, quant à la durée du tems pendant lequel elle fe fait; & ce *minimum* fe trouve lorfque l'eau éprouve un degré de chaleur propre à la faire bouillir; car dans ce cas, elle fe diffipe & elle s'évapore promptement en une feconde: mais le tems de cette évaporation eft plus long lorfqu'on verfe de l'eau fur un fer plus chaud ou moins chaud qu'il devroit être pour la faire bouillir. En effet, lorfqu'on verfe une goutte d'eau fur un fer rouge, l'évaporation ne s'en fait que dans l'efpace de 34 fe-condes, & elle emploie 300 minutes à fe faire lorfqu'on la verfe fur une glace qui a 40 degrés de chaleur.

§. MCCCCLX. Mais pour quelle raifon l'eau emploie-t-elle un fi long tems à fe diffiper & à s'évaporer lorfqu'on la verfe fur un fer rouge? Cela viendroit-il de ce qu'elle feroit alors enveloppée d'une très grande quantité de matiere ignée qui s'échappe de ce fer; de forte qu'on pourroit regar-der cette eau comme un fluide plongé dans le fluide igné? Cette goutte

____

(1) De aquæ communis qualitatibus, pag. 30.

d'eau, entourée de toutes parts par la matiere du feu, forme un globule qui eſt repouſſé par la matiere ignée qui s'échappe du fer; de ſorte qu'il ne peut point toucher à la ſurface de ce fer : il reçoit donc alors un mouvement de rotation du feu qui l'enveloppe; il ſe meut circulairement avec lui: mais cette goutte d'eau, étant comprimée par cette matiere ignée, elle ne peut pouſſer au dehors l'air qu'elle contient; elle conſerve donc ſa tranſparence, ſans jetter aucun ſoupçon de fumée. Cette goutte, comme nous venons de le dire, étant comprimée de toutes parts, ſes parties ne peuvent s'en ſéparer que très lentement, & ſeulement celles qui acquerent, par la rotation, une force centrifuge aſſez grande pour vaincre la réſiſtance qu'elles éprouvent : ce qui ne peut avoir lieu que lorſque la matiere ignée s'eſt un peu diſſipée, & qu'étant en moindre quantité, elle oppoſe une moindre réſiſtance à leur diſſipation; & c'eſt ce qui fait que cette évaporation s'opere très lentement.

§. MCCCCLXI. Lorſque le fer eſt moins chaud, alors la goutte d'eau eſt enveloppée d'une moindre quantité de particules ignées; cette goutte, étant agitée & mue circulairement avec beaucoup de rapidité, ſes parties trouvent pluſieurs occaſions d'obéir à leur force centrifuge & de ſe diſſiper: ce qui arrive lorſque la matiere du feu n'enveloppe point la goutte d'eau également de toutes parts, ou lorſqu'elle eſt en moindre quantité.

§. MCCCCLXII. Mais lorſqu'une goutte d'eau eſt répandue ſur un fer qui ne contient que ce qu'il faut de chaleur pour la faire bouillir, à peine eſt-elle enveloppée de matiere ignée; elle touche donc alors à la ſurface du fer& ſon poids l'y applique avec plus de force que l'évaporation de la matiere ignée n'en fait pour la ſoulever : dans ce cas elle ne reçoit point de mouvement de rotation; elle peut lâcher l'air qu'elle contient : cet air, étant lâché, elle le preſſe au dehors; c'eſt-à-dire, elle pouſſe une petite écume, & les parties aqueuſes, conjointement avec les parties aériennes & les parties ignées, ſe diſſipent & s'évaporent.

Il arrivera quelque choſe de ſemblable lorſqu'on verſera une goutte d'eau ſur de l'étain, ou ſur du plomb, qui ſera à peine fondu; elle s'évaporera alors en 6 ou en 7 ſecondes : mais ſi le plomb eſt chauffé juſqu'au point de rougir, cette goutte d'eau ne s'évaporera que dans l'eſpace de 14 ſecondes.

§. MCCCCLXIII. Je trouve, d'après une autre expérience, que le mouvement de rotation des gouttes d'eau eſt la cauſe efficiente, ou au moins la cauſe occaſionnelle de leur évaporation. En effet, ſi on prend une goutte de mercure de même poids qu'une goutte d'eau, le diametre de cette derniere goutte ſera à celui de la premiere, comme $2\frac{2}{7} : 1$, ou dans un rapport très approchant. La force centrifuge des parties de l'eau ſera donc à celle du mercure, comme $2\frac{2}{7} : 1$, à raiſon de leur diſtance au centre; & à raiſon de leur poids ſpécifique, elles ſeront entr'elles, comme $1 : 14$. La raiſon compoſée qui en réſultera, donnera donc $2\frac{2}{7} \times 1 : 1 \times 14 :: 12 : 70 :$ & conſéquemment la force centrifuge des parties du mercure ſera donc, à peu de choſe près, ſix fois plus grande que celle de l'eau. Conſéquemment ſi on jette un poids égal de mercure & d'eau ſur un fer chaud, le mercure s'évaporera plus vîte que l'eau. Or M. *Leidenfroſt* a trouvé, par expérience, que du mercure & de l'eau, étant verfés fur un même fer chaud, le mercure s'étoit évaporé en 12 fecondes, & l'eau en 35 fecondes : d'où l'on voit de combien le réfultat s'écarte de la regle.

Si cependant une goutte d'eau renferme une goutte de mercure, & qu'on la verfe fur un fer chaud, le mercure fe divife en plufieurs particules que l'eau enveloppe encore ; & dans ce cas, l'eau s'évapore plus prómptement que le mercure, non-feulement parceque la force centrifuge de l'eau eft plus grande, mais encore parceque les parties extérieures doivent fe diffiper avant les parties intérieures qui font enveloppées par les particules de l'eau.

On remarque encore quelquefois une autre différence dans le tems de l'évaporation. Voici en quoi elle confifte. Plus l'air eft fec, plus l'évaporation eft prompte ; & elle fe fait plus lentement dans un tems d'humidité. L'évaporation a encore lieu dans le vuide ; mais elle fe fait plus promptement en plein air : en effet, la vapeur qui s'éleve dans le vuide n'abandonne la maffe dont elle fait partie, qu'autant que la matiere ignée l'oblige à s'élever, & elle retombe auffi-tôt que la matiere du feu fe diffipe ; au contraire celle qui s'éleve dans l'air eft à-peu près de même poids que ce fluide, & eft en équilibre avec lui : c'eft pour cela qu'elle nage, pour ainfi dire, dans ce dernier fluide, & qu'elle ne retombe pas fi promptement tant qu'elle eft enveloppée de fon électricité, quoique la matiere du feu l'abandonne.

§. MCCCCLXIV. La même caufe qui convertit l'eau en vapeur, produit l'évaporation des autres liquides ; elle s'opere plutôt dans les uns, plus tard dans les autres. L'efprit de vin éthéré s'évapore très brufquement, ainfi que l'alkool ; l'efprit de vin ordinaire s'évapore très promptement, ainfi que l'eau de chaux, la biere, la diffolution de vitriol, celle d'alun, l'eau ordinaire, le lait, l'eau falée, la diffolution de nitre, l'huile de raves, le mercure, &c. Si on examine tous ces fluides, on remarquera qu'il faut établir bien des différences entre les tems qu'ils emploient à s'évaporer. La quantité de matiere de chacun de ces fluides qui s'évapore dans un même tems, ne fuit point la raifon inverfe de leur denfité ; puifque la diffolution de vitriol & d'alun s'évapore plus vîte que l'eau ordinaire : cependant la matiere ignée emporte plus aifément les parties des liquides qui font plus légeres ; mais la ténacité de ces parties entre auffi pour quelque chofe dans ce phénomene, ainfi qu'on peut le remarquer par rapport aux huiles & au mercure.

§. MCCCCLXV. Le Baron de *Verulam* a obfervé que l'eau courante des rivieres s'évaporoit moins que l'eau dormante des lacs & des marais, quoiqu'il s'éleve des rivieres une grande quantité de vapeurs. La raifon de ce phénomene eft que, dans les marais, les parties fupérieures de l'eau font plus expofées aux rayons du foleil, & en font auffi plus échauffées que celles de l'eau d'un fleuve ; d'où il arrive qu'elles doivent s'évaporer beaucoup plus que ces dernieres. En effet, les parties de l'eau d'un fleuve fe trouvent à peine expofées fur fa furface, qu'elles font un moment après précipitées au fond ; de forte que le foleil ne darde fur elle fes rayons que pendant très peu de tems : elles n'en peuvent par conféquent recevoir que fort peu de chaleur. 2°. Quand même l'eau dormante des marais, & l'eau courante des rivieres feroient également échauffées par la chaleur du foleil, celle des rivieres s'évaporeroit cependant beaucoup moins que celle des marais, & cela par la raifon que voici. L'eau courante des rivieres defcend fur un plan incliné, & par conféquent, lorfque les rayons du foleil doivent la faire monter, il faut qu'ils furmontent auparavant le mouvement d'inclinaifon ; & après qu'ils l'ont furmonté, ils ne peuvent agir fur l'eau de riviere que de la même maniere avec laquelle ils agiffent fur celle des marais. Or il faut, dans ce cas, que la chaleur du foleil perde premierement beaucoup de fa force avant de pouvoir furmonter le mouvement d'inclinaifon, & par conféquent elle ne peut élever l'eau en vapeurs que par le moyen de la force qui lui refte.

§. MCCCCLXVI. L'eau bouillie s'évapore-t-elle moins que celle qui ne l'eft pas ? C'eft le fentiment de *Verulam*, qui fe fondoit fur cette fuppofition, que les parties de l'eau ne font pas toutes également fubtiles, & que les plus fines, venant à fe diffiper par la coction, les plus groffieres ne pouvoient fe féparer avec autant de facilité, à caufe de leur pefanteur. Quoi qu'il en foit, on ne peut guere répondre de cela, & cependant l'expérience confirme cette opinion (1).

§. MCCCCLXVII. Tant que la vapeur eft chaude, elle eft très élaftique, & en quelque façon femblable à l'air, quoiqu'on ne puiffe pas dire que ce foit de l'air, comme il paroît par l'expérience de l'éolipile, qui étoit connue des Anciens (2). La vapeur de l'éolipile, renfermée dans ce vafe, fait effort pour s'échapper ; & lorfqu'on lui procure la liberté de fe mettre au large, elle s'échappe par un petit trou avec une très grande impétuofité ; elle s'élance fous la forme d'un cône à une plus grande ou à une plus petite diftance : l'effort qu'elle fait en fortant imite affez bien, par fon bruit, le fifflement du vent. Lancée contre des charbons ardens, elle les fouffle, elle les anime ; mais lorfqu'on tranfporte cette vapeur dans de l'eau froide, elle perd auffitôt fon élafticité, & elle ne produit point ces bulles, qu'on a coutume de remarquer lorfque l'air fe dégage de l'eau ; ainfi qu'on peut s'en convaincre fi on plonge le bec de l'éolipile dans l'eau froide : il ne paroît rien à la furface de l'eau qui puiffe déceler la préfence de l'air ; parceque la vapeur aqueufe fe condenfe fur-le champ par fon contact avec l'eau froide, & qu'elle fe convertit alors en eau.

On peut connoître & démontrer, d'une maniere très fenfible, que la force expanfible de la vapeur eft très confidérable ; il ne s'agit pour cela que de jetter dans le feu de ces petites bulles de verre en partie remplie d'eau ; lorfqu'elles font échauffées jufqu'à un certain point, elles fe brifent avec un très grand effort, & elles produifent une détonnation. C'eft auffi pour cette raifon que plufieurs pierres fe brifent dans le feu, par rapport à des parties aqueufes qu'elles recelent, & qui fe convertiffent en vapeurs par la chaleur, & que certains bois, tirés de vieilles fouches, lancent avec éclat des étincelles lorfqu'ils font embrâfés. Bien plus, fi on met dans le digefteur de *Papin* des végétaux acides, des chairs, des os d'un animal même fort âgé, & qu'après avoir rempli en partie d'eau ce digefteur, on le mette fur un brafier, cette eau fe convertira en vapeurs qui s'éleveront vers la partie

(1) Krafftius de vapor. élev. |§. 8. p. 11. (2) Vitruvius Lib. 1. cap. 6.

fupérieure

supérieure du vase qui est vuide; elle se dilatera de plus en plus en toutes sortes de sens : elle pressera fortement l'eau & tout ce qu'elle contient ; de sorte que cette eau, cédant à la force compressive qui la maîtrisera, se fera jour à travers les pores & les canaux de ces différentes substances, les amollira, les rendra flexibles, & enfin les dissoudra. Si on met de la corne dans ce digesteur, elle se convertira en gelée.

Savery imagina dans le dernier siecle, & nous donna la description de quelques grandes machines propres à puiser de l'eau dans des fosses, & à l'élever à de très grandes hauteurs par le secours seul de la vapeur : on fait actuellement usage de quelques-unes, qu'on a beaucoup rectifiées, & dont j'ai donné autrefois une description très concise, mais que *Weidler* & *Desaguilliers* ont décrites très au long & très clairement.

§. MCCCCLXVIII. La vapeur a d'autant plus de force qu'elle est plus échauffée ; car lorsqu'elle est renfermée dans des vases exactement fermés, & qu'elle est excitée par un feu violent, elle agit avec trois & même quatre fois plus de force : & je pense que l'idée de M. l'Abbé *Nollet* n'est pas dépourvue de vraisemblance lorsqu'il dit que les cendres & les pierres que le Mont Vésuve vomit sont lancées par les vapeurs qui s'élevent de l'eau qui coule dans les entrailles de cette montagne ; car le feu seul n'a pas coutume de se débander avec autant de force que lorsqu'il est aidé de l'effort de l'eau, ou de quelques autres corps qui s'enflamment, tels que la poudre à canon.

Qui est-ce qui procure donc aux vapeurs chaudes des forces si considérables, pour surpasser, ainsi que je l'ai observé plus de dix fois, pour surpasser, dis-je, quelquefois l'effort de la poudre à canon, & pour qu'on ait tant de peine à la contraindre, & même pour qu'il n'y ait point d'obstacle qu'elle ne vienne à bout de surmonter (1), tandis que cette même vapeur perd toute sa force dans un instant, si elle vient à se refroidir ? Pour répondre à cette question, j'observe que c'est une loi générale de la Nature ; savoir, que lorsque les parties des corps sont enveloppées par la matiere du feu, & que sortant de la sphere de leur attraction, elles passent dans celle de leur répulsion : elles se repoussent alors avec des forces considérables, ainsi qu'on le remarque dans toutes les especes différentes de fermentations, de putréfactions, d'incendies, dans lesquelles il s'engendre un fluide élastique, & comme on le remarque aussi en quelque façon dans l'électricité. Mais quoique cette loi se décele si bien, nous n'en connoissons point la cause ; elle échappe à la foiblesse de nos lumieres. Le célebre *Wallerius* a voulu enfreindre cette loi, en soutenant que la vapeur de l'eau, la fumée enflammée de la poudre à canon, celle du soufre, de l'ambre jaune, celle de l'huile d'anis, étoient élastiques ; mais que la vapeur de l'huile de térébenthine, de l'huile d'œillet, de l'esprit de vin, de l'esprit de nitre, & de plusieurs autres substances, n'étoient point élastiques (2).

Mais il me paroît, d'après l'expérience, que cet habile homme a agi avec passion dans cette occasion, & qu'il a trop écouté les préjugés ; car j'ai tou-

____

(1) Philos. Transf. n. 454, pag. 162.   (2) Konigl. Swenska Wetenskaps. Acad. Vol. 7.

jours remarqué que les fluides mêmes auxquels il a refufé l'élafticité jouif-
foient d'une très grande vertu élaftique lorfqu'ils étoient échauffés: en effet,
fi on les renferme féparément dans de petites ampoules de verre, fermées
hermétiquement, & qu'on jette enfuite ces petites boules dans le feu, il
n'y en aura pas une qui ne fe brife & qui ne détonne: mais fi ces vapeurs
font reçûes dans une veffie mouillée & froide, ou fi on les fait paffer par un
long tube froid pour les porter dans une veffie. L'expérience démontre, à la
vérité, qu'elles ne donnent alors aucun figne d'élafticité; parcequ'elles perdent promptement cette vertu par le froid qui les faifit.

Seroit-il vrai de dire que l'intenfité de la force d'une vapeur aqueufe augmenteroit par l'addition de quelques fubftances étrangeres, comme on le
prétend démontrer par l'expérience décrite par *Kirker* (1). Si on met dans
un vafe de fer A B [*Tab.* 33. *fig.* 1.], égale quantité de nitre, de fel ammoniac, d'antimoine, & qu'après avoir fait digérer toutes ces matieres dans de
l'eau falée, on mette le vafe A B fur le fourneau B, dans lequel on allume
du feu; alors la matiere contenue dans le vafe s'échauffe, bout, & fe convertit en vapeurs: ces vapeurs excitent un vent impétueux qui fouffle avec
bruit, & qui fort par l'orifice A, accompagné d'une épaiffe fumée: mais
peut-on dire pour cela que cette vapeur eft plus forte que le feroit celle de
l'eau feule? Y a-t-il quelqu'un qui ait mefuré & comparé l'intenfité de ces
deux efpeces de vapeurs? Je regarde cela comme quelque chofe de bien incertain, & qui n'eft point affez connu pour qu'on puiffe décider cette
queftion.

§. MCCCCLXIX. On peut, à l'aide de la vapeur de l'eau, faire mouvoir circulairement, & avec beaucoup d'impétuofité, un cylindre de cuivre
creux A [*Tab.* 33. *fig.* 2.], dans lequel on a mis de l'eau jufqu'à la hauteur
A N, qu'on y a verfée par un trou B, pratiqué fur le fond fupérieur de ce
cylindre, & qu'on a enfuite fermé exactement par le moyen d'une vis. Pour
concevoir le méchanifme de cette expérience, il faut obferver qu'au milieu
du fond fupérieur de ce cylindre, on a adapté une crapaudine C; le centre du fond inférieur en porte une pareille, mais qu'on n'a pas pu repréfenter
ici: ces deux crapaudines reçoivent des pointes coniques qui forment deux
pivots, fur lefquels roule la boîte cylindrique. Le pivot inférieur eft établi
fur la traverfe HH: l'autre pivot eft repréfenté par M; il paffe par un écrou
fixé dans la traverfe L L, afin qu'on puiffe ferrer plus ou moins la boîte cylindrique entre fes deux pivots. F, F repréfentent deux lampes demi-cylin-
driques, garnies de mêches & d'huile, qu'on y verfe par les becs G, G.
K, K font deux colonnes de cuivre établies fur des pieds folides O, O, af-
femblés inférieurement par la traverfe H H, & fupérieurement par une autre traverfe L L. Aux deux côtés du cylindre A font adaptés deux bouchons
D, E, qui s'ouvrent dans l'intérieur de ce cylindre: le bouchon D eft percé
d'un trou qui s'ouvre au-dehors à fa partie antérieure P, & le bouchon E
eft percé d'un femblable trou qui s'ouvre à fa partie poftérieure. Cela pofé,
lorfque les mêches de la lampe font allumées, l'eau A N s'échauffe; elle
bout enfuite, & produit une vapeur qui remplit la partie fupérieure du cylin-

(1) Mundus fubterran. T. 1. Lib. 4. p. 223.

dre, & qui ne peut s'en échapper tant que les bouchons D, E demeurent fermés; mais lorsqu'on vient à les ouvrir, cette vapeur se porte au-dehors avec véhémence, & elle fait tourner le cylindre circulairement, & il tourne d'autant plus rapidement, que la vapeur est plus chaude. Les révolutions de ce cylindre se font dans une direction opposée à celle des trous; parceque tant que la vapeur est dans le cylindre & dans les bouchons, elle s'étend de tous côtés, & elle éprouve une résistance de toutes parts : mais aussi, si-tôt qu'on ouvre le trou D, par exemple, la résistance cesse de ce côté; & comme elle subsiste encore à l'opposite, cette derniere partie est repoussée en arriere, & le cylindre se meut alors circulairement autour des deux pivots entre lesquels il est suspendu.

§. MCCCCLXX. Si les bouchons D, E, qui sont placés à la partie latérale du cylindre, étoient placés vers son fond, & que ce cylindre fût ouvert par le haut, & rempli d'eau; alors en ouvrant les bouchons, l'eau qui s'écouleroit par son propre poids, feroit tourner le cylindre, mais bien moins rapidement : c'est sur ce principe qu'est construite la machine de rotation du célebre *Segner*.

§. MCCCCLXXI. Quoique la vapeur de l'eau ait à supporter tout le poids de l'atmosphere, elle s'étend néanmoins & occupe un espace 1400 fois plus grand que celui qu'elle occupoit lorsqu'elle étoit en eau; ainsi qu'on peut le remarquer par une goutte d'eau renfermée dans une boule creuse de verre, qui non-seulement en chasse l'air qu'elle contient, mais augmente encore 14000 fois de volume, ainsi que le prouve très bien une certaine quantité de mercure qu'on y fait entrer, & qui remplit cette boule, à l'exception d'un quatorze millieme : les expériences répétées avec la machine de *Saveri*, prouvent la même chose.

Il paroît encore que la vapeur de l'eau chaude agit avec plus de force qu'une pareille quantité de poudre à canon enflammée; car, suivant *Amontons* (1) & *Belidor* (2), la meilleure poudre à canon, lorsqu'elle est embrâsée, ne se dilate & n'augmente son volume que de 4000 fois, & conséquemment l'eau se dilate plus que trois fois davantage. *Hauxbée* (3) a trouvé que la dilatation de la poudre à canon n'augmentoit son volume que 222 fois; l'action de la vapeur devroit donc être 63 fois plus grande. *Robins* (4) a remarqué que la poudre se dilatoit & occupoit, par sa dilatation, un espace 244 fois plus grand; mais il y a quelque chose qui échappe à nos recherches dans l'inflammation de la poudre à canon, lorsqu'elle s'enflamme brusquement; car une quantité donnée de cette poudre ne développe point son ressort à raison de cette quantité, puisqu'une plus petite quantité de cette poudre enflammée agit beaucoup moins puissamment qu'elle ne devroit agir si elle agissoit selon le rapport de cette petite quantité, à une plus grande (5). Il faut aussi remarquer que le ressort de la poudre à canon differe aussi suivant les différens degrés de séchéresse & d'humidité.

Mais quelle est la cause qui donne tant d'élasticité à l'eau, & qui la rond

<hr>

(1) Hist. de l'Acad. Roy. ann. 1707. (2) Miscellan. Berol. Tom. 4. p. 110. Bombardier François, Part. 2. pag. 278. (3) Physic. Mechan. Exper. p. 81. (4) New Principles of Gunnery, Cap. 4. p. 10. (5) Idem, pag. 39.

ſi expanſible ? Cela viendroit-il de ce que la matiere du feu pénétreroit en
plûs grande abondance entre les molécules de l'eau , & qu'elles les écarteroit
les unes des autres, de façon qu'elles ne ſe toucheroient plus ? Cela viendroit-il plutôt de ce que les parties d'eau remplies de particules ignées , &
entourées de toutes parts par cet élément , ſe gonfleroient de maniere à former des maſſes d'un ſi grand volume ? Ou enfin cet effet dépendroit-il de
leur électricité, qui les obligeroit à ſe repouſſer mutuellement ? Je ſoup-
çonne que cette derniere raiſon eſt plus vraiſemblable que les deux premieres.

§. MCCCCLXXII. La vapeur de l'eau ſe fait jour & pénetre ſur-tout à
travers les pores des parties végétales & des parties animales , & elle relâ-
che , elle humecte & elle amollit ſi fort les fibres des corps dans leſquels elle
s'inſinue , qu'elles perdent leur rigidité , & qu'elles deviennent flexibles :
c'eſt pour cela que les Charpentiers parviennent aiſément à courber , comme
ils le deſirent , les ſolives & les poutres qu'ils ont eu ſoin d'expoſer à la vapeur de l'eau chaude , & qu'ils ont , pour ainſi dire , ramollies par ce
moyen. Il y a d'autres corps qui deviennent friables lorſqu'ils ont été expoſés à l'action de la vapeur; telles ſont les cornes de différens animaux. Il y
en a d'autres qui ſe diſſolvent très promptement , & qui ſe pourriſſent : &
c'eſt auſſi pour cela que lorſqu'il regne beaucoup d'humidité dans l'atmoſphere , & que l'air eſt échauffé , il en réſulte des maladies dangereuſes ,
des fievres putrides qui attaquent les hommes & les animaux. Les cadavres
ne ſe pourriſſent jamais plus promptement que lorſqu'il fait chaud & humide. Dans les commencemens que les Européens habitoient quelques contrées de l'Amérique , qui étoient alors couvertes de bois, ils étoient attaqués de plûſieurs maladies , par rapport aux vapeurs chaudes & humides qui
s'élevoient de ces forêts , & qui couvroient une grande étendue de terrein ;
mais lorſqu'on eut coupé ces bois, & qu'on les eût fait brûler , l'air devint
plus ſec & plus ſalubre pour l'économie animale. M. *Bouguer* , voyageant
vers Guayaquil, au Pérou , obſerva que tout pourriſſoit dans les habitations
des Américains , quoiqu'elles fuſſent élevées ſur des pieux qui ſortoient de
7 à 8 pieds de terre ; ce qui venoit des vapeurs qui s'élevoient des arbres, &
du terrein qui étoit humide (1).

§. MCCCCLXXIII. Lorſqu'on met de l'eau dans un vaſe ouvert, &
qu'on place ce vaſe ſur le feu, cette eau s'échauffe & bout; lorſqu'elle bout,
elle eſt autant chaude qu'elle le puiſſe être : & ſoit qu'elle bouille pendant
long-tems, ou non , elle n'acquiert plus de nouveaux degrés de chaleur,
ainſi que M. *Amontons* l'a éprouvé à l'aide d'un thermometre ; mais ſuivant
que le poids de l'atmoſphere eſt plus grand ou plus petit , elle bout plus
promptement ou plus lentement , & elle acquiert une plus grande ou
une moindre chaleur. Lorſque le mercure eſt autant haut qu'il puiſſe être
dans le barometre , la chaleur de l'eau bouillante eſt beaucoup plus grande
que lorſque la colonne de mercure eſt plus baſſe , ſuivant l'obſervation de
Graffi (2). M. *Caſſini* obſerva , ſur le bord de la mer , lorſque la hauteur
du mercure dans le barometre, étoit $=$ 28 pouces 2 lignes de Paris , la cha-

<hr>

(1) Voyage au Pérou, pag. 21. (2) Commentar. Petropol. Tom. 9. pag. 242.

leur de l'eau bouillante ; il l'obferva enfuite au haut de la montagne de Canigou , où le mercure ne fe contenoit qu'à la hauteur de 20 pouces 2, 081
ligne , & il la trouva , dans ce dernier cas , de 9 degrés moindre ; il fit cette
obfervation avec un thermometre de M. *de Reaumur* (1). M. *de Secondat de
Montefquieux* obferva la même chofe fur le fommet du *Pic du Midy* , & il
y trouva l'eau bouillante de 18 degrés moins chaude que dans la Ville de
Bagneres ; il fe fervit d'un thermometre gradué felon l'échelle de *Fahreinhet* (2). Pareillement l'efprit de vin bouilloit au cent foixantieme degré
de chaleur fur le Pic du Midy , & il falloit lui communiquer 173 degrés
pour le faire bouillir à Bordeaux , quoique le poids de l'atmofphere n'entre
pour rien dans la fufion du plomb ; car il fe fond au 585 degré de chaleur ,
& à Bordeaux , & fur le Pic-du Midy : lorfque l'eau n'eft comprimée d'aucun poids , ni même de celui de l'atmofphere , elle bout très promptement.
M. *Hughens* eft le premier qui ait fait cette découverte (3). J'ai fouvent remarqué moi-même que l'eau bouilloit dans le vuide au 88 degré de chaleur,
& qu'elle ne pouvoit alors en acquérir davantage , pourvu qu'on eût foin de
continuer les fuctions de la pompe , & que le récipient ne vînt point à fe
brifer par le reffort de la vapeur qui le remplit alors. Par conféquent fi on
augmente la preffion contre l'eau , elle bouillira plus tard , & elle acquerra
plus de chaleur. J'ai éprouvé que de l'eau renfermée dans un fort digefteur
de *Papin* , y avoit acquis affez de chaleur pour faire fondre de l'étain & du
plomb , que j'y avois fufpendu à des fils de cuivre. Peut-être que fi on avoit
pu renfermer de l'eau dans des vafes plus folides , & qu'on n'eût point eu à
craindre la rupture & l'explofion de ces vaiffeaux , peut être , dis-je , feroit-
on parvenu à la faire chauffer au point de la faire étinceler , comme le fer
qu'on fait rougir. Mais pour quelle raifon le fond mince d'une chaudiere ,
dans laquelle on fait bouillir de l'eau en plein air , n'eft-il que tiede , & s'é-
chauffe-t-il auffi-tôt que l'ébullition de l'eau ceffe (4) ? Cet effet vient de ce
que la matiere ignée , qui s'éleve de bas en-haut , ouvre les pores du fond
de cette chaudiere , & paffe directement dans la maffe d'eau , la fouleve &
fe diffipe ; mais lorfque l'ébullition ceffe , il s'éleve alors moins de feu à travers cette maffe d'eau , & il s'en diffipe un moindre quantité : dans ce cas ,
la matiere ignée eft animée de maniere , qu'elle fe répand également en toutes fortes de fens , & qu'elle échauffe le fond de la chaudiere auffi-bien que
fes parois.

§. MCCCCLXXIV. L'eau qui bout dans un vafe découvert acquiert fouvent , dans notre Flandre , un degré de chaleur qui répond au 212 degré d'un
thermometre gradué felon l'échelle de *Fahreinhet* : c'eft pour cela que lorfqu'on plonge dans cette eau des corps dont le degré de chaleur eft beaucoup
plus grand , il en réfulte des frémiffemens, des éclats , & une diffipation
très confidérable des parties de l'eau. On trouve la preuve de ce que nous
avançons ici lorfqu'on jette de l'huile bouillante dans l'eau , le degré de chaleur de cette huile , étant alors = 600. On en trouve encore une preuve très

(2) Hift. de l'Acad. Roy. ann. 1740. p. 131. Le Monnier , Obferv. p. 224. (2) Philof.
Tranf. n. 17. (3) Philof. Tranf. n. 122. (4) Ariftot. In Probl. Sect. 23. §. 7. Hift. de
l'Acad. Roy. ann. 1763.

remarquable lorsqu'on coule du plomb ou du cuivre fondu dans des moules humides , ou lorsqu'on jette imprudemment de l'eau dans du cuivre qui est en fusion sur le feu, le métal se dissipe aussi tôt, & se répand çà & là, au grand danger du fondeur , & il attaque tout ce qu'il rencontre : ce qui n'arrive cependant pas lorsqu'on a eu soin d'enlever les scories qui paroissent sur la surface du métal (1). Le même phénomene arrive encore lorsqu'on verse dans un mortier de cuivre du sel alkali fixe qu'on a fait fondre sur le feu.

§. MCCCCLXXV. Il est vraisemblable que le feu ne divise pas l'eau en plusieurs petites particules, comme il divise, comme il atténue plusieurs autres corps qu'on soumet à son action. Nous ne connoissons aucun Chymiste qui ait atténué, subtilisé l'eau à force de la distiller plusieurs fois ; mais il y a aussi plusieurs autres corps que le feu ne divise pas : tels sont, par exemple , le mercure, l'air , &c ; d'où il suit que ce n'est pas conclure légitimement que d'affirmer que le feu atténue & divise l'eau , parcequ'il atténue & qu'il divise certains corps , tels que les graisses.

§. MCCCCLXXVI. Soit que l'eau soit chaude, soit qu'elle soit froide, pourvu qu'elle ne soit pas sur le point de se glacer , elle demeure également fluide , & un pendule y fait aussi librement ses vibrations, & en même nombre , dans le même tems : ce qui n'arriveroit pas si sa fluidité pouvoit souffrir quelques altérations. Quelques-uns ont cependant soupçonné que l'eau chaude étoit plus fluide que l'eau froide ; & , en partant de ce principe, ils l'ont regardée comme de la glace fondue , & comme semblable à de la cire & à du suif fondu : substances qui sont plus fluides lorsqu'elles sont chaudes , que lorsqu'elles sont froides , sur-tout lorsqu'elles sont considérablement chaudes ; mais il est constant que la constitution & la disposition des parties n'est pas la même dans tous les corps , & conséquemment que toutes les hypotheses qui ne sont fondées que sur l'analogie, nous jettent souvent dans l'erreur.

§. MCCCCLXXVII. L'eau commune sert de véhicule à l'air , & le porte dans les interstices des corps. Dans le Printems, & dans notre climat, l'eau froide au cinquantieme degré , placée sous un récipient de la machine pneumatique sous lequel on fait le vuide, commence à pousser l'air au-dehors, lorsque le mercure est monté dans la jauge à la hauteur de 26 pouces. L'eau plus chaude que la précédente, pousse plus vîte son air , même lorsque le vuide n'est point fait aussi exactement que dans l'expérience précédente ; & elle le pousse d'autant plus promptement , qu'elle est plus chaude : de sorte que, lorsqu'elle est échauffée au 88 degré , elle se dépouille très promptement de son air dans le vuide ; elle y bouillonne avec véhémence par l'action de l'air qui s'échappe de toutes parts. De même qu'on n'évacue que successivement un récipient de l'air qu'il contient , de même l'eau ne s'en dépouille que successivement ; car l'air, étant raréfié jusqu'à un certain point sous un récipient, on voit sortir de l'eau quelques bulles d'air : éruption qui cesse aussi tôt, & qu'on ne peut reproduire que par une nouvelle suction. Si l'eau qu'on veut absolument purger d'air, n'est pas chaude , on ne peut parvenir au but qu'on se propose, qu'après un tems considérable, & après avoir

(1) Outhier, Voyage au Nord, pag. 285.

pompé fréquemment, & plufieurs fois l'air du récipient : car l'air fort &
s'échappe très promptement de l'eau lorfqu'elle eft chaude. Si on met de
l'eau dans un vafe, & qu'après avoir placé ce vafe fur des charbons ardens,
on laiffe bouillir cette eau, elle perdra une partie de l'air qu'elle contient ;
mais elle ne le perdra pas tout, parcequ'elle ne peut point être affez échauffée par le feu pour que cet effet ait lieu ; ainfi, quoique l'eau ait bouilli pendant long-tems, elle n'eft pas pour cela tout-à-fait purgée d'air. Si cette eau
vient enfuite à fe refroidir, elle reprend alors de nouvel air. Lorfque l'eau
fe convertit en glace, elle fe purge d'air, qui fe préfente fous la forme de
groffes bulles, qui fe répandent dans toute l'étendue de la glace. Néanmoins, lorfque la glace fe fond, l'eau qui en réfulte n'eft pas purgée d'air.
Ce fluide s'échappe encore de l'eau lorfqu'elle tombe avec impétuofité fur
une pierre, & qu'elle fe difperfe en plufieurs petites gouttes. Les Mineurs fe
fervent fouvent de ce moyen pour fe procurer de l'air à la place de celui qu'ils
pourroient avoir à l'aide de quelques foufflets qu'ils feroient obligés de
faire mouvoir : l'eau qui fe filtre à travers du fable, fe dépouille d'une partie
de l'air qu'elle contient. On voit auffi des bulles d'air fe dégager d'elles-
mêmes des liqueurs acides qu'on verfe dans un vafe de verre, & crever à la
furface de ces liquides, dont elles enlevent quelques parties fous la forme
d'une petite rofée, qui retombe auffi-tôt lorfqu'elle a perdu le mouvement
qu'elle avoit reçu. Cela paroît d'une maniere très fenfible lorfqu'on jette
dans une eau acide du jus de citron, ou du vin du Rhin, & du fucre. L'air
qui eft contenu dans les eaux de puits, de foffes, de lacs, &c, s'en dégage-
t-il lui-même quelquefois, & par les feules loix de la Nature ? C'eft ce qui
n'eft pas encore démontré ; car le poids de l'atmofphere vers la furface de
la terre, ou même fur le fommet des plus hautes montagnes où l'eau fe
ramaffe, n'eft pas affez peu confidérable pour que l'air puiffe s'échapper librement de l'eau qui le contient : pour que cet effet pût avoir lieu, il faudroit que le poids de l'atmofphere n'équivalût qu'à la preffion d'une colonne
de mercure de 3 à 4 pouces de hauteur. La chaleur qui provient du foleil
n'eft point auffi affez forte pour produire cet effet ; & ces deux caufes mêmes réunies enfemble, ne font point capables de le produire : & conféquemment l'air ne s'échappera de l'eau que lorfqu'elle tombera précipitamment
d'affez haut pour fe divifer en gouttes, ou lorfqu'elle fe convertira en glace ;
autrement comment feroit il poffible qu'il pût fe dégager de l'eau dans laquelle il eft, pour ainfi dire, enchaîné, fi on confidere géométriquement les
expanfions de ce fluide. M. *Dutour* a effayé de les détailler d'une maniere
fort fubtile (1).

§. MCCCCLXXVIII. Si on fait paffer une bulle d'air dans une fiole remplie d'eau parfaitement purgée d'air, cette bulle fera abforbée en peu de tems,
& fondue, pour ainfi dire, dans cette maffe d'eau, elle difparoîtra : en faifant paffer ainfi fucceffivement, & en différens tems, de nouvelles bulles
d'air, elles fe fonderont pareillement, & elles feront abforbées : & cet
effet aura lieu jufqu'à ce que l'eau foit parvenue au point de faturation. La
premiere bulle d'air qu'on fait paffer dans une fiole, telle que celle dont il
eft ici queftion, eft très promptement abforbée : celle qui vient enfuite l'eft

(1) Mémoires préfentés, Vol. 2. p, 477.

plus lentement ; & cette opération se continue & s'opere de plus en plus lentement, à proportion que l'eau a absorbé une plus grande quantité d'air. L'Abbé *Nollet* assure que la quantité d'air qui fut absorbée en six jours par une masse d'eau, étoit à cette derniere quantité, comme 1 : 30 (1). Cependant le célebre M. *Haller* prétend que ces deux quantités sont dans le rapport de 1 : 54 (2).

Quoique l'eau absorbe l'air, & qu'il ne soit plus sensible à la vue lorsqu'il s'est fondu dans une masse d'eau, il ne faut pas croire pour cela que cet air se change en eau; car on l'en retire en même quantité, pourvu qu'on place la fiole qui contient cette eau sous un plus grand récipient: si on le purge d'air exactement, tandis que cette fiole est bouchée, & qu'on l'ouvre ensuite, lorsque le vuide est fait, on remarquera alors la chûte de la colonne de mercure dans la jauge; & connoissant la capacité du récipient & la quantité d'eau que contient la fiole, on trouvera par le calcul que l'air s'en est échappé entierement. Si on place sous un récipient de la machine pneumatique une fiole remplie d'eau, parfaitement purgée d'air depuis 10 ans, mais exactement bouchée depuis ce tems, lorsque le récipient sera autant vuide d'air qu'on peut l'en vuider, si on ouvre cette fiole, elle ne donnera aucun indice qu'elle contienne de l'air.

§. MCCCCLXXIX. Comme il y a dans l'atmosphere différens fluides élastiques, semblables en quelque façon à l'air, mais de différente nature que ce fluide ; il est naturel de penser que ces fluides pénetrent dans les interstices des molécules de l'eau, qu'ils se mêlent & qu'ils se fondent avec elle : ce qu'on reconnoît par la grande élasticité dont ces fluides sont doués, & qui se manifeste sensiblement sous le récipient d'une machine pneumatique dont on évacue l'air. En effet si on met de l'eau ordinaire dans un verre, & qu'après avoir placé ce verre sous le récipient de la machine pneumatique, on fasse le vuide, on remarquera de petits globules qui croîtront insensiblement, & qui, de très petits qu'ils étoient auparavant, formeront des globules d'un pouce, & même d'un plus grand diametre, qui s'éleveront jusqu'à la surface de cette eau, & viendront crever dans le vuide.

§. MCCCCLXXX. Mais comment l'eau s'impregne-t-elle d'air & l'absorbe-t-elle ? Il me paroît vraisemblable que les parties aériennes sont plus grandes que les molécules de l'eau, qu'elles sont creuses, poreuses, & que leurs principales cavités se remplissent d'eau de la même maniere qu'une éponge : or comme les molécules de l'eau sont extrêmement dures, & que les parties solides de l'air sont impénétrables, une masse qui sera composée d'eau & d'air rempli d'eau, sera presque aussi incompressible que de l'eau seule ; mais comme l'air ne contient que très peu de parties solides, le volume de l'eau ne doit point paroître augmenté considérablement par le mélange de ce fluide, quoiqu'il y entre en très grande quantité. Plus l'eau sera chaude, plus elle absorbera d'air ; & c'est pour cela qu'elle s'en imbibe plus promptement l'été que l'hiver, & qu'elle en absorbe davantage le jour que la nuit.

(1) Hist. de l'Acad. Roy. ann. 1743. p. 215. (2) Vegetable Statiks, Cap. 6.

§. MCCCCLXXXI.

§. MCCCCLXXXI. Si on examine avec attention quelle est la pesanteur spécifique de l'eau pleine d'air, ou sans air, à peine y remarque t on de la différence, si ce n'est que l'eau mêlée avec l'air est un peu plus raréfiée que celle qui se trouve sans air : d'où il suit que l'air qui est disséminé dans l'eau est bien éloigné de son état naturel; car chaque molécule d'air n'abandonne pas aisément les molécules d'eau qu'elle contient, & ne s'en débarrasse pas facilement. Il y a aussi de l'air dans les fluides des substances animales & végétales.

§. MCCCCLXXXII. L'eau dissout tous les sels fossiles, végétaux, animaux, & elle les dissout tous en différente quantité, selon les observations du célebre *Boerhaave* (1), auxquelles j'ai ajoûté les miennes ; la température de l'air, ainsi que celle de l'eau, étant = 38 degrés. Voici les résultats de ces observations.

Sel marin ℥ ij dans ℥ vj & ʒ iij d'eau pure.

Sel gemme ℥ j dans ℥ iij & ʒ ij d'eau pure.

Sel ammoniac ℥ j dans ℥ iij & ʒ ij d'eau pure.

Sel de nitre ʒ ix dans ℥ vj d'eau pure.

Borax ℥ ß dans ℥ x d'eau pure.

Alun ℥ j dans ℥ xiv d'eau pure.

Sel d'epsom ℥ j dans ℥ j & ʒ ij d'eau pure.

Sel de vitriol vert ʒ i ß dans ℥ iij d'eau pure.

Voici maintenant les observations que j'ajoûte à celles de *Boerhaave*.

Arsenic ℥ j dans ℥ xxx d'eau pure.

Sel de vitriol de Chypre 50 gr. dans 850 gr. d'eau.

Sel de corne de cerf, 50 gr. dans 765 gr. d'eau.

Sucre de Saturne, 50 gr. dans 595 gr. d'eau parvenu au point de saturation.

Sel de tartre 50 gr. dans 85 gr. d'eau. Cette dissolution se fit sur-le-champ.

Crême de tartre 50 grains dans 1000 gr. d'eau bouillante ; dissolution qui ne peut se faire complétement dans l'eau froide : cependant 50 grains de crême de tartre se dissolvent dans 100 grains d'eau de chaux (2).

(1) Chem. Part. I. p. 576 (2) Hist. de l'Acad. Roy. ann. 1732. p. 450.
Tome II.   R r

Sel de lait de vache, ou fucre de lait ʒ vj dans ℔ j d'eau chaude au 167 degré (1).

Il faut éprouver ainfi toutes les différentes efpeces de fel.

J'ai expliqué (§. 1067) de quelle maniere la diffolution s'opere. L'eau diffout les fels qui font renfermés dans les bois ; auffi ceux qui ont flotté pendant quelque tems, brûlent plus aifément, mais ils donnent moins de fels lexiviels. Il faut encore remarquer ici que plus on fecoue l'eau, plus il s'y fond de fel, & plus cette opération eft prompte. On doit encore dire la même chofe de l'eau lorfqu'elle eft chaude ; car, dans ce dernier cas, les parties ignées agitent plus fortement les parties de l'eau, & ces dernieres, étant agitées, frappent plus fortement les parties falines qu'elles rencontrent, elles les divifent plus aifément & elles fe combinent mieux avec elles : cependant le fel gemme & le fel marin fe fondent auffi aifément dans l'eau froide que dans l'eau chaude.

Il fe trouve des fels qui fe fondent plus vîte que les autres. Les fels alkalis font ceux qui fe fondent plus vîte. Le fel ammoniac factice fe fond plus lentement : le fel ammoniac naturel fe fond plus promptement ; ce fel fe tire des pierres que le Véfuve vomit (2). Le borax eft celui qui fe fond le plus lentement.

Lorfque l'eau a diffous d'un fel autant qu'elle en peut diffoudre, elle peut encore diffoudre une autre efpece de fel, fans que la premiere diffolution en foit troublée.

L'eau diffout encore les huiles des végétaux qui font déja extrêmement atténués par la fermentation, comme l'efprit de vin, l'alkool ; mais cette folution ne fe fait pas, à moins qu'on ne fecoue l'eau avec l'efprit.

L'eau fait auffi fondre toutes fortes de favons, foit naturels ou artificiels ; &, par leur intermède, elle peut auffi fondre les huiles.

Elle diffout prefque toutes les parties terreftres lorfqu'elles fe trouvent auparavant imprégnées de quelques efprits acides, fur-tout de l'efprit de fel marin.

Elle diffout encore les métaux qu'on broie dans l'eau, felon la méthode de M. *de la Garaye* (3).

Ce fluide ne diffout pas auffi aifément les corps gras, réfineux, les perles, les cryftaux, les pierres, le verre.

§. MCCCCLXXXIII. Comme les parties de l'eau font très fines, elles pénetrent aifément dans les pores des corps ; elles s'infinuent, par exemple, dans plufieurs pierres, dans les briques, les terres, dans tous les végétaux, dans les parties animales, fur-tout dans les peaux & les chairs lorfqu'elles font feches : tous ces corps, plongés dans l'eau, deviennent plus pefans ; parceque l'eau les pénetre & fe loge dans leurs pores. L'augmentation de leur poids eft plus confidérable les premiers jours que ceux qui fuivent ; de forte que ce poids diminue, mais felon des graduations inégales. Si les par-

---

(1) Mercure Suiffe, ann. 1734. Recueil périodique d'Obfervation de Médecine, Décembre 1756, pag. 446. (2) Philof. tranf. n. 455. (3) Chymie Hydraul. p. 46.

ties de ces corps viennent à se diffoudre, elles font alors féparées du tout dont elles faifoient partie auparavant, & le poids de ces corps en devient plus petit à proportion. Plus les corps font mous, plus ils font minces, plus ils ont de furface, & plus ils abforbent promptement l'eau dans laquelle on les plonge, & plus ils deviennent en même-tems pefans : c'eft auffi pour cela que le bois s'imbibe plus aifément, plus promptement, & abforbe une plus grande quantité d'eau. Comme les pores des corps recelent de l'air, lorfque ces corps s'imbibent d'eau, cette eau expulfe une partie de cet air; quelquefois il ne s'en échappe point du tout : & dans ce dernier cas, cet air eft condenfé par l'eau, qui fait effort pour fe jetter dans ces pores. Cet air, étant condenfé, réfifte à l'effort de l'eau, & tend à la repouffer au-dehors en vertu de fa force élaftique : c'eft pour cela que lorfque le poids de l'atmofphere, qui touche la furface de l'eau, vient à diminuer, l'eau eft repouffée & fort des pores des corps plongés, & ils deviennent plus légers qu'auparavant; au contraire lorfque le poids de l'atmofphere devient plus grand, l'eau eft pouffée en plus grande abondance dans les pores de ces corps, & ils deviennent plus pefans. Lorfque la température de l'air varie, & qu'il devient plus chaud, celui qui eft compris dans les pores des corps fe raréfie; il pouffe devant lui les parties aqueufes qui s'oppofent à fon paffage; il les porte au-dehors, & ces corps deviennent plus légers : auffi lorfque le froid fe fait fentir, l'air fe condenfe dans ces corps, l'eau y entre en plus grande quantité, & ils deviennent plus pefans. Comme l'eau ramollit les corps, elle diffout auffi plufieurs de leurs parties qu'elle emporte avec elle : & c'eft pour cela que lorfqu'on retire de l'eau des corps qu'on y avoit plongés, & qu'on les laiffe fécher, on les trouve alors moins pefans qu'ils étoient dans le tems qu'on les avoit plongés dans l'eau (1).

§. MCCCCLXXXIV. L'eau, pénétrant dans les pores des corps, s'étend de tous côtés, les tuméfie & les gonfle avec des forces incroyables; de forte que fi on mouille une corde feche, elle fe gonflera, elle fe raccourcira à proportion, & elle enlevera un fardeau confidérable qui y feroit fufpendu, ainfi qu'on l'a éprouvé à Conftantinople, pour élever un obélifque dans l'hippodrome (2). On a auffi éprouvé la même chofe à Rome, par rapport à un obélifque qui étoit dans le grand Cirque, & qui eft actuellement établi devant l'Eglife de S. Pierre : cet obélifque a été originairement transféré d'Egypte à Rome. *Ammanius Marcellinus* (3) nous a donné l'Hiftoire de cet obélifque. On remarque pareillement que les bois, les pois, les féves, lorfqu'elles font très feches, étant renfermés dans des cavités folides de plufieurs corps, s'enflent & fe gonflent confidérablement. Un tuyau de fer rempli de pois, de féves & d'eau, étant bien fermé, cede à leur force expanfive & fe rompt (4). Des coins de bois tendre & fec, étant inférés dans le chemin d'une fcie, & étant enfuite arrofés avec de l'eau, fe gonflent au

(1) Hift. de l'Acad. Roy. ann. 1744. Mémoires préfentés à l'Acad. T. 1. p. 212.
(2) Busbequius in Legat. Turcica Epift. prima. Merfenni Harmo. Lib. 3. Prop. 10. pag. 42.
(3) Lib. 17. cap. 7. Galilæus in Dialog. Mechan.
(4) Halles Vegetable ftatiks.

point de féparer de groffes maffes de pierre : c'eft un procédé qu'on met fou-vent en ufage pour détacher de groffes pierres , pour fendre des rochers, des blocs de marbre , &c.

§. MCCCCLXXXV. Cette propriété de tuméfier les fubftances végéta-les , & de raccourcir les cordes en les gonflant ; n'appartient qu'à l'eau & aux liquides aqueux, mais nullement aux huiles ; car on remarque que les cor-des fe raccourciffent lorfqu'on les mouille avec de l'eau, du vin , du vinai-gre , de l'efprit de vin rectifié, de l'eau-forte , de l'huile de vitriol , de l'ef-prit de fel ammoniac, &c : ce qui n'arrive point lorfqu'on les mouille avec de l'huile de raves , de l'huile de térébenthine , de pétrole , de poiffon ; car elles ne deviennent alors ni plus courtes, ni plus longues : il en arrive de même lorfqu'elles font dans un air fec ; d'où il fuit que cette propriété de gonfler & de tuméfier les végétaux , ne dépend point de la fluidité , mais d'une autre qualité qui appartient aux fluides. Cet effet dépendroit il de la ténuité dés parties qui les rend propres , non-feulement à pénétrer dans les grands pores des corps , mais encore dans ceux qui appartiennent à leurs dif-férentes parties , & qui conféquemment leur procure la facilité de tuméfier ces corps ? Mais pour quelle raifon , & comment peut-il fe faire , que l'eau parvienne à gonfler les corps avec des forces fi confidérables ? C'eft ce qu'on ne peut pas encore expliquer jufqu'à préfent.

§. MCCCCLXXXVI. L'eau éteint le feu de plufieurs corps embrâfés ; ce qui eft d'une grande utilité & d'une grande reffource dans les différens ac-cidens qui peuvent arriver à l'homme : mais comment l'eau produit-elle cet effet ? En voici la raifon. Il n'y a que l'huile qui puiffe fournir de la nourri-ture au feu : lorfqu'un morceau de bois eft embrâfé , l'huile de ce bois eft la feule chofe qui le fait brûler. Or l'huile bouillante a une chaleur de 600 de-grés , & celle qui brûle eft encore bien plus chaude ; mais l'eau expofée au grand air ne peut recevoir qu'une chaleur de 212 degrés : par conféquent l'eau ne peut donner de la nourriture à la flamme de l'huile ; de forte qu'é-tant répandue fur des corps embrâfés , elle doit les refroidir d'abord : elle abforbe enfuite le feu de ces corps ; elle l'attire , elle le chaffe & elle le dif-fipe. Outre cela , le feu fe ramaffe & fe raffemble de plus en plus dans les corps qui brûlent ; parceque les parties de ces corps embrâfés fe frottent les unes contre les autres avec beaucoup de violence : par conféquent fi on jette de l'eau fur ces fortes de corps , elle diminue ce frottement , elle em-pêche que le feu ne fe raffemble en plus grande quantité , & par ce moyen elle éteint l'embrâfement. Mais pour que les corps enflammés puiffent conti-nuer à brûler , il faut qu'ils foient expofés au contact de l'air : or l'eau qu'on verfe fur un corps embrâfé , empêche que l'air agiffe fur lui , & détruit par ce moyen l'embrâfement. Le vinaigre , la glu , le lait , le fang , la terre , &c, produifent auffi le même effet ; mais fi le corps qui brûle étoit du foufre , de l'huile , de la poix , de l'huile de pétrole , du feu grégeois , de la poudre à canon , de l'efprit de vin éthéré , &c , l'eau qu'on verferoit deffus ne pou-vant pénétrer leurs pores , puifque ces corps étant plus légers , furnage-roient , ce fluide ne feroit point propre à éteindre l'embrâfement de ces der-nieres fubftances.

§. MCCCCLXXXVII. Plufieurs grands Chymiftes ont cru que l'eau pou-

voit naturellement, & par art, se convertir en terre, & même en terre fol-
liée, semblable à du talc subtil, & qu'elle acquéroit alors assez de fermeté
pour pouvoir être chauffée au point de la faire rougir. Ce qui a donné lieu à
cette idée, c'est que l'eau distillée dans des cucurbites très propres, dépose
toujours un sédiment terrestre (1). Mais le célebre *Boerhaave* a fait plusieurs
recherches à cet égard, & a voulu démontrer, d'après ses expériences, que
l'eau ne peut point se convertir en terre par le secours de l'art ; mais qu'elle
conserve constamment sa fluidité. Il prétend que l'erreur de ceux qui ont
déposé le contraire, vient de ce que les poussieres ou les particules terrestres qui voltigent dans l'atmosphere, se mêlant avec l'eau, & se rassem-
blant au fond de la cucurbite dans les distillations qu'on réitere, fournissent
une matiere terrestre qu'ils ont prise pour de l'eau convertie en terre (2).
Mais les expériences du célebre *Leidenfrost*, qu'il a répétées avec de l'eau très
pure distillée, lui ayant fait observer constamment que cette eau, versée dans
une cuiller de fer rougie au feu, déposoit toujours de la terre au fond de cette
cuiller, démontrent l'erreur du célebre *Boerhaave*. *Leidenfrost* n'ayant point
exposé cette eau à un feu très violent (3), ce n'est pas sans raison que *Wallerius* demande, si les petites poussieres qui surnagent & qui voltigent dans
l'atmosphere, sont volatiles, pourquoi ne le sont-elles point lorsqu'elles sont
combinées avec de l'eau qu'on distille dans une retorte ? ou si ces poussieres
sont fixes, pourquoi cessent-elles de l'être lorsqu'on distille des esprits ?

Mais il paroît par la dureté qu'acquiert la chaux, lorsqu'elle est combinée
avec une certaine quantité de sable, & qu'elle est convertie en pâte par l'addition de l'eau ; il paroît, dis-je, par cet exemple, que l'eau peut aussi s'en-
durcir : car la chaux, préparée comme nous venons de le dire, lorsqu'elle
est endurcie, pese beaucoup plus que le poids du sable & de la chaux. Le
plâtre brûlé & préparé avec l'eau, démontre la même chose ; il devient beaucoup plus pesant. Outre cela les plantes nous fournissent une preuve incon-
testable de la même vérité ; car on en voit plusieurs qui ne reçoivent que de
l'eau pour toute nourriture, & qui poussent des racines très solides, des
feuilles fermes, des tiges & des fleurs qui ont une certaine dureté. *Boyle*,
ayant planté en terre une branche de saule, après l'avoir pesée, trouva que
cette branche avoit acquis, dans l'espace de 5 ans, un poids = 169 ℔,
quoique la terre n'avoit perdu, pendant ce tems, que deux onces de son
poids. *Eller*, ayant mis en terre une graine qui pesoit 15 ℔ 10 onces, qu'il
eut soin d'arroser avec de l'eau, remarqua qu'à la fin de l'automne, la
plante qui en résulta, chargée de deux fruits, pesoit 23 ℔ 4 onces ½ ; il coupa
cette plante & il la fit sécher : il la calcina ensuite, & il en recueillit 5 onces de cendres, deux dragmes & douze grains ; & la terre qui avoit produit
cette plante, n'avoit perdu qu'une once de son poids (4) : ce qui prouve manifestement que l'eau se convertit en solide.

(1) De la Vignere, Traité du feu. Borrichius de Hermetis & Ægyptiorum Sapientia.
Newtonus in Optica. Hœkius in Operibus posthumis. Niewentytius in Cosmo Theorn.
Hierne in tentam. Chymi. T. 2. Wallerius in notis ad Hiernium. La Garaye, Chymie-
Hydraul p. 380.
(2) Chemia Vol. 1. Cap. de Aqua.
(3) Leidenfrost de Aqua communi, pag. 30. & 56.
(4) Hist. de l'Acad. de Berlin, ann. 1746, pag. 45.

Outre cela *Eller*, ayant diſtillé au bain-marie de l'eau de fontaine, renferma, celle qui s'étoit élevée, dans une fiole de verre qu'il ſcella hermétiquement. Il l'expoſa pendant l'été aux rayons du ſoleil, & il remarqua qu'au bout de quelque tems cette eau devint trouble, qu'elle pouſſa quelques pellicules vertes : il ſépara enſuite ces pellicules, & il les diſtilla. Il eut dans cette diſtillation une matiere inflammable qui ſe préſenta ſous la forme d'une huile rougeâtre, & quelques particules d'acide univerſel (1).

Mais le célebre *Marggraf* a fait des recherches plus ſcrupuleuſes & plus exactes ſur l'eau (2). Il diſtilla plus de 40 fois de ſuite la même eau ; il la diſtilla à un feu de ſable très violent, & il remarqua que cette eau devenoit de plus trouble en plus trouble, & qu'elle dépoſoit de la terre ſur les parois du verre. Bien plus, à l'aide des rayons ſolaires, qu'il dirigea ſur une maſſe d'eau, renfermée ſous un ample récipient, il fit évaporer cette eau, & il eut de la terre pour réſidu.

La terre qui provient de l'eau eſt blanche, brillante, & extrêmement légere : cette terre, expoſée pendant une heure à un feu violent, demeure la même ; elle perd ſeulement quelques-unes de ſes parties, que la violence du feu emporte. Cette même terre, mêlée avec un acide nitreux fait efferveſcence & ſe diſſout ; mais étant enſuite édulcorée, elle réſiſte pendant pluſieurs heures à l'action du feu le plus violent. Or toutes ces obſervations prouvent plus que ſuffiſamment que l'eau ſe convertit en terre.

§. MCCCCLXXXVIII. *Celſius* & *Lineus* ont voulu démontrer (3) que l'eau de la mer ſe convertiſſoit tous les ans en terre, que ſa quantité diminuoit, & que le Continent devenoit plus grand par cette transformation de l'eau. Ils ont cru en trouver la preuve dans l'augmentation en hauteur du ſinus de Bothnie, dans l'éloignement de la mer, qui s'écarte tous les ans de plus en plus de certains murs qu'elle baignoit auparavant ; dans la découverte de certains rochers que la mer cachoit auparavant. Mais cette preuve n'emporte pas la conviction avec elle ; car il peut ſe faire que ces accroiſſemens viennent, ou de ce que l'embouchure du golfe de la mer Baltique eſt plus grande aujourd'hui qu'autrefois, & que l'eau ſe dégorge plus aiſément & plus abondamment dans l'Océan Calédonien, ou de ce qu'il s'eſt ouvert au fond de la mer de nouveaux goufres qui abſorbent l'eau, ou bien de ce qu'il paſſe moins d'eau dans le golfe de Bothnie, par rapport à quelques obſtructions ſurvenues à pluſieurs marais. *Browallius* (4) s'eſt élevé contre le ſentiment de *Lineus*, & a fait tous ſes efforts pour en démontrer la fauſſeté, par pluſieurs preuves qu'il a miſes au jour. Il aſſure que les obſervations de *Lineus*, & de pluſieurs autres, ſont incertaines & de peu d'autorité. On ne peut diſconvenir cependant que les lacs de Suiſſe décroiſſent continuellement. La Ville connue ſous le nom d'Avanche, qui étoit autrefois contiguë au lac Morat, en eſt actuellement diſtante d'un mille (5). Les riva-

---

(1) Hiſt. de l'Acad. de Berlin, ann. 1753, pag. 37.
(2) Hiſt. de l'Acad. de Berlin, ann. 1756, pag. 20.
(3) In Orat. de Incremento Telluris. Bibliotheq. raiſonnée, ann. 1747, Part. 2, page. 60.
(4) Unterſuchung. der Vermindering das Waſſers.
(5) Bibliotheq. raiſonnée, ann. 1746, pag. 279.

ges de Bretagne acquerent tous les jours une plus grande étendue , par rapport à la mer qui s'en éloigne. Les Ports de Turquie deviennent de plus en
plus remplis de fable. Plufieurs endroits d'Egypte qui n'étoient autrefois que
des marécages , fe font convertis en terre ferme ; mais tous ces différens évé-
nemens ne proviennent point du changement de l'eau en terre, mais de ce
que les pluies , les neiges fondues & les fleuves qui fe précipitent des montagnes où ils prennent leur origine, ou des différentes contrées qu'ils arro-
fent , entraînent avec eux beaucoup de limon & de fable, dont ils fe déchargent dans la mer & aux différentes embouchures : & c'eft pour cela
qu'on voit croître des ifles & des bancs de fable aux embouchures. Les confins de la Hollande fe font beaucoup accrus par les dépôts du Rhin & de la
Meufe , qui viennent fe décharger dans la mer d'Allemagne : le lit de l'embouchure de la Meufe eft devenu une fois plus étroit dans l'efpace d'un
fiecle.

Le limon & le fable que le Rhin & la Meufe charrient, ont formé çà &
là différentes ifles , & ont élevé le terrein de trois pieds depuis l'efpace d'un
fiecle, dans tous les endroits de la Flandre qu'ils parcourent : d'où il fuit
que le fond de la mer & fes eaux doivent néceffairement s'élever , ainfi que
Manfreidi l'a très bien démontré par d'autres obfervations (1). Or puifque
les fleuves dépofent néceffairement fur le fond de la mer les fables & le limon qu'ils charrient , il faut de toute néceffité que la hauteur des rivages
devienne plus grande , par rapport aux fables que le reflux de la mer porte fur
ces rivages & qu'elle y dépofe : d'où il fuit que les accroiffemens des rivages ne font point une preuve convaincante que la quantité de l'eau de l'O-
céan diminue & fe change en terre.

§. MCCCCLXXXIX. Dans l'hiver, & dans les climats froids, l'eau paroît fe cryftallifer, ou, pour mieux dire , elle fe convertit en glace , qui eft
un corps dur très élaftique , & qui nous fait obferver différens phénomenes,
fuivant qu'elle fe forme plus promptement ou plus lentement. Lorfque l'eau
fe gele lentement en hiver dans un verre, la glace commence à fe former
tout autour de la circonférence interne de ce verre , d'où partent enfuite ,
comme des filets qui vont aboutir vers le milieu , en formant , avec les parois du verre , divers angles , d'une variété prefqu'infinie. Ces filets imitent
quelquefois les parties fibreufes des feuilles d'arbres ; ils font fitués parallelement les uns aux autres : & quoique difpofés régulierement entr'eux , ils
forment des feuilles très irrégulierement fituées les unes par rapport aux autres. Après ces premiers filets, il s'en forme d'autres qui s'étendent d'une
maniere fort irréguliere vers le fond du verre, en fuivant différentes routes.
Leur diametre augmente fenfiblement ; mais leur épaiffeur ne paroît pas
prendre beaucoup d'accroiffement ; de forte qu'ils paroiffent alors comme
des membranes minces & déliées , qui fe difperfent confufément à travers la
maffe d'eau. Plufieurs de ces membranes ou pellicules fe réuniffent les unes
avec les autres , & forment , en fe réuniffant , toutes fortes d'angles. Il s'en
trouve d'autres qui , en fe gelant, fe placent les unes fur les autres : quelques-
unes d'entr'elles forment comme diverfes couches , & renferment de cette

(1) Commentar. Bonon. Vol. 2. pag. 237.

maniere au milieu d'elles de petites maffes d'eau encore fluides , lefquelles , venant à fe glacer , produifent , avec les premieres membranes , la croûte fupérieure de la glace. La furface de cette croûte eft rude & inégale , & reffemble à celle des cryftaux fur lefquelles on a formé de fines gravures.

Mais s'il gele tout-à-coup , & avec force , comme il arrive lorfque le froid eft fort âpre , il fe forme alors fur la furface de l'eau une membrane mince , qui , partant des parois du verre , va aboutir vers le milieu , étant pofée fur cette furface dans une fituation horifontale : on voit naître bientôt après tout autour du verre de femblables membranes qui aboutiffent vers le milieu de l'eau , & qui paroiffent fous la forme de triangles , dont les angles les plus aigus fe portent vers le milieu ; ils font auffi arrangés d'une maniere irréguliere , & repréfentent comme des couches , avec lefquelles ils forment la croûte de la glace. Lorfqu'on confidere le deffous de cette croûte , après l'avoir tirée de l'eau , on trouve qu'elle approche affez de la figure d'une panfe de vache. *Wallerius* affure que la glace qui fe forme en automne eft différente de celle qui fe forme au printems ; parceque , fuivant lui , celle qui fe forme dans le printems , ne forme jamais de lames horifontales ; mais elle forme comme des efpeces de trous & de filets verticaux : & c'eft pour cela qu'on appelle *trouée* celle qui fe forme dans ce tems (1).

§. MCCCCXC. On peut aifément & fouvent remarquer tous les ans en Hollande , la direction des fibres de la glace qui s'attache à l'intérieur des vitres des fenêtres : ces fibres forment toutes fortes de figures , des arbres , des rameaux , des feuilles , & différentes autres chofes : les unes s'élevent directement de bas en haut , d'autres forment des angles variés à l'infini , d'autres font circulaires ; de forte qu'on ne rencontre point de figures parfaitement femblables , quoique placées les unes à côté des autres. Mais les différentes parties de ces fibres paroiffent recevoir en fe glaçant une vertu polaire ; de forte qu'elles paroiffent s'attirer plus fortement vers les extrémités ou vers les pôles , que vers les parties latérales & moyennes : ce qui donne naiffance à des filamens de plufieurs pouces de longueur.

§. MCCCCXCI. La glace n'ayant encore que deux ou trois lignes d'épaiffeur , eft tranfparente & homogene. A mefure que la croûte s'épaiffit davantage , l'air & les fluides élaftiques fortent de toutes les parties de l'eau qui les receloient ; ils forment d'abord de petites bulles féparées les unes des autres , & de la groffeur d'une tête d'épingle : ils forment auffi quelquefois de petits tuyaux oblongs , fuivant la différente conformation de la glace. Les bulles groffiffent enfuite , plufieurs fe réuniffent pour n'en former qu'une feule ; de forte qu'il s'en trouve quelques-unes dont le diametre eft d'un demi-pouce , & même d'un pouce entier ; ce qui arrive lorfqu'il fait un froid violent & de longue durée : la glace devient alors opaque ; les bulles paroiffent blanches , & l'opacité de la glace augmente à mefure que ces bulles groffiffent davantage. On remarque pour l'ordinaire que les bulles d'air font plus groffes vers le centre & vers l'axe du vafe , que vers fes parois : fouvent elles adherent aux parois du vafe , où elles paroiffent prendre leur origine , & elles forment des efpeces de petits canaux. Lorfque la congélation de l'eau

____

(1) Journal des Savans , ann. 1753 , Décemb. pag. 71.

fe fait lentement, il s'en éleve peu à-peu des bulles d'air ; les bulles élancées
hors de la maffe de l'eau , furnagent & s'échappent de fa furface fupérieure
lorfqu'elles n'y rencontrent point une croûte de glace qui s'oppofe à leur
fortie : mais lorfque la furface de l'eau eft prife , cette lame de glace s'oppofe
efficacement à l'expulfion de l'air ; fi alors la congélation devient plus
prompte , l'air fe raffemble de toutes parts en plus grande quantité , & forme
de plus grandes bulles. On remarque quelquefois un petit trou à la furface
de la glace , par où l'eau , pouffée par le reffort de l'air , s'élance elle même
& s'échappe ; mais lorfque ce trou vient à fe boucher, la glace fe fend
alors , & même avec bruit : ce qui provient du reffort de l'air , qui eft intercepté dans la glace , & qui fait effort pour s'étendre. M. *Mariotte* a obfervé
qu'on n'entend point ce bruit lorfque le trou qu'on remarque à la furface de
la glace fubfifte ; parcequ'il livre paffage , & à l'air qui fait effort pour s'é-
tendre, & à l'eau qui tend à s'échapper : on remarque auffi vers le milieu de
la glace une petite monticule, & même quelquefois que l'air qui eft retenu
au deffous de la partie moyenne de la croûte de la glace , éleve cette croûte,
& lui fait prendre une furface convexe.

§. MCCCCXCII. Si on examine avec un microfcope un morceau de
glace, on remarquera qu'il eft compofé de plufieurs petites lames qui réfléchiffent les rayons de lumiere , & leur font prendre différentes directions ,
au moyen defquelles on peut diftinguer plus aifément ces petites lames ; de
forte qu'il paroît évidemment qu'un morceau de glace fe forme par lames ,
de même que le talc de Mofcovie , ou comme une efpece de pierre couleur
de fafran, & qui s'enleve par feuillets.

§. MCCCCXCIII. Cette efpece de glace furnage fur l'eau ; elle eft fpécifiquement plus légere que ce fluide : elle eft d'autant plus légere que les
bulles d'air qu'elle contient font plus grandes & en plus grand nombre. La
pefanteur fpécifique de la glace eft ordinairement à celle de l'eau , comme
8 : 9. Cependant fon pouvoir refringent eft plus grand que celui de l'eau ;
car les rayons de lumiere fe courbent davantage en traverfant un morceau de glace, qu'en paffant à travers une maffe d'eau. *Kraffi* a obfervé par
rapport à un morceau de glace très pur , que le finus d'incidence étoit à celui de réfraction : : 1000 : 713 ; tandis que ces finus dans l'eau, font entr'eux
: : 1000 : 749 (1). On trouve encore plufieurs autres exemples, qui prouvent que les réfractions de la lumiere ne font point proportionnelles aux
poids des corps , quoique plufieurs Phyficiens , grands amateurs des hypothefes , foutiennent avec opiniâtreté cette idée.

§. MCCCCXCIV. La glace qui provient de l'eau commune forme un plus
grand volume ; ainfi qu'on peut s'en convaincre par fa pefanteur fpécifique
(§. 1492). Les Académiciens de Florence entreprirent de confirmer cette
vérité par plufieurs expériences. Pour cet effet, ils remplirent d'eau une
fphere d'or concave ; ils la fermerent exactement , & ils mefurerent fon
plus grand diametre extérieur, en la faifant paffer à travers un cercle de
métal : or , après que l'eau fe fut glacée , la fphere d'or devint plus groffe ,
& elle fe gonfla fi fort , qu'elle ne pût plus paffer par le même cercle de mé-

(1) Orat. de Prærogat. Clim. Bor. p. 19.

Tome II.   S s

tal. La glace ſe dilate quelquefois ſi fort, & avec tant de violence, qu'elle rompt pluſieurs vaiſſeaux de terre, de verre, de pierre, de métal ; elle fait auſſi fendre les arbres : cet effet ſe produit avec tant de violence en Laponie (1), & dans l'Amérique ſeptentrionale (2), qu'on croiroit entendre l'exploſion de quelques bouches à feu. Il y a des endroits où l'humidité qui eſt renfermée dans l'intérieur des poutres des maiſons, & qui s'y glace, les fait fendre avec une exploſion qui ne le cede en rien à celle d'une arme à feu. Dans d'autres endroits, la terre, en ſe gelanr, éleve les ſeuils des portes, les murs & les maiſons mêmes : elle fend les rochers, elle les éleve conſidérablement ; de ſorte qu'il ſe forme enſuite de très grandes cavités. Les aqueducs expoſés à la gelée, ſont ſujets à de grandes réparations. *Boyle* nous apprend que de la glace qui s'étoit formée dans un tube de cuivre, large de 3 pouces, avoit élevé un poids de 74 ℔ (3).

Hughens obſerva qu'un canon de fer qu'il avoit rempli d'eau, & qu'il avoit fermé enſuite exactement, étant venu à ſe geler, éclata avec bruit & ſe fendit (4). Les Académiciens de Florence remplirent d'eau une ſphere creuſe de cuivre qui étoit fort épaiſſe ; ils expoſerent enſuite cette ſphere à la gelée, & la firent diminuer d'épaiſſeur à pluſieurs repriſes, juſqu'à ce que la gélée fut aſſez forte pour la faire rompre. On fut obligé en Italie d'augmenter artificiellement l'intenſité de la glace ; mais peut-être qu'en Sibérie, & dans les climats glacés de l'hémiſphere boréal, l'effort de la glace ſeroit beaucoup plus grand. L'épaiſſeur du métal étoit $= \frac{67}{100}$ de pouce, & ſa fermeté fut trouvée $= 22893$ ℔. Mais la force d'un pouce ſphérique de glace, qui agit en toutes ſortes de ſens, eſt une fois plus grande ; car cette force eſt à l'effort avec lequel la glace tend à diviſer le métal, comme le rayon conduit ſur la périphérie du cercle, eſt à l'aire du cercle, ou comme 2 : 1. Or la fermeté d'un morceau de cuivre d'un demi-pouce quarré d'épaiſſeur $= 12750$ ℔; donc $\overline{50}^2 : 12750 :: \overline{67}^2 : 22893$; car les fermetés, dans cette occaſion, ſont comme les quarrés des épaiſſeurs. On peut donc regarder l'eau dans différens états, comme une puiſſance qui ne le cede à aucune ; car en tant qu'elle eſt liquide, elle gonfle avec une force conſidérable les végétaux deſſéchées (§. 1484). Réduite en vapeur par l'action du feu, elle ne connoît aucune barriere ; elle briſe tout (§. 1467) ; effet qu'elle produit encore lorſqu'elle eſt convertie en glace.

§. MCCCCXCV. La dureté de la glace varie comme l'intenſité du froid : celle de Hollande eſt molle, ſi on la compare avec celle de Spitſberg : ce dont on juge aiſément par l'effort qu'on eſt obligé de faire pour rompre l'une & l'autre. M. *de Mairan*, voulant éprouver la dureté de la glace de France, forma un cylindre de glace d'un pied de longueur & d'un pouce de diametre : il poſa ſes deux extrêmités ſur des points d'appui, & il fut obligé de faire pendre au milieu de ce cylindre un poids de dix livres & demie

(1) Outhier, Voyage au Nord, pag. 222. Kraffius in Orat. de Boreal. Climat. Prærog.
(2) Philoſ. Tranſ. n. 465. Ellis, Voyage to Hudſon's Bay. pag. 174.
(3) Hiſt. Frigoris, titulo 10.
(4) Duhamel, Hiſt. Acad. Reg. Lib. 1. §. 2. cap. 1.

pour le rompre. Un cylindre de marbre blanc femblable par fes dimenfions à celui de glace, fut rompu par un poids de 84 ℔ pareillement fufpendu au milieu de ce cylindre.

§. MCCCCXCVI. Une obfervation affez curieufe a démontré que la
glace eft élaftique. Ayant enfoncé de foibles couteaux qui fe terminoient
en pointe dans le côté le plus dur d'un morceau de glace de 4 pieds de diametre ; lorfqu'on abandonna ces couteaux à eux-mêmes, en ceffant de les
preffer avec la main, ils furent repouffés au-dehors à la diftance de 4 à 5
pieds. *Bertier* obferve que cet effet n'a pas lieu lorfqu'on enfonce ces inftrumens dans la partie la plus molle de la glace (1).

§. MCCCCXCVII. La glace expofée au grand air, lorfqu'il gele, exhale
continuellement beaucoup de vapeurs, & devient plus légere ; ainfi que *Pline*
l'obferva autrefois (2). Un cube de glace, pefant 4 onces, expofé à l'air,
tandis qu'il geloit, devint plus léger de 3 grains dans l'efpace de 24 heures.
J'ai obfervé qu'un glaçon de 18 pouces de hauteur perdit en 5 jours 0 . 277
pouces de fa hauteur. *Perrault* a trouvé que quatre livres de glace perdirent
une livre de leur poids en 18 jours. *Krafft* a obfervé qu'un morceau de glace
qui rempliffoit un cube de cuivre d'un pouce, & qui pefoit 293, 5 grains,
perdit en 28 jours 115, 5 grains de fon poids (3). Cela nous apprend pourquoi la neige femble difparoître de deffus la terre, après qu'elle en a été
couverte pendant quelques jours. Cette évaporation des parties de la glace
doit être attribuée aux rayons du foleil, qui détachent continuellement les
petites parties, & les font exhaler : fi le vent fe joint encore à l'action du
foleil, l'évaporation de la neige & de la glace eft encore plus confidérable,
& elle l'eft fur-tout fi le vent eft très grand ; parcequ'alors tout ce qui a
commencé à s'exhaler eft détaché de la glace, ainfi que les parties qui font
à fa furface. L'évaporation de la glace eft autant grande qu'elle puiffe être
lorfque la glace commence à fe former ; parceque les parties ignées qui s'é-
chappent alors emportent avec elles quantité de particules d'eau. L'évaporation devient plus petite lorfque la glace eft formée. La glace s'évapore encore davantage lorfqu'il fait chaud que lorfque le froid eft très piquant ; parceque, dans le premier cas, il y a plus de parties ignées, lefquelles, s'élevant plus rapidement, & fe portant avec plus de vîteffe dans l'air, emportent avec elles une plus grande quantité d'eau.

§. MCCCCXCVIII. Lorfqu'on retire de l'eau tout l'air qu'elle contient,
& qu'on la met enfuite dans le vuide, ou dans une fióle vuide d'air & bouchée de maniere à refufer paffage à ce fluide, cette eau, expofée à l'air, fe
gele plus promptement que l'eau ordinaire placée dans une femblable bouteille. Lorfque cette eau fe convertit en glace, on voit paroître les mêmes
phénomenes que j'ai expofés (§. 1489) ; & la glace qui s'en forme eft fans
bulles, homogene, & tantôt plus, tantôt moins tranfparente que la glace
ordinaire. Cette forte de glace eft auffi fpécifiquement moins pefante que l'eau
fur laquelle elle flotte en partie. J'ai éprouvé, par plufieurs obfervations
que j'ai répétées fréquemment, & en différentes années, que la pefanteur

(1) Hift. de l'Acad. Roy. ann. 1748. p. 42. (2) Plin. Hift. Nat. Lib. 31. ch. 3.
(3) Kraffius de Vaporum origine, §. 17.

ſpécifique de cette glace étoit à celle de l'eau : : 21 : 22 ; ce que j'attefte contre l'autorité de *Renaldin* (1) & de *Homberg* (2) , qui ſoutiennent le contraire ; & perſonne, depuis leurs obſervations, n'a trouvé de glace qui fût
plus peſante que l'eau : cette eſpece de glace, augmentant de volume avec
une force conſidérable, briſe les bouteilles de verre dans leſquelles elle ſe
forme, auſſi-bien que celle qui provient de l'eau ordinaire.

§. MCCCCXCIX. On ne remarque point que la congélation ſe faſſe plus
promptement, ou plus lentement, lorſqu'on expoſe à la gelée des vaſes
ſemblables, dans leſquels on a mis la même quantité d'eau, quoiqu'on
mette dans les uns de l'eau qu'on a fait bouillir auparavant, dans les autres
de l'eau ordinaire, qui n'a point bouillie, & dans d'autres de l'eau de
glace ou de neige fondue.

§. MD. Si on met un verre plein d'eau dans de la neige ou dans de la
glace pilée, & qu'on mêle avec la neige, ou avec la glace, certains ſels réduits en poudre, tels que du ſel marin, du ſel gemme, du ſel de fontaine,
du ſel ammoniac, de l'alun, du vitriol, du borax, ou de l'eſprit de vin,
de l'eſprit de ſel marin, de l'eſprit de nitre, de l'eau régale, &c, l'eau ſe
gelera dans le verre auſſi-tôt que la neige ou la glace ſe fondra. On produit
encore un froid très piquant en verſant de l'eſprit de nitre ſur de la glace
pilée ; ce froid eſt tel que la liqueur du thermometre deſcend de 40 degrés
au-deſſous de o, ſelon l'échelle de *Fahrenheit*. On peut auſſi faire de la
glace avec de l'eau de neige conſervée dans une cave, & qui s'eſt fondue
d'elle-même ; & quand cette eau auroit près de 50 degrés de chaleur, elle
deviendra ſuffiſamment froide lorſqu'on y jettera du ſel ammoniac, pour
convertir ſur-le-champ en glace une autre maſſe d'eau, compriſe dans un
vaſe placé au milieu de cette eau de neige.

§. MDI. *Gmelinus de Kirenga* a encore obſervé pluſieurs autres phénomenes auſſi myſtérieux qui concernent la températureᷤde la glace & de l'atmoſphere (3). Il arrive ſouvent que le froid de la glace augmente ou diminue lorſque la température de l'air devient plus froide ou moins froide ;
mais il arrive rarement que le froid que la glace acquiert, ſoit en même
raiſon que celui qui ſurvient à l'atmoſphere ; il eſt encore plus rare que le
froid de la glace ſurpaſſe celui de l'atmoſphere. Pour l'ordinaire, le froid
de la glace eſt moins grand que celui de l'atmoſphere ; ce qui vient de ce
que la matiere ignée s'échappe plus aiſément & plus promptement de l'air
que de la glace. Il arrive pour l'ordinaire que le froid de la glace diminue
lorſque le froid eſt moins âpre dans l'atmoſphere ; car lorſque l'atmoſphere
s'échauffe, il faut de toute néceſſité qu'il paſſe une plus grande quantité de
feu dans la glace, quoiqu'il y en paſſe rarement en même quantité qu'il en
ſurvient à l'atmoſphere ; & cela parceque la matiere ignée ſe fait plus aiſément & plus promptement jour dans l'air que dans la glace.

2°. Il arrive quelquefois que le froid de la glace n'augmente pas, quoique
celui de l'atmoſphere devienne plus piquant : en effet, quelquefois la matiere du feu s'échappe ſubitement de l'air, tandis qu'elle ne peut pas s'é-

<hr>

(1) Journal de Veniſe, 1671. Septemb. (2) Mém. de l'Acad. Roy. ann. 1693 , p. 28.
(3) Commentar. Petropol. T. 10. p. 303.

chapper auſſi promptement de la glace ; & c'eſt pour cela qu'elle conſerve encore ſa même température : il arrive auſſi dans cette même circonſtance que le froid de la glace diminue ; cela pourroit il venir de ce que la matiere du feu qui réſide dans l'eau qui eſt ſous la glace, ou de ce que le feu qui eſt au fond, tendant à ſe mettre en équilibre, s'éleve, paſſe à travers la glace pour s'élancer enſuite dans l'air, & communique, en paſſant, plus de chaleur à la glace qu'il traverſe ?

3°. Il arrive auſſi que le froid de la glace augmente, ou qu'il demeure le même lorſque la température de l'air s'échauffe.

4°. Mais on remarque auſſi que le froid augmente quelquefois dans la glace, quelquefois qu'il diminue, tandis que la température de l'atmoſphere demeure la même.

5°. Quelquefois la température de l'air & celle de la glace demeure la même, quoique la température de l'un ſoit différente de celle de l'autre.

6°. Mais auſſi de même que le froid ſaiſit plus lentement la glace que l'air, il l'abandonne auſſi plus lentement.

7°. Les viciſſitudes qu'on remarque dans les degrés de chaleur & de froid, qui appartiennent à l'air & à la glace, ſont continuelles : elles dépendent de la préſence du ſoleil, de la nuit, des vents qui ſoufflent de différens endroits, & des exhalaiſons de la terre.

§. MDII. On a obſervé de la neige auſſi froide ſur le ſommet qu'au pied d'une montagne ; quoique le poids de l'atmoſphere fût bien différent dans l'un & dans l'autre endroit. Cette obſervation a été faite par M. de *Caſſini* à la montagne de Canigou (1), & par M. *de Monteſquieux* à celle du Pic du-Midi (2). Quelquefois cependant la neige eſt moins froide, & même pendant pluſieurs heures, que l'air qui l'entoure ; parceque la matiere du feu s'échappe plus promptement de l'air que de la glace, lorſque le froid augmente dans l'atmoſphere. Quelquefois lorſque la gelée ſubſiſte long-tems, la neige eſt plus froide que l'air qui l'avoiſine : c'eſt ce qui arrive lorſqu'une plus forte gelée s'eſt fait ſentir auparavant ; parcequ'elle a refroidi davantage la neige. Dans ce cas, tandis que cette gelée ſubſiſte, le froid de l'atmoſphere peut diminuer par une certaine quantité de feu qui ſurvient ſubitement dans l'atmoſphere, & qui ne peut pas pénétrer auſſi promptement la neige : ce qui fait qu'elle eſt plus froide que l'air ambiant.

§. MDIII. On remarque dans le Groenland des montagnes entieres de glaces qui ne fondent jamais : ces montagnes ſont de différentes couleurs ; les unes ſont blanches, les autres paroiſſent bleues : on voit flotter des iſles de glaces ſur la mer Septentrionale, dont la couleur verdâtre imite aſſez bien celle de l'eau de la mer ; cette couleur ſe remarque ſur-tout dans la partie de ces iſles qui eſt ſous l'eau : celle qui s'éleve au-deſſus eſt ordinairement plus pâle en tems de pluie ; parceque le froid congele les vapeurs qui ſe trouvent dans le voiſinage, & ces vapeurs congelées, tombent ſous la forme d'une neige blanchâtre, & recoûvrent la ſurface de ces iſles. On voit ſur des montagnes de Suiſſe de la glace dont la couleur imite celle de l'outre-

(1) Hiſt. de l'Acad. Roy. ann. 1740. p. 131. (2) Philoſ. Tranſ. n. 472.

mer ; ce qui vient , fans contredit , des parties falines , fulfureufes, terreftres & autres qui entrent dans la compofition de cette efpece de glace. Mais
la glace ne paroît jamais colorée , à moins qu'elle ne forme une maffe confidérable.

§. MDIV. Il n'eft pas vraifemblable que l'eau foit originairement de la
glace , & que fa fluidité dépende du feu qui la pénetre ; de même que le
plomb & la cire fe fondent par le moyen du feu ; & conféquemment que le
feu ; s'échappant de l'eau , elle fe durciffe & fe convertiffe en glace , dont les
parties demeurent en repos les unes à côté des autres : mais il eft plus naturel de croire , quoique cette opinion ne foit pas rigoureufement démontrée,
que la formation de la glace dépend du mêlange de certains corpufcules fort
déliés qui viennent de l'atmofphere , lefquels fe combinant avec l'eau, fermentent avec elle , chaffent le feu qui s'y trouve , s'enclavent , pour ainfi
dire , entre les parties de l'eau , les uniffent les unes aux autres , & leur fervent de gluten, de même que l'eau en fert à plufieurs autres corps. Nous
allons maintenant expofer les obfervations qui fervent d'appui & de fondement à cette opinion.

§. MDV. Les parties de la glace ne font point dans un repos parfait ; elles
ont une efpece de mouvement qui fe manifefte 1°. par l'augmentation des
bulles d'air , qui font difféminées dans toute fa fubftance. Ces bulles font à
peine fenfibles , au moment que la glace vient de fe former ; mais le fecond
jour elles paroiffent fenfiblement , & elles font groffes comme la tête d'une
épingle : elles augmentent encore de jour en jour ; de forte qu'elles acque-
rent un diametre $= \frac{1}{4}, \frac{1}{2}, \frac{4}{4}$ de pouce : on en remarque même quelques-unes
d'un pouce de diametre : or cette augmentation dans ces bulles ne peut avoir
lieu , qu'autant que les molécules de la glace s'écartent & s'éloignent les
unes des autres.

2°. Le mouvement des parties de la glace fe décele encore par l'augmentation de fon volume , qui eft telle , qu'elle vient à bout de brifer des vaiffeaux très folides qui la contiennent , de fendre des poutres , des arbres , &
de les faire éclater avec des efforts confidérables. 3°. Le mouvement des
parties de la glace eft indiqué par la diminution de fa pefanteur refpective ,
qui a lieu même tandis que le froid fubfifte , & qu'il gele encore.

4°. Il fe manifefte par les exhalaifons qui s'en échappent continuellement,
& par la diminution de fon poids.

§. MDVI. Il ne faut pas non plus confidérer la glace comme de l'eau
condenfée par le froid , de même que les métaux fondus , le mercure , les
corps réfineux , & plufieurs autres que le froid condenfe ; car tous ces corps
fe durciffent & diminuent de volume en fe condenfant : au contraire la
glace eft toujours moins denfe que l'eau ; & elle fe raréfie d'autant plus que
la gelée eft plus forte , & qu'elle fubfifte plus long-tems. L'augmentation du
volume de la glace qui eft toujours accompagné d'efforts confidérables , &
qui équivalent à 2520 fois le poids de l'atmofphere terreftre , ne peut point
être produite par le développement de l'air qui agiroit contre la glace , en fe
féparant d'entre les molécules de l'eau. Car fi on ouvre fous l'eau une bulle
d'air renfermée dans un morceau de glace , elle ne s'en échappera pas avec
une éruption marquée : ce qui arriveroit néceffairement , & avec un effort

confidérable, fi cette bulle étoit formée d'un air extrêmement condenfé & élaftique, renfermé dans ce morceau de glace. D'ailleurs la fermeté de la glace ne feroit pas fuffifante pour s'oppofer à l'expanfion d'un air auffi élaftique qui feroit effort pour fe développer en toutes fortes de fens. Bien plus encore, la glace qui provient d'une eau parfaitement purgée d'air, augmente également de volume, & produit auffi des effets très violens: or puifque ces fortes d'effets ne dépendent point de l'air, ni de la privation du feu, ni du froid qui condenfe tous les corps, il eft néceffaire de recourir à une autre caufe qui puiffe mouvoir & diftendre, avec un effort confidérable, les parties de l'eau, qui puiffe leur faire perdre leur fluidité, & les faire paffer de l'état de liquidité à celui d'une très grande folidité. On ne connoît pas trop encore cette caufe, & on ne pourroit en indiquer une fans témérité. Ce qu'on peut cependant affurer, c'eft que cette caufe eft matérielle, & en même tems très fubtile; puifqu'elle fe fait jour à travers les pores les plus ferrés de tous les corps quelconques; car l'eau renfermée dans des vafes de toute forte de matiere que nous connoiffons, n'eft point à l'abri de la congélation.

§. MDVII. Il paroît donc que l'eau ne fe convertit point en glace par l'action feule du froid; mais que la préfence de la caufe dont nous venons de parler eft indifpenfablement néceffaire pour cet effet, & qu'elle doit concourir avec le froid, pour que ce phénomene ait lieu; car quoique l'eau foit extrêmement froide en différens tems de l'année, elle ne fe gele pas pour cela. On fait de la glace pendant les plus grandes chaleurs. Il dégele quelquefois lorfqu'il fait plus froid dans l'atmofphere que lorfqu'il geloit; & cette différence va quelquefois à 10 degrés, felon l'échelle de *Fahrenheit*. Ce phénomene a été obfervé, non feulement en Hollande, mais encore en Allemagne, en Angleterre & en France. M. *Duhamel* a remarqué qu'il avoit gelé dans le tems que le thermometre de M. *de Reaumur* étoit à 3 & même à 4 degrés au-deffus de la glace; lorfque les jours précédens il avoit regné quelques degrés de chaleur dans l'atmofphere (1). J'ai remarqué la même chofe, non pas dans une feule année, mais encore dans plufieurs. Il gele ordinairement lorfque le thermometre de *Fahrenheit* eft au 32 degré, & il dégele lorfqu'il monte jufqu'au trente troifieme; cependant j'ai obfervé de la gelée lorfque la colonne de mercure étoit élevée jufqu'au 36 degré dans mon thermometre: j'en ai même vu, quoique rarement, lorfqu'il étoit élevé au 41 degré. J'ai obfervé en 1739, 1753, 1755, qu'il dégeloit, & qu'il tomboit de la pluie, tandis que la colonne de mercure n'étoit, dans mon thermometre, qu'à 28, 29, 30 degrés, & qu'elle y demeura fufpendue pendant quelque tems: ce froid eft cependant fuffifant pour produire une forte gelée. Le 25, 26 & 27 du mois d'Octobre de l'année 1743, mon thermometre étant, pendant la nuit, au 36, 34, 36 degré, le vent étant à l'Eft, j'ai obfervé que de grandes foffes qui font dans les fauxbourgs de Leyde, étoient glacées. Le 20 Janvier 1757, le thermometre étant au 35 degré, il geloit dans plufieurs endroits de Leyde, & non dans les autres; le vent étoit alors à l'Oueft. Le 5 Février, il tomboit de la pluie, & le thermometre étoit

(1) Hift. de l'Acad. Roy. ann. 1754, p. 383.

à 30 degré : le lendemain matin il dégeloit, le thermometre étant au 32ᵉ degré. Le 12 Mars, la vent étant à l'Ouest, il geloit, & cependant le mercure étoit le matin au 36ᵉ degré, & vers le midi au quarantieme, & la gelée perfévéra : mais il est bon de remarquer qu'il geloit déja depuis plusieurs jours. Le 24 Décembre de l'année 1757 il dégela, tandis que le thermometre n'étoit qu'au 32ᵉ degré ; il faisoit alors un brouillard épais, & le vent étoit à l'Ouest. Le 5 Février de l'année 1758, le thermometre étoit au 34ᵉ degré ; le tems étoit sec, le vent d'Ouest souffloit, & il ne dégeloit pas : toutes les pierres qui étoient exposées à l'air étoient seches. La gelée fut très forte la nuit du 11 Février ; le thermometre étoit cependant alors au 37ᵉ degré, & le vent étoit au Sud. La nuit du 13, du 15, du 18, du 20 Février de l'année 1759, il gela ; le thermometre étoit alors au 39ᵉ & au 40ᵉ degré, & le vent étoit à l'Est. Il gela encore la nuit du 21 Mars de l'année 1761, tandis que le thermometre étoit au 40ᵉ degré ; le vent étoit à l'Ouest. Il y a une grotte en Dauphiné qu'on nomme *Grotto della Balme*, qui paroît comme formée de plusieurs voûtes, dans laquelle l'air est tempéré ; c'est-à-dire, que le thermometre s'y tient ordinairement entre 10 & 11 degrés, suivant l'échelle de M. *de Reaumur* : ce qui équivaut à 54 degrés, suivant l'échelle de *Fahrenheit*. Or on remarque sous ces voûtes des congélations, dont plusieurs imitent assez bien de véritables crystallisations, & dont la couleur ressemble à celle d'une espece de terre rouge qui vient d'Afrique, & dont on fait usage dans la Peinture. Ces glaçons pendent quelquefois du haut de la voûte, d'autres fois ils forment des especes de colonnes de différentes grosseurs (1). La gelée blanche est une glace très fine qui s'attache à la surface des plantes, & sur tous les corps qui s'élevent au-dessus de la surface de la terre ; cette espece de glace se forme plus promptement qu'une croûte de glace sur la surface d'une grande quantité d'eau. Pareillement un linge trempé dans l'eau, & exposé au grand air, se gele plus promtement. Ces phénomenes ont lieu depuis le trente-deuxieme degré de chaleur jusqu'au trente-huitieme ; mais il arrive souvent qu'il ne gele pas lorsque le froid est encore aussi grand qu'il étoit lorsqu'il geloit. Il gele donc quelquefois lorsque le froid n'est pas âpre, il suffit qu'il y ait pour cela dans l'atmosphere un grand nombre de parties frigorifiques : lorsque l'atmosphere est dépouillée de ces sortes de parties, il dégele, quoique souvent le froid soit alors beaucoup plus âpre.

§. MDVIII. La cause qui produit la congélation de l'eau, ne pénetre pas avec toute la liberté possible tous les corps solides & tous les fluides ; mais elle éprouve souvent de la résistance : dans ce cas, elle ne s'avance pas plus loin, & elle ne pénetre point plus avant, tant que les fluides qui sont contenus dans des vases, en obstruent les pores : mais si on vient à mouvoir ces vases, ou les fluides qu'ils contiennent, de façon qu'ils s'éloignent des parois, & que cessant de boucher leurs pores, ils laissent un libre accès à cette cause extérieure, qui tend à s'y faire jour ; aussi-tôt cette cause pénetre avec rapidité, & se jette dans la masse d'eau qu'elle congele sur-le-champ. On remarquera encore le même effet ; c'est-à-dire, une prompte congélation

____

(1) Mém. présentés, Vol. 2. pag. 149.

de

de l'eau, lorfqu'on ôtera le couvercle qui couvroit un vafe qui contient cette eau.

Si on met la même quantité d'eau dans plufieurs vafes femblables & égaux, & qu'après avoir placé un thermometre dans chaque vafe, afin de pouvoir connoître la température de l'eau qu'il contient : on couvre quelques-uns de ces vafes avec une lame de verre, les autres avec une lame de métal, & qu'on verfe fur la furface de l'eau comprife dans plufieurs autres, de l'huile d'olives, de raves, de lin, de térébenthine ; enfin fi on en laiffe quelques autres découverts, & qu'on les place tous, en hiver, dans un endroit expofé au Septentrion, de façon qu'ils ne puiffent point être atteints par les rayons du foleil, ni directement, ni par réflexion : ces vafes, étant folidement établis, de façon qu'ils foient parfaitement en repos, fi on place alors dans chaque endroit où il y aura un de ces vafes, un thermometre de mercure qui puiffe indiquer les degrés de froid de l'atmofphere, on remarquera ce qui fuit : lorfque l'eau qui fera contenue dans le vafe ouvert, fe glacera, & que le mercure du thermometre répondra au 32 degré, l'eau comprife dans les autres vafes, fera encore fluide : fi le froid vient à augmenter de 3 ou de 4 degrés, la fluidité de l'eau fubfiftera encore dans tous les autres vafes ; mais fi on débouche alors un des vafes, l'air & les autres particules étrangeres qu'il contient, atteignant alors librement la maffe d'eau qui eft renfermée dans ce vafe, la convertiffent auffi-tôt en glace. Si on prend avec la main un autre vafe fans le découvrir ; mais qu'on l'éleve en l'air, qu'on le fecoue, ou qu'on le tranfporte dans un autre endroit, quoique moins froid que celui d'où on le retire, ce mouvement ou cet ébranlement fuffira pour convertir auffi-tôt cette maffe d'eau en glace. *Fahrenheit* (1), *Triewald* (2), *Holman* (3), ont obfervé avant moi ce phénomene. L'eau qui eft renfermée dans les autres vafes, & qui eft couverte d'huile, conferve auffi fa fluidité, quoique l'huile de rave, ainfi que celle d'olives, foient figées ; mais fi-tôt qu'on enfonce un fil de métal dans ces différentes couches d'huiles, de façon que ce fil pénetre la maffe d'eau & la découvre, on verra dans cette maffe d'eau, qui avoit confervé jufqu'alors fa fluidité, quoique fa température ne fût que de 26 degrés ; on verra, dis-je, auffi-tôt des lames de glace qui s'y formeront, & dans l'efpace d'un quart-d'heure toute la maffe d'eau fera convertie en glace. Si on ébranle les vafes dans lefquels la maffe d'eau eft recouverte d'huile de lin & d'huile de térébenthine, ou qu'on frappe avec un marteau le fupport fur lequel ils font placés ; de façon que ces vafes en foient ébranlés, on verra auffi-tôt des lames de glace fe former dans ces maffes d'eau. M. *de Mairan* a obfervé autrefois les mêmes phénomenes, & a tenté ces expériences avec le même fuccès. On les trouvera décrites dans un excellent Livre qu'il a donné fur la formation de la glace. Cet habile Académicien aioûte encore une obfervation que voici ; favoir, qu'ayant fait mouvoir un peu de bas-en-haut le thermometre de mercure qui étoit plongé dans la maffe d'eau recouverte d'huile d'olives, il avoit vu naître auffi-tôt des lames de glace, & qu'ayant fur le-champ fait defcendre ce même thermometre dans la même maffe d'eau, la colonne

____

(1) Philof. Tranf. n. 382. (2) Philof. Tranf. n. 418. (3) Philof. Tranf. n. 475.

de mercure s'éleva de trois degrés ; de forte que l'eau acquit quelques nouveaux degrés de chaleur dans le moment qu'elle commença à fe geler. *Micheli* rapporte qu'il a obfervé le même phénomene. Cet effet dépendroit-il d'une efpece d'effervefcence produite par le mêlange de l'eau avec la matiere qui caufe la congélation ? ou cela viendroit il de ce que l'eau, en fe congélant, fe débarrafferoit de la matiere du feu qu'elle contenoit, & que cette matiere fe jetteroit alors dans le thermometre qu'elle rencontre fur fon paffage ? Ce phénomene a lieu dans plufieurs effervefcences ; mais il fuit de là manifeftement que la caufe de la glace eft matérielle, & réellement diftinguée du froid ou de la privation fpontanée du feu.

§. MDIX. Il paroît manifeftement, par les expériences précédentes, que l'eau conferve fa fluidité, quoiqu'elle devienne plus froide que l'exige la formation de la glace. Cependant fi un fleuve vient à fe glacer & à fe couvrir d'une croûte de glace épaiffe de plufieurs pouces, & même de 24 ; & qu'après avoir fait une ouverture à cette glace, on plonge un thermometre dont la boule trempe dans l'eau courante de ce fleuve : on trouvera que cette eau, qui conferve fa fluidité, eft moins froide que la glace qui commence à fe former, quelque froid qu'il faffe dans l'atmofphere, ainfi que M. l'Abbé *Nollet* l'a éprouvé en France (1), *de Lifle* en Ruffie (2). On a cependant obfervé qu'à la profondeur de 28 *orgies* l'eau du golfe de Finland, avoit en hiver la même température que la glace qui commence à fe former (3).

Si la gelée dépendoit du froid feul, ne geleroit-il pas fur-tout en Hollande, lorfque le vent feroit au Septentrion ? Puifqu'alors il vient des contrées les plus froides, & qu'il excite un très grand froid : or il gele rarement en hiver, lorfque ce vent fouffle ; ou s'il gele alors, la gelée n'eft pas forte, ni de longue durée. Il gele cependant lorfque l'Aquilon & le vent d'Eft foufflent, quoique ces vents viennent des régions bien moins froides ; & cela parcequ'ils apportent avec eux quantité de corpufcules qui s'élevent dans ces contrées : auffi ai-je obfervé plufieurs fois dans le printems, aux mois de Mars & d'Avril, & fur-tout vers le milieu du mois de Juin de l'année 1753, & le 20 du même mois, en 1758, que les vents d'Eft & d'Aquilon foufflant, il gela, & que les foffés de la campagne furent glacés, & les herbes couvertes de gelée blanche pendant la nuit, qui avoit été précédée d'un jour ferein, médiocrement chaud, la chaleur ayant été le matin & le foir de 58 degrés. Or il eft conftant que ces vents ne pouvoient pas par eux mêmes refroidir fubitement jufqu'au 32 degré l'eau & les herbes qui avoient été échauffées par la chaleur du foleil. Il eft donc naturel de penfer que ces vents avoient apporté des particules étrangeres ; lefquelles, étant mêlées avec l'eau, la convertirent en glace : on dit que ces vents frifent le fommet des montagnes d'Allemagne qui font couvertes de neige & extrêmement froides ; ce qu'on ne peut nier. Cependant ces vents ne font pas alors fi froids ; & lorfqu'ils abordent dans nos contrées, leur température n'eft pas de 32 degrés : leur température va même au delà de 50 degrés ; ils occafion-

(1) Hift. de l'Acad. Roy. ann. 1713, p. 55. (2) Commentar. Petropol. Tom. 7. p. 237. & Tom. 10. p. 319. 320. (3) Lomonofcow in annuis facris ann. 1753, p. 60.

nent néanmoins la gelée : ce qui prouve qu'elle n'eſt pas ſeulement produite par le froid.

§. MDX. Si nous faiſons attention à la gelée, nous remarquerons qu'elle
ſe fait ſentir par intervalle : quelquefois elle eſt très forte dans des endroits
qui ſont éloignées de pluſieurs centaines de pieds, & elle ne ſe fait preſque pas ſentir dans les eſpaces intermédiaires : on en ſera convaincu ſi on
jette les yeux ſur la campagne ; on y obſervera quantité d'endroits éloignés
les uns des autres, qui auront éprouvé toute ſa rigueur, tandis que pluſieurs
autres intermédiaires n'en auront été aucunement attaqués, & que l'herbe y
ſera très verte & très fraîche, quoique ces endroits ſoient entourés d'arbres,
ou qu'ils ſoient preſqu'à découvert. L'exaɛt M. *Noppes* remarque qu'à dix
heures du ſoir, le 7 Janvier 1742, la liqueur du thermometre étoit au quatrieme degré dans le Château de Swanenburg, & que dans le Bourg nommé
Sparendam, ainſi qu'à Harlem, elle étoit au quinzieme degré. Or ces trois
endroits ſont à peine éloignés d'un mille les uns des autres ; ils ſont diſpoſés en forme de triangle : le vent d'Eſt ſouffloit alors. Vers le milieu du
mois de Mars de l'année 1754, il gela très fortement à Utrecht, beaucoup
moins fortement à Amſterdam, & preſque point à Leyde. On remarque
dans une foſſe qui eſt entre Leyde & Harlem, trois endroits longs d'environ mille pieds, qui étoient couverts d'une glace fort épaiſſe, tandis que
les autres parties de cette même foſſe étoient à peine glacées. Le 22 Janvier
1758, ſur les 8 heures du matin, le froid fut de 3 degrés à Utrecht, tandis
qu'il étoit de 12 à Leyde. *Ehrenmals* a obſervé la même choſe en Suede. Il
arrive ſouvent, dit-il, dans pluſieurs endroits, qu'un champ ſoit couvert de
gelée, tandis que les lieux circonvoiſins n'en ſont nullement attaqués lorſque le vent d'Eſt ſouffle. D'autres champs ſont gelés par un vent d'Oueſt,
tandis que la terre des champs voiſins demeure molle & non gelée. On en
voit d'autres qui gelent lorſque le vent vient du Midi ; d'autres lorſqu'il vient
du Septentrion (1). *Gmelin*, voyageant en Sibérie, & allant de Nortſchie
en Orknie, ſentit un froid conſidérable en traverſant plus de cent orgies ;
quelquefois il faiſoit quelques lieues de chemin dans un air aſſez tempéré (2).
Or cet effet ne peut point être attribué à la ſeule diſette du feu dans l'atmoſphere de ces ſortes d'endroits ; mais aux vents qui charrient avec eux, & qui
diſtribuent inégalement des particules propres à produire de tels froids, &
qui forment des gelées très fortes lorſqu'elles ſont raſſemblées.

§. MDXI. L'intenſité de la gelée ne ſuit pas non plus en Europe la latitude des lieux ; mais elle parcourt auſſi inégalement les différentes contrées
dans le même tems. De mémoire d'homme on ne connoît point en France
d'hiver plus grand & plus rude que celui de 1709 : ce fut auſſi la même
choſe en Flandres, en Allemagne, en Dannemarck, en Angleterre. Mais
Deſrham a obſervé qu'il fut très doux en Ecoſſe & en Irlande (3). Pendant
l'hiver de 1734, la gelée fut très forte en Hollande, & il ne gela point du
tout en Norwege & en Suede. En 1737 l'hiver fut très âpre en Italie & en
Eſpagne ; mais en Flandres & en Allemagne, le tems fut mou & ſans gelée.

(1) Ehrenmals Reiſe Durch Werſtnordland, p. 363. (2) Gmelin Flora Siberica. Præf.
p. 69. (3) Philoſ. Tranſ. n. 324.

En 1738 l'hiver fut très violent en Hollande ; la glace y fut épaiſſe & abondante ſur le lac de Friſe, & on n'en vit aucune ſur le golfe Baltique. En
1740, la gelée fut très forte & de longue durée en Ruſſie, en Suede, en
Flandres, en Allemagne, ainſi que dans la nouvelle York de l'Amérique :
cette même année cependant le tems fut très doux en Norwege, & on ne
remarqua aucune glace ſur les parties de l'Océan qui arroſent les rivages de
ce Royaume ; ceux de Groenland furent auſſi exempts de glace, ainſi que
nous l'ont appris des pêcheurs de baleines, qui furent ſurpris de ce phénomene. Cet hiver fut auſſi fort modéré à Geneve ; car le lac Leman, ainſi
que les fleuves voiſins, ne furent point glacés : cependant dans tout le reſte
de la Suiſſe l'hiver fut très rude, & on y vit beaucoup de glace, ainſi que je
l'ai appris par des Lettres de M. *Jallabert*. Au mois de Janvier de l'année
1749, il gela très fort en Suede, à Groningue, en Friſe, en Northolande :
on vit dans ces endroits des glaces épaiſſes de 4 pouces, & le lac de Friſe
fut glacé, tandis que cette même année les foſſés de Leyde & les campagnes qui entourent la Ville n'éprouverent point de gelée. Au mois de Janvier de l'année 1750, il y eut une forte gelée à Petersbourg, en Bohême,
en Italie, en Autriche ; mais en Hollande & en Siléſie, le tems fut mou,
& il y gela très peu. On peut remarquer tous les ans des phénomenes tout-
à-fait ſemblables.

On remarque encore beaucoup de différence dans les gelées qui ſe font
ſentir dans les endroits mêmes où la latitude eſt la même. En effet, Quebec, Aſtracan, & le milieu de la France, ont 46 & 47 degrés de latitude : or
Gautier a obſervé à Quebec en 1744, que le froid étoit de plus de 32 degrés
ſelon l'échelle de M. *de Reaumur* ; ce qui répond au 40 degrés au-deſſous
de 0, ſelon la graduation de *Fahrenheit*. En 1746 le froid qu'on reſſentit à
Aſtracan fut de 24 $\frac{1}{4}$ degrés, ſelon l'échelle de M. *de Reaumur*, ou de 24
au-deſſous de 0, ſelon l'échelle de *Fahrenheit*. En 1744, le plus grand froid
de Leyde fut de 19 degrés : cette même année, à Paris, il ne fut que de 14,
ſelon la graduation de *Fahrenheit*. Et en 1746 le plus grand froid de Leyde
fut de 22 degrés ; tandis qu'il ne fut à Paris que de 15 degrés, ſelon l'échelle
de *Fahrenheit*. La latitude de Paris = 48 degrés 50′ 10″ ; celle de Leyde =
52 degrés 10′ 30″ : d'où il ſuit manifeſtement que le froid & la gelée ne dépendent nullement de la latitude du lieu, mais de tout autres cauſes.

§. MDXII. J'ai obſervé de la gelée au mois de Décembre de l'année
1745 dans un tems où la terre étoit couverte d'un brouillard humide ; & ce
phénomene a ſubſiſté pendant ſix jours : or ſi le froid ſeul ſuffit pour geler
l'eau, pourquoi ce brouillard ne fut il point glacé, & conſerva-t il ſa
fluidité ?

§. MDXIII. Ceux qui ſont ſujets à la goutte, ou à de ſemblables maladies, ſentent, par des douleurs vagues, les approches de la neige ou de la
grêle, & peuvent annoncer ces changemens de tems : cet effet ne dépend
point d'aucun changement dans la température de l'atmoſphere, ni d'aucune variation dans la peſanteur de l'air ; mais de différentes particules hétérogenes dont l'air eſt rempli, & qui agiſſent différemment à l'extérieur ou à
l'intérieur, ſur le corps de l'homme.

§. MDXIV. Je puis même conclure, d'après l'expérience, que la glace

contient des parties étrangeres qui n'appartiennent point à l'eau; car la glace
fondue donne une eau qui n'eft point propre à ramollir les mets les plus tendres, ni à faire du caffé ni du thé, à moins qu'on ne l'ait fait bouillir pendant long-rems auparavant, & que certaines parties ne s'en foient évaporées.

§. MDXV. L'eau chaude au 33ᵉ degré, acquiert une chaleur de 41 degrés
lorfqu'on verfe par-deffus de l'efprit de nitre; mais ce même efprit de nitre,
verfé fur de la glace pilée, & dont la chaleur eft de 32 degrés, fe refroidit
confidérablement : or quelle peut être la caufe d'un effet auffi différent ;
comment fe peut-il faire que le même efprit de nitre, verfé fur de l'eau &
fur de la glace, qui ont prefque l'une & l'autre la même température,
échauffe l'une & refroidiffe l'autre ; à moins qu'on ne conçoive quelque
chofe dans la glace qui ait la propriété d'augmenter ainfi l'intenfité du
froid ?

§. MDXVI. Je puis encore conclure, d'après l'obfervation, qu'il y a
quantité de corps qui flottent dans l'atmofphere ; lefquels, étant combinés
avec l'eau, forment des cryftaux de glace bien différens les uns des autres,
En effet, fi on obferve dans le même hiver, mais pendant différens jours,
les figures que la gelée forme fur les vitres des mêmes fenêtres, on verra
que ces figures font différentes les unes des autres : tantôt elles font couvertes pendant la nuit d'une glace uniforme, qui en altere la tranfparence; tantôt elles font couvertes d'une vapeur ftelliforme, qui fouffre des interrup-
tions. Une autre fois la gelée deffine fur ces mêmes vitres des plantes avec
des branches épaiffes, planes, droites, courbes. Une autre fois j'ai obfervé
qu'elle formoit des fleurs femblables à des cloches & à des œillets, avec des
pedoncules minces, droits & courbes : or dans la feule hypothefe du froid,
on ne peut point rendre raifon d'un tel phénomene, & concevoir comment
les mêmes vitres peuvent être couvertes intérieurement de tant de figures
différentes. On peut auffi remarquer que l'urine fe glace dans les pots, &
qu'elle repréfente ordinairement des feuilles de plantes, avec des tiges
droites paralleles, formant entr'elles des angles égaux, mais difpofés, pour
l'ordinaire, irréguliérement fur la furface de cette glace ; & ce phénomene
fe remarque dans la même chambre dont les vitres font couvertes de glaces
de toutes fortes de figures.

Les floccons de neige qui tombent en différens hivers, & qui ont différentes formes, ne prouvent-ils pas la même chofe ?

§. MDXII. L'épaiffeur de la glace fur un même lac ne fuit point la raifon
directe du froid que le thermometre indique, ainfi que l'exact M. *Noppe*
l'a obfervé fouvent fur le lac de Harlem (1). Il rapporte que le thermometre
étant à 30 degré, felon l'échelle de *Fahrenheit*, l'épaiffeur de la glace formée en 12 heures de tems, étoit = 4.5 lignes. Un autre jour cette épaiffeur étoit = 6 lignes. Une autre fois la température de l'air, étant de 29
degrés, l'épaiffeur de la glace, formée en 15 heures de tems, étoit = 4.5
lignes. Un autre jour la température étant de 24 degrés, l'épaiffeur de la
glace, formée en 24 heures, n'étoit que de 3 lignes. Elle fut un autre jour

(1) Vitgeleeze Natuurkundige Verhandelingen, T. 1. part. 3.

de 9 lignes en 18 heures : d'où il fuit que l'intenfité de la gelée n'eft pas toujours la même au même degré de froid ; mais qu'elle eft tantôt plus forte,
tantôt plus foible.

§. MDXVIII. Si on mêle du fel & de la neige dans un pot, & qu'on le pofe
enfuite dans un vafe qui contienne de l'eau, fi on abandonne à lui même cet
appareil, ou qu'on le pofe fur le feu, fi-tôt que le fel & la neige fe fondront,
l'eau fe glacera dans le vafe. Le feu hâte cette congélation ; car l'eau fe gele
d'autant plus vîte qu'il fait fondre la neige plus promptement : or cet effet
ne peut avoir lieu qu'autant que le feu, en procurant la fufion de la neige,
porte dans l'eau les parties frigorifiques qu'il expulfe de cette neige ; car il
n'eft pas vraifemblable de croire que le feu qu'on fait fous le pot faffe paffer
de la fubftance de la neige dans celle de l'eau, la privation du feu. Si on
met dans un même vafe du fel & de la glace pilée, & qu'on place un ther-
momettre dans ce mêlange, on verra baiffer la liqueur du thermometre ;
c'eft-à-dire, que le froid augmentera, quoique la glace fe fonde. Or fi la
formation de la glace ne dépendoit que du froid ; pourquoi cette glace fe
fond elle & devient elle liquide, lorfque le froid augmente ?

§.MDXIX. S'il eft donc vrai de dire qu'il flotte dans l'atmofphere terreftre
des particules étrangeres quelconques, propres à former de la glace ; il faut
que ces particules foient très fubtiles ; 1°. puifqu'elles pénetrent à travers les
pores de toutes les fubftances liquides & folides que nous connoiffons.
2°. Puifqu'elles échappent à nos fens. 3°. Il faut cependant convenir qu'elles
ne pénetrent pas tous les corps avec la même facilité ; puifqu'elles font em-
barraffées, &, pour ainfi dire, retenues par plufieurs huiles, telles que
l'huile de lin, de noix, & par plufieurs autres huiles diftillées ; ainfi que par
la neige, le foin, la paille, les fourrures, &c. Cependant, lorfque la gelée eft très forte & très rude, ces particules fe font jour à travers tous les
corps.

Il ne faut cependant pas difconvenir que le fentiment que nous venons
de rapporter fur la formation de la glace, n'eft pas abfolument démontré,
& qu'il fouffre quelques difficultés. 1°. Une bouteille de verre remplie d'eau
& pefée avec exactitude, lorfque l'eau qu'elle contient eft encore liquide,
ne laiffe point obferver aucune différence dans fon poids, lorfque cette eau
eft convertie en glace. 2°. Il ne gele ordinairement que pendant l'hiver,
ou lorfque la température de l'air eft très froide, fi nous en exceptons quelques circonftances particulieres qui déterminent la formation de la glace
dans tout autre tems. Pour répondre à ces difficultés, nous ferons obferver
qu'on ne remarque aucun détriment dans le poids d'un morceau de phofphore urineux, qui a jetté pendant toute une journée des fumées épaiffes,
dont il a rempli une chambre, ainfi que de l'odeur qui en eft émanée. Nous
demandrons encore ici fi on peut découvrir, à l'aide de la balance la plus
exacte, la perte que le verre d'antimoine fait de fon poids lorfqu'on en met
une petite quantité dans une maffe de vin mille fois plus grande, & à laquelle elle communique une puiffante vertu émétique ; il eft conftant néanmoins que le verre d'antimoine perd, dans cette occafion, plufieurs de fes
parties, qui fe diftribuent à la maffe du vin : d'où il fuit que fi les parties frigorifiques font auffi fubtiles, & en fi petite quantité, qu'elles ne puiffent

point faire trébucher une balance , il n'en sera pas moins vrai de dire qu'elles exiltent réellement , & elles n'en seront pas moins propres à convertir en glace une grande masse d'eau.

§. MDXX. Il commence à geler en Flandres lorsque les phâses de la lune changent; ou s'il gele déja dans ce tems, la gelée diminue alors : de-là s'il commence à geler à la nouvelle lune , la gelée devient moins forte , ou même il dégele à la premiere quadrature ; mais si la gelée, après s'être relâchée , vient à reprendre de nouvelles forces, il dégele encore à la pleine lune , ou la gelée diminue confidérablement : enfin si le lendemain , ou le fur-lendemain, la gelée devient encore plus forte, elle deviendra encore plus foible à la derniere quadrature. D'où il fuit que la gelée ne conferve jamais en Flandres toute fon intenfité pendant un mois. *Kepler* & *Krafft* ont foupçonné que l'afpect des planetes pouvoit contribuer en quelque chofe à la premiere formation de la gelée (1).

§. MDXXI. La glace fe fond 1°. par la chaleur des rayons du foleil & à l'approche de toute efpece de feu. 2°. Par l'action des vents , chauds ou humides , qui viennent des régions chaudes , telles que font les régions auftrales & occidentales de la Flandre. 3°. Par la pluie qui la fait fondre d'autant plus promptement, qu'elle eft plus abondante & plus chaude ; fur-tout fi cette pluie eft accompagnée d'un grand vent qui foit chaud : le vent pouffe la pluie qui eft tombée contre les molécules de la glace, les fecoue, les brife & les fépare de la maffe totale qu'elles formoient. 4°. La glace eft encore fondue par les vapeurs qui s'élevent de la terre, & qui font mifes en mouvement par le feu fouterrain. 5°. Par l'eau qui coule rapidement en deffous , qui détache & emporte avec elle plufieurs parties de cette glace, quoique la gelée perfévere encore. 6°. Par les fels qui fe mêlent avec elle.

§. MDXXII. La glace qui fe forme dans de grands vafes remplis d'eau , ne fe fond pas fi vîte en Flandres qu'elle fe forme; elle fe fond très inégalement, fa furface fe remplit de cavités, & devient toute hériffée de monticules : elle perd lentement fa dureté ; elle fe ramollit : fes parties deviennent peu adhérentes entr'elles ; elle devient fpongieufe , elle s'atténue & elle fe convertit enfin en eau.

§. MDXXIII. Pour déterminer en peu de mots ce que nous avons à dire fur cette matiere , je vais propofer ce qui fuit fous la forme de problêmes.

1°. D'où proviennent ces ifles & ces montagnes de glace , qui ont quelquefois un ou deux milles de longueur, & 500 ou 600 aunes d'épaiffeur, & qu'on voit s'élever au-deffus de la furface de la mer, à différentes hauteurs, comme de 90 , 100 , 400 , 500 pieds ? Celles qu'on voit dans la Baie d'Hudfon , dans la mer de Groenland , & vers la terre de feu , font plus petites. Ces fortes de glaçons ne fe feroient ils pas formés originairement dans de grands fleuves qui fe gelent l'hiver jufqu'au fond , & qui enfuite étant détachés, ont été pouffés dans la mer, où ils fe font accrus par la chûte de la neige & par les vagues de la mer qui , venant à fe brifer contre de tels glaçons , fe font converties en glaces; de forte que ces montagnes ne peu-

(1) Comment. Petropol. Vol. 9.

vent se fondre & disparoître qu'au bout de quelques années ? Ne pourroit-on pas dire aussi que ces sortes de montagnes doivent leur origine aux glaces & aux neiges qui se sont accumulées pendant plusieurs années, sur les montagnes qui sont au bord de la mer, & que ces glaçons, s'étant accrus considérablement, & ayant surpassé de beaucoup le sommet des montagnes qui les portoient, se sont rompus par leur propre poids, & se sont précipités dans la mer ? Ces deux idées peuvent être vraies l'une & l'autre.

2°. Jusqu'à quelle profondeur la gelée se fait-elle sentir en terre ? Elle pénetre jusqu'à différentes profondeurs en différens endroits. En 1709 elle pénétra en Flandres jusqu'à la profondeur de 3 pieds. *Biornius* rapporte qu'en Islande la terre étoit gelée jusqu'à la profondeur de 4 pieds (1). *Scheffer* a observé en Suede que la terre étoit gelée jusqu'à la profondeur de deux aunes, mesure de ce Pays (2). *Ellis*, passant l'hiver à la baie d'Hudson, a observé que la gelée pénétroit jusqu'à 16 pieds de profondeur (3) ; mais on trouve en Sibérie un endroit auprès de Jakutshoi, où il ne dégele jamais ; & c'est par rapport à cela que *Gmelin* y trouva la terre gelée jusqu'à la profondeur de 4 pieds le 16 Juin. Auprès d'Argun, la terre ne dégele que jusqu'à la profondeur d'une demi-aune ; mais tout ce qui est au dessous est gelé (4).

3°. Quels sont ceux des fluides connus qui se gelent ? Tout ce qui est aqueux, les vins, les vinaigres, l'esprit de vin, toutes ces substances se convertissent en glace solide, propre à briser les vases qui les contiennent (5). Mais l'esprit de vin rectifié ne se gele pas si aisément ; il prend seulement la consistance d'une huile figée, ou celle qu'on remarque à de la cire molle (6). Il se fait vers la partie inférieure d'une masse d'esprit de vin un coagulum qui ne se gele que le dernier. Toutes les huiles tirées par expression se gelent : on ne peut pas assurer la même chose de toutes les huiles distillées ; parcequ'il y en a beaucoup qui n'ont point été soumises à l'expérience. L'air ne se gele point naturellement, ainsi que le mercure, &c.

4°. En quel tems & en quelles circonstances la surface intérieure des vitres des fenêtres se couvre-t-elle d'une surface de glace ? Chaque fois qu'il gele, & que la température de l'air extérieur est plus froide que celle de l'air renfermé dans la chambre ; dans ce cas, la matiere du feu, répandue dans la masse d'air de la chambre, tend à se mettre en équilibre, elle fait effort pour se dissiper ; elle pousse contre les fenêtres les parties aqueuses qui surnagent dans cette masse d'air : elle s'échappe par les pores des vitres, & abandonne à leur surface ces parties aqueuses qu'elle y a portées ; ces parties, appliquées contre les fenêtres, s'y glacent. Mais si le froid est très piquant, & de longue durée, si les maisons mêmes, exposées à la rigueur de l'hiver, se refroidissent jusqu'au point d'être pénétrées par la gelée, & qu'alors il survienne dans l'air un dégel accompagné d'humidité ; alors le feu qui se

(1) Journal des Savans, 1675, pag. 138. (2) Journal des Savans, ann. 1667. (3) Ellis Voy. to Hudson's Bay. pag. 189. (4) Gmelin Flora Siberica, Tom 1. Præf, pag. 47. (5) Ellis Voyag. to Hudson's Bay. pag. 175. (6) Commentar. Petropol. V, XI. p. 258.

trouve

trouve renfermé dans l'air extérieur, porte des parties aqueufes contre les vitres, il s'infinue dans l'intérieur des chambres, & les parties aqueufes, abandonnées à la furface extérieure des vitres, faifies par le froid & par la gelée qui regne dans ces chambres, fe convertiflent en glace.

5°. Quelle eft l'utilité de la gelée? Elle garantit de la pourriture toutes les chairs quelconques. On peut conferver dans ce tems, & fans être obligé de les faler, des lapins, des perdrix, des faifans, des poiffons morts, &c ; tous ces animaux, ainfi confervés, depuis le mois d'Octobre jufqu'au mois d'Avril, dans la Baie d'Hudfon, font encore bons à manger, fi on ajoûte foi aux Obfervations d'*Ellis*. Il y a cependant quelques liqueurs fpiritueufes & odorantes, qui fe gâtent pendant la gelée, & qui acquerent une odeur défagréable & empyreumatique, ainfi que l'a obfervé M. *Geoffroy*, par rapport à l'eàu de fleurs d'orange (1).

6°. Pourquoi la glace qu'on expofe, en été, fous un récipient vuide d'air, fe fond elle plus promptement que lorfqu'elle eft expofée au grand air (2)? Cela vient de ce que l'air difféminé dans la glace fait effort pour s'étendre & pour fe développer, lorfqu'il fe trouve dans le vuide: par cet effort il écarte, il brife, & il fépare les unes des autres les parties de la glace qui étoient unies entr'elles. Il provoque donc par ce moyen la fufion de la glace ; il y contribue, conjointement avec le feu, qui l'opere, & qui eft auffi abondant fous le récipient que dans l'air libre.

(1) Hift. de l'Académ. Roy. ann. 1713. pag. 39.
(2) Hift. de l'Académ. Roy. ann. 1708, pag. 26.

CHAPITRE XXVIII.

Du Feu.

§. MDXXIV. **M.** Boerhaave a si bien traité du feu, & si au long, que dans l'impossibilité où nous sommes de traiter aussi bien que lui cette question, nous ne ferons que répéter ce que ce grand homme a dit sur cette matiere ; nous ajoûterons peu de chose à ce qu'il a dit, & nous en changerons aussi très peu. Comme la grande subtilité des parties ignées les dérobe à nos sens, & que cet élément se rencontre dans tous les lieux & dans tous les corps sur lesquels on veut faire des expériences, on ne sauroit distinguer & découvrir qu'avec beaucoup de peine les caracteres qui lui sont propres, & qui ne conviennent qu'à lui seul. La difficulté augmente encore ; parcequ'on ne peut point séparer la matiere du feu de toute autre, & la rassembler, si ce n'est lorsqu'on rassemble des rayons du soleil, & conséquemment qu'on ne peut la traiter solitairement, & l'examiner de façon à connoître parfaitement sa nature ; par conséquent tout ce que je vais dire sur le feu, ne concernera presque que les effets qu'il produit sur les corps, d'où j'ai rassemblé très peu de choses ; que je ne propose point comme certaines, touchant sa nature, qui se dérobe à nos connoissances, eu égard à la ténuité & à la rareté des molécules de ce fluide. On remarque les effets du feu lorsque la quantité de ce fluide augmente dans les corps, ou lorsqu'il s'en échappe. Dans le premier de ces deux cas, la plus grande partie de ces corps augmente de volume & se raréfie ; ce qu'on observe également par rapport aux solides, & par rapport aux liquides. Dans le second cas, le volume des corps diminue, & ils se condensent : il est bon d'observer cependant que la dilatation des corps, leur raréfaction, ainsi que leur condensation, ne sont pas toujours des caracteres non équivoques d'où l'on puisse conclure que la quantité du feu est augmentée dans ces corps, ou qu'elle est diminuée ; car on trouve bien des corps dont le volume augmente par l'eau dont ils s'imbibent, & qui deviennent plus denses, lorsque les parties aqueuses qu'ils contenoient, s'en échappent ; d'où il suit que la rareté & la condensation des corps ne sont point un caractere propre du feu, & qui ne convienne qu'à lui seul.

§. MDXXV. La chaleur & le froid doivent-ils, à plus juste titre, être regardés comme le véritable caractere de la matiere du feu ? Non certainement ; car le toucher dans l'homme est un sens tout à fait grossier : & nous nous appercevons plutôt de la raréfaction ou de la condensation des corps, qui provient de la matiere du feu, que nous ne sentons l'augmentation ou la diminution de la chaleur de ces corps. Outre cela la chaleur & le froid, dans les corps, est toujours quelque chose de relatif à la disposition actuelle de nos organes, & nous ne pouvons supporter ni la violence du feu, ni la

rigueur du froid, fans que l'organe du toucher, qui nous fait éprouver ces
deux fentimens, en foit bleſſé.

§. MDXXVI. La lumiere qui frappe notre vue & qui nous éclaire, ne
peut-elle pas être rangée parmi les caracteres diſtinctifs du feu ? En effet, la
lumiere fe trouve ordinairement préfente par-tout où la matiere du feu eſt
abondante ; ainſi qu'on peut s'en convaincre par la flamme, par l'incendie des corps qui brûlent, & par les rayons du foleil qui nous éclairent.
Quoiqu'on ne puiſſe point révoquer en doute les phénomenes que je viens
de rapporter, & que la lumiere accompagne ordinairement la matiere ignée
lorſqu'elle eſt raſſemblée en grande quantité ; il ne s'enfuit pas pour cela
que la lumiere fe manifeſte à notre vue, lorſque la matiere du feu fe trouve
raſſemblée en petite quantité. Perfonne a-t-il jamais remarqué que l'eau,
par exemple, l'huile, ou un métal quelconque, ait jetté de la lumiere dans
les ténebres, lorſqu'on les a échauffés, & qu'on leur a communiqué la
température du fang humain, ou au moins on peut aſſurer que notre vue,
quelque perçante qu'elle foit, eſt en défaut, ſi ces corps font lumineux dans
les ténebres lorſqu'ils font ainſi échauffés. Peut-être même le feu & la lumiere ne font-ils pas une même & unique chofe ?

Mais quand il feroit vrai de dire que tout feu jette de la lumiere, il n'eſt
pas également vrai que tout feu raréfie les corps. Les flammes électriques
ne raréfient ni les folides, ni les liquides. Le bois pourri qui jette une vive
lumiere, n'eſt pas un bois raréfié ; car il ne diminue point de volume lorſque
cette lumiere s'éteint. Les rayons de la lune, lorſqu'elle eſt dans fon plein,
n'apportent aucun changement au volume des corps fur lefquels ils tombent :
bien plus même ils n'en produifent aucun lorſqu'on expoſe ces corps au foyer
d'un miroir ardent, avec lequel on raſſemble & on condenſe un faifceau de
ces rayons ; cependant les rayons du foleil, lorſqu'ils font ramaſſés & très
condenſés, agiſſent très violemment fur tous les corps qu'on expoſe à leur
action.

Toutes ces chofes bien confidérées, je ne fais quel parti je puis prendre
raifonnablement ; puifque, dans le dénombrement que je viens de faire des
différens caracteres du feu, il ne s'en trouve aucun qui ne convienne qu'à
lui feul, & qu'on puiſſe adopter comme une marque certaine & non équivoque de ce fluide. J'avertis donc ici qu'il faut apporter une grande prudence dans telles recherches, ſi on veut éviter les erreurs groſſieres dans
lefquelles on pourroit tomber ; car il n'eſt pas donné à l'homme d'éviter celles qui ne font que légeres.

§. MDXXVII. Tous les corps folides, tirés du regne des foſſiles, que j'ai
éprouvé jufqu'à préfent, augmentent de volume & fe dilatent en toutes fortes de fens, lorſqu'on les expoſe à l'action du feu qui les pénetre, foit que
ce feu foit un charbon ardent, ou une flamme. Je fais voir ce phénomene
d'une maniere fenfible, à l'aide d'un inſtrument auquel j'ai donné le nom
de pyrometre, & que j'ai décrit ailleurs, & au moyen duquel on peut aifément diſtinguer les dilatations les plus infenfibles des corps, telles que celles qui ne font que $\frac{1}{12500}$ d'un pouce rhenan. J'ai imaginé depuis ce rems là
un autre pyrometre que j'ai fait graver ici [*Tab.* 33 *fig.* 3.], & dont je me
fuis fervi pour déterminer les dilatations des métaux, trempés dans différen-

tes liqueurs bouillantes, telles que de l'efprit de vin, de l'eau, & différentes huiles, ayant foin d'obferver, à l'aide d'un thermometre de mercure, gradué fuivant l'échelle de *Fahrenheit*, les différens degrés de chaleur qui produifent ces dilatations. Voici une légere defcription de l'inftrument dont je me fuis fervi.

A B eft un fil de métal droit, qui eft attaché fortement, par le moyen d'une vis, au côté poftérieur de la boîte L M; ce fil eft courbé de bas en-haut à fa partie antérieure C, afin qu'il puiffe paffer au deffus d'une fente faite au côté antérieur de la même boîte L M: l'extrêmité de ce fil de métal eft attachée par une vis D à une regle dentée qui engraine avec un rouage qui fait mouvoir l'index K I. L M N eft une boîte de cuivre, dans laquelle on verfe les différentes liqueurs dont je viens de parler ci-deffus, & qu'on fait bouillir par la flamme des lampes qu'on voit au deffous de la boîte : on peut faire bouillir les liqueurs qu'on verfe dans la boîte L M N plus promptement ou plus lentement, fuivant qu'on allumera un plus grand ou un plus petit nombre de lampes qui font au-deffous. Je me fers ordinairement d'efprit de vin rectifié pour entretenir la flamme qu'elles donnent. R eft une vis de compreffion qui porte contre la partie poftérieure de la boîte L M N, au moyen de laquelle on peut comprimer ce côté & pouffer un peu la tige de métal, afin que l'index I K puiffe répondre exactement à une graduation quelconque. S T eft un thermometre de mercure qui plonge dans une petite capfule qui communique avec la boîte de cuivre, afin que la liqueur contenue dans cette boîte, ainfi que celle qui eft dans la capfule, acquiert le même degré de chaleur : ce qui ne répond cependant pas au but qu'on fe propofe; car la liqueur de la capfule n'étant point directement expofée à la chaleur des lampes, ne s'échauffe pas tant que celle qui eft dans la boîte, qui eft immédiatement expofée à l'action des flammes qui font au-deffous. Plufieurs habiles gens fe font donnés bien des peines pour conftruire des pyrometres, auxquels ils ont donné d'autres formes: on doit compter parmi ces Curieux, *Ellicot* (1), *Mortimer* (2), *Bouguer* (3), *Smeaton* (4). Mais pour démontrer que les corps qui font échauffés, fe dilatent en toutes fortes de fens, & non point feulement felon fa longueur, j'ai pris un cône & un globe de cuivre, que je faifois paffer avec peine par un trou pratiqué dans l'épaiffeur d'une lame de cuivre, lorfque ce globe ou ce cône étoit froid, & qu'on ne pouvoit plus y faire paffer, quelqu'effort qu'on fît, lorfqu'on l'avoit fait chauffer, tant il fe dilatoit en toutes fortes de fens par la chaleur qu'on lui communiquoit.

On a éprouvé, à l'aide du pyrometre, tous les métaux, les demi métaux, plufieurs pierres, la craie blanche, des briques cuites, du verre, &c.

§. MDXXVIII. Tout corps quelconque foffile, foumis à l'examen, a toujours paru fe dilater & augmenter de volume, felon une proportion déterminée, lorfqu'on l'a expofé à un degré de chaleur déterminé. Tout métal quelconque, expofé à la chaleur d'une feule flamme, s'eft toujours raréfié & allongé d'une certaine quantité, & a conftamment confervé la dimenfion

---

(1) Philof. Tranf. n. 443. & Vol. 47. p. 485. (2) Philof. Tranf. n. 484. (3) Hift. de l'Acad. Roy. ann. 1745, p. 235. (4) Phil. Tranf. Vol. 48. Part. 2. p. 598.

qu'il avoit acquife, quelque tems qu'il ait été expofé à l'action de cette même flamme. Tout corps foffile quelconque, expofé à un feu plus violent,
c'eft-à-dire, à l'action de plufieurs mèches allumées, s'eft toujours raréfié
davantage ; néanmoins fa dilatation a toujours été bornée à une grandeur déterminée, lorfqu'on l'a expofé à l'action d'un nombre donné de méches.

§. MDXXIX. Lorfque les corps dont nous venons de parler commencent à être foumis à l'action du feu, leur dilatation s'opere d'abord lentement, bien-tôt elle fe fait avec plus de vîteffe, & enfuite très promptement : elle fe rallentit bien-tôt après, & elle fe rallentit d'autant plus, qu'ils
approchent davantage du dernier degré de dilatation, qu'ils peuvent acquérir par l'action du feu auquel ils font expofés.

En effet, le feu pénetre plus difficilement les pores des corps lorfqu'ils
font froids ; parceque ces pores font alors plus étroits que lorfqu'ils font
échauffés, ainfi qu'on peut s'en convaincre par l'expérience du miroir ardent, qui, lorfqu'il eft froid, réfléchit une plus grande quantité de rayons
du foleil, & brûle plus puiffamment que lorfqu'il eft échauffé ; parceque la
lumiere paffe alors plus librement, & le pénetre plus facilement que lorfque
fes pores étoient moins dilatés.

Mais lorfque les parties fe font un peu écartées les unes des autres, & que
l'équilibre s'eft établi entre l'action du feu, qui tend à les dilater & à les
écarter davantage, & la réfiftance qu'elles oppofent à leur dilatation, cette
dilatation demeure dans le même état, & elle ne peut point augmenter ;
parceque la réfiftance des parties s'oppofe conftamment à une plus grande
diftenfion, qui ne pourroit être produite que par l'augmentation de l'action
du feu : or quoique la matiere du feu fe faffe continuellement jour à travers
les pores dont il eft ici queftion, elle s'échappe à proportion, en partie par
les pores qui font plus ouverts, & qu'elle pénetre aifément, en partie par les
pores latéraux qui ne s'oppofent aucunement à l'action du feu ; & fi la quantité de feu qui s'échappe eft égale à celle qui aborde continuellement, il y
aura toujours équilibre entre les forces diftenfives & la réfiftance que les
parties oppofent à leur dilatation.

§. MDXXX. Le même feu qui raréfie différens corps, ne les dilate pas en
raifon inverfe de leurs pefanteurs, ni en raifon inverfe de leur adhérence,
ni en raifon compofée des deux précédentes ; mais il les dilate felon des regles & des proportions que nous n'avons pas encore pu découvrir, ainfi que
l'expérience nous le démontre ; car j'ai éprouvé que les mêmes métaux que
j'avois déja foumis à l'expérience, en faifant ufage de mon ancien pyrometre, fe font dilatés felon les proportions fuivantes, en répétant l'expérience avec mon nouveau pyrometre, & en les expofant tous à l'action d'un
feu dont l'intenfité étoit la même.

Le cuivre jaune ordinaire	09 degrés.
Le fimilot	110
Le fer	80

Le plomb   155

L'étain d'Angleterre   .   .   153

L'argent   78

Ellicot a observé, en faisant usage de son pyrometre, les dilatations suivantes; l'intensité de la chaleur étant la même (1).

L'or   :   :   :   73

L'argent .   :   :   103

Le similor   :   .   95

Le cuivre   :   .   89

Le fer .   .   :   60

L'acier   .   .   .   56

Le plomb   .   .   149

M. *Bouguer* a éprouvé, à l'aide de son pyrometre, qu'une toise échauffée depuis la température de la glace jusqu'à celle de l'eau bouillante, s'allongeoit suivant les indications suivantes, qui représentent des centiemes de lignes.

Le fer   :   .   :   47

L'argent   81

L'or .   .   .   :   63

Le plomb .   .   :   94

Et en supposant la toise $= 33000$, les dilatations observoient les proportions suivantes.

Pour le fer   .   .   18

L'argent   .   :   24

L'or   .   :   31

Le plomb   :   36

Les rayons du soleil, au Pérou, dilaterent une toise d'acier, & augmenterent sa longueur de $\frac{40}{100}$ de ligne.

Ils allongerent une autre toise d'argent de $\frac{62}{100}$ de ligne. Dans un autre tems une toise d'acier fut allongée par la chaleur du soleil de $\frac{11}{17}$, un parquet de briques dont la longueur étoit $= 12$ pieds, fut dilaté de $\frac{1}{7}$ de ligne par les rayons du soleil qui tomboient dessus.

(1) Philos. Transf. Vol. 47. p. 485.

Le célebre *George Juan* expofa dans le même tems aux rayons du foleil, les corps fuivants, qui avoient trois pieds de longueur : il fit fes obfervations au Pérou, dans un tems où le thermometre indiquoit 10 degrés de chaleur, felon l'échelle de M. *de Reaumur*, la dilatation de ces corps eft indiquée par des centiemes de lignes (1).

Le fer . . .	$13\frac{1}{4}$
L'acier . . .	$12\frac{1}{3}$
Le cuivre . .	$19\frac{1}{4}$
Le fimilor . .	20
Le verre . . .	$3\frac{1}{4}$
La pierre . .	2

Or quiconque comparera enfemble ces différens réfultats, trouvera qu'ils ne s'accordent point entr'eux : ce qui ne vient point d'un défaut d'exactitude de la part des Obfervateurs; mais parceque les métaux dont on s'eft fervi pour faire ces expériences, different beaucoup les uns des autres, fuivant qu'ils ont été tirés de différens Pays, qu'ils font plus ou moins homogenes, qu'ils font plus ou moins forgés, qu'ils font plus mous ou plus roides, plus ou moins élaftiques; fuivant enfin qu'ils contiennent plus ou moins d'huile, ou d'autres ingrédiens quelconques : & c'eft auffi pour cela que le même feu produit différens degrés de dilatation dans les métaux mêmes de même nom : d'où il fuit que toutes les expériences qu'on fera à ce fujet, donneront toujours des réfultats finguliers, & qu'on ne pourra jamais établir de loix générales fur cette matiere ; ce qui me paroît mériter nos regrets, puifqu'il feroit extrêmement avantageux de pouvoir donner une théorie exacte, d'où l'on pût connoître les rapports que devroient avoir entr'elles les parties de fer & celles de cuivre qui entrent dans la conftruction des pendules, des horloges, afin qu'elles puffent conferver toute l'année une même longueur. Le célebre M. *Caffini* a trouvé que l'allongement du fer étoit à celui du cuivre : : 10 : 17, ou : : 27 : 46 (2), en fuppofant qu'ils font l'un & l'autre expofés au même degré de chaleur. Il ne faut point révoquer en doute l'exactitude de cette obfervation, quoiqu'elle ne s'accorde point parfaitement avec nos expériences ; car ces allongemens dépendent de la rareté ou de la denfité du métal. Il m'eft arrivé à moi même d'obferver, en faifant ufage de mon nouveau pyrometre, que des fils de métal de fix pouces de longueur, plongés dans de l'eau bouillante, avoient acquis les allongemens fuivants.

(1) Voyag. au Pérou, Tom. 1. pag. 86.   (2) Hift. de l'Acad. Roy. ann. 1741. page 189.

Un fil de plomb   .   .   160 degrés.

D'étain   .   .   124

De cuivre jaune du Japon 84

De Barbarie 81

De similor   .   .   92

De fer   .   .   .   73

D'acier   .   .   67

Ces métaux ayant été tirés par le même trou de la même filiere , leur expansion dans l'eau bouillante fut telle que la voici décrite.

Le cuivre jaune   .   .   94 degrés.

Le similor   ,   .   .   106

Le fer   ,   .   .   .   73

Le plomb   ,   .   .   154

L'argent   ,   ,   .   81

§. MDXXXI. Les corps solides fossiles, mais de différentes especes, exposés au même degré de chaleur, ne commencent pas tous à se dilater avec la même vîtesse : parmi les différens métaux, l'étain est celui qui se dilate le plus promptement ; la vîtesse avec laquelle le plomb se dilate, ne le cede qu'à celle de l'étain. Le plus prompt ensuite est l'argent, après lui le similor, ensuite le cuivre jaune ; & le fer est le plus lent de tous : ce qui dépend de la différente figure de leurs pores, & de la disposition de leurs parties, qui rendent ces corps plus ou moins perméables à la matiere ignée, qui les rendent plus ou moins propres à admettre, à attirer ou à repousser les particules du feu : cette différence dépend encore de la différente fermeté, adhérence, conformation, porosité, grandeur des parties constituantes de ces corps.

§. MDXXXII. Plus les corps qui sont froids sont éloignés du feu, & moins ils s'échauffent ; au contraire, plus ils en sont proches, & plus ils s'échauffent : car la force avec laquelle ils s'échauffent, décroît en raison doublée de leur distance au feu, ainsi que *Brunel* l'a découvert par plusieurs expériences (1).

Le célebre *Reichmann* (2) a pareillement confirmé cette vérité par plusieurs expériences. Il plaça pour cela différens thermometres de mercure, bien gradués, & qui suivoient exactement la même marche, au delà du foyer d'une lentille convexe de deux côtés, avec laquelle il rassembloit un

(1) Commentar. Bonon. Vol. 2. p. 368. (2) Commentar. Nov. Petropol. T. 4. p. 289.

faisceau

faiſceau de rayons du ſoleil ; & il découvrit alors que l'excès de la dilatation du mercure par-deſſus celle que ce même mercure éprouvoit à l'ombre,
ne s'écartoit point trop de la raiſon du quarré de la diſtance de ce thermometre au foyer de la lentille.

2°. Que l'excès de la dilatation produite par la plus grande chaleur, étoit
à l'excès de cette dilatation produite par la plus foible chaleur (1°.), quelquefois en raiſon exacte du quarré de la diſtance au foyer de la lentille où
s'opere la moindre dilatation ; (2°.) que le rapport de ces dilatations ſe
trouvoit auſſi quelquefois plus petit que celui que nous venons d'indiquer;
(3°.) que ce rapport étoit auſſi quelquefois plus grand; (4°.) que plus la
chaleur étoit petite , & moins cet excès de dilatation approchoit de la raiſon inverſe du quarré des diſtances, & au contraire qu'il approchoit davantage de ce rapport , à proportion que la chaleur étoit plus grande.

Si nous ſuppoſons donc que les diſtances des planetes au ſoleil ſoient telles que la diſtance de mercure = 4 ; que celle de Vénus = 7 ; que celle de
la terre = 10 ; que celle de Mars = 15 ; que celle de Jupiter = 52 , enfin
que celle de Saturne = 95 , la chaleur dans ces planetes ſera comme les
nombres ſuivants, 700 , 200 , 100 , 43 , 3 , 1.

§. MDXXXIII. Les métaux & les demi-métaux peuvent être dilatés par
l'action du feu , au point que leurs parties ne demeurent plus en contact ,
ou de maniere qu'elles ne conſervent plus d'adhérence entr'elles , ou enfin
qu'elles n'en contractent qu'une très foible : alors ils tombent en fuſion , &
ils forment une maſſe fluide. Mais il ne faut pas croire que tous les métaux
ſe fondent au même degré de chaleur, quoiqu'on les expoſe tous à l'action
du feu , munis du même degré de froid : les uns exigent un feu plus violent,
les autres un feu plus foible pour ſe fondre. L'étain qu'on réduit à la température de la glace , & qu'on échauffe enſuite juſqu'à ce qu'il ſe fonde , fait
raréfier un lingot de fer qu'il entoure au point que l'aiguille de notre pyrometre parcourt 109 degrés. Le plomb ſoumis à la même expérience, raréfie
le fer qui l'enveloppe , au point que l'aiguille du pyrometre parcourt 217 degrés. Le zinc en fait parcourir 300 , & le biſmuth 169.

§. MDXXXIV. De même que les métaux ſe liquéfient par l'action du feu,
de même la poix , la cire , le ſuif , le ſoufre , &c , & quantité d'autres corps
tirés des trois regnes de la Nature , perdent leur ſolidité & ſe liquéfient lorſqu'on les expoſe à l'action de cet élément.

Cette action du feu ſur les corps qu'il touche , ſe nomme ſolution , ou
fuſion. Lorſque le feu écarte les parties des corps, de façon qu'elles ne ſe
touchent que très peu , on dit que ces corps ſont ramollis ; lorſque ces parties ſont encore écartées davantage les unes des autres, de façon qu'elles
ſont parvenues au plus petit degré de contact qu'elles puiſſent avoir , ces
corps ſont alors plus ramollis , & ils ſont dans un tel état , qu'ils commen-
ceroient à couler : mais on ne peut point déterminer au juſte cet état , on ne
peut que l'indiquer d'une maniere générale. Par exemple , certains corps ſe
trouvent dans cet état lorſqu'ils commencent à devenir tranſparens d'opaques qu'ils étoient étant froids , & lorſque leurs parties ſe ſéparent lentement les unes des autres lorſqu'on incline le vaſe qui les contient , enfin
lorſque , ſéparées de la maſſe totale qu'elles formoient, elles coulent libre-

ment, & d'elles-mêmes, lorfqu'elles font placées fur un plan incliné. Lorfque les corps font expofés à un feu violent, que leurs parties font totalement
féparées les unes des autres, & qu'elles nagent, pour ainfi dire, dans la matiere du feu qui les enveloppe de tous côtés, on dit que ces corps font réduits dans un état de liquidité; fi la furface de ce fluide devient brillante, fa
fluidité eft encore plus grande, & il acquiert différens degrés de fluidité & de
ténuité : mais fi ce fluide reçoit une plus grande quantité de feu qu'il en peut
contenir, on le voit alors bouillir; parceque la matiere du feu pénetre à
travers fes parties, s'éleve, fe développe, & emporte avec elle quelques-
unes des parties de ce liquide.

§. MDXXXV. Il faut donc éprouver tous les corps qui font partie des
trois regnes de la nature, examiner à quel degré de chaleur ils commencent
à fe fondre les uns & les autres ; quel degré ils exigent pour être parfaitement fondus ; enfin à quel degré ils bouillent : il ne faut pas oublier non
plus ce que nous venons de dire fur les différens degrés de molleffe que les
corps peuvent acquérir ; & il faut apporter une certaine attention à de telles obfervations : car il faut obferver que la graiffe qui eft tirée de différentes parties d'un même animal, ne fe fond pas toute auffi facilement. Bien
plus, la graiffe tirée des mêmes parties, eft plus ou moins difficile à fondre,
fuivant que l'animal eft plus ou moins âgé, & fuivant qu'il a été élevé dans
un endroit plutôt que dans un autre : on voit cela d'une maniere évidente
par la graiffe de bœuf. Celle qu'on tire des bœufs qui viennent de Ruffie,
differe beaucoup de celle qu'on tire des bœufs de Hollande. Cette graiffe
differe auffi fuivant les alimens avec lefquels les animaux ont été nourris. Le
cochon qu'on nourrit avec du gland, fournit une graiffe dure qui eft excellente ; mais fi on le nourrit avec du petit lait & de la farine, fa graiffe fera
plus molle, & elle fera très molle, huileufe & très aifée à fe fondre, fi on
le nourrit avec du fon. Je foupçonne très fort que les différentes faifons de
l'année entrent auffi pour quelque chofe dans ces différences ; mais je n'ai
fait mes expériences que pendant l'hiver. Auffi mon deffein n'a-t-il été que
de précéder les autres dans de telles recherches. J'ai mis les corps que j'ai
voulu éprouver dans des vafes de porcelaine, que j'ai placés dans un grand
vafe de métal qui contenoit de l'eau, & j'ai pris toute l'attention requife
pour que l'eau de ce vafe n'entrât pas dans les vafes de porcelaines ; j'ai
plongé dans ces derniers un thermometre de mercure, gradué felon l'échelle
de *Fahrenheit*, qui étoit entouré de tous côtés des fubftances que je voulois
éprouver : & après avoir placé cet appareil fur le feu, voici les réfultats que
j'ai trouvés.

Corps tirés du regne animal.

1°. De la graiffe humaine tirée du pied d'une femme adulte, fut tout-à-
fait fondue au 43ᵉ degré de chaleur ; laiffant enfuite cette graiffe expofée
au 41ᵉ degré de chaleur, elle n'acquit point toute fa confiftance naturelle,
quoiqu'elle s'épaiffit un peu : mais l'ayant laiffé pendant un jour expofée à
40 degrés de chaleur, elle s'épaiffit totalement, & acquit la denfité qui lui
convenoit.

Du beurre jaune fait en été en Hollande, commença à fe liquéfier au

84ᵉ degré de chaleur , & il fut tout-à-fait fondu lorſqu'il eut été expoſé au 88ᵉ degré de chaleur.

3°. De la graiſſe de bœuf pure , & tirée des reins , ne ſe fondit qu'au 104ᵉ degré de chaleur.

4°. De la moëlle tirée de l'os de la cuiſſe d'un bœuf , ſe fondit au 104ᵉ degré de chaleur , & ne s'épaiſſit que lorſque la température fut réduite à 72 degrés.

5°. De la graiſſe pure tirée des reins d'un veau , fut liquéfiée à 100 degrés de chaleur : d'où il paroît que l'âge contribue en quelque choſe à rendre la fuſion plus aiſée.

6°. De la graiſſe pure tirée des reins d'une brebis , ne fut fondue que par une chaleur de 124 degrés.

7°. De la graiſſe pure de cerf , commença à ſe fondre à 164 degrés de chaleur , & elle fut tout-à-fait fondue à 116 degrés.

8°. De la graiſſe pure de cheval , commença à ſe fondre à 90 degrés de chaleur , & elle fut tout-à-fait fondue lorſqu'elle eut acquis 96 degrés de chaleur. On a coutume de ſe ſervir de cette eſpece de graiſſe , mêlée avec de la poix pour gaudronner des toiles ; & lorſqu'elles ſont ainſi gaudronnées , elles conſervent leur flexibilité.

9°. De la graiſſe pure tirée des reins d'un cochon , fut parfaitement fondue par 100 degrés de chaleur. Mais il faut une plus grande chaleur ; ſavoir , 108 degrés pour fondre le lard qui eſt tiré du dos de cet animal , dont la graiſſe eſt plus épaiſſe & plus denſe. Celle qui vient de ſon méſentere ſe fond à 94 degrés de chaleur ; mais cette graiſſe paroît , à la vérité , avoir très peu de conſiſtance.

10°. De la graiſſe tirée du dos d'un ſanglier , fut totalement fondue à 74 degrés de chaleur ; elle commença à ſe figer lorſque ſa température fut réduite à 68 degrés , & elle acquit toute la denſité naturelle à 60 degrés.

11°. De la graiſſe de chat fut tout-à-fait fondue à 92 degrés de chaleur ; lorſqu'elle fut expoſée à 85 degrés de chaleur , elle ſe couvrit d'une petite pellicule , & elle ne ſe durcit que lorſque ſa température fut réduite à 70 degrés.

12°. La graiſſe d'un chat ſauvage , repréſenté dans la 64ᵉ Table de *Jonſton* , & tirée des reins & de l'omentum , eſt extrêmement puante : elle fut totalement fondue à 102 degrés de chaleur : mais elle ne s'endurcit point enſuite ; elle demeura encore liquide après avoir été expoſée pendant un mois à 60 degrés de chaleur. Cette graiſſe n'eſt point bonne à brûler : elle ne peut fournir d'aliment à la flamme ſans produire le même effet que l'eau produit lorſque la méche d'une bougie , ou d'une chandelle , en eſt atteinte : & elle n'eſt d'aucun uſage , à cauſe de ſa mauvaiſe odeur.

13°. La graiſſe de lievre commence à ſe fondre à 106 degrés de chaleur ; & elle eſt totalement fondue lorſqu'elle eſt expoſée à 120 degrés.

14°. La graiſſe de lapin commence à ſe fondre à 60 degrés ; elle eſt toutà-fait fondue à 68.

15°. La graiſſe d'un animal nommé *honſſem* ſe fond entierement à 84 degrés de chaleur ; elle s'épaiſſit enſuite lentement , & elle ne devient ſolide que lorſqu'elle eſt expoſée au 40ᵉ degré de chaleur.

X x ij

16°. La cire jaune se fond à 140 degrés.

17°. Le sperme de baleine se fond entierement à 108 degrés de chaleur ; il commence à s'épaissir lorsqu'il est exposé au 104ᵉ degré, & il acquere sa consistance naturelle à 100 degrés.

18°. La graisse d'une espece de vipere tirant sur le jaune, & qui vient d'une certaine contrée de l'Amérique, se fond parfaitement au 96ᵉ degré de chaleur ; elle commence ensuite à s'épaissir à sa surface au 88ᵉ degré, & elle est tout-à-fait épaissie au 60ᵉ.

Graisses d'oiseaux.

1°. La graisse de chapon commence à se fondre à 64 degrés de chaleur, & elle est tout-à-fait fondue à 68 degrés.

2°. La graisse de canard bien séparée de ses membranes, par une fusion lente, & qu'on laisse ensuite refroidir, commence à se liquéfier au 70ᵉ degré, & elle ne fond entierement qu'au 80ᵉ degré.

3°. La graisse d'oie domestique, préparée comme la précédente, commence à se liquéfier au 58ᵉ degré de chaleur, & elle devient totalement liquide au 68ᵉ degré.

4°. Ayant exposé à un plus grand feu, pendant une demi heure, la même graisse dont nous venons de parler, renfermée dans un vase de métal, elle devint brune ; l'ayant fait refroidir ensuite, elle ne contracta qu'une pellicule lorsque sa température fut réduite au 48ᵉ degré, & elle devint ferme après avoir été exposée deux jours à la température de 46 degrés. D'où il suit qu'un plus grand feu, qui a volatilisé beaucoup de parties dans la graisse, augmente la fluidité du reste de cette masse, & fait qu'elle ne peut se durcir que lorsqu'elle est exposée à une température plus froide.

5°. La graisse d'une espece d'oie qu'*Aldrovandus* nomme *brancion*, Lib. XIX. Ornithol. p. 168, commença à se fondre au 64ᵉ degré, & ne fut totalement fondue qu'au 74ᵉ degré de chaleur.

6°. La graisse tirée des intestins d'une alouette, lentement fondue pour la purifier, ne devient ensuite liquide que lorsqu'elle est exposée à 48 degrés de chaleur, & elle ne se fond totalement qu'au 52ᵉ : cette graisse n'acquiert presque point de consistance, & elle est très peu épaisse.

7°. La graisse de grive bien purifiée, commence à se fondre à 64 degrés ; elle est totalement fondue au 68ᵉ degré, & elle devient ensuite très solide.

8°. La graisse tirée d'une pie de campagne, nommée ordinairement *ekster*, se fond très difficilement ; & lorsqu'elle est fondue, elle a contracté 98 degrés de chaleur.

9°. La graisse tirée d'une corneille noire, nommée *zwarte kraay*, contient beaucoup d'air ; elle conserve encore de la fermeté lorsqu'elle a acquis 92 degrés de la chaleur, & elle se fond au 104ᵉ degré.

10°. La graisse d'un oiseau nommé *meeuw* commence à se liquéfier à 68 degr. de chaleur, & elle est entierement fondue lorsqu'elle a acquis 76 degr.

11°. La graisse d'un hibou demeure encore ferme à 68 degrés de chaleur, & elle est autant liquide qu'elle puisse être au 72ᵉ degré.

12°. La graisse de cygne est totalement fondue lorsqu'elle est exposée à 60
degrés de chaleur ; à 54 degrés elle pousse une petite pellicule à sa surface,
& toute la masse commence à s'épaissir lorsque sa température n'est plus que
de 52 degrés, & elle s'épaissit ensuite & acquiert toute sa consistance au
même degré de chaleur. Cette graisse est extrêmement légere & odorante.

Graisses de poissons.

Cette graisse se tire en plus grande partie des baleines ; c'est une espece
d'huile légere dont on fait usage dans les savonneries : les Corroyeurs sont
ceux qui en emploient le plus. Si on fait brûler cette graisse, elle éclaire très
bien ; mais elle répand une très mauvaise odeur. On tire encore cette graisse
du foie des autres poissons ; mais je n'en ai point encore trouvé qui eût assez
de consistance pour être soumise à l'épreuve dont il est ici question.

Corps tirés du regne végétal.

1⁶. La colophone ordinaire fut amollie & pliante lorsqu'elle fut exposée à
une chaleur de 216 degrés, & elle fut tout-à-fait fondue lorsqu'elle eut acquis 240 degrés.

2°. La poix noire ordinaire commença à se fondre au 160ᵉ degré, & elle
ne devint fluide qu'au 186ᵉ degré.

3°. La poix de Bourgogne devint molle à 148 degrés de chaleur, & elle
fut totalement fondue à 171 degrés.

4°. L'huile de diapalme, qui a la consistance du beurre lorsqu'il est
froid, fut presqu'entierement liquéfiée à 90 degrés de chaleur ; mais au-
dessous de ce degré, elle commença à s'épaissir, & elle le fut entierement
lorsque sa température fut de 81 degrés.

5°. L'huile d'olives perd sa liquidité pendant l'hiver en Flandres, & acquiert d'autant plus de consistance que le froid est plus piquant, commence
à se durcir, ou plutôt à s'épaissir, au 38ᵉ degré ; son épaississement se fait
même remarquer quelquefois au fond du vase qui la contient : alors elle
perd le luisant qu'on lui connoît. Plus il fait froid, plus elle devient opaque ; à proportion qu'elle devient opaque, elle blanchit davantage.

6°. L'huile de raves s'épaissit aussi en Flandres pendant l'hiver ; cet épaississement commence à sa surface, & se produit jusqu'au fond du vase. Plus
il fait froid, & plus elle se durcit ; elle commence à perdre sa fluidité & à
s'épaissir à sa surface lorsque sa température est de 38 degrés : alors on remarque sous la pellicule qui couvre sa surface une portion qui conserve encore sa liquidité & sa transparence.

7°. Le miel blanc est tout-à-fait liquide lorsqu'il est exposé à une chaleur
de 104 degrés ; plus il fait chaud, & plus il devient liquide : il commence à
s'épaissir au 100ᵉ degré de chaleur, & il a toute la consistance qui lui convient
naturellement lorsque sa température n'excede pas 84 degrés.

Corps tirés du regne fossile.

1°. Le soufre commun se ramollit au 236e degré de chaleur, & il fut tout à-fait fondu au 244e.

2°. Le bitume de Judée ne se fondit que par une chaleur de 300 degrés, & il devint sur-le-champ mou, & ensuite dur lorsqu'il fut exposé à une moindre chaleur.

Ces expériences sont d'une très grande utilité : ceux qui par état sont chargés de faire des chandelles, connoissent, par leur secours, celles de toutes les graisses qui sont les plus propres à cet usage. Ils apprennent par-là si on doit donner la préférence à une graisse pure & homogene tirée d'une seule espece d'animal, ou à un mêlange de graisses tirées de différens animaux, & en même-tems quelles sont les especes d'animaux qu'il faut préférer aux autres.

Ces expériences sont encore extrêmement utiles aux Chirurgiens : elles leur apprennent à connoître les graisses qu'ils doivent employer par préférence pour faire des emplâtres, tantôt plus seches, plus dures, tantôt plus molles ; quelles sont celles qui pénetrent plus promptement, ou plus lentement dans les pores de la peau : elles sont encore avantageuses à ceux qui gaudronnent des toiles ou d'autres corps ; ils connoissent par-là les différentes especes de graisses dont ils doivent faire usage pour rendre leurs ouvrages plus durs, plus mous, plus ou moins flexibles. Mais elles sont sur-tout avantageuses à ceux qui travaillent les savons, & aux Cuisiniers, qui sont obligés de graisser & de barder les viandes qu'ils préparent. Les Physiciens & les Médecins pourront aussi en faire usage & en tirer quelques avantages.

§. MDXXXVI. Il y a certains corps qui ne se fondent point, ou qui ne se fondent que très difficilement lorsqu'on les expose à l'action du feu ordinaire ; mais on aide & on provoque leur fusion en les combinant avec une autre substance : telles sont, par exemple, toutes les terres qui ne peuvent point se fondre par le feu même le plus ardent que nous puissions faire ; elles se dessechent seulement & se divisent en poussiere : mais si on leur ajoûte quelques sels alkalis, elles se fondent alors, & elles se convertissent en un verre fluide : telles sont les cailloux, le sable, le gravier, le quartz, l'agate, le porphyre, le jaspe (1).

Le fer, le cuivre & l'argent se fondent à un feu modique, lorsqu'on les combine avec le soufre. Le bismuth, ou le borax, ou le nitre fixé par le tartre, accélerent la fusion des autres métaux, de même que l'huile & la graisse accélerent celle du plomb & de l'étain. Si on calcine du marbre & du caillou au foyer d'un miroir ardent, & qu'on mêle ensuite les deux especes de chaux qui en résultent, elles se fondront aisément & promptement, & elles se convertiront en verre (2). Il en arrive de même lorsqu'on mêle ensemble du caillou avec de la craie de Bretagne (3) Plusieurs pierres argil-

____

(1) Pott Lithogneognosia. (2) Hist. de l'Acad. Roy. ann. 1705, pag. 84. (3) Hist. de l'Acad. Roy. ann. 1699, pag. 114.

leufes combinées avec des pierres à plâtre , fe diffolvent mutuellement , &
fe convertiffent en verre. Si on ajoûte à ces deux efpeces de pierres des pierres qui fe vitrifient aifément, on accélérera leur fufion. *Gellert* remarque
que fi on ajoûte des pierres qui fe vitrifient difficilement avec celles dont
nous venons de parler , ce mélange ne pourra point former de verre (1).

§. MDXXXVII. Les métaux qui fe fondent avant de rougir, n'ont point
encore acquis le plus grand degré de chaleur qu'ils puiffent acquérir , & ne
font point encore autant dilatés qu'ils puiffent l'être. Ils ne parviennent à ce
dernier degré que lorfqu'ils font tout en feu , & qu'ils étincellent étant fondus ; car du plomb que je verfai, dès qu'il fut fondu , autour d'une tige de
fer adaptée au pyrometre , acquit depuis le point de fufion où je le pris , jufqu'à ce qu'il devint étincellant , une chaleur fuffifante pour faire parcourir
46 vibrations & plus , à l'index de cet inftrument : il acquit donc encore depuis fa fufion plus de 46 degrés de dilatation. En feroit il de même à l'égard
des autres métaux, qui ne fe fondent qu'après avoir rougi : c'eft ce qu'on
n'a pas encore examiné avec affez de foin pour décider cette queftion ; mais
je ne fuis point éloigné de croire , & je pourrois conclure d'après d'autres
obfervations , que tous ces métaux n'ont point encore acquis tous les degrés de chaleur qu'ils peuvent acquérir lorfqu'ils commencent à couler. Cela
ne viendroit-il pas de ce que le feu s'infinue d'abord dans les pores les plus
larges , & qu'il défunit alors les plus grandes parties des corps; enforte
qu'elles n'ont prefque plus d'adhérence entr'elles , & qu'elles forment un
fluide. Dans ce cas , la matiere du feu ne s'eft pas encore introduite dans les
pores les plus étroits des plus petites parties ; mais dès que cette matiere a
pénétré ces derniers efpaces , alors toute la maffe paroît en feu, & devient
incapable de recevoir une plus grande quantité de matiere ignée.

§. MDXXXVIII. Mais que doit-on penfer du fer, qu'on affure avoir
moins de volume lorfqu'il eft en fufion dans un creufet, que lorfqu'il commence à devenir folide, lorfque l'action du feu devient moins violente ;
que doit-on , dis-je , penfer de ce métal , qui eft le feul qui fe dilate , lorfqu'il fe refroidit ? Lorfque le fer eft froid , il eft condenfé; eft-il expofé à
l'action du feu, il fe raréfie , & d'autant plus que l'intenfité du feu eft
plus grande : cet effet a lieu jufqu'à ce qu'il foit en fufion. Mais fi lorfqu'il
eft tombé en fufion , on le coule dans un moule, il fe dilate dès qu'il commence à paffer de l'état de fluidité à celui de folidité. Ce métal n'a pas plutôt
acquis de la confiftance , quoiqu'il foit encore fort rouge , qu'il continue à
fe refroidir & qu'il ne s'enfle plus ; au contraire il diminue de volume : &
plus il devient froid, plus fon volume diminue. Mais il n'en eft pas ainfi de
l'acier lorfqu'il eft pur. M. *Bofe* nous apprend que ce métal eft autant raréfié qu'il puiffe être lorfqu'il eft tombé en fufion , & qu'il fe condenfe à proportion qu'il devient folide (2). Perfonne n'a examiné le fer avec plus de
foin & plus d'exactitude que le célebre M. *de Reaumur* , la gloire & l'orne-
ment de la France (3).

§. MDXXXIX. Lorfque les métaux ont abforbé toute la quantité de feu

(1) Gellert Chymia Metallurgica. (2) Differtatio de Marte conglaciante, pag. 8. 9. 12.
(3) L'Art de convertir le fer en acier.

qu'ils peuvent recevoir, ils ne deviennent pas plus chauds, quoiqu'on les expose plus long-tems à toute la violence du feu ; mais ils se volatilisent en partie, & ils se dissipent dans l'atmosphere : une autre partie se convertit en cendres ; quelques uns se vitrifient. Il en arrive de même à l'égard de plusieurs autres corps, tels que la poix, le soufre, &c.

§. MDXL. On donne à cette action du feu qui convertit les parties des corps en vapeurs, le nom d'*évaporation*, ou d'*exhalaison*. Cette opération a lieu dans les plus petites parties des corps qui peuvent être les plus raréfiées par le feu, devenir plus légeres, se mouvoir, être poussées en haut avec le plus de facilité, & être séparées de la masse totale dont elles faisoient partie ; il peut se faire aussi que la vertu électrique concoure à ce phénomene : lorsque tous ces effets ont lieu, les parties des corps acquerent une vertu élastique ; elles se repoussent les unes & les autres comme des corps légers, lorsqu'ils sont électrisés : car on remarque cette vertu élastique dans toutes sortes de vapeurs, ainsi que dans les parties de la fumée.

§. MDXLI. Parmi les corps sur lesquels le feu agit, il y en a plusieurs qui ne se convertissent point en vapeurs : ces derniers sont tous ceux qui ne s'impregnent presque point de la matiere du feu, mais qui lui livrent un passage facile, ou ceux dont les parties sont extrêmement fixes, & que cet élément ne peut désunir, ou qui sont trop pesantes pour surnager dans l'atmosphere, lorsque le feu les a désunies : ce sont encore ceux dont les parties ne peuvent point être tuméfiées par l'action du feu, ou qui ne peuvent point être assez dilatées pour se soutenir dans l'air, ou ceux autour desquels la matiere du feu, ou la matiere électrique, ne peuvent point former d'atmosphere, & dont les parties ne se repoussent point les unes les autres. Tels sont, par exemple, l'or, une espece de pierre qu'on trouve dans les montagnes d'Arcadie, l'amiante, l'escarboucle, &c ; tous ces corps terrestres ne peuvent point se fondre dans le feu, ni s'exhaler.

§. MDXLII. On peut cependant les rendre volatils en les combinant avec d'autres corps qui les exposent davantage à l'action du feu, qui les rendent susceptibles d'atténuation, ou qui les disposent de maniere qu'ils s'imbibent d'une plus grande quantité de matiere ignée. C'est ainsi que le verre d'antimoine divise, atténue dans le feu toutes les pierres avec lesquelles il est combiné, qu'elles se volatilisent avec lui, & qu'elles s'élevent ensemble dans l'atmosphere : c'est ainsi que les *flux* que les Chymistes ajoûtent aux métaux, provoquent leur fusion, volatilisent leurs parties, & qu'on parvient à séparer les métaux les uns des autres, & à les séparer des parties hétérogenes qu'ils contiennent.

§. MDXLIII. Lorsque les parties les plus subtiles, telles que les parties aqueuses & oléagineuses des mixtes, se sont évaporées, & que la matiere du feu les a dissipées entierement, il ne reste plus que les parties terrestres les plus grossieres, qui peuvent, à la vérité, recevoir la matiere ignée ; mais qui ne sont point propres à l'entretien de cet élément, & qui ne peuvent lui fournir aucune subsistance. Lorsque ces parties ont été exposées à l'action du feu, & que ce fluide se dissipe, elles se touchent à peine les unes & les autres ; elles ne s'attirent que très foiblement : elles n'ont aucune adhérence entr'elles, & on les nomme *cendres*, *chaux*.

§. MDXLIV.

§. MDXLIV. Il arrive rarement que ce qu'on appelle cendre ou chaux ,
en matiere de Chymie , soit un corps simple & homogene : pour l'ordinaire
cette substance est composée de terre , de sels , & de plusieurs autres parties
hétérogenes. Si on retire le sel de cette substance par une lexivation , il arrive
quelquefois que le résidu fournit une cendre purement terrestre , contre laquelle le feu de nos foyers ne peut plus avoir d'action , & qui par conséquent
demeure fixe dans le feu , & sert à faire des coupelles ; parceque cette espece de cendre ne se dilate point dans le feu : ses parties sont grossieres , pesantes , parsemées de grands pores qui donnent un libre passage à la matiere
du feu , qui ne l'absorbent point , & qui ne la retiennent aucunement , &
conséquemment qui ne se volatilisent point , & qui ne se dissipent point dans
l'atmosphere ; mais s'il reste des parties salines parmi ces cendres , ces parties , exposées pendant long tems à l'action du feu , se fondent : étant fondues , elles se distribuent entre les parties terrestres ; elles remplissent les pores qu'elles laissent entr'elles ; elles en provoquent la fusion , & les unes &
les autres se convertissent en verre , qui se durcit , & forme une masse solide
lorsqu'il se refroidit. Mais si cette chaux est métallique , ou tirée d'un minéral quelconque , le verre qui en résulte n'est point diaphane , par rapport à
un grand nombre de parties terrestres qu'il contient ; & c'est ce qu'on appelle *scorie*.

§. MDXLV. Dès que le feu s'échappe des corps solides dont nous venons
de faire mention , ou dès que l'action de cet élément commence à se rallen-
tir & tend au repos , ces corps se refroidissent , se condensent , & diminuent
de volume par degrés.

§. MDXLVI. Plus les corps ont été pénétrés par le feu , plus ils se sont
échauffés , & plus ils se condensent promptement lorsqu'on les transporte
dans un milieu , ou dans un espace moins chaud ; parcequ'alors la matiere
du feu s'en échappe en plus grande abondance & plus promptement : au contraire moins les corps ont acquis de chaleur , & plus ils emploient de tems à
se condenser : on observe quelque chose de semblable par rapport aux liquides ; plus on leur communique de chaleur , & plus ils en perdent dans un
tems donné : au contraire , moins on leur donne de chaleur , & plus ils mettent de tems à s'en dessaisir & à acquérir la température de l'air qui les enveloppe , ainsi que *Richmann* l'a démontré par des expériences qu'il fit sur
l'eau (1).

§. MDXLVII. Les corps solides fossiles que le feu raréfie avec plus de
promptitude , sont aussi ceux qui se refroidissent plus promptement , & qui
se condensent plus vîte ; car de même que le feu s'introduit plus aisément
dans leurs parties , il en sort aussi avec plus de facilité : au contraire , plus la
matiere du feu a de peine à s'introduire dans les parties de ces corps , &
plus ils la conservent & ont de peine à se refroidir. Parmi les différens métaux , l'étain se refroidit très promptement , le fer & l'acier ne se refroidissent que très lentement.

§ MDXLVIII. Nous avons dit dans le §. 1515 , que les corps solides se
raréfioient lorsqu'ils étoient exposés à l'action du feu : nous avons fait men-

---

(1) Commentar. Petropol. novi , Tom. 1. p. 168.

Tome II. Y y

tion , dans cette derniere section, de plusieurs fossiles, que nous avons examinés & suivis depuis leur état de solidité jusqu'à celui de fluidité ; mais il se présente d'autres phénomenes à observer par rapport aux corps tirés du regne animal & du regne végétal , que nous allons exposer ici : & comme chaque corps renferme quelques particularités , on ne peut point donner de regles générales sur cette matiere. Nous allons commencer par le regne animal.

L'ivoire. Ayant pris un morceau de cette substance, & lui ayant donné la forme d'un parallélipipede , de même longueur & de même épaisseur que ceux que j'avois fait construire avec les métaux dont j'ai parlé dans le §. 1527; je l'adaptai à mon pyrometre : je l'échauffai d'abord par un feu lent ; il se dilata : je supprimai le feu , & il se condensa. Je l'exposai ensuite à la chaleur de l'esprit de vin enflammé ; il persévéra pendant long-tems dans le même degré de dilatation : il s'étendit ensuite de 16 degrés , après quoi l'index du pyrometre demeura long-tems en repos ; bien-tôt après cette aiguille fit des especes d'oscillations, allant & venant en parcourant l'espace de deux à trois degrés : l'ivoire venant ensuite à brûler, se resserra un peu & se raccourcit : bien-tôt après l'index fit de nouvelles oscillations; elle parcourut enfin 10 degrés. L'ivoire étant devenu noir , je soufflai la flamme, & l'ivoire se convertit en charbon, & je le trouvai de 140 degrés plus court qu'avant l'expérience.

Dent de veau marin. Cette dent fut d'abord raréfiée par un feu lent ; étant après cela exposée à la flamme de l'esprit de vin , elle s'embrâsa, & elle se condensa si promptement ensuite, que je ne pus observer le mouvement de l'index , qui fit plusieurs révolutions entieres.

Os de bœuf. Cet os se raréfia lorsqu'il fut exposé à un feu lent ; mais étant ensuite exposé à l'ardeur des méches d'une lampe à l'esprit de vin , il s'allongea de 150 degrés , après cela l'index se fixa : bien-tôt après cet os se condensa de 200 degrés. L'index s'arrêta encore ; cet os s'étendit encore après, & il ne parut plus faire aucun mouvement lorsqu'il fut réduit en charbon.

De la baleine. Cette substance se raréfie aussi lorsqu'elle est exposée à un feu lent ; après s'être raréfiée de 70 degrés , elle fut brûlée par les flammes : elle se contracta de 30 degrés ; & quoiqu'elle continuât à brûler, elle conserva constamment la même longueur.

De la corne de cerf. Cette substance cede très peu à l'impression d'un feu lent, & elle se raréfie fort peu. Son expansion ne va qu'à trois degrés ; exposée ensuite à l'action des flammes , elle se contracta promptement lorsqu'elle fut embrâsée ; sa contraction fut de 670 degrés : les flammes étant éteintes , elle continua à se raccourcir de 230 degrés.

De la corne de bœuf. Cette substance se raréfia aussi par l'impression d'un feu lent ; mais lorsqu'elle fut exposée aux flammes de la lampe, elle continua à se raréfier , & sa raréfaction fut de 900 degrés : son allongement se fit quelquefois par sauts. Lorsqu'elle fut réduite en charbon , elle étoit tuméfiée ; mais le feu étant éteint, elle diminua de volume.

Une corde d'instrument , autrement une corde de boyau. Cette corde commença à devenir un peu plus longue dès qu'elle sentit les approches d'un feu lent ; mais le feu étant augmenté, ou étant exposée à l'action des flammes , elle fe raccourcit très promptement, de forte que je ne pus pas obferver la marche de l'index : cette corde fe raccourcit & devint plus dure.

Un gros fil de foie. Ayant commencé par fufpendre à ce fil un poids tel qu'il pouvoit le fupporter ; je le tins pendant deux jours dans le degré de tenfion que ce poids pouvoit lui communiquer : je l'expofai enfuite à un feu lent ; il s'étendit encore davantage & même confidérablement : fon extenfion augmenta lorfque j'augmentai l'intenfité du feu.

§. MDXLIX. Lorfque les fibres animales s'allongent par la chaleur, leur élafticité diminue ; & c'eft pour cela que l'action mufculaire eft plus foible pendant l'été, & que nous ne fommes pas en état de fupporter alors de longs & pénibles travaux, nous fommes bien-tôt fatigués : les fibres de l'eftomac, & celles des inteftins, deviennent auffi plus lâches dans ce tems ; la faim diminue, & la digeftion ne s'opere pas fi bien : auffi nous mangeons moins en été que dans tout autre tems, & nous ne fommes pas fi fort preffés de la faim. La texture de la peau devient plus lâche, & elle favorife davantage la fueur & la tranfpiration infenfible. Cependant l'air qui eft porté au-dehors des poumons par l'expiration, étant plus raréfié, emporte avec lui moins de vapeurs & d'haleine ; les poumons font alors moins purgés, & fe rempliffent d'une plus grande quantité d'impuretés : au contraire, lorfque le froid eft modéré, les fibres de notre corps font plus tendues ; elles font plus refferrées & plus fermes : l'action mufculaire en eft plus forte ; nous devenons par-là plus propres à fupporter de plus longs & de plus pénibles travaux : les fibres mufculaires de l'eftomac font plus fermes, la faim fe fait mieux fentir ; nous digérons alors des mets d'une plus difficile digeftion, fans que nous nous fentions appefantis & incommodés. L'air emporte avec lui des vapeurs plus épaiffes & plus confidérables, qu'il chaffe hors du poumon dans le tems de l'expiration. Cette température influe auffi fur nos autres facultés ; nous fommes alors plus difpofés à la joie & au plaifir : car la tenfion des fibres étant augmentée, nous fentons un certain chatouillement, un certain plaifir. La chaleur du fang eft tempérée par le froid qui regne dans l'atmofphere, & elle eft tempérée comme il convient qu'elle le foit, pour que nous ne foyions point trop fatigués du travail, & qu'il ne provoque point en nous une fueur incommode : mais fi le froid eft piquant, les fibres font alors trop tendues ; leur élafticité augmente confidérablement, les vaiffeaux fe contractent trop fortement : ils pouffent alors les liquides qu'ils contiennent dans les grandes cavités ; il en réfulte une pâleur au-dehors, la circulation devient plus rapide au commencement, la chaleur augmente à proportion : mais bien-tôt après les humeurs fe condenfent ; elles fe glacent, elles font ftagnantes : l'homme en devient la victime ; il meurt, il devient immobile comme une ftatue, les liquides intérieurs étant congelés.

§. MDL. J'ai encore rencontré une variété furprenante dans l'examen que j'ai fait des végétaux : en effet, il y a plufieurs fubftances végétales qui fe condenfent lorfqu'on les expofe à l'action du feu, & qui n'augmentent point de volume : tels font, par exemple, les bois fuivants, le noyer, le prunier, le cerifier, le frêne, l'orme, le hêtre, le tilleul, le chêne, l'ébene verd : toutes ces efpeces de bois étant approchées d'un feu lent, & demeurant expofées pendant long-tems à fon action, fe contractent ; parceque l'humidité

Y y ij

que ces bois renferment se dissipe, & que la dissipation se fait lentement.
Cette humidité avoit donc dilaté ces sortes de bois ; d'où il suit que ceux qui
ne sont point résineux contiennent des parties aqueuses qui les disposent à se
contracter lorsqu'on les expose à l'action du feu. Mais il y a d'autres especes
de bois qui contiennent de la résine ; lorsque ces derniers sont approchés du
feu, & que leurs parties résineuses se fondent, ils commencent par se dilater, & ils se contractent ensuite, lorsque la résine est suffisamment fondue
pour couler : tels sont les bois de sapin, de Bresil, de mahogany, &c. Il y
a encore d'autres especes de bois qui ne contiennent point de résine, & qui
ne contiennent que très peu d'humidité ; tels sont un certain bois de Virginie & l'ébene : ce dernier est cependant huileux. Ce bois, exposé à l'action
du feu, se dilate de 100 & 110 degrés, selon l'échelle de *Fahrenheit*, & il
reprend ces premieres dimensions lorsqu'il se refroidit. Ces expansions &
ces dilatations sont beaucoup moins considérables que celles qu'on remarque dans les métaux qu'on soumet aux mêmes expériences ; & c'est pour
cela qu'il paroît probable que le bois d'ébene, ou celui de Virginie, sont
plus propres à construire des pendules d'horloges, que l'acier ou le cuivre
dont on a coutume de faire usage, sur-tout si on avoit la précaution de les
couvrir de vernis, ou d'une préparation faite avec du sandaraque, de l'en-
cens, de la gomme élemi, fondues dans de l'esprit de vin, qui les garanti-
roient contre l'humidité de l'atmosphere. Lorsque les bois sont embrâsés,
& qu'ils brûlent, ils se contractent ; ils se resserrent considérablement, &
l'index du pyrometre fait quelquefois une révolution avec une promptitude
extrême. Le noyer soumis à cette expérience, se resserra de 244 degrés, le
prunier de 1385, le buis de 1180.

Lorsque le liege brûle, il s'enfle considérablement ; le feu vient-il à se dissiper, il se resserre : mais lorsqu'on ne le fait chauffer qu'au point de l'enflammer, il se raréfie, de façon que l'index du pyrometre fait au delà de 12
révolutions : ce liege forme alors un charbon noir extrêmement tuméfié. Je
n'ai fait que devancer les autres dans ces recherches ; car c'est ainsi qu'il faut
examiner les végétaux.

§. MDLI. Il faut aussi observer que certains bois qui se resserrent lorsqu'ils
sont exposés à un froid léger, se dilatent lorsqu'ils sont exposés à une forte
gelée. C'est au célebre *Celse* que nous sommes redevables de cette observation (1). Après avoir mesuré dans une chambre chaude les bois suivants,
qui avoient six pieds de longueur, il les exposa en plein air pendant l'espace
de 4 jours, durant lesquels il gela, de façon que la liqueur du thermometre
étoit fixée au premier degré, selon l'échelle de *Fahrenheit* ; il les répéta ensuite dans la chambre dont nous venons de parler, & il les trouva dilatés de
quelques milliemes de lignes : cet effet vient de la congélation des parties
aqueuses que les canaux ligneux de ces bois contenoient ; cette congélation
dilata les parties, ainsi que les bois qui les receloient, de façon que cette dilatation excéda les degrés de condensation que le froid leur communiquoit.
Les bois dont il est ici question, sont le bois qui donne la poix, le pin, l'aul-
ne, le peuplier, le hêtre, le frêne, l'érable, le cerisier, le pommier.

(1) Schwedise abhandlungen. Vol. 1. p. 43.

§. MDLII. Tous les fluides qu'on a examinés jufqu'à préfent, comme l'air, l'eau commune, l'eau des plantes, l'eau de la mer, l'hydromel, le vin, le vinaigre, l'efprit de vin, les huiles des plantes tirées par expreffion, les huiles diftillées, les huiles naturelles; telles que de l'huile de pétrolle, celle de terre: les efprits acides, les alkalis falins, l'efprit d'urine, l'efprit de fel ammoniac, la leffive du fel de tartre, le mercure, ainfi que les fluides des différens animaux; tels que le lait, le fang, la férofité, la bile, l'urine, l'humeur aqueufe de l'œil: tous ces fluides étant renfermés dans des fioles dont le ventre eft large, & dont le col eft grêle & allongé, & étant enfuite expofés à l'action du feu, fe raréfient; ils s'étendent du ventre de la fiole dans fon col, & ils s'y élevent d'autant plus haut, que le feu auquel on les expofe eft plus violent. Cette dilatation cependant reconnoît des bornes. Lorf-qu'on retire ces fluides du feu, & qu'on les tranfporte dans un endroit moins chaud; ils fe condenfent & ils defcendent dans le ventre de la fiole qui les contient.

§. MDLIII. Nous pouvons donc déduire de toutes ces obfervations que le feu pénetre tous les corps qu'on a examinés jufqu'à préfent, tant les foli-des que les fluides; il s'empare d'abord, & il remplit les efpaces que les par-ties conftituantes de ces corps forment entr'elles: il les fépare les unes des autres; il s'infinue enfuite dans les pores même de ces parties, & peut-être qu'il fe fait jour dans les pores des plus petites particules des mixtes: d'où il fuit que ces corps, étant comme tout-à-fait remplis de la matiere du feu, fe tuméfient & augmentent de volume.

§. MDLIV. Comme tous les corps fitués à la furface de notre globe font expofés aux rayons du foleil, qui tombent deffus beaucoup plus oblique-ment en hiver qu'en été, & par conféquent en moindre quantité & avec moins de force; ces corps, fe dilateront de plus en plus, & augmenteront davantage de volume, à mefure que nous approcherons davantage de l'été: outre cela, les corps fe raréfient davantage dans les endroits qui font mieux expofés aux rayons du foleil, & qui en reçoivent un plus grand nombre; & comme cette expofition plus favorable fe trouve vers l'équateur, ces corps y font plus raréfiés que vers les régions polaires, où il fait plus froid.

§. MDLV. La denfité des rayons du foleil, dans les endroits où ils font lancés perpendiculairement, eft à celle de ces mêmes rayons, dans les en-droits où ils ne tombent qu'obliquement, comme le finus total eft au finus de complément de la latitude des autres lieux.

En effet, les rayons qui partent de l'arc A B [*Tab. 33. fig.* 4.], & qui vont directement en C E, tombent perpendiculairement fur cette partie C E; mais les rayons qui partent de l'arc B D = A B, & qui font auffi dirigés en C E, ne tombent qu'obliquement fur C E: cela pofé, fi on mene du point E la ligne E L, perpendiculaire à BC, les rayons qui partent de B D tombe-ront alors perpendiculairement fur E L, & on aura C E : E L : : C B : B E; or C B eft le finus total, & B E eft le co-finus de B G.

§. MDLVI. Comme la préfence du foleil échauffe tous les jours notre hémifphere, & que la terre devient plus froide lorfqu'il a difparu de deffus notre horifon, tous les corps qui font fur la furface de la terre ont un plus grand volume le jour que la nuit. Pareillement lorfque le ciel eft rempli de nuages, & que les rayons du foleil pénetrent entre les nuages qui obfcurciffent cet aftre, les corps qui reçoivent ces rayons fe raréfient, & ils fe condenfent auffi-tôt que la pofition des nuages leur dérobe les rayons qui les échauffoient : d'où il paroît que les corps terreftres font prefque dans une continuelle alternative de raréfaction & de condenfation. Ils font dilatés par la matiere du feu qui les pénetre, & qui écarte leurs parties les unes des autres ; ils font condenfés par la force attractive qui maîtrife ces parties, & qui les follicite continuellement à s'approcher les unes des autres : c'eft par l'action de cette force qu'ils fe durciffent. C'eft elle qui pouffe au-dehors les parties ignées qui font difféminées entre leurs molécules ; de là il arrive pour l'ordinaire qu'il s'échappe autant de feu de l'hémifphere de la terre, qui eft plongée dans l'ombre, que le foleil y en avoit porté tandis qu'il l'éclairoit.

§. MDLVII. Les obfervations faites avec le thermometre, font voir que les rayons du foleil n'échauffent jamais davantage l'atmofphere qu'entre une & deux heures après midi : ç'eft ce qu'on obferve ordinairement en Hollande. On obferve auffi que le plus grand froid fe fait fentir entre deux & trois heures après minuit. Cette obfervation a lieu pendant la plus grande partie de l'année, fi nous en exceptons l'hiver. D'autres ont obfervé que le plus grand froid fe manifeftoit une demi-heure après le lever du foleil dans le printems & dans l'été : ce qui peut fort bien arriver dans d'autres climats que le nôtre. En Hollande, & pendant l'hiver, le plus grand froid fe fait fentir & il gele depuis fix heures jufqu'à fept heures du matin ; c'eft à dire, avant le lever du foleil, ou dans le tems qu'il commence à paroître fur l'horifon.

§. MDLVIII. Quoique les rayons du foleil tombent plus directement fur les corps qui font vers l'équateur, que fur ceux qui font placés dans les zones froides, il ne s'enfuit pas pour cela que la chaleur de ces endroits foit en raifon de la direction de ces rayons ; elle dépend de plufieurs autres circonftances : car la chaleur qu'on éprouve dans les endroits qui font dans le voifinage des pôles, feroit conftamment la même   Or en 1734 on obferva à Petersbourg, pendant l'efpace de deux jours, une chaleur de 98 degrés (1), & on obferve quelquefois qu'elle eft au deffus de 92 degrés. En 1750, à Leyde, on eut un jour, dans le mois de Juillet, où la liqueur du thermometre s'éleva jufqu'au 90ᵉ degré. Or j'ai obfervé dans ce même endroit, pendant l'efpace de 16 ans, que dans la plûpart des jours les plus chauds, la liqueur du thermometre ne montoit que depuis le 80ᵉ degré jufqu'au 86ᵉ. Dans l'efpace de 17 ans, à Utrecht, je n'ai obfervé qu'une feule fois, au mois de Juillet de l'année 1733, qu'elle fe fur élevée jufqu'au 94ᵉ degré. On regarda à Londres, le 18 Juillet de l'année 1746, comme un des jours les plus chauds ; la liqueur du thermometre n'étoit cependant élevée que jufqu'au 85ᵉ degré. Dans la Ville de Pondichery, qui eft fituée dans les Indes fur la côte de Coromandel, il y eut certains jours où la liqueur du thermometre s'éleva à 94 degrés. En Sénégal, en Afrique, la plus grande chaleur eft depuis 104 jufqu'à 110 degrés. M. *Bouguer*, voyageant au Pérou,

____

(1) Comment. Petropol. Vol. 7. p. 284.

fous l'équateur, n'obferva que quatre-vingt-quinze degrés de chaleur (1) après midi.

Or la chaleur & le froid dépendent des caufes fuivantes. 1°. de la longueur des jours. 2°. De la faifon du foleil; favoir, de l'hiver ou de l'été. 3°. De la férénité du ciel. 4°. De la plus grande ou de la plus petite durée de cette férénité. 5°. Des vents. 6°. De la conftitution de la terre. 7°. De fa couleur. 8°. De l'expofition des montagnes, foit au Midi, foit au Septentrion ; de leur plus grande ou plus petite élévation : elle dépend auffi de l'état où elles fe trouvent; favoir, de la neige qui les couvre, ou de leur nudité. 9°. Des fleuves, des mers; outre cela, des ifles glacées qui flottent fur ces mers (2) ; des marais & des forêts du voifinage. 10°. De l'élévation ou de l'abaiffement du terrein. 11°. Du feu fouterrain qui s'éleve plus abondamment en été, & qui s'échappe en plus grande quantité des entrailles de la terre, pour fe porter dans l'atmofphere. 12°. De la denfité ou de la rareté de l'air, de fa pureté, & du mêlange des parties hétérogenes dont il eft chargé. 13°. Des nuées, des exhalaifons, de la pluie, des orages. 14°. De la plus grande épaiffeur de l'atmofphere que les rayons du foleil ont à traverfer lorfqu'ils fe dirigent obliquement vers la furface de notre globe, & peut-être y a-t-il encore un grand nombre de caufes qui concourent à ce phénomene, dont la connoiffance n'eft réfervée qu'à ceux qui viendront après nous.

Plufieurs Phyficiens font d'accord avec moi que la chaleur & le froid dépendent de la férénité, ou de l'opacité du ciel ; ils penfent que le froid qui eft fi piquant en hiver dans l'Amérique Septentrionale, ne vient que des nuages épais dont le ciel eft continuellement couvert, & des particules glaciales dont l'atmofphere eft toujours rempli en cet endroit, qui interceptent les rayons du foleil. En comparant la chaleur qu'on reffent à Carthagene, en Amérique, qui eft fituée à 11 degrés de latitude boréale, avec celle qu'on éprouve à Lima, qui eft à 12 degrés de latitude auftrale, on pourra fe convaincre que la férénité du ciel & les vapeurs qui interceptent les rayons du foleil, influent fur les différens degrés de chaleur qu'on doit éprouver en de tels endroits. On éprouve à Carthagene une chaleur infoutenable ; au contraire on goûte à Lima les douceurs d'un printems perpétuel : il n'y fait ni trop chaud, ni trop froid ; parceque régulierement chaque matin il s'éleve une vapeur qui ne fe diffipe pas entierement. Cette vapeur couvre le foleil pendant le jour & les étoiles pendant la nuit ; de forte que l'atmofphere n'eft jamais dépourvu de vapeurs en cet endroit, & foit qu'elles flottent vers la furface de la terre, foit qu'elles s'élevent dans une plus haute région, elles paroiffent quelquefois diffipées de maniere qu'elles ne nous dérobent plus l'image du foleil, fans cependant que la chaleur de fes rayons puiffent nous incommoder. A la diftance de quelques milles, le ciel eft plus ferein ; mais auffi la chaleur y eft plus grande (3).

On connoît combien les montagnes & les collines influent fur la chaleur de l'atmofphere par l'obfervation fuivante : depuis le mois de Janvier ou

(1) Voyage au Pérou, pag. 21. (2) Hift. de l'Acad. Roy. ann. 1725. p. 1. (3) Ulloa, Voyage au Pérou, p. 453.

Février , jufqu'au mois de Juin, on éprouve la rigueur du froid fur les montagnes qui font fur la côte occidentale du Royaume du Pérou , depuis Sainte-
Marie de la Parilla jufqu'à Lima ; tandis que dans ce même tems on reffent
la chaleur de l'été dans les collines , dans les vallons de ces mêmes montagnes. Depuis le mois de Juin jufqu'aux mois de Novembre & Décembre ,
l'hiver fe fait fentir dans les mêmes vallons, l'eau de leurs fleuves fe glace,
& la chaleur de l'été regne fur leurs montagnes : cette oppofition de faifon ,
qu'on éprouve dans une fi petite diftance, prouve , d'une maniere très convaincante , la différente température de l'air (1).

§. MDLIX. Toutes fortes de fluides, pris en même quantité, quant à la
mefure , renfermés dans des vafes femblables , qui font plongés dans un même fluide plus chaud , ne s'échauffent pas tous auffi promptement , & n'acquerent point tous le même degré de chaleur : les uns s'échauffent plus
promptément que les autres , ou s'échauffent davantage : les uns confervent
plus long-tems la chaleur acquife, & ils ne parviennent à la même température que lorfqu'on les expofe pendant plufieurs heures au même degré de
chaleur. L'air eft celui de tous les fluides qui s'échauffe le plus promptement ; après lui voici le rang que fuivent les autres pour la promptitude avec
laquelle ils s'échauffent. Le mercure , le pétrole , l'huile de térébenthine ,
l'alkool , l'efprit de vin, le vinaigre du vin, l'huile de vitriol , l'eau , le jus
tiré de la chair de veau, le vin blanc de France, le lait, l'eau falée , l'eau
forte , l'huile de lin, l'huile de raves , l'huile d'olives , &c.

§. MDLX. De tous ces fluides , placés dans la même eau chaude, le mercure eft celui qui prend un plus grand degré de chaleur, la chaleur que les
autres acquerent va toujours en diminuant , fuivant l'ordre que voici. L'huile
de térébenthine , l'huile de vitriol , le pétrole , l'eau , l'huile de raves , le
vinaigre , l'huile de lin, l'efprit de vin ; l'huile d'olives , l'alkool eft celui
qui en acquiert le moins.

§. MDLXI. Le mercure eft celui de tous les fluides qui parvient le plus
promptement au plus grand degré de chaleur qu'il puiffe acquérir ; l'alkool
& l'huile de térébenthine arrivent un peu plus lentement à ce degré : l'efprit
de vin le cede encore aux liqueurs précédentes ; mais le pétrole , l'eau ,
l'huile de raves , & l'huile de vitriol , font beaucoup plus lentes à acquérir la
chaleur qu'elles peuvent acquérir : c'eft pourquoi le mercure , confervant
fon même degré de chaleur, les autres fluides continuent à acquérir de la
chaleur & à fe raréfier ; bien plus même , lorfque le mercure commence à
perdre de fa chaleur , les autres liquides en reçoivent encore.

§. MDLXII. L'air eft de tous les fluides celui qui fe refroidit le plus
promptement ; le mercure ne le cede qu'à l'air : l'alkool & l'huile de térébenthine font plus lents à fe refroidir : l'eau emploie encore plus de tems , le
pétrole le cede même à l'eau : mais l'huile de vitriol eft celle qui fe refroidit le
plus lentement.

§. MDLXIII. Tous les fluides , fi nous en exceptons l'air , peuvent être
échauffés par le feu jufqu'au point de l'ébullition ; alors ils ont acquis toute
la chaleur dont ils puiffent jouir dans l'air , & ils font confidérablement

____

(1) Ulloa, Voyage au Pérou, p. 422.

dilatés

dilatés, à moins qu'ils ne se convertissent en vapeurs. Lorsque les fluides sont exposés à la température de la glace, si on les expose alors à la chaleur de l'eau bouillante, ils se dilatent & augmentent de volume, selon la proportion suivante : la dilatation du mercure $= \frac{14}{1000}$, celle de l'eau $\frac{17}{1000}$, celle de l'esprit de vin $\frac{87}{1000}$, celle de l'huile de lin $\frac{72}{1000}$ (1). Mais l'alkool, depuis le terme de la glace jusqu'au degré de chaleur qui le fait bouillir, se dilate de $\frac{1}{9}$ de son volume, l'eau de $\frac{1}{85}$, le mercure de $\frac{4}{51}$.

§. MDLXIV. Comme les fluides se dilatent davantage que les solides, lorsqu'ils sont exposés les uns & les autres au même degré de chaleur, on a imaginé quelques instrumens propres à découvrir la quantité de feu qui réside dans différens corps : on a donné à ces instrumens le nom de *thermometres* ou de *termoscopes*. On a choisi pour les construire l'air, l'esprit de vin, le mercure ; mais toute espèce de fluide, & même différens solides, auroient pu servir à cet usage.

§. MDLXV. L'invention du thermometre ne date point au delà du dix-septieme siecle ; ce fut au commencement de ce siecle que *Corneil Drebbel*, Citoyen d'Alcmaer, en fut le premier inventeur : & ce fut dans ce tems que cet instrument devint public en Flandres & en Angleterre. Quelques-uns attribuent l'honneur de cette invention à *Sanctorius* (2) ; parcequ'il en fait mention dans son Commentaire sur *Avicene*, & qu'il indique que cet instrument peut servir à connoître la température des malades ; mais quelle étoit la construction de cet instrument : c'est ce qu'on n'a pas connu, ou au moins cette connoissance ne s'est pas transmise aux étrangers.

§. MDLXVI. Comme l'air se raréfie beaucoup à un foible degré de chaleur, *Drebbel* s'est servi de ce fluide pour construire son thermometre.

A l'extrêmité d'un tube B E [*Tab. 33. fig. 5.*], est soufflée une boule **A** d'une grande capacité. D E est une cuvette, un petit vase quelconque qui contient une liqueur colorée : pour l'ordinaire on se sert d'eau forte, dans laquelle on a fait dissoudre du vitriol de Chypre, & dont la couleur est d'un beau bleu. On commence par raréfier l'air qui est dans la sphere creuse A ; par ce moyen on chasse une petite portion de cet air de la capacité de cette boule : on plonge ensuite l'orifice E du tube B E dans la liqueur colorée ; & l'atmosphere, par son excès de pression, oblige une partie de cette liqueur à s'élever dans le tube B E, qui se termine en pointe. Supposons que cette liqueur s'éleve en C, milieu du tube, dans un tems où la température de l'air est moyenne ; dans ce cas, la liqueur élevée dans le tube se trouve en équilibre avec le poids de l'atmosphere qu'elle contrebalance, & par son poids, & par le ressort de l'air renfermé dans la boule : mais si la chaleur de l'atmosphere vient à augmenter, ou que la matiere du feu vienne à entrer plus abondamment dans la sphere creuse A, l'air qui y est contenu se raréfie ; sa vertu expansive augmente : & comme il n'y a point d'endroit dans cet espace où il puisse s'étendre, il pousse la liqueur de C vers E. La liqueur, cédant à cet effort, descend ; mais si le froid augmente dans l'at-

(1) Nollet, Leçons de Physiq. Tom. 4. pag. 379. (2) Polenus in Institutione Philos. Experim?

moſphere, ou ſi la matiere du feu s'échappe de la boule A : l'air compris dans cette cavité, ſe condenſe, ſa force expanſive diminue, le poids de l'atmoſphere devient préponderant, & la liqueur s'éleve alors dans le tube ; deſorte que la liqueur monte plus ou moins dans ce tube ou deſcend, ſuivant la quantité de feu qui pénetre dans la boule A, & qui y raréfie l'air qui y eſt contenu. On applique cet appareil ſur une planche graduée, diviſée ſupérieurement & inférieurement en 100 parties, à compter du point C, où on a placé un zéro ; afin qu'on puiſſe juger de l'augmentation & de la diminution de la chaleur.

Ce thermometre eſt extrêmement mobile ; mais comme le poids de l'air qui fait monter ou deſcendre la liqueur, eſt extrèmement variable, & qu'en conſéquence de cela, cette liqueur eſt maîtriſée par deux forces ; ſavoir, le poids de l'air & la chaleur actuelle, on ne peut point ajoûter foi aux indications d'un tel inſtrument. Car ſi dans le tems que le poids de l'atmoſphere viendroit à augmenter, & que la liqueur ſeroit ſollicitée à s'élever dans le tube au deſſus du point C ; ſi, dis-je, dans ce tems, la chaleur venoit à augmenter & à repouſſer la liqueur au-deſſous du point C, de la même quantité qu'elle tendroit à s'élever ; cette liqueur ſe trouvant alors entre deux forces égales & oppoſées, reſteroit au même point C : ce qui donneroit occaſion de croire que la chaleur ſeroit encore la même, quoiqu'elle fût réellement augmentée. Nous ne pourrions point connoître cette augmentation de chaleur, à moins que nous ne fuſſions certains d'ailleurs que le poids de l'air eſt varié, & même cette derniere connoiſſance ne nous conduiroit point à celle de l'accroiſſement de la chaleur : ce qui apporteroit beaucoup de difficultés dans les obſervations. Outre cela l'air contenu dans la boule n'eſt point parfaitement ſec ; il contient toujours plus ou moins de vapeurs humides, dont l'élaſticité le raréfie ſuivant différens degrés. Cet inſtrument outre cela eſt ſujet à quantité d'autres inconvéniens que pluſieurs Phyſiciens y ont remarqués, que nous n'avons pas le tems de rapporter ici, & dont la connoiſſance d'ailleurs ne ſeroit d'aucune utilité.

§. MDLXVII. Le thermometre de Florence ſuccéda à celui de *Drebbel*. L'invention de celui dont nous parlons eſt due aux Philoſophes qui formoient autrefois la fameuſe Académie de Florence, ſous le nom d'Académie *del Cimento* ; ils l'imaginerent vers le milieu du dix-ſeptieme ſiecle.

A la boule de verre A [*Tab. 33. fig. 6.*] eſt adapté un tube mince & étroit de même matiere B D C : on emplit cette boule d'eſprit de vin coloré, dans un tems que la chaleur de l'air eſt tempérée : le tube doit être rempli juſques vers ſon milieu C ; & on ſoude enſuite l'extrèmité D de ce tube pour la fermer hermétiquement. Dans cette méthode, l'eſprit de vin renfermé dans la boule & dans le tube, n'eſt point expoſé aux variétés qui arrivent au poids de l'atmoſphere : on applique cet inſtrument ſur une planche graduée à volonté, mais dont les degrés ſont égaux : pour l'ordinaire cette diviſion eſt telle qu'on compte zéro vers le milieu C de l'inſtrument, & qu'on diviſe enſuite l'eſpace ſupérieur, depuis C juſqu'en D, en 100 parties. On diviſe pareillement en même nombre de parties l'eſpace inférieur depuis C juſqu'en B. La liqueur contenue dans la boule de cet inſtrument, ſe raréfie & s'éleve dans le tube lorſque ſa chaleur augmente dans l'atmoſphere ; & le contraire arrive lorſque la chaleur diminue.

Quoique cette efpece de thermometre foit plus parfait que le précédent, il n'eft point exact pour cela, & il eft expofé aux inconvéniens fuivants.

1°. L'échelle de cet inftrument peche en ce qu'elle ne commence pas par un point fixe ; car quel eft l'homme qui peut déterminer le degré de chaleur tempéré qui eft marqué par zéro. Cette échelle n'a pas auffi de point fixe où elle fe termine ; car comment déterminer l'intenfité réelle du froid lorfque la liqueur defcend de zéro à B ? Les divifions de cette échelle ne font pas plus exactes ; elles n'indiquent rien de conftant fur la raréfaction de la liqueur ; puifqu'on ne connoît point le rapport de la capacité du tube B D à la boule A.

2°. L'air qui occupe la partie fupérieure du tube, lorfqu'il eft rempli d'une liqueur qui n'eft point privée d'air, fe dilate fans contredit, lorfque la chaleur augmente : cette dilatation s'oppofe à l'élévation de la liqueur dans le tube ; & cette liqueur ne s'y éleve pas autant qu'elle pourroit le faire, fi cet obftacle étoit levé.

3°. Plus la liqueur de cet inftrument s'éleve dans le tube, & plus elle pefe fur celle qui eft renfermée dans la boule : or comme cette boule eft faite d'un verre fort mince, elle cede à la plus grande preffion qu'elle éprouve ; lorfque cette preffion vient à diminuer, l'élafticité naturelle du verre rétablit cette boule dans fes premieres dimenfions, & fa capacité diminue : d'où il fuit que la capacité de cette boule n'eft point conftante.

4°. A la longue, l'élafticité & la fluidité de l'efprit de vin s'alterent ; de forte que celui qui a féjourné pendant long-tems dans ces fortes d'inftrumens, n'eft plus fi expanfible, & ne fe prête pas fi bien aux impreffions de la chaleur que celui qui eft nouveau : obfervation dont on eft redevable à M. *Halley* (1). J'ai obfervé le même défaut dans des thermometres qui étoient faits depuis 25 ans, & qui avoient été conftruits avec de l'efprit de vin rectifié par la diftillation, & qui avoit été coloré avec du fang de dragon. J'ai encore éprouvé la même chofe dans des thermometres faits par *Evans* depuis plus de 60 ans : ceux-ci étoient faits avec de l'efprit de vin précipité avec du fel de tartre, & coloré fur du bois de Brefil.

5°. Lorfque le verre de ces fortes d'inftrumens eft expofé à une plus grande chaleur, la boule, ainfi que le tube qui lui eft continu, fe raréfient & augmentent en capacité ; le contraire arrive lorfqu'il fait froid : d'où il fuit que les raréfactions & les condenfations du liquide paroiffent toujours plus petites qu'elles font, & qu'elles le paroîtroient, fi les dimenfions de la boule & du tube étoient invariables, & telles qu'elles devroient être pour qu'on pût faire des obfervations exactes.

6°. Le thermometre de Florence ne peut être d'ufage que lorfqu'il s'agit de mefurer de petits degrés de chaleur ; car l'efprit de vin rectifié eft de tous les fluides que nous connoiffons, celui qui bout le plus promptement : & conféquemment on ne peut point faire ufage d'un tel inftrument, lorfqu'il s'agit de mefurer les degrés de chaleur des différens liquides.

7°. L'efprit de vin fe congele pendant l'hiver, & forme une maffe de glace dans les régions boréales, lorfque le froid devient très pi-

(1) Philof. Tranf. n. 197. Comment. Petropol. Vol. 9. p. 345.

quant (1) , ainſi que M. *de Maupertuis* l'a éprouvé en **Laponie**. Il remarqua cet effet lorſque le mercure de ſon thermometre, conſtruit ſelon l'é-
chelle de *Fahrenheit*, étoit deſcendu au 38ᵉ degré au deſſous de o, ou au
31 , 5 au-deſſous de o, ſelon l'échelle de M. *de Reaumur* (2): d'où il ſuit
qu'on ne pourroit point faire uſage de cet inſtrument dans des climats plus
froids, tels que dans l'Amérique ſeptentrionale , dans la *Sibérie*.

8°. On ne peut auſſi conſtruire qu'avec peine deux thermometres de cette
façon, qui ſoient réglés , & dont les graduations ſe rapportent; en partie ,
parcequ'il n'eſt guere poſſible de faire deux boules qui ſoient en même proportion avec les tubes , & en partie parceque toute eſpece d'eſprit de vin
n'eſt point également dilatable.

§. MDLXVIII. Eu égard à tous ces défauts , on doit donner ſa préférence
au mercure par-deſſus l'eſprit de vin pour conſtruire ces ſortes d'inſtrumens;
& ce fut *Halley* qui le premier, en 1680, ſubſtitua ce liquide à l'eſprit de
vin : mais ce ne fut qu'en 1709 que *Fahrenheit* en conſtruiſit, & qu'ils devinrent publics , & ils ſe perfectionnerent enſuite. Le mercure pur, tel qu'on
l'emploie depuis ce tems-là, conſerve toujours ſon même degré de dilata-
bilité, ne change point , & demeure toujours fluide en Flandres, en France, en Angleterre : peut-être ne conſerve t-il pas conſtamment cette propriété en Ruſſie.

2°. Ajoûtez encore à cela que le mercure ſe dilate plus promptement lorſqu'il eſt expoſé à un degré de chaleur donné , qu'un même volume d'eſprit
de vin, d'alkool, ou de tout autre fluide quelconque, ſi nous en exceptons
l'air ; & il eſt de tous les fluides que nous connoiſſons, celui qui ſe refroidit
le plus promptement.

3°. Outre cela on préfere, pour conſtruire ces ſortes d'inſtrumens , un
cylindre qu'on adapte à l'extrêmité du tube ; parcequ'on manie aiſément les
deux capacités , on les diminue, on les augmente , & on les diſpoſe de maniere qu'on établit entr'elles une proportion déterminée, qu'on peut toujours
trouver : ce qui procure la facilité de conſtruire pluſieurs thermometres ſur
une même échelle.

4°. Il faut avoir ſoin de faire le cylindre [*Tab.* 33. *fig.* 7.] ou le cône
qu'on adapte au tube, d'une épaiſſeur médiocre, afin que lorſqu'on ferme
hermétiquement l'extrêmité du tube qui eſt purgé d'air, la capacité de ce cylindre ou de ce cône ne diminue pas par la preſſion de l'air extérieur qui s'appuie ſur ſa ſurface; car cette capacité doit conſtamment conſerver les dimenſions qu'on lui a données : inconvénient auquel ſont ſujets les thermometres
dont le ventre eſt convexe d'un côté & concave de l'autre, ou de toute autre figure qu'on leur fait prendre [*Tab.* 33. *fig.* 1. 2 3. 4 5.] pour augmenter
leur capacité , & dont l'épaiſſeur eſt très mince. En effet , l'air extérieur
preſſe fortement & pouſſe en dedans la partie concave de ces ſortes d'inſtrumens , lorſqu'il ſurvient quelques changemens à leur partie convexe : d'où
il arrive que la capacité de leur ventre varie à proportion qu'il ſurvient quelques changemens dans le poids de l'atmoſphere : d'où il ſuit qu'on ne peut
gueres ajoûter foi à ces ſortes d'inſtrumens.

(1) Hans Egede , in Deſcript. Groenlandiæ. Cap. 4. (2) Outhier , Voyage au Nord ,
pag. 222.

5°. Pour que le mercure se dilate uniformément, il faut avoir soin de le faire cuire pendant long-tems dans une fiole à long col, placée sur un bain de sable ; afin que toute l'humidité qu'il contient, ainsi que l'air qui est disséminé entre ses parties, puissent en être chassés. On remplit ensuite les thermometres qu'on veut construire avec une quantité suffisante de mercure ainsi préparé ; mais avant de fermer hermétiquement la partie supérieure du tube, il faut auparavant purger ce tube de l'air qu'il contient : ce qu'on exécute en faisant monter le mercure jusqu'au haut du tube par la dilatation qu'on lui fait subir en l'échauffant.

6°. Il faut ensuite appliquer ce thermometre sur une planche graduée selon une regle fixe & constante. *Fahrenheit* divise son échelle en 600 degrés ; il commence à compter o au froid le plus piquant qu'on éprouva en 1709 : degré de froid qu'il marqua à Dantzic, ou qu'il parvint à produire par un mélange de glace & de nitre, & qu'il regarde comme le plus grand froid qui puisse arriver, & conséquemment qu'on doit regarder comme le point fixe par lequel on puisse commencer à graduer une échelle. Lorsque le mercure est échauffé au point de bouillir, il a alors acquis la plus grande chaleur qu'il puisse acquérir ; aussi *Fahrenheit* ne s'est point trompé en regardant ce point comme le terme de son échelle : il divise donc en 600 parties l'espace compris entre le degré de froid que nous venons d'indiquer, & le point où le mercure s'éleve lorsqu'il bout. Cette division est telle que le point de la congélation, savoir le point où la colonne de mercure répond lorsque la glace commence à se former naturellement, est indiqué par le 32ᵉ degré de son échelle, en commençant à compter depuis o, le 212 degré de cette même échelle indique le degré de chaleur de l'eau bouillante.

Ce thermometre est représenté par la fig. 3 de la Tab. 34. On peut en faire usage en Hollande pour faire presque toutes les observations possibles. On a gravé à côté de cette figure la figure 4, qui représente tous les degrés de cette espece de thermometre, avec des indications à côté. Comme des thermometres ainsi construits sont d'un grand prix, & ne peuvent être nécessaires qu'à des Physiciens qui veulent faire des observations, & qu'il y a quantité de Curieux qui veulent observer la température annuelle de l'atmosphere, on en a imaginé de plus petits, qu'on doit regarder comme des parties de ces thermometres universels que nous venons de décrire, ainsi qu'on peut le voir en jettant les yeux sur la planche 7 de la Tab. 33, dont l'échelle commence au 20ᵉ degré au dessous de zéro, & se termine au 120ᵉ degré au dessus du même point : degré auquel on n'a point encore vu monter le mercure, en quelqu'endroit que ce soit, dans le tems où la chaleur de l'atmosphere est parvenue à son plus haut degré. Pour garantir l'échelle qui est gravée sur du cuivre contre les injures de l'air, de la neige & de la pluie, & en même-tems pour empêcher que la grêle ne casse le thermometre, on renferme le tout dans un cylindre de verre épais : ce qui fait qu'on peut suspendre cet instrument en plein air, dans un endroit où il soit à l'abri du soleil. Le verre extérieur qui sert d'étui à cet instrument, nuit, à la vérité, à la sensibilité ; parceque la matiere ignée emploie plus de tems à pénétrer la substance du mercure & à s'en échapper. Les Physiciens se sont contentés pendant long-tems du thermometre de *Fahrenheit*, & ils s'en sont contentés jusqu'au

tems où l'expérience leur a appris que l'intensité du froid pouvoit être beaucoup plus considérable que *Fahrenheit* ne l'avoit éprouvé, soit naturellement,
soit artificiellement. En effet, on observa en Hollande en 1740, que le froid
fit descendre le mercure à deux degrés au-dessous de l'endroit où l'échelle
du thermometre prenoit son origine. Bien plus, on a éprouvé plus d'une
fois dans le même Pays qu'on pouvoit exciter, pendant l'hiver, un froid de
40 degrés au-dessous de o, par un mélange d'esprit de nitre de *Geoffroy*,
avec de la glace pilée : d'où il paroit manifestement que l'échelle de *Fahrenheit* doit être encore allongée de quelques degrés en-dessous; mais jusqu'où
faut-il produire cette échelle ? Où faut-il placer les bornes de sa graduation ?
Sera-ce à l'endroit où le mercure s'arrêtera lorsqu'il perdra la liquidité &
qu'il se glacera ? Sera-ce encore à quelques degrés plus bas ? Car si le mercure vient à perdre sa liquidité, il se condensera encore davantage lorsque le
froid augmentera ; car il en seroit de ce fluide comme de tout autre corps solide, jusqu'à ce qu'il fût placé dans un endroit qui fût tout-à-fait dépourvu
de matiere ignée, où il éprouvât le plus grand froid possible, & qu'il eût
acquis toute la densité qu'il pourroit acquérir. Mais qui est ce qui pourra
jamais trouver un tel endroit ? Il ne paroît donc pas possible de poser de justes bornes à l'échelle des thermometres. Les Physiciens ont observé en plein
air un froid plus grand que celui qui fait descendre la liqueur du thermometre à 30 degrés au dessous de o. *Gmelin* (1) a observé en Sibérie qu'il arrivoit souvent, en hiver, que la colonne de mercure descendoit de 55 degrés ½ au-dessous de o, sur les terres des environs de Selinga. Le 10 Janvier
de l'année 1738, à 8 heures du matin, le mercure descendit à 72 degrés au-
dessous de o, à Kitzingen. Le 23 du même mois il descendit à 73 degrés au-
dessous du même point. Le 11 Décembre de l'année 1736, il descendit jusqu'à 90 degrés au-dessous. En 1737 il descendit jusqu'à 99 degrés. Dans le
mois de Janvier il descendit ensuite à 107, 13 au-dessous de o, & même à
113, 65. Au commencement du mois de Janvier de l'année 1735, on res-
sentit à Jeniseskoi un froid très piquant, qui dura depuis 8 heures du matin
jusqu'à 6 heures du soir ; le mercure descendit alors à 120, 76 degrés au-
dessous de o. Le froid étant si piquant dans la Sibérie, on ne doit point être
surpris que de l'eau qu'on verse goutte à goutte par le goulot d'une bouteille,
se convertisse en glaçon avant de tomber sur terre. Cependant, quelque piquant que soit le froid qui se fait sentir naturellement en Sibérie, le mercure n'y perd point sa fluidité, suivant le rapport de *Gmelin* & de *Muller*,
qui ne soupçonnent même pas que ce liquide puisse se congeler.

MM. *Braun*, *Epin*, *Lemonoscow*, *Zeiher*, *Model*, célebres Académiciens de Petersbourg, firent dans cette Ville, au mois de Décembre de l'année 1759, le froid étant très piquant, les expériences suivantes. Ils mêlerent
ensemble de la neige & de l'esprit de nitre fumant; ils mêlerent aussi de la
neige & de l'huile de vitriol, & ils parvinrent par ce moyen à se procurer
un froid incroyable. En effet, ayant consulté le thermometre, le mercure
étoit à 40 degrés au-dessous de o, selon la graduation de *Fahrenheit* : ce qui
répond au 210ᵉ degré de l'échelle de *Deslile*, comme on pourra s'en assurer

---

(1) Flora Siberica. Tom. 1. Præf. à pag. 71. ad 73.

en comparant ces deux échelles. Or le froid qu'ils firent par leurs mêlanges, fit defcendre la colonne de mercure dans le thermometre de *Delifle*, au 470ᶜ degré, & elle defcendit même jufqu'au 1260ᵉ degré. Ils obfervérent bien plus, que le mercure s'étoit gelé & converti en une efpece de métal folide, plus dur que le plomb, malléable, & qu'on pouvoit forger à coups de marteau, quoiqu'on n'eût point obfervé jufqu'alors que le mercure pût fe geler naturellement; puifque, par le froid artificiel qu'on peut produire par le mêlange de l'efprit de nitre & de la neige, la colonne de mercure defcend quelquefois jufqu'au 500ᵉ degré au-deffous de o, felon l'échelle de *Delifle* : ce qui répond au 390ᵉ degré au-deffous de o, felon l'échelle de *Fahrenheit*. J'ai fait graver ici trois thermometres; favoir, celui de *Reaumur*, de *Delisle*, & de *Fahrenheit*, dont j'ai fait prolonger les échelles jufqu'à ce point, & dont les degrés fe répondent ; je les ai fait prolonger auffi au-deffus de o, de façon qu'elles répondent au 600ᵉ degré de l'échelle de *Fahrenheit*, afin qu'on pût connoître, par leur moyen, la chaleur du mercure bouillant. Celui qui eft repréfenté [*Tab. 33. fig. 5.*], n'eft deftiné que pour éprouver le froid qu'on peut produire par le mêlange de la neige & de l'efprit de nitre fumant. Si par la fuite les Phyficiens imaginent un moyen propre à produire un plus grand froid ; ils pourront fubftituer de l'efprit de vin éthéré, ou tout autre fluide qui ne fe glace point, au mercure, dont cet inftrument eft rempli ; ou ils pourront fe fervir de quelque pyrometre métallique propre à indiquer l'intenfité d'un fi grand froid : car les thermometres de mercure ne pourroient point y réfifter ; ils fe briferoient. En effet, dès que le froid eft augmenté au point de congeler le mercure & d'en former un métal folide ; alors l'ampoule de verre qui le contient, fe fend en plufieurs endroits, & fe brife en plufieurs parties. La raifon de ce phénomene fe préfente naturellement à l'efprit. Le verre expofé au même froid que le mercure lorfqu'il eft converti en métal, fe condenfe davantage que ce métal folide, qui eft plus pefant & moins poreux : celui ci cede moins à l'impreffion du froid ; il réfifte & s'oppofe à ce que le verre qui l'enveloppe de toutes parts fe condenfe intérieurement, autant qu'il le fait à l'extérieur : de-là ce verre fe fend d'abord, & il fe brife enfuite lorfque la condenfation augmente, ainfi que l'ont obfervé *Gmelin* à Jenifeskoi, dans un tems où le froid étoit naturellement très piquant ; & après lui *Beraun*, & plufieurs autres habiles Phyficiens qui répétoient l'expérience de *Fahrenheit*, & excitoient un froid artificiel par le mêlange de la glace & de l'efprit de nitre fumant.

§. MDLXIX. Comme le mercure ne bout qu'à un très grand degré de chaleur : ce liquide eft très propre à mefurer la chaleur de différens corps ; & comme il y a plufieurs endroits dans l'Europe où il ne peut point fe congeler par un froid naturel, on peut encore s'en fervir très avantageufement pour mefurer les différens degrés de froid qui fe font fentir dans l'atmofphere. On connoît les différens degrés de dilatation du mercure à quelque graduation que la colonne de mercure du thermometre réponde ; parceque l'échelle de *Fahrenheit*, étant de 600 deg. la capacité de la boule eft à celle du tube, comme 11124 : 600. Et fi cette échelle prenoit fon origine dans l'endroit où répond le 30ᵉ degré au-deffous de o, il faudroit que la capacité de la boule fût à celle du tube, comme 11094 : 600, ou comme 11124 : 630.

§. MDLXX. Ce thermometre est exempt des défauts que nous avons remarqués dans celui de Florence, & que nous avons désignés par 1°, 2°, 4°, 6°, 7°, 8°; mais il est exposé à ceux dont nous avons parlé, & que nous avons décrits dans les n. 3° & 5°: & même en remédiant au troisieme, en plaçant ce tube dans une situation parallele à l'horison, le cinquieme subsisteroit encore. On pourroit néanmoins remédier à ce dernier en donnant à la boule de ce thermometre la forme d'une petite jatte convexe d'un côté, & concave de l'autre : ce qui la soustrairoit en-dedans à la pression de l'atmosphere : & alors autant la capacité intérieure augmenteroit par la raréfaction de la partie convexe, autant elle seroit diminuée par l'intumescence de la partie concave qui se porteroit en dedans; de sorte que cette capacité demeureroit constamment la même (1). Mais le poids de l'atmosphere pousse trop en-dedans la partie concave, & il ne se fait pas une juste compensation : & c'est pour cela que nous ne pouvons jamais savoir au juste quels sont les degrés de raréfaction du mercure lorsqu'il s'éleve dans le tube, & nous pouvons encore moins mesurer avec un tel instrument la quantité de feu qui regne dans l'atmosphere.

2°. Connoissant la dilatation d'un corps par une quantité de feu donnée, nous ne savons pas si sa dilatation devient double lorsque la quantité de feu augmente de moitié, & qu'elle devient double de ce qu'elle étoit précédemment : on n'observe point cette proportion dans la dilatation des solides, par rapport à la force attractive de leurs parties, & peut-être en est il de même par rapport aux liquides.

Si toute sorte de feu ne se meut pas avec la même rapidité; il peut arriver qu'une grande quantité de feu qui n'a que peu de mouvement, entre dans le mercure, & qu'il ne le raréfie qu'un peu; ou qu'une petite quantité de feu, qui se meut fort rapidement, pénetre la substance du mercure & le raréfie beaucoup : d'où il suit que les raréfactions du mercure, considérées dans un tube de thermometre, ne sont point propres à nous faire connoître la quantité du feu qui regne dans l'atmosphere.

§. MDLXXI. Les thermometres que nous venons de décrire sont cependant les meilleurs & les plus parfaits qu'on ait encore imaginés, quoique je ne doute nullement qu'on n'en puisse construire de meilleurs par la suite. Nous sommes redevables en grande partie de ces instrumens à l'industrie du célebre *Fahrenheit*. J'ai décrit dans mes Commentaires sur les Essais de l'Académie del Cimento, la maniere de les construire.

§. MDLXXII. Il faut observer, dans l'usage de ces sortes d'instrumens, que si on les transporte dans un air plus chaud ou plus froid, le mercure n'acquerra pas sur-le-champ la température de l'air qui l'enveloppera; mais que cet équilibre ne naîtra qu'après un tems considérable. Par conséquent s'il survient des variations très promptes dans la température de l'air, on ne peut gueres s'en appercevoir à l'aide du thermometre de *Fahrenheit* : ce qu'on pourroit voir d'une maniere très sensible, en faisant usage de ceux de *Drebbel*. Outre cela, plus le cylindre, ou la boule qui est soudée au tube, est

_____

(1) Comment. Bonon. Vol. 2, p. 315.

petite,

petite, & plus l'inftrument eft fenfible, & mieux il marque les variations qui furviennent à la température de l'atmofphere. Cet inftrument eft auffi plus propre à indiquer la température d'un liquide dans lequel on le plonge ; par conféquent fi cette boule a un pouce ou un pouce & demi de diametre, le thermometre ne fera point fi propre à mefurer les différens degrés de chaleur qu'un autre thermometre dont la boule fera dix fois plus petite : car il faudra un tems confidérable pour que la quantité de mercure qui fera contenue dans une boule d'un fi grand diametre, puiffe acquérir la température du fluide ambiant.

§. MDLXXIII. M. *de Reaumur* (1), auffi induftrieux qu'exact dans toutes fes recherches, effaya de perfectionner le thermometre de Florence ; & il y adapta, avec un fuccès très complet, une échelle fixe. Pour réuffir dans cette opération, il purgea d'air l'efprit de vin, dont il fit ufage ; il fit la même chofe par rapport à la boule & au tube de cet inftrument ; de forte qu'il parvint à lui donner toute la perfection qu'il pouvoit acquérir, quoiqu'il le cede encore en bonté au thermometre de mercure. 1°. Parcequ'on ne peut point en faire ufage pour mefurer toute l'intenfité du froid, même de celui qui eft naturel. 2°. Il ne peut point fervir auffi à mefurer la chaleur d'aucun liquide, fi nous en exceptons l'efprit de vin. 3°. Parceque l'efprit de vin perd confidérablement de fa mobilité dans l'efpace de peu d'années. 4°. Parceque les thermometres à l'efprit de vin ne s'accordent point, & ne peuvent être comparés, dans les grands froids, avec ceux qui font faits avec du mercure. En effet, lorfque le thermometre de mercure indiquoit le 22e degré au-deffous de 0, celui d'efprit de vin n'indiquoit alors que le 18e degré. Et lorfque le thermometre à mercure marquoit le 28e ou le 37e degré de froid au-deffous de 0, celui d'efprit de vin indiquoit alors le 25e & le 29e degré (2).

§. MDLXXIV. Lorfque les corps ont acquis un degré de chaleur plus grand que celui du mercure bouillant, on peut alors faire ufage de notre pyrometre en l'approchant très près du corps qui eft échauffé ; il mefurera affez exactement les degrés d'expanfion de ce corps.

§. MDLXXV. Ceux qui voudront des éclairciffemens plus étendus fur les différens thermometres, & qui voudront connoître plus amplement les différentes échelles felon lefquelles on les gradue, pourront confulter l'excellent ouvrage du D. *Martine* (3).
*. Les Savans de l'Académie de Petersbourg ont pris un foin particulier pour dreffer des tables des échelles de thermometres imaginées par les plus habiles Phyficiens.

§. MDLXXVI. Le thermometre de mercure, conftruit felon l'échelle de *Fahrenheit*, fait voir que les différens liquides parviennent au point de l'ébullition à différens degrés de chaleur. La quantité de feu néceffaire pour faire bouillir ces liquides, n'eft pas proportionnelle à leur denfité ; car les huiles, quoique légeres, ne bouillent que lorfqu'elles ont reçu une grande quantité de feu. Il faut donc foumettre à l'expérience chaque efpece de li-

(1) Hift. de l'Acad. Roy. ann. 1730. (2) Outhier, Voyage au Nord, p. 204. & 222.
(3) George Martine, Effais Médical and Philofophical ann. 1740.

Tome II. A a a

quide, pour pouvoir déterminer le degré de chaleur qui est nécessaire pour produire l'ébullition : ce qui ouvre un grand champ d'expériences. L'alkool de vin exposé au grand air, bout lorsqu'il a acquis 176 degrés de chaleur, le barometre étant alors à 29 pouces rhenan. L'esprit de vin exige 180 degrés de chaleur pour bouillir, l'eau ne bout qu'à 212 degrés. L'urine humaine récente bout à 206 degrés. Le lait de vache exige 213 degrés.

Quoiqu'on remue du sang humain, & qu'on l'expose à l'action du feu, il se coagule promptement ; il se desseche, & il n'acquere que 188 degrés de chaleur ; au delà de ce point, on n'en voit point sortir de bulles.

L'esprit de nitre bout lorsqu'il a acquis 242 degrés. La lessive de tartre bout à 240 degrés. L'huile de vitriol à 546 degrés. Le mercure à 600. L'huile de lin exige le même degré de chaleur pour bouillir. Il se présente ici une difficulté par rapport à l'ébullition des huiles : lorsque ces huiles sont récentes, & qu'elles contiennent encore beaucoup de phlegme, elles bouillent alors à un moindre degré de chaleur, & plus promptement que celles qui sont vieilles, ou que celles qui ont déja bouilli, & qui se sont épaissies.

Outre ces observations, il faut aussi examiner avec soin les corps solides qui se fondent au feu ; il faut observer le degré de chaleur qu'ils exigent lorsqu'ils commencent à se fondre, & quel est le plus grand degré de chaleur qu'ils puissent acquérir. Le célebre *Krafft* nous apprend, dans ses Leçons Physiques sur le feu, qu'une masse faite de deux parties de plomb, une d'étain, & cinq de bismuth, commença à se fondre lorsque la colonne de mercure du thermometre se fut élevée au 220e degré : qu'un morceau d'étain pur se fondit au 240e degré de chaleur : que le plomb pur exigea 550 degrés, & il nous apprend, d'après le calcul, qu'un morceau de fer, qui ne paroît plus rouge lorsqu'il est plongé dans les ténebres a 650 degrés de chaleur : qu'il en a 770 lorsqu'il paroît encore rouge dans les ténebres, & qu'il en a 800 lorsqu'il paroît encore rouge quand il est exposé à la lumiere du crepuscule : enfin qu'il a 1000 degrés de chaleur lorsqn'il conserve cette couleur étant exposé à la lumiere du jour. Mais toutes ces choses sont incertaines, & doivent être regardées comme telles, jusqu'à ce que l'expérience ait prononcé à cet égard. *Newton* a fait aussi beaucoup d'expériences, & a rassemblé un grand nombre de résultats sur cette matiere ; il faisoit usage pour cela d'un thermometre fait avec de l'huile de lin (1).

§. MDLXXVII. Lorsqu'on plonge subitement un thermometre de mercure dans une liqueur qui est trop chaude, l'esprit de vin ou le mercure commence par descendre de quelques degrés ; il monte aussi-tôt ensuite, & continue à monter jusqu'à un certain point : au contraire, lorsqu'on plonge des thermometres dans une liqueur trop froide, l'esprit de vin ou le mercure commence à monter ; mais on le voit aussi-tôt descendre, & il continue à descendre (2). Ces effets ont sur-tout lieu lorsque les boules de ces instrumens sont faites d'un verre trop épais. Ces phénomenes viennent de ce que ces boules de verre sont saisies par le chaud ou par le froid avant la liqueur qu'elles contiennent : or le verre se resserre par le froid & se condense ; la capacité de la boule diminue, & le mercure ou l'esprit de vin est

(1) Philos. Transf. n. 270. (2) Hist. de l'Acad. Roy. ann. 1705.

alors pouffé dans le tube : au contraire, lorfque la chaleur augmente , le
verre fe dilate , la capacité de la boule devient plus grande , & la liqueur
defcend dans la boule ; elle y defcend jufqu'à ce que la matiere ignée , ayant
pénétré la boule & la maffe de liquide qu'elle contient , ait raréfié ce liquide
& l'ait obligé à monter dans le tube. Le célebre *Bulfinger* (1) a démontré la
même chofe par d'autres expériences : or il fuit de ces obfervations, que les
différentes élévations & les chûtes qu'on remarque dans l'efprit de vin ou
dans le mercure d'un thermometre, ne font autre chofe que des raréfactions
plus grandes ou plus petites que celles qui arrivent aux verres de ces fortes
d'inftrumens.

§. MDLXXVIII. Lorfqu'une grande quantité de feu s'unit aux corps ,
& qu'elle s'allie avec eux, elle augmente leur poids : on doit donc ranger le
feu dans la claffe des autres corps, & le regarder comme pefant, ainfi que
les Anciens l'ont foupçonné (2) ; & c'eft ce qu'il faut démontrer par plufieurs obfervations. Or *Duclos, Boyle, Homberg*, & plufieurs autres ,
nous en ont fourni une grande quantité. On fait que 100 ℔ de plomb calciné dans un feu violent, fourniffent 110 ℔ de minium. *Hellot*, réduifant
4 ℔ de zinc en chaux, retira 3 ℔ & 14 onces d'une très belle chaux & très
blanche , & 2 onces 2 dragmes d'une chaux plus commune & moins blanche ; enfin une once de terre : d'où il paroît que le poids de chaque livre
s'accrut de deux dragmes & demi , quoiqu'une grande quantité de métal fe
fût diffipée avec la fumée pendant l'opération (3). *Geoffroy* calcina du bifmuth dans des vafes de fer , de verre , & de terre ; & il obferva qu'il acquit,
par la calcination, $\frac{1}{48}$ de fon poids. Les Ouvriers qui calcinent l'étain, ob-
fervent que la chaux qu'ils en tirent acquiert $\frac{1}{12}$ en-fus du poids de l'é-
tain.

Geoffroy prit deux onces d'étain vierge qu'il calcina douze fois de fuite ,
avec toute l'attention poffible : l'augmentation du poids fut de deux dragmes
& 57 grains. Deux onces d'un autre étain fin , calciné pareillement douze
fois , augmenterent en poids de deux dragmes & de 48 grains. Deux onces
d'étain de Banca , foumis à une femblable opération , augmenterent de 3
dragmes & 12 grains. Deux onces d'étain commun perdirent 15 grains de
leur poids après douze calcinations (4).

Mais ces fortes d'obfervations feront plus fûres fi on fait les expériences
que nous venons de rapporter , dans des vafes exactement fermés : or voici
les réfultats de plufieurs expériences faites de cette maniere.

Ayant renfermé dans une retorte deux onces de raclure d'étain , on ferma
hermétiquement cette retorte ; on expofa enfuite le tout pendant une heure
& demie à une flamme de foufre : on eut foin pendant tout ce tems de remuer continuellement le métal en fecouant la retorte ; la plus grande partie
de l'étain fe convertit en chaux , & on trouva que fon poids étoit augmenté
de 4 grains & demi.

On mit une once de limaille de cuivre dans un creufet, dont on ferma
l'ouverture avec une tuile : on plaça ce creufet dans un fourneau, où il fut

(1) Comment. Petropol. Vol. 3. p. 142.   (2) Lucret. Lib. 2. v. 185.   (3) Hift. de l'Acad.
Roy. ann. 1735.   (4) Hift. de l'Acad. Roy. ann. 1738.

expofé pendant trois heures à un feu très violent ; on le retira enfuite du feu, & on le laiffa refroidir : le métal étoit devenu noir & avoit acquis 49 grains en-fus de fon poids.

Margrawe expofa pendant deux heures à un feu très violent deux onces de platine, & il trouva, lorfque cette maffe fut refroidie, qu'elle pefoit 2 onces & 10 grains (1). Le même *Margrawe* ayant expofé pendant 4 heures à un feu très violent une once de platine, dans un creufet dont l'ouverture étoit fermée, trouva que fon poids étoit augmenté de 6 grains.

Ayant expofé pendant deux heures à une flamme d'efprit de vin une retorte de verre fermée hermétiquement, dans laquelle on avoit mis une once de raclure d'étain ; on trouva, en pefant cet étain, lorfqu'il fut refroidi, que fon poids étoit augmenté de 4 grains & demi.

On augmenta de la même maniere le poids de plufieurs corps, en les expofant à l'action d'un feu fourni & entretenu par trois différens alimens.

Hierne calcina dans un feu très violent une once d'antimoine martial, & il trouva que fon poids étoit augmenté de deux dragmes. Le même Chymifte calcina une once de régule du même antimoine, qu'il avoit renfermé dans un vafe de terre, & expofé à un feu plus modéré, l'augmentation du poids fut de 4 fcrupules (2).

Je foupçonne, & même avec quelque vraifemblance, qu'il peut fe faire que, dans ces fortes de calcinations, les parties les plus fubtiles de l'aliment terreftre du feu, foit qu'elles foient falines & acides, ou huileufes, ou de toute autre efpece quelconque, peuvent s'infinuer avec le feu, pénetrer les vafes de verre, les creufets, & s'unir avec les métaux qu'on calcine : cela pofé, l'augmentation qu'on trouve, après la calcination, dans le poids de ces métaux, peut être rapporté à ces différentes parties, & non au feu. Telle eft l'idée & le fentiment que fe font formé à cet égard *Tachenius*, *Hoffman*, *Cafat*, *Hierne*. Ce qu'il y a de certain, c'eft qu'on ne peut douter que les parties alimentaires du feu ne pénetrent avec lui dans les pores des corps ; & on en trouve une preuve très convaincante dans l'odeur empyreumatique que les eaux diftillées acquerent : odeur qui ne peut venir que de ces fortes de parties, & non du feu. Le poids que les corps expofés à l'action du feu acquerent, fuivant les expériences que nous venons de rapporter, n'eft donc point un motif certain qui nous porte à conclure, fans aucune exception, que le feu eft véritablement pefant.

§. MDLXXIX. Cependant les rayons du foleil, qui forment le feu le plus pur que nous connoiffions jufqu'à préfent, & dans lequel on ne trouve aucune partie hétérogene ; ce feu augmente auffi le poids des corps avec lefquels on l'allie : d'où il paroît que cette augmentation de poids doit être attribuée au feu feul. *Duclos*, ayant renfermé une livre de régule d'antimoine dans des vafes, l'un de terre, & l'autre de verre, expofa ces vafes au foyer d'un miroir ardent, & il obferva que le régule donna une fumée blanchâtre & épaiffe, & qu'une heure après cette poudre s'étant, pour ainfi dire, convertie en cendres, elle avoit acquis $\frac{1}{10}$ en-fus de fon poids. *Lemery* nous ap-

(1) Acta Chymica, Tom. 2. Tentam. 5. p. 113. (2) Hift. de l'Acad. de Berlin, ann. 1757, p. 32.

prend que M. *Homberg* remarqua la même chofe après avoir expofé de l'antimoine au foyer d'un verre ardent (1). Ces expériences, répétées avec différens minéraux, ont donné les mêmes réfultats, ainfi que *Duhamel* le rapporte (2) Du plomb, expofé au foyer d'un grand miroir brûlant, s'y liqué-
fia, fe calcina enfuite, & fe vitrifia ; & quoique pendant cette opération il
eut jetté beaucoup de fumée, fon poids fe trouva néanmoins augmenté,
ainfi que *Zumbach* l'obferva.

§. MDLXXX. Puifque le feu, foit terreftre, foit celui qui nous vient du
foleil, & qui eft très pur, augmente le poids des corps, il s'enfuit qu'on doit
le regarder comme pefant ; & il faut remarquer que tous les corps qu'on a
foumis à cette expérience, & dont le poids a paru augmenté, il faut, dis-je,
remarquer que tous ces corps ont été expofés pendant long tems à un feu
très violent, qu'ils ont perdu, par cette épreuve, leur reffort & leur folidité ; & enfin qu'ils ont été réduits en chaux : or cette chaux peut contenir
& renfermer une très grande quantité de feu ; d'où il fuit que le poids du
feu, dans ces fortes de corps, peut être confidérable.

§. MDLXXXI. Tout ce qu'on peut dire contre ce fentiment, & pour
contefter au feu le poids qu'on lui remarque dans ces fortes d'expériences,
ne me paroît pas affez bien fondé pour réfuter cette idée. Il n'eft pas furprenant, par exemple, qu'une petite quantité de feu alliée & unie à un corps
quelconque, n'augmente pas fenfiblement fon poids ; comme il paroît par
une maffe de fer de 5 lb, dont le poids eft le même, fi on la pefe dans l'air,
lorfqu'elle eft froide & lorfqu'elle eft embrâfée. Si nous faifons cependant
attention à ce phénomene, nous obferverons que cette maffe de fer ne conferve pas le même volume dans l'un & dans l'autre cas : fon volume eft plus
grand lorfqu'elle eft chaude que lorfqu'elle eft froide ; par conféquent fon
volume, étant plus grand lorfqu'elle eft chaude, il faut de toute néceffité
qu'elle perde alors dans l'air, où on la pefe, une plus grande partie de fon
poids : or, dans cette expérience, on obferve qu'elle conferve encore le même poids ; d'où il fuit que le poids du feu, dans cette circonftance, eft égal
à celui qu'elle perd dans l'air par l'augmentation de fon volume : & cette éx-
périence, bien loin de nuire au poids que nous attribuons au feu, fert au contraire à confirmer notre fentiment. Je fais, à la vérité, que M. *Duhamel*,
ayant fait rougir une maffe de fer qui pefoit 50 ℔ 8 onces 4 dragmes, trouva
qu'elle avoit perdu 4 onces de fon poids ; il la laiffa refroidir dans le baffin
de la balance, & il remarqua encore le même déchet dans fon poids : d'où
cet habile homme conclut, que le feu, excitant l'évaporation des parties,
concouroit plutôt à diminuer qu'à augmenter le poids des métaux. Mais
auffi cet habile Phyficien ne nous apprend point fi les plateaux de la balance
dont il fit ufage étoient fufpendus à des chaînes.

2°. Il ne nous dit point pour quelle raifon cette maffe de fer, pefoit également lorfqu'elle étoit rouge que lorfquelle étoit froide ? Enfin il ne marque
pas s'il fit cette expérience dans un air condenfé, ou dans un air raréfié (3).
Or le fer conferve, lorfqu'il eft chaud, le même poids dont il jouit lorfqu'il

---

(1) Hift. de l'Acad. Roy. ann. 1709. (2) Hift. Acad. Reg. Lib. 1. §. 2. cap. 1. (3) Hift.
de l'Acad, Roy. ann. 1750.

eſt froid ; parceque ce métal ne ſe raréfie que très peu par la chaleur : mais il n'en eſt pas ainſi des autres métaux ; dont le volume augmente conſidérablement lorſqu'ils ſont échauffés ou fondus ; ces derniers deviennent plus légers lorſqu'on les peſe dans l'air , & ils recouvrent le poids qu'ils avoient auparavant lorſqu'ils ſont refroidis. En effet , 4 ℔ de plomb fondu dans un vaſe de cuivre perdirent 4 grains de leur poids , & 4 ℔ d'étain fondu devinrent moins peſantes de 2 , de 3 , de 4 , & quelquefois de 5 grains, ſans qu'aucun de ces métaux eût rien perdu de ſa propre ſubſtance par l'évaporation ; puiſqu'ils devinrent auſſi peſants que précédemment lorſqu'ils furent refroidis. Je pris tout le ſoin poſſible , en faiſant ces expériences , pour que ces métaux n'admiſſent aucune matiere étrangere ; car je les fis fondre dans des vaſes de cuivre exactement fermés , que j'expoſai ſur des charbons ardens qui ne jettoient aucune fumée. Avant même que le plomb tombe en fuſion , il acquiert plus de volume que le fer expoſé au même degré de chaleur , & il en acquiert encore davantage lorſqu'il eſt fondu ; ce qui eſt cauſe qu'il eſt plus ſoutenu par l'air , & qu'il paroît moins peſant. Tant que les corps demeurent ſous la forme de ſolides , ils ne reçoivent point , & ils ne raſſemblent point une grande quantité de matiere ignée : bien plus , cette matiere qui les pénetre & qui tend à ſe joindre avec leurs parties , eſt repouſſée au-dehors par les forces attractives que les molécules de ces corps exercent les unes contre les autres : ce qui n'a point lieu lorſque ces corps ſont calcinés , & que leurs parties ſont ſéparées les unes des autres.

§. MDLXXXII. On a obſervé qu'un cube de fer d'un pouce de face, peſé dans le vuide & dans l'air , conſervoit toujours ſon même poids : or cette obſervation ne fait rien contre ce que nous venons de dire ; parceque la balance dont on a fait uſage dans cette expérience , & qu'on a tranſportée dans le vuide , n'étoit pas aſſez ſenſible pour démontrer la différence qu'il y avoit dans le poids de ce cube : différence qui n'alloit pas à $\frac{1}{100}$ de grain.

§. MDLXXXIII. La flamme des corps qu'on brûle dans l'air , & qui s'éleve dans l'atmoſphere , au lieu de ſe précipiter vers la ſurface de la terre , prouve encore moins contre le poids que nous attribuons au feu ; parceque la flamme unie avec les parties volatiles des corps qu'elle raréfie conſidérablement , compoſe un tout ſpécifiquement plus léger que l'air dans lequel ce mixte s'éleve : c'eſt auſſi pour cette raiſon que la flamme s'éleve de moins en moins lorſqu'elle ſe trouve dans un air de plus en plus raréfié , & qu'elle ceſſe de monter lorſque cet air eſt extrêmement raréfié.

§. MDLXXXIV. On nous fait encore une autre difficulté ; ſavoir , que les corps qu'on réduit en chaux , par le moyen d'un miroir ardent , acquerent une plus grande augmentation de leur poids , lorſqu'on les calcine dans des vaſes ouverts , que lorſqu'on fait cette opération dans des vaſes fermés : d'où il ſuit , dit-on , que l'air porte dans ces matieres des ſubſtances étrangeres qui augmentent leur poids. Cette difficulté tourne à notre avantage ; car le poids de ces ſubſtances augmentant , quoique moins conſidérablement , lorſqu'on les calcine dans des vaſes exactement fermés qui refuſent accès à l'air , on ne doit point rapporter à ce fluide l'augmentation de leur poids : cette augmentation de poids eſt plus ou moins ſenſible , plus ou moins grande , ſuivant que ces corps ſont expoſés à une plus grande ou à une plus foible, à une plus lente, ou à une plus prompte calcination, ainsi qu'on peut le démontrer par d'autres expériences : d'où nous concluons encore que le feu est pesant.

§. MDLXXXV. Il reste cependant encore un scrupule à cet égard. Le poids des corps qu'on calcine, à l'aide des rayons du soleil, augmente considérablement : or la matiere de la lumiere est extrêmement ténue & rare ; par conséquent, au moment de la calcination, cette matiere ne doit apporter au corps calciné qu'une très petite augmentation de poids, & non pas une augmentation aussi grande que celle qu'on observe. Mais qui est-ce qui connoît le poids d'un rayon de soleil ? Qui est-ce qui peut déterminer le nombre de rayons concentrés qui tombent, qui pénetrent & qui s'allient avec les corps qu'ils calcinent ? En supposant même que le poids d'un rayon de soleil, pris depuis cet astre jusqu'à la terre, où il se porte, $= \frac{1}{10000000}$ de grain ; alors le poids de 10000000 de rayons sera égal à un grain : & si ce nombre de rayons s'allie aux corps qu'on calcine pendant le tems de 7 à 8 minutes que dure cette opération, le poids de ces corps doit être augmenté d'un grain par leur calcination : ce qui leve le scrupule qu'on peut avoir à cet égard.

Mais si on suppose que le feu soit dépourvu de pesanteur, l'air qui pese & qui enveloppe le globe terrestre jusqu'à une certaine distance en hauteur, poussera nécessairement le feu, l'obligera à occuper la partie supérieure, & à se porter au-delà des bornes de l'atmosphere ; au moins éprouvera-t-on une plus grande chaleur à proportion qu'on sera dans un endroit plus élevé : or l'expérience dépose le contraire ; car on éprouve un froid plus grand sur le sommet des montagnes, à proportion qu'elles sont plus élevées, ainsi que le rapportent ceux qui ont monté sur le sommet des montagnes du Pérou : plus l'air est proche de la surface de la terre, & plus il fait éprouver de degrés de chaleur aux corps qui sont plongés dans son sein.

§. MDLXXXVI. Il suit de tout ce que nous venons de dire sur le feu, que ce fluide est un corps ; puisqu'il occupe un espace, puisqu'il se porte en tout sens, des corps qui le recelent, dans ceux qui les avoisinent, ou dans l'espace ambiant, & qu'en se développant il se meut. La réflexion de ce fluide, produite par les miroirs ardens, est une preuve de sa solidité, & nous venons de démontrer que la pesanteur doit être mise au nombre de ses propriétés. Plusieurs grands hommes recommandables, & par leur science, & par leur prudence, hésitent néanmoins à regarder le feu comme un corps ; ils pensent que ce fluide est pénétrable, & ils lui refusent la solidité, fondés sur ce qu'un rayon de soleil, qui tombe perpendiculairement sur un miroir ardent, se réfléchit exactement par la même ligne par laquelle il est tombé : ce qui ne peut arriver suivant eux, que ce rayon ne se pénetre lui-même ; & continuant à raisonner suivant le même principe, ils prétendent que les rayons de lumiere qui tombent & qui se réfléchissent, ne peuvent point se mouvoir à côté les uns des autres, parcequ'il n'y a aucune raison suffisante qui puisse obliger un rayon incident à s'écarter de la ligne qu'il suit. Raisonnement subtil, à la vérité ; mais ne peut-on pas demander à ceux qui pensent ainsi, s'ils ont remarqué par expérience, qu'un rayon de soleil solitaire & isolé réfléchi par un miroir ardent, retourne sur lui même, & se pénetre ? Tout rayon de soleil qui se réfléchit, est composé d'un nombre prodigieux de petits rayons divergens & très rares; par conséquent chaque petit rayon réfléchi par une surface plane sous le même angle sous lequel il est tombé sur cette surface, retourne par une autre ligne adjacente à celle de sa chûte, sans qu'il fasse aucune pénétration.

§. MDLXXXVII. Il est encore constant que les parties du feu sont très ténues, très subtiles; puisqu'elles pénetrent les pores de tous les corps quelconques, solides ou fluides.

§. MDLXXXVIII. Les parties de ce fluide sont aussi très solides; puisqu'elles sont extrêmement petites, & conséquemment très peu poreuses: peut-être sont-elles élastiques, & ont-elles la faculté de se repousser les unes les autres : car on remarque que le feu se développe sous la forme de bulle vers le fond d'une caffetiere, dans laquelle on fait bouillir de l'eau; que cette bulle unie avec quelques particules de cette eau qui s'évaporent, s'éleve à travers cette masse, jusqu'à ce que, parvenue à la superficie du liquide, elle s'y dilate considérablement, & qu'elle y creve. 2°. Si on introduit la vapeur d'une eau bouillante sous un récipient vuide d'air, dans lequel on a établi un index mercuriel, le feu pénetre aussi librement la partie de l'index qui est vuide, que le récipient & le mercure se tient alors en équilibre avec le peu d'air qui reste sous ce récipient, & avec la vapeur élastique qu'on y introduit: mais si on refroidit tout-à-coup cet air & cette vapeur, c'est-à-dire, si, par un procédé quelconque, on expulse les parties ignées comprises sous le récipient, alors l'équilibre se trouve rompu entre le feu compris sous cette capacité, & celui qui est compris dans l'index : de là ce dernier ne s'échappant pas aussi promptement par les pores de l'index, & séjournant dans sa capacité, presse avec toute sa force le mercure qui lui répond, & le fait descendre au-dessous du niveau; mais ce même feu, se faisant jour insensiblement à travers les pores de l'index, se porte sous le récipient : & on voit alors le mercure s'élever dans l'index à 2 lignes, & même 2 $\frac{1}{2}$ lignes au-dessus du niveau; hauteur à laquelle il étoit fixé avant qu'on eût introduit des vapeurs sous le récipient. 3°. Si on expose au feu pendant long-tems la partie supérieure & vuide d'un barometre, on observe que le mercure descend un peu dans le tube. 4°. Le feu remplit toujours uniformément un récipient vuide d'air; il ne s'y jette pas néanmoins en plus grande quantité (car la liqueur ne monte pas pour cela dans le tube d'un thermometre). Le feu ne fait donc alors que se développer dans la capacité du récipient. 5°. Il tend aussi à se développer & à se répandre également dans tous les corps & dans tous les espaces les plus rares, dans ceux qui contiennent le moins de matiere.

§ MDLXXXIX. La surface des molécules du feu doit être extrêmement lisse & polie; ce qui vient de la faculté que ces sortes de parties ont de pénétrer dans tous les corps quelconques, & de se faire jour jusques dans la moëlle de ces corps (si on peut ainsi s'exprimer): ce qui ne pourroit arriver si la surface de ces parties ignées étoit inégale, raboteuse, remplie d'aspérités, & hérissée de pointes. L'extrême fluidité du feu est encore une preuve solide de cette vérité : car cette fluidité suppose des corpuscules dont la figure soit sphéroïde.

§. MDXC.

§. MDXC. Le feu eſt outre cela très mobile, puiſqu'il procure un mouvement très rapide aux parties des corps ſur leſquels il agit ; ainſi qu'il paroît ſur-tout dans les corps qu'on expoſe au foyer des miroirs ardens.

§. MDXCI. On peut réduire au repos les parties du feu, ou au moins modérer conſidérablement l'extrême mobilité dont elles jouiſſent naturellement, ainſi qu'il arrive à celles qui ſont renfermées dans la chaux des métaux, & dans celle des autres corps qui ne donnent aucun ſigne de chaleur lorſqu'on les éprouve avec un thermometre. Ces ſortes de chaux contiennent d'autant plus de feu qu'elles ont été plus long-tems expoſées à l'action de cet élément, ainſi qu'on peut s'en convaincre en faiſant macérer dans l'eau deux morceaux égaux de chaux, dont l'un ait été plus long-tems expoſée que l'autre à l'action du feu ; la premiere de ces deux eſpeces procurera une plus grande chaleur à l'eau : on remarque encore la même choſe dans le ſel alkali.

Quoique le feu & la lumiere ſoient une même matiere, ce que je ne voudrois cependant pas affirmer, il eſt conſtant que la lumiere ceſſe de briller lorſqu'elle eſt en repos, & qu'elle jette un nouvel éclat lorſqu'on l'échauffe. Le ſuc qu'on tire d'une eſpece de poiſſon, connu ſous le nom de *couteau de mer*, rend lumineuſe l'eau dans laquelle on l'exprime ; mais cette lumiere s'éteint & ceſſe de briller au bout de quelques heures, & on peut la faire reparoître en chauffant l'eau. Si on mêle ce ſuc avec du lait, & qu'on laiſſe ce mixte en repos pendant l'eſpace d'une heure & un quart, la lumiere qu'il répandoit auparavant s'éteint, & on la fait reparoître en agitant le mixte & en l'expoſant au contact de l'air ; ſeconde condition indiſpenſablement néceſſaire, & ſans laquelle la lumiere ne reparoît pas. Si on renferme ce ſuc dans du miel, la lumiere s'éteint ; mais on lui donne ſon premier éclat, même au bout d'un an, en jettant de l'eau chaude ſur le ſuc du poiſſon (1).

Le feu qui eſt renfermé dans les corps, y eſt donc comme enchaîné ; ſon mouvement y eſt empêché, & même d'autant plus que ces corps ſont plus denſes, & il y parvient enfin à l'état de repos ; mais ſon mouvement renaît auſſi tôt que les parties de ces corps deviennent moins ſerrées, ou qu'on leur imprime un mouvement quelconque.

§. MDXCIII. Les corps qui contiennent une grande quantité de matiere ignée, jettent ſouvent de la lumiere ; ainſi qu'il paroît par les métaux embraſés, les pierres, les terres, les ſels lexiviels, &c, qui ſont ſoumis à l'action d'un feu violent.

§. MDXCIV. Mais auſſi, ſi tôt que ces corps ont perdu une grande partie du feu qu'ils déceloient dans leurs pores, ils ceſſent de briller, quoiqu'ils conſervent encore de la chaleur, ainſi qu'il paroît par les métaux, les terres, & pluſieurs eſpeces de pierres, &c.

§. MDXCV. Avant que le feu dont les parties ſont dans une agitation très violente, paſſe à l'état du repos, ſa vîteſſe ſouffre différens degrés de diminution, & il ne parvient au repos qu'après avoir paſſé par tous les degrés intermédiaires de vîteſſe, compris entre celle dont il jouit & le repos auquel il parvient : de là il arrive ſouvent qu'une très grande quantité de feu raſſemblée, mais douée d'un mouvement très peu rapide, ne produit que

(1) Commentar. Bonon. Vol. 2. p. 273.

des effets peu senfibles : d'autres fois qu'une très petite quantité de feu ,
mais douée d'un mouvement très rapide , produit de très grands effets
dans les corps fur lefquels elle agit. Il en eft peut-être ainfi des phofphores
qu'on tire des végétaux , des foffiles , des parties animales, mais fur tout de
l'urine , qui , renfermés dans l'eau , ne donnent aucun figne de chaleur ni
de lumiere dans l'eau ; mais qui , hors de cet élément, brillent feulement ,
& paroiffent contenir une très grande quantité de feu , dont le mouvement
eft très foible : on peut cependant procurer aifément un mouvement très rapide à ce feu , & il s'embrâfe alors fur le-champ & avec une véhémence &
une ardeur qui font connoître en quelle abondance il étoit contenu dans ces
fortes de mixtes.

La chaux qu'on pile dans un mortier, jette dans l'obfcurité une lumiere
blanche ; fi on l'éteint dans l'eau , elle détermine cette eau à l'ébullition ,
parceque ce liquide donne de l'agitation & fépare la matiere ignée qui étoit
en repos entre les parties de cette chaux. *Homberg* nous apprend que le *ca-*
put mortuum du fel ammoniac , préparé avec la chaux vive , étant de nouveau combiné avec de la chaux vive , & expofé dans un creufet à l'action du
feu , donne des flammes très vives lorfqu'on le pile dans un mortier.

Le minium qu'on fait chauffer dans le vuide confirme la même chofe ;
il s'y dilate confidérablement, & il s'y embrâfe. Le favant *Beccaria* eft de
ce fentiment fur la lumiere que jette le fuc du couteau de mer mêlé avec du
lait (1). Voici comment il raifonne à cet égard : puifque le lait, ainfi préparé , jette quelque lumiere pendant quelque tems, qu'il s'éteint enfuite
pour ne briller que lorfqu'on l'agite & qu'on le fait chauffer , & qu'il perd
encore fa lumiere lorfqu'il eft devenu froid & qu'il eft en repos ; il faut ,
dit-il , que la matiere de la lumiere foit renfermée dans ce lait & dans les
autres principes , & qu'elle y foit comme enchaînée, pour ne pas devenir
fenfible. Cette matiere ne peut donc fe produire au-dehors & éclairer ,
qu'elle ne foit dégagée des fubftances qui la contiennent : dégagée d'entre
les parties de ces mixtes, elle doit être agitée par la chaleur, afin qu'elle
puiffe fe développer davantage ; & c'eft ce développement qui produit la
lumiere. Mais toute la matiere du feu ne fe développe point à la fois ; elle
ne fe développe que fucceffivement , jufqu'à ce qu'elle foit entierement diffipée.

§. MDXCVI. Le feu qui réfide dans les corps y eft retenu par plufieurs
autres corps ambians , quelquefois ces derniers l'en retirent & l'abforbent
plus ou moins promptement.

En effet, les métaux, les pierres , les bois, les fluides renfermés dans des
verres lorfqu'ils font chauds, tous ces corps enveloppés de laine , de poils ,
de peaux d'animaux , de cheveux , de plumes , tous ces corps, dis-je , ainfi
difpofés , confervent long-tems leur chaleur ; au contraire , fi vous les en-
tourez avec de l'eau ou avec toute autre efpece de liquide , ou fi vous les
expofez à l'air libre , ils fe refroidiront promptement. Comme le feu ne pénetre pas les corps avec une très grande rapidité , il ne s'échappe pas non
plus fur le champ de ceux qu'il a pénétrés , & dans lefquels il eft renfermé.

(1) Comment. Bonon. Vol. 2. p. 266.

Si on expose un récipient de verre aux rayons du soleil, soit que ce récipient soit rempli d'air, ou qu'il en soit vuide, il rassemblera une quantité de feu plus grande que celle qui regne dans l'atmosphere ; ainsi qu'on l'observera en comparant la hauteur à laquelle s'élevera la liqueur d'un thermometre placé sous ce récipient, avec celle à laquelle parviendra celle d'un autre thermometre exposé dans l'atmosphere à toute l'ardeur du soleil. C'est pour cette raison que la chaleur du soleil reçue dans les serres, s'y conserve très long-tems, & que les plantes végetent & y croissent parfaitement bien.

Examinons maintenant plusieurs variétés qui méritent quelqu'attention. L'eau chaude, par exemple, renfermée dans le vuide de *Boyle*, s'y refroidit plutôt que lorsqu'elle est exposée à l'air libre. Du bois pourri, & qui est devenu phosphorique, conserve son éclat pendant plusieurs jours lorsqu'il est exposé au contact de l'air ; il le perd sur le champ, si on le place dans le vuide, ou même dans un air quatre fois plus raréfié que celui de l'atmosphere : lorsque ce bois a perdu sa lumiere par le procédé que je viens d'indiquer, on lui rend la faculté de luire aussi-tôt qu'on reporte de l'air sous le récipient. Le couteau de mer & le ver luisant jettent de la lumiere dans l'air, & ils cessent d'en jetter si-tôt qu'ils sont dans le vuide ; mais lorsqu'on reporte de l'air sous le récipient qui les contient, dès que le mouvement vital des humeurs s'est rétabli, ou que la compression de l'air s'est fait sentir à ces corps, ils recommencent à jetter une nouvelle lumiere. On observe la même chose dans le poisson lorsqu'il est pourri, quoiqu'il soit renfermé pendant 24 heures dans le vuide. Mais cet effet n'a plus lieu lorsqu'il a demeuré dans le vuide pendant 4 jours. La lumiere que le diamant jette, brille également dans l'air plein & dans le vuide (1). Le phosphore d'urine n'acquiert jamais plus d'éclat que lorsqu'on le renferme dans un espace vuide. Le fer rougi conserve plus long-tems dans le vuide que dans le plein, la matiere ignée dont il est embrâsé. Peut être y a-t-il encore plusieurs autres corps soumis à ces sortes de différences ; ce qu'on ne peut apprendre que de l'expérience.

§. MDXCVII. Chaque fois qu'on pose un corps imprégné de feu sur un autre corps qui en contient une moindre quantité, le premier communique à celui qu'il touche une partie de sa chaleur, & il en perd à proportion qu'il lui en communique, & il ne cesse point de lui en communiquer jusqu'à ce que l'un & l'autre aient acquis la même température.

§. MDXCVIII. Ce phénomene a lieu de la même maniere, soit que les corps qui sont en contact soient tous les deux solides, soit que l'un soit solide & l'autre liquide, soit que ce soient deux liquides qui communiquent ensemble, soit enfin que ce soit un liquide auquel on ait communiqué un certain degré de chaleur, & qu'on le renferme dans un solide.

§. MDXCIX. Lorsqu'on mêle ensemble, à parties égales, deux fluides, dont l'un est plus chaud que l'autre, la chaleur du premier diminue, & elle augmente dans l'autre ; de sorte qu'il résulte un nouveau degré de chaleur de ce mêlange. Pour connoître ce nouveau degré de chaleur, il faut avoir recours à l'analogie suivante. Soit appellée m la masse de l'un de ces liqui-

____

(1) Commentar. Bonon. Vol. 2. p. 286.

Bbb ij

des ; M celle de l'autre liquide. Soit défignée par c la chaleur de la premiere de ces deux maſſes, & par C la chaleur de l'autre maſſe : cela poſé, la quantité de feu, ou la chaleur de la premiere maſſe, ſera $= m\, c$. Celle de la feconde ſera $= M\, C$. La ſomme de la chaleur des deux maſſes ſera $m\, c + M\, C$.

Donc la chaleur du mêlange ſera $\dfrac{m\, c + M\, C}{m + M}$. Cette regle donnée par *Ricmann* (1) eſt aſſez conforme à l'expérience, quoiqu'elle ne puiſſe jamais être parfaitement conforme avec le calcul, ſur-tout dans cette occaſion ; puiſque, lorſqu'on mêle ces fluides, la matiere ignée qui les échauffe ſe développe : une partie de cette matiere paſſe dans le vaſe, une autre ſe diſſipe dans l'atmoſphere. Mais voici les réſultats de quelques expériences faites ſur cette matiere.

La chaleur de l'atmoſphere étant de 66 degrés, on prit 24 onces d'eau, dont la chaleur étoit $= 64$ degrés : on verſa cette maſſe ſur une autre maſſe de même liquide qui peſoit 12 onces, & dont la chaleur étoit $= 178$ degr. & on obſerva que la température du mêlange étoit $= 100$ degrés. Or, ſuivant la formule que nous venons d'expoſer, la chaleur du mêlange auroit dû être $= 102$ degrés ; puiſque $64 \times 24 = 1556$, & $178 \times 12 = 2136$, dont la ſomme $= 3672$; laquelle diviſée par 36, $= 102$.

Exper. 2. La température de l'air étant de 66 degrés, on verſa ſur une maſſe d'eau, dont la chaleur étoit $= 88$ degrés, une ſemblable maſſe dont la chaleur étoit $= 172$. Le mêlange acquit 126 degrés de chaleur ; & ſelon la formule, ſa température auroit dû être $= 130$ degrés.

Exper. 3. On verſa ſur de l'eau, dont la température étoit $= 77$ degrés, une maſſe double de même liquide, dont la chaleur étoit $= 156$ degrés, la température du mêlange fut $= 126$ degrés ; & ſelon la formule elle devoit être $= 129$ degrés $\frac{2}{3}$.

Exper. 4. Sur de l'eau dont la chaleur étoit $= 70$ degrés, on verſa une quantité ſous-double de même liquide, dont la chaleur étoit $= 148$ degrés ; la température du mêlange, qui devoit être, ſelon la formule, $= 96$ degrés, étoit $= 94$ degrés.

Le célebre *Deſaguilliers* a fait quelques expériences ſemblables ſur cette matiere (2). Il mit dans une même fiole une demi-pinte d'eau, & une ſemblable meſure de mercure, qu'il plongea pendant l'eſpace d'une demi heure dans de l'eau bouillante ; il verſa enſuite dans un vaſe une demi pinte d'eau froide, & il en verſa dans un autre 13 demi-pintes : il verſa dans le premier de ces deux derniers vaſes toute l'eau chaude contenue dans la fiole, & dans le ſecond le mercure qui avoit acquis la même température que l'eau. Or, dans l'eſpace d'une demi-minute, il obſerva que l'eau froide renfermée dans les deux vaſes, avoit acquis le même degré de chaleur. Mais il reſte encore à faire des expériences ſur le mêlange des liqueurs hétérogenes & de différente température.

§. MDC. *Ricmann* faiſant des obſervations ſur les différens degrés de chaleur qui décroiſſent dans les corps homogenes, paroît les avoir très bien

(1) Commentar. Petropol. Novi. Tom. 1. p. 171. (2) Courſe of Experimental Philoſophy. Vol. 2. p. 297.

déterminés. Voici l'analogie qu'il donne. Soit appellée la furface entiere de deux corps S, s, leur volume V, v, la différence entre la température du fluide & celle de l'air A, a, les augmentations & les diminutions initiales B, b, on aura $B : b :: \frac{SA}{V} : \frac{sa}{v}$. De là les diminutions & les augmentations après un tems défigné par n, feront $\frac{B(A-B)n-1}{An-1}$ & $\frac{b(a-b)n-1}{an-1}$: ce qui vient de ce que, dans les corps homogenes, le rapport des pores à la maffe conftante, demeure toujours le même, & que les parties matérielles qui les conftituent, confervent toujours la même difpofition, & à leur furface, & dans leur intérieur ; elles font donc également propres partout à s'imprégner de feu & à acquérir de la chaleur.

En fuppofant des corps homogenes, d'où le feu s'échappe, & dans lefquels il pénetre, fi ce fluide, qui pénetre ces corps, fe répand uniformément, & fur-le-champ, dans toute l'étendue de leur maffe, & qu'il rempliffe auffi-tôt la place qu'abandonne celui qui s'échappe ; on pourra déterminer facilement la quantité de feu qui paffe d'un corps dans un autre, en connoiffant la grandeur de ces corps, ainfi que la force des particules ignées, & leur quantité relative dans l'un & dans l'autre corps. On pourra auffi déterminer la grandeur relative de ces deux corps après que la matiere ignée fe fera échappée de celui dont la température fera plus confidérable, & qu'elle fe fera portée dans celui dont la température eft moindre. On peut auffi réfoudre mathématiquement plufieurs problêmes de ce genre : on en peut voir même un grand nombre dans un excellent Ouvrage fur la chaleur, que le Savant *Joh. Henr. Lambert* nous a donné (1). Il faut cependant avouer qu'il n'exifte prefque point de corps homogenes ; que tous ceux que nous examinons font hétérogenes, & que le feu ne s'échappe pas fi uniformément, & ne paffe pas de cette maniere dans les corps hétérogenes ; ainfi que nous fommes obligés de le fuppofer pour l'exactitude mathématique & la fimplicité de nos calculs : ainfi les opérations mathématiques que nous faifons à cet égard, ne peuvent point répondre à nos expériences. Cependant on ne peut difconvenir qu'une théorie mathématique ne répande beaucoup de jour fur cette matiere.

§. MDCI. Il fuit des expériences rapportées depuis la fection 1597, jufqu'à la fection 1600, que la matiere ignée s'échappe des corps en toutes fortes de fens, jufqu'à ce qu'elle fe foit mife en équilibre dans tous les corps ambians : de-là fi on place fur une table, à quelque diftance les uns des autres, & dans un lieu fpacieux renfermé, qui ne foit point expofé aux rayons du foleil ni à la chaleur du feu, ni échauffé par la préfence de plufieurs fpectateurs, fi on place, dis-je, plufieurs corps fur une table, à quelque diftance les uns des autres, tels que du fer, du plomb, du marbre, du poil, de la laine, de la plume, du coton, du bois, du liege, du vin, de l'eau, de l'huile de vitriol, du mercure, ou tout autre corps quelconque (plus le nombre en fera grand, & plus l'expérience fera complette), & qu'on laiffe

____

(1) Acta Helvetica. Vol. 2. p. 172.

ces corps pendant quelques heures en fituation, on obfervera, fi on approche de ces différens corps un thermometre très fenfible, que tous ces corps
auront acquis la même température. Bien plus, un thermometre renfermé
feul dans le vuide de *Boyle*, ou avec quelqu'une des fubftances dont nous
venons de parler, fait voir que la même température regne dans le vuide &
dans les corps qui y font renfermés. En effet, le feu fe répand uniformément
dans tous les corps, pourvu qu'on ne les fuppofe pas trop grands; de forte
qu'on trouve la même température dans un pied cubique d'or, d'air, de
plumes, & dans un efpace vuide compris fous les mêmes dimenfions. Cette
diftribution uniforme de la matiere ignée dépendroit-elle de fon élafticité,
& ne feroit-ce point cette même qualité qui produiroit la raréfaction des
corps?

On peut faire aifément les expériences relatives à cet objet de la maniere
fuivante.

A B C D [*Tab.* 33. *fig.* 10.] eft une table foutenue par 4 pieds, fur la longueur de laquelle on a fait des deux côtés des échancrures depuis le bord
jufques vers le milieu de la table, qui fera alors divifée en plufieurs petits
plans féparés par ces échancrures, dans lefquelles on peut faire entrer le tube
d'un thermometre. Maintenant, pour éprouver la température de différens
corps, il ne s'agit que de placer, par exemple, une lame de fer fur le premier plan, fur le fuivant un morceau de plomb, fur le fuivant un morceau
de marbre, fur celui qui vient enfuite un morceau de foufre, & ainfi de fuite
en plaçant fur chaque plan un corps quelconque, de l'alun, du bois, des
plumes, de la laine, &c; les chofes étant ainfi difpofées, on fera ufage d'un
thermometre à air E F H K G [*Tab.* 33. *fig.* 8.], à la partie fupérieure duquel eft adapté un cylindre E F, parallele à l'horifon, afin qu'il puiffe s'appliquer par une grande furface aux corps qu'on veut éprouver : ce cylindre,
ainfi que le tube, renferment de l'air. La partie H K du tube, ainfi que la
boule G, contiennent de l'efprit de nitre coloré par le vitriol de Chypre. Ce
thermometre ainfi conftruit, eft extrêmement fenfible, & il peut s'appliquer fucceffivement de crans en crans fur tous les corps placés fur les plans
intermédiaires, afin d'obferver fi la liqueur du thermometre demeurera
conftamment à la même hauteur H. Pour fe garantir de prendre cet inftrument avec la main, ce qui pourroit faire varier la hauteur du liquide, on fe
fert d'une pince garnie de laine, avec laquelle on le faifit pour le porter dans
les différentes échancrures. On pourroit, à la vérité, faire ufage, dans ces
fortes d'expériences, des thermometres de mercure ou de Florence; mais
comme ces derniers font moins fenfibles que celui que nous venons de décrire, les expériences ne feroient point affez fûres, & les obfervations en
feroient moins exactes.

Lorfqu'il s'agit d'examiner la température des Fluides, il faut les renfermer dans un vafe V R [*Tab.* 33. *fig.* 9.], & faire ufage du thermometre de
Drebbel L M O N P, courbé en M, afin qu'on puiffe le plonger dans un
vafe : la partie L M O de cet inftrument eft remplie d'air, & la partie O N P
d'un fluide coloré. Cet inftrument eft très commode pour mefurer exactement la température des liquides; parceque ces fortes d'obfervations fe font
en très peu de tems.

Puifque la matiere ignée fe trouve répandue en même quantité dans le vuide de *Boyle* que dans l'air, il s'enfuit que la matiere éthérée, que plufieurs confondent avec le feu, n'eft qu'un être chimérique; car fi elle exiftoit réellement, fon action feroit plus confidérable dans le vuide, où elle eft plus abondante, que dans le plein, puifqu'elle occupe dans le vuide la place de l'air groffier qu'on a évacuée: mais ceux qui penfent que la matiere éthérée eft encore plus ténue que la matiere du feu, qui eft un corps lent dans fon paffage, dans les forces qu'il emploie, & la faculté qu'il a de pénétrer les autres corps, ne font point tombés dans cette erreur.

§. MDCII. Cette diftribution uniforme du feu n'a lieu que par rapport aux corps dont la maffe eft comprife fous de petites dimenfions; elle n'a pas également lieu dans les grandes maffes, parceque la matiere ignée ne pénetre les corps que très lentement. Elle ne peut point fe répandre uniformément, par exemple, dans toutes les parties d'une montagne; & c'eft pour cela qu'on éprouve dans l'été une moindre chaleur dans les cavernes, dans les fouterrains profonds que fur la furface de la terre, & que dans l'hiver au contraire ces endroits font plus échauffés que la furface de la terre. Le célebre *Krafft* fit cette obfervation dans la caverne nommée *Nebelloch*, auprès de *Reutlingen*. La température de l'air étant alors de 66 degrés, la chaleur n'étoit que de 48 degrés au fond de cette caverne, & les eaux qui couloient par les fentes, n'avoient que 42 degrés de chaleur (1). M. *Nollet* dit que fi on creufe la terre à la profondeur de 20 ou de 30 pieds, la température de l'air, à cette profondeur, fera prefque toujours la même dans le cours de l'année, de 8 ou 10 degrés au-deffus de 0, en faifant ufage du thermometre de M. *de Reaumur* (2): ce qu'on obferve conftamment dans une cave de l'Obfervatoire de Paris, dont la profondeur eft de 84 pieds. Plus les mines font profondes, & plus la température qu'on y obferve differe de celle qui regne à la furface de la terre; car, felon les obfervations de *Genfane*, la chaleur n'étant que de 2 degrés à la furface de la terre, elle étoit de 10 degrés au fond d'une mine de 52 toifes de profondeur, & on remarqua qu'elle étoit de 18 degrés $\frac{1}{2}$ à la profondeur de 222 toifes. Il fuit de-là que le feu ne s'étend point & ne fe propage pas uniformément dans toute l'étendue des grandes maffes de terre: ce qui vient de ce qu'il ne pénetre que lentement les corps, & qu'il les pénetre d'autant plus lentement qu'ils font plus épais: ce qui vient auffi de ce que le feu fouterrain pénetre plus ou moins abondamment une terre qu'une autre; de forte que la chaleur n'eft pas toujours la même pendant le courant de l'année au fond des mêmes puits de 130 pieds de profondeur: ce qu'on obferve cependant conftamment au fond d'un puits creufé auprès de Geneve.

La tranfparence de l'eau fait que la chaleur fe diftribue plus uniformément dans une très grande maffe de ce liquide. Le Comte *de Marfilly* a obfervé que la température de l'eau de l'Océan étoit la même, à 720 pieds que celle de l'atmofphere. Cependant, dans l'hiver, l'eau de la mer,

(1) Hift. de l'Acad. de Berlin, ann. 1746, p. 254. Comment. Petropol. Novi. Tom. 1. (2) Leçons de Phyfiq. Tom. 4. p. 68.

prife à une telle profondeur, eſt plus chaude que l'air qui enveloppe la ſurface de la terre (1).

Ellis aſſure que l'eau de la mer, priſe depuis la ſurface juſqu'à la profondeur de 3900 pieds, eſt continuellement plus froide, plus peſante & plus
ſalée; que cette eau, priſe depuis la profondeur indiquée juſqu'à 5346 pieds,
jouit uniformément de 53 degrés de chaleur, tandis qu'elle en a 84 à ſa ſuperficie (2). On n'obſerve point cette diſtribution uniforme de la matiere
ignée dans les fleuves qui roulent rapidement leurs eaux; car dans l'été, l'eau
des fleuves eſt plus froide que l'air de l'atmoſphere: & au contraire dans
l'hiver ces eaux ſont quelquefois plus chaudes que l'air. Il eſt encore plus
rare d'obſerver la même température dans l'air & dans une eau courante,
ainſi qu'on peut s'en convaincre par les expériences qui ont été faites en
Ruſſie (3). Outre cela les glaces qui couvrent nos foſſes dans l'hiver, ſont
plus froides que l'eau qui eſt deſſous, ſoit que ces glaces ſoient d'un pouce
d'épaiſſeur ou de 20 pouces, ainſi que je l'ai obſervé en 1740. M. *Lacourt*
a auſſi obſervé que les eaux des foſſes qui ſont expoſées au Nord-Eſt, étoient
le matin & le ſoir, pendant l'été, plus chaudes juſqu'à la profondeur de 6
pouces que l'air ambiant; mais que dans le printems ces deux fluides avoient
la même température; que l'air néanmoins ſe refroidiſſoit & s'échauffoit
plus promptement que l'eau; enfin que les foſſes qui étoient expoſées à l'ombre étoient de 4 à 5 degrés plus chaudes que celles qui étoient expoſées à
l'ardeur du ſoleil.

§. MDCIII. On remarque encore outre cela d'autres particularités qui
concernent l'uniforme diſtribution du feu. En effet, ſi on prend un vaſe de
cuivre rempli d'eau, & qu'on l'expoſe à l'action du feu pour y faire bouillir
l'eau; ſi on plonge la boule d'un thermometre dans cette eau, la liqueur
de cet inſtrument s'y élevera juſqu'au 212ᵉ degré: ſi on prend alors une taſſe
de porcelaine remplie d'eau, & qu'on la poſe ſur l'orifice du vaſe de cuivre
auquel elle pourra s'adapter exactement, on remarquera, ſi on fait bouillir
l'eau du vaſe, & qu'on plonge la boule d'un thermometre dans la taſſe de
porcelaine, que l'eau compriſe dans cette taſſe n'acquerra que 194 ou 195
degrés de chaleur, quoiqu'on laiſſe bouillir pendant pluſieurs heures l'eau du
vaſe. On remarquera bien plus que ſi on couvre cette taſſe avec un couvercle de cuivre ou de carton épais; que l'eau qu'elle contient n'acquerra point
un plus grand degré de chaleur. On peut répéter cette expérience en ſubſti-
tuant à la taſſe de porcelaine un cylindre de cuivre rempli d'eau, ſi on plonge
ce cylindre dans le grand vaſe, de façon qu'il n'excede que de $\frac{1}{12}$ de pouce
la ſurface de l'eau compriſe dans le grand vaſe; & qu'on faſſe bouillir cette
eau pendant long-tems, on remarquera, à l'aide d'un thermometre plongé
dans le cylindre, que l'eau qu'il contient n'acquerra que 208 degrés de
chaleur. Le célebre *Richmann* a fait de pareilles expériences, dont les réſultats ne ſe ſont preſque point écartés de ceux que j'indique (4).

Si la matiere du feu ſe répandoit uniformément dans tous les corps quel-

____

(1) Hiſt. de la Mer. pag. 16. (2) Philoſ. Tranſ. Vol. 47. p. 213. (3) Commentar. Petropol. Tom. 10. (4) Commentar. Petropol. Novi, Vol. 4.

conques

conques , l'eau comprife dans le grand vafe , celle de la taffe de porcelaine ,
ainfi que celle qui eft contenue dans le cylindre de cuivre , acquerroient le
même degré de chaleur ; ce qui eft contraire à l'expérience : d'où il fuit que
la matiere ignée dont l'eau bouillante du grand vafe eft imprégnée , éprouve
quelque difficulté pour traverfer l'épaiffeur de la porcelaine & celle du cylindre de cuivre , qui l'empêche de fe diftribuer uniformément dans ces trois
vafes.

J'ai entouré la boule d'un thermometre d'un linge , & je l'ai replié 6 fois
autour de cette boule ; je l'ai lié avec une corde au-deffus & au-deffous de
cette boule , & j'ai plongé ce thermometre dans de l'eau bouillante : le mercure s'eft élevé jufqu'à 214 ½ degrés. La hauteur du mercure dans le barometre étoit alors , à la vérité, de 29 pouces 8 ½ lignes. Le même jour j'enve-
loppai la boule d'un thermometre dans le doigt d'un gant de peau d'agneau ;
je le plongeai dans l'eau bouillante : le mercure s'éleva jufqu'au 215ᵉ
degré.

Le vafe de cuivre [*Tab.* 33. *fig.* 3.] dans lequel je renferme les tiges de
métal dont je veux éprouver les raréfactions , par le moyen du pyrometre ,
contient un autre petit vafe cylindrique , dans lequel je place la boule d'un
thermometre , & dans laquelle l'eau du grand vafe peut pénétrer , à l'aide
d'une large ouverture pratiquée à ce petit vafe. Les chofes étant ainfi difpofées , fi je plonge la boule d'un thermometre dans le petit vafe , quoique
l'eau comprife dans le grand bouille fortement , & que la liqueur du ther-
momette plongé dans cette eau s'éleve jufqu'au 212ᵉ degré , elle ne s'éleve
qu'à 202 degrés dans le tube du thermometre plongé dans le petit vafe ; de
forte que la matiere ignée ne fe répand point uniformément dans le grand &
dans le petit vafe , quoiqu'ils communiquent librement enfemble.

§. MDCIV. Un thermometre fufpendu à un long fil & mis en vibration
dans l'atmofphere , ne donne aucun indice d'une plus grande ou d'une
moindre chaleur : le vent d'un foufflet pouffé avec véhémence contre la
boule d'un thermometre , ne procure aucun mouvement à la liqueur comprife dans fon tube ; parceque la matiere du feu eft uniformément répandue
dans l'atmofphere , ainfi que dans le vent que le foufflet pouffe.

§. MDCV. Mais fi on mouille la boule d'un thermometre , ou qu'on l'enveloppe d'un linge mouillé , & qu'on le faffe mouvoir circulairement , ou
enfin qu'on pouffe contre fa boule le vent d'un foufflet , on remarque alors
un mouvement très fenfible dans la liqueur occafionné par le froid qui furvient. *Gmelin* rapporte que *Richmann* a fait une obfervation femblable (1).
Il étoit alors occupé à déterminer quelque chofe de certain fur l'évaporation
de l'eau , & il obfervoit conftamment la hauteur du thermometre plongé
dans l'eau qu'il faifoit évaporer , afin de mettre plus d'exactitude dans fes
expériences ; il s'apperçut par hafard , en retirant fon thermometre de l'eau ,
que le mercure , au lieu de monter dans le tube à la hauteur à laquelle la
température de la chambre eût dû le porter , étoit au contraire plus bas de
10 & même de 12 degrés ; & qu'après avoir effuyé la boule du thermome-

______

(1) Flora Sibirica. Tom. 1. Præf. pag. 77. Commentar. Petropol. Novi. Tom. 1.
pag. 284.

Tome II. C c c

tré , la liqueur s'élevoit à la hauteur convenable : & enfin qu'elle defcendoit encore dans le tube lorfqu'il répandoit de l'eau fur la boule. Si un thermometre eft expofé à l'air libre , & qu'un vent chargé de rofée fouffle contre fa boule , on voit auffi-tôt le mercure qui defcend dans fon tube : ce qui n'arrive pas fi on le met à l'abri d'un vent humide. Mais il y a long-tems que cet effet eft connu des Marins, qui ont coutume de fufpendre entre les voiles des bouteilles pleines de vin & enveloppées d'un linge mouillé, & de fe procurer par-là l'agrément de boire frais. Les Indiens ont coutume de porter , dans leurs voyages , des bouteilles d'étain remplies d'eau ; ils les couvrent d'un linge rouge qu'ils mouillent, & ont le foin de les agiter continuellement , pour conferver la fraîcheur de l'eau.

Le célebre *W. Cullen* (1) a fait de femblables expériences , & il a remarqué que la boule d'un thermometre, étant enveloppée d'un linge fin, & humecté de quelques-unes des liqueurs fuivantes, la liqueur defcendoit toujours dans le tube , & que l'abaiffement de cette liqueur fuivoit , à peu de chofes près , la raifon de la volatilité des liqueurs qui mouilloient le linge : d'où il conclut que le froid excité par ce moyen, étoit un effet de l'évaporation de ces liqueurs , dont il donne la lifte dans l'ordre fuivant.

L'efprit de fel ammoniac avec la chaux vive , l'efprit de vin éthéré, l'alkool, l'efprit de nitre éthéré, la teinture volatile du foufre, l'efprit de vin rectifié, l'efprit de fel ammoniac avec le fel de tartre, l'efprit de vin, le vin, le vinaigre, l'eau, l'huile de térébenthine , l'huile de menthe, l'huile d'armoife. Quelques Phyficiens rangent encore dans cette claffe le lait & la crême du lait. Outre ces obfervations, fi on plonge la boule d'un thermometre dans de l'efprit de vin , & qu'on porte le tout dans le vuide , on remarquera que la liqueur defcendra dans le tube, & que le froid augmentera fi on retire plufieurs fois de fuite la boule du liquide qui l'enveloppe, & qu'on l'y replonge.

L'expérience fuivante eft encore fort curieufe à répéter. Faites un trou dans un morceau de linge, propre à laiffer paffer le tube d'un thermometre : difpofez ce linge de façon qu'il recouvre la boule du thermometre ; plongez enfuite cette boule dans un vafe, dans lequel vous aurez mis de l'alkool : fi vous retirez après cela le thermometre du vafe où il plonge, & que vous pouffiez contre le linge le vent d'un foufflet, la liqueur du thermometre defcendra de plufieurs degrés dans le tube. *Baumé* fait cette expérience de la maniere fuivante (2). Laiffez pendant quelques heures dans un même endroit une fiole dans laquelle on a mis de l'efprit éthéré ; plongez dans cette liqueur la boule d'un thermometre à l'efprit de vin, cette liqueur defcendra d'un demi-degré ; mais fi vous faites cette expérience avec un thermometre à mercure, ce liquide defcendra d'un degré dans le tube. Si on verfe de l'efprit éthéré avec un entonnoir très propre, la liqueur d'un thermometre de Florence defcendra de 4 degrés en 6 minutes ; fi on retire le thermometre, la liqueur continuera à defcendre : fi on le replonge enfuite dans le même efprit éthéré , elle s'élevera un peu ; mais en retirant & en re-

____

(1) Effais and. Obfervat. Phyfical. and Litterary. V. 2. p. 145. (2) Journal des Savans. Avril, 1758, p. 333.

plongeant à plufieurs reprifes & brufquement le thermometre, la liqueur
defcendra de 13 degrés au-deffous de la température actuelle de l'air, & on
la verra bien-tôt à un degré au-deffus du terme de la congélation. Si on répete
cette expérience avec un thermometre à mercure, la liqueur defcendra au-
deffous du terme de la congélation ; fi la boule du thermometre n'eft pas
plus groffe qu'une cerife, & que cette boule foit remplie d'eau, en la plongeant & en la retirant plufieurs fois & promptement d'un vafe qui contient
de l'efprit éthéré, on parviendra à la convertir en glace.

Si on place dans la glace le vafe qui contient l'efprit éthéré, & qu'on
plonge enfuite plufieurs thermometres dans ce vafe, la liqueur demeurera
immobile dans les tubes des thermometres ; mais fi on les plonge brufquement, & à plufieurs reprifes, la liqueur defcendra de 5 degrés dans le thermometre de Florence, & de 7 dans un thermometre de mercure au-deffous
du terme de la congélation.

L'efprit de vin verfé fur de la glace, produit un pareil refroidiffement,
quoique moins fenfible, fur le thermometre qu'on plonge dans ce mêlange.
On peut par ce moyen produire un très grand froid pendant les jours les plus
chauds de l'été.

D'autres Phyficiens ont obfervé que fi on plonge la boule d'un thermometre dans de l'effence de gérofle, dans de l'huile d'olives, de lin, de pétrole,
& qu'après l'en avoir retirée, on l'expofe au vent, la raréfaction de la liqueur
dans le tube indique que la chaleur eft augmentée dans le thermometre (1).

On peut juger, par ces fortes d'expériences, combien la Nature eft jaloufe
de fes fecrets ; car un fluide volatil eft de même température que l'air ambiant, & que la liqueur du thermometre : pour quelle raifon donc ce thermometre, étant plongé à plufieurs reprifes dans ce fluide, & étant enfuite
expofé à l'action d'un vent dont la température n'eft pas différente de celle
de l'atmofphere, pour quelle raifon, dis-je, la liqueur de cet inftrument
devient-elle plus froide ? Pour quelle raifon la matiere ignée fe diffipe-t-elle
& abandonne-t-elle la liqueur comprife dans la boule du thermometre ?
Cet effet viendroit-il de ce que la liqueur extérieure feroit empêchée dans
fon action par rapport au verre qui eft interpofé ? Ou de ce que le feu compris dans la liqueur volatile fe joint au feu compris dans la boule du thermometre ; de forte que le premier venant à fe diffiper dans l'atmofphere
avec les parties volatiles de la liqueur, celui de la boule fe diffipe avec lui ?
Mais il refte toujours une difficulté, puifque l'air pouffé contre la boule du
thermometre conferve fa température. Quoi qu'il en foit, je ne fuis point
encore parfaitement fatisfait à cet égard ; car il me refte bien des doutes. Il
en eft de même par rapport aux autres expériences, dans lefquelles le degré
de chaleur eft augmenté.

Ces fortes d'expériences, rapportées dans les §. 1601, 1603, 1605, de-
mandent beaucoup de foins, & ne peuvent point fe répéter exactement dans
une falle où il y auroit un grand nombre d'Obfervateurs ; parceque l'air
compris dans cette falle, échauffé par la chaleur qu'ils engendrent, & par

____

(1) Mifcellanea Philofoph. Mathemath. Taurinenf. T. 1.

leurs haleines, acquerroit des degrés de chaleur qui croîtroient irrégulierement : outre cela, il y a certains corps qui abforbent plutôt que d'autres la
matiere ignée : d'ailleurs il ne faut point tenir à la main le foufflet dont on
fait ufage, mais il faut le fufpendre dans un endroit où il foit fixe ; car fans
cela la chaleur pafferoit de la main de celui qui le tiendroit au foufflet, & de
celui-ci à l'air qu'il poufferoit : ce qui raréfieroit la liqueur contenue dans le
thermometre (1).

§. MDCVI. Les corps qu'on place en repos, & qu'on abandonne à eux-
mêmes, attirent-ils le feu également, ou l'abforbent-ils inégalement ? S'il
en étoit ainfi, on les trouveroit plus chauds les uns que les autres ; cependant, felon les expériences des Newtoniens, les corps fulphureux attirent
plus fortement la lumiere que les corps de toute autre efpece : mais cette
différence dans l'attraction des corps eft-elle alors fi petite qu'on ne puiffe
la découvrir par la raréfaction de la liqueur de nos thermometres, mais feulement par la réfraction des rayons de lumiere ? Quoi qu'il en foit, il y a
quantité de chofes relatives à cet objet, dont nous ignorons la caufe.

§. MDCVII. Cette tendance que les parties ont à fe diftribuer uniformément, nous fait comprendre pour quelle raifon le feu de nos foyers, celui
d'un globe de métal, de pierre, qu'on a fait chauffer, s'échappe en toute
forte de fens, ainfi que les thermometres le démontrent, ainfi qu'on peut
s'en convaincre dans les Laboratoires de Chymie, où on tire certaines huiles *per defcenfum*, ainfi qu'on peut l'obferver dans nos cuifines, où on
fait cuire quelquefois des viandes, en mettant feulement du feu fur le couvercle du vafe qui les renferme.

§. MDCVIII. Ce feu fe trouve auffi uniformément répandu dans toute
l'étendue d'un corps qui brûle lorfqu'il eft renfermé fous de petites dimenfions : lorfqu'on pofe un corps embrâfé fur un autre corps, le premier de ces
deux corps ne touche celui fur lequel il pofe que par une de fes furfaces, &
par laquelle la matiere ignée paffe de l'un dans l'autre ; il faut donc que le
corps embrâfé conferve très long-tems dans fon centre la matiere ignée qu'il
recele : ce qu'on peut obferver aifément dans les corps qui ont beaucoup de
maffe.

On trouva qu'une maffe fluide & embrâfée (qu'on connoît fous le nom
de lave), que le Véfuve vomit en 1737, étoit plus chaude dans fon intérieur qu'à fa furface (2).

§. MDCIX. J'ai avancé (§. 1601), que le feu renfermé dans un efpace
fe diftribuoit uniformément dans toute l'étendue de cet efpace, & dans tous
les corps qui y étoient contenus : c'eft pour cela que fi on fufpend un thermometre en plein air, de façon cependant qu'il ne foit point expofé aux
rayons du foleil, on remarquera la liqueur de cet inftrument fixée au même
degré, foit qu'on le tienne près de la furface de la terre, ou à la hauteur de
10, 20, 30, 40, 100 pieds : & même, felon M. *Bouguer*, on doit obferver
la même chofe à la hauteur de 1000 toifes. Cependant la matiere ignée n'eft
pas uniformément répandue dans les endroits de l'atmofphere qui font plus
élevés ; car l'air qu'on refpire fur le fommet des hautes montagnes eft très

(1) Hift. de l'Acad. Roy. ann. 1710. (2) Philof. Tranf. n. 455. p. 45.

froid, & il y eſt d'autant plus froid, que ces montagnes ſont plus élevées.
Le ſommet des plus hautes montagnes du Pérou eſt continuellement couvert de neige, par rapport au froid piquant qui s'y fait ſentir, ainſi que l'ont
éprouvé MM. *Bouguer* & *de la Condamine*. L'air qui répond aux parties
latérales du ſommet de ces montagnes eſt-il d'une température différente de
celle qui regne dans l'air qu'on reſpire ſur leur ſommet? C'eſt ce qu'on ne
peut éprouver par des obſervations immédiates; mais il paroît naturel de
penſer qu'il doit avoir la même température : car ſans cela cet air porté par
les vents ſur leur ſommet, devroit y faire fondre la neige qui les couvre; ce
qui n'arrive cependant point. Cette uniformité avec laquelle le feu ſe répand
dans l'atmoſphere, paroît donc dépendre de l'uniformité de denſité qui regne
dans l'air. En effet, un air plus denſe eſt ſuſceptible d'une plus grande chaleur qu'un air qui ſeroit plus rare & plus diaphane; & c'eſt pour cela qu'on
ne peut point ſavoir juſqu'à quelle hauteur la matiere ignée s'étend dans l'atmoſphere, & s'il s'en trouve dans ſes limites les plus éloignées, ou ſi les eſpaces céleſtes en contiennent, quoiqu'il ſoit inconteſtable que ces mêmes
eſpaces contiennent une lumiere très rare. Cependant comme la rareté de
l'air va toujours en croiſſant juſqu'aux confins de l'atmoſphere, il eſt conſtant que la matiere ignée doit être de plus en plus rare dans les différentes
couches de l'atmoſphere, à proportion qu'elles s'éloignent de la ſurface de
la terre. Outre cela, dans les maiſons qui ont pluſieurs étages, on n'obſerve
point la même chaleur dans ces différens étages; & cette différence ſe fait
remarquer de jour & de nuit. Vers le midi la chaleur eſt très ardente dans
les chambres qui ſont ſous le toit; il fait moins chaud dans celles qui approchent du raiz-de-chauſſée, où la chaleur eſt encore moindre : vers le milieu
de la nuit au contraire le raiz-de-chauſſée eſt très échauffé, tandis que la
chaleur eſt très foible ſous le toit, & qu'on éprouve une chaleur moyenne
dans les étages mitoyens; ce qui vient de ce que le toit échauffé toute la
matinée par les rayons du ſoleil qui tombent deſſus, communique la chaleur
qu'il a reçue à l'air qui eſt deſſous : cet air échauffé communique la ſienne au
parquet, & de là à l'air qui remplit la chambre qui eſt au-deſſous; & quoique cette chaleur ne ſe diſtribue que très lentement, elle paſſe ainſi d'étages
en étages, & elle parvient enfin juſqu'au raiz-de-chauſſée, qui doit être par
conſéquent moins échauffé. Pendant la nuit, l'air qui enveloppe le toit étant
refroidi ſubitement, emporte avec lui la chaleur du toit ſur lequel il ſouffle :
or le feu qui tend à ſe répandre uniformément, & qui eſt contenu dans la
chambre qui eſt immédiatement au-deſſous, repaſſe en partie & ſe diſtribue
au toit; il en eſt de même des chambres inférieures, de ſorte que la matiere
ignée s'éleve de chambre en chambre, & ſe diſſipe en partie. Outre cela,
la chaleur de l'air eſt encore différente dans le même tems & dans un même
eſpace, quoiqu'il ne ſoit que très peu étendu; ce qui dépend du voiſinage
des corps ambians, ſuivant que cet endroit eſt auprès de quelques arbres ou
de quelques maiſons : car l'air eſt toujours plus froid à l'ombre que dans un
endroit découvert expoſé aux rayons du ſoleil, ou que dans un endroit qui
ſeroit expoſé à la réflexion de ces rayons. L'air qui touche la ſurface de l'eau
eſt plus froid que celui qui touche la ſurface de la terre, ainſi que *Weitbrecht*

l'a obſervé (1). Il eſt encore plus froid vers les pôles, dans le même tems, & à la même diſtance de la terre, que ſous la zone torride ; de ſorte qu'on ne peut point aſſurer que le feu ſe répande uniformément dans toutes les contrées de l'atmoſphere qui ont une grande étendue. Dans nos étuves, ſous le pavé deſquelles on allume du feu, l'inégalité de la chaleur ſe fait ſenſiblement remarquer ; l'air qui touche le pavé eſt extrêmement chaud, & il l'eſt beaucoup moins au-deſſus.

§. MDCX. Si on chauffe également deux corps de même matiere ſemblables & égaux, ſi on en poſe un ſur un corps dur & très denſe, & l'autre ſur un corps plus mou & moins denſe ; le premier perdra davantage & plus promptement de ſa chaleur que l'autre, & outre cela le corps dur & plus denſe paroîtra avoir moins acquis de chaleur que l'autre corps moins dur & moins denſe.

§. MDCXI. On remarque la même choſe dans les fluides. Faites chauffer également, & dans trois vaſes égaux, de l'air, de l'eau & du mercure ; plongez dans ces fluides trois morceaux de fer de même grandeur, & également embraſés : celui qui ſera plongé dans l'air, conſervera très long tems ſa chaleur ; celui qui ſera plongé dans l'eau, perdra la ſienne plus promptement : enfin celui qui ſera plongé dans le mercure, aura perdu la ſienne le plus promptement des trois ; parceque le mercure abſorbe plus promptement que l'eau la matiere du feu, & s'échauffe plutôt : ce qui vient de ce que le feu qui paſſe d'un corps dans un autre, doit ébranler les parties de ce dernier, qui ſont en plus grand nombre dans celui qui eſt plus dur & plus denſe, & qui outre cela ont plus d'adhérence entr'elles, qui ſe meuvent plus difficilement, & qui font perdre plus de force au feu qui ſe meut & qui tend à les ébranler : c'eſt pour cela qu'un corps embrâſé perd plus promptement la matiere ignée qu'il recele, lorſqu'on le poſe ſur un corps denſe, que lorſqu'on le poſe ſur un corps rare ; & celui qui eſt plus denſe paroît encore avoir abſorbé une moindre quantité de matiere ignée, parcequ'il a fait perdre au feu qui l'a pénetré une plus grande partie de ſon mouvement. On remarque néanmoins quelques différences dans ces ſortes de phénomenes, & cela parceque toutes ſortes de corps ne ſe laiſſent pas pénétrer auſſi aiſément par la matiere ignée ; elle pénetre plus difficilement dans un corps blanc que dans un noir.

§. MDCXII. On conçoit, par ce que nous venons de dire, pour quelle raiſon il arrive que ſi nous poſons le doigt, par exemple, ſur du métal, de la pierre, de la laine, qui auroient tous la même température, le métal néanmoins nous paroîtra plus froid : en effet, le doigt qui touche le métal, touche à un plus grand nombre de parties que lorſqu'il poſe ſur de la laine ; ces parties étant en plus grand nombre, plus dures, moins mobiles, la matiere ignée qui paſſe du doigt au métal, n'ébranle pas ſi aiſément & ſi promptement ſes parties qu'elle ébranle celles de la laine, qui ſont en plus petit nombre, plus ténues & plus mobiles. 2°. On conçoit auſſi par-là pourquoi les métaux refroidiſſent, plus promptement que la laine, la main qu'on poſe deſſus.

(1) Commentar. Petropol. Tom. 7.

§. MDCXIII. Le vent qui souffle contre un thermometre n'est pas moins
chaud que l'air tranquille de l'atmosphere (§. 1604). Cependant le vent
refroidit plus promptement le corps de l'homme qu'un air qui seroit tranquille , & il l'expose à des accidens auxquels on n'est point exposé lorsque
l'air demeure dans un état de repos & d'équilibre. Cet effet vient de ce que
le corps de l'homme est naturellement plus chaud que l'air qui l'enveloppe ;
il communique donc de sa chaleur à l'air ambiant : & lorsque cet air est
tranquille , il forme comme une espece d'atmosphere autour du corps qu'il
enveloppe ; il est donc aussi chaud , ou un peu moins chaud que le corps
qu'il touche , & c'est ce qui fait que l'air ambiant & en repos ne nous paroît point froid , ou qu'il nous le paroît très peu : au contraire , lorsque le
vent souffle , il emporte avec lui l'atmosphere que nous venons d'échauffer ;
une nouvelle masse d'air , moins chaude que notre corps , se succede continuellement ; ce qui ne peut se faire sans que nous perdions continuellement
de notre chaleur , & que nous ne nous refroidissions promptement. Tout
vent quelconque , quoiqu'également froid en soi , ne nous paroît cependant
pas tel : ce qui vient de la sécheresse ou de l'humidité qui regne dans l'atmosphere , & de la saison actuelle de l'année. S'il gele en hiver , & que les
nuages rendent l'atmosphere humide , nous éprouvons alors un froid in-
supportable , & s'il gele encore plus fortement , mais que le ciel soit serein ,
& que le vent soit sec , le froid nous paroîtra alors supportable & moins piquant que dans le cas précédent. S'il regne pendant l'été un vent du Nord
qui soit sec , l'air paroîtra froid , les fibres de notre corps en seront contrac-
tées : au contraire si un vent du midi de même température que le précédent , mais humide , vient à souffler , les fibres de notre corps seront relâ-
chées , & l'air nous paroîtra chaud.

Ceux qui voyagent en Suede , éprouvent pendant la nuit un froid très piquant dans les forêts ; le froid des vallées qui sont découvertes , leur paroît
plus supportable , & ils n'éprouvent qu'un froid très léger sur les lieux élevés (1) : ce qui vient de ce que , dans les forêts , le vent que les arbres occa-
sionnent est froid & aqueux , & conséquemment refroidit le corps de l'homme , de même qu'un vent accompagné de rosée ; car les endroits qui tiennent aux bois sont toujours humides. Dans les vallées découvertes les vapeurs de la terre sont peu abondantes , & il n'y en a que très peu dans les endroits élevés ; le froid n'est pas cependant plus grand dans les forêts que sur
le sommet des montagnes : au contraire même il y est moins considérable ;
mais tel est l'effet qu'il produit sur notre corps.

On conçoit encore , par ce que nous avons dit , pourquoi , en poussant
doucement avec la bouche ouverte contre le creux de la main , l'air chaud que
nous expirons , & qui est toujours un peu plus froid que les parties intérieures de notre corps , pourquoi , dis-je , nous n'écartons pas de la main l'atmosphere qui l'environne , ou que nous ne le dispersons qu'en partie , que
nous l'emplissons même de parties chaudes , & que nous sentons par conséquent que notre haleine est chaude , au lieu que lorsque nous soufflons avec
violence contre la main , la bouche étant presque fermée , nous trouvons

(1) Ehrenmalms Reise Durch Westnordland , p. 322.

mouvement rapide qui met en vibrations les particules de ce corps , suffit pour l'exciter & l'engager à manifester sa présence.

§. MDCXVII. Comme les corps élastiques se mettent aisément en vibration , & qu'ils conservent long tems le mouvement vibratoire qu'on leur imprime , ces corps sont très propres lorsqu'on les heurte & qu'ils se brisent, à exciter la matiere du feu qui paroît comme endormie dans ces corps : c'est pour cela que l'acier trempé produit des étincelles lorsqu'on le frappe contre un caillou ; ce que ne fait point un fer doux , quoique ce dernier contienne peut-être des parties huileuses : mais elles sont plus abondantes dans l'acier que dans le fer. C'est aussi pour cette raison que l'acier heurté contre une pyrite donne plus d'étincelles que lorsqu'on le heurte contre une pierre à fusil ; parceque les pyrites contiennent plus de soufre que les pierres à fusil (1). Les vibrations des corps qui sont très élastiques sont plus grandes & plus promptes : elles procurent aussi plus d'activité à la matiere ignée : & comme le feu est un véritable corps , son intensité est en raison composée de sa quantité , & doublée de sa vîtesse. C'est pour cela que la matiere ignée fortement agitée , met en fusion des particules de fer détachées de la masse qu'elles formoient auparavant , & qu'elle en vitrifie plusieurs. Lorsque le frottement procure un ébranlement aux parties d'un corps , la matiere du feu se rassemble alors , & ce corps s'échauffe. Or comme les corps qui sont très mous frémissent à peine , & ne peuvent avoir de vibrations , à peine donnent ils quelque signe de chaleur lorsqu'on les frotte. C'est pour cela que les animaux qui sont forts & robustes , ceux dont les fibres musculaires & les vaisseaux sont très élastiques , ceux dont le sang huileux & élastique circule rapidement , & se trouve pressé, condensé, mêlé avec les différentes liqueurs qu'ils font servir à leur boisson , agité d'un mouvement intestin , & disposé à la putréfaction ; ces sortes d'animaux, dis-je , s'échauffent aisément dans la course , dans les exercices , lorsqu'ils boivent du vin , lorsqu'ils prennent des mets âcres ; parceque toutes ces choses animent la matiere ignée qui est renfermée dans les parties huileuses du sang , & accélerent par ce moyen le mouvement de diastole & de sistole du pouls , sans comprendre outre cela la matiere ignée de l'air ambiant , qui concourt encore à ce phénomene ; parcequ'elle est déterminée , par la pulsation des vaisseaux , à se joindre à celle dont nous venons de parler. La chaleur naturelle d'un homme sain & robuste est de 96 degrés ; elle est beaucoup plus grande dans celui qui a la fievre : au contraire ceux dont la texture des fibres est lâche , dont le sang est aqueux , peu chargé d'huile & de feu , & dont le mouvement de circulation est très lent , ceux qui menent une vie molle & sédentaire , ont froid pour l'ordinaire ; parceque le frottement nécessaire pour rassembler la matiere ignée , manque dans de tels sujets : il ne se trouve en eux qu'une très foible disposition à la putréfaction ; parceque les parties aqueuses & le repos y apportent un obstacle considérable. Les poissons qui sont munis d'ouies, jouissent de la même température que l'eau ; mais ceux qui ont des poumons , ont pour l'ordinaire une température semblable à celle des animaux terrestres. Le célebre *Stevenson* nous a donné des Commen-

(1) Philos. Transf. n. 493 , p. 225.

Certains Indiens prennent un morceau de bois rond qui fe termine en pointe, & qu'ils font tourner circulairement dans une cavité creufée dans un
autre morceau de bois ; ils parviennent par ce moyen à produire du feu. Ils
fe fervent ordinairement pour cela de bois de fer. On peut de-là expliquer
ces incendies qui confomment des forêts lorfqu'un ouragan met dans un
mouvement très rapide les branches des arbres qui frottent alors avec véhémence les unes contre les autres (1).

Une tariere s'échauffe fortement lorfqu'elle perce un bois dur, dans l'épaiffeur duquel on la fait tourner rapidement. *Rohault* nous apprend qu'il parvint à échauffer une fcie en lui faifant fcier du bois dur, & qu'elle répandoit
autour d'elle l'odeur qu'on fent lorfqu'un morceau de bois commence à
brûler. Le fer qu'on forge à coups redoublés fur une enclume, s'échauffe
confidérablement (2). Une corde tournée autour d'un arbre, & qu'on fait
aller & venir rapidement en la preffant contre l'arbre, s'échauffe & s'enflamme.

Une agate frottée contre une autre agate, donne de la flamme. De la tutie réduite en parties à coups de marteau, jette une lumiere brillante dans
les ténebres, qui imite affez bien celle du phofphore (3). M. *de Reaumur*
ayant fait fondre enfemble deux parties de fer & une partie d'antimoine,
produifit un mixte qui jettoit une traînée de feu lorfqu'on le limoit avec
une lime un peu rude. Les étincelles qui partoient de cette maffe brûloient
une carte fur laquelle elles tomboient (4). La verge de fer dont on fe fert
pour remuer l'antimoine qu'on réduit en chaux, devient phofphorique lorfqu'on la frappe (5). Si on comprime & qu'on frotte fortement de l'or fulminant & du crocus de Mars antimonial, on produit une flamme. Ces
phénomenes ont lieu en toute forte de tems, en tout lieu, & même dans le
vuide, ainfi que *Boyle* (6), *Hauxbée* (7), & plufieurs autres l'ont éprouvé.
En répétant de telles expériences dans le vuide avec des pierres précieufes,
de la gomme lacque, de la cire d'Efpagne, du verre, de l'ambre, de la laine, de la foie, &c, ces différentes fubftances s'échauffent, & plufieurs deviennent électriques. Nous voyons tous les jours que le briquet tire des
étincelles très brillantes de la pierre à fufil qu'il frappe : ces étincelles, lorfqu'elles font raffemblées, fe préfentent fous la forme de petits globules métalliques fondus, dont plufieurs font même vitrifiés. Quoique ces étincelles
perdent leur éclat dans le vuide, les petits globules dont nous venons de parler, n'en exiftent pas moins.

Lorfque le foulon foule des draps, quoiqu'il les arrofe continuellement
avec un courant d'eau froide, néanmoins les poutres qui les frappent les
échauffent à la longue. On remarque encore la même chofe dans le lait
qu'on bat pour faire du beurre.

Le feu eft donc préfent par-tout ; il eft répandu dans tous les corps ; quoiqu'il foit, pour ainfi dire, enchaîné & comme engourdi dans un corps, un

---

(1) Lucret. Lib. 1. v. 896. Vitruvius. Lib. 2. cap. 1: (2) Duhamel Hift. Acad. Reg.
Lib. 1. §. 2. c. 2. Hooke in Exper. à Derhamo editis. p 187. (3) Commerc. Litter. No-
rinberg. ann. 1735. (4) Hift. de l'Acad. Roy. ann. 1736. (5) Hift. de l'Acad. Roy. ann.
1736. (6) Continuat. prim. Experim. (7) Phyfico-Mech. Experim.

mouvement rapide qui met en vibrations les particules de ce corps, suffit pour l'exciter & l'engager à manifester sa présence.

§. MDCXVII. Comme les corps élastiques se mettent aisément en vibration, & qu'ils conservent long tems le mouvement vibratoire qu'on leur imprime, ces corps sont très propres lorsqu'on les heurte & qu'ils se brisent, à exciter la matiere du feu qui paroît comme endormie dans ces corps: c'est pour cela que l'acier trempé produit des étincelles lorsqu'on le frappe contre un caillou ; ce que ne fait point un fer doux, quoique ce dernier contienne peut-être des parties huileuses : mais elles sont plus abondantes dans l'acier que dans le fer. C'est aussi pour cette raison que l'acier heurté contre une pyrite donne plus d'étincelles que lorsqu'on le heurte contre une pierre à fusil ; parceque les pyrites contiennent plus de soufre que les pierres à fusil (1). Les vibrations des corps qui sont très élastiques sont plus grandes & plus promptes ; elles procurent aussi plus d'activité à la matiere ignée : & comme le feu est un véritable corps, son intensité est en raison composée de sa quantité, & doublée de sa vîtesse. C'est pour cela que la matiere ignée fortement agitée, met en fusion des particules de fer détachées de la masse qu'elles formoient auparavant, & qu'elle en vitrifie plusieurs. Lorsque le frottement procure un ébranlement aux parties d'un corps, la matiere du feu se rassemble alors, & ce corps s'échauffe. Or comme les corps qui sont très mous frémissent à peine, & ne peuvent avoir de vibrations, à peine donnent ils quelque signe de chaleur lorsqu'on les frotte. C'est pour cela que les animaux qui sont forts & robustes, ceux dont les fibres musculaires & les vaisseaux sont très élastiques, ceux dont le sang huileux & élastique circule rapidement, & se trouve pressé, condensé, mêlé avec les différentes liqueurs qu'ils font servir à leur boisson, agité d'un mouvement intestin, & disposé à la putréfaction ; ces sortes d'animaux, dis-je, s'échauffent aisément dans la course, dans les exercices, lorsqu'ils boivent du vin, lorsqu'ils prennent des mets âcres ; parceque toutes ces choses animent la matiere ignée qui est renfermée dans les parties huileuses du sang, & accélerent par ce moyen le mouvement de diastole & de sistole du pouls, sans comprendre outre cela la matiere ignée de l'air ambiant, qui concourt encore à ce phénomene ; parcequ'elle est déterminée, par la pulsation des vaisseaux, à se joindre à celle dont nous venons de parler. La chaleur naturelle d'un homme sain & robuste est de 96 degrés ; elle est beaucoup plus grande dans celui qui a la fievre : au contraire ceux dont la texture des fibres est lâche, dont le sang est aqueux, peu chargé d'huile & de feu, & dont le mouvement de circulation est très lent, ceux qui menent une vie molle & sédentaire, ont froid pour l'ordinaire ; parceque le frottement nécessaire pour rassembler la matiere ignée, manque dans de tels sujets : il ne se trouve en eux qu'une très foible disposition à la putréfaction ; parceque les parties aqueuses & le repos y apportent un obstacle considérable. Les poissons qui sont munis d'ouies, jouissent de la même température que l'eau ; mais ceux qui ont des poumons, ont pour l'ordinaire une température semblable à celle des animaux terrestres. Le célebre *Stevenson* nous a donné des Commen-

(1) Philos. Transf. n. 493, p. 225.

taires fur la chaleur du fang , qui méritent d'être confultés (1).

§. MDCXVIII. Les corps qui deviennent chauds lorfqu'on les frotte , ne reçoivent-ils cette chaleur que du feu qu'ils renfermoient avant le frotte-ment ? ou leur vient-il encore du dehors un autre feu qu'ils attirent à eux , à l'aide du frottement ? Ceci paroît vraifemblable ; parceque le frottement peut échauffer fortement les corps , & même les enflammer : d'où il paroît qu'ils ne renfermoient point en eux une fi grande quantité de feu; mais qu'ils en ont beaucoup reçu du dehors. C'eft ainfi que l'électricité vient du dehors dans les corps qu'on frotte; mais pour quelle raifon & comment la matiere ignée eft-elle déterminée, par le frottement, à fe porter dans un corps qu'on frotte ? C'eft ce qu'il n'eft pas plus aifé de décider, & ce qui eft aufli obfcur que l'affluence de la matiere électrique au corps qu'on frotte. La chaleur qu'acquiert un boulet de canon dans fa route, vient-elle du frot-tement de ce globe dans la maffe d'air qu'il traverfe ? Non certainement ; elle vient encore du frottement du boulet le long des parois du canon , & de l'inflammation de la poudre.

§. MDCXIX. Si on enduit de quelque liqueur les corps folides qui fe frottent , foit en verfant de l'eau deffus, ou en les frottant d'huile , de fuif, ou de quelqu'autre gráiffe, ces corps n'acquerront alors que très peu de cha-leur , du moins celle qu'ils acquerront ne fera point à comparer avec la pré-cédente. C'eft pour cette raifon qu'on enduit de graiffe les effieux des roues des charriots & de toute autre machine : cette graiffe remplit les cavités des furfaces frottantes ; & lorfqu'elles en font bien enduites, elle diminue le frottement , elle lubrifie les furfaces qui fe frottent , enforte que leurs parties ne peuvent recevoir aucun tremouffement , ou du moins que très peu , & qu'elles ne peuvent prefque point faciliter le mouvement de leur feu , ni en recevoir d'autre. Mais examinons maintenant une autre maniere de raffem-bler la matiere ignée.

§. MDCXX. Si on prend des corps de même matiere , de même volume, & égaux , & qu'on les teigne en blanc, en rouge , en jaune , en vert, en bleu , de couleur pourprée , ou enfin en noir, & qu'après cela on les expofe tous également au foleil, les blancs feront ceux qui emploieront plus de tems à devenir chauds , & qui le feront moins que les autres ; les rouges de-viendront un peu plus chauds , les autres encore davantage, chacun fuivant le rang que nous venons d'indiquer , en défignant les couleurs ; de forte que les corps noirs feront ceux qui deviendront les plus chauds & le plus promp-tement ; ce que je démontre de la maniere fuivante. Je prends un petit foli-veau de bois de fapin de 12 pouces de large [*Tab.* 33. *fig.* 11.], je le fends en deux parties qui ont chacune 6 pouces de largeur ; je les fépare l'une de l'autre , de façon qu'elles foient éloignées de 4 pouces de diftance, & je les unis l'une à l'autre par une traverfe placée à chacune de leurs extrêmités : je peins la partie fupérieure de l'une en noir, felon la longueur d'un pied, & je peins enfuite les parties fuivantes , & de même longueur de différentes couleurs ; favoir, en bleu, vert, jaune , rouge, blanc : je peins pareillement les parties correfpondantes de l'autre folive des mêmes couleurs , mais dans

(1) Medical Effays. Vol. 5, part. 2. pag. 806.

un ordre renversé; savoir, blanc, rouge, jaune, vert, bleu, noir: j'oppose ensuite ces deux solives au soleil, de façon qu'elles y soient également exposées; alors j'observe après les avoir laissées pendant quelque tems dans cette situation, que si je touche avec la main la partie qui est peinte en blanc, j'éprouve à peine la sensation de la chaleur; tandis que si je touche la partie qui est peinte en noir, j'éprouve une très grande chaleur: il en est de même des autres parties, suivant ce que je viens d'indiquer ci-dessus.

Pour faire cette observation d'une maniere plus sensible, il ne s'agit que de planter un clou sur la partie qui est peinte en blanc, & d'en planter un autre sur celle qui est peinte en noir, placer ensuite & successivement à ce clou, un thermometre de *Drebbel*, & on observera de combien la liqueur de ce thermometre s'abaisse dans l'un & dans l'autre cas, au dessous du point H [*Tab. 33. fig.* 8.]. Il faut disposer ce thermometre de façon que son cylindre F E soit entierement appliqué à la partie du soliveau dont on veut déterminer la chaleur.

Ce même phénomene se manifeste encore sensiblement dans les draps qui sont mouillés: ceux qui sont noirs se sechent plus vîte que les blancs; parcequ'ils absorbent davantage la matiere du feu qui se dissipe avec l'humidité. Si on expose en plein air des draps teints en noir, & qu'après les avoir ainsi exposés pendant quelque tems sur un bâton, on les tonde dans les ténebres, ces draps jetteront de la lumiere; parcequ'alors la lumiere qu'ils ont absorbée se dissipe; mais les draps qui sont blancs, & qu'on expose au soleil, ne brillent point pour cela dans les ténebres. Les murailles noires des jardins deviennent beaucoup plus chaudes que les blanches. Les terres noires sont beaucoup plus chaudes dans la journée que les blanches, & que le sable blanc. Les corps noirs s'embrâsent plutôt que les blancs, lorsqu'on les expose au foyer d'un miroir ardent, ou d'une loupe. Les étincelles qu'on tire d'un caillou, par le moyen d'un morceau d'acier, embrâsent sur-le-champ un morceau de linge qu'on a eu soin de brûler, & qui est noir; mais ces mêmes étincelles n'embrâsent pas de la même maniere un linge blanc. Le charbon qui est noir, est embrâsé par un feu très foible, & il faut qu'il soit très violent pour embrâser un morceau de bois.

§. MDCXXI. Les corps noirs deviennent bien-tôt chauds; parceque leurs parties sont très tendres, très subtiles & extrêmement mobiles: outre cela le feu pénétrant leurs pores, qui sont très profonds, est comme arrêté entre leurs parties; & comme elles n'ont qu'une foible cohésion entr'elles, elles ne sont point élastiques: elles ne repoussent donc que foiblement le feu qu'elles absorbent; il s'y rassemble donc en grande quantité; il les échauffe & les embrâse promptement. On ne peut pas dire cependant qu'elles retiennent tout le feu qu'elles reçoivent; elles en transmettent une partie: & c'est pour cela que les corps qui sont posés au-delà de ceux qui sont noirs s'échauffent aussi, soit que ces corps noirs soient exposés à l'action du soleil, soit qu'ils soient exposés devant le feu de nos foyers. Les corps noirs ne s'échauffent au soleil que jusqu'à un certain point, ainsi que le thermometre l'indique, & qu'on en peut juger par les expériences faites avec des bois peints en noir. La couleur qui est d'un bleu obscur, tend à devenir noire; elle s'imbibe & elle retient une grande quantité de feu, quoiqu'elle en

renvoie davantage que la couleur noire. Plus la couleur des corps eſt vive ,
plus ils réfléchiſſent de lumiere ; & conſéquemment moins ils acquerent de
chaleur. C'eſt pour cette raiſon que celui qui eſt blanc acquiert moins de
chaleur que tout autre , le rouge en acquiert un peu plus , l'oranger encore
plus que le rouge , & ainſi des autres , ſuivant l'ordre que voici : le jaune,
le verd, le bleu, le pourpre, le violet, & enfin le noir, qui eſt celui qui en
acquiert le plus.

§. MDCXXII. Pour démontrer que les corps qui ſont teints en noir ne réfléchiſſent preſque point de lumiere , mais qu'ils l'abſorbent , il ne s'agit que
de couvrir de noir la ſurface d'un miroir ardent , en l'expoſant à la fumée
d'une lampe , & on remarquera que ce miroir expoſé au ſoleil , ne renverra
aucune lumiere à ſon foyer ; puiſque ſi on y expoſe la boule d'un thermometre , la liqueur ne ſera aucun mouvement dans le tube, quoique le miroir
lui même s'échauffe très promptement.

M. *Boyle* ayant fait un grand miroir ardent avec du marbre noir , ce miroir réfléchit ſi peu de lumiere , qu'il ne put parvenir à brûler un morceau de
bois à ſon foyer , quoiqu'il eût expoſé ce miroir pendant long-tems à l'ardeur du ſoleil. Le ſuc du *couteau de mer* , mêlé avec l'eau , nous prouve
que les corps noirs abſorbent les rayons de la lumiere. En effet, ſi on plonge
un linge blanc dans ce ſuc ainſi préparé , & qu'on l'expoſe à la lumiere , ce
linge paroîtra lumineux lorſqu'il ſera retiré de ce ſuc. Si on répete cette expérience avec un linge noir , ce linge ne donnera aucune lumiere (1). Les
corps blancs au contraire réfléchiſſent preſque toute la lumiere qui tombe
ſur eux ; & c'eſt pour cela que les meilleurs miroirs ardens ſont ceux qui
ſont faits avec un métal blanc. La terre blanche ne devient preſque pas
chaude , quoiqu'elle ſoit long-tems expoſée aux rayons du ſoleil ; mais elle
rend l'air beaucoup plus chaud par la réflexion de la lumiere qu'elle y renvoie : c'eſt pour cette raiſon qu'on a le viſage ſi hâlé lorſqu'on voyage ſur nos
dunes. L'Iſle d'Ormus eſt remplie de montagnes de ſel ; ces montagnes
ſont blanches & réfléchiſſent les rayons du ſoleil avec tant de violence, que
l'air y devient preſque brûlant , les hommes qui le reſpirent en ſont ſuffo-
qués , ou tombent en foibleſſe , dont on ne peut les faire revenir qu'en les
tranſportant dans un air plus froid; car les humeurs du corps tendent alors à
la putréfaction.

Il ne faut pas croire pour cela que les corps blancs réfléchiſſent toute la
lumiere qui tombe ſur eux ; ils la réfléchiſſent ſeulement en plus grande partie , & en retiennent une certaine quantité : c'eſt pour cela qu'ils s'échauffent à la longue. Les corps blancs ont auſſi naturellement quelque lumiere ,
ainſi qu'on peut s'en convaincre par les Obſervations de *Beccaria* , qui découvrit que ces corps étoient phoſphoriques (2).

Les corps diaphanes ſont ceux qui s'échauffent le moins , & qui emploient
plus de tems pour s'échauffer ; parcequ'ils tranſmettent preſque tous les
rayons du ſoleil qui tombent ſur eux : ils en réfléchiſſent très peu du centre
de leur épaiſſeur ; de ſorte que leurs parties n'en reçoivent que très peu de
mouvement : cependant ils s'échauffent tous, ſans excepter l'air lui même ,

<hr>

(1) Commentar. Bonon. Vol. 2. p. 259. (2) Commentar. Bonon. Vol. 2. p. 300.

qui eſt très diaphane. Mais ne peut-on pas dire que cet effet dépend en partie de la denſité, de la dureté & de l'élaſticité des corps? Puiſque les métaux expoſés aux rayons du ſoleil s'échauffent beaucoup plus que le liege, que les bois légers, & que tous les autres corps rares, quoiqu'on les ſuppoſe tous peints de la même couleur. Ne peut-on pas dire encore que cette plus grande chaleur dépend d'un mouvement vibratoire & de frémiſſement, excité par les rayons du ſoleil, lequel mouvement eſt plus grand, & de plus longue durée, dans les corps dont les parties ſont dures, denſes & élaſtiques, que dans ceux dont la texture eſt plus lâche & qui ſont plus rares? C'eſt pour cela qu'il eſt très difficile de déterminer de combien l'air expoſé au ſoleil eſt plus chaud que celui qui eſt à l'ombre; car le ſoleil ne communique point la même chaleur à l'air qu'il traverſe, qu'aux corps ſur leſquels il lance ſes rayons, & le mercure d'un thermometre en reçoit plus que l'eſprit de vin, ou toute autre eſpece de liqueur.

§. MDCXXIII. Voici encore une troiſieme maniere de raſſembler la matiere du feu. Si les rayons du ſoleil tombent ſur un miroir ardent, concave & ſphérique, ils ſe réfléchiſſent & ils forment un cône, ou plutôt une ſection de ſphere, dont la baſe eſt à la ſurface du miroir, & dont le foyer eſt au ſommet : ce ſommet n'eſt pas un point, mais un petit cercle. Ce foyer eſt plus ou moins éloigné du miroir, ſuivant la grandeur de la ſphere, dont ſa concavité fait portion : il n'eſt pas néceſſaire que ce miroir ſoit ſphérique dans ſa concavité; puiſqu'on peut conſtruire un miroir ardent en joignant enſemble pluſieurs miroirs plans, qui forment entr'eux de certains angles, & qui ſont très propres à ramaſſer dans un point la lumiere qu'ils reçoivent, ainſi que M. *de Buffon* l'a démontré en conſtruiſant un miroir brûlant de 168 miroirs plans, qui réfléchiſſoient la lumiere à 200 pas, aſſez fortement pour y brûler des fagots de bois. *Maupertuis* nous apprend qu'on parvint à fondre une lame d'argent à la diſtance de 50 pas, en faiſant uſage d'un miroir de cette eſpece ; & qu'on fondit du plomb & de l'étain à la diſtance de 120 pas (1). Les miroirs plans ne produiſent pas des effets ſi conſidérables à la diſtance de 150 pas, que les miroirs ſphériques de même diametre ; cette différence néanmoins n'eſt pas réellement ſi grande qu'elle paroît au premier abord : car le célebre *Courtivron* démontre que les effets de ces deux eſpeces de miroirs ſont entr'eux : : 267 : 314 (2).

§. MDCXXIV. Le foyer où les rayons du ſoleil ſont réfléchis & raſſemblés, diſparoît auſſi tôt qu'on couvre la ſurface du miroir avec une étoffe ; il diſparoît auſſi tôt qu'un nuage paſſe devant le diſque du ſoleil.

§. MDCXXV. Puiſqu'une ſi grande quantité de feu pur raſſemblée diſparoît ſi promptement, ſans qu'il en reſte aucun veſtige, il paroît que le feu ne peut ſubſiſter ſans aliment; par conſéquent le ſoleil & les étoiles fixes ne ſont pas ſeulement compoſés de feu : car ils devroient auſſi s'évanouir en un inſtant. Il faut donc que ces corps ſoient de grands corps fort ſolides & fort denſes, qui retiennent & répriment le feu répandu autour d'eux, comme font, par exemple, ſur notre globe les pierres & les métaux, qui, étant une

(1) Philoſ. Tranſ. n. 483. p. 495. & n. 489. Hiſt. de l'Acad. Roy. ann. 1747.
(2) Hiſt. de l'Acad. Roy. ann. 1747.

fois chauds, confervent fort long tems leur chaleur. Les taches qu'on obferve fur le foleil, font une preuve de cette vérité : ces taches paroiffent d'a-
bord fortir du globe même du foleil ; elles paroiffent enfuite faillantes , elles
ne brillent point, elles ne paroiffent point ardentes : elles imitent affez bien
des maffes flottantes, qui, échauffées enfuite de toute part., s'embrâfent &
fe convertiffent en une grande fumée , plus rare vers leur noyau : leur figure
eft affez difforme ; elles font fans doute beaucoup élevées au deffus de la
furface du foleil, avec lequel elles tournent fur leur axe ; mais fe meuvent-
elles avec la même vîteffe que cet aftre? C'eft ce que je n'oferois affurer.
Enfin cette fumée, ainfi que fon noyau, décroît de grandeur plus ou moins
promptement, & fe confomme tout-à-fait ; les parties de l'une & de l'autre
retombant & étant abforbées par le foleil, ainfi que je le foupçonne. J'ai
fait cette obfervation en examinant attentivement ces taches , pendant l'efpace de 6 mois, avec une lunette de 36 pieds de longueur. Il paroît que les
corps qui brillent dans le Ciel ne font point feulement compofés de feu ;
puifque le foleil eft un peu plus denfe que Jupiter , & que la terre eft quatre fois plus denfe elle-même que le foleil (1). Outre cela les changemens
qui arrivent en certains tems dans la fplendeur des étoiles fixes, celles qu'on
obfervoit autrefois, & qui ont difparu, parcequ'elles fe font éteintes pour
avoir confommé l'aliment qui les entretenoit ; ces phénomenes, dis-je,
prouvent encore directement notre fentiment.

§. MDCXXVI. Comme les miroirs ardens ne font point parfaitement polis , il eft conftant qu'ils abforbent quelques-uns des rayons du foleil qui
tombent fur leur furface, & qu'ils ne les réfléchiffent point tous ; ces miroirs
s'échauffent par les rayons qu'ils abforbent : on peut dire la même chofe de
ceux qui font les plus polis , & qu'on regarde comme parfaitement travaillés ; mais on ne peut pas déterminer quelle eft la quantité de rayons qu'ils
abforbent , ni quelle eft celle qu'ils réfléchiffent ; parceque cela varie fuivant
que le métal dont ils font compofés eft plus ou moins blanc, plus ou moins
denfe, plus ou moins poli : cela dépend encore de plufieurs autres circonftances. Il eft cependant vraifemblable que les meilleurs miroirs ne réfléchiffent pas plus de la moitié des rayons incidens.

§. MDCXXVII. Lorfque les miroirs ardens font froids , ils réfléchiffent
plus de rayons que lorfqu'ils font chauds, comme on le remarque par les
effets qu'ils produifent à leur foyer. C'eft auffi pour cela qu'ils brûlent plus
fortement pendant l'hiver que pendant l'été : les pores d'un métal chaud
font plus grands que lorfque ce métal eft froid ; la matiere du feu pénetre
aifément ces pores lorfqu'ils font plus ouverts : outre cela les parties d'un
métal chaud étant raréfiées, font moins élaftiques, & conféquemment
moins propres à réfléchir la lumiere. Lorfqu'il fait chaud, il s'éleve plufieurs exhalaifons de la terre qui offufquent l'atmofphere, & qui abforbent
beaucoup de rayons : & c'eft pour cela que des charbons ardens, placés entre un miroir brûlant & fon foyer, débilitent, par leurs vapeurs , l'effet
qu'on devroit obferver au foyer de ce miroir (2). On remarque auffi

____

(1) Newtoni Princip. Lib. 3. p. 8. (2) Hift. de l'Acad. Roy. ann. 1705.

que les effets des miroirs brûlans font plus grands le matin qu'après midi.

§. MDCXXVIII. Les Anciens ont connu & ont décrit les effets des miroirs ardens (1) ; ces effets font tout-à-fait incroyables lorfque ces miroirs font d'un grand diametre & qu'ils raffemblent à leur foyer un grand nombre de rayons. Tout métal quelconque expofé à leur foyer s'y fond fur-le-champ, ainfi que les demi-métaux: ils s'y calcinent enfuite ; & enfin la chaux qui en réfulte fe vitrifie. L'or foumis à cette opération jette une fumée épaiffe & jaune, & la partie qui fubfifte fe convertit en verre couleur de pourpre ; tandis que l'or réfifte à l'action de notre feu le plus violent, auquel on l'expofe pendant long-tems, à moins qu'il ne foit allié avec le zinc. L'étain mêlé avec le fer fe diffipe tout-à-fait fous la forme d'une fumée fort épaiffe, & forme dans l'atmofphere des filamens qui reffemblent affez à ces efpeces de filamens, qu'on appelle ordinairement des fils de *la bonne Vierge*, & qu'on remarque en Automne. L'étain de coupelle réfifte long-tems & ne fe vitrifie qu'à moitié (2) ; toute pierre quelconque fe vitrifie au foyer d'un miroir ardent. Les matieres combuftibles s'y enflamment dans un clin-d'œil. Je rapporterai ici quelques effets finguliers produits par le miroir ardent de *Vilette*, dont le diametre étoit de 47 pouces ; & conféquemment la furface au-delà de 1734 pouces, en fuppofant que le petit cercle qui formoit fon foyer, fût d'un pouce, & que ce miroir ne réfléchit que la moitié des rayons incidens, les rayons du foleil étoient condenfés par fon moyen, de façon qu'ils n'occupoient qu'un efpace 817 fois plus petit : or comme les rayons du foleil condenfés au point de n'occuper qu'un 35e de leur efpace, font auffi chauds qu'un morceau de bois embrâfé, on ne fera donc pas furpris des effets que ce miroir produifoit : de l'argille, du fable, du marbre, du jafpe, du porphyre, des pierres dont on fe fert pour les fours, du fer, des creufets, de la pierre hématite, de la craie de Briançon, du gypfe, de la mine de plomb, &c, étant expofés au foyer de ce miroir, s'y liquéfioient & s'y convertiffoient en verre. *Défaguilliers* a remarqué avec quelle promptitude ces effets avoient lieu. Un morceau d'un pot Romain, de couleur rouge, commença à fondre dans l'efpace de 3 m″; & lorfqu'il fut fondu, il fe réduifit en gouttes dans le tems de 100 m″. Un morceau d'une colonne Alexandrine de *Pompée* fe vitrifia en 50 m″. Une marcaffite d'une mine de cuivre, dans laquelle il ne paroiffoit pas qu'il y eut du métal, fe vitrifia en 8 m″. Un calcul humain fut calciné en 2 m″; & étant converti en verre, il fe fondit, & il tomba par gouttes en une minute. L'asbefte, efpece de lin qui avoit réfifté au feu terreftre, fut converti par *Tfchirnhaus* en verre de couleur jaunâtre. Certains diamans expofés à cette épreuve, perdent leur brillant, & paroiffent tachés de petits nuages (3) : d'autres fe volatilifent & fe diffipent dans l'atmofphere : d'autres s'y durciffent & s'y condenfent par la diffipation de quelques-unes de leurs parties. Il ne doit pas paroître furprenant qu'un diamant foit altéré lorfqu'on l'expofe au foyer d'un miroir ardent; puifque l'expérience nous a appris qu'ils fe terniffent & qu'ils deviennent

(1) Plinius Hift. Nat. Lib. 2 cap. 107 & cap. 111.   (2) Journ. des Sav. T. 1. p. 311.
(3) Journ. des Sav. an. 1684. p. 66.

plus

plus légers lorsqu'on les expose à l'action d'un feu violent : quelquefois on parvient, à l'aide du feu, à les purger de certains nuages qui les couvrent ; ils y deviennent plus brillans, d'autres s'y fendent, d'autres s'y rompent & sautent par éclats ; mais tous y perdent de leur poids & de leur volume.

§. MDCXXIX. Le D. *Martine* a calculé quelle doit être l'aire du foyer d'un miroir ardent, pour que la chaleur des rayons du soleil soit égale à celle d'un morceau de bois qui est embrâsé (1). Suivant les observations de *Newton* la chaleur de l'été est à celle d'un tel morceau de bois, comme 13 est à 450, c'est à-dire, à peu près comme 1 : 35 ; par conséquent si, au foyer d'un miroir ardent, la densité des rayons solaires est 35 fois plus grande, la chaleur de ces rayons sera égale à celle d'un morceau de bois embrâsé : & conséquemment le petit cercle qui forme le foyer doit être à la surface du miroir, comme 1 : 35.

Soit donc un miroir de 9 pouces de diametre ; soit X le diametre qu'on cherche, on aura cette proportion, $35 : 1 :: 9^2 : XX$; donc $35 \, XX = 81$, &

$\sqrt{\frac{81}{35}} = x = 1\frac{1}{2}$, à peu de choses près. Par conséquent le diametre du petit cercle lumineux doit être $= 1$ pouce $\frac{1}{2}$, pour que la chaleur de ce foyer soit égale à celle d'un morceau de bois qui brûle ; mais nous supposons dans ce calcul que tous les rayons sont réfléchis par le miroir : ce qui n'est point vrai ; & si, comme nous l'avons dit ci-dessus, la surface du miroir ne réfléchit que la moitié des rayons incidens, il faut alors que le diametre du miroir soit de 13 pouces, & non de 9.

Mais il y a encore d'autres choses qui nous empêchent de nous en rapporter sur cela au calcul ; car nous n'avons seulement considéré que la densité des rayons paralleles : nous ne les avons point considérés en tant que convergens, & en tant qu'ils se rencontrent : ce qui fait qu'ils produisent un plus grand effet, ainsi que nous le démontrerons ci-dessous.

§. MDCXXX. Nous venons d'observer que les corps qu'on expose au foyer d'un miroir ardent, y tomboient en fusion, s'y vitrifioient & couloient ensuite : or nous n'avons aucun moyen pour retenir ces corps au foyer du miroir, lorsqu'ils sont liquéfiés, à moins que nous ne les posions sur un morceau de charbon de bois vert ; mais lorsqu'on les place ainsi, on ne peut pas observer l'action seule des rayons du soleil (2) : il faut donc trouver un moyen pour diriger ces rayons sur ces corps, en les posant dans des creusets, ou sur des platines. M. *Cassini* nous a proposé plusieurs moyens pour cela (3). 1°. En faisant tomber les rayons réfléchis sur un miroir plan qu'on dirigera obliquement de maniere qu'il les renvoie sur ces corps. 2°. En dirigeant les rayons réfléchis sur un petit miroir concave parabolique, ou hyperbolique, ou d'une autre courbure. On peut placer ces derniers miroirs entre le foyer & le grand miroir, ou même les mettre au delà du foyer ; & par ce moyen on pourra diriger comme on voudra, & pendant long-tems, les rayons qu'on voudra porter sur ces corps.

(1) Philof. Britann. T. 2, p. 144. (2) Hist. de l'Acad. Roy. ann. 1705. (3) Hist. de l'Acad. Roy. ann. 1747.

§. **MDCXXXI.** Les grands effets qui se produisent au foyer d'un miroir ardent , prouvent la résistance des rayons de la lumiere : il ne faut donc pas regarder ce fluide ni le feu comme un fluide dépourvu de résistance ; parceque s'il en étoit ainsi , il ne pourroit point agir contre les corps : ainsi la résistance est encore une propriété qu'on ne doit point refuser à la matiere ignée. Les effets qu'on remarque au foyer d'un miroir ardent ne prouvent-ils pas que les rayons lumineux émanent du soleil , & sont dirigés vers ce foyer , & non que le feu ou la lumiere soit également répandue dans l'Univers , & qu'elle est seulement comprimée & mise en action par le soleil ? S'il en étoit ainsi , le foyer du miroir devroit toujours être formé , soit que les rayons solaires tombassent sur la partie antérieure ou postérieur du miroir : & si les rayons ne pouvoient point se déranger de leur situation , le miroir ne pourroit point former de foyer ; & conséquemment on observeroit le même effet , soit qu'on établit le corps à l'endroit du foyer , soit qu'on le mît derriere le miroir : ce qui est contraire à l'expérience.

　§. **MDCXXXII.** C'est le foyer qui produit tous ces effets surprenans ; mais lorsqu'on choisit un endroit dans le cône que forme la réflexion des rayons où le feu est quatre fois plus rare , la main placée en cet endroit y éprouve une chaleur qu'elle peut supporter : cet effet viendroit-il de ce que la densité , la quantité, la pression , le frottement , le ressort , des rayons au point de concours augmenteroient l'action du feu , selon une très haute proportion , composée de celles que nous avons indiquées ci-dessus , & non en raison de la quantité des parties ignées ? Il semble que c'est-là la véritable raison de ce phénomene , quoique nous ne puissions encore bien le concevoir ou le prouver par aucune analogie tirée de nos observations. En effet , les rayons du soleil rassemblés avec une grande loupe , de maniere qu'ils forment un foyer d'une grande étendue , ne produisent point de grands effets ; mais si on les rassemble , à l'aide du même verre , de façon que le foyer en soit plus resserré , ils operent avec beaucoup plus de force , quoique quelques uns de ces rayons soient répercutés par la loupe. La même flamme produit des effets bien différens lorsqu'elle est abandonnée à elle-même , ou lorsqu'elle est rassemblée par le moyen d'un soufflet. Lorsque deux courans de feu se rencontrent en sens contraire , l'effet qui en résulte en est considérablement augmenté. On peut s'en convaincre par l'observation suivante ; lorsqu'un toit est couvert de neige , les rayons du soleil qui tombent directement dessus , ne suffisent point pour la liquéfier ; mais elle se fond aussi-tôt si elle est tombée auprès d'un mur , ou auprès de tout autre objet blanc qui réfléchisse sur elle les rayons du soleil. Bien plus , c'est à cette même cause qu'il faut rapporter la grande chaleur qu'on sent dans les vallées, tandis qu'on éprouve un froid aigu sur le sommet des hautes montagnes ; parceque les rayons du soleil que les côtés des montagnes réfléchissent vers les vallées , rencontrent les rayons que cet astre darde perpendiculairement dans ces vallées : outre cela , il y a encore d'autres causes qui concourent à augmenter la chaleur qu'on ressent dans les vallées. Nous avons démontré ci-dessus que les corps qui sont plus denses reçoivent plus de matiere ignée que ceux qui sont plus rares : or l'air étant plus dense dans les vallées que sur le sommet des montagnes , doit conséquemment y être plus chaud. Plus le fommet des montagnes eft élevé, quoiqu'il foit plan, plus l'air y eft rare, pur, tranfparent, plus il tranfmet aifément la lumiere; à peine peut-il en être échauffé, puifqu'il réfifte très peu, & qu'il eft moins propre que toute autre couche à abforber & à retenir les rayons du foleil : c'eft pour cette raifon qu'on trouve en tout tems des neiges fur le fommet des plus hautes montagnes. On conçoit aifément, par ce que nous venons de dire, l'obfervation que fit M. *de la Condamine* (1), lorfqu'il étoit à Quito. Il nous apprend que la hauteur plus ou moins grande du terrein apporte près d'un degré de différence à la température de la terre : il n'eft donc pas néceffaire de nous élever jufqu'à la hauteur de 2000 toifes pour cela, & de monter, des vallées brûlantes où le foleil darde fi puiffamment fes rayons, jufqu'au fommet de ces montagnes, qui font toujours couvertes de neige. Outre cela la chaleur qu'une terre reçoit des feux fouterrains fe communique à l'air ambiant : ce qui fait que cet air eft plus chaud vers la furface de la terre que fur le fommet des montagnes ifolées, s'il ne s'y trouve point de volcans.

§. MDCXXXIII. La quatrieme maniere de raffembler la matiere ignée, c'eft de raffembler des rayons du foleil par le moyen d'une loupe : le foyer que forme ces rayons eft un cône dont la bafe eft à la furface poftérieure du verre ; le fommet de ce cône, qui forme le foyer de la loupe, ne fe termine pas non plus en un point : c'eft un véritable cercle, s'il tombe fur un plan perpendiculaire à l'axe du cône ; ce petit cercle eft plus grand ou plus petit, fuivant que la furface de la loupe eft plus ou moins grande, & fuivant qu'elle eft plus ou moins convexe, &c. *Tfchirnhaus, Hartfoeker* ont fait des verres convexes des deux côtés de différentes grandeurs ; les plus grands avoient 4 pieds de diametre : leur foyer formoit un cercle d'environ $1\frac{1}{4}$ pouce ; & voici les effets qu'ils produifoient. Toute matiere combuftible y brûloit ; les métaux s'y fondoient, fans cependant s'y vitrifier : car l'effet de ces verres eft de beaucoup inférieur à celui que produit un miroir ardent de même diametre.

§. MDCXXXIV. Lorfqu'on fait paffer enfuite ces rayons par une autre loupe fort convexe, on condenfe confidérablement le foyer de la premiere loupe ; il en devient beaucoup plus petit. On peut le réduire par ce moyen à $\frac{6}{10}$ de pouce. Les rayons étant plus concentrés à ce dernier foyer, leur chaleur augmente ; car les corps combuftibles, quoiqu'humides & même quoique plongés dans l'eau, s'y embrâfent. Le noyau d'un morceau de bois plongé dans l'eau, s'y confomme plutôt que l'écorce ; parceque l'eau éteint continuellement le feu qui tend à la brûler. Le foufre, la poix & les réfines fe fondent dans l'eau. Tous métaux réduits en parcelles, exceptés ceux qu'on renferme dans des coupelles, dans des vafes de terre ou de porcelaine, s'y volatilifent fous la forme de petits globules, ou d'une épaiffe fumée, ou bien ils s'y vitrifient. Le verre produit par l'or eft couleur de pourpre & fixe ; mais le verre qui réfulte de l'argent eft volatil, & fe diffipe avec ce métal. Du fer placé fur un charbon fe diffipe entierement en étincelles, mais celui qu'on place dans un vafe de terre fe fond & fe convertit en efpece de régule, friable & canelé : fi on laiffe les chofes en cet état pendant plus long-

(1) Voyage de la riviere des Amazonnes, p. 23.

tems, le vafe de terre lui même fe fond & fe convertit en une efpece de verre brun. Le cuivre jaune expofé à un tel foyer fur un morceau de charbon, ne jette qu'une fumée fort légere, & fe volatilife entierement : fi on le met dans une coupelle, il jette auffi une légere fumée, il fe fond, & il forme un liquide femblable à de l'huile. Si on laiffe refroidir ce liquide, il fe fige, & forme alors une efpece de régule, dont la couleur eft d'un rouge foncé, femblable à du cinnabre d'antimoine : fi on réduit cette maffe en poudre, elle donne de petits rubis qui font affez brillans. L'étain foumis à la même opération, & placé fur un charbon, jette une fumée blanche, épaiffe, & fe diffipe entierement; mais s'il eft renfermé dans un vafe de terre, il fume & il fe convertit enfuite en cendres blanches très poreufes & très légeres, dans lefquelles on trouve une maffe cryftalline, tranfparente, hériffée de petites aiguilles. Ces cryftaux jettent d'abord de la fumée, & demeurent enfuite fixes; mais fi on les met dans une coupelle, ils fe convertiffent en verre blanc, ou tirant fur le rouge. Le plomb mis fur un charbon, jette de copieufes fumées, & fe diffipe entierement; mais renfermé dans un vafe de terre, il fe convertit en une maffe femblable à de la réfine liquide, après avoir jetté de la fumée. Lorfque cette maffe eft refroidie, elle reffemble à du verre compofé de petites lames comme le talc; ces lames font tranfparentes, & elles font d'une couleur jaune tirant fur le vert. Tous ces métaux, renfermés dans du charbon, fe révivifient par l'huile que le charbon leur fournit, & dont ils avoient été dépouillés par le feu. Outre ce que nous venons d'obferver, on remarque encore que les pierres fe fondent au foyer d'un verre brûlant, & s'y convertiffent en verre; les perles y perdent leur couleur & y deviennent friables. Certains corps fe convertiffent fur-le-champ en verre tranfparent; mais lorfqu'il eft froid, il eft blanc & il perd fa tranfparence : il y en a d'autres qui font opaques tant qu'ils font chauds, & qui deviennent tranfparens lorfqu'ils font froids. Les végétaux tombent d'abord en cendres, & fe vitrifient enfuite. Les fels fourniffent des efprits que l'on n'a pu jufqu'à préfent tirer par le moyen du feu terreftre, ainfi que les expériences de *Tfchirnhaus* (1), d'*Homberg* (2) & de *Geoffroy* (3) le démontrent inconteftablement, & fur-tout celles de *Hartfoeker*, avec qui j'ai eu occafion d'en faire quelques-unes à Utrecht. Mais il refte encore bien des expériences à faire fur toutes fortes de corps. Les Anciens connoiffoient les effets des boules de verre folides ou remplies d'eau, ainfi qu'on en peut juger par les Ouvrages d'*Ariftophane*, de *Pline* (4), & de *Lactance* (5).

§. MDCXXXV. Il paroît, par ces expériences, qu'il n'y a aucun corps terreftre connu, quelque folide, quelque compacte qu'il foit, qui foit abfolument fixe; puifque tout corps quelconque, expofé au foyer d'un miroir ardent, ou d'un verre brûlant, s'y décompofe & s'y volatilife. Les Chymiftes entendent par un corps fixe, celui qui réfifte à l'action de l'air & à celle du feu, & qui ne perd rien de fa fubftance lorfqu'il eft expofé à l'action de

(1) Acta Lipfienf. ann. 1687. p. 52. ann. 1697. p. 414. Hift. de l'Acad. Roy. ann. 1699.
(2) Hift. de l'Acad. Roy. ann. 1702. & ann. 1707. (3) Hift. de l'Acad. Roy. ann. 1709.
(4) Hift. Nat. Lib. 26. (5) De ira Dei.

ces deux menftrues : ils appellent volatil celui dont les parties fe féparent & s'élevent fous la forme de vapeurs , lorfqu'on l'expofe à l'action de l'air ou à celle du feu.

Il ne paroît pas que l'air fouffre aucune altération au foyer d'un miroir ou d'une loupe ; & cela parcequ'il réfifte très peu , & qu'il cede aifément la place dont il eft en poffeffion : cela peut venir auffi de ce que le feu ne peut rien contre la nature de ce fluide.

§. MDCXXXVI. Les rayons de la lune raffemblés par le moyen d'un miroir ardent , & réfléchis fur un diamant qu'on place au foyer de ce miroir , le pénetrent, s'attachent, pour ainfi dire, à fes parties, & le font briller dans les ténebres : cette lumiere fe diffipe avec le tems, & on la fait renaître par une chaleur quelconque, fuivant les obfervations de *Beccaria* (1).

§. MDCXXXVII. La lumiere de la lune ou des autres planetes, raffemblée par un miroir ardent, ou par une très grande loupe , & qu'on réduit à un très petit foyer, en la condenfant, ne raréfie ni ne condenfe la liqueur d'un thermometre très fenfible qu'on expofe à ce foyer (2). Il n'y a donc à ce foyer ni chaleur, ni froid qui puiffe fe rendre fenfible lors même qu'on fe fert des meilleurs inftrumens ; ainfi que *Hooke*, *de la Hire*, *Vilette*, *Tfchirnhaus* l'ont démontré, par des expériences faites avec toute l'exactitude poffible : ce qui détruit le fentiment des Anciens, qui attribuoient à la lune la faculté de brûler (3) ; ainfi que le fentiment de *Paracelfe*, d'*Helmon*, & de plufieurs autres, qui penfoient que les rayons de la lune étoient froids & humides.

§. MDCXXXVIII. Le défaut de chaleur de la lumiere de la lune au foyer , dépend de la rareté de cette lumiere ; car cette lumiere n'eft autre chofe que celle du foleil, laquelle tombant fur la lune, eft réfléchie vers notre globe. Selon les obfervations de M. *Bouguer* (4), la denfité de la lumiere de la lune , lorfqu'elle eft pleine, eft à la denfité de la lumiere du foleil fur notre globe, comme 1 : 300000 ; ce dont on peut fe convaincre par un calcul fort aifé. Suppofons que la furface de la lune foit polie de même que celle d'un miroir A G H B [*Tab.* 35. *fig.* 1.], que le centre de la lune foit en C ; que les rayons du foleil E G, F H, paralleles, tombent fur la furface de la lune. Du point intermédiaire D entre le centre C & la furface G O H, foient conduites les droites D H K, D G L ; les rayons du foleil qui tomberont fur la portion G O H , feront réfléchis par ces mêmes voies, & viendront illuminer la portion L K de la furface de la terre : & conféquemment la denfité des rayons qui tomberont fur la furface de la lune, fera à celle des rayons réfléchis fur la furface de la terre, comme la furface L K eft à la furface G O H , qui font entr'elles comme le quarré de L D eft au quarré de G D ; or L D repréfente la diftance de la lune à la terre, qui eft égale à 64 demidiametres de la terre. Secondement , le diametre de la lune eft quatre fois plus petit que celui de la terre ; conféquemment la diftance D G $= \frac{1}{8}$ d'un demi-diametre de la terre : la denfité de la lumiere du foleil à la lune eft donc à la denfité de cette même lumiere réfléchie fur la furface de la terre ,

(1) Comment. Bonon. Vol. 2. p. 286. (2) Hift. de l'Acad. Roy. ann. 1700. (3) Hift. de l'Acad. Roy. ann. 1705. (4) Sur la graduation de la lumiere.

comme 64 9 : ⅔ 9 , ou 1 : 255744 : 1. Mais comme la furface de la lune eft
remplie d'afpérités , il ne parvient à la terre qu'un très petit nombre des
rayons qui tombent fur la lune. Or le plus grand miroir ardent dont M. *de
la Hire* s'eft fervi à Paris, ne rend les rayons du foleil que 306 fois plus
denfe à fon foyer ; par conféquent la lumiere de la lune raffemblée par un
tel miroir, s'y trouve encore mille fois moins denfe que la lumiere du foleil
fur notre globe. Et fi le miroir de *Vilette* ne condenfe que de 817 fois la lumiere qu'il réfléchit , la lumiere de la lune à fon foyer fera encore 313 fois
moins denfe que la lumiere ordinaire du foleil : d'où il ne doit point paroître furprenant qu'un thermotre placé à un tel foyer , ne donne aucun figne
de mouvement.

§. MDCXXXIX. Si donc le thermometre le plus mobile ne fouffre aucun
changement lorfque cette condenfation de la lumiere devient 306 fois plus
grande , fera-t on fondé à fuivre le fentiment des Aftrologues, qui attribuent à l'influence de la lumiere de la lune & aux planetes , plufieurs effèts
que nous voyons arriver fur notre globe ? Il n'y a rien de fi futile que ce
fentiment , quoique nous ne révoquions point en doute que la lune & les
planetes ont une gravitation mutuelle les unes vers les autres , & même vers
notre globe : nous obfervons même les effets de cette gravitation; mais
nous n'en obfervons aucun qui dépende de la lumiere. On remarque auffi
pendant l'hiver que la lune produit d'autres changemens fenfibles dans l'atmofphere de notre globe ; mais que nous ne connoiffons pas encore
bien.

§. MDCXL. La matiere ignée fe raffemble encore dans les corps qui
commencent à fe pourrir ou à fermenter en plein air , comme il paroît dans
les cadavres des animaux , dans le fumier de cheval, dans plufieurs plantes , mais fur-tout dans le foin lorfqu'on l'entaffe tandis qu'il eft encore humide, dans le bois qui fe pourrit. Les étoffes qu'on entaffe les unes fur les
autres lorfqu'elles font encoré mouillées , s'échauffent dans l'efpace de 12 à
15 jours , elles fe pourriffent ; elles fe fondent, pour ainfi dire, & elles forment une maffe noire & fragile (1). Cependant on ne doit point regarder le
feu feul comme caufe de la putréfaction; mais il le devient lorfqu'il eft aidé
du fecours de l'air : car *Eller* a confervé pendant 15 ans du lait & du fang
fous un récipient vuide d'air (2). L'air feul ne caufe point auffi la putréfaction ; car on ne voit aucune viande fe pourrir dans un tems de forte gelée.
La graine de raves, raffemblée en un monceau , s'échauffe confidérablement & en peu de tems, de façon qu'on eft obligé de la remuer avec un bâton de deux en deux jours , & de la changer de place fi on veut la faire refroidir. La même chofe arrive , mais plus foiblement , au froment & aux
autres grains.

2°. La matiere ignée fe raffemble dans les corps qui commencent à fermenter , ainfi qu'on l'obferve dans les fucs aqueux qu'on exprime de l'orge,
ou de toutes les parties des plantes , & qu'on expofe enfuite à l'air , dans
toutes les pâtes farineufes feules qui font à demi-fluides , ou qui font mêlées
avec certaines fleurs.

(1) Hift. de l'Acad. Roy. ann. 1725. (2) Hift. de l'Acad. de Berlin , ann. 1757. p. 28.

3°. La matiere ignée se rassemble encore lorsqu'on mêle ensemble des solides réduits en poudre avec d'autres solides, des fluides avec des fluides,
des fluides avec des corps solides qui ont une certaine consistance, & que
ces corps fermentent par leur mêlange. Dans ces différens mêlanges la matiere du feu est provoquée plus ou moins promptement, & ces mixtes s'é-
chauffent, fermentent, les uns très lentement, les autres très promptement ;
quelques-uns même s'enflamment. Si on mêle ensemble, pendant l'été,
égale quantité de limaille de fer & de soufre, & qu'on en fasse une pâte, en
ajoûtant une quantité d'eau suffisante, & qu'on couvre légérement de terre
cette matiere, renfermée dans un creuset, elle fermente en peu de tems,
elle souleve la terre & elle détonne. Si on fait dissoudre de l'argent dans de
l'eau forte, & qu'après avoir précipité ce métal par le moyen de la saumure,
on le laisse sécher ; ce métal ainsi préparé, étant mêlé avec de la chaux d'é-
tain, s'échauffera aussi-tôt, & s'enflammera en répandant une odeur sulfureuse. Le régule d'antimoine combiné avec le mercure sublimé, s'enflamme aussi quelquefois. L'antimoine diaphorétique, mêlé avec du savon noir,
& exposé à un feu très violent dans un creuset fermé, s'échauffe après qu'on
l'a laissé refroidir, & il s'enflamme avec détonnation lorsqu'on débouche le
creuset. La poudre connue sous le nom de pyrophore, qu'on conserve dans
des bouteilles bien bouchées, s'enflamme à l'air lorsqu'on en répand sur du
papier (1).

Si on prend de l'esprit de nitre ordinaire, ou de l'esprit de nitre rectifié
avec du nitre très sec, ou de l'esprit de nitre très concentré fait avec de
l'huile de vitriol, & qu'on verse l'un de ces trois liquides à plusieurs reprises, sans mettre cependant trop d'intervalle entre ces différentes reprises ; si
on verse, dis-je, l'un de ces trois liquides sur quelqu'huile distillée de plantes, ou sur de l'huile tirée par expression, & placée dans un vase ouvert, il
suit de leur mêlange une effervescence, ensuite une espece de charbon qui
s'enflamme. Si on verse de l'alkool sur de l'esprit de nitre fumant, le mêlange s'enflammera : cette inflammation ne réussiroit pas si bien si on versoit
l'esprit de nitre sur l'alkool. *Stare* nous avoit déja appris que les huiles distillées s'enflammoient lorsqu'on versoit dessus de l'esprit de nitre fumant &
très concentré ; mais *Rouelle* a découvert que toutes sortes d'huiles tirées
par expression, pouvoient aussi s'enflammer. Cet habile Chymiste, réflé-
chissant sur ces sortes d'expériences, qui ne réussissoient pas toujours, dit
que l'inflammation en général dépend de l'esprit de nitre très concentré,
& qu'elle ne réussit pas avec toutes sortes d'huiles, à moins que l'esprit de
nitre soit récent. Il y a certaines huiles qu'on enflamme plus aisément avec
de l'esprit de nitre plus foible (2). Si cependant l'inflammation ne réussit
pas avec de l'esprit de nitre seul, il faut verser ensuite de l'huile de vitriol
concentrée, & l'inflammation ne manquera point alors ; car le premier acide
qu'on verse sur l'huile, produit un charbon que le second embrâse. Il y a
encore quantité de fluides qui produisent, par leur mêlange, plus ou moins
d'effervescence, plus ou moins de chaleur : ce qu'on peut observer en plongeant la boule d'un thermometre dans ces mêlanges ; tels sont, par exemple,

(1) Nollet, Leçons de Phys. T. 4. p. 172. (2) Hist. de l'Acad. Roy. ann. 1747.

l'efprit de vin mêlé avec l'eau , ou avec de l'urine , ou avec du vinaigre diftillé , &c (1). Il y a quantité de fluides qui , verfés fur des folides , les diffolvent , & produifent une effervefcence. Mais outre les moyens de raffembler la matiere ignée que nous venons d'indiquer , peut-être que la Nature en cache encore quelques-uns qui ne font point parvenus à notre connoiffance.

§. MDCXLI. On appelle *nourriture du feu* toutes fortes de corps qui peuvent conferver long-tems ou augmenter le feu qu'ils ont reçu , tandis que
leurs parties diminuent par l'action de ce fluide , & qu'elles fe féparent les
unes des autres & fe diffipent dans l'atmofphere.

§. MDCXLII. On trouve ces fortes de corps dans les trois regnes de la
Nature. 1°. Dans le regne minéral ; toutes les huiles qu'on tire de la terre ,
comme la pétrole , l'huile de terre , la naphte , le fuccin , l'ambre , le foufre , le charbon de terre.

2°. Dans le regne végétal ; toutes les huiles tirées par expreffion des végétaux , & de toutes leurs parties quelconques , ou toutes les huiles diftillées :
celles qu'on convertit en efprit par la fermentation , les réfines naturelles ,
celles qu'on produit par le fecours de l'art , tous les charbons.

3°. Dans le regne animal ; toutes les huiles tirées des parties animales ,
foit qu'on les tire de la graiffe ou du fuif , foit qu'elles foient formées des
corps folides , foit celles qu'on tire des liquides ; tels que le phofphore de
Brand ou de *Kunkel*. Les huiles nourriffent le feu tant que le principe huileux domine ; car elles contiennent toujours beaucoup de phlegme , un peu
de fel & de terre. Mais fi le phlegme ou l'acide , ou fi la combinaifon de
l'un & de l'autre domine le principe huileux , alors l'eau pourra fe mêler in-
timément avec cette huile , qui ne fera plus propre à fournir à la nourriture du feu (2). Les autres corps , tels que les corps terreftres , les fels &
les métaux , lorfqu'ils font feuls , peuvent , à la vérité , s'embrâfer & conferver pendant long-tems la matiere ignée ; mais ils ne peuvent point l'augmenter , comme font ceux qui contiennent une nourriture propre à cet élément : car cés corps , abandonnés à eux mêmes , fe refroidiffent de plus en
plus. Au contraire , les corps qui contiennent l'aliment du feu s'embrâfent
de plus en plus , augmentent l'intenfité du feu , qui ne les abandonne pas
que toute la partie alimentaire qui s'y trouve ne foit tout-à-fait confommée.
Mais les huiles feules ont-elles la propriété de fournir un aliment convenable au feu ? C'eft ce qui ne paroît pas vrai ; car l'or fulminant le nourrit ,
ainfi que tous les métaux diffous dans des menftrues , & enfuite précipités ,
à moins qu'on ne regarde le foufre qu'ils contiennent comme la feule caufe
de cet effet.

§. MDCXLIII. Tout feu terreftre que nous connoiffons iufqu'à préfent , a
befoin de nourriture , & il s'éteint fi-tôt qu'elle lui manque ; car on ne connoît point encore le fecret du Prince *de S. Severo* , qui produit un feu éternel , dont l'aliment ne fe confomme point (3). Tandis que les corps fervent
de nourriture au feu , ce fluide agite fortement leurs parties ; elles frottent

(1) Hift. de l'Acad. Roy. anni 1727. (2) Hift. de l'Acad. Roy. ann. 1742. (3) Acta nova
Lipfienfia , ann. 1754. p. 82.

alors

alors les unes contre les autres, elles se brisent : ces parties, par le frottement qu'elles éprouvent, & par le mouvement qu'elles reçoivent encore de leur élasticité, augmentent le mouvement de la matiere ignée, qui se produit alors sous la forme de feu : outre cela, plus ces parties sont élastiques, plus elles attirent de feu du dehors; & comme ce fluide s'étend en vertu de son élasticité, & qu'il tend à l'équilibre, il pénetre de parties en parties dans l'aliment qu'il trouve : & c'est pour cela qu'une très petite partie de cet aliment est embrâsée d'abord ; que le feu s'étendant ensuite de toutes parts, prend différens degrés d'accroissement, & consomme enfin tout l'aliment : cet aliment étant extrèmement atténué par l'action du feu, est séparé & jetté hors de la masse qui le contenoit, se dissipe insensiblement dans l'atmosphere avec le feu auquel il s'attache.

§. MDCXLIV. Le feu séparant aussi du reste de la masse les parties les plus grossieres de cette nourriture, telles que sont les parties aqueuses, salines, huileuses, terrestres; ces parties s'échappent, emportent avec elles un peu de feu, & forment une autre espece de fluide sensible, élastique, que nous connoissons sous le nom de fumée. Lorsque les parties de ce dernier fluide sont rassemblées, elles forment une masse legere, rare, qu'on appelle suie, laquelle étant remise au feu, peut encore lui servir de nourriture; parcequ'elle contient de l'huile : mais elle s'atténue alors, & elle devient plus volatile. Si on prive cette fumée de l'huile qu'elle contient en la faisant bouillir dans de l'esprit de vin, elle forme une masse terrestre, qui ne peut plus s'embrâser, & qu'on ne peut dissoudre dans aucun menstrue.

§. MDCXLV. Mais lorsque ces mêmes parties deviennent plus volatiles, & qu'elles s'élevent en plus grande abondance, qu'elles emportent avec elles une plus grande quantité de feu, qu'elles sont plus raréfiées ; elles forment ce que nous appellons de la flamme, dans laquelle on remarque plusieurs parties plus grossieres que les autres qui forment de petits charbons embrâsés. La fumée n'est donc pas fort différente de la flamme, & elle peut aisément se convertir en flamme dès qu'il s'y joint un peu plus de feu. Aussi remarque-t-on que quand un feu fume bien fort, on peut d'abord lui faire prendre flamme avec une alumette qui est en feu. Si on fait dissoudre du fer dans de l'esprit de vitriol ; il s'éleve quantité de vapeurs qui ressemblent assez à de la fumée : ces vapeurs s'échauffent davantage à l'approche d'une chandelle allumée, & elles s'enflamment ensuite avec détonnation. Outre cela, suivant les différentes parties qui constituent la fumée, la couleur de la flamme devient différente ; car l'esprit de vin ou le soufre donnent une flamme bleue. Le cuivre mêlé avec le sublimé, forme une flamme verte. Le cuivre mêlé avec le zinc en produit une qui est d'un très beau bleu. Celle du talc tire sur le jaune, & celle du camphre est blanche.

Si les parties d'un bois qu'on met au feu ne sont point, ou qu'elles ne soient que très peu volatiles, ou enfin que ce bois n'en contienne qu'un très petit nombre de cette espece, la nourriture manque alors à la flamme ; c'est ainsi que des charbons de bois fournissent au feu un aliment qui lui convient ; mais ils ne s'enflamment point, à moins qu'on ne porte contre eux le vent d'un soufflet : alors il paroît un peu de flamme bleue. Le feu d'un seul charbon s'éteint aisément si on ne le souffle point; parceque l'huile noire

& denſe de ce charbon ne ſe volatiliſe point par le ſeul feu de ce charbon. Il en eſt de même du bois qui s'eſt imbu d'alun diſſous dans de l'eau ; lorſqu'on le jette au feu, il ne s'embrâſe pas, quoiqu'il s'y conſomme à la longue (1). Le larix qui croît ſur le bord du Pô ne s'allume point, ne fait point de charbon, & ne ſe conſomme point au feu autrement que les pierres (2).

§. MDCXLVI. Chaque flamme eſt entourée de ſon atmoſphere, dont les parties ſont ſur-tout aqueuſes & repouſſées du milieu de la flamme ; ces parties s'élevent en-haut avec la fumée. Cette atmoſphere s'étend d'autant plus autour de la flamme, que ſa nourriture eſt plus aqueuſe : la flamme elle-même eſt d'autant plus rare, plus menue & moins lumineuſe, que ſon aliment eſt moins aqueux. C'eſt pour cela que de l'huile vieille, ou qui a trop cuit, eſt moins propre à nourrir la flamme qu'une huile récente qui contient beaucoup d'eau. A peine le charbon du bois, qui eſt noir, fournit-il de la nourriture à la flamme ; parcequ'il a perdu ſon humidité : il en fournit néanmoins au feu, & il ne paroît point avoir d'atmoſphere autour de lui. Si on veut réunir les flammes de deux chandelles allumées, on remarque aiſément leurs deux atmoſpheres qui s'oppoſent à cette réunion ; car les parties de ces atmoſpheres, qui ſont purement aqueuſes, ſe meuvent ſelon une direction oppoſée ; ſavoir, du milieu de la flamme en dehors : on peut voir auſſi cette atmoſphere en tenant derriere la flamme un miroir ardent concave, & en faiſant enſorte qu'on puiſſe appercevoir l'image de la flamme ſur une muraille blanche, comme l'a fort bien fait voir M. *Hook* (3).

§. MDCXLVII. La flamme s'éleve en haut, de même que ſi elle nageoit dans l'atmoſphere : ce qui vient de ce que la gravité reſpective de l'air eſt plus grande que celle des parties embrâſées qui ſont extrêmement raréfiées par le feu, & qui, conjointement à une grande quantité de feu, compoſent la flamme, comme une ſeule & unique maſſe, plus légere que l'air qui la pouſſe en-haut.

§. MDCXLVIII. La flamme a auſſi la forme d'un cône : ſa baſe, qui eſt ſa partie la plus large, repoſe ſur ce qui lui ſert de nourriture, & ſon ſommet s'éleve en-haut : d'où la fumée s'échappe, s'il y en a. A l'endroit où la flamme repoſe ſur ſon aliment, elle eſt compoſée d'un plus grand nombre de parties qu'ailleurs, & elle en écarte de chaque point de ſa circonférence une très grande quantité qu'elle ne ceſſe de pouſſer en-dehors : c'eſt pourquoi plus la flamme s'éleve, moins il lui reſte de parties qui l'accompagnent.

De là vient que ſi on fait paſſer la flamme par un anneau, & qu'on empêche par conſéquent qu'il ne s'échappe aucunes des parties latérales ; il faudra qu'il s'en éleve en-haut une plus grande quantité, & que la flamme en devienne beaucoup plus longue.

§. MDCXLIX. Quoique la baſe de la flamme ſoit très grande, ce n'eſt cependant pas à ſa baſe, ni à ſon milieu, ni à ſon ſommet, qu'elle a plus de chaleur ; mais il paroît, en y faiſant attention, que ſa partie inférieure eſt

(1.) Schwediſche Abhandbungen. Tom. 1. p. 194. (2) Vitruv. Lib. 2. cap. 9. Plin. in Hiſt. Nat. Lib. 16. §. 19. p. 9. (3) Cutlerian. Lectures.

plus fombre , qu'elle eft fuivie d'une autre partie plus blanche, qui fe termine & qui eft diftinguée de la partie fupérieure par une efpece de voûte :
c'eft cette partie de la flamme qui eft plus chaude ; au-deffus de cette efpece
de voûte fuit une lumiere moins blanche , terminée par une longue pointe :
c'eft la partie la moins chaude de la flamme.

§. MDCL. Mais fi les parties qui fervent de nourriture à la flamme, fur-
tout les parties de l'huile la plus groffiere , ou terreftre, ne s'atténuent prefque point par la flamme, ces parties pouffées au haut par la matiere ignée ,
s'échapperont par le fommet de la flamme fous la forme d'une fumée noire :
c'eft pour cette raifon que fi on place au milieu de la flamme d'une lampe un
corps folide , qui diminue , par fa préfence , le mouvement des parties ignées,
ainfi que l'atténuation des parties alimentaires de la flamme ; il s'élevera
alors plus de fumée , & cette fumée formera même une efpece de croûte
noire & épaiffe autour du corps qui fera placé au milieu de la flamme : au
contraire , fi vous foufflez la flamme avec un chalumeau , de façon que diminuant fon étendue, vous la condenfiez , elle ne formera point de fumée ;
parceque toutes les parties qui lui fervent d'aliment , étant alors atténuées
par l'activité du feu , il n'en reftera point qui puiffent fournir de la
fumée.

§. MDCLI. Les flammes des différens corps qui brûlent ne font point
toutes femblables ; celle d'une chandelle de fuif, dont la méche eft de coton, n'eft pas toujours également brillante : fon éclat varie continuellement
en plus & en moins ; elle eft tantôt plus courte, tantôt plus longue , & continuellement agitée. La flamme d'une lampe dans laquelle on brûle de
l'huile d'olive, & dont la méche eft auffi de coton, jette très peu de fumée ;
elle eft blanche , tranquille, toujours de même longueur, & fon éclat ne
varie point : c'eft pour cela qu'elle eft très propre à éclairer les objets qu'on
veut examiner avec le microfcope, & que la flamme d'une chandelle ne
peut point fervir à ces fortes d'obfervations.

§. MDCLII. La flamme échauffe d'autant plus les corps auxquels on
l'applique, qu'elle eft plus pure , & qu'elle vient d'un aliment dont les parties font plus homogenes, & qui ne jettent aucune fumée vifqueufe : c'eft
pour cette raifon que la flamme de l'alkool chauffe bien plus fortement que
toute autre flamme quelconque. En effet, la fumée des autres flammes,
d'huile , de fuif, de graiffe, &c, s'attache aux corps qui font expofés à la
flamme , & les empêche de devenir auffi chauds qu'ils pourroient l'être ;
puifque le feu ne peut point alors les toucher immédiatement : c'eft ce que
j'ai découvert à l'aide de plufieurs expériences que j'ai faites avec mon pyrometre. La chaleur des corps enflammés differe fuivant les différentes parties
aqueufes , falines, huileufes , terreftres , métalliques , & autres qui entrent dans leur combinaifon. La flamme d'un bois devenu trop fec eft moins
chaude que celle d'un femblable bois qui feroit encore à demi-verd , ou qui
auroit été coupé depuis peu de tems. Les Chymiftes fe font fur-tout appliqués à augmenter & à diminuer le feu felon différens degrés, afin de décompofer, comme il leur plaît, les mixtes qu'ils veulent examiner.

§. MDCLIII. Si une flamme eft entourée par une autre, par exemple ,
fi la flamme d'une lampe dans laquelle on brûle de l'huile de rave , de téré-

benthine , de pétrole , eſt entourée d'une flamme d'eſprit de vin bien déphlegmé & échauffé ; alors la flamme qui eſt au milieu eſt comprimée par
celle qui l'enveloppe , & elle devient deux fois & même trois fois plus longue qu'auparavant , & elle jette très peu de fumée. Ces deux eſpeces de
flammes , priſes enſemble , s'élevent très haut ; mais elle paroît agitée &
elle s'éleve avec un mouvement inégal.

    Voici une maniere de répéter cette expérience , qui eſt très commode.
A B C [*Tab.* 35. *fig.* 2.] eſt une lampe de métal de 2 pouces de diametre ,
fermée par un couvercle percé de 7 trous , dont celui du milieu F eſt plus
grand que les ſix autres qui l'entourent : on fait paſſer un tube par le trou du
milieu ; ce tube traverſe le fond de lampe , & eſt muni d'une méche dont
l'extrêmité tombe dans la ſoucoupe E qui porte la lampe : l'autre extrêmité
de cette méche domine au deſſus du trou F. Lorſqu'on verſe de l huile , de
raves , par exemple , ou d'olives , dans la ſoucoupe , cette huile s'éleve en F
en montant le long de la méche , qui doit être faite de 10 ou 12 fils qu'on a
ſoin de tordre un peu : on met enſuite une méche aux ſix autres trous , qui
pénetrent dans la lampe , qu'on remplit d'eſprit de vin rectifié , par un orifice ménagé en A , & qui a la forme d'un entonnoir. On couvre enſuite ces
méches , afin qu'elles ne s'allument pas dans le moment qu'on allume celle
du milieu. Les méches latérales doivent être compoſées de 4 fils ſeulement.
Les choſes étant ainſi diſpoſées , ſi on allume la méche du milieu , elle brûlera à la faveur de l'huile qui s'élevera le long de la méche : on remarquera
alors juſqu'à quelle hauteur la flamme s'éleve ; hauteur qui ne ſera pas beaucoup conſidérable au-deſſus du porte méche : on allumera enſuite les méches latérales ; l'eſprit de vin étant enflammé , on remarquera une flamme
dont la baſe ſera égale au cercle que forment les 7 trous par leur diſpoſition ,
& la flamme deviendra alors fort haute : celle du milieu qu'on pourra diſtinguer aiſément , deviendra deux ou trois fois plus haute que précédemment.

    §. MDCLIV. Quel peut être le diametre & la hauteur de la flamme ?
Cela dépend de la quantité & de la qualité de la matiere qui brûle. Les
montagnes qui contiennent des volcans fourniſſent abondamment à la nourriture de la flamme ; & pour l'ordinaire cette matiere eſt ſulphureuſe : c'eſt
pour cela qu'une montagne du Pérou , nommée Cotapaxi , jette une flamme
de 1800 pieds de hauteur. Le diametre de la bouche du volcan eſt , à la vérité , de 800 toiſes : ce qui détermine la baſe de la flamme (1). Peut-on donc
mettre des limites à la grandeur de la flamme ?

    §. MDCLV. Le feu qui eſt allumé dans un corps terreſtre , ſoit ſous la
forme de charbon , ou ſous celle d'une flamme , a beſoin de nourriture
pour pouvoir ſe conſerver ; mais outre cette nourriture que l'entretien du
feu exige , il demande encore que l'air de l'atmoſphere y ait un libre accès :
que cet air comprime la nourriture par ſa peſanteur ; mais cependant de
telle maniere , que cette preſſion ne ſoit ni trop forte , ni trop foible. Il faut
encore que la fumée & les autres parties inutiles de la nourriture ſoient dé-
tournées du feu ; car ſans toutes ces conditions , la nourriture du feu ne
pourra point ſervir à ſon entretien.

   (1) Condamine , Introduct. Hiſtoriq. p. 159.

En effet , fi on prend un charbon , de quelque bois que ce foit , ou un charbon de tourbes de Hollande, une méche allumée , une chandelle odoriférente , une de cire , une de fuif , ou une lampe allumée avec de l'huile de lin , de navet, de térébenthine , ou de quelques autres huiles diftillées , ou avec du brandevin , fi , dis je, on prend quelques-uns de ces corps allumés , & qu'on les mette fous un pot ou fous un verre, enforte qu'on empêche l'air d'y entrer librement ; ils s'éteindront en peu de tems. Plus le vafe fera petit , & plutôt ils s'éteindront; il en fera de même fi ce vafe refufe plus exactement le paffage à l'air, & s'oppofe davantage à la fortie de la fumée. Au contraire le corps refte d'autant plus long tems allumé, qu'il jette moins de fumée ; comme cela fe remarque dans une méche d'artillerie, & dans les charbons de nos tourbes de Hollande. Les expériences qui nous ont appris ces réfultats, furent faites fous une cloche de verre ; dont la capacité étoit = 196 $\frac{4}{7}$ pouces cubiques [*Tab.* 35. *fig.* 3.], fous laquelle on renferma des chandelles de 4 $\frac{1}{4}$ pouces de hauteur , & d'un demi pouce de diametre. Les méches de ces différentes chandelles étoient de coton , & voici le détail des réfultats.

Une chandelle de poix jetta une grande flamme accompagnée d'une très grande fumée noire ; elle s'éteignit en 52 m″.

Une chandelle de colophone jetta pareillement beaucoup de flamme & de fumée noire ; elle s'éteignit en 40 m″.

Une chandelle de blanc de baleine donna une flamme blanche de médiocre grandeur ; elle jetta très peu de fumée , & elle s'éteignit en 80 m″.

Une chandelle de graiffe de cochon produifit le même effet qu'une chandelle de fuif , & elle s'éteignit en 38 m″.

Une chandelle de graiffe de brebis brûla pendant 48 m″.

Une chandelle de graiffe de bœuf brûla pendant 45 m″.

Une chandelle de graiffe de veau brûla pendant 50 m″.

Une chandelle de cire blanche brûla pendant 63 m″.

Une chandelle de bitume de Judée brûla pendant 55 m″, en jettant beaucoup de flamme & de fumée.

Une chandelle de foufre ordinaire brûla pendant 65 m″, en jettant une petite flamme bleue , à peine fenfible , accompagnée de beaucoup de fumée blanche fort épaiffe.

Ces expériences ne donnent point toujours les mêmes réfultats; parceque toute la maffe de l'aliment du feu n'eft pas tout-à-fait la même , ou parfaitement femblable ; car elle contient en différens endroits plus ou moins de phlegme & de fel : la flamme ne jette pas toujours la même quantité de fumée ; de plus l'atmofphere n'eft pas toujours également conftituée, fa température n'eft pas toujours la même. On remarque auffi les mêmes différences en répétant ces expériences avec différens fluides. Voici une fuite d'expériences faites avec des fluides.

Une méche faite de deux brins de coton de $\frac{1}{100}$ de pouce d'épaiffeur , étant mife dans une lampe, placée fur une petite platine de porcelaine : cette lampe garnie des différens fluides que nous allons expofer, fut placée fous le même vafe , dont nous venons de parler , & on répéta trois fois les mêmes expériences.

De l'esprit de vin rectifié brûla pendant 20 m″ : la flamme fut grande ; elle emportoit avec elle des vapeurs qui ne devenoient sensibles que sur les parois du récipient.

De l'huile de lin brûla pendant 110 m″, en jettant une petite flamme, & un peu de fumée noire.

De la graisse d'alouette coulante jetta une flamme claire & gracieuse à voir : elle ne s'éteignit qu'au bout de 80 m″, elle jetta un peu de fumée aqueuse.

De la graisse d'oie jetta très peu de fumée aqueuse, & s'éteignit en 90 m″.

De la graisse de canard jetta aussi peu de fumée aqueuse ; elle donna une flamme gracieuse, & s'éteignit en 70 m″.

De la graisse humaine bien coulante fournit une flamme gracieuse, & s'é-teignit en 48, 50, 52 m″ : elle donna peu de fumée aqueuse qui couvroit les parois du récipient, comme d'une espece d'haleine. Cette graisse pourroit être d'un bon usage pour les lampes.

De l'huile de raves donna une petite flamme qui emportoit avec elle un peu de fumée noire ; elle dura pendant 170 m″.

De l'huile d'olives produisit une petite flamme qui jettoit à peine de la fu-mée ; elle brûla pendant 128 m″.

De l'huile de noix tirée par expression, donna une petite flamme accom-pagnée de peu de fumée, & elle brûla pendant 140 m″.

De l'huile d'amandes douces donna pareillement peu de flamme & de fumée, & brûla pendant 100 m″.

De l'huile distillée de fenouil jetta une grande flamme & beaucoup de fu-mée épaisse & noire : elle brûla pendant 30 m″ ; &, en répétant l'expérien-ce, elle ne s'éteignit qu'après 37 m″.

De l'huile de térébenthine donna beaucoup de flamme, & une grosse fu-mée noire fort épaisse ; elle brûla pendant 22 m″.

De l'huile de sassafras jetta aussi beaucoup de flamme & de fumée épaisse & noire ; elle brûla pendant 55 m″.

De l'huile de romarin produisit un effet semblable ; elle dura 82 m″.

De l'huile d'anis jetta beaucoup de flamme & peu de fumée ; elle dura 62 m″.

De l'huile de genievre produisit le même effet, & brûla pendant 85 m″.

De l'huile de poissons donna peu de flamme avec un peu de fumée noire : cette flamme s'éteignit en 110 m″.

De la pétrole donna beaucoup de flamme accompagnée de beaucoup de fumée épaisse & noire ; elle brûla pendant 30 m″.

De l'huile de terre fournit peu de flamme & peu de fumée ; elle brûla pen-dant 30 m″.

C'est de cette façon qu'il faut examiner toutes les huiles inflammables qui n'ont point encore été soumises à l'expérience.

De même que l'air est nécessaire pour l'entretien de la flamme, il est sou-vent nécessaire pour la lumiere ; & on remarque que cet air étant supprimé, ou éloigné, le corps lumineux cesse de répandre de la lumiere : c'est ce qu'on remarque par rapport au lait qu'on a rendu lumineux ; par le moyen du fuc du couteau de mer. Si on renferme dans une bouteille du lait qui foit ainfi préparé, & qui eft lumineux, il perdra en peu de tems fa lumiere ; fi on bouche la bouteille de façon que l'air ne puiffe y avoir d'accès, on lui rend fa lumiere en introduifant une bulle d'air dans la bouteille, & en la fecouant un peu, pour que l'air pénetre la maffe fluide qui réfide dans la bouteille (1).

§. MDCLVI. Toutes les fubftances dont nous venons de parler, perdent encore plus promptement le feu qui les anime, lorfqu'on répete les expériences que nous venons d'indiquer fous un récipient qu'on vuide d'air ; & le feu périt d'autant plus promptement, qu'on raréfie plus promptement l'air ; parcequ'alors rien ne peut preffer contre le feu l'aliment qui eft néceffaire pour fon entretien.

§. MDCLVII. Les différentes fubftances dont nous venons de parler, étant embrafées & renfermées fous un ample récipient fous lequel on injecte de nouvel air, pour condenfer, par ce moyen, la maffe qui y eft contenue ; ces fubftances confervent alors plus long-tems le feu qui les anime ; mais elles s'éteignent enfuite. On peut voir plufieurs autres chofes relatives à cet objet dans un Ouvrage de M. *Boyle* (2).

§. MDCLVIII. Il fuit de ce que nous venons d'obferver, que lorfqu'un corps doit fervir de nourriture au feu, il ne faut pas que l'air le comprime trop ou trop peu ; qu'il eft outre cela néceffaire que la fumée puiffe fe diffiper, parcequ'elle eft accompagnée de parties qui ne peuvent fervir de nourriture au feu, telles que font fur-tout les vapeurs, les fels & les parties terreftres.

§. MDCLIX. On pourra voir, par les expériences fuivantes, combien il eft néceffaire que l'air ait un accès libre vers la flamme, afin qu'elle continue de brûler. Ayant pris un récipient de 95 pouces cylindriques, ouvert des deux côtés ; mais retrécis à fa partie fupérieure, de façon que cette ouverture n'avoit que 2 pouces de diametre : & l'ayant placé fur une table, j'obfervai qu'une chandelle de fuif d'un demi-pouce de diametre, placée fous ce récipient, y brûla librement jufqu'à fa parfaite confommation ; mais ayant diminué l'ouverture du récipient de maniere qu'elle devient $= \frac{6}{10}$ de pouce quarré. La chandelle continua, à la vérité, à brûler ; mais fa flamme étoit moins vive. Ayant encore diminué cette ouverture jufqu'à la réduire $= \frac{1}{10}$ de pouce quarré, la flamme s'éteignit dans l'efpace d'une minute ; elle brûla quelques fecondes de plus lorfque l'ouverture devint $= \frac{15}{100}$ de pouce quarré : mais ayant donné à cette ouverture $\frac{4}{10}$ de pouce quarré, la chandelle continua à brûler, quoique la flamme en fût trifte & languiffante ; à peine faifoit-elle fondre & confommoit-elle l'aliment qui fourniffoit à fon entretien : je me fuis fervi du même récipient dans les expériences fuivantes.

Une petite chandelle de cire, qui ne jettoit que très peu de fumée, continua à brûler lorfque l'ouverture fupérieure du récipient avoit $\frac{1}{2}$ pouce

(1) Commentar. Bonon. Vol. 1. p. 164. (2) Continuat. 1. Experim. Phyf. Mechan. Art. 7.

quarré; mais si·tôt que je diminuai cette ouverture, la flamme diminua à proportion, & elle s'éteignit lorsque l'ouverture devint = $\frac{35}{100}$ de pouce quarré.
De l'alkool mis dans une lampe dont la méche étoit de coton, ne put nourrir la flamme que pendant deux minutes, l'ouverture étant = $\frac{75}{100}$ de pouce
quarré. Mais ayant élevé la méche & rendu, par ce moyen, la flamme plus
grande, elle ne dura alors que 10 m″. On voit, par ces expériences, qu'il
faut de toute nécessité donner un libre accès à l'air, si on veut entretenir la
flamme : ce qui paroîtra encore plus manifestement par les expériences suivantes.

§ MDCLX. Ayant mis une chandelle de suif allumée sous une cloche de
verre de 200 pouces cubiques, & cette cloche étant posée sur une table de
bois percée d'un trou rond de 20 lignes de diametre, la flamme de la chandelle s'éteignit en une demi-minute ; ayant fait deux trous séparés l'un de
l'autre, & de 200 lignes quarrées chacun, la même chandelle s'éteignit
dans le même tems. Cette même cloche étant soutenue par trois petites colonnes de façon qu'elle étoit éloignée de la table à la distance d'un pouce,
la chandelle qu'on mit dessous s'éteignit encore ; mais elle continua à brûler
quoique sa flamme fût très languissante, lorsque la cloche fut élevée sur
trois piliers, qui l'éloignoient de la table à la distance de 16 lignes.

Si on met une chandelle de suif, dont 8 font une livre, dans un tuyau de
fer fermé par en bas, mais ouvert par en haut, qui ait 6 pieds de longueur,
& dont le diametre soit d'un pouce, cette chandelle ne brûlera que fort peu
de tems.

Si l'on prend le canon d'un fusil ouvert des deux côtés, & qu'on le fasse
passer par l'ouverture supérieure d'un grand verre, jusqu'à ce qu'il parvienne
vers son fond; si on fait alors brûler une chandelle sous ce verre, & qu'on
retire doucement l'air qu'il contient, à l'aide de la machine pneumatique,
afin qu'il entre continuellement de nouvel air par le canon du fusil (mais
pour empêcher cet air d'entrer trop subitement dans le verre, & de souffler
la chandelle : il faut avoir soin de mettre 3 ou 4 fils de coton sur l'ouverture
supérieure du canon), on observera alors que la flamme s'éteindra dans l'espace de quelques minutes, ainsi que M. *Hales* (1) l'a éprouvé. C'est pour
cela que, pour conserver de la lumiere dans les lanternes, il faut avoir soin
de donner un passage à l'air par un trou ménagé & ouvert, vers leur partie
inférieure, & de faire des ouvertures à leur partie supérieure, pour donner
issue à la fumée. Pour que la chandelle renfermée dans une lanterne puisse
continuer à brûler, il faut que l'orifice inférieur, ainsi que le supérieur, si
on n'en pratique qu'un vers cet endroit, soit au moins de 20 lignes quarrées ;
ces ouvertures seroient même plus avantageuses si elles étoient plus grandes :
mais si on ne donne à ces ouvertures que six lignes quarrées pour les deux,
la chandelle s'éteindra dans la lanterne, de même que lorsqu'elle est renfermée sous le vase dont nous venons de parler.

§. MDCLXI. Toutes les expériences que nous avons rapportées depuis le
§. 1655 jusqu'au §. 1659, ont été faites en fournissant à la flamme une
nourriture homogene; mais il faut encore répéter ces mêmes expériences &

(1) Vegetables Statites Experim. 115.

en faire d'autres en lui donnant une nourriture hétérogene : c'eft pour cela
qu'il faudroit mêlanger différens alimens tirés du regne animal , avec toutes fortes d'autres tirés du même regne , ainfi que du regne végétal & foffile,
& faire la même chofe avec chaque efpece d'aliment tiré de ces deux derniers regnes. Il faudroit enfin mêler enfemble les alimens que peuvent fournir les trois regnes que nous venons d'énoncer : ce qui fourniroit un champ
immenfe aux expériences qu'on peut faire à ce fujet ; expériences qui ne feroient point inutiles , & qui ne peuvent conduire qu'à quelques découvertes furprenantes , & auxquelles on ne s'attendroit point : comme on en
peut juger par l'exemple de l'or fulminant, ou de prefque tout autre métal
ainfi préparé , ou de la poudre à canon , qui eft compofée d'alimens tirés de
deux regnes de la Nature ; favoir , de charbon, qui appartient au regne végétal , de foufre & de nitre , qui appartiennent au regne minéral.

L'embrâfement qui naît d'un aliment fimple , differe confidérablement de
celui qui provient d'un aliment compofé : on en a un exemple très frappant
dans cette compofition, qu'on connoît fous le nom de poudre fulminante,
qui eft faite avec du foufre, du nitre & du fel de tartre. Cette poudre mife
dans une cuiller de fer qu'on place fur le feu , s'enflamme avec une explofion très violente : d'où il paroît que les recherches phyfiques ne font point
encore épuifées.

§. MDCLXII. Nous pouvons comprendre par ce que nous avons établi
ci-deffus , pourquoi le feu ordinaire de nos foyers ne brûle pas fi bien l'été
que l'hiver.

La raifon en eft que l'air eft plus raréfié & moins élaftique, lorfqu'il fait
chaud ; ce qui empêche les parties de la nourriture d'agir fur le feu avec autant de force que lorfqu'elles font pouffées par un air froid, plus comprimé , plus élaftique. Outre cela , quand il fait froid, il y a une plus grande
différence entre le feu qui confomme un corps & celui qui eft répandu dans
l'atmofphere, que lorfqu'il fait chaud : ce qui fait que la matiere du feu qui
embrâfe un corps s'échappe plus promptement & en plus grande quantité de
ce corps pour paffer dans l'air ambiant , que lorfque la température de cet
air eft plus grande. Or le feu qui s'échappe des corps emporte avec lui les
parties qu'il peut détacher de la maffe totale; & conféquemment puifqu'il
s'échappe plus promptement & en plus grande quantité l'hiver que l'été , il
doit confommer dans la premiere de ces deux faifons une plus grande quantité d'aliment. Si les rayons du foleil échauffent & raréfient beaucoup l'air
qui entoure un charbon, ce même air aura t-il alors affez de force pour
pouffer la nourriture contre le feu ? Il ne le fera pas fi facilement : auffi
voyons-nous que peut s'en faut que le foleil n'éteigne un charbon allumé
lorfqu'il darde fes rayons deffus. Les Chymiftes conviennent auffi que le feu de
leurs fourneaux a moins d'activité lorfqu'il fait chaud , humide , & que la
pefanteur de l'air eft diminuée , & que le feu eft comme fouffoqué lorfqu'on allume plufieurs fourneaux les uns contre les autres (1).

§. MDCLXIII. Mais n'eft-il pas néceffaire qu'il y ait dans l'atmofphere
quelques particules d'une nature particuliere , & que nous ne connoiffons

(1) Crameri Docimafia , Part. 1. pag. 118.

point encore, qui concourent à l'entretien de la flamme, conjointement avec le feu, & l'aliment qu'on lui fournit? Ceci ne paroît pas hors de vraisemblance, si on fait attention aux expériences rapportées dans le §. 1661, faites dans des vases ouverts; car on ne peut point avoir recours, pour les expliquer, ni à la trop grande raréfaction de l'air, ni à sa plus grande ou à sa moindre pression, ni à l'empêchement de l'expulsion de la fumée; mais seulement à la consommation des parties nécessaires pour l'entretien de la flamme, & qui surnagent dans l'atmosphere. Il reste néanmoins une difficulté; puisqu'il y a quelques corps qui continuent à brûler dans le vuide: en effet, si on verse dans le vuide une dragme & demi d'huile de gérofle sur une dragme d'esprit de nitre & de *Geoffroy*, il naît de ce mêlange une flamme qui brise le récipient en mille morceaux (1).

2°. Lorsqu'on jette quelques morceaux de phosphore d'urine dans de l'huile de vitriol, à laquelle on a ajoûté une égale quantité d'huile de tartre par défaillance, & de l'huile de gérofle, ces morceaux de phosphore s'allument. On les éteint en versant de l'eau par dessus: si on met ensuite ce mêlange dans le vuide, il y deviendra lumineux, & il y prendra feu (2).

3°. Si on frotte avec prudence du phosphore d'Angleterre contre du charbon de bois réduit en poussiere, afin qu'il ne s'enflamme point, & qu'après avoir transporté le tout sous le récipient de la machine pneumatique, on fasse le vuide, on verra le charbon s'embrâser & jetter une très grande flamme avec de la fumée, si-tôt qu'on aura retiré une certaine quantité d'air, ou lorsqu'on aura fait le vuide aussi exactement qu'on puisse le faire On peut répéter la même chose en substituant au charbon de la poudre à canon: il arrive quelquefois que la poudre à canon jette, au bout de quelques minutes, une fumée épaisse, & qu'elle brûle le papier sur lequel on l'a posée, comme feroit du pyrophore; quelquefois il faut à cette matiere plus de dix minutes pour produire son effet: d'autres fois l'incendie n'a lieu que lorsqu'on reporte de l'air sous le récipient; & quelquefois même l'expérience ne réussit point: c'est pour cela que je m'y suis pris de cette maniere pour la répéter toujours avec succès.

A B C P [*Tab.* 35. *fig.* 4.] est un long récipient de verre ouvert des deux côtés, garni d'une plaque de cuivre à sa partie supérieure; à cette plaque est soudé un tube de cuivre E F, fermé à sa partie inférieure F, & ouvert à sa partie supérieure E. On met une soucoupe de bois tendre & poreux G sur la platine de la machine pneumatique: on répand ensuite sur le couvercle de cette capsule la poudre de charbon, à laquelle on a ajoûté du phosphore d'urine, l'extrêmité F du tube de cuivre touche à cette composition. Les choses étant ainsi disposées, on fait le vuide; lorsque l'inflammation ne survient pas aussi promptement qu'on le desire, on prend alors le cylindre de fer H I, dont on fait rougir au feu la partie inférieure: on le plonge dans le le tube E F jusqu'à ce qu'il parvienne à son extrêmité F; ce tube s'échauffe par le moyen de ce cylindre, & il embrâse la poudre par son attouchement: on voit donc alors une grande flamme & une fumée épaisse qui remplit toute

(1) Newton Optiks, Quest. 31. p. 354. (2) Desaguilliers Conrse of Experim. Philos. Vol. 2. p. 389.

la capacité du récipient. Il ne faut répéter cette expérience que l'hiver, & encore faut-il la répéter avec beaucoup de prudence & de précaution : celui qui la fait doit se garantir la main par le moyen d'un gant ; car il est exposé à se brûler : je dis qu'il ne faut répéter cette expérience que dans l'hiver ; parceque le phosphore s'enflamme de lui-même par son attouchement au charbon lorsqu'il fait chaud.

4°. Le phosphore d'urine, mis dans le vuide, s'y enflamme lorsqu'on l'échauffe jusqu'à un certain point ; & si on ne l'y échauffe point, il-y brille plus que dans l'air plein : ainsi que l'ont observé *Boyle* & *Hauxbée*. On fait durer son éclat, & même on l'augmente, en continuant de pomper l'air, afin de retirer du récipient la fumée qu'il peut produire. Tous ces phénomènes exposés dans cette section, ne viendroient-ils point de ce que la matiere ignée, qui est renfermée dans le phosphore, est tellement comprimée par l'air, qu'elle ne peut s'échapper qu'en petite quantité des parties huileuses qui la recelent ; ce qui fait qu'elle ne produit alors qu'un foible éclat ; mais lorsque ce phosphore est placé dans le vuide, sa matiere ignée, n'étant plus comprimée par l'air, s'échappe alors avec abondance ; elle coule, pour ainsi dire, comme un ruisseau : elle jette donc un très bel éclat, & même elle s'embrâse & elle allume les parties huileuses qu'elle rencontre.

Pour terminer cette question le plus succintement que faire se pourra, je proposerai seulement, sous la forme de questions, ce qui me reste à dire sur le feu.

§. MDCLXIV. Pourquoi un charbon ardent s'éteint-il lorsqu'on le plonge dans de l'esprit de vin froid, de même que si on le plongeoit dans de l'eau ? Cela vient de ce que ce charbon ne peut point assez échauffer cet esprit pour l'enflammer : aussi remarque-t-on que si on fait chauffer l'esprit de vin, & qu'on le dispose à l'inflammation, il s'enflammera lorsqu'on y plongera un charbon ardent. On remarque pareillement qu'un morceau de papier, par exemple, un morceau de linge, ne s'enflamment point qu'ils n'aient été chauffés jusqu'à un certain point. En effet, si on met un morceau de papier, un morceau de linge ou un fil sur une pierre ou sur un morceau de métal, & qu'on pose ensuite sur ces différens corps un charbon allumé, ils ne brûlent que lorsque la pierre est échauffée au point de pouvoir elle même brûler les corps qui reposent dessus.

2°. Pourquoi une goutte d'alkool ou de térébenthine, étant versée dans une cuiller de fer prête à rougir, acquiert-elle un mouvement circulaire très rapide, devient-elle sphérique, blanchit-elle & demeure-t-elle long-tems dans cette cuiller avant de se convertir en vapeurs, & ne s'enflamme-t-elle point, comme cela arrive lorsqu'on verse dans une telle cuiller une plus grande quantité de ces liquides ? Cela viendroit-il de ce que cette goutte est entourée de toutes parts d'une grande quantité de feu, de sorte que l'air ne peut se porter librement vers elle, & de ce que ses parties sont trop comprimées par le feu pour pouvoir se convertir en une flamme légere, ou pour qu'elles puissent se dissiper en vapeurs ; tandis que lorsqu'on verse dans la cuiller une plus grande quantité de ces fluides, ils ne sont point si bien enveloppés de matiere ignée : leurs parties sont moins comprimées, & elles peuvent alors s'embrâser & produire de la flamme.

3°. Pourquoi la force de la flamme augmente-t-elle par le moyen d'un vent qu'on pouſſe contre elle ? Cela arrive lorſqu'une flamme trop légere eſt raſſemblée par ce ſouffle dans un eſpace plus étroit ; elle eſt alors plus comprimée par l'air, elle devient plus denſe , & conſéquemment plus active : caſ nous avons déja obſervé que l'intenſité du feu eſt d'autant plus grande qu'il devient plus denſe : c'eſt ce que nous avons remarqué par rapport aux rayons du ſoleil raſſemblés par un miroir ardent.

4°. Pourquoi un vent plus léger que la flamme, l'éteint-il ? Cela vient de ce que ce vent écarte de la nourriture du feu toutes les parties ignées, ou du moins la plus grande partie ; de ſorte qu'il n'en reſte pas aſſez pour mettre en mouvement & enflammer la nourriture qui n'a pas été diſperſée.

5°. Pourquoi la flamme s'éteint elle ſur-le champ lorſqu'on fait ſauter , par le moyen de la poudre à canon, un tonneau rempli d'eau, & qu'on diſperſe ce fluide en fort petites gouttes, & ſous la forme de vapeurs , ſur un édifice qui eſt embrâſé ? Cela vient de ce que les particules d'eau , lancées avec tant de violence , produiſent alors le même effet qu'un vent violent , tel qu'on le voit ſortir du bec d'une éolipile (1).

6°. Pourquoi les Forgerons verſent-ils de l'eau ſur les charbons de terre, lorſqu'ils veulent chauffer davantage le fer qui eſt au feu ? C'eſt parceque l'eau pouſſe alors par en-bas la matiere ignée qui s'éleve à la ſurface de ces charbons , & qui s'exhaleroit dans l'atmoſphere ; cette eau , ſe réduiſant en vapeurs , anime le feu qu'elle a précipité, le dirige vers le fer & le fait rougir plus promptement & plus fortement. On remarque quelque choſe de ſemblable ſi on fait rougir l'extrêmité d'une longue barre de fer, ou de tout autre métal , & qu'on jette enſuite de l'eau deſſus ; on remarque alors que le feu coule très promptement vers l'autre extrêmité qui étoit froide. Si on répete cette expérience avec une regle de bois, de marbre, de brique, la matiere ignée ne ſe portera point avec tant de véhémence vers la partie froide de ces regles : cela ne viendroit-il pas de la ſituation & de la forme des pores ?

7°. Eſt il vrai, ainſi que le penſent les Péripatéticiens, que la matiere ignée raſſemble les parties homogenes , & qu'elle ſépare celles qui ſont hétérogenes ? Cela arrive quelquefois, ſur-tout dans quelques diſtillations chymiques , dans leſquelles les différentes parties conſtituantes des mixtes ſont ſéparées les unes des autres ; de ſorte que les parties aqueuſes , les eſprits, les huiles, ainſi que les parties ſalines, ſont ſéparées des autres, & ſe trouvent raſſemblées : mais ces ſortes de ſecrétions n'ont pas toujours lieu ; car le feu mêlange & combine enſemble différentes parties qu'il a fait tomber en fuſion ; telles que le ſuif, la cire , la poix , la colophone , &c. Il parvient auſſi à combiner différens métaux ; mais ces mêlanges , ces ſecrétions ne ſont que des effets du feu , qui ne nous indiquent rien de certain ſur la nature de cet élément.

8°. Pour quelle raiſon le feu ramollit-il certains corps, tels que le ſuif, la cire , &c ? Cela vient de ce que les parties ignées , pénétrant entre les molécules de ces corps, diminuent leur contact, les ſéparent les unes des autres ;

(1) Hiſt. de l'Acad. Roy. ann. 1722.

plus elles les écattent les unes des autres, plus elles font imprégnées de la matiere du feu, & plus la maile qu'elles compofent devient molle : enfin lorfqu'elles font, pour ainfi dire, difloutes par l'action de cet élément, elles y nagent comme dans un fluide.

9°. Comment le feu durcit-il d'autres corps, tels, par exemple, que la boue ? Parcequ'il chaffe d'entre leurs parties le liquide qui s'y trouve interpofé : ce liquide expulfé, les parties folides fe rapprochent les unes des autres ; elles fe touchent par de plus grandes furfaces : ce qui rend leur texture plus ferme, & la mafle totale plus folide.

10°. Comment le feu defleche-t-il les corps humides ? Parcequ'il agit fur les parties aqueufes, il les raréfie, il les fépare des parties folides, il les porte au-dehors, & elles fe difperfent avec lui dans l'atmofphere.

11°. Pourquoi certains corps répandent-ils de la lumiere lorfqu'ils font un peu chauds ? Parcequ'ils pouffent au-dehors, & en ligne droite, le feu ou la matiere de la lumiere qu'ils ont abforbée : d'autres corps plus chauds que ceux dont nous venons de parler, ne deviennent point lumineux ; parcequ'ils ne repouffent point cette matiere en ligne droite.

12°. Pourquoi la flamme d'une lampe, d'une chandelle, ou de l'efprit de vin, ne brûle-t-elle pas fi fortement & fi promptement la main qui la touche, qu'une mafle de fer qui eft chauffée au point de rougir ? Parceque la flamme eft rare, qu'elle comprend moins de matiere ignée qu'un morceau de fer de même volume : c'eft pour cela que fi on parvient à condenfer la flamme avec le vent d'un chalumeau, ou fi on raffemble les rayons du foleil en un petit foyer, la flamme ne brûlera pas moins violemment qu'un morceau de fer ; au contraire même elle brûlera plus promptement & plus fortement : joignez à cela que le feu met en mouvement les parties d'un morceau de fer qui eft très compact, & que ce mouvement contribue à la brûlure qu'on éprouve lorfqu'on les touche.

13°. Pourquoi la flamme d'une chandelle de fuif qui brûle, fe trouve-t-elle toujours à quelque diftance du fuif ? Parceque le fuif eft froid, & qu'il ne peut brûler, à moins qu'il ne foit fondu, & qu'il n'ait acquis une chaleur de plus de 600 degrés. Il eft donc néceffaire qu'il y ait un intervalle qui fépare le fuif froid de celui qui a acquis le degré de chaleur propre à brûler ; & c'eft dans cet efpace que fe trouvent plufieurs degrés de chaleur intermédiaires. C'eft auffi pour cela que la partie fupérieure du fuif eft concave ; parceque la partie du fuif qui entoure immédiatement le coton, s'échauffe beaucoup, & fe fond plus promptement que les parties extérieures ambiantes : cette partie, devenue liquide, s'éleve dans le coton par le même méchanifme qui éleve les liqueurs dans les tubes capillaires ; elle y eft outre cela pouffée par la preffion de l'air extérieur, qui eft moins rare que celui qui eft dans la méche. Le fuif qui s'éleve dans la méche, s'échauffe de plus en plus, & s'éleve pareillement ; la chaleur l'agite violemment, le fait bouillir & le diffipe fous la forme de petites parties enflammées : les parties du fuif qui font auprès de la bafe de la flamme ne font donc pas encore confidérablement échauffées, ni autant raréfiées qu'elles le peuvent être ; ce font celles qui fe font élevées un peu plus haut : & c'eft pour cela que la bafe de la flamme d'une chandelle, est moins grosse que la partie qui est au-dessus, & qu'elle est d'une couleur bleue.

14°. Pourquoi le coton devient-il noir après avoir été quelque tems exposé à la flamme d'une chandelle? Parcequ'il contient le charbon qu'il forme, & qu'il rassemble outre cela celui qui provient du suif, ainsi qu'on peut le remarquer sur-tout dans les lampes dans lesquelles on brûle de l'huile.

15°. Pourquoi une chandelle qui a brûlé quelque tems, & qu'on a éteinte, se rallume-t-elle ensuite plus aisément qu'une chandelle qui n'a point encore été allumée? Parceque le coton de celle qui a brûlé est devenu noir, & attire aussi-tôt la matiere ignée, & que celui qui est blanc la repousse.

16°. La chaleur qu'on remarque dans les corps ne vient-elle point d'une certaine quantité de feu en mouvement, qui a pénétré leurs pores, & qui est disséminé entre leurs molécules? Ce qui fait que plus les corps contiennent de matiere ignée en mouvement, & plus ils sont chauds; & s'il pénetre dans ces corps une quantité abondante de matiere ignée agitée, leurs parties commencent à se mouvoir plus ou moins promptement, & à être ébranlées: souvent même la rapidité avec laquelle les parties des mixtes sont ébranlées, concourt avec la quantité de matiere ignée qui est en mouvement, à augmenter la chaleur de ces corps.

17°. Quand sentons-nous que les corps qui sont hors de nous sont chauds? Lorsqu'il y a une plus grande quantité de matiere ignée en mouvement dans ces corps que dans les nerfs qui sont destinés à la sensation du toucher, & qu'il en passe de ces corps dans nos nerfs; ou lorsque les parties de ces corps ébranlés par la matiere ignée, font de plus promptes vibrations que nos nerfs. Ainsi donc s'il y avoit la même quantité de feu en mouvement dans ces corps & dans nos nerfs, & si les uns & les autres étoient doués d'un même mouvement vibratoire, ces corps ne nous paroîtroient point chauds ni froids. C'est pour cela qu'un même corps qui conservera toujours sa même température, paroîtra tiede, froid, ou chaud, suivant la disposition de l'organe de celui qui le touchera. Si différentes personnes, dont la température est différente, plongent leurs mains dans la même eau, elles éprouveront ce que nous venons de dire, si on s'en rapporte au jugement que chacun en portera. Lorsque deux voyageurs, par exemple, viennent, l'un des montagnes des Andes, & l'autre de la Ville de Guajaquil dans le Pérou, & qu'ils se rencontrent à Tarigagua, celui qui vient des montagnes éprouve alors une si grande chaleur, qu'il ne peut supporter qu'un habit très léger: au contraire, celui qui vient de Guajaquil trouve qu'il y fait si froid, qu'il ne peut trop se couvrir; le premier trouve l'eau assez chaude pour y prendre le bain, tandis que l'autre ose à peine y plonger la main. Celui qui dans la même saison de l'année voyage de ces montagnes à Guajaquil, & retourne de cet endroit à ces mêmes montagnes, éprouve la même sensation (1). Comme les nerfs destinés à l'organe du toucher, ne sont pas doués d'un sentiment infiniment exquis, on ne sauroit assurer qu'un corps qu'on touche

(1) Voyage au Pérou, Liv. V, ch. 1. p. 184.

ne contienne point de matiere ignée, quoiqu'on n'éprouve point la fensa-
tion que cette matiere a coutume d'exciter. D'ailleurs il eſt hors de doute
que tous les corps que nous connoiſſons, & que nous touchons, contiennent une certaine quantité de feu.

18°. En quoi confifte le fentiment de la chaleur que nous éprouvons?
C'eſt une perception de l'efprit excitée par un certain mouvement que la
matiere ignée déploie contre les nerfs deſtinés au tact.

19°. Quelle eſt la plus grande chaleur que l'homme puiſſe fupporter ?
C'eſt ce qu'on ne peut affigner. Ceux qui ont été élevés dans des Pays chauds,
ceux qui font accoutumés à des ouvrages qui fe font avec beaucoup de chaleur; tels que ceux qui travaillent aux cordes goudronnées, ou aux rafineries
de fucre, fupportent une chaleur beaucoup plus grande que ceux qui font
élevés dans des Pays froids, & qui font accoutumés à fupporter le froid.
Les foldats du Brabant qui campetent en 1748, fupportetent une chaleur de
112 degrés, fans fe trouver mal, ou au moins ils la fupportetent, quoiqu'avec beaucoup de peine, fi on s'en rapporte à ce que *Pringle* nous apprend. Les Negres vivent fort commodément dans la Nigritie, où ils ont à
éprouver une chaleur de 116 degrés. Au contraire ceux qui vivent dans la
Flandre conquife font prefque fuffoqués par une chaleur de 96 degrés, & je
doute fi quelqu'un qui iroit de l'Amérique feptentrionale dans la Nigritie,
ne feroit pas tout-à-coup fuffoqué par la grande chaleur qu'il y éprouvetoit,
& à laquelle il n'eſt pas accoutumé. Pareillement on ne peut point déterminer quel eſt le froid que l'homme peut fupporter ; puifque ceux qui font
élevés dans des Pays froids, & qui fe font accoutumés aux injures de l'air
& à la gelée, peuvent fupporter un froid très piquant.

20°. Pourquoi les corps qui font embrâfés, & qu'on attache, ou qu'on
pofe fur d'autres corps froids, folides & grands, s'éteignent-ils avant d'avoir
confommé toute leur nourriture ? Pourquoi au contraire confomment-ils
tout leur aliment lorfqu'on les pofe fur des corps moins compacts & plus petits ? Le premier de ces deux effets ne viendroit il pas de ce que, par le
contact des corps compacts & froids, le feu ne pourroit point affez ébranler
& atténuer les parties alimentaires des corps dans lefquels il réfide, & conféquemment ne pourroit point difpofer ces parties à lui fournir la nourriture dont il a befoin pour fon entretien; parceque le mouvement qu'il produit dans ces parties eſt détruit, ou au moins trop affoibli par les parties du
folide fur lequel le corps embrâfé eſt placé; ce qui n'a point lieu lorfqu'on
pofe un corps embrâfé fur un corps qui eſt plus rare.

21°. Le feu eſt-il un fluide particulier diſtingué des autres fluides ?
Ou peut-on dire que d'autres fluides, tels que l'acide & la terre inflammable fe convertiffent en feu, & deviennent un véritable feu ? C'eſt
ce qui eſt encore fort incertain. Il paroît plus naturel de penfer que le
feu eſt un fluide particulier diſtingué des autres. 1°. Parceque nous ne
connoiſſons point de fluides auffi fubtils que lui ; & conféquemment il
furpaſſe en ténuité l'acide & la terre inflammable. 2°. Parcequ'il fe diſtribue uniformément dans tous les corps qui ont peu de volume, & qui
fe trouvent à la furface de la terre, ainfi que dans tous les efpaces ambians. 3°. Parcequ'on n'a point d'exemple que le feu ait converti en feu

quelques corps quelconques, même ceux qu'on connoît sous le nom de
nourriture du feu; car on ne peut point voir diftinctement le foyer des
rayons du foleil, où la matiere ignée eft très pure : on voit très bien au contraire la flamme de l'alkool, qui ne produit que des effets très foibles en
comparaifon de ceux que le foyer des rayons folaires produit : d'où il fuit
que la flamme de l'alkool n'eft pas un feu parfaitement pûr. Bien plus, fi
on fait brûler de l'alkool fous un vafe de verre, on remarque quantité de
vapeurs qui s'attachent aux parois de ce vafe. Ajoûtez encore à cela qu'après
avoir fait bouillir pendant deux heures de l'alkool dans le digefteur de *Papin*, cet alkool ne fe changea point en feu. 4°. Si les corps fe convertiffoient en feu, la quantité du feu augmenteroit confidérablement fur la
terre, & à la fin la terre elle même feroit embrâfée ; tout périroit ; parcequ'il ne faut qu'une certaine quantité de feu pour la végétation des plantes,
& pour l'entretien de la vie animale. Nous ne connoiffons point encore de ca-
ractères particuliers qui diftinguent le feu de tout autre corps, fi nous en exceptons la ténuité de fes parties, ainfi que cette propriété qu'il a de raréfier les
corps & d'éclairer; car il convient avec tous les corps par les autres propriétés que nous lui connoiffons : celui même qui eft renfermé dans la chaux
des métaux, ainfi que dans les terres, ne paroît pas différer des autres
corps, à moins qu'on ne le fépare de ces corps ; comme il arrive lorfqu'on
éteint de la chaux dans de l'eau. Cependant comme la Nature change en
plufieurs circónftances, une efpece de corps en une autre efpece, ainfi que
Newton l'a très bien obfervé (1), on ne peut rien déterminer de conftant fur
cette matiere. La théorie du feu eft fi ample & fi fertile, qu'il refte toujours
quelque chofe à dire fur cette matiere.

22°. Qu'eft-ce que le froid abfolu dans les corps? C'eft la privation
de toute matiere ignée, & non quelque chofe de pofitif ou de matériel.

23°. Connoiffons-nous aucun corps, ou aucun endroit qui foit abfolument privé de matiere ignée, c'eft-à-dire, qui foit abfolument froid ? Non
certainement ; car tout ce qui eft à la furface de la terre eft éclairé par la lumiere du foleil, de la lune, des planetes & des étoiles fixes ; ceux qui font
des fouilles fous terre y éprouvent la chaleur du feu fouterrain : d'où il paroît
qu'on ne connoît point d'endroit qui foit totalement dépourvu de feu. J'a-
voue que plus nous nous élevons dans l'atmofphere, lorfque nous montons
fur le fommet des montagnes les plus élevées, nous y éprouvons un froid
très piquant ; puifque ces endroits font toujours couverts de neiges, néanmoins le foleil darde fes rayons fur tous ces endroits : ce qui prouve qu'ils
ne font pas totalement privés de matiere ignée.

24°. En quelle circonftance éprouvons-nous que les corps font froids ?
Chaque fois qu'ils contiennent moins de feu que les nerfs qui appartiennent à l'organe du tact, ou lorfque leurs parties font douées d'un mouvement vibratoire, plus foible que celui qui met nos nerfs en vibrations.
Mais en quel tems fentons nous que l'air ou le vent eft froid ? Ceci dépend
de plufieurs circonftances. Si, par exemple, on a été expofé auparavant à un

(1) Newton Optiks, Quæft. 30. p. 346.

air chaud, alors tout vent qui foufflera avec véhémence paroîtra froid : cependant les vents qui viennent du Septentrion nous paroiffent toujours
froids, quoiqu'ils foient fecs ; mais les vents humides, quoique peu froids
par eux-mêmes, nous font éprouver un froid très piquant. *Georges Cleghorn*
qui a fait plufieurs obfervations curieufes à Minorque, remarque (1)
que lorfque le vent du Septentrion fouffle en cet endroit, & que ce vent eft
aigu, il y fait auffi froid qu'en Angleterre, lorfque le mercure du thermometre y eft plus bas de 10 degrés. Lorfque, pendant l'Automne, il tombe
dans cet endroit des pluies larges, on y fent un froid plus grand que celui
qui eft indiqué par le thermometre.

25e. Quels font les corps propres à procurer des rafraîchiffemens ? Ce
font ceux qui font moins chauds que les autres adjacens ou ambians ; parcequ'ils abforbent le feu de ces derniers jufqu'à ce qu'il foit en équilibre
dans les uns & dans les autres. 2°. Ce font encore ceux qui étant mêlés
avec d'autres, féparent la matiere ignée, la repouffent au-dehors, & s'oppofent à l'accès de celle qui voudroit fe jetter dans le mixte. On remarque
dans ces fortes de circonftances, que fi on plonge un thermometre dans
le mêlange, il indiquera que la chaleur y fera diminuée, tandis qu'un autre
thermometre expofé aux-deffus du mêlange, indiquera l'évaporation du feu
par le mouvement de la liqueur qui s'élevera dans le tube. Ces phénomenes ont lieu lorfqu'on jette quelques fels alkalis volatils dans de l'eau, fur-
tout lorfqu'on y jette du fel d'urine & d'autres; tels que du nitre, du fel po-
lycrefte, du vitriol, du fel gemme, du fel marin, de l'alun, mais fur-tout
du fel ammoniac ou de fes fleurs (2). On éprouve encore la même chofe en
jettant dans l'eau du fel ammoniac naturel, celui qui s'attache aux pierres
que le mont Véfuve vomit : on prétend même que ce dernier refroidit davantage l'eau dans laquelle on le fait fondre (3). Le fel ammoniac mêlé
avec du vinaigre diftillé avec du fuc de limon, de l'efprit de vin, &c, excite
encore un grand froid. On produit encore un froid très piquant en jettant
du mercure fublimé fur du vinaigre diftillé, & en remuant & fecouant le
vafe après y avoir ajoûté du fel ammoniac. *Homberg* même nous affure que
ce mêlange fe convertit quelquefois en glace. On produit encore un très
grand froid en mêlant enfemble de la neige ou de la glace pilée, avec les
uns ou les autres des fels que nous venons d'indiquer, ou avec du fel de tartre, des cendres gravelées, du fuc de Saturne, du borax, du fel de Glaubert, du fucre, du fiel de verre, de la foude, de la chaux vive. MM. *de*
Reaumur (4) & *Nollet* ont fait avec ces mêlanges des expériences très
exactes fur les différens degrés de froid. Le fel & la glace fe fondent par leur
mêlange, & produifent une liqueur falée. Le froid perfévere & eft même
excité par leur fufion : c'eft pour cela qu'on entend alors des petillemens
produits par les parties qui font effort pour s'échapper, & qui s'échappent
de la glace & du fel; de forte que leurs parties en font féparées avec éclat.
Lorfque la fufion du mêlange n'a pas lieu, il ne furvient point un froid fen-

---

(1) Obfervations at Minorca. Chap. 1. p. 82. (2) Hift. de l'Acad. Roy. ann. 1700.
(3) Philof. Tranf. n. 455. p. 249. Hift. de l'Acad. Roy. ann. 1705. (4) Hift. de l'Acad.
Roy. ann. 1734.

Tome II.   H h h

fible : en effet, lorfqu'on expofe du fel très fec à une forte gelée, & qu'on le mêle avec une neige très froide, ce mêlange ne fe fond point ; auffi l'intenfité du froid n'eft point augmentée. On parvient à produire un grand froid fi on verfe fur de la neige ou fur de la glace de l'efprit de vin, de l'efprit de fel marin, de l'efprit de vitriol, du vinaigre, de l'efprit de fel ammoniac, de l'efprit d'urine. On parvient encore à produire un froid terrible, & qui eft tel qu'à Leyde, la liqueur du thermometre defcend de 72 degrés au-deffous du terme de la congélation, felon l'échelle de *Fahrenheit*, qui, au rapport de *Boerhaave*, eft l'inventeur de cette expérience ; on parvient, dis-je, à produire ce froid en verfant de l'efprit de nitre fur de la neige, ou fur de la glace. Le célebre *Braunius*, répétant cette expérience à Peterfbourg, le 25 Décembre 1759 à 9 heures du matin, obferva qu'en verfant de l'efprit de nitre fur des morceaux de glace & fur de la neige, le mercure du thermometre plongé dans le mêlange, étoit d'abord defcendu de 92,308 degrés au-deffus de o ; il defcendit enfuite de 242 degrés au-deffous de o, en verfant par-deffus ce mêlange ainfi refroidi, une nouvelle quantité d'efprit de nitre ; en continuant encore à verfer une nouvelle quantité d'efprit de nitre, le mercure defcendit à 253,85 degrés au-deffous de o : ayant retiré après cela le thermometre de la glace dans laquelle il étoit plongé, il demeura dans l'air au même degré pendant l'efpace d'un quart-d'heure : ce qui fit foupçonner que le mercure du thermometre s'étoit converti en glace ; ce foupçon fut vérifié par la fuite, & on obferva que le mercure du thermometre perdoit fa liquidité, & fe convertiffoit en glace.

Si on prend du vinaigre, de l'efprit de vinaigre, du vinaigre de verd de-gris, du verjus, du fuc de citron, d'oranges, & qu'on mêle les uns ou les autres de ces liquides avec un alkali volatil très pur, tel, par exemple, que le fel volatil de fang humain, d'urine, de corne de cerf, &c, il réfulte de ce mêlange une effervefcence confidérable & un froid très piquant, ainfi que *Slare* l'a obfervé (1), & que plufieurs Chymiftes l'ont confirmé après lui (2). On produit un effet femblable en verfant fur du fel ammoniac une quantité double d'huile de vitriol (3) ou d'efprit de nitre, ou fi on verfe fur du nitre, de l'efprit de nitre ou de vitriol. Si on mêle de l'efprit de vin avec de la térébenthine ou avec de l'huile de térébenthine, ou avec de cette même huile rectifiée, & en même quantité, on produit quelques degrés de froid. Le froid fera plus âcre fi on mêle egale quantité de camphre & d'efprit de vin. On obfervera le même phénomene fi on mêle de l'efprit de vin avec du baume de copaü, ou avec de l'huile de citron, ou avec de l'huile d'anis diftillée, ainfi que *Geoffroy* nous l'apprend (4). Si on met dans un même vafe de l'efprit de nitre éthéré avec de l'eau, & qu'après avoir placé ce vafe fous le récipient de la machine pneumatique, on faffe le vuide, le froid qui furvient quelques minutes après, eft affez confidérable pour con-

(1) Philofoph. Tranfact. n. 159.
(2) Kunkel in Labor Chym. Geoffroy, Hift. de l'Acad. Roy. ann. 1700.
(3) Hift. de l'Acad. de Berlin, ann. 1752. Hift. de l'Acad. Roy. ann. 1700.
(4) Hift. de l'Acad. Roy. ann. 1722.

vertir l'eau en glace, ainsi que le célebre *Cullen* l'a observé (1). Or on ne peut point expliquer aisément tous ces phénomenes.

26°. Tout froid quelconque ne dépend-il point de certaines particules frigorifiques qui chassent les parties ignées d'entre les molécules des corps, & qui s'emparent de la place que les parties ignées occupoient avant leur expulsion ; ainsi que l'ont pensé *Gaffendi*, *Boyle*, *de la Hire*, *Ramazzini*, *Nieuwentyt* ? Point du tout ; il suffit que la matiere du feu, affectant de se mettre en équilibre, s'échappe du corps qui la contient, pour se répandre dans les corps circonvoisins qui en contiennent une moindre quantité ; alors, sans qu'aucun corps remplace la matiere ignée qui s'est échappée, le corps qu'elle a abandonné devient froid : & c'est ainsi que plusieurs corps se refroidissent. On ne peut cependant pas nier pour cela qu'il existe dans l'atmosphere plusieurs petits corpuscules qui ont la propriété de chasser le feu des corps dans bien des circonstances, & qu'on appelle à cause de cela, parties frigorifiques.

27°. Il faut remarquer parmi les différens effets du froid, que les peaux de lapins, de lievres, les plumes de perdrix, qui sont d'une couleur brune pendant l'été, blanchissent pendant l'hiver dans les contrées boréales ; telles, par exemple, que dans la baie d'Hudson (2). Il faut remarquer outre cela, que pendant l'hiver l'air & le terrein compris sous la zone tempérée sont froids, & chauds pendant l'été : or ces vicissitudes dans la température ne sont point inutiles. En effet, il y a plusieurs especes d'arbres auxquels il faut du repos, pour que les alimens & les liquides propres à leur fruit reçoivent la préparation qui leur convient, & afin qu'ils se portent ensuite avec plus d'activité dans le fruit ; ce qui le fait mieux mûrir que si ces arbres avoient toujours été exposées à la même température : c'est pour cela que plusieurs arbres d'Europe, transportés au Pérou, en Amérique, ne portent point des fruits aussi savoureux qu'en Europe ; observations qu'on doit à M. *Bouguer*.

28°. Comme je m'occupois des expériences rapportées dans les §. 1559, 1560, 1561, il me vint à l'esprit d'examiner quels étoient les alimens qu'on prend froids, qui résistent davantage dans l'estomac de l'homme à la chaleur des parties ambiantes. Et comme il ne nous est pas donné d'imiter parfaitement la Nature, j'en approchai le plus qu'il me fut possible ; j'éprouvai que la chaleur de l'estomac est de 96 ou de 100 degrés : température qui convient aussi au sang d'un homme qui se porte bien. D'après ce degré de chaleur, on peut dresser une Table & calculer, en commençant le calcul en-dessus ou en-dessous de ce terme. J'ai commencé celle que je joins ici par le plus petit degré de chaleur ; & si j'avois pu avoir pendant l'hiver les fruits & les alimens dont je me suis servi, j'aurois mieux fait de la commencer par le terme de la glace.

E P & F G [*Tab.* 35. *fig.* 5.] sont deux vâses de porcelaine ; de l'espece de ceux dont nous faisons usage pour prendre le chocolat : je les choisis autant égaux en dimensions qu'il me fut possible : je les plaçai sur le fond d'un grand vâse de plomb, posé sur une table parallelement à l'horison. Ces va-

---

(1) Physical Essays and Observ. Vol. 2. p. 156. (2) Ellis Voyage to Hudson's Bay. Pag. 176.

fes , difpofés au milieu du dernier , dont je viens de parler , étoient éloignés de 6 pouces des côtés N & H , & diftans l'un de l'autre de 10 pouces. Les deux colonnes R Q , R Q , qui fervent de bâtis à cette machine , étoient jointes l'une à l'autre par une tringle de bois R R , fur la longueur de laquelle on avoit attaché deux chevilles mobiles fur leur axe , autour defquelles on pût tourner les cordes M , L , qui fervoient à fufpendre deux thermometres de mercure B A , D C , exactement femblables , autant que le célebre *Prins* avoit pu les conftruire ; le mercure de ces inftrumens s'élevoit à la même hauteur dans l'un & dans l'autre , lorfqu'on les plongeoit dans de l'eau également chaude : les échelles de ces thermometres étoient gravées fur des planches de cuivre B K , D S , & les parties inférieures des tubes excédoient les planches , afin qu'on pût plonger les boules A & C jufqu'au milieu , c'eft-à-dire , jufqu'environ le centre des vafes de porcelaine , fans gâter les planches : or il faut remarquer que les expériences ne peuvent être exactes , fi on n'a le foin de plonger également les deux boules des thermometres jufqu'au centre des vafes ; fans cela les réfultats ne feront jamais conformes lorfqu'on répétera plufieurs fois ces expériences.

Cela pofé , lorfqu'on veut éprouver des fluides , dont l'un doit toujours être de l'eau , il faut les renfermer dans les vafes de porcelaine E P , F G , de façon que ces vafes en foient remplis jufqu'à la même hauteur , & même pour la plus grande exactitude de l'expérience , il faut remplir les vafes jufqu'aux bords. Au milieu du vafe de plomb H N eft foudée une lame X Z , percée d'un trou propre à recevoir un entonnoir muni d'une longue queue , qui defcende jufqu'à vers le fond du vafe H N , l'eau qu'on verfe dans cet entonnoir , fe répand uniformément , par fon moyen , en toute forte de fens , dans la caiffe de plomb ; ce à quoi il faut fur-tout faire attention , pour que les expériences foient exactes. Lorfqu'on a verfé de l'eau dans cette caiffe , il faut laiffer tout cet appareil en fituation , afin que les liquides contenus dans les vafes de porcelaine puiffent acquérir la même température ; alors , pour juger des réfultats , il faut employer trois Obfervateurs , dont deux foient appliqués à confidérer & à compter tout haut les degrés d'élévation du mercure dans l'un & dans l'autre thermometre , & un troifieme qui écrive fur deux colonnes les degrés indiqués en même tems : alors , pour faire chaque expérience , il faut avoir un pot à l'eau qui foit toujours rempli de la même quantité d'eau , & également chaude ; on verfera cette eau avec précaution par l'entonnoir , c'eft-à-dire , de façon qu'elle coule toujours uniformément de cet entonnoir dans le vafe qui la reçoit , & qu'elle s'y éleve à la même hauteur , qui doit être jufques vers les bords des vafes de porcelaine E P , F G. En prenant tous ces foins , on pourra fe promettre que la chaleur des deux fluides fera conftamment la même : & fi on donne à l'eau le tems de fe refroidir , les liquides compris dans les vafes de porcelaine fe refroidiront également ; de forte qu'on pourra auffi dreffer une Table de leur commun refroidiffement. Si on n'obferve point fcrupuleufement tout ce que je viens d'indiquer , on ne trouvera jamais de conformité dans les réfultats des expériences lorfqu'on les répétera. Lorfqu'on voudra faire de telles expériences fur des corps folides , fucculens , tels , par exemple , que des fruits , il faudra avoir foin de les broyer auparavant dans un mortier , &

Table qui indique les différens degrés de chaleur, que différens corps de même volume placés dans le vase de porcelaine, dont nous venons de parler, et avec les précautions requises et indiquées ci-dessus, ont acquis dans un même tems.

Eau	Vin blanc de France	Lait de vache	Jus de viande de veau	Oeuf de poule blanc et jaune	Viande de Veau coupée et cuite	Morceau de pain blanc	Groseilles rouges pilées	Groseilles blanches pilées
60	—	—	—	—	—	—	—	60
61	—	—	—	—	—	—	61	60
62	—	—	—	—	—	—	61	60
63	63	—	—	—	—	—	61	60
64	63½	—	—	—	64	—	61	60
65	64	65	—	65	64	—	61	60
66	64½	66	66	65	64	—	61	60
67	65	67	67	65	64	—	61	60
68	66	68	67	65	64	68	61	60
69	68	68	67	65	64	68	61	60
70	69	68	68	65	64	68	61	60
75	72½	68	69	66	64	68	61	60
80	74	68	74	67	65	68	61	60
85	79	71	78	69	66	68	61	60
90	84	77	84	73	66	68	61	60
95	92	80	88	77	66	68	61	60
100	97	81	96	82	67	68	62	61
105	100	83	102	87	68	68	62½	62
110	104	89	109	95	68½	69	63	62
115	109	95	115	98	70	69½	64	63
120	114	101	120	101	72	70	65	64
125	120	104	127	104	73	73	67	65½
130	125	110	135	106½	78	77	70	69
135	130	119	139	114	81	83	74	74
136	131	123	140	—	82	84	76	78
137	132	127	142	—	83	88	79	83
138	134	128	144	—	85	89	83	89
139	135	129	145	—	86	92	87	90
140	135	135	146	—	88	96	89	91
141	135	141	—	—	89	100	91	92
142	139	—	—	—	90	115	93	94
143	140	—	—	—	97	117	95	95
144	141	—	—	—	104	119	97	96
Refroidissement								
142	140	—	—	—	111	120	99	97
140	138	143	148	—	115	124	101	99
138	137	141½	148	—	118	126	103	102
136	134	141	146	—	122	126	110	104
130	129	139½	142	124	124	124	114½	109
128	128	139	140	125	125	123	115½	113
125	—	136	137	125	125	124	116	114
120	—	132	131	124	123	—	115	112
115	—	127	125	121	120	—	113	110
110	—	122	118	115	115	—	109	—
105	—	113	112	110	109	—	105	—
100	—	106	105	106	102	—	100	—
95	—	100	101	99	99	—	93	—
90	—	95	96	94	94	—	—	—
85	—	90	—	87	89	—	—	—
80	—	82	—	—	—	—	—	—
73	—	75	—	—	—	—	—	—

Eau	Prunes bleues pilées	Concombre pilé	Melon pilé	Poire pilé	Mûre pilée	Abricot pilé	Sel marin	Pommes de Terre pilées	Pêches pilées	Raisins pilés
60	—	—	—	—	—	—	—	—	—	—
61	—	—	—	—	—	—	—	—	—	—
62	—	—	—	—	—	—	—	62	—	—
63	63	—	—	—	63	63	—	62	63	63
64	63	64	—	64	63	63	64	62	63	63
65	63	64	—	64	63	63	64	62	63	63
66	63	64	66	64	63	63	64	62	63	63
67	63	64	66	64	63	63	64	62	63	63
68	63	64	66	64	63	63	64	62	63	63
69	63	64	66	64	63	63	64	62	63	63½
70	63	64	66	64	64	63	65	62	64	63½
75	63	64	66	64	69	63	66	62	64½	64
80	63	64	70	65	73	63	68	62	65	65
85	63	64	74	65	77	63	69½	62	66	66
90	63	64	77	65	82	63	72	62	66	71
95	64	65	80	66	87	63	76	62	66	72
100	64	66	85	66	92	63	79	62	66	75
105	64	67	91	66	99	64	87	62	66	79
110	64	68	96	66	103	64	92	62½	66	84
115	65	69	102	67	109	64	100	62½	67	90
120	66	70½	109	68	116	65	108	62½	68	95
125	67	72	110	69	120	69	119	63	70	100
130	68½	74½	111	70	125	70	129	63	71	105
135	72	76	114	76	128½	71	136	64	75	111
136	72½	78	116	84	129	72	139	64	77	113
137	73	80	118	87	130	73	140	64½	78	114
138	73½	81	120	90	131	74	143	65	79	115
139	74	82	121	96	132	75	144	65½	80	115
140	75	83	126	98	133	77	144	66	83	116
141	78	84	128	101	134	80	145	68	86	117
142	81	86	130	104	135	81	146	69	88	120
143	88	90	132	106	136	83	147	70	94	121
144	94	98	137	108	137	84	146	78	96	124
Refroidissement										
142	101	102	141	109	138	86	145	90	97	126
140	108	108	143	106	138	88	144	97	103	127
138	112	111	144	105	136	89	143	100	110	127
136	116	115	146	105	134	91	139	105	112	127
130	119	119	140	105	130	93	133	111	116	126
128	120	119½	136	100	128	95	132	112	117	125
125	120	120	134	99	123	95½	127	114	117	125
120	—	118	132	95	122	96	120	113	115	123
115	—	113	127	90	117	100	—	111	113	118
110	—	—	125	84	112	102½	—	108	108	114
105	—	—	120	—	107	102	—	104	103	109
100	—	—	116	—	102	100	—	100	100	103
95	—	—	110	—	95	—	—	—	—	—
90	—	—	102	—	93	—	—	—	—	—
85	—	—	—	—	—	—	—	—	—	—
80	—	—	—	—	—	—	—	—	—	—
73	—	—	—	—	—	—	—	—	—	—

de les réduire en pulpe : lorsqu'ils feront ainfi préparés, on les renfermera, avec le fuc qu'on en aura exprimé, dans les vafes de porcelaine , & on fera l'expérience felon que nous venons de l'indiquer. On remarquera cependant quelques variétés dans ces fortes d'expériences ; parceque différens fruits, quoique de même nom , ne font pas tous auffi fucculens les uns que les au-tres , & il faudra toujours examiner la pulpe avec le fuc. Plus les fruits font fecs, & plus ils s'échauffent difficilement ; ce font toujours les plus fucculens qui s'échauffent le plus promptement : ce font les poires qui m'ont fait ob-ferver les plus grandes différences qu'on peut remarquer à ce fujet. J'en ai auffi obfervé quelques-unes par rapport aux melons, aux mûres, &c. Je n'ai fait que très peu d'expériences fur cette matiere : je me fuis contenté d'indiquer la voie ; celui qui aura plus de tems pourra en faire un plus grand nombre. Celles que j'ai faites font indiquées dans la Table ci-jointe.

CHAPITRE XXIX.

Des propriétés générales de la lumiere.

§. MDCLXV. On appelle *lumiere* tout ce qui procure à l'ame la faculté de voir par le moyen des yeux. La lumiere qui pénetre le globe de l'œil peut y parvenir de trois manieres différentes. 1°. Elle y peut être directement portée par le corps lumineux. 2°. Elle y peut être réfléchie par d'autres corps éclairés. 3°. Elle peut être réfractée par un milieu quelconque avant d'y parvenir. C'est à l'aide de la lumiere, que nous voyons les objets lumineux, ceux qui ne le font point, l'étendue, les pores qui lui appartiennent, la figure des corps, leur beauté, leur nombre, l'aspérité, le poli des furfaces, le lieu des corps, leur fituation, leur diftance, la continuité, la folution de continuité, le mouvement, le repos & les couleurs. Privés de la lumiere, nous ne voyons rien de tout cela, nous fommes alors plongés dans les ténebres, & le fervice de nos yeux nous devient inutile : or pour que nous puiffions voir toutes ces chofes, il faut que notre œil foit à une certaine diftance de ces objets.

§. MDCLXVI. La plus petite étincelle de lumiere produite dans l'atmofphere, peut être vue par tous les points de fa fuperficie, dont elle eft le centre. Si on place un objet opaque entre cette étincelle & l'œil, on ne la voit plus dans toute l'étendue de la ligne droite, comprife entre cet objet & l'œil : d'où il fuit qu'on la voit par des efpeces de rayons conduits du centre de l'étincelle à fa furface.

§. MDCLXVII. C'eft pour cela que les Phyficiens appellent *rayons de lumiere* la lumiere qui fe dirige par des lignes droites.

§. MDCLXVIII. La ténuité de ces rayons furpaffe l'idée qu'on s'en peut former : on peut la comparer à des lignes géométriques ; elle en differe néanmoins, puifque ces rayons font matériels.

Si on fait un trou à une carte avec une épingle, un Obfervateur qui regardera tranquillement par ce trou, & qui fera couché fur le dos, pourra diftinguer tous les objets qui rempliffent l'hémifphere célefte. Mais s'il fe tient de bout, il ne pourra diftinguer alors que la quatrieme partie du ciel ; & en même-tems tous les objets qui feront placés dans l'horifon à la furface de la terre & devant lui. Or on ne peut voir & diftinguer tant d'objets différens que par une multitude de rayons qui partent des objets lumineux, ou qui font réfléchis des corps opaques, & qui paffent, fans fe confondre, par le trou de la carte que nous venons d'indiquer : d'où on peut conclure quelle doit être la délicateffe & la ténuité de ces rayons ; ce qui furpaffe certainement la fubtilité de notre efprit. En effet, fuppofons que l'hémifphere du ciel que nous voyons foit rempli d'étoiles, & que le diametre de chacune $= 1\,m'''$.

On aura fon aire en prenant un nombre rond $= \dfrac{1}{1000,000,000,000,000}$, ou la billionieme partie de l'aire céleste; par conséquent cet hémisphere pourra comprendre 1000,000,000,000,000 étoiles fixes. En supposant que 100 rayons lumineux seulement partent de chacune de ces étoiles, & parviennent à notre œil en passant par le trou de la carte, la somme des rayons qui y passeront, sera = 100,000,000,000,000,000. Or supposons maintenant que le même trou ne puisse laisser passer que 20 cheveux, chaque rayon ne sera

donc que $\dfrac{1}{5000,000,000,000,000}$ de cheveu.

2°. Si on place sur le sommet d'une tour une chandelle ordinaire de suif, on pourra la voir pendant la nuit à la distance d'un demi mille; par conséquent il n'y aura aucun endroit d'une sphere d'un mille de diametre qui ne reçoive un rayon de lumiere de la flamme de cette chandelle : or tous ces rayons étoient originairement renfermée dans cette flamme; laquelle étant extrêmement petite, à proportion de cette sphere, & sur-tout à proportion de la surface éclairée, prouve la subtilité de chacun de ces rayons & des parties qui les constituent. Dans la surface d'une telle sphere, on peut certainement comprendre 935515376 pupilles d'yeux humains. Or comme cette chandelle peut encore se voir à une plus grande distance, le nombre des rayons lumineux qui en partent est encore bien plus grand.

3°. La lumiere se fait jour à travers les pores des diamants, des perles, des verres : ces pores sont cependant si petits qu'on ne peut les distinguer à l'aide des meilleurs microscopes, qui grossissent cependant suffisamment pour qu'on puisse voir distinctement un objet dont les dimensions ne surpasseroient point la millionieme partie d'un grain de sable : il faut donc que les particules de la lumiere soient encore plus petites que ces pores.

§. MDCLXIX. La subtilité de la lumiere est si grande qu'on ne peut point l'examiner seule, ou dans son état de simplicité ; elle pénetre tous les vases : on ne peut la retenir dans aucun. C'est pour cette raison que quelques Physiciens n'ont pas osé croire qu'elle fût matérielle; ils l'ont regardée comme une substance intermédiaire entre ce qui est matériel & ce qui ne l'est pas (1). Mais c'est une pure fiction ; la lumiere est un véritable corps.

§. MDCLXX. Lorsqu'on fait passer un faisceau de rayons du soleil par un trou rond, percé, par exemple, au volet d'une fenêtre, & que ce faisceau est dirigé selon la longueur d'une chambre longue, obscure, & remplie d'une masse d'air également dense dans toute son étendue, ce faisceau se propage en ligne droite, & va peindre au fond de la chambre, sur une table verticale, une image circulaire du soleil, proportionnée à la distance. Cette image ne s'étend point latéralement & circulairement, comme feroient des ondes : ce qui prouve que la lumiere ne se meut point comme le son dans l'air, ni comme les ondes dans l'eau, ainsi que *Hughens* l'avoit imaginé, & que plusieurs grands Physiciens l'ont prétendu après lui : l'ombre que jettent derriere eux les corps qui sont éclairés, prouve encore que la lumiere se ment directement. Celui cependant qui considere de côté un faisceau de rayons lumineux qui sont directement dirigés selon la longueur d'une salle, en remarque plusieurs qui s'échappent latéralement ; mais cet

(1) Hierne Acta Chymica, Cap. 5. p. 28.

effet vient de ce que plufieurs des rayons qui compofent ce faifceau tombent fur de petites pouffieres qui voltigent dans l'atmofphere, & qui réfléchiffent en toutes fortes de fens les rayons incidens : ce qu'on peut remarquer très fenfiblement en rempliffant d'une pouffiere très fubtile toute l'étendue d'une falle qu'un faifceau de lumiere parcourt.

§. MDCLXXI. Quoiqu'un petit faifceau de lumiere fe meuve en parcourant une ligne droite, il ne s'enfuit pas pour cela que la lumiere fe meuve de la même maniere en ligne droite, lorfqu'elle a de très grands efpaces à parcourir ; & cela parceque la denfité du milieu, qu'elle doit traverfer, n'eft pas conftamment la même dans toute l'étendue de cet efpace : au contraire elle eft très différente dans fes différentes parties. Mais fi cet efpace étoit vuide dans toute fa longueur, ou qu'il fût homogene & de même denfité dans toute fon étendue, & qu'il n'éprouvât aucun changement, on pourroit être affuré, par l'obfervation précédente, que la lumiere s'y propageroit en ligne droite. Si cependant les efpaces que la lumiere parcourt, étoient eux-mêmes en mouvement, ou s'il fe trouvoit dans ces efpaces d'autres caufes qui agiffent fur la lumiere, on ne pourroit point affurer que la lumiere fe meut en parcourant une ligne droite.

§. MDCLXXII. La longueur des rayons lumineux eft prefqu'infinie ; car non-feulement les rayons du foleil qui partent du difque de cet aftre, & qui parviennent fur notre globe, ne parcourent pas moins qu'un efpace $= 20237$, demi diametre de la terre ; efpace qu'un boulet de canon, porté avec toute la vîteffe qu'on peut lui donner, ne pourroit parcourir qu'en 25 ans : mais encore les étoiles fixes les plus éloignées rempliffent auffi de leur lumiere toute l'étendue de l'efpace qui les fépare de notre globe : diftance qui eft beaucoup plus confidérable que celle à laquelle nous fommes du foleil ; puifque, fuivant les dernieres obfervations de *Bradley*, la diftance des étoiles fixes à la terre eft 400000 fois plus grande que celle du foleil ; efpace qu'un boulet de canon ne pourroit parcourir qu'en 10,000,000 ans : étendue immenfe, & que l'efprit de l'homme ne peut faifir & fe repréfenter.

§. MDCLXXIII. Puifque les rayons de lumiere qui partent des étoiles fixes les plus éloignées, confervent encore fur notre globe une lumiere très vive, la vivacité ou la force de ces rayons ne doit point être diminuée, ou elle ne doit l'être que très peu : ce qu'on ne peut concevoir, à moins que les efpaces céleftes que ces rayons parcourent, ne foient prefque vuides de matiere (excepté de celle de la lumiere qui eft très rare), & conféquemment qu'ils n'éprouvent, en traverfant ces efpaces, aucune réfiftance, & qu'ils n'y rencontrent aucun corps qui les réfléchiffe, ou qui les abforbe. De ce que la vivacité de la lumiere qui nous vient des étoiles fixes ne diminue pas fenfiblement, nous pouvons concevoir aifément comment la lumiere que produifent les bouches à feu, dans leurs explofions, ne décroît point & conferve tout fon éclat à la diftance de 28500 toifes, ainfi que la obfervé M. *Caffini* (1).

§. MDCLXXIV. Lorfque la lumiere produite par une étincelle, ou par tout autre corps lumineux quelconque, fe propage en lignes droites, dans

(1) Hift. de l'Acad. Roy. ann. 1728.

toute

toute l'étendue de la fphere, dont ce corps doit être regardé comme le centre, ces rayons de lumiere font divergens; les uns A S, S E [*Tab.* 35. *fig.* 6.],
le font davantage, les autres S A , S B, le font moins.

§. MDCLXXV. Cette divergence des rayons lumineux fait que la denfité
de la lumiere , qui parcourt un grand efpace , eft en raifon réciproque doublée de la diftance au centre radieux. En effet, foit un point radieux E
[*Tab.* 35. *fig.* 7.], auquel on oppofe le quarré C G D F, par les angles duquel on conduife du point E les rayons E C, E F, E D, E G, qui foient prolongés au delà de ces angles: foit placée une autre furface quarrée H I K L
parallele à la premiere, & aux angles de laquelle parviennent les rayons
prolongés dont nous venons de parler : il eft conftant que le premier & le
fecond quarré feront l'un & l'autre éclairés par ces mêmes rayons ; par conféquent la denfité de la lumiere qui éclairera le quarré C D G F , fera à la
denfité de celle qui éclairera le quarré H I K L , comme H I K L : C D G F;
or H I K L : C D G F : : $\overline{E\,I^q}$: $\overline{E\,D^q}$. Donc la denfité des rayons qui éclaireront
C D G F, fera à la denfité de ceux qui éclaireront H I K L : : $\overline{E\,I^q}$: $\overline{E\,D^q}$, ou en
raifon réciproque des quarrés des diftances au point radieux E.

Si on renferme une chandelle allumée dans une boîte exactement fermée,
mais percée d'un petit trou, & que les rayons de lumiere, produits par
cette chandelle, fortent directement par ce trou pour s'étendre dans une
chambre obfcure pendant la nuit, fi on place à une diftance convenable un
livre ouvert de façon qu'on puiffe le lire à peine; & qu'après avoir mefuré
la diftance de ce livre à la flamme de la chandelle, on le porte à une diftance double, on obfervera qu'on ne pourra plus le lire, & que l'efpace
éclairé fera quatre fois plus grand que le premier; par conféquent la lumiere
fera alors quatre fois plus rare, & conféquemment éclairera quatre fois
moins : ou bien tenez à la main, pendant la nuit, une chandelle allumée ;
fi vous difpofez un livre ouvert à une diftance convenable de cette lumiere ,
pour que vous puiffiez à peine diftinguer les lettres & lire ; & qu'enfuite
vous le portiez à une diftance double , & que vous allumiez alors quatre
chandelles femblables à la premiere , vous lirez à cette double diftance avec
la même facilité que vous lifiez à la premiere ; ce que vous ne pourrez pas
faire fi , au lieu d'allumer 4 chandelles, vous n'en allumez que deux & même trois. Pour rendre cette théorie générale, foit nommée c la clarté de
l'objet éclairé, & le nombre des chandelles n, la clarté produite par chaque

chandelle fera $= \frac{c}{n}$. Soit appellée d la diftance de la chandelle à l'objet

éclairé , on aura n $=$ d d ; & conféquemment la clarté produite par cha-

que chandelle $= \frac{c}{d\,d}$. Si on fuppofe maintenant que la clarté foit la même,

on pourra la reprefenter par l'unité , & conféquemment $\frac{c}{d\,d} = \frac{1}{d\,d}$. En fup-

pofant que n $=$ 2, & $\sqrt{\bar{n}} =$ d , on aura c $= \dfrac{1}{d\,\sqrt{\frac{1}{2}}}$.

§. MDCLXXVI. Cette propriété de la lumiere étant connue, on pourra aisément résoudre le problème suivant.

Deux fenêtres M, N, étant données, & leur distance A B, trouver dans cette ligne A B un point X qui soit également éclairé par la lumiere qu'on suppose sortir de ces deux fenêtres. Pour résoudre ce problème, soit nommée a, la distance A B, n la grandeur de la fenêtre N; m celle de l'autre fenêtre M; x la distance A X de la petite fenêtre: on aura B X $= a - x$.

Et en faisant le calcul, on trouvera deux solutions, $x = \dfrac{- a\,m}{n - m} + \dfrac{- a}{m - n}\sqrt{m\,n}$, ou $x = - a$; & si $= 4\,m$, on aura $x = \tfrac{1}{3}a$, ou $x = - a$.

§. MDCLXXVII. Si ce problème étoit proposé autrement; savoir s'il s'agissoit de trouver dans la ligne A B un point x également éclairé par l'une & par l'autre fenêtres; alors les distances cherchées de ces fenêtres seroient $= x$ & $= a + x$, & on trouveroit $x = \dfrac{a \times m + \sqrt{m\,n}}{n - m}$. Si $n = 4$, $m = 1$, on aura $x = \dfrac{2\,a}{3}$.

§. MDCLXXVIII. La lumiere s'échappe de tout corps lumineux, & s'en échappe avec une vîtesse incroyable.

En effet, *Reomer* découvrit & démontra cette propriété de la lumiere par les observations qu'il fit sur les éclipses des Satellites de Jupiter.

Soit A le soleil [*Tab.* 35. *fig.* 9.], B K C D L E l'orbite annuel de la terre, F Jupiter qui se meut dans l'orbe Q F P. Soit H G N l'orbite de son plus proche satellite. Supposons que l'immersion du satellite se fasse au point G, & son émersion au point H.

Si la terre étant en B, le satellite paroît sortir de l'ombre, on observera encore une pareille émersion après 42 heures & 30 m'; & si la terre demeure toujours en B au bout de 30 fois 42 heures & 30 m', on aura observé 30 émersions: mais que pendant ce tems la terre s'éloigne de Jupiter, & parvienne à la partie C de son orbite, si la lumiere emploie un certain tems pour parvenir de B en C, l'émersion du Satellite paroîtra plus tard en C qu'elle paroissoit lorsque la terre étoit en B, & il faudra ajoûter au tems désigné par 42 heures m' 30 $\times$ 30, le tems que la lumiere emploie à parcourir l'espace M C, qui exprime la différence entre les espaces C H & B H. Plusieurs observations répétées pendant plusieurs années ont démontré que ce tems étoit très considérable, qu'il étoit de 10 minutes ou plus: d'où il suit que, suivant les observations de *Brandley*, la lumiere emploie 8' & 13" à parcourir l'espace qui sépare la terre du soleil. *Cassini*, qui a dressé des Tables concernant les satellites de Jupiter, assure que la conclusion qu'on tire du mouvement de la lumiere ne convient point avec les observations faites sur les trois autres satellites (1); mais *Halley* observant depuis avec plus d'attention le mouvement des satellites & leurs éclipses, trouva

(1) Recueil des Observat. faites en plusieurs voyages, p. 52.

que ce qu'on avoit avancé par rapport au satellite plus voisin de Jupiter, convenoit aussi aux autres satellites (1). *Maraldi* (2) objecta néanmoins par la suite qu'en faisant ces observations, on n'avoit point fait entrer en considération l'effet qui devoit résulter de l'excentricité de l'orbite de Jupiter autour du soleil. En effet, si Jupiter, lorsqu'il est dans son périgée ou dans son apogée, est en même-tems dans son périhélie, il sera moins éloigné de la terre que s'il étoit alors dans son aphélie; & la différence des distances sera encore la même que la différence des distances de Jupiter au soleil, ou la double excentricité de Jupiter, qui est presqu'égale à la moitié de la distance du soleil à la terre; & conséquemment, toutes choses égales d'ailleurs, la lumiere doit parvenir trois minutes plutôt, & on doit voir plutôt l'éclipse dans le premier cas que dans le second. Les Tables ayant été dressées, sans faire attention & sans corriger cette espece d'inégalité, elles ne devroient point se rapporter & convenir avec ces sortes d'apparences; elles y conviennent cependant, ainsi qu'il tâche de le démontrer par plusieurs observations faites, tant dans l'aphélie que dans le périhélie.

2°. Si on corrige les Tables par rapport au premier satellite, ainsi que *Bradley* l'a fait, il restera toujours le même défaut dans ces Tables par rapport aux autres satellites.

Mais on a répondu à ces difficultés, qu'il falloit considérer plusieurs inégalités dans un calcul exact sur les éclipses dont on n'a point tenu compte dans les Tables de *Cassini*: ces inégalités sont telles, qu'elles se détruisent quelquefois toutes les unes & les autres, & alors les éclipses paroissent convenir avec les Tables, quoiqu'elles soient défectueuses. En effet, si la terre s'éloigne de Jupiter, & que pendant ce tems le satellite s'approche un peu de la terre, il pourra se faire une compensation. Si Jupiter s'approche du soleil, & qu'il en reçoive plus de lumiere, & que pendant ce tems la terre s'éloigne de Jupiter, elle recevra néanmoins plus de lumiere que si Jupiter s'étoit éloigné du soleil, & que la terre se fût approchée de Jupiter, & conséquemment l'éclipse paroîtra plus tard dans le premier cas que dans le second, quoique la lumiere se meuve avec la même vîtesse de Jupiter à la terre. Ces deux cas rendent ces inégalités plus grandes par rapport aux autres satellites, que par rapport à celui qui est plus près de la planete: d'où il suit que l'erreur des Tables, dans la construction desquelles on n'a point eu égard à ces inégalités, doit être trop grande pour qu'on puisse juger sainement du tems que la lumiere emploie à parcourir l'espace qui sépare Jupiter de la terre; puisque ce tems peut être plus petit, égal ou plus grand: c'est pourquoi il falloit faire plusieurs observations sur les éclipses des satellites, & s'assurer toujours exactement de la véritable position de Jupiter & de la terre; il falloit déterminer les excentricités des orbites, afin d'avoir les véritables distances à la terre: il falloit outre cela supputer la grandeur de l'ombre de Jupiter, la situation & le passage des satellites par l'ombre; & conséquemment il falloit ajoûter de nouvelles équations aux Tables ordinaires, dans lesquelles *Cassini* a négligé toutes ces choses, si on vouloit s'en servir pour déterminer plus exactement les tems des éclipses, & alors on pourroit établir quelque chofe de certain fur la vîteffe de la lumiere. *Puondius* (1) a fait de telles corrections dans des Tables, & il les a faites à l'aide d'un grand nombre d'obfervations. D'après ces corrections, il paroit, & par la théorie de tous les fatellites, que la lumiere emploie véritablement 8 minutes & 13 m″ à parvenir du foleil fur la furface de notre globe. Le favant *Bofcovich* (2) a traité toutes ces chofes avec beaucoup d'étendue & d'érudition.

2°. On conclut de l'aberration des étoiles que la lumiere emploie un tems d'une certaine durée pour parvenir des étoiles jufqu'à nous ; car *Halley*, *Manfredy*, *Herrebovius*, *Molineux*, *Bradley*, ont découvert, à l'aide d'une lunette fixée à un mur folide, & munie d'un micrometre, qu'on n'obferve pas les étoiles fixes conftamment dans un même lieu pendant le cours d'une année ; mais qu'elles répondent à différens endroits, & que ces étoiles font fujettes à certaines aberrations, de même que fi elles parcouroient des ellipfes. Les aberrations des fixes ne répondent point à la parallaxe annuelle, & elles ne dépendent point des réfractions, ni de la titubation de l'axe de la terre : on en rend cependant aifément raifon, & on les démontre très clairement fi on attribue un mouvement progreffif à la lumiere qui vient des étoiles fixes à la terre, & fi on admet le mouvement annuel de la terre autour du foleil, ainfi que le célebre *Bradley* l'a très bien démontré (3). La théorie de cet habile Aftronome eft fi folidement établie, qu'elle n'eft aucunement ébranlée par les difficultés qu'on lui oppofe (4). En effet, fuppofer que la terre eft immobile, & que le foleil, tournant fur fon axe, fe meut continuellement autour d'elle, & fonder cette idée fur l'autorité de l'Ecriture Sainte, ce n'eft plus qu'un badinage dans un fiecle auffi éclairé que le nôtre, & les paffages mal entendus qu'on cite à cet égard ne peuvent plus faire preuve, ainfi que plufieurs le croyoient anciennement (5).

3°. A l'aide d'un miroir fphérique concave, ou d'une loupe, nous détournons les rayons du foleil du parallélifme qu'ils affectent, & nous les faifons co-incider en un point. Cette inflexion des rayons de la lumiere ne peut fe faire fans mouvement, & d'ailleurs l'impétuofité avec laquelle ces rayons agiffent contre les corps qui font expofés à leur action, décele affez que ces rayons & leurs parties font doués d'un mouvement très rapide.

4°. Nous pouvons auffi féparer les rayons de la lumiere par le moyen des verres concaves, & diriger la lumiere vers tout endroit quelconque vers lequel elle ne tendoit point à fe porter. A l'aide d'un prifme de verre, nous réfractons un rayon de foleil, & nous lui faifons changer fa figure ronde en une image oblongue, peinte de différentes couleurs : en oppofant un autre prifme au premier, nous détournons encore les rayons de lumiere du chemin qu'ils tendoient à parcourir : or tous ces effets ne pourroient point avoir lieu fi la lumiere n'avoit un mouvement progreffif.

(1) Philofoph. Tranfact. n. 361.
(2) Differr. de Lumine, pag. 23. & feq.
(3) Philof. Tranf. n. 406. Smith Optiks. Book. 4. c. 7. S'Gravefande Elem. Phyf. Lib. 5. c. 1.
(4) Comment. Bonon. Vol. 1. pag. 627.
(5) Veltufius de Quiete Solis. Horrebovii, Copernicus triumphans. Hewerden. de Motu Terræ annuo.

5°. On obſerve outre cela que les rayons de lumiere ſont accélérés ou retardés par les réfractions qu'ils éprouvent en traverſant différens milieux ; d'où il ſuit manifeſtement qu'ils ſe meuvent.

§. MDCLXXIX. Ces obſervations détruiſent de fond en comble la Doctrine de *Deſcartes* (1), qui penſoit que la lumiere étoit diffuſe dans toute l'étendue de l'Univers qu'il regardoit comme plein. Il imaginoit que cette lumiere, ainſi répandue, étoit preſſée par le corps lumineux, & qu'en vertu de cette preſſion qu'elle éprouvoit, elle devenoit ſenſible à l'œil juſqu'à l'extrêmité du rayon. Si cette hypotheſe étoit vraie, il n'y auroit jamais de ténebres ; puiſque la lumiere étant un fluide, elle eſt ſoumiſe aux loix qui conviennent à cette eſpece de corps, & conſéquemment à celle qui ſuit. Si un fluide compris dans un vaſe fermé de toutes parts, & qu'il remplit, eſt preſſé dans une de ſes parties, la preſſion qu'il éprouvera ſe diſtribuera circulairement en toutes ſortes de ſens, & cette preſſion ſera égale de toutes parts, en avant, en arriere, & latéralement : cela poſé, ſuppoſons que le ſoleil ſoit la cauſe qui comprime, que le monde ſoit un vaſe rempli de lumiere, & qu'elle ſoit comprimée par le ſoleil, & repouſſée par les limites du monde ; cette lumiere ſera preſſée en toutes ſortes de ſens ; & conſéquemment l'œil placé dans toute partie quelconque du monde, & frappé par cette lumiere en mouvement, pourra voir : & cet effet aura lieu, ſoit que le ſoleil demeure ſur nôtre horiſon, ſoit qu'il ſoit au deſſous de notre horiſon ; puiſque la preſſion qu'il exercera, ſe diſtribuant en toutes ſortes de ſens dans toute l'étendue de la ſphere, & étant repréſentée par les extrêmités de cette ſphere, doit néceſſairement rendre ſenſible à l'œil l'image du ſoleil : or cet effet eſt contraire à l'expérience, qui nous fait éprouver la ſenſation des ténebres pendant la nuit.

2°. Dans l'hypotheſe de *Deſcartes*, on ne verroit jamais d'ombre ; puiſque la lumiere qui ſeroit répandue derriere un corps opaque quelconque, ſeroit également preſſée que celle qui eſt diſſéminée à ſes côtés : car la preſſion d'un fluide ſe diſtribue également en toutes ſortes de ſens.

3°. Si on ſuppoſe un globule de lumiere entouré de pluſieurs autres globules de même eſpece, & que ces derniers, étant preſſés ſelon différentes directions, déploient la preſſion qu'ils éprouvent contre le globule intermédiaire, ce dernier doit repouſſer tous ces globules ſelon des directions contraires : mais cela ne peut arriver dans cette occaſion ; parceque toutes les preſſions ambiantes ſe réduiſent à une ſeule, ſuivant le §. 1259 : & comme le tout ſe réduit à deux preſſions oppoſées, ces preſſions doivent ſe détruire, & leur effet demeurer nul.

4°. Ceux qui imaginent que les globules de la lumiere ſont ſéparés par un petit eſpace, & qu'ils ſont pouſſés les uns contre les autres, afin d'expliquer le tems que la lumiere emploie pour ſe propager ; ceux-là, dis-je, ſont obligés d'admettre un eſpace vuide, ce qui eſt contraire à leur ſentiment : car cette diſtance qu'ils admettent entre les plus petits globules, quoique plus petite qu'un de ces globules, eſt véritablement vuide.

§. MDCLXXX. Si nous faiſons de ſérieuſes réflexions ſur l'extrême rapi-

____

(1) Dioptric. Cap. 1. §. 3. & in Epiſt. 17. Part. 2.

dité avec laquelle la lumiere se propage , & sur les petits effets qu'elle produit sur les corps qu'elle éclaire, nous en tirerons une autre preuve de l'extrême subtilité des particules de la lumiere. En effet, le soleil étant éloigné de la terre de 24000 demi-diametres terrestres ; & chaque demi diametre étant , selon les observations des Géometres modernes (1) , $=$ 19615782 pieds, la distance du soleil à la terre $=$ 470788768000 pieds : or la lumiere parcourt cet espace en 8 m′ 13 m″ ; & conséquemment elle parcourt 980809933 pieds $\frac{1}{2}$ en une seconde. Un boulet de canon poussé avec toute la force qu'il peut avoir, ne parcourt que 600 pieds dans le même tems : par conséquent la vîtesse avec laquelle la lumiere se meut, est à celle d'un boulet de canon, ou à peu de choses près, comme 1634683 : 1. Supposons que ce boulet pese 10 ℔ ou 76800 grains, ce poids multiplié par le quarré de sa vîtesse , exprimera la force du boulet, de même que le poids d'un globule de lumiere multiplié par le quarré de la sienne, donnera la force avec laquelle ce globule de lumiere doit agir : or le quarré de cette vîtesse $=$ 2672188510489 ; par conséquent si un globule de lumiere pesoit seulement $\frac{1}{34794121}$ de grain, il auroit la même force que le boulet dont nous venons de parler : mais ce boulet produit des effets considérables sur les corps qu'il rencontre sur son passage ; il les brise tous, quoiqu'ils soient aussi durs que des pierres : par conséquent si une molécule de lumiere avoit une masse telle que nous venons de le déterminer ; elle produiroit les mêmes effets que ce boulet : or comme la lumiere du soleil ne fait aucun tort aux étamines des fleurs qu'elle éclaire, quelque délicates qu'elles soient, qu'elle ne fait au contraire que déterminer les sucs à s'élever dans leurs tiges , il faut de toute nécessité que la subtilité des particules de la lumiere soit immense, & infiniment plus petite que la grosseur que nous venons de leur attribuer, peut-être même que le poids d'un rayon entier de soleil, pris depuis cet astre jusqu'à notre globe, n'égale pas celui d'un grain : c'est pourquoi la lumiere qui part du soleil , & qu'il répand dans tout le systême planetaire , doit être extrêmement rare , eu égard à la ténuité de ses molécules, & elle ne peut nuire à la lumiere des autres corps lumineux.

§. MDCLXXXI. La vîtesse avec laquelle la lumiere se propage étant connue , ainsi que l'espace qu'elle parcourt dans un tems donné, il s'ensuit qu'elle emploie un tems considérable pour parvenir des étoiles fixes à nous : en effet , si la parallaxe annuelle $=$ 1 m″, la distance des plus proches étoiles fixes à la terre, sera comme le rayon est au sinus d'une seconde, ou à peu de choses près, comme 200000 : 1 ; & conséquemment la lumiere que les étoiles fixes envoient sur notre globe, mettra 1042 jours à y parvenir : mais les étoiles qu'on observe avec le télescope , & celles qu'on remarque dans la voie lactée, sont mille fois & même deux mille fois plus éloignées ; par conséquent leur lumiere ne pourra parvenir sur notre globe qu'en 1042 jours × 1000 , ou 1042 jours × 2000. C'est peut-être par rapport à cela qu'on découvre quelquefois de nouvelles étoiles.

§. MDCLXXXII. Cette extrême rapidité avec laquelle la lumiere se meut , nous empêche de nous appercevoir de son mouvement progressif, &

(1) Mesure de la Terre. Ann. 1718.

d'en juger par les expériences que nous pouvons faire fur terre; & c'eft pour
cette même raifon que les Académiciens de Florence crurent que le mouvement de la lumiere étoit inftantané : ils furent confirmés dans cette idée par
les obfervations qu'ils firent, en fupprimant dans un efpace mefuré, des
lanternes dans lefquelles ils avoient allumé des chandelles.

§. MDCLXXXIII. Un rayon entier de lumiere qui part d'un corps lumineux, & que nous pouvons foumettre à nos expériences, eft compofé d'une
lumiere qui fe meut fucceffivement d'efpace en efpace, & d'une autre lumiere fimultanée : car un tel rayon de lumiere eft comme une efpece de faifceau, qui eft compofé de plufieurs petits rayons, qui font doués chacun
d'une couleur particuliere, & qui tous pris enfemble, fe meuvent avec le
rayon dont ils font partie.

§. MDCLXXXIV. La lumiere eft une véritable matiere, ainfi qu'*Empe-
docle* l'affura autrefois, & non pas feulement une forme accidentelle, comme le prétendoit *Ariftote* (1). C'eft un véritable corps qui jouit des propriétés
qui conviennent aux corps : cependant c'eft un fluide très fubtil, & conféquemment dont les parties n'ont qu'une foible cohéfion entr'elles, ainfi que
celles de tout fluide quelconque; & lorfqu'elle tombe fur un corps opaque
réfléchiffant, elle peut être réfléchie fur toute forte d'angle, felon les mêmes
loix auxquelles les autres corps folides ou fluides font fujets lorfqu'ils rencontrent un obftacle & qu'ils fe réfléchiffent.

§. MDCLXXXV. Puifque les rayons de la lumiere qui font réfléchis par
un grand nombre de différens corps, & qui paffent par une petite ouverture,
vont tracer diftinctement ces objets munis de leurs couleurs, & fans être
confondus, fur un plan blanc qu'on leur préfente dans l'intérieur d'une
chambre obfcure, il paroît que ces rayons ne fe confondent point en paffant
par cette petite ouverture, ni qu'un rayon de lumiere ne trouble en rien le
mouvement d'un autre rayon, ne change point fa direction, & n'affoiblit
point fa lumiere. Cet effet prouve encore qu'un rayon de lumiere qui eft réfléchi, eft d'une grande ténuité, & conféquemment qu'un rayon de lumiere
ne peut point nuire, ni réfifter à un autre rayon en vertu de leur extrême rareté : cette propriété différencie la lumiere, de quantité d'autres fluides qui fe
confondent totalement, ou en partie, lorfqu'ils fe rencontrent, ou qui s'enlevent mutuellement quelque chofe; ainfi qu'on peut s'en convaincre par
les expériences fuivantes.

Les deux pompes A & B [*Tab. 36. fig. 1.*], munies de leurs becs C & D,
font adaptées à des tubes égaux D E F, C E G, qui communiquent enfemble, c'eft-à-dire, qui fe pénetrent, pour ainfi dire, au point E, de façon
que les axes de ces tubes font difpofés dans le même plan : les manches de
leurs piftons font joints par la lame K H. Tout cet appareil eft établi fur une
petite table O Q : on remplit la pompe A d'eau claire, & la pompe B d'eau
colorée avec du bois des Indes : on établit enfuite le fupport R S à la partie
latérale de la table, où on le fixe par le moyen d'une vis de compreffion T ;
à la partie S de ce fupport eft une charniere qui fert à joindre au fupport le
levier S V, qui tombe au point Y fur le milieu de la lame K H. A l'extrê-

____

(1) Lib. 2. De Anima. Cap. 7. text. 70.

mité V de ce levier est suspendu le poids X, lequel, faisant baisser le levier V S, fait descendre en même-tems les pistons dans les pompes, & en fait couler également les liquides qu'elles contiennent : ces deux liquides se rencontrent au concours E des deux tubes. L'eau pure qui étoit dans la pompe A , passant par le tube C E, coule par l'ouverture F, & est reçue dans un vase de verre N ; l'eau colorée qui étoit renfermée dans la pompe B, passant par le tube D E, sort par l'ouverture G, & tombe dans le vase P ; de sorte que la masse d'eau qui rencontre l'autre masse au point E, ne se mêle point avec elle à cet endroit. Ces deux masses se repoussent mutuellement ; mais la quantité qui s'échappe par les deux tubes indiqués, est la même de part & d'autre : celle qui coule par le tube C E F n'est pas aussi pure qu'elle l'étoit dans la pompe A ; elle devient un peu colorée : & celle qui s'échappe par l'orifice G, est moins rouge que la masse qui reste dans la pompe B ; ce qui prouve que les deux quantités de liquides qui se rencontrent au point E, & qui s'écoulent par les deux tubes, se pénetrent & se mêlent un peu ensemble. A l'aide de cet appareil, on peut répéter cette expérience avec un poids plus pesant, ou moins pesant que le poids X : on peut aussi approcher le poids plus près du point S, & produire une pression différente sur les deux pistons unis, & faire que les liquides s'écoulent plus promptement par les ouvertures F & G. Dans tous ces cas on observe que les liquides qui coulent se mêlent toujours ensemble. Bien plus, ayant retranché la lame K H, qui joint ensemble les deux pistons, & ayant adapté un levier à la queue de l'un & de l'autre piston, afin de les abaisser tous les deux avec différentes forces & dans le même tems, & de faire couler les deux liquides avec différentes vîtesses, on a toujours eu soin de faire couler plus promptement l'eau comprise dans la pompe B ; sans cette précaution, on auroit pu être exposé à quelques erreurs. Néanmoins on a remarqué constamment que quelque différence qu'on mît dans la pression des pistons, l'eau qui tomboit dans le vase N étoit toujours teinte.

Ayant ensuite rempli la pompe A avec de l'huile de térébenthine, & la pompe B avec de l'eau rouge, les deux pistons étant unis entr'eux en K H, & pressés par un seul levier, l'huile de térébenthine se mêla avec l'eau au point E, & coula dans les deux vases N, P avec l'eau colorée.

On remarqua encore la même chose lorsqu'on eut rempli d'eau colorée la pompe B, & la pompe A avec de la saumure, ou de l'esprit de froment, du lait de vache, de l'urine.

Je mis dans deux vases [*Tab.* 36. *fig.* 2.] plus hauts que les deux précédens deux boules creuses de verre mince, de l'espece de celles dont on fait usage pour construire des thermometres de *Drebbel* : j'avois rempli à moitié ces deux boules, l'une d'une liqueur colorée en bleu, & l'autre d'une liqueur teinte en rouge, le reste de ces boules qui se terminoient par des tubes très courts, étoit rempli d'air. Ayant donc substitué ces deux derniers vases aux deux premiers, je fis chauffer l'air compris dans la pompe A, je pressai également les deux pistons ; je forçai par ce moyen la masse d'air échauffée à descendre par le tuyau C E F, & à se porter dans le vase N : cette masse d'air échauffant celui qui étoit compris dans la partie supérieure de la boule renfermée dans ce vase, le dilata ; & celui-ci, en se dilatant, poussa

devant

devant lui une partie de la maffe d'eau contenue dans cette boule , tandis
que la boule P demeura prefque dans la même fituation , ou qu'il n'en for-
tît prefque point de liqueur; de forte que le feu pouffé felon la direction
E G , n'enfila point entierement ce canal , & même il ne paffa qu'une très
petite partie de ce fluide par cette conduite : il fut au contraire repouffé au
point E par la maffe d'air qui enfila le tube D E ; & il fut obligé de fortir par
l'orifice F avec la maffe d'air qui coula par le tube C E.

Je remplis enfuite la pompe A de fumée de tabac , tandis que la pompe
B demeura remplie d'air pur. Je couvris les vafes N & P avec des couvercles percés de maniere à laiffer feulement paffer les tubes F & G , afin de
pouvoir diftinguer plus aifément l'odeur qui fe feroit fentir dans ces deux
vafes. J'abaiffai alors en même tems les deux piftons , une plus grande partie de la fumée enfila la route C E F , & il ne paffa que très peu de fumée
dans le vafe P , ainfi que l'odeur le manifefta : or il ne fe fait point une telle
confufion entre les rayons de la lumiere.

§. MDCLXXXVI. Cette théorie laiffe encore quantité de queftions à faire,
qui n'ont point été démontrées jufqu'à préfent ; car l'efprit de l'homme eft
trop borné pour pouvoir acquérir une parfaite intelligence de toutes ces chofes : les Phyficiens ont cependant fait leurs efforts pour en rendre raifon
d'après leurs conjectures ; mais elles n'en font pas moins incertaines pour
cela : telles font les fuivantes.

1°. Le feu & la lumiere font-ils un corps de même genre ? Plufieurs phénomenes femblent confirmer cette idée ; parceque par-tout où l'on raffemble
copieufement la matiere de la lumiere, on y découvre les caracteres du feu ,
ainfi qu'on peut l'obferver au foyer des miroirs ardens, & par la flamme des
corps qui brûlent. Cependant la fufion des corps , par l'intermede du feu ,
n'eft fimplement qu'une féparation de leurs parties, accompagnée de mouvement. D'ailleurs différens corps ne peuvent-ils pas produire de femblables
effets? Le feu ordinaire, le foleil , la matiere électrique ne font-ils pas tomber les corps en fufion ? N'y a-t-il pas outre cela d'autre fluides qui ont la
propriété de diffoudre les corps , de féparer leurs parties & de les mettre en
mouvement? D'où il fuit qu'il n'eft point encore manifefte que le feu foit la
même chofe que la lumiere : il y a outre cela plufieurs phénomenes qui paroiffent démontrer que la lumiere eft bien différente du feu.

1°. Lorfque l'électricité eft abondante , elle jette une lumiere vive qui
n'eft point chaude, ou qui l'eft à peine. 2°. Il y a quantité de fubftances qui
jettent de la lumiere , & qui ne font point chaudes pour cela ; & il faut que
la matiere de la lumiere qui eft renfermée dans les corps foit mife en mouvement par le feu , pour qu'elle fe produife au dehors ; puifque ces mêmes
corps ne donnent plus de lumiere , quoiqu'ils foient agités par le feu lorfque
la matiere du feu en eft féparée. On obferve ce phénomene dans les mala-
chites , qui font des efpeces de pierres précieufes d'un vert fort épais ; dans
les cryftaux, dans les diamants , qui font , pour ainfi dire , imbibés de la lumiere à laquelle on les a oppofés, & qui ceffent de luire quelque tems après ;
parceque les parties de la lumiere qu'ils ont abforbées , ont perdu alors leur
mouvement. Tous ces corps étant placés dans une cuiller d'argent qu'on a
fait chauffer auparavant , recommencent à luire : on obferve la même chofe

<table>
<tr><td>Tome II.</td><td>K K K</td></tr>
</table>

lorsqu'on les plonge dans l'eau chaude : on éteint bien-tôt la lumiere dont ils brillent en les jettant dans l'eau froide , & on les fait briller de nouveau en les échauffant avec l'haleine ; ils cessent encore de briller si on les replonge dans l'eau froide : & après avoir répété ainsi & successivement toutes ces tentatives, après les avoir échauffés plusieurs fois, leur lumiere, qui s'est affoiblie à chaque fois, s'éteint tout à fait , & on ne peut plus parvenir à les faire briller , quoiqu'on les échauffe (1) ; de sorte qu'alors le feu ne peut plus se produire sous la forme de la lumiere, ou , pour mieux dire , la matiere du feu ne trouve plus de lumiere dans ces corps qu'elle puisse porter au dehors. La lumiere peut donc être affectée par le froid & par le chaud : en effet , le froid lui fait perdre son éclat, que la chaleur lui rend. 3°. Outre cela la lumiere paroît différente du feu ; parceque le feu est nourri par l'huile qu'on répand dessus : elle attire & elle rassemble les parties ignées. Au contraire tout principe huileux liquide , mais sur-tout toute huile animale , affoiblit la lumiere , si elle ne la détruit point, à moins que cette huile ne soit endurcie ; ainsi que *Beccaria* (2) le remarque. Bien plus , les rayons du soleil n'ont point besoin d'aliment , ils subsistent dans un récipient vuide d'air ; ils le pénetrent , tandis que le feu périt si-tôt qu'il est enfermé dans un tel espace. Bien plus , les rayons du soleil agissent avec autant d'activité sur les corps qu'on place dans le vuide , que sur ceux qu'ils rencontrent dans l'air. 4°. On remarque encore que la lumiere se dissipe en peu de secondes , & s'échappe des corps qui l'ont absorbée , tandis qu'ils conservent pendant quelque tems la matiere ignée qui les a pénétrés. En effet, les corps qu'on chauffe considérablement , ne se refroidissent que très lentement, quoiqu'ils soient exposés au grand air. 5°. Les corps qu'on rend phosphoriques par certaines préparations , perdent d'eux mêmes la faculté de briller, & conservent encore celle de recevoir la matiere ignée, & de s'échauffer : d'où il paroîtroit naturel de conclure que la lumiere est un être bien différent de la matiere ignée. 6°. Ajoûtez à cela que la lumiere pénetre très rapidement les corps diaphanes , & que le feu ne les pénetre que très lentement : d'où il suit que la lumiere est beaucoup plus active & plus ténue que la matiere ignée. 7°. Le vent ne repousse point la lumiere & ne la chasse point de la place qu'elle occupe , ainsi qu'on peut l'observer par rapport aux rayons du soleil ; mais il repousse la matiere du feu, ainsi qu'on peut s'en convaincre par l'expérience indiquée dans la section précédente. 8°. L'air pousse la flamme & la détermine à s'élever , tandis que la lumiere du soleil, ainsi que celle de tous les corps lumineux , se dirige en toutes sortes de sens. 9°. Dans la création, Dieu ne produisit-il pas la lumiere séparément de tout autre corps, & ne la sépara-t-il pas de tout corps opaque , ou des ténebres (3) ? Cependant elle se trouve fréquemment jointe avec le feu. En effet , si on prend un linge blanc & propre, & qu'on le fasse chauffer fortement, ce linge jettera de la lumiere dans les ténebres , & qui plus est, on chassera cette lumiere si on frappe ce linge , ou si on le comprime avec la main.

(1) Commentar. Bonon. Vol. 2. p. 284. (2) Commentar. Bonon. Vol. 2. T. 2. pag. 84.
(3) Mosis Lib. 1. c. 1. v. 3. & 4.

2°. Toute lumiere est elle parfaitement semblable à elle-même ? Le feu qui brille & qui se fait remarquer sous la forme de flamme, differe en chaleur & en couleur, suivant la différence de l'aliment qu'on lui fournit : d'où il suit que la lumiere qui provient des corps embrâsés n'est point semblable, & il en est peut-être de même par rapport aux corps lumineux, suivant que ces corps sont différens entr'eux, où suivant ce qu'ils peuvent admettre d'hétérogene ; ainsi qu'on peut le conclure des §. 633 & 1171.

3°. Les corps terrestres peuvent-ils, par la division de leurs parties & par leur atténuation, se convertir en lumiere ; ou la lumiere est-elle un corps d'une espece particuliere, qui differe de tous les autres corps par des qualités qui ne conviennent qu'à elle seule ? de sorte que l'atténuation des parties, la grandeur, la solidité, la figure, la mobilité de celle des autres corps, quoique semblables à celles de la lumiere, ne pourroient point faire un corps lumineux de ceux qui ne le font point originairement ? Quoi qu'il en soit, la lumiere est matérielle & solide ; car des rayons de lumiere rassemblés & condensés au foyer d'un verre brûlant, & dirigés sur de petits morceaux d'amiante, les font mouvoir & tourner sur eux mêmes, dirigés sur un ressort de montre fixé par une de ses extrêmités dans un morceau de bois, mettent en vibrations l'autre extrêmité de ce ressort, ainsi que *Homberg* l'a remarqué (1).

4°. Comment la lumiere émane-t-elle des corps solides qui brillent, tels que le soleil, des charbons ardens, &c ? Cela viendroit-il de ce que les parties solides de ces corps, s'attirant mutuellement les unes & les autres, chasseroient en s'approchant la matiere de la lumiere interceptée entr'elles, & la pousseroient au-dehors avec cette vîtesse selon laquelle elle se propage ? Mais cette vîtesse immense qu'on remarque dans le mouvement de la lumiere, fait une difficulté. Cependant on doit considérer la force attractive comme une puissance qui comprime, & les particules de la lumiere comme un obstacle, & conséquemment à ce que nous avons démontré dans le §. 258, on aura P = O S. Or P demeurant toujours le même, & O décroissant, S augmentera à proportion ; de sorte que si O devient infiniment petit, la quantité S deviendra presqu'infiniment grande. Mais comment la lumiere émane-t-elle de la flamme, émanation qui ne paroît pas dépendre de la même cause que ci dessus ? Ne pourroit-on pas dire que la lumiere s'échappe d'un corps qui luit ; parcequ'elle y est déterminée par la force répulsive des corps, & que cette force répulsive la détermineroit à s'échapper d'un charbon solide & embrâsé, aussi bien que des parties constituantes de la flamme ? C'est sur quoi on ne peut rien prononcer de certain. Il y a outre cela une difficulté par rapport à la lumiere qui nous vient du soleil. En effet, la lumiere est pesante, & par sa pesanteur elle tend vers le soleil ; si elle s'échappe donc en toutes sortes de sens de cet astre, il faut que les forces qui la poussent au-dehors surpassent la force avec laquelle elle tend à se porter vers le soleil ; & conséquemment que la puissance qui réside dans les parties du soleil, pour lancer la lumiere, soit extrêmement forte & beaucoup plus grande que les forces centrales.

(1) Hist. de l'Acad. Roy. ann. 1708.

5°. La lumiere émane-t-elle avec la même vîteſſe de tout corps lumineux quelconque? C'eſt ce qui n'eſt point encore confirmé par aucune obſervation conſtante, quoiqu'il paroiſſe par les obſervations de *Bradley*, que la lumiere du ſoleil, ainſi que celle des étoiles fixes, ſoit portée avec la même vîteſſe vers notre globe.

6°. Où réſide la lumiere que le ſoleil lance depuis tant de ſiecles dans l'eſpace où les planetes & les cometes ſont ſuſpendues? Retombe-t-elle dans le ſoleil par ſa propre gravité, après avoir perdu le mouvement qu'elle a reçu? Continue-t-elle à ſe mouvoir dans un eſpace infini? C'eſt ce qui eſt encore incertain.

7°. Puiſque la lumiere du ſoleil ſe réfracte également en traverſant l'atmoſphere qui enveloppe notre globe, l'eau & le verre, il paroît que la lumiere qui nous vient des étoiles n'eſt point retardée ni accélérée en traverſant l'eſpace qui les ſépare de notre globe, quelque différence qu'on remarque dans les différentes couches de cet eſpace : d'où il ſuit qu'il eſt néceſſaire que les eſpaces céleſtes ne ſoient point remplis de corps qui réſiſtent, mais qu'ils ſoient vuides.

8°. La lumiere qu'un corps opaque réfléchit, conſerve-t-elle, en ſe réfléchiſſant, la même vîteſſe avec laquelle elle eſt tombée ſur le corps qui la réfléchit, en ſuppoſant qu'elle vienne d'un corps lumineux? Si l'angle de réflexion eſt égal à l'angle d'incidence, la vîteſſe de la lumiete réfléchie doit être la même que celle de la lumiere incidente : or cet effet a lieu dans les corps qui brillent, & dont les ſurfaces ſont polies. Les Obſervations de *Bradley* paroiſſent démontrer que la lumiere qui nous vient directement du ſoleil, ainſi que celle que les ſatellites de Jupiter nous renvoient, ſe meut avec la même vîteſſe.

9°. Pourquoi le bois des vieux arbres, la chair des animaux terreſtres, pluſieurs poiſſons lorſqu'ils ſe pourriſſent, & les endroits qu'on arroſe fréquemment d'urine, jettent-ils une ſi belle lumiere pendant la nuit (1)? Le changement que la putréfaction occaſionne aux corps, leur donneroit-il la faculté d'abſorber la matiere de la lumiere; faculté qu'ils perdent lorſque la putréfaction eſt complette? En quoi conſiſte cette faculté?

10°. Pourquoi les yeux de pluſieurs animaux, les mouches qui volent pendant la nuit dans l'Allemagne & dans l'Italie, les ſcarabées, gros comme des abeilles (2); mais ſur-tout les mouches des Antilles, qui ſont munies de 4 aîles, ou les ſcarabées d'un rouge brun, qui ſont applatis, qu'on trouve dans l'Afrique, aux environs du fleuve Gambis (3), jettent ils une lumiere ſi vive, qu'en les renfermant dans un verre, on peut lire auſſi facilement pendant la nuit, que ſi on étoit éclairé avec une chandelle. Si on renferme en Italie trois ſcarabées dans un tube de verre blanc, la lumiere qu'ils répandront, ſera ſuffiſante pour éclairer tous les objets qui ſeront dans une chambre. L'éclat des mouches & des ſcarabées diminue lorſque ces animaux ſont malades, & ils ceſſent de briller ſi-tôt qu'ils ſont morts. Lorſqu'ils font effort pour voler, on voit ſur tout la lumiere ſortir de leur ventre. Pourquoi

(1) Journ. des Sav. T. 1. p. 580. (2) Hiſt. de l'Acad. Roy. ann. 1750. p. 56. (3) Dutertre, Hiſt. Gén. de Antilles. T. 2. p. 280.

les vers qu'on trouve dans les huitres font ils lumineux (1), ainfi que cette humeur vifqueufe, qui fe trouve dans le gofier de certains poiffons; cette humeur jette de la lumiere lorfqu'on en frotte un morceau de bois, & elle continue à briller jufqu'à ce qu'elle fe foit defféchée? Les Anciens, ainfi que les Phyficiens modernes, nous apprennent que les couteaux de mer font fur-tout lumineux (2): ils ont fait à cet égard quantité de belles obfervations. La lumiere de ces poiffons, qui eft d'un blanc tirant fur le bleu, fe fait remarquer non feulement lorfqu'ils font vivants, mais encore après leur mort; elle continue même à briller lorfqu'on les jette dans l'eau, dans l'huile, dans l'huile de tartre, dans l'efprit de fel ammoniac, dans le lait: mais cette lumiere s'éteint fi on les plonge dans du vin, du vinaigre, de l'efprit de vin, de l'urine, de la folution de vitriol, de la folution de fel de Saturne, &c : ayant jetté des couteaux de mer dans de l'eau chaude depuis le 60e jufqu'au 133e degré, la lumiere qu'ils répandirent fut toujours la même; elle s'affoiblit lorfque l'eau fut plus chaude. Il en fut la même chofe lorfque la température de l'eau dans laquelle on les plongea, fut au-deffous de 60 degrés jufqu'à 32. D'où il fuit qu'il y a certains fluides qui confervent aux couteaux de mer la lumiere dont ils brillent, & qu'il y en a d'autres qui la leur font perdre; qu'un certain degré de chaleur l'augmente, & qu'une trop grande l'éteint. Tous ces phénomenes dépendent ils de cette faculté qui réfide dans tous les corps, d'imbiber & de repouffer au dehors la lumiere? Mais en quoi confifte cette faculté? Quelle doit être la conftitution des parties? C'eft ce que nous ignorons tout-à-fait.

11°. Pourquoi la mer, battue & agitée, devient elle lumineufe pendant certaines nuits, & jette-t-elle des gouttes éclatantes de lumiere; pourquoi en jette-t-elle très peu dans un autre tems, & ceffe-t-elle de produire cet effet dans un autre? Ce phénomene dépendroit il de petits infectes vermiformes, ou femblables à des chenilles, ou de plufieurs efpeces qui fe raffembleroient promptement & en grande quantité, & qui jetteroient de la lumiere lorfqu'ils feroient en mouvement; de forte que la mer, chargée d'une multitude de ces animaux, paroîtroit lumineufe, lorfque fa furface feroit agitée, & que les rivages battus par les flots de la mer, chargés de ces infectes, paroîtroient comme embrâfés, ainfi qu'on le remarque dans le Brefil : or ces animaux venant à périr, la mer doit alors perdre tout fon éclat? Les Obfervations de MM. *Leroy*, *Vianelly*, *Gofellini*, *Nollet*, *Sparshall*, *Linæus* (3), & de plufieurs autres encore, paroiffent confirmer cette idée (4) : c'eft pour cela que l'eau de la mer, filtrée, ne donne plus de lumiere. Mais celle qui eft encore renfermée dans le filtre, conferve un très bel éclat; & fi on en prend prudemment quelques gouttes, & qu'on les expofe fous la lentille d'un microfcope, elles fe préfenteront fous la forme d'une mer, dans laquelle on verra nager une quantité prodigieufe de petits poiffons.

12°. Le cuivre jaune d'Afrique travaillé en forme d'anneau, ne jette-t-il pas auffi de la lumiere, ainfi qu'on nous en affure (5)?

(1) Journ. des Sav. T. 1 p. 378. (2) Plin. Lib. 9. § 87. p. 536. Hift. de l'Acad. Roy. ann. 1715. Comment Bonon. Vol. 2. p. 248 & feq. (3) Acta Lipfienf. Septembre 1760. p. 476. (4) Hift. de l'Acad. Roy. ann. 1750. Philof. Tranf. n. 494. (5) Voyage du Chevalier des Marchais en Guinée.

CHAPITRE XXX.

Des corps qui s'imbibent de lumiere.

§. MDCLXXXVII. Il y a certains corps qui, lorsqu'ils font expofés au grand air, foit que le ciel foit ferein, foit qu'il foit nébuleux, s'imbibent pendant le jour de la lumiere qui les éclaire, & qui la repouffent aux dehors & brillent dans les ténebres : il y en a d'autres qui produifent le même effet lors même qu'ils font renfermés fous des verres : d'autres encore qui nous préfentent le même phénomene, quoique placés dans l'eau, dans du lait, ou dans du vinaigre : il y en a quelques-uns qu'il faut expofer à l'ardeur du foleil, pour qu'ils puiffent s'imbiber de lumiere & devenir lumineux : d'autresenfin qui n'abforbent la lumiere, & qui ne deviennent lumineux qu'après avoir été expofés au foyer d'un miroir ardent.

§. MDCLXXXVIII. En général tous les corps échauffés par un feu modéré, s'imbibent plus aifément de lumiere, & leurs parties qui ont été expofées au feu, en jettent un plus beau feu. C'eft ainfi que, dans le regne lapidifique, toutes les terres, les bols, de quelque couleur qu'ils foient, fans en excepter même ceux qui font rouges, ainfi que ceux qui font noirs; toutes les incruftations qui fe forment autour des canaux des fontaines; tous les fables, de quelque couleur qu'ils foient, toute efpece de marbre quelconque, dur ou mou, l'amiante, le talc, le fpathe, les ftalactires, les agates, les jafpes, les opales, l'onix, les cryftaux de roche & d'Irlande, la pierre calaminaire, les bélemnites, les dendrites, les cailloux, l'aimant, l'æmatite, & tout genre de pierre précieufes; tous les quarzes, tout genre de fels naturels, tous les fucs gras, le fuccin, le foufre, l'orpiment foffile, l'arfenic blanc, toutes les pétrifications, l'ivoire foffile, la tutie, du côté qu'elle eft inégale & raboteufe, &c : c'eft ainfi, dis-je, que toutes ces fubftances abforbent la matiere de la lumiere, & brillent dans les ténebres.

§. MDCLXXXIX. Mais les corps de même efpece, & qui ont la faculté de s'imbiber de lumiere, & de briller dans les ténebres, ne jouiffent pas de la même maniere de cette propriété; elle differe confidérablement dans les uns & dans les autres. Quelques-uns, par exemple, les diamants, gardent beaucoup mieux la lumiere qu'ils reçoivent : d'autres la perdent très promptement : d'autres deviennent plus lumineux par le contact des rayons du foleil que par la feule férénité du ciel : d'autres font devenus également brillans pour avoir été feulement expofés à l'air, & ils ont ceffé de briller autant les uns que les autres, lorfqu'on les a expofés au foleil; & on a remarqué que celui dont l'éclat étoit diminué, avoit auffi confervé plus long tems fa fplendeur. D'autres ont abforbé une plus grande quantité de lumiere lorfqu'on les a expofés au foyer d'un verre brûlant, que lorfqu'on leur a fait fubir toute autre préparation : d'autres expofés à ce foyer, n'en ont pas plus recueilli de lumiere que lorfqu'on les expofoit feulement aux rayons du foleil : bien plus , quelques uns étoient moins lumineux dans le premier que dans le fecond cas: d'autres encore font devenus plus lumineux par le contact de l'air , que par leur expofition au foyer d'un verre ardent , & ont outre cela confervé plus long tems leur lumiere. Il y en a qui ne s'imbibent point de lumiere lorfqu'on les expofe au foyer d'un verre brûlant, quoiqu'ils y acquerent beaucoup de chaleur. On trouve quelques diamants qui acquerent fur-le-champ tout l'éclat qu'ils puiffent avoir lorfqu'on les expofe à peine aux rayons du foleil , & qui ne deviennent pas plus lumineux lorfqu'on les y tient expofés pendant long-tems. Il y en a d'autres qui perdent leur éclat plutôt que d'en acquérir, lorfqu'on les expofe trop long tems aux rayons du foleil : & c'eft une chofe conftante que, lorfqu'un corps eft une fois parvenu à répandre un certain éclat, il ne devient point plus lumineux, quoiqu'on l'expofe à une lumiere plus vive. Tous les diamants dont la couleur eft jaune , abforbent toujours la lumiere du foleil , & brillent dans les ténebres: mais les diamants dont la couleur differe de celle que nous venons d'indiquer , nous font obferver un nombre prodigieux de variations dans cette propriété qu'ils ont de devenir lumineux, ainfi que *du Fay* (1) , *Boze* (2) , & *Beccaria* (3) nous l'ont appris par leurs expériences.

§. MDCXC. Tous les métaux , le cinnabre , le zinc , les marcaffites , le jayet , toutes fortes de bitumes , le pétrole , n'abforbent point la lumiere & ne deviennent point lumineux.

§. MDCXCI. Dans le regne végétal on remarque que toute partie d'une plante quelconque, pourvu qu'elle fe foit defféchée à l'air , ou qu'on l'ait fait chauffer auparavant , afin d'en chaffer toute l'humidité , foit que cette partie foit tirée de la racine , de la tige , de l'écorce , ou que ce foit une feuille , des noix , des graines , du grain , des amandes , des châtaignes , des femences , du coton , du linge fait avec du lin ou du chanvre , du papier, ainfi que des fucs végétaux , tels que du fucre , de la mâne , du miel devenu ferme par la gelée : toute gomme, de la cire , de la cire blanche , des réfines, des huiles tirées par expreffion , ou par diftillation, mais épaiffies par le froid , du tartre , des cendres des plantes , des coraux , des madrépores , des bois qui fe pourriffent ; on remarque, dis-je, que toutes ces différentes fubftances s'imbibent de lumiere , & deviennent lumineufes dans les ténebres. Mais fi à la longue elles fe chargent d'humidité , elles perdent alors leur qualité phofphorique , & ne la r'acquerent que lorfqu'on les a defféchées.

§. MDCXCII. Il faut excepter dans le regne végétal le benjoin & la térébenthine liquide, qu'on ne peut rendre phofphoriques par le procédé que nous venons d'indiquer.

§. MDCXCIII. Dans le regne animal , on compte parmi les fubftances qui s'imbibent de lumiere , & qui deviennent lumineufes dans les ténebres , les ongles des quadrupedes, les os , la corne , les poils , les plumes des oifeaux , leurs becs, leurs ongles ; les écailles des poiffons , les poiffons à co-

(1) Hift. de l'Acad. Roy. ann. 1735. (2) Von. Dem. Leuchten der **Diamanten**, pag. 11. (3) Comment. Bonon. Vol. 2. T. 1. & Vol. 3. p. 105.

quilles, la peau extérieure des bêtes & des volatiles, les cuirs récemment préparés des quadrupedes, tout ce qui eſt membraneux ou nerveux, les décoctions des os, des dents, des cornes, les jus de viande épaiſſis, un jaune d'œuf deſſéché, du fromage, la férofité du ſang épaiſſie, des gruaux de ſang, des chairs deſſéchées, des yeux d'écreviſſe, du bézoar, des calculs tirés des reins & de la veſſie, des pierres tirées de la tête des poiſſons, la main d'un homme vivant, en hiver & lorſqu'il gele.

§. MDCXCIV. Puiſque les corps échauffés à un feu modéré, & expoſés enſuite à la lumiere, brillent davantage que ceux qui ſont froids; ne peut-on pas dire que cet effet vient de ce que l'humidité de ces corps, qui eſt un obſtacle à la lumiere, eſt diſſipée par le feu auquel on les expoſe? Ne peut-on pas dire auſſi que le feu que ces corps recelent eſt encore agité de nouveau par la lumiere, de même qu'il agite lui-même la lumiere qui les pénetre; de ſorte qu'ils concourent l'un & l'autre à ſe mouvoir, & produiſent conjointement un plus grand éclat?

§. MDCXCV. Il y a d'autres corps qui brillent autant lorſqu'ils ſont froids que lorſqu'on les chauffe. Cela ne viendroit il pas de ce que, lorſqu'on chauffe ces ſortes de corps, le feu pouſſe au-dehors une grande partie de la matiere lumineuſe, meut avec plus d'activité celle qui ſubſiſte, quoiqu'elle ſoit en petite quantité; de ſorte que celle-ci, en vertu de l'excès de ſon mouvement, brille autant que ſi elle étoit plus abondante, telle qu'elle ſe trouve dans ces mêmes corps lorſqu'ils ſont froids?

§. MDCXCVI. Pourquoi les corps s'imbibent-ils d'une plus grande quantité de lumiere, & brillent-ils davantage dans les ténebres lorſqu'on les a expoſés à l'air, un jour même où le tems ſeroit nébuleux, que ſi on les avoit expoſés à une flamme très claire, ou même qu'on les eût jettés dans cette flamme, & qu'ils y euſſent acquis une grande chaleur? Cela viendroit-il de ce que la lumiere du ſoleil, qui éclaire pendant le jour, ſeroit plus denſe que toute flamme quelconque que nous puiſſions produire? Et de ce que cette eſpece de flamme eſt toujours embarraſſée de parties hétérogenes & craſſes que lui fournit ſon aliment, ce qui la rend moins propre à pénétrer dans les pores des corps, que la lumiere du jour qui eſt très pure? Les obſervations du célebre *Beccaria*, faites à ce ſujet, méritent d'être conſultées: c'eſt à cet habile homme que nous ſommes redevables de preſque tout ce qu'on a découvert ſur les phoſphores (1).

§. MDCXCVII. Il y a encore quelques corps qu'on prépare par le ſecours de l'Art, qui s'imbibent de lumiere, & qui brillent dans les ténebres; tels que la pierre de Boulogne, toutes les pierres calcinées, ſoit qu'elles ſoient de ſpathe, ou de terres calcaires, ainſi que *Margraff* l'a obſervé (2); l'eau de chaux vive, mêlée avec de l'huile de vitriol, étant diſtillée, cryſtalliſée, & diſtillée enſuite; toutes pierres diſſoutes dans des parties acides, & calcinées enſuite. Le phoſphore de *Baudouin* tient le premier rang parmi ces ſortes de préparations; il eſt fait avec la craie & l'eſprit de nitre. La lumiere de ces

(1) Commentar. Bonon. Vol. 2. T. 2. pag. 164. (2) Hiſt. de l'Acad. de Berlin, ann. 1750. p. 144.

diverſes

diverſes préparations differe conſidérablement par la couleur qui l'accompagne. En effet, la lumiere de la chaux de Rudersdorfe eſt blanche, celle de la ſélenite eſt rouge, celle de la craie préparée avec l'eſprit de nitre eſt blanche, celle du ſpathé tire ſur le rouge, celle du marbre blanc & des ſtalactites tire ſur le blanc, &c, ainſi que *Margraff* l'a obſervé ſcrupuleuſement. Si les pierres contiennent quelques parties métalliques ; alors ces pierres diſſoutes dans des acides, & calcinées enſuite, ne s'imbibent point de lumiere. Mais les chaux précipitées par l'alun, & enſuite calcinées, abſorbent la matiere de la lumiere. Lorſque ces corps ſont encore imprégnés d'une grande quantité de feu, & qu'ils ſont très chauds, ils ne ſont point alors propres à abſorber la lumiere, ou à la réfléchir copieuſement ; mais plus ils ſe refroidiſſent, & plus ils acquerent la faculté de s'imprégner de lumiere, ou de briller. Ne peut-on pas dire que le mouvement confus des parties, ou une trop grande agitation quelconque, réſiſte à la matiere lumineuſe qui tend à pénétrer ces corps, la ſuffoque, pour ainſi dire, ou la repouſſe ſelon des directions irrégulieres, & non en lignes droites ?

§. MDCXCVIII. Tous les corps qui abſorbent la matiere de la lumiere, & qui deviennent lumineux dans les ténebres, le deviennent encore davantage lorſqu'on les a expoſés à une lumiere plus vive. Mais pour que quelques-uns paroiſſent lumineux, il ſuffit de les expoſer à la lumiere pendant l'eſpace d'une demi-ſeconde ; il y en a quelques-uns qui veulent y être expoſés plus long-tems. Mais ils ne contractent pas pour cela un plus grand éclat, quand on les laiſſeroit expoſés au ſoleil 4, 5, ou même un plus grand nombre de ſecondes.

§. MDCXCIX. Il y a beaucoup de corps qui ne demeurent point longtems lumineux lorſqu'ils ont abſorbé une certaine quantité de lumiere ; il y en a quelques-uns qui ne brillent plus au-delà de deux ſecondes de tems, d'autres qui conſervent leur lumiere pendant 7 & même 8 ſecondes. Il y a des diamants qui demeurent lumineux pendant 4 heures. Les corps s'obſcurciſſent à proportion qu'ils jettent de la lumiere ; & ſi on les expoſe encore à la lumiere, ils s'en imbibent, & ils brillent comme précédemment : car les corps qui ſont naturellement phoſphoriques conſervent toujours cette vertu.

§. MDCC. Puiſque les corps qui ſe ſont imprégnés de la matiere lumineuſe la conſervent quelque tems, il eſt évident qu'elle ne s'échappe pas ſubitement des corps par un ſeul élancement, comme il arrive au foyer d'un miroir ardent, mais qu'elle eſt embarraſſée dans les corps, qu'elle y eſt adhérente, & qu'elle ne s'en échappe que ſucceſſivement : & c'eſt en cela qu'elle convient avec la matiere ignée ; elle s'échappe néanmoins plus promptement que la matiere du feu ; car elle ſe diſſipe en 7 ou 8 ſecondes, tandis que la matiere ignée ſe conſerve plus long-tems, ainſi que la chaleur le démontre.

§. MDCCI. La lumiere ſubſiſte dans les corps lors même qu'on les renferme dans le vuide, ainſi que *Lemery* (1) l'éprouva avec la pierre de Bologne. Le phoſphore d'urine nous offre le même phénomene.

(1) Journ. des Sav. ann. 1690. p 347.

§. MDCCII. La lumiere que les corps naturels, & qui ne font nullement préparés avec art, abforbe, tire fouvent fur le blanc, ou paroît d'un jaune pâle ; elle eft pour l'ordinaire plus vive dans ceux qui font préparés avec art : elle tire encore plus fouvent fur le rouge, & elle eft quelquefois rembrunie.

§. MDCCIII. Les corps qui ont la faculté de s'imprégner de lumiere & de la mieux retenir, peuvent être dépouillés de cette faculté, lorfqu'on les expofe pendant long tems à l'action du feu, ainfi qu'on peut l'obferver dans les cryftaux, les émeraudes, &c.

§. MDCCIV. Les corps qui ont été long-tems rôtis dans le feu, & qui ont acquis par ce moyen la faculté de briller dans les ténebres, la perdent quelque tems après, & fe rétabliffent dans leur premier état, les uns plus promptement que les autres. En effet, cette vertu réfide pendant plufieurs années dans la colophone : elle ne perfévere pas plus de 6 jours dans la gomme arabique : elle s'éteint au bout d'un jour dans le pain. On peut néanmoins rendre à ces corps leur qualité phofphorique en les faifant chauffer : ce qui cependant ne fuffiroit pas, mais en les expofant auffi à la lumiere du jour. En effet, fi les chaux de fpathe, le phofphore de *Baudouin*, font renfermés dans les ténebres pendant l'efpace de 2 ou 3 femaines, ils perdent leur vertu phofphorique : fi on les place enfuite au deffus d'un fourneau bien échauffé, mais dans un endroit ténébreux, ils ne recouvrent point pour cela la qualité qu'ils ont perdue ; mais fi on les expofe pendant 3 ou 4 jours à la lumiere du foleil, & qu'on les place après cela fur une fournaife bien échauffée, ils redeviendront lumineux. Les corps ont-ils donc la propriété de repouffer la lumiere au-dehors, ou la lumiere fe diffipe-t-elle d'elle-même, en tendant à fe mettre en équilibre, ou l'humidité qui furnage dans l'atmofphere éteint-elle la lumiere dans les corps qu'elle pénetre ? Et ne feroit-ce pas pour cette raifon que ces corps abforbent de nouveau la lumiere lorfqu'on a diffipé l'humidité qu'ils contenoient, & que cette lumiere, mife en mouvement par la chaleur, les rend encore lumineux ?

§. MDCCV. Pour quelle raifon certains corps, expofés au grand air, ou à la lumiere du foleil, ou à celle qu'on ramaffe au foyer d'un miroir ardent, n'acquerent-ils point la faculté de briller dans les ténebres, tandis qu'en les imprégnant d'une très grande quantité de matiere ignée, ils deviennent enfin lumineux ? Cet effet me paroît dépendre d'une conftitution particuliere de leurs parties que nous ne connoiffons point encore, en vertu de laquelle ils réfiftent à la lumiere, & non point à la matiere ignée ; ou il peut fe faire que ces corps fuffoquent la lumiere, ou qu'ils la renvoyent felon des directions irrégulieres, ou enfin il peut fe faire qu'on foit obligé de diffiper par le feu l'humidité qu'ils contiennent avant de les rendre propres à s'imbiber de lumiere & à devenir lumineux.

§. MDCCVI. Mais peut-on dire que les corps dont j'ai fait mention jufqu'à préfent, & qui deviennent lumineux dans les ténebres, s'imbibent véritablement de lumiere ? Ne peut-on pas croire qu'ils brillent de leur propre lumiere, de celle qu'ils contiennent naturellement ; lumiere qui ne jette aucun éclat lorfqu'elle eft en repos ; mais laquelle, étant mife en mouvement par les rayons du foleil, eft déterminée à luire ? Les expériences de

du Fay paroiffent favorifer cette idée : il dirigea la lumiere du foleil réfractée par un prifme, & divifée en plufieurs rayons colorés, fur une pierre de
Boulogne, il la rendit lumineufe par ce procédé ; mais elle ne brilla point de
cette lumiere colorée qu'il avoit fait tomber fur elle; cependant comme ces
expériences n'ont point été faites felon la méthode exacte de *Beccaria*, il
peut fe faire qu'on ait commis quelqu'erreur qui empêche qu'on puiffe
compter fur elles; & conféquemment le fentiment qu'elles paroiffent confirmer eft encore douteux. Il n'en eft pas moins vraifemblable pour cela
que les corps attirent la lumiere, & qu'ils la confervent plus ou moins long-
tems, que lorfqu'ils en font dépourvus ils ne jettent plus aucun éclat dans
les ténebres, qu'on peut encore les en imbiber de nouveau, lorfque leurs
parties confervent leur même ténuité, leur même mobilité, & leur même
degré de féchereffe.

CHAPITRE XXXI.

De la lumiere réfraée, & des corps refringens.

§. MDCCVII. Lorsque la lumiere s'échappe des corps lumineux,
& qu'elle traverfe un efpace vuide, ou un corps quelconque, folide ou
fluide, on dit alors qu'elle traverfe *un milieu* ; car c'eft ainfi que nous appellons tout ce que la lumiere traverfe.

§. MDCCVIII. *Un milieu* qui eft tel qu'il tranfmet une grande quantité
de lumiere, eft connu fous le nom de *diaphane*. Si ce milieu eft un corps,
il arrive fouvent que nous pouvons voir & diftinguer quelques-unes de fes
parties intermédiaires, à l'aide de la lumiere qui le pénetre, qui s'en réfléchit,
& qui y fouffre différentes inflexions: c'eft ce qui arrive par rapport à l'eau,
aux huiles, aux efprits, au verre, aux cryftaux, &c. Mais fi les parties du
milieu font plus ténues, plus rares, telles que les parties de l'air & des autres fluides très limpides, nous ne diftinguons pas alors leurs parties intermédiaires, ni même ces petites pouffieres qui voltigent dans leur fein, &
que le foleil éclaire plus fortement. Néanmoins nous diftinguons aifément
les objets éloignés à travers un milieu tranfparent, & nous voyons même
ceux qui font placés dans ce milieu.

§. MDCCIX. Si le milieu que la lumiere pénetre eft homogene, & qu'il
foit de même denfité dans toute fon étendue, dès que la lumiere s'eft fait
jour dans ce milieu, elle continue à fe mouvoir en ligne droite, depuis l'endroit où elle le pénetre jufqu'à celui où elle en fort, quelque direction qu'elle
affecte, autant qu'on en peut juger par toutes les expériences qu'on a faites
jufqu'à préfent. En effet, un rayon de foleil intercepté dans une chambre
obfcure, à l'aide d'un petit trou pratiqué au volet de la fenêtre, continue à
fe mouvoir felon la même ligne droite dans toute l'étendue de la maffe d'air
qu'on lui fait traverfer : on obferve la même chofe lorfqu'il fe meut dans

une maſſe d'eau. C'eſt pourquoi on peut très bien repréſenter la lumiere par des lignes droites, phyſiques à la vérité, mais non mathématiques.

§. MDCCX. Si la lumiere paſſe d'un milieu dans un autre, dont la force attractive ſoit plus grande, la vîteſſe avec laquelle elle ſe meut augmente; car ce nouveau milieu agit avec une plus grande force attractive contre chaques particules de la lumiere, & les attire plus fortement à lui, & conſéquemment elle ſe porte vers ce milieu, & en vertu de la vîteſſe dont elle jouiſſoit avant de le pénétrer, & en vertu de celle qu'elle acquiert par la force attractive du milieu qui la maîtriſe: d'où il ſuit qu'elle doit accélérer ſa vîteſſe.

§. MDCCXI. Si un rayon de lumiere tombe perpendiculairement d'un milieu dans un autre, dont la force attractive ſoit plus grande, il continuera à ſe mouvoir ſelon la même ligne droite qu'il affectoit avant de le pénétrer. En effet, ſuppoſons un rayon de lumiere R E [*Tab.* 36. *fig.* 3.], qui paſſe du milieu X dans le milieu Z, dont la ſurface ſoit A B, que la force attractive de cette ſurface ſe produiſe juſqu'en D, & continue encore à ſe manifeſter dans l'épaiſſeur de ce milieu juſqu'en G F, cette force agira ſelon des lignes perpendiculaires à la ſurface A B; & l'eſpace dans lequel l'attraction de ce ſecond milieu ſe fera ſentir, ſera compris entre les lignes C D, A B, G F: & conſéquemment le rayon de lumiere R E M, parvenant au point O, ſe mouvera, & de ſon mouvement propre, & de celui que l'attraction lui communiquera, qui ſera ſelon la même direction O E; il continuera donc à ſe mouvoir juſqu'en M avec un mouvement accéléré, & ſelon ſa premiere direction R O E. Si l'attraction du milieu ſe fait ſentir juſqu'en G F, à quelque diſtance de la ſurface A B, cela vient de ce que le nombre de parties qui agiſſent contre lui au deſſous de la ſurface A B, eſt beaucoup plus grand que le nombre de celles qui agiſſent contre ce même rayon dans cette même ſurface A B; & ſi les premieres agiſſoient ſolitairement contre lui, à peine ce rayon pénétreroit il le milieu, qu'elles tendroient à le repouſſer au dehors: ce que nous remarquons ici une fois pour toutes.

§. MDCCXII. Mais ſi ce même rayon paſſoit obliquement ſelon la direction R O K [*Tab.* 36. *fig.* 4.] du milieu X dans le milieu Z, il s'écarteroit alors de ſa premiere direction, dès qu'il pénétreroit la ſurface A B, & il en ſuivroit une autre O F: & c'eſt ce qu'on appelle *réfraction*.

En effet, dès que le rayon R O parvient au point O, il ſe meut avec un mouvement compoſé de deux directions; ſavoir, ſelon O K, en vertu de ſon mouvement propre, & ſelon O S, en vertu de celui que la force attractive du milieu lui imprime: mouvement qui eſt toujours perpendiculaire à la ſurface A B du milieu. Or, en vertu de ces deux directions, il doit ſuivre la ligne O F, qui eſt la diagonale du parallélogramme O K S F, conſtruit ſur les deux directions dont il jouit (§. 560).

§. MDCCXIII. Cela poſé, comme la ligne O F que ce rayon décrit approche davantage de la perpendiculaire à la ſurface A B de ce milieu, que la ligne O K, qu'il tendoit à décrire; la réfraction qu'il éprouve l'approche donc de la perpendiculaire; ce qui arrivera toutes les fois que la lumiere tombera obliquement ſur la ſurface d'un milieu plus attirant que celui d'où elle ſortira.

§. MDCCXIV. Si le rayon R I [*Tab. 36. fig. 5.*] tombe obliquement d'un milieu X plus attirant, fur la furface A B d'un autre milieu Z moins attirant, il fe réfractera en s'éloignant de la perpendiculaire. En effet, fi les limites de la force attractive du milieu plus attirant font déterminées par la ligne C D , & que cette force fe produife depuis C D jufqu'en A B, le rayon R I (1), qui tend à fortir du milieu X , ne pourra plus fuivre la ligne R I K ; puifqu'il eft plus maîtrifé par la force attractive du milieu X , que par celle du milieu Z , & felon la direction M I : or fi , en vertu de cette force , il eft déterminé à fe mouvoir de la quantité K L, tandis qu'il parcourroit la ligne I K en vertu de fa premiere direction, fe préfentant alors aux deux directions I K & K L, qui l'animent, il ira de I en L, qui eft la diagonale du parallélogramme I K L O. Ce rayon s'écartera donc alors davantage de la perpendiculaire I M que s'il eût continué à fe mouvoir felon la ligne I K. La vîteffe felon la perpendiculaire qu'un rayon de lumiere acquiert dans la réfraction qu'il fouffre , en vertu de la force attractive du milieu, eft en raifon fous doublée des forces attractives. Suppofons en effet, que la furface du corps réfringent foit exprimée par A B [*Tab. 36. fig. 6.*], fur laquelle le rayon I C tombe très obliquement, de forte que l'angle A C I foit infiniment petit; que C R repréfente le rayon réfracté : fi du point B on abaiffe la perpendiculaire B R , qui rencontre le rayon réfracté au point R , alors la ligne C R repréfentera la vîteffe de ce rayon réfracté ; laquelle fera compofée des vîteffes C B & C R : or C B repréfentera la vîteffe du rayon incident, & B R celle qui doit provenir de la force attractive. La force attractive de ce plan fera donc comme $\overline{BR}^q$, en fuppofant que cette vîteffe B R foit uniforme.

Concevons deux corps A & Z , dont les forces attractives foient différentes , & défignées par V & v : fuppofons que les vîteffes que ces forces doivent produire, foient repréfentées par C & c ; cela pofé, puifqu'on a la proportion $\overline{CC} : cc :: V : v$, on aura $C : c :: \sqrt{\overline{V}} : \sqrt{v}$. Or le rayon de lumiere I C, étant dirigé auffi obliquement que nous l'avons fuppofé, eft quelquefois entierement réfléchi par la force répulfive qui provient de la furface A B : c'eft pourquoi la propofition que nous avons avancée, ne peut avoir lieu que lorfque le rayon incident I C n'eft point réfléchi ; mais qu'il commence à fe réfracter.

§. MDCCXV. Puifque la plus grande force attractive qu'un corps quelconque exerce , fe fait fentir à la furface de ce corps, & qu'elle diminue à proportion qu'elle s'éloigne de cette furface (§. 1010), il faut qu'un rayon de lumiere fe meuve felon une ligne courbe avant de paffer d'un milieu plus rare dans un plus denfe , ou d'un milieu plus denfe dans un plus rare ; mais ce rayon étant enfuite maîtrifé , autant qu'il le puiffe être , par la force attractive , doit décrire une ligne droite.

En effet , foit le rayon R A [*Tab. 36. fig. 7.*], qui paffe d'un milieu X moins attirant, & qui tombe obliquement fur la furface G G d'un milieu

---

(1) Il manque un I à l'endroit de la figure où le rayon atteint la furface A B.

plus attirant Z ; que les limites de la force attractive soient déterminées par M M : l'attraction agira par des lignes droites & perpendiculaires à la surface G G ; & conséquemment dès que le rayon R A sera soumis à la force attractive , il sera détourné de la ligne R A r , & il sera forcé à décrire la ligne A a a : mais ce rayon parvenu au point b , plus proche de la surface G G , sera plus attiré , & suivra la ligne b b ; parvenu en c , il sera encore plus attiré , & il se mouvera selon la direction c c : or ces lignes a , b , c , étant très courtes , elles forment une courbe , que M. *Clairaut* a tenté de déterminer (1). Comme la force attractive ne s'étend qu'à une petite distance au delà de la surface G G , cette courbe doit être très courte ; car dès que le rayon commence à pénétrer la surface G G , il n'est plus détourné de son chemin , parcequ'alors il est autant maîtrisé qu'il puisse être par la force attractive , qui agit également sur lui , & qui est uniformément répandue dans tout le reste du milieu. Pareillement tout rayon qui passe d'un milieu plus réfringent X dans un autre Z qui est moins réfringent , se meut en ligne courbe , qui est disposée en sens contraire de celle que nous venons de décrire ; ainsi qu'on peut l'observer [*Tab. 36. fig.* 8.] , dans laquelle la surface inférieure du milieu plus réfringent X est représentée par la ligne G G , & dont l'attraction se produit jusqu'en M M ; le rayon R a , pénétrant la surface G G , est continuellement attiré par G G , & se meut selon la courbe a b c d , & enfin continue à se mouvoir selon d d. Si l'espace compris entre G G & M M étoit vuide , le rayon qui traverseroit cet espace , étant soumis à toute la force attractive du milieu X G G , seroit déterminé vers G G : mais s'il se trouve au-delà de G G un milieu qui ait quelque force attractive , quoiqu'elle soit plus foible que celle du milieu X , celle de G G sera diminuée ; parceque ces deux forces attractives agissent selon des directions contraires : & conséquemment la force attractive de G G n'agira contre les rayons de lumiere qu'en vertu de sa supériorité , & la réfraction sera d'autant moindre , que cet excès de force sera plus petit.

§. MDCCXVI. Nous avons démontré (§. 1010), que les rayons de lumiere qui se portoient vers un milieu plus réfringent , se réfractoient même avant de toucher la surface de ce milieu. Pareillement lorsqu'un rayon de soleil passe au-dessus du tranchant d'un couteau , on le voit se détourner de la ligne droite qu'il tendoit à décrire ; & il en est d'autant plus détourné , que le tranchant du couteau est plus proche du rayon : de-là si on fait passer un rayon de lumiere entre deux tranchans de couteau , éloignés l'un de l'autre de o , 1 pouce , la lumiere de ce rayon , qu'on recevra au-delà sur un papier blanc , tracera un espace blanc & lumineux , qui sera très développé de part & d'autre , & dont l'éclat sera moins brillant par rapport à la rareté de la lumiere , & qui représentera assez bien la queue d'une comete.

§. MDCCXVII. On prouve aussi que les rayons de lumiere qui passent d'un milieu plus dense dans un plus rare , sont réfractés ; puisque lorsque nous regardons obliquement un verre plan , ou une lentille convexe d'un long foyer A B G G [*Tab. 36. fig.* 9.] , nous voyons alors deux images des objets supérieurs R qui sont placés devant nous ; l'une de ces images est

(1) Hist. de l'Acad. Roy. ann. 1739.

produite par les rayons R O, qui font réfléchis par la furface antérieure A B
de O en P , & l'œil placé en P voit l'objet en r : l'autre image eft produite
par les rayons i K , réfléchis par la furface poftérieure G G du verre, & l'œil
rapporte cette image au point S. Cette image eft plus grande que la premiere, fi la lentille A B G eft convexe. Cette feconde image difparoît lorfqu'on place la furface poftérieure de cette lentille fur la furface de l'eau, ou
fur de l'huile. Car le rayon R O a, qui paffe du verre G G dans l'air, eft détourné de fon chemin a a vers G G par la grande force attractive du verre ;
& parcourant en fe mouvant la courbe a b c d e f g h i, il retourne dans le
verre, le traverfe ; & fortant felon la direction I K, il fait que l'œil qui eft
placé en K , voit la feconde image de l'objet en S. Mais auffi-tôt qu'on pofe
fur l'eau ou fur l'huile la furface inférieure du verre G G, ou qu'on enduit
cette furface de l'un ou de l'autre de ces deux liquides, le rayon R a eft attiré inférieurement par les liquides. La force attractive du verre G G étant
diminuée, le rayon i K continue à fe mouvoir felon la droite a a, ou b b ;
& conféquemment la feconde image de l'objet qui eft en S s'évanouit.

§. MDCCXVIII. L'image qu'on voit en S eft la plus claire & la plus diftincte des deux , lorfque l'efpace qui fe trouve au-deffous de A a G G eft
vuide d'air groffier ; car alors la force attractive de l'air qui agiroit en-deffous eft détruite : celle qui appartient à la furface poftérieure G G du verre
eft d'une plus grande efficacité , & elle attire en arriere un plus grand nombre de rayons lumineux. Pour répéter cette expérience avec fuccès , je me
fers de l'objectif d'une lunette de 50 pieds, qui eft d'un grand diametre &
épais, afin qu'il ne foit point caffé par la preffion de l'atmofphere : je place
alors cette lentille fur l'orifice fupérieur d'un tube de verre d'un pouce ½ de
diametre, & je l'y entoure de cire, afin de fermer tout paffage à l'air; j'applique enfuite l'orifice inférieur du cylindre fur une platine de cuivre qui
puiffe s'adapter à la machine pneumatique, & s'en retirer fans donner entrée à l'air. Lorfque j'ai fait le vuide dans le cylindre, je retire cet appareil
de deffus la machine pneumatique ; je m'éloigne enfuite à 25 pieds
ou plus, au-delà d'une fenêtre d'une chambre, dans laquelle j'ai fait une
certaine obfcurité : je regarde alors les traverfes de bois qui forment les croifées ; on les voit d'abord au milieu de la lentille & fur le contour de fes
bords , par-tout où le diametre de la lentille excede celui du cylindre. La
feconde image de ces barreaux fe voit plus diftinctement dans l'endroit de
la lentille qui répond à la partie intérieure du cylindre vuide d'air, que dans
tous les autres endroits de fon contour, au-deffous defquels fe trouve l'air
de l'atmofphere.

Cette expérience paroît démontrer très clairement l'exiftence de l'attraction dans la nature ; & c'eft auffi pourquoi ceux qui rejettent l'attraction font
obligés de recourir , pour l'expliquer , à un fluide fubtil , qui , fuivant eux ,
pénetrant en plus grande quantité le récipient vuide d'air, s'empare & bouche mieux fes pores, qu'ils ne pourroient être bouchés par l'air groffier, &
réfifte davantage aux rayons de la lumiere, les pouffe en plus grande quantité hors du vafe : ce qui fait que cette image eft plus claire & plus diftincte (1).

(1) Helvetii Princip. Phyf. Medica. Vol. 1. p. 42.

Mais si un fluide subtil pénetre en plus grande quantité dans un vase vuide d'air, & résiste davantage aux corps qui y pénetrent, ou qui y sont renfermés, n'est-il pas constant que ce même fluide résisteroit aussi davantage aux battemens d'un pendule qui feroit ses oscillations dans un vase vuide d'air, & le réduiroit plurôt au repos? Or l'expérience démontre le contraire; puisqu'un pendule fait un plus grand nombre de vibrations, & se meut plus long-tems dans le vuide que dans le plein.

2°. Les amplitudes d'un pendule d'horloge mis dans le vuide, sont plus grandes; & cela parcequ'il y éprouve une moindre résistance.

3°. La température du vuide n'est pas plus grande que celle de l'air; ainsi que le thermometre l'indique.

§. MDCCXIX. On peut aussi démontrer très clairement la réfraction de la lumiere, en dirigeant un rayon de soleil dans une boîte oblongue A B [*Tab.* 36. *fig.* 10.], remplie d'eau, à la partie latérale de laquelle A H est adapté un verre convexe S; lorsqu'on dirige un rayon de soleil par ce verre, & qu'on le dirige de maniere qu'il soit porté en-haut au point C, de façon qu'il dût sortir très obliquement de l'eau dans l'air, on le voit repoussé par l'eau au point C, & dirigé vers la partie postérieure & au fond de la boîte, où on le voit se porter en D vers le côté B L : & il ne s'échappe jamais dans l'air, ainsi qu'on le voit représenté par la figure ci-jointe.

§. MDCCXX. Il suit manifestement de ce que nous venons de démontrer, que la réfraction de la lumiere dépend des forces attractives des milieux, & que ces forces sont pour l'ordinaire proportionnées à la densité de ces milieux, si nous en exceptons les corps huileux & inflammables, qui attirent encore plus fortement, ainsi que *Newton* (1), *Hauxbée* (2), *Helsham* (3), l'ont démontré par plusieurs expériences. En effet, l'huile de cire est très légere, par rapport au beurre d'antimoine : ces substances sont entr'elles dans le rapport de 662 : 1976, tandis que le rapport de leur réfraction est comme 6685 : 5951, ou environ comme 1, 16 : 1; d'où il suit que les réfractions ne sont pas toujours comme les densités.

§. MDCCXXI. On peut ranger sous trois classes les corps qui attirent la lumiere : ceux de la premiere classe sont ceux dont l'attraction est en raison directe de leur densité, tels sont l'air, le verre commun, le verre d'antimoine, le sélenite, le crystal de roche. Ceux de la seconde classe attirent avec plus de force que la raison de leur densité. Ceux enfin de la troisieme classe, selon un rapport intermédiaire.

§. MDCCXXII. C'est pour cette raison que la lumiere se réfracte quelquefois en passant d'un milieu dans un autre, quoiqu'ils soient l'un & l'autre de même densité. L'alun & le vitriol de Gedan sont tous les deux de même densité : cependant lorsque la lumiere passe de l'alun dans le vitriol, le sinus d'incidence est au sinus de réfraction : : 26 : 25.

§. MDCCXXIII. Il peut se faire aussi que la lumiere passe d'un milieu dans un autre sous quelque direction quelconque, sans éprouver aucune réfraction, quoique la densité de ces milieux soit différente. La densité de

(1) Opt. Lib. 2. Part. 3. Prop. 10.   (2) Phys. Méch. Exp. Append. §. 10.
(3) Lectures. pag. 292.

l'huile

l'huile d'olives eſt comme 6, & celle du borax comme 11; la lumiere ne ſouffre néanmoins aucune réfraction en paſſant de l'un de ces milieux dans l'autre.

§. MDCCXXIV. Il arrive quelquefois que la lumiere, en paſſant d'un
milieu plus denſe dans un plus rare, ſe refracte en s'approchant de la perpendiculaire, ainſi qu'il arrive lorſque la lumiere paſſe de l'eau dans l'huile
de térébenthine ; la denſité de l'eau eſt à celle de l'huile de térébenthine,
: : 8 : 7, & le ſinus d'incidence dans l'eau, eſt au ſinus de réfraction dans
cette huile : : 11 ; 10.

§. MDCCXXV. Puiſqu'un rayon de lumiere, porté dans un autre milieu
refringent, décrit une très petite courbe, nous ſuppoſerons par la ſuite,
pour une plus grande facilité, que ce rayon ſe meut en ligne droite.

Suppoſons donc le milieu X [*Tab.* 36. *fig.* 11.] plus rare, & le milieu Z
plus denſe; que la ſurface de ce dernier ſoit déterminée par A B, ſur laquelle
tombe obliquement un rayon de lumiere R O : ſi on abaiſſe ſur le point O la
perpendiculaire C O K, & que du point O, comme centre, ayant pris O R
pour rayon, on décrive un cercle, R O ſera *le rayon d'incidence*, R O C
l'angle d'incidence, la perpendiculaire R C ſur O C *le ſinus de l'angle d'incidence*, O F *le ſinus de réfraction*, D O F *l'angle de réfraction*, la perpendiculaire D F *le ſinus de l'angle de réfraction*.

§. MDCCXXVI. Dans la réfraction, l'angle de réfraction dépend de
trois conditions.

1°. De la nature du corps réfringent.

2°. De la conſtitution du rayon incident.

3°. Du degré d'inclinaiſon de ce rayon.

Nous allons examiner ſucceſſivement ces trois conditions.

§. MDCCXXVII. Sous quelque degré d'obliquité qu'un rayon de lumiere tombe ſur la ſurface d'un autre milieu réfringent, il y a toujours une
raiſon conſtante & immuable entre le ſinus d'incidence & celui de réfraction. En effet, ſi la vîteſſe du rayon incident eſt déſignée par R O, fig. 11,
cette vîteſſe ſera conſtante dans toute incidence quelconque ; car elle
pourra être décompoſée en R C & C O (§. 572). Or en tant que ce rayon ſe
meut avec la vîteſſe R C, parallele à A O, il n'accélere point ſon mouvement;
mais ſeulement en tant qu'il ſe meut ſelon la direction C O, dès qu'il eſt parvenu à l'eſpace où l'attraction ſe fait ſentir, & dans toute l'étendue duquel
le même corps attire conſtamment avec la même force : & comme la vîteſſe
produite en vertu de l'attraction eſt toujours comme la racine quarrée des
forces (§. 1714), cette vîteſſe ſera conſtante. Cela poſé, ſuppoſons que
cette vîteſſe ſoit déſignée par O M; ſoit auſſi tirée la ligne C M, qui exprime
la vîteſſe du rayon mû en vertu des forces C O & O M : or de même que
dans le triangle rectangle R C O, l'hypothénuſe R O exprime la ſomme des
vîteſſes R C & C O, de même dans le triangle rectangle C O M, l'hypothénuſe C M exprimera la ſomme des vîteſſes C O & O M. Si on prend O I
= O H = R C, & qu'on abaiſſe la perpendiculaire I S = C M. & qu'on
tire la perpendiculaire K S ſur O K; alors la diagonale O S du parallélogramme O I S K déſignera la vîteſſe du rayon réfracté: cette vîteſſe ſera auſſi
conſtante. Si on éleve enfin la perpendiculaire D F ſur K O, & que cette
perpendiculaire ſe termine au point de la circonférence du cercle coupé par

Tome II.   . M m m

OS, on aura $OS : OF :: KS : DF$; mais $KS = OI = HO = RC$, qui est le finus de l'angle d'incidence, DF eft le finus de l'angle de réfraction : par conféquent puifque RO & OS font conftantes, DF & KF le feront auffi.

§. MDCCXXVIII. Ces finus font en raifon réciproque des vîteffes dans ces milieux : or comme $OS : OF :: KS : DF$, & que $KS = RC$, & que $OF = OR$, on aura donc $OS : OR :: RC : DF$.

§. MDCCXXIX. Ce fut *Snellius* qui découvrit que le rapport de la réfraction étoit conftant, il fe fervit cependant des fecantes des complémens au lieu des finus : voici la méthode qu'il fuivit. Soit conduite la tangente, ou la perpendiculaire BL, à l'extrêmité du diametre AB; foit prolongée RO jufqu'à ce qu'elle rencontre la tangente en E : foit auffi prolongée OS jufqu'en L, OE fera la fecante de l'angle $BOE = ROH$, & OL la fecante de l'angle BOL. Si on conduit FP perpendiculairement fur AB, on aura $OE : OB :: OR : OH$; on aura encore $OL : OB :: OF : OP$. Donc $OE \times OH = OB \times OR$, & $OL \times OP = OB \times OF$; conféquemment $OL \times OP = OE \times OH$. On aura donc $OL : OE :: OH : OP$ (1).

§. MDCCXXX. *Defcartes* fe fervit de la méthode de *Snellius*, & il fut le premier qui mit en ufage les finus : il nous procura par-là beaucoup de commodité & de lumiere dans cette théorie. Les Anciens obferverent que l'angle de réfraction étoit différent, fuivant que l'angle d'inclinaifon varioit : ils conftruifirent en conféquence, & avec beaucoup de peine, des Tables de réfraction, relatives aux différens degrés d'inclinaifon des rayons : mais nous pouvons nous paffer actuellement du fecours de ces Tables.

§. MDCCXXXI. MM. *Caffini* (2), *Newton* (3), *s'Gravefande* (4), ont auffi confirmé, par différentes expériences, que la raifon des finus étoit conftante, foit que la lumiere paffe d'un milieu plus denfe dans un plus rare, ou d'un plus rare dans un plus denfe. Pour démontrer cette vérité par une expérience facile à répéter, quoiqu'elle ne foit pas auffi exacte qu'elle pourroit être (5), je prends un vafe oblong $ABNFPCDE$ [*Tab.* 36. *fig.* 12.], dont le fond eft de métal, & fur lequel j'établis perpendiculairement 4 lames de verre qui en forment les côtés : je verfe de l'eau dans ce vafe jufqu'environ à la moitié. La furface de cette eau eft défignée par $GQRS$; la partie fupérieure du même vafe eft remplie par l'air de l'atmofphere : les rayons du foleil WM, XV, ZO, ainfi que tous les rayons intermédiaires, tombent obliquement fur le côté MVO, fur lequel YVT, VO font perpendiculaires, les rayons WM, XV, traverfant une longue fente, paffent de l'air dans le verre pour fe mouvoir enfuite dans l'air, & vont en ligne droite rencontrer la partie poftérieure du vafe en HI : mais les rayons XV, ZO, qui paffent obliquement de l'air dans l'eau du vafe, fe réfractent en s'appro-

---

(1) Il manque une ligne dans la figure 11; ce qui m'a engagé à ne point traduire une feconde démonftration, qui fe trouve ici, & qu'on n'auroit pas pu fuivre.

(2) Epiftola 2. Aftronom. de Solis refractione.

(3) Lect. Opticæ.

(4) Phyf. Elem. Lib. V. cap. 4. & 5.

(5) Cette figure eft incomplette : on conçoit néanmoins l'expérience & la démonftration; ce qui fait que je n'ai pas cru devoir les fupprimer.

chant des perpendiculaires Y T, V O ; & continuant à se mouvoir, ils vont
se rendre à la partie postérieure du même vase en K L : si on mesure alors
M H & V K , on trouvera leur rapport semblable à celui de 3 à 4. Si on incline après cela le vase, afin que les rayons W M , X V , Z O , tombent
sous un autre degré d'obliquité sur le côté M V O , & que les points d'incidence ne soient plus les mêmes que précédemment : on trouvera toujours le
rapport de M H à T U , comme 3 à 4 , ou comme celui de O E à O L , ou
D F à T U [*Tab. 36. fig. 11.*]. Il faut s'y prendre de la même maniere lorsqu'on veut faire ces expériences avec un cube de verre , & on trouvera que
M H : V K : : 11 : 17.

§. MDCCXXXII. Puisqu'il y a un rapport constant entre le sinus d'incidence & le sinus de réfraction, il paroît que si un rayon de lumiere R C
[*Tab. 36. fig. 10.*] passe obliquement dans une boîte H A B L , remplie
d'eau , placée en plein air , & que ce rayon soit dirigé très obliquement ,
c'est-à-dire, qu'il forme un angle fort ouvert S C E en tombant sur la surface de l'eau A B , il paroît , dis-je que ce rayon ne passera point de l'eau
dans l'air : mais que , parvenu en C , il sera réfractée dans l'eau , & qu'il
suivra la ligne C D : car puisque le rapport du sinus de l'angle d'incidence à
celui de l'angle de réfraction , est constamment comme celui de 3 à 4 , &
que l'angle d'incidence est supposé S C E , dont le sinus est C E , le sinus de
réfraction doit être plus grand ; c'est à dire, = 4 , & la réfraction du rayon
doit l'éloigner de la perpendiculaire C N : conséquemment l'angle doit être
plus grand que N C O. De-là si le sinus de l'angle S C E étoit à celui de
l'angle N C B , comme 3 : 4 , le rayon sortiroit de l'eau pour passer dans
l'air selon la direction C B ; mais si le sinus de l'angle S C E étoit au sinus
d'un angle plus grand que N C B , comme 3 : 4 , le rayon S C ne pourroit
point sortir de l'eau pour passer dans l'air : mais il devroit retourner du
point C dans l'eau , & se porter selon la ligne C D.

§. MDCCXXXIII. On démontre dans la Trigonométrie Rectiligne , que
dans tout triangle rectiligne A B C [*Tab. 36. fig. 13.*] , les sinus des angles
sont proportionnels aux côtés qui sont opposés à ces angles : cela posé , si ,
dans les deux triangles A B C , C B E , les angles B A C , B C E sont petits ,
& seulement de quelques minutes , & que la même ligne B E leur serve de
sinus , ces angles seront en raison inverse des droites A E & C E : car , en
considérant les Tables des sinus , on trouvera que l'angle B A C est à l'angle
B C E , comme le sinus de l'angle B A C est au sinus de l'angle B C E , ou au
sinus de l'angle B C A ; c'est-à-dire, comme B C est à B A , ou comme E C
est à E A : & comme B E est supposé très petit , on aura E C = B A = E A.

§. MDCCXXXIV. Supposons que la lumiere qui émane du soleil placé
au point A [*Tab. 37. fig. 1.*] , traverse d'abord les espaces célestes , ou un
lieu presque vuide ; & que , dirigeant sa course vers la terre , elle traverse
obliquement l'atmosphere , ou un milieu plus dense , que nous supposerons
s'étendre jusqu'en Z B R : cette lumiere se réfractera en s'approchant de la
perpendiculaire. Or comme la densité de l'air augmente à proportion qu'il est
plus proche de la surface de la terre , la réfraction de la lumiere augmentera
aussi aux points C , D , E , ainsi que les expériences de *Hauxbée* le démontrent ; par conséquent la lumiere , traversant obliquement les différentes

couches de l'atmofphere, décrira une courbe telle que B C D E F, qui ne fera ni une cycloïde, ni une épicycloïde, ainfi que *de la Hire* (1) le prétendoit, & que *Hermann* l'a très bien démontré (2), & dont MM. *Taylor* (3) & *Bernouilly* (4) ont voulu découvrir la nature.

Mais comme la denfité de l'air, pris jufqu'à une certaine hauteur fixe & déterminée au-deffus de la furface de la terre, varie d'un jour à l'autre; foit par la chaleur du foleil qui augmente de l'hiver à l'été, parcequ'il lance fes rayons de plus en plus perpendiculairement; foit par cette chaleur qui varie felon que le foleil fe leve, ou qu'il eft à notre zenith, ou qu'il fe couche; foit par les vents, qui portent avec eux de la chaleur ou du froid, ou qui condenfent l'atmofphere & le rendent plus pefant par le nouvel air qu'ils apportent, ainfi que le barometre l'indique : outre cela, comme l'air fe trouve fouvent chargé de différentes exhalaifons & de différentes vapeurs, dont le pouvoir réfringent varie en plus & en moins; il paroît que la route de la lumiere dans l'atmofphere fera toujours incertaine, & qu'on ne pourra jamais la déterminer exactement : néanmoins le célebre *Lambert* (5) a traité depuis peu, d'une maniere très curieufe & très digne de louanges, plufieurs chofes qui ont rapport à la réfraction que la lumiere éprouve en traverfant l'atmofphere.

§. MDCCXXXV. *Negdleton* (6) a obfervé que les réfractions de la lumiere varioient continuellement dans l'atmofphere : ayant mefuré l'angle de réfraction dans un tems nébuleux & humide, il le trouva plus grand que lorfqu'il le mefura dans un tems fec & ferein. On remarque auffi que le fommet des collines paroît plus élevé le matin & le foir que vers le midi, lorfque le tems eft ferein; ce qui vient de ce que les vapeurs qui s'élevent de la furface de la terre, font plus épaiffes lorfque le foleil fe leve, ou lorfqu'il fe couche, que lorfqu'il eft à fon midi, & conféquemment qu'elles réfractent davantage les rayons de lumiere. Les vapeurs qui s'élevent lorfque le foleil fe couche, font encore plus denfes que celles qui s'élevent de la furface de la terre, lorfque cet aftre eft à l'horifon; parceque la terre, échauffée par le foleil, qui a lancé fes rayons fur elle pendant tout le jour, fournit une plus grande quantité de vapeurs (7). La réfraction de la lumiere eft encore différente, fi nous confidérons les objets de deffus terre, ou de deffus la furface de la mer. *Plantade*, étant fur le fommet des Pyrénées, obferva que des objets placés fur le fommet d'une autre montagne, éloignée de celle fur laquelle il faifoit cette obfervation, paroiffoient être au niveau du fommet de cette derniere, & ces mêmes objets lui parurent plus élevés lorfqu'il les confidéra de deffus la mer (8); ce qui vient de ce qu'il s'éleve une plus grande quantité de vapeurs de la mer que de la terre : c'eft

(1) Hift. de l'Acad. Roy. ann. 1702.
(2) Acta Lipfienf. ann. 1706.
(3) Methodus Fluxionum inverfa Prop. 28. Problem. 22.
(4) In Oper. Vol. 2. pag. 1063.
(5) Propriétés remarquables de la route de la lumiere.
(6) Philof. Tranf. n. 388.
(7) Marinonius de Aftronom. Specula. Lib. 2. cap. 2. §. 2. pag. 22.
(8) Hift. de l'Acad. Roy. ann. 1742.

auffi pour cette raifon qu'un air plus denfe doit caufer une plus grande réfraction qu'un air qui feroit plus rare : ce que M. *Bouguer* confirma par les
obfervations qu'il fit en Amérique. Il y obferva que la hauteur des étoiles
lui paroiffoit plus grande lorfqu'il faifoit fes obfervations dans des endroits
peu élevés au-deffus de la furface de la mer, que lorfqu'il les faifoit fur le
fommet des hautes montagnes, & fur-tout fur le fommet de la montagne
Chimboraco (1). La réfraction de la lumiere eft encore plus grande lorfqu'elle traverfe un air plus froid que lorfqu'elle en traverfe un plus chaud ;
& c'eft pour cela que les étoiles paroiffent plus élevées lorfqu'il fait froid,
que lorfqu'il fait chaud, ainfi que *Picard* l'a obfervé autrefois, & que
Caffini l'a confirmé par de nouvelles obfervations (2). *Le Monnier* nous apprend qu'étant à Torneo, en Laponie, il s'affura que la réfraction de l'atmofphere devenoit plus grande lorfque le froid augmentoit, & que cette
réfraction étoit même plus grande de 3 m″ chaque fois que la liqueur d'un
thermometre, conftruit felon l'échelle de M. *de Reaumur*, defcendoit d'un
degré. Il y obferva encore que le mercure, étant à 31 degrés pendant la plus
forte gelée, la réfraction étoit de 20 m′ & 10 m″, le foleil étant élevé de 20 degrés 24 m′ 30 m″. Il nous apprend de plus, qu'ayant obfervé après cela à
Paris une étoile fixe ; il vit encore que les changemens qui furvenoient aux
réfractions étoient proportionnels aux degrés de chaleur indiqués par le thermometre (3). Ce n'eft donc pas fans raifon que cet habile Aftronome re-
commande à fes Confreres de dreffer trois Tables de réfractions, dont l'une
indiqueroit celles qu'ils obferveroient pendant l'été ; la feconde, celles qu'ils
obferveroient pendant l'hiver : & la troifieme enfin, les réfractions qu'ils obferveroient dans une température moyenne. Je penfe cependant qu'il faudroit auffi avoir égard, dans ces fortes d'obfervations, à la hauteur du mercure dans le barometre ; parcequ'il peut arriver dans un même endroit que le
poids de l'atmofphere devienne plus grand de $\frac{1}{10}$, que l'air y foit plus denfe
de toute cette quantité, & conféquemment que fon pouvoir réfringent foit
augmenté : & d'ailleurs comme l'atmofphere devient plus denfe à proportion
que nous allons de l'équateur vers les pôles, la réfraction de la lumiere doit
être plus grande vers les pôles que fous l'équateur, fi on la confidere de part
& d'autre à une même hauteur au deffus de la furface de la terre ; ainfi qu'il
eft démontré par les obfervations des Aftronomes faites à l'équateur & aux
pôles. Il eft conftant que l'air réfracte les rayons de lumiere qui le traverfent.
Lowthrop (4), *Halle* & *Hauxbée* (5) ont confirmé cette vérité par plufieurs expériences. *Delifle* (6) a démontré la même chofe en France. Les
Obfervations Aftronomiques fuffifent pour ne laiffer aucun doute à cet
égard ; puifqu'elles nous font voir que le foleil, la lune & les étoiles, paroiffent au deffus de notre horifon, lors même qu'elles font déja au-deffous.
Le crépufcule du matin, celui du foir, fuffifent encore pour confirmer la
même vérité. Il fuit de la réfraction de la lumiere, que les Géometres qui
font leurs obfervations dans les vallées, ne peuvent jamais y obferver & y

(1) Hift. de l'Acad. Roy. ann. 1749. (2) Hift. de l'Acad. Roy. ann. 1743. (3) Dif-
cours Prélimin. Hift. Cæleft. p. 11. & feq. (4) Philof. Tranf. n. 257. (5) Phyf. Méch.
Experim. p. 175. (6) Hift. de l'Acad. Roy. ann. 1719.

connoître parfaitement la véritable hauteur des montagnes; à moins qu'ils ne tiennent compte de la réfraction que la lumiere souffre : il suit encore delà que nous ne voyons jamais les astres dans leur vrai lieu, mais qu'ils nous paroissent toujours plus élevés qu'ils ne le sont véritablement, à moins qu'ils ne soient perpendiculairement au-dessus de nos têtes : & même quoique les étoiles fixes soient dans cette position, elles ne peuvent point nous paroître toute l'année à la même hauteur, pour plusieurs raisons qui y concourent. 1°. Par rapport à la précession des équinoxes. 2°. Par rapport à l'aberration de la lumiere. On peut cependant déterminer ces deux choses par le calcul. 3°. Par rapport à la nutation de la terre, découverte par *Bradley*. 4°. Enfin parceque la terre elle-même tourne dans le tems que la lumiere émane du corps lumineux qui la lancent vers ce globe.

§. MDCCXXXVI. Si un rayon de lumiere tombe obliquement de l'air sur la surface de l'eau, il se rompra en s'approchant de la perpendiculaire. Dans cette réfraction, le sinus de l'angle d'incidence est au sinus de l'angle de réfraction, comme 9434 est à 7071 ; c'est-à-dire, à peu de choses près, comme 4 : 3. Suivant les observations exactes de M. *Newton* (1), cette proportion a lieu entre les rayons qui tombent du soleil dans l'eau, & ceux qui donnent une couleur verte après s'être rompus : la raison des sinus pour les rayons qui passent de l'air dans le verre, est à-peu-près comme 17 : 11 (2). Mais comme un faisceau lumineux est composé de plusieurs petits rayons de différentes couleurs, & que leur réfrangibilité n'est point la même; la raison entre le sinus d'incidence & le sinus de réfraction, pour les rayons qui sont les plus réfrangibles, tels que les rayons violets, est comme celle de 8047 : 5112. Celle des rayons dont la réfrangibilité est moindre, tels que les rayons rouges, est égale à la raison de 8047 : 5262. Celle des rayons dont la réfrangibilité est moyenne, tels que les rayons verts, est comme 8047 : 5118. Il faut consulter à cet égard les différentes méthodes de déterminer la réfraction de la lumiere par différens milieux, que le célebre *Newton* nous a données dans ses Leçons sur l'Optique.

§. MDCCXXXVII. Il est bon de remarquer ici, en passant, que toute la lumiere qui tombe sur un milieu matériel & transparent, ne se traverse pas; mais qu'une partie de cette lumiere est refléchie, par les forces repulsives de ce milieu, qui agissent au-delà de la surface : car tout corps dont la surface est polie, comme celle d'un miroir, refléchit toujours une certaine quantité de lumiere. Outre cela, la lumiere est encore repoussée & déterminée, selon une route contraire à celle qu'elle tend à suivre, par les parties solides qui constituent la texture intérieure d'un corps diaphane ; de sorte que la lumiere qui a traversé un tel milieu, jette un éclat plus foible au-delà du milieu, que celui qu'elle répand au-devant de lui. Il paroît que ces petits corpuscules, ces poussieres légeres qui flottent dans l'air, refléchissent aussi beaucoup de lumiere, puisqu'on peut voir distinctement un rayon du soleil introduit dans une chambre obscure, lorsqu'on le regarde latéralement. Un verre plein d'eau, ou d'une liqueur spiritueuse, ou d'huile, ou un diamant, ou même un morceau de verre, interceptent une plus grande quantité de lumiere.

(1) Newton Lect. Opt. part. 1. Sect. 2. §. 35. (2) Idem Part. 1. Sect. 2. §. 30.

M. *Bouguer* (1) tenta de déterminer, après M. *de Mairan* (2), combien l'atmofphere terreftre intercepte de la lumiere du foleil ou des aftres, dans les différentes hauteurs où ils fe trouvent au-deffus de l'horifon : il nous a même
laiffé une petite Table fur cette matiere. On y trouve que lorfque la lumiere
parvient à notre atmofphere avec une force = 10000 , qu'elle ne pénetre cet
atmofphere qu'avec une force = 5 , lorfque l'aftre qui la renvoie fe trouve à
l'horifon. Lorfqu'il eft à un degré au-deffus de l'horifon, fa lumiere pénetre
l'atmofphere avec une force = 47 , parvenu à 90 degrés avec une force =
8123 ; d'où il fuit que nous ne pouvons pas voir les planetes ou les étoiles
fixes, lorfqu'elles font à l'horifon, foit au Levant, foit au Couchant ; & bien
plus , nous ne commençons à les voir que lorfqu'elles font élevées de 5 &
même 6 degrés au deffus de l'horifon : il faut cependant en excepter la lune
& le foleil. Mais auffi nous pouvons regarder fixement le foleil , lorfqu'il fe
leve ou lorfqu'il fe couche ; ce que nous ne pouvons point faire lorfqu'il eft
à 15 degrés au-deffus de l'horifon, ou lorfqu'il eft plus élevé. Nous ne favons point , à la vérité , fi l'air feroit beaucoup plus tranfparent , & fi nous
pourrions découvrir & voir les étoiles fixes & les planetes , lorfqu'elles font
à l'horifon , fi cet air étoit parfaitement pur & nullement chargé de vapeurs
& de parties étrangeres , que lui fourniffent les différentes exhalaifons. Ce
qu'il y a de conftant, c'eft que l'atmofphere terreftre n'abforbe pas , par toute
la terre , la même quantité de lumiere qu'elle abforbe en Europe , puifque
dans les Indes Orientales, les habitans des Ifles Molucques , lorfque le tems
eft ferein, peuvent voir , de l'Ifle Noeffa , des lanternes allumées dans les
jardins de l'Ifle Magindaneo , qui eft éloignée de 23 milles de la premiere (3).

M. *Bouguer* a encore déterminé & démontré , par des expériences fort
ingénieufes , combien le verre , l'eau de la mer s'oppofent au paffage des
rayons de la lumiere.

§. MDCCXXXVIII. Comme il n'y a aucun corps qui puiffe être parfaitement diaphane, le même corps fera d'autant plus tranfparent , qu'il fera
plus mince ; & au contraire, il fera d'autant moins tranfparent , qu'il fera
plus épais ; de forte que fon épaiffeur augmentant toujours , il ceffera enfin
d'être diaphane. Une lame de verre le plus pur & le plus tranfparent qu'on
puiffe trouver, étant mife fur le feuillet d'un livre , fait qu'on ne diftingue
pas fi bien les lettres : 80 lames de ce même verre , donnent à peine paffage
à la lumiere ; car ayant rempli une boîte de chêne , percée des deux côtés ,
avec ce nombre de lames , à peine pouvoit-on diftinguer les lettres d'un livre placé à une des ouvertures de la boîte , lorfqu'on les regardoit par l'ouverture oppofée , à travers les 80 lames de verre. On peut cependant , à la
vérité , diftinguer à travers ce nombre de lames , des objets qui feroient plus
grands & plus éclairés. On voit affez bien le Soleil , lorfqu'il luit dans le
Ciel. La lumiere du Soleil paffe encore , mais en petite quantité , par un cilindre plein de verre , non coloré , très tranfparent , & de deux pieds de
longueur , après qu'on l'a recouvert extérieurement avec un corps opaque ;

(1) Effay d'Optiq. § 5. p. 160. (2) Hift. de l'Acad. Roy. ann. 1721. (3) Valentyn de
Infulis Moluccis , p. 37.

mais la lumiere qui le traverse, ne suffit pas pour qu'on puisse distinguer aucun objet au-delà du cilindre : cependant le verre qui auroit une telle épaisseur, n'empêcheroit pas totalement de voir.

§. MDCCXXXIX. La quantité de lumiere qui fait effort pour traverser un milieu matériel d'une certaine longueur, décroît, selon une raison géométrique, si la lumiere est interceptée ou refléchie par les parties solides du milieu homogene qu'elle traverse.

Concevons que ce milieu soit composé de plusieurs couches de même densité, dont le nombre soit $= n$; supposons que la lumiere incidente $= 1$; que la partie de lumiere interceptée par la premiere couche p soit $= \frac{1}{p}$. Dans cette supposition, la quantité de lumiere qui parviendra à la seconde couche, sera $= 1 - \frac{1}{p}$, ou $\frac{p-1}{p}$: or comme on suppose que cette seconde couche interceptera encore la même quantité de lumiere que la premiere couche a interceptée ; c'est-à-dire, $= \frac{1}{p}$; la quantité interceptée sera donc $= \frac{\frac{p-1}{p}}{\frac{1}{p}} = \frac{p-1}{pp}$; & conséquemment la lumiere qui aura passé cette seconde couche, sera $= \frac{p-1}{p} - \frac{p-1}{pp} = \frac{pp-2p+1}{pp} = \frac{(p-1)^2}{p}$. En suivant la même méthode, on trouvera que la lumiere qui traversera la troisieme couche, sera $= \frac{(p-1)^3}{p}$. La quatrieme couche sera $= \frac{(p-1)^4}{p}$. Et enfin la derniere couche sera $= \frac{(p-1)^n}{p}$. Or ces quantités $\frac{p-1}{p}$, $\frac{(p-1)^2}{p}$, $\frac{(p-1)^3}{p}$, $\frac{(p-1)^4}{p}$, sont en progression géométrique ; par conséquent la quantité, ou l'intensité de la lumiere, qui traverse un milieu homogene, décroît en proportion géométrique.

§. MDCCXL. Puisque la densité de la lumiere, qui émane d'un point radieux, décroît en raison inverse du quarré des distances, la densité de la lumiere qui émanera d'un point radieux, & qui traversera un milieu matériel, pourra être représentée dans les différentes distances où elle se trouvera, par $\frac{p-1}{p}$, $\frac{(p-1)^2}{4pp}$, $\frac{(p-1)^3}{9ppp}$, $\frac{(p-1)^4}{16pppp}$, $\frac{(p-1)^n}{nnpn}$: d'où il suit que si on connoît combien l'air intercepte de lumiere dans un intervalle donné, on pourra savoir combien il en interceptera dans un autre intervalle quelconque.

§. MDCCXLI. La lumiere qui nous vient des étoiles fixes, étincelle en traversant

traverſant l'atmoſphere ; c'eſt-à dire, que cette lumiere ſe propage de maniere à nous faire croire que ces étoiles lancent autour d'elles des rayons de
lumiere : au moins c'eſt ainſi que nous obſervons cette lumiere en Flandres.
Pluſieurs Phyſiciens crurent d'abord que cette ſcintillation étoit produite par
les vapeurs qui s'élévoient de la ſurface de la terre dans l'atmoſphere ; &
que ces vapeurs excitant des vibrations dans la maſſe d'air qu'elles péné-
troient, ces vibrations interrompoient continuellement le paſſage des rayons
de la lumiere dans notre œil, ce qui produiſoit ces eſpeces de ſauts, ou ces
ſcintillations, que nous croyons voir dans les rayons de la lumiere. *Garcin*
entreprit de confirmer cette hypotheſe (1). On obſerve à cet égard, que dans
la ville de Gamrou, en Arabie, le Ciel eſt extrêmement ſerein, l'atmoſphere
eſt extrêmemeat pur & ſans vapeurs, & qu'auſſi la lumiere des étoiles fixes
eſt très pure, & qu'elle n'étincelle point ; tandis que dans le Royaume de
Bengale, où l'air eſt plus humide, la lumiere des étoiles ſcintille, quoique
moins, à la vérité, qu'en Europe. M. *de la Condamine* remarqua auſſi que
la lumiere des étoiles fixes étincelloit moins au Pérou, depuis Guajaquil
juſqu'a Lima, qu'en France. Nous remarquons cependant chez nous, que
lorſqu'il fait extrêmement froid, que la gelée eſt très forte, & que le tems
eſt très ſerein pendant l'hiver, nous remarquons, dis-je, que toutes les
étoiles ſcintillent très vivement ; ce qui me fait ſoupçonner que cette ſcintillation ne dépend point de l'atmoſphere, ou de l'abondance des exhalaiſons qui s'y élevent. Nous remarquons encore que les étoiles n'étincellent
point, lorſqu'on les regarde avec un teleſcope. Ne pourroit on donc pas
dire que cet effet dépendroit de la vivacité de la lumiere, & de l'activité avec
laquelle elle agit ſur l'organe de notre vue ?

§. MDCCXLII. Puiſque les milieux matériels, quoique minces, interceptent une ſi grande quantité de lumiere, il eſt impoſſible que celle qui
nous vient des étoiles fixes les plus éloignées, ait à traverſer un milieu
matériel ; car dans cette immenſe diſtance qui les ſépare de notre globe, les
parties ſolides de ce milieu, ou leur force repulſive, ſeroient plus que ſuffi-
ſantes pour empêcher la lumiere de ſe produire juſqu'à nous. Or, comme
ces étoiles brillent & répandent un grand éclat, il faut que les eſpaces céleſtes qu'elle traverſe, ſoient preſque vuides, & qu'ils ne contiennent qu'une
lumiere très rare, (ce qu'on peut compter pour rien, eu égard à l'immen-
ſité de cet eſpace).

(1) Hiſt de l'Acad. Roy. ann. 1743.

CHAPITRE XXXII.

Des rayons de lumiere qui tombent sur des surfaces planes & sphériques qui les rompent

§. MDCCXLIII. Puisqu'un rayon de lumiere, tel que ceux que nous pouvons soumettre à nos expériences, & examiner, est une espece de faisceau, composé d'une quantité innombrable de petits rayons, qui part du point S, [*Tab.* 35. *fig.* 6.] du corps lumineux, qui lance ses rayons de toutes parts, du centre à la circónférence, il faut que ces petits rayons s'écartent les uns des autres, en formant ensemble des angles : on appelle ces rayons, divergens ; & plus l'angle qu'ils forment est grand, plus ils sont divergens. C'est ainsi que les rayons S A , S E , sont plus divergens que les rayons S A , S B. En général, on donne le nom de divergens aux rayons qui vont toujours en s'écartant les uns des autres, quoiqu'ils ne partent point tous d'un même point.

§. MDCCXLIV. Si un rayon de lumiere tombe sur un point de la surface d'un corps plan & poli, ce rayon se refléchit entierement sous le même angle sous lequel il est tombé, de même qu'une balle élastique se refléchit lorsqu'on la lance contre un plan résistant. Mais si un rayon de lumiere tombe sur un corps solide, dont la surface soit inégale & remplie d'aspérités, on pourra considérer cette surface comme composée de petites surfaces, qui concourent entr'elles, sous différens angles. Un faisceau de lumiere, porté vers un corps de cette espece, distribue ses rayons sur toutes ces petites surfaces, & les distribue sous différens angles : ils se séparent donc les uns des autres, & ils se refléchissent sous différens angles ; d'où il suit qu'une surface remplie d'aspérités, répand de la lumiere, de même que si elle étoit lumineuse, & que l'œil peut la distinguer & la voir, lorsqu'il est placé dans sa sphere d'activité.

§. MDCCXLV. Le point lumineux S [*Tab.* 35. *fig.* 6.], ou opaque, qui refléchit la lumiere, se nomme *point rayonnant*.

§. MDCCXLVI. Les rayons qui sont écartés les uns des autres, mais qui s'approchent de plus en plus, à proportion qu'ils s'avancent, ou qui concourent en un point commun, sont appellés *rayons convergens*, tels que seroient les rayons A S , C S , E S , qui partiroient des points A , C , E.

§. MDCCXLVII. Le point où les rayons convergens concourent & se réunissent, se nomme *le foyer*.

§. MDCCXLVIII. Le point, ou l'endroit auquel les rayons convergens se seroient rassemblés, si ils eussent eu le même milieu à traverser ; ou le point d'où les rayons divergens seroient venus en ligne directe, s'appelle *le foyer imaginaire :* ainsi les rayons E B, G C, H D [*Tab.* 37. *fig.* 2.], se seroient rassemblés au point O , s'ils eussent continué à se mouvoir directement ; mais étant refractés par la surface I D , ils se rassemblent au point A : ce point A sera donc *le foyer* , & le point O sera le *foyer imaginaire.*

§. MDCCXLIX. Si des rayons de lumiere peu divergens, tels que A D , A C , A B , tombent sur une surface plane I D , d'un milieu plus dense Z que celui X , d'où ils sortent, ces rayons seront refractés en s'approchant de la perpendiculaire, & ils continueront à se mouvoir , selon les droites BE , CG , D H : si on prolonge ces rayons en en-haut jusqu'à ce qu'ils se réunissent, ils atteindront le point O , qui est leur *foyer imaginaire* , & qui est plus éloigné de la surface I D que le point A , d'où ils partent. La distance A D , du point rayonnant A , est à O D , distance du foyer imaginaire à la surface I D , comme le sinus de l'angle de réfraction, & au sinus de l'angle d'incidence. En effet, A D tombant perpendiculairement sur la surface I D , parvient directement en H , sans souffrir de réfraction. Le rayon A C , qui tombe obliquement sur cette même surface, est rompu & rapproché de la perpendiculaire ; si on mene sur le point C la perpendiculaire q C p , & que le rayon refracté soit C G , lequel étant directement conduit en arriere, parvienne au point O , G C p sera l'angle de réfraction , & il sera égal à l'angle q C O , = C O D. L'angle d'incidence sera A C q , = C A D. Or l'angle C O D : C A D : : le sinus de l'angle C A D : sinus de l'angle C O D , suivant le §. 1733 , c'est-à-dire, comme O C : A C ou : : O D : A D ; par conséquent O D : A D : : l'angle d'incidence est à l'angle de réfraction , & l'angle G C P sera l'angle de réfraction, & C G le rayon refracté, qui part du point A : ou si du centre C , & du rayon C D , on décrit un cercle , on aura C O & C A co-secantes des angles de réfraction & d'incidence ; & conséquemment le rayon A C incident, deviendra C G , lorsqu'il sera refracté.

§. MDCCL. Si des rayons de lumiere , qui sont peu divergens entr'eux , tels que K M , K R , K T [*T.* 37. *F.* 3.], tombent sur la surface plane T M , d'un milieu moins dense que celui d'où ils sortent ; ils seront rompus en s'éloignant de la perpendiculaire K M , & ils deviendront après la réfraction, M N , R P , T Q , lesquels étant dirigés en ligne droite & en arriere, viendront concourir au foyer imaginaire L , plus proche de la surface M T que le point rayonnant K d'où ils partent ; & la distance du vrai foyer K M , sera à L M , distance du foyer imaginaire à la surface M T , comme le sinus de l'angle de réfraction est au sinus de l'angle d'incidence, ainsi qu'on peut le démontrer par la démonstration précédente (§. 1749).

§. MDCCLI. Cette démonstration (§. 1749) ne peut point avoir lieu pour les rayons A C , A Y [*Tab.* 37. *fig.* 2.], qui sont très divergens entr'eux ; car ces derniers étant prolongés en arriere avec les précédens, A B , A C , A D , ont pour foyer imaginaire un petit cercle , qui est d'autant plus grand , que les rayons sont plus divergens : en effet , les rayons A S , A Y concourent ensemble après la réfraction ; car si on les prolonge en arriere , ils se rendront au point F , qui est beaucoup plus haut & plus éloigné que le point O. On peut auſſi déterminer ce point de concours F (1) : d'où il ſuit que les rayons refractés par une grande ſurface plane, ne concourent point en un même point, mais en pluſieurs & différens points.

§. MDCCLII. Si des rayons convergens E B, G C, H D [*Tab.* 37. *fig.* 2.], tombent d'un milieu plus denſe Z, ſur la ſurface plane I D d'un milieu plus rare X, ils ſeront rompus, & ils s'éloigneront de la perpendiculaire, pour venir former le foyer A plus proche de la ſurface I D que le foyer imaginaire O; & on aura la diſtance A D : eſt à la diſtance O D, dans le même rapport que dans le §. 1749; ces rayons deviennent donc plus convergens.

§. MDCCLIII. Mais ſi des rayons convergens N M, P R, Q T [*T.* 37. *fig.* 3.], paſſent d'un milieu plus rare dans un plus denſe, dont la ſurface T M ſoit plane, ils ſeront refractés en s'approchant de la perpendiculaire, & concourront au foyer K, plus éloigné de la ſurface que le foyer imaginaire L, & les diſtances K M, L M ſeront entr'elles dans le rapport indiqué (§. 1749) : ces rayons deviennent donc convergens.

§. MDCCLIV. Si des rayons paralleles A B, C D [*Tab.* 37. *fig.* 4.], tombent ſur une ſurface plane B V, d'un autre milieu, plus denſe ou moins denſe après la réfraction, ils continueront à ſe mouvoir parallelement : ſi ils paſſent dans un milieu plus denſe, ils ſuivront la route B E, D F, en s'approchant de la perpendiculaire q p : ſi au contraire ils paſſent dans un milieu plus rare, ils s'éloigneront de la perpendiculaire q p, en ſuivant les directions B G, D H; car ces rayons A B, D C, tombant ſous le même degré d'obliquité, ſouffrent la même réfraction; & conſéquemment l'angle V D F ⟹ V B E, ou V B G ⟹ V D H; par conſéquent B E, D F ſont paralleles, ainſi que B G & D H.

§. MDCCLV. Si un rayon de lumiere A B [*Tab.* 37. *fig.* 5.] tombe obliquement ſur des milieux de différentes denſités, mais qui ſe ſuivent les uns & les autres, & qui ſe terminent tous par des ſurfaces planes & paralleles, on aura le même rapport entre l'angle d'incidence, dans le premier milieu H B, & l'angle de réfraction F E P, dans le dernier milieu E N, que ſi ce dernier milieu E N étoit adjacent au premier milieu H B, & que ſi tous les milieux intermédiaires étoient ſupprimés.

En effet, ſoient les milieux B H, C I, D K, N E, & que le rayon incident A B paſſe dans un milieu plus denſe, ce rayon ſera rompu, & s'approchera vers la perpendiculaire G B L; l'angle d'incidence ſera A B G, & celui de réfraction C B L, qui eſt ⟹ H C B : mais ce dernier eſt lui-même l'angle d'incidence du rayon ſur le ſecond plan I C, & ſon angle de réfraction eſt D C M, qui eſt ⟹ C D I. Ce dernier eſt auſſi l'angle d'incidence ſur le plan M D K; & l'angle de réfraction eſt E D N ⟹ K E D, angle d'incidence ſur le plan N E, donc l'angle de réfraction eſt F E P : d'où il ſuit que l'angle A B G eſt à l'angle F E P en raiſon compoſée de A B G à C B L ou H C B; de H C B à D C M ou C D I; de C D I à E N D ou D E K; de D E K à F E P : & conſéquemment ces raiſons ſont,

(1) S'Graveſande Elem. Phyſ. Lib. 5. cap. 7.

A B G à B C H

B C H à C D I

C D I à D E K

D E K à F E P.

qui font dans le rapport de A B G à F E P.

Ces raifons auroient encore été les mêmes s'il n'y avoit point eu de raifons intermédiaires.

§. MDCCLVI. Il fuit de-là que fi on connoît la raifon qui eft entre les
finus des angles d'incidence & de réfraction, dans le prémier & le dernier
plan, on pourra déterminer le chemin que parcourra le rayon de lumiere
pour arriver au dernier plan.

§. MDCCLVII. Soit un milieu X [*Tab.* 37. *fig.* 6. 7. 8. 9.] plus rare, Z
un autre milieu plus denfe, terminé par une furface fphérique convexe ou
concave, fur laquelle tombent des rayons de lumiere paralleles, A B, N M :
on pourra déterminer de cette maniere leur point de concours D, après la
réfraction qu'ils auront à fubir.

Suppofons que le rayon A B tombe directement fur la furface M B O, ce
rayon paffera par le centre C, & fe propagera directement & fans réfraction, felon la longueur du milieu B S. De ce centre C fur le point M fur
lequel tombe l'autre rayon N M, foit conduite la ligne C M : cela pofé, pour
les deux premiers cas, foit pris à volonté dans l'angle M C S un point d fur
la ligne A B S ; & pour le troifieme & le quatrieme cas, foit pris dans l'angle M C A le point d, d'où ou menera la ligne d m, qui foit à d C, comme
le finus de l'angle d'incidence eft au finus de l'angle de réfraction : alors du
point M foit conduite la ligne M D, parallele à m d, & on aura M D la direction du rayon réfracté, D le point de concours des rayons N M & A B ;
car à caufe des triangles femblables, m d C & M D C, on aura m d : d C
: : M D : D C, ou comme le finus de l'angle d'incidence eft au finus de l'angle de réfraction. L'angle de réfraction eft C M D, dont le finus eft C D.
L'angle M C B eft égal à l'angle d'incidence, dont le finus eft le même que
celui de l'angle M C D, qui eft la droite M D.

§. MDCCLVIII. Lorfque des rayons de lumiere A B, a b, paralleles, feront peu éloignés les uns des autres, ils fe rencontreront en un point F, plus
éloigné que le point D ; car D M eft plus petit que D B ; & conféquemment
D B n'eft pas à C D comme M D eft C D, à moins que le point D ne foit
porté plus loin, comme en F ; afin qu'on puiffe avoir la proportion B F :
F C : : le finus de l'angle d'incidence eft au finus de l'angle de réfraction. En effet, puifque l'arc B b eft très petit, on aura B F fenfiblement égal
b F ; & conféquemment b F : F C : : B F : F C.

§. MDCCLIX. Si des rayons paralleles a b, M N, fort éloignés l'un de
l'autre tomboîent fur une grande portion fphérique, leur foyer feroit formé
fur toute la longueur D F ; & conféquemment ce foyer ne feroit pas un
feul point, mais par-tout où on pourroit couper le plan depuis D jufqu'en
F, & ce feroit un petit cercle, ainfi que nous le démontrons par expérience.

§. MDCCLX. Des rayons paralleles réfraƈtés par des milieux qu'ils tra-
verſent, deviennent convergens lorſque la convexité eſt tournée du côté du
milieu X [*Fig. 6. 7.*] moins réfringent.

§. MDCCLXI. Mais ces mêmes rayons réfraƈtés deviennent divergens,
& paroiſſent partir d'un foyer imaginaire D [*Fig. 8. 9.*], lorſque la convexité eſt tournée du côté du milieu Z, plus refringent; alors le rayon ré-
fraƈté N M ne ſera point D M; mais D M produit vers d.

§. MDCCLXII. L'angle M C B eſt égal à l'angle d'incidence; mais ce
dernier eſt égal à l'angle M D C & C M D, pris enſemble dans le premier &
dans le troiſiéme cas; ou l'angle M C B, complément à deux droites, eſt
égal aux deux angles que nous venons d'indiquer dans le ſecond & dans le
quatrieme cas. Conſéquemment l'angle M D C eſt la différence entre
l'angle d'incidence & de réfraƈtion : or le ſinus de l'angle M D C eſt C M,
ou le rayon ; on aura donc C M : C D comme le ſinus de l'angle, qui eſt la
différence entre l'angle d'incidence & de réfraƈtion, eſt au ſinus de l'angle
de réfraƈtion.

Il ſuit de-là que ſi un rayon de lumiere paſſe de l'air X dans l'eau Z, le
ſinus de l'angle d'incidence M D ſera à celui de l'angle de réfraƈtion C D,
comme 4 : 3. Soit donc M C B l'angle d'incidence = 2 degrés, on trouvera
l'angle C M D de cette maniere, 4 : 3 comme le ſinus de 2 degrés, ou

$$348995, \text{ eſt à } \frac{348995 \times 3}{4}, \text{ ou } 261746,$$ qui eſt le ſinus de l'angle C M D,

ou 1 degré 30'. Cela poſé, que le rayon C M = 6 pouces, l'angle M D C
étant = 30', voici comment on pourra déterminer C D.

Le ſinus de 30' eſt à 6 pouces, comme le ſinus de C M D eſt à C D, ou
$87265 : 6$ pouces $:: 261746 : 17 \frac{86971}{87265}$; & le ſinus de M D C eſt à 6, comme le ſinus de M C B eſt à M D, ou $87265 : 6 :: 348995 : 23 \frac{86825}{87265}$.

Si un rayon de lumiere N M paſſe de l'air dans le verre, & que l'angle
d'incidence M C B ſoit d'un degré, ſon ſinus ſera 174524; & conſéquemment on aura $17 : 11 :: 174524 : 112927$, qui eſt le ſinus de l'angle C M D
= 38' 50"; par conſéquent l'angle M D C eſt de 21' 10", dont le ſinus eſt
61571. Cela poſé, ſi le rayon C M eſt de 3 pouces, on aura alors la proportion ſuivante, $61571 : 3$ pouces $:: 112927 : 5 \frac{30926}{61571}$ pouces = C D; & conſéquemment D B = D C + C B, (*dans la fig. 8.*) = $8 \frac{30926}{61571}$.

§. MDCCLXIII. Si des rayons qui ſont peu divergens, tels que R V, R B
[*Tab. 37. fig.* 10. 11.], partent du point rayonnant R, & tombent ſur une
petite portion de la ſurface ſphérique B V, d'un autre milieu réfringent, dont
le centre eſt en C, on trouvera le foyer F de ces rayons après leur réfraƈtion, ſi on trouve auparavant le point E, qui ſeroit le foyer des rayons paralleles F V, a B, qui viendroient en ſens contraire du milieu même: pour
cela, faites cette analogie, de même que R E, diſtance entre le point
rayonnant R & le point E des rayons paralleles qui viennent en ſens contraire, eſt à E C, diſtance qui eſt entre le point E & le centre de la ſurface;
pareillement la diſtance R V, entre le point rayonnant R & la ſurface du
milieu, eſt à V F, diſtance du foyer F à la ſurface ſphérique du milieu;

de forte que le rayon incident R B devient B F par fa réfraction.

Le point rayonnant R envoie le rayon R C V, lequel, paffant par le centre C, tombe directement fur la furface fphérique B V, & s'avance, fans fouffrir de réfraction, jufqu'en V F; le rayon R B tombe obliquement fur le point B, & fon angle d'incidence eft R B C, ou fon complément, dans la fig. 10, & fon angle de réfraction eft P B F, ou fon complément, dans la fig. 11. Maintenant fi un autre rayon, tel que E B, vient à tomber fur cette même furface, ce rayon, étant réfracté, deviendra B a, & fon angle de réfraction fera P B a : or comme il y a une raifon conftante entre les finus des angles d'incidence & ceux des angles de réfraction; & comme ces angles font très petits, le rapport qui eft entre ces angles eft le même que celui qui eft entre leur finus. Il y aura auffi un même rapport entre les angles d'incidence R B C & E B C, qu'entre les angles de réfraction P B F, P B a ; & conféquemment la différence entre les angles d'incidence fera proportionnelle à celle qui eft entre les angles de réfraction P B F, P B a. Si on a donc la proportion R B C : E B C : : P B F : P B a, on aura R B C — E B C : É B C : : P B F — P B a : P B a ; ou on aura R B E : a B F = B F V : : E B C : P B a, qui font dans le même rapport que l'angle d'incidence eft à l'angle de réfraction : mais comme ces angles font entr'eux comme leurs finus, qui font entr'eux comme E C eft à E B, on aura auffi le finus de l'angle R B E eft au finus de l'angle B F V : : E C : E B; & conféquemment E C : E B : : le finus de l'angle R B E eft au finus de l'angle B F V.

Maintenant fi on forme une raifon compofée des raifons des finus R B E à B F V, en mettant E C à E B en raifon compofée du finus R E B au finus B R U, & du finus B R U au finus B F V ; alors on aura les proportions fuivantes, E C : E B : : s . R B E : s . B R V = s . B R D : : R E : E B.

$$\text{s . B R V : s . B F V : : B F : B R : : V F : R V.}$$

Donc E C : E B : : R E × V F : E B × R V.

Et en multipliant les extrêmes & les moyens, on aura E C × E B × R V = E B × R E × V F.

Et en divifant l'une & l'autre quantité par E B, on aura E C × R V = R E × V F. Enfin en ordonnant les termes en proportion, on aura, R E : E C : : R V : V F.

Si R E = 10 pouces, E V = 24 pouces, E C = 18 pouces, C V = 6, R V = 34, on aura V F = 61 $\frac{1}{10}$; car 10 : 18 : : 34 : 61 $\frac{2}{10}$.

§. MDCCLXIV. Chaque fois que R E & R V font difpofés dans la même direction que le point R ; alors V F & E C le font auffi : mais fi le point R tombe entre E & V, alors E C & V F font difpofés en fens contraire.

§. MDCCLXV. Quand le point rayonnant R tombe fur le point E, les rayons réfractés font paralleles.

§ MDCCLXVI. Lorfque le point rayonnant tombe fur le centre C, les rayons fuivent directement la même route, & traverfent l'autre milieu fans réfraction.

§. MDCCLXVII. Quand le point rayonnant R approche davantage de la furface du milieu, les rayons réfractés deviennent divergens, & ils ont un même foyer imaginaire du même côté du milieu que les rayons incidens.

§. MDCCLXVIII. Lorfque nous confidérons les rayons qui tombent fur les furfaces fphériques par l'autre partie du milieu , alors le point F [*Tab.* 38. *fig.* 1. 2.] eft le point rayonnant, & le point R le foyer après la réfraction ; mais alors à la place du point E , qui eft le foyer des rayons paralleles qui viennent en fens contraire, il faudra prendre le point, qui eft le foyer des rayons paralleles qui viennent du côté de Z, & la proportion précédente fe change en celle-ci, Fe : F V : : e C : V R.

§. MDCCLXIX. La même regle que nous avons établie par rapport aux rayons divergens, a lieu auffi par rapport aux rayons convergens, qui tendent à un même point.

CHAPITRE XXXIII.

De la lumiere qui paſſe de l'air dans le verre , & enſuite du verre dans l'air.

§. MDCCLXX. **S**oit placé dans l'air le verre A B C D [*Tab.* 38. *fig.* 3.], terminé par des furfaces planes & paralleles A B, C D. Qu'un rayon de lumiere E F tombe obliquement de l'air fur ce verre , il fe réfractera, & il s'approchera de la perpendiculaire G F O, en fuivant la route F I (1). Ce rayon, parvenu au point I, fortant obliquement de la furface C D du verre pour paffer dans l'air , fe réfractera en s'éloignant de la perpendiculaire P R.

§. MDCCLXXI. Soit un prifme de verre A B C [*Tab.* 38. *fig.* 4.] fur la furface A B duquel tombe obliquement un rayon de lumiere H F ; ce rayon fe réfractera en s'approchant de la perpendiculaire F P ; & il fuivra la route F S : ce rayon tombant obliquement fur le point S , pour paffer dans l'air , fe réfractera de nouveau, & fuivra la direction S M en s'éloignant de la perpendiculaire Q S O. Mais fi on fuppofe un autre rayon D K , qui tombe perpendiculairement de l'air fur la furface A B du même prifme , ce dernier parviendra directement en I, fans fubir de réfraction : or comme il tombera alors obliquement fur la furface A C , à fa fortie du verre dans l'air, il fe réfractera & il s'éloignera de la perpendiculaire I N , pour fuivre la route I R.

§. MDCCLXXII. Prenez plufieurs fpheres de verre, de façon que les fegmens de ces fpheres foient tous différens entr'eux.

1°. Que l'un foit plan d'un côté & convexe de l'autre.

2°. Convexe des deux côtés.

3°. Plan d'un côté, & concave de l'autre.

4°. Concave des deux côtés.

(1) On placera I au point où le rayon de lumiere concourt avec la perpendiculaire P R. On n'a pas pu traduire tout l'énoncé de ce paragraphe ; parcequ'il manque des lignes à la figure. On s'eft contenté d'indiquer une lettre à fuppléer, pour donner une idée fuffifante de ce que contient le paragraphe.

5°. Convexe d'un côté, concave de l'autre ; que ces segmens fassent partie de spheres de différens rayons.

§. MDCCLXXIII. Ces différens segmens, représentés par les fig. 7, 8, 11, 12 & 13 de la Tab. 38, & par les fig. 1, 2, 3, 5, 6, 7 de la Tab. 39, sont connus sous le nom de lentilles. Les deux especes représentées par les fig. 9 & 10 de la Tab. 38, sont appellés *menisque*, ou *concavo-convexe*.

§. MDCCLXXIV. La ligne droite que l'on conçoit menée par le centre de la sphere, perpendiculairement sur son autre surface plane, ou qui joint les centres des deux spheres, est appellée l'*axe*.

§. MDCCLXXV. Si des rayons paralleles tombent sur la surface d'une sphere plus dense ou plus rare que le milieu ambiant, & que le point T [*Tab.* 38. *fig.* 5.], pris sur le diametre prolongé & parallele aux rayons incidens, soit le foyer de la premiere réfraction sur la surface A C, le point F, qui tient le milieu entre D & T, sera le foyer des rayons réfractés, & qui sortiront de la sphere.

En effet, les rayons incidens, & qui sortent de la sphere Q A, F G [*Fig.* 5. 6.], étant prolongés, concourent au point H ; & comme la réfraction est égale aux points A & G, le triangle A H G sera isocele : or comme dans la fig. 5, l'angle G T F = H A F, & que dans la fig. 6. l'angle G T F = A G F, & H G A = T G F, le triangle G F T sera aussi isocele : maintenant donc si Q A est très proche du diametre C T, la droite G F sera = D F = F T ; donc le foyer F tiendra le milieu entre D & T.

§. MDCCLXXVI. Il y a un point E [*Fig.* 7. 8.] dans les lentilles convexes ou concaves des deux côtés, qui est tel, que lorsqu'un rayon de lumiere le traverse, soit en tombant, tel que Q A, ou en sortant, tel que a q, ce rayon demeure parallele ; mais dans un verre plan convexe, ou plan concave, ce point E se trouve au sommet de la surface concave ou convexe : & dans un double menisque, ce point E est au-delà de la surface dont la concavité est plus grande.

Soit R E r [*Fig.* 9. 10.] l'axe de la lentille ; si cet axe passe par le point E, & qu'il joigne les centres R, r, des deux surfaces A, a, cette lentille sera alors excellente, & telle qu'elle doit être nécessairement pour le service qu'on en peut attendre ; & même sans cela, ce ne seroit qu'une lentille défectueuse. Soient menés les deux demi-diametres R A, r a, paralleles entr'eux ; si on joint ensemble les points A & a, alors la ligne A a coupera l'axe au point E. Comme dans cette construction, les triangles R E A, r E a sont semblables, on aura R E : E r : : R A : r a ; & conséquemment on trouvera que le point E est invariable dans la même lentille, puisque les deux rayons R A, r a sont eux mêmes invariables. Supposons maintenant que ces deux rayons s'éloignent de A a [*Fig.* 7. 8.], qui est également incliné sur les deux surfaces perpendiculaires, comme l'angle R A E est égal à l'angle r a E, il s'ensuit que les rayons qui sortiront de part & d'autre par les points A, a, seront réfractés en sens contraire ; de sorte que A Q sera parallele à a q : mais si la lentille étoit plane d'un côté, & convexe de l'autre, ou plane d'un côté, & concave de l'autre ; l'un des demi-diametres R A, ou r a, deviendroit infini, & conséquemment = R E, ou r E, & parallele à l'axe de la lentille. Dans cette même supposition, l'autre demi diametre co-incideroit avec l'axe; & par ce moyen les points A , E , ou a & E, de-viendroient co-incidens, & se trouveroient placés dans la surface concave ou convexe de la lentille ; car puisque R A = R E, on aura aussi r a = r E.

§. MDCCLXXVII. On peut aussi déterminer de cette maniere le point E [*Tab.* 38. *fig.* 7. 8.], qu'on appelle le centre de la lentille.

Les triangles R A E , r a E , étant semblables, on a la proportion R A : r a :: E A : E a. En composant , on aura R A + r a : r a :: E A + E a : E a; & *permutando* R A + r a : E A + E a :: r a : E a; c'est-à dire , que la somme des demi-diametres est à l'épaisseur de la lentille, comme le petit demi-dia-metre est à la distance du point E à la grande courbure. Mais pour les *me-nisques*, on aura en divisant, R A — r a : r a :: E A — E a : E a [*Fig.* 9. 10.]; c'est-à-dire , la différence des demi diametres est à l'épaisseur du menisque , comme le petit demi-diametre est à la distance du point E à la grande cour-bure.

§. MDCCLXXVIII. Par conséquent si un faisceau de rayons de lumiere tombe presque perpendiculairement sur une lentille extrêmement mince , les rayons qui passeront par le point E , pourront être considérés comme une ligne droite , conduite par le centre de la lentille , sans que cette erreur soit sensible.

§. MDCCLXXIX. Si des rayons de lumiere paralleles viennent tomber sur la surface antérieure d'une lentille convexe A C B [*Tab.* 38. *fig.* 11.], ils seront réfractés dans l'épaisseur de cette lentille , & ils seront dirigés vers le point T , que nous avons déja déterminé (§. 1757). Mais ces mêmes rayons , sortant par la surface postérieure A D B de cette même lentille , on les verra concourir & se réunir au point F , qui est leur foyer commun , & qui est plus proche de la lentille que le point T : parvenus au point F , ils deviendront divergens : ce point F se trouve dans le rayon prolongé de la surface A D B , autour duquel les rayons de lumiere se rassemblent perpen-diculairement.

§. MDCCLXXX. Mais si des rayons paralleles entr'eux , tombent sur la surface d'une lentille concave A B [*Tab.* 38. *fig.* 12], ils seront réfractés dans l'épaisseur de cette lentille , & ils deviendront divergens , de même que s'ils partoient du point T ; & si ces rayons sortent de la lentille , & pas-sent dans l'air , ils seront encore réfractés , de même que s'ils venoient du point F , qui est leur foyer imaginaire , & conséquemment ils deviendront encore plus divergens , & ils iront , par exemple , aux points N , M , O.

§. MDCCLXXXI. On trouve de cette maniere le foyer des rayons paral-leles qui tombent presque perpendiculairement sur une lentille. Supposons que le point E [*Tab.* 38. *fig.* 13.] soit le centre de cette lentille ; que R , r , soient les centres de ses deux surfaces , & que R r en soit l'axe. Supposons encore que g E G soit parallele aux rayons incidens sur la surface B S , dont le centre est en R : soit mené le demi-diametre B R parallele à E g. Soit pro-longé B R jusqu'en V , foyer des rayons réfractés , par la seule surface B S , suivant le §. 1757 : soit ensuite tirée la secante V r , passant par le point G , qui sera le foyer des rayons qui sortent de la lentille ; puisque V est le foyer des rayons réfractés par la surface B S , ces rayons tombent selon la direction oblique B V sur la surface A Y : d'où il suit néceſſairement que les rayons qui ſortent par le point A , doivent avoir leur foyer dans un point quelconque du rayon qui traverſe directement en A cette même ſurface, c'eſt à-dire , dans la ligne V r , menée par le centre r (§. 1779) : & puiſque le rayon qui paſſe par le point E , peut être regardé comme une ligne droite, ſavoir , g E G , ſon point d'interſection G , avec la ligne r V , doit être le foyer commun de tous les rayons.

§. MDCCLXXXII. Si les rayons incidens ſont paralleles à l'axe R r , la diſtance du foyer E F [*Tab.* 38. *fig.* 13.], eſt égale à E G ; puiſque les rayons incidens paralleles à g E s'inclineront inſenſiblement de plus en plus , & ils parcourront les arcs V T & G F [*Tab.* 39. *fig.* 1. 2. 3. 4.] de leur premier & de leur ſecond foyer V , G , dont les centres ſont R & E : car la ligne R V eſt invariable , & elle a avec R B un rapport ſemblable à celui du ſinus de l'angle de réfraction au ſinus de la différence entre l'incidence & la réfraction (§. 1757) ; conſéquemment E G eſt auſſi invariable , & a , avec R V , le même rapport que r E , a avec r R ; parceque les triangles E G r , R V r , ſont ſemblables : car on a la proportion r E : E G : : r R : R V , par conſéquent on a *permutando* r E : r R : : E G : R V.

§. MDCCLXXXIII. Si la lentille dont on fait uſage eſt d'un verre mince , on pourra en trouver aiſément le foyer , d'après ce que nous venons de démontrer dans la propoſition précédente. Puiſque par rapport aux triangles ſemblables E G r , R V r , on a G E . V R : : E r : R r , & que par l'inclinaiſon des rayons juſqu'à l'axe prolongé , V R devient T R , & que G E devient F E , on aura R r : E r : : T R : F E ; ou la diſtance des centres des deux ſurfaces courbes eſt à la diſtance de la lentille au centre de l'autre ſurface courbe , comme le demi-diametre prolongé au-delà du centre de la premiere ſurface courbe juſqu'au foyer de la premiere ſurface , eſt à la diſtance du foyer à la lentille.

§. MDCCLXXXIV. Il ſuit de-là que ſi la lentille eſt concave ou convexe des deux côtés, on aura, la ſomme des demi-diametres eſt à l'un ou à l'autre ſemi-diametre , comme le double de l'un ou de l'autre ſemi-diametre, eſt à la diſtance du foyer à la lentille. Car R r : E r : : V R : G E. Or R r eſt une fois plus grand que E r ; par conſéquent V R eſt une fois plus grand que G E : & puiſque V R devient T R , & que E G devient E F ou R E, on aura R T = 2 R E, de même que r t = 2 e r; on aura alors E t : t r : : 3 : 2.

La ſurface antérieure de cette eſpece de lentille, qui forme le cryſtallin de l'œil dans l'homme, eſt une portion de ſphere, dont le rayon eſt de 4 lignes; le rayon de la ſurface poſtérieure eſt de 2 ½ lignes, & conſéquemment le foyer des rayons paralleles , au-delà de cette lentille , ſera éloigné de 3 ⅓ lignes; car 4 + 2 ½ : 4 : : 5 : 3 ⅓.

§. MDCCLXXXV. Mais dans un meniſque on a, la différence des demi-diametres , eſt à l'un ou l'autre ſemi diametre , comme le double de l'autre eſt à la diſtance du foyer au meniſque ; car V R : R r : : G E : r [*Tab.* 39. *fig.* 4.], & comme V R devient T R , & que E G devient E F , on aura T R : R r : : E F : E r , & on aura *permutando* R r : E r : : T R : E F.

§. MDCCLXXXVI. Si les deux demi-diametres des deux ſurfaces courbes ſont égaux, la diſtance du foyer ſera égale à un des demi-diametres ;

mais dans un verre plan convexe , ou plan concave , les surfaces planes ont un demi-diametre presqu'infini ; ce qui fait que le rapport de R r à E r est un rapport d'égalité : c'est aussi pour cela que T R a un rapport d'égalité avec F E , ou que T R $=$ F E ; & puisque T R : R E : : le sinus de l'angle de réfraction est au sinus de la différence, on aura F E & R E , qui seront dans le même rapport.

§. MDCCLXXXVII. Supposons que le point Q [*Tab.* 39. *fig.* 5. 6.] soit un point rayonnant d'où partent des rayons divergens , qui sont portés sur une lentille ou sur une sphere dont le centre est en E. Si des rayons paralleles viennent de l'autre côté de la lentille, & que le foyer soit en F, suivant le §. 1781 ; alors le foyer des rayons paralleles qui viendront du même côté, sera en f. Si on fait sur l'axe Q E prolongé , Q F : F E : : E f : f Q , le point q sera le foyer des rayons réfractés, en supposant que le point Q rayonnant n'est pas fort éloigné de l'axe de la lentille.

Car si du centre E , & avec les rayons E F , E f , on décrit deux arcs F G , f g , qui coupent les rayons Q A , a q aux points G & g , & qu'on mène les lignes E G , E g ; en supposant que G soit le foyer du rayon incident G A , ce rayon, en sortant de la lentille, sera a g q , parallele à G E , suivant le §. 1781. Pareillement en supposant de l'autre côté que le point g soit le point rayonnant , & que le rayon incident soit g a , ce rayon prendra en sortant la direction A G Q , & il sera parallele à g E.

Les deux triangles Q G E , E g q , seront donc semblables , & on aura Q G : G E : : E g : g q ; par conséquent si le rayon Q A a q est très proche de l'axe Q E q , on aura Q F : F E : : E f : f q.

§. MDCCLXXXVIII. On a aussi Q G : G E : : Q A : A q [*Tab.* 39. *fig.* 5. 6.], ou Q F : F E : : Q E : E q. On a encore Q G : Q A : : Q E : Q q , ou Q F : Q E : : Q E : Q q ; & conséquemment l'image de l'objet Q sera représenté au point q, de même que le point Q sera représenté sur un papier blanc placé en q : pareillement si on place un objet d'une certaine grandeur devant la lentille A E , les rayons de lumiere qui tomberont sur cet objet, seront réfléchis par tous les points de cet objet ; quelques-uns de ces derniers passeront par le point E de la lentille ; & après l'avoir traversé, ils peindront sur un papier blanc qu'on leur opposera, l'image renversée de cet objet : c'est pour cette raison qu'une lentille convexe, placée à un trou fait au volet d'une fenêtre, représente sur un plan blanc, placé dans l'intérieur d'une chambre obscure., les objets du dehors, & que leur image est plus vive & plus claire que si on se contentoit de percer un petit trou au volet de la fenêtre.

§. MDCCLXXXIX. Si le point Q s'approche du point F , & co-incide en F, les rayons qui sortiront de la lentille seront paralleles ; car alors q s'éloignera à une distance infinie. Mais si le point Q s'approche au-delà du point F , alors le foyer q passera de l'autre côté de la lentille, ou deviendra le foyer imaginaire

§. MDCCXC. De-là si des rayons passoient par un cryst allin humain, placé en plein air, & que l'objet d'où ces rayons seroient réfléchis, fût distant de 36 lignes, le foyer où ils concourroient seroit éloigné au-delà du cryst allin de 3 $\frac{156}{428}$ lignes.

§. MDCCXCI. On peut encore déterminer de cette maniere le foyer où les rayons concourent. Soit le rayon R E N [*Tab.* 39. *fig.* 7.], qui passe par l'axe de la lentille A E V. Soit aussi un autre rayon, C D qui tombe obliquement sur le point D de cette même lentille : du point V, centre de la surface courbe S D, soit conduite la droite V D X : ensuite du point D, comme centre, & avec le rayon D X, soit décrit l'arc X F ; & du point F soit abaissée la perpendiculaire F T sur le point T, cette perpendiculaire sera le sinus de l'angle d'incidence F D T. Soit après cela prolongé X D jusqu'en O, de façon que X D = D O ; & si F T = 17 parties, prenez sur D O la perpendiculaire O P = 11, & du point P soit menée la ligne P G D, on aura alors O P, sinus de l'angle O D P : & conséquemment le rayon C D, réfracté dans le verre, suivra la direction D G. Cela posé, du centre A de la courbure H G, soit conduite la ligne droite A G K ; soit ensuite prolongée la ligne P G D jusqu'en M ; & du centre G, & du rayon G K = G Q soient décrits les arcs de cercle A Z, Q P : du point A soit abaissée la perpendiculaire A M sur P G D M, on aura A M, sinus de l'angle A G M. Si on divise A M en 11 parties, & qu'après en avoir pris 17 depuis L jusqu'en K, on tire L K, cette ligne sera le sinus de l'angle L G K ; par conséquent le rayon D G, qui traversera la surface H G de la lentille, suivra la direction G L, laquelle, étant prolongée jusqu'en B, rencontrera le rayon R N, & le point B sera le foyer commun des rayons.

Ceux qui voudront une solution générale & algébrique, pourront consulter le Traité du Calcul des Fluxions, pag. 29, par M. *Craig*. *S'Gravesande* nous en a donné une autre très courte & très belle, Lib. 5. cap. 9. Comme la somme des demi-diametres est à l'un de ces demi-diametres, de même la distance des rayons paralleles qui viennent de la partie opposée de la lentille au centre de l'autre courbure, est à la distance du point E, pris dans la lentille, au foyer qui est derriere cette lentille.

§. MDCCXCII. On peut encore trouver practiquement le foyer des lentilles. Voici une méthode très aisée à mettre en usage. Faites tomber sur une lentille quelques rayons de soleil, opposez derriere la lentille un papier blanc, le foyer de cette lentille sera exprimé par sa distance à l'endroit où le concours des rayons occupera le plus petit espace.

Voici encore une autre méthode : Eloignez-vous dans une chambre, autant que faire se pourra d'une fenêtre : présentez devant le mur, & à très peu de distance, la lentille dont vous cherchez le foyer ; approchez-la, ou reculez-la de ce mur, jusqu'à ce que les barreaux des vitres qui lui sont opposés, viennent se peindre très distinctement sur le mur : mesurez ensuite la distance comprise entre la lentille & le mur, & vous aurez son foyer.

§. MDCCXCIII. Il faut cependant remarquer ici, en passant, que le foyer des rayons que nous avons déterminé jusqu'à présent mathématiquement, de même que si ce foyer eut dû se trouver en un seul point, n'est pas réellement un point ; car les rayons paralleles qui tombent dans l'axe G C E D F T [*Tab.* 38. *fig.* 11.] ne concourent point tous au seul point F ; mais ils s'en écartent : ceux qui sont les plus proches de l'axe, concourent en un point plus éloigné, au contraire, ceux qui sont les plus éloignés de l'axe, concourent en un point plus proche de la lentille, comme au point

F ; par conséquent le foyer en F, & celui qui se trouve au-delà, forment ensemble un petit cercle ; & on remarque la même chose à différente distance de la lentille. Voici de quelle maniere on découvre ce cercle. Qu'on conçoive une lentille dont une surface soit plane & l'autre convexe ; que des rayons presque paralleles entr'eux, tombent sur la surface plane ; que le diametre de la sphere, dont la surface convexe de la lentille fait partie, soit appellé D ; que le demi-diametre de l'ouverture de la lentille soit nommé S, & le sinus d'incidence I, enfin R le sinus de réfraction : alors le

le diametre du petit cercle qui forme le foyer, sera $\dfrac{\overline{R^2}}{I^2} \times \dfrac{\overline{S^3}}{D^2}$. Or en supposant que I : R : : 17 : 11, & que le diametre de la lentille sphérique = 100 pouces, & que S, demi-diametre de l'ouverture de la lentille, = 2 pouces, le diametre du petit cercle sera = $\dfrac{968}{2890000}$, qui est une quantité très petite ; mais on verra par ce que nous dirons par la suite, que la différente réfrangibilité des rayons augmente encore ce défaut ; de sorte que le foyer des lentilles forme un cercle assez ample, & d'une longueur remarquab ou une espece de cylindre. *Craig* nous a appris, dans son Traité des fluxions, pag. 91, comment on peut déterminer, par un calcul algébrique, l'aberration d'un foyer physique.

CHAPITRE XXXIV.

De la differente réfrangibilité des rayons, & de leurs couleurs.

§. MDCCXCIV. Tout ce que nous avons dit jusqu'à présent des rayons de la lumiere, est fondé sur ce principe, que tous les rayons sont également refrangibles ; ce qui n'est cependant pas vrai ; car M. *Newton* a trouvé qu'un rayon de soleil, assez gros pour être manié, est un faisceau de petits rayons, qui ont chacun leurs différens degrés de refrangibilité ; de sorte que si le rayon O F [*T.* 39. *F.* 8.], émané du soleil, tombe obliquement sur la surface E F G, d'un milieu plus dense, ou qui attire plus fortement, non-seulement il se détournera de F vers R, en se rompant, mais il se partagera en différens petits rayons F T, F S, F R, F Q, F P, qui en s'écartant les uns des autres, feront voir que F P est plus divergent que F T.

§. MDCCXCV. Pour mieux comprendre les expériences, à l'aide desquelles on prouve cette propriété surprenante de la lumiere, il ne sera pas hors de propos de faire auparavant quelques remarques préliminaires :

Si un faisceau de lumiere S R [*Tab.* 39. *fig.* 9.], entre par un trou rond R, dans un lieu obscur, les rayons dont il est composé se dispersent eux-mêmes, & ils tracent, sur un plan qui leur est opposé, un petit cercle A B, qui devient d'autant plus grand, qu'on éloigne davantage le plan qui le reçoit, du trou qui donne passage à ce faisceau. La raison de ce phénomene

est que les rayons de l'hémifphere du foleil, qui eft tourné vers nous, paffant par ce trou, fe croifent mutuellement, & forment un angle B R A,
égal à celui fous lequel nous voyons le diametre apparent du foleil. C'eft
pour cela que fi on place le plan qui reçoit l'image du foleil à dix pieds de
diftance du trou par lequel le faifceau de lumiere pénetre dans la chambre, on aura une image dont le diametre fera de plus d'un pouce, & ce diametre augmentera encore à proportion de fa diftance au trou fait à la fenêtre : car il fort de tous les points du difque du foleil, des rayons qui peuvent
être regardés comme paralleles, ainfi que ceux qui partent de fon centre :
or fi ces derniers paffoient feuls par le trou dont nous venons de parler, ils
repréfenteroient circulairement le difque du foleil ; par conféquent les autres
rayons qui émanent des autres points du difque de cet aftre, doivent tracer
une image ronde du foleil, & tous les orbes que ces rayons traceront, tombant les uns fur les autres, doivent former, par leur concours, une image
ronde, dont le centre doit être plus éclairé que les bords. On remarque auffi
la même chofe dans le fpectre de lumiere qui nous fait voir les fept couleurs.
Cela pofé, fi on prend un vafe qui foit ample & haut, le meilleur fera celui
dont le fond M N P O fera tranfparent, & qu'on faffe paffer un rayon de
foleil S R par un trou fait à une fenêtre, qui vienne enfuite tomber fur le
fond de ce vafe, & qu'on remarque avec foin la longueur & la largeur du
cercle A B qu'il trace ; après qu'on aura rempli d'eau ce vafe, jufqu'à la
hauteur F F H G, on remarquera que la longueur C D du cercle éclairé, fera
devenue beaucoup plus grande ; ce qu'on ne remarquera pas par rapport à
fa largeur Z Y ; car le rayon S R A, qui tombe obliquement fur la furface K
de l'eau, eft réfracté vers la perpendiculaire R T, & fuit la direction K C ;
de même le rayon R B, qui tombe fur la furface de l'eau au point L, eft
réfracté felon la direction L D, & l'image du foleil C D devient plus longue
que A B ; parceque les rayons K C & L D, tombant obliquement fur la furface de l'eau, font réfractés & fe développent : mais comme les rayons
R K, R L tombent fur la furface de l'eau parallelement à E F, ces rayons
tombent prefque perpendiculairement dans l'eau ; puifque l'angle R L X eft
droit, par conféquent ces rayons ne doivent point fubir de réfraction : auffi
le diametre Z Y de l'image du foleil demeure égal au diametre A B ; car
quelque développement que peut fubir le rayon qui tombe un peu obliquement en L, ce développement eft détruit par la réfraction vers la perpendiculaire.

§. MDCCXCVI. Mais fi le trou fait à la fenêtre n'eft pas rond, & qu'il
foit irrégulier & d'une figure quelconque, l'image tracée fur le plan, fera
femblable à ce trou, fi le plan n'en eft pas fort éloigné : mais fi on recule ce
plan à la diftance de quelques pieds, l'image du foleil fera alors prefque
circulaire ; car il faut confidérer ce trou comme un plan dans lequel il y a
une quantité innombrable de petits points, qu'on peut regarder chacun
comme autant de fommets de cônes formées par les rayons du foleil. Lorfque ces cônes font très courts, leurs axes font prefque paralleles entr'eux,
quoiqu'ils foient réellement divergens ; & c'eft pour cela que les bafes de ces
cônes tracent une figure femblable à celle du trou : mais lorfque ces cônes
lumineux deviennent très longs, leurs axes font très éloignés les uns des au-

tres, & la bafe de chacun eft orbiculaire : ils peignent donc fur le plan qui reçoit ces rayons une quantité innombrable de bafes circulaires, qui font que la figure de ce trou ne s'y trouve plus tracée ; mais qu'on y remarque feulement un affemblage de cercles, qui, tombant les uns fur les autres, forment un plan circulaire. Bien plus, quoique le trou foit rond, l'image eft toujours entourée d'une lumiere étrangere : ce qui fait qu'elle n'eft jamais parfaitement terminée.

§. MDCCXCVII. L'orbe du foleil A B [*Tab.* 39. *g.* 10.], dont l'image eft peinte fur le plan oppofé D C, n'eft point parfaitement éclairée dans toute fon étendue ; mais fes bords D G, H C, font toujours moins éclairés dans tout leur contour : & l'étendue de ces bords D G, H C eft toujours égale au demi-diametre du trou I L, par lequel le faifceau de lumiere eft introduit dans la chambre.

Chaque point quelconque du difque du foleil lance une même quantité de rayons ; le rayon A L C, qui part de l'extrêmité A du diametre A B, effleure le côté L du trou, & le plan H C eft feulement éclairé par les rayons qui viennent de la partie du foleil A F. Pareillement D G eft éclairé par les rayons qui partent de l'étendue O B ; tandis que la partie du milieu du plan G M H eft éclairée par tout l'hémifphere du foleil A O B, & eft conféquemment plus éclairée que l'anneau *marginal* D Q C N G H. Si du point H on tire, par le centre K du trou, la ligne K H P, parallele à C A, & la ligne G K S, parallele à D I B, on déterminera la largeur de l'anneau D G = I K & C H = K L ; & conféquemment G H, image du foleil, fans pénombre, aura le diametre G H = D C — I L. L'angle G K H = A K B eft égal au diametre apparent du foleil. Cela pofé, fi dans le triangle rectangle K M H on mefure H M, comme on connoît l'angle M K H, en prenant K M pour finus total, on aura M H tangente de l'angle M K H, & G H fera le diametre apparent du foleil.

De là plus le trou I L fera petit, plus la pénombre D G, H G fera petite ; mais elle devient néanmoins plus grande pour une autre raifon ; favoir, parceque les rayons qui effleurent les bords du trou I L font attirés & font plus fléchis : bien plus, c'eft pour cette même raifon que les couleurs commencent à fe faire diftinguer en H C.

§. MDCCXCVIII. Si on prend un prifme triangulaire de verre très pur & très tranfparent A C B [*Tab.* 40. *fig.* 3.], dont chaque angle folide foit de 60 degrés, & fur lequel on faffe tomber, par le trou F Z, un rayon de foleil O F X Z, ce rayon, tombant obliquement fur la furface A C du prifme, fe réfractera, & fe développera dans le prifme même ; en fortant enfuite de ce prifme il fe réfractera encore, & il ira peindre fur un plan blanchi, qu'on lui préfentera à quelques pieds de diftance, une image oblongue, dont la largeur I C eft environ $\frac{1}{4}$ de la longueur P T. Cette image oblongue eft compofée de plufieurs cercles, dont quelques-uns font repréfentés par les cercles G P A, H B, O Q, I C, K D, M N, L T E, qui tombent tous les uns fur les autres, & qui, étant tous de même diametre, font que le fpectre paroît terminé latéralement par des rayons droits & paralleles G L, A E ; tandis que les extrêmités P, T paroiffent fous la forme de demi-cercles : chaque cercle repréfente la figure du foleil. Parmi ces différens rayons, il s'en

trouve

trouve quelques-uns qui font plus réfractés par le prifme , & d'autres qui le font moins. Le développement de l'image P T fe fait felon la longueur, & non felon la largeur I C ; parceque fi on prend un prifme C A B D E F [*Tab.* 40. *fig.* 2.], fur la furface duquel A C D E , un rayon de foleil S R tombe obliquement, & qu'on place à côté de ce rayon S R une équere X K L, on trouvera que l'angle X K L eft un angle droit ; & pour cette raifon le rayon tombe directement , & ne peut point être réfracté , ainfi que nous l'avons remarqué (§. 1795.) , par rapport à un rayon de lumiere qui tombe dans l'eau : par conféquent la réfraction du rayon n'a lieu que dans un fens, & de maniere qu'il fe développe felon la direction P T , & non felon la largeur I C.

§. MDCCXCIX. Si on s'éloigne de la fenêtre à la diftance de 10. à 12 pieds , & qu'on regarde à travers le prifme A B C [*Tab.* 40. *fig.* 4.] le trou rond F Z fait au volet de la fenêtre , fi ce trou fe trouve à la même hauteur horifontale que l'œil , & qu'on dirige fa vue en deffus ou en deffous, il paroîtra oblong en P T , de même que l'image précédente , & il n'aura pas plus de largeur que cette image : ce qui prouve que les rayons P H font plus réfractés que les rayons T I.

§. MDCCC. Si le faifceau de lumiere S F [*Tab.* 40. *fig.* 5.], qui fe développe en paffant par le prifme A B C , & qui va tracer l'image oblongue P T , eft reçu fur un fecond prifme K M , pour y éprouver une nouvelle réfraction , & pour voir fi , en fe réfractant de nouveau , il fe développera en formant le quarré p, q t π, on remarquera qu'il ne fe développera point de cette maniere ; mais qu'il fe développera de la même maniere que précédemment P T , qu'il prendra une fituation oblique p t , & qu'il formera un nouveau fpectre , compofé des mêmes cercles que le précédent : car une partie des rayons qui tombent fur ce fecond prifme, y tombent obliquement, & l'autre partie y tombe prefque perpendiculairement ; d'où il fuit que leur développement ne peut point former une image quartée, mais feulement une oblongue p t : on remarque alors que les rayons qui étoient les plus réfrangibles , en traverfant le premier prifme, le font encore en traverfant le fecond prifme : d'où il fuit que p, P, dans les deux images comparées enfemble, font plus éloignés l'un de l'autre que T, t ; c'eft-à dire, que les rayons P, p font très réfractés , & que les rayons T, t le font moins.

§. MDCCCI. Il fuit de-là qu'un rayon de lumiere, tel qu'il nous vient du foleil, eft compofé d'une lumiere fort hétérogene ; puifqu'il a tant de différens degrés de réfrangibilité. Les Phyficiens appellent *lumiere homogene* celle qui eft également réfrangible.

§. MDCCCII. Lorfque nous regardons directement un rayon de foleil, ou que nous le recevons fur une furface plane & blanche , il nous paroît blanc.

§. MDCCCIII. Lorfqu'un femblable rayon blanc traverfe un prifme de verre, & qu'il tombe enfuite fur un plan blanc, il trace une image oblongue P T [*Tab.* 40. *fig.* 3.] de diverfes couleurs , lefquelles fe fuivent toujours felon l'ordre que voici, en commençant par la partie inférieure de cette image : rouge , orangé , jaune , vert , bleu , pourpre & violet. Mais chaque claffe de couleur comprend plufieurs rayons colorés ; & comme ils ne font point parfaitement féparés, & qu'ils tombent les uns fur les autres, les cinq couleurs intermédiaires, comprifes entre celles qui terminent de part & d'autre le fpectre, ne font point parfaitement homogenes. Les feuls rayons rouges T, & les violets P, qui forment les deux extrêmités du fpectre, font purs & homogenes; car l'orangé F M [*Fig.* 4.] tombe fur le rouge T & fur le jaune E L; le vert D K tombe fur le jaune E L & fur le bleu C I, &c. Lorfque les cercles font plus petits, comme en p t [*T.* 40. *F.* 6. 7.], & que leurs centres demeurent aux mêmes points; ces cercles fe féparent les uns des autres, & leurs couleurs font moins compofées. Le mêlange des couleurs diminuera donc dans le même rapport que le diametre des cercles colorés deviendra plus petit.

§. MDCCCIV. Si on pratique au volet d'une fenêtre un trou fort petit, ou une petite fente oblongue, & qu'à la diftance de 8 à 10 pieds, ou même à une plus grande diftance, on reçoive par ce trou un rayon de foleil fur la furface d'une lentille M N [*Tab.* 40. *fig.* 6.], dont le foyer eft de 4 pieds, & où elle peigne diftinctement en L l'image du foleil : fi on place auprès de cette lentille un prifme A B C, à travers lequel on faffe paffer le faifceau de lumiere, ce faifceau ira peindre fur le mur un fpectre p t, dans lequel les couleurs feront plus féparées les unes des autres, & on pourra les mieux diftinguer & les mieux connoître. Comme le diametre de ces cercles diminue, la longueur du fpectre demeurant la même, les couleurs y font plus pures, mais moins claires.

On peut encore placer devant le trou F, moins petit que le précédent, un prifme établi verticalement dans une boîte, dont la partie poftérieure eft percée d'un petit trou ; alors les rayons réfractés fe développeront latéralement, le fpectre fera 20 fois plus long que large, & on diftinguera parfaitement les couleurs.

On examinera très bien ces 7 couleurs lorfque, placé dans l'endroit le plus obfcur d'une chambre, on regardera à travers un prifme une fenêtre oppofée ; car on remarquera alors vers le bord fupérieur de la vitre d'en haut, le rouge, l'orangé, & le jaune. A la vitre fuivante, le vert, le pourpre, & une couleur qui tire fur le jaune; à celle qui fuit, le bleu, le pourpre, & le violet : & quelqu'attention qu'on apporte à confidérer ces couleurs, on n'en découvrira pas un plus grand nombre; celles qu'on obfervera feront difpofées en maniere d'arc. Cette façon groffiere de confidérer les couleurs eft néceffaire pour apprendre de quelle maniere les couleurs fe repréfentent dans le fpectre P T; il faut cependant obferver que les Teinturiers de Hollande, appellent *pourpre* une couleur faite avec du rouge couvert de bleu : ce n'eft point une couleur de cette efpece qu'on obferve dans le fpectre, mais une couleur d'indigo; auffi le célebre s'*Gravefande* l'appelle *indigo*, & non *pourpre*.

§. MDCCCV. Si nous concevons que l'étendue du fpectre P T [*Tab.* 41. *fig.* 1.], eft divifée en 360 parties, chaque couleur occupera un nombre de ces parties indiquées par la fig. 1. de la Tab. 41.

§. MDCCCVI. Il y a un accord admirable entre le fpectre P T [*Tab.* 40. *fig.* 9.], & les tons de mufique formés par un monocorde, en prenant ces tons dans la tierce mineure, de forte qu'on trouve dans ces couleurs les tons

fuivans, Re , Mi, Fa , Sol, La, Si, Ut , Re : car la longueur du fpectre
coloré , prife depuis B jufqu'en R , eft de 360 parties , fi on ajoûte à cette
longueur une autre qui lui foit égale R A , afin que la longueur de la corde
A B du monocorde foit de 720 parties ; lorfqu'on pincera cette corde , elle
donnera le Re. Si on met le doigt en D , la longueur de la corde deviendra
= 640 , & elle donnera le Mi. Si on pofe le doigt en F , la longueur de la
corde fera réduite à 600 , & elle fonnera le Fa , & ainfi de fuite ; d'où il fuit
que fi on retranche fucceffivement de la longueur de la corde une quantité
de parties égales au nombre qui indique la largeur de l'efpace rempli par
une couleur , cette corde donnera les différens tons que nous avons indiqués
ci-deffus.

§. MDCCCVII. En procédant , comme nous venons de l'indiquer , on
trouvera les proportions fuivantes :

$$720 : 640 : : \quad 9 : 8. \quad \text{Ton majeur.}$$
$$640 : 600 : : 16 : 15. \quad \text{Semi-ton.}$$
$$600 : 540 : : 10 : \quad 9, \quad \text{Ton mineur.}$$
$$540 : 480 : : \quad 9 : 8. \quad \text{Ton majeur.}$$
$$480 : 432 : : 10 : \quad 9. \quad \text{Ton mineur.}$$
$$432 : 405 : : 16 : 15. \quad \text{Semi-ton.}$$
$$405 : 360 : : \quad 9 : 8. \quad \text{Ton majeur.}$$

§. MDCCCVIII. Nous ne devons pas conclure de cette harmonie que
nous découvrons entre les tons & les couleurs , que ces deux chofes dépendent de la même caufe , ni qu'on puiffe former une harmonie parfaite en
mufique , en fuivant le rapport de ces tons ; toute la fubtilité de l'efprit humain n'a pas encore pu trouver la raifon de ce rapport harmonieux , qu'on
a découvert entre les tons & les couleurs.

§. MDCCCIX. Parmi les différens rayons colorés que le prifme nous fait
diftinguer , les rouges font les moins réfrangibles , les autres le font d'autant
plus qu'ils s'éloignent davantage des rouges ; de forte que les rayons violets
font les plus réfrangibles de tous : ce dont on peut fe convaincre en regardant avec attention les rayons qui fortent d'un prifme.

§. MDCCCX. Si on peint un objet plan C I [*Tab.* 41. *fig.* 2.] de deux
couleurs , vermillon C , & indigo I ; ou mieux , fi on pofe l'un à côté de
l'autre un morceau d'une étoffe de foie teinte en rouge C , & un morceau
d'une femblable étoffe teinte en bleu I : & qu'on place ces deux morceaux
d'étoffe fur un grand carton noir , on pourra confidérer cet objet de deux
manieres à travers un prifme. L'œil étant placé au point K , l'objet paroîtra
en D , divifé en deux parties C , I , la couleur rouge fera placée en-deffous C ,
& l'autre paroîtra en deffus I. Si on tourne le prifme en fens contraire , &
que l'œil foit placé en L , l'objet paroîtra alors en E , divifé pareillement en
deux parties C , I , & la fituation de couleurs fera telle que les deux images rouges C , C paroîtront plus proches l'une de l'autre , & les deux autres

bleues paroîtront les plus éloignées : d'où il suit que les rayons rouges sont moins réfrangibles que les bleus.

On peut encore s'en convaincre par l'expérience suivante. Si on regarde pendant la nuit à travers un prisme disposé comme en A, la flamme d'une chandelle, on remarquera que la pointe de la flamme sera teinte en bleu, & que la couleur rouge sera adhérente à la chandelle ; mais si on change le prisme de situation, & qu'on le dispose comme en B, la couleur rouge paroîtra à la pointe de la flamme, & la couleur bleue se fera remarquer à la base de la flamme & à la chandelle.

Si à la distance de 12 pieds on regarde à travers un prisme un petit trou rond FZ [*Tab.* 40. *fig.* 4.] fait au volet d'une fenêtre, ce trou paroîtra oblong P T, & représentera les 7 couleurs que nous avons indiquées ; & si le prisme est disposé dans la situation ABC, la couleur rouge se trouvera en-haut : mais si on fait changer de situation au prisme de façon que son angle A soit en-haut, la couleur rouge paroîtra alors au bas de l'image, & la couleur bleue au-dessus.

§. MDCCCXI. Si on dispose verticalement un plan peint des deux couleurs précédentes, & qu'on y attache par-ci, par-là un fil de soie noire, & qu'on l'éclaire par le moyen d'une chandelle, en suivant la méthode prescrite par *Désaguilliers* (1) ; si on fait passer les rayons par une grande loupe LL, qui les rassemble, on remarquera que le foyer p [*Tab.* 41. *fig.* 3.] des rayons rouges sera plus éloigné de la lentille, & qu'il sera dans le plan S, tandis que le foyer O des rayons bleus paroîtra plus proche, & comme dans le plan B, ainsi qu'on pourra s'en convaincre par là maniere plus ou moins distincte, selon laquelle on verra les fils noirs, & qui ne paroîtront bien terminés que lorsqu'on les regardera des distances que nous venons d'indiquer ; ou si on regarde la tablette CI à la distance de 40 pieds à travers un telescope de 3 pouces, on remarquera qu'il faut allonger ce telescope pour voir distinctement les fils noirs qui seront placés sur la couleur rouge, & qu'au contraire il faudra le raccourcir pour voir ces mêmes fils bien terminés sur la couleur bleue, & qu'alors on ne les verra plus que confusément sur le rouge. *Zanotti* a répété cette expérience en faisant usage d'une lunette de 11 pieds (2).

§. MDCCCXII. La réfrangibilité d'un rayon coloré demeure constamment la même ; de sorte que les rayons rouges, par exemple, seront toujours moins rompus que les violets, ou que tous les autres quelconques, quoiqu'on leur fasse subir plusieurs réfractions. Supposons que le soleil soit en S [*Tab.* 41. *fig.* 4.], & qu'un faisceau de lumiere intercepté par le trou F, tombe sur le prisme A B C, ce prisme développera ce faisceau de lumiere, & séparera les différens rayons qui le composent : si on reçoit ces rayons séparés & munis de leur couleur particuliere sur le plan D G E, lequel étant percé d'un trou, laisse passer au-delà un seul rayon coloré, qui ira tomber sur le plan δ γ η ; si ce second plan est percé d'un petit trou, & qu'il laisse passer le rayon qu'il a reçu pour tomber sur un prisme a b c ; ce rayon, réfracté une seconde fois, se dirigera vers M : & si on tourne un peu sur lui-

(1) Philos. Transf. n. 426. (2) Comment. Bonon. Vol. 2.

même le prifme A B C , on pourra faire tomber fucceffivement tous les autres rayons fur le fecond prifme a b c, lefquels étant pareillement réfractés
pour la feconde fois, fe feront remarquer les uns après les autres entre M & N,
quoiqu'ils tombent tous fous le même angle fur le fecond prifme a b c ; les
violets néanmoins paroîtront plus rompus que les rouges dans cette feconde
réfraction.

§. MDCCCXIII. Comme les rayons rouges fe rompent moins que les autres rayons , on doit en conclure qu'ils fuivent plus conftamment leur chemin , & qu'ils en font moins détournés par la force attractive & réfringente
du prifme : d'où il fuit que fi nous confultons les loix de la Méchanique
connues jufqu'à préfent, nous trouverons que les molécules qui compofent
les rayons rouges, fe meuvent avec plus de force ; & conféquemment en
fuppofant la même vîteffe , ces molécules feront plus grandes ou plus denfes
que celles qui conftituent les autres rayons, ou bien elles fe mouveront avec
plus de vîteffe que ces dernieres, à moins qu'il n'y ait encore quelque myf-
tere que la Nature dérobe à nos recherches : ce que je foupçonne ici ; puifque les rayons rouges, après avoir fouffert une réfraction dans le verre, paroiffent fe mouvoir plus lentement que les rayons violets.

En effet, foit exprimée par R O [*Tab.* 40. *fig.* 1.] la vîteffe du faifceau de
lumiere qui tombe obliquement fur le verre A B, cette vîteffe peut être dé-
compofée en R C & C O ; la vîteffe R C demeure conftante : faifons donc
O I — R C , & fuppofons que l'accélération du rayon rouge foit = C O, de
façon qu'il devienne O D, la vîteffe de ce rayon fera défignée par O F, &
celle du rayon violet fera exprimée par O S, puifqu'il doit être plus réfracté.
Or O F eft plus petit que O S ; & conféquemment la vîteffe du rayon rouge,
après la réfraction, fera plus petite que celle du rayon violet , & leurs forces
feront entr'elles : : $\overline{OF}^q : \overline{OS}^q$, en fuppofant qu'ils foient de même grandeur
& de même denfité. Si on défigne la grandeur de leurs parties par M , m ,
& leur denfité par D , d, les forces totales dans les molécules conftituantes
des rayons rouges, feront = $M \times D \times \overline{OF}^q$, & pour les rayons violets =
$m \times d \times \overline{OS}^q$. Il n'eft pas néceffaire que ces deux quantités foient égales
entr'elles ; elles peuvent être beaucoup différentes , ainfi que les forces avec
lefquelles elles frappent notre vue.

Il eft vraifemblable cependant que les molécules des rayons rouges fe
meuvent avec la même vîteffe que celles de tout autre rayon coloré quelconque , tandis qu'elles font partie d'un faifceau de lumiere qui eft compofé
de tous les rayons primitifs qui ne font point encore féparés : on n'obferve
pas même que les différens milieux qui ont une différente force réfringente,
apportent quelque changement à la viteffe des rayons qui font munis des
mêmes couleurs ; puifque fi on fait paffer plufieurs fois un rayon rouge à
travers une maffe d'eau, d'huile, d'une liqueur fpiritueufe, à travers différens verres ou cryftaux, &c ; il conferve toujours fon même degré de réfrangibilité & la couleur qui lui eft propre, quoique ce rayon , fuivant l'o-
pinion de plufieurs Phyficiens, doive perdre de fa vîteffe en traverfant quelques uns de ces milieux, & en acquérir une plus grande dans fon trajet à
travers quelques autres ; & que même, fuivant d'autres Phyficiens, il doive

perdre de sa vîtesse en traversant tant de milieux différens. Un rayon, suivant eux, qui n'a été réfracté qu'une seule fois, & séparé en ses différentes couleurs, ne doit point être porté dans l'œil avec la même vîtesse qu'un rayon qui, après avoir été d'abord décomposé, a subi plusieurs réfractions en traversant différens milieux ; de sorte que la couleur que le premier rayon nous fait observer, ne doit point être la même que celle que nous présente ce même rayon, après avoir subi toutes les modifications dont nous venons de parler. Or l'expérience dépose le contraire. Le sentiment de ceux qui prétendent que les rayons primitifs qui composent un faisceau de lumiere, n'ont point la même vîtesse (1), est détruit de fond en comble, si nous observons avec attention les éclipses des satelllites de Jupiter avec une longue lunette, par exemple, de 16 pieds, ou avec un télescope Grégorien de 4 pieds, dont le célebre *Short* fit usage pour observer le même phénomene ; car au moment de l'immersion d'un satellite dans l'ombre, les rayons rouges qui, au rapport de quelques Physiciens, sont mus avec plus de vîtesse, parviendroient plutôt à notre globe, ensuite les orangés, après cela les jaunes ; & alors la planete devroit nous paroître pâle, ou d'une couleur bleue, & enfin s'évanouir. Pareillement au moment de l'immersion du satellite, on devroit aussi tôt voir renaître la couleur rouge, ensuite le rouge & l'orangé ; après cela le rouge, l'orangé & le jaune : quatriemement, le rouge, l'orangé, le jaune & le vert ; cinquiemement, le rouge, l'orangé, le jaune, le vert, le bleu, auxquels se joindroient successivement le pourpre & le violet : & enfin la planete devroit paroître blanche & lumineuse. Et en supposant que la différence entre la vîtesse des rayons rouges & celle des rayons violets fût comme 45 : 44, la différence du tems entre l'apparition des rayons rouges & celle des rayons violets devroit être $= 57$ m″ ; & conséquemment on auroit assez de tems pour observer la différence des couleurs : si au contraire ce sont les rayons violets qui se meuvent plus vîte, comme quelques-uns le prétendent, on observera encore la même chose ; mais les couleurs paroîtroient dans un ordre renversé. Or les observations les plus exactes prouvent le contraire ; car on ne remarque point les variétés que nous venons d'indiquer : le satellite qui subit une éclipse paroît blanc au moment de l'immersion, ainsi qu'au moment de l'émersion (2). Outre cela, cette différence de vîtesse dans les rayons primitifs qui constituent un faisceau de lumiere, n'est qu'une pure hypothese. Nous ne nions cependant point que les rayons colorés, après avoir été réfractés & divisés en plusieurs rayons colorés, aient différens degrés de vîtesse. Il ne reste donc à conclure de-là, que la plus grande force qu'on remarque dans les rayons rouges, dépend du plus grand volume de chacunes de leurs molécules constituantes, en les supposant toutes de même densité, ou de leur différente densité en supposant leurs volumes égaux ; ou enfin elle dépend tout à la fois de la différence de leurs volumes & de leurs densités. Mais de laquelle de ces trois conditions cette différence dépend elle ? C'est ce qu'on ne peut décider ; d'ailleurs elle peut bien encore dépendre d'une autre cause inconnue.

(1) Journal des Savans, ann. 1741. (2) Philosoph. Transf. [Vol. 48. pag. 268 & 779.

Quoi qu'il en foit, il eſt toujours conſtant que les rayons rouges ſont moins rompus que les rayons qui donnent le bleu.

§. MDCCCXIV. Outre ce que nous venons d'obſerver, la ſplendeur des rayons rouges, & la force avec laquelle ils frappent la vue, nous portent à conclure qu'ils ont plus de force. En effet, les rayons rouges ſont ceux qui jettent le plus d'éclat; car à peine peut-on même diſtinguer les rayons violets, parcequ'ils affectent très foiblement notre organe: au contraire, les rayons verts affectent gracieuſement la vue, & ſont fort amis de l'œil; ils récréent tellement la vue, qu'il n'y a point de couleur qui nous paroiſſe plus agréable: & c'eſt pour cela que nous regardons toujours avec plaiſir les gazons & les prairies lorſqu'elles ſont verdoyantes.

§. MDCCCXV. La couleur qu'on remarque dans un rayon ſéparé des autres, demeure conſtamment la même, de quelque maniere qu'on réfracte ce rayon, ſoit avec un verre coloré ou non coloré; le rayon rouge, par exemple, conſerve ſa couleur rouge lorſqu'on le fait paſſer à travers un verre bleu: bien plus, ſi on le réfracte encore à travers un ſecond priſme, ou ſi on le fait paſſer par une lentille quelconque, ſoit par une concave, qui le développe & l'étend, ſoit par une convexe, qui le condenſe & qui le reſſerre; ce rayon, quelque vif & brillant qu'il paroiſſe au foyer de cette lentille, s'y fera toujours remarquer ſous la même couleur: ou ſi on le réfléchit avec un miroir quelconque, ou par un corps teint ou peint d'une couleur quelconque, & qu'on l'examine enſuite à travers un priſme, il donnera toujours du rouge, & il ne repréſentera jamais aucune autre couleur. Pareillement le rayon vert conſerve conſtamment ſa couleur; & il en eſt de même des autres rayons: d'où nous concluons que les 7 couleurs que le priſme nous fait obſerver, ſont des couleurs ſimples, non compoſées, & qui ne peuvent point ſe réſoudre en d'autres couleurs plus ſimples, & conſéquemment que ce ſont des couleurs naturelles, bien différentes de pluſieurs autres couleurs qui imitent aſſez bien les naturelles; car on parvient à faire du vert en mêlant enſemble du jaune & du bleu: les Teinturiers font de l'orangé en mêlant enſemble du jaune & du rouge; ils font du violet & du pourpre en teignant avec du bleu plus foncé une étoffe qu'ils ont teinte auparavant en bleu indigo. Mais ces différentes couleurs que l'Art produit, different infiniment des couleurs naturelles auxquelles elles reſſemblent; ainſi qu'on pourra s'en aſſurer en conſidérant à travers un priſme ces couleurs factices. Outre cela, ſi on fait paſſer par un trou rond le rayon orangé, & qu'on le reçoive ſur un papier blanc, ce rayon tracera ſur ce papier un cercle de même couleur; mais ſi on fait paſſer par deux trous ronds un rayon rouge par l'un, & un rayon jaune par l'autre, de façon que ces deux rayons tombent l'un ſur l'autre ſur un papier qu'on oppoſe à leur trajet, on remarquera, à la vérité, que leur mêlange donnera une eſpece d'orangé: mais ſi on regarde cette couleur à travers un priſme, elle paroîtra ſous la forme d'un ſpectre oblong; & on remarquera que la couleur rouge ſe ſéparera en partie de la couleur jaune; ce qui prouve la différente réfrangibilité de ces rayons, & combien l'orangé, qui provient d'un mêlange de rayons, differe de cette même couleur lorſqu'elle eſt ſimple & naturelle.

§. MDCCCXVI. Il ſuit de là que le tournoiement des particules de lumiere , ou quelqu'autre mouvement que ce foit , qui pourroit naître de la réfraction , ne fauroit être la caufe de la diverfité des couleurs ; car ce tournoiement devroit changer auffi tôt que la lumiere fe rompt une feconde fois , ou qu'elle eft réfléchie de nouveau , ou qu'on la raffemble ; de forte qu'un rayon qui ne porte avec lui qu'une feule couleur , devroit encore produire différentes couleurs ; ce qu'on n'obfervera cependant jamais. C'eft donc la ftructure particuliere des parties conftituantes de ces rayons , qui fait qu'ils excitent en nous l'idée de telle couleur , & non l'idée d'une autre : & tant que ces rayons conferveront leur propre ftructure , ils exciteront toujours en nous l'idée de la même couleur. Il eft bon cependant de remarquer que lorfque je parle de la couleur des rayons , je ne prétends pas pour cela qu'une femblable couleur fe trouve dans ces rayons , mais feulement qu'ils peuvent mouvoir les nerfs de nos yeux , de telle maniere que ce mouvement excite dans notre ame l'idée de telle couleur en particulier ; car il n'y a rien de commun entre le mouvement d'un rayon de lumiere & l'idée occafionnée par ce mouvement. J'ai appellé rayons rouges ceux qui m'ont donné l'idée du rouge en les confidérant. J'ai auffi donné aux autres les noms de jaunes , verts , bleues , &c , de même que s'ils poffédoient réellement les couleurs ; parcequ'ils paroiffent effectivement tels lorfqu'on les confidere dans les expériences qu'on fait pour les connoître.

Il eft vraifemblable que notre ame eft tellement unie à notre corps , que nous devons avoir tous des idées femblables , lorfque nos nerfs deftinés aux fenfations , font ébranlés de la même maniere ; de forte que fi , dans différens fujets , les nerfs font ébranlés exactement de la même maniere , ils auront tous les mêmes idées , quoiqu'il peut fe faire cependant qu'il y ait quelques différences particulieres dans ces idées , eu égard à la différente difpofition qui peut fe trouver dans les organes des fens : d'où il fuit que plufieurs perfonnes peuvent bien ne pas appercevoir exactement la même clatté dans les mêmes couleurs , ni éprouver le même plaifir à les confidérer. Il y en a quelques-uns à qui un rouge foncé plaît davantage : d'autres aiment mieux un rouge plus pâle : d'autres font portés pour le jaune : il y en a qui aiment fur tout le vert : & on ne voit perfonne à qui toute couleur quelconque plaife également.

§. MDCCCXVII. Lorfqu'on raffemble en un point les rayons de toutes les couleurs principales , on ne voit alors qu'une fplendeur blanche.

Si on reçoit fur un prifme A B C [*Tab.* 41. *fig.* 5.] un rayon de foleil, ce rayon fe développera , & repréfentera les 7 couleurs primitives : fi on fait paffer ce rayon réfracté par une loupe convexe M N , ces rayons fe réfracteront encore , & fe condenferont au foyer G de la loupe : fi on place à ce foyer un papier blanc pour y recevoir les rayons condenfés , ils s'y feront voir fous la forme d'un petit cercle blanc ; mais fi ce cercle n'eft pas parfaitement blanc , on le rendra tel , en plaçant une feconde lentille après la premiere ; parceque cette feconde loupe réfractera encore ces rayons , & les condenfera davantage. On peut encore faire tomber ces rayons réfractés par le prifme fur un miroir concave de métal ; ce miroir les réfléchira & les condenfera à fon foyer , où ils donneront du blanc. Dans l'un & dans l'autre cas , il ne fe fait point un véritable mêlange , ni aucune deftruction de ces

rayons

rayons ; ils ne font que fe refferrer & s'approcher les uns des autres : car fi on recule le papier au-delà du foyer jufqu'en t p, on reverra auffi-tôt les mêmes couleurs que précédemment, mais dans un ordre renverfé : d'où il fuit que lorfque les rayons primitifs fe développent & fe féparent, ils donnent tous différentes couleurs, & que lorfqu'ils fe réuniffent, ils donnent du blanc.

§. MDCCCXVIII. Si on regarde le foyer G, dont nous venons de parler, à travers un prifme H I K, il paroîtra réfracté & divifé en fes différentes couleurs, de façon cependant que le rayon rouge fera en r, & le violet en V; & on remarquera les couleurs intermédiaires entre ces deux points : d'où il fuit encore que les couleurs raffemblées au point G, où ils forment du blanc, ne font point féparées les unes des autres, ni mêlées les unes dans les autres; car les rayons de lumiere ne fe mêlent point les uns avec les autres, comme pourroient le faire des liquides de différentes couleurs & de différentes qualités.

§. MDCCCXIX. Si on prend deux prifmes A B C, a b c [*Tab*. 41. *fig*. 6.], dont les angles réfringens B & b foient égaux, & qu'on les difpofe parallelement entr'eux, de façon que l'angle du prifme B touche à l'angle C, & que les côtés C B, c b foient difpofés dans la même ligne, la lumiere qui traverfera ces deux prifmes, étant reçue à 10 à 12 pieds de diftance fur un papier blanc N M, les couleurs formées par les deux angles inférieurs des deux prifmes B, C, fe combineront enfemble en P T, & formeront du blanc : mais fi on fupprime l'un des deux prifmes, les couleurs féparées par l'autre fe feront remarquer en P T.

Pareillement fi, à la diftance de quelques pieds, on regarde à travers un prifme le fpectre coloré produit par la réfraction d'un autre prifme, l'image P T [*Tab*. 40. *fig*. 3.] paroîtra ronde & blanche, de même que le trou par où le faifceau de lumiere eft introduit dans la chambre : d'où il fuit encore que le concours des rayons colorés, tel qu'on le produit par le paffage de la lumiere dans le fecond prifme, forme du blanc.

§. MDCCCXX. Si on mêle enfemble une certaine quantité de diverfes couleurs, comme d'orpiment, de verd de gris, d'amidon bleu, & de pourpre; & qu'après avoir étendu cette poudre fur du papier, de façon que la couche foit épaiffe, on la confidere à la diftance de 18 pieds, & qu'elle foit éclairée du foleil, elle paroîtra cendrée tirant fur le blanc.

Ayant peint de toutes les couleurs du fpectre la partie fupérieure d'une toupie, c'eft-à-dire, avec du carmin, du crocus fondu dans une folution d'alun, une petite feuille d'or, du verd-de-gris, du bleu, du pourpre & du violet, j'entourai la toupie d'une corde que je tirai violemment, pour lui imprimer un mouvement circulaire très rapide; alors le plan de cette toupie, qui étoit décoré de toutes ces différentes couleurs, me parut d'un blanc cendré : car, eu égard à la rapidité du mouvement, les différentes couleurs paffoient fi rapidement devant la vue, qu'on ne pouvoit point les diftinguer féparément; de forte que toutes les fenfations qu'elles excitoient, fe confondant enfemble, pour en former une mixte, elles produifoient une fenfation approchante de celle du blanc.

§. MDCCCXXI. Si les rayons de toutes les couleurs ne font point mêlés enfemble, ou, pour mieux dire, ne font point affez condenfés, il n'en réfulte point alors de blanc, & la couleur qui en réfulte s'éloigne d'autant plus du blanc, & approche davantage d'une autre couleur, qu'on a intercepté un plus grand nombre de rayons, & qu'il y en a un moindre nombre qui foit raffemblé. En effet, ayant fait paffer à travers une loupe M N [*Tab.* 41. *fig.* 5.] un faifceau de lumiere réfracté par un prifme, & féparé en fes différentes couleurs, le foyer G de cette loupe, produit par la réunion des rayons la fenfation du blanc : fi on intercepte alors auprès de T un rayon coloré, tel que le violet, le foyer G ne fera plus blanc ; il deviendra plus trifte, & fa couleur tirera fur le rouge brun : fi on intercepte outre cela le rayon indigo, le foyer G deviendra encore moins blanc. Si on continue ces tentatives, & qu'on intercepte encore le rayon rouge, le foyer G paroît jaune & vert ; enfin, en fupprimant encore les rayons verts, le foyer G devient jaune.

On remarque cependant que fi on n'intercepte que les feuls rayons jaunes, le foyer G demeure encore blanc ; de forte qu'il paroît que le concours de toutes les couleurs n'eft pas néceffaire pour produire du blanc : cela ne viendroit-il pas de ce que la lumiere du foleil, lorfqu'elle eft dans fon état naturel, tire d'elle même fur le jaune ? D'où il fuit que les 4 ou les 5 autres couleurs fuffifent pour former du blanc par leur concours.

§. MDCCCXXII. Lorfqu'on a féparé, par le moyen d'un prifme, un rayon de foleil en fes couleurs, & qu'il tombe quelque rayon coloré fur un objet peint ou teint de quelque couleur quelconque, cet objet paroît peint de la même couleur que celle du rayon incident, & non de celle qu'il porte avec lui. Si le rayon de lumiere qui tombe fur l'objet eft de la même couleur que celle du rayon incident, la couleur du rayon paroît plus éclatante & plus brillante ; au lieu que cette couleur devient plus fombre lorfque l'objet eft peint d'une couleur différente.

Il fuit de là que les objets colorés qui réfléchiffent la lumiere ne changent point la couleur des rayons colorés ; mais il y a des objets qui renvoient, plus abondamment les uns que les autres, les rayons colorés qui tombent fur eux.

§. MDCCCXXIII. Nous avons démontré jufqu'à préfent que les rayons du foleil, qui paffoient à travers un prifme, fe réfractoient & fe divifoient en plufieurs rayons différemment colorés : mais toutes fortes de verres ne font pas parfaitement femblables ; ils different les uns des autres par différentes propriétés. Il y a une efpece de verre qui attire plus puiffamment la lumiere, qui la réfracte davantage, qui forme un fpectre beaucoup plus long, & dont les couleurs font bien diftinctes. Il y a auffi une autre efpece de verre qui, quoiqu'il réfracte la lumiere, la réfracte cependant beaucoup moins, & nous fait à peine diftinguer les couleurs du prifme. Le célebre *Dolon* imagina de former trois prifmes, qu'on pouvoit développer ou fermer comme un livre : celui du milieu A B C [*Tab.* 40. *fig.* 8.] étoit fait d'un verre qui féparoit parfaitement bien les couleurs ; les deux autres D E F, G H K, étoient faits d'un verre qui ne réfractoit que très peu les rayons, & qui à peine féparoit leurs couleurs. Cela pofé, ayant appliqué le prifme D E F fur le prifme du milieu A B C, il remarqua que les objets qu'on regardoit à travers ces deux prifmes, ne paroiffoient prefque point

teints d'aucune couleur ; & joignant le troisieme prisme aux deux autres, on
ne distingua plus du tout aucune couleur aux objets qu'on regarda à travers,
quoique ces trois prismes, réunis ensemble, conservoient encore une figure
prismatique, & que la réfraction de la lumiere eut encore lieu. Les angles
aigus de ces prismes étoient de 20°. 40′, 23°. 20′, 13°. 58′.

§. MDCCCXXIV. La constitution des rayons solaires étant connue, il
ne s'ensuit point que la lumiere d'une flamme quelconque, où d'un corps
qui brûle, soit composée de rayons colorés, tels que ceux qui émanent du
soleil, & qui portent avec eux 7 couleurs différentes, ou que les couleurs
soient répandues dans la même proportion dans les rayons des différentes
flammes. En effet, si la flamme qui sort d'un corps enflammé est chargée
de rayons bleus, & qu'elle contienne une petite quantité de rayons rouges
& orangés, alors les objets éclairés par cette lumiere, paroîtront d'une couleur bleue, & on verra même, sous une couleur approchante du bleu, les
objets qui seroient peints ou teints d'une toute autre couleur : c'est ce que
nous observons très souvent en Hollande, dans les foyers où on brûle du ga-
zon qui contient beaucoup de bitume, qui fournit une nourriture abondante
à la flamme. Quand on brûle du soufre ordinaire, qui donne une flamme
bleue, le visage de ceux qui sont autour de cette flamme paroît d'une pâleur
effrayante, telle que celle qui est répandue sur le visage d'un mort.

Lorsqu'on fait brûler dans un endroit obscur de l'esprit de vin qu'on a fait
fortement chauffer auparavant, ou dans lequel on a jetté, tandis qu'il étoit
sur le feu, du sel ammoniac, ou des cendres gravelées, ou de l'alun, &
qu'on le remue pendant quelque tems avec un bâton ; alors les objets rouges
qui sont placés à quelque distance de la flamme qu'il produit, paroissent
d'un rouge sale : à peine peut-on distinguer ceux qui sont verts ou bleus : il
n'y a que les blancs & les jaunes qu'on puisse voir distinctement.

Si on jette dans de l'esprit de vin, qu'on vient d'ôter de dessus le feu, une
grande quantité de sel marin, ou de nitre, & qu'on l'agite fortement avec
un bâton, lorsqu'on aura allumé cet esprit, les hommes vivans, & sur tout
ceux dont le visage est vermeil & très rouge, paroîtront extrêmement pâles
& livides : les objets rouges paroîtront obscurément livides : les verts paroîtront d'une autre couleur rude qui approchera assez de l'olive : le pourpre
& l'indigo le plus foncé ne pourra se distinguer du noir qu'avec peine : le
bleu pâle paroîtra gris : le blanc tirera sur le jaune, tandis que les objets jaunes conserveront leur couleur.

Melville (1) est celui qui a examiné avec le plus d'attention, à travers le
prisme, les flammes de ces différens esprits ; il a remarqué que lorsqu'on
avoit mis du sel ammoniac, de l'alun, ou des cendres gravelées dans de l'esprit de vin, la flamme de cet esprit répandoit des rayons de toutes sortes de
couleurs, mais en différente quantité. Les rayons jaunes étoient les plus
abondans ; les rouges surpassoient aussi en nombre les verts & les bleus : il
a aussi observé, que lorsqu'on avoit mis du sel marin ou du nitre dans de
l'esprit de vin, on observoit des rayons bleus, quoique fort pâles ; lorsque
cet esprit n'étoit chargé que de nitre, on observoit dans sa flamme beaucoup

(1) Essays and Observations Physical and Litter. Vol. 2. p. 34.

de rayons verts : lorfqu'il étoit chargé de fel marin, les rayons verts étoient très pâles ; mais lorfque ces deux fels étoient combinés enfemble, & que l'efprit de vin étoit fortement agité, la flamme ne donnoit point de rayons rouges, qu'on voyoit naître auffi-tôt que l'efprit de vin étoit tranquille, & alors les objets rouges fe faifoient diftinguer fous leur propre couleur : mais fi on agitoit de nouveau cet efprit, les rayons rouges difparoiffoient auffi tôt.

Les rayons jaunes, qui font les plus abondans dans ces expériences, font qu'un trou fait dans une planche, & qui donne paffage à ces rayons, paroît jaune dans toute fon étendue, mêlé néanmoins d'un peu de vert & de bleu. Si un objet blanc eft éclairé par cette efpece de lumiere, il paroîtra exactement terminé dans tout fon contour ; quoique d'ailleurs tous les objets qu'on regarde à travers un prifme paroiffent bordés d'une lumiere hétérogene : or comme le trou dont nous venons de parler paroît exactement terminé, il faut que tous les rayons jaunes foient également réfrangibles.

Si d'autres rayons colorés dominent dans la lumiere que jettent d'autres fubftances enflammées, les objets qui feront éclairés de ces différentes lumieres paroîtront fous d'autres couleurs que celles fous lefquelles ils fe préfentent à notre vue, lorfqu'ils font éclairés par la lumiere du foleil ou de la lune : c'eft ce dont on peut fe convaincre aifément en regardant des habits de différentes couleurs, éclairés par les rayons du foleil, par la lumiere de différentes chandelles faites avec du blanc de baleine, de la cire, du fuif de mouton, de la graiffe de bœuf, ou éclairés par la lumiere de différentes lampes, dont les unes feront garnies avec de l'huile d'olives, les autres avec de l'huile de raves, d'autres avec de l'huile de lin, &c.

En effet, lorfqu'on regarde une carte blanche éclairée par la lumiere d'une chandelle de fuif, elle paroît d'un jaune languiffant, dont la couleur approche de celle d'une paille pâle. Un objet peint en vert foncé, paroît un peu bleu : ce même objet, rapproché auprès d'un autre dont la couleur tire fur le bleu, paroît un peu vert : mais comparé avec un autre objet peint en jaune, il paroît plus bleu que précédemment. La flamme du camphre & du zinc eft très blanche. Le zinc mêlé avec l'arfenic, donne une flamme qui tire fur le bleu. Le zinc mêlé avec l'orpiment, donne une flamme noire (1). Le cuivre jaune chauffé au point de jetter de la flamme, produit une lumiere verte.

Le célebre *Beccaria* (2) a obfervé que fi on plonge fous le fuc luifant des couteaux de mer, ou fous du lait mêlé avec de ce fuc, un morceau de bois peint de toutes les couleurs de l'iris ; il a obfervé, dis-je, qu'on voit très diftinctement le blanc, le jaune & le bleu, & que les autres couleurs ne peuvent point fe diftinguer, ou qu'on ne les apperçoit que très confufément : d'où il fuit que la lumiere que les couteaux de mer fourniffent, contient fur-tout des rayons blancs, jaunes & bleus, & que cette lumiere ne contient point, ou ne contient que très peu de rayons autrement colorés. On peut prefque conclure de ces différentes expériences, que toute forte de

____

(1) Hift. de l'Acad. Roy. ann. 1744. (2) Comment. Bonon. Vol. 2. pag. 260, 261, 267.

lumiere n'eſt pas également conſtituée ; mais que chaque eſpece eſt compoſée d'une proportion différente de chaque rayon coloré , à moins qu'on ne ſuppoſe que les parties des corps embrâſés , qui ſervent de nourriture à la flamme , ſéparent de la lumiere qu'elle répand différens rayons colorés , qu'elles les jettent çà & là , & qu'elles en étouffent quelques-uns dans la fumée , ou qu'elles les uniſſent à cette fumée , qui les emporte en s'élevant. On peut conſulter le Traité de *Boyle* ſur les couleurs , on y trouvera quantité d'obſervations ſur les couleurs des corps qui brûlent , & quantité d'autres choſes curieuſes.

§. MDCCCXXIV *. Comme les rayons du ſoleil ſéparés par le priſme , ne nous font jamais obſerver de rayons noirs , nous en concluons que le noir n'eſt point une véritable couleur : cependant nous voyons quantité d'objets qui ſont noirs , tels que les encres & les teintures : les ombres qui paroiſſent derriere les objets opaques ſont noires , & elles le ſont d'autant plus , qu'il ſe mêle moins de lumiere à ces ombres ; ainſi qu'on peut l'obſerver dans les endroits qui ſont obſcurs : on obſerve auſſi qu'à une plus grande diſtance des objets opaques , la denſité de l'ombre diminue. *Maraldy* nous a donné une Diſſertation très curieuſe à ce ſujet (1). Lorſque les ténebres ſont parfaites , on n'obſerve que du noir ; par conſéquent les corps parfaitement noirs ne jettent aucune lumiere , & ne peuvent point être vus : on les diſtingue ſeulement à l'aide de la lumiere qui les circonſcrit , & des objets circonvoiſins qui réfléchiſſent la lumiere. On remarque pour l'ordinaire que les corps qui tirent ſur le noir paroiſſent comme violets ; telles ſont les lettres formées avec de l'encre. Les étoffes noires ſont de deux couleurs ; car on commence par les teindre en bleu foncé , & enſuite en violet ; & lorſqu'elles ſont chargées de ces deux couleurs , elles paroiſſent noires : ſi on remarque à travers un priſme une étoffe noire éclairée par les rayons du ſoleil , on remarque ſur-tout la couleur violette , qui forme une bande très large. De même les objets qui ſont teints en noir réfléchiſſent très peu de lumiere ; celle qu'ils réfléchiſſent ſuffit à peine pour les faire voir : on ne les voit même jamais qu'obſcurément , & le peu de lumiere qu'ils réfléchiſſent eſt de toute ſorte de couleurs.

§. MDCCCXXV. Il ſuit des expériences précédentes que les rayons du ſoleil , ſont différemment réfrangibles ; ils ſont auſſi différemment réflexibles , & on remarque que ceux qui ſont les plus réfrangibles , ſont auſſi les plus réflexibles.

En effet , ſi un rayon du ſoleil R S [*T*.41.*F*.8.] , après avoir paſſé par un trou R fait au volet d'une fenêtre PQ , tombe ſur un priſme A B C , rectangle iſocele , il ſuivra la direction S M ; une partie de ce faiſceau ſe réfractera en ſortant du priſme , & ſe portera en M H , M G , tandis que l'autre partie réfléchie ſuivra la direction M O , & ſe portera en N , où elle paſſera à travers un ſecond priſme D E F pour ſe rendre du point N au point L , où elle ſortira du priſme en ſe réfractant ſuivant L I , L K , le rayon L I étant plus rompu que le rayon L K : ſi on fait alors tourner lentement ſur ſon axe le priſme A B C , on obſervera que les rayons M H & M G ſe réfléchiront ſuc-

(1) Hiſt. de l'Acad. Roy. ann. 1723.

cessivement au point N ; de sorte que la couleur indigo L I, qui étoit d'abord pâle, deviendra plus vive, par rapport à l'addition d'un nouveau rayon de même couleur ; & enfin on verra le rayon M G se porter en L K. Le rayon S M forme, dans son origine, l'angle S M C de 45 degrés. Mais dès qu'on fait tourner un peu le prisme pour que l'angle R M C soit de 49 degrés, le rayon commence à se réfracter & à se réfléchir. Les rayons violets M H sont ceux qui se réfléchissent les premiers dès qu'on fait mouvoir le prisme ; parceque la force attractive du verre agit davantage contre eux, ainsi qu'il arrive aussi par rapport à la réfraction, & les rayons M G sont ceux qui se réfléchissent les derniers.

§. MDCCCXXVI. Si on fait passer un rayon de soleil par l'intervalle que laissent entr'elles les lames parallèles de deux couteaux [*Tab.* 41. *fig.* 7.], éloignés l'un de l'autre de près de $\frac{1}{10}$ de pouce, & qu'on reçoive ce rayon sur un papier blanc, éloigné de 3 à 4 pieds de ces lames, on remarque une lumière blanche dans l'espace qui répond à l'intervalle des lames, avec une longue queue de part & d'autre, dont la lumière plus pâle va toujours en diminuant ; en rapprochant un peu les couteaux l'un de l'autre, l'espace qui tient le milieu du papier, & qui est éclairé d'une lumière très vive & très blanche, diminue, & on remarque alors plusieurs franges latérales teintes de part & d'autre de différentes couleurs : ces franges sont disposées parallèlement aux tranchans des couteaux. Si on approche encore plus près les deux lames, de sorte qu'elles soient sur le point de se toucher, les franges colorées s'écartent de part & d'autre de l'espace du milieu ; cet espace lui-même deviendra plus large, mais en même tems plus obscur : si on rapproche encore ces lames, les franges les plus éloignées disparoîtront d'abord ; & lorsqu'on les rapprochera au point de se toucher, les franges du milieu disparoîtront aussi. Les franges colorées qu'on remarque dans cette expérience, sont produites par l'attraction des deux tranchans ; & c'est pour cette raison qu'elles sont également nombreuses de part & d'autre de l'espace éclairé qu'on remarque au milieu du papier, mais celles qui sont plus éloignées paroissent être produites par la force répulsive.

§. MDCCCXXVII. Mais si les tranchans des couteaux [*Tab.* 41. *fig.* 9.] dont nous venons de parler, ne sont point parallèles entr'eux, & qu'ils forment un angle, la lumière qui passera par l'espace qu'ils laisseront, formera aussi des franges colorées, semblables à celles que nous venons de décrire ; mais ces franges seront courbées en forme d'arcs, qui seront tous de différente largeur, ainsi qu'on peut l'observer en jettant l'œil sur la fig. 9.

§. MDCCCXXVIII. Si les lames de ces couteaux sont disposées dans différens plans, qu'elles soient un peu éloignées entr'elles, & qu'un rayon de lumière soit divisé par l'une & l'autre lame en plusieurs franges colorées ; si on approche alors la lame antérieure vers le milieu du rayon, les franges colorées qu'on remarque derrière la lame la plus reculée, commenceront à disparoître, tandis que celles qui répondront à la lame antérieure, demeureront dans leur entier.

§. MDCCCXXIX. Ces franges colorées ne viendroient-elles point d'une force répulsive qui se produiroit au-delà des couteaux, & qui agiroit à une plus grande distance que la force attractive ; mais si la force répulsive d'une

de ces lames agit fur les rayons que l'autre lame attire, ces deux forces agiffent, à la vérité, contre eux felon une direction femblable, mais qui n'eft
pas tout-à fait la même. Ne feroit-ce donc pas pour cette raifon que les
rayons ne peuvent point fe féparer exactement, fe développer, & former
des franges colorées, qui ne font autre chofe que des rayons féparés en petits rayons colorés. C'eft auffi pour cela que lorfque ces lames font très proches, chaque lame exerce une fi forte répulfion contre la lumiere, qu'il
n'en paffe point directement au delà, & que l'efpace du milieu devient opaque fur le papier, & qu'il refte encore des franges affez amples & affez diftantes qui s'évanouiffent enfin.

Quant à ce qui concerne le phénomene rapporté (§. 1828), voici la raifon qui fe préfente naturellement à l'efprit. La lumiere commence d'abord
à paffer à travers le grand intervalle que les lames laiffent entr'elles ; &
cette lumiere eft attirée & repouffée par l'une & l'autre lame : mais lorfqu'on
approche la lame antérieure, fa force répulfive, qui s'étend à une plus grande
diftance que la force attractive, fait que les rayons repouffés font interceptés par la lame la plus éloignée ; & conféquemment la feule force attractive
de cette lame agit contre la lumiere : mais cette force n'en fépare pas les
couleurs, il faut pour cela le concours de la force répulfive ; par conféquent
les rayons interceptés, étant repouffés par la lame antérieure, les franges colorées difparoiffent derriere la lame la plus éloignée, & elles fubfiftent entierement derriere la lame antérieure ; parcéque la force répulfive de la lame
la plus éloignée, continue à agir librement conjointement avec la force
attractive de la lame antérieure.

§. MDCCCXXX. J'ai traité jufqu'à préfent de la lumiere qui eft féparée
en fes couleurs par le moyen de la réfraction ; je vais traiter maintenant de
la lumiere, qui eft auffi féparée en fes couleurs par le moyen de la réflexion :
ces dernieres couleurs font naturelles, & ne font que des propriétés de la
lumiere.

§. MDCCCXXXI. Chaque fois que la lumiere tombe fur une plaque fort
mince & tranfparente AB [Tab. 41. fig. 10.], elle fe divife en plufieurs
rayons colorés, dont les uns font réfléchis, tels que E, G, tandis que les
autres paffent à travers, tels que les rayons C, F, H, fuivant l'épaiffeur de
la plaque. Cela paroît très diftinctement lorfqu'on pofe l'un fur l'autre deux
verres objectifs de fort longues lunettes [Tab. 41. fig. 11.], qui, faifant des
portions de grandes fpheres, font convexes, & ne fe touchent qu'en un
point ; enforte que l'air qui fe trouve intercepté entre ces deux verres, forme
comme un difque mince, dont l'épaiffeur eft plus mince vers le point de
contact de ces deux verres, & devient plus épais à proportion qu'il s'en éloigne davantage. Suppofons que la lumiere tombe fur le verre fupérieur A A ;
on obfervera en regardant en deffus de ce verre, comme en O, qu'il y aura,
à l'endroit où ces deux verres fe touchent, une tache noire qui fera entourée
de plufieurs anneaux différemment colorés, & dont les couleurs, en les
comptant par le centre, feront difpofées dans l'ordre fuivant :

Noir, bleu, blanc, jaune, rouge.
Violet, bleu, vert, jaune, rouge.

Pourpre, bleu, vert, jaune, rouge.

Vert, rouge.

Il y a encore d'autres anneaux qui font d'autant plus foibles & obfcurs, qu'ils s'éloignent davantage du centre. Tous ces anneaux font produits par la réfléxion des rayons.

§. MDCCCXXXII. Si on regarde ces verres en fens contraire, enforte que les rayons qui les auront traverfés tombent fur l'œil, on obfervera encore des anneaux colorés; mais ces derniers s'obferveront dans les endroits où les anneaux précédens fe trouvoient féparés les uns des autres : voici le rang que ces couleurs occupent, en commençant par le milieu.

Blanc, rouge, jaunâtre, noir, violet, bleu.

Blanc, jaune, rouge, violet, bleu.

Vert, jaune, rouge, vert, bleu pâle

Rouge, vert, bleu pâle, &c.

Ces couleurs ne dépendent point de l'air, en tant que doué de quelque qualité particuliere, mais feulement en tant qu'il forme une lame mince.

§. MDCCCXXXIII. Ces objectifs de lunette, pofés l'un fur l'autre, forment des anneaux colorés; parcequ'il y a un efpace vuide entre leurs furfaces qui eft rempli par une lame d'air : mais fi on fait glifler une goutte d'eau dans cet efpace, cette goutte d'eau entourera ces anneaux; elle détruira les couleurs de ceux qui font les plus extérieurs, elle refferrera les autres, & changera l'ordre felon lequel nous venons d'indiquer ces couleurs. Mais en variant la preffion que les doigts exercent contre ces deux objectifs, on remarquera plufieurs anneaux colorés qui glifferont en différens endroits de l'efpace intermédiaire : je n'ai pu diftinguer les couleurs de ces derniers; parceque ces anneaux étoient en partie cachés par l'eau, ou parcequ'ils fe formoient dans l'eau même, où la réfraction des rayons qui viennent du verre eft moindre que celle des rayons qui paffent du verre dans l'air; fouvent même l'eau eft fi fortement attirée par le verre, qu'elle forme une lame trop épaiffe pour qu'elle puiffe produire des anneaux colorés.

§. MDCCCXXXIV. Si on verfe une groffe goutte d'efprit de vin rectifié fur l'un de ces objectifs, & qu'après avoir pofé par-deffus le fecond objectif, on les preffe fortement l'un contre l'autre avec deux doigts, l'un en deffus & l'autre en-deffous; la goutte d'efprit de vin fe développera, & formera un grand cercle. Si on incline enfuite ces verres dans une fituation oblique à l'horifon, & qu'on diminue la preffion vers leur partie fupérieure, mais qu'on les preffe plus fortement vers leur partie inférieure; alors l'efprit de vin intercepté entre ces deux verres, plus fortement attiré vers l'efpace le plus étroit, y defcendra, fans abandonner cependant tout-à-fait la furface d'où il defcendra, & qu'il aura humectée, & il formera des arcs très larges de 3 pouces de diametre : on ne remarquoit aucun veftige de ces arcs lorfque cette goutte de liquide étoit placée au centre de ces verres : mais en variant la preffion de haut en-bas, que les doigts exercent contre ces objectifs;

l'efpace

l'efpace qu'ils laiſſent change de dimenſions, devient tantôt plus grand, tantôt plus petit, & on voit naître pluſieurs anneaux. On produit encore de ſemblables anneaux fort amples & colorés ſi on verſe, dans l'eſpace que ces verres laiſſent ſupérieurement, de l'eau dans laquelle on aura fait fondre du ſavon noir; & ſi on varie alternativement la preſſion vers la partie ſupérieure & inférieure de ces verres, lorſque le liquide ſera parvenu vers le milieu de cet eſpace, on remarquera alors que les anneaux colorés ſe formeront dans la partie de la liqueur qui ſera adhérente aux ſurfaces dans l'endroit où les verres feront plus ſéparés l'un de l'autre, tandis que l'autre partie de cette même liqueur ſe portera vers l'eſpace le plus étroit & le plus preſſé.

Il arrive quelquefois lorſqu'on répete cette expérience avec des verres de 100 pieds de foyer, qui ſont ſecs depuis long-tems; il arrive, dis-je, que les anneaux colorés ne ſe font point remarquer lorſqu'on applique ces deux verres l'un ſur l'autre: il arrive encore que ces anneaux ne paroiſſent point lorſqu'on eſſuie ces verres avec un linge ſec & propre; mais ſi on les lave avec de l'eſprit de vin, & qu'on les eſſuie enſuite avec un linge, on verra paroître les anneaux à l'endroit du contact ſi-tôt qu'on les appliquera l'un contre l'autre. Il paroît que lorſque les anneaux ne ſe forment point, cela dépend en partie des ordures que l'air a portées à la longue ſur les ſurfaces de ces verres, en partie des ſels qui entrent dans leur compoſition, qui ſont tombés en effloreſcence, & ont formé des taches ſur leurs ſurfaces, qu'on peut diſtinguer en les conſidérant fixement & avec attention; ces deux cauſes concourent à former des aſpérités ſur les ſurfaces de ces verres, de ſorte qu'étant poſées l'une ſur l'autre, elles ſont trop éloignées pour que les anneaux puiſſent ſe former dans la lame d'air interceptée: mais lorſqu'on a enlevé ces ordures, & qu'on a emporté l'effloreſcence des ſels, leurs ſurfaces deviennent alors plus unies; elles s'approchent davantage l'une de l'autre, & la lame d'air interceptée eſt plus mince.

§. MDCCCXXXV. Si on introduit un faiſceau de lumiere dans une chambre obſcure, & qu'on faſſe paſſer ce faiſceau par un priſme qui le réfracte & le ſépare en ſes couleurs, comme dans les §. 1798, 1803; ſi on place alors ſur une table deux objectifs unis enſemble, & d'un foyer très long, entre leſquels on obſerve les anneaux colorés (§. 1831), & qu'on dirige alors ſucceſſivement les couleurs du ſpectre ſur les anneaux colorés, qu'on regardera obliquement, de même que ſi on vouloit obſerver la lumiere réfléchie par un miroir, on remarquera alors que les anneaux colorés feront plus multipliés, mais qu'ils conſerveront encore leurs couleurs; parceque les couleurs des rayons primitifs & homogenes ſont immuables. On remarquera outre cela du noir dans les endroits où les anneaux étoient auparavant éloignés; parceque toute la lumiere y paſſe librement; c'eſt auſſi pour cela que ſi on place un papier blanc ſous ces verres, à quelque diſtance de la table, on remarquera ſur ce papier les anneaux colorés produits par la lumiere qui traverſera les verres. Si lorſque les lentilles ſont fixes ſur quelque ſupport, on meſure vers le milieu le diametre de chaque anneau coloré, on trouvera que les quarrés de ces diametres ſont entr'eux comme les nombres impairs 1, 3, 5, &c; & en meſurant les diametres des anneaux noirs, on trouvera qu'ils feront entr'eux comme les nombres pairs 2, 4, 6;

& comme les verres font fphériques, les quarrés des diametres font entr'eux comme l'épaiffeur de la lame d'air interceptée dans ces cercles, où ces épaiffeurs font entr'elles comme les nombres pairs & impairs que nous venons d'indiquer.

§. MDCCCXXXVI. On remarque encore ces mêmes variétés des anneaux colorés dans ces bulles d'eau qu'on forme avec du favon détrempé, & qui fe tiennent fufpendues à la tête d'une pipe à tabac, dans laquelle on fouffle ce favon. Au moment où ces bulles commencent à paroître, on n'obferve aucune couleur ; un moment après l'huile commence quelquefois à fe féparer de l'eau, & elle s'attache fous la forme de péllicule à la furface extérieure de la bulle, tandis que la pellicule intérieure eft aqueufe : mais fe forme-t il entre ces deux lames une troifieme lame faline ? C'eft ce qu'on ne peut affurer ; car les parties falines ne fe féparent pas fi aifément de l'eau que l'huile : les couleurs commencent enfuite à fe faire remarquer dans la lame extérieure & huileufe, quelquefois fous la forme d'anneaux qui paroiffent tantôt afcendans, tantôt defcendans, lorfque la bulle fe contracte: quelquefois ces couleurs embraffent feulement quelques efpaces. Ces couleurs, lorfqu'elles varient & qu'elles defcendent fur ces bulles, font place à d'autres qui paroiffent prendre naiffance à fa partie fupérieure : on remarque enfuite que les couleurs fe mêlent vers cet endroit ; enfin ces bulles éclatent & fe diffipent.

Tandis que les couleurs de ces bulles fubfiftent, on obferve plufieurs parties des liquides qui les compofent, qui defcendent de haut en bas, & qui fe raffemblent vers le point le plus bas de ces bulles, qui devient fort épais, tandis que leur partie fupérieure devient extrêmement mince : tandis donc que l'épaiffeur de ces bulles eft la même dans toute leur étendue, ce qui arrive lorfqu'elles commencent à fe former, & que la folution du favon n'eft point encore divifée en deux ou trois pellicules, elles ne font point colorées ; mais dès que la partie huileufe fe fépare de la partie aqueufe, la pellicule huileufe eft encore très mince, & elle divife en fes différentes couleurs la lumiere qui tombe fur elle, & elle paroît teinte elle même de différentes couleurs, dans les endroits où fon épaiffeur varie. Cette épaiffeur varie & augmente continuellement, parceque l'huile fe fépare de plus en plus de l'eau, & vient augmenter l'épaiffeur de la pellicule huileufe.

On remarque de femblables couches parallèles & colorées dans une lame formée par de l'eau de favon, dans laquelle on plonge un verre renverfé, & qu'on retire enfuite lentement ; on remarque alors une lame de ce liquide qui s'attache à l'ouverture du verre ; l'épaiffeur de cette lame diminue infenfiblement, lorfqu'on le tient dans une fituation parallèle à l'horifon, & on obferve alors une férie de différentes couleurs.

On ne formeroit point de pareilles bulles ni de femblables lames avec de l'eau feule, qui ne contiendroit ni huile ni fel, parceque les parties de l'eau ne s'attirent point avec tant de force. Le procédé le plus exact qu'on puiffe fuivre, pour obferver ces anneaux colorés, c'eft de fufpendre fous un récipient placé fur une table noircie, un chalumeau, à l'extrêmité duquel on a formé une des bulles dont nous venons de parler, & de placer le tout dans un endroit un peu obfcur, éclairé feulement par une foible lumiere, qu'on peut tirer d'une très petite fenêtre : par ce moyen on exclut, autant qu'il est possible, toute lumiere étrangere, qui nuit à l'exacte observation de ces anneaux.

La partie huileuse de ces bulles, en tant que huileuse, n'est point la cause productrice de ces différentes couleurs, puisqu'on en remarque de semblables dans une lame d'air très mince, interceptée entre deux verres sphériques : c'est à leurs différens degrés d'épaisseur qu'il faut avoir recours pour expliquer ce phénomene ; car ces couleurs different les unes des autres, suivant que l'épaisseur des pellicules huileuses, qui s'attachent à la surface des verres, ou de celles qui forment les bulles dont nous venons de parler ci-dessus, varie. M M. *Newton* (1) & *Leidenfrost* (2) ont traité d'une maniere très étendue, de ces sortes de bulles, produites par l'eau de savon. Il suit de ce que nous venons d'observer, que les différentes couleurs qu'on remarque dans ces sortes de pellicules, dépendent de leurs épaisseurs & de leur force refractive, & nullement du milieu ambiant.

§. MDCCCXXXVII. Si on prend des morceaux de glaces plans, de la grandeur de la paulme de la main, soit que ces morceaux soient ronds ou quarrés, & qu'on les lave avec de l'esprit-de-vin rectifié, afin de nettoyer parfaitement leurs surfaces, & qu'on les frotte ensuite avec de la laine chaude, en les faisant un peu chauffer sur des charbons bien allumés, pour que le feu soit autant pur que faire se peut. Si on pose, après cela, un de ces morceaux de glace sur une table, & qu'on en applique un autre dessus, de façon que les bords de l'un répondent aux bords de l'autre, & qu'en appuyant fortement dessus le morceau supérieur, on le fasse mouvoir lentement sur celui qui le porte, soit en le tournant circulairement, ou en le portant de tout autre sens : on remarquera alors un nombre prodigieux de petites franges de différentes couleurs, posées les unes à côté des autres. Ces couleurs sont très vives, & se font remarquer, sans qu'il y ait aucun espace vuide entre les deux glaces. Les couleurs qu'on remarque sur toute la surface supérieure, sont en grande partie le pourpre & le verd : on remarque cependant çà & là du bleu, du jaune & de l'orangé ; de sorte que ces couleurs paroissent dans l'ordre suivant : orangé, jaune, verd, bleu, pourpre. Ces franges sont de différentes largeur, & d'une forme irréguliere ; elles sont circulaires, quelquefois ovales, dans l'endroit où la compression est plus forte : elles paroissent çà & là comme ondulés : plus l'angle sous lequel on regardera la surface de la glace supérieure sera aigu, mieux on distinguera les couleurs & plus le nombre des franges colorées paroîtra grand. Si on applique ces glaces l'une sur l'autre, à l'aide de trois ou quatre vis de compression, placées sur leurs bords, on pourra conserver aisément les franges colorées, ainsi que les glaces, qu'on pourra manipuler aisément & sûrement, soit qu'elles soient froides, soit qu'elles soient très chaudes. Vers les points où se fait la compression, les anneaux colorés paroissent circulaires. On peut aussi appliquer une cinquieme vis vers le milieu des glaces : par ce moyen on réussit mieux à produire des couleurs à cet endroit, si elles ne sont

(1) Opticks Book 2, Part. 1. Observ. 97. pag. 187. (2) De aquæ Commu. qualit. §. 36. pag. 63.

point manifeſtées par la preſſion des quatre vis, placées ſur le contour de ces glaces. Les choſes étant ainſi diſpoſées, ſi on fait chauffer lentement ces glaces, les franges colorées s'étendent juſques vers le milieu, elles deviennent plus larges, les couleurs en ſont plus vives; on en voit de part & d'autre, qui reſſemblent aſſez bien au cœur d'un morceau de ſapin; on y remarque de ſemblables fibres & des plaques circulaires en certains endroits; toute la ſurface des glaces eſt remplie, juſques vers les bords, de franges colorées. Plus j'ai fait chauffer ces lames, & plus les couleurs m'ont paru diſtinctes; elles ſe conſervoient parfaitement bien; aucune ne s'évanouiſſoit. J'en ai fait chauffer quelques-unes juſqu'au point de les fendre tranſverſalement; & j'ai remarqué des franges ondées qui alloient depuis la fêlure juſqu'au milieu de la lame. La figure des autres franges n'étoit point beaucoup endommagée; mais alors les couleurs diſparurent au milieu de ces glaces: elles ſubſiſterent vers leurs bords, quoique la ſeconde glace vint à ſe fendre enſuite. Lorſque ces glaces ne ſe fendent point en s'échauffant, & qu'on les laiſſe refroidir lentement, la figure de toutes les franges colorées s'altere, leur largeur diminue, leur couleur s'affoiblit, & devient plus tendre vers le milieu: elles changent auſſi de forme & de couleur vers les bords; mais elles ſubſiſtent malgré cela; & on n'a pas encore pû découvrir le tems qu'elles emploient à diſparoître; car j'en ai conſervé pendant deux ans ſans être endommagées. On nous apprend même que de pareilles franges colorées diſparurent vers le milieu de ſemblables glaces planes auſſi tôt qu'on les fit chauffer ſur la flamme d'une chandelle, qu'elles ſe retirerent vers les bords, où elles formerent de petites lignes colorées; mais que ces mêmes couleurs recommencerent à paroître vers le milieu, lorſque ces glaces furent refroidies: ce que je n'ai pas pû obſerver en faiſant uſage de glaces, dont l'épaiſſeur étoit $= \frac{15}{100}$ de pouces. On doit à M. *Mazeas* (2) ces belles obſervations ſur les franges colorées; on dit même qu'elles ſubſiſtent aſſez bien, ſoit qu'on faſſe uſage de lames planes de verre, ou de verres de lunettes d'approche, lors même qu'on les renferme ſous un récipient vuide d'air.

§. MDCCCXXXVIII. Si lorſque deux lames de verre comprimées ſont remplies de franges colorées, on gliſſe prudemment de l'eau, ou de l'eſprit de vin, le long de la commiſſure de leurs bords; ces liqueurs fortement attirées, pénetrent avec activité entre les deux lames, & détruiſent totalement les couleurs qu'on y remarquoit auparavant.

§. MDCCCXXXIX. Si on frotte avec de l'eau, ou avec toute autre liqueur ſpiritueuſe quelconque, les ſurfaces de ces glaces, & qu'on les applique enſuite l'une ſur l'autre, on ne remarque aucune frange colorée, quoiqu'on comprime fortement les ſurfaces qui ſe répondent: mais ſi on frotte circulairement la ſurface ſupérieure ſur la ſurface inférieure, afin d'exprimer en pluſieurs endroits la liqueur qui y eſt répandue, on remarque que les couleurs paroiſſent, comme précédemment, dans les endroits qu'on a deſſéchés; & les taches qu'on obſerve alors, ſont jaunes, vertes & pourprées. Les couleurs dont nous avons parlé juſqu'à préſent, dépendent des rayons de lumiere réfléchis vers la ſurface ſupérieure. On diſtingue très clairement ces

(1) Mém. préſentés à l'Acad. T. 2. pag. 26.

couleurs, si on a soin de placer les plaques de verre sur un papier noir; & si on les considere à un pied & demi ou à deux pieds de distance, sous un angle fort aigu, formé par le rayon visuel de la surface de la lame supérieure.

§. MDCCCXL. Si l'appareil de ces lames est disposé de façon que l'œil puisse le considérer obliquement, & que ces lames soient opposées à un mur blanc bien éclairé, ou que la surface supérieure de ces lames soit éclairée par la lumiere d'une chandelle qui ne frappe point la vue de l'Observateur; les franges colorées, produites par la lumiere qui se transmet, se font appercevoir : ces franges sont couleur de pourpre, bleues, vertes, jaunes, & paroissent posées les unes à côté des autres, sans aucune séparation; mais elles ne m'ont pas paru aussi claires & aussi distinctes que celles dont nous venons de parler précédemment.

§. MDCCCXLI. Chaque fois que j'ai posé une lame de verre sur une autre lame de semblable matiere, de façon que la surface de cette derniere fût sur-le-champ couverte par la surface appliquée, quoique je pressasse fortement ces deux surfaces l'une contre l'autre, je n'ai jamais observé de franges colorées; car quelque forte que soit la compression, il est constant que les aspérités des surfaces empêchent que le fluide intermédiaire ne soit tout-à-fait expulsé, & il reste des espaces assez grands pour que l'air, l'eau, ou toute autre liqueur spiritueuse puisse y pénétrer (§. 1838). Il reste donc un fluide intermédiaire entre ces surfaces qui y forme une espece de lame, dont l'épaisseur varie suivant que les deux surfaces sont plus ou moins distantes en des endroits que dans d'autres : de quelque espece que soit ce fluide, il est constant que le feu au moins agit contre lui; puisque les franges colorées changent de figure lorsqu'on fait chauffer les glaces. L'eau & l'esprit de vin agissent aussi contre lui; puisque ces liqueurs détruisent les couleurs en pénétrant entre les surfaces où elles se font remarquer. Ce fluide est donc plus dense que les parties aqueuses & spiritueuses; car s'il étoit moins dense que ces sortes de parties, il excluroit l'eau, de sorte qu'elle ne pourroit point remplir entierement l'espace qui est entre les surfaces. Si ce fluide n'est autre chose que l'air que nous respirons, il peut se faire qu'il soit composé de quelques-unes de ses parties les plus ténues, quoique plus grossieres néanmoins que les parties aqueuses & spiritueuses; car plus d'une expérience nous prouve que l'air peut s'insinuer entre des surfaces qui sont ainsi unies entr'elles. Bien plus, lorsque l'air se glisse entre ces sortes de surfaces, les couleurs qu'on y remarque, ne changent aucunement; & je me suis convaincu, en faisant passer de l'air entre ces surfaces par le moyen de la machine pneumatique, que rien n'est plus vraisemblable que la couche d'air interceptée entre ces sortes de lames, y produit des anneaux colorés, de même qu'elle en fait naître entre des verres de lunette d'approche.

§. MDCCCXLII. Mais il se présente ici une question ; savoir, pourquoi la lumiere qui tombe sur des lames minces, se réfléchit en partie, tandis qu'une autre partie les pénetre, & pourquoi cette lumiere se développe en ses différentes couleurs dans l'un & dans l'autre cas? J'avoue que la raison de ce phénomene est encore un des secrets de la Nature, ou au moins que quelque tentative qu'on ait faite jufqu'à préfent, on n'a pas encore pu en découvrir la véritable caufe.

§. MDCCCXLIII. Les couleurs préparées & les objets qui nous paroiffent colorés, n'ont point une couleur qui leur foit propre ; mais ces différens objets féparent la lumiere qui tombe fur eux en fes différentes couleurs : ils en réfléchiffent quelques-unes fous lefquelles ils fe préfentent à notre vue, & ils abforbent les autres ; ils étouffent, fi on peut ainfi parler, ces dernieres par les différentes répercuffions qu'ils leur font fubir, où ils les tranfmettent çà & là, ou enfin ils fe les approprient & s'uniffent intérieurement avec elles ; par conféquent les objets nous paroiffent fous la couleur des rayons qu'ils réfléchiffent. Les couleurs qu'on emploie dans la peinture, font de petits corpufcules, & conféquemment peuvent être regardés comme ces petites lames minces dont nous avons parlé (§. 1831) : ces petits corpufcules, lorfqu'ils font diffous dans l'eau, ou dans d'autres fluides, forment des teintures qu'on applique extérieurement aux corps : on les y applique auffi par l'intermede de l'huile : c'eft ce qu'on remarque lorfqu'on les colore avec du vernis. Ces teintures réfléchiffent différens rayons, & conféquemment différentes couleurs, fuivant les différens degrés d'épaiffeur de leurs molécules conftituantes : c'eft pour cela que la même couleur nous paroît différente, qu'elle eft plus vive, ou plus rude, fuivant qu'elle eft plus ou moins épaiffe. Le cinnabre en maffe paroît d'une couleur rouge foncée ; il eft rempli de cannelures brillantes qui paroiffent d'un pourpre foncé : lorfqu'on le broie, & qu'on le réduit en poudre un peu groffiere, il paroît d'un beau rouge ; fi on le porphyrife avec de l'eau, & qu'on le fubtilife, il perd beaucoup de fon éclat, & il tire fur l'orangé : on lui rend enfin l'éclat qu'il a perdu, & il redevient d'un très beau rouge lorfqu'on le détrempe avec de l'huile de lin, de pavot, ou de térébenthine. On remarque quelque chofe de femblable par rapport au verd-de-gris, lorfque les croifées des bâtimens, par exemple, font récemment peintes de cette couleur ; elles paroiffent d'un vert tirant fur le bleu : les parties huileufes fe diffipant enfuite avec le rems, tout le bleu difparoît ; il ne refte plufqu'une couleur verte ; parceque les parties du cuivre font alors plus rapprochées : quelques années après la couleur devient plus rude, parceque toute la partie huileufe eft prefque entierement expulfée par la denfité que la couche de couleur a acquife.

Les Teinturiers font macérer l'indigo dans l'eau avec de la chaux ; ce qui leur fournit une liqueur verte : cette liqueur, mife fur le feu dans une chaudiere, teint en vert une étoffe fans couleur qu'on fait bouillir dedans : fi on fait enfuite refroidir cette étoffe dans l'eau froide, & qu'on la batte avec des morceaux de bois plans, la couleur verte devient bleue : & fi on la trempe enfuite dans l'eau chaude, la couleur bleue en devient plus gracieufe, ainfi que *Hellot* nous l'apprend, & ainfi qu'on peut s'en convaincre tous les jours, en fe tranfportant à Leyde dans les ateliers des Teinturiers.

Lorfqu'on rompt la coquille d'un certain poiffon de mer, on découvre une veine blanche qui contient une liqueur vifqueufe ; cette liqueur, étendue avec un pinceau fur un linge qui l'abforbe, donne auffi-tôt une couleur verte, brillante & agréable à la vue : elle devient enfuite d'un vert rude, après cela d'un vert de *légumes* ; quelques minutes après cette couleur devient bleue, enfin rouge tirant fur le pourpre. Si on l'expofe au foleil pendant l'efpace de deux heures, la couleur devient d'un bleu foncé ; fi on fait après cela bouillir ce linge, qui eft bleu, dans de l'eau de favon, & qu'on l'expofe enfuite au foleil & au vent, il devient d'une très belle couleur de hysginum (1), qui eft une couleur fixe & qui dure (2).

Ulloa (3) tira un fuc blanc d'un femblable coquillage, qui devient vert, & enfuite couleur de pourpre. Le coton abforbe tellement cette couleur, qu'il n'y a aucune leffive qui puiffe l'effacer.

On conçoit encore pour la même raifon, pourquoi certains corps changent de couleur lorfque leurs furfaces deviennent plus ou moins chargées d'afpérités, plus ou moins polies : cela vient de ce que les parties les plus extérieures de ces furfaces, étant plus ou moins comprimées, font plus ou moins minces. Un papier inégal & raboteux eft plus blanc que le même papier lorfqu'il eft liffe & poli. L'argent, dont la furface eft raboteufe, eft d'une blancheur éclatante ; il noircit lorfqu'on le polit. Une topafe jaune du Brefil, placée dans un creufet rempli de cendres, & expofé à un feu violent, fe change en rubis de couleur rouge (4). Le fable qui eft jaune par rapport aux parties ferrugineufes qu'il contient, devient rouge lorfqu'on le brûle : l'ocre jaune rougit au feu.

On peut conclure, d'après ces obfervations, pourquoi le mélange des couleurs forme une couleur toute différente de celle que les parties conftituantes de ce mixte avoient avant leur mélange : fi on détrempe avec de l'eau ou avec de l'huile, & qu'on mêle enfemble une couleur jaune & une bleue, les corps fur lefquels on étendra cette compofition, paroîtront verts.

Il arrive quelquefois que des couleurs qui paroiffent femblables aux couleurs naturelles, ne font autre chofe que le réfultat de deux couleurs différentes combinées enfemble : voici l'ordre que fuit une telle combinaifon : cet ordre exige que ces couleurs foient prifes de 3 en 3 dans les couleurs que le prifme développe. Ainfi le rouge & le jaune donnent l'orangé ; le jaune & le bleu, combinés enfemble, produifent le vert. Mais ce phénomene n'a pas toujours lieu ; car l'orangé & le vert ne produifent point du jaune, ni le vert & le pourpre ne font point du bleu : pareillement du bleu & du violet mêlés enfemble, ne font point du pourpre ; parceque, dans ces derniers mélanges, les parties conftituantes ne produifent point l'épaiffeur requife dans les molécules des furfaces, pour donner la couleur intermédiaire.

§. MDCCCXLIV. Si on fait diffoudre un corps dans un menftrue qui lui

(1) On ne fait pas précifément ce que c'eft : tous les Auteurs conviennent néanmoins que c'eft une plante qui fert à teindre ; mais ils ne font point d'accord fur la couleur qu'elle donne. Les uns croient qu'elle teint en pourpre, les autres en jaune, les autres en bleu, les autres en rouge. Il y a cependant beaucoup d'apparence que cette plante forme la couleur bleue ; car *Vitruve* dit qu'on imite la pourpre, qui eft le violet, avec la garence, qui eft rouge, & le *hysginum*, & on fait que le mélange du rouge & du bleu, fait du violet.

(2) Journ. des Sav. ann. 1686, p. 356. (3) Voyage au Pérou, Liv. 4. chap. 8. p. 154.
(4) Hift. de l'Acad. Roy. ann. 1747.

foit propre , & qu'il devienne coloré par fa diffolution ; fi les parties de cette diffolution font extrêmement petites , à-peu près de même grandeur & de même épaiffeur, & qu'on verfe enfuite cette diffolution dans une fiole de verre , elle fera tranfparente : on n'y remarquera rien qui choque la vue ; elle paroîtra exactement de même couleur à quiconque confidérera la fiole dans tout fon contour ; parceque ce feront toujours les mêmes rayons de lumiere qu'elle laiffera paffer, ou qu'elle réfléchira : mais fi cette folution eft un peu trouble , & que fes parties conftituantes foient de différente groffeur , figure , rareté , &c , la fiole paroîtra de différente couleur , fi on la regarde par réflexion , ou par le moyen des rayons qu'elle tranfmet. On remarque ce phénomene d'une maniere très fenfible dans une infufion de bois néphrétique faite dans l'eau ; mais il faut pour cela que ce bois foit récemment coupé ; car fa qualité diminue & même périt par fa vétufté. Un Obfervateur qui tient à la main une fiole de cette diffolution, & qui a le dos tourné du côté de la fenêtre , la voit opaque & d'une couleur bleue , par le moyen des rayons de lumiere qui viennent de la fenêtre , qui tombent fur cette fiole & qui fe réfléchiffent dans fon œil ; tandis que cette même fiole , expofée au grand jour , lorfque le tems eft bien ferein , paroît très limpide & fans couleur : fi l'Obfervateur l'examine de côté , cette teinture lui paroîtra verte ; & fi cette fiole eft placée entre l'œil du fpectateur & la lumiere , la liqueur paroîtra tranfparente & orangé , ou d'un rouge brun.

On obferve quelque chofe de femblable par rapport à la pétreole. Des feuilles d'or très minces , placées entre deux plaques de verre, paroiffent jaunes lorfqu'on les confidere, par le moyen de la lumiere qu'elles réfléchiffent ; mais elles paroiffent vertes , à l'aide de la lumiere qu'elles tranfmettent ; ou fi l'or eft en petite quantité, il paroît alors bleu.

La teinture d'or de *Geoffroy* tire fur le jaune , lorfqu'on la voit par réflexion ; & elle eft couleur de pourpre lorfqu'on la confidere par réfraction (1).

Si on jette les yeux fur la gorge des pigeons qui font au foleil, on y obfervera différentes couleurs , lorfqu'ils feront différens mouvemens du col , & parmi les belles couleurs qu'ils nous feront alors obferver, les unes feront produites par réflexion, les autres par réfraction. Il en eft de même par rapport à certains taffetas qui paroiffent de différentes couleurs , fuivant la maniere felon laquelle on les regarde.

§. MDCCCXLV. Le mélange des infufions de différentes fubftances produit différentes couleurs fort agréables à la vue ; mais qui difparoiffent lorfqu'on y ajoûte quelqu'autre infufion : il y en a même qui reprennent la premiere couleur qu'elles avoient auparavant. On trouve quantité d'expériences de cette efpece dans les Effais de l'Académie de Florence (2). *Boerhaave* (3), *Helsham* (4), *Hierne* (5), nous ont auffi appris quelque chofe fur cela, & je joindrai ici mes découvertes à celles de ces grands hommes.

(1) Hift. de l'Acad. Roy. ann. 1713, (2) Tent, Flor. Part. 2. pag. 93. & feq. (3) Chemia. Vol. 2. pag. 535. (4) Lectures. Chap. 20. pag. 304. (5) Acta Chymia Holmienfia. §. 2. Cap. 6. pag. 186,

Couleurs produites par le mélange de différentes liqueurs non colorées.

1°. Si on verfe fur de la teinture de rofes rouges par l'efprit de vin , quel-ques gouttes d'efprit acide , tels que de l'efprit de vitriol, de l'huile de fou-fre , de l'huile de vitriol , de l'efprit de fel marin , de l'efprit de nitre ; ce mêlange donnera un rouge très vif. Plufieurs fleurs rouges infufées peu de tems dans l'efprit de vin , donnent à peine une couleur; mais elles donnent toutes du rouge lorfqu'on y ajoûte un des acides dont nous venons de parler.

2°. La folution de mercure mêlée avec de l'huile de tartre , donne l'o-rangé (1).

3°. La folution de fublimé , & l'eau de chaux , produifent le jaune.

4°. La teinture de rofes rouges avec l'huile de tartre par défaillance , ou avec l'efprit de fel ammoniac , produifent du vert.

La teinture de plufieurs fleurs rouges donne du vert lorfqu'on la mêle avec un alkali.

5°. La teinture de rofes rouges & l'efprit d'urine forment du bleu.

6°. La folution de cuivre & l'efprit de fel ammoniac , forment du pourpre.

7°. La folution de fublimé mêlée avec de l'efprit de fel ammoniac , donne du blanc.

8°. La folution de fucre de Saturne , & la folution de vitriol , ou la teinture de rofes rouges , ou de plufieurs fleurs rouges , & la folution de vitriol de Mars dans l'eau ; ou enfin la folution de noix de galles & de vitriol de Mars , donnent du noir.

(1) L'expérience m'a appris que l'ordre de ces mélanges étoit renverfé , que l'orangé étoit produit par le mélange de la folution de fublimé avec l'eau de chaux, & que la folution de mercure avec l'huile de tartre formoit du jaune.

Couleurs produites par le mélange de plusieurs liqueurs colorées.

1	Rouge.	Teinture de roses rouges.		Vert.
	Jaune.	Teinture de crocus.		
2	Bleu.	Teinture de violettes.		Cramoisi.
	Brun.	Esprit de soufre.		
3	Rouge.	Teinture de roses rouges.		Bleu.
	Brun.	Esprit de corne de cerf.		
4	Bleu.	Teinture de violettes.		Violet.
	Bleu.	Solution de cuivre.		
5	Bleu.	Teinture de violettes.		Pourpre.
	Bleu.	Solution de vitriol de Hongrie.		
6	Bleu.	Teinture de bleuet.		Vert.
	Blanc.	Esprit de sel ammoniac.		
7	Bleu.	Solution de vitriol de Hongrie.		Jaune.
	Brun.	Lessive.		
8	Bleu.	Solution de vitriol de Hongrie.		Noir.
	Rouge.	Teinture de roses rouges.		
9	Bleu.	Teinture de bleuet.		Rouge.
	Vert.	Solution de cuivre.		
10	Violet.	Teinture de chardon, ou de toute autre fleur qui donne du violet par sa macération dans l'eau.		Bleu.
	Transparent.	Alun dissout dans l'eau.		

Couleurs changées & restituées.

1°. La solution de verd-de-gris perd sa couleur lorsqu'on verse par-dessus de l'esprit de nitre: on lui rend sa premiere couleur en versant de l'huile de tartre sur le mêlange.

2°. La teinture rouge de rofes noircit par l'addition de la folution de vitriol ; & elle devient rouge lorfqu'on verfe par-deffus de l'huile de tartre.

3°. La teinture de rofes devient d'un beau rouge par l'addition de l'efprit de vitriol : elle devient verte enfuite fi on y ajoûte de l'efprit de fel ammoniac : enfin elle reprend fa couleur rouge en verfant fur le mêlange de l'huile de vitriol.

4°. La folution d'airain eft verte ; elle perd fa couleur par l'efprit de vitriol : elle devient couleur de pourpre par l'efprit de fel ammoniac , & elle perd encore fa couleur par l'addition de l'huile de vitriol.

5°. La folution de noix de galles mêlée avec le vitriol , forme du noir qui difparoît lorfqu'on verfe par-deffus de l'huile de vitriol , qui rend au mêlange fa premiere tranfparence.

Toutes ces couleurs rouges , vertes , bleues , produites par les mêlanges indiqués ci-deffus , font plus foncées , plus brillantes , plus tendres , fuivant la plus grande ou la moindre quantité de fels , ou fuivant qu'ils font d'une meilleure ou d'une moins bonne qualité : c'eft à cette caufe qu'il faut rapporter ces différentes efpeces de rouge , de vert , de bleu , qu'on remarque dans ces mêlanges. Cette variété dépend auffi des diffolutions plus ou moins chargées des corps que l'on combine avec des fels. Suivant les recherches que j'ai faites fur cette matiete, j'imagine qu'on peut regarder comme une propofition univerfelle , que les végétaux jaunes, diffous dans l'efprit de vin , donnent des teintures jaunes qui ne peuvent point être changées , ou qui ne peuvent l'être que très peu , par l'addition des acides , des alkalis , ou par l'addition de tout autre fel quelconque : je foupçonne cependant qu'il faut excepter quelques corps de cette loi générale ; car lorfqu'on verfe de l'huile de vitriol fur une certaine teinture jaune , connue fous le nom d'*Orléans* , on produit une couleur d'un très beau bleu ; mais qui peut être détruite par l'eau , ou par tout autre fel quelconque.

Lorfqu'on fait des mêlanges avec des eaux acidules , ou vitrioliques , & des aftringens , on obferve les réfultats fuivans.

1°. Une petite quantité d'aftringent , mêlé avec du fer , donne du noir.

2°. Si on ajoûte une plus grande quantité d'aftringent , la couleur devient bleue.

3°. Une plus forte dofe d'aftringent , donne du violet.

4°. En augmentant encore la dofe , on a du pourpre (1).

Cette production & ce changement de couleur , dépendent de la différente grandeur des particules qui flottent dans le diffolvant ; car les différens fels acides ou alkalins , fe joignent & s'uniffent aux particules des teintures qu'ils épaiffiffent ou qu'ils atténuent (2).

§. MDCCCXLVI. Il y a auffi quelques teintures qui confervent très bien leur couleur lorfqu'on les expofe à l'air libre , & qui la perdent lorfqu'elles ne font plus expofées au contact de cet air. Telle eft , par exemple , la tein-

(1) Limbourg , des Eaux de Spa.   (2) Newtoni Optice. Lib. 2. part. 2.

ture d'*orseille*, faite avec de l'eau, ou avec de l'esprit de vin, mêlé avec de l'eau, de la chaux, & un sel urineux. Cette teinture, renfermée dans un tube de verre, qu'on ferme ensuite hermétiquement, perd sa couleur en peu de jours : si on ouvre alors la partie supérieure du tube, & qu'on y introduise par ce moyen de nouvel air, la couleur renaît. Il paroît que cet effet ne dépend point de la pression de l'air, puisque l'air qui étoit renfermé dans la partie supérieure du tube, exerçoit continuellement sa pression contre la liqueur qui étoit au-dessous.

2°. Une seconde raison qu'on peut encore apporter, c'est que si on ne fait qu'une très petite ouverture au tube, & qu'on n'introduise par ce moyen que très lentement une très petite quantité d'air dans le tube, à peine voit-on renaître la couleur, ou au moins elle ne reparoît qu'après bien du tems. Ces sortes de couleurs dépendroient-elles donc des sels qui flottent dans l'atmosphere, lesquels pénétrant cette teinture, lui conservent sa couleur tant qu'ils y ont un libre accès, & conséquemment cessent de la conserver, lorsqu'ils ne peuvent plus la pénétrer librement ; ce qui cause la destruction de la couleur. M. l'Abbé *Nollet* a fait plusieurs expériences sur cette teinture (1).

§. MDCCCXLVII. Quiconque voudra pousser plus loin ses recherches sur les couleurs, doit exprimer, à l'aide d'une presse, les sucs des végétaux, ou doit faire dissoudre leurs fleurs, leurs racines, ou leurs bois, dans l'esprit de vin ou dans l'eau, ou même les y faire bouillir pendant quelque tems : les choses étant ainsi disposées, il mêlera quelque sel avec une certaine quantité de chacune de ces dissolutions ; & il continuera ces mêlanges successivement avec différens sels ; tels que le sel marin, le sel d'epsum, l'alun, l'alun brûlé, le borax, le vitriol de Mars, le colcotar de vitriol, le vitriol de Chypre, l'huile de vitriol, le nitre, le sel ammoniac, le fiel de verre, le tartre, la crême de tartre, le sucre de Saturne, la chaux, l'eau de chaux, le suc exprimé du citron, le vinaigre, l'esprit de vinaigre, l'urine, l'esprit d'urine, le sel d'urine, l'esprit de vitriol, l'huile de vitriol, l'esprit de nitre, l'esprit de sel marin, l'eau regale, l'esprit de nitre édulcoré, l'esprit de sel édulcoré, l'esprit de vin éthéré, l'esprit de sel ammoniac, l'huile de tartre par défaillance, l'esprit de corne de cerf, l'esprit de soufre fait sous la cloche : il faut encore continuer ces mêmes mêlanges avec d'autres sels, s'il y en a encore quelques uns différens de ceux que nous venons d'indiquer. Il faut aussi exposer aux vapeurs & aux exhalaisons des sels volatils, ou des différentes fumées, les liqueurs absorbées par différens corps & desséchées au soleil.

2°. Après avoir fait usage d'un sel quelconque, ou d'un esprit, & avoir produit une couleur, il faut employer d'autres sels, ou verser sur le mélange, d'autres esprits différens, ce qui produit souvent différentes couleurs. La première étant changée, ou détruite.

3°. Il faut conserver pendant quelques jours les dissolutions dans des vases fermés, & dans d'autres ouverts, afin de connoître quelles sont les

{ (1) Hist. de l'Acad. Roy. aun. 1742. |

couleurs qui périffent en peu de tems ; & quelles font celles qui fe confervent long-tems fans changer.

4°. On peut auffi mêler enfemble différentes teintures, qui produiront
de nouvelles couleurs ; ce qui fournit un moyen de faire quantité de nouvelles découvertes.

Toutes ces recherches peuvent être d'une très grande utilité pour la teinture, ainfi que l'a très bien démontré le célebre de *Juffieu* (1). En fuivant
cette méthode, j'ai fait plufieurs découvertes, que je n'ai pas voulu ajouter
ici, pour éviter l'ennui que la prolixité entraîne toujours avec elle.

§. MDCCCXLVIII. C'eft fur ces principes qu'on a trouvé plufieurs
encres fympathiques, dont le célebre *Hellot* nous a donné la defcription (2).

1°. Si on fait diffoudre de la litharge dans du vinaigre diftillé, & qu'on
fe ferve de cette liqueur pour tracer des caracteres, lorfqu'on aura laiffé
fécher à l'ombre cette écriture ; elle difparoîtra, & on ne pourra diftinguer
aucun caractere ; mais fi après avoir fait fondre de l'orpiment dans de l'eau
de chaux ; on prend de cette feconde liqueur avec un pinceau, & qu'on en
frotte l'écriture dont nous venons de parler ; alors les parties de la litharge,
s'uniffant avec celles de l'orpiment, deviendront colorées : elles deviendront jaunes, enfuite noires, & on pourra lire ce qui aura été écrit fur le
papier. Si on paffe après cela de l'eau forte fur cette écriture, elle difparoîtra.

2°. Faites fondre de l'or dans de l'eau regale, & étendez cette diffolution dans cinq parties d'eau ; faites pareillement fondre de l'étaim dans de
l'eau regale, & étendez cette feconde diffolution dans cinq parties d'eau ;
écrivez enfuite avec la premiere diffolution, ayant foin de vous fervir d'une
plume neuve ; lorfque l'écriture aura été expofée quelque tems à l'ombre,
elle difparoîtra : paffez par deffus de la feconde diffolution, l'écriture repa-
roîtra, & les lettres feront couleur de pourpre.

3°. Si on fait fondre de l'or dans de l'eau regale, & qu'on étende cette
diffolution dans une certaine quantité d'eau, les lettres qu'on tracera avec
cette liqueur, étant expofées à l'air, commenceront à jaunir à proportion que
la liqueur s'évaporera, elles deviendront enfuite pourprées, à proportion
que les parties de l'or feront plus rapprochées.

4°. Si on fait diffoudre, dans de l'eau forte, de la mine de zinc, de bifmuth ou de cobolt, & qu'on étende cette diffolution dans de l'eau, &
qu'enfuite on y ajoute du fel marin, lorfque cette liqueur fera dépofée, fi
on s'en fert pour tracer différens caracteres, ces lettres ne feront point vifi-
bles tant qu'elles feront froides ; mais elles paroîtront bleues lorfqu'on les
fera chauffer.

§. MDCCCXLIX. Tous les corps paroiffent colorés, & fe préfentent à
notre vue fous différentes couleurs, lorfque leurs parties intérieures & extérieures acquierent une autre fituation, une différente conformation, lorfque leur denfité varie, ou qu'on change leur figure. L'acier trempé, par exem-

(1). Hift. de l'Acad. Roy. ann. 1724. (2) Hift. de l'Acad. Roy. ann. 1737.

ple, blanchit & devient brillant lorſqu'on le polit. Si on l'expoſe encore à l'action du feu, qu'on augmente par degrés, il perd ſa blancheur, il commence à jaunir, il jaunit enſuite ; il devient après cela d'une couleur qui tire ſur le bleu ; il acquert enſuite une couleur bleue foncée, & enfin il devient couleur d'eau. Il paroît que les parties de l'acier qu'on traite de cette manière, s'écartent de leur première ſituation, puiſqu'elles ſe ramolliſſent, & que toute la maſſe acquérant un plus grand volume, devient d'une moindre denſité & d'une moindre peſanteur ſpécifique.

§. MDCCCL. On produit encore des changemens de couleurs, lorſqu'on remplit les pores des corps avec d'autres ſubſtances ; c'eſt ce qui arrive lorſqu'on plonge un corps dans une teinture, & qu'on le plonge enſuite dans une autre teinture ; alors la ſurface de ce corps paroît ſous une couleur différente de celle des deux teintures ; car les premieres parties colorées étant jointes avec d'autres parties de différente couleur, forment un mixte, dont les parties ſont d'une épaiſſeur différente, qui ſéparent & qui réfléchiſſent des rayons différemment colorés.

Quiconque deſirera un plus grand détail ſur la lumiere & ſur les couleurs, pourra conſulter l'Optique de *Newton*, qui eſt un monument éternel de la gloire que ce grand homme s'eſt acquiſe en travaillant ſur cette matiere : car je n'ai voulu donner dans cette introduction à la Philoſophie, que les principes de cette Science.

Fin du Tome ſecond.

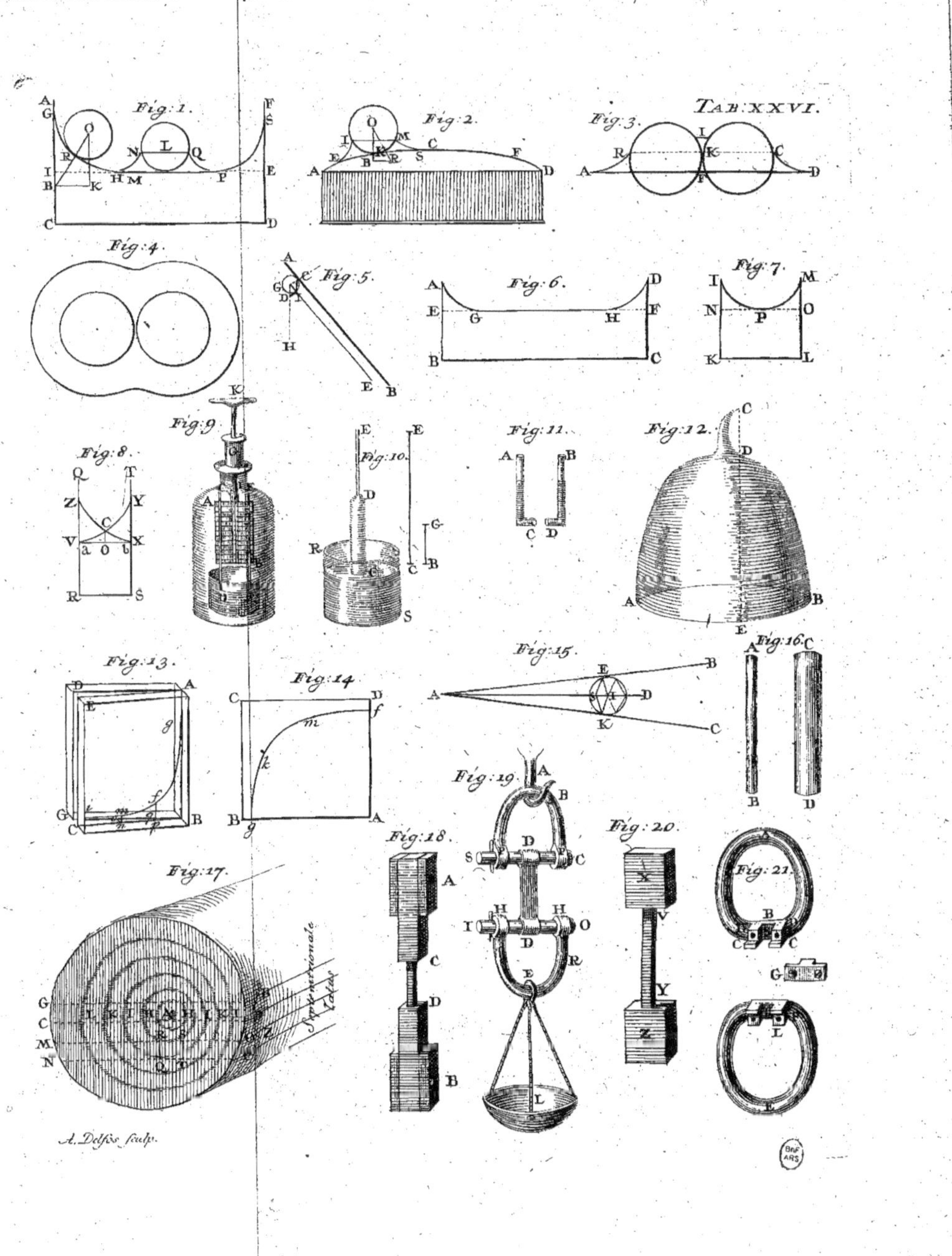

Fig: 1.
Fig: 2.
Fig: 3.
TAB: XXVI.
Fig: 4.
Fig: 5.
Fig: 6.
Fig: 7.
Fig: 8.
Fig: 9.
Fig: 10.
Fig: 11.
Fig: 12.
Fig: 13.
Fig: 14.
Fig: 15.
Fig: 16.
Fig: 17.
Fig: 18.
Fig: 19.
Fig: 20.
Fig: 21.
A. Delfos sculp.

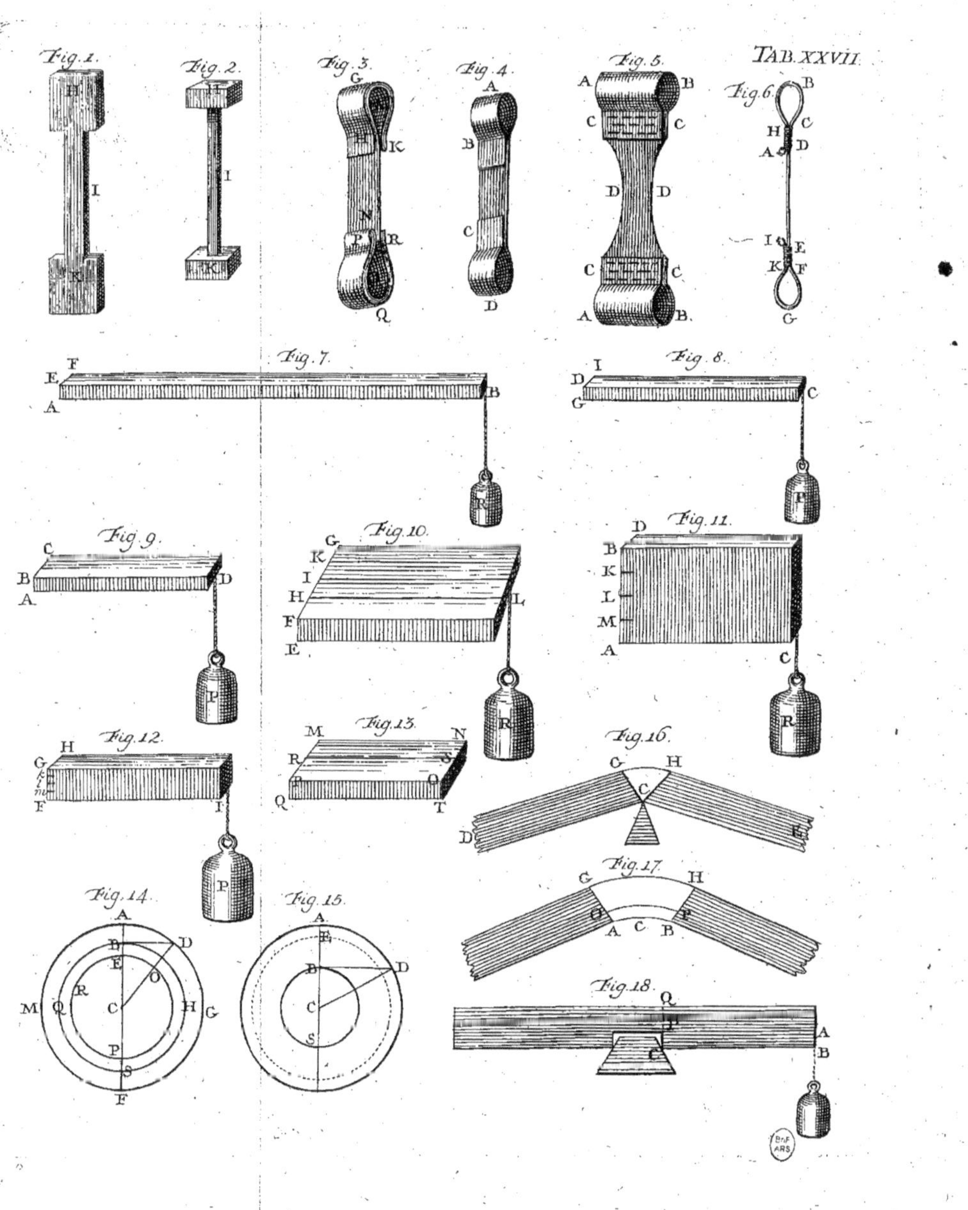

TAB. XXVII.
Fig. 1.
Fig. 2.
Fig. 3.
Fig. 4.
Fig. 5.
Fig. 6.
Fig. 7.
Fig. 8.
Fig. 9.
Fig. 10.
Fig. 11.
Fig. 12.
Fig. 13.
Fig. 14.
Fig. 15.
Fig. 16.
Fig. 17.
Fig. 18.

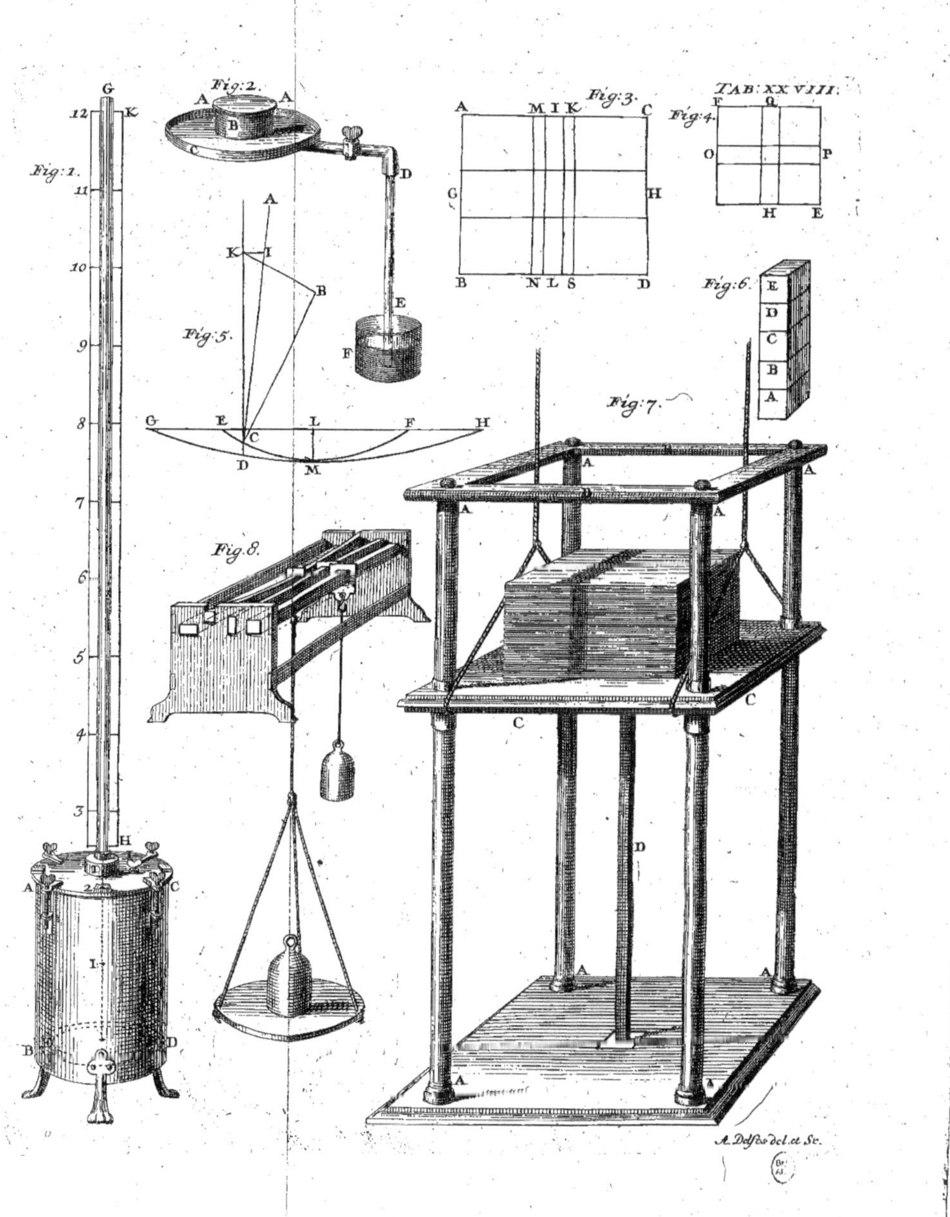

Fig:1.
Fig:2.
Fig:3.
TAB: XXVIII.
Fig:4.
Fig:5.
Fig:6.
Fig:7.
Fig.8.
A. Defos del. et Sc.

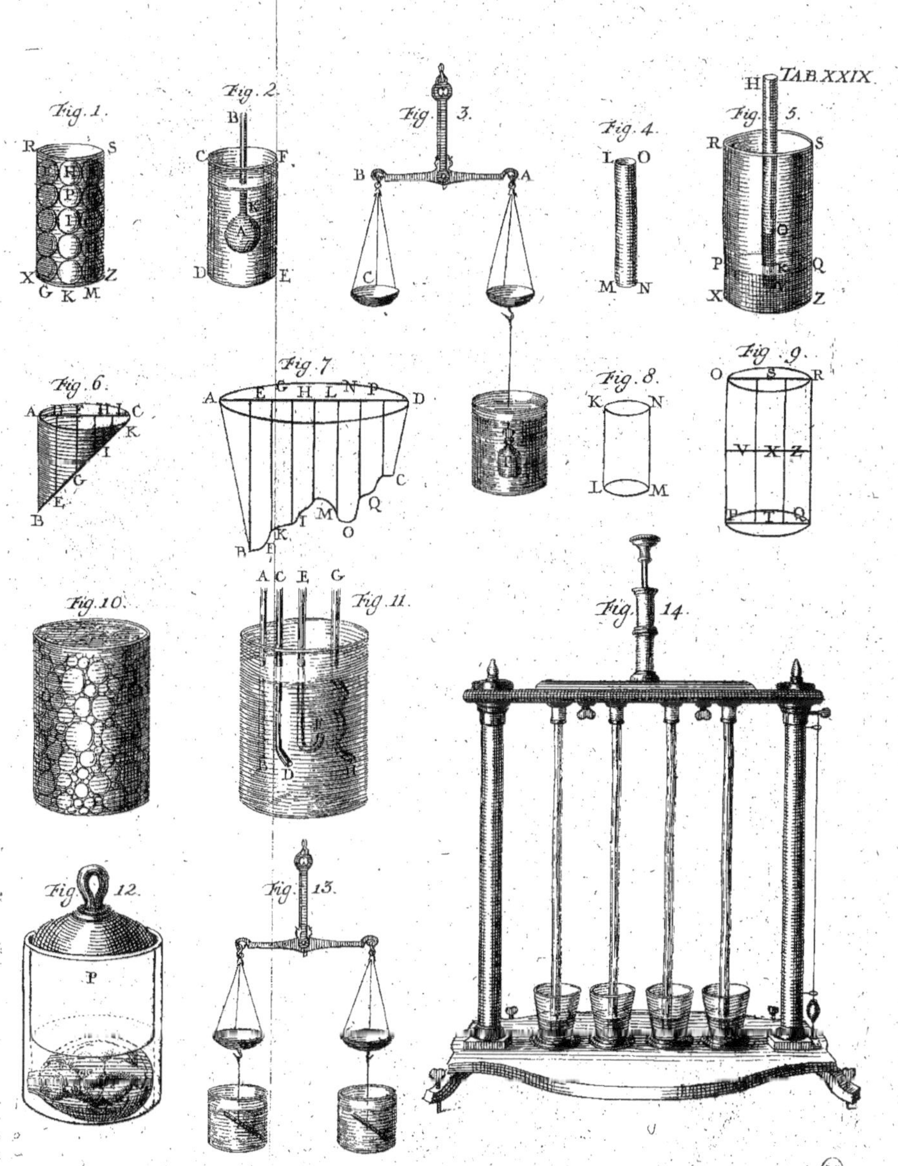

TAB.XXIX.
Fig.1.
Fig.2.
Fig.3.
Fig.4.
Fig.5.
Fig.6.
Fig.7.
Fig.8.
Fig.9.
Fig.10.
Fig.11.
Fig.12.
Fig.13.
Fig.14.

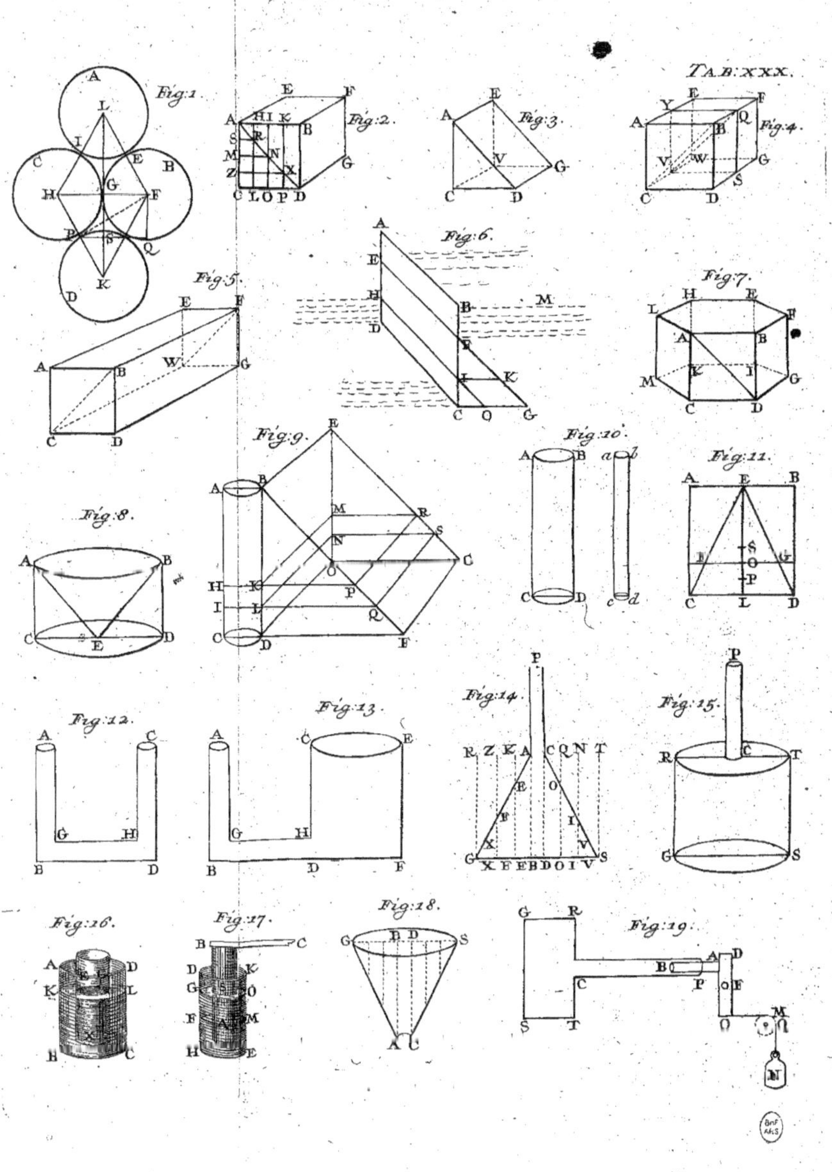

TAB: XXX.
Fig:1.
Fig:2.
Fig:3.
Fig:4.
Fig:5.
Fig:6.
Fig:7.
Fig:8.
Fig:9.
Fig:10.
Fig:11.
Fig:12.
Fig:13.
Fig:14.
Fig:15.
Fig:16.
Fig:17.
Fig:18.
Fig:19.

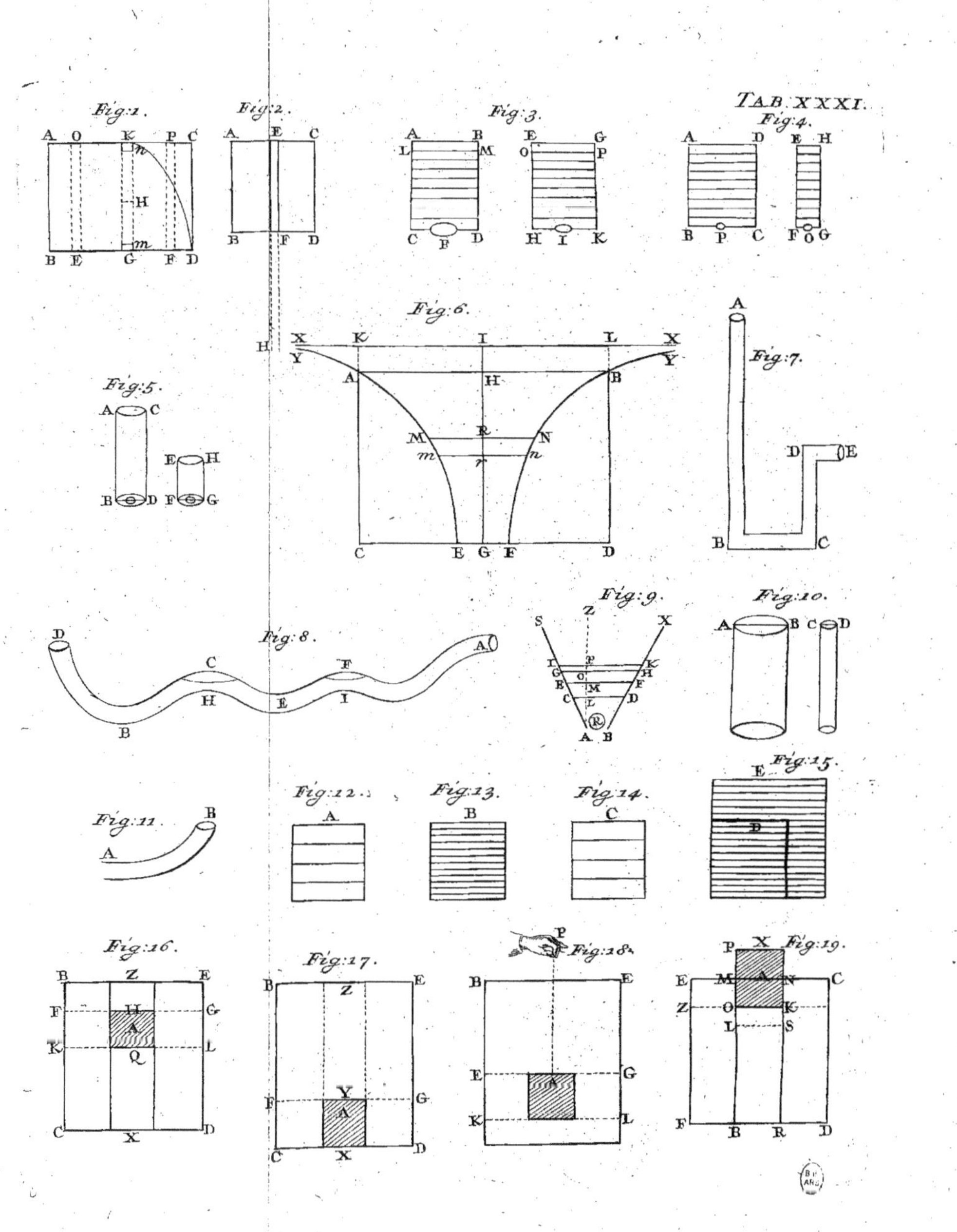

TAB. XXXI.
Fig:1.
Fig:2.
Fig:3.
Fig:4.
Fig:5.
Fig:6.
Fig:7.
Fig:8.
Fig:9.
Fig:10.
Fig:11.
Fig:12.
Fig:13.
Fig:14.
Fig:15.
Fig:16.
Fig:17.
Fig:18.
Fig:19.

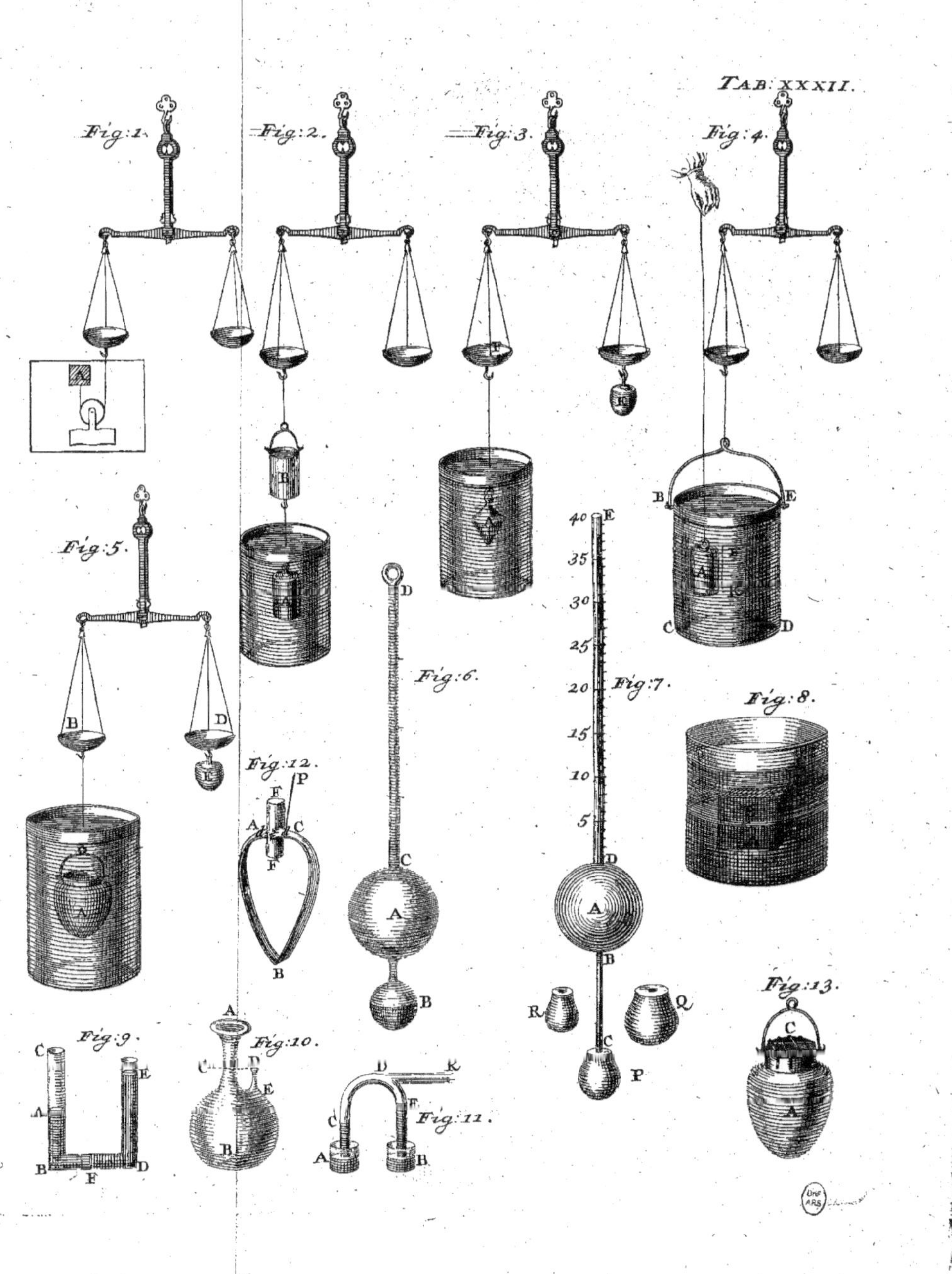

TAB. XXXII.
Fig:1.
Fig:2.
Fig:3.
Fig:4.
Fig:5.
Fig:6.
Fig:7.
Fig:8.
Fig:9.
Fig:10.
Fig:11.
Fig:12.
Fig:13.

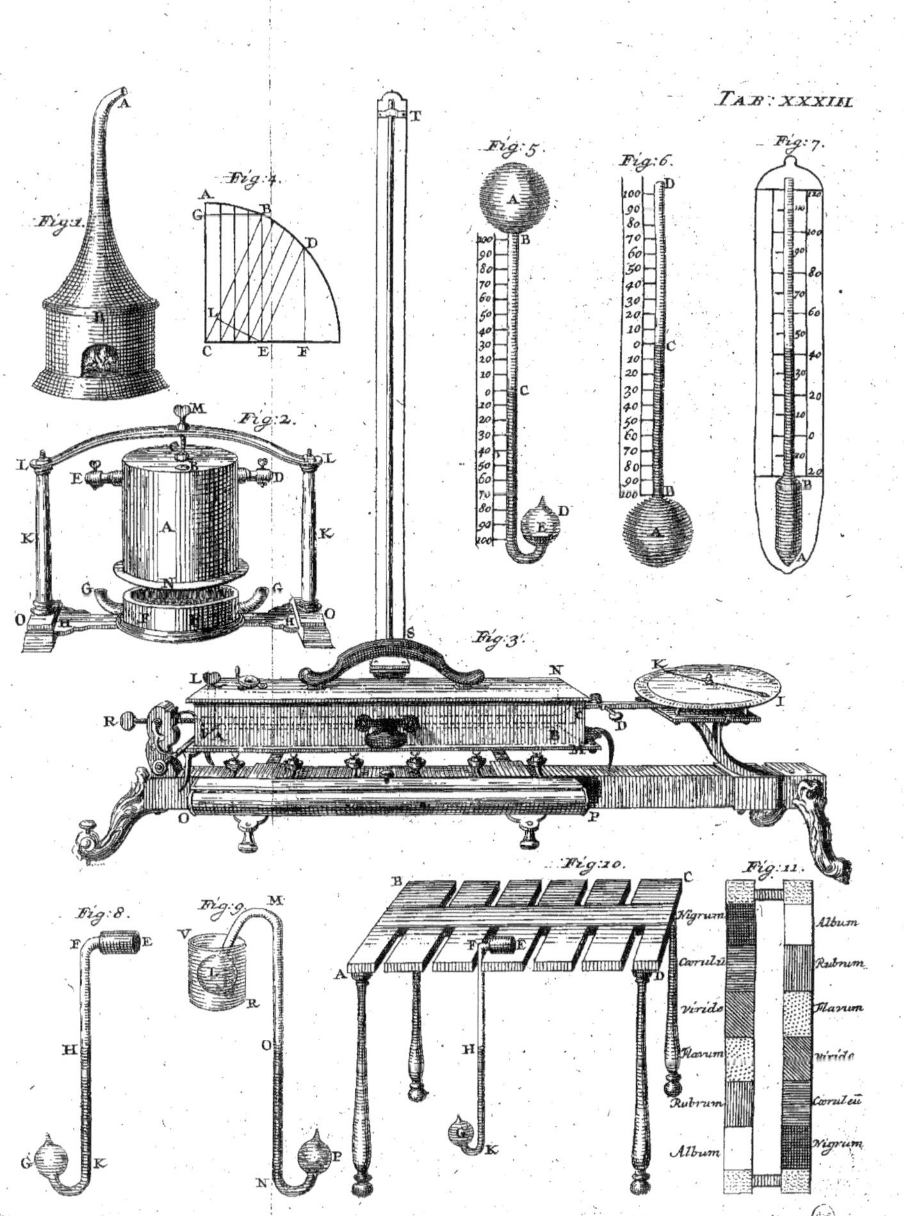

TAB: XXXIII.
Fig: 1.
Fig: 2.
Fig: 3.
Fig: 4.
Fig: 5.
Fig: 6.
Fig: 7.
Fig: 8.
Fig: 9.
Fig: 10.
Fig: 11.
Nigrum
Caeruleū
Viride
Flavum
Rubrum
Album
Album
Rubrum
Flavum
Viride
Caeruleū
Nigrum

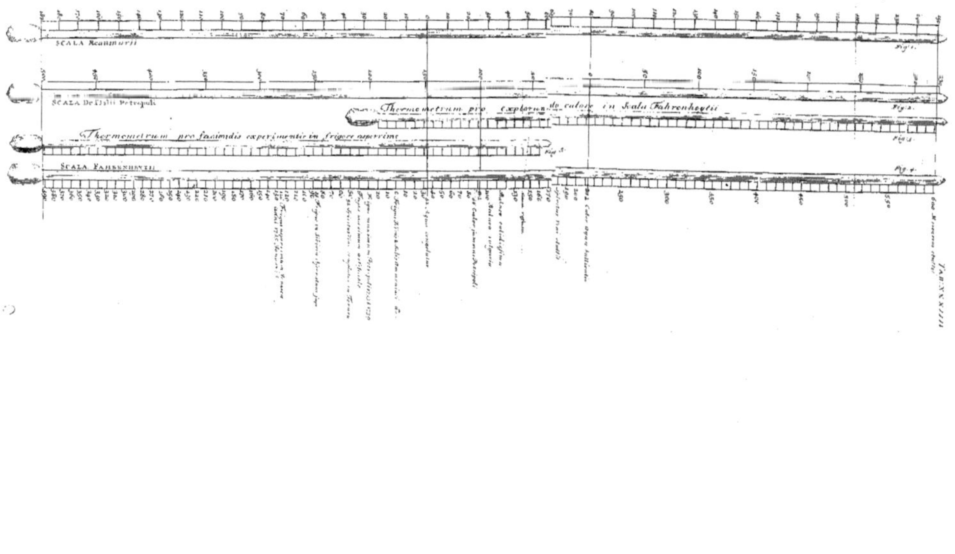

SCALA Reaumurii
SCALA Delislii Petropoli
Thermometrum pro explorando calore in Scala Fahrenheytii
Thermometrum pro faciundis experimentis in frigore asperrime
SCALA Fahrenheytii
Fig. 1.
Fig. 2.
Fig. 3.
Fig. 4.
TAB. XXXIII.

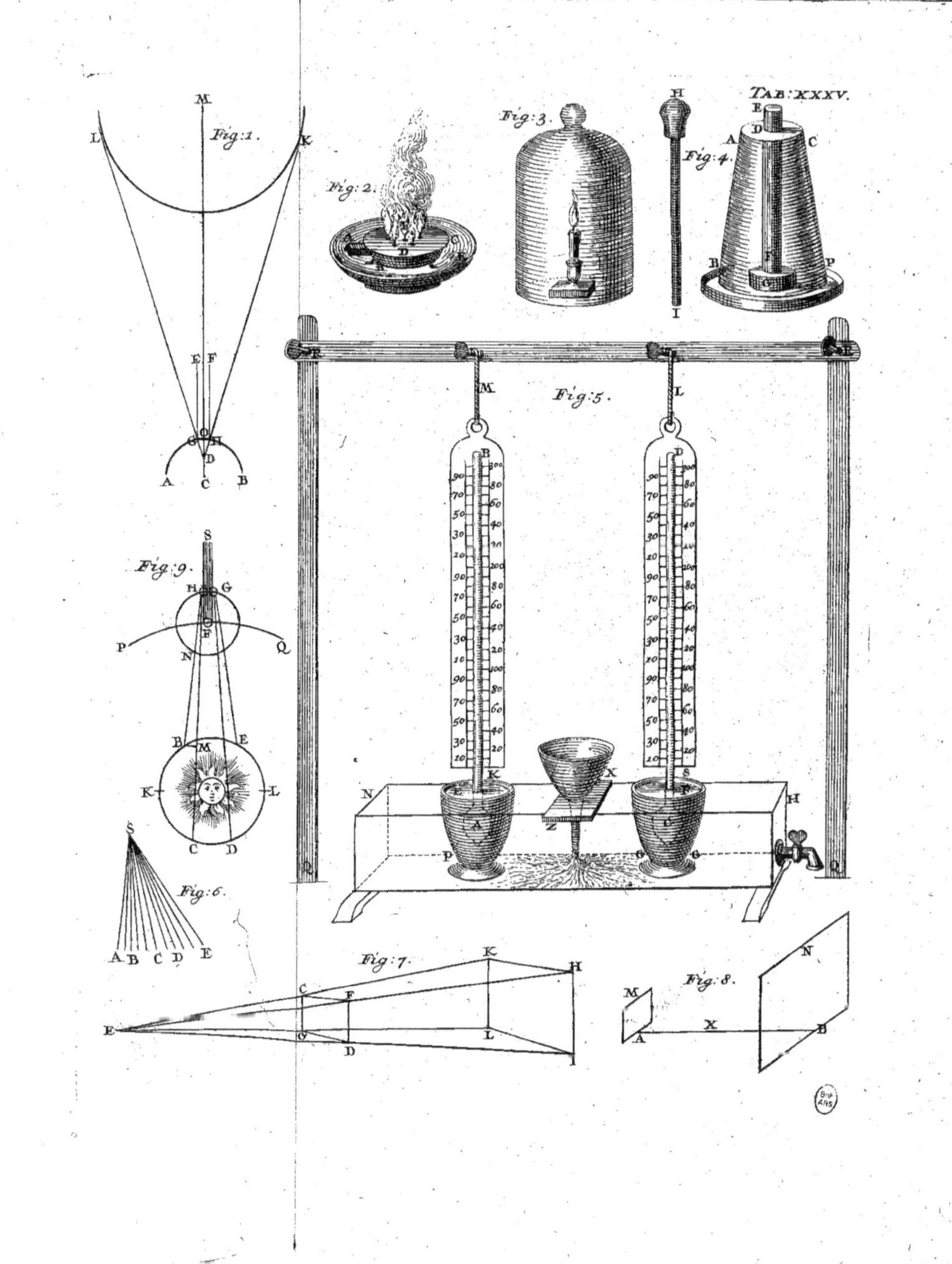

TAB: XXXV.
Fig:1.
Fig:2.
Fig:3.
Fig:4.
Fig:5.
Fig:6.
Fig:7.
Fig:8.
Fig:9.

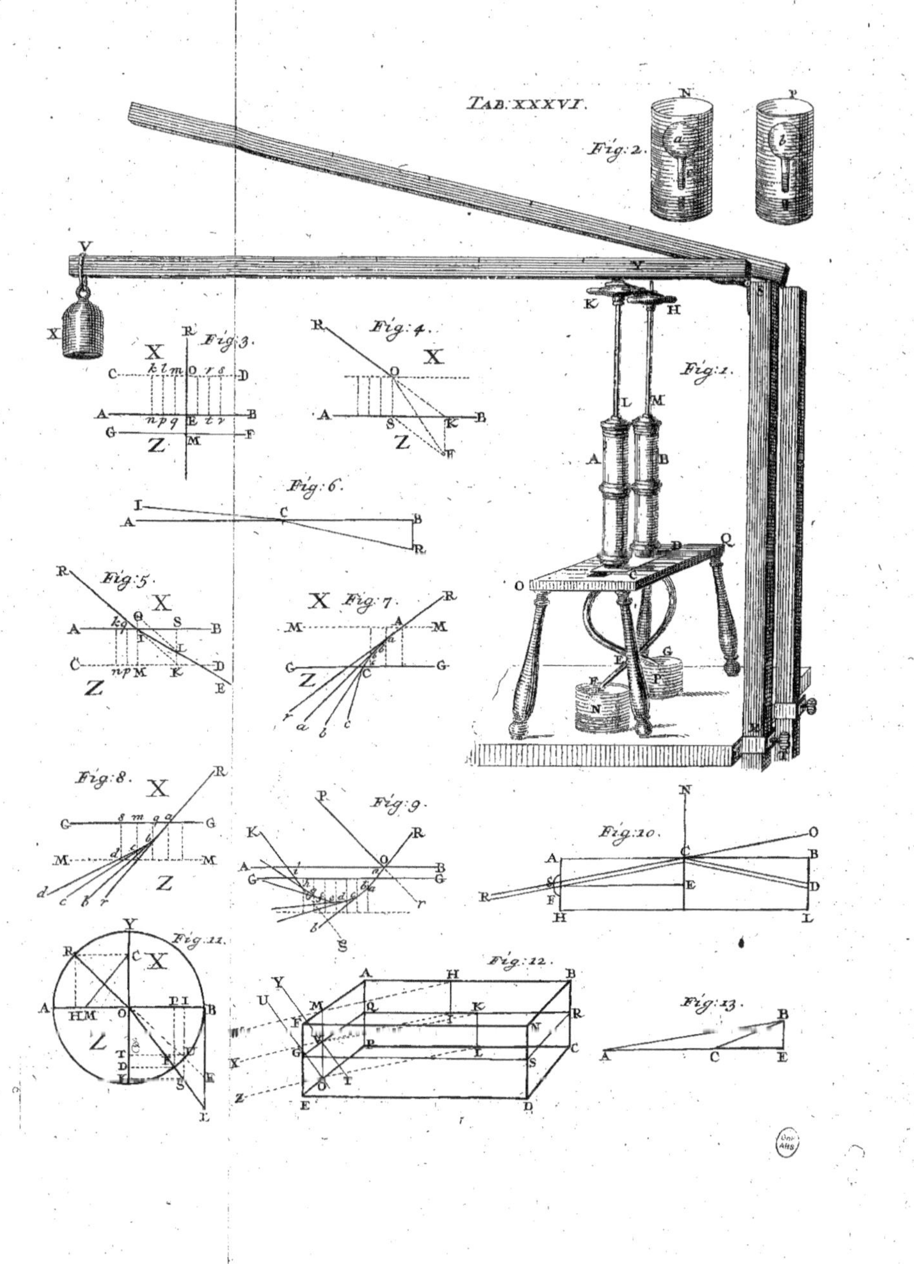

TAB. XXXVI.
Fig: 1.
Fig: 2.
Fig: 3.
Fig: 4.
Fig: 5.
Fig: 6.
Fig: 7.
Fig: 8.
Fig: 9.
Fig: 10.
Fig: 11.
Fig: 12.
Fig: 13.

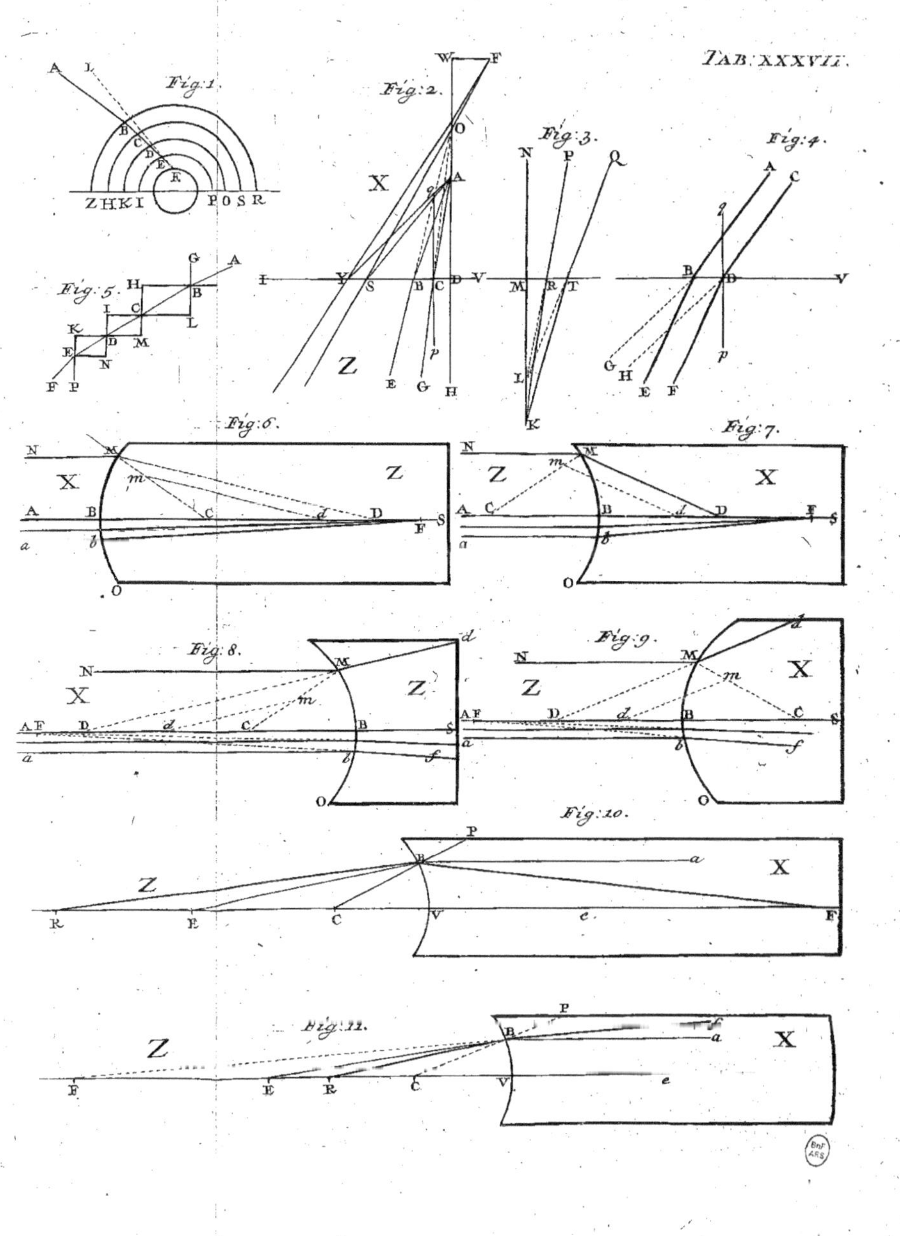

TAB. XXXVII.
Fig:1.
Fig:2.
Fig:3.
Fig:4.
Fig:5.
Fig:6.
Fig:7.
Fig:8.
Fig:9.
Fig:10.
Fig:11.

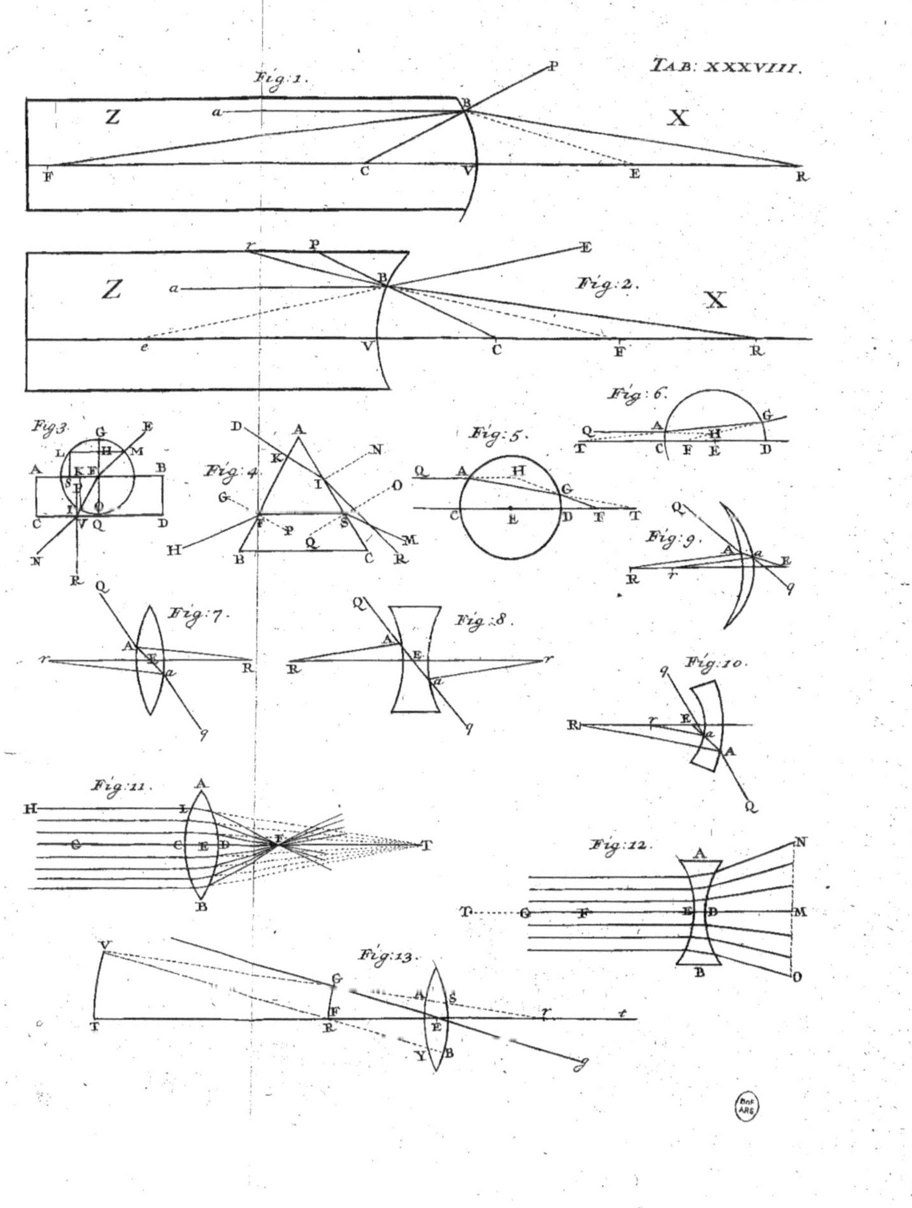

TAB: XXXVIII.
Fig. 1.
Z
X
a
B
P
F
C
V
E
R
Fig. 2.
Z
X
r
P
E
a
B
e
V
C
F
R
Fig. 3.
G
E
L
H
M
A
B
K
F
S
P
I
O
C
V
Q
D
N
R
Fig. 4.
D
A
N
K
I
G
O
H
F
P
S
M
B
Q
C
R
Fig. 5.
Q
A
H
C
E
D
T
T
G
Fig. 6.
Q
A
H
G
T
C
F
E
D
Fig. 7.
Q
A
r
E
R
a
q
Fig. 8.
Q
A
R
E
r
a
q
Fig. 9.
Q
A
a
E
R
r
q
Fig. 10.
q
r
E
R
a
A
Q
Fig. 11.
A
H
L
G
C
E
D
I
T
B
Fig. 12.
N
A
T
G
F
E
D
M
B
O
Fig. 13.
V
G
A
S
F
R
r
t
T
E
o
Y
B
g

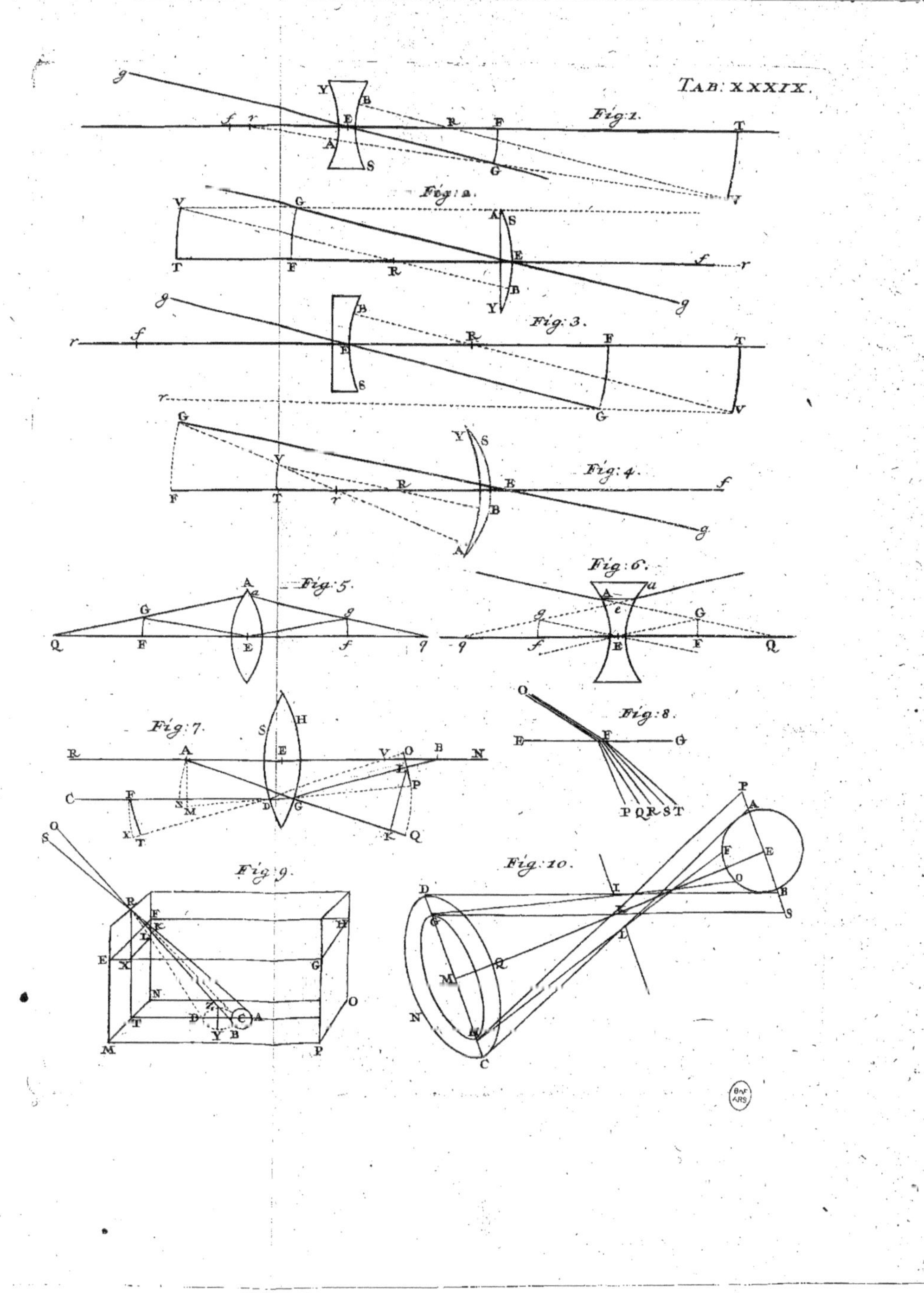

TAB: XXXIX.
Fig: 1.
Fig: 2.
Fig: 3.
Fig: 4.
Fig: 5.
Fig: 6.
Fig: 7.
Fig: 8.
Fig: 9.
Fig: 10.

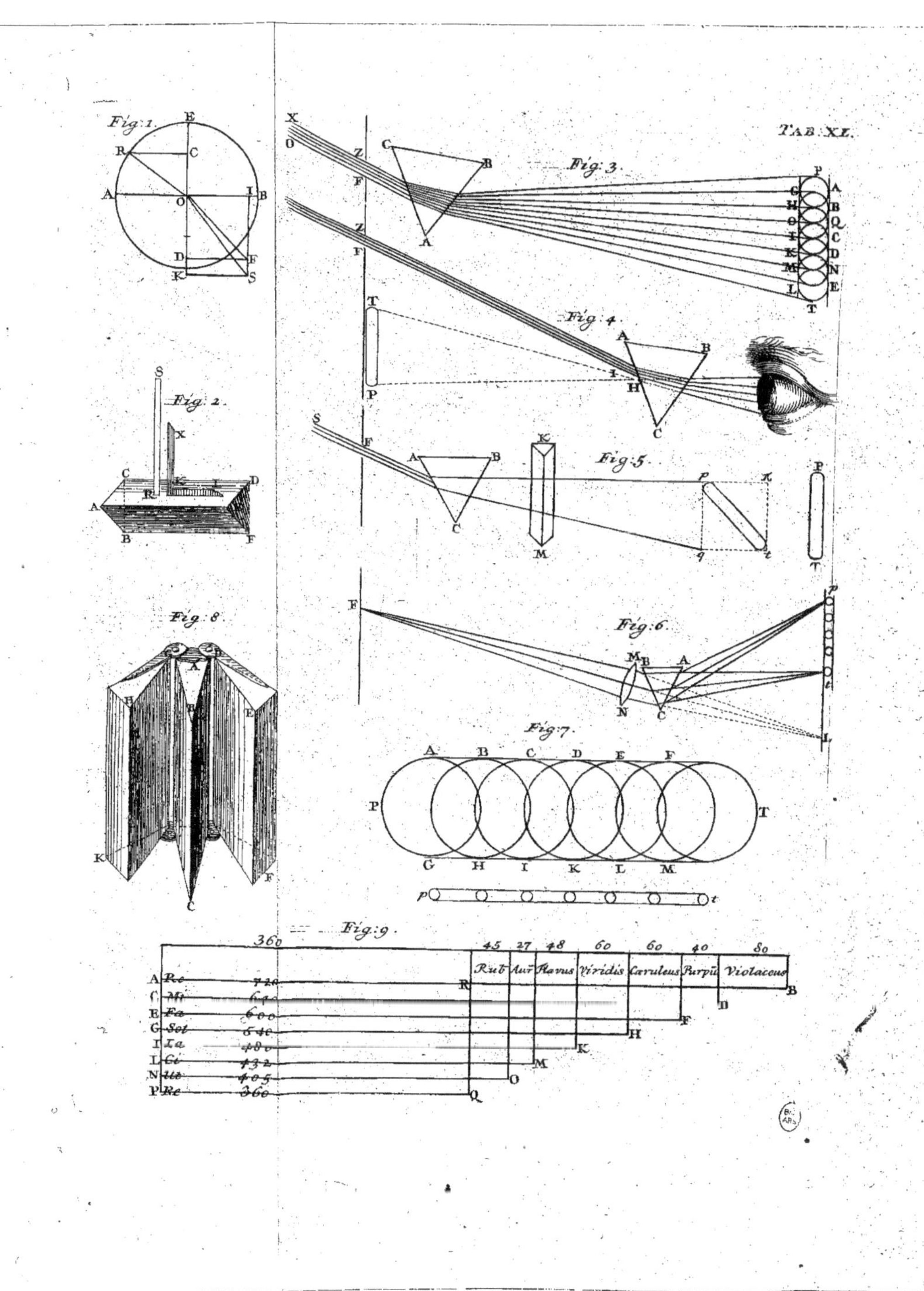

Fig: 1.
Fig: 2.
Fig: 3.
Fig: 4.
Fig: 5.
Fig: 6.
Fig: 7.
Fig: 8.
Fig: 9.
TAB. XL.
Rub Aur Flavus Viridis Caruleus Purpu Violaceus
360
45 27 48 60 60 40 80
Re
Mi
Fa
Sol
La
Si
Ut
Re
720
640
600
540
480
432
405
360

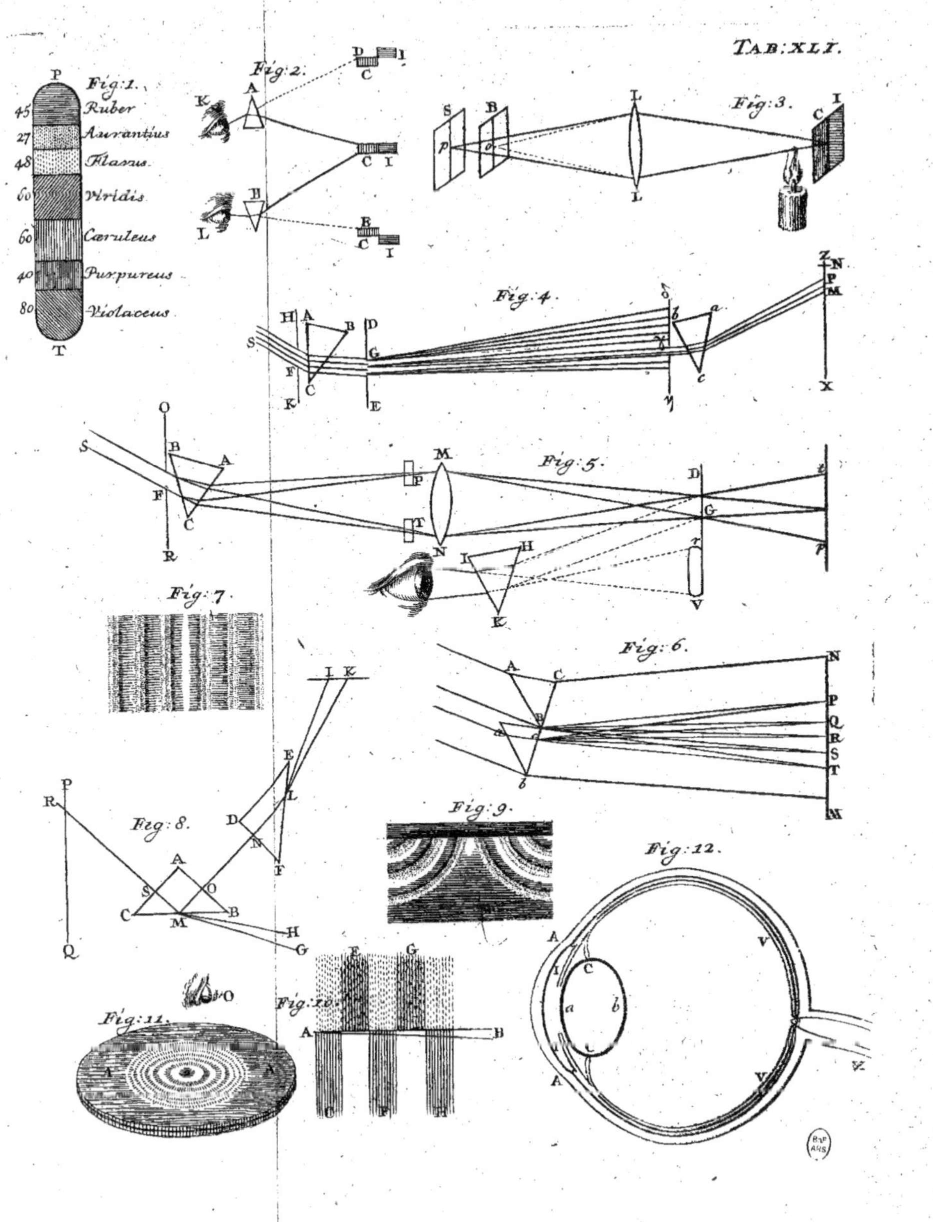
TAB:XLI.
Fig:1.
P
45 Ruber
27 Aurantius
48 Flavus
60 Viridis
60 Cæruleus
40 Purpureus
80 Violaceus
T
Fig:2.
Fig:3.
Fig:4.
Fig:5.
Fig:6.
Fig:7.
Fig:8.
Fig:9.
Fig:10.
Fig:11.
Fig:12.